导学 1

逻辑命题规律分析

想在考场上得高分，首先要了解考试。接下来，我们从过去几年真题的命题情况，来分析一下未来逻辑考试命题趋势。

❶ 近 5 年 199 管理类联考逻辑真题的命题统计

年份	推理		论证	
	5 大条件类	非 5 大条件类	一致性类	非一致性类
2020 年	12	8	5	5
2021 年	12	5	5	8
2022 年	15	4	6	5
2023 年	13	4	5	8
2024 年	14	4	11	1
合计	66	25	32	27
平均	13.2	5	6.4	5.4

❷ 2021~2023 年 396 经济类联考逻辑真题的命题统计

2020 年 9 月，经济类联考公布了全新的考试大纲。从 2021 年真题开始，经济类综合能力考试科目由高校自主命题改为教育部统一命题。截止本书出版之日，2024 年经综真题尚未公布，故本部分我们只统计了 2021 年至 2023 年的真题。

年份	推理		论证	
	5 大条件类	非 5 大条件类	一致性类	非一致性类
2021 年	8	5	2	5
2022 年	11	2	5	2
2023 年	9	4	5	2
合计	28	11	12	9
平均	9.3	3.7	4	3

❸ 2024 年 199 管理类联考逻辑真题的考点分布

26	27	28	29	30	31	32	33	34	35
假言推假言	简单匹配	拆桥搭桥（前后型）	数量假言	拆桥搭桥（主宾型）	拆桥搭桥（主宾型）	假言推事实 + 匹配	拆桥搭桥（主宾型）	拆桥搭桥（主宾型）	假言推事实

36	37	38	39	40	41	42	43	44	45
数量假言	拆桥搭桥（主宾型）	拆桥搭桥（主宾型）	数量匹配	其他推理	拆桥搭桥（主宾型）	事实假言	定义题	拆桥搭桥（前后型）	数独

46	47	48	49	50	51	52	53	54	55
拆桥搭桥（前后型）	数量假言	拆桥搭桥（主宾型）	半事实假言	数量假言匹配	推论题	数量假言	拆桥搭桥（前后型）	数量假言匹配	事实数量假言匹配

❹ 2023 年 396 经济类联考逻辑真题的考点分布

36	37	38	39	40	41	42	43	44	45
拆桥搭桥（主宾型）	推理结构相似	事实假言	其他推理	数量假言匹配	事实数量假言匹配	拆桥搭桥（前后型）	措施目的	拆桥搭桥（前后型）	数量假言

46	47	48	49	50	51	52	53	54	55
数独	非一一匹配	论证结构分析题	其他推理	事实假言匹配	事实假言匹配	拆桥搭桥（前后型）	拆桥搭桥（主宾型）	事实数量假言匹配	事实数量假言匹配

❺ 近几年逻辑真题的命题分析

（1）推理题的命题情况

由前文表格统计可知：

管理类联考逻辑推理共 30 题，其中推理题平均每年考查 18.2 题，占比约 60%；

经济类联考逻辑推理共 20 题，其中推理题平均每年考查 13 题，占比 65%。

不难发现，在整个联考逻辑中，推理题占比最大，分值最高。其中，5 大条件类推理试题的占比超过 70%；此外，近 5 年真题中，所谓的“难题”基本均出自该部分。显而易见，逻辑要想取得高分，甚至是满分，推理极为重要。

还需要注意的是，在 2023、2024 年的推理真题中，出现了诸如“密码题”“曼特洛编码”“羽毛球表演赛冠军”等有一定新意的推理题，把传统的趣味推理与考试相结合，即考查考生逻辑思维的严谨性，同时增加试题的趣味性及难度，这是酱宝们在后期备考过程需要重视的一点。

老吕逻辑15年扛鼎之作

乐学喵教育

MBA MPA MEM MPAcc

管理类、经济类

2025

联考逻辑母题800练

主编 吕建刚

28个母题 28个技巧 800道习题 讲练测得高分

16个必备知识 16个常考干扰项 300道经典例题 270道专项训练 230道仿真模考

技巧分册

副主编 ◎ 张杰 李大海

中国政法大学出版社

2024 · 北京

图书在版编目（CIP）数据

管理类、经济类联考逻辑母题800练/吕建刚主编. —北京：中国政法大学出版社，2024.1（2024.7重印）

ISBN 978-7-5764-1325-0

Ⅰ.①管… Ⅱ.①吕… Ⅲ.①逻辑—研究生—入学考试—习题集 Ⅳ.①B81-44

中国国家版本馆CIP数据核字(2024)第030390号

出版者　中国政法大学出版社

地　址　北京市海淀区西土城路25号

邮寄地址　北京100088信箱8034分箱　邮编100088

网　址　http://www.cuplpress.com (网络实名：中国政法大学出版社)

电　话　010-58908285(总编室) 58908433（编辑部） 58908334(邮购部)

承　印　保定市中画美凯印刷有限公司

开　本　787mm×1092mm　1/16

印　张　43.25

字　数　1015千字

版　次　2024年1月第1版

印　次　2024年7月第3次印刷

定　价　99.80元（全4册）

（2）论证逻辑的命题情况

管理类联考逻辑推理共 30 题，其中论证逻辑平均每年考查 11.8 题，占比约 40%；

经济类联考逻辑推理共 20 题，其中论证逻辑平均每年考查 7 题，占比 35%。

论证逻辑的试题总量不如推理题多，近几年的命题难度较 2016 年之前也有较为明显的下降。近 5 年管综真题中，“一致性（拆桥搭桥模型）”是命题人最为偏爱的命题点（2024 年尤为如此），“措施目的模型”“现象原因模型”的命题频次也相对较高，除此之外，“解释题”“评价题”基本上每年均有涉及，但试题的数量不多，难度也相对适中。

论证逻辑往往是大家备考过程中的痛点，用网络流行话语来讲就是“一听就会，一做就废”，出现此类问题的根本原因在于学习论证逻辑的过程中，过度关注题目的正确率以及选项的力度大小，而忽视了对题干本身的分析，忽视了题干背后的原理。论证逻辑对思维能力的要求较高，备考过程中，我们要在掌握“母题模型”“母题方法”基础之上，深入剖析其背后的母题原理。题目千变，母题不变。

整体来看，逻辑的命题基本趋于“推理占六成，论证占四成”的结构，命题趋于稳定，预计今年的命题也不会有太大的变化。

导学 2

逻辑高分方法论

我们知道，孙悟空有七十二般变化，但无论它如何变化，它还是个猴。解逻辑题就是看穿题目的变化、发现背后的“猴”的过程。

那么，如何看穿题目的变化，发现题目的“真身”呢，其实就是破解母题模型。让我们来看下面两道真题中的推理题：

真题 1.（2021 年管理类联考真题）冬奥组委会官网开通全球招募系统，正式招募冬奥会志愿者。张明、刘伟、庄敏、孙兰、李梅 5 人在一起讨论报名事宜。他们商量的结果如下：

（1）如果张明报名，则刘伟也报名。

（2）如果庄敏报名，则孙兰也报名。

（3）只要刘伟和孙兰两人中至少有 1 人报名，则李梅也报名。

后来得知，他们 5 人中恰有 3 人报名了。

根据以上信息，可以得出以下哪项？

A. 张明报名了。　　B. 刘伟报名了。　　C. 庄敏报名了。

D. 孙兰报名了。　　E. 李梅报名了。

真题 2.（2022 年经济类联考真题）老李在兰花、罗汉松、金桔、牡丹、茶花这 5 个盆栽中选购了 3 个放在家中观赏。老李对选购的盆栽有如下要求：

（1）如果选购兰花，就选购罗汉松。

（2）如果选购牡丹，就选购罗汉松和茶花。

根据上述信息，老李一定选购了如下哪个盆栽？

A. 兰花。　　B. 罗汉松。　　C. 金桔。

D. 牡丹。　　E. 茶花。

观察以上两道真题的题干条件：

真题 1 的已知条件由三个假言命题和一个数量关系（5 选 3）组成。

真题 2 的已知条件由两个假言命题和一个数量关系（5 选 3）组成。

易知，这两道真题的已知条件具备极强的类似性，即都是由假言命题和数量关系组成的，因此，它们是同一个母题模型的变形，这个模型就是“数量假言模型”。

现在，我们解出这两道真题。

【真题 1 解析】

题干中有以下信息：

①张明→刘伟。

②庄敏→孙兰。

③刘伟∨孙兰→李梅。

由①、③串联可得：张明→刘伟→李梅，逆否可得：┐李梅→┐刘伟→┐张明。

可见，若李梅不报名，则刘伟和张明也不报名，此时最多有 2 人报名，与“5 人中恰有 3 人报名”矛盾，即由“┐李梅”出发推出了矛盾，故“┐李梅”为假，即“李梅”为真。

因此，E 项正确。

【真题 2 解析】

题干有以下信息：

条件（1）：兰花→罗汉松。

条件（2）：牡丹→罗汉松∧茶花。

“罗汉松”出现多次，故优先考虑。

由条件（1）可知，┐罗汉松→┐兰花。

由条件（2）可知，┐罗汉松→┐牡丹。

可见，如果不选罗汉松，那么也不选兰花和牡丹，此时最多能选 2 个盆栽，与“5 个盆栽中选购了 3 个”矛盾，故“不选罗汉松”为假，即：选罗汉松。

因此，B 项正确。

观察以上两道真题的已知条件，可知这两道题均由数量关系和假言命题构成，故这两道题均为“数量假言模型”。确定了母题模型后，解题方法就随之确定。以上两道真题我们用的都是同一种方法，即找矛盾法。

接下来我们再看两道论证逻辑真题：

真题 3.（2020 年管理类联考真题）尽管近年来我国引进不少人才，但真正顶尖的领军人才还是凤毛麟角。就全球而言，人才特别是高层次人才紧缺已呈常态化、长期化趋势。某专家由此认为，未来 10 年，美国、加拿大、德国等主要发达国家对高层次人才的争夺将进一步加剧，而发展中国家的高层次人才紧缺状况更甚于发达国家。因此，我国高层次人才引进工作急需进一步加强。

以下哪项如果为真，最能加强上述专家的论证？

A. 我国理工科高层次人才紧缺程度更甚于文科。

B. 发展中国家的一般性人才不比发达国家少。

C. 我国仍然是发展中国家。

D. 人才是衡量一个国家综合国力的重要指标。

E. 我国近年来引进的领军人才数量不及美国等发达国家。

真题 4.（2022 年管理类联考真题）有些科学家认为，基因调整技术能大幅延长人类寿命。他们在实验室中调整了一种小型土壤线虫的两组基因序列，成功将这种生物的寿命延长了 5 倍，他们据此声称，如果将延长线虫寿命的科学方法应用于人类，人活到 500 岁就会成为可能。

以下哪项最能质疑上述科学家的观点？

A. 基因调整技术可能会导致下一代中一定比例的个体失去繁殖能力。

B. 即使将基因调整技术成功应用于人类，也只会有极少数人活到500岁。

C. 将延长线虫寿命的科学方法应用于人类，还需要经历较长一段时间。

D. 人类的生活方式复杂而多样，不良的生活习惯和心理压力会影响身心健康。

E. 人类寿命的提升幅度不会像线虫那样简单倍增，200岁以后寿命再延长基本不可能。

【题干分析】

锁定真题3题干中的“因此”，可知此前是论据，此后是论点。

论据：未来10年，美国、加拿大、德国等主要发达国家对高层次人才的争夺将进一步加剧，而发展中国家的高层次人才紧缺状况更甚于发达国家。

论点：我国高层次人才引进工作急需进一步加强。

可见，本题论据中的论证对象是“发展中国家”，论点中的论证对象是“我国”。

锁定真题4题干中的“据此声称”，可知此前是论据，此后是论点。

论据：他们在实验室中调整了一种小型土壤线虫的两组基因序列，成功将这种生物的寿命延长了5倍。

论点：如果将延长线虫寿命的科学方法应用于人类，人活到500岁就会成为可能。

可见，本题论据中的论证对象是“小型土壤线虫”，论点中的论证对象是“人类”。

【命题规律】

这两道真题一道为削弱题，一道为支持题，看起来考点并不相同，但是，这两道题的论证出现了同样的问题，即论证对象不一致，可见，这两道真题的母题模型完全一样。老吕将这种母题模型命名为“拆桥搭桥模型”，并总结出了如下母题技巧：

对象概念有变化，
此题就考拆和搭。
支持假设就搭桥，
削弱就要找差异。

【母题方法】

真题3：

论据的论证对象为“发展中国家”，论点的论证对象为“我国”。

论证对象发生了变化，支持题就用“搭”（搭桥法），即：建立“发展中国家”与“我国”的联系，故此题选C。

真题4：

论据的论证对象为“小型土壤线虫”，论点的论证对象为“人类”。

论证对象发生了变化，削弱题就用“拆”（拆桥法），即：指出“小型土壤线虫”与“人类”有区别，故此题选E。

可见，无论是推理题，还是论证逻辑题，我们都需要采取以下步骤来解题，即：

第 1 步　识别条件类型 / 识别论证类型

通过已知条件的类型或者论证的类型，来确定母题模型。例如，已知条件由事实和假言命题组成，这道题就是事实假言模型；已知条件由数量关系和匹配关系组成，这道题就是数量匹配模型，等等。对论证逻辑题来说，确定模型相对更难一点儿，但也有规律可循。例如，论据与论点的论证对象不一致，一般考的是拆桥搭桥模型；论据中描述了一种现象，论点中对该现象产生的原因进行了分析，则为现象原因模型，等等。

第 2 步　套用母题方法

母题模型与解题方法之间存在对应关系。例如：事实假言模型，通过从事实出发做串联即可解题；数量假言模型一般有两种方法，即找矛盾法和二难推理法；归纳论证模型，则要看样本的代表性、调查机构的中立性等。

在历年真题中，90% 以上的题目都有规律性，创新的题目是比较少的。2023 年管理类联考真题中，只有 1 道题（密码题）比较有新意；2024 年管理类联考真题以及 2023 年、2024 年经济类联考真题考的全是常见母题模型。可见，只要我们建立了从已知条件到母题模型、从母题模型到解题方法的对应关系，我们就可以实现快速解题。

导学 3

逻辑全年备考规划

关于逻辑备考，建议大家采用以下规划：

第 1 步　构建知识体系

学习的初期需要建立完整的知识体系，切忌以题代学，因为碎片化的练习效果远不及系统性学习。

如果你之前没有系统地学过逻辑知识，那么可以跟着《联考逻辑要点 7 讲》一书，从 0 开始，夯实逻辑基础。

如果你之前已经有了系统的逻辑知识，那么可以直接进入第 2 步。

第 2 步　搞定命题模型

通过《母题 800 练》的“技巧分册”，熟练掌握母题模型的识别及其解法。对于任何一道推理题，我们都需要做到看到题目的 10 秒内确定母题模型并想到其对应的解法。对于论证逻辑而言，我们只需要做到 80% 以上的题能快速识别母题模型即可。因为论证逻辑存在少量题目，不容易识别母题模型，这种题我们可以直接分析选项。

通过《母题 800 练》的“刷题分册”，提高解题的速度和准确率。需要注意的是，由于 2023 年、2024 年的管综真题以及 2024 年的经综真题的难度都很大，因此，我们刻意增加了刷题分册的题目难度。所以，如果你错的比较多，不要气馁，有些题目确实会有点难。另外，这些题虽然有些难度，但它们的命题思路和真题完全一致。

第 3 步　重难点专项拔高

通过《综合推理高分冲刺 400 题》和《论证逻辑高分冲刺 400 题》进行专项拔高。

第 4 步　掌握真题，模拟训练

通过《综合真题超精解》进行真题模拟训练，了解命题人的命题思路以及真题的破解方法。

对于想冲刺高分的同学来讲，可以通过《冲刺 8 套卷》《考前 6 套卷》进行全仿真模考和刷题。

下表中是全年的课程及图书、讲义的学习规划，里面既包括免费课、也包括弟子班、SVIP 班收费课，你可以根据自己的情况自行选择。

（1）199 管理类联考

阶段	阶段课程	配套资料
基础阶段	【联考要点 7 讲配套免费课程】 数学要点 7 讲逐题精讲 逻辑要点 7 讲逐题精讲 写作要点 7 讲重点精讲 【VIP 协议弟子班 /SVIP 私人定制班专属课程】 零基础轻松学数学 数学基础考点通关 · 直播 逻辑基础考点通关 · 直播 写作基础考点通关 · 直播 * 管综真题套卷带刷 · 直播 * 基础阶段模考讲评 · 直播	【联考要点 7 讲书课包】 《数学要点 7 讲》书课包 《逻辑要点 7 讲》书课包 《写作要点 7 讲》书课包 【VIP 协议弟子班 /SVIP 私人定制班】 【另配内部讲义】 零基础轻松学数学内部讲义 数学基础考点通关内部讲义 逻辑基础考点通关内部讲义 写作基础考点通关内部讲义 * 基础阶段模考卷
强化阶段	【VIP 协议弟子班 /SVIP 私人定制班专属课程】 数学母题 800 练技巧精讲 数学母题 800 练习题训练 逻辑母题 800 练技巧精讲 逻辑母题 800 练习题训练 * 管综真题套卷带刷 · 直播 * 强化阶段模考讲评 · 直播	【VIP 协议弟子班 /SVIP 私人定制班】 【购课赠送教材】 《数学母题 800 练》 《逻辑母题 800 练》 * 强化阶段模考卷
真题阶段	【SVIP 私人定制班专属课程】 综合真题超精解逐题精讲 【VIP 协议弟子班 /SVIP 私人定制班专属课程】 数学真题分类密训 · 直播 逻辑真题分类密训 · 直播 写作真题分类密训 · 直播	【SVIP 私人定制班】 【购课赠送教材】 《综合真题超精解》（试卷版） 【VIP 协议弟子班 /SVIP 私人定制班】 【另配内部讲义】 数学真题分类密训内部讲义 逻辑真题分类密训内部讲义 写作真题分类密训内部讲义
择校阶段	【VIP 协议弟子班 /SVIP 私人定制班专属课程】 * 估分全真模考讲评 · 直播 * 择校指导课直播答疑	【VIP 协议弟子班 /SVIP 私人定制班】 【另配内部讲义】 * 估分全真模考卷

续表

阶段	阶段课程	配套资料
冲刺阶段	【SVIP 私人定制班专属课程】 条件充分性判断高分冲刺 400 题逐题精讲 综合推理高分冲刺 400 题逐题精讲 论证逻辑高分冲刺 400 题逐题精讲 综合冲刺 8 套卷逐题精讲 写作考前必背 33 篇带学 写作带写批改营 【VIP 协议弟子班 /SVIP 私人定制班专属课程】 数学救命技巧 · 直播 逻辑救命技巧 · 直播 写作审题立意点睛 · 直播 * 管综真题套卷带刷 · 直播 * 冲刺阶段模考讲评 · 直播	【SVIP 私人定制班】 【购课赠送教材】 《条件充分性判断高分冲刺 400 题》 《综合推理高分冲刺 400 题》 《论证逻辑高分冲刺 400 题》 《综合冲刺 8 套卷》 《写作考前必背 33 篇》 【VIP 协议弟子班 /SVIP 私人定制班】 【另配内部讲义】 数学救命技巧内部讲义 逻辑救命技巧内部讲义 写作审题立意点睛内部讲义 * 冲刺阶段模考卷
押题阶段	【VIP 协议弟子班 /SVIP 私人定制班专属课程】 数学救命密押 200 题 · 直播 逻辑救命密押 200 题 · 直播 写作救命密押 9 大篇 · 直播 考前密押 6 套卷逐题精讲	【VIP 协议弟子班 /SVIP 私人定制班】 【赠送教材及另配内部讲义】 数学救命密押 200 题内部讲义 逻辑救命密押 200 题内部讲义 写作救命密押 9 大篇内部讲义 《综合考前 6 套卷》

（2）396 经济类联考

阶段	阶段课程	配套资料
基础阶段	【联考要点 7 讲配套免费课程】 逻辑要点 7 讲逐题精讲 写作要点 7 讲重点精讲 【VIP 协议弟子班专属课程】 数学零基础衔接 数学基础精讲 数学基础 300 题 逻辑基础考点通关 · 直播 写作基础考点通关 · 直播 * 基础阶段模考讲评 · 直播	【联考要点 7 讲书课包】 《逻辑要点 7 讲》书课包 《写作要点 7 讲》书课包 【VIP 协议弟子班另配内部讲义】 数学零基础衔接内部讲义 数学基础精讲内部讲义 数学基础 300 题内部讲义 逻辑基础考点通关内部讲义 写作基础考点通关内部讲义 * 基础阶段模考卷

续表

阶段	阶段课程	配套资料
强化阶段	【VIP 协议弟子班专属课程】 数学强化精讲 数学强化 400 题 数学三大计算专项突破 逻辑母题 800 练技巧精讲 逻辑母题 800 练习题训练 * 强化阶段模考讲评 · 直播	【VIP 协议弟子班赠送教材及另配内部讲义】 数学强化精讲内部讲义 数学强化 400 题内部讲义 数学三大计算专项突破内部讲义 《逻辑母题 800 练》 * 强化阶段模考卷
真题阶段	【VIP 协议弟子班专属课程】 数学近 4 年真题套卷精讲 逻辑近 4 年真题套卷精讲 写作近 4 年真题套卷精讲 逻辑真题分类密训 · 直播 写作真题分类密训 · 直播	【VIP 协议弟子班另配内部讲义】 数学近 4 年真题套卷内部讲义 逻辑近 4 年真题套卷内部讲义 写作近 4 年真题套卷内部讲义 逻辑真题分类密训内部讲义 写作真题分类密训内部讲义
估分模考	【VIP 协议弟子班专属课程】 * 估分全真模考讲评 · 直播	【VIP 协议弟子班另配内部讲义】 * 估分全真模考卷
冲刺阶段	【VIP 协议弟子班专属课程】 数学单选快选技巧 数学甄选模拟题精讲 概念题专项突破 数学考前必备 180 题 逻辑救命技巧 · 直播 写作审题立意点睛 · 直播 * 冲刺阶段模考讲评 · 直播	【VIP 协议弟子班另配内部讲义】 数学单选快选技巧内部讲义 数学甄选模拟题精讲内部讲义 概念题专项突破内部讲义 数学考前必备 180 题内部讲义 逻辑救命技巧内部讲义 写作审题立意点睛内部讲义 * 冲刺阶段模考卷
押题阶段	【VIP 协议弟子班专属课程】 数学考前冲刺串讲 逻辑救命密押 200 题 · 直播 写作救命密押 9 大篇 · 直播 考前密押 6 套卷逐题精讲	【VIP 协议弟子班赠送教材及另配内部讲义】 数学考前冲刺串讲内部讲义 逻辑救命密押 200 题内部讲义 写作救命密押 9 大篇内部讲义 《综合考前 6 套卷》

如果你想了解任何课程，可以扫描下方的二维码咨询助教：

如果你想与老吕沟通，可以通过以下方式：

小红书：老吕吕建刚（答疑号）

抖音：MBA/MPAcc- 老吕

微信公众号：老吕考研

老吕教你考 MBA（MBA、MPA、MEM、MTA 专用）

B 站：老吕考研吕建刚

微博：老吕考研吕建刚 -MBAMPAcc

微信：miao-lvlv1　miao-lvlv2

加油吧，愿你能学会努力，愿你能一直努力，成功的路就在前方！

吕建刚

2024 年 2 月 1 日

目录

第 1 部分　母题技巧

01

02

03

第 3 章　推理母题：非 5 大条件类 /113

04

第 4 章　论证母题：一致性类 /162

05

第 5 章　论证母题：非一致性类 /190

第1部分

母题技巧

第 1 章　推理基础
（形式逻辑 + 综合推理基础）

① 推理题有哪些？重要吗？

推理题可以分为两大类：传统的形式逻辑题和综合推理题。在管理类联考的 30 道逻辑题中，推理题会考 18 道左右；在经济类联考的 20 道逻辑题中，推理题会考 12 道左右。可见，推理题相当重要。

② 推理题的基础是什么？

推理题的基础就是形式逻辑，即使是复杂的综合推理题，也是以形式逻辑为基础的。

根据近几年的逻辑真题统计，可知以下数据：

管理类联考共 30 道逻辑题，会有 15 道左右涉及形式逻辑知识。

经济类联考共 20 道逻辑题，会有 10 道左右涉及形式逻辑知识。

③ 形式逻辑应该如何学习？

形式逻辑学习的重点是基础知识、基本原理、基本公式。从最近几年真题的命题来看，形式逻辑公式的综合应用考的特别多。因此，要特别重视形式逻辑公式的证明、推导和综合应用。我们用“箭头 + 德摩根公式”来说明这一点：

已知：$A \to B \vee C$。

考法（1）：$A \to B \vee C$，等价于：$\neg B \wedge \neg C \to \neg A$。

考法（2）：$A \to B \vee C$，等价于：$A \wedge \neg B \to C$。

考法（3）：再补充已知条件 $A \to \neg B$，可得：$A \to C$。

考法（4）：再补充已知条件 $A \wedge \neg B$，可得：C。

可见，形式逻辑基本公式的变化是很多的，在真题中会利用各种变化进行综合考查。因此，一定要把形式逻辑的基础知识打牢。

如果你之前没听过我的课，建议你先把《联考逻辑要点 7 讲》的形式逻辑基础课程听 2~3 遍，然后再学本章的内容，这样效果会更好。该课程可扫描右边二维码免费听。

④ 本书的难度说明

本书按照由易到难的顺序进行编写。技巧分册的第 1 章为基础知识，难度较低；从第 2 章开始，所有母题模型均基于真题，多数题目的难度也约等于真题，但也有一些拔高题的难度是较大的。刷题分册的母题模型同样来源于真题，题目难度等于或大于真题。

本章考情分析

本章的“第 1 ~ 第 4 节”均是为本书第 2 章、第 3 章做铺垫的，具体考法在后文中会有阐述。本章的第 5 节在管综真题中考查的频次较低（基本不考），但在 2021 ~ 2023 年经综真题中，每年平均会考查 1 道题左右，以考“概念间的关系、概念与定义的基本题型”为主。

本章是联考逻辑推理的基础，公式和口诀相对较多，但难度均较低，酱宝们务必将公式和口诀熟记于心。

通过对近 10 年管综真题和近 3 年经综真题考查频次的分析，现将本章基础题型的难度、重要程度总结如下：

本章基础题型	难度	重要程度
基础题型 1　简单假言推理	★★	★★★★
基础题型 2　简单联言选言命题	★★	★★
基础题型 3　箭摩根公式	★★	★★
基础题型 4　简单命题的对当关系	★★	★★★★
基础题型 5　简单命题的负命题	★★	★★
基础题型 6　假言命题的负命题	★★	★★
基础题型 7　概念与定义的基本题型	★★	★★
基础题型 8　集合概念与类概念	★★	★★
基础题型 9　概念间的关系	★★	★★
难度说明：★★为简单，★★★为中档，★★★★为中档偏上，★★★★★为难。		

第1节 假言命题

必备知识

1. 充分必要条件

编号	条件关系	含义	典型关联词
①	充分条件 （A→B）	有它就行，没它未必不行	如果……那么…… 只要……就…… 一旦……就…… ……就…… ……必须…… ……则…… ……一定……
②	必要条件 （¬ A→¬ B， 等价于：A←B）	没它不行，有它未必行	只有……才…… ……是……的前提 ……是……的基础 ……对于……不可或缺 除非……才……
③	充要条件 （A↔B）	等价关系，“同生共死”	当且仅当 ……是……的唯一条件

2. 箭头的2个基础使用原则

编号	原则	口诀	公式
①	逆否原则	逆否命题等价于原命题	A→B，等价于：¬ B→¬ A A↔B，等价于：¬ A↔¬ B
②	箭头指向原则	有箭头指向则为真； 没有箭头指向则可真可假	无

3. 五类特殊句式

分类	句式	公式
简单命题	A是B	A→B
	有的A是B	有的A→B
	所有A是B	A→B

续表

分类	句式	公式
充分条件	A 必须 B	A→B
必要条件	除非 A，才 B = 只有 A，才 B	¬ A→¬ B
除非，否则	除非 A，否则 B A，否则 B B，除非 A	¬ A→B
若要，除非	若要 A，除非 B = 如果 A，那么 B 如：若要人不知，除非己莫为	A→B 如：要人不知→己莫为

4. 选言假言互换公式

编号	类型	公式
①	箭头变或者	（A→B）=（¬ A ∨ B）
②	或者变箭头	（A ∨ B）=（¬ A→B）=（¬ B→A）
③	要么推箭头	A ∀ B 可推出: A→¬ B; B→¬ A; ¬ A→B; ¬ B→A

基础题型 1 简单假言推理

思路点拨

当题干中出现单个假言命题（出现充分条件、必要条件、充要条件的典型关联词，如：如果那么、只有才、除非否则等），选项也是由假言或选言来组成时，一般使用三步解题法：

（1）画箭头。

将题干符号化，用"→"表示。

（2）逆否。

写出题干的逆否命题。如有必要，可把箭头变或者，即：A→B =¬ A ∨ B。

（3）找答案。

根据箭头指向原则判断选项的真假。

典型例题

1 孔子说："己所不欲，勿施于人。"

下面哪一个选项不符合孔子的原意？

A. 只有己所欲，才能施于人。
B. 若己所欲，则施于人。
C. 除非己所欲，否则不施于人。
D. 凡施于人的都是己所欲的。
E. 不施于人，除非己所欲。

【详细解析】

(1) 画箭头。

题干：①己所不欲→勿施于人。

(2) 逆否。

题干的逆否命题为：②施于人→己所欲。

(3) 找答案。

A 项，己所欲←施于人，等价于②，符合题干。

B 项，己所欲→施于人，根据箭头指向原则，由②可知，"己所欲"后无箭头指向，故此项不符合题干。

C 项，己所不欲→不施于人，等价于①，符合题干。

D 项，施于人→己所欲，等价于②，符合题干。

E 项，己所不欲→不施于人，等价于①，符合题干。

【答案】B

2 唐三藏一行西天取经，遇到火焰山。八戒说："只拣无火处走便罢。"唐三藏道："我只欲往有经处去。"沙僧道："有经处有火。"

如果沙僧的话为真，则以下哪一项陈述必然为真？

A. 有些无火处有经。
B. 有些有经处无火。
C. 凡有火处皆有经。
D. 凡无火处皆无经。
E. 凡无经处皆无火。

【详细解析】

(1) 画箭头。

沙僧：有经处有火。即：①有经→有火。

(2) 逆否。

沙僧的话的逆否命题为：②无火→无经。

(3) 找答案。

A 项，"有的无火处有经"等价于"有的有经处无火"，与"凡是有经处有火"矛盾，故此项必然为假。

B 项，"有的有经处无火"与"凡是有经处有火"矛盾，故此项必然为假。

C 项，有火→有经，根据箭头指向原则，由①可知，"有火"后无箭头指向，故此项可真可假。

D 项，无火→无经，与②等价，故此项必然为真。

E 项，无经→无火，根据箭头指向原则，由②可知，"无经"后无箭头指向，故此项可真可假。

【答案】D

3 老吾老以及人之老，幼吾幼以及人之幼。完善“一老一幼”服务是保障和改善民生的重要内容，事关千家万户。如果不落实新建住宅小区养老服务设施配建和对老旧小区开展适老化改造，就无法完善社区养老服务。拓展社区托育服务功能，完善婴幼儿照护设施是落实社区托育服务的重要举措。只有织牢织密“一老一幼”民生保障网，才能让越来越多的老人和孩子拥有稳稳的幸福。

根据以上陈述，可以得出以下哪项？

A. 如果落实新建住宅小区养老服务设施配建，就能实现社区养老服务的完善和改造。

B. 多地方政府已经开始加强社区托育服务功能的拓展。

C. 只要织牢织密“一老一幼”民生保障网，就可以使越来越多的老人和孩子拥有稳稳的幸福。

D. 拓展社区托育服务功能、落实新建住宅小区养老服务设施配建都是织牢织密“一老一幼”民生保障网的重要举措。

E. 只有落实新建住宅小区养老服务设施配建和对老旧小区开展适老化改造，才能实现对社区养老服务的完善。

【详细解析】

（1）画箭头。

题干：

①¬ 落实设施配建和开展适老化改造→¬ 完善社区养老服务。

②拥有稳稳的幸福→织牢织密民生保障网。

（2）逆否。

题干的逆否命题为：

③完善社区养老服务→落实设施配建和开展适老化改造。

④¬ 织牢织密民生保障网→¬ 拥有稳稳的幸福。

（3）找答案。

A 项，落实设施配建→实现社区养老服务的完善和改造，根据箭头指向原则，由③可知，“落实设施配建”后无箭头指向，故此项可真可假。

B 项，题干不涉及政府是否已经开始加强社区托育服务功能的拓展。

C 项，织牢织密民生保障网→拥有稳稳的幸福，根据箭头指向原则，由②可知，“织牢织密民生保障网”后无箭头指向，故此项可真可假。

D 项，题干不涉及织牢织密“一老一幼”民生保障网的具体措施有哪些。

E 项，完善社区养老服务→落实设施配建和开展适老化改造，等价于③，故此项可以推出。

【答案】E

4 当且仅当小王考不上清华时，小李考上北大。

若以上信息为真，则以下各项必然为真，除了哪项？

A. 只有小李考上北大，小王才考不上清华。

B. 若小王考上清华，则小李考不上北大。

C. 除非小王考上清华，否则小李考上北大。

D. 如果小李考上北大，那么小王考上清华。

E. 小王考上清华，除非小李考上北大。

【详细解析】

(1) 画箭头。

题干：①¬ 王清华 ↔ 李北大。

(2) 逆否。

题干的逆否命题为：②王清华 ↔¬ 李北大。

(3) 找答案。

A 项，李北大←¬ 王清华，由①可知，此项必然为真。

B 项，王清华→¬ 李北大，由②可知，此项必然为真。

C 项，¬ 王清华→李北大，由①可知，此项必然为真。

D 项，李北大→王清华，由①可知，李北大→¬ 王清华，故此项不符合题干。

E 项，¬ 李北大→王清华，由②可知，此项必然为真。

【答案】D

第 2 节　联言选言命题

必备知识

1. 并且、或者、要么的含义（联言、选言命题）

名称	符号	读作	含义
联言命题	A ∧ B	A 并且 B	事件 A 和事件 B 都发生
相容选言命题	A ∨ B	A 或者 B	事件 A 和事件 B 至少发生一个，也可能都发生
不相容选言命题	A ∀ B	A 要么 B	事件 A 和事件 B 发生且仅发生一个

2. 联言、选言、假言命题的真值表

肢命题		干命题					
A	B	A ∧ B	A ∨ B	A ∀ B	A → B =¬ A ∨ B	A ← B = A ∨¬ B	A ↔ B
√	√	√	√	×	√	√	√
√	×	×	√	√	×	√	×
×	√	×	√	√	√	×	×
×	×	×	×	×	√	√	√

3. 特殊句式

句式	符号化
A、B 至少一真	$A \vee B$
A、B 至多一真	$\neg A \vee \neg B$
不是 A，就是 B	$\neg A \to B$，等价于：$A \vee B$

4. 德摩根公式

编号	公式
①	$\neg(A \wedge B) = (\neg A \vee \neg B)$
②	$\neg(A \vee B) = (\neg A \wedge \neg B)$
③	$\neg(A \forall B) = (\neg A \wedge \neg B) \forall (A \wedge B) = (\neg A \wedge \neg B) \vee (A \wedge B)$

基础题型 2 简单联言选言推理

思路点拨

一般考查德摩根公式或者真值表。

典型例题

1 酱心并非既美观又大方。

以下哪项最为准确地表达了上述断定？

A. 酱心美观但不大方。

B. 酱心大方但不美观。

C. 酱心既不大方也不美观。

D. 如果酱心不大方，则一定美观。

E. 如果酱心大方，则一定不美观。

【详细解析】

题干：¬（美观∧大方）=（¬美观∨¬大方）=（大方→¬美观）。

A 项，美观∧¬大方，与题干的意思不同。

B 项，大方∧¬美观，与题干的意思不同。

C 项，¬大方∧¬美观，与题干的意思不同。

D 项，¬大方→美观，与题干的意思不同。

E 项，大方→¬美观，与题干的意思等价。

【答案】E

2 《文化新报》记者小白周四去某市采访陈教授与王研究员。次日，其同事小李问小白："昨天你采访到那两位学者了吗？"小白说："不，没那么顺利。"小李又问："那么，你一个都没采访到？"小白说："也不是。"

以下哪项最可能是小白周四采访所发生的情况?

A. 小白采访到了两位学者。

B. 小白采访了陈教授，但没有采访王研究员。

C. 小白根本没有去采访两位学者。

D. 两位采访对象都没有接受采访。

E. 小白采访到了一位，但没有采访到另一位。

【详细解析】

方法一：

①并非两个都采访到了，即：¬（陈∧王），等价于：¬陈∨¬王，即二人至少有一个没采访到。

②并非一个也没采访到，即：¬（¬陈∧¬王），等价于：陈∨王，即二人至少采访到了一个。

故可知，小白采访到了一位，没有采访到另外一位，即E项正确。

方法二：

小白的采访情况只有三种可能：采访到了0个人、1个人、2个人。根据小白的回答，可知他否定了“2个人”和“0个人”这两种可能，故他采访到了1个人，即E项正确。

【答案】E

3 张珊喜欢喝绿茶，也喜欢喝咖啡。他的朋友中没有人既喜欢喝绿茶，又喜欢喝咖啡，但他的所有朋友都喜欢喝红茶。

如果上述断定为真，则以下哪项不可能为真?

A. 张珊喜欢喝红茶。

B. 张珊的所有朋友都喜欢喝咖啡。

C. 张珊的所有朋友喜欢喝的茶在种类上完全一样。

D. 张珊有一个朋友既不喜欢喝绿茶，也不喜欢喝咖啡。

E. 张珊喜欢喝的饮料，他有一个朋友都喜欢喝。

【详细解析】

将题干信息符号化：

①张珊：喜欢绿茶∧喜欢咖啡。

②张珊的朋友：¬（喜欢绿茶∧喜欢咖啡）=¬喜欢绿茶∨¬喜欢咖啡。

③张珊的朋友：都喜欢红茶。

A项，题干未提及张珊是否喜欢喝红茶，故此项有可能为真。

B项，由②可知，有可能张珊的朋友都不喜欢喝绿茶，但是喜欢喝咖啡，故此项有可能为真。

C项，由②、③可知，此项有可能为真。

D项，由②“¬喜欢绿茶∨¬喜欢咖啡”可知，存在二者都不喜欢的可能，故此项有可能为真。

E项，由①、②可知，张珊喜欢喝的饮料，他的朋友不会都喜欢喝，故此项不可能为真。

【答案】E

4 汉武王国的议会针对效率与公平的问题进行了投票表决。有四位同学对投票结果进行了以下预测：

甲：要是没有效率，就必须公平。

乙：既要效率，又要公平，二者缺一不可。

丙：要么效率，要么公平。

丁：如果不公平，就没有效率。

最终，议会做出了决议。根据决议结果，以下哪项是不可能的？

A. 上述 4 人中只有 1 人的预测正确。

B. 上述 4 人中只有 2 人的预测正确。

C. 上述 4 人中只有 3 人的预测正确。

D. 上述 4 人的预测均正确。

E. 只有丁的预测正确。

【详细解析】

将题干信息符号化：

甲：¬ 效率→公平，等价于：效率 ∨ 公平。

乙：效率 ∧ 公平。

丙：效率∀公平。

丁：¬ 公平→¬ 效率，等价于：公平 ∨¬ 效率。

方法一：真值表法。

	效率	公平	甲 效率 ∨ 公平	乙 效率 ∧ 公平	丙 效率∀公平	丁 ¬ 效率 ∨ 公平
①	√	√	√	√	×	√
②	√	×	√	×	√	×
③	×	√	√	×	√	√
④	×	×	×	×	×	√

根据上述真值表可知，“上述 4 人的预测均正确”是不可能的。故此题选择 D 项。

方法二：对当关系法。

乙和丙的预测为反对关系，不可能同时为真，故“上述 4 人的预测均正确”是不可能的。

【答案】D

基础题型 3 // 箭摩根公式

思路点拨

箭摩根公式：

A ∧ B→C，等价于：¬ C→¬ (A ∧ B)，等价于：¬ C→¬ A ∨¬ B。

A ∨ B→C，等价于：¬ C→¬ (A ∨ B)，等价于：¬ C→¬ A ∧¬ B。

A→B ∧ C，等价于：¬ (B ∧ C)→¬ A，等价于：¬ B ∨¬ C→¬ A。

A→B ∨ C，等价于：¬ (B ∨ C)→¬ A，等价于：¬ B ∧¬ C→¬ A。

典型例题

1 在某地，每逢假日，市区主干道A和主干道B就会发生堵车现象。

如果上述情况属实，则下列哪项也是正确的？

Ⅰ.如果主干道A和B在堵车，那么这天就是假日。

Ⅱ.如果主干道A发生堵车，但主干道B没有堵车，那么这天就不是假日。

Ⅲ.如果这一天不是假日，那么主干道A和B都不会堵车。

A.只有Ⅰ。 B.只有Ⅱ。 C.只有Ⅲ。

D.只有Ⅱ和Ⅲ。 E.Ⅰ、Ⅱ、Ⅲ都不正确。

【详细解析】

题干：①假日→A堵∧B堵，等价于：¬（A堵∧B堵）→¬假日，即：②¬A堵∨¬B堵→¬假日。

Ⅰ项，A堵∧B堵→假日，根据箭头指向原则，由①可知，“A堵∧B堵”后无箭头指向，故此项可真可假。

Ⅱ项，“A堵∧¬B堵”为真，因此，“¬B堵”一定为真，再由②可知，¬B堵→¬假日，故此项正确。

Ⅲ项，¬假日→¬A堵∧¬B堵，根据箭头指向原则，由②可知，“¬假日”后无箭头指向，故此项可真可假。

【答案】B

2 乐学喵的每位学员都有用来总结错题的笔记本。这些笔记本的封面颜色是绿色或红色。

如果上述断定为真，则以下哪项也一定为真？

Ⅰ.乐学喵的学员拥有的笔记本有一些是绿色的。

Ⅱ.如果一位学员没有笔记本，那么这位学员不在乐学喵。

Ⅲ.如果一位学员有一个红色笔记本，那么这位学员是在乐学喵。

A.仅Ⅰ。 B.仅Ⅱ。 C.仅Ⅰ和Ⅱ。

D.仅Ⅰ和Ⅲ。 E.Ⅰ、Ⅱ和Ⅲ。

【详细解析】

将题干信息符号化：

①乐学喵的学员→笔记本。

②乐学喵的学员→绿色笔记本∨红色笔记本。

Ⅰ项，由题干信息②可知，笔记本的颜色有三种可能：有绿无红，有红无绿，红绿都有。可见，未必有绿色的笔记本，故此项不一定为真。

Ⅱ项，¬笔记本→¬乐学喵的学员，等价于：乐学喵的学员→笔记本，等价于题干信息①，故此项一定为真。

Ⅲ项，由题干信息②可知，“红色笔记本”后无箭头指向，故此项不一定为真。

【答案】B

3 寒假时，酱心决定去旅游，她有如下计划：如果去哈尔滨，那么也会去三亚、成都和上海。

如果上述断定是真的，那么以下哪项关于酱心的旅游计划也是真的？

A. 如果没去哈尔滨，那么三亚、成都、上海至少一个地方没有去。

B. 如果没去哈尔滨，那么三亚、成都、上海三个地方都没去。

C. 如果三亚、成都、上海都去了，那么也去哈尔滨。

D. 如果没去上海，那么三亚和成都不会都去。

E. 如果没去成都，那么哈尔滨和上海不会都去。

【详细解析】

题干：①哈尔滨→三亚∧成都∧上海。

①等价于：②¬ 三亚∨¬ 成都∨¬ 上海→¬ 哈尔滨。

A、B 项，由②可知，“¬ 哈尔滨”后无箭头指向，故这两项均可真可假。

C 项，由①可知，“三亚∧成都∧上海”后无箭头指向，故此项可真可假。

D 项，由题干无法判断“¬ 上海”与“三亚和成都”的关系，故此项可真可假。

E 项，由②可知，若没去成都，则也没去哈尔滨，而“哈尔滨和上海不会都去”等价于“¬ 哈尔滨∨¬ 上海”，故此项为真。

【答案】E

4 如果甲和乙都没有考上研究生，那么丙一定考上了研究生。

上述前提再增加以下哪项，就可以推出“甲考上了研究生”的结论?

A. 丙考上了研究生。

B. 丙没有考上研究生。

C. 乙没有考上研究生。

D. 乙和丙都没有考上研究生。

E. 乙和丙都考上了研究生。

【详细解析】

题干：①¬ 甲∧¬ 乙→丙，等价于：②¬ 丙→甲∨乙。

方法一：

由②可知，若丙没有考上研究生，则甲或者乙考上了研究生。

又知：甲∨乙=¬ 乙→甲。

故再加上条件“乙没有考上研究生”，可推出“甲考上了研究生”。

综上，D 项正确。

方法二：

由公式“A→B =¬ A ∨ B”可知：¬ 甲∧¬ 乙→丙=¬（¬ 甲∧¬ 乙）∨丙。

等价于：甲∨乙∨丙，即：¬ 乙∧¬ 丙→甲。故 D 项正确。

【答案】D

5 大多数人都熟悉安徒生童话《皇帝的新衣》，故事中有两个裁缝告诉皇帝，他们缝制出的衣服有一种奇异的功能：若某个人是不称职的或者愚蠢的，则看不见这衣服。

以下各项陈述都可以从裁缝的断言中合乎逻辑地推出，除了：

A. 如果某个人是不称职的，则看不见这衣服。

B. 有些称职的人能够看见这衣服。

C. 如果某个人能看见这衣服，说明他是称职的或者不愚蠢的。

D. 若某个人看不见这衣服，说明他是不称职的或者愚蠢的。

E. 若某个人是愚蠢的，则看不见这衣服。

【详细解析】

裁缝：①¬称职∨愚蠢→看不见，等价于：②看见→称职∧¬愚蠢。

A 项，¬称职→看不见，由①可以推出。

B 项，有的称职→看见，互换可得：有的看见→称职，由②可以推出。

C 项，看见→称职∨¬愚蠢，由②可以推出。

D 项，看不见→¬称职∨愚蠢，根据箭头指向原则，由①可知，“看不见”后无箭头指向，故此项不能从裁缝的断言中推出。

E 项，愚蠢→看不见，由①可以推出。

【答案】D

第 3 节　简单命题

必备知识

1. 性质命题的四种对当关系

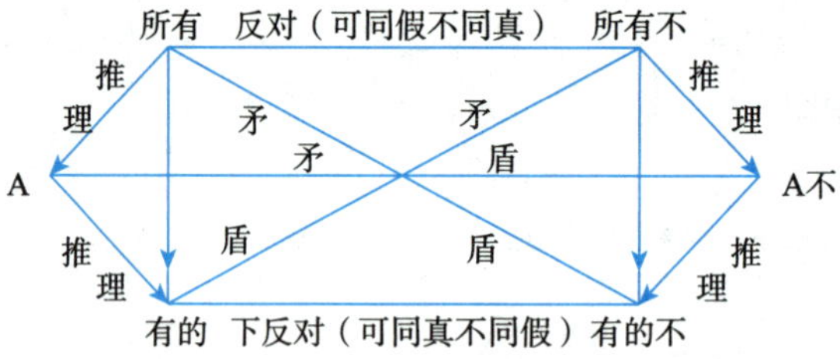

编号	关系	判断	真假情况
①	矛盾关系	“所有”与“有的不” “所有不”与“有的” “某个”与“某个不”	一真一假
②	反对关系	“所有”与“所有不”	两个所有，至少一假； 一真另必假，一假另不定
③	下反对关系	“有的”与“有的不”	两个有的，至少一真； 一假另必真，一真另不定
④	推理关系 （此处满足逆否原则）	所有→某个→有的 所有不→某个不→有的不	上真下必真，下假上必假； 反之则不定

2. 模态命题的四种对当关系

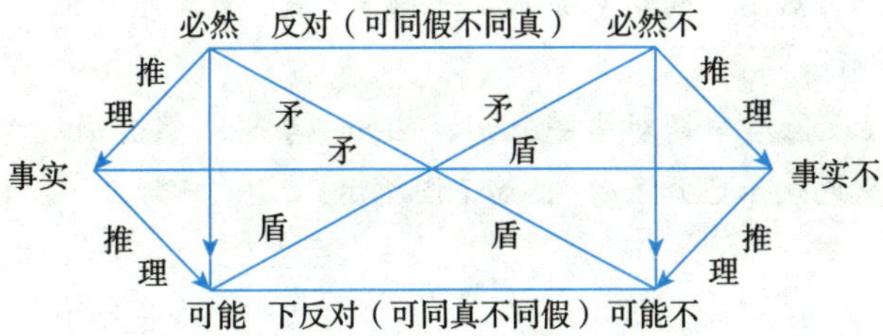

编号	关系	判断	真假情况
①	矛盾关系	“必然”与“可能不” “必然不”与“可能” “事实”与“事实不”	一真一假
②	反对关系	“必然”与“必然不”	两个必然，至少一假； 一真另必假，一假另不定
③	下反对关系	“可能”与“可能不”	两个可能，至少一真； 一假另必真，一真另不定
④	推理关系（此处满足逆否原则）	必然→事实→可能 必然不→事实不→可能不	上真下必真，下假上必假； 反之则不定

基础题型 4 简单命题的对当关系

思路点拨

方法一：利用对当关系的口诀解题。

方法二：利用对当关系图（六边形）解题。具体见例 1 方法二。

典型例题

1 张珊：李思必然会通过考试。

若张珊的以上预测为真，则能推出以下哪项也为真？

Ⅰ. 李思可能会通过考试。

Ⅱ. 李思可能不会通过考试。

Ⅲ. 李思必然不会通过考试。

A. 仅Ⅰ。　　B. 仅Ⅱ。　　C. 仅Ⅰ、Ⅱ。

D. 仅Ⅰ、Ⅲ。　　E. Ⅰ、Ⅱ和Ⅲ。

【详细解析】

方法一：口诀法。

Ⅰ项，“必然”可以推出“可能”，故此项为真。

Ⅱ项，“必然”和“可能不”为矛盾关系，题干为真，故此项一定为假。

Ⅲ项，“必然”和“必然不”为反对关系，一真另必假，故此项为假。

方法二：对当六边形法。

画一个六边形，代表性质命题对当关系图，已知“李思必然会通过考试”为真，即左上为真，画“√”（我们用黑色表示已知条件），如下图所示：

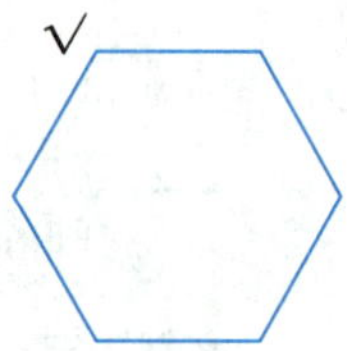

根据口诀“上真下必真”，可知六边形的左中、左下角为真，画“√”；再根据对角线为矛盾命题，故六边形的右下角为假，画“×”（我们用蓝色表示推理出来的情况），如下图所示：

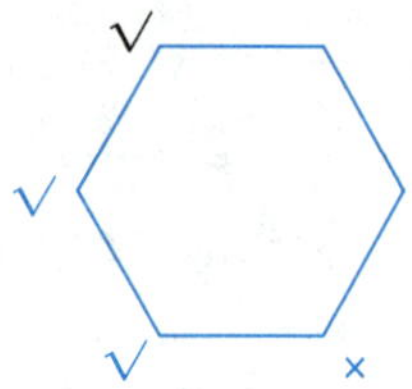

在六边形上画出其矛盾命题的情况，如下图所示：

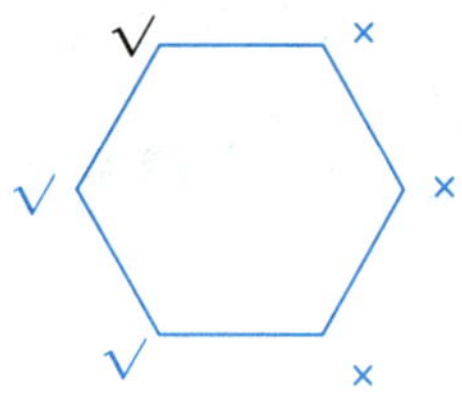

即可迅速判断Ⅰ项为真，Ⅱ项、Ⅲ项均为假。

【答案】A

2 某综艺节目中发现有演员作弊。

如果上述断定是真的，则在下述三个断定中不能确定真假的是：

Ⅰ. 这个节目中没有演员不作弊。

Ⅱ. 这个节目中有的演员没作弊。

Ⅲ. 这个节目中所有的演员都没作弊。

A. 只有Ⅰ和Ⅱ。　B. Ⅰ、Ⅱ和Ⅲ。　C. 只有Ⅰ和Ⅲ。

D. 只有Ⅱ。　E. 只有Ⅰ。

【详细解析】

题干：有的演员作弊。

Ⅰ项，此项等价于：所有的演员都作弊，根据口诀“下真上不定”可知，此项可真可假。

Ⅱ项，“有的”与“有的不”是下反对关系，根据口诀“一真另不定”可知，此项可真可假。

Ⅲ项，“有的”与“所有不”矛盾，故此项必为假。

因此，不能确定真假的是Ⅰ项和Ⅱ项。

【答案】A

3 某小区所有的未经驯化的大型犬都被扑杀了。

如果上述断定为真，则在下述断定中不能确定真假的是：

Ⅰ. 该小区经过驯化的大型犬没被扑杀。

Ⅱ. 该小区未经驯化的小型犬没被扑杀。

Ⅲ. 该小区有的被扑杀的大型犬是未经驯化的。

A. 仅Ⅰ。 B. 仅Ⅱ。 C. 仅Ⅰ、Ⅱ。

D. 仅Ⅰ、Ⅲ。 E. Ⅰ、Ⅱ和Ⅲ。

【详细解析】

Ⅰ项，题干不涉及"经过驯化的大型犬"的情况，故此项可真可假。

Ⅱ项，题干不涉及"小型犬"的情况，故此项可真可假。

Ⅲ项，由题干可知，有的未经驯化的大型犬被扑杀了，根据"'有的'互换原则"，可知此项为真。

【答案】C

4 所有的超市都被检查过了，没有发现假冒伪劣产品。

如果上述断定为真，则在下面四个断定中可确定为假的是：

Ⅰ. 没有超市被检查过。

Ⅱ. 有的超市被检查过。

Ⅲ. 有的超市没有被检查过。

Ⅳ. 售卖假冒伪劣产品的超市已被检查过。

A. 仅Ⅰ、Ⅱ。 B. 仅Ⅰ、Ⅲ。 C. 仅Ⅱ、Ⅲ。

D. 仅Ⅰ、Ⅲ和Ⅳ。 E. Ⅰ、Ⅱ、Ⅲ和Ⅳ。

【详细解析】

题干：①所有的超市都被检查过了∧②没有发现假冒伪劣产品。

Ⅰ项，没有超市被检查过=所有的超市都没被检查过，与①是反对关系，故此项必为假。

Ⅱ项，根据"推理关系"中的"所有→有的"可知，此项为真。

Ⅲ项，与①是矛盾关系，故此项必为假。

Ⅳ项，根据"推理关系"中的"所有→某个"可知，此项为真。注意："售卖假冒伪劣产品的超市已被检查过"与"没有发现假冒伪劣产品"并不矛盾，因为"检查了"不代表"能发现"。

综上，可确定为假的是Ⅰ项和Ⅲ项。

【答案】B

5 只有公司相应部门的所有员工都考评合格了，该部门的员工才能得到年终奖金；财务部有些员工考评合格了；综合部所有员工都得到了年终奖金；行政部的赵强考评合格了。

如果以上陈述为真，则以下哪项可能为真？

Ⅰ. 财务部员工都考评合格了。

Ⅱ. 赵强得到了年终奖金。

Ⅲ. 综合部有些员工没有考评合格。

Ⅳ. 财务部员工没有得到年终奖金。

A. 仅Ⅰ和Ⅱ。　　B. 仅Ⅱ和Ⅲ。　　C. 仅Ⅰ、Ⅱ和Ⅳ。
D. 仅Ⅰ、Ⅱ和Ⅲ。　　E. 仅Ⅱ、Ⅲ和Ⅳ。

【详细解析】

题干有以下信息：

①该部门所有员工都得到年终奖金→该部门所有员工都考评合格。

②财务部有的员工考评合格。

③综合部所有员工都得到了年终奖金。

④行政部的赵强考评合格。

Ⅰ项，可能为真。根据题干信息②，财务部有的员工考评合格，可能是财务部所有员工考评合格。

Ⅱ项，可能为真。根据题干信息①和④，赵强是否得到年终奖金是不确定的，故可能为真。

Ⅲ项，不可能为真。根据题干信息①和③，可知综合部所有员工都考评合格了。

Ⅳ项，可能为真。根据题干信息①和②，财务部员工是否得到年终奖金是不确定的，故可能为真。

【答案】C

6 近期国际金融危机对毕业生的就业影响非常大，某高校就业中心的陈老师希望广大毕业生能够调整自己的心态和预期。他在一次就业指导会上提到，有些同学对自己的职业定位还不够准确。

如果陈老师的陈述为真，则以下哪项不一定为真？

Ⅰ. 不是所有同学对自己的职业定位都准确。

Ⅱ. 不是所有同学对自己的职业定位都不够准确。

Ⅲ. 有些同学对自己的职业定位准确。

Ⅳ. 所有同学对自己的职业定位都不够准确。

A. 仅Ⅱ和Ⅳ。　　B. 仅Ⅲ和Ⅳ。　　C. 仅Ⅱ和Ⅲ。
D. 仅Ⅰ、Ⅱ和Ⅲ。　　E. 仅Ⅱ、Ⅲ和Ⅳ。

【详细解析】

陈老师：有的同学对自己的职业定位不够准确。

Ⅰ项，不是所有同学对自己的职业定位都准确＝有的同学对自己的职业定位不够准确，与题干等价，故此项必然为真。

Ⅱ项，不是所有同学对自己的职业定位都不够准确＝有的同学对自己的职业定位准确。“有的”与“有的不”为下反对关系，根据口诀“一真另不定”可知，此项可真可假。

Ⅲ项，“有的”与“有的不”为下反对关系，根据口诀“一真另不定”可知，此项可真可假。

Ⅳ项，根据口诀“下真上不定”可知，“有的”为真时，无法推知“所有”的真假，故此项可真可假。

综上，Ⅱ项、Ⅲ项、Ⅳ项不能确定真假。

【答案】E

第 4 节 负命题

必备知识

1. 负命题的定义

负命题也称为负判断或矛盾命题。比如说，A 的矛盾命题是¬ A，也可以说，¬ A 是 A 的负命题。

2. 负命题公式

命题	负命题的公式或口诀
性质、模态命题	否定词（“并非”“不”等）+“性质命题”或“模态命题”，等价于去掉前面的否定词，再将“原命题”进行如下变化： 肯定变否定，否定变肯定。 所有变有的，有的变所有。 必然变可能，可能变必然。
联言、选言命题	①¬（A∧B）=（¬ A∨¬ B）。 ②¬（A∨B）=（¬ A∧¬ B）。 ③¬（A∀B）=（¬ A∧¬ B）∨（A∧B）=A↔B。此处中间的“∨”也可以写为“∀”。 说明：德摩根公式其实就是联言、选言命题的负命题公式。 即：否定词（“并非”等）+“联言选言命题”，等价于去掉前面的否定词，再将“原命题”进行如下变化： 肯定变否定，否定变肯定。 并且变或者，或者变并且。 要么变当且仅当，当且仅当变要么。
假言命题	¬（A→B）=A∧¬ B。 ¬（¬ A→¬ B）=¬（A←B）=¬ A∧B。 ¬（A↔B）=A∀B=（A∧¬ B）∀（¬ A∧B）=（A∧¬ B）∨（¬ A∧B）。

基础题型5 简单命题的负命题

思路点拨

1. 解题方法

直接利用替换法口诀解题即可。

【替换法口诀】

肯定变否定，否定变肯定。

所有变有的，有的变所有。

必然变可能，可能变必然。

并且变或者，或者变并且。

要么变当且仅当，当且仅当变要么。

2. 易错点

（1）使用替换法口诀时，否定词后面的"所有""有的""必然""可能"等关键词需要变，否定词之前的不能变。

（2）"都"＝"所有"；"不都"＝"不是所有"＝"有的不"；"都不"＝"所有不"。

（3）若出现连续的两个否定词，直接约掉即可，双重否定表示肯定。

（4）若出现两个否定词中间还有别的内容，则通过替换法口诀替换两个否定词中间的"所有""有的""必然""可能"等关键词，并且第二个否定词后的内容不变。

（5）当量词修饰的是宾语时，替换法口诀未必适用，此时可以根据句子的意思进行判断，或者将句子变成被动句，这时宾语将变成主语，再使用替换法口诀。

典型例题

1 写出下列命题的等价命题。

（1）并非所有的鸟都会飞。

（2）并非有的鸟会飞。

（3）并非所有的鸟都不会飞。

（4）并非有的鸟不会飞。

（5）有的鸟不可能会飞。

（6）有的鸟不必然会飞。

（7）不可能所有的鸟都会飞。

（8）鸟不可能都会飞。

（9）鸟都会飞是不可能的。

（10）鸟可能不都会飞。

（11）鸟都不可能会飞。

（12）并非不可能鸟都会飞。

（13）并非不必然有的鸟会飞。

（14）并非有的鸟不可能会飞。

（15）并非所有的鸟不必然会飞。

【详细解析】

（1）并非所有的鸟都会飞＝有的鸟不会飞。

（2）并非有的鸟会飞＝所有的鸟都不会飞。

（3）并非所有的鸟都不会飞＝有的鸟会飞。

（4）并非有的鸟不会飞＝所有的鸟都会飞。

（5）有的鸟不可能会飞＝有的鸟必然不会飞。

（6）有的鸟不必然会飞＝有的鸟可能不会飞。

（7）不可能所有的鸟都会飞＝必然有的鸟不会飞。

（8）鸟不可能都会飞＝不可能所有的鸟都会飞＝必然有的鸟不会飞。

（9）鸟都会飞是不可能的＝不可能所有的鸟都会飞＝必然有的鸟不会飞。

（10）鸟可能不都会飞＝可能不是所有的鸟都会飞＝可能有的鸟不会飞。

（11）鸟都不可能会飞＝所有的鸟都不可能会飞＝所有的鸟必然都不会飞。

（12）并非不可能鸟都会飞＝可能鸟都会飞。

（13）并非不必然有的鸟会飞＝必然有的鸟会飞。

（14）并非有的鸟不可能会飞＝所有的鸟可能都会飞。

（15）并非所有的鸟不必然会飞＝有的鸟必然会飞。

2 宇宙中，除了地球，不一定有居住着智能生物的星球。

下列哪项与上述论述的含义最为接近？

A. 宇宙中，除了地球，一定没有居住着智能生物的星球。

B. 宇宙中，除了地球，一定有居住着智能生物的星球。

C. 宇宙中，除了地球，可能有居住着智能生物的星球。

D. 宇宙中，除了地球，可能没有居住着智能生物的星球。

E. 宇宙中，除了地球，一定没有居住着非智能生物的星球。

【详细解析】

题干：不 [一定] [有] 居住着智能生物的星球。

↓ ↓

等价于：[可能] [没有] 居住着智能生物的星球。

故：宇宙中，除了地球，可能没有居住着智能生物的星球。

【答案】D

3 在上次考试中，老师出了一道非常古怪的难题，有 86% 的考生不及格。这次考试之前，酱心预测说："根据上次考试情况，这次考试不一定会出那种难题了。"酱油说："这就是说这次考试肯定不出那种难题了。太好了！"酱心说："我不是那个意思。"

下面哪句话与酱心预测的意思相似？

A. 这次考试老师不可能不出那种难题。

B. 这次考试老师必定不出那种难题了。

C. 这次考试老师可能不出那种难题了。

D. 这次考试老师不可能出那种难题了。

E. 这次考试不一定不出那种难题了。

【详细解析】

题干：不 一定 会出 那种难题了。

↓ ↓

等价于： 可能 不会出 那种难题了。

故：这次考试可能不出那种难题了，即 C 项正确。

【答案】C

4 有粉丝喜欢所有篮球运动员。

如果上述断定为真，则以下哪项不可能为真？

A. 所有篮球运动员都有粉丝喜欢。

B. 有粉丝不喜欢所有篮球运动员。

C. 所有粉丝都不喜欢某个篮球运动员。

D. 有粉丝不喜欢某个篮球运动员。

E. 每个篮球运动员都有粉丝不喜欢。

【详细解析】

题干：有粉丝喜欢所有篮球运动员，等价于：所有篮球运动员都有粉丝喜欢（即被喜欢）。

题干的矛盾命题为：并非 所有 篮球运动员都 有 粉丝喜欢。

↓ ↓

等价于： 有的 篮球运动员 没有 粉丝喜欢。

↓ ↓

等价于： 有的 篮球运动员 所有 粉丝都不喜欢。

即若题干为真，则 C 项不可能为真。

【答案】C

5 不必然任何经济发展都导致生态恶化，但不可能有不阻碍经济发展的生态恶化。

以下哪项与上述断定的含义最为接近？

A. 任何经济发展都不必然导致生态恶化，但任何生态恶化都必然阻碍经济发展。

B. 有的经济发展可能导致生态恶化，但任何生态恶化都可能阻碍经济发展。

C. 有的经济发展可能不导致生态恶化，但任何生态恶化都可能阻碍经济发展。

D. 有的经济发展可能不导致生态恶化，但任何生态恶化都必然阻碍经济发展。

E. 任何经济发展都可能不导致生态恶化，但有的生态恶化必然阻碍经济发展。

【详细解析】

题干前半句：不 必然 任何 经济发展都 导致 生态恶化。

↓ ↓ ↓

等价于： 可能 有的 经济发展 不导致 生态恶化。

题干后半句：但 不 可能 有 不阻碍经济发展的生态恶化。

↓ ↓

等价于： 必然 没有 不阻碍经济发展的生态恶化。

等价于：必然所有生态恶化都阻碍经济发展。

故：有的经济发展可能不导致生态恶化，但任何生态恶化都必然阻碍经济发展。

因此 D 项正确。

【答案】D

6 2019 年，百度当选春晚红包互动平台，这也让春晚的红包合作方集齐了“BAT”。据百度统计，春晚期间，全球观众共参与百度 App 红包互动活动次数达 208 亿次；9 亿元现金被分成大大小小的红包抵达千家万户。近 3 年来，春晚的收视率之所以那么高，不必然是节目受到所有人的喜欢，也许是支付宝、微信、百度等合作方的红包刺激的原因。

如果以上信息为真，则以下哪一项也一定为真？

A. 春晚的节目可能受到有些人的喜欢。
B. 春晚的节目必然不是受到有些人的喜欢。
C. 春晚的节目必然不是受到所有人的喜欢。
D. 春晚的节目可能所有人都不喜欢。
E. 春晚的节目可能没有受到有些人的喜欢。

【详细解析】

题干：不 必然 节目 受到 所有人 的喜欢。

↓ ↓ ↓

等价于： 可能 节目 没有受到 有的人 的喜欢。

故：春晚的节目可能没有受到有的人的喜欢，即 E 项正确。

【答案】E

7 朱元璋可以算是中国历史上最勤奋的皇帝之一，据记载，在洪武十七年——公元 1384 年 9 月 14 日到 21 日共 8 天的时间里，朱元璋共受理正式文件 1 666 件，处理官方事务 3 391 件。用实际行动证明了自己的遗诏“朕膺天命三十有一年，忧危积心，日勤不怠”。然而，即使是天下最勤奋的皇帝，也不可能处理完天下所有的事务。

以下哪个选项最符合上述题干中的论述？

A. 处理完天下所有事务的人必定是天下最勤奋的皇帝。
B. 天下最勤奋的皇帝不一定能处理完天下所有的事务。
C. 天下最勤奋的皇帝有可能处理完天下所有的事务。
D. 天下最勤奋的皇帝必定处理不完天下所有的事务。
E. 不勤奋的皇帝连很少的事务都处理不完。

【详细解析】

题干： ①天下最勤奋的皇帝也 不 可能 处理完 天下所有的事务。

↓ ↓ ↓

等价于： ②天下最勤奋的皇帝也 必然 处理不完 天下所有的事务。

↓ ✕

也等价于：③天下最勤奋的皇帝也 必然 有的（有）事务 处理不完。

由②可知，D 项正确。

注意：

在句①中，“天下所有的事务”是一个宾语，可认为是“处理完”这个动作的对象，可看作一个整体，故由句①到句②时，此宾语可不做变化。

在句③中，“有的事务处理不完”，即“有的事务不能被处理完”，此时，“有的事务”在这个分句中做了主语，因此把句②中的“所有”变成了句③中的“有的”。

【答案】D

8 有一个学生能解出天下所有的题目。这样的学生是不可能存在的。

以下哪项最接近于上述断定的含义？

A. 任何学生必然有题目解不出。

B. 至少有学生可能解出天下所有的题目。

C. 有的学生可能能解出一些题目。

D. 有的学生必然能解出一些题目。

E. 任何学生必然能解出天下所有的题目。

【详细解析】

题干：不 可能 存在一个学生 解出 所有的题目。

等价于：不 可能 存在一个 学生 所有的题目 解出。

等价于：**必然** **任何** 学生 **有的** 题目 **解不出**。

【答案】A

9 对本届奥运会所有奖牌获得者进行了尿样化验，没有发现兴奋剂使用者。

如果以上陈述为假，则以下哪项一定为真？

Ⅰ. 或者有的奖牌获得者没有化验尿样，或者在奖牌获得者中发现了兴奋剂使用者。

Ⅱ. 虽然有的奖牌获得者没有化验尿样，但还是发现了兴奋剂使用者。

Ⅲ. 如果对所有的奖牌获得者进行了尿样化验，则一定发现了兴奋剂使用者。

A. 仅Ⅰ。 B. 仅Ⅱ。 C. 仅Ⅲ。 D. 仅Ⅰ和Ⅲ。 E. 仅Ⅰ和Ⅱ。

【详细解析】

题干：①并非（对所有奖牌获得者进行了尿样化验∧没有发现兴奋剂使用者）。

等价于：②没有对所有的奖牌获得者进行尿样化验∨发现了兴奋剂使用者。

等价于：③有的奖牌获得者没有进行尿样化验∨发现了兴奋剂使用者，故Ⅰ项必为真。

Ⅱ项的含义为：有的奖牌获得者没有进行尿样化验∧发现了兴奋剂使用者，“或者”不能推“并且”，所以，Ⅱ项可真可假。

③又等价于：④对所有的奖牌获得者进行尿样化验→发现了兴奋剂使用者，故Ⅲ项必为真。

综上，Ⅰ、Ⅲ两项必然为真，故D项正确。

【答案】D

基础题型6 假言命题的负命题

思路点拨

1. 题干特点

题干中出现假言命题。提问方式为：

“如果题干信息为真，则以下哪项必然为假（不可能为真、不能成立）？”

"以下哪项不符合题干？"

"以下哪项能说明题干不成立（最能削弱题干）？"

2. 解题方法

公式①：¬（A→B）= A ∧¬ B。

公式②：¬（¬ A→¬ B）=¬（A←B）=¬ A ∧ B。

口诀：肯前且否后，即肯定假言命题的前件的同时否定其后件。

公式③：¬（A↔B）= A∀B=（A ∧¬ B）∨（¬ A ∧ B）=（A ∧¬ B）∀（¬ A ∧ B）。

3. 易错点

"A→B"的负命题（矛盾命题）是"A ∧¬ B"，不是"A→¬ B"。

因为：（A→B）=（¬ A ∨ B），（A→¬ B）=（¬ A ∨¬ B）。因此，当出现"¬ A"时，"A→B"和"A→¬ B"均为真，所以二者并非矛盾关系。

典型例题

1 在评价一个企业管理者的素质时，有人说："只要企业能获得利润，其管理者的素质就是好的。"以下各项都是对上述看法的质疑，除了：

A. 有时管理者会用牺牲企业长远利益的办法获得近期利润。

B. 有的管理者采取不正当竞争的办法，损害其他企业，获得本企业的利益。

C. 某地的卷烟厂连年利润可观，但在领导层中挖出了一个贪污集团。

D. 某电视机厂的领导任人唯亲，工厂越办越糟，群众意见很大。

E. 某计算机销售公司近几年的利润在同行业中名列前茅，但有逃避关税的问题。

【详细解析】

题干：企业能获得利润→管理者的素质就是好的。

其矛盾命题为：企业能获得利润 ∧ 管理者的素质不好。

A、B、C、E 项都能说明上述矛盾命题。

D 项，"越办越糟"的工厂有可能仍然有利润，也有可能没有利润，故此项不能质疑题干。

【答案】D

2 在今年夏天的足球运动员转会市场上，只有在世界杯期间表现出色并且在俱乐部也有优异表现的人，才能获得众多俱乐部的青睐和追逐。

如果以上陈述为真，则以下哪项不可能为真？

A. 老将克洛泽在世界杯上以 16 球打破了罗纳尔多 15 球的世界杯进球记录，但是仍然没有获得众多俱乐部的青睐。

B. J 罗获得了世界杯金靴，他同时凭借着俱乐部的优异表现在众多俱乐部追逐的情况下，成功转会皇家马德里。

C. 罗伊斯因伤未能代表德国队参加巴西世界杯，但是他在德甲俱乐部赛场上有着优异表现，在转会市场上得到了皇家马德里、巴塞罗那等顶级豪门的青睐。

D. 多特蒙德头号射手莱万多夫斯基成功转会到拜仁慕尼黑。

E. 克罗斯没有获得金靴，但因为在俱乐部表现突出，同样成功转会皇家马德里。

【详细解析】

题干：青睐→世界杯表现出色 ∧ 俱乐部表现优异。

题干的负命题为：青睐∧（¬世界杯表现出色∨¬俱乐部表现优异）。

即：若出现“①青睐∧¬世界杯表现出色”“②青睐∧¬俱乐部表现优异”“③青睐∧¬世界杯表现出色∧¬俱乐部表现优异”，则不可能为真。

A项，¬青睐∧世界杯表现出色，与题干不矛盾，可能为真。

B项，世界杯表现出色∧俱乐部表现优异∧青睐，与题干不矛盾，可能为真。

C项，青睐∧¬世界杯表现出色，由①可知，此项一定为假。

D项，青睐∧俱乐部表现优异（头号射手），与题干不矛盾，可能为真。

E项，“没有获得金靴”并不能说明“世界杯表现不出色”，故此项与题干不矛盾，可能为真。

【答案】C

3 在报考研究生的应届生中，除非学习成绩名列前三位，并且有两位教授推荐，否则不能成为免试推荐生。

以下哪项如果为真，说明上述决定没有得到贯彻？

Ⅰ.余涌学习成绩名列第一，并且有两位教授推荐，但未能成为免试推荐生。

Ⅱ.方宁成为免试推荐生，但只有一位教授推荐。

Ⅲ.王宜成为免试推荐生，但学习成绩不在前三名。

A.仅Ⅰ。 B.仅Ⅰ和Ⅱ。 C.仅Ⅱ和Ⅲ。 D.Ⅰ、Ⅱ和Ⅲ。 E.以上都不正确。

【详细解析】

题干：¬（成绩名列前三位∧有两位教授推荐）→¬免试推荐生。

等价于：¬成绩名列前三位∨¬有两位教授推荐→¬免试推荐生。

题干的负命题为：（¬成绩名列前三位∨¬有两位教授推荐）∧免试推荐生。

即：选项如果是“¬有两位教授推荐∧免试推荐生”“¬成绩名列前三位∧免试推荐生”“¬成绩名列前三位∧¬有两位教授推荐∧免试推荐生”这三个之一，就能说明上述决定没有得到贯彻。

Ⅰ项，成绩名列前三位∧有两位教授推荐∧¬免试推荐生，与题干的负命题不同，不能说明决定没有得到贯彻。

Ⅱ项，¬有两位教授推荐∧免试推荐生，与题干的负命题一致，说明决定没有得到贯彻。

Ⅲ项，¬成绩名列前三位∧免试推荐生，与题干的负命题一致，说明决定没有得到贯彻。

【答案】C

4 甲、乙、丙共同经营一家理发店。在任何时候，必须至少有一人留守店内。也就是说，如果丙外出，那么，如果甲也外出，则乙必须留在店内。但问题是，只有在乙陪伴时，甲才会外出。

如果以上信息为真，则以下哪项不可能为真？

A.甲能够外出。 B.甲留在店内，乙和丙外出。 C.乙能够外出。

D.丙总留在店内。 E.乙留在店内，甲和丙外出。

【详细解析】

题干有以下信息：

①甲不外出∨乙不外出∨丙不外出。

②丙外出∧甲外出→乙不外出。

③甲外出→乙外出。

E项，甲外出∧乙不外出，是题干信息③的负命题，不可能为真。

其余各项都可能为真。

【答案】E

5 并非当且仅当某人是美院的学生，则他一定会画油画。

下列哪个选项是对上述命题的正确理解？

A. 某人是美院学生但不会画油画。

B. 不是美院学生但会画油画的也不少。

C. 某人不是美院学生但会画油画。

D. 某人是美院学生但不会画油画，或者某人不是美院学生但会画油画。

E. 如果某人会画油画，那么他一定是美院的学生。

【详细解析】

题干：¬（某人是美院的学生 ↔ 会画油画）。

题干等价于：（¬ 某人是美院的学生 ∧ 会画油画）∨（某人是美院的学生 ∧ ¬ 会画油画）。

故 D 项正确。

【答案】D

第 5 节　概念与定义

必备知识

1. 概念与定义

1.1　概念与定义

类型	定义
概念	反映对象本质属性的思维形式。
定义	对概念的描述。它包含被定义项、联项和定义项。

1.2　定义的规则

编号	规则	违反规则的逻辑谬误	例句
①	定义项不得直接包含被定义项	同语反复	聪明人就是脑子很聪明的人
②	定义项不得间接包含被定义项	循环定义	奇数就是偶数加 1；而偶数就是奇数减 1
③	定义项的外延和被定义项的外延必须完全相等	定义项 > 被定义项：定义过宽	人类是指用肺呼吸的哺乳动物
		定义项 < 被定义项：定义过窄	人类是指女人
④	定义不应包括含混的概念，不能用比喻句	定义含混	儿童就是指祖国的花朵
⑤	定义不应当是否定的	用否定句下定义	男人就是不是女人的人

2. 集合概念与类概念

类型	定义
集合概念	集合体是指一定数量的个体所组成的全体。反映集合体的整体性质的概念，就是集合概念。
类概念	又称非集合概念，它表达的是这个概念中每个个体共同具有的性质。

3. 合成谬误与分解谬误

类型	定义
合成谬误	误认为个体具有的性质，集体一定具有。
分解谬误	误认为集体具有的性质，个体也一定具有。

4. 概念间的关系

编号	关系	图示	例子
①	全同关系	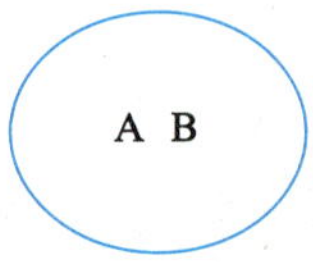	等边三角形 所有角均为 60° 的三角形
②	种属关系	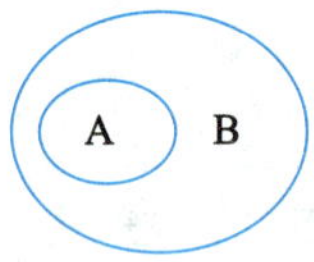	兔子是动物的一种
③	交叉关系	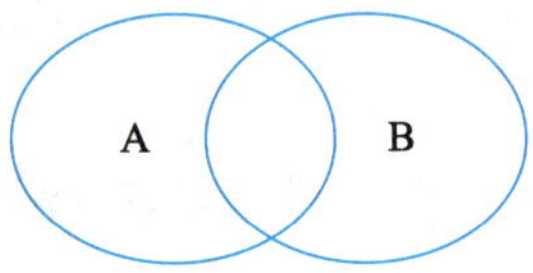	男人　教授 重合部分：男教授
④	矛盾关系	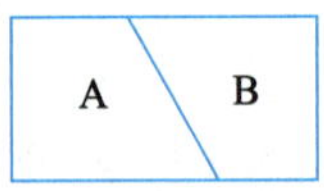	男人　女人
⑤	反对关系	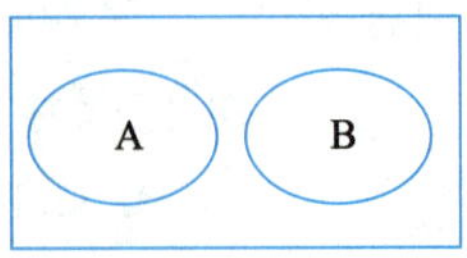	儿童　中年

基础题型 7 // 概念与定义的基本题型

思路点拨

1. 题干特点

题干中出现一个概念的定义，问哪个选项符合这个定义。

2. 解题方法

（1）找到题干中定义的要点，如要点较多，可将这些要点编号。

（2）将选项和题干中的要点一一对应。

典型例题

1 注意分为内源性注意和外源性注意。内源性注意是指个体根据自己的目标或意图来分配注意、支配行为，是主动注意；外源性注意是指由个体外部信息引起的个体注意，是被动注意。

根据上述定义，下列属于内源性注意的是：

A.“轰”的一声响，大家不由地都回头看了一眼。

B. 六一儿童节，公园里奇幻的魔术表演受到许多小朋友和家长的喜爱。

C. 超市琳琅满目的商品，包装各异、颜色鲜亮，吸引了许多顾客的眼球。

D. 根据客户的要求，广告设计师特别关注了大量以温馨家园为题材的售楼广告素材。

E. 2022 年卡塔尔世界杯颁奖典礼上，塔米姆为梅西披上的金边黑色薄纱外套引起了球迷小杰的兴趣。

【详细解析】

（1）找出题干中定义的要点并编号。

内源性注意的定义要点是：①个体根据自己的目标或意图来分配注意、支配行为；②主动注意。

（2）将选项与定义的要点一一对应。

A 项，“‘轰’的一声响”属于外部信息，不符合内源性注意要点①。

B 项，“魔术表演”属于外部信息，不符合内源性注意要点①。

C 项，“包装各异、颜色鲜亮”属于外部信息，不符合内源性注意要点①。

D 项，广告设计师根据客户的要求主动地关注广告素材，满足内源性注意的定义要点，故此项正确。

E 项，“金边黑色薄纱外套”属于外部信息，不符合内源性注意要点①。

【答案】D

2 同源器官是指不同生物的某些器官在基本结构、各部分和生物体的相互关系以及胚胎发育的过程彼此相同，但在外形上有时并不相似，功能上也有差别。同功器官是指不同生物的某些器官在功能上相同，有时形状也相似，但其来源与基本结构均不同。

根据上述定义，下列属于同功器官的是：

A. 骨骼、关节和肌肉共同构成了人体的运动系统，是人体活动的重要组成部分。

B. 鱼鳃与陆栖脊椎动物的肺，均为呼吸器官，鱼鳃鳃丝来自外胚层，而肺来自内胚层。

C. 马铃薯的块茎和葡萄的卷须都是茎的变态结构，前者适于贮存养料，后者能用于攀岩。

D. 鸟的翅膀、蝙蝠的翼手有相同的基本结构，是从共同的祖先进化来的，因为生活环境的不同而向不同的方向进化，产生了表面形态上的分歧。

E. 鲸的胸鳍、狗的前肢外形上并不相似，但却有相同的基本结构。

【详细解析】

（1）找出题干中定义的要点并编号。

同功器官的定义要点是：①不同生物的某些器官；②功能上相同；③来源与基本结构均不同。

（2）将选项与定义的要点一一对应。

A 项，此项中骨骼、关节和肌肉均来自人体，不符合要点①。

B 项，符合同功器官的定义。

C 项，二者功能不同，来源相同，不符合要点②和③。

D 项，二者基本结构相同，且从共同的祖先进化而来，不符合要点③。

E 项，二者基本结构相同，不符合要点③。

【答案】B

3 经典条件反射是指原来不能引起某一反应的刺激，通过一个学习过程，使他们彼此建立起联系，从而在条件刺激和无条件反应之间建立起的联系。操作性条件反射是指如果一个反应发生以后继之给予奖励，这一反应就会得到加强；反之，这个反应的强度就会减少，直至消失。

根据上述定义，下列属于操作性条件反射的是：

A. 婴儿一出生就能够发出哭声，如果把手指或其他东西放到他嘴里，他还会做出吮吸的动作。

B. 有一位狗的主人每次按铃之后都会给狗喂食，久而久之，狗在听到铃声后就开始分泌唾液。

C. 明明只要在幼稚园表现得好妈妈周末就会带他出去玩，所以明明在幼儿园里越来越乖。

D. 曹操率领部队去讨伐张绣，天气热得出奇，为激励士气曹操说："前有大梅林，饶子甘酸可以解渴。"士卒听了以后，都流口水。

E. 张三在第一学年获得了优异的成绩因而得到了学校一等奖学金，随后张三骄傲自大，第二学年多科目挂科。

【详细解析】

（1）找出题干中定义的要点并编号。

操作性条件反射的定义要点是：①一个反应发生以后，②继之给予奖励（反之，即无奖励），③这一反应就会得到加强（反之则减少，直至消失）。

（2）将选项与定义的要点一一对应。

A 项，不符合操作性条件反射的任意一个定义要点。

B 项，"按铃"和"喂食"之间原来是没有联系的，但通过学习过程使他们彼此建立起了联系，属于经典条件反射。

C 项，一个反应发生以后（在幼稚园表现得好），给予奖励（带他出去玩），这一反应就会得到加强（明明在幼儿园里越来越乖），符合操作性条件反射的定义。

D 项，不符合操作性条件反射的任意一个定义要点。

E 项，符合要点①和②，但给予奖励，这一反应并未加强，不符合要点③。

【答案】C

基础题型 8 集合概念与类概念

思路点拨

1. 集合概念与类概念如何区分

（1）在集合概念前加“每个”，一般会改变句子的原意；在类概念前加“每个”，一般不会改变句子的原意。

（2）如果集合概念、类概念做句子的宾语，在类概念后面加“之一”，一般不会改变句子的原意。

2. 合成谬误与分解谬误

（1）如果把集合体或整体中个体或部分的性质误认为是集合体或整体的性质，就犯了合成谬误的逻辑错误。

（2）如果把集合体或整体的性质误认为是集合体中每个个体或整体中每个部分的性质，就犯了分解谬误的逻辑错误。

典型例题

1 “世间万物中，人是第一个可宝贵的。我是人，所以，我是世间万物中第一个可宝贵的。”

以下除哪项外，均与上述论证中出现的谬误相似?

A. 我国的佛教寺庙分布于全国各地，普济寺是我国的佛教寺庙，所以普济寺分布于我国各地。

B. 现在的独生子女娇生惯养，小王是独生子女，所以小王是娇生惯养的。

C. 群众是真正的英雄，我是群众，所以我是真正的英雄。

D. 中国人是勤劳的，我是中国人，所以我是勤劳的。

E. 现在的大学生都拥护党的领导，拥护党的领导能给予自身坚定的信念，所以现在的大学生能给予自身坚定的信念。

【详细解析】

题干：世间万物中，人是第一个可宝贵的（指的是人这个群体具备第一宝贵这个性质，故“人”为集合概念）。我是人（指的是我是人这个类别中的一个，故“人”为类概念），所以，我是世间万物中第一个可宝贵的。

所以题干犯了偷换概念的逻辑错误。

A 项，我国的佛教寺庙（集合概念）分布于全国各地，普济寺是我国的佛教寺庙（类概念），偷换概念，与题干相同。

B项，现在的独生子女（集合概念）娇生惯养，小王是独生子女（类概念），偷换概念，与题干相同。

C项，群众（集合概念）是真正的英雄，我是群众（类概念），偷换概念，与题干相同。

D项，中国人（集合概念）是勤劳的，我是中国人（类概念），偷换概念，与题干相同。

E项，未犯逻辑错误。

【答案】E

2 很多科学家的职业行为只是为了提高他们的职业能力，做出更好的成绩，改善他们的个人状况，对于真理的追求则被置于次要地位。因此，科学家共同体的行为也是为了改善该共同体的状况，纯粹出于偶然，该共同体才会去追求真理。

以下哪项最为准确地指出了上述论证中的谬误？

A. 该论证涉嫌贬低科学家的道德品质。

B. 从很多科学家具有某种品质，不合理地推出科学家共同体也有该品质。

C. 毫无理由地假定，个人职业能力的提高不会提高其发现真理的效率。

D. 从多数科学家具有某种品质，不合理地推出每一位科学家都有该品质。

E. 不当地假定，集体具有的性质，集体中的个体也具有。

【详细解析】

论据：很多科学家的职业行为是为了改善个人状况，对于真理的追求则被置于次要地位。

论点：科学家共同体的行为也是为了改善该共同体的状况，纯粹出于偶然，该共同体才会去追求真理。

题干通过科学家个人的情况，来推断科学家共同体的情况，犯了合成谬误的逻辑错误。

B项，误认为个体具有的性质，整体也同样具有，即合成谬误，评价准确。

D项，由多数科学家个体来推断每个科学家的性质，这是由个体推断更大范围的个体，是以偏概全，故排除。

E项，由集体的性质推断个体的性质，是分解谬误，故排除。

其余两项显然不正确。

【答案】B

3 这支足球队不是一支优秀的球队，所以，球队中的队员张山也并不优秀。

以下哪一项与题干的论证方法相同？

A. 王英会说英语，王英是中国人，所以，每个中国人都会说英语。

B. 教育部规定，高校不得从事股票投资，所以，北京大学的张教授不能购买股票。

C. 中国奥委会是国际奥委会的成员，Y先生是中国奥委会的委员，所以，Y先生是国际奥委会的委员。

D. 我校运动会是全校的运动会，奥运会是全世界的运动会；我校学生都必须参加校运会开幕式，所以，全世界的人都必须参加奥运会开幕式。

E. 你家里养活的宠物既然不是猫，那么一定是狗。

【详细解析】

题干认为整体（足球队）不具有的某种属性，其中的个体（张山）也同样不具有。因此，题干犯了分解谬误的逻辑错误。

A 项，误认为“个体”所具有的属性，“每个中国人”都具有，犯了以偏概全的逻辑错误，与题干所犯的逻辑谬误不相同。

B 项，误认为“高校”所不具有的属性，“北京大学的张教授”也同样不具有，犯了分解谬误的逻辑错误，与题干所犯的逻辑谬误相同。

C 项，中国奥委会是国际奥委会的成员（描述中国奥委会集体的性质），Y 先生是中国奥委会的委员，所以，Y 先生是国际奥委会的委员（描述 Y 先生这个个体的性质）。可见，题干由集体的性质推出了个体的性质，但由于题干是“不具有”优秀这个性质，而此项是“具有”国际奥委会的委员这个性质，故此项与题干的相似性不如 B 项。

D 项，此项根据“我校运动会”具有全员参加的属性，推出“奥运会”也具有此种属性。但“我校运动会”和“奥运会”并不具备相似性或等同性，因此，此项犯了不当类比的逻辑错误，与题干不同。

E 项，不是猫不一定就是狗，也有可能是其他宠物，此项犯了非黑即白的逻辑错误，与题干不同。

【答案】B

基础题型 9 概念间的关系

思路点拨

1. 题干特点

题干中出现 N 个人，给出这些人的身份、职业、籍贯等信息。

2. 解题方法

（1）判断题干中几个概念之间的关系。

（2）根据概念之间的关系，结合题干中的数量进行计算求解。

典型例题

1 某地召开有关《红楼梦》的小型学术研讨会。与会者中，4 个是北方人，3 个是黑龙江人，1 个是贵州人；3 个是作家，2 个是文学评论家，1 个是教授。以上提到的是全体与会者。

根据以上陈述，可推断参加该研讨会的最少可能有几人？最多可能有几人？

A. 最少可能有 4 人，最多可能有 6 人。

B. 最少可能有 5 人，最多可能有 11 人。

C. 最少可能有 6 人，最多可能有 14 人。

D. 最少可能有 8 人，最多可能有 10 人。

E. 最少可能有 7 人，最多可能有 11 人。

【详细解析】

由于“黑龙江人”和“北方人”是种属关系，即 4 个北方人中包含 3 个黑龙江人。贵州人不是北方人，故按地域分，恰有 5 人。

作家可能既是文学评论家，又是教授，也可能每个人的职业都不重合，故按职业分，至少有3人，最多有6人。

已知职业的至少3人，若恰好是4个北方人和1个贵州人中的3个，则与会者最少有5人。

已知职业的最多6人，若和已知地域的5人不重合，则与会者最多有11人。

综上，B项正确。

【答案】B

2 参加晚会的有3个足球爱好者，4个亚洲人，2个印度人，5个商人。以上叙述涉及了所有晚会参加者，其中印度人不经商。

那么，参加晚会的人数是：

A. 最多14人，最少5人。

B. 最多14人，最少7人。

C. 最多12人，最少7人。

D. 最多12人，最少5人。

E. 最多12人，最少8人。

【详细解析】

由于"印度人"和"亚洲人"是种属关系，即4个亚洲人中包含2个印度人。

故人数最多时，即为其他几个概念没有重合时，则有：3（足球爱好者）+4（亚洲人）+5（商人）=12（人）。

要想人数最少，则要重复的元素尽可能多，又已知印度人不经商，故参加晚会的人数最少为：2（印度人）+5（商人）=7（人）。其中，足球爱好者、亚洲人与这7人重复。

故参加晚会的人数最多12人，最少7人，即C项正确。

【答案】C

3 某交响乐团招聘团员，拟录用名单共有9人，其中有3个南方人，1个专科生，2个20岁，2个近视，1个本科生，1个广西人，还有1个北方人。以上叙述包括了全部成员。

以下各项断定都有可能解释以上陈述，除了：

A. 1个本科生是北方人。

B. 2个20岁的人都是近视眼。

C. 1个专科生是北方人。

D. 1个本科生是广西人。

E. 1个专科生不是近视。

【详细解析】

由于"广西人"和"南方人"是种属关系，因此题干可以简化为：3个南方人，1个专科生，2个20岁，2个近视，1个本科生，1个北方人，共10个身份，又知拟录用名单共有9人，所以有两个身份重合为一人。

B项，2个20岁的人都是近视眼，至多只会有8人，不满足题意。

其余各项均能解释。

【答案】B

第 2 章　推理母题：5 大条件类

❶ 本章的内容是形式逻辑还是综合推理？

既有形式逻辑，也有综合推理。因为 90% 的综合推理题是基于形式逻辑的基础知识的。近几年的逻辑真题中：

管理类联考共 30 道逻辑题，约考 18 道推理题，其中会有 15 道左右涉及形式逻辑知识。

经济类联考共 20 道逻辑题，约考 12 道推理题，其中会有 10 道左右涉及形式逻辑知识。

❷ 本章重要吗？

特别重要！每年联考真题中有 80% 左右的推理题为 5 大条件类母题模型，其中管综每年考 15 道左右，经综每年考 10 道左右。

❸ 本章难吗？

刚开始学可能会觉得难，但其实解题套路化特别强。练熟套路后，多数题可以 10 秒钟判断该怎么做。

但如果你学起来还是觉得难，那么有以下三种可能：

（1）形式逻辑的基础公式不熟练。建议重新听《联考逻辑要点 7 讲》中的第 1 讲（可扫描本书内文第 2 页"形式逻辑应该如何学习？"处的二维码免费听）。

（2）母题模型不熟练。二刷本章内容即可。

（3）题目确实难。综合推理可以出非常难的题，尤其是每年的压轴题，难度较大。所以，不要因为这样的题做起来有难度就产生自我怀疑。

本章考情分析

通过对近 10 年管综真题和近 3 年经综真题模型考查频次的分析，现将本章母题模型的难度、重要程度总结如下：

本章母题模型	难度	重要程度
母题模型 1　事实假言模型	★★★	★★★★★
母题模型 2　半事实假言模型	★★★	★★★
母题模型 3　假言推假言模型	★★	★★★★★
母题模型 4　假言推事实模型	★★★★★	★★★★★
母题模型 5　数量假言模型	★★★★★	★★★★★
母题模型 6　假言命题的矛盾命题模型	★★	★★★
母题模型 7　匹配模型	★★★★	★★★★
母题模型 8　数量关系模型	★★★	★★★★
母题模型 9　5 大条件综合应用模型	★★★★★	★★★★

难度说明：★★为简单，★★★为中档，★★★★为中档偏上，★★★★★为难。

由上表可知，母题模型 1、3、4、5、7 均为每年必考模型，母题模型 2、6、8、9 考查的频率相对较低。近 10 年管综真题中，该部分内容平均每年考查 13.5 题，占比 45%；2021 年—2023 年经综真题中，平均每年考查 9.3 题，占比 46.5%。显而易见，本章是逻辑单科中最为重要的内容。

第 1 节　5 大条件与母题模型的识别

1. 推理题的命题规律

根据近年真题命题规律可知，推理题在联考逻辑中占比达 60% 左右，那么，推理题是如何命题的呢？

先看两道例题：

例 1. 某公司组织员工乘坐高铁出差，已知如下信息：

①甲、乙、丙、丁、戊五人乘坐高铁出差，他们正好坐在同一排的 A、B、C、D、F 五个座位上。

②若甲或者乙中的一人坐在 C 座，则丙坐在 B 座。

③若戊坐在 C 座，则丁坐在 F 座。

④丁坐在 B 座。

根据以上信息，可以确定以下哪项？

A. 甲坐在 A 座。　　B. 乙坐在 D 座。　　C. 丙坐在 C 座。

D. 戊坐在 F 座。　　E. 戊坐在 A 座。

【题干分析】

本题由四个条件组成，其中：

条件①为一一对应关系，我们将其命名为“匹配”。

条件②、③为假言命题，我们将其命名为“假言”。

条件④给出了确定信息，我们将其命名为“事实”。

例 2. 红星中学对学生进行了一次摸底考试。有人根据平时学习情况对任刚、王强、李玲、赵兰 4 名同学的成绩由高到低作出如下预测：

①如果任刚排第三，那么李玲排第一。

②如果王强不排第一，那么任刚排第三。

③任刚的排序与李玲相邻，但与王强不相邻。

事后得知，上述预测均符合调查结果。

根据以上信息，可以得出以下哪项？

A. 任刚排第一。　　B. 王强排第二。　　C. 李玲排第一。

D. 任刚排第四。　　E. 李玲排第四。

【题干分析】

题干中，条件①、②为假言命题，我们将其命名为“假言”。

条件③给出了相对确定的信息，我们将其命名为“事实”。

题干中还暗含一组对应关系，即四个人与四个名次的对应，我们将其命名为“匹配”。

以上两道题一样吗？从题面上来看，肯定是不一样的。但如果分析这两道题命题的底层逻辑，发现它们都是由“事实”+“假言”+“匹配”这三类条件构成的。也就是说，从本质上来讲，这两道题是相同的题。

2. 推理题的解题思路

既然以上两道题的题干构成是一样的，那么，它们的解题思路也应该是一样的。我们将这两道题解析如下：

例 1.【详细解析】

第 1 步　识别条件类型

题干由“事实＋假言＋匹配”三类已知条件构成，故此题为“事实假言匹配模型”。

第 2 步　套用母题方法

当题干中出现“事实”时，事实一般是解题的出发点。故本题优先考虑条件④。

当题干中出现多个“假言”时，要看这些“假言”之间有没有重复元素，有重复元素，则可以进行串联。

当题干中出现“匹配”时，如果是一对一的匹配，则一般通过排除法进行解题。

故：

从事实出发，由条件④可知，丁坐在 B 座。

观察题干信息，发现条件②涉及“B 座”，条件③涉及“丁”。

先看条件②，既然丁坐在 B 座，则丙不可能坐在 B 座，即条件②的后件为假，故其前件必为假，则有：甲和乙都不坐在 C 座。

再看条件③，既然丁坐在 B 座，则丁不可能坐在 F 座，即条件③的后件为假，故其前件必为假，则有：戊不坐在 C 座。

综上，丁、甲、乙、戊都不坐在 C 座（一对一匹配做排除），故丙坐在 C 座。

因此 C 项正确。

例 2.【详细解析】

第 1 步　识别条件类型

题干由“事实＋假言＋匹配”三类已知条件构成，故此题为“事实假言匹配模型”。

第 2 步　套用母题方法

从事实出发，故分析条件③，发现此条件涉及三个人“任刚”“李玲”“王强”。

找重复元素，条件①也同时涉及“任刚”和“李玲”，故分析条件①。

由条件①可知，若任刚排第三，则李玲排第一，与“任刚的排序与李玲相邻”矛盾。故得：任刚不排第三。

由“任刚不排第三”可知，条件②的后件为假，则其前件也为假，可得：王强排第一。

由“任刚与王强不相邻”可知，任刚不能排第二，又因为任刚不能排第三，故任刚排第四（一对一匹配做排除）。

因此 D 项正确。

观察以上两道题，可以发现：对推理题来说，只要已知条件的构成是相同的，那么解题思路就是相同的。因此，我们解所有推理题，都采用两步解题法：第 1 步，通过已知条件的类型，识别出母题模型；第 2 步，套用此母题模型的秒杀方法。这就是我常说的“逻辑母题，两步解题”的意思。

3. 推理题的 5 大条件

推理题的命题形式十分多样。但是，从推理题（包括综合推理）的已知条件来看，多数题可分为以下 5 类：

条件类型	说明	举例
事实	题干中给出的确定信息。	①北门种桃树。 ②张三没有考上研究生。 ③李四和王五都参加。
半事实	题干中给出的情况较少的信息。	①不相容选言命题。 王五要么报考清华大学，要么报考北京大学。 ②相容选言命题。 情况 1：相容选言命题 + 限定条件，如张珊去南京或北京，每人只去一个城市。此时，一般当作半事实来处理这个条件。 情况 2：相容选言命题，无其他限定条件。此时，若题干中有事实条件，则一般将此选言命题转化为假言命题，即看作假言条件；若题干中无事实条件，则优先将此条件看作半事实条件，这样解题速度一般会更快。 ③不相邻。 如现有编号为 1~6 的 6 个座位，已知甲的座位号比乙小且甲与乙相隔 3 个座位，则甲与乙的座位号有两种可能：1 号和 5 号；2 号和 6 号。 ④其他情况较少的条件。
数量	题干中给出的数量关系。	①选人：7 个人中有 5 人入选。 ②匹配题中的数量限制：每人最多参观 3 个城市。 ③其他数量关系：如倍数、大小等。
假言	题干中给出的能用“→”表示的命题。	①假言命题：如果 A，那么 B。 ②选言命题：A ∨ B=¬ A→B。如前文所述，选言命题可以看作假言命题，也可以看作半事实条件。 ③简单命题：所有 A 是 B，可写作：A→B。
匹配	题干中给出的对应关系。	①对应关系：5 个人分别报考 3 所大学中的一所；5 种不同的树分别种在 5 个不同的园区。 ②互斥关系：已知数学老师只有一位，而张珊与数学老师一起吃过饭，则张珊不是数学老师。即，“张珊”与“数学老师”存在互斥关系。 ③方位关系：张三坐在长方形桌子的一头。

4. 推理题母题模型的识别

【5 大条件的优先级】

在命名模型时，5 大条件表述的先后顺序遵循以下原则：事实 > 半事实 > 数量 > 假言 > 匹配（优先级越高，命名时，该条件名称越靠前）。

例如：

如果题干由“事实 + 假言”两类已知条件构成，则可命名为“事实假言模型”。

如果题干由“数量 + 假言”两类已知条件构成，则可命名为“数量假言模型”。

如果题干由“数量 + 假言 + 匹配”三类已知条件构成，则可命名为“数量假言匹配模型”。

以此类推。

【例外】

①若题干已知条件中只有假言命题，此时，我们还需要去看选项是如何构成的：

若选项多为或均为假言，则可命名为“假言推假言模型”。

若选项多为或均为事实，则可命名为“假言推事实模型”。

②若题干已知条件中没有假言命题且由“事实 + 五大条件中的其他三种”组成，则在模型命名时不凸显“事实”。

如：“事实 + 数量”，命名为“数量关系模型”。

5. 近 3 年联考逻辑真题命题统计：5 大条件类

5.1 管理类联考逻辑真题命题统计

（1）2022 年推理题命题统计（标蓝色部分为 5 大条件类：共 18 道）

26	27	28	29	30	31	32	33	34	35
假言推假言	拆桥搭桥（主宾型）	数量假言	现象原因	选项事实假言	拆桥搭桥（主宾型）	假言推事实	预测结果	拆桥搭桥（主宾型）	假言推事实 + 匹配

36	37	38	39	40	41	42	43	44	45
假言推假言	事实假言匹配	解释题	数量假言	性质串联（“有的”串联）	事实数量假言匹配	事实数量假言匹配	假言推假言	预测结果	事实假言匹配

46	47	48	49	50	51	52	53	54	55
事实假言匹配	拆桥搭桥（前后型）	评论逻辑漏洞	假言推事实 + 匹配	事实假言匹配	解释题	假言推事实	拆桥搭桥（主宾型）	数量假言匹配	事实数量假言匹配

（2）2023 年推理题命题统计（标蓝色部分为 5 大条件类：共 13 道）

26	27	28	29	30	31	32	33	34	35
性质串联（双 A 串联公式）	措施目的	拆桥搭桥（前后型）	数量关系	推理结构相似	数量假言匹配	事实数量假言匹配	拆桥搭桥（主宾型）	性质串联（“有的”串联）	预测结果

36	37	38	39	40	41	42	43	44	45
争论焦点	数量假言匹配	事实数量假言匹配	措施目的	数量假言	假言推事实	一人多判断的真假话问题	拆桥搭桥（前后型）	拆桥搭桥（主宾型）	解释题

46	47	48	49	50	51	52	53	54	55
事实数量假言匹配	事实数量假言匹配	拆桥搭桥（主宾型）	现象原因	预测结果	事实假言	事实假言	评论论证方法与反驳方法题	数量假言匹配	事实数量假言匹配

（3）2024 年推理题命题统计（标蓝色部分为 5 大条件类：共 15 道）

26	27	28	29	30	31	32	33	34	35
假言推假言	简单匹配	拆桥搭桥（前后型）	数量假言	拆桥搭桥（主宾型）	拆桥搭桥（主宾型）	假言推事实 + 匹配	拆桥搭桥（主宾型）	拆桥搭桥（主宾型）	假言推事实

36	37	38	39	40	41	42	43	44	45
数量假言	拆桥搭桥（主宾型）	拆桥搭桥（主宾型）	数量匹配	其他推理	拆桥搭桥（主宾型）	事实假言	定义题	拆桥搭桥（前后型）	数独

46	47	48	49	50	51	52	53	54	55
拆桥搭桥（前后型）	数量假言	拆桥搭桥（主宾型）	半事实假言	数量假言匹配	推论题	数量假言	拆桥搭桥（前后型）	数量假言匹配	事实数量假言匹配

5.2 经济类联考逻辑真题命题统计①

（1）2021 年推理题命题统计（标蓝色部分为 5 大条件类：共 8 道）

36	37	38	39	40	41	42	43	44	45
假言推假言	数量假言	定义题	经典真假话问题	措施目的	概念间的关系	事实假言	解释题	推理结构相似	现象原因

46	47	48	49	50	51	52	53	54	55
方位匹配	方位匹配	拆桥搭桥（主宾型）	预测结果	经典真假话问题	现象原因	事实数量假言	拆桥搭桥（前后型）	数量假言匹配	事实数量假言匹配

（2）2022 年推理题命题统计（标蓝色部分为 5 大条件类：共 11 道）

36	37	38	39	40	41	42	43	44	45
拆桥搭桥（主宾型）	推论题	非——匹配	非——匹配	假言推假言	拆桥搭桥（前后型）	数量假言	事实假言	非——匹配	争论焦点

46	47	48	49	50	51	52	53	54	55
性质串联（双 A 串联公式）	论证结构分析题	事实假言	拆桥搭桥（主宾型）	非——匹配	预测结果	数量假言匹配	拆桥搭桥	数量假言	数量假言

（3）2023 年推理题命题统计（标蓝色部分为 5 大条件类：共 9 道）

36	37	38	39	40	41	42	43	44	45
拆桥搭桥（主宾型）	推理结构相似	事实假言	其他推理	数量假言匹配	事实数量假言匹配	拆桥搭桥（前后型）	措施目的	拆桥搭桥（前后型）	数量假言

46	47	48	49	50	51	52	53	54	55
数独	非——匹配	论证结构分析题	其他推理	事实假言匹配	事实假言匹配	拆桥搭桥（前后型）	拆桥搭桥（主宾型）	事实数量假言匹配	事实数量假言匹配

根据以上统计可知，5 大条件类综合推理题占逻辑真题总题量的比例约为 50%。

① 由于本书出版时，尚未有完整的2024年经济类综合能力试题，故本书暂未进行命题统计。待试题公布完整后，我们会第一时间整理更新，同学们扫描“封面二维码”即可获取。

第 2 节　推理母题技巧：5 大条件类

母题模型 1　事实假言模型

母题变式 1.1　事实假言模型：基本型

母题技巧

第 1 步 **识别条件类型**	1. 题干特点 题干由事实和假言命题组成。 2. 选项特点 选项多数为事实描述。
第 2 步 **套用母题方法**	方法一：串联法。 （1）画箭头，如有需要，可写出其逆否命题。 （2）串联。 （3）找答案。 方法二：事实出发法。 从事实出发，根据口诀“肯前必肯后，否后必否前”可以直接推出答案。 因为： $A \to B$，等价于：$\neg B \to \neg A$。 若已知 A 为真（肯前），则必能推出 B 为真（肯后）。 若已知 B 为假（否后），则必能推出 A 为假（否前）。 【事实假言模型的母题技巧】 题干事实加假言，事实出发做串联； 肯前必肯后，否后必否前。

典型例题

1 某科研单位有赵嘉、钱宜、孙斌、李思、周武、吴纪 6 名顶级专家。该单位的一名或多名专家参与一项科研攻坚任务。已知：

（1）若吴纪或赵嘉参与，则李思参与。

（2）若李思或孙斌参与，则周武参与。

现知道周武并未参与该科研攻坚任务，则可以得出以下哪项？

A. 李思参与了。　　B. 钱宜参与了。　　C. 吴纪参与了。

D. 孙斌参与了。　　E. 赵嘉参与了。

【第1步 识别条件类型】

题干中，“周武并未参与该科研攻坚任务”为事实，条件（1）和（2）均为假言命题，故此题为事实假言模型。

【第2步 套用母题方法】

方法一：串联法。

（1）画箭头，如有需要，可写出其逆否命题。

①吴纪∨赵嘉→李思，等价于：¬李思→¬吴纪∧¬赵嘉。

②李思∨孙斌→周武，等价于：¬周武→¬李思∧¬孙斌。

③¬周武。

（2）串联。

由③、②、①串联可得：¬周武→¬李思∧¬孙斌→¬吴纪∧¬赵嘉。

（3）找答案。

6人中已有5人被排除，故参与该科研攻坚任务的专家是钱宜，即B项正确。

方法二：事实出发法。

从事实出发，由条件③可知，周武未参与。

由“周武未参与”可知，条件②的后件为假，根据口诀“否后必否前”，可知其前件也为假，即：李思、孙斌均未参与。

又由“李思未参与”可知，条件①的后件为假，根据口诀“否后必否前”，可知其前件也为假，即：吴纪、赵嘉均未参与。

综上，6人中已有5人被排除，故参与该科研攻坚任务的专家是钱宜，即B项正确。

【答案】B

2 一位编辑正在考虑报纸理论版块稿件的取舍问题。现有E、F、G、H、J、K六篇论文可供选择。考虑到文章的内容、报纸的版面等因素，必须满足以下条件：

（1）如果采用论文E，那么不能采用论文F，但要采用论文K。

（2）只有不采用论文J，才能采用论文G或论文H。

（3）如果不采用论文G，那么也不采用论文K。

（4）论文E是向名人约的稿件，不能不采用。

以上断定如果为真，则下面哪一项也一定是真的？

A. 采用论文E，但不采用论文H。

B. G和H两篇论文都采用。

C. 不采用论文J，但采用论文K。

D. G和J两篇论文都不采用。

E. 采用论文G，但不采用论文H。

【第1步 识别条件类型】

题干中，条件（4）为事实，条件（1）、（2）和（3）均为假言命题，故此题为事实假言模型。

【第2步 套用母题方法】

方法一：串联法。

（1）画箭头，如有需要，可写出其逆否命题。

①E→¬F∧K。

②G∨H→¬J。

③¬ G→¬ K，等价于：K→G。

④E。

（2）串联。

由④、①、③和②串联可得：E→¬ F∧K→G→¬ J。

（3）找答案。

因此，采用 E、K、G，不采用 F、J。故 C 项正确。

方法二：事实出发法。

从事实出发，由条件④可知，采用论文 E，即：E。

由“E”可知，条件①的前件为真，根据口诀“肯前必肯后”，可知其后件也为真，即：¬ F∧K。

由“K”可知，条件③的后件为假，根据口诀“否后必否前”，可知其前件也为假，即：G。

由“G”和“选言命题一真则真”可知，条件②的前件“G∨H”为真，根据口诀“肯前必肯后”，可知其后件也为真，即：¬ J。

因此，采用 E、K、G，不采用 F、J。

故 C 项正确。

注意：基础阶段可以用“串联法”解题以训练基础知识，但基础训练一旦完成后，就要尽量使用“事实出发法”，这样做题速度更快。

【答案】C

3 《冰与火之歌》第八季上映前，几位影迷对剧情做了如下猜测：

张珊说：只要雪诺和夜王能活下来，三傻就不能活下来。

李思说：除非龙母不能活下来，否则夜王能活下来。

王伍说：雪诺和三傻都能活下来。

该片上映后，发现上述断定都是真的，那么以下哪项也一定是真的？

A. 夜王和龙母都能活下来。

B. 并非或者夜王能活下来或者龙母能活下来。

C. 夜王能活下来但龙母不能活下来。

D. 夜王不能活下来但龙母能活下来。

E. 不能确定到底谁能活下来。

【第 1 步 识别条件类型】

题干中，王伍的猜测为事实，张珊、李思的猜测为假言命题，故此题为事实假言模型。

【第 2 步 套用母题方法】

方法一：串联法。

（1）画箭头，如有需要，可写出其逆否命题。

①雪诺∧夜王→¬ 三傻，等价于：三傻→¬ 雪诺∨¬ 夜王，等价于：¬ 三傻∨¬ 雪诺∨¬ 夜王，等价于：三傻∧雪诺→¬ 夜王。

②龙母→夜王，等价于：¬ 夜王→¬ 龙母。

③雪诺∧三傻。

（2）串联。

由③、①和②串联可得：三傻∧雪诺→¬ 夜王→¬ 龙母。

（3）找答案。

由于“三傻∧雪诺”是事实，故夜王和龙母不能活下来。

方法二：事实出发法。

从事实出发，由王伍的猜测可知，雪诺和三傻都能活下来。

只有张珊的前件涉及“雪诺”，但其前件是个联言命题，仅由“雪诺能活下来”推不出结论。

张珊的后件涉及“三傻”，由“三傻能活下来”可知张珊的后件为假，根据口诀“否后必否前”，可知其前件也为假，即：¬（雪诺∧夜王），等价于：¬雪诺∨¬夜王，等价于：雪诺→¬夜王。

又知雪诺能活下来，故夜王不能活下来。

李思的猜测为：龙母→夜王。由“夜王不能活下来”可知，李思的后件为假，根据口诀“否后必否前”，可知其前件也为假，即：龙母不能活下来。

综上，雪诺和三傻能活下来，夜王和龙母不能活下来。

A项，夜王∧龙母，一定为假。

B项，并非或者夜王能活下来或者龙母能活下来，等价于：¬夜王∧¬龙母，一定为真。

C项，夜王∧¬龙母，一定为假。

D项，¬夜王∧龙母，一定为假。

E项，由题干信息可以确定谁能活下来，故此项一定为假。

【答案】B

4 在本年度篮球联赛中，长江队主教练发现，黄河队五名主力队员之间的上场配置有如下规律：

（1）若甲上场，则乙也要上场。

（2）只有甲不上场，丙才不上场。

（3）要么丙不上场，要么乙和戊中有人不上场。

（4）除非丙不上场，否则丁上场。

若乙不上场，则以下哪项配置合乎上述规律？

A. 甲、丙、丁同时上场。

B. 丙不上场，丁、戊同时上场。

C. 甲不上场，丙、丁都上场。

D. 甲、丁都上场，戊不上场。

E. 甲、丁、戊都不上场。

【第1步 识别条件类型】

题干中，“乙不上场”为事实，条件（1）、（2）和（4）均为假言命题，条件（3）为半事实（注意：当题干中有事实时，半事实条件一般需要转化为假言命题），故此题为事实假言模型。

【第2步 套用母题方法】

方法一：串联法。

（1）画箭头，如有需要，写出其逆否命题。

①甲→乙，等价于：¬乙→¬甲。

②¬甲←¬丙，即：¬丙→¬甲，等价于：甲→丙。

③¬丙∀(¬乙∨¬戊)。

④丙→丁。

⑤¬乙。

（2）串联。

由条件⑤和①串联可得：¬甲。

由条件③可以推出：¬乙∨¬戊→丙，从而有：⑥¬乙→丙。

由条件⑤、⑥和④串联可得：¬乙→丙→丁。

（3）找答案。

由于“¬乙”为真，故有：¬甲、丙、丁。

综上，甲不上场，丙、丁上场，故 C 项正确。

方法二：事实出发法。

从事实出发，由条件⑤可知，乙不上场，即：¬乙。

观察题干信息，发现条件①和③都涉及“乙”。

先看条件①，由“¬乙”可知，条件①的后件为假，根据口诀“否后必否前”，可知其前件也为假，即：¬甲。

再看条件③：¬丙∀(¬乙∨¬戊)。

由“¬乙”为真，可知“¬乙∨¬戊”为真。由于不相容选言命题的两个选言肢命题必为一真一假，故条件③中的“¬丙”为假，即：丙。

条件④：丙→丁。故由“丙”可知，丁上场。

综上，甲不上场，丙、丁上场，故 C 项正确。

【答案】C

母题变式 1.2 事实假言匹配模型

母题技巧

第 1 步 **识别条件类型**	1. 题干特点 题干由事实、假言命题和匹配关系组成。 2. 选项特点 选项多数为事实描述。
第 2 步 **套用母题方法**	解题方法： 步骤 1：事实出发做串联。 步骤 2：简单匹配做排除，复杂匹配画表格。

典型例题

1 甲、乙、丙、丁和戊五个人去欢乐谷游玩，他们只选择旋转木马、过山车、海盗船、时空穿梭和激流勇进五个项目中的一个，而且他们玩的项目各不相同。已知以下条件：

（1）如果丙不玩旋转木马，则甲不玩过山车或旋转木马。

（2）只有乙玩时空穿梭，丙才不玩激流勇进。

（3）除非丁玩旋转木马，否则甲玩旋转木马。

（4）戊或者丁玩时空穿梭。

若乙玩过山车，则以下哪项为真？

A. 丁玩激流勇进。　　B. 丙玩海盗船。　　C. 甲玩激流勇进。

D. 戊玩时空穿梭。　　E. 丙玩旋转木马。

【第 1 步　识别条件类型】

题干中出现“人”与“游乐项目”的一一匹配，条件（1）、（2）、（3）均为假言命题，条件（4）为半事实（可转化为假言命题），“乙玩过山车”为事实，故此题为事实假言匹配模型，从事实出发来解题。

【第 2 步　套用母题方法】

从事实出发，由“乙玩过山车”并结合条件（2）可得：丙玩激流勇进。

由“丙玩激流勇进”可知，条件（1）的前件为真，则其后件也为真，可得：¬ 甲过山车 ∧ ¬ 甲旋转木马。

再结合条件（4）可知，甲玩海盗船。

由“甲玩海盗船”可知，条件（3）的后件为假，则其前件也为假，可得：丁玩旋转木马。

由“丁玩旋转木马”并结合条件（4）可得：戊玩时空穿梭。

【答案】D

2 五行八卦代表了早期中国的哲学思想，其中五行包括金、木、水、火、土，八卦包括乾、坤、震、艮、离、坎、兑、巽。八卦中的每一卦都对应五行中的某一行，每行均有卦与之对应。还已知：

（1）坤和艮对应五行中的同一行。

（2）若坤不对应木，则坎不对应火。

（3）如果水不对应坎，则离和兑对应土。

（4）如果离不对应金，则坎对应火。

已知水仅对应震和巽，则下列哪项一定为真？

A. 坤对应金。　　B. 离对应水。　　C. 乾对应金。

D. 坤对应土。　　E. 兑对应木。

【第 1 步　识别条件类型】

题干中出现“五行”与“八卦”的匹配关系，条件（2）、（3）、（4）均为假言命题，条件（1）可视为事实，“水仅对应震和巽”为事实，故此题为事实假言匹配模型，从事实出发来解题。

【第 2 步　套用母题方法】

从事实出发，由“水仅对应震和巽”可知，条件（3）的前件为真，则其后件也为真，可得：离和兑对应土。

由“离对应土”可知，条件（4）的前件为真，则其后件也为真，可得：坎对应火。

由“坎对应火”可知，条件（2）的后件为假，则其前件也为假，可得：坤对应木，再结合条件（1）可得：艮对应木。

综上，结合“每行均有卦与之对应”可得：乾对应金。

【答案】C

3 大学毕业的甲、乙、丙、丁 4 人应聘到了同一家大型公司，每人负责行政、运营、研发、策划中的一项工作，各不重复。已知：

①如果乙或丙做运营，则丁做行政并且甲做策划。

②只有丙做策划，乙才做策划。

③如果甲没有做研发，那么丁做研发。

④丁不做研发，也不做策划。

由此可以推出以下哪项一定为真？

A. 甲做运营，丙做研发。

B. 丁做研发，丙做运营。

C. 丙做策划，甲做研发。

D. 丙做行政，乙做运营。

E. 乙做策划，丁做行政。

【第 1 步 识别条件类型】

题干中出现“人”与“岗位”的一一匹配，条件①、②、③均为假言命题，条件④为事实，故此题为事实假言匹配模型，从事实出发来解题。

【第 2 步 套用母题方法】

从事实出发，由“丁不做研发”可知，条件③的后件为假，则其前件也为假，可得：甲做研发。

由“甲做研发”可知，条件①的后件为假，则其前件也为假，可得：乙、丙均不做运营，因此，丁做运营。

由条件②可知，若“乙做策划”为真，则丙也做策划，此时与“每人负责一项工作，各不重复”矛盾。因此，乙不做策划、丙做策划。

综上，甲做研发、乙做行政、丙做策划、丁做运营。

【答案】C

4 在电商盛行的时代，某茶叶公司计划加入电商大军。该公司现有甲、乙、丙、丁、戊和己 6 位主播，他们每人将直播售卖安吉白茶、西湖龙井、六安瓜片、白毫银针、南山寿眉和庐山云雾 6 种茶品中的一种，互不重复。已知：

（1）如果甲、乙中至少有一人售卖六安瓜片或者白毫银针，则丁售卖庐山云雾。

（2）若乙售卖安吉白茶或者西湖龙井，则丙、丁中至少有一人售卖南山寿眉。

（3）若乙售卖南山寿眉，则甲售卖六安瓜片。

（4）若戊不售卖南山寿眉，则丁售卖白毫银针且甲售卖西湖龙井。

若己售卖庐山云雾，则可以得出以下哪项？

A. 甲售卖安吉白茶。

B. 乙售卖西湖龙井。

C. 丙售卖白毫银针。

D. 丁售卖南山寿眉。

E. 戊售卖六安瓜片。

【第 1 步 识别条件类型】

题干中出现“主播”与“茶叶”的一一匹配，条件（1）、（2）、（3）和（4）均为假言命题，“己售卖庐山云雾”为事实，故此题为事实假言匹配模型，从事实出发来解题。

【第 2 步 套用母题方法】

从事实出发，由“己售卖庐山云雾”可知，条件（1）的后件为假，则其前件也为假，可得：

¬甲六安瓜片∧¬甲白毫银针∧¬乙六安瓜片∧¬乙白毫银针。

由“¬甲六安瓜片”可知，条件（3）的后件为假，则其前件也为假，可得：¬乙南山寿眉。

由“¬乙六安瓜片∧¬乙白毫银针∧¬乙南山寿眉”并结合“己售卖庐山云雾”可得：乙安吉白茶∨乙西湖龙井。故条件（2）的前件为真，则其后件也为真，可得：丙、丁中至少有一人售卖南山寿眉。

由“丙、丁中至少有一人售卖南山寿眉”可知，条件（4）的前件为真，则其后件也为真，可得：丁白毫银针∧甲西湖龙井。

由“甲西湖龙井”并结合“乙安吉白茶∨乙西湖龙井”可得：乙安吉白茶。

由“丁白毫银针”并结合“丙、丁中至少有一人售卖南山寿眉”可得：丙南山寿眉。

综上，可得下表：

主播	茶叶
甲	西湖龙井
乙	安吉白茶
丙	南山寿眉
丁	白毫银针
戊	六安瓜片
己	庐山云雾

【答案】E

母题变式 1.3 选项事实假言模型

母题技巧

<table>
<tr><td>第 1 步
识别条件类型</td><td>1. 题干特点
题干由假言命题组成。
2. 选项特点
选项一般由 4 个事实 1 个假言命题，或 3 个事实 2 个假言命题组成。</td></tr>
<tr><td>第 2 步
套用母题方法</td><td>此类题，带假言选项的前件相当于给出了新的已知条件，用于推出其后件。相当于，这些选项比别的选项多一个条件，故更有可能是答案。
当然，“更有可能是答案”不代表“绝对是答案”。因此，我们可以直接把假言选项的前件当作已知条件，代入题干，若能推出其后件，就是正确选项；若不能推出其后件，则继续分析其他选项。
【选项事实假言模型的母题技巧】
选项事实和假言，假言选项优先选；
选项前件当已知，验证后件的真假。</td></tr>
</table>

典型例题

1 某高校进行辩论赛队员选拔，现有五名参选人员，并已知：

（1）若甲入选，则乙也入选。

（2）丁或戊至多有一人不入选。

（3）乙、丙不能同时入选，也不能都不入选。

（4）丙入选，否则丁入选。

（5）若戊入选，则甲和丁均入选。

根据上述信息，以下哪项一定为真？

A. 如果乙没入选，那么戊入选。

B. 乙没入选但甲入选了。

C. 丁和戊都入选了。

D. 如果乙入选，那么丁入选了。

E. 甲和戊都入选了。

【第 1 步 识别条件类型】

观察选项，发现 A 项和 D 项为假言命题，B 项、C 项、E 项为事实，故此题可视为选项事实假言模型。

【第 2 步 套用母题方法】

优先代入含假言的选项进行验证。

A 项：假设 A 项的前件为真，即“乙没入选”为真。由“乙没入选”并结合条件（1）可知，甲没入选。再由“甲没入选”并结合条件（5）可知，戊没入选。可见，由 A 项的前件推不出其后件，故 A 项不正确。

D 项：假设 D 项的前件为真，即“乙入选”为真。由“乙入选”并结合条件（3）可知，丙没入选。再由“丙没入选”并结合条件（4）可知，丁入选。可见，由 D 项的前件可以推出其后件，故 D 项正确。

【答案】D

2 甲、乙、丙、丁四位督导组成员计划在绿藤市、京州市、东川市、江东市中分别只选择一个城市暗访。丁不希望去东川市，甲要求不要去京州市，丙表示东川市和绿藤市都可以，乙提出只能去江东市或绿藤市。

如果四人的要求均得到满足，则可以推出以下哪项？

A. 甲只能去东川市。

B. 如果甲一定不去东川市，则丙去东川市。

C. 甲只能去江东市。

D. 乙只能去江东市。

E. 如果乙去绿藤市，那么甲去东川市。

【第 1 步 识别条件类型】

题干中出现“人”与“城市”的一一匹配，故此题按题干分析应该为简单匹配模型。但由于 A 项、C 项、D 项均为事实，B 项、E 项均为假言命题，故此题按选项分析则为选项事实假言模型。

【第2步 套用母题方法】

将题干信息符号化：

①┐丁东川市。

②┐甲京州市。

③丙东川市∨丙绿藤市。

④乙江东市∨乙绿藤市。

优先代入含假言的选项进行验证。

假设B项的前件"甲一定不去东川市"为真，即：┐甲东川市。

由"┐甲东川市"并结合条件①可得：只能是丙或者乙去东川市。

又由条件④可知，乙江东市∨乙绿藤市，故乙一定不去东川市，因此丙去东川市。

可见，若B项的前件为真，可以推出其后件，故B项正确，此时无须再分析E项。

【答案】B

母题模型2 半事实假言模型

母题变式2.1 半事实假言模型：基本型

母题技巧

第1步 识别条件类型	1. 题干特点 题干由半事实条件和假言命题组成。 半事实条件是指虽然不是确定信息，但情况较少，可以进行分情况讨论的条件。 2. 选项特点 选项均为或多为事实描述。
第2步 套用母题方法	半事实条件有以下处理方式： (1)分类讨论法。 分类讨论常见以下结果： ①若情况1不成立，情况2成立，则情况2推出的结论是答案；若情况2不成立，情况1成立，则情况1推出的结论是答案。 ②情况1和情况2推出了相同的结论，则这一相同的结论是答案。 ③情况1推出结论A，情况2推出结论B，则答案为A∨B。 (2)转化为假言。 若已知条件为"A∨B"，则可以进行分类讨论，也可以转化为"┐A→B"。

典型例题

1 南山大学经管学院需从甲、乙、丙、丁、戊、己六个节目中选择一个或多个去参加大学生艺术节活动。对此，该学院的五位老师发表了以下意见：

①赵老师：丙、丁两个节目中只能选择一个。

②钱老师：若选择丁，则也选择乙。
③孙老师：甲、丙和己三个节目中只有一个不能入选。
④李老师：如果不选择甲，则选择乙。
⑤周老师：己和丁至少选择一个。
结果显示五位老师的意见均被采纳，则可以推出以下哪项？

A. 一定选择甲。 B. 一定不选择甲。 C. 一定选择乙。
D. 一定不选择乙。 E. 一定选择戊。

【第 1 步 识别条件类型】
题干已知条件由半事实和假言命题组成，故此题为半事实假言模型。
【第 2 步 套用母题方法】
赵老师的意思是：丙∨丁，可看作半事实。从“半事实”出发，分两种情况讨论：
情况 1：丙∧¬丁。
由“¬丁”结合条件⑤可知，选择己。
由“丙∧己”结合条件③可知，不选择甲。
再由“不选择甲”结合条件④可知，选择乙。
情况 2：¬丙∧丁。
由“丁”结合条件②可知，选择乙。
综上，两种情况下均选择乙，故一定会选择乙。
【答案】C

2~3 题基于以下题干：

某高校教授欲在他的 7 位研究生甲、乙、丙、丁、戊、己、庚中选择 4 位协助其完成某国家级科研项目。在选择时，需要满足以下条件：
（1）除非不选择戊，才能选择乙。
（2）不选择己，也不选择庚，否则不能选择丁。
（3）己、乙和丙中必须选择 2 人。

2 若该教授没有选择己，则以下哪项完整地列出了他一定会选择的研究生名单？

A. 乙、丙。 B. 乙、戊。 C. 丙、丁。
D. 甲、乙、丙。 E. 甲、乙、丙、庚。

3 若甲、丙二者必居其一，则该教授一定会选择以下哪位研究生？

A. 己。 B. 戊。 C. 丁。
D. 丙。 E. 甲。

【第 1 步 识别条件类型】
题干的已知条件由数量关系和多个假言命题组成。
第 2 题题干补充新的事实条件，故此题为事实数量假言模型。
第 3 题题干补充“甲、丙二者必居其一”这一半事实条件，故此题为半事实数量假言模型。
【第 2 步 套用母题方法】
题干有以下信息：
①乙→¬戊。

②庚∨己→¬丁，等价于：丁→¬庚∧¬己。

③己、乙和丙中选择2人。

④7位研究生中选择4位。

第2题

此题补充了一个事实条件：没有选择己，故优先从事实出发解题。

找“己”，由条件③可得：¬己→乙∧丙，即：乙和丙均被选择。

再结合条件①可知，未选择戊。

此时只有条件②和④未使用，分析条件②可知，丁→¬庚，等价于：¬丁∨¬庚。

故丁、庚两人中必有人未被选择。

故有：己和戊未被选择，丁和庚中也有人未被选择。

根据条件④可知，7人中只有3人未被选择，所以，甲一定被选择。

综上，一定会选择的研究生是甲、乙、丙。故D项正确。

第3题

此题补充了一个新条件：甲、丙二者必居其一，即：甲∀丙。该条件有两种可能（半事实条件），可以进行分情况讨论。

情况1：选择甲，但不选择丙。

根据条件③：己、乙和丙中选择两人，因此，不选择丙，那么乙、己两人均被选择。

再结合条件①：乙→¬戊，可知，不选择戊。

再由条件②可得：己→¬丁，故不选择丁。

综上，不选择丙、戊、丁，故被选择的4人为：甲、乙、己、庚。

情况2：选择丙，但不选择甲。

根据条件③：己、乙和丙中选择两人，已经选择了丙，则乙、己两人中有且仅有一人被选择。

假设选择乙，但不选择己。

根据条件①“乙→¬戊”可知，戊未被选择。

此时，未被选择的人有甲、己、戊，再结合条件④可知，余下的4人乙、丙、丁、庚均被选择，此时，与条件②矛盾，因此，假设错误。故不选择乙，选择己。

综上，情况1和情况2中，己都被选择，故己一定被选择。所以，A项正确。

【答案】D、A

母题变式2.2 半事实假言匹配模型

母题技巧

第1步 识别条件类型	1. 题干特点 题干由半事实、假言命题和匹配关系组成。 2. 选项特点 选项均为事实描述。

续表

第 2 步 套用母题方法	解题方法： 步骤 1：使用半事实假言模型的解题思路，即分类讨论法、转化为假言。 步骤 2：使用匹配题的解题思路，即简单匹配做排除、复杂匹配画表格。

典型例题

1 《四书》又称为四子书，是指《论语》《孟子》《大学》《中庸》，古汉语文学课上，老师安排甲、乙、丙、丁向全班同学分别讲解这四本书，互不重复，且有如下要求：

（1）如果乙讲解《大学》，则甲讲解《论语》或者丙讲解《孟子》。

（2）如果乙不讲解《大学》，则甲讲解《论语》。

（3）或者甲讲解《论语》，或者丁讲解《中庸》。

（4）如果乙讲解《大学》或者乙讲解《论语》，那么丙不讲解《孟子》。

（5）《大学》要么是乙讲解，要么是丁讲解。

根据上述信息，可以得出以下哪项？

A. 乙讲解《大学》。　B. 甲讲解《大学》。　C. 丙讲解《大学》。

D. 甲讲解《论语》。　E. 丁不讲解《大学》。

【第 1 步　识别条件类型】

题干中出现“人”与“书”的一一匹配，条件（1）、（2）、（4）均为假言命题，条件（3）为相容选言命题（可转化为假言命题），条件（5）为不相容选言命题，可认为是半事实条件，故此题为半事实假言匹配模型。

【第 2 步　套用母题方法】

半事实分类讨论，故从条件（5）出发。

情况 1：乙讲解《大学》。

由条件（1）可知，乙《大学》→甲《论语》∨丙《孟子》。

由条件（4）可知，乙《大学》∨乙《论语》→┐丙《孟子》，故有：乙《大学》→┐丙《孟子》。

根据以上两个画线的条件可知，乙《大学》→甲《论语》。

由条件（2）可知，┐乙《大学》→甲《论语》。

故由二难推理公式可得：甲《论语》。

情况 2：丁讲解《大学》。

若丁讲解《大学》，则丁不讲解《中庸》，故结合条件（3）可知，甲讲解《论语》。

综上所述，两种情况都推出了“甲讲解《论语》”，故“甲讲解《论语》”必为真。

注意：此题中虽然有匹配关系，但分析到以上步骤后已经有答案了，故无须再继续分析匹配关系。

【答案】D

2 某公司的赵、钱、孙、李、周和吴六人将被派遣到甲、乙、丙、丁、戊和己六地进行项目验收，每人只去一个地方，每个地方只有一人前往，已知：

（1）若孙不去乙地或者周去甲地，则赵去丁地但吴不去戊地。

（2）赵或者钱去丙地。

（3）若孙去乙地或者孙不去戊地，则钱不去甲地而周去戊地。

（4）若钱、吴二人中有人去丙地，则孙不去戊地但赵去甲地。

根据上述信息，以下哪项一定正确？

A. 周去甲地。　　B. 钱去己地。　　C. 赵去丁地。

D. 孙不去乙地。　　E. 吴不去戊地。

【第 1 步　识别条件类型】

题干中出现“人”与“地方”的一一匹配，条件（2）为半事实，条件（1）、（3）、（4）均为假言命题，故此题为半事实假言匹配模型。

【第 2 步　套用母题方法】

半事实分类讨论，由条件（2）可知，有如下两种情况：①赵去丙地；②钱去丙地。

若情况①为真，即赵去丙地，故条件（1）的后件为假，则其前件也为假，可得：孙乙∧¬周甲。

由“孙乙”可知，条件（3）的前件为真，则其后件也为真，可得：¬钱甲∧周戊。

若情况②为真，即钱去丙地，故条件（4）的前件为真，则其后件也为真，可得：¬孙戊∧赵甲。

由“¬孙戊”可知，条件（3）的前件为真，则其后件也为真，可得：¬钱甲∧周戊。

综上，“¬钱甲∧周戊”一定为真。

【答案】E

3 赵、钱、孙、李、冯、吴、郑 7 位助理将在周一到周日各陪同州长视察一天。每人陪同一天，每天只有一人陪同，各不重复。

已知：

（1）冯和赵在周三或者周四陪同州长。

（2）如果钱在周一陪同，那么李在周五或者周日陪同。

（3）除非钱在周一陪同并且孙在周二陪同，否则赵在周日陪同。

（4）如果李在周六不陪同，那么赵在周四不陪同且吴在周六不陪同。

根据上述信息，周六陪同州长的人是：

A. 钱。　　B. 孙。　　C. 李。

D. 郑。　　E. 吴。

【第 1 步　识别条件类型】

题干中出现“人”与“日期”的一一匹配，条件（2）、（3）、（4）均为假言命题，条件（1）只有两种情况，为半事实条件，故此题为半事实假言匹配模型。

【第 2 步　套用母题方法】

半事实分类讨论，由条件（1）可知，有如下两种情况：①冯周三∧赵周四；②冯周四∧赵周三。

无论哪一种情况，均可得：赵周日不陪同州长。

因此，条件（3）的后件为假，则其前件也为假，可得：钱周一∧孙周二。

由“钱周一”可知，条件（2）的前件为真，则其后件也为真，可得：李周五∨李周日。

由“李周五∨李周日”可知，李周六不陪同，故条件（4）的前件为真，则其后件也为真，可得：¬ 赵周四 ∧ ¬ 吴周六。

综上可得：钱周一、孙周二、赵周三、冯周四、李周五或周日、¬ 吴周六，故只能郑在周六陪同。

【答案】D

4~5 题基于以下题干：

安泰经济与管理学院的甲、乙、丙、丁、戊、己、庚、辛 8 名研究生新生，将分别从《微观经济学》《经济学》《货币银行学》《企业管理》《统计学》《资本论》《市场营销》《国际贸易》8 门课程中选择一门学习，互不重复。已知：

（1）乙选修《微观经济学》或《企业管理》。

（2）如果丙不选修《统计学》或丁不选修《经济学》，则乙选修《资本论》并且庚选修《国际贸易》。

（3）如果丙选修《统计学》，则戊选修《经济学》或己选修《企业管理》。

（4）庚和辛各选修了《市场营销》和《国际贸易》中的一门。

4 根据上述信息，可以得出以下哪项？

A. 乙选修《企业管理》。　B. 丙选修《经济学》。　C. 丁选修《资本论》。

D. 己选修《企业管理》。　E. 庚选修《国际贸易》。

5 若甲不选修《货币银行学》，则可以推出以下哪项？

A. 庚选修《市场营销》。　B. 辛选修《国际贸易》。　C. 戊选修《货币银行学》。

D. 戊选修《资本论》。　E. 甲选修《企业管理》。

【第 1 步　识别条件类型】

题干中出现"研究生"与"课程"的一一匹配，条件（1）、（4）均为半事实条件，条件（2）、（3）均为假言命题，故此题为半事实假言匹配模型。

第 5 题题干补充新的事实条件，故此题为事实半事实假言匹配模型。

【第 2 步　套用母题方法】

第 4 题

半事实分类讨论，由条件（1）可知，有如下两种情况：①乙微观 ∧ ¬ 乙企业；②¬ 乙微观 ∧ 乙企业。

无论哪一种情况，均可得：乙不选修《资本论》。

因此，条件（2）的后件为假，则其前件也为假，可得：丙选修《统计学》∧ 丁选修《经济学》。

由"丙选修《统计学》"可知，条件（3）的前件为真，则其后件也为真，可得：戊选修《经济学》∨ 己选修《企业管理》。

再结合"丁选修《经济学》"和"每人选择一门学习，互不重复"可得：己选修《企业管理》。

故 D 项正确。

第 5 题

引用上题推理结果：丙选修《统计学》、丁选修《经济学》、己选修《企业管理》。

从事实出发，由"己选修《企业管理》"并结合条件（1）可知，乙选修《微观经济学》。

由上述信息，结合条件（4）可得下表：

甲	乙	丙	丁	戊	己	庚	辛
	《微观经济学》	《统计学》	《经济学》		《企业管理》	《市场营销》 《国际贸易》	

由上表并结合“甲不选修《货币银行学》”和“每人选择一门学习，互不重复”可得：戊选修《货币银行学》、甲选修《资本论》。

故C项正确。

【答案】D、C

母题模型3 假言推假言模型

母题变式3.1 假言推假言模型：可串联

母题技巧

第1步 识别条件类型	1. 题干特点 题干由多个假言命题组成，且这些假言命题中有重复元素。 2. 选项特点 选项均为假言命题或多数为假言命题。
第2步 套用母题方法	解题方法： 步骤1：通过重复元素做串联。 步骤2：根据“箭头指向原则”解题，即：有箭头指向则为真，没有箭头指向则可真可假。

注意：“所有的A是B”是一个全称命题，但在串联推理题中，可以将其写为“A→B”，从而看作假言命题。

典型例题

1 本科生要拥有一流的科研实力，就要有厚实的理论基础。只有拥有一流的科研实力，本科生才能发表学术文章。要想获得推免资格，必须发表学术文章。

以下各项都符合题干的意思，除了：

A. 本科生不能发表学术文章，除非有厚实的理论基础。

B. 只要本科生有厚实的理论基础，就能发表学术文章。

C. 如果本科生有一流的科研实力，就不会没有厚实的理论基础。

D. 不能设想本科生有一流的科研实力，但缺乏厚实的理论基础。

E. 本科生或者没有一流的科研实力，或者有厚实的理论基础。

【第 1 步　识别条件类型】

题干中出现多个假言命题，选项多数为假言命题，故此题为假言推假言模型。

【第 2 步　套用母题方法】

题干中的假言命题中有重复元素，故通过重复元素做串联即可解题。

（1）画箭头。

题干：

①科研实力→理论基础。

②学术文章→科研实力。

③推免资格→学术文章。

（2）串联。

由③、②和①串联可得：④推免资格→学术文章→科研实力→理论基础。

（3）逆否。

④逆否可得：⑤¬ 理论基础→¬ 科研实力→¬ 学术文章→¬ 推免资格。

（4）找答案。

A 项，¬ 理论基础→¬ 学术文章，由⑤可知，符合题干。

B 项，理论基础→学术文章，根据箭头指向原则，由④可知，“理论基础”后无箭头指向，故此项不符合题干。

C 项，科研实力→理论基础，等价于①，符合题干。

D 项，¬（科研实力∧¬ 理论基础）=¬ 科研实力∨理论基础＝科研实力→理论基础，等价于①，符合题干。

E 项，¬ 科研实力∨理论基础＝科研实力→理论基础，等价于①，符合题干。

【答案】B

2 如果面粉价格继续上涨，佳食面包店的面包成本必将大幅度增加。在这种情况下，佳食面包店将会考虑以扩大饮料的经营来弥补面包销售利润的下降。但是，佳食面包店只有保证面包销售利润不下降，才可避免整体收益明显减少。

以下哪项陈述可以从上文逻辑中得出？

A. 如果佳食面包店的整体收益减少，它购买面粉的成本将继续增加。

B. 如果佳食面包店的整体收益减少，要么扩大饮料的经营，要么减少面包的销售。

C. 如果面粉的价格继续上涨，佳食面包店的整体收益将明显减少。

D. 即使佳食面包店的整体收益不减少，购买面粉的成本也不会降低。

E. 要么购买面粉的成本将继续增加，要么佳食面包店的面包销售量将增加。

【第 1 步　识别条件类型】

题干中出现多个假言命题，选项大多数为假言命题，故此题为假言推假言模型。

【第 2 步　套用母题方法】

题干中的假言命题中有重复元素，故通过重复元素做串联即可解题。

（1）画箭头。

题干：

①面粉价格继续上涨→面包成本大幅度增加→面包销售利润下降。

②避免整体收益明显减少→保证面包销售利润不下降，等价于：面包销售利润下降→整体收益明显减少。

（2）串联。

由①、②串联可得：③面粉价格继续上涨→面包成本大幅度增加→面包销售利润下降→整体收益明显减少。

（3）逆否。

③逆否可得：¬整体收益明显减少→¬面包销售利润下降→¬面包成本大幅度增加→¬面粉价格继续上涨。

（4）找答案。

A项，整体收益减少→面粉的成本增加，根据箭头指向原则，由③可知，“整体收益减少”后无箭头指向，故此项可真可假。

B项，整体收益减少→扩大饮料的经营∨减少面包的销售，根据箭头指向原则，由③可知，“整体收益减少”后无箭头指向，故此项可真可假。

C项，面粉价格继续上涨→整体收益将明显减少，由③可知，符合题干。

D项，购买面粉的成本不会降低，由题干无法推出。

E项，面粉的成本将继续增加∨面包销售量将增加，由题干无法推出。

【答案】C

3 科学技术是第一生产力。只有大力发展科技，我国的国际科技竞争力才能提高。只要大力发展科技，就能提高社会生产力。只有坚持科技创新，才能提高社会生产力。如果不能提高我国的国际科技竞争力，则说明没有注重对科技人才的培养和招揽。

根据以上陈述，可以得出以下哪项？

A. 如果不注重对科技人才的培养和招揽，就不能提高社会生产力。

B. 如果能提高社会生产力，就能大力发展科技。

C. 如果无法坚持科技创新，则说明没有注重对科技人才的培养和招揽。

D. 如果能够坚持科技创新，那么就能提高我国的国际科技竞争力。

E. 除非提高我国的国际科技竞争力，否则不能提高社会生产力。

【第1步 识别条件类型】

题干中出现多个假言命题，选项均为假言命题，故此题为假言推假言模型。

【第2步 套用母题方法】

题干中的假言命题中有重复元素，故通过重复元素做串联即可解题。

（1）画箭头。

题干：

①能提高我国的国际科技竞争力→大力发展科技。

②大力发展科技→能提高社会生产力。

③能提高社会生产力→坚持科技创新。

④¬能提高我国的国际科技竞争力→¬注重对科技人才的培养和招揽。

（2）串联。

由④、①、②、③串联可得：⑤注重对科技人才的培养和招揽→能提高我国的国际科技竞争力→大力发展科技→能提高社会生产力→坚持科技创新。

（3）逆否。

⑤逆否可得：⑥¬ 坚持科技创新→¬ 能提高社会生产力→¬ 大力发展科技→¬ 能提高我国的国际科技竞争力→¬ 注重对科技人才的培养和招揽。

（4）找答案。

A 项，¬ 注重对科技人才的培养和招揽→¬ 能提高社会生产力，根据箭头指向原则，由⑥可知，“¬ 注重对科技人才的培养和招揽”后无箭头指向，故此项可真可假。

B 项，能提高社会生产力→大力发展科技，由②可知，此项可真可假。

C 项，¬ 坚持科技创新→¬ 注重对科技人才的培养和招揽，由⑥可知，此项为真。

D 项，坚持科技创新→提高我国的国际科技竞争力，根据箭头指向原则，由⑤可知，“坚持科技创新”后无箭头指向，故此项可真可假。

E 项，¬ 提高我国的国际科技竞争力→¬ 能提高社会生产力，由⑥可知，此项可真可假。

【答案】C

母题变式 3.2 假言推假言模型：不可串联

母题技巧

第 1 步 **识别条件类型**	1. 题干特点 题干由多个假言命题组成，且这些假言命题中没有重复元素。 2. 选项特点 选项均为假言命题或多数为假言命题。
第 2 步 **套用母题方法**	题干中的假言命题中无重复元素，无法实现串联，使用三步解题法（常规方法）或选项排除法（秒杀方法）来解题。具体参照“典型例题”。 【假言推假言模型的母题技巧】 题干假言推假言，重复元素做串联； 若是假言无重复，选项代入做排除。

典型例题

1 文化体现在一个人如何对待自己、对待他人、对待自己所处的自然环境。在一个文化环境厚实的社会里，人懂得尊重自己——他不苟且，不苟且才有品位；人懂得尊重别人——他不霸道，不霸道才有道德；人懂得尊重自然——他不掠夺，不掠夺才有永续的生命。

下面哪一项不能从上面这段话中推出？

A. 如果一个人苟且，则他无品位。

B. 如果一个人霸道，则他无道德。

C. 如果人类掠夺自然，则不会有永续的生命。

D. 除非一个人无道德，否则他不霸道。

E. 如果一个人无道德，则他霸道并且苟且。

【第 1 步 识别条件类型】

题干由多个假言命题组成，选项均为假言命题，故此题为假言推假言模型。题干中的假言命题中没有重复元素，无法实现串联，故使用三步解题法或选项排除法解题。

【第2步　套用母题方法】

方法一：三步解题法。

（1）画箭头。

题干：

①不苟且←有品位。

②不霸道←有道德。

③不掠夺←有永续的生命。

（2）逆否。

题干的逆否命题为：

④苟且→无品位。

⑤霸道→无道德。

⑥掠夺→不会有永续的生命。

（3）找答案。

A 项，苟且→无品位，等价于④，符合题干。

B 项，霸道→无道德，等价于⑤，符合题干。

C 项，掠夺→不会有永续的生命，等价于⑥，符合题干。

D 项，有道德→不霸道，等价于②，符合题干。

E 项，无道德→霸道∧苟且，根据箭头指向原则，由⑤可知，“无道德”后无箭头指向，故此项不符合题干。

方法二：选项排除法。

题干中的假言命题中没有重复元素，故无法进行串联，可使用选项排除法。即，省略方法一中的“（1）画箭头”和“（2）逆否”，根据口诀“肯前必肯后”和“否后必否前”，直接看选项分析即可，具体步骤同方法一的“（3）找答案”。

【答案】E

2 管理要做到和谐。所谓和谐，天然地就包含了异见，包含了反对。只有能够包容异见和反对，才是真正的和谐，也才是可持续的和健康的。对于处于高压力工作负担下的年轻人来说，需要得到公司领导的尊重和理解。只要处置得当，就可化“危”为“机”。

如果以上陈述为真，则以下哪项陈述也一定为真？

A. 如果处置不当，则会转“机”为“危”。

B. 倘若化“危”为“机”，说明处置得当。

C. 如果包容异见和反对，则会达成真正的和谐。

D. 如果不能包容异见和反对，则不能达成真正的和谐。

E. 除非处置得当，否则化“危”为“机”。

【第1步　识别条件类型】

题干由多个假言命题组成，选项均可表示为假言命题，故此题为假言推假言模型。题干中的假言命题中没有重复元素，无法实现串联，故使用三步解题法或选项排除法解题。

【第2步　套用母题方法】

A 项，找关键词“处置不当”，锁定“只要处置得当，就可化‘危’为‘机’”，由“否后必否前”和“箭头指向原则”可知，“处置不当”后无箭头指向，故此项可真可假。

B 项，找关键词“化‘危’为‘机’”，锁定“只要处置得当，就可化‘危’为‘机’”，根据“充分条件 A 推 B”可知，“化‘危’为‘机’”后无箭头指向，故此项可真可假。

C 项，找关键词“包容异见和反对”，锁定“只有能够包容异见和反对，才是真正的和谐”，根据“必要条件 B 推 A”可知，“包容异见和反对”后无箭头指向，故此项可真可假。

D 项，找关键词“包容异见和反对”，锁定“只有能够包容异见和反对，才是真正的和谐”，根据“必要条件没它不行”，由“不能包容异见和反对”可得“不能达成真正的和谐”，故此项为真。

E 项，找关键词“处置得当”，锁定“只要处置得当，就可化‘危’为‘机’”，由“否后必否前”和“箭头指向原则”可知，“非处置得当”后无箭头指向，故此项可真可假。

【答案】D

3 如果父母感情不好或缺乏亲密朋友就会导致孩子产生抑郁情绪。除非有其他症状，否则孩子患的不是抑郁症。如果家长不重视孩子的抑郁情绪并把孩子的这种情绪归结为孩子的品行或意志力问题，这样就会让抑郁情绪变为抑郁症。

如果以上论断为真，则下列说法正确的是：

A. 如果孩子有其他症状，患的就是抑郁症。

B. 如果家长不重视孩子的抑郁情绪，那么抑郁情绪会变为抑郁症。

C. 如果孩子没有抑郁情绪，说明其父母感情好且其有亲密朋友。

D. 如果孩子没有抑郁症，说明孩子没有抑郁情绪。

E. 如果孩子的抑郁情绪变为抑郁症，说明家长不重视孩子的问题。

【第 1 步　识别条件类型】

题干中出现多个假言命题，选项也均为假言命题，故此题为假言推假言模型。题干中的假言命题中无重复元素，无法实现串联，故使用三步解题法或选项排除法解题。

【第 2 步　套用母题方法】

（1）画箭头。

题干：

①父母感情不好∨缺乏亲密朋友→产生抑郁情绪。

②¬有其他症状→¬抑郁症。

③家长不重视∧把抑郁情绪归结为孩子的品行或意志力问题→抑郁情绪变为抑郁症。

（2）逆否。

题干的逆否命题为：

④¬产生抑郁情绪→¬父母感情不好∧¬缺乏亲密朋友。

⑤抑郁症→有其他症状。

⑥¬抑郁情绪变为抑郁症→¬家长不重视∨¬把抑郁情绪归结为孩子的品行或意志力问题。

（3）找答案。

A 项，有其他症状→抑郁症，根据箭头指向原则，由⑤可知，“有其他症状”后无箭头指向，故此项可真可假。

B 项，家长不重视→抑郁情绪会变为抑郁症，③的前件为“且关系”，“且关系”肯定一项并不等于肯定全部，故由题干无法推出此项。

C 项，¬抑郁情绪→父母感情好∧有亲密朋友，等价于④，故此项正确。

D项，¬抑郁症→¬抑郁情绪，题干不涉及“¬抑郁症”与“¬抑郁情绪”之间的推理关系，故此项可真可假。

E项，抑郁情绪变为抑郁症→家长不重视孩子的问题，根据箭头指向原则，由③可知，“抑郁情绪变为抑郁症”后无箭头指向，故此项可真可假。

【答案】C

母题模型4 假言推事实模型

母题变式4.1 假言推事实：基本型

母题技巧

<table>
<tr><td>第1步
识别条件类型</td><td>1. 题干特点
题干由假言命题组成。
2. 选项特点
选项均为事实描述。
此类题目是由假言命题推出事实，因此称为假言推事实模型。</td></tr>
<tr><td>第2步
套用母题方法</td><td>秒杀方法：
串联找矛盾法、找二难推理法（详见下表）。
【假言推事实模型的母题技巧】
假言推事实，办法有两种；
串联找矛盾，或者找二难。</td></tr>
</table>

串联找矛盾法：

步骤1：画箭头。

步骤2：串联找矛盾。

串联后一般可以推出矛盾，例如：

①若从“A”出发推出与已知条件矛盾，则“A”为假。

②若从“¬A”出发推出与已知条件矛盾，则“¬A”为假，即“A”为真。

③若从“A”出发推出了“¬A”，即从“A”推出了矛盾，故“A”为假。

④若从“¬A”出发推出了“A”，即从“¬A”推出了矛盾，故“¬A”为假，即“A”为真。

步骤3：推出答案。

二难推理公式：

公式（1）：进退两难

$$A \vee \neg A;$$
$$A \to B;$$
$$\neg A \to C;$$
$$\overline{\qquad\qquad\qquad}$$
所以，$B \vee C$。

续表

公式（2）：左右为难

$$A \vee B;$$
$$A \to C;$$
$$B \to D;$$
$$\overline{\text{所以，} C \vee D\text{。}}$$

公式（3）：迎难而上

$$A \vee \neg A;$$
$$A \to B;$$
$$\neg A \to B;$$
$$\overline{\text{所以，} B\text{。}}$$

公式（4）：难以发生

$$A \to B\text{，等价于：}\neg B \to \neg A;$$
$$A \to \neg B\text{，等价于：}B \to \neg A;$$
$$\overline{\text{所以，}\neg A\text{。}}$$

公式（5）：难上加难

$$A \wedge B;$$
$$A \to C;$$
$$B \to D;$$
$$\overline{\text{所以，} C \wedge D\text{。}}$$

典型例题

1 小赵："最近几个月股票和基金市场很活跃，你有没有成为股民或基民？"

小王："我只能告诉你，股票和基金我至少买了其中之一。如果我不买基金，那么我也不买股票。"

如果小王告诉小赵的都是实话，则以下哪项一定为真？

A. 小王买了基金。

B. 小王买了股票。

C. 小王没买基金。

D. 小王没买股票。

E. 小王既没有买基金，也没有买股票。

【第 1 步 识别条件类型】

题干中小王的第一句话为选言命题（可看作假言），第二句话为假言命题，选项均为事实，故此题为假言推事实模型。常用两种解题思路：串联找矛盾法、二难推理法。

【第 2 步 套用母题方法】

方法一：串联找矛盾法。

（1）将题干符号化。

①股票 ∨ 基金。

②¬ 基金 → ¬ 股票。

（2）串联找矛盾。

将题干中的选言①变为假言，即：③¬ 股票→基金。

由②、③串联可得：¬ 基金→¬ 股票→基金。

可见，由“¬ 基金”出发推出了矛盾，故“¬ 基金”为假，即“基金”为真。

（3）推出答案。

故小王买了基金，即A项正确。

方法二：先将题干符号化，再找二难推理法（1）。

①股票∨基金，等价于：¬ 股票→基金。

②¬ 基金→¬ 股票，等价于：股票→基金。

根据二难推理的公式（3），可得：必然购买基金，故A项正确。

方法三：先将题干符号化，再找二难推理法（2）。

①股票∨基金，等价于：¬ 基金→股票。

②¬ 基金→¬ 股票。

由“¬ 基金”既推出了“股票”又推出了“¬ 股票”(矛盾)，故“¬ 基金”为假，即“基金”为真。以上找矛盾的过程，即二难推理公式（4）。

故小王买了基金，即A项正确。

【答案】A

2 某非洲国家面临如下问题：

①如果放弃重工业，那么必然导致经济下滑。

②若经济下滑，将出现严重饥荒。

③除非不出现严重饥荒，否则不能放弃重工业。

如果上述断定都是真的，那么以下哪项也一定是真的？

A. 一定出现经济下滑。

B. 一定出现污染环境。

C. 必须放弃重工业。

D. 不能放弃重工业。

E. 不会出现经济下滑。

【第1步 识别条件类型】

题干由多个假言命题组成，选项均为事实，故此题为假言推事实模型。常用两种解题思路：串联找矛盾法、二难推理法。

【第2步 套用母题方法】

方法一：串联找矛盾法。

（1）将题干符号化。

①放弃重工业→经济下滑。

②经济下滑→严重饥荒。

③严重饥荒→¬ 放弃重工业。

（2）串联找矛盾。

由①、②、③串联可得：放弃重工业→经济下滑→严重饥荒→¬ 放弃重工业。

（3）推出答案。

可见，由“放弃重工业”出发推出了矛盾，故“放弃重工业”为假，即“¬ 放弃重工业”为真。故 D 项正确。

方法二：通过重复元素，找二难推理法。

（1）找重复元素。

观察题干，发现①的后件和②的前件均为“经济下滑”。

（2）找二难推理。

此时，逆否①易出二难推理（口诀：前件后件一个样，后件逆否出二难）。

①逆否可得：¬ 经济下滑→¬ 放弃重工业。

由②、③串联可得：经济下滑→严重饥荒→¬ 放弃重工业。

（3）推出答案。

根据二难推理公式可得：¬ 放弃重工业。故 D 项正确。

【答案】D

3 某集团下辖天和、风云、怡和、北清、南山、子衿、宏宇七个子公司，集团董事会就“经理承包责任制”在哪些子公司率先试行展开了激烈讨论。已知：

（1）如果天和或者风云试行，那么怡和、北清也试行。

（2）若子衿不试行，则怡和也不试行。

（3）除非南山和天和都不试行，子衿才试行。

根据上述信息，可以得出以下哪项？

A. 天和不试行。　　B. 风云不试行。　　C. 怡和试行。

D. 北清试行。　　E. 南山不试行。

【第 1 步　识别条件类型】

题干已知条件均为假言命题，选项均为事实，故此题为假言推事实模型。常用两种解题思路：串联找矛盾法、二难推理法。

【第 2 步　套用母题方法】

题干有以下信息：

①天和 ∨ 风云→怡和 ∧ 北清。

②¬ 子衿→¬ 怡和。

③子衿→¬ 南山 ∧¬ 天和。

方法一：串联找矛盾法。

由①可知：天和→怡和。

由②逆否可得：怡和→子衿。

由①、②和③串联可得：天和→怡和→子衿→¬ 天和 ∧¬ 南山。

故有：天和→¬ 天和，因此，“天和”为假，即“¬ 天和”为真。故 A 项正确。

方法二：二难推理法。

由②、①串联可得：¬ 子衿→¬ 怡和→¬ 天和 ∧¬ 风云。

由③可知：子衿→¬ 天和。

根据二难推理的公式，可得：

$$\begin{array}{c} 子衿 \vee \neg 子衿 \\ \downarrow \quad\quad \downarrow \\ \neg 天和 \neg 天和 \\ \hline 可得：\neg 天和。 \end{array}$$

【答案】A

4 某中药制剂中，需满足以下条件：

（1）人参或者党参至少必须有一种。

（2）如果有党参，就必须有白术。

（3）白术、人参至多只能有一种。

（4）若有人参，就必须有首乌。

（5）若有首乌，就必须有白术。

如果以上信息为真，则该中药制剂中一定包含以下哪两种药物？

A. 人参和白术。 B. 党参和白术。 C. 首乌和党参。

D. 白术和首乌。 E. 党参和人参。

【第 1 步　识别条件类型】

题干中出现选言（可看作假言）和假言命题，选项均为事实，故此题为假言推事实模型。常用两种解题思路：串联或矛盾法、二难推理法。

【第 2 步　套用母题方法】

观察题干，易知条件（4）、（5）串联可得：人参→首乌→白术。

假言推事实模型的题，可以用二难推理法。如果有“¬ 人参”推出相同的结论，就可以应用二难推理公式（口诀：前件一正一反，容易出现二难）。

由条件（1）：人参 ∨ 党参，等价于：¬ 人参→党参。

找“党参”，故由条件（2）可知，党参→白术。即：¬ 人参→党参→白术。

由二难推理公式（3）可得：必有白术。

再由条件（3）可知，有白术则没有人参，再结合条件（1）可知，有党参。

综上，该中药制剂中一定包含白术和党参。

【答案】B

母题变式 4.2　假言推事实 + 匹配模型

母题技巧

第 1 步 **识别条件类型**	1. 题干特点 题干由假言命题和匹配关系组成。 2. 选项特点 选项均为事实描述。
第 2 步 **套用母题方法**	解题方法： 步骤 1：使用假言推事实模型的解题思路，即串联找矛盾法、找二难推理法。 步骤 2：使用匹配题的解题思路，即简单匹配做排除、复杂匹配画表格。

典型例题

1 第 23 届“沃边得”艺术节在北京举行。现有四个人张珊、李思、王伍、赵陆是最佳导演、最佳主角、最佳配角、最佳编剧的有力竞争者。评选结果出来后，发现每人恰好赢得了一个奖项，每个奖项恰有一人获得。已知：

（1）若张珊不是最佳导演，则李思是最佳主角。

（2）若李思是最佳主角，则赵陆是最佳编剧。

（3）若王伍或赵陆是最佳配角，则李思也是最佳配角。

（4）若赵陆是最佳编剧，则张珊是最佳导演。

根据以上信息，可以得出以下哪项？

A. 张珊是最佳主角。　B. 张珊是最佳编剧。　C. 李思是最佳配角。

D. 王伍是最佳导演。　E. 赵陆是最佳编剧。

【第 1 步　识别条件类型】

题干中出现“人”与“奖项”的一一匹配，已知条件均为假言命题，选项均为事实，故此题为假言推事实 + 匹配模型。

【第 2 步　套用母题方法】

观察题干，发现条件（2）的后件和条件（4）的前件均为“赵陆是最佳编剧”。

此时，逆否条件（2）易出二难推理（口诀：前件后件一个样，后件逆否出二难）。

条件（2）逆否可得：¬ 赵陆是最佳编剧→¬ 李思是最佳主角。

再由条件（1）逆否可得：¬ 李思是最佳主角→张珊是最佳导演。

串联可得：¬ 赵陆是最佳编剧→¬ 李思是最佳主角→张珊是最佳导演。

再结合条件（4）：赵陆是最佳编剧→张珊是最佳导演。

由二难推理公式可得：张珊是最佳导演。

由条件（3）可知，若王伍或赵陆是最佳配角，则李思也是最佳配角，与“每人恰好赢得了一个奖项，每个奖项恰有一人获得”矛盾，故王伍、赵陆均不是最佳配角。

又由于张珊是最佳导演，故最佳配角只能是李思。

【答案】C

2 手办爱好者赵嘉收集了甲、乙、丙、丁、戊、己、庚 7 个稀有英雄联盟手办。这 7 个手办将被存放在子、丑、寅储物盒中，每个手办只存放在一个储物盒中。已知：

（1）若乙、己中至多有一个被存放在丑储物盒中，则甲被存放在寅储物盒中。

（2）如果丁和戊中至少有一个被存放在丑储物盒或者子储物盒中，那么甲不放在寅储物盒中。

（3）若甲、丙和丁中至多有 2 个被存放在子储物盒中，那么丁被存放在丑储物盒中并且己被存放在寅储物盒中。

根据上述信息，可以得出以下哪项？

A. 戊在丑储物盒中。　B. 甲在寅储物盒中。　C. 乙在子储物盒中。

D. 庚在丑储物盒中。　E. 丙在子储物盒中。

【第 1 步　识别条件类型】

题干中出现手办与储物盒的匹配关系，条件（1）、（2）和（3）均为假言命题，选项均为事实，故此题为假言推事实 + 匹配模型。

【第2步 套用母题方法】

（1）将题干符号化。

①┐乙丑∨┐己丑→甲寅。

②丁丑∨丁子∨戊丑∨戊子→┐甲寅。

③甲、丙和丁中至多有2个被存放在子储物盒→丁丑∧己寅。

（2）串联找矛盾。

由③、①和②串联可得：甲、丙和丁中至多有2个被存放在子储物盒→丁丑∧己寅→┐己丑→甲寅→┐丁丑∧┐丁子∧┐戊丑∧┐戊子。

由“┐丁丑∧┐丁子∧┐戊丑∧┐戊子”可知，丁寅∧戊寅。

可见，由“甲、丙和丁中至多有2个被存放在子储物盒”出发推出了“丁丑∧丁寅”，与题干矛盾。故“甲、丙和丁中至多有2个被存放在子储物盒”为假，即：甲、丙和丁均放在子储物盒中。

由“甲子”可知，①的后件为假，则其前件也为假，可得：乙丑∧己丑。

故E项正确。

【答案】E

3 大学毕业后，同一宿舍的甲、乙、丙、丁、戊、己六位好伙伴均收到了来自天和、风云、长今、南华、北清、西京六家公司的聘用通知。商议之后，他们决定：

（1）每个人只能挑选一家公司，每家公司有且仅有一人选择。

（2）若乙选择长今，则丙不选择南华且己不选择天和。

（3）若丁不选择北清或者戊不选择长今，则己选择北清且丙选择南华。

根据上述信息，可以得出以下哪项？

A. 甲不选天和。 B. 乙不选长今。 C. 丙不选南华。

D. 丁不选西京。 E. 戊不选天和。

【第1步 识别条件类型】

题干中出现“人”与“公司”的一一匹配，条件（2）、（3）均为假言命题，选项均为事实，故此题为假言推事实＋匹配模型。

【第2步 套用母题方法】

方法一：串联找矛盾法。

由于此题的条件（2）和条件（3）比较复杂，遇到这种题时不要慌，要观察其中的重复信息。

发现两个条件分别包含“丙不选择南华”和“丙选择南华”，故“丙”就可以作为串联的桥梁。

由条件（2）可得：乙选长今→丙不选南华∧己不选天和。

此时有“丙不选南华”，故将条件（3）逆否可得：丙不选南华→丁选北清∧戊选长今。

故，若乙选长今，则戊也选长今，与条件（1）矛盾，则乙不选长今。故B项正确。

方法二：二难推理法。

将“丙”作为突破口，由条件（2）逆否可得：丙选南华→乙不选长今。

由条件（3）逆否可得：丙不选南华→丁选北清∧戊选长今。再结合条件（1）可得：戊选长今→乙不选长今。故有：丙不选南华→乙不选长今。

由二难推理公式可得：乙不选长今。故B项正确。

【答案】B

4 因业务需要，某公司欲将甲、乙、丙、丁、戊、己、庚、辛、壬、癸 10 个部门合并到子、丑、寅、卯 4 个分公司。一个部门只能合并到一个分公司。已知：

（1）若甲、乙、丙中至多有 2 个合并到子公司，那么丁合并到丑公司且戊不合并到寅公司。

（2）若戊、己、庚、癸中至多有 3 个合并到寅公司，则丁、辛、壬都合并到卯公司。

根据以上陈述，则可以推出以下哪项？

A. 甲、乙、丙合并到子公司。

B. 乙、丙、丁合并到丑公司。

C. 丁、戊、己合并到卯公司。

D. 戊、己、庚合并到寅公司。

E. 丁、辛、壬合并到卯公司。

【第 1 步　识别条件类型】

题干中出现“部门”与“子公司”的匹配关系，条件（1）、（2）均为假言命题，选项均为事实，故此题为假言推事实 + 匹配模型。

【第 2 步　套用母题方法】

观察已知条件，发现条件（1）和条件（2）的后件均有“丁”，故考虑通过“丁”实现串联。

由条件（1）和条件（2）串联可得：甲、乙、丙中至多有 2 个合并到子公司→丁丑 ∧ ¬ 戊寅→¬ 丁卯→戊、己、庚、癸均合并到寅公司。

可见，由“甲、乙、丙中至多有 2 个合并到子公司”出发推出了“¬ 戊寅 ∧ 戊寅”。因此，条件（1）的前件为假，可得：甲、乙、丙均合并到子公司。

故 A 项正确。

【答案】A

5 张珊、李思、王伍、赵六、孙琪、刘巴、罗久、钱时、申依、尤二、许千、何万等人到北京、上海和成都三个城市旅游。每人只去了这三个城市中的一个，还已知：

（1）如果张珊去成都，那么李思、许千和何万去上海。

（2）如果张珊没有去成都，那么刘巴和罗久去上海。

（3）如果刘巴、罗久、钱时、申依、尤二中至多有四个不去上海，那么张珊、李思、许千、何万均去成都。

根据上述信息，可以得出以下哪项？

A. 王伍未去上海。

B. 张珊未去成都。

C. 李思未去成都。

D. 王伍未去北京。

E. 刘巴未去北京。

【第 1 步　识别条件类型】

题干中出现“人”与“城市”的匹配关系，条件（1）、（2）、（3）均为假言命题，选项均为事实，故此题为假言推事实 + 匹配模型。

【第 2 步　套用母题方法】

将题干信息符号化：

①张珊去成都→李思、许千和何万去上海。

②¬ 张珊去成都→刘巴、罗久去上海。

③刘巴、罗久、钱时、申依、尤二中至多有四个不去上海→张珊、李思、许千、何万均去成都。

由②和③串联可得：¬ 张珊去成都→刘巴、罗久去上海→刘巴、罗久、钱时、申依、尤二中至多有四个不去上海→张珊、李思、许千、何万均去成都，即：¬ 张珊去成都→张珊、李思、许千、何万均去成都。可见，由“¬ 张珊去成都”出发推出了矛盾，故其为假，即：张珊去成都。

由“张珊去成都”可知，①的前件为真，则其后件也为真，可得：李思、许千和何万去上海。

【答案】C

母题模型 5 数量假言模型

母题变式 5.1 数量假言模型：基本型

母题技巧

第 1 步 识别条件类型	1. 题干特点 题干由简单的数量关系（如，5 个运动员中选 3 个入选奥运会）和多个假言命题组成。 2. 选项特点 选项均为事实描述。
第 2 步 套用母题方法	解题方法： （1）数量关系优先算。 当题干中出现数量关系时，先看题干中的数量关系是否需要计算，如有需要，先计算数量关系。 （2）数量矛盾或二难。 将题干中的假言进行串联推理，一般会出现两种可能：①在数量关系处出现矛盾；②出现二难推理。 【数量假言模型的母题技巧】 题干数量加假言，数量关系优先算； 假言命题做串联，要找矛盾和二难。

典型例题

1 北京冬奥会短道速滑比赛中，甲、乙、丙、丁、戊、己、庚、辛共 8 名运动员进入了半决赛。经过半决赛的角逐，其中会有 4 名进入决赛。最终，半决赛的比赛结果如下：

（1）如果己进入决赛，则戊也进入决赛。

（2）如果丁进入决赛，则己也进入决赛。

（3）只要丙、庚、辛中至少有 1 人进入决赛，则己也进入决赛。

根据以上信息，可以得出以下哪项？

A. 甲进入决赛了。　　B. 丙进入决赛了。　　C. 庚进入决赛了。

D. 戊进入决赛了。　　E. 辛进入决赛了。

【第 1 步　识别条件类型】

题干由数量关系（8 进 4）和多个假言命题组成，故此题为数量假言模型。

【第 2 步　套用母题方法】

此题中，数量关系为 8 进 4，无需再另外计算。此类题常用两种方法：串联找矛盾法、二难推理法。

方法一：串联找矛盾法。

已知条件中，“己”出现的次数最多，故优先分析“己”。

由条件（2）可得：丁→己，逆否可得：┐己→┐丁。

由条件（3）可得：丙∨庚∨辛→己，逆否可得：┐己→┐丙∧┐庚∧┐辛。

若己不进入决赛，则丁、丙、庚、辛均不进入决赛，此时最多有 3 人能进入决赛，与“8 进 4”矛盾。故“己不进入决赛”为假，即：己必进决赛。

由“己进入决赛”可知，条件（1）的前件为真，则其后件也为真，可得：戊进入决赛。

故 D 项正确。

方法二：二难推理法。

由条件（2）和（3）可得：丁∨丙∨庚∨辛→己。

也就是说，丁、丙、庚、辛中只要有人进决赛，则己必进决赛。

若丁、丙、庚、辛四人均未进决赛，由数量关系“8 进 4”可知，余下的 4 人都进决赛，则己也必进决赛。

故由二难推理的公式（3）可知，己必进决赛。

再结合条件（1）可知，戊必进决赛。

【答案】D

2 某高校研究生赵嘉为完成实践课题研究计划，准备了解几个节目的收视率及观众评价。但限于经费，最终只能在《动物世界》《海峡两岸》《开讲啦》《今日说法》《舌尖上的中国》五个节目中选取三个。此外选取的节目还需满足如下要求：

（1）如果选取《开讲啦》，就不选取《海峡两岸》。

（2）不选取《今日说法》，否则不选取《舌尖上的中国》。

（3）只有不选取《动物世界》，才选取《海峡两岸》。

若上述信息为真，则关于赵嘉选取节目的情况，以下哪项为真？

A. 不选取《动物世界》。

B. 不选取《海峡两岸》。

C. 不选取《今日说法》。

D. 不选取《开讲啦》。

E. 不选取《舌尖上的中国》。

【第 1 步　识别条件类型】

题干由数量关系（5 选 3）和多个假言命题组成，故此题为数量假言模型。

【第 2 步　套用母题方法】

由条件（1）可得：┐《开讲啦》∨┐《海峡两岸》。

由条件（2）可得：┐《今日说法》∨┐《舌尖上的中国》。

因此，《开讲啦》《海峡两岸》《今日说法》《舌尖上的中国》这 4 个节目至少有 2 个不选。

再结合“五个节目中选取三个”可知，一定选取《动物世界》。

由“一定选取《动物世界》”结合条件（3）可知，不选取《海峡两岸》。

【答案】B

3 北京冬奥会 U 形池比赛中，现有甲、乙、丙、丁、戊、己、庚、辛、壬、癸共 10 位选手参加资格赛。已知：

（1）至少有 7 人进入决赛。

（2）甲、乙、丁、戊、己中至多有 3 人进入决赛。

（3）壬、癸中至多有1人进入决赛。

（4）如果丙和庚都进入决赛，则甲和壬都不能进入决赛。

（5）如果戊进入决赛，则癸不能进入决赛。

根据上述信息，可以得出以下哪项？

A. 甲、乙、丙都进了决赛。

B. 乙、丙、戊都进了决赛。

C. 乙、丙、丁都进了决赛。

D. 壬、乙、癸都进了决赛。

E. 壬和癸都没进决赛。

【第1步　识别条件类型】

题干由数量关系和多个假言命题组成，故此题为数量假言模型。

【第2步　套用母题方法】

此题有多组数量关系，故优先计算数量关系：

由条件（2）可知，甲、乙、丁、戊、己5人中至多有3人进入决赛，即至少淘汰2人。

由条件（3）可知，壬、癸中至多有1人进入决赛，即至少淘汰1人。

由条件（1）可知，10人中最多淘汰3人。

综上，可知10人恰好淘汰3人，且甲、乙、丁、戊、己中淘汰2人，壬、癸中淘汰1人。

故余下的3人（丙、庚、辛）均进入决赛。

又由条件（4）可知，甲、壬均未进入决赛。

又由于壬、癸中仅淘汰1人，故癸进入决赛。

故条件（5）的后件为假，则其前件也为假，即：戊未进入决赛。

因此，淘汰的3人为：甲、壬、戊；进入决赛的7人为：乙、丙、丁、己、庚、辛、癸。

【答案】C

母题变式5.2　数量假言匹配模型

母题技巧

第1步 识别条件类型	1. 题干特点 题干由简单的数量关系、假言命题、匹配关系组成。 2. 选项特点 选项均为事实描述。
第2步 套用母题方法	解题方法： 步骤1：使用数量假模型的解题方法，即：（1）数量关系优先算；（2）找矛盾或二难。 步骤2：使用匹配题的解题思路，即：简单匹配做排除，复杂匹配画表格。

典型例题

1　甲、乙、丙三位同学计划进行体育锻炼，他们从短跑、跳高、篮球、足球四项活动中选择。每人至少选择了一个体育项目，且每人选择的都不相同，每个项目都有人选，同时还必须满足以下要求：

（1）甲选择的项目数不是最少的。

（2）若乙、丙中至少有一个人选择短跑，则甲只选择篮球。
（3）若甲不选择足球或者乙不选择跳高，则丙选择短跑。
根据以上论述，以下哪个选项不可能为真？

A. 甲选择的是足球。
B. 如果丙选择跳高，则甲选择短跑。
C. 乙选择的是跳高。
D. 丙选择的不是篮球。
E. 如果甲选择足球，则丙不选择跳高。

【第 1 步　识别条件类型】

题干中出现“人”与“体育项目”的匹配关系，“4 个项目分给 3 个人，每人至少一项，且每人的选择不同”为数量关系，条件（2）、（3）均为假言命题，故此题为数量假言匹配模型。

【第 2 步　套用母题方法】

数量关系优先算：由“4 个项目分给 3 个人，每人至少一项，且每人的选择不同”可知，4=2+1+1，即，3 人所选择的项目数分别为：2 项、1 项、1 项。

由条件（1）“甲选择的项目数不是最少的”可知，甲选了 2 项。

此时，“甲选了 2 项”为事实，从事实出发做串联。

故条件（2）的后件“甲只选择篮球（即只选 1 项）”为假。

则条件（2）的前件也为假，可得：¬（乙短跑 ∨ 丙短跑），等价于：¬ 乙短跑 ∧ ¬ 丙短跑，故甲选择短跑。

再由“¬ 丙短跑”可知，条件（3）的后件为假。

故条件（3）的前件也为假，可得：¬（¬ 甲足球 ∨ ¬ 乙跳高），等价于：甲足球 ∧ 乙跳高。

综上，甲选择了短跑和足球，乙选择了跳高，丙只能选择篮球（简单匹配做排除，排除了已知的匹配关系后，余下的丙和篮球做匹配）。

由丙选篮球可知，D 项不可能为真。

B 项，丙跳高→甲短跑，等价于：¬ 丙跳高 ∨ 甲短跑，又知“¬ 丙跳高”和“甲短跑”均为真，故此项为真。

E 项，甲足球→¬ 丙跳高，等价于：¬ 甲足球 ∨ ¬ 丙跳高，由于“¬ 丙跳高”为真，故此项为真。

其余两项显然为真。

【答案】D

2~3 题基于以下题干：

某医院的外科病区有甲、乙、丙、丁、戊 5 位护士，她们负责病区 1、2、3、4、5、6、7 号共 7 间病房的日常护理工作，每间病房只由 1 位护士来护理，每位护士护理 1~2 间病房。已知下列条件：

（1）1 号病房和 2 号病房至少有一个由甲护理。
（2）若乙或丙至少有一人护理 6 号房间，则乙、丙和丁均护理 2 间病房。
（3）如果甲护理 3 号病房，则戊只护理 7 号病房且甲不护理 6 号病房。
（4）如果甲不护理 3 号病房，则乙护理 6 号病房。

2 根据以上信息，可以得出以下哪项？

A. 乙护理 3 号病房。
B. 丙护理 4 号病房。
C. 丁护理 4 号病房。
D. 乙护理 4 号病房。
E. 丁护理 6 号病房。

3 若乙、丙护理的病房均在 2 号、4 号中，则可得出以下哪项？

A. 甲护理2号病房。 B. 乙护理3号病房。 C. 丙护理4号病房。
D. 丁护理5号病房。 E. 戊护理6号病房。

【第1步 识别条件类型】

题干中出现“护士”与“病房”的匹配关系，“每间病房只由1位护士来护理，每位护士护理1～2间病房”为数量关系，条件（1）为选言命题，可转化为假言命题，条件（2）、（3）和（4）均为假言命题，故此题为数量假言匹配模型。

第3题题干补充了新的事实条件，故此题为事实数量假言匹配模型。

【第2步 套用母题方法】

第2题

数量关系优先算：由“每间病房只由1位护士来护理，每位护士护理1~2间病房”可知，5位护士对应的病房数为1、1、1、2、2，即：有2人各护理2间病房，其余3人各护理1间病房。

由“有2人各护理2间病房，其余3人各护理1间病房”可知，条件（2）的后件为假，则其前件也为假，可得：乙、丙均不护理6号病房。

由“乙不护理6号病房”可知，条件（4）的后件为假，则其前件也为假，可得：甲护理3号病房。

由“甲护理3号病房”可知，条件（3）的前件为真，则其后件也为真，可得：戊只护理7号病房且甲不护理6号病房。

综上，甲、乙、丙、戊4人均不护理6号病房，因此，丁护理6号病房。

故E项正确。

第3题

引用上题推理结果：甲护理3号病房、戊只护理7号病房、丁护理6号病房。

由“乙、丙护理的病房均在2号、4号中”可知，1号、3号、5号、6号、7号病房均不由乙、丙护理。

再结合条件（1），可得下表：

	1号	2号	3号	4号	5号	6号	7号
甲	√	×	√	×	×	×	×
乙	×		×		×	×	×
丙	×		×		×	×	×
丁	×	×	×	×		√	×
戊	×	×	×	×	×	×	√

根据上表，结合“每间病房只由1位护士来护理”可知，5号病房由丁护理。故D项正确。

【答案】E、D

4 为加强西京大学各学院的师资队伍，其管理学院、数学学院、物理学院、经济学院、人文学院、化学学院均准备招聘本领域的专家。现有甲、乙、丙、丁4位“江河学者”前来应聘，每个学院只有1人应聘，每人应聘1~2个学院，还已知：

（1）若管理学院、经济学院甲至多应聘一个，则丁应聘管理学院且乙应聘化学学院。

（2）若乙、丁至少有一人应聘化学学院，则乙应聘经济学院和数学学院。

（3）除非甲应聘数学学院，否则丁应聘物理学院和人文学院。

根据上述信息，可以得出以下哪项？

A. 甲应聘物理学院。　B. 乙应聘人文学院。　C. 乙应聘管理学院。

D. 丙应聘化学学院。　E. 丁应聘经济学院。

【第 1 步　识别条件类型】

题干中出现“人”与“学院”的匹配关系，“6 个学院有 4 个人前来应聘，每个学院只有 1 人应聘，每人应聘 1~2 个学院”为数量关系，条件（1）、（2）和（3）均为假言命题，故此题为数量假言匹配模型。

【第 2 步　套用母题方法】

数量关系优先算：由“6 个学院有 4 个人前来应聘，每个学院只有 1 人应聘，每人应聘 1~2 个学院”可知，6=2+2+1+1，即，4 人所应聘的学院数分别为：2 个、2 个、1 个、1 个。

（1）将题干符号化。

①¬ 甲管理 ∨ ¬ 甲经济→丁管理 ∧ 乙化学。

②乙化学 ∨ 丁化学→乙经济 ∧ 乙数学。

③¬ 甲数学→丁物理 ∧ 丁人文。

（2）找数量矛盾。

由①、②串联可得：¬ 甲管理 ∨ ¬ 甲经济→丁管理 ∧ 乙化学→乙化学→乙经济 ∧ 乙数学。

可见，若“¬ 甲管理 ∨ ¬ 甲经济”为真，则“乙化学 ∧ 乙经济 ∧ 乙数学”，这与“每人应聘 1~2 个学院”矛盾，因此，甲管理 ∧ 甲经济。

由“甲经济”和“每个学院只有 1 人应聘”可知，¬ 乙经济。故，②的后件为假，则其前件也为假，可得：¬ 乙化学 ∧ ¬ 丁化学。

再结合“每人应聘 1~2 个学院”可知，¬ 甲数学。

由“¬ 甲数学”可知，③的前件为真，则其后件也为真，可得：丁物理 ∧ 丁人文。

综上，结合“每个学院只有 1 人应聘，每人应聘 1~2 个学院”可得：乙应聘数学学院、丙应聘化学学院。

【答案】D

5 南山大学社会经济研究小组的甲、乙、丙、丁、戊、己六位教授计划在假期期间分别前往深圳、南京、苏州、成都、上海五地进行科研考察。由于时间和经费等原因，每人只能前往一个城市，每个城市均有 1~2 人前往。已知：

（1）若甲未前往南京，则乙前往深圳且丁前往上海。

（2）若戊、丙中至多有一人前往苏州，则己前往苏州。

（3）若己未选择上海，则丙和甲前往上海。

（4）若乙没有选择成都，则戊选择成都。

根据上述信息，可以得出以下哪项？

A. 乙前往上海。　B. 甲前往成都。　C. 戊前往成都。

D. 丁前往深圳。　E. 丙前往南京。

【第1步 识别条件类型】

题干中出现“教授”与“城市”的匹配关系，“每个城市均有1~2人前往”为数量关系，条件（1）、（2）、（3）和（4）均为假言命题，故此题为数量假言匹配模型。

【第2步 套用母题方法】

（1）数量关系优先算。

由“六位教授前往五个城市，每个城市均有1~2人前往”可知，6=1+1+1+1+2，即：有4个城市各有1人前往，有1个城市有2人前往。

（2）假言命题做串联。

题干中的假言命题可符号化为：

①¬甲南京→乙深圳∧丁上海。

②¬戊苏州∨¬丙苏州→己苏州。

③¬己上海→丙上海∧甲上海。

④¬乙成都→戊成都。

串联找矛盾，由①、④、②和③串联可得：¬甲南京→乙深圳∧丁上海→¬乙成都→戊成都→¬戊苏州∨¬丙苏州→己苏州→¬己上海→丙上海∧甲上海。

可见，由“¬甲南京”出发推出了“丁上海∧丙上海∧甲上海”，与“每个城市均有1~2人前往”矛盾。因此，“¬甲南京”为假，即：“甲南京”为真。

由“甲南京”可知，③的后件为假，则其前件也为假，可得：己上海。

由“己上海”可知，②的后件为假，则其前件也为假，可得：戊苏州∧丙苏州。

由“戊苏州”可知，④的后件为假，则其前件也为假，可得：乙成都。

综上，结合“每人只能前往一个城市，每个城市均有1~2人前往”可知，丁前往深圳。

【答案】D

6~7题基于以下题干：

甲、乙、丙、丁4人均购买了《资治通鉴》《孙子兵法》《吕氏春秋》《乐府诗集》《海国图志》中的2~3本，每本书均有2人购买。另外，还知道：

（1）如果丙至少购买了《孙子兵法》《海国图志》中的一种，则乙购买了《资治通鉴》，而丙未购买《孙子兵法》。

（2）如果甲、丙2人中至少有一人购买了《海国图志》，则甲、丙购买了《资治通鉴》。

（3）如果乙购买了《海国图志》，则丙和丁也会购买。

（4）如果甲、乙至少有一人购买了《吕氏春秋》或《孙子兵法》，则丙购买了《吕氏春秋》，而丁购买了《孙子兵法》。

6 根据上述信息，可以得出以下哪项？

A. 甲购买《孙子兵法》。
B. 丁购买《乐府诗集》。
C. 丙不购买《吕氏春秋》。
D. 丁购买《孙子兵法》。
E. 乙购买《海国图志》。

7 如果乙和丁购买的书完全不同，则4人（按题干所列顺序）购买的书数之比是：

A. 3 ∶ 3 ∶ 2 ∶ 2。
B. 2 ∶ 3 ∶ 3 ∶ 2。
C. 2 ∶ 2 ∶ 3 ∶ 3。
D. 3 ∶ 2 ∶ 2 ∶ 3。
E. 3 ∶ 2 ∶ 3 ∶ 2。

【第 1 步　识别条件类型】

题干中出现“人”与“书”的匹配关系，“每人购买 2~3 本，每本均有 2 人购买”为数量关系，条件（1）、（2）、（3）和（4）均为假言命题，故此题为数量假言匹配模型。

第 7 题题干补充新的事实条件，故此题为事实数量假言匹配模型。

【第 2 步　套用母题方法】

第 6 题

数量关系优先算：由“每本书均有 2 人购买，每人购买 2~3 本”可知，5×2=10，10=3+3+2+2。即，4 人所购买的书数分别为：3 本、3 本、2 本、2 本。

数量矛盾出答案：由条件（3）可知：乙海国→丙海国∧丁海国，与“每本书均有 2 人购买”矛盾，故：¬ 乙海国。

由“¬ 乙海国”结合“每本书均有 2 人购买”可知，甲、丙至少有 1 人购买《海国图志》，故条件（2）的前件为真，则其后件也为真，可得：甲资治∧丙资治。

由“甲资治∧丙资治”结合“每本书均有 2 人购买”可知，条件（1）的后件为假，则其前件也为假，可得：¬ 丙孙子∧¬ 丙海国。

由“¬ 丙孙子”结合“每本书均有 2 人购买”可知，甲、乙至少有 1 人购买《孙子兵法》，故条件（4）的前件为真，则其后件也为真，可得：丁孙子∧丙吕氏。

故 D 项正确。

第 7 题

本题补充新信息：（5）乙和丁购买的书完全不同。

引用上题推理结果，结合“每本书均有 2 人购买”可得下表：

	《资治通鉴》	《孙子兵法》	《吕氏春秋》	《乐府诗集》	《海国图志》
甲	√				√
乙	×				×
丙	√	×	√		×
丁	×	√			√

由上表结合条件（5）可知，¬ 乙孙子。

结合“每人选择 2~3 本”可知，乙吕氏∧乙乐府。

再结合条件（5）可知，¬ 丁吕氏∧¬ 丁乐府。

由“¬ 乙孙子”结合“每本书均有 2 人购买”可得：甲孙子。

再由“甲资治∧甲孙子∧甲海国”可知，¬ 甲吕氏∧¬ 甲乐府。

综上，可得下表：

	《资治通鉴》	《孙子兵法》	《吕氏春秋》	《乐府诗集》	《海国图志》
甲	√	√	×	×	√
乙	×	×	√	√	×
丙	√	×	√	√	×
丁	×	√	×	×	√

由上表可知，4 人（按题干所列顺序）购买的书数之比是：3 ∶ 2 ∶ 3 ∶ 2。故 E 项正确。

【答案】D、E

母题模型 6 假言命题的矛盾命题模型

母题技巧

第 1 步 识别条件类型	1. 题干特点 题干由多个假言命题组成，且这些假言命题中存在重复元素可以实现串联。 2. 提问方式 “以下哪项最能削弱 / 反驳题干？” “以下哪项最能说明题干不成立？” “若题干为真，则以下哪项必然为假？” “以下哪项最不符合题干？”
第 2 步 套用母题方法	解题方法： 步骤 1：画箭头。 步骤 2：如能串联，则进行串联。 将题干串联成：A→B→C→D。 步骤 3：找矛盾。 如：A∧¬D，B∧¬D，A∧¬C 等，均与题干矛盾。 注意：A↔B 与 A∀B 矛盾。 【假言命题的矛盾命题模型的母题技巧】 题干假言有重复，哪项削弱不可能。 先把题干做串联，肯前否后找矛盾。

典型例题

1 正是因为有了第二味觉，哺乳动物才能够边吃边呼吸。很明显，边吃边呼吸对保持哺乳动物高效率的新陈代谢是必要的。

以下哪种有关哺乳动物的发现，最能削弱以上断言？

A. 有高效率的新陈代谢和边吃边呼吸的能力的哺乳动物。

B. 有低效率的新陈代谢和边吃边呼吸的能力的哺乳动物。

C. 有低效率的新陈代谢但没有边吃边呼吸的能力的哺乳动物。

D. 有高效率的新陈代谢但没有第二味觉的哺乳动物。

E. 有低效率的新陈代谢和第二味觉的哺乳动物。

【第 1 步　识别条件类型】

题干中出现多个假言命题，且这些假言命题中存在重复元素可以实现串联，提问方式为“以下哪种发现最能削弱上述断言”，故此题为假言命题的矛盾命题模型。先将题干串联，再找矛盾命题即可求解。

【第 2 步　套用母题方法】

（1）画箭头。

①第二味觉←边吃边呼吸。

②边吃边呼吸←高效率的新陈代谢。

(2) 串联。

由②、①串联可得：高效率的新陈代谢→边吃边呼吸→第二味觉。

(3) 找矛盾。

找以下三种情况，均与题干矛盾：

情况 1：高效率的新陈代谢∧¬ 第二味觉。

情况 2：高效率的新陈代谢∧¬ 边吃边呼吸。

情况 3：边吃边呼吸∧¬ 第二味觉。

此类题的答案一般是情况 1，因为如果答案设计为情况 2 或情况 3 的话，题干中设计的串联推理就没有意义了。

观察选项易知，D 项为情况 1，故 D 项最能削弱题干。

注意，在考场上解题时，无须列出以上三种情况，直接看选项即可。

【答案】D

2 张珊要配置一盆插花，在花的组合上，她咨询了三位园艺师。三位园艺师建议如下：

园艺师一：如果选牡丹，则选兰花。

园艺师二：如果选玫瑰，则不选月季。

园艺师三：或者选玫瑰，或者不选兰花。

以下哪项配制方案不符合三位园艺师的建议？

A. 牡丹和玫瑰都选。　B. 选月季，不选兰花。　C. 牡丹和月季都选。

D. 选牡丹，不选月季。　E. 选月季，不选牡丹。

【第 1 步　识别条件类型】

题干中出现多个假言命题，且这些假言命题中存在重复元素可以实现串联，提问方式为“以下哪项不符合三位园艺师的建议”，故此题为假言命题的矛盾命题模型。先将题干串联，再找矛盾命题即可求解。

【第 2 步　套用母题方法】

(1) 画箭头。

①牡丹→兰花。

②玫瑰→¬ 月季。

③玫瑰∨¬ 兰花，等价于：兰花→玫瑰。

(2) 串联。

由①、③和②串联可得：牡丹→兰花→玫瑰→¬ 月季。

故有：④牡丹→¬ 月季。

(3) 找矛盾。

C 项，“牡丹∧月季”与④矛盾，故此项一定为假。

【答案】C

3 如果培养出了高水平的创造型人才，就说明充分提高了教育质量。如果不注重全民族逻辑思维的培养，就不能充分提高教育质量。如果注重全民族逻辑思维的培养，就提高了全民族逻辑思维能力。

以下哪项如果为真，最能削弱上述断言?

A. 如果充分提高了教育质量，就能提高全民族的逻辑思维能力。

B. 如果没有能够培养出高水平的创造型人才，就说明没有注重全民族逻辑思维的培养。

C. H 国或者没有注重全民族逻辑思维的培养，或者提高了全民族的逻辑思维能力。

D. H 国培养出了高水平的创造型人才却没提高全民族的逻辑思维能力。

E. H 国或者未能培养出高水平的创造型人才，或者注重全民族逻辑思维的培养。

【第 1 步 识别条件类型】

题干中出现多个假言命题，且这些假言命题中存在重复元素可以实现串联，提问方式为“以下哪项最能削弱上述断言”，故此题为假言命题的矛盾命题模型。先将题干串联，再找矛盾命题即可求解。

【第 2 步 套用母题方法】

(1) 画箭头。

①培养创造型人才→提高教育质量。

②不注重逻辑思维的培养→不能提高教育质量，等价于：提高教育质量→注重逻辑思维的培养。

③注重逻辑思维的培养→提高逻辑思维能力。

(2) 串联。

由①、②和③串联可得：培养创造型人才→提高教育质量→注重逻辑思维的培养→提高逻辑思维能力。

故有：④培养创造型人才→提高逻辑思维能力。

(3) 找矛盾。

D 项，“培养创造型人才∧没提高逻辑思维能力”与④矛盾，故此项最能削弱题干。

【答案】D

4 只有理解戏剧的精髓的人才喜欢戏剧。一个人必须具有一定的文化背景，否则不可能理解戏剧的精髓。一个人要具有一定的文化背景，必须进行过专业化的学习。

如果上面的陈述是真实的，则下列哪项一定为假?

A. 一个人不喜欢戏剧，但是具有一定的文化背景。

B. 或者不喜欢戏剧，或者进行过专业化的学习。

C. 小王喜欢戏剧，但是不具有一定的文化背景。

D. 一个人不喜欢戏剧，但是理解戏剧的精髓。

E. 如果一个人不具有一定的文化背景，那么他肯定不喜欢戏剧。

【第 1 步 识别条件类型】

题干中出现多个假言命题，且这些假言命题中存在重复元素可以实现串联，提问方式为“下列哪项一定为假”，故此题为假言命题的矛盾命题模型。先将题干串联，再找矛盾命题即可求解。

【第 2 步 套用母题方法】

(1) 画箭头。

①喜欢戏剧→理解戏剧的精髓。

②理解戏剧的精髓→具有一定的文化背景。

③具有一定的文化背景→进行过专业化的学习。

（2）串联。

由①、②和③串联可得：喜欢戏剧→理解戏剧的精髓→具有一定的文化背景→进行过专业化的学习。

（3）找矛盾。

C 项，“喜欢戏剧∧不具有一定的文化背景”与“喜欢戏剧→具有一定的文化背景”矛盾，故此项一定为假。

【答案】C

母题模型 7 匹配模型

母题变式 7.1 简单匹配模型

母题技巧

第 1 步 **识别条件类型**	题干特点：题干中存在一一对应关系。 例如：共有 4 个人，4 门课，其中每个人报 1 门课，每门课有 1 个人报。
第 2 步 **套用母题方法**	解题方法： 方法一：常规解题方法。 ①事实 / 问题优先看。 以事实 / 提问中新补充的信息作为解题起点，联立与之相关的条件，得出新的事实。 ②重复 / 互斥是关键。 先分析单个条件中的互斥关系（能得到否定的事实），再利用“重复元素”或者“重复话题”搭桥，分析条件间的互斥（能得到否定的事实）。 由于一对一匹配均为简单匹配，在分析题干已知条件后，要注意排除法的应用。这里的“排除”不是指选项排除，而是指题干中的元素的排除。例如：去西安旅游的可能是甲、乙、丙、丁中的一位，排除甲、乙、丙三人后，可以确定是丁。 ③两组元素的匹配可以采用表格法，三组元素的匹配可以采用连线法。 方法二：选项排除法。 此类题中，如果题干的问题是“以下哪项可能为真”“以下哪项不符合题干”“以下哪项符合题干”等，一般可使用选项排除法。

典型例题

1~2 题基于以下题干：

有 6 个不同国籍的人，他们的名字分别为：甲、乙、丙、丁、戊和己；他们的国籍分别是：美国、德国、英国、法国、俄罗斯和意大利（名字顺序与国籍顺序不一定一致）。现已知下列条件：

（1）甲和美国人是医生。

（2）戊和俄罗斯人是教师。

（3）丙和德国人是技师。
（4）乙和己曾经当过兵，而德国人从没当过兵。
（5）法国人比甲年龄大，意大利人比丙年龄大。
（6）乙同美国人下周要到英国去旅行，丙同法国人下周要到瑞士去度假。

1 由上述条件可以确定德国人是：

A. 甲。 B. 乙。 C. 丙。 D. 丁。 E. 戊。

2 由上述条件可以确定美国人是：

A. 乙。 B. 丙。 C. 丁。 D. 戊。 E. 己。

【第1步 识别条件类型】

题干中出现6个人与6个国家的一一匹配关系，故此题为简单匹配模型。

【第2步 套用母题方法】

第1题

题干问的是德国人的身份，故优先分析与德国人有关的条件，即条件（3）和（4）。
由条件（3）可知，德国人是技师，且德国人不是丙。
由条件（4）可知，德国人不是乙和己。
现已知德国人是技师，故不是技师的人均不是德国人。
由条件（1）可知，甲是医生，故甲不是德国人。
由条件（2）可知，戊是教师，故戊不是德国人。
此时，甲、乙、丙、戊、己均被排除，则剩余的元素丁为德国人，故D项正确。

第2题

题干问的是美国人的身份，故优先分析与美国人有关的条件，即条件（1）和（6）。
由条件（1）可知，甲不是美国人，且美国人是医生。
由条件（6）可知，乙不是美国人。
现已知美国人是医生，故不是医生的人均不是美国人。
由条件（2）可知，戊是教师，故戊不是美国人。
由条件（3）可知，丙是技师，故丙不是美国人。
根据上一题的结论可知，丁不是美国人。
此时，甲、乙、丙、丁、戊均被排除，则剩余的元素己为美国人，故E项正确。

【答案】D、E

3 有三个队伍，每个队伍各派出一男一女两位棋手参加象棋比赛，每人都参加了1场比赛，共三场比赛。每场比赛的对手均为男对女。他们中男队员的名字分别为：张山，李思，王伍；女队员的名字分别为：孙红，赵绿，周青。

已知以下信息：

（1）没有人与自己的队友比赛。
（2）张山在和孙红比赛。
（3）李思的对手是王伍的队友。
（4）赵绿的队友正和周青比赛。

那么以下哪项准确地表示了三个队伍的构成？

A. 张山——周青、李思——赵绿、王伍——孙红。

B. 张山——周青、李思——孙红、王伍——赵绿。

C. 张山——赵绿、李思——孙红、王伍——周青。

D. 张山——孙红、李思——周青、王伍——赵绿。

E. 张山——孙红、李思——赵绿、王伍——周青。

【第 1 步　识别条件类型】

题干中出现 3 个男选手和 3 个女选手的一一匹配关系，故此题为简单匹配模型。

【第 2 步　套用母题方法】

由条件（2）“张山在和孙红比赛”并结合条件（1）可知，张山不是孙红的队友。

同时可知，张山没和周青比赛。

由条件（4）可知，赵绿的队友正和周青比赛，故张山不是赵绿的队友。

则有：张山是周青的队友，他正在和孙红比赛。

由条件（3）可知，王伍的队友在和李思比赛，而孙红正在和张山比赛，可见，王伍的队友不是孙红。故王伍的队友是赵绿。

故剩余的两个人是队友，即：李思——孙红。

综上所述，三个队伍的构成为：张山——周青、李思——孙红、王伍——赵绿，即 B 项正确。

【答案】B

4 中华大学城的一处 3 层楼房里住着 3 位学生孔、庄、孟，并已知下面的信息：

①3 位学生来自河南、河北和山东，所学专业为物理、历史和医学。

②孟所在楼层比那个物理学专业的学生高。

③庄来自山东。

④在 3 楼的学生来自河南。

⑤孔不是来自河北，也不是历史系的。

下面关于 3 位学生所学专业、家乡以及楼层正确的一项是：

A. 1 楼，孔，医学。　　B. 孔，河北，物理。　　C. 孟，河北，医学。

D. 2 楼，庄，山东。　　E. 庄，山东，物理。

【第 1 步　识别条件类型】

题干中出现学生、家乡、所学专业、楼层的一一匹配关系，故此题为四组元素的简单匹配模型。

【第 2 步　套用母题方法】

方法一：填空法。

先根据题干中的描述画出如下表格：

楼层	学生	家乡	所学专业
3			
2			
1			

从确定事实出发，条件③“庄来自山东”是确定事实，故先分析与条件③有关的信息。

由条件③可知，庄不是来自河北，也不是来自河南。

找重复信息“河北”，发现条件⑤：孔不是来自河北。

故孔、庄均不是来自河北，则剩余的元素孟来自河北。从而可得：孔来自河南。

找重复信息“河南”，由条件④可知，孔住在3楼。故余下的两个人分别住在2楼和1楼。可得下表：

楼层	学生	家乡	所学专业
3	孔	河南	
2			
1			

找重复信息“楼层”，由条件②可知，孟不可能住在1楼，故孟住在2楼，因此庄住在1楼，且庄是物理学专业。可得下表：

楼层	学生	家乡	所学专业
3	孔	河南	
2	孟	河北	
1	庄	山东	物理

找重复信息“专业”，由条件⑤可知，孔不是历史专业，故孔是医学专业，孟是历史专业。

综上，可得下表：

楼层	学生	家乡	所学专业
3	孔	河南	医学
2	孟	河北	历史
1	庄	山东	物理

故E项正确。

方法二：连线法。

将题干信息连线如图所示（确定存在对应关系用实线，确定不存在对应关系用虚线，不确定有没有关系不画线）：

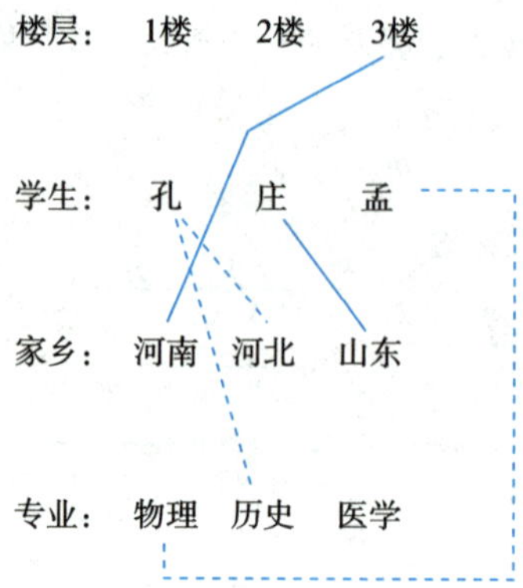

观察学生与家乡之间的连线，易知孔来自河南。因为河南与 3 楼之间有连线，故有：孔——河南——3 楼，且不学历史，如下图所示：

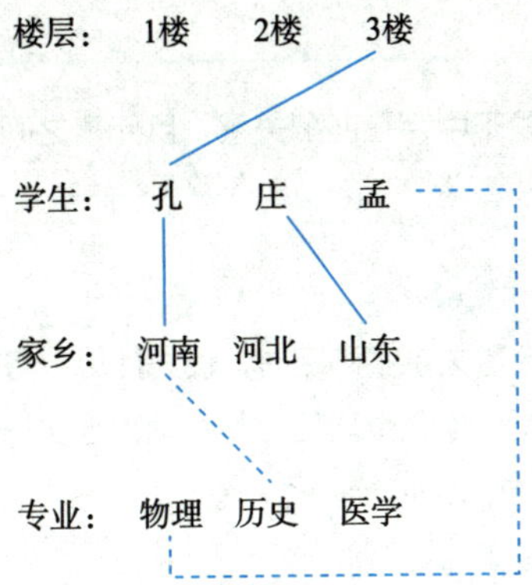

观察楼层与学生之间的连线，并结合②可知，孟不可能住在 1 楼，故孟住在 2 楼，因此庄住在 1 楼且学物理。又已知庄来自山东，故有：庄——1 楼——山东——物理，如下图所示：

由于河南与历史之间是虚线，故河南只能和医学相连。将余下的图补充完整，可得下图：

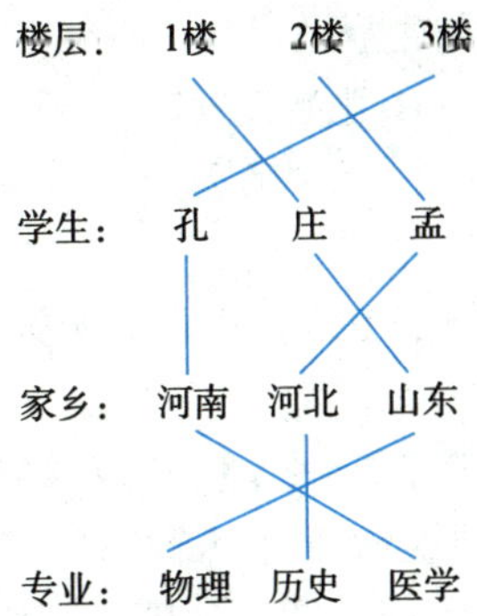

【答案】E

母题变式 7.2 数量匹配模型（非一一匹配）

母题技巧

第 1 步 识别条件类型	题干特点：题干中存在匹配关系，且元素之间匹配的数量关系不是一对一的。
第 2 步 套用母题方法	解题方法： 1. 数量关系优先算。 当题干中的数量关系不确定时，优先计算数量关系。 例如：4 个人对应 3 个项目，每个项目至少一人。则需要算这 4 个人在 3 个组中的数量如何分布，即 4=2+1+1。 2. 数量矛盾出答案。 推理题中出现数量关系，一般都会通过数量上的矛盾来推出事实。例如： 张三来了人太多，说明张三不能来。 李四不来人太少，说明李四必须来。 3. 复杂匹配画表格。 此类匹配题属于复杂匹配，可考虑画表格。

典型例题

1 某饭局上有四个商人，他们分别是上海人、浙江人、广东人和福建人。他们总共做了 3 种生意：服装加工、服装批发和服装零售。其中：

（1）福建人单独做服装批发。

（2）广东人不做服装加工。

（3）上海人和另外某人同做一种生意。

（4）浙江人不和上海人同做一种生意。

（5）每个人只做一种生意，每种生意至少有一个人做。

由以上条件可以推出上海人所做的生意是：

A. 服装加工。　　B. 服装批发。　　C. 服装零售。

D. 和广东人不做同一种生意。　　E. 无法确定。

【第 1 步　识别条件类型】

题干中出现人物与生意的匹配关系，且人数比生意数多，故此题为数量匹配模型。

【第 2 步　套用母题方法】

数量关系优先算：由“4 个人共做了 3 种生意，每人都会做 1 种生意”可知，4=2+1+1，即：有一种生意有两个人做，余下的两种生意分别有一个人做。

从事实出发，由条件（1）可知，福建人单独做服装批发。故其余三人不做服装批发。

再结合条件（2）可知，广东人也不做服装加工，故广东人做服装零售。

由条件（3）可知，上海人和另外某人做同一种生意。

再结合条件（1）、（4）可知，此人既不是福建人，也不是浙江人，故此人一定是广东人。

综上，上海人和广东人都做服装零售，即 C 项正确。

【答案】C

2~4 题基于以下题干：

《创造 10001》节目中有宁宁、婷婷、仪仪、超越、岐岐和豆子 6 位选手，参加 4 个组别：声乐组、舞蹈组、唱作组、卖萌组。已知下列条件：

①每人恰好加入一个组，每个组至少有一人加入。

②仪仪和宁宁加入同一个组。

③恰有一个人和豆子加入同一个组。

④婷婷加入的是声乐组。

⑤超越加入的是声乐组或卖萌组。

⑥仪仪没加入卖萌组。

2 根据题干，可以推断以下哪项一定为假？

A. 岐岐加入的是声乐组。
B. 豆子加入的是声乐组。
C. 豆子加入的是舞蹈组。
D. 岐岐加入的是唱作组。
E. 超越加入的是卖萌组。

3 如果豆子加入的是唱作组，则以下哪项一定为真？

A. 仪仪加入的是舞蹈组。
B. 婷婷加入的是唱作组。
C. 岐岐加入的是声乐组。
D. 岐岐加入的是舞蹈组。
E. 岐岐加入的是卖萌组。

4 如果岐岐没加入唱作组，则以下哪项一定为真？

A. 豆子加入的是声乐组。
B. 豆子加入的是舞蹈组。
C. 豆子加入的是唱作组。
D. 宁宁和仪仪加入的是舞蹈组。
E. 宁宁和仪仪加入的是唱作组。

【第 1 步 识别条件类型】

题干中出现人物与组别的匹配关系，且人数比组别数多，故此题为数量匹配模型。

第 3 题、第 4 题题干补充新的事实条件，故均为事实数量匹配模型。

【第 2 步 套用母题方法】

第 2 题

数量关系优先算：由①可知，数量关系可能为：6=2+2+1+1 或 6=3+1+1+1。

又由②、③可知，仪仪和宁宁这两人加入同一组，还恰有一人和豆子加入同一组。故数量关系只能是 6=2（仪仪和宁宁）+2（豆子和某一人）+1+1。

此题的题干信息比较复杂，可以考虑画表格，由于仪仪和宁宁在同一个组，可将二人捆绑列入同一行。根据题干信息，可得下表：

选手 \ 组别	声乐组	舞蹈组	唱作组	卖萌组
仪仪、宁宁				×⑥
婷婷	√④	×④	×④	×④
超越		×⑤	×⑤	
岐岐				
豆子				

观察声乐组，可知若仪仪、宁宁加入声乐组，则声乐组有3人，与“2+2+1+1”这一数量关系矛盾，故这二人不能加入声乐组。

若岐岐加入声乐组，则声乐组2人，仪仪和宁宁2人，还有1人与豆子在同一组，与“2+2+1+1”这一数量关系矛盾，故岐岐不能加入声乐组。故第2题选A项。

继续分析，同理，超越也不能加入声乐组。结合上表，可知超越只能加入卖萌组。

综上，可得下表：

选手＼组别	声乐组	舞蹈组	唱作组	卖萌组
仪仪、宁宁	×			×⑥
婷婷	√④	×④	×④	×④
超越	×	×⑤	×⑤	√
岐岐	×			
豆子				

另外，岐岐也不能加入卖萌组，否则卖萌组2人，仪仪和宁宁2人，还有1人与豆子在同一组，也与“2+2+1+1”这一数量关系矛盾。故可得下表：

选手＼组别	声乐组	舞蹈组	唱作组	卖萌组
仪仪、宁宁	×			×⑥
婷婷	√④	×④	×④	×④
超越	×	×⑤	×⑤	√
岐岐	×			×
豆子				

第3题

本题新增已知条件：⑦豆子加入的是唱作组，可得下表：

选手＼组别	声乐组	舞蹈组	唱作组	卖萌组
仪仪、宁宁	×			×⑥
婷婷	√④	×④	×④	×④
超越	×	×⑤	×⑤	√
岐岐	×			×
豆子			√⑦	

故仪仪和宁宁不可能加入唱作组，否则，会出现3人都在唱作组，与“2+2+1+1”这一数量关系矛盾。

此时，仪仪和宁宁只能加入舞蹈组，故A项正确。

第 4 题

本题新增已知条件：⑧岐岐没加入唱作组，可得下表：

选手＼组别	声乐组	舞蹈组	唱作组	卖萌组
仪仪、宁宁	×			×⑥
婷婷	√④	×④	×④	×④
超越	×	×⑤	×⑤	√
岐岐	×		×⑧	×
豆子				

故岐岐只能加入舞蹈组。

此时，仪仪和宁宁不可能加入舞蹈组，否则，会出现 3 人都在舞蹈组，与“2+2+1+1”这一数量关系矛盾。

故仪仪和宁宁只能加入唱作组，即 E 项正确。

【答案】A、A、E

5 甲、乙、丙、丁、戊五人决定去旅游，每人都将前往一至两个城市。已知五人去的三个城市分别是北京、西安和南京。其中一个城市三人都将前往，一个城市有两人前往，另一个城市只有一人前往。此外，五人的选择还满足以下条件：

①戊和丁没有前往同一个城市。

②丁和甲仅前往一个相同的城市，乙和丙也仅前往了一个相同的城市。

③甲没有前往北京，戊没有前往西安。

④丙前往了南京。

⑤乙同时前往了有两人前往与有三人前往的城市。

根据上述信息，以下哪项一定为真？

A. 戊没有前往北京。　　B. 丁前往了南京。

C. 有三个人前往的城市是南京。　　D. 有三个人前往的城市是西安。

E. 乙没有前往南京。

【第 1 步　识别条件类型】

题干中出现人与城市的匹配关系，且人数比城市数多，故此题为数量匹配模型。

【第 2 步　套用母题方法】

(1) 数量关系优先算。

由题干可知，一个城市三人都将前往，一个城市有两人前往，另一个城市只有一人前往。

相当于：5 个人去了 6 个地方。由于每人都将前往一至两个城市，故 5 个人去的城市的数量为“2、1、1、1、1”，即 5 人中有 1 人去了 2 个城市。再由⑤可知，这个人是乙。其余 4 人均只去了 1 个城市。

(2) 画表格，推结论。

根据题干信息可得下表：

	北京	西安	南京
甲	×（③）		
乙			
丙	×（④）	×（④）	√（④）
丁			
戊		×（③）	

由②可知，乙和丙去了相同的城市，故有：⑥乙去了南京。

由②可知，丁和甲去了相同的城市（设为 A 市），故 A 市去的总人数为两人或三人。

再结合⑤可知，乙也去了 A 市。

即：丁、甲和乙三人共同去了 A 市。

由于丙去了南京，故丁、甲和乙三人不可能去南京，否则南京会有 4 人，与题干矛盾。

由于甲没去北京，故有：⑦丁、甲和乙三人共同去了西安，故 D 项正确。

另外，综上所述可得下表：

	北京	西安	南京
甲	×（③）	√（⑦）	×
乙	×	√（⑦）	√（⑥）
丙	×（④）	×（④）	√（④）
丁	×	√（⑦）	×
戊	√	×（③）	×

【答案】D

6 某国际学术交流会议期间，甲、乙、丙、丁 4 位学者侃侃而谈。他们用了汉语、英语、法语、德语、俄语 5 种语言。每人会 2 种语言，每种语言有 1~3 人会。还已知：

（1）仅有 1 种语言 4 人中有 3 人都会。

（2）甲和丙会法语，丁不会俄语。

（3）丁、乙均不能与甲直接沟通。

（4）乙和丁能直接交流，丁会德语。

（5）丙不会德语，乙不会英语。

根据以上信息，可以得出以下哪项结论？

A. 甲会汉语和德语。

B. 丙会法语和英语。

C. 丁会德语和法语。

D. 乙会法语和俄语。

E. 甲会法语和英语。

【第 1 步 识别条件类型】

题干中出现学者与语言的匹配关系，且语言数比人数多，故此题为数量匹配模型。

【第 2 步 套用母题方法】

（1）数量关系优先算。

由“每人会 2 种语言”可知，5 种语言共计有 8 人会。再结合“每种语言有 1~3 人会”和条件（1）可知，8=3+2+1+1+1。即：有 3 种语言各有 1 人会、有 1 种语言有 2 人会、有 1 种语言有 3 人会。

（2）数量矛盾出事实。

由“甲和丙会法语”并结合条件（3）可知，只有甲、丙 2 人会法语。

再由条件（3）、（4）并结合“有 3 种语言各有 1 人会、有 1 种语言有 2 人会、有 1 种语言有 3 人会”可知，乙、丙、丁 3 人会同种语言。

再结合条件（5）和“丁不会俄语”可知，乙、丙、丁 3 人都会汉语。

综上，再由“丁会德语 ∧ 乙不会英语”并结合“每人会 2 种语言”和“有 3 种语言各有 1 人会、有 1 种语言有 2 人会、有 1 种语言有 3 人会”，可得下表：

学者＼语言	汉语	英语	法语	德语	俄语
甲	×	√	√	×	×
乙	√	×	×	×	√
丙	√	×	√	×	×
丁	√	×	×	√	×

故 E 项正确。

【答案】E

母题变式 7.3 方位匹配模型

<table>
<tr><td>第 1 步
识别条件类型</td><td>题干特点：题干中出现方位关系。</td></tr>
<tr><td>第 2 步
套用母题方法</td><td>90% 以上的方位题，本质上都是匹配题。例如，4 个人坐在一张四边形的桌子边吃饭，其实就是 4 个人与 4 个位置的对应关系。因此，直接用匹配题的技巧解方位题即可。
需要注意的是，围桌而坐问题中出现的左右方位，是指桌子旁边坐的人的左右方位，而不是我们视角的左右方位。如下图中，坐在张三左边的人是指 B，而不是 A。
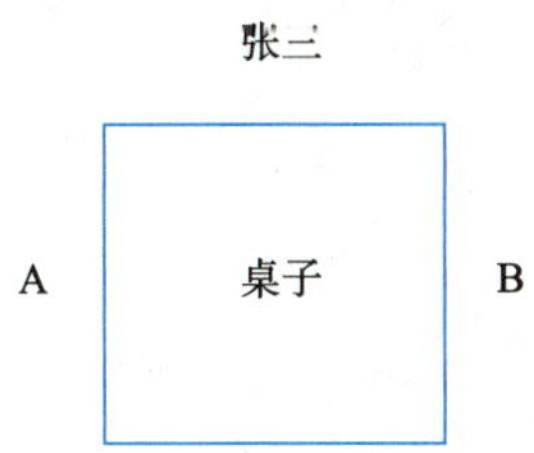

（1）事实 / 问题优先看。
即首先分析题干中给出的确定信息，或者题干问题中给出的特殊信息。
（2）重复 / 方位是关键。
重复是指“重复元素”；方位是指“方位条件”。优先分析重复较多次数的元素，再结合方位条件做进一步的分析。若重复元素不明显时，可直接分析方位条件。
方位条件分析的优先级：间隔、相对 > 相邻。
出现多组间隔时，间隔越大，优先级越高。</td></tr>
</table>

典型例题

1 机场候机大厅里有三位乘客坐在椅子上聊天。聊天的过程中，发现如下信息：

①坐在左边座位的乘客要去法国。

②中间座位的乘客要去德国。

③右边座位的乘客要去英国。

④要去法国的乘客说："我们三人这次旅行的目的地恰好是我们三人的祖国，可我们每个人的目的地又不是自己的祖国。"

⑤德国人听了，无限感慨地回应说："我离开家乡很多年了，真想回去看看。"

如果他们说的话都是真话，则根据以上信息可以推出以下哪项判断是正确的？

A. 中间座位的乘客是英国人。

B. 中间座位的乘客是法国人。

C. 德国人坐在最左边。

D. 英国人坐在最右边。

E. 最右边的乘客是法国人。

【第1步 识别条件类型】

题干中出现左、中、右三个位置，看起来是方位题，但本质来讲，此题考的是位置、家乡、目的地三者之间的匹配，故此题为方位匹配模型。

【第2步 套用母题方法】

先将题干中的座位和目的地列入下表：

座位	左边	中间	右边
目的地	法国	德国	英国
家乡（某国人）			

由于④和⑤是两个人的对话，因此，"要去法国的乘客"和"德国人"并非同一人，即：德国人不去法国。再由④可知，德国人也不去自己的家乡德国，故德国人去英国。

再结合③可知，德国人坐在右边。

由④可知，法国人的目的地不是家乡法国，故法国人去德国，余下的英国人去法国。

综上，可得下表：

座位	左边	中间	右边
目的地	法国	德国	英国
家乡（某国人）	英国人	法国人	德国人

故B项"中间座位的乘客是法国人"正确。

【答案】B

2~3题基于以下题干：

某日，F夫妇邀请了3对夫妇来吃饭，他们分别是G夫妇、H夫妇和T夫妇。用餐时，他们8人均匀地坐在一张圆桌旁，现已知：

①F太太对面的人是坐在G先生左边的先生。

②H太太左边的人是坐在T先生对面的一位女士。

③T 先生右边的人是位女士，她坐在 F 先生左边第 2 个位置上的女士的对面。

④只有一对夫妇是被隔开的。

2 根据以上信息，哪对夫妇在安排座位时被隔开了？

A. F 夫妇。 B. G 夫妇。 C. H 夫妇。

D. T 夫妇。 E. 无法确定。

3 根据以上信息，以下哪项的说法是正确的？

A. G 太太和 H 太太相邻。 B. G 太太和 F 太太相邻。

C. T 太太和 F 先生相邻。 D. F 太太和 F 先生不相邻。

E. F 太太和 H 先生相邻。

【第 1 步　识别条件类型】

题干中出现 8 个人坐在圆桌周围，可看作是人与桌子边位置的匹配关系。故此题为围桌而坐型的方位匹配模型。

【第 2 步　套用母题方法】

第 2 题

根据题干，可画一个圆桌并编号如下：

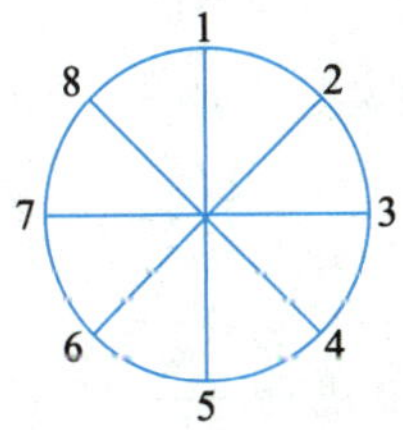

题干中没有确定事实，故从重复元素出发作为解题的突破口。

观察条件，发现②、③中均有 T 先生，故先把 T 先生的位置安排好，不妨令其坐在 1 号位。

由②可知，H 太太坐在 T 先生对面（5 号位）的女士的右手边，故 H 太太在 4 号位。

由③可知，T 先生右边的人是位女士（8 号位），她的对面 4 号位也是位女士，这位女士在 F 先生左边的第 2 个位置，故 F 先生在 2 号位。

此时可得下图：

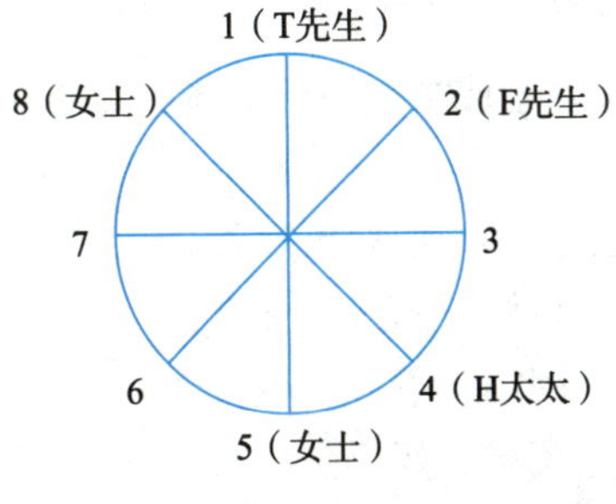

由①可知，G 先生的左边也是位先生，故 G 先生只能坐在 6 号位，则 H 先生在 7 号位。故由①可知，F 太太在 3 号位。

此时可得下图：

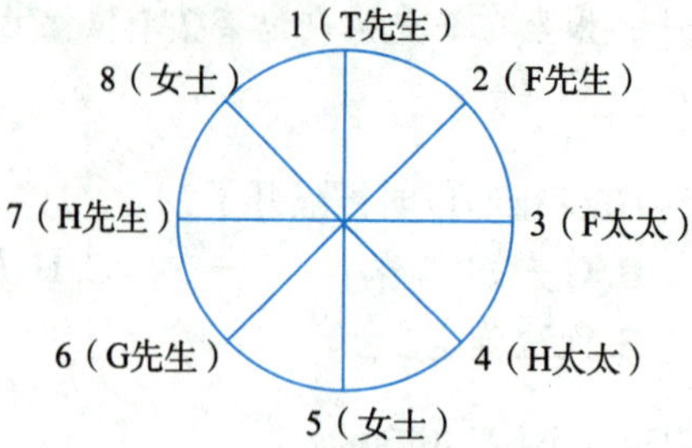

由上图可知，H先生和H太太被隔开了。故C项正确。

第3题

由于"只有一对夫妇是被隔开的"，故5号位坐G太太，8号位坐T太太，可得下图：

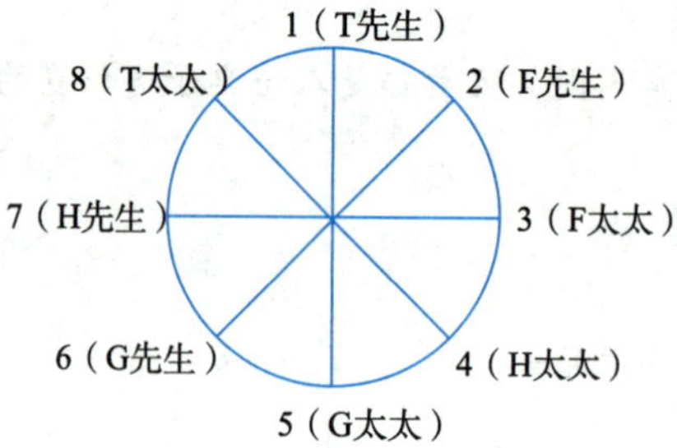

故A项"G太太和H太太相邻"正确。

【答案】C、A

4~6题基于以下题干：

过新年，小明家吃团圆饭，7个家庭成员——小明、妹妹、阿姨、爷爷、奶奶、妈妈和爸爸坐在一张长方形桌子旁边。已知下列条件：

（1）3个人坐在桌子的一边，另外3个人坐在桌子的另一边，并且彼此相对，还有一个人坐在桌子的头部，没有人坐在桌子的尾部。

（2）妹妹总是坐在桌子两边的任一边上，且离桌头的距离最远。

（3）妈妈和阿姨相邻。

（4）阿姨和爸爸不能相邻。

（5）若爸爸不坐在桌头时，爷爷坐在桌头。

4 下面哪一项对小明家7个家庭成员座位的安排（从妹妹开始，经桌头再到另一边）是可以接受的？

A. 妹妹、奶奶、小明、爸爸、阿姨、妈妈、爷爷。

B. 妹妹、小明、奶奶、爸爸、妈妈、阿姨、爷爷。

C. 妹妹、奶奶、爸爸、妈妈、阿姨、爷爷、小明。

D. 妹妹、爸爸、爷爷、奶奶、阿姨、妈妈、小明。

E. 妹妹、爷爷、奶奶、爸爸、阿姨、妈妈、小明。

5 若爷爷坐在小明的对面，则奶奶必须与下面哪一个人相邻？

A. 小明。　B. 妹妹。　C. 阿姨。　D. 妈妈。　E. 爸爸。

6 若小明坐在爸爸的对面且与阿姨相邻，则哪一个人必须坐在妹妹的对面？

A. 阿姨。　B. 爷爷。　C. 奶奶。　D. 妈妈。　E. 爸爸。

【第 1 步　识别条件类型】

题干中出现 7 个家庭成员坐在长方形桌子周围，可看作家庭成员与桌子座位的匹配关系，故此题为围桌而坐型的方位匹配模型。

【第 2 步　套用母题方法】

第 4 题

本题的提问方式为"下面哪项是可以接受的"，故可使用选项排除法。

根据（4）可知，阿姨和爸爸不能相邻，可排除 A、E 项。

根据（5）可知，若爸爸不坐在桌头时，爷爷坐在桌头，可排除 C、D 项。

故 B 项正确。

第 5 题

题干补充新的事实条件：（6）爷爷坐在小明的对面。（因为爷爷与小明相对，且题干的已知条件中有相邻元素存在，因此，可以从这些特殊的位置关系入手。）

由（6）可知，爷爷不坐在桌头，故（5）的后件为假，根据口诀"否后必否前"，可得：爸爸坐在桌头。

由（3）"妈妈和阿姨相邻"可知，妈妈、阿姨及爷爷和小明中的一个，坐在桌子的一边，余下的三人坐在桌子的另外一边。如下图所示：

桌头（爸爸）	妈妈、阿姨、小明∀爷爷（左右顺序不确定）
	奶奶、妹妹、小明∀爷爷（左右顺序不确定）

此时，爷爷和小明不可能坐在桌子的中间位置，否则不满足妈妈和阿姨相邻。

再由（2）"妹妹坐在离桌头的距离最远处"可知，爷爷和小明坐在靠桌头的一侧。如下图所示：

桌头（爸爸）	小明∀爷爷、（妈妈或阿姨）
	小明∀爷爷、奶奶、妹妹

因此奶奶一定坐在中间，与妹妹相邻。故 B 项正确。

第 6 题

题干补充新的事实条件：（7）小明坐在爸爸的对面∧与阿姨相邻。

由（7）可知，爸爸不坐在桌头，故（5）的前件为真，根据口诀"肯前必肯后"，可得：爷爷坐在桌头。

由（7）可知，小明与阿姨相邻，又结合（3）可知，妈妈和阿姨相邻。故阿姨坐在小明和妈妈的中间，三人在桌子的同一边。

由（2）可知，妹妹在另外一边离桌头的距离最远处。若小明也坐在另一边离桌头的距离最远处，则小明与妹妹相对，与"小明坐在爸爸的对面"矛盾，故小明只可能坐在靠近桌头处，爸爸坐在他的对面。可得下图：

桌头（爷爷）	小明、阿姨、妈妈
	爸爸、奶奶、妹妹

因此，妈妈坐在离桌头距离最远的位置，并且其对面是妹妹，故 D 项正确。

【答案】B、B、D

母题模型 8 数量关系模型

母题变式 8.1 数量关系模型：选人模型

母题技巧

第 1 步 识别条件类型	题干特点：题干中出现从 N 个人中选 M 个人。例如：从 3 名参加复试的同学中选 1 名录取。
第 2 步 套用母题方法	方法一：矛盾法。 例 1. 已知：如果张三入选，那么王五入选。 又已知：只有 1 人入选。 故：如果张三入选会推出 2 人入选，与“只有 1 人入选”矛盾，因此张三不能入选。 例 2. 已知：如果李四不入选，则赵六和孙七均不入选。 又已知：共 5 人，其中有 3 人入选。 故：如果李四不入选，则有 3 人不入选，与“5 人中有 3 人入选”矛盾，故李四必须入选。 【选人模型的母题技巧】 数量关系优先算，数量矛盾出答案。 张三来了人太多，李四不来人不够。 方法二：二难推理法。 例 3. 已知，若张三入选，则李四也入选；若张三不入选，则李四入选。则可推出：李四入选。 方法三：选项排除法。 当题干的提问方式为“可能”“可能不”“符合”“不符合”时，常用选项排除法。

典型例题

1 某高校管理学院需要引进一位教授，且需要同时满足：35 周岁以下、男性、博士、擅长英语。在赵、钱、孙、李和周 5 位投递了简历的人中，只有 1 位符合所有要求。已知：

（1）5 人中，有 3 人 35 周岁以下，2 位博士，3 位硕士，2 位擅长英语。

（2）赵、钱恰有一人擅长英语，两人的学历不相同。

（3）李、孙两人的学历相同，且李擅长英语。

（4）周的年纪仅次于 5 人中的某个，且周和钱的英语水平相当。

符合该高校管理学院所有要求的人是：

A. 赵。　　B. 钱。　　C. 孙。　　D. 李。　　E. 周。

【第 1 步　识别条件类型】

题干中出现从 5 个人中选择 1 个，故此题为数量关系模型之选人模型。

【第 2 步　套用母题方法】

已知 5 人中，只有 2 位博士，又知赵和钱学历不同、李和孙学历相同，故李和孙不是博士，排除李和孙。

已知 5 人中，有 3 位 35 周岁以下，结合条件（4）"周的年纪仅次于 5 人中的某个"可知，周不满足 35 周岁以下，排除周。

由条件（4）"周和钱的英语水平相当"可知，若"周和钱均擅长英语"，结合（3）"李擅长英语"可知，有 3 人擅长英语，与题干矛盾。因此，周、钱均不擅长英语，排除钱。

故，符合该高校管理学院所有要求的人是赵。

【答案】A

2 甲、乙、丙、丁、戊、己六个人报考北京大学的 MBA，关于最终的录取结果有以下几个断定：

（1）甲、乙两人中至少有一人录取。

（2）甲、丁不能都录取。

（3）甲、戊、己三人有两人录取。

（4）乙、丙两人都录取或都不录取。

（5）丙、丁两人中录取一人。

（6）若丁不录取，则戊也不录取。

下面哪项符合上述关于录取结果的断定？

A. 丙、丁、戊共三个人录取。

B. 戊、己共两人录取。

C. 乙、丁、己共三个人录取。

D. 甲、乙、丙、己共四个人录取。

E. 六个人都录取。

【第 1 步　识别条件类型】

题干中出现 6 个人中有人录取有人不录取，故此题为数量关系模型之选人模型。

【第 2 步　套用母题方法】

此题的题干信息太多，而且提问方式为"下面哪项符合上述关于录取结果的断定？"，当问题出现"符合""可能符合""不符合"时，一般可以使用选项排除法。

排除法 1：由条件去验证选项。

条件（1）：甲、乙两人中至少有一人录取，可排除 A 项、B 项。

条件（2）：甲、丁不能都录取，可排除 E 项。

条件（3）：甲、戊、己三人有两人录取，可排除 C 项。

故 D 项正确。

排除法 2：逐个看选项，判断是否满足条件。

A 项，不满足条件（1），排除。（注意：此项也不满足条件（3）、（4）、（5），但在考试中，只要不满足题干中任一条件，可直接排除，无须看完所有条件。）

B 项，不满足条件（1），排除。

C 项，不满足条件（3），排除。

D 项，满足题干的断定。

E 项，不满足条件（2），排除。

【答案】D

3~4 题基于以下题干：

清北大学拟组建集训队参加国际数学建模大赛，需要从甲、乙、丙、丁、戊、己、庚、辛等8名候选者中选出5名集训队员，为求参赛时队员协同能力最强，选拔需满足以下条件：

（1）甲、乙、丙3人中必须选出2人。

（2）丁、戊、己3人中必须选出2人。

（3）甲与丙不能都被选上。

（4）如果丁被选上，则乙不能被选上。

3 根据上述断定，如果再补充条件“如果庚被选上，则辛也被选上”，则可以得出以下哪项？

A. 甲和乙都能被选上。
B. 丁和戊都能被选上。
C. 乙和庚都能被选上。
D. 己和辛都能被选上。
E. 乙和丙都能被选上。

4 根据上述断定，如果再补充条件“如果戊被选上，则甲不能被选上”，则可以得出以下哪项？

A. 甲和乙都能被选上。
B. 乙和丙都能被选上。
C. 丁和己都能被选上。
D. 丁和庚都能被选上。
E. 庚和辛都能被选上。

【第1步 识别条件类型】

题干中出现从8人中选择5人，故此题为数量关系模型之选人模型。

【第2步 套用母题方法】

题干有以下信息：

①甲、乙、丙3人中必须选2人。

②丁、戊、己3人中必须选2人。

③¬甲∨¬丙。

④丁→¬乙，等价于：乙→¬丁。

⑤8选5。

此题有两问，两问共用条件①到⑤，故可先分析这5个条件，得出来的结论可以用到两道题中。

条件①和③都涉及“甲”和“丙”，故优先分析这两个条件：

由条件③可知，甲、丙两人中至少有一人不入选。

再由条件①可知，无论甲和丙谁不入选，乙一定入选。

找“乙”，由条件④可知，丁不入选。

找“丁”，由条件②可知，戊、己入选。

综上，乙、戊、己入选。

第3题

由共用条件分析可知，丁不入选。又由条件③可知，甲与丙至少有1人不入选。

此题又补充新条件：⑥庚→辛，等价于：¬辛→¬庚。

即：若辛不入选，则庚也不入选，此时至少有4人不入选，与“8人中选5人入选（3人不入选）”矛盾。

故“辛不入选”为假，即辛入选。

综上，乙、戊、己、辛四人一定入选。故 D 项正确。

第 4 题

由共用条件分析可知，乙、戊、己入选。

此题又补充新条件：戊→┐甲，故甲不入选。

找“甲”，由条件①可知，乙、丙入选。故 B 项正确。

【答案】D、B

5 为提高分公司的销售业绩，天和集团董事会决定调派总部销售冠军小组中的 3 人前往分公司开展销售技能培训工作。该销售冠军小组共有甲、乙、丙、丁、戊和己 6 人，已知：

（1）甲和乙 2 人中恰选择一人。

（2）乙和己 2 人中至少选择一人。

（3）如果选择己，则丙和戊两人都要选择。

（4）丁和丙要么都选择，要么都不选。

如果上述断定都是真的，则以下哪项也必然是真的？

A. 甲、丁均不选。

B. 丙、戊均不选。

C. 乙、己均不选。

D. 戊、己、丁恰选其一。

E. 甲、戊、乙恰选其二。

【第 1 步　识别条件类型】

题干中出现从 5 人中选择 3 人，故此题为数量关系模型之选人模型。

【第 2 步　套用母题方法】

题干信息中，条件（1）和（2）都只涉及 2 个人，而条件（3）涉及了 3 个人。

故由条件（3）出发，若己入选，则丙、戊都入选；再由条件（1）可知，甲、乙 2 人中恰有一人入选。此时，至少有 4 人入选，与题干“6 选 3”矛盾，故不选择己。

由“不选择己”结合条件（2）可得：一定选择乙。

由“一定选择乙”结合条件（1）可得：一定不选择甲。

再结合条件（4）可得：丁和丙都被选择。

综上，选择丁、丙、乙 3 人。故 D 项正确。

【答案】D

母题变式 8.2 其他数量关系模型

母题技巧

第 1 步 识别条件类型	题干特点：题干中出现选人问题以外的数量关系。
第 2 步 套用母题方法	根据题干中的数量关系进行计算即可。

典型例题

1 某校体育协会组织了一场羽毛球赛，此次比赛共分为两轮。比赛开始之前，赵、钱、孙、李4位首先进行了抽签仪式。在签号池中，共计有8个签号，即1～8号。每人抽取两次，且抽出的签号不放回。赛后，他们有如下发言：

①赵：我两次的签号均为偶数，且两次签号的和是4的倍数。

②钱：我的第二个签号比孙的第一个签号小，但比孙的第二个签号大。

③孙：我的任何一个签号都比赵的签号小。

④李：我的两个签号的和与赵的两个签号的和相等。

根据上述信息，钱的第一个签号是：

A. 1号。　　B. 3号。　　C. 5号。

D. 6号。　　E. 8号。

【第1步　识别条件类型】

题干中出现非选人问题的数量关系，故此题为其他数量关系模型。

【第2步　套用母题方法】

由①可知，赵的签号是（2、6）∨（4、8）。再由③可知，赵的签号中不能有2。因此，赵的两个签号为4号、8号。

再结合③可知，孙的签号是（2、1）∨（3、1）∨（2、3）。再结合②可知，孙的第一、第二个签号分别是：3、1；钱的第二个签号是2。

再由④可知，李的签号是5号、7号。

综上，钱的第一个签号是6号。

【答案】D

2 张老师的班里有60个学生，男、女生各一半。有40个学生喜欢数学，有50个学生喜欢语文。

如果上述陈述为真，那么以下哪项可能是真的？

Ⅰ. 20个男生喜欢数学而不喜欢语文。

Ⅱ. 20个喜欢语文的男生不喜欢数学。

Ⅲ. 30个喜欢语文的女生不喜欢数学。

A. 仅Ⅰ。　　B. 仅Ⅱ。　　C. 仅Ⅲ。

D. 仅Ⅰ和Ⅱ。　　E. Ⅰ、Ⅱ和Ⅲ。

【第1步　识别条件类型】

题干中出现非选人问题的数量关系，故此题为其他数量关系模型。

【第2步　套用母题方法】

若Ⅰ项为真，那么喜欢语文的人最多有40个，不符合“50个学生喜欢语文”，故Ⅰ项为假。

若Ⅱ项为真，那么喜欢数学的人最多有40个，符合题干，故Ⅱ项可能为真。

若Ⅲ项为真，那么喜欢数学的人最多有30个，不符合“40个学生喜欢数学”，故Ⅲ项为假。

【答案】B

第 3 节　5 大条件综合推理

母题模型 9　5 大条件综合应用模型

母题技巧

5 大条件类型	破解思路
事实	1. 事实出发做串联。 2. 事实出发找重复元素。
半事实	1. 分类讨论法。 假设有两种情况①和②，则分类讨论的结果有以下三种可能： （1）若情况①与题干矛盾，则情况②是答案；反之，若情况②与题干矛盾，则情况①是答案。 （2）情况①和②推出了相同的结果 A，则 A 是答案。 （3）情况①推出了结果 A，情况②推出了结果 B，则答案为：A ∨ B。 2. 转化为假言法。 选言命题可转化为假言命题进行推理。
数量	1. 数量关系优先算。 2. 数量矛盾出答案。
假言	1. 做串联。 2. 找二难。 3. 找矛盾。
匹配	1. 简单匹配做排除。 2. 复杂匹配画表格。 3. 多组匹配可连线 / 填空。
其他思路：选项排除法。	

典型例题

1 某合唱乐团有周、吴、郑、王、冯、陈、楚 7 名成员，拟组成两个小分队巡演，第一分队 3 个人，第二分队 4 个人，组队需满足以下条件：

（1）陈必须编组在第二分队。

（2）周和郑不在同一分队。

（3）冯和郑至多有一人编组在第一分队。

（4）如果吴编组在第二分队，则王也必须编组在第二分队。

（5）王和楚两人形影不离。

如果周在第一分队，则以下哪项一定为真?

A. 楚和王在第二分队。 B. 冯和陈在第一分队。 C. 王和周在第二分队。

D. 楚和陈在第一分队。 E. 陈和周在第二分队。

【第 1 步 识别条件类型】

题干由事实、数量关系、假言命题和匹配关系组成，故此题为事实数量假言匹配模型。

【第 2 步 套用母题方法】

(1) 从事实出发做串联或找重复。

问题中给出新条件：(6) 周在第一分队。

条件 (1) 和条件 (6) 都是事实，由于“周”在条件 (6) 和条件 (2) 中都出现，即“周”为重复元素，故优先分析条件 (6)。

由条件 (6) 可知，周在第一分队。

由条件 (2) 可知，周和郑不在同一分队，故郑在第二分队。

由条件 (5) 可知，王和楚两人形影不离，故将二人捆绑。

(2) 复杂匹配画表格。

将已知信息和上述结论列入下表：

	周	吴	郑	王楚	冯	陈
第一分队 3 人	√		×			×
第二分队 4 人	×		√			√

假设“王和楚”在第一分队。

则第一分队的人员为周、王、楚；第二分队的人员为陈、郑、吴、冯，与条件 (4) 矛盾。

因此，“王和楚”在第二分队。

综上，第一分队的人员是：吴、周、冯；第二分队的人员是：陈、郑、楚、王。

【答案】A

2 美佳、新月、海奇三家商店在美食一条街毗邻而立。已知，三家店中两家销售茶叶、两家销售水果、两家销售糕点、两家销售调味品；每家都销售上述 4 类商品中的 2~3 种。另外，还知道：

(1) 如果美佳销售水果，则海奇也销售水果。

(2) 如果海奇销售水果，则它也销售糕点。

(3) 如果美佳销售糕点，则新月也销售糕点。

如果美佳不销售调味品，则可以得出以下哪项?

A. 海奇不销售水果。 B. 新月销售水果。 C. 美佳不销售水果。

D. 海奇销售茶叶。 E. 新月销售茶叶。

【第 1 步 识别条件类型】

题干由事实、数量关系、假言命题和匹配关系组成，故此题为事实数量假言匹配模型。

【第 2 步 套用母题方法】

(1) 数量关系优先算。

由“两家销售茶叶、两家销售水果、两家销售糕点、两家销售调味品”可知，每种商品都有两家店售卖，总数等于 8。

由“每家都销售上述 4 类商品中的 2~3 种”可知，每家店至少售卖 2 种商品，至多售卖 3 种商品。

故 8=3+3+2，即：三家店售卖的商品数量分别为 3 种、3 种、2 种。

（2）从事实出发做串联或找重复。

“美佳不销售调味品”是事实，但由此事实推不出任何结论。

观察条件（1）和（2），发现有共同信息“海奇销售水果”。

故串联可得：美佳销售水果→海奇销售水果→海奇销售糕点，逆否可得：海奇不销售糕点→海奇不销售水果→美佳不销售水果。

（3）数量矛盾出答案。

若“海奇不销售糕点”，则海奇和美佳都不销售水果，此时最多有一家店销售水果，与“两家销售水果”矛盾，故海奇销售糕点。

同理，若海奇不销售水果，则美佳也不销售水果，与“两家销售水果”矛盾，故海奇销售水果。

此时，只有条件（3）没做分析了，故分析条件（3）：若美佳销售糕点，则新月也销售糕点。此时有 3 家店销售糕点，与“两家销售糕点”矛盾，故美佳不销售糕点，因此新月和海奇销售糕点。

（4）复杂匹配画表格。

由以上分析可得下表：

	茶叶	水果	糕点	调味品
美佳			×	
海奇		√	√	
新月			√	

根据上表并结合“每家店销售 2~3 种商品”可知，美佳只能销售茶叶和水果。

根据上述分析可得下表：

	茶叶	水果	糕点	调味品
美佳	√	√	×	×
海奇		√	√	
新月			√	

故，销售 2 种商品的是美佳，其余店铺销售 3 种商品。

由于调味品有两家销售，根据上表可知，海奇和新月均销售调味品。

因为每家商店至多销售 3 种商品，因此，海奇不销售茶叶。又由“两家销售茶叶”可知，新月销售茶叶。

综上，可得下表：

	茶叶	水果	糕点	调味品
美佳	√	√	×	×
海奇	×	√	√	√
新月	√	×	√	√

【答案】E

3~4 题基于以下题干：

某酒店准备制作两道美食参加“厨神大赛”，后厨新购进 10 种食材：

青菜：芹菜、菠菜、韭菜、白菜、油菜。

肉类：牛肉、羊肉、猪肉。

水果：西瓜、甜瓜。

现需要将上述 10 种食材分到第一置物架、第二置物架，每个置物架都是制作一种美食的完整配料。一种食材只能被摆放在一个置物架上。已知：

①每个置物架有 5 种食材，且来自 3 个不同的种类。

②韭菜和白菜在同一个置物架。

③芹菜和甜瓜在同一个置物架。

④羊肉和西瓜在第二置物架。

⑤如果牛肉在第一置物架上，那么菠菜和牛肉在同一个置物架上。

3 如果白菜和牛肉在同一个置物架，则可以得出以下哪项？

A. 油菜在第一置物架。 B. 菠菜在第二置物架。 C. 韭菜在第一置物架。
D. 猪肉在第二置物架。 E. 白菜在第一置物架。

4 如果菠菜和油菜不在同一个置物架上，则以下哪项一定为假？

A. 牛肉在第一置物架。 B. 猪肉在第一置物架。 C. 白菜在第二置物架。
D. 菠菜在第二置物架。 E. 以上都不一定为假。

【第 1 步 识别条件类型】

本题的已知条件由事实、数量关系、假言命题和匹配关系组成，故此题为事实数量假言匹配模型。另外，题干中的 10 种食材又可分为三类，这种题型我们可称为分类匹配模型。

【第 2 步 套用母题方法】

先分析两道题的公用条件：

从事实出发，由条件④可知，羊肉和西瓜在第二置物架。

由于其他条件均不涉及“羊肉”“西瓜”，即无重复元素，故分析数量关系。

由条件①可知，每个置物架都有水果，故余下的甜瓜在第一置物架。

找“甜瓜”，由条件③可知，芹菜和甜瓜都在第一置物架。

第 3 题

本题补充新信息：⑥白菜和牛肉在同一个置物架。

找重复元素“白菜”，由条件②可知，韭菜和白菜在同一个置物架，故牛肉、韭菜、白菜在同一个置物架。

找重复元素“牛肉”，由条件⑤可知，若牛肉在第一置物架，那么菠菜和牛肉在同一个置物架上。此时，第一置物架有：牛肉、菠菜、韭菜、白菜、甜瓜、芹菜，共 6 种，与“每个置物架有 5 种食材”矛盾。

故，牛肉不可能在第一置物架，即牛肉在第二置物架。

综上可知，第二置物架有：牛肉、羊肉、韭菜、白菜、西瓜。

因此，第一置物架上的 5 种食材分别是：甜瓜、芹菜、猪肉、菠菜、油菜。

故 A 项正确。

第 4 题

本题补充新信息：⑦菠菜和油菜不在同一个置物架。

再整合上题中分析出来的公用信息，可得下表：

置物架	确定	不确定
第一置物架	甜瓜、芹菜	菠菜∀油菜
第二置物架	羊肉、西瓜	菠菜∀油菜

又由条件②可知，韭菜和白菜在同一个置物架。

假设把韭菜和白菜放置在第一置物架，则第一置物架 5 种食材全放满了，且只有青菜和水果，没有肉类，与条件①矛盾，故假设错误。

因此，韭菜和白菜在第二置物架，故剩余的猪肉、牛肉均在第一置物架。

再由条件⑤可知，菠菜在第一置物架。

综上，可得下表：

置物架	食材
第一置物架	甜瓜、芹菜、猪肉、牛肉、菠菜
第二置物架	羊肉、西瓜、韭菜、白菜、油菜

故 D 项正确。

【答案】A、D

5~6 题基于以下题干：

老吕管综面授集训营有王、张、魏、刘和曲五位答疑老师，根据课程安排，他们需要在周一至周日到集训教室给学员答疑，每天只安排一位答疑老师，每位老师答疑 1~2 天。还须遵从以下条件：

（1）若刘或王被安排在周三答疑，则魏安排在周四答疑且曲安排在周六答疑。

（2）若刘答疑的天数不比王少，则张在魏之前答疑。

（3）若刘不安排在周二答疑，则张安排在周一和周四答疑。

5 若曲只在周二答疑，则以下哪项一定为真？

A. 刘答疑两天。

B. 王在周日答疑。

C. 刘和王在相邻的两天答疑。

D. 张和王在相邻的两天答疑。

E. 刘和张在相邻的两天答疑。

6 若刘在周三答疑，则可以得出以下哪项？

A. 张在周一答疑。

B. 魏在周日答疑。

C. 魏只答疑一天。

D. 张在周五答疑。

E. 曲答疑 2 天。

【第 1 步　识别条件类型】

题干同事实、数量关系、假言命题和匹配关系组成，故此题为事实数量假言匹配模型。

【第2步　套用母题方法】

第5题

数量关系优先算：由“5人在7天答疑，每人答疑1~2天”可知，7=1+1+1+2+2。即：有2人各答疑2天，有3人各答疑1天。

从事实出发，由“曲只在周二答疑”可知，条件（3）的前件为真，则其后件也为真，可得：张周一∧张周四。

由“张周四”可知，条件（1）的后件为假，则其前件也为假，可得：¬刘周三∧¬王周三。

由“张周一∧张周四”并结合“每人答疑1~2天”可得：¬张周三。

再结合“曲只在周二答疑”可知，魏在周三答疑。

由“魏周三∧张周四”可知，条件（2）的后件为假，则其前件也为假，可得：刘答疑的天数比王少。再结合数量关系“有2人各答疑2天，有3人各答疑1天”可知，王答疑2天，且被安排在周五到周日中的2天答疑。

综上，有如下3种情况：

	周一	周二	周三	周四	周五	周六	周日
情况①	张	曲	魏	张	刘	王	王
情况②	张	曲	魏	张	王	王	刘
情况③	张	曲	魏	张	王	刘	王

故C项正确。

第6题

从事实出发，由“刘在周三答疑”可知，条件（1）的前件为真，则其后件也为真，可得：魏周四∧曲周六。

由“魏周四”可知，条件（3）的后件为假，则其前件也为假，可得：刘周二。

根据上述信息，可得下表：

周一	周二	周三	周四	周五	周六	周日
	刘	刘	魏		曲	

由上表可知，刘答疑2天。故条件（2）的前件为真，则其后件也为真，可得：张在魏之前答疑。因此，张在周一答疑，故A项正确。

【答案】C、A

7 乐学喵百日集训营新报到的甲、乙、丙、丁、戊、己、庚7位学员被分配至从左到右的天、地、玄和黄4个宿舍中。每人只能被安排至一个宿舍，每个宿舍安排1~2人。还已知：

（1）如果甲未被安排在黄宿舍，则只有丁和己被安排在玄宿舍。

（2）若丙和庚中至多有一人被安排在黄宿舍，则戊和庚均被安排在地宿舍。

（3）甲被安排在天宿舍或者黄宿舍。

（4）若丁未被安排在地宿舍，则乙被安排在黄宿舍左边的第一个宿舍。

（5）若丁和戊的宿舍相邻或者丁和丙的宿舍不相邻，则甲和庚的宿舍相邻。

根据上述信息，可以得出以下哪项？

A. 甲在天宿舍。　　B. 丙在地宿舍。　　C. 庚在玄宿舍。
D. 戊在黄宿舍。　　E. 己在天宿舍。

【第 1 步　识别条件类型】

题干由半事实、数量关系、假言命题和匹配关系组成，故此题为半事实数量假言匹配模型。

【第 2 步　套用母题方法】

半事实分类讨论：由条件（3）可知，有如下两种情况：①甲天∧¬甲黄；②¬甲天∧甲黄。

若情况①为真，可得：¬甲黄。

由“¬甲黄”可知，条件（1）的前件为真，则其后件也为真，可得：丁玄∧己玄。

由“丁玄”可知，条件（4）的前件为真，则其后件也为真，可得：乙被安排在黄宿舍左边的第一个宿舍（即：乙玄）。

此时，丁、己和乙 3 人均被安排在玄宿舍，与“每个宿舍安排 1~2 人”矛盾。因此，情况①为假、情况②为真。

由“情况②为真”可知，甲黄。

由“甲黄”并结合“每个宿舍安排 1~2 人”可知，条件（2）的前件为真，则其后件也为真，可得：戊地∧庚地。

由“戊地∧庚地”并结合“每个宿舍安排 1~2 人”可知，条件（4）的前件为真，则其后件也为真，可得：乙被安排在黄宿舍左边的第一个宿舍（即：乙玄）。

由“甲黄∧庚地”可知，条件（5）的后件为假，则其前件也为假，可得：丁和戊宿舍不相邻∧丁和丙的宿舍相邻。

综上，结合“每人只能被安排至一个宿舍，每个宿舍安排 1~2 人”可得下表：

宿舍	天	地	玄	黄
学员	己	戊、庚	乙、丙	甲、丁

【答案】E

8~9 题基于以下题干：

传说八卦最先由伏羲根据燧人氏造设的两幅星图历法《河图洛书》创设。地点在洪洞卦地村，因为此村四面环山，又有八个村庄分布于四周，而且均相隔八华里，形似卦底。伏羲以景画卦，故创八卦图。八卦图上有 8 个方位分别代表乾、坤、巽、震、坎、离、艮、兑；《易传》认为八卦主要象征天、地、雷、风、水、火、山、泽八种自然现象；卦名与现象一一对应。大体方位如下图所示：

还已知：

(1)“巽”对应“风”或者“水”。

(2)若“兑”不对应“泽”或者“坎”不对应“水”，则“震”对应“火”且“艮”对应“风”。

(3)若“巽”“震”至少有一个对应“火”，则“艮”对应“山”。

(4)若“兑”“巽”至少有一个不与“乾”相邻，则“坤”不在“乾”右边或左边的第四个位置。

8 根据上述信息，可以得出以下哪项？

A.“震”对应“火”。 B.“艮”对应“山”。 C.“巽”对应“风”。

D.“离”对应“泽”。 E.“兑”对应“水”。

9 若“坎”在“离”的对面，且在乾左边的第二个位置（以乾面向中心的视角区分左右，以下各项同理），则以下哪项必然为真？

A.“兑”在“艮”右边的第二个位置。

B.若“兑”和“震”在同一侧，“震”在“乾”右侧第三个位置。

C.“震”在“乾”左边的第三个位置。

D.若“艮”在“乾”右边第三个位置，则“艮”和“兑”相对。

E.若“离”右侧第三个位置的卦不与“巽”相对，则“兑”在“乾”的右侧。

【第1步 识别条件类型】

题干由假言命题、匹配关系组成，故此题为假言匹配模型。

第9题题干补充新的事实条件，故此题为事实假言匹配模型。

【第2步 套用母题方法】

第8题

将题干信息符号化：

①“巽”对应“风”∨“巽”对应“水”。

②¬“兑”对应“泽”∨¬“坎”对应“水”→“震”对应“火”∧“艮”对应“风”。

③“巽”对应“火”∨“震”对应“火”→“艮”对应“山”。

④“兑”不与“乾”相邻∨“巽”不与“乾”相邻→“坤”不在“乾”右边或左边的第四个位置。

观察发现，条件②的后件与条件③的前件均涉及“‘震’对应‘火’”，故考虑由此将条件②、③进行串联。

¬“兑”对应“泽”∨¬“坎”对应“水”→“震”对应“火”∧“艮”对应“风”→“艮”对应“山”。

由卦名与现象一一对应可知，“‘艮’对应‘风’”与“‘艮’对应‘山’”不能同时为真，故条件②的前件为假，即：“兑”对应“泽”∧“坎”对应“水”。

再结合条件①可知，“巽”对应“风”。故C项正确。

第9题

题干新增事实：“坎”在“离”的对面，且在乾左边的第二个位置。

观察题干中的图形可知，条件(4)的后件为假，根据口诀“否后必否前”，可得：“兑”“巽”均与“乾”相邻。结合本题新补充的条件可知，“离”在“乾”右侧第二个位置。则剩余

“震”“艮”在“坤”的两侧。

观察选项，发现 5 个选项中，有的选项是事实，有的选项是假言命题，故此题也可认为是选项事实假言模型。优先代入含假言的选项进行验证。

B 项，假设 B 项的前件为真，即“兑”和“震”在同一侧，此时无法确定它们在“乾”的哪一侧，故此项可真可假。

D 项，假设 D 项的前件为真，即“艮”在“乾”右边第三个位置，此时无法确定“兑”“巽”的具体位置，故无法确定“艮”是否和“兑”相对，故此项可真可假。

E 项，假设 E 项的前件为真，即“离”右侧第三个位置的卦不与“巽”相对，那么“离”右侧第三个位置的卦与“兑”相对，则“兑”在“乾”的右侧。因此，由 E 项的前件可以推出其后件，故此项为真。

【答案】C、E

10~11 题基于以下题干：

某高校的甲、乙、丙、丁、戊五位学生准备参加华为、小米、荣耀、字节跳动、京东等公司举办的社招，每位学生只参加其中一个公司的社招，并且每个公司的社招只有其中一位学生参加。已知：

（1）如果甲去华为参加社招，乙就去京东参加社招。

（2）只有丙去字节跳动参加社招，丁才去荣耀参加社招。

（3）或者乙去京东参加社招，或者戊去字节跳动参加社招。

（4）去京东参加社招的同学临行前曾与乙、丁告别。

10 根据以上信息，可以得出以下哪项？

A. 甲不去京东参加社招。

B. 乙不去小米参加社招。

C. 丙不去华为参加社招。

D. 丁不去荣耀参加社招。

E. 戊不去字节跳动参加社招。

11 如果丙去小米参加社招，则可以得出以下哪项？

A. 戊去华为参加社招。

B. 乙去字节跳动参加社招。

C. 丁去京东参加社招。

D. 戊去荣耀参加社招。

E. 甲去京东参加社招。

【第 1 步　识别条件类型】

题干由事实、假言命题和匹配关系组成，故此题为事实假言匹配模型。

第 11 题题干补充新的事实条件，故此题为事实假言匹配模型。

【第 2 步　套用母题方法】

第 10 题

由条件（4）和“每位学生只参加其中一个公司的社招，并且每个公司的社招只有其中一位学生参加”可知，乙、丁均不去京东。

由“乙不去京东”并结合条件（3）可知，戊去字节跳动。

再由题干条件“每位学生只参加其中一个公司的社招，并且每个公司的社招只有其中一位学生参加”可知，丙不去字节跳动，结合条件（2）可知，丁不去荣耀。

故 D 项为真。

第 11 题

从本题新补充的事实出发，由“丙去小米”并结合“每位学生只参加其中一个公司的社招”可知，丙不去京东。

再由条件（4）可知，乙、丙、丁均不去京东。

再结合上题分析“戊去字节跳动”可知，戊不去京东。

故甲去京东，即E项为真。

【答案】D、E

12 十一假期来临之际，致远中学即将举办秋季运动会，该校体育组的9名教师赵、钱、孙、李、周、吴、郑、王、陈将分成甲、乙和丙三个裁判组负责监督比赛的公正性，每人只能加入一个裁判小组。已知：

（1）若周、王和孙至少有1人加入甲组，则郑在乙组或者赵在丙组。

（2）除非郑不在丙组，否则赵和王不在同组。

（3）若钱和陈至多有1人加入丙组，则李和周中至多有1人加入乙组。

（4）若李和周至多有1人加入乙组，则赵和王在同组。

（5）郑和王要么都在甲组，要么都在丙组。

根据上述信息，可以得出以下哪项？

A. 周在甲组，钱在乙组。

B. 李在乙组，陈在丙组。

C. 郑在丙组，李在乙组。

D. 孙在甲组，郑在甲组。

E. 赵在乙组，王在丙组。

【第 1 步　识别条件类型】

题干由半事实、假言命题和匹配关系组成，故此题为半事实假言匹配模型。

【第 2 步　套用母题方法】

半事实分类讨论：由条件（5）可知，有如下两种情况：①郑甲∧王甲；②郑丙∧王丙。

若情况①为真，即“郑甲∧王甲”，故条件（1）的前件为真，则其后件也为真，可得：郑乙∨赵丙。再由“郑乙∨赵丙”并结合“郑甲”可得：赵丙。

由“赵丙∧王甲”可知，条件（4）的后件为假，则其前件也为假，可得：李乙∧周乙。

由“李乙∧周乙”可知，条件（3）的后件为假，则其前件也为假，可得：钱丙∧陈丙。

若情况②为真，即“郑丙∧王丙”，故条件（2）的前件为真，则其后件也为真，可得：赵和王不在同组。

由“赵和王不在同组”可知，条件（4）的后件为假，则其前件也为假，可得：李乙∧周乙。

由“李乙∧周乙”可知，条件（3）的后件为假，则其前件也为假，可得：钱丙∧陈丙。

综上所述，无论哪种情况，均有：李乙∧周乙∧钱丙∧陈丙，故“李乙∧周乙∧钱丙∧陈丙”一定为真。因此，B项正确。

【答案】B

第 3 章　推理母题：非 5 大条件类

❶ 本章的内容是形式逻辑还是综合推理？

既有形式逻辑，也有综合推理。因为 90% 的综合推理题是基于形式逻辑的基础知识的。例如性质串联模型、真假话模型等，就是纯粹考查形式逻辑知识。但近年联考逻辑真题中也出现了一些特殊题型，如数独模型，与形式逻辑关系不大，而且考的也不多。

❷ 本章重要吗？

重要，但不如第 2 章重要。本章模型，管综平均每年考 4 道左右，经综平均每年考 3 道左右。

❸ 本章难吗？

整体难度小于第 2 章，多数题难度中等，少数题难度较大。比如，性质串联模型难度不大，但对基础知识要求较高，如果你基础知识掌握得不扎实，做起来会感觉有难度。建议这样的同学重新听《逻辑要点 7 讲》中的第 1 讲第 2 章。

本章考情分析

通过对近10年管综真题和近3年经综真题模型考查频次的分析，现将本章母题模型的难度、重要程度总结如下：

本章母题模型	难度	重要程度 / 考频
母题模型 10　性质串联模型	★★★	★★★★★
母题模型 11　隐含三段论模型	★★	★★
母题模型 12　推理结构相似模型	★★★	★★★★★
母题模型 13　真假话模型	★★★★	★★★★★
母题模型 14　数独模型	★★★	★★★
母题模型 15　两次分类与三次分类模型	★★★	★★
母题模型 16　其他推理模型	★★	★★★
难度说明：★★为简单，★★★为中档，★★★★为中档偏上，★★★★★为难。		

由上表可知，母题模型10、12、13为每年必考模型，母题模型11、14、15、16考查的频率相对较低。近10年管综真题中，本章模型平均每年考查4.8道题，占比16%；2021—2023年经综真题中，本章模型平均每年考查4道题，占比20%。

特别注意：虽然相较于第2章，本章内容在考试中的占比有所下降，难度也较低。但诸如“性质串联模型”“推理结构相似模型”却容易由于“轻视心理”而出错。

第 1 节　与性质命题相关的母题模型

母题模型 10 性质串联模型

母题变式 10.1 性质串联模型：全称命题的串联

母题技巧

第 1 步 识别条件类型	1. 题干特点 题干中出现多个由全称命题构成的条件，且这些全称命题中存在重复元素可以实现串联。 2. 选项特点 选项均为特称或全称命题。
第 2 步 套用母题方法	解题技巧： （1）把性质命题视为假言命题进行串联推理。 （2）根据性质命题的对当关系判断选项真假。

典型例题

1 清北大学化工学院正对外招聘实验员和副教授，要求：所有新招收的实验员都必须拥有高校教师资格证，而所有新招收的副教授都必须具有硕士学历。所有具有硕士学历的人都拥有很强的科研能力。有资格申请科学基金的人都是新招收的副教授。

根据以上信息，以下哪项判断是正确的?

A. 有的新招收的实验员没有高校教师资格证。

B. 所有拥有很强科研能力的人都有资格申请科学基金。

C. 所有有资格申请科学基金的人都没有硕士学历。

D. 不拥有很强科研能力的人没有资格申请科学基金。

E. 所有拥有高校教师资格证的人都具有硕士学历。

【第 1 步　识别条件类型】

题干由多个全称命题组成，且这些全称命题中存在重复元素可以实现串联，故此题为性质串联模型。

【第 2 步　套用母题方法】

（1）画箭头。

①实验员→高校教师资格证。

②副教授→具有硕士学历。

③具有硕士学历→很强的科研能力。

④科学基金→副教授。

（2）串联。

由④、②和③串联可得：⑤科学基金→副教授→具有硕士学历→很强的科研能力。

（3）逆否。

⑤逆否可得：⑥¬很强的科研能力→¬具有硕士学历→¬副教授→¬科学基金。

（4）找答案。

A项，有的实验员→¬高校教师资格证，与①矛盾，故此项必然为假。

B项，很强的科研能力→科学基金，根据箭头指向原则，由⑤可知，“很强的科研能力”后无箭头指向，故此项可真可假。

C项，科学基金→¬具有硕士学历，由⑤可知，科学基金→具有硕士学历，与此项构成反对关系，一真另必假，故此项必然为假。

D项，¬很强的科研能力→¬科学基金，由⑥可知，此项必然为真。

E项，高校教师资格证→具有硕士学历，根据箭头指向原则，由①可知，“高校教师资格证”后无箭头指向，故此项可真可假。

【答案】D

2 所有参加世界杯比赛的职业足球运动员都被认为是世界级的职业足球运动员；所有没有参加世界杯比赛的职业足球运动员都要参加其他重要的国际赛事；所有参加其他重要国际赛事的职业足球运动员都会成为国家级的职业足球运动员。

如果上述判断为真，则以下哪项一定为真？

A. 所有被认为是世界级的职业足球运动员都参加了世界杯比赛。

B. 所有没有参加其他重要国际赛事的职业足球运动员都参加了世界杯比赛。

C. 所有参加了世界杯比赛的职业足球运动员都会成为国家级的职业足球运动员。

D. 有的职业足球运动员即使参加了其他重要的国际赛事也无法成为国家级的职业足球运动员。

E. 所有参加世界杯比赛的职业足球运动员也都参加了其他重要的国际赛事。

【第1步 识别条件类型】

题干由多个全称命题组成，且这些全称命题中存在重复元素可以实现串联，故此题为性质串联模型。

【第2步 套用母题方法】

（1）画箭头。

①参加世界杯比赛→世界级的职业足球运动员。

②¬参加世界杯比赛→参加其他重要的国际赛事。

③参加其他重要的国际赛事→国家级的职业足球运动员。

（2）串联。

由②、③串联可得：④¬参加世界杯比赛→参加其他重要的国际赛事→国家级的职业足球运动员。

（3）逆否。

④逆否可得：⑤¬国家级的职业足球运动员→¬参加其他重要的国际赛事→参加世界杯比赛。

（4）找答案。

A 项，世界级的职业足球运动员→参加世界杯比赛，根据箭头指向原则，由①可知，“世界级的职业足球运动员”后无箭头指向，故此项可真可假。

B 项，┐参加其他重要的国际赛事→参加世界杯比赛，由⑤可知，此项必然为真。

C 项，参加世界杯比赛→国家级的职业足球运动员，根据箭头指向原则，由⑤可知，“参加世界杯比赛”后无箭头指向“国家级的职业足球运动员”，故此项可真可假。

D 项，有的参加其他重要的国际赛事→┐国家级的职业足球运动员，由③可知，此项必然为假。

E 项，参加世界杯比赛→参加其他重要的国际赛事，根据箭头指向原则，由⑤可知，“参加世界杯比赛”后无箭头指向“参加其他重要的国际赛事”，故此项可真可假。

【答案】B

3 所有巴克纳文集都保存在藏书室里；如果一本书被保存在藏书室里，这本书就一定是无价的；藏书室里没有海明威写的书，藏书室里的每一本书都列入目录卡。

如果上述判断为真，则以下哪个选项一定为真？

A. 所有无价的书都保存在藏书室里。

B. 列在目录卡中的巴克纳文集没有价值。

C. 海明威的书是无价的。

D. 有的巴克纳文集中不包括海明威写的书。

E. 所有列入目录卡的书都保存在藏书室里。

【第 1 步　识别条件类型】

题干由假言命题和全称命题组成，且这些命题中存在重复元素可以实现串联，故此题为性质串联模型。

【第 2 步　套用母题方法】

（1）画箭头。

①巴克纳文集→保存在藏书室里。

②藏书室里的书→无价的书。

③藏书室里的书→不是海明威写的。

④藏书室里的书→列入目录卡。

（2）串联。

由①、②串联可得：⑤巴克纳文集→保存在藏书室里→无价的书。

由①、③串联可得：⑥巴克纳文集→保存在藏书室里→不是海明威写的。

（3）逆否。

注意，“逆否”这一步并非必需的，如果能从串联直接找到答案，则无须逆否；另外，当我们熟练度足够以后，即使不做逆否，直接根据口诀“否后必否前”也可以进行答案分析。

（4）找答案。

A 项，无价的书→保存在藏书室里，根据箭头指向原则，由⑤可知，“无价的书”后无箭头指向，故此项可真可假。

B 项，由⑤可知，巴克纳文集是无价的。“无价”的意思是价值很高，而不是没有价值，故此项不符合题干。

C项，海明威的书→无价的，由②、③可知，此项无法判断真假。

D项，有的巴克纳文集→¬包括海明威写的书，由⑥可知，此项必然为真。

E项，列入目录卡→保存在藏书室里，根据箭头指向原则，由④可知，“列入目录卡”后无箭头指向，故此项可真可假。

【答案】D

4 相互尊重是相互理解的基础，相互理解是相互信任的前提。在人与人的相互交往中，自重、自信也是非常重要的，没有一个人尊重不自重的人，没有一个人信任他所不尊重的人。

以上陈述可以推出以下哪项结论？

A. 不自重的人也不被任何人信任。

B. 相互信任才能相互尊重。

C. 不自信的人也不自重。

D. 不自信的人也不被任何人信任。

E. 不自信的人也不受任何人尊重。

【第1步 识别条件类型】

题干由假言命题和全称命题组成，且这些命题中存在重复元素可以实现串联，故此题为性质串联模型。

【第2步 套用母题方法】

（1）画箭头。

①相互理解→相互尊重。

②相互信任→相互理解。

③没有一个人尊重不自重的人，等价于：所有人不尊重不自重的人，即：如果不自重，则不被尊重（¬自重→¬被尊重）。

④没有一个人信任他所不尊重的人，等价于：所有人不信任他所不尊重的人，即：如果不被尊重，那么不被信任（¬被尊重→¬被信任）。

（2）串联。

由②、①串联可得：相互信任→相互理解→相互尊重。

由③、④串联可得：¬自重→¬被尊重→¬被信任，故A项为真（此时已经可以直接找到答案，故无须再进行逆否）。

（3）找答案。

B项，相互尊重→相互信任，由上述分析可知，“相互尊重”后无箭头指向，故此项可真可假。

题干中没有提到“不自信”的结果，故C、D、E项均可真可假。

【答案】A

母题变式 10.2 性质串联模型："有的"串联

母题技巧

第 1 步 识别条件类型	1. 题干特点 题干由特称命题（有的）和全称命题组成，且这些命题中存在重复元素可以实现串联。 2. 选项特点 选项均为特称和全称命题。
第 2 步 套用母题方法	1. 常规方法：四步解题法。 （1）画箭头。 （2）从"有的"开始做串联。 （3）逆否（注意：带"有的"的项不逆否）。 （4）找答案。 2. 秒杀方法："有的"开头法。 找到题干中带"有的"的条件，从"有的"开始串联即可。 【"有的"串联模型的母题技巧】 题干有的加所有，有的一定串开头； 重复元素直接串，有的互换找答案。

注意：

（1）"有的"互换原则：

"有的 A 是 B" = "有的 B 是 A"。

"有的 A 不是 B" = "有的 A 是非 B" = "有的非 B 是 A"。

（2）"有的"开头原则：

一串一"有的"，"有的"放开头。

典型例题

1 在一次运动会中，所有运动员都是江苏人。同时还发现，不会说方言的人不是江苏人。让人惊奇的是，有一些运动员不热爱运动。

如果上面的陈述是正确的，则下面哪一项也是正确的？

Ⅰ. 有些不热爱运动的人是会说方言的人。

Ⅱ. 有些不热爱运动但会说方言的人不是运动员。

Ⅲ. 并非所有不会说方言的人都是运动员。

A. 仅Ⅰ。　　B. 仅Ⅱ。　　C. 仅Ⅲ。

D. 仅Ⅰ和Ⅲ。　　E. Ⅰ、Ⅱ和Ⅲ。

【第 1 步　识别条件类型】

题干由特称命题（有的）和全称命题组成，且这些命题中存在重复元素可以实现串联，故此题为性质串联模型中的有的串联模型。

【第2步 套用母题方法】

方法一：四步解题法。

（1）画箭头。

①所有运动员都是江苏人，即：运动员→江苏人。

②不会说方言的人不是江苏人，即：¬会说方言→¬江苏人＝江苏人→会说方言。

③有的运动员不热爱运动，即：有的运动员→不热爱运动＝有的不热爱运动→运动员。

（2）从“有的”开始做串联。

由③、①、②串联可得：④有的不热爱运动→运动员→江苏人→会说方言。

（3）逆否（注意带“有的”的项不逆否）。

④逆否可得：⑤¬会说方言→¬江苏人→¬运动员。

（4）找答案。

Ⅰ项，有的不热爱运动→会说方言，由④可知，此项为真。

Ⅱ项，由④可知，有的不热爱运动的运动员会说方言，即：有的不热爱运动的会说方言的人是运动员，与此项构成下反对关系，一真另不定，故此项可真可假。

Ⅲ项，此项等价于：有的不会说方言的人不是运动员，由⑤及“所有→有的”可知，此项为真。

故D项正确。

方法二：“有的”开头法。

观察题干，发现题干信息中有一个带“有的”的命题，即“有的运动员不热爱运动”，故直接从该命题进行串联。

即：有的运动员→不热爱运动。但观察其余条件，发现其余条件均不涉及“不热爱运动”。

故互换可得：有的不热爱运动→运动员。

找重复元素“运动员”，即“所有运动员都是江苏人”，可得：有的不热爱运动→运动员→江苏人。

找重复元素“江苏人”，即“不会说方言的人不是江苏人”，逆否可得：江苏人会说方言。可得：有的不热爱运动→运动员→江苏人→会说方言。

该方法的优势在于，我们无需对题干信息进行符号化，即可快速完成串联。后面的步骤与方法一相同。

【答案】D

2 某高校2022级会计（1）班的学生积极参加学校的社团活动。该班有一部分学生参与了文艺表演，而所有参与文艺表演的学生都未加入合唱团，所有未加入合唱团的学生都加入了围棋社，有些学生加入了戏剧社。所有加入舞蹈队的学生中，没有人加入戏剧社。

根据上述断定，以下哪项有关断定也必定是真的？

A. 所有加入合唱团的学生都加入了戏剧社。

B. 并非所有学生都未加入围棋社。

C. 所有未加入戏剧社的学生都加入了围棋社。

D. 所有未加入围棋社的学生都参与了文艺表演。

E. 有些学生加入了合唱团。

【第1步 识别条件类型】

题干由特称命题（有的）和全称命题组成，且这些命题中存在重复元素可以实现串联，故此题为性质串联模型中的有的串联模型。

【第 2 步　套用母题方法】

（1）画箭头。

①有的学生→文艺表演。

②文艺表演→¬ 加入合唱团。

③¬ 加入合唱团→加入围棋社。

④有的学生→加入戏剧社。

⑤加入舞蹈队→¬ 加入戏剧社。

（2）从“有的”开始做串联。

由①、②、③串联可得：⑥有的学生→文艺表演→¬ 加入合唱团→加入围棋社。

由④、⑤串联可得：⑦有的学生→加入戏剧社→¬ 加入舞蹈队。

（3）逆否（注意：带“有的”的项不逆否）。

⑥逆否可得：⑧¬ 加入围棋社→加入合唱团→¬ 文艺表演。

（4）找答案。

A 项，加入合唱团→加入戏剧社，题干不涉及“加入合唱团”与“加入戏剧社”之间的推理关系，故此项可真可假。

B 项，此项等价于：有的学生→加入围棋社，由⑥可知，此项为真。

C 项，¬ 加入戏剧社→加入围棋社，题干不涉及“加入戏剧社”与“加入围棋社”之间的推理关系，故此项可真可假。

D 项，¬ 加入围棋社→文艺表演，由⑧可知，¬ 加入围棋社→¬ 文艺表演，与此项构成反对关系，一真另必假，故此项一定为假。

E 项，有的学生→加入合唱团，由⑥可知，有的学生→¬ 加入合唱团，与此项构成下反对关系，一真另不定，故此项可真可假。

【答案】B

3 所有甲都属于乙，有些甲属于丙，所有乙都属于丁，没有戊属于丁，有些戊属于丙。以下哪一项不能从上述论述中推出？

A. 有些丙属于丁。　　B. 没有戊属于乙。　　C. 有些甲属于戊。

D. 所有甲都属于丁。　　E. 有的丙不属于甲。

【第 1 步　识别条件类型】

题干由特称命题（有的）和全称命题组成，且这些命题中存在重复元素可以实现串联，故此题为性质串联模型中的有的串联模型。

【第 2 步　套用母题方法】

从“有的”出发，发现有两个带“有的”的条件。

条件①：有些甲属于丙；条件②：有些戊属于丙。

先分析条件①，发现由“丙”推不出任何结论。故互换可得：有的丙→甲。

找重复元素“甲”，发现“所有甲都属于乙”，故有：有的丙→甲→乙。

找重复元素“乙”，发现“所有乙都属于丁”，故有：有的丙→甲→乙→丁。

找重复元素“丁”，发现“没有戊属于丁”，即“戊→¬ 丁＝丁→¬ 戊”，故有：③有的丙→甲→乙→丁→¬ 戊。

再分析条件②，发现由“丙”推不出任何结论。故互换可得：有的丙→戊。

找重复元素“戊”，条件③逆否可得：戊→┐丁→┐乙→┐甲。

再与条件②串联可得：④有的丙→戊→┐丁→┐乙→┐甲。

A项，有的丙→丁，由条件③可知，可以推出。

B项，戊→┐乙，由条件④可知，可以推出。

C项，有的甲→戊=有的戊→甲，由条件④“戊→┐甲”可知，此项与题干矛盾，故不能推出。

D项，甲→丁，由条件③可知，可以推出。

E项，有的丙→┐甲，由条件④可知，可以推出。

【答案】C

4 青少年的犯罪行为大多是因为法制意识的缺失，但也有的仅是因为个人道德败坏。当然，很多不理智的过激行为往往是二者结合的结果。无论如何，青少年的犯罪行为都给社会和家庭带来了伤害。

如果上述断定为真，则以下哪一项不可能为真？

A. 有的行为缺失法制意识，但不是青少年的犯罪行为。

B. 所有仅是个人道德败坏的行为，都不是青少年的犯罪行为。

C. 有的法制意识缺失的行为给社会和家庭带来了伤害。

D. 有的行为虽然具有法制意识，但仍给社会和家庭带来了伤害。

E. 有些青少年的犯罪行为，既不是因为法制意识的缺失，也不是因为个人道德败坏，而是有其他原因。

【第1步 识别条件类型】

题干由特称命题（有的）和全称命题组成，且这些命题中存在重复元素可以实现串联，故此题为性质串联模型中的有的串联模型。

【第2步 套用母题方法】

题干有以下信息：

①有的青少年犯罪行为→法制意识缺失，等价于：有的法制意识缺失→青少年犯罪行为。

②有的青少年犯罪行为→个人道德败坏，等价于：有的个人道德败坏→青少年犯罪行为。

③有的不理智的过激行为→法制意识的缺失∧个人道德败坏。

④青少年犯罪行为→给社会和家庭带来了伤害。

从“有的”开始串联：

串联①、④可得：⑤有的法制意识缺失→青少年犯罪行为→给社会和家庭带来了伤害。

串联②、④可得：⑥有的个人道德败坏→青少年犯罪行为→给社会和家庭带来了伤害。

A项，有的法制意识缺失的行为不是青少年的犯罪行为，与①“有的法制意识缺失的行为是青少年的犯罪行为”为下反对关系，一真另不定，故此项可真可假。

B项，所有个人道德败坏的行为都不是青少年的犯罪行为，与②“有的个人道德败坏的行为是青少年的犯罪行为”矛盾，故此项必然为假。

C项，有的法制意识缺失→给社会和家庭带来了伤害，由⑤可知，此项必然为真。

D项，题干不涉及“有法制意识的行为”，故此项可真可假。

E项，由题干无法确定是否有“其他原因”，故此项可真可假。

题目要求选“不可能为真”的选项，故B项正确。

【答案】B

母题变式 10.3 性质串联模型：双 A 串联公式

母题技巧

第 1 步 识别条件类型	题干中同时出现以下两个条件： ① A 是 B。 ② A 是 C。
第 2 步 套用母题方法	由“① A 是 B”“② A 是 C”，可得：有的 B → A → C；有的 C → A → B。

【证明过程】

1.“所有”推“有的”公式

所有 A 是 B，可推出：有的 A 是 B，从而得到：有的 B 是 A。

2. 双单称的串联

已知：①酱宝是老吕的学生。②酱宝考上了研究生。

①可推出：有的老吕的学生是酱宝，与②串联可得：有的老吕的学生→酱宝→考上了研究生。

②可推出：有的考上了研究生的人是酱宝，与①串联可得：有的考上了研究生的人→酱宝→老吕的学生。

3. 双“所有”的串联

已知：①所有山东人都是中国人。②所有山东人都是黄种人。

①可推出：有的山东人是中国人，互换可得：有的中国人是山东人，与②串联可得：有的中国人→山东人→黄种人。

②可推出：有的山东人是黄种人，互换可得：有的黄种人是山东人，与①串联可得：有的黄种人→山东人→中国人。

4. 双 A 串联公式

通过以上两个例子可以发现，对于两个判断对象相同的单称命题或者两个判断对象相同的全称命题，符合以下“双 A 串联公式”：

已知：① A 是 B（A → B）。② A 是 C（A → C）。

①可推出：有的 A 是 B，互换可得：有的 B 是 A，与②串联可得：有的 B → A → C。

②可推出：有的 A 是 C，互换可得：有的 C 是 A，与①串联可得：有的 C → A → B。

典型例题

1 所有读过《史记》的人都是有学问的人。所有读过《史记》的人都喜欢读《资治通鉴》。有些有学问的人喜欢读《诗经》。

如果以上断定为真，则以下哪项也一定为真？

Ⅰ. 有些有学问的人没读过《史记》。

Ⅱ. 有些有学问的人不喜欢读《诗经》。

Ⅲ. 有些有学问的人喜欢读《资治通鉴》。

A. 仅Ⅰ。　　B. 仅Ⅱ。　　C. 仅Ⅲ。

D. 仅Ⅰ和Ⅲ。　　E. Ⅰ、Ⅱ和Ⅲ。

【第1步 识别条件类型】

题干由特称命题（有的）和全称命题组成，且这些命题中存在重复元素可以实现串联，故此题为性质串联模型中的有的串联模型。其中，前两个条件符合双A串联公式。

【第2步 套用母题方法】

题干有以下信息：

①所有读过《史记》的人都是有学问的人，即：读过《史记》→有学问。

②所有读过《史记》的人都喜欢读《资治通鉴》，即：读过《史记》→喜欢读《资治通鉴》。

③有些有学问的人喜欢读《诗经》，即：有的有学问→喜欢读《诗经》。

观察题干信息，发现条件③中带“有的”，首先考虑从条件③开始串联，但发现条件③的前后件与其他条件均不重复，故无法实现串联。

观察条件①和②，符合双A串联公式，即：

由条件①可得：有的有学问→读过《史记》，从而与条件②串联可得：④有的有学问→读过《史记》→喜欢读《资治通鉴》。

由条件②可得：有的喜欢读《资治通鉴》→读过《史记》，从而与条件①串联可得：⑤有的喜欢读《资治通鉴》→读过《史记》→有学问。

Ⅰ项，由条件④可知，有的有学问的人读过《史记》，与此项“有些有学问的人没读过《史记》”为下反对关系，一真另不定，故此项可真可假。

Ⅱ项，由条件③可知，有些有学问的人喜欢读《诗经》，与此项“有些有学问的人不喜欢读《诗经》”为下反对关系，一真另不定，故此项可真可假。

Ⅲ项，由条件④可知，有的有学问→喜欢读《资治通鉴》，故此项为真。

【答案】C

2 某餐馆对顾客口味的一项调查发现，所有喜欢川菜的顾客都喜欢徽菜，但都不喜欢粤菜；有些喜欢粤菜的顾客也喜欢徽菜。

如果上述断定为真，则以下各项都一定为真，除了：

A. 有的喜欢徽菜的顾客喜欢川菜。

B. 有的喜欢徽菜的顾客喜欢粤菜。

C. 有的喜欢徽菜的顾客既喜欢川菜又喜欢粤菜。

D. 有的喜欢徽菜的顾客不喜欢川菜。

E. 有的喜欢徽菜的顾客不喜欢粤菜。

【第1步 识别条件类型】

题干由特称命题（有的）和全称命题组成，且这些命题中存在重复元素可以实现串联，故此题为性质串联模型中的有的串联模型。其中，第一个条件符合双A串联公式。

【第2步 套用母题方法】

方法一：“有的”开头法。

题干有以下信息：

①所有喜欢川菜的顾客都喜欢徽菜，即：川菜→徽菜，等价于：¬徽菜→¬川菜。

②所有喜欢川菜的顾客都不喜欢粤菜，即：川菜→¬粤菜，等价于：粤菜→¬川菜。

③有些喜欢粤菜的顾客也喜欢徽菜，即：有的粤菜→徽菜。

从带“有的”的项开始串联，先看条件③，发现“徽菜”后无法做串联。

故互换可得：④有的徽菜→粤菜，与条件②串联可得：⑤有的徽菜→粤菜→¬ 川菜。

观察条件①、②有重复元素“所有喜欢川菜的顾客”，符合双 A 串联公式，即：

故可得：⑥有的徽菜→川菜→¬ 粤菜。也可得：⑦有的不喜欢粤菜→川菜→徽菜。

证明：

由条件①“川菜→徽菜”，可得：有的川菜→徽菜，互换可得：有的徽菜→川菜，从而与条件②串联可得：⑥有的徽菜→川菜→¬ 粤菜。

同理，由条件②“川菜→¬ 粤菜”，可得：有的川菜→¬ 粤菜，互换可得：有的不喜欢粤菜→川菜，从而与条件①串联可得：⑦有的不喜欢粤菜→川菜→徽菜。

A 项，有的徽菜→川菜，由⑥可知，此项为真。

B 项，有的徽菜→粤菜，由⑤可知，此项为真。

C 项，由②可知，川菜→¬ 粤菜，即喜欢川菜的顾客一定不喜欢粤菜，故“有的喜欢徽菜的顾客既喜欢川菜又喜欢粤菜”为假。

D 项，有的徽菜→¬ 川菜，由⑤可知，此项为真。

E 项，有的徽菜→¬ 粤菜，由⑥可知，此项为真。

方法二：欧拉图法。

全称命题：所有 A 是 B，即 A 是 B 的子集，可以用实线表示。

特称命题：有的 C 是 D，则 C 与 D 的位置关系并不确定，可以用虚线表示。

题干信息可表示为下图：

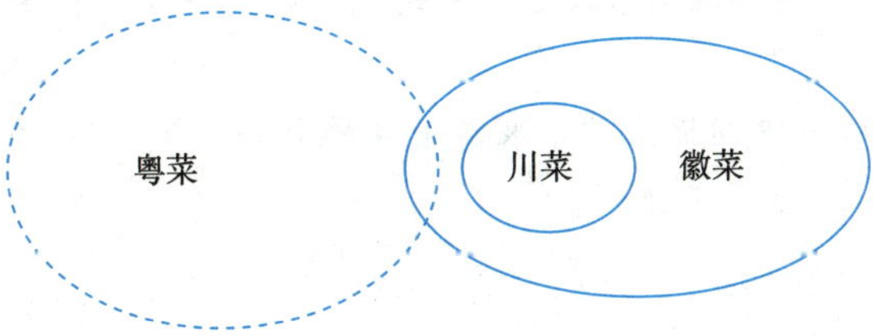

A 项，“徽菜”与“川菜”有交集，故此项“有的喜欢徽菜的顾客喜欢川菜”为真。

B 项，“徽菜”与“粤菜”有交集，故此项“有的喜欢徽菜的顾客喜欢粤菜”为真。

C 项，“川菜”与“粤菜”没有交集，故不可能存在“既喜欢川菜又喜欢粤菜”的人，故此项为假。

D 项，由图易知，“有的喜欢徽菜的顾客不喜欢川菜”为真。

E 项，由图易知，“有的喜欢徽菜的顾客不喜欢粤菜”为真。

【答案】C

3 林则徐是伟大的政治家、思想家和民族英雄。林则徐一生遍历地方，治绩卓著，在江苏整顿吏治、平反冤狱、兴修水利、救灾办赈，在湖广地区大力开展禁烟运动。林则徐在国际政治上的视野更是开阔的，他是《四洲志》的作者，也是中国近代“开眼看世界的第一人”。

根据以上陈述，可以得出以下哪项？

A. 有的政治家没有开阔的政治视野。

B. 有的民族英雄不是思想家。

C. 如果能够打开国际视野，就能够写出《四洲志》。

D. 有些民族英雄是中国近代“开眼看世界的第一人”。

E. 有些具有开阔的政治视野的人不是中国近代“开眼看世界的第一人”。

【第 1 步　识别条件类型】

题干由性质命题组成（皆可表示为箭头），且这些命题中存在重复元素可以实现串联，故可当作性质串联模型解题。同时，题干条件符合双 A 串联公式。

【第 2 步　套用母题方法】

题干有以下信息：

①林则徐→政治家∧思想家∧民族英雄。

②林则徐→《四洲志》作者∧中国近代“开眼看世界的第一人”。

观察①和②，符合双 A 串联公式。

由①可知：

林则徐→政治家，可得：有的政治家→林则徐；

林则徐→思想家，可得：有的思想家→林则徐；

林则徐→民族英雄，可得：有的民族英雄→林则徐；

故有：③有的政治家或思想家或民族英雄→林则徐。

由③、②串联可得：④有的政治家或思想家或民族英雄→林则徐→《四洲志》作者∧中国近代“开眼看世界的第一人”。

故有：有的民族英雄→中国近代“开眼看世界的第一人”，即：有些民族英雄是中国近代“开眼看世界的第一人”。故 D 项正确。

注意：

在双 A 串联公式的应用中，大家熟练之后，可以直接用结论进行串联推理。

结论：由“① A 是 B”“② A 是 C”，可得：有的 B→A→C（或“有的 B→C”）；有的 C→A→B（或“有的 C→B”）。

【答案】D

母题模型 11 隐含三段论模型

母题变式 11.1 隐含三段论

母题技巧

<table>
<tr><td>第 1 步
识别条件类型</td><td>1. 题干特点
题干由一个或多个前提和一个结论组成，前提和结论一般为性质命题，个别题目为假言命题。
题干中前提与结论的共同特点是：均可画成箭头（口诀：前提结论都可箭）。
2. 提问方式
“补充以下哪项能使题干成立？”
“以下哪项是题干推理的假设？”
“以下哪项最能说明上述结论不成立？”（此时需要反驳题干中的三段论）</td></tr>
<tr><td>第 2 步
套用母题方法</td><td>常规思路：串联法。
（1）将题干中的前提符号化。
例如：A→B，B→C。
（2）如果有多个前提，将前提串联。
例如：串联成 A→B→C。
（3）将题干中的结论符号化。
例如：A→D。
（4）补充从前提到结论的箭头，从而得到结论。
例如：补充 C→D。
可得：A→B→C→D。
秒杀方法：“开心消消乐”法。
已知：有的 A→B，B→C。可以推出：有的 A→C。
观察以上例子，可以发现“A”“B”“C”均出现两次；“有的”也出现两次，且一次在前提中一次在结论中。
也就是说，隐含三段论问题符合“词项成对出现”原则。因此，多数隐含三段论问题可以把成对的项直接消掉，余下的项用箭头串联一般就是答案。</td></tr>
</table>

注意：

（1）“有的”互换：当出现带“有的”的项，但是无法串联时，互换以后再串联。

（2）统一性质：每个词项的性质（肯定否定）应该是相同的。在有些词项性质不同时，可通过逆否改变性质。

（3）成对出现：此类题的词项一般是成对出现的。如：两个“A”，两个“B”，两个“有的”。

典型例题

1 有些画家擅长素描技巧，所有擅长素描技巧的人都有着扎实的绘画基本功。因此，有些充分理解线条、形体、色彩基本构成的人是画家。

为了使上述推理成立，必须补充以下哪项作为前提?

A. 所有画家都擅长素描技巧。

B. 所有有绘画基本功的人都可以充分理解线条、形体、色彩基本构成。

C. 有的画家不擅长素描技巧。

D. 有些擅长素描技巧的人并不是充分理解线条、形体、色彩基本构成的画家。

E. 有些擅长素描技巧的画家并不擅长其他绘画技巧。

【第 1 步　识别条件类型】

题干由两个性质命题构成的前提和一个性质命题构成的结论组成，提问方式为“为了使上述推理成立，必须补充以下哪项作为前提?”，故此题为隐含三段论模型。

【第 2 步　套用母题方法】

方法一：串联法。

(1) 将题干中的前提符号化。

前提①：有的画家→擅长素描技巧。

前提②：擅长素描技巧→绘画基本功。

(2) 将题干中的前提进行串联。

串联前提①、②可得：③有的画家→擅长素描技巧→绘画基本功。

(3) 将题干中的结论符号化。

结论：有些充分理解线条、形体、色彩基本构成的人是画家。

即：有的充分理解线条、形体、色彩基本构成→画家，互换可得：有的画家→充分理解线条、形体、色彩基本构成。

(4) 补充从前提到结论的箭头，从而得到结论。

易知，补充前提④：绘画基本功→充分理解线条、形体、色彩基本构成。

与前提③串联可得：有的画家→擅长素描技巧→绘画基本功→充分理解线条、形体、色彩基本构成，从而得到题干的结论。

故答案为前提④：有绘画基本功的人可以充分理解线条、形体、色彩基本构成，因此，B 项正确。

方法二：“开心消消乐”法。

题干中两个“有的”“画家”“擅长素描技巧”均消掉，余下的“绘画基本功”和“充分理解线条、形体、色彩基本构成”二者做串联即可得到答案。故迅速锁定 B 项。

【答案】B

2 有些自然资源是矿产资源，因而，不是所有自然资源都可以再生。

以下哪项可以使上述论证成立?

A. 所有矿产资源都不可以再生。

B. 有些矿产资源不可以再生。

C. 有些矿产资源可以再生。

D. 所有非矿产资源都不可以再生。

E. 有些自然资源是非矿产资源。

【第 1 步 识别条件类型】

题干由一个性质命题构成的前提和一个性质命题构成的结论组成，提问方式为“以下哪项可以使上述论证成立？”，故此题为隐含三段论模型。

【第 2 步 套用母题方法】

(1) 将题干中的前提符号化。

前提①：有的自然资源→矿产资源。

(2) 将题干中的结论符号化。

结论等价于：有的自然资源不可以再生，即，有的自然资源→不可以再生。

(3) 补充从前提到结论的箭头，从而得到结论。

根据“成对出现”的原理，可知答案应涉及“矿产资源”和“不可以再生”。

易知，补充前提②：矿产资源→不可以再生。

与前提①串联可得：有的自然资源→矿产资源→不可以再生，从而得到结论。

故答案为前提②：所有矿产资源都不可以再生。

【答案】A

3 没有鸟类是爬行动物，所有的蛇都是爬行动物，所以，没有蛇属于游禽家族。

以下哪项陈述是上述推理所必须假设的？

A. 所有游禽都是爬行动物。

B. 所有游禽都是鸟类。

C. 没有游禽是鸟类。

D. 没有鸟类是蛇。

E. 有的游禽是爬行动物。

【第 1 步 识别条件类型】

题干由两个性质命题构成的前提和一个性质命题构成的结论组成，提问方式为“以下哪项陈述是上述推理所必须假设的？”，故此题为隐含三段论模型。

【第 2 步 套用母题方法】

(1) 将题干中的前提符号化。

前提①：没有鸟类是爬行动物，等价于：所有鸟类都不是爬行动物。

即：鸟类→┐爬行动物，等价于：爬行动物→┐鸟类。

前提②：所有的蛇都是爬行动物，即：蛇→爬行动物。

(2) 将题干中的前提进行串联。

串联前提②和①可得：③蛇→爬行动物→┐鸟类。

(3) 将题干中的结论符号化。

结论：没有蛇属于游禽家族，等价于：所有蛇都不属于游禽家族，即：蛇→┐游禽。

(4) 补充从前提到结论的箭头，从而得到结论。

根据“成对出现”的原理，可知答案涉及“┐鸟类”和“┐游禽”。

易知，补充前提④：┐鸟类→┐游禽。

与前提③串联可得：蛇→爬行动物→┐鸟类→┐游禽，从而推出题干的结论。

故答案为前提④。

补充的前提④等价于：游禽→鸟类，即所有游禽都是鸟类，B 项正确。

【答案】B

4 王晶：因为李军是优秀运动员，所以，他有资格进入名人俱乐部。

张华：但是因为李军吸烟，所以他不是年轻人的好榜样。因此，李军不应被名人俱乐部接纳。

张华的论证使用了以下哪项作为前提？

Ⅰ.有些优秀运动员吸烟。

Ⅱ.所有吸烟者都不是年轻人的好榜样。

Ⅲ.所有被名人俱乐部接纳的都是年轻人的好榜样。

A.仅Ⅰ。 B.仅Ⅱ。 C.仅Ⅲ。

D.仅Ⅱ和Ⅲ。 E.仅Ⅰ和Ⅱ。

【第1步 识别条件类型】

题干由一个前提和两个结论组成（皆可画成箭头），要求找出"张华的论证使用了哪项作为前提"，故此题为隐含三段论模型。

【第2步 套用母题方法】

（1）将题干中的前提符号化。

张华的前提①：李军→吸烟。

（2）将题干中的结论符号化。

张华的结论①：李军→不是年轻人的好榜样。

张华的结论②：李军不应被名人俱乐部接纳，即：李军→不应被名人俱乐部接纳。

其中张华的结论①又是结论②的前提。

（3）补充从前提到结论的箭头，从而得到结论。

根据"成对出现"的原理，可知答案涉及"吸烟"和"不是年轻人的好榜样"，"不是年轻人的好榜样"和"不应被名人俱乐部接纳"。

易知，补充前提②：吸烟→不是年轻人的好榜样（即选项Ⅱ）。

即可串联得：李军→吸烟→不是年轻人的好榜样。

从而推出：李军→不是年轻人的好榜样，即可得出结论①。

补充前提③：不是年轻人的好榜样→不应被名人俱乐部接纳（即选项Ⅲ）。

即可串联得：李军→不是年轻人的好榜样→不应被名人俱乐部接纳，从而推出：李军→不应被名人俱乐部接纳，即可得出结论②。

综上，前提②和前提③即为需要补充的前提，故D项正确。

【答案】D

5 张珊是红星中学的学生，对篮球感兴趣。该校学生或者对排球感兴趣，或者对足球感兴趣；如果对篮球感兴趣，则对足球不感兴趣。因此，张珊对乒乓球感兴趣。

以下哪项最可能是上述论证的假设？

A.红星中学所有学生都对乒乓球感兴趣。

B.对排球感兴趣的学生都对乒乓球感兴趣。

C.红星中学对排球感兴趣的学生都对乒乓球感兴趣。

D.红星中学学生感兴趣的球类只限于篮球、排球、足球和乒乓球。

E.篮球和乒乓球比足球更具挑战性。

【第1步 识别条件类型】

题干由三个前提和一个结论组成（皆可画成箭头），提问方式为"以下哪项最可能是上述论证的假设？"，故此题为隐含三段论模型。

【第 2 步　套用母题方法】

（1）将题干中的前提符号化。

前提①：张珊是红星中学学生，对篮球感兴趣，即：张珊→篮球。

前提②：该校学生或者对排球感兴趣，或者对足球感兴趣。即，红星中学学生：排球∨足球，等价于：¬ 足球→排球。

前提③：如果对篮球感兴趣，则对足球不感兴趣，即：篮球→¬ 足球。

（2）将题干中的前提进行串联。

串联前提①、③和②可得：④张珊→篮球→¬ 足球→排球。

（3）将题干中的结论符号化。

结论：张珊对乒乓球感兴趣，即：张珊→乒乓球。

（4）补充从前提到结论的箭头，从而得到结论。

根据“成对出现”的原理，可知答案涉及“排球”和“乒乓球”。

易知，补充前提⑤：排球→乒乓球。

与前提④串联可得：张珊→篮球→¬ 足球→排球→乒乓球，从而得到题干的结论。

故补充的前提⑤为答案，即：该校对排球感兴趣的学生都对乒乓球感兴趣，C 项正确。

注意：

此题不能选 B 项，因为 B 项的主体是“所有人”，而我们只要假设“红星中学的学生对排球感兴趣的，也对乒乓球感兴趣”就能得到题干的结论，不需要假设“所有人”。另外，A 项错误的原因与 B 项错误的原因类似：A 项的主体是“该校所有的学生”，但我们需要假设“该校对排球感兴趣的学生，也对乒乓球感兴趣”即可。

A、B 项假设过度，故排除。

【答案】C

母题变式 11.2　反驳三段论

母题技巧

第 1 步 识别条件类型	1. 题干特点 题干由一个或多个前提和一个结论组成，前提和结论一般为性质命题，个别题目为假言命题。 题干中前提与结论的共同特点是：均可画成箭头。 2. 提问方式 “以下哪项最能反驳题干？” “以下哪项最能说明上述推理不成立？”

续表

第2步 套用母题方法	方法一：质疑题干的结论。 先找结论的矛盾命题，再用前文“隐含三段论”的方法找到使这个矛盾命题成立的隐含条件。 方法二：质疑题干的隐含假设。 先用前文“隐含三段论”的方法找到题干的隐含条件，然后找到这个隐含条件的矛盾命题，即可反驳题干。

典型例题

1 有些参加跳高的选手也参加短跑比赛，所有参加跳高比赛的选手都不参加跳远比赛。因此，参加短跑比赛的选手都参加铅球比赛。

以下哪项如果为真，最能反驳上述论证？

A. 不参加跳远比赛的选手都不参加铅球比赛。

B. 参加跳远比赛的选手都参加铅球比赛。

C. 有些不参加铅球比赛的选手不参加跳高比赛。

D 有些参加跳远比赛的选手不参加铅球比赛。

E. 参加短跑的选手都参加铅球比赛。

【第1步 识别条件类型】

题干由两个前提和一个结论组成（皆可画成箭头），要求找到“最能反驳上述论证”的项，故此题为反驳三段论模型。

【第2步 套用母题方法】

（1）将题干中的前提符号化。

前提①：有些参加跳高的选手也参加短跑比赛，即：有的跳高→短跑。

前提②：所有参加跳高比赛的选手都不参加跳远比赛，即：跳高→┐跳远。

（2）将题干中的前提进行串联。

从“有的”开始串联两个前提，发现“短跑”后面无法串联，故将前提①互换可得：有的短跑→跳高。

从而与前提②串联可得：③有的短跑→跳高→┐跳远。

此时可以发现前提为“有的”，而题干中的结论却是“都”，由“有的”只能推出“有的”，故此题需要找到题干结论的矛盾命题。

（3）写题干结论的矛盾命题。

题干的结论为：参加短跑比赛的选手都参加铅球比赛。

题干结论的矛盾命题为：有的参加短跑比赛的选手不参加铅球比赛。

即：④有的短跑→┐铅球。

（4）补充从前提到结论的矛盾命题的箭头，从而反驳题干的结论。

观察③和④，易知补充前提⑤：┐跳远→┐铅球。

与前提③串联可得：有的短跑→跳高→┐跳远→┐铅球，从而得到：有的短跑→┐铅球。

故补充的前提⑤为答案，即：不参加跳远比赛的选手都不参加铅球比赛，A项正确。

【答案】A

2 有些奥运冠军是经历过大的伤病的运动员，所有经历过大的伤病的运动员都付出了很多努力。所有付出了很多努力的运动员都保持着良好的竞技水平。因此，所有的奥运冠军都渴望再次登顶。

以下哪项如果为真，最能反驳上述结论？

A. 经历过大的伤病的运动员都不渴望再次登顶。

B. 付出了很多努力的运动员都渴望再次登顶。

C. 有些未保持着良好竞技水平的运动员未付出很多努力。

D. 经历过大的伤病的运动员也都渴望再次登顶。

E. 保持着良好竞技水平的运动员都不渴望再次登顶。

【第 1 步 识别条件类型】

题干由三个性质命题构成的前提和一个性质命题构成的结论组成，提问方式为“以下哪项如果为真，最能反驳上述结论？”，故此题为反驳三段论模型。

【第 2 步 套用母题方法】

（1）将题干中的前提符号化。

前提①：有些奥运冠军→经历过大的伤病。

前提②：经历过大的伤病→付出了很多努力。

前提③：付出了很多努力→保持着良好的竞技水平。

（2）将题干中的前提进行串联。

串联前提①、②和③可得：④有些奥运冠军→经历过大的伤病→付出了很多努力→保持着良好的竞技水平。

（3）写题干结论的矛盾命题。

题干的结论为：所有的奥运冠军都渴望再次登顶。

题干结论的矛盾命题为：有的奥运冠军不渴望再次登顶。

即：⑤有的奥运冠军→┐渴望再次登顶。

（4）补充从前提到题干结论的矛盾命题的箭头，从而反驳题干的结论。

观察④和⑤，易知补充前提⑥：保持着良好的竞技水平→┐渴望再次登顶。

与前提④串联可得：有些奥运冠军→经历过大的伤病→付出了很多努力→保持着良好的竞技水平→┐渴望再次登顶，从而得到题干结论的矛盾命题。

故补充的前提⑥为答案，即：保持着良好，竞技水平的运动员都不渴望再次登顶，E项正确。

【答案】E

母题模型 12 推理结构相似模型

母题技巧

第 1 步 识别条件模型	1. 题干特点 题干中出现简单命题、假言命题等（可以用箭头表示）。 2. 提问方式 “以下哪项与题干的推理最为类似？” “以下哪项与题干所犯的逻辑错误最为相同？”

续表

第2步 套用母题方法	解题方法： （1）读题干，寻找有没有形式逻辑的关联词。 （2）写出题干的推理结构，如有必要，将其符号化。 （3）依次对照选项，找出推理结构与题干相同的选项。 注意事项： 题干中的推理可能是正确的，也可能是错误的。如果题干的推理正确，则选项应该选推理正确的；如果题干的推理错误，则选项应该选和题干犯了相同推理错误的。

典型例题

1 为什么有些人喜欢喝茶？张珊对此解释说：喜欢喝茶的人都是热爱生活的人，所以不热爱生活的人都不喜欢喝茶。

以下哪项和张珊的解释的结构最为相似？

A. 所有入场的考生都经过了体温测试，所以没能入场的考生都没有经过体温测试。

B. 所有出厂设备都是合格的，所以检测合格的设备都已出厂。

C. 所有已发表的文章都是认真校对过的，所以认真校对过的文章都已发表。

D. 所有真理都是不怕批评的，所以怕批评的都不是真理。

E. 所有不及格的学生都没有好好复习，所以没好好复习的学生都不及格。

【第1步 识别条件类型】

题干可以用箭头表示，提问方式为“以下哪项和张珊的解释的结构最为相似？”，故此题为推理结构相似模型。

【第2步 套用母题方法】

题干：喜欢喝茶（A）→热爱生活（B），所以，不热爱生活（¬B）→不喜欢喝茶（¬A）。

将题干符号化：A→B，所以，¬B→¬A，是正确的推理。

A项，入场的考生（A）→经过了体温测试（B），所以，没入场的考生（¬A）→没经过体温测试（¬B），与题干不同。

B项，出厂设备（A）→合格（B），所以，合格（B）→出厂设备（A），与题干不同。

C项，已发表（A）→校对过（B），所以，校对过（B）→已发表（A），与题干不同。

D项，真理（A）→不怕批评（B），所以，怕批评（¬B）→不是真理（¬A），与题干相同。

E项，不及格（A）→没好好复习（B），所以，没好好复习（B）→不及格（A），与题干不同。

【答案】D

2 若在一墓穴中发掘出墓主的印章和墓志铭，就能确定该墓穴是墓主的真墓。在西高穴大墓中，没有发掘出曹操的印章和墓志铭，故西高穴大墓不是真的曹操墓。

以下哪项的论证方式与题干最为类似？

A. 若在墓穴中发现刻有“魏武王”之类字样的随葬品，就能说明那个墓穴是曹操的。在西高穴大墓中发现了刻有“魏武王常用格虎大戟”的石碑等随葬品，故该墓是曹操墓。

B. 十八岁的人还没有面对过社会上的问题，而任何没有面对过这些问题的人不能够进行投票。所以，十八岁的人不能够进行投票。

C. 只有持有深水合格证，才能进入深水池。高亮没有深水合格证，所以，他不能进入深水池。

D. 如果我有翅膀，我就能飞翔。我没有翅膀，所以，我不能飞翔。

E. 所有炒股的人都是贪婪的，有些贪婪的人拥有很多财富，因此，有些拥有很多财富的人是炒股的。

【第 1 步　识别条件类型】

题干可以用箭头表示，提问方式为“以下哪项的论证方式与题干最为类似？”，故此题为推理结构相似模型。

【第 2 步　套用母题方法】

题干：发掘出墓主的印章和墓志铭（A）→真墓（B）。在西高穴大墓中没有发掘出曹操的印章和墓志铭（¬ A），故西高穴大墓不是真的曹操墓（¬ B）。

将题干符号化：A → B。¬ A，因此，¬ B。

A 项，A → B。A，因此，B，与题干不同。

B 项，A → B，B → C。因此，A → C，与题干不同。

C 项，A → B。¬ B，所以，¬ A，与题干不同。

D 项，A → B。¬ A，因此，¬ B，与题干的论证方式一致。

E 项，A → B，有的 B → C，因此，有的 C → A，与题干不同。

【答案】D

3 科学离不开测量，测量离不开长度单位。千米、米、分米、厘米等基本长度单位的确立完全是一种人为约定。因此，科学的结论完全是一种人的主观约定，谈不上客观的标准。

以下哪项与题干的论证最为类似？

A. 建立良好的社会保障体系离不开强大的综合国力，强大的综合国力离不开一流的国民教育。因此，要建立良好的社会保障体系，必须有一流的国民教育。

B. 做规模生意离不开做广告，做广告就要有大额资金投入。不是所有人都能有大额资金投入。因此，不是所有人都能做规模生意。

C. 游人允许坐公园的长椅，要坐公园长椅就要靠近它们，靠近长椅的一条路径要踩踏草地。因此，允许游人踩踏草地。

D. 具备扎实的舞蹈基本功必须经过常年不懈的艰苦训练。在春节晚会上演出的舞蹈演员必须具备扎实的基本功。常年不懈的艰苦训练是乏味的。因此，在春节晚会上演出是乏味的。

E. 家庭离不开爱情，爱情离不开信任。信任是建立在真诚的基础上的。因此，对真诚的背离是家庭危机的开始。

【第 1 步　识别条件类型】

题干中“离不开”的意思是必要条件，提问方式为“以下哪项与题干的论证最为类似？”，故此题为推理结构相似模型。

【第 2 步　套用母题方法】

题干：科学（A）离不开测量（B），测量（B）离不开长度单位（C）。长度单位（C）是人为约定（D）。因此，科学（A）是人为约定（D）。

将题干符号化：A离不开B，B离不开C。C有性质D。因此，A有性质D。

A项，A离不开B，B离不开C。因此，要有A，必须有C。与题干不同。

B项，A离不开B，B离不开C。不是所有人都C。因此，不是所有人都A。与题干不同。

C项，A可以B，B需要C，C需要D。因此，A可以D。与题干不同。

D项，B必须有（离不开）C，A必须有（离不开）B。C有性质D。因此，A有性质D。与题干相同。

E项，A离不开B，B离不开C。C需要D。因此，不D是不A的开始。与题干不同。

【答案】D

4 玉皇大帝若有灵，则齐景公派人去向玉皇大帝祈祷是无用的；玉皇大帝若没有灵，则齐景公派人去向玉皇大帝祈祷也是无用的。玉皇大帝或者有灵，或者没有灵。因此，齐景公派人去向玉皇大帝祈祷是无用的。

以下哪项论证的方式与题干的最为类似？

A. 这酒若真是“不死之酒”，则您杀不死我；这酒若不是“不死之酒”，则您何必为假酒而杀我。这酒或者是真酒或者是假酒。因此，您或者杀不死我或者不必杀我。

B. 你若工作，则整日忙碌而不得安闲；你若不工作，则没有收入，也不得安闲。你或者工作或者不工作。因此，你都不得安闲。

C. 若他的盾最坚固，则他的矛将不能刺穿他的盾；若他的矛最锋利，则他的矛将能刺穿他的盾。他的矛或者能够刺穿他的盾，或者不能刺穿他的盾。因此，他互相矛盾。

D. 若某人是罪犯，则他有作案动机；若某人是罪犯，则他有作案时间。某人或者没有作案动机，或者没有作案时间。因此，某人不是罪犯。

E. 如果他贪污数额巨大，那么他构成犯罪；如果他受贿数额巨大，那么他也构成犯罪。他或者贪污数额不大，或者受贿数额不大。因此，他不构成犯罪。

【第1步 识别条件类型】

题干可以用箭头表示，提问方式为“以下哪项论证的方式与题干的最为类似？”，故此题为推理结构相似模型。

【第2步 套用母题方法】

题干：玉皇大帝若有灵（A），则齐景公派人去向玉皇大帝祈祷是无用的（B）；玉皇大帝若没有灵（¬A），则齐景公派人去向玉皇大帝祈祷也是无用的（B）。玉皇大帝或者有灵（A），或者没有灵（¬A）。因此，齐景公派人去向玉皇大帝祈祷是无用的（B）。

将题干符号化：$A\rightarrow B$；$\neg A\rightarrow B$。$A\vee\neg A$。因此，B。

A项，$A\rightarrow B$；$\neg A\rightarrow C$。$A\vee\neg A$。因此，$B\vee C$。故与题干不同。

B项，$A\rightarrow B$；$\neg A\rightarrow B$。$A\vee\neg A$。因此，B。故与题干相同。

C项，$A\rightarrow B$；$C\rightarrow\neg B$。$B\vee\neg B$。因此，D。故与题干不同。

D项，$A\rightarrow B$；$A\rightarrow C$。$\neg B\vee\neg C$。因此，$\neg A$。故与题干不同。

E项，$A\rightarrow B$；$C\rightarrow B$。$\neg A\vee\neg C$。因此，$\neg B$。故与题干不同。

【答案】B

5 李娜说，作为一个科学家，她知道没有一个科学家喜欢朦胧诗，而绝大多数科学家都擅长逻辑思维。因此，至少有些喜欢朦胧诗的人不擅长逻辑思维。

以下哪项的推理结构和题干的推理结构最为类似？

A. 余静说，作为一个生物学家，他知道所有的有袋动物都不产卵，而绝大多数有袋动物都生产在澳大利亚。因此，至少有些澳大利亚动物不产卵。

B. 方华说，作为父亲，他知道没有父亲会希望孩子在临睡前吃零食，而绝大多数父亲都是成年人。因此，至少有些希望孩子临睡前吃零食的人是孩子。

C. 王唯说，作为一个品酒专家，他知道，陶瓷容器中的陈年酒的质量，都不如木桶中的陈年酒，而绝大多数中国陈年酒都存在陶瓷容器中。因此，至少有些中国陈年酒的质量不如装在木桶中的法国陈年酒。

D. 林宜说，作为一个摄影师，他知道，没有彩色照片的清晰度能超过最好的黑白照片，而绝大多数风景照片都是彩色照片。因此，至少有些风景照片的清晰度不如最好的黑白照片。

E. 张成说，作为一个商人，他知道，没有商人不想发财。因为绝大多数商人都是守法的，因此，至少有些守法的人并不想发财。

【第 1 步 识别条件类型】

题干中出现性质命题，提问方式为“以下哪项的推理结构和题干的推理结构最为类似？”，故此题为推理结构相似模型。

【第 2 步 套用母题方法】

题干：没有一个科学家喜欢朦胧诗（即，科学家都不喜欢朦胧诗，A→¬ B），而绝大多数科学家（A）都擅长逻辑思维（C）。因此，至少有些喜欢朦胧诗的人（B）不擅长逻辑思维（¬ C）。

将题干符号化：A→¬ B，而绝大多数 A→C。因此，有的 B→¬ C。

A 项，A→¬ B，而绝大多数 A→C。因此，有的 C→¬ B。与题干不一致。

B 项，A→¬ B，而绝大多数 A→C。因此，有的 B→¬ C。与题干一致。

C 项，A→¬ B，而绝大多数 C→A。因此，有的 C→¬ D。与题干不一致。

D 项，A→¬ B，而绝大多数 C→A。因此，有的 C→¬ B。与题干不一致。

E 项，A→B，而绝大多数 A→C。因此，有的 C→¬ B。与题干不一致。

【答案】B

6 湖队是不可能进入决赛的。如果湖队进入决赛，那么太阳就从西边出来了。

以下哪项与上述论证方式最相似？

A. 今天天气不冷。如果冷，湖面怎么没结冰？

B. 张三昨天不可能杀人。如果张三昨天下午杀人了，他不可能在我们公司开一整天会。

C. 老吕的学生不可能考不上研究生的。如果有些老吕的学生确实没考上研究生，那么一定是太平洋干涸了。

D. 天上是不会掉馅饼的。如果你不相信这一点，那上当受骗是迟早的事。

E. 古典音乐不流行。如果流行，那就说明大众的音乐欣赏水平大大提高了。

【第 1 步 识别条件类型】

题干中出现假言命题，提问方式为“以下哪项与上述论证方式最相似？”，故此题为推理结构相似模型。

【第 2 步 套用母题方法】

题干：湖队是不可能进入决赛的（¬ A）。如果湖队进入决赛（A），那么太阳就从西边出来了（B）。

将题干符号化：¬ A，如果 A，那么 B（B 为荒谬的结论）。

A 项，今天天气不冷（¬ A）。如果冷（A），湖面怎么没结冰（暗含与现实矛盾，但不是荒谬的结论）？与题干不一致。

B 项，张三昨天不可能杀人（¬ A）。如果张三昨天下午杀人了（A），他不可能在我们公司开一整天会（暗含与现实矛盾，但不是荒谬的结论），与题干不一致。

C 项，老吕的学生不可能考不上研究生的（¬ A）。如果有些老吕的学生确实没考上研究生（A），那么一定是太平洋干涸了（B：是荒谬的结论），与题干一致。

D 项，天上是不会掉馅饼的（¬ A）。如果你不相信这一点（A），那上当受骗是迟早的事（B：不是荒谬的结论），与题干不一致。

E 项，古典音乐不流行（¬ A）。如果流行（A），那就说明大众的音乐欣赏水平大大提高了（B：不是荒谬的结论），与题干不一致。

【答案】C

母题模型 13 真假话模型

母题变式 13.1 经典真假话问题

母题技巧

第 1 步 识别条件模型	题干特点： 题干中出现几个断定，已知这些断定“N 假 1 真”“N 真 1 假”“N 真 2 假”等。
第 2 步 套用母题方法	解题方法： 1. 优先找矛盾。 利用矛盾关系必为“一真一假”特性，结合题干的真假数量，判断其他已知条件的真假。例如： 若题干为“N 假 1 真”，则其他已知条件均为假。 若题干为“N 真 1 假”，则其他已知条件均为真。 2. 找其他对当关系。 （1）当题干中没有矛盾关系，且已知“只有一假”时，可优先考虑找反对关系，再考虑找推理关系。 若题干中有反对关系：由于反对关系的两个判断至少一假，又因为题干已知“只有一假”，故可知题干中的其他判断均为真。 题干中无反对关系时，则可以考虑找推理关系。

续表

<table>
<tr><td>第 2 步
套用母题方法</td><td>例如：
若条件①为假能推出条件②也为假，则与题干中的已知条件“只有一假”矛盾，因此，“①为假”不成立，故①为真。
（2）当题干中没有矛盾关系，且已知“只有一真”时，可找下反对关系或推理关系。
若题干中有下反对关系：由于下反对关系的两个判断至少一真，又因为题干已知“只有一真”，故可知题干中的其他判断均为假。
例如：
若题干中有推理关系①→②：假设①为真，则②也为真，与题干中的已知条件“只有一真”矛盾，因此，“①为真”不成立，故①为假。</td></tr>
</table>

复杂对当关系的识别技巧

1. 反对关系的识别技巧：一肯一否加并且。

即：矛盾的双方 A（一肯）、¬ A（一否）均为联言命题的肢命题，那么这样的两个判断构成反对关系。

例如：“① A ∧ B”和“② ¬ A ∧ C”。

证明过程：

由于“A”和“¬ A”必有一假。当“A”为假时，命题①为假；当“¬ A”为假时，命题②为假。故命题①、②至少一个为假，为反对关系。

2. 下反对关系的识别技巧：一肯一否加或者。

即：矛盾的双方 A（一肯）、¬ A（一否）均为选言命题的肢命题，那么这样的两个判断构成下反对关系。

例如：“① A ∨ B”和“② ¬ A ∨ C”。

证明过程：

由于“A”和“¬ A”必有一真。当“A”为真时，命题①为真；当“¬ A”为真时，命题②为真。故命题①、②至少一个为真，为下反对关系。

3. 推理关系的识别技巧：重复元素。

若两个不同判断之间有完全重复的元素，则二者可能为推理关系。

例如：“① A ∨ B”和“② A”。

若②为真，则①为真；若①为假，则②也为假。

典型例题

1 甲、乙、丙、丁四人在一起议论电动汽车的研发情况。

甲说：“我国所有汽车品牌都研发了电动汽车。”

乙说：“除非大米研发电动汽车，否则比亚尼没研发电动汽车。”

丙说：“大米没有研发电动汽车。”

丁说：“我国有的汽车品牌没研发电动汽车。”

已知四人中只有一人说假话，则可推出以下哪项结论？

A. 甲说假话，大米研发了电动汽车。

B. 乙说假话，比亚尼没研发电动汽车。

C. 丙说假话，大米没研发电动汽车。

D. 甲说假话，比亚尼没研发电动汽车。

E. 丁说假话，比亚尼研发了电动汽车。

【第 1 步　识别条件类型】

题干已知“四个断定中只有一假”，故此题为真假话模型。

【第 2 步　套用母题方法】

（1）找矛盾。

甲与丁的话矛盾，必有一真一假。

（2）判断其他已知条件的真假。

根据“只有一假”可知，乙和丙说的都是真话。

（3）推出结论。

由丙说真话可知，大米没研发电动汽车。再结合乙说真话可知，比亚尼没研发电动汽车。可见，甲说的是假话，丁说的是真话。故 D 项正确。

【答案】D

2 老罗喜欢喝茶。这一天他去买茶回来，酱心问他：“罗老师，你买了什么种类的茶叶？”老罗说：

（1）绿茶与红茶至少购买一种。

（2）如果不购买绿茶，则一定购买白茶。

（3）不会购买红茶或绿茶。

（4）已购买绿茶。

如果老罗说的话两句为真，两句为假，则以下哪项为真？

A. 老罗购买了绿茶，未购买白茶。

B. 老罗未购买绿茶，购买了白茶。

C. 老罗既购买了绿茶，也购买了白茶。

D. 老罗未购买绿茶，也未购买红茶。

E. 老罗购买了绿茶、白茶、红茶三种。

【第 1 步　识别条件类型】

题干已知“四个断定中两真两假”，故此题为真假话模型。

【第 2 步　套用母题方法】

题干有以下信息：

①绿茶∨红茶。

②¬ 绿茶→白茶，等价于：绿茶∨白茶。

③¬ 绿茶∧¬ 红茶。

④绿茶。

（1）找矛盾。

①和③互为矛盾关系，故①和③一真一假。

根据“两真两假”可知，②和④一真一假。

（2）找其他对当关系。

④和②中有重复元素“绿茶”，观察易知二者构成推理关系，即：若④为真，则②也为真，

与“②和④一真一假”矛盾，故④为假。因此，②为真。

(3) 推出结论。

由④为假可知，没购买绿茶。再由②为真可知，¬ 绿茶→白茶，故购买白茶。

【答案】B

3 某小区准备在榆树、柳树、杨树和柏树中挑选一种或几种进行种植。有四个人对种植情况进行了如下预测：

甲：今年柏树会种植。

乙：如果种植榆树，那么就不会种植柳树。

丙：如果没种植柏树，那么杨树也没种植。

丁：今年榆树和柳树都会种植。

全年数据统计完成后，发现上述四个预测中只有一个符合事实。

根据上述信息，以下除哪项外，均可能为真？

A. 种植柳树，没种植榆树。

B. 种植榆树，没种植杨树。

C. 种植杨树，没种植柳树。

D. 榆树和柳树都没种植。

E. 榆树和杨树都种植。

【第 1 步　识别条件类型】

题干已知“四个断定中只有一真”，故此题为真假话模型。

【第 2 步　套用母题方法】

题干有以下信息：

①甲：种植柏树。

②乙：种植榆树→¬ 种植柳树。

③丙：¬ 种植柏树→¬ 种植杨树。

④丁：种植榆树∧种植柳树。

(1) 找矛盾。

根据公式“A→B”与“A∧¬ B”矛盾，可知②和④矛盾，必有一真一假。

(2) 判断其他已知条件的真假。

根据“只有一真”可知，①和③均为假。

(3) 推出结论。

由①为假，可得：没种植柏树。

由③为假，可得：没种植柏树∧种植杨树。

所以，“没种植杨树”必然为假，即 B 项必然为假，其余各项均可能为真。

【答案】B

4~5 题基于以下题干：

有五支球队参加比赛，对于比赛结果，观众有如下议论：

(1) 冠军队不是山南队，就是江北队。

(2) 冠军队既不是山北队，也不是江南队。

(3) 冠军队只能是江南队。

(4) 冠军队不是山南队。

4 比赛结果显示，只有一条议论是正确的。那么获得冠军的队是：

A. 山南队。　　B. 江南队。　　C. 山北队。

D. 江北队。　　E. 江东队。

5 比赛结果显示，只有一条议论是错误的。那么获得冠军的队是：

A. 山南队。　　B. 江南队。　　C. 山北队。

D. 江北队。　　E. 江东队。

【第 1 步　识别条件类型】

第 4 题已知“四条议论中只有一真”，第 5 题已知“四条议论中只有一假”，故这两道题均为真假话模型。

【第 2 步　套用母题方法】

题干有以下信息：

①¬ 山南队→江北队，等价于：山南队 ∨ 江北队。

②¬ 山北队 ∧ ¬ 江南队。

③江南队。

④¬ 山南队。

题干中没有矛盾关系。注意：②和③可以同时为假，故二者不是矛盾关系，而是反对关系。

第 4 题

根据“只有一真”可知，需要找题干中的下反对关系或推理关系。

①和④为下反对关系，至少有一真。

可用二难推理证明如下：

山南队 ∨ ¬ 山南队

↓　　　　↓

①真　　　④真

故有：①真 ∨ ④真。

再根据“只有一真”可知，②和③均为假。

由③为假可得：¬ 江南队。

再由②为假可得：山北队 ∨ 江南队，等价于：¬ 江南队→山北队。

故山北队是冠军队，即 C 项正确。

第 5 题

根据“只有一假”可知，需要找题干中的反对关系。

②和③为反对关系，至少有一假。

可用二难推理证明如下：

江南队 ∨ ¬ 江南队

↓　　　　↓

②假　　　③假

故有：②假 ∨ ③假。

再根据“只有一假”可知，①和④均为真。

由④为真，可得：¬ 山南队。

再由①为真，可得：¬ 山南队→江北队，故江北队是冠军队，即 D 项正确。

注意：这两道题皆可采用选项代入法快速选出正确答案。

【答案】C、D

6 临江市地处东部沿海，下辖临东、临西、江南、江北四个区。近年来，文化旅游产业成为该市新的经济增长点。2010 年，该市一共吸引了全国数十万人次游客前来参观旅游。12 月底，关于该市四个区当年吸引游客人次多少的排名，各位旅游局局长作了如下预测：

临东区旅游局局长：如果临西区第三，那么江北区第四。

临西区旅游局局长：只有临西区不是第一，江南区才是第二。

江南区旅游局局长：江南区不是第二。

江北区旅游局局长：江北区第四。

最终的统计表明，只有一位局长的预测符合事实，则临东区当年吸引游客人次的排名是：

A. 第一。　　B. 第二。　　C. 第三。

D. 第四。　　E. 在江北区之前。

【第 1 步　识别条件类型】

题干已知“四个预测中只有一真”，故此题为真假话模型。

【第 2 步　套用母题方法】

题干有以下信息：

①临东区旅游局局长：临西区第三→江北区第四，等价于：¬ 临西区第三∨江北区第四。

②临西区旅游局局长：江南区第二→¬ 临西区第一，等价于：¬ 江南区第二∨¬ 临西区第一。

③江南区旅游局局长：¬ 江南区第二。

④江北区旅游局局长：江北区第四。

（1）找矛盾。

题干中无矛盾关系，根据“只有一真”可知，需要找题干中的下反对关系或推理关系。

（2）找其他对当关系。

③和②中有重复元素“¬ 江南区第二”，观察易知二者构成推理关系，即：若③为真，则②也为真，与“只有一真”矛盾，因此，③为假。

④和①中有重复元素“江北区第四”，观察易知二者构成推理关系，即：若④为真，则①也为真，与“只有一真”矛盾，因此，④为假。

（3）推出结论。

由③、④为假可得：⑤江北区不是第四、江南区第二。

综上可知，要么①为真，要么②为真。

可进行如下假设：

假设①为真，则②为假，即江南区第二并且临西区第一；再由⑤可知，江北区第三，故临东区第四。

假设②为真，则①为假，即临西区第三并且江北区不是第四；再由⑤可知，江北区第一、江南区第二、临西区第三、临东区第四。

所以，无论①和②哪个为真，都可推出“临东区第四”。故D项正确。

【答案】D

母题变式 13.2 一“人”多判断的真假话模型

母题技巧

第1步 **识别条件类型**	题干特点： （1）题干中有多个“人”，每个“人”都做了两个或两个以上的判断。 （2）已知每个“人”的判断有几真几假或者已知总的真假数量。
第2步 **套用母题方法**	方法一：假设法。 即：直接假设某一“人”的某个判断为真，再结合题干的真假数量进行下一步推理；若推出矛盾，则假设错误；反之，则假设正确。 注意：此方法更适用于每“人”的断定相对较少（2~3个）且每人的真假数量确定时。 方法二：找对当关系法。 即：在不同的“人”的断定中寻找矛盾关系或者反对关系，根据矛盾关系或者反对关系的真假特性，并结合真假总数，确定其他判断的真假情况。 注意：若每“人”断定的数量不小于4时，优先考虑此方法。 方法三：选项排除法、选项代入法。

典型例题

1 龙舟竞赛前，人们对参赛的红、黄、蓝、绿四个队的成绩作了三种预测：

（1）蓝队获得冠军，黄队获得亚军。

（2）蓝队获得亚军，绿队获得第三名。

（3）红队获得亚军，绿队获得第四名。

然而，实际的比赛结果显示，以上三种预测中，每一种均对了一半，错了一半，由此推出，比赛结果第一名至第四名的顺序为：

A. 蓝队、绿队、黄队、红队。

B. 绿队、黄队、红队、蓝队。

C. 蓝队、红队、绿队、黄队。

D. 红队、黄队、蓝队、绿队。

E. 绿队、黄队、蓝队、红队。

【第1步 识别条件类型】

题干中有三种对成绩的预测，已知这三种预测“每一种均对了一半，错了一半”，故此题为一人多判断的真假话模型。

【第2步 套用母题方法】

方法一：假设法。

假设“黄队获得亚军”为真，则“绿队获得第三名”“绿队获得第四名”均为真，与题干矛盾。故“蓝队获得冠军”为真。

又根据“每一种预测均对了一半，错了一半”可知，“绿队获得第三名”“红队获得亚军”为真。

综上，第一名至第四名的顺序为：蓝队、红队、绿队、黄队。

方法二：找反对关系。

找重复信息，发现条件（2）和（3）中有两组共同元素“亚军”和“绿队”。故优先分析这两个条件。

（2）中的“绿队获得第三名”和（3）中的“绿队获得第四名”为反对关系，二者至少一假。再根据“每一种预测均对了一半，错了一半”可得：（2）、（3）中的另外一句“蓝队获得亚军”和“红队获得亚军”至少一真。因此，“黄队获得亚军”一定为假；再根据“每一种预测均对了一半，错了一半”和（1）可得：（4）蓝队获得冠军。

由（2）、（4）可知，绿队获得第三名；再结合（3）可知，红队获得亚军。

综上，第一名至第四名的顺序为：蓝队、红队、绿队、黄队。

【答案】C

2 在乐学喵举办的“618 年中大促”上，为吸引学员，大促现场进行了抽奖活动。老吕在三个箱子里各放了一个奖品，让张珊、李思、王伍、赵陆四人猜一下各个箱子中放了什么奖品。

张珊说：“1 号箱是 vivo 手机，2 号箱是华为手机，3 号箱是小米手机。”

李思说：“1 号箱是 OPPO 手机，2 号箱是华为手机，3 号箱是荣耀手机。”

王伍说：“1 号箱是谢谢参与，2 号箱是 vivo 手机，3 号箱是红米手机。”

赵陆说：“1 号箱是 OPPO 手机，2 号箱是荣耀手机，3 号箱是谢谢参与。”

如果有一个人恰好猜对了两个，其余三人都只猜对了一个，那么 2 号箱子中放的是：

A. 华为手机。　　B. OPPO 手机。　　C. 红米手机。

D. 谢谢参与。　　E. vivo 手机。

【第 1 步　识别条件类型】

题干中每个人都做了 3 种断定，且这些断定有真有假，故此题为一人多判断的真假话模型。

【第 2 步　套用母题方法】

题干已知 4 人中有一个人恰好猜对了两个，其余三人都只猜对了一个，即 12 个猜测中有 5 个是正确的，有 7 个是错误的。

对 1 号箱的猜测：因为李思和赵陆的猜测一样，故对于 1 号箱中的奖品，4 人共计有 3 个猜测。由于“1 号箱”和“奖品”是一一匹配的，因此，这 3 个猜测中，至少有 2 个是错的。

对 3 号箱的猜测：4 人的猜测全部不同，而“4 号箱”和“奖品”也是一一匹配的，因此，这 4 个猜测中，至少有 3 个是错的。

因此，对于 1 号箱和 3 号箱的猜测，至少有 5 个是错的。结合题干中“12 个猜测 5 真 7 假”可知，对 2 号箱的猜测中，至多有 2 个错误的。

若“2 号箱是 vivo 手机”，则张珊、李思、赵陆对 2 号箱的猜测均错误，与“对 2 号箱的猜测中，至多有 2 个错误的”矛盾，故 2 号箱子中放的不是 vivo 手机。

若“2 号箱是荣耀手机”，则张珊、李思、王伍对 2 号箱的猜测均错误，与“对 2 号箱的猜测中，至多有 2 个错误的”矛盾，故 2 号箱子中放的不是荣耀手机。

故 2 号箱子中放的只能是华为手机。

【答案】A

3 某班级拟更换班主任，甲、乙、丙、丁四位同学分别从不同渠道打听这位新班主任的情况。四人打听到的情况如下：

甲：姓王，女老师，34 岁，毕业于华师大。

乙：姓张，男老师，31 岁，毕业于北师大。

丙：姓李，女老师，32 岁，毕业于华师大。

丁：姓刘，男老师，33 岁，毕业于东师大。

事实上，四人的猜测中有 6 条是对的，则关于新班主任的断定，以下哪项为真？

A. 新班主任姓张。

B. 新班主任 31 岁。

C. 新班主任是个男老师。

D. 新班主任毕业于华师大。

E. 新班主任毕业于北师大。

【第 1 步　识别条件类型】

题干中每个人都有 4 个断定，且这些断定有真有假，故此题为一人多判断的真假话模型。

【第 2 步　套用母题方法】

由题干条件“四人的猜测中有 6 条是对的”可知，16 个猜测中有 10 个是错误的。

关于姓氏的猜测：四个人的猜测完全不同。由于“姓氏”与“人”是一一匹配的，因此，这 4 个猜测中，至少有 3 个是错误的。

关于性别的猜测：“男”和“女”是一组矛盾关系，因此，这 4 个猜测中，2 真 2 假。

关于年龄的猜测：四个人的猜测完全不同。由于“年龄”与“人”是一一匹配的，因此，这 4 个猜测中，至少有 3 个是错误的。

综上，关于姓氏、性别和年龄的猜测中至少有 8 个是错误的。

若“新班主任不是毕业于华师大”，则关于毕业院校的猜测中至少有 3 个是错误的；再结合“关于姓氏、性别和年龄的猜测中至少有 8 个是错误的”可知，16 个猜测中至少有 11 个是错误的，这与“16 个猜测中有 10 个是错误的”矛盾。因此，新班主任毕业于华师大。

【答案】D

4 赵、钱、孙、李四人一同参加某项知识竞赛，此次竞赛共有六道题，每题的答案是 A、B、C、D、E 五个选项中的一个。四人的作答和正确情况如下：

	第一题	第二题	第三题	第四题	第五题	第六题	正确情况
赵	B	C	A	D	D	B	对 1 个
钱	A	A	B	C	A	C	对 2 个
孙	B	D	C	B	C	C	对 2 个
李	D	E	D	E	E	A	对 3 个

根据上述信息，可以得出以下哪项？

A. 第一题的答案是 A。

B. 第三题的答案是 D。

C. 第四题的答案是 B。

D. 第五题的答案是 E。

E. 第六题的答案是 C。

【第 1 步　识别条件类型】

题干可视为每个人都有 6 个断定，且这些断定有真有假，故此题为一人多判断的真假话模型。

【第 2 步　套用母题方法】

题干已知 4 人一共有 24 个断定，其中 8 个是正确的、16 个是错误的。

观察表格，发现第二题、第三题、第四题、第五题的答案均完全不同，由于“题”与“答案”是一一匹配的，因此，这 4 道题每道题至少有 3 人答错，即：这 4 道题至少有 12 个是错误的。

若第一题的答案不是 B，则第一题至少有 3 人答错。结合“第二题、第三题、第四题、第五题至少有 12 个是错误的”可知，前五道题的答案中，至少有 15 个是错误的。再结合“共有 16 个是错误的”可知，第六题的答案至多有一个为假，与题干矛盾。故，第一题的答案是 B。因此，第一题只有 2 人答错。

由“第一题只有 2 人答错”“第二题、第三题、第四题、第五题的答案至少有 12 个是错误的”并结合“共有 16 个是错误的”可知，第六题至多有 2 人答错。因此，第六题的答案是 C。

【答案】E

母题变式 13.3　真城假城模型

母题技巧

第 1 步 识别条件类型	题干特点： 题干的已知条件中有两座城，分别是真城和假城，真城的人只说真话，假城的人只说假话。
第 2 步 套用母题方法	解题方法：假设法。 优先假设涉及“真城”或者“假城”的那个条件为真或者为假；若无明显的假设起点，可选择重复次数最多的元素。 注意：一般来说，若假设之后推出的结果与题干不矛盾，则假设正确；若假设之后与题干矛盾，则假设错误。

典型例题

1 张山、李思和王武参加篮球比赛，一共出场 4 次。

张山说：“我出场 2 次，李思和王武每人出场 1 次。”

李思说：“我出场 3 次，张山出场 1 次，王武没出场。”

王武说：“我出场 2 次，张山出场 2 次，李思没出场。”

接着，张山说：“李思说谎了。”

李思说：“王武说谎了。”

王武说：“张山和李思都说谎了。”

已知，说真话的人前后两句说的都是真话，说假话的人前后两句说的都是假话，则以下哪项为真？

A. 张山出场 2 次，李思出场 1 次，王武出场 1 次。

B. 张山出场 1 次，李思出场 3 次，王武出场 0 次。

C. 张山出场 1 次，李思出场 2 次，王武出场 1 次。

D. 张山出场 1 次，李思出场 1 次，王武出场 2 次。

E. 张山出场2次，李思出场2次，王武出场0次。

【第1步 识别条件类型】

题干中已知“说真话的人（相当于‘真城的人’）前后两句说的都是真话，说假话的人（相当于‘假城的人’）前后两句说的都是假话”，故此题为真城假城模型。

【第2步 套用母题方法】

由于不易判断谁说真话，不妨假设张山说真话。

故张山的话“李思说谎了”为真。由李思说谎可知，李思的话“王武说谎了”为假。故王武说真话，即：“张山和李思都说谎了”为真。此时，“张山说谎”与假设矛盾，故假设不成立，即：张山说假话。

由“说假话的人前后两句说的都是假话”可知，张山的话“李思说谎了”为假，即：李思说真话。故，李思的话“我出场3次，张山出场1次，王武没出场”为真。

【答案】B

2~3题基于以下题干：

甲、乙、丙、丁、戊五位运动员的姓氏是赵、钱、孙、李、王中的一个，各不重复；这五人所从事的运动项目是游泳、短跑、跳高、篮球、排球中的一个，互不相同。这五人对于每人的姓氏和所从事的运动项目都发表了自己的看法：

甲：“我从事的运动项目是排球，乙的姓氏是孙。”

乙：“我从事的运动项目不是短跑，丁的姓氏不是赵。”

丙：“丁的姓氏是钱。”

丁：“我从事的运动项目是篮球，王从事的运动项目不是短跑。”

戊：“甲的姓氏不是王。”

结果证实，只有王说假话，其他人说真话。

2 根据上述信息，可知说假话的是：

A. 甲。 B. 乙。 C. 丙。

D. 丁。 E. 戊。

3 若王从事的运动项目不是游泳，则以下哪项不可能为真？

A. 赵从事排球项目。 B. 孙从事跳高项目。 C. 王从事跳高项目。

D. 李从事篮球项目。 E. 钱从事短跑项目。

【第1步 识别条件类型】

题干中已知“只有王说假话，其他人（不姓王的人）说真话”，说假话的人相当于“假城的人”，说真话的人相当于“真城的人”，故此题为真城假城模型。另外，题干中还出现运动员、姓氏和运动项目的一一匹配，故此题还存在简单匹配模型。

【第2步 套用母题方法】

第2题

由于不易判断谁说真话，不妨进行假设：

若甲的姓氏是王，结合“只有王说假话”可知，戊说真话，可得：甲的姓氏不是王，与“甲的姓氏是王”矛盾。因此，甲的姓氏不是王。

若乙的姓氏是王，结合“只有王说假话”可知，甲说真话，可得：乙的姓氏是孙，与“乙的姓氏是王”矛盾。因此，乙的姓氏不是王。

若丁的姓氏是王，结合“只有王说假话”可知，丙说真话，可得：丁的姓氏是钱，与“丁的姓氏是王”矛盾。因此，丁的姓氏不是王。

若戊的姓氏是王，结合“只有王说假话”可得：甲的姓氏是王，与题干矛盾。因此，戊的姓氏不是王。

综上，丙的姓氏是王。

第 3 题

引用上题推理结果：丙姓王。

由“丙姓王”并结合“只有王说假话”可知，丙说假话，甲、乙、丁、戊均说真话。故可得下表：

运动员	姓氏	运动项目
甲		排球
乙	孙	¬ 短跑
丙	王	¬ 短跑
丁	¬ 赵、¬ 钱	篮球
戊		

由上表并结合“王从事的运动项目不是游泳”可知，戊从事的运动项目是短跑、丁的姓氏是李、王从事的运动项目是跳高、孙从事的运动项目是游泳。

综上，可得下表：

运动员	姓氏	运动项目
甲		排球
乙	孙	游泳
丙	王	跳高
丁	李	篮球
戊		短跑

故 B 项一定为假。

【答案】C、B

4 甲、乙、丙、丁四位运动员的姓氏是赵、钱、孙、李中的一个，各不重复；四人恰好喜欢唐诗、宋词、元曲、汉赋中的一种，互不相同。好奇心很重的吴纪想知道具体的情况，便让他们每人说一到两句话来阐述他们的姓氏和喜爱的古文类型。四人所说的话如下：

甲说：“我不喜欢汉赋，乙的姓氏不是李。”

乙说：“丙喜欢唐诗。”

丙说：“丁的姓氏是钱，我喜欢宋词。”

丁说："乙说的话是错的。"

乙说："甲的姓氏不是赵。"

结果证实，喜欢唐诗的人说的任何一句话都是假话，其他人说真话。

根据上述信息，以下哪项为真？

A. 甲姓孙，喜欢元曲。

B. 乙姓赵，喜欢唐诗。

C. 丙姓李，喜欢宋词。

D. 丁姓钱，喜欢元曲。

E. 甲姓李，喜欢汉赋。

【第1步 识别条件类型】

题干中已知"喜欢唐诗的人说假话，其他人说真话"，说假话的人相当于"假城的人"，说真话的人相当于"真城的人"，故此题为真城假城模型。

【第2步 套用母题方法】

由"喜欢唐诗的人说假话"，根据重复元素"唐诗"定位到"乙的话"。

由"乙的第一句话"可知：丙喜欢唐诗。

再根据重复元素"乙"定位到"丁的话"。若丁喜欢唐诗，则丁说假话。结合"丁的话"可知，乙说真话。因此，若丁喜欢唐诗，则丙和丁都喜欢唐诗，与题干矛盾。故，丁不喜欢唐诗。

由"喜欢唐诗的人说假话，其他人说真话"并结合"丁不喜欢唐诗"可知，丁说真话。

由"丁说真话"可知，乙说假话。故，甲和丙均说真话 ∧ 乙喜欢唐诗。

由"乙说假话"可得：¬ 丙喜欢唐诗 ∧ 甲姓赵。

由"甲说真话"可得：¬ 甲喜欢汉赋 ∧¬ 乙姓李。

由"丙说真话"可得：丙喜欢宋词 ∧ 丁姓钱。

由"乙喜欢唐诗 ∧ 丙喜欢宋词 ∧¬ 甲喜欢汉赋"可得：丁喜欢汉赋、甲喜欢元曲。

由"甲姓赵 ∧ 丁姓钱 ∧¬ 乙姓李"可得：乙姓孙、丙姓李。故C项正确。

【答案】C

第2节 其他综合推理模型

母题模型14 数独模型

母题技巧

第1步 识别条件类型	题干特点： 题目中会出现一个由小方格组成的N×N的矩阵，要求在矩阵的小方格里填入一些元素，并且要求行、列或某些特殊区域中不能有重复元素。

续表

第 2 步 套用母题方法	方法一：行列交点法。 观察行与列的交点，交点处所对应的行与列中的已知信息越多，越容易是解题的突破口。 方法二：次数最多法。 观察表格中的所有元素，出现次数最多的元素有可能是解题的突破口。 方法三：选项排除法。 一些数独题的选项中会完整列出行、列信息，此类题可使用选项排除法。 方法四：等价位置法。 适合表格中有特殊区域的题。此方法难以用语言描述，可以参考典型例题第 2 题。

典型例题

1 以下是一个 4×4 的图形，共有 16 个小方格。每个小方格中均可填入一个词。要求图形的每行、每列均填入“爱国”“敬业”“诚信”“友善”4 个词，不能重复，也不能遗漏。

①	②	③	④
友善		敬业	
诚信	友善		
			爱国

根据以上信息，依次填入图形中①、②、③、④处的 4 个词应是：

A. 诚信、友善、敬业、爱国。
B. 爱国、诚信、敬业、友善。
C. 诚信、友善、爱国、敬业。
D. 友善、爱国、敬业、诚信。
E. 爱国、敬业、诚信、友善。

【第 1 步　识别条件类型】

此题要求在图形中填入相应的词语，易知本题为数独模型。

【第 2 步　套用母题方法】

使用行列交点法，可知：第四行第一列的交点处，不能填入“友善”“诚信”“爱国”，故此处只能填“敬业”。

此时，①处只能填“爱国”。可得下图：

①爱国	②	③	④
友善		敬业	
诚信	友善		
敬业			爱国

第二行第四列的交点处，不能填入“友善”“敬业”“爱国”，故此处只能填“诚信”。此时，第二行第二列的交点处只能填“爱国”。可得下图：

①爱国	②	③	④
友善	爱国	敬业	诚信
诚信	友善		
敬业			爱国

第四行第二列的交点处，不能填入“爱国”“友善”“敬业”，故此处只能填“诚信”。可得下图：

①爱国	②	③	④
友善	爱国	敬业	诚信
诚信	友善		
敬业	诚信		爱国

到这一步再往后分析，可以用两种方法：

（1）使用行列交点法，易知②处填“敬业”，④处填“友善”，故③处填“诚信”。

（2）使用元素次数最多法。已知每个词在图形中均出现4次，观察上图可发现“诚信”已经出现了3次，余下的1次在行与列中均不能与已出现的3次重复，故只能填在③处。从而易知②处填“敬业”，④处填“友善”。

综上所述，图形中①、②、③、④处依次填入的词是：爱国、敬业、诚信、友善，E项正确。

【答案】E

2 在以下5×5的矩阵中，每个小方格中可填入一个汉字，要求每行、每列及每个由粗线条围成的小区域内均含有金、木、水、火、土5个汉字，不能重复也不能遗漏。

水				金
	土			
				①
		木		火

根据已经给定的条件，可以推出矩阵中①方格处填入的汉字是：

A. 金。　　B. 木。　　C. 水。　　D. 火。　　E. 土。

【第 1 步　识别条件类型】

此题要求在矩阵中填入相应的汉字，易知本题为数独模型。

【第 2 步　套用母题方法】

为了让大家理解位置等价法，我们将题干中的位置做如下标记：

水				金
	土			L
				M
B	③	②	A	①
C	D	木	E	火

观察行、列及不规则区域可知，“A”和上图中的“L、M、①、火”均不相同，而“金”与上图中的“L、M、①、火”也均不相同，因此，“A”和“金”位置等价，故“A”必填入“金”。

同理，“B”和上图中的“C、D、木、E”均不相同，而“火”与上图中的“C、D、木、E”也均不相同，因此，“B”和“火”位置等价，故“B”必填入“火”。

故可得下图：

水				金
	土			
火	③	②	金	①
		木		火

根据行列交点法及题干，可知②不能填“火”“金”“木”“土”，故②只能填“水”。

此时，③不能填“火”“水”“金”“土”，故③只能填“木”。

易知，①只能填“土”。

【答案】E

3 在以下 5×5 的矩阵中，每个小方格中可填入一个数字，要求每行、每列及每个由粗线条围成的小区域内均含有 1、2、3、4、5 五个数字，不能重复也不能遗漏。

1	②	4		
5			③	
	2		3	
				3
①			1	

根据已经给定的条件，可以推出矩阵中①、②、③方格处依次填入的数字是：

A. 3、3、2。　　B. 3、5、4。　　C. 3、3、4。

D. 3、2、4。　　E. 3、2、5。

【第 1 步　识别条件类型】

此题要求在矩阵中填入相应的数字，易知本题为数独模型。

【第 2 步　套用母题方法】

根据行列交点法，易知第三行第一列的交点处不能填 1、5、2、3，故此处只能填 4。

同理，第四行第一列的交点处只能填 2，从而易知①处只能填 3。可得下图：

1	②	4		
5			③	
4	2		3	
2				3
①3			1	

由于“每个由粗线条围成的小区域内均含有 1、2、3、4、5 五个数字”，因此，②处只能填 3（②和①满足位置等价法）。

根据“行、列、粗线框内不重复原则”可知，③处不能填 1、2、3、5。因此，③处填入的是 4。

综上，①、②、③方格处依次填入的数字为 3、3、4，C 项正确。

【答案】C

母题模型 15　两次分类与三次分类模型

母题变式 15.1　两次分类模型

母题技巧

第 1 步 识别条件类型	题干特点： 题干将一个概念按照两个标准进行了两次分类。 例如：某高校的大四学生中，男生多于女生，南方人多于北方人。 分析如下： 题干所涉及的概念：某高校的大四学生。 分类标准 1：性别（男、女） 分类标准 2：区域（南方、北方）

续表

第 2 步 **套用母题方法**	方法一：九宫格法。详见典型例题第 1 题。 方法二：大交大 > 小交小。 例如： 由：男生 > 女生； 南方人 > 北方人。 可得：南方男生（大交大）> 北方女生（小交小）。

典型例题

1 老吕协议班的所有学生中，北方人比南方人多。在考前的一次摸底考试中，该班型中成绩优秀的学生超过了一半。

如果上述断定都是真的，则在这次考试中关于老吕协议班学生的以下说法中哪项必然是真的？

A. 北方人优秀的比南方人优秀的多。

B. 北方人优秀的比南方人不优秀的多。

C. 北方人不优秀的比南方人优秀的多。

D. 北方人不优秀的比南方人不优秀的多。

E. 北方人不优秀的和南方人优秀的一样多。

【第 1 步　识别条件类型】

题干将“老吕协议班的学生”按照“区域”和“是否优秀”这两个标准进行了两次分类，故此题为两次分类模型。

【第 2 步　套用母题方法】

方法一：大交大 > 小交小。

题干信息如下：

①北方人比南方人多，即：北方人 > 南方人。

②优秀的学生超过了一半，即：优秀生 > 非优秀生。

故：优秀北方人 > 不优秀南方人。

方法二：九宫格法。

设优秀北方人为 a，不优秀北方人为 b，优秀南方人为 c，不优秀南方人为 d。根据题意可得下表：

	优秀	不优秀
北方人	a	b
南方人	c	d

由题干信息①可知，$a+b>c+d$。

由题干信息②可知，$a+c>b+d$。

两式相加，可得：$2a+b+c>2d+b+c$，化简可得：$a>d$。

即：优秀北方人 > 不优秀南方人。故 B 项正确。

【答案】B

2 在某次中非合作论坛上，一共有120名正式代表出席。其中，男性代表共75人，非洲代表共55人，中国男性代表共35人。

根据以上陈述，以下哪项关于参加会议的人员情况一定为真？

Ⅰ.非洲男性代表共45人。

Ⅱ.中国女性代表共30人。

Ⅲ.非洲女性代表共15人。

A.只有Ⅰ。 B.只有Ⅱ。 C.只有Ⅱ和Ⅲ。 D.只有Ⅰ和Ⅲ。 E.Ⅰ和Ⅱ、Ⅲ。

【第1步 识别条件类型】

题干将“120名正式代表”按照“性别”和“区域”两个标准进行了两次分类，故此题为两次分类模型。

【第2步 套用母题方法】

根据题干可得下表：

代表（120人）	男性代表（75人）	女性代表（120-75=45人）
中国（120-55=65人）	a	b
非洲（55人）	c	d

又由于中国男性代表共35人，即$a=35$，故有：

Ⅰ项，非洲男性代表人数$c=75-a=75-35=40$（人）。

Ⅱ项，中国女性代表人数$b=65-a=65-35=30$（人）。

Ⅲ项，非洲女性代表人数$d=55-c=55-40=15$（人）。

【答案】C

3 在世界总人口中，男、女比例相当，但黄种人大大多于黑种人，在除黄种人和黑种人以外其他肤色的人种中，男性比例大于女性。

如果上述断定为真，则可以推出以下哪项也是真的？

Ⅰ.黄种人女性多于黑种人男性。

Ⅱ.黄种人男性多于黑种人女性。

Ⅲ.黄种人女性多于黑种人女性。

A.仅Ⅰ。 B.仅Ⅱ。 C.仅Ⅲ。 D.仅Ⅰ和Ⅱ。 E.Ⅰ、Ⅱ和Ⅲ。

【第1步 识别条件类型】

题干虽然涉及黄种人、黑种人及其他肤色人种，但选项却是针对黄种人和黑种人。这个集合按照“性别”和“肤色”两个标准进行了两次分类，故此题为两次分类模型。

【第2步 套用母题方法】

题干有以下信息：

①世界总人口中，男、女比例相当。

②黄种人大大多于黑种人。

③在除黄种人和黑种人以外其他肤色的人种中，男性比例大于女性。

由①、③可知，黄种人和黑种人之中女性的人数更多。

故有④：黄种人和黑种人中：女性＞男性。

方法一：大交大＞小交小。

由②、④可知，黄种女性＞黑种男性，故 A 项正确。

方法二：九宫格法。

根据上述信息可得下表：

	女性	男性
黄种人	a	b
黑种人	c	d

由题干信息②可得：$a+b>c+d$。

由题干信息④可得：$a+c>b+d$。

两式相加，可得：$2a+b+c>2d+b+c$，化简可得：$a>d$。

即：黄种女性＞黑种男性，故 A 项正确。

【答案】A

母题变式 15.2 三次分类模型

母题技巧

第 1 步 **识别条件类型**	题干特点： 题干将一个概念按照三个标准进行了三次分类。 例如：某高校的大四学生中，男生多于女生，南方人多于北方人，文科生多于理科生。 分析如下： 题干所涉及的概念：某高校的大四学生。 分类标准 1：性别（男、女） 分类标准 2：区域（南方、北方） 分类标准 3：学科（文科、理科）
第 2 步 **套用母题方法**	方法一：双九宫格法。详见典型例题。 方法二：剩余法。详见典型例题。

典型例题

某市实行人才强省战略，2010 年从国内外引进各类优秀人才 1 000 名，其中，管理类人才 361 人，非管理类不具有博士学位的人才 250 人，国外引进的非管理类人才 206 人，国内引进的具有博士学位的人才 252 人。

根据以上陈述，可以得出以下哪项？

A. 国内引进的具有博士学位的管理类人才少于 70 人。

B. 国内引进的具有博士学位的管理类人才多于 70 人。

C. 国外引进的具有博士学位的管理类人才少于 70 人。

D. 国外引进的具有博士学位的管理类人才多于 70 人。

E. 上述选项均不正确。

【第 1 步 识别条件类型】

题干将“1 000 名优秀人才”按照“引进的方式”“是否为管理类人才”“是否具有博士学位”三个标准进行了三次划分，故此题为三次分类模型。

【第 2 步 套用母题方法】

方法一：双九宫格法。

根据题干已知信息，可得以下两表：

管理类人才（361 人）	博士	非博士
国内	a	b
国外	c	d

非管理类人才（639 人）	博士	非博士（250 人）
国内	x	y
国外（206 人）	z	w

故有：

非管理类博士人才：639 – 250=389（人）。

非管理类国内人才：639 – 206=433（人）。补充进表格，可得：

非管理类人才（639 人）	博士（389 人）	非博士（250 人）
国内（433 人）	x	y
国外（206 人）	z	w

已知国内引进的具有博士学位的人才 252 人，即：$a+x=252$，则 $a=252-x$。

由于 $z+w=206$，故 z 的最大值为 206，此时 x 的最小值为 $389-206=183$。

此时 a 取到最大值，为 $252-183=69$。

故国内引进的具有博士学位的管理类人才少于 70 人，A 项正确。

方法二：剩余法。

根据题干已知信息可得下表：

	国内博士	国内非博士	国外博士	国外非博士
管理类	a	b	c	d
非管理类	x	y	z	w

根据题干数据可得：

管理类人才 361 人，非管理类不具有博士学位的人才 250 人，国外引进的非管理类人才 206 人，国内引进的具有博士学位的人才 252 人。

①式：管理类人才＋非管理类不具有博士学位的人才＋国外引进的非管理类人才＋国内引进的具有博士学位的人才 $=(a+b+c+d)+(y+w)+(z+w)+(a+x)=361+250+206+252=1\,069$。

②式：总人数 $=a+b+c+d+x+y+z+w=1\,000$。

由① – ②可得：$a+w=69$。故 a 的最大值是 69，一定小于 70，故 A 项正确。

【答案】A

母题变式 15.3 两两配对模型

母题技巧

第 1 步 识别条件类型	题干特点： （1）两类对象进行配对。 （2）每类对象又可细分为两类。
第 2 步 套用母题方法	解题方法：九宫格法。

典型例题

某大学对学生的恋爱情况进行了调查，调查结果表明：男女中至少有一个是本校学生的恋人中，本校女生比本校男生多 200 人。

如果上述断定为真，则以下哪项一定为真？

Ⅰ. 恰有 2 万名本校女生与非本校的人谈恋爱。

Ⅱ. 在和本校学生恋爱的非本校人中，男生多于女生。

Ⅲ. 在和本校学生恋爱的人中，男生多于女生。

A. 仅Ⅰ。 B. 仅Ⅱ。 C. 仅Ⅲ。

D. 仅Ⅱ和Ⅲ。 E. Ⅰ、Ⅱ和Ⅲ。

【第 1 步 识别条件类型】

题干中涉及“恋爱”，这是典型的男女配对问题，男女中又可细分为本校与外校，故此题为两两配对模型。可采用九宫格法进行解题。

【第 2 步 套用母题方法】

设和本校男生恋爱的人中，本校女生为 a 人，非本校女生为 b 人；和非本校男生恋爱的人中，本校女生为 c 人，非本校女生为 d 人。

根据题意，可得下表：

	本校女生	非本校女生
本校男生	a	b
非本校男生	c	d

已知“男女中至少有一个是本校学生的恋人中，本校女生比本校男生多 200 人”，故有：$(a+c)-(a+b)=c-b=200$（人）。

Ⅰ项，显然不成立。

Ⅱ项，由“$c-b=200$”可知，$c>b$，即在和本校学生恋爱的非本校人中，男生多于女生。故此项成立。

Ⅲ项，由“$(a+c)-(a+b)=200$”，可知 $a+c>a+b$，即在和本校学生恋爱的人中，男生多于女生。故此项成立。

【答案】D

母题模型 16 其他推理模型

真题中，推理题以母题模型 1~15 为主，其他题目考得较少，统一归入其他推理模型。

典型例题

大学生小王参加研究生入学考试，一共考了四门科目：政治、英语、专业科目一、专业科目二。政治和专业科目一的成绩之和与另外两门科目的成绩之和相等。政治和专业科目二的成绩之和大于另外两门科目的成绩之和。专业科目一的成绩比政治和英语两门科目的成绩之和还高。

根据以上条件可以推断，小王四门科目的成绩从高到低的排列顺序是：

A. 专业科目一、专业科目二、英语、政治。

B. 专业科目二、专业科目一、政治、英语。

C. 专业科目一、专业科目二、政治、英语。

D. 专业科目二、专业科目一、英语、政治。

E. 政治、英语、专业科目一、专业科目二。

【第 1 步　识别条件类型】

题干中出现成绩的高低关系，故此题为排序模型，可用不等式法求解。

【第 2 步　套用母题方法】

将题干中的条件用等式、不等式表示，可得：

①小王一共考了四门科目：政治、英语、专业科目一、专业科目二。

②英语＋专业科目二＝政治＋专业科目一。

③政治＋专业科目二＞英语＋专业科目一。

④专业科目一＞政治＋英语。

由条件②的等式与条件③的等式可得：2×专业科目二＋英语＋政治＞2×专业科目一＋英语＋政治。

化简可得：专业科目二＞专业科目一，再联立条件②可得：政治＞英语。

由条件④可得：专业科目一＞政治。

故有：专业科目二＞专业科目一＞政治＞英语，即 B 项正确。

【答案】B

2~4 题基于以下题干：

某企业评选年度优秀职员，将 J、K、L、M、N、O、P 七位候选人按得票的多少排序，得票最多的名列第一。每人获得的票数均不同。已知：

①J 的票数比 O 多。

②O 的票数比 K 多。

③K 的票数比 M 多。

④N 不是最后一名。

⑤P 的票数比 L 少，但是比 N 多，也比 O 多。

2 如果 P、O、K 的排名连续，则以下哪项一定为假？

A. J 的票数比 L 多。　B. J 的票数比 P 多。　C. N 的票数比 O 多。
D. N 的票数比 M 多。　E. L 的票数比 K 多。

3 最多几人可能是前三名？

A. 3。　B. 4。　C. 5。　D. 6。　E. 7。

4 如果 P 的票数比 J 多，则最多有几个人的排名可以确定？

A. 2。　B. 3。　C. 4。　D. 5。　E. 6。

【第 1 步　识别条件类型】

题干中出现票数的多少及排名的高低关系，故此题为排序模型，可用不等式法求解。

【第 2 步　套用母题方法】

将题干信息根据票数多少，转化为不等式，可得：

①J＞O。

②O＞K。

③K＞M。

④N 不是最后一名。

⑤P＜L；P＞N；P＞O。

将题干中可以串联的信息串联可得：

⑥J＞O＞K＞M。

⑦L＞P＞O＞K＞M。

⑧L＞P＞N。

第 2 题

根据本题的已知条件"P、O、K 的排名连续"，故将三人捆绑为（POK）。

由⑥可知，J＞O，则必有 J＞（POK）。

故由⑥、⑦可知，（L 与 J）＞（POK）＞M，J 和 L 位置不定。

由⑧可知，P＞N，即（POK）＞N，又由④可知，N 不是最后一名，故只能 M 是最后一名。

综上，可得：（L 与 J）＞（POK）＞N＞M。

因此，A 项可真可假，B、D、E 项必然为真，C 项必然为假。

第 3 题

由⑥和⑦可知，票数大于 O 的有 L、P、J 三个人，所以 O 不可能是前三名，K、M 也不可能是前三名。

又知 P＞N，但是不确定 N 和 O 的大小关系，若 N 小于 O，则前三名为 L、P、J；若 N 大于 O，由于 J 和 L、P 的大小关系不确定，则 L、P、N、J 都可能为前三名。

综上所述，最多有 4 人可能是前三名，故 B 项正确。

第 4 题

已知 P＞J，由⑥和⑦可得：L＞P＞J＞O＞K＞M。

再由④和⑧可知，N 在 P 和 M 之间的任意位置。

所以，L、P 一定分别为第一名、第二名，M 一定是倒数第一名，其余四人的位置不定。

故最多有 3 人的排名可以确定，即 B 项正确。

【答案】C、B、B

第 4 章　论证母题：一致性类

❶ “一致性类”论证逻辑题的考试占比

论证逻辑在管理类联考中大约考 12 道题，在经济类联考中大约考 8 道题，占比约为 40%。其中，“一致性类”论证逻辑题大约占 40%。

当我们拿到一道论证逻辑题时，优先判断“一致性”问题，具体详见本章讲解。

❷ 论证逻辑的考试题型与母题模型

2.1　论证逻辑的四大核心题型

在近几年联考真题中，论证逻辑主要考查以下四大题型：

题型	提问方式	解题思路
削弱题	“以下哪项如果为真，最能（或不能）削弱上述结论？” “以下哪项如果为真，最能（或不能）对上述结论提出质疑？” “以下哪项如果为真，最能反驳上述结论？” “以下哪项如果为真，最能说明上述结论不成立？” “以下各项都是对上述论点的质疑，除了哪项？”	找到最能降低题干成立性的选项。
支持题	“以下哪项如果为真，最能支持上述结论？” “以下哪项如果为真，最能加强上述结论？” “以下哪项如果为真，最不能支持上述结论？”	找到最能加强题干成立性的选项。 可以理解为把选项当作论据，来证明题干的成立性。选项越充分越好。
假设题	“上述结论如果要成立，必须基于以下哪项假设？” “上述论证假设了以下哪项？” “以下哪项最可能是上述论证所作的假设？”	“假设”是指必要前提，即少了这个前提，题干就不可能成立。也就是说，假设题找的是题干的必要条件。
解释题	“以下哪项如果为真，最有助于解释上述现象？” “以下哪项如果为真，最能解释上述差异？” “以下哪项如果为真，最有助于解释上述矛盾？”	解释题中，题干给出了一种已经发生了的现象，我们要找到这种现象发生的原因。

2.2 考试题型与母题模型的区别

削弱、支持、假设、解释等题型，是真题的命题形式，而不是考查内容。这就像数学题可能会考选择题、计算题，但你不能认为一道数学题的考查内容是选择、是计算，其真正的考查内容是，这道题在考哪个知识点、哪个公式、哪个原理。

逻辑也是一样，知识点、公式、原理才是真正的考点，而几乎所有考点都有相对固定的母题模型。论证逻辑有 12 大母题模型，分别为：

与一致性相关的模型共 4 个：拆桥搭桥模型、类比论证模型、归纳论证模型、演绎论证模型。

与非一致性相关的模型共 8 个：现象原因模型、预测结果模型、措施目的模型、统计论证模型、人丑模型、双断定模型、绝对化结论模型、争论焦点模型。

③ 论证逻辑应该怎么学？

第 1 步：掌握核心模型。

如上文所述，考点和母题模型才是命题人考查我们的内容，因此，我们应该首先学习考点和母题模型。尤其是论证逻辑的核心母题模型，即本书第 4、5 章。

第 2 步：强化训练。

强化训练削弱、支持、假设、解释等各种题型，即本书刷题分册第 2 部分专项训练。通过训练，学会在套卷中快速辨别母题模型、快速求解。

但要注意：

（1）相信老吕的方法，不要凭感觉做题。

（2）坚持找题干的论证结构和考点，不要凭感觉做题。

（3）判断正确选项的类型，判断干扰项的类型，不要凭感觉做题。

本章考情分析

通过对近10年管综真题和近3年经综真题模型考查频次的分析，现将本章母题模型的难度、重要程度总结如下：

本章母题模型	难度	重要程度/考频
母题模型17 拆桥搭桥模型	★★★	★★★★★
母题模型18 类比论证模型	★★★	★★★
母题模型19 归纳论证模型	★★★	★★★
母题模型20 演绎论证模型	★★★	★★★

难度说明：★★为简单，★★★为中档，★★★★为中档偏上，★★★★★为难。

母题模型17为每年必考模型，母题模型18、19、20考查的频率很低（平均每年不到1题）。近10年管综真题中，该部分内容平均每年考查4.8道题，占比16%；2021年—2023年经综真题中，平均每年考查4道题，占比20%。

本章最为核心的部分是"拆桥搭桥模型"，该模型在联考论证逻辑真题中占比最高。从近些年的命题来看，命题的方式也有所变化：从以往考查"拆桥搭桥模型－前后型"为主逐步转变为同时考查"拆桥搭桥模型—前后型"和"拆桥搭桥模型—主宾型"。其他3个母题模型在真题中只是偶尔考查，并不多见。

母题模型 17 拆桥搭桥模型

母题变式 17.1 论据论点之间拆桥搭桥（前后型）

母题技巧

<table>
<tr><td>第 1 步
识别论证类型</td><td>题干特点：
题干中论据与论点之间存在不一致，如对象不一致、核心概念不一致、话题不一致。</td></tr>
<tr><td>第 2 步
套用母题方法</td><td><table><tr><th>削弱</th><th>支持 / 假设</th></tr><tr><td>拆桥法，即指出论据与论点中的对象、概念、话题有差异。</td><td>搭桥法，即指出论据与论点中的对象、概念、话题具备一致性。</td></tr></table>例如：
酱心的男朋友很喜欢酱心，因此，酱心的男朋友很爱酱心。
削弱：喜欢不是爱。
支持 / 假设：喜欢就是爱。
【拆桥搭桥模型：前后型的母题技巧】
对象概念有变化，此题就考拆和搭。
支持假设就搭桥，削弱就要找差异。</td></tr>
</table>

典型例题

1 某中学自 2010 年起试行学生行为评价体系。最近，校学生处调查了学生对该评价体系的满意程度。数据显示：得分高的学生对该评价体系的满意度都很高。学生处由此得出结论：表现好的学生对这个评价体系都很满意。

以下哪项如果为真，最能削弱上述结论？

A. 得分低的学生对该评价体系普遍不满意。

B. 得分高的学生未必是表现好的学生。

C. 并不是所有得分低的学生对该评价体系都不满意。

D. 得分高的学生受到该评价体系的激励，自觉改进了自己的行为方式。

E. 对于该评价体系，学生们今年的满意度不如去年的满意度高。

【第 1 步 识别论证类型】

题干：得分高的学生对该评价体系的满意度都很高 $\xrightarrow{\text{证明}}$ 表现好的学生对这个评价体系都很满意。

论据与论点中的论证对象不一致，故此题为拆桥搭桥模型（前后型）。

【第 2 步 套用母题方法】

此题为削弱题，故用拆桥法，指出“得分高的学生”与“表现好的学生”不一致即可秒杀。因此，此题可秒选 B 项。

干扰项分析：

A 项，题干的论证对象是“得分高的学生”，而此项的论证对象是“得分低的学生”，偷换了题干的论证对象，不能削弱题干。（干扰项·对象不一致）

C 项，此项等价于：“有的得分低的学生对该评价体系满意”，偷换了题干的论证对象，不能削弱题干。（干扰项·对象不一致）

D 项，无关选项，题干涉及的是对该评价体系的“满意度”，而此项涉及的是该评价体系的“作用”，话题与题干不一致，不能削弱题干。（干扰项·话题不一致）

E 项，无关选项，题干不涉及今年和去年的比较，不能削弱题干。（干扰项·比较不一致）

干扰项·比较不一致

选项中出现与题干无关的新比较，是无关选项。它常有两种表现形式：

（1）题干中无比较，选项进行了比较。

例如：

题干：老吕很帅。

选项：老吕不如康哥帅。

选项分析：老吕不如康哥帅，并不能否定老吕很帅。比如康哥是全球华人第一帅，老吕是全球华人第二帅，那么老吕确实不如康哥，但也还是帅的。故此项并不能很好地削弱题干。

（2）题干中有比较，选项中进行了另外一个比较。

例如：

题干：老吕的头发比康哥多。

选项：老吕的英语不如康哥好。

选项分析：“老吕的英语不如康哥好”与“老吕的头发比康哥多”显然是两个不同的话题，选项提出了一个新的比较，是无关选项。

【答案】B

2 针对地球冰川的研究发现，当冰川之下的火山开始喷发后，会快速产生蒸汽流，爆炸式穿透冰层，释放灰烬进入高空，并且产生出沸石、硫化物和黏土等物质。日前人们发现，在火星表面的一些圆形平顶山丘也探测到这些矿物质，它们广泛而大量地存在。因此，人们推测火星早期是覆盖着冰原的，那里曾有过较多的火山活动。

要得到上述结论，需要补充的前提是以下哪项？

A. 近日火星侦察影像频谱仪发现，火星南极存在火山。

B. 火星地质活动不活跃，地表地貌大部分形成于远古较活跃的时期。

C. 沸石、硫化物和黏土这三类物质是仅在冰川下的火山活动后才会产生的独特物质。

D. 在火星平顶山丘的岩石中发现了某种远古细菌，说明这里很可能曾经有水源。

E. 人们对火星早期地质活动的推测尚未证实。

【第 1 步　识别论证类型】

题干：①地球冰川之下的火山开始喷发后，会产生出沸石、硫化物和黏土等物质；②在火星表面的一些圆形平顶山丘上广泛而大量地存在这些矿物质 $\xrightarrow{证明}$ 火星早期是覆盖着冰原的，那里曾有过较多的火山活动。

论据中的论证对象是“沸石、硫化物和黏土等物质”，论点中的论证对象是“火山活动”，二者存在不一致，故此题为拆桥搭桥模型（前后型）。

【第 2 步　套用母题方法】

A 项，无关选项，题干推测的是火星“早期”的情况，而此项说明的是火星“近日”的情况。（干扰项・时间不一致）

B 项，无关选项，题干讨论的是火星地表地貌的形成“原因”，而此项讨论的是火星地表地貌的形成“时期”。（干扰项・话题不一致）

C 项，此项等价于：只有在冰川下的火山活动后，才会产生沸石、硫化物和黏土等物质。即：沸石、硫化物和黏土→冰川下的火山活动，搭桥法，支持题干。

D 项，无关选项，题干的论证并未涉及“某种远古细菌”和“水源”之间的联系。（干扰项・话题不一致）

E 项，既然推测尚未证实，那就无法揭示矿物质和火山活动之间的联系，既不能支持题干也不能削弱题干。（干扰项・诉诸无知）

干扰项・诉诸无知

把没有证据当作削弱或支持一个观点的理由，就犯了“诉诸无知”的逻辑谬误。

常见的句式有：尚不明确、有待研究、尚待确定、还需讨论等。

但要注意“心理学尚无法确定酱油为什么暗恋酱心”，在这句话中，“酱油暗恋酱心”是确定的，心理学不能确定的是“酱油暗恋酱心的原因”。

【答案】C

3 人类学家发现早在旧石器时代，人类就有了死后复生的信念。在发掘出的那个时代的古墓中，死者的身边有衣服、饰物和武器等陪葬物，这是最早的关于人类具有死后复生信念的证据。

以下哪项是上述议论所假定的？

A. 死者身边的陪葬物是死者生前所使用过的。

B. 死后复生是大多数宗教信仰的核心信念。

C. 宗教信仰是大多数古代文明社会的特征。

D. 放置陪葬物是后人表示对死者的怀念与崇敬。

E. 陪葬物是为了死者在复生后使用而准备的。

【第 1 步　识别论证类型】

题干：在旧石器时代的古墓中，死者的身边有衣服、饰物和武器等陪葬物 $\xrightarrow{证明}$ 当时的人类具有死后复生的信念。

题干论据中的宾语是“陪葬物”，而论点中的宾语是“死后复生的信念”，二者不一致，故此题为拆桥搭桥模型（前后型）。另外，此题的论据可以看作现象，论点是产生这一现象的原因，故此题也可认为是现象原因模型。但要注意，拆桥搭桥模型的优先级更高，需要优先考虑。

【第2步　套用母题方法】

A项，削弱题干，说明陪葬物并非用于死后复生，而是死者生前所用。

B、C项，无关选项，题干不涉及“宗教信仰”，而且“大多数”一词假设过度。

D项，削弱题干，说明陪葬物并非用于死后复生，而是用于表示对死者的怀念与崇敬。

E项，搭桥法，建立“陪葬物”与“死后复生的信念”的联系，必须假设。

【答案】E

4 人们通常认为，幸福能够增进健康、有利于长寿，而不幸福则是健康状况不佳的直接原因。但最近有研究人员对3 000多人的生活状况进行调查后发现，幸福或者不幸福并不意味着死亡的风险会相应地变得更低或者更高。他们由此指出，疾病可能会导致不幸福，但不幸福本身并不会对健康状况造成损害。

以下哪项如果为真，最能质疑上述研究人员的论证？

A. 幸福是个体的一种心理体验，要求被调查对象准确断定其幸福程度有一定的难度。

B. 有些高寿老人的人生经历较为坎坷，他们有时过得并不幸福。

C. 有些患有重大疾病的人乐观向上，积极与疾病抗争，他们的幸福感比较高。

D. 人的死亡风险低并不意味着健康状况好，死亡风险高也不意味着健康状况差。

E. 少数个体死亡风险的高低难以进行准确评估。

【第1步　识别论证类型】

研究人员：幸福或者不幸福不意味着死亡风险变高或变低$\xrightarrow[证明]{}$不幸福不会对健康状况造成损害。

研究人员的论据和论点的宾语不同，论据中的宾语是“死亡风险”，论点中的宾语是“健康状况”，二者存在不一致，故此题为拆桥搭桥模型（前后型）。

【第2步　套用母题方法】

此题为削弱题，故用拆桥法，指出“死亡风险”与“健康状况”二者不一致即可秒杀。因此，此题可秒选D项。

干扰项分析：

A项，指出题干中的调查存在难度，但是，有难度不代表不能做到，因此不能削弱题干。（干扰项·存在难度）

干扰项·存在难度

“有难度”可以削弱“容易”“简单”等词汇构成的题干，但“有难度”不能削弱“可以做到”。

看以下两个断定：

①酱心可以很容易地考上研究生。

②酱心可以考上研究生。

“考上研究生存在难度”可以质疑①，但不能质疑②，因为有难度并不代表不可行。

注意：若题干讨论的话题是完成某件事或达到某个目标的难易程度，则“存在难度”可以很好地削弱或支持题干。

B、C 项，“有的”人的情况是个别情况，一般不能反驳调查结论。（干扰项 · 不当反例）

干扰项 · 不当反例

（1）反例可反驳一般性、绝对化结论。

（2）反例不能反驳多数人的情况、不能反驳平均值、不能反驳调查结论（除非这个调查结论是针对所有人的）。出现用反例来反驳这类情况时，就可称为不当反例。

（3）不当反例的常用句式：“有的”“有的不”“并非所有”“可能不”。

例如：

“有的人没考上”可以反驳“所有人考上了”，但不能反驳“多数人考上了”。

“张三可能考不上”可以反驳“张三必然考上”，但不能反驳“张三有可能考上”。

“张三是研究生，但收入不高”可以反驳“研究生的收入一定很高”，但不能反驳“研究生的平均收入很高”。

E 项，“少数”个体的情况，不能反驳调查结论。（干扰项 · 不当反例）

【答案】D

5 在一次围棋比赛中，参赛选手陈华不时地挤捏指关节，发出的声响干扰了对手的思考。在比赛封盘间歇时，裁判警告陈华：如果再次在比赛中挤捏指关节并发出声响，将判其违规。对此，陈华反驳说，他挤捏指关节是习惯性动作，并不是故意的，因此，不应被判违规。

以下哪项如果成立，最能支持陈华对裁判的反驳？

A. 在此次比赛中，对手不时打开、合拢折扇，发出的声响干扰了陈华的思考。

B. 在围棋比赛中，只有选手的故意行为，才能成为判罚的根据。

C. 在此次比赛中，对手本人并没有对陈华的干扰提出抗议。

D. 陈华一向恃才傲物，该裁判对其早有不满。

E. 如果陈华为人诚实、从不说谎，那么他就不应该被判违规。

【第 1 步 识别论证类型】

陈华认为：他挤捏指关节是习惯性动作，并不是故意的，因此，不应被判违规。

论据中的核心概念为“不是故意的”，论点中的核心概念为“不应被判违规”，二者存在不一致，故此题为拆桥搭桥模型（前后型）。

【第 2 步 套用母题方法】

此题为支持题，故用搭桥法，搭论据和论点的桥，即：

不是故意的 ⟶ 不应被判违规

故此题可秒选 B 项。

干扰项分析：

A 项，无关选项，对手的行为与陈华的论证无关。（干扰项 · 对象不一致）

C 项，无关选项，对手是否抗议与陈华是否违规无关。（干扰项 · 对象不一致）

D 项，无关选项，陈华恃才傲物是对陈华本人品质的质疑，与陈华是否违规无关。（干扰项 · 诉诸人身）

干扰项·诉诸人身

质疑对方的人格、处境、地位，而不是用逻辑来质疑对方，就犯了诉诸人身的逻辑错误。诉诸人身可以理解为我们日常生活中常说的“人身攻击”。

例如：

吕酱油肯定考不上研究生，因为他的名字太难听。

注意：指出“调查者不中立”并不是诉诸人身。因为，如果调查者不中立，就存在调查结果不可信的可能。比如老吕的爸爸说老吕的课讲得好，这并不可信。因为老吕的爸爸可能出于亲情而偏袒老吕。

E 项，无关选项，题干不涉及陈华是否为人“诚实”。

【答案】B

6 自然界的基因有千万种，哪种基因最为常见和最为丰富？某研究机构在对大量基因组进行成功解码后找到了答案，那就是有“自私 DNA”之称的转座子。转座子基因的丰度和广度表明，它们在进化和生物多样性的保持中发挥了至关重要的作用。生物学教科书一般认为在光合作用中能固定二氧化碳的酶是地球上最为丰富的酶，有学者曾据此推测能对这种酶进行编码的基因也应当是最丰富的。不过研究却发现，被称为“垃圾 DNA”的转座子反倒统治着已知基因世界。

以下哪项如果为真，最能支持该学者的推测？

A. 转座子的基本功能就是到处传播自己。

B. 同样一种酶有时是用不同的基因进行编码的。

C. 不同的酶可能有同样的基因进行编码。

D. 基因的丰富性是由生物的多样性决定的。

E. 不同的酶需要不同的基因进行编码。

【第 1 步　识别论证类型】

题干的提问方式为：“以下哪项如果为真，最能支持该学者的推测？”，故除了“学者的推测”，其余信息均为无关信息。

学者的推测：在光合作用中能固定二氧化碳的酶是地球上最为丰富的酶，因此，能对这种酶进行编码的基因也应当是最丰富的。

学者论据中的论题为“某种酶”最丰富，论点中的论题为“能对其编码的基因”最丰富，二者存在不一致，故此题为拆桥搭桥模型（前后型）。

【第 2 步　套用母题方法】

此题为支持题，故使用搭桥法，搭“酶”和“能对其编码的基因”的桥。即：

某种酶最丰富 → 能对其编码的基因最丰富

“丰富”即种类多或数量多，也就是说，需要搭建“酶”与“能对其编码的基因”在种类或数量上的一一对应关系。

A 项，“转座子”是题干的背景信息，与学者的推测无关。

B 项，拆桥法，削弱题干。同样一种酶有时用不同的基因编码（一对多），那就说明酶和能对其编码的基因不是一一对应的。

C 项，拆桥法，削弱题干。不同的酶可能有同样的基因进行编码（多对一），那就说明酶和能对其编码的基因不是一一对应的。

D 项，“生物的多样性”是题干的背景信息，与学者的推测无关。

E 项，指出不同的酶需要不同的基因进行编码，那么酶越多需要的基因就越多，搭桥法，支持题干。

【答案】E

7 张珊：不同于“刀”“枪”“剑”“戟”，“之”“乎”“者”“也”这些字无确定所指。

李思：我同意。因为“之”“乎”“者”“也”这些字无意义。因此，应当在现代汉语中废止。

以下哪项最有可能是李思认为张珊的断定所蕴含的意思？

A. 除非一个字无意义，否则一定有确定所指。

B. 如果一个字有确定所指，则它一定有意义。

C. 如果一个字无确定所指，则应当在现代汉语中废止。

D. 只有无确定所指的字，才应当在现代汉语中废止。

E. 大多数的字都有确定所指。

【第 1 步 识别论证类型】

张珊认为：“之”“乎”“者”“也”这些字无确定所指。

李思认为：“之”“乎”“者”“也”这些字无意义，因此，这些字应当废止。

要注意，此题问的不是李思的断定所蕴含的意思，而是“李思认为的张珊的意思”。张珊认为这些字“无确定所指”，而李思却认为这些字“无意义”，二者存在不一致，故此题为拆桥搭桥模型（前后型）。

【第 2 步 套用母题方法】

A 项，根据口诀“去‘除’去‘否’，箭头右划”，可得：¬ 一个字无意义→有确定所指，等价于：无确定所指→无意义，搭桥法，建立了“无确定所指”与“无意义”的关系，支持题干。

B 项，有确定所指→有意义，等价于：无意义→无确定所指，与题干中的箭头指向相反，推不出题干观点，故排除。

C、D 项，“废止”是李思提出的观点，而不是他认为“张珊的断定所蕴含的意思”，故排除这两项。

E 项，“大多数”一词在假设题中一般为干扰项，故排除。（干扰项 · 范围不一致）

干扰项 · 范围不一致

假设题有一个基本要求，就是正确选项应该与题干保持对象一致、话题一致、概念一致、范围一致、程度一致等。

因此，当题干中没有出现“大多数”“少部分”“绝大部分”“近 5 年”等表示范围或数量的词时，选项中出现这样的词一般为干扰项。

例如：

努力学习的人可以考上研究生，因此，今年会有老吕 VIP 协议弟子班的学员考上研究生。

此例中，只要假设“会有（即至少一位）”老吕 VIP 协议弟子班的学员努力学习即可，不必假设“大多数”老吕 VIP 协议弟子班的学员努力学习。

【答案】A

8~9 题基于以下题干：

有钱并不意味着幸福。有一项覆盖面相当广的调查显示，在自认为有钱的被调查者中，只有1/3 的人感觉自己是幸福的。

8 要使上述论证成立，以下哪项必须为真？

A. 在不认为自己有钱的被调查者中，感觉自己是幸福的人多于 1/3。

B. 在自认为有钱的被调查者中，其余的 2/3 都感觉自己很不幸福。

C. 许多自认为有钱的人，实际上并没有钱。

D. 上述调查的对象全部是有钱人。

E. 是否幸福的标准是当事人的自我感觉。

9 以下哪项有关上述调查的断定如果为真，最能支持上述论证？

A. 绝大多数自认为有钱的人，实际上都达到了中等以上的富裕程度。

B. 许多感觉不幸福的人，实际上十分幸福。

C. 许多不认为自己有钱的人，实际上很有钱。

D. 被调查的有钱人中，绝大多数是合法致富。

E. 被调查的有钱人中，许多是非法致富。

【第 1 步 识别论证类型】

此题中没有典型的论证结构标志词，故分析语意。“有钱并不意味着幸福”是一个断定，为论点；后面的调查是“事实描述”，为论据。

题干：在自认为有钱的被调查者中，只有 1/3 的人感觉自己是幸福的 —证明→ 有钱并不意味着幸福。

题干中存在两组概念的不一致：“自认为有钱”与“有钱”、“感觉幸福”与“幸福”，故此题为拆桥搭桥模型（前后型）。

【第 2 步 套用母题方法】

第 8 题

A 项，无关选项，题干的论证不涉及“不认为自己有钱的被调查者”。（干扰项 · 对象不一致）

B 项，题干指出在自认为有钱的被调查者中只有 1/3 的人感觉自己是幸福的，与“幸福”相反的词是“不幸福”，也就是说，其余 2/3 的人感觉自己“不幸福”，但未必感觉自己“很不幸福”，故此项不必假设。

C 项，“自认为有钱”的人实际上“没有钱”，拆桥法，削弱题干。

D 项，假设过度，因为题干中的论证要成立，无须“全部”被调查者都是有钱人，只要“自认为有钱”的被调查者是有钱人就可以了。

假设过度的含义

“假设过度”的意思是选项超过了题干的需要。

例如：

张珊是甲班的学生，因此，她考试及格了。

> 此例中的隐含假设是：甲班的学生考试及格了。但不必假设“所有学生考试及格了”。“所有”这个范围太大了，超出了题目的需要。
>
> 但要注意，如果题干的问题是“以下哪项最可能是题干的隐含假设？”，则优先选刚刚好的项，如果没有刚刚好的项，则可以选超出题目需要的项。

E 项，说明“感觉幸福”的人确实是“幸福”的人，搭桥法，必须假设。

第 9 题

A 项，绝大多数自认为有钱的人，实际上都达到了中等以上的富裕程度，此项搭建了“自认为有钱”与“有钱”的桥，支持题干。

B 项，无关选项，题干的论证不涉及“感觉不幸福的人”。（干扰项 · 对象不一致）

C 项，无关选项，题干的论证不涉及“不认为自己有钱的人”。（干扰项 · 对象不一致）

D、E 项，无关选项，题干的论证不涉及被调查的有钱人是否合法致富。（干扰项 · 话题不一致）

【答案】E、A

母题变式 17.2 论点内部拆桥搭桥（主宾型）

母题技巧

<table>
<tr><td rowspan="1">第 1 步
识别论证类型</td><td colspan="2">1. 题干中的论证特点
题干中直接给出某专家、某学者等人的观点，且他们的观点一般没有论据支持。
2. 提问方式
题干的提问方式一般直接针对观点本身，如：
“以下哪项最能削弱上述专家的观点 / 推断 / 断定 / 预测？”
“以下哪项最能支持上述学者的观点 / 推断 / 断定 / 预测？”
3. 命题特点
一般考削弱题或支持题，不考假设题。</td></tr>
<tr><td rowspan="2">第 2 步
套用母题方法</td><td>削弱</td><td>支持 / 假设</td></tr>
<tr><td>（1）拆桥法，即指出题干中观点的主语和宾语之间没关系。
（2）直接反驳题干的观点。</td><td>（1）搭桥法，即指出题干中观点的主语和宾语之间有关系。
（2）直接支持题干的观点。</td></tr>
</table>

典型例题

1 补充胶原蛋白已经成为当下很多女性抗衰老的手段之一。她们认为：吃猪蹄能够补充胶原蛋白，为了美容养颜，最好多吃些猪蹄。近日有些专家对此表示质疑，他们认为多吃猪蹄其实并不能补充胶原蛋白。

以下哪项如果为真，最能质疑上述专家的观点？

A. 猪蹄中的胶原蛋白会被人体的消化系统分解，不会直接以胶原蛋白的形态补充到皮肤中。

B. 人们在日常生活中摄入的优质蛋白和水果、蔬菜中的营养物质，足以提供人体所需的胶原蛋白。

C. 猪蹄中胶原蛋白的含量并不多，但胆固醇含量高、脂肪多，食用过多会引起肥胖，还会增加患高血压的风险。

D. 猪蹄中的胶原蛋白经过人体消化后会被分解成氨基酸等物质，氨基酸参与人体生理活动，再合成人体必需的胶原蛋白等多种蛋白质。

E. 胶原蛋白是人体皮肤、骨骼和肌腱中的主要结构蛋白，它填充在真皮之间，撑起皮肤组织，增加皮肤紧密度，使皮肤水润而富有弹性。

【第 1 步　识别论证类型】

专家：多吃猪蹄（主语）其实并不能补充胶原蛋白（宾语）。

本题题干中专家的观点没有明确的论据，只是提出了一种观点，且提问方式为“最能质疑上述专家的观点”，故此题为拆桥搭桥模型（主宾型）。

【第 2 步　套用母题方法】

A 项，此项说明多吃猪蹄无法补充胶原蛋白，支持专家的观点。

B 项，此项指出其他物质（即优质蛋白和水果、蔬菜中的营养物质）足以提供人体所需的胶原蛋白，但由此无法确定多吃猪蹄是否可以补充胶原蛋白，故无法支持或削弱专家的观点。

C 项，此项说明“猪蹄中胶原蛋白的含量并不多”，一定程度上支持“多吃猪蹄其实并不能补充胶原蛋白”。另外，此项中“但”后面的内容均与多吃猪蹄是否可以补充胶原蛋白无关。

D 项，此项指出猪蹄中的胶原蛋白经过人体消化后可分解成氨基酸，再合成人体必需的胶原蛋白，直接说明多吃猪蹄确实能补充胶原蛋白，削弱专家的观点。

E 项，此项讨论的是胶原蛋白的分布及功效，与专家的观点无关。

【答案】D

2 “君问归期未有期，巴山夜雨涨秋池。何当共剪西窗烛，却话巴山夜雨时。”这首《夜雨寄北》是晚唐诗人李商隐的名作，一般认为这是一封“家书”，当时诗人身处巴蜀，妻子在长安，所以说“寄北”。但有学者提出，这首诗实际上是寄给友人的。

以下哪项如果为真，最能支持以上学者的观点？

A. 李商隐之妻王氏卒于大中五年，而该诗作于大中七年。

B. 明清小说戏曲中经常将家庭塾师或官员幕客称为“西席”“西宾”。

C. 唐代温庭筠的《舞衣曲》中有诗句“回颦笑语西窗客，星斗寥寥波脉脉”。

D. 该诗另一题为《夜雨寄内》，“寄内”即寄怀妻子，此说法得到了许多人的认同。

E. “西窗”在古代专指客房、客厅，起自尊客于西的先秦古礼，并被后世习察日用。

【第 1 步　识别论证类型】

学者：这首诗实际上是寄给友人的。

本题题干中学者的观点没有明确的论据，只是提出了一种观点，且提问方式为“最能支持以上学者的观点”。学者判断的是“这首诗”和“友人”的关系，故此题为拆桥搭桥模型（主宾型）。

【第 2 步　套用母题方法】

A 项，此项指出这首诗作于李商隐妻子死后，那么说明该诗可能不是寄给妻子的，但这并不能说明这首诗是寄给友人的，故不能支持学者的观点。

B 项，无关选项，学者的观点不涉及明清小说戏曲。

C 项，无关选项，学者的观点不涉及温庭筠的《舞衣曲》。

D 项，此项指出该诗是寄给妻子的，削弱学者的观点。此外，此诗是寄给妻子的说法得到了许多人的认同，但许多人认同的观点并不一定就是事实，犯了诉诸众人的逻辑错误。

E 项，“西窗”专指客房、客厅，即接待宾客友人的地方，故此项在“这首诗”和“友人”之间建立了联系，搭桥法，支持学者的观点。

【答案】E

3 胃底腺息肉是所有胃息肉中最为常见的一种良性病变，最常见的是散发型胃底腺息肉，它多发于 50 岁以上人群。研究人员在研究 10 万人的胃镜检查资料后发现，有胃底腺息肉的患者无人患胃癌，而没有胃底腺息肉的患者中有 178 人发现有胃癌。他们由此断定，胃底腺息肉与胃癌呈负相关。

以下哪项如果为真，最能支持上述研究人员的断定？

A. 有胃底腺息肉的患者绝大多数没有家族癌症史。

B. 在研究人员研究的 10 万人中，50 岁以下的占大多数。

C. 在研究人员研究的 10 万人中，有胃底腺息肉的人仅占 14%。

D. 有胃底腺息肉的患者罹患萎缩性胃炎、胃溃疡的概率显著降低。

E. 胃内一旦有胃底腺息肉，往往意味着没有感染致癌物“幽门螺杆菌”。

【第 1 步　识别论证类型】

研究人员的断定：胃底腺息肉与胃癌呈负相关。

本题题干中研究人员提出了一种观点，且提问方式为“最能支持上述研究人员的断定”。要支持研究人员的断定，即要说明“胃底腺息肉”与“胃癌”的“负相关”关系，相当于拆桥，故此题可看作拆桥搭桥模型（主宾型）。需要注意的是，由于研究人员的断定中有明确的论据，这种题也可能会考到拆桥搭桥模型（前后型）。

【第 2 步　套用母题方法】

A 项，无关选项，题干的论证并未涉及“家族癌症史”。

B 项，无关选项，题干的论证并未涉及被研究人员的年龄。

C 项，无关选项，题干的论证并未涉及胃底腺息肉患者在被研究人员中的比例。（干扰项·话题不一致）

D 项，无关选项，题干讨论的是“胃底腺息肉”与“胃癌”之间的关系，而此项讨论的是“胃底腺息肉”与“萎缩性胃炎、胃溃疡”之间的关系。（干扰项·话题不一致）

E 项，此项说明有胃底腺息肉的人其体内没有致癌物，故患胃癌的风险低（即负相关），支持研究人员的断定。

【答案】E

4 位于长江三角洲的良渚古城遗址是中国已知古城中最早建有大型水利工程的城池。大约 4 300 年前，良渚古城遭到神秘摧毁，良渚文明就此崩溃。研究人员借助良渚古城的地质样本，对该地的古代气候进行评估后断定，良渚古城的摧毁很可能与洪水的暴发存在关联。

以下哪项如果为真，最能支持上述研究人员的观点？

A. 到目前为止，研究人员尚未发现人为因素导致良渚文明覆灭的证据。

B. 研究人员发现，在保存完好的良渚古城遗址上覆盖着一层湿润的黏土。

C. 良渚古城外围建有多条水坝，这些距今 5 000 年左右的水坝能防御超大洪灾。

D. 距今 4 345 年至 4 324 年期间，长江三角洲曾有一段强降雨时期，之后雨又断断续续下了很长时间。

E. 公元前 2277 年前的某个夏季，异常的降雨量超出了当时先进的良渚古城水坝和运河的承受极限。

【第 1 步 识别论证类型】

研究人员的观点：大约 4 300 年前良渚古城的摧毁很可能与洪水的暴发存在关联。

本题题干中研究人员提出了一种观点，且提问方式为“最能支持上述研究人员的观点”，即要说明“良渚古城的摧毁”与“洪水暴发”的关系，故此题为拆桥搭桥模型（主宾型）。

同时，“良渚古城的摧毁”可看作现象，“洪水暴发”可看作原因，故此题也为现象原因模型。

【第 2 步 套用母题方法】

A 项，诉诸无知，此项指出研究人员尚未发现人为因素导致良渚文明覆灭的证据，但由此无法说明良渚古城的摧毁是洪水的暴发造成的，故不能支持研究人员的观点。

B 项，无关选项，“良渚古城遗址上覆盖着一层湿润的黏土”不能证明“良渚古城曾经暴发过洪水”。

C 项，“能防御超大洪灾”削弱了是洪水的暴发导致良渚古城的摧毁。

D 项，无关选项，“强降雨”与“洪水的暴发”不是同一概念，无法由“强降雨”推出“洪水的暴发”。

E 项，这道题是 2023 年 12 月考的真题，公元前 2277 年前正好是 2023 年的 4 300 年前，故此项使用了搭桥法，搭建了“大约 4 300 年前良渚古城的摧毁”与“洪水暴发”的联系，支持上述研究人员的观点。

【答案】E

5 随着传播媒介的不断发展，其接收方式越来越多样。声音，作为一种接收门槛相对较低的传播媒介，它的“可听化”比视频的“可视化”受限制条件少，接收方式灵活。近来，各种有声读物、方言乡音等媒介日渐红火，一些听书听剧网站颇受欢迎，这让一些人看到了希望：会说话就行，用“声音”就可以获得财富。有专家就此认为，声媒降低了就业门槛，为人们提供了更多平等就业的机会。

以下哪项如果为真，最能质疑上述专家的观点？

A. 传媒接收门槛的降低并不意味着声媒准入门槛的降低。

B. 只有切实贯彻公平合理的就业政策，人们平等就业才有实现的可能。

C. 一个行业吸纳的就业人员越多，它所能提供的平均薪酬水平往往越低。

D. 有人愿意为听书付费，而有人不愿意，靠“声音”获得财富并不容易。

E. 有人天生一副好嗓子，而有人的嗓音则需通过训练才能达到播音标准。

【第 1 步 识别论证类型】

题干：声音，作为一种接收门槛相对较低的传播媒介，它的“可听化”比视频的“可视化”受限制条件少，接收方式灵活。有专家就此认为，声媒降低了就业门槛，为人们提供了更多平等就业的机会。

题干的提问方式为“最能质疑上述专家的观点”，故此题可能考查拆桥搭桥模型（主宾型）。但由于此题论据与论点中出现了典型的概念不一致，故此题也可能考查拆桥搭桥模型（前后型）。

【第 2 步 套用母题方法】

A 项，拆桥法（前后型），指出“接收门槛”与“准入门槛（就业门槛）”并不同，即接收门槛相对较低不一定就业门槛低，可以削弱专家的观点。

B 项，无关选项，题干的论证不涉及“就业政策”与“平等就业”之间的关系。

C 项，无关选项，题干的论证不涉及“就业人员数量”与“平均薪酬水平”之间的关系。

D 项，无关选项，由靠“声音”获得财富并“不容易”（困难性），不能说明用这种方法不可行（可行性）。（干扰项·存在难度）

E 项，无关选项，题干的论证不涉及“通过训练达到播音标准”与“降低就业门槛”之间的关系。

【答案】A

母题模型 18 类比论证模型

母题技巧

<table>
<tr>
<td>第 1 步
识别论证类型</td>
<td>题干特点：
（1）论据中的论证对象是 A，论点中的论证对象是 B。二者之间存在一定的相似性，但并不相同。如下图所示：
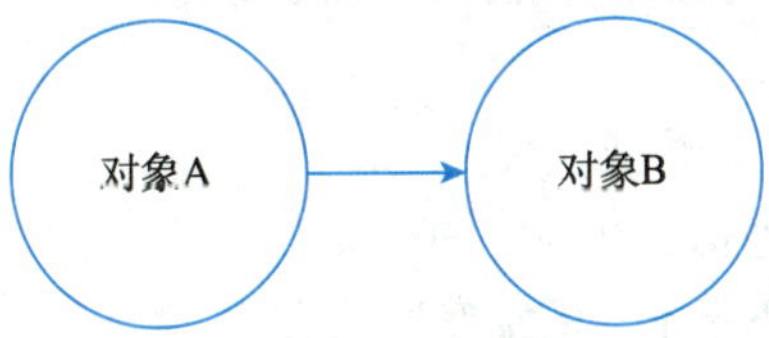

（2）题干中常出现以下类比形式：
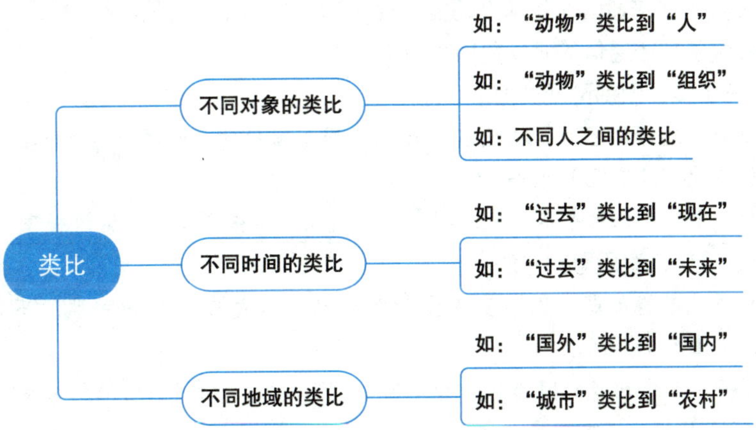
</td>
</tr>
</table>

续表

<table>
<tr><td rowspan="4">第 2 步
套用母题方法</td><td>削弱</td><td>支持 / 假设</td></tr>
<tr><td>类比对象有差异，这种差异影响了类比的成立性（可认为是拆桥法）。</td><td>类比对象本质上相似或一致（可认为是搭桥法）。</td></tr>
<tr><td colspan="2">【类比论证模型的母题技巧】
论据 A、论点 B，此题考点是类比。
支持假设就搭桥，质疑削弱找差异。</td></tr>
</table>

类比与普通搭桥的联系与区别：

（1）类比是搭桥拆桥模型的一种；

（2）类比的对象一般具备一定的相似性（如不同的人之间，动物与人之间），而搭桥法的命题方式则更多，如：不同对象的搭桥、不同概念的搭桥、不同话题的搭桥、因果关系的搭桥等；

（3）完全相同的类比对象是不存在的，有时候，类比对象之间的一些无关紧要的差异并不影响类比的成立性。例如：我头发多、康哥头发少，但这种区别并不影响我们的教学质量。

典型例题

1 有科学家认为，量子加密通信很快就可以实现。在科学家的设想中，量子密钥分发能够使通信双方共同拥有一个随机、安全的密钥，来加密和解密信息，从而保证通信安全。在量子密钥分发机制里，给定两个处于量子纠缠的粒子，假设通信双方各自接收到其中一个粒子，由于测量其中任意一个粒子会摧毁这对粒子的量子纠缠，任何窃听动作都会被通信双方侦测发觉。光纤加密通信从设想到实现仅用了短短的几十年，可见，科学家的上述观点也并非空穴来风。

以下哪项如果为真，最能质疑上述论证？

A. 实现量子加密通信存在一定的难度。

B. 量子加密通信不是唯一的加密通信方式。

C. 量子加密通信只有少数国家能够掌握。

D. 量子加密通信在技术上的复杂程度远远超过光纤通信。

E. 量子加密通信的研发费用很高。

【第 1 步　识别论证类型】

题干：光纤加密通信从设想到实现仅用了短短的几十年 —证明→ 科学家的上述观点（量子加密通信很快就可以实现）也并非空穴来风。

题干中的论证对象不一致，故此题为类比论证模型（拆桥搭桥模型）。

【第 2 步　套用母题方法】

A 项，不能削弱，因为实现量子加密通信"存在一定的难度"不代表其不能实现。（干扰项·存在难度）。

B 项，不能削弱，因为量子加密通信"不是唯一的"加密通信方式，说明它是加密通信方式之一。（干扰项·否定最高级）

干扰项 · 否定最高级

看以下两个断定：

①你喜欢我，我长得帅肯定是最重要的原因。

②你喜欢我，我长得帅肯定是原因之一。

“帅不是最重要的原因”可以质疑①，但不能质疑②，因为“不是最重要的原因”与“是原因之一”并不矛盾。

类似的：

“不仅仅”只可以削弱“仅仅”。

“不是唯一的”只可以削弱“唯一”。

“不是最重要的”只可以削弱“最重要”。

“不完全”只可以削弱“完全”。

其中，“仅仅”“唯一”“最重要”“完全”我们可以认为是最高级，故如果选项中出现“不仅仅”“不是唯一的”“不是最重要的”“不完全”，则称这个选项为“否定最高级”，常用作削弱题的干扰项。

C 项，无关选项，题干的论证不涉及量子加密通信可以被多少国家掌握。

D 项，可以削弱，指出了题干中的类比对象有差异（拆桥法）。

E 项，不能削弱，实现量子加密通信的“研发费用很高”不代表其不能实现。

【答案】D

2 一项调查表明，一些新闻类期刊每一份杂志平均有 4 到 5 个读者。由此可以推断，在《诗刊》12 000 订户的背后有 48 000 到 60 000 个读者。

下列哪项是上述估算的前提？

A. 大多数《诗刊》的读者都是该刊物的订户。

B.《诗刊》的读者与订户的比例与文中提到的新闻类期刊的读者与订户的比例相同。

C. 读者通常都喜欢阅读一种以上的刊物。

D. 新闻类期刊的读者数与《诗刊》的读者数相近。

E. 大多数期刊订户都喜欢把自己的杂志与同事、亲友共享。

【第 1 步 识别论证类型】

题干：一些新闻类期刊每一份杂志平均有 4 到 5 个读者 $\xrightarrow{\text{证明}}$ 在《诗刊》12 000 订户的背后有 48 000 到 60 000 个读者。

题干论据中的论证对象是“新闻类期刊”，论点中的论证对象是“《诗刊》”，二者虽有一定的相似性（都是杂志），但并不相同，故此题为类比论证模型（拆桥搭桥模型）。

【第 2 步 套用母题方法】

此题是假设题，使用搭桥法，说明“《诗刊》”与“新闻类期刊”具备一致性即可秒杀。

A 项，大多数《诗刊》的读者都是该刊物的订户，可近似地认为“读者数”约等于“订户数”，那么《诗刊》12 000 个订户的背后就不可能有 48 000 到 60 000 个读者，故此项削弱题干。

B 项，搭桥法，搭建了“新闻类期刊”和“《诗刊》”在订户与读者数量比上的相似关系，必须假设。

C 项，不涉及题干中的比例关系，无关选项。

D 项，无关选项，题干中类比的是“订户与读者的数量比”，而不是“读者数量”。(干扰项·概念不一致)

E 项，不涉及题干中的比例关系，无关选项。

【答案】B

3 Y 国反对开采泥煤的人认为，这样做会改变被开采地区的生态平衡，从而使这些地区的饮用水受到污染。这一观点难以成立。因为，不妨以爱尔兰为例，这个国家泥煤已开采了半个世纪，水源并没有受到污染。因此，Y 国可以放心地开采。

以下哪项如果为真，能最强有力地支持题干的论证?

A. 数个世纪以来，所有地区的生态环境都处于或大或小的变动之中，某些植物或动物种群从这种变动中获益。

B. 爱尔兰含泥煤地区的原始生态面貌与 Y 国未开采地区的原始生态面貌基本一样。

C. 未来几年中 Y 国水资源污染的最大威胁，来自纺织和化工产业的迅速发展。

D. Y 国的泥煤资源，远远大于其他常年开采泥煤的国家。

E. 泥煤的开采将使 Y 国的经济发展获得巨大利益。

【第 1 步　识别论证类型】

题干：爱尔兰开采泥煤已有半个世纪，无水源污染 $\xrightarrow{\text{证明}}$ Y 国可以放心地开采。

题干论据中的论证对象是“爱尔兰”，论点中的论证对象是“Y 国”，即从对象 A 到对象 B 的论证，故此题为类比论证模型(拆桥搭桥模型)。

【第 2 步　套用母题方法】

A 项，无关选项，“某些植物或动物种群从环境变动中获益”和“开采泥煤是否导致水源污染”并不直接相关。(干扰项·话题不一致)

B 项，指出类比对象具有相似性，支持题干。

C 项，无关选项，纺织和化工产业会造成水源污染，与开采泥煤是否导致水源污染无关。(干扰项·对象不一致)

D 项，无关选项，题干不涉及泥煤资源丰富程度的比较。(干扰项·比较不一致)

E 项，无关选项，开采泥煤是否有“经济利益”与开采泥煤是否导致“水源污染”无关。(干扰项·话题不一致)

【答案】B

4 科学研究证明，非饱和脂肪酸含量高和饱和脂肪酸含量低的食物有利于预防心脏病。鱼通过食用浮游生物中的绿色植物使得体内含有丰富的非饱和脂肪酸“奥米加·3”，而牛和其他反刍动物通过食用青草同样获得丰富的非饱和脂肪酸“奥米加·3”。因此，多食用牛肉和多食用鱼肉对于预防心脏病都是有效的。

以下哪项如果为真，最能削弱题干的论证?

A. 在单位数量的牛肉和鱼肉中，前者非饱和脂肪酸“奥米加·3”的含量要少于后者。

B. 欧洲疯牛病的风波在全球范围内大大减少了牛肉的消费者，增加了鱼肉的消费者。

C. 牛和其他反刍动物在反刍消化的过程中，把大量的非饱和脂肪酸转化为饱和脂肪酸。

D. 实验证明，鱼肉中含有的非饱和脂肪酸“奥米加 · 3”比牛肉中含有的非饱和脂肪酸更易被人吸收。

E. 统计表明，在欧洲内陆大量食用牛肉和奶制品的居民中患心脏病的比例，要高于在欧洲沿海大量食用鱼肉的居民中患心脏病的比例。

【第 1 步　识别论证类型】

题干中的论据：

①非饱和脂肪酸含量高和饱和脂肪酸含量低的食物有利于预防心脏病。

②鱼通过食用浮游生物中的绿色植物使得体内含有丰富的非饱和脂肪酸“奥米加 · 3”。

③牛和其他反刍动物通过食用青草同样获得丰富的非饱和脂肪酸“奥米加 · 3”。

题干中的论点：多食用牛肉和多食用鱼肉对于预防心脏病都是有效的。

题干由“鱼”的情况类比到“牛和其他反刍动物”的情况，故此题为类比论证模型（拆桥搭桥模型）。

【第 2 步　套用母题方法】

B 项，此项涉及的是“消费者数量”，与牛肉是否能预防心脏病无关。（干扰项 · 话题不一致）

C 项，观察论据，鱼通过食用绿色植物可以“体内含有”奥米加 · 3，而牛和其他反刍动物通过食用青草可以“获得”奥米加 · 3。因此，只要指出牛和其他反刍动物“获得”奥米加 · 3 后，“体内不含”奥米加 · 3，即可削弱题干。故此项正确。

A、D、E 项，都给出了新的比较（含量、可吸收度、发病率），但这些新的比较最多能说明牛肉预防心脏病的效果不如鱼肉好，无法说明牛肉不能预防心脏病。

【答案】C

母题模型 19 // 归纳论证模型

母题技巧

<table>
<tr>
<td>第 1 步
识别论证类型</td>
<td>题干特点：
（1）论据中的论证对象（a）是论点中论证对象（A）的子集。也就是说，论据的对象（小集合）与论点的对象（大集合）存在不一致。如下图所示：
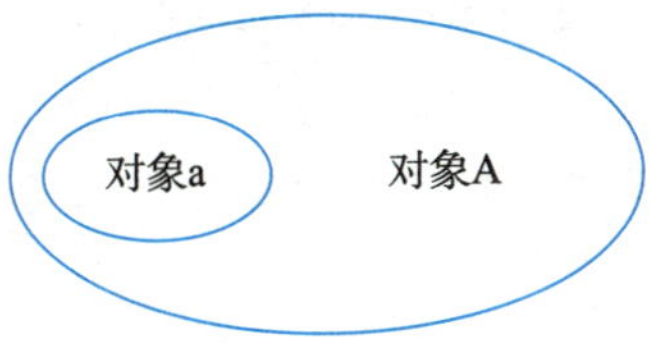

（2）论据中常出现问卷调查或者是某个人的见闻。</td>
</tr>
</table>

续表

<table>
<tr><td rowspan="4">第2步
套用母题方法</td><th>削弱</th><th>支持/假设</th></tr>
<tr><td>样本没有代表性（数量太少、广度不够、样本不是随机选取），即以偏概全。</td><td>样本有代表性（数量多、广度大、样本随机选取）。</td></tr>
<tr><td>调查机构不中立。</td><td>调查机构中立（力度小，调查机构中立并不能保证一个调查的准确性）。</td></tr>
<tr><td colspan="2">【归纳论证模型的母题技巧】
论据小、论点大，此题考点是归纳。
数量广度随机性，调查机构中立吗？</td></tr>
</table>

典型例题

1 某博主宣称："我的这篇关于房价未来走势的分析文章得到了1 000余个网民的跟帖，我统计了一下，其中85%的跟帖是赞同我的观点的。这说明大部分民众是赞同我的观点的。"

以下哪项最能质疑该博主的结论？

A. 有些人虽然赞同他的观点，但是不赞同他的分析。

B. 该博主其他得到比较高支持率的文章后来被证实其观点是错误的。

C. 有些持反对意见的跟帖理由更充分。

D. 博主文章的观点迎合了大多数人的喜好。

E. 关注该博主文章的大部分人是其忠实粉丝。

【第1步 识别论证类型】

某博主：1 000余个跟帖的网民中有85%赞同其观点（关于房价未来走势的文章中的观点）$\xrightarrow{\text{证明}}$ 大部分民众赞同该观点。

论据中的论证对象是"网民"，论点中的论证对象是"民众"，前者是后者的子集。

故此题为归纳论证模型。

【第2步 套用母题方法】

A项，无关选项，题干仅涉及是否赞同他的"观点"，不涉及是否赞同其"分析"。（干扰项·对象不一致）

B项，无关选项，题干仅涉及"关于房价未来走势的文章"，与"其他文章"无关。（干扰项·对象不一致）

C项，"有的"跟帖持反对意见，不能削弱85%的人赞同该博主的观点。（干扰项·不当反例之"有的不"）

D项，解释了博主的观点受到认同的原因，故此项支持该博主的结论。

E项，指出题干中的调查对象大部分为该博主的忠实粉丝，作为忠实粉丝当然可能会赞同该博主的观点，故样本没有代表性，可以削弱该博主的结论。

【答案】E

2 为了预测大学生毕业后的就业意向，《就业指南》杂志在大学生中进行了一次问卷调查，结果显示，超过半数的答卷都把教师作为首选的职业。这说明，随着我国教师社会地位和经济收入的提高，大学生毕业后普遍不愿意当教师的现象已经成为过去。

以下哪项如果为真，将严重削弱上述结论？

A. 目前我国教师的平均收入，和各行业相比，仍然是中等偏下。

B. 被调查者虽然遍布全国 100 多所院校，但总人数不过 1 000 多人。

C. 被调查者的半数是师范院校的学生。

D.《就业指南》并不是一份很有影响的杂志。

E. 上述调查问卷的回收率超过 90%。

【第 1 步　识别论证类型】

锁定关键词“这说明”，可知此前为论据，此后为论点。

题干：《就业指南》杂志的问卷调查结果显示，超过半数的答卷都把教师作为首选的职业$\xrightarrow{\text{证明}}$随着我国教师社会地位和经济收入的提高，大学生毕业后普遍不愿意当教师的现象已经成为过去。

在此题的论证中，论据是调查问卷，论点是一般性结论，故此题为归纳论证模型。

【第 2 步　套用母题方法】

A 项，无关选项，题干不涉及“教师”与“其他各行业”关于平均收入的比较。（干扰项·比较不一致）

B 项，此项指出样本数量只有 1 000 多人，即试图说明因为样本数量不足导致样本没有代表性，但由于 1 000 多人也不算是很小的样本，而且这 1 000 多人遍及 100 多所院校，说明样本在广度上还是有一定的代表性的，故此项的削弱力度小。

C 项，指出被调查者的半数是师范生，师范生当然更有意愿当教师，他们的意见无法代表其他学生的情况，故样本没有代表性，削弱题干。

D 项，无关选项，《就业指南》杂志本身是否有影响力，与其做的调查是否真实有效无关。

E 项，对于一项调查来说，问卷的回收率越高越好，故此项支持题干。

【答案】C

3 当前的大学教育在传授基本技能上是失败的。有人对若干大公司人事部门负责人进行了一次调查，发现很大一部分新上岗的大学生都没有很好地掌握基本的写作、数量和逻辑技能。

以下哪项如果为真，最能支持以上论证？

A. 有的大学生没有选修基本技能方面的课程。

B. 新上岗的大学生中只有很少是 985 院校毕业。

C. 写作、数量、逻辑方面的基本技能对胜任工作很重要。

D. 大公司的新上岗大学生基本代表了当前大学生的普遍水平。

E. 过去的大学生比现在的大学生接受了更多的基本技能教育。

【第 1 步　识别论证类型】

题干中的第一句话“有所断定”，因此是论点。后面的调查是“事实描述”，因此是论据。

题干：若干大公司中很大一部分新上岗的大学生都没有很好地掌握写作、数量和逻辑技能$\xrightarrow{\text{证明}}$当前的大学教育在传授基本技能上是失败的。

题干论据中的论证对象是“新上岗的大学生”，论点中的论证对象是“当前的大学教育（即当前大学生的普遍情况）”，前者是后者的子集。

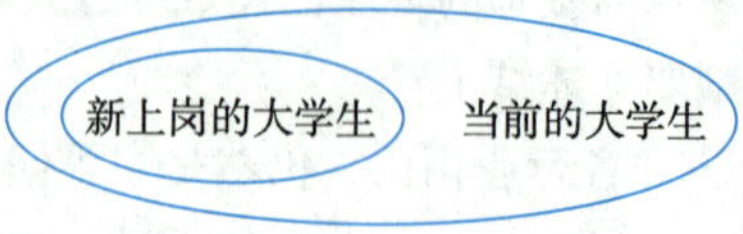

故此题为归纳论证模型。

【第2步　套用母题方法】

A项，解释了“有的大学生”缺乏基本技能的原因是没有选修相关课程，说明他们确实缺乏基本技能，支持题干，但“有的”是弱化词，支持力度小。

B项，无关选项，是否掌握基本技能与是否毕业于985院校无直接的相关性。

C项，无关选项，题干讨论的是新上岗的大学生是否具有这些技能，而此项讨论的是这些技能的重要性。（干扰项·话题不一致）

D项，指出“新上岗大学生”基本代表了“当前大学生的普遍水平”，即样本具有代表性，支持题干。

E项，无关选项，题干不涉及过去的大学生和现在的大学生之间的比较。（干扰项·比较不一致）

【答案】D

4 20世纪50年代以来，人类丢弃了多达10亿吨塑料，这种垃圾可能存在数百年甚至数千年。近日，一个科研小组在亚马孙雨林中发现了一种名为内生菌的真菌，它能降解普通的聚氨酯塑料。科研人员认为利用这种真菌的特性，将大大减少塑料垃圾所带来的威胁。

科研人员的判断还需基于以下哪一项前提？

A. 塑料垃圾是人类活动产生的最主要的废弃物种类。

B. 内生菌在任何条件下都可以很好地降解塑料制品。

C. 目前绝大多数塑料垃圾都属于普通的聚氨酯塑料。

D. 这种真菌在地球上其他所有地区都能正常地存活生长。

E. 内生菌在降解塑料时会造成地下水的富营养化。

【第1步　识别论证类型】

题干：内生菌具有能降解普通的聚氨酯塑料的特性，因此，它将大大减少塑料垃圾所带来的威胁。

题干论据中的对象是“普通的聚氨酯塑料”，论点中的对象是“塑料垃圾”，前者是后者的子集。

故此题为归纳论证模型。

【第 2 步　套用母题方法】

A 项，无关选项，题干只涉及“塑料垃圾”，不涉及“废弃物种类”。

B 项，“任何条件”假设过度。

C 项，说明普通的聚氨酯塑料可以代表当前的塑料垃圾情况，必须假设。

D 项，“其他所有地区”假设过度。

E 项，指出措施有恶果，故此项削弱题干而不是题干的假设。

【答案】C

5 现在的美国人比 1965 年的美国人的运动量减少了 32%，预计到 2030 年将减少 46%；在中国，与 1991 年相比，人们的运动量减少了 45%，预计到 2030 年将减少 51%。缺少运动已经成为一个全球性的问题。

以下哪项陈述如果为真，则最能支持上述观点？

A. 在运动量方面，中国和美国分别是亚洲和美洲最有代表性的国家。

B. 人们保持健康的方式日益多样化，已不仅局限于运动。

C. 中国人与美国人相比，运动量更少一些。

D. 其他国家人们的运动量情况和中国、美国大致相同。

E. 中国和美国都是运动量缺乏这一问题较为严重的国家。

【第 1 步　识别论证类型】

题干：中国人和美国人缺少运动 —证明→ 缺少运动已经成为一个全球性的问题。

题干论据中的论证对象是“中国人和美国人”，论点却说这是“全球性问题”，即论证对象是全世界的人，前者是后者的子集。

故此题为归纳论证模型。

【第 2 步　套用母题方法】

A 项，此项只能说明“缺少运动”这一问题在亚洲和美洲比较突出，并不能说明这是全球性的问题，故此项不能支持题干。

B 项，无关选项，题干仅涉及“运动”，不涉及“保持健康的方式”。

C 项，无关选项，题干不涉及中国人和美国人关于运动量的比较。

D 项，表明中国和美国的运动情况在全世界范围内都是具有代表性的，故此项有力地支持了题干。

E 项，削弱题干，说明题干以中国和美国做样本，没有普遍的代表性。

【答案】D

母题模型20 演绎论证模型

母题变式20.1 假言论证与三段论论证

母题技巧

<table>
<tr><td>第1步
识别论证类型</td><td>1. 题干特点
论据是一般性的，即论证对象是某类对象的全体A；论点是个别性的，即论证对象是此类对象中的个体a；后者是前者的子集。如下图所示：
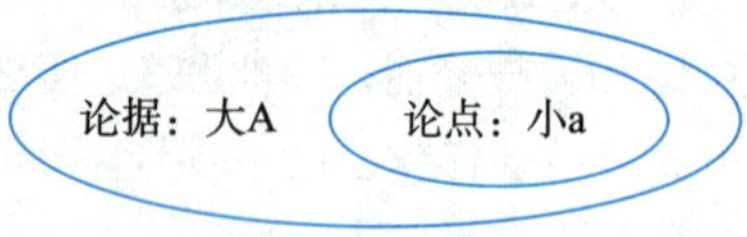

2. 常见的演绎论证
（1）假言论证
论据中出现假言命题，然后得出某个具体的结论。
其公式是：
A→B，A，因此B。
┐A→┐B，┐A，因此┐B。
（2）三段论论证
论据中出现一个或两个性质命题，论点中出现一个性质命题。
其公式是：
所有A都有性质C，B是A，所以B有性质C。</td></tr>
<tr><td>第2步
套用母题方法</td><td>【演绎论证模型的母题技巧】
论据大、论点小，此题考点是演绎；
这种题目很简单，画画箭头出答案。</td></tr>
</table>

典型例题

1 一些物理学家认为，量子纠缠是一种奇怪的量子力学现象，处于纠缠态的两个量子不论相距多远都存在一种关联，其中一个量子状态发生改变，另一个的状态会瞬时发生相应改变。在很长一段时间里，以爱因斯坦为代表的部分物理学家对量子纠缠持怀疑态度，爱因斯坦称其为“鬼魅般的超距作用”。他们认为量子理论是“不完备”的，纠缠的粒子之间存在着某种人类还没观察到的相互作用或信息传递，也就是“隐变量”。如果想证明量子力学是错误的，就得找到某种“隐变量”。因此，法国科学家阿兰·阿斯佩、美国科学家约翰·克劳泽和奥地利科学家安东·蔡林格等科学家的实验可以证明量子力学是正确的。

以下哪项最可能是上述论证的假设？

A. 上述科学家的实验能说明任意两个粒子之间都不存在“隐变量”。

B. 上述科学家的实验能说明纠缠的粒子之间不存在相互作用。

C. 上述科学家的实验能证明量子纠缠是正确的。

D. 上述科学家的实验能说明纠缠的粒子之间不存在“隐变量”。

E. 上述科学家的实验能说明纠缠的粒子之间不存在信息传递。

【第 1 步　识别论证模型】

题干：如果量子力学是错误的，纠缠的粒子之间肯定存在某种“隐变量”（相互作用或信息传递）。因此，三位科学家的实验可以证明量子力学是正确的。

题干中的论据是一个假言命题，故此题为演绎论证模型（假言论证）。

【第 2 步　套用母题方法】

演绎论证模型的解题方法是画箭头。

论据：量子力学是错误的→存在某种“隐变量”。

逆否可得：不存在某种“隐变量”→量子力学是正确的。

故，本题的隐含假设是：上述科学家的实验能说明纠缠的粒子之间不存在“隐变量”。

因此，此题可秒选 D 项。

A 项，假设过度，题干的论证只涉及“纠缠的粒子”，而此项涉及的是“任意两个粒子之间”，即所有粒子。

B 项、E 项：

由题干可知，不存在某种“隐变量”→量子力学是正确的。

等价于：不存在（相互作用 ∨ 信息传递）→量子力学是正确的。

等价于：不存在相互作用 ∧ 不存在信息传递→量子力学是正确的。

B 项仅涉及“相互作用”，E 项仅涉及“信息传递”，故这两项均不是本题的隐含假设。

C 项，不必假设，题干要证明的是“量子力学”，而此项证明的是“量子纠缠”。（干扰项・概念不一致）

【答案】D

2 据报道，全世界的淡水资源仅占其总水量的 2.5%，其中 70% 以上被冻结在南极和北极的冰盖中，加上难以利用的高山冰川和永冻积雪，有 86% 的淡水资源难以利用。人类真正能够利用的淡水资源是江河湖泊和地下水中的一部分，仅占地球总水量的 0.26%。因此，很多城市都存在水资源缺乏的问题，对于这样的城市来说，实施阶梯水价对减少水资源的浪费可以产生很重要的推动作用。因此，为了减少水资源的浪费，北京市也应该实施阶梯水价。

以下哪项是上述论证的隐含假设？

A. 实施阶梯水价可以减少水资源的浪费。

B. 价格的上调一般足以对浪费用水的用户产生经济压力。

C. 有相当数量的用水浪费是因为水价格偏低而造成的。

D. 北京市存在水资源缺乏的问题。

E. 水价格的上调不会引起用户的不满。

【第 1 步　识别论证类型】

题干：对于这样的城市（水资源缺乏的城市），实施阶梯水价可以减少水资源的浪费。因此，为了减少水资源的浪费，北京市也应该实施阶梯水价。

题干论据中的论证对象为“水资源缺乏的城市”，论点中的论证对象为“北京市”。

此题有两个解题思路：

思路一：此题的论证对象不一致，可看作拆桥搭桥模型。

思路二：水资源缺乏的城市是个大概念，北京市是个小概念，符合口诀“论据大、论点小，此题考点是演绎”，故此题为演绎论证模型。

【第 2 步　套用母题方法】

思路一：假设题使用搭桥法，即需要搭建“水资源缺乏的城市”与“北京市”的桥梁，可秒选 D 项。

思路二：利于箭头解题。

水资源缺乏的城市→实施阶梯水价可以减少水资源的浪费。

北京市→水资源缺乏的城市（D 项）。

因此，北京市→实施阶梯水价可以减少水资源的浪费。

A 项，重复了题干中的论据，不是隐含假设。

其余各项均支持题干中的措施，但不是题干中论证的隐含假设。

【答案】D

母题变式 20.2　选言论证

母题技巧

第 1 步　识别论证类型	题干特点：论据中出现一个选言命题，结论为其中一个选言肢。
第 2 步　套用母题方法	选言论证的本质是排除法，即： $A \lor B$，$\neg A$，所以 B。

典型例题

1 由于飞机的安全事故很容易引发重大灾难，因而飞机的安全问题一直饱受人们的关注。2024 年 1 月份，世界上最成功的机型之一波音 737 在一个月内出现 5 次诸如舱门掉落、引擎起火等事故，引发了人们对这一机型在安全方面的质疑。飞机出现安全事故，可能是飞机本身的质量问题、意外事件、操作失误等三方面的原因。近期波音 737 的几次安全问题显然不是意外事件引发的，因此，有专家认为很可能是这一机型出现了质量问题。

以下哪一项陈述如果为真，最能支持该专家的观点？

A. 舱门掉落是由于舱门上缺少了几颗螺丝。

B. 只有通过质量检验后，取得适航证的飞机，才会被允许飞行。

C. 经调查可以确定，近期波音 737 的安全问题不是由于操作失误。

D. 机长李思表示：“波音 737 确实存在质量问题。”

E. 已经有多个国家的航空公司开始开展对波音 737 机型的质量调查。

【第 1 步 识别论证类型】

题干：波音 737 出现安全事故的原因有三种：质量问题、意外事件、操作失误。不是由于意外事件，因此，可能是因为质量问题。

此题的论据中出现一个选言命题（即三种原因），结论为其中一个选言肢（即确定其中一个原因），故此题为演绎论证模型（选言论证）。

【第 2 步 套用母题方法】

A 项，此项解释了舱门掉落的原因，但并不能说明其余事故的原因，无法支持该专家的观点。

B 项，此项等价于：允许飞行→通过了质量检验，削弱该专家的观点。

C 项，根据选言论证公式：$A \vee B \vee C = \neg A \wedge \neg B \to C$，即，排除其中两种可能的原因，则可以肯定余下的一种原因。题干中排除了“意外事件”，此项排除了“操作失误”，故可以确定“质量问题”，支持力度最强。

D 项，此项是某个人的主观观点，未必是事实，不能很好地支持该专家的观点。（干扰项 · 诉诸主观）

干扰项 · 诉诸主观

用缺少论据的主观观点来削弱或支持客观事实是没有力度的。比如：“老吕认为自己长得帅”无法反驳“事实上，老吕长得丑”。

E 项，无关选项，“开始开展质量调查”不能证明过去的事故是由于质量问题。

【答案】C

2 某城市的房地产开发商想要筹集资金，只有两种手段，即向银行贷款或者通过预售商品房来筹集更多的开发资金。该市的绿泉房地产公司没有取得房屋预售证，可见，绿泉房地产公司将无法筹集到更多的资金。

以下哪个选项如果为真，则最能支持上述论证？

A. 有的房地产开发商预售商品房后携款潜逃，使得工程竣工遥遥无期。

B. 开发商无法从第三方平台取得贷款。

C. 建筑施工企业不愿意垫资施工。

D. 部分开发商销售期房后延期交房，使得很多购房者对开发商心存疑虑。

E. 没有银行愿意向绿泉房地产公司贷款。

【第 1 步 识别论证类型】

开发商筹集资金的手段有两种：银行贷款 ∨ 预售商品房。论点中开发商没有筹集到资金，且排除了其中一种手段：预售商品房，故此题为演绎论证模型（选言论证）。

【第 2 步 套用母题方法】

要使题干中的论证成立，需要排除另外一种手段“银行贷款”。易知此题选 E。

【答案】E

第5章　论证母题：非一致性类

① 什么是“非一致性类”论证逻辑题?

除去第4章中所学的与一致性相关的4个母题模型外，其他所有模型均可归入“非一致性类”论证逻辑母题模型。“非一致性类”论证逻辑母题模型主要包括：现象原因模型、预测结果模型、措施目的模型、统计论证模型以及其他论证模型。

② “非一致性类”论证逻辑题的考试占比

“非一致性类”论证逻辑题大约占联考论证逻辑真题的60%。

③ “非一致性类”论证逻辑题的解题原则

所有论证逻辑题，均优先考虑使用“一致性”来解题，“一致性”解决不了的题目，再考虑“非一致性”的方法。

例如：

现象原因模型中的因果相关，考虑一致性，可以看作“因果搭桥”。

措施目的模型中的措施可以达到目的，考虑一致性，可以看作“措施目的搭桥”。

本章考情分析

通过对近 10 年管综真题和近 3 年经综真题模型考查频次的分析，现将本章母题模型的难度、重要程度总结如下：

本章母题模型	难度	重要程度
母题模型 21　现象原因模型	★★★★★	★★★★★
母题模型 22　预测结果模型	★★★	★★★★
母题模型 23　措施目的模型	★★★	★★★★★
母题模型 24　统计论证模型	★★★	★★★
母题模型 25　人丑模型	★★★	★★★
母题模型 26　双断定模型	★★★	★★★
母题模型 27　绝对化结论模型	★★★	★★★
母题模型 28　争论焦点模型	★★★★	★★★★

难度说明：★★为简单，★★★为中档，★★★★为中档偏上，★★★★★为难。

母题模型 21、22、23 为每年必考模型，母题模型 28 考查的频率相对较高，母题模型 24、25、26、27 并不多见。近 10 年管综真题中，该部分内容平均每年考查 5.6 道题，占比 18.7%；2021 年—2023 年经综真题中，平均每年考查 2 道题，占比 10%。

“现象原因模型”“预测结果模型”“措施目的模型”是本章内容在联考论证真题中的主要考查方式；“争论焦点模型”在 2020 年之前的管综真题中多次出现，但近 5 年只考了 1 道题。

第1节 与因果关系相关的母题模型

母题模型21 现象原因模型

母题变式21.1 现象原因模型：基本型

母题技巧：削弱

<table>
<tr><td>第1步
识别论证类型</td><td>题干特点：
多数题目中，题干中的现象已经发生了（过去时）。
题干结构（1）：摆现象、析原因。
题干先摆出一个现象，然后分析这一现象的原因。此时题干中的结论标志词（如“因此”“所以”“这说明”）可替换成“这是因为”或“其原因是”。
例如：酱心考上了研究生，这说明，老吕的课有效。
可替换为：酱心考上了研究生（摆现象），这是因为，老吕的课有效（析原因）。
题干结构（2）：前因后果。
题干直接出现某原因“导致了”“引发了”“引起了”“造成了”某结果。
例如：
在人群中看了你一眼（前因），导致了我再也不能忘记你容颜（后果）。
此例可改写为：
我再也不能忘记你容颜（摆现象），是因为我在人群中看了你一眼（析原因）。</td></tr>
<tr><td>第2步
套用母题方法</td><td>假设题干结构为：原因A导致了结果B；或者，现象B的出现是因为原因A。则常见的削弱方式有：
<table>
<tr><th>削弱方式</th><th>内容说明</th><th>力度大小</th></tr>
<tr><td>因果拆桥（因果无关）</td><td>直接指出题干中的原因A和结果B无关。</td><td>力度大。</td></tr>
<tr><td>因果倒置</td><td>指出不是A导致B，而是B导致A。</td><td>力度大。</td></tr>
<tr><td>否因削弱</td><td>直接否定题干中的原因A。</td><td>力度大。</td></tr>
<tr><td>另有他因</td><td>是其他原因C，导致了题干中的结果B。</td><td>力度取决于选项中的原因与题干中的原因的排他性。</td></tr>
<tr><td>有因无果</td><td>在某些场合中，出现了原因A，但没有出现结果B。</td><td>力度取决于选项中的对象与题干中对象的相似性。</td></tr>
<tr><td>无因有果</td><td>在某些场合中，没有出现原因A，但出现了结果B。</td><td>力度取决于选项中的对象与题干中对象的相似性。</td></tr>
</table></td></tr>
</table>

续表

第 2 步 套用母题方法	【现象原因模型的削弱技巧】 摆现象、析原因，拆桥倒置和否因。 另有他因看排斥，有无因果看相似。

典型例题

1 统计表明，美国亚利桑那州死于肺病的人的比例大于其他的州死于肺病的人的比例，因为亚利桑那州的气候更容易引起肺病。

以下哪项最能反驳上述论证？

A. 气候只是引起肺病的一个因素。

B. 亚利桑那州的气候对肺病有利，有肺病的人纷纷来到此州。

C. 美国人通常不会一生住在一个地方。

D. 没有证据证明气候对肺病有影响。

E. 亚利桑那州的气候不是一成不变的。

【第 1 步 识别论证类型】

题干：美国亚利桑那州死于肺病的人的比例大于其他的州死于肺病的人的比例，因为亚利桑那州的气候更容易引起肺病。

观察题干可知，论据是一个现象，论点是对该现象的原因的分析。此时，我们可以将题干中的“因为”替换为“这是因为”。故此题为现象原因模型。

【第 2 步 套用母题方法】

A 项，此项肯定了气候是引起肺病的因素，支持题干。（干扰项 · 明否暗肯）

干扰项 · 明否暗肯

有一些选项，看起来是否定的语气，但实际上肯定了题干的论证，这种选项叫明否暗肯项。

例如：

张三喜欢老吕，是不是因为老吕帅？

①张三喜欢老吕不仅仅是因为老吕帅。

②帅仅仅是张三喜欢老吕的原因之一。

③除了帅以外，张三还喜欢老吕开着玛莎拉蒂时专注的眼神。

①、②、③其实都肯定了帅是张三喜欢老吕的原因，是支持项。

B 项，指出不是因为气候导致了肺病，而是有肺病的人都来此处养病，另有他因，削弱题干。

C 项，无关选项，题干论证不涉及美国人一生通常会住在几个地方。

D 项，“没有证据”不能说明两者是否有关，那么就既不能削弱也不能支持题干，诉诸无知。（干扰项 · 诉诸无知）

E 项，无关选项，题干讨论的是气候对肺病的影响，此项讨论的是气候是否会变化，话题不一致。（干扰项 · 话题不一致）

【答案】B

2 在一次考古发掘中，考古人员在一座唐代古墓中发现多片先秦时期的夔文（音 kuí，一种变体的龙文）陶片。对此，专家解释说，由于雨水冲刷等原因，这些先秦时期的陶片后来被冲至唐代的墓穴中。

以下哪项如果为真，最能质疑上述专家的观点？

A. 在这座唐代古墓中还发现多件西汉时期的文物。

B. 这座唐代古墓保存完好，没有漏水、毁塌迹象。

C. 并非只有先秦时期才使用夔文，唐代文人以书写夔文为能事。

D. 唐代的墓葬风俗是将墓主生前喜爱的物品随同墓主一同下葬。

E. 在考古过程中很少发现雨水冲刷导致不同年代的物品存在于同一墓穴。

【第 1 步 识别论证类型】

题干：考古人员在一座唐代古墓中发现多片先秦时期的夔文。专家解释说：由于雨水冲刷等原因，这些先秦时期的陶片后来被冲至唐代的墓穴中。

即：雨水冲刷 $\xrightarrow{\text{导致}}$ 在唐代墓穴中发现了先秦时期的夔文陶片。

锁定关键词“解释”，可知此题为现象原因模型。

【第 2 步 套用母题方法】

A 项，无关选项，题干的论证对象是“先秦时期的夔文陶片”，此项的论证对象是“西汉时期的文物”。（干扰项·对象不一致）

B 项，指出古墓没有漏水、毁塌迹象，直接否定了“雨水冲刷”这个原因，否因削弱。

C 项，无关选项，题干讨论的是唐代墓穴中有先秦时期的陶片的原因，此项讨论的是哪些朝代的人能书写夔文。（干扰项·话题不一致）

D 项，另有他因，说明先秦陶片可能是墓主人的陪葬品之一，但这仅仅是一种可能性而不是确定的事实，削弱力度不如 B 项。

E 项，不能削弱，“很少发现”不代表此种情况“不存在”。

【答案】B

3 S 市持有驾驶证的人员数量较五年前增加了数十万，但交通死亡事故却较五年前有明显的减少。由此可以得出结论：目前 S 市驾驶员的驾驶技术熟练程度较五年前有明显的提高。

以下各项如果为真，都能削弱上述论证，除了：

A. 交通事故的主要原因是驾驶员违反交通规则。

B. 目前 S 市的交通管理力度较五年前有明显加强。

C. S 市加强对驾校的管理，提高了对新驾驶员的培训标准。

D. 由于油价上涨，许多车主改乘公交车或地铁上下班。

E. S 市目前的道路状况及安全设施较五年前有明显改善。

【第 1 步 识别论证类型】

题干：S 市持有驾驶证的人员增加，但交通死亡事故却明显减少。由此可以得出结论：S 市驾驶员的驾驶技术明显提高了。

观察题干可知，论据是一个现象，论点是对该现象的原因的分析。此时，我们可以将题干中的“由此可以得出结论”替换为“这是因为”。故此题为现象原因模型。

【第 2 步 套用母题方法】

A 项，另有他因，可能是违反交通规则的人变少了导致交通死亡事故减少，削弱题干。

B 项，另有他因，交通管理力度加强可能导致交通死亡事故减少，削弱题干。

C 项，支持题干，驾校的培训标准提高了，意味着驾驶员的驾驶技术通过培训得到了提高。

D 项，另有他因，由于油价上涨，开车的人变少了，可能导致交通死亡事故减少，削弱题干。

E 项，另有他因，路况改善导致交通死亡事故减少，削弱题干。

【答案】C

4 不仅人上了年纪会难以集中注意力，就连蜘蛛也有类似的情况。年轻蜘蛛结的网整齐均匀，角度完美；年老蜘蛛结的网可能出现缺口，形状怪异。蜘蛛越老，结的网就越没有章法。科学家由此认为，随着时间的流逝，这种动物的大脑也会像人脑一样退化。

以下哪项如果为真，最能质疑科学家的上述论证？

A. 优美的蛛网更容易受到异性蜘蛛的青睐。

B. 年老蜘蛛的大脑较之年轻蜘蛛，其脑容量明显偏小。

C. 运动器官的老化会导致年老蜘蛛结网能力下降。

D. 蜘蛛结网只是一种本能的行为，并不受大脑控制。

E. 形状怪异的蛛网较之整齐均匀的蛛网，其功能没有大的差别。

【第 1 步 识别论证类型】

题干：蜘蛛越老，结的网就越没有章法，由此认为，随着时间的流逝，这种动物的大脑也会像人脑一样退化。

观察题干可知，论据是一个现象，论点是对该现象的原因的分析。此时，我们可以将题干中的“由此认为”替换为“这是因为”。故此题为现象原因模型。

【第 2 步 套用母题方法】

A 项，无关选项，题干分析的是蛛网好坏的原因，此项分析的是优美的蛛网的作用。（干扰项·话题不一致）

B 项，年老蜘蛛的大脑较之年轻蜘蛛脑容量明显偏小，支持题干“随着时间的流逝，蜘蛛的大脑出现退化”。

C 项，此项指出“运动器官老化”导致年老蜘蛛结网能力下降，从而使得蜘蛛越老结的网就越没有章法，另有他因，可以削弱题干。但是，“运动器官老化”与“大脑退化”是可以共存的，有可能是这两种原因共同导致年老的蜘蛛结网变差。故此项并非必然的削弱，力度不如 D 项。

D 项，说明“结网”与“大脑”不相关，直接割裂题干中的因果关系，即因果无关，削弱力度大。

E 项，无关选项，题干分析的是蛛网好坏的原因，此项分析的是蛛网的功能。（干扰项·话题不一致）

【答案】D

5 有人再三声称倾倒核废物不会对附近的居民造成威胁。如果这种说法正确，那么不能把核垃圾场设在人口密集的地区就显得毫无道理。但是把核废物倒在人口稀少的地区的做法表明，这项政策的负责者们至少在安全方面还是有些担忧的。

以下哪项如果为真，最能严重地削弱上述论证？

A. 如果发生事故，除了在人口稀少的地区外，疏散方案不可能得以顺利实施。

B. 如果发生事故，人口稀少地区的受害人数肯定比人口稠密地区的少。

C. 在人口稀少的地区倾倒核废物所带来的经济和政治问题要比人口稠密地区的少。

D. 化学废物也有危险，所以应把它倾倒在人口稀少的地区。

E. 无论在任何地方，都不应允许倾倒核废物。

【第1步 识别论证类型】

题干：要把核废物倒在人口稀少的地区的做法表明，这项政策的负责者们至少在安全方面还是有些担忧的。

观察题干可知，论据是一个现象，论点是对现象原因的分析。此时，我们可以将题干中的“表明”替换为“这是因为”，故此题为现象原因模型。

【第2步 套用母题方法】

A项，说明把核废物倒在人口稀少的地区有助于发生事故时的疏散，即确实有安全方面的考虑，支持题干。

B项，说明把核废物倒在人口稀少的地区是为了减少发生事故时的伤亡，即确实有安全方面的考虑，支持题干。

C项，说明把核废物倒在人口稀少的地区是出于经济和政治问题的考虑，而不是出于安全方面的考虑，另有他因，削弱题干。

D项，无关选项，题干不涉及“化学废物”。(干扰项·对象不一致)

E项，无关选项，题干讨论的是已经出现了的“核废物倒在人口稀少的地区”这一做法的原因，而此项讨论的是“是否应该允许倾倒核废物(规范命题)”。(干扰项·话题不一致)

干扰项·规范命题

规范命题亦称“道义命题”“规范模态命题”，是指含有“必须(不允许不)”“禁止(不允许)”“可以(允许)”“可以不(允许不)”“应该”“不应该”这类规范词的命题。它是用来给人(规范的承受者)的行动提出某种命令或规定的命题。

例如：

行人必须遵守交通规则。

禁止随地吐痰。

大学生可以(允许)谈恋爱。

大学生可以(允许)不谈恋爱。

规范命题可以削弱规范命题，但不能削弱因果关系。

例如：

“大学生不应该结婚”可以削弱“大学生应该结婚”，但不能削弱“大学生张珊和李思结婚的原因是他们相爱”。

【答案】C

6 一般认为，剑乳齿象是从北美洲迁入南美洲的。剑乳齿象的显著特征是具有较直的长剑型门齿，颚骨较短，齿的齿冠隆起，齿板数目为 7~8 个，并呈乳状突起，剑乳齿象因此得名。剑乳齿象的牙齿比较复杂，这表明它能吃草，在南美洲的许多地方都有证据显示史前人类捕捉过剑乳齿象。由此可以推测，剑乳齿象的灭绝可能与人类的过度捕杀有密切关系。

以下哪项如果为真，最能反驳上述结论？

A. 史前动物之间经常发生大规模相互捕杀的现象。

B. 剑乳齿象在遇到人类攻击时缺乏自我保护能力。

C. 剑乳齿象也存在由南美洲进入北美洲的回迁现象。

D. 由于人类活动范围的扩大，大型食草动物难以生存。

E. 幼年剑乳齿象的牙齿结构比较简单，自我生存能力弱。

【第 1 步　识别论证类型】

题干：在南美洲的许多地方都有证据显示史前人类捕捉过剑乳齿象。由此可以推测，剑乳齿象的灭绝，可能与人类的过度捕杀有密切关系。

观察题干可知，论据是一个现象，论点是对该现象的原因的分析。此时，我们可以将题干中的“与……有密切关系”替换为“这是因为”，故此题为现象原因模型。

【第 2 步　套用母题方法】

A 项，另有他因，说明有可能是史前动物之间经常发生的大规模相互捕杀导致了剑乳齿象的灭绝，削弱题干。

B 项，支持题干，说明了剑乳齿象为什么会因为人类捕杀而灭绝。

C 项，无关选项，“回迁现象”与“灭绝”无关。（干扰项 · 话题不一致）

D 项，说明是人类活动导致剑乳齿象的灭绝，这种人类活动如果是“捕杀”，则支持题干，如果不是“捕杀”，则削弱题干。（干扰项 · 两可选项）

干扰项 · 两可选项

如果一个选项从正面思考可以支持题干，从反面思考可以削弱题干，这种选项被称为两可选项。两可选项在削弱题、支持题中一般为干扰项。

E 项，削弱力度小，剑乳齿象幼年时自我生存能力弱，不代表它们不能生存（例如：在成年象抚育下生存）。

【答案】A

母题技巧：支持

第 1 步 识别论证类型	题干结构：与现象原因模型的削弱相同。即： （1）摆现象、析原因。 （2）前因后果。

续表

<table>
<tr>
<td>第2步
套用母题方法</td>
<td>假设题干结构为：原因A导致了结果B；或者，现象B的出现是因为原因A。则常见的支持方式有：
<table>
<tr><th>支持方式</th><th>内容说明</th><th>力度大小</th></tr>
<tr><td>因果搭桥
（因果相关）</td><td>直接说明题干中的因果关系成立。</td><td>力度大。</td></tr>
<tr><td>排除他因</td><td>排除是其他原因导致结果B的可能。</td><td>力度大小取决于是否将所有其他可能的原因全部排除。
例如：若只有2种可能的原因，我们排除了1种，就能确定另外1种；若有10种可能的原因，我们排除其中1种，对题干中的原因的支持作用并不大，但如果我们排除了9种，那支持力度就相当大了。</td></tr>
<tr><td>排除因果倒置</td><td>排除B是A的原因这种可能。</td><td>力度其实不大，因为根据B不是A的原因并不能确定A是B的原因。但是，从历年真题来看，出现这个选项的一般都是支持题的正确选项。</td></tr>
<tr><td>无因无果
（即求异法中的对照组）</td><td>在某些场合中，没有出现原因A，也没出现结果B。</td><td>力度取决于选项中的对象与题干中对象的相似性。</td></tr>
</table>
</td>
</tr>
</table>

说明：

（1）无因无果的原理是求异法，求异法将在本书下一个模型讲解。

（2）现象原因模型的支持题中，出现两个选项都可以支持题干的题目相对较少，因此，在支持力度上不必过多纠结。

典型例题

1 “安慰剂效应”是指让病人在不知情的情况下服用完全没有药效的假药，却能得到与真药相同甚至更好效果的现象。“安慰剂效应”得到了很多临床研究的支持。对这种现象的一种解释是：人对于未来的期待会改变大脑的生理状态，进而引起全身的生理变化。

以下陈述都能支持上述解释，除了：

A. 安慰剂生效是多种因素共同作用的结果。

B. 安慰剂对丧失了预期未来能力的老年痴呆症患者毫无效果。

C. 有些病人不相信治疗会有效果，虽然进行了正常的治疗，但其病情却进一步恶化。

D. 给实验对象注射生理盐水，并让他相信是止痛剂，实验对象的大脑随后分泌出止痛物质内啡肽。

E. 在病人知情的情况下，失去了对安慰剂取得疗效的期待，安慰剂也就失去了作用。

【第 1 步 识别论证类型】

“安慰剂效应”的一种解释是：人对于未来的期待会改变大脑的生理状态，进而引起全身的生理变化。

逻辑题中，出现“解释”二字就是指原因，故此题为现象原因模型。

【第 2 步 套用母题方法】

注意：此题的提问方式为：“以下陈述都能支持上述解释，除了”，因此应选择无关选项或者削弱项。

A 项，指出安慰剂生效是多种因素共同作用的结果，那就不见得是题干中的原因所致，削弱题干，故可以直接选择 A 项。

B 项，丧失了预期未来能力（无因），则安慰剂毫无效果（无果），支持题干。

C 项，不相信治疗是有效果的（即没有期待，无因），确实影响治疗效果（无果），支持题干。

D 项，例证法，支持题干。

E 项，失去了对安慰剂取得疗效的期待（无因），安慰剂也就失去了作用（无果），支持题干。

【答案】A

2 3 年来，在河南信阳息县淮河河滩上，连续发掘出 3 艘独木舟。其中，2010 年息县城郊乡徐庄村张庄组的淮河河滩下发现的第一艘独木舟，被证实为目前我国考古发现最早、最大的独木舟之一。该艘独木舟长 9.3 米，最宽处 0.8 米，高 0.6 米。根据碳 -14 测定，这些独木舟的选材竟和云南热带地区所产的木头一样。这说明，3 000 多年前的古代，河南的气候和现在热带的气候很相似。淮河中下游两岸气候温暖湿润，林木高大茂密，动植物种类繁多。

以下哪项如果为真，最能支持以上论证？

A. 这些独木舟的原料不可能从遥远的云南原始森林运来，只能就地取材。

B. 这些独木舟在水中浸泡了上千年，十分沉重。

C. 刻舟求剑故事的发生地，就是包括当今河南许昌以南在内的楚地。

D. 独木舟舟体两头呈尖状，由一根完整的原木凿成，保存较为完整。

E. 在淮河流域的原始森林中，如今仍然生长着一些热带植物。

【第 1 步 识别论证类型】

题干：在河南发现的古代独木舟的选材和云南热带地区所产的木头一样，这说明，古代河南的气候和现在热带的气候很相似。

观察题干可知，论据是一个现象，论点是对该现象的原因的分析。此时，我们可以将题干中的“这说明”替换为“这是因为”，故此题为现象原因模型。

【第 2 步 套用母题方法】

A 项，此项排除了河南发现的古代独木舟是由云南地区的木材制作的可能，排除他因，支持题干。

B、C、D 项，显然与题干的论证无关，是无关选项。

E 项，“如今”的情况不能说明“3 000 年前”的情况，无关选项。

【答案】A

3 抚仙湖虫是泥盆纪澄江动物群中的一种，属于真节肢动物中比较原始的类型，成虫体长10厘米，有31个体节，外骨骼分为头、胸、腹三部分，它的背、腹分节数目不一致。泥盆纪直虾是现代昆虫的祖先，抚仙湖虫化石与直虾类化石类似，这间接表明了抚仙湖虫是昆虫的远祖。研究者还发现，抚仙湖虫的消化道充满泥沙，这表明它是食泥的动物。

以下除哪项外，均能支持上述论证？

A. 昆虫的远祖也有不是食泥的生物。

B. 泥盆纪直虾的外骨骼分为头、胸、腹三部分。

C. 凡是与泥盆纪直虾类似的生物都是昆虫的远祖。

D. 昆虫是由真节肢动物中比较原始的生物进化而来的。

E. 抚仙湖虫消化道中的泥沙不是在化石形成过程中由外界渗透进去的。

【第 1 步　识别论证类型】

本题涉及多个信息，分析如下：

①背景介绍：抚仙湖虫是真节肢动物中比较原始的类型；抚仙湖虫外骨骼分为头、胸、腹三部分。

②类比论证模型：泥盆纪直虾是现代昆虫的祖先，抚仙湖虫化石与直虾类化石类似 $\xrightarrow{\text{证明}}$ 抚仙湖虫是昆虫的远祖。

③现象原因模型：抚仙湖虫的消化道充满泥沙，这表明，抚仙湖虫是食泥的动物。

【第 2 步　套用母题方法】

A 项，不能支持，因为由“有的不是食泥的生物”无法判断“有的是食泥的生物”的真假。

B 项，支持论证②，补充论据，说明泥盆纪直虾和抚仙湖虫类似。

C 项，支持论证②，与②构成三段论：“与泥盆纪直虾类似的生物→昆虫的远祖”，所以“抚仙湖虫与泥盆纪直虾类似→抚仙湖虫是昆虫的远祖”。

D 项，支持论证②，由此项可知，昆虫是由真节肢动物中比较原始的生物进化而来的，再由①可知，昆虫可能是由抚仙湖虫进化而来的。

E 项，排除他因，支持论证③。

【答案】A

母题技巧：假设

第 1 步 识别论证类型	题干结构：与现象原因模型的削弱相同。即： （1）摆现象、析原因。 （2）前因后果。

续表

<table>
<tr>
<td>第 2 步
套用母题方法</td>
<td>
假设题干结构为：原因 A 导致了结果 B；或者，现象 B 的出现是因为原因 A。则常见的假设方式有：
<table>
<tr><th>假设方式</th><th>内容说明</th><th>其他说明</th></tr>
<tr><td>因果搭桥
（因果相关）</td><td>直接说明题干中的因果关系成立。</td><td>即搭桥法，搭建题干中因与果的桥梁。</td></tr>
<tr><td>排除他因</td><td>排除是其他原因导致结果 B 的可能。</td><td>如果是别的原因导致题干中的结果，就影响了题干中因果关系的成立性，因此必须假设没有他因。</td></tr>
<tr><td>排除因果倒置</td><td>排除 B 是 A 的原因这种可能。</td><td>如果 B 是 A 的原因，那么 A 就不可能是 B 的原因，因此必须排除 B 是 A 的原因，题干中的因果关系才能成立。</td></tr>
<tr><td>无因无果</td><td>没有出现原因 A，就没有结果 B。</td><td>①如果题干认为“原因 A 导致了结果 B”，不必假设无因无果。
例如：张三被车撞死了。即，车祸导致了张三的死亡。此时，我们并不假设“没有车祸张三不会死（无因无果）”，因为，没有车祸，可能会有其他原因（如癌症、跳楼、凶杀）导致张三死亡。
②如果题干认为“事件 B 的发生一定是因为原因 A”，那么，有 B 一定有 A，逆否可得：没有 A 就没有 B（无因无果）。此时，无因无果需要假设。而且真正的考点是“A 是 B 的必要条件”。</td></tr>
</table>
</td>
</tr>
</table>

典型例题

1 由陨石撞击地球所形成的陨石坑在地球上虽然到处都有，但在地质较稳定的地区出现的陨石坑最为密集，这种陨石坑相对密集的现象，肯定是由于地质较稳定地区较小的地表变化所造成的。

以下哪项是使上文结论成立的假设？

A. 落在同一地点的陨石，较晚落下的陨石会抹掉上一次陨石碰撞的所有痕迹。

B. 任何一个地区的地表变化节奏在不同的地质时期都不相同。

C. 在 19 世纪，陨石碰撞地球的次数相较于 18 世纪有明显增多。

D. 在整个地球的发展史上，陨石的碰撞均匀地分布在地球表面的各个地方。

E. 地质学家对地球上较稳定的地区进行了更加广泛的研究。

【第1步 识别论证类型】

锁定关键词“肯定是由于”可知，此前为现象，此后为现象的原因，故此题为现象原因模型。

题干：地质较稳定的地区出现的陨石坑最为密集，这种陨石坑相对密集的现象（现象），肯定是由于地质较稳定地区较小的地表变化所造成的（原因）。

【第2步 套用母题方法】

A项，无关选项，题干论证不涉及陨石碰撞产生的痕迹是否会被覆盖。

B项，无关选项，题干论证不涉及不同的地质时期地表变化节奏。

C项，无关选项，题干论证不涉及18世纪、19世纪陨石碰撞地球次数的比较。（干扰项·比较不一致）

D项，排除他因，此项说明并不是因为不均匀碰撞导致陨石坑相对密集，必须假设。

E项，无关选项，题干论证不涉及地质学家的研究。

【答案】D

2 张教授：据世界范围的统计显示，20世纪50年代，癌症病人的平均生存年限（即从确诊至死亡的年限）是2年，而到20世纪末这种生存年限已升至6年。这说明，世界范围内诊治癌症的医疗水平总体上有了显著的提高。

李研究员：您的论证缺乏说服力。因为您至少忽略了这样一个事实：20世纪末癌症的早期确诊率较20世纪50年代有了显著的提高。

李研究员的反驳基于以下哪项假设？

A. 张教授的论证所依据的统计数据是完全准确的。

B. 癌症的早期确诊有利于延长患者的生存年限。

C. 20世纪末人类的平均寿命较50年代有了显著的提高。

D. 20世纪50年代以来，癌症一直是威胁人类健康和生命的头号杀手。

E. 癌症是可以彻底治愈的。

【第1步 识别论证类型】

张教授：20世纪50年代，癌症病人的平均生存年限（即从确诊至死亡的年限）是2年，而到20世纪末这种生存年限已升至6年（现象）$\xrightarrow{\text{证明}}$世界范围内诊治癌症的医疗水平有显著的提高（原因）。

李研究员：20世纪末癌症的早期确诊率较20世纪50年代有了显著的提高（另有他因），所以张教授的论证缺乏说服力。

此题中涉及现象原因的分析，故为现象原因模型。

【第2步 套用母题方法】

A项，无关选项，李研究员的论证不涉及张教授的数据。

B项，说明早期确诊会影响癌症患者的生存年限，因果搭桥（因果相关），必须假设。

C项，无关选项，题干的论证对象是“癌症病人”，此项的论证对象是“人类”，两者不一致。（干扰性·对象不一致）

D项，无关选项，题干不涉及癌症是不是人类健康和生命的“头号杀手”。

E项，无关选项，题干讨论的是“延长癌症病人的生存年限”，此项讨论的是“癌症能否治愈”。（干扰项·话题不一致）

【答案】B

母题变式 21.2 现象原因模型：求异法型

母题技巧

第 1 步 识别论证类型

题干特点：题干中出现对比实验，常见以下两种结构：

（1）两组对比

第一组对象：有 A，有 B；
第二组对象：无 A，无 B；

故有：A 是 B 的原因。

（2）前后对比

同一对象有因素 A 前：没有 B；
同一对象有因素 A 后：有 B；

故有：A 是 B 的原因。

第 2 步 套用母题方法

在求异法模型中，常见以下分析角度：

角度	说明	削弱	支持 / 假设
论证对象	题干常用动物代替人类来做实验，此时，要先看这二者之间的相似性。	拆桥法：论证对象有差异。	搭桥法：论证对象具备相似性。
样本	对比实验是用样本的情况，来分析一般性结论，故需要考虑样本有代表性吗？	样本没有代表性。	样本有代表性。
中立性	对比实验的主持者是否中立？	不中立。	中立。
差异因素	看题干中的对比实验设计是否严谨，是否存在其他差异因素影响实验结果（简称差因）。	另有差因。	排除差因。
因果关系	求异法是求因果五法之一，目的是找原因，因此从大方向上来说，它是现象原因模型。故现象原因模型（基本型）中的削弱、支持、假设方法在此处都适用。	同现象原因模型：基本型。	同 现 象 原 因 模 型：基本型。

【求异法模型的母题技巧】

两组比、前后比，此题考点是求异。
先看对象和样本，再看差异和因果。

续表

注意：差因差果型的题目，也可以看作是求异法型。

其基本结构是：

题干的论据为：两个对象的结果差异。
题干的论点为：两个对象的原因差异。
削弱方法常用：另有其他差异因素（简称：另有差因）。

例如：

张三考上了研究生，而李思没考上研究生（结果差异）。这说明，张三比李思努力（原因差异）。

力度大的削弱方法：张三报了老吕的班而李思没有报班（此项指出另有差因，削弱力度大）。

力度小的削弱方法：张三报了老吕的班（此项说明另有他因，但无法确定李思是不是也报班了，故削弱力度小）。

典型例题

1 伦敦某研究团队使用结构性磁共振成像技术，对 18 名 16 岁至 21 岁的吸烟青少年和此年龄段 24 名不吸烟的青少年的大脑进行了检测。结果发现，吸烟者的右脑岛比非吸烟者的右脑岛体积要小，脑岛周围被大脑皮层包裹，与大脑的记忆、意识和语言功能区彼此相连。研究者认为，吸烟改变了大脑发育过程，这一改变将对青少年产生终身影响。

下列哪项最能质疑研究者的结论？

A. 右侧脑岛有大量尼古丁感受体，脑岛受到破坏后，烟瘾会戒除。

B. 吸烟的青少年其大脑发育明显受到激素水平的影响。

C. 先天右脑岛体积小的人，更容易对吸烟产生兴趣并导致依赖。

D. 青少年因好奇而吸烟，随着年龄增长会逐渐失去对烟草的兴趣。

E. 吸烟者对香烟产生的渴望程度与脑岛的活动情况之间有着强烈的关联。

【第 1 步　识别论证类型】

题干：

吸烟的青少年：右脑岛体积小；
不吸烟的青少年：右脑岛体积大；

故：吸烟改变了大脑发育过程，这一改变将对青少年产生终身影响。

题干通过两组对象的对比实验，得出一个因果关系，故此题为现象原因模型（求异法型）。

【第 2 步　套用母题方法】

A 项，无关选项，题干不涉及脑岛破坏和烟瘾戒除。

B 项，支持题干，此项说明吸烟确实会影响大脑的发育过程。

C 项，此项说明是右脑岛体积小导致了吸烟，而不是吸烟导致了右脑岛体积小，因果倒置，削弱题干。

D 项，无关选项，题干不涉及青少年吸烟的原因。

E 项，无关选项，题干涉及的是“脑岛的体积”而非“脑岛的活动情况”。

【答案】C

2 一项研究表明，吃芹菜有助于抑制好斗情绪。151 名女性接受了调查，在经常吃芹菜的女性中，95% 称自己很少有好斗情绪，或者很少被彻底激怒。在不经常吃芹菜的女性中，53% 称自己经常有焦虑、愤怒和好斗的情绪。

以下陈述都能削弱上述结论，除了：

A. 那些经常吃芹菜的女性更注意健身，而健身消耗掉大量体能，十分疲惫，抑制了好斗情绪。

B. 女性受访者易受暗示且更愿意合作，会有意无意地配合研究者，按他们所希望的方向去回答问题。

C. 像安慰剂有疗效一样，吃芹菜会抑制好斗情绪的说法激发了女性受访者的一系列心理和精神活动，让她们感觉不那么好斗了。

D. 芹菜具有平肝清热、除烦消肿、解毒宣肺、健胃利血、降低血压、健脑镇静之功效。

E. 该调查得到了一家蔬菜销售公司的资助。

【第 1 步　识别论证类型】

题干：

吃芹菜：95% 的人不好斗；
不吃芹菜：53% 的人好斗；

证明：芹菜有助于抑制好斗情绪。

题干通过两组对象的对比实验，得出一个因果关系，故此题为现象原因模型（求异法型）。

【第 2 步　套用母题方法】

A 项，经常吃芹菜的女性更注意健身，另有差因，可以削弱。

B 项，被调查者不中立，影响了实验结果，可以削弱。

C 项，是心理因素作用导致题干中的实验结果，另有他因，可以削弱。

D 项，解释了芹菜有助于抑制好斗情绪的原因，支持题干。

E 项，调查者不中立，实验存在作弊的可能，可以削弱。

【答案】D

3 加拿大的一位运动医学研究人员报告说，利用放松体操和机能反馈疗法，有助于对头痛进行治疗。研究人员抽选出 95 名慢性牵张性头痛患者和 75 名周期性偏头痛患者，教他们放松头部、颈部和肩部的肌肉，以及用机能反馈疗法对压力和紧张程度加以控制。结果，前者中有四分之三、后者中有一半人报告说，他们头痛的次数和剧烈程度有所下降。

以下哪项如果为真，最不能削弱上述论证的结论？

A. 参加者接受了高度的治疗有效的暗示，同时，对病情改善的希望亦起到了一定的作用。

B. 参加者有意迎合研究人员，即使不合事实，也会说感觉变好。

C. 多数参加者自愿合作，虽然他们在生活中承受着巨大的压力。在研究过程中，他们会感觉到生活压力有所减轻。

D. 参加实验的人中，慢性牵张性头痛患者和周期性偏头痛患者人数选择不等，实验设计需要进行调整。

E. 放松体操和机能反馈疗法的锻炼，减少了这些头痛患者的工作时间，使得他们对自己病情的感觉有所改善。

【第1步 识别论证类型】

题干：使用放松体操和机能反馈疗法后，慢性牵张性头痛患者中有四分之三、周期性偏头痛患者中有一半人报告说，他们头痛的次数和剧烈程度有所下降$\xrightarrow{\text{证明}}$利用放松体操和机能反馈疗法，有助于对头痛进行治疗。

题干通过前后对比的实验得出一个因果关系，故此题为现象原因模型（求异法型）。

【第2步 套用母题方法】

A项，可能是心理作用影响了实验结果，另有他因，削弱题干。

B项，被调查者不中立，影响了实验结果，削弱题干。

C项，可能是生活压力的减轻缓解了病情，另有他因，削弱题干。

D项，无关选项，该实验涉及的是两类患者治疗前后的比较，不涉及两类患者之间的比较，因此两组患者的人数是否相等并不影响实验结果的有效性。（干扰项·比较不一致）

E项，可能是由于工作时间的减少而缓解了病情，另有他因，削弱题干。

【答案】D

4 据统计资料显示，美国的人均寿命是73.9岁，而在夏威夷出生的人的平均寿命是77岁，在路易斯安那州出生的人的平均寿命是71.7岁。因此，一对来自路易斯安那州的新婚夫妇，如果选择定居夏威夷，那么，他们的孩子的寿命，可以比在路易斯安那州出生要长。

以下哪项如果为真，将最有力地削弱题干的结论？

A. 在路易斯安那州首府巴吞鲁日出生的人的平均寿命是78岁。

B. 路易斯安那州的居民中1/3以上是黑人，是美国黑人比例最高的州；美国黑人的平均寿命要低于白人3~5个百分点。

C. 美国人寿保险公司的专家并不认为移居夏威夷会使路易斯安那州人的平均寿命明显提高。

D. 夏威夷群岛的大部分岛屿的空气污染程度要大大低于全美的平均水平。

E. 和环境相比，遗传是人的寿命长短的更为重要的决定性因素。

【第1步 识别论证类型】

题干：

在夏威夷出生的人的平均寿命：77岁；
在路易斯安那州出生的人的平均寿命：71.7岁；

所以，一对来自路易斯安那州的新婚夫妇定居夏威夷会延长其孩子的寿命。

题干通过两组对象的对比实验，得出一个因果关系，故此题为现象原因模型（求异法型）。

【第2步 套用母题方法】

A项，路易斯安那州首府出生的人的平均寿命是78岁，并不能反驳该州出生的所有人的平均寿命为71.7岁。（干扰项·不当反例）

B项，另有差因：两个地区黑人比例不同。但是，由路易斯安那州的黑人比例最高，无法确定该州的黑人比例比夏威夷州的黑人比例高多少。而且，即使我们假定夏威夷州的黑人比例为0，由于美国黑人的平均寿命仅比白人低“3~5个百分点”，那么人种差异不可能造成题干中如此巨大的寿命差异。故此项削弱力度小。（干扰项·无效他因）

干扰项·无效他因

情况 1：

选项给出一个新的原因，但这个原因并不是题干中结果的原因。

例如：

题干：酱宝考上了研究生，这是因为，酱宝的学习方法很好。

选项：酱宝的学习方法很好，是因为听了老吕的课。

分析：题干分析的是“考上研究生”的原因，而选项分析的是“学习方法好的原因”，故这个选项是无关选项。

情况 2：

题干中出现对比实验，选项中指出实验对象的差异，但这种差异并不影响实验结果。

例如：

我和康哥发量的差别，并不会引起我们教学质量的差别。因此，发量差别对于教学质量来说是一个无关的差异因素。

C 项，专家的个人观点未必为真。（干扰项·诉诸权威）

D 项，指出夏威夷群岛环境污染程度低，有可能使寿命延长，支持题干。

E 项，另有他因，说明决定寿命长短的更重要的因素是遗传而不是环境，削弱题干。注意，此项的用词为“决定性”因素，削弱力度大。

【答案】E

5 早期人类遗骸化石显示，我们的祖先很少有现代人常见的牙齿疾病。因此，早期人类的饮食很可能和现代人有很大的不同。

以下哪项如果为真，最能削弱上述论证？

A. 早期人的寿命比现代人短得多，而人的牙病通常出现在 50 岁以后。

B. 健康的饮食有利于保护健康的牙齿。

C. 饮食是影响牙齿健康的最重要因素。

D. 遗骸化石显示，有些早期人类有相当多的龋齿洞。

E. 和现代人一样，早期人类主要以熟食为主。

【第 1 步　识别论证类型】

题干：早期人类遗骸化石显示，我们的祖先很少有现代人常见的牙齿疾病，因此，早期人类的饮食很可能和现代人有很大的不同。

观察题干可知，论据是一个现象，而论点是对该现象的原因的分析。此时，我们可以将题干中的“因此”，替换为“这是因为”，同时，题干的论据是两个对象的结果差异，论点是两个对象的原因差异，故此题为现象原因模型（差果差因型）。

【第 2 步　套用母题方法】

A 项，说明寿命的差异导致了题干中牙齿疾病的差异，即早期人类可能活不到牙病高发年龄，另有差因，削弱题干。

B 项，说明了健康的饮食的作用，但无法解释题干中的差果差因，无关选项。

C 项，支持题干，说明确实可能是饮食的不同导致题干中牙齿疾病不同。

D 项，某些人的情况难以削弱整体发病率。（干扰项·不当反例之“有的不”）

E 项，早期人类和现代人的食物都是熟食，无法解释题干中的因果差异，无关选项。

【答案】A

6 某个实验把一批吸烟者作为对象。实验对象分为两组：第一组是实验组，第二组是对照组。实验组的成员被强制戒烟，对照组的成员不戒烟。三个月后，实验组成员的平均体重增加了10%，而对照组成员的平均体重基本不变。实验结果说明，戒烟会导致吸烟者的体重增加。

以下哪项如果为真，最能加强上述实验结论的说服力？

A. 实验组和对照组成员的平均体重基本相同。

B. 实验组和对照组的人数相等。

C. 除戒烟外，对每个实验对象来说，可能影响体重变化的生存条件基本相同。

D. 除戒烟外，对每个实验对象来说，可能影响体重变化的生存条件基本保持不变。

E. 上述实验的设计者是著名的保健专家。

【第 1 步　识别论证类型】

题干：

实验组：强制戒烟，平均体重增加了10%；

对照组：不戒烟，平均体重基本不变；

故，戒烟导致体重增加。

题干通过两组对象的对比实验，得出一个因果关系，故此题为现象原因模型（求异法型）。

【第 2 步　套用母题方法】

A 项，不能支持，题干讨论的是平均体重增加的比例，所以实验前平均体重是否相同不会对实验造成影响。

B 项，不能支持，人数不会对平均体重的变化比例造成影响。

C 项，影响体重变化的生存条件基本相同，不一定保证实验中无其他差异因素；例如：摄入等量的食物（如每顿吃两碗米饭），对于体重150公斤的人来说可能偏少，但对一个体重50公斤的人来说可能又偏多，这样就会对体重有不同的影响，即另有其他因素会影响体重变化。故C项不能支持题干。

D 项，排除在实验过程中，其他生存条件对实验对象的体重造成影响的可能性，排除差因，支持题干。

E 项，专家设计的实验未必科学。（干扰项·诉诸权威）

【答案】D

7 在一项研究中，51名中学生志愿者被分成测试组和对照组，进行同样的数学能力培训。在为期5天的培训中，研究人员使用一种称为经颅随机噪声刺激的技术对25名测试组成员脑部被认为与运算能力有关的区域进行轻微的电击。此后的测试结果表明，测试组成员的数学运算能力明显高于对照组成员。而令他们惊讶的是，这一能力提高的效果至少可以持续半年时间。研究人员由此认为，脑部微电击可提高大脑运算能力。

以下哪项如果为真，最能支持上述研究人员的观点？

A. 这种非侵入式的刺激手段成本低廉，且不会给人体带来任何痛苦。

B. 对脑部轻微电击后，大脑神经元间的血液流动明显增强，但多次刺激后又恢复常态。

C. 在实验之前，两个组学生的数学成绩相差无几。

D. 脑部微电击的受试者更加在意自己的行为，测试时注意力更集中。

E. 测试组和对照组的成员数量基本相等。

【第 1 步　识别论证类型】

题干：

测试组：对脑部进行微电击；
对照组：对脑部不进行微电击；
测试组成员的数学运算能力明显高于对照组成员，且效果可持续半年；

所以，脑部微电击可提高大脑运算能力。

题干通过两组对象的对比实验，得出一个因果关系，故此题为现象原因模型（求异法型）。

【第 2 步　套用母题方法】

A 项，无关选项，说明脑部微电击没有副作用，但不涉及脑部微电击的作用。

B 项，不能支持题干，无法确定“大脑神经元间的血液流动明显增强”与大脑运算能力的关系；而且，题干也未提及“多次刺激”。

C 项，排除实验前两个组学生的数学成绩不同的可能，排除差因，支持题干。

D 项，另有他因，说明可能是因为注意力更集中导致测试组的数学运算能力更高，削弱题干。

E 项，无关选项，对比实验并不要求对照组的人数完全相等。

【答案】C

8 研究发现，昆虫是通过它们身体上的气孔系统来“呼吸”的。气孔连着气管，而且由上往下又附着更多层的越来越小的气孔，由此把氧气送到全身。在目前大气的氧气含量水平下，气孔系统的总长度已经达到极限；若总长度超过这个极限，供氧的能力就会不足。因此，可以判断，氧气含量的多少可以决定昆虫的形体大小。

以下哪项如果为真，最能支持上述论证？

A. 对海洋中的无脊椎动物的研究也发现，在更冷和氧气含量更高的水中，那里的生物的体积也更大。

B. 石炭纪时期地球大气层中氧气的浓度高达 35%，比现在的 21% 要高很多，那时地球上生活着许多巨型昆虫，蜻蜓翼展接近一米。

C. 小蝗虫在低含氧量环境中尤其是氧气浓度低于 15% 的环境中就无法生存，而成年蝗虫则可以在 2% 的氧气含量环境下生存下来。

D. 在氧气含量高、气压也高的环境下，接受试验的果蝇生活到第五代，身体尺寸增长了 20%。

E. 在同一座山上，生活在山脚下的动物总体上比生活在山顶的同种动物要大。

【第 1 步　识别论证类型】

题干：①昆虫是通过它们身体上的气孔系统来“呼吸”的。②在目前大气的氧气含量水平下，气孔系统的总长度已经达到极限；若总长度超过这个极限，供氧的能力就会不足 $\xrightarrow[\text{证明}]{}$ 氧气含量的多少可以决定昆虫的形体大小。

题干通过对昆虫气孔系统总长度长短的对比，得出一个因果关系，故此题为现象原因模型（求异法型）。

【第 2 步　套用母题方法】

A 项，无关选项，题干的论证对象是“昆虫”，此项的论证对象是“海洋中的无脊椎动物”。（干扰项·对象不一致）

B 项，此项说明地球的氧气浓度比现在高时，昆虫的形体比现在大，即通过对比支持题干。

C 项，无关选项，题干比较是同种昆虫在不同氧气浓度下的体形大小（成年以后），而此项是“小蝗虫”与“成年蝗虫”的比较。（干扰项·比较不一致）

D 项，不能支持题干，此项有两个差异因素“氧气含量高”和“气压高”，使用求异法要保证只有一个差异因素。

E 项，无关选项，题干只涉及“昆虫”，而此项涉及“动物”。（干扰项·对象不一致）

【答案】B

9 胼胝体是将大脑两个半球联系起来的神经纤维集束。平均而言，音乐家的胼胝体比非音乐家的胼胝体大。与成年的非音乐家相比，7 岁左右开始训练的成年音乐家，胼胝体在体积上的区别特别明显。因此，音乐训练，特别是从幼年开始的音乐训练，会导致大脑结构上的某种变化。

以下哪一项是上述论证所依赖的假设？

A. 在音乐家开始训练之前，他们的胼胝体并不比同年龄的非音乐家的胼胝体大。

B. 在生命晚期进行的音乐训练不会引起大脑结构上的变化。

C. 对任何两个从 7 岁左右开始训练的音乐家而言，他们的胼胝体有差不多相同的体积。

D. 成年的非音乐家在其童年时代没有参与过任何能够促进胼胝体发育的活动。

E. 对各种艺术的学习会引起大脑结构上的变化。

【第 1 步　识别论证类型】

题干：

从小接受音乐训练：胼胝体大；
没有接受过音乐训练：胼胝体较小；

所以，音乐训练，特别是从幼年开始的音乐训练，会导致大脑结构上的某种变化。

题干通过两组对象的对比实验，得出一个因果关系，故此题为现象原因模型（求异法型）。

【第 2 步　套用母题方法】

A 项，排除在音乐家训练之前，他们的胼胝体就比同年龄的非音乐家的大的可能性，排除差因，必须假设。

B 项，无关选项，题干的论证不涉及“生命晚期”进行的音乐训练。（干扰项·对象不一致）

C 项，无关选项，题干比较的是“音乐家和非音乐家”，而此项比较的是“两个音乐家”。（干扰项·比较不一致）

D 项，假设过度，“任何”一词过于绝对。

E 项，假设过度，题干只涉及“音乐”，此项则涉及“各种艺术的学习”，扩大了论证范围。

【答案】A

10 自从 20 世纪中叶化学工业在世界范围内成为一个产业以来，人们一直担心，它所造成的污染将会严重影响人类的健康。但统计数据表明，这半个世纪以来，化学工业发达的工业化国家的人均寿命增长率，大大高于化学工业不发达的发展中国家。因此，人们关于化学工业危害人类健康的担心是多余的。

以下哪项是上述论证必须假设的？

A. 20 世纪中叶，发展中国家的人均寿命低于发达国家。

B. 如果出现发达的化学工业，发展中国家的人均寿命增长率会因此更低。

C. 如果不出现发达的化学工业，发达国家的人均寿命增长率不会因此更高。

D. 化学工业带来的污染与它带给人类的巨大效益相比是微不足道的。

E. 发达国家在治理化学工业污染方面投入巨大，效果明显。

【第 1 步　识别论证类型】

题干：这半个世纪以来，化学工业发达的工业化国家的人均寿命增长率，大大高于化学工业不发达的发展中国家 —证明→ 人们关于化学工业危害人类健康的担心是多余的。

题干通过两组对象的对比，得出一个因果关系，故此题为现象原因模型（求异法型）。

【第 2 步　套用母题方法】

A 项，无关选项，题干比较的是“人均寿命增长率”，此项比较的是“人均寿命”。

B 项，此项说明化学工业会危害人类健康，削弱题干。

C 项，必须假设，否则，如果没有发达的化学工业，发达国家的人均寿命增长率会因此更高，则说明化学工业还是危害人类健康，那就推翻了题干的结论（取非法）。

D 项，无关选项，题干没有对化学工业的污染和收益进行比较。

E 项，无关选项，此项不涉及化学工业污染对健康的影响。

【答案】C

母题变式 21.3　现象原因模型：百分比对比型

母题技巧

<table>
<tr><td>第 1 步
识别论证类型</td><td>1. 论据特点
论据中有百分比。
2. 论点特点
论点中直接给出明确的因果关系或者分析原因。
3. 选项特点
选项中也有百分比。</td></tr>
<tr><td>第 2 步
套用母题方法</td><td>（1）秒杀口诀：同比削弱，差比加强。
例如：
中华女子学院保研的学生中，女生占比达到了 80%，因此，该校女生比男生优秀。
反驳：中华女子学院的女生占比达到了 80% 以上。这说明女生保研占比多可能是因为该校女生数量上占绝对优势，而不是因为女生优秀。
支持：中华女子学院的女生占比仅有 30%，这说明女生在总数占有绝对劣势的情况下，保研者中却占了绝对优势，那就证明女生优秀。
（2）由于结论是个因果关系，也可用削弱或支持因果关系的方法进行削弱或支持。</td></tr>
</table>

典型例题

1 二手烟环境会增加空气中的不健康颗粒，其中包括尼古丁和其他有毒物质。与居住在无烟环境中的孩子相比，居住在二手烟环境中的孩子患中耳炎的概率更大。一项调查结果显示：80% 的儿童中耳炎患者均来自二手烟家庭，因此，父母等家人吸烟是造成儿童罹患中耳炎的重要原因。

以下哪项如果为真，最能削弱上述论述？

A. 调查还显示，无烟家庭的比率呈逐年上升的趋势。

B. 研究证明，二手烟家庭中儿童中耳炎的治愈率较高。

C. 门诊数据显示，儿童中耳炎就诊人数下降了 4.6%。

D. 在这次调查的人群中，只有五分之一的儿童来自无烟家庭。

E. 成年中耳炎患者来自二手烟家庭的比例只有 30%。

【第 1 步 识别论证类型】

题干：80% 的儿童中耳炎患者均来自二手烟家庭，因此，父母等家人吸烟是造成儿童罹患中耳炎的重要原因。

观察题干可知，论据是一个现象，而论点是对该现象的原因的分析。同时，题干的论据和选项均涉及百分比，故此题为现象原因模型（百分比对比型）。

【第 2 步 套用母题方法】

A 项，无关选项，题干不涉及无烟家庭占比的变化趋势。

B 项，无关选项，题干不涉及二手烟家庭中儿童中耳炎的治愈率。

C 项，无关选项，题干不涉及儿童中耳炎就诊人数的占比情况。

D 项，此项指出在所有被调查儿童中，80% 的儿童来自吸烟家庭，同比削弱，故此项可以削弱题干。

使用赋值法证明：假设共有 1 000 名儿童，其中 200 人患中耳炎，则未患中耳炎的共有 800 人，由 D 项可知，吸烟家庭的儿童数量也恰好为 800 人，则有下表：

1 000 名儿童	患中耳炎 200 人	未患中耳炎 800 人
吸烟家庭	160 人	640 人
不吸烟家庭	40 人	160 人

故，吸烟家庭儿童中耳炎发病率为 $\frac{160}{800}\times 100\%=20\%$，不吸烟家庭儿童中耳炎发病率为 $\frac{40}{200}\times 100\%=20\%$。可见，吸烟家庭和不吸烟家庭中，中耳炎发病率是一致的，即：父母等家人吸烟并不是造成儿童罹患中耳炎的重要原因。

E 项，无关选项，题干的论证对象是“儿童中耳炎患者”，而此项的论证对象是“成年中耳炎患者”。（干扰项·对象不一致）

【答案】D

2 据世界卫生组织 1995 年的调查报告显示，70% 的肺癌患者有吸烟史，其中有 80% 的人吸烟史多于 10 年。这说明吸烟会增加人们患肺癌的危险。

以下哪项最能支持上述论断？

A. 1950 年至 1970 年期间男性吸烟者人数增加较快，女性吸烟者也有增加。

B. 虽然各国对吸烟有害进行了大力宣传，但自 20 世纪 50 年代以来，吸烟者所占的比例还是呈明显的逐年上升的趋势。到 20 世纪 90 年代，成人吸烟者达到成人数的 50%。

C. 没有吸烟史的人数在 1995 年超过了人口总数的 40%。

D. 1995 年未成年吸烟者的人数也在增加，成为一个令人挠头的社会问题。

E. 医学科研工作者已经用动物实验发现了尼古丁的致癌作用，并从事开发预防药物的研究。

【第 1 步 识别论证类型】

题干：70% 的肺癌患者有吸烟史，其中有 80% 的人吸烟史多于 10 年，这说明，吸烟会增加人们患肺癌的危险。

观察题干可知，论据是一个现象，而论点是对该现象的原因的分析。此时，我们可以将题干中的“这说明”，替换为“这是因为”。同时，题干的论据和选项均涉及百分比，故此题为现象原因模型（百分比对比型）。

【第 2 步 套用母题方法】

百分比对比型的题目，可直接使用秒杀口诀“同比削弱，差比加强”。

肺癌患者：70% 有吸烟史；

C 项，所有人：40% 没有吸烟史；

支持：吸烟增加人们患肺癌的危险。

A、B、D 项中的“女性吸烟者”“成人吸烟者”“未成年吸烟者”，都是部分人的情况，难以说明所有吸烟者的情况。

E 项，烟草中含有尼古丁是生活中的知识，而不是由此项直接得出的信息，故由此项只能肯定“尼古丁”与肺癌的关系，但并不能直接肯定“吸烟”与肺癌的关系。

【答案】C

母题变式 21.4 现象原因模型：共变法型

母题技巧

第 1 步 识别论证类型	题干结构（1）：共生现象找因果。 题干指出两个现象同时发生，就说明这两个现象之间有因果关系。 题干结构（2）：共变现象找因果。 题干指出两个现象之间存在共变（常用关联词：越……越……），就说明这两个现象之间有因果关系。 题干结构（3）：三组现象找因果。 题干中存在三组对象的对比实验，观察这三组对象中是否存在共变因素，从而确定因果关系。

续表

第 2 步 套用母题方法

在共变法模型中，常见以下分析角度：

角度	说明	削弱	支持 / 假设
因果倒置	共变法中，两种现象 A 和 B 存在共生或者共变关系，那么到底 A 是 B 的原因，还是 B 是 A 的原因？	因果倒置。	排除因果倒置的可能。
存在共因	存在共变的两个现象之间可能没有因果关系，而是另有一个共同原因，导致了两个现象同时出现。	存在共因。	一般不从这个角度命题。
另有他因	看题干中的实验设计是否严谨，是否存在其他因素影响实验结果。	另有他因。	排除他因。
因果关系	共变法是求因果五法之一，目的是找原因，因此从大方向上来说，它是现象原因模型。故现象原因模型（基本型）中的削弱、支持、假设方法在此处都适用。	同现象原因模型（基本型）。	同现象原因模型（基本型）。

【共变法模型的母题技巧】

三组对比越来越，此题考点是共变。

先看倒置和共因，再看他因和因果。

典型例题

1 汉武市进行了一项针对喝酒与肝癌的调查。被调查者被分为了三组：第一组对象的饮酒史为 20 年以上；第二组对象的饮酒史为 10~20 年；第三组对象的饮酒史为 10 年以下。调查结果显示，三组对象的肝癌发病率分别为 1.2%，0.7% 和 0.5%。因此，肝癌的发病率与喝酒有关。

以下哪项如果为真，最能削弱以上结论？

A. 医生尚不能说明为什么喝酒会导致肝癌。

B. 三组调查对象的人数分别为 1 980 人，1 480 人，1 200 人。

C. 停止喝酒并不能帮助肝癌的治疗。

D. 被调查对象的年龄均在 60 岁以上。

E. 三组调查对象的父辈中，肝癌的发病率分别为 2.3%，1.7% 和 0.8%。

【第 1 步 识别论证类型】

题干：三组对象中，饮酒史越长，肝癌的发病率越高 $\xrightarrow[\text{证明}]{}$ 肝癌的发病率与喝酒有关。

论据中出现三组实验对象的共变关系，故此题为现象原因模型（共变法型）。

【第 2 步 套用母题方法】

A 项，支持题干，此项中医生不能确定的是喝酒会导致肝癌的“原因”，但是肯定了“喝酒会导致肝癌”。

B 项，无关选项，计算发病率时需要用到总人数，但总人数的多少不是影响肝癌发病率的原因。

C 项，无关选项，题干讨论的是肝癌的“原因”，而此项讨论的是肝癌的“治疗”。（干扰项·话题不一致）

D 项，支持题干，排除了年龄差异导致肝癌发病率不同的可能。

E 项，另有其他共变因素：父辈肝癌发病率不同，说明可能是遗传因素导致了肝癌发病率不同，削弱题干。

【答案】E

2 某研究人员发现，按体重比例来看，儿童比成人吸收的糖类多，儿童比成人运动的更多。于是他得出结论，糖类的吸收和不同程度的运动所需要的热量是成正比的。

以下哪项如果是真的，则最能构成对上述观点的质疑？

A. 对于公众体育项目政府人均投入较多的国家，人均糖类消费也较高。

B. 不参加有组织的体育运动的儿童一般比参加此类运动的儿童糖类吃得多。

C. 身体生长的阶段比平时更需要大量的糖类消耗。

D. 增加糖类摄入是为长跑竞赛做准备的运动员普遍采用的一种战术。

E. 尽管为保持身体健康糖类是必需品，但是糖类消耗多的人不一定是健康的。

【第 1 步　识别论证类型】

题干：按体重比例来看，儿童比成人吸收的糖类多，儿童比成人运动的更多 $\xrightarrow{\text{证明}}$ 糖类的吸收和不同程度的运动所需要的热量是成正比的。

题干的论据两种现象同时出现：①儿童比成人运动的更多；②儿童比成人吸收的糖类多。符合共变法模型的特点，故此题为现象原因模型（共变法型）。

【第 2 步　套用母题方法】

A 项，支持题干，说明糖类消耗和运动有关。

B 项，提供新的对照组，不参加有组织的运动的儿童反而比参加的儿童糖类吃得多，可以削弱题干。但要注意，此项中有两个问题：“不参加有组织的运动”不代表运动量更小，因为可以参加其他运动。另外，题干中说的是“糖类吸收多”，而此项是“糖类吃得多”，这是不同的概念，故此项削弱力度小。

C 项，题干使用的是共变法，认为儿童运动多导致消耗热量多，此处指出另有他因，说明身体生长是儿童糖类消耗多的原因，削弱题干。

D 项，例证法，以长跑运动员的例子来证明运动与糖类摄入量的关系，支持题干。

E 项，无关选项，题干不涉及健康问题。

【答案】C

3 近年来，立氏化妆品的销量有了明显的增长，同时，该品牌用于广告的费用也有同样明显的增长。业内人士认为，立氏化妆品销量的增长，得益于其广告的促销作用。

以下哪项如果为真，最能削弱上述结论？

A. 立氏化妆品的广告费用，并不多于其他化妆品。

B. 立氏化妆品的购买者中，很少有人注意到该品牌的广告。

C. 注意到立氏化妆品广告的人中，很少有人购买该产品。

D. 消协收到的对立氏化妆品的质量投诉多于其他化妆品。

E. 近年来，化妆品的销售总量有明显增长。

【第 1 步 识别论证类型】

题干：

立氏化妆品的销量有了明显的增长；
广告的费用也有同样明显的增长；
———————————————
故：广告的促销作用 $\xrightarrow[\text{导致}]{}$ 立氏化妆品销量的增长。

题干的论据中有两种现象同时增长，又由结论中的“得益于”一词可知结论为因果关系，故此题为现象原因模型（共变法型）。

【第 2 步 套用母题方法】

A 项，无关选项，题干不涉及立氏化妆品与其他化妆品的广告费用比较。（干扰项·比较不一致）

B 项，立氏化妆品的购买者中（有果），很少有人注意到该品牌的广告（无因），可以削弱题干。

C 项，看到了广告（有因），但很少有人购买立氏化妆品（无果），说明广告无效，削弱力度大。

比较 B 项和 C 项的力度：B 项指出有人没看广告，既然连广告都没看，就不能直接说明广告的作用；C 项说明看了广告也不买，直接说明广告无效。故 C 项力度更大。

D 项，无关选项，题干不涉及立氏化妆品与其他化妆品的质量投诉比较。（干扰项·比较不一致）

E 项，指出存在由于市场整体行情变好导致立氏化妆品的销量增加的可能，但这并不能直接否定广告的作用，故此项削弱力度小。

【答案】C

4 人们经常能回忆起在感冒前有冷的感觉。这就支持了这样一种假设：感冒是（至少有时候是）由着凉引起的，是寒冷使病毒（如果存在的话）感染人体。

下面哪项如果正确，将最严重地削弱上述论据的说服力？

A. 着凉是一种压力，而压力会削弱防止人体染病的人体免疫系统的抵御能力。

B. 病毒存在于人体内数日后，引起的第一个症状就是冷的感觉。

C. 先受累然后着凉的人比不受累只受凉的人更容易患重感冒。

D. 有些患感冒的人并不知道是什么引发了他们感冒。

E. 病毒并不总是存在于环境中，因此一个人有可能只着凉而不得感冒。

【第 1 步 识别论证类型】

锁定关键词“由……引起”“使……”，可知题干中含有因果关系。

题干：人们经常能回忆起在感冒前有冷的感觉（共同出现的现象）$\xrightarrow[\text{证明}]{}$ 感冒是由着凉引起的，是寒冷使病毒感染人体（原因）。

题干的论据是两种现象“感冒”和“冷”共同出现，论点是原因，故此题为现象原因模型（共变法型）。

【第 2 步 套用母题方法】

A 项，此项说明着凉导致压力，压力又削弱人体的抵御能力，这就解释了着凉为何会引起感冒，支持题干。

B 项，指出是病毒导致了感冒，也是病毒引起了冷的感觉，即病毒是现象“感冒”和“冷”的共同原因，而不是着凉引起了感冒，共因削弱。

C 项，无关选项，因为题干涉及的是“感冒”，而此项涉及的是“重感冒”。（干扰项·对象不一致）

D 项，无关选项，“知道”是主观的，无法削弱事实。（干扰项·诉诸主观）

E 项，不能削弱题干，因为着凉后“有可能”不感冒，只能削弱着凉“必然”会感冒，但不能削弱着凉“有时候”会引起感冒。（干扰项·不当反例之“可能不”）

【答案】B

母题变式 21.5　现象原因模型：剩余法型

母题技巧

第 1 步 识别论证类型	题干结构（1）：某现象有两个可能的原因，排除了原因 A，证明是原因 B。 题干结构（2）：排除了某现象的所有已知原因，说明还存在其他原因。
第 2 步 套用母题方法	剩余法其实就是排除法在因果关系中的应用，利用排除法的原理秒杀即可。可以参考“演绎论证模型（选言论证）”。

典型例题

1 经过长时间的统计研究，人们发现了一个极为有趣的事实：大部分的男性数学家都是长子。有人认为，长子天生的数学才华相对而言更强些。但是，近年来科学家的研究结果却推翻了这种观点。显然，存在别的某种原因造成了这种现象。

以下哪项如果为真，能支持上述结论？

A. 女性中也有很多人有很高的数学才华。

B. 长子受到了更好的家庭教育。

C. 长子能够接受更多的来自父母的数学能力的遗传。

D. 伟大的数学家高斯的长子欧根不喜欢读书，也没有成为数学家。

E. 长子中有很多人并没有成为数学家。

【第 1 步　识别论证类型】

题干：科学家的研究结果推翻了这种观点（长子天生的数学才华相对而言更强些），显然，存在别的某种原因造成了这种现象。

题干中排除了一种原因，推出还有其他原因，故为现象原因模型（剩余法型）。

【第 2 步　套用母题方法】

A 项，无关选项，题干讨论的是“男性数学家”，此项讨论的是“女性”。

B 项，长子受到了更好的家庭教育（另有他因）从而使他们更多的成为数学家，说明确实存在别的原因，直接支持题干的结论。

C 项，支持了题干中“长子天生的数学才华相对而言更强些”这一观点，从而削弱了题干的结论。

D 项，此项是个例，不能很好地支持或削弱题干。

E 项，题干中“大部分的男性数学家都是长子”这一现象是已经发生了的客观事实，此项试图质疑这一事实。故不能削弱或支持题干。

【答案】B

2 小儿神经性皮炎一直被认为是由母乳过敏引起的。但是，如果我们让患儿停止进食母乳而改用牛乳，他们的神经性皮炎并不能因此而消失。因此，显然存在别的某种原因引起小儿神经性皮炎。

下列哪项如果为真，最能削弱上述论证？

A. 牛乳有时也会引起过敏。

B. 小儿神经性皮炎属于顽症，一旦发生，很难在短期内治愈。

C. 小儿神经性皮炎的患者大多有家族史。

D. 母乳比牛乳更易于被婴儿吸收。

E. 小儿神经性皮炎大多发生在有过敏体质的婴儿中。

【第 1 步　识别论证类型】

题干：让患儿停止进食母乳而改用牛乳，他们的神经性皮炎并不能因此而消失 $\xrightarrow{\text{证明}}$ 存在别的某种原因（不是母乳）引起小儿神经性皮炎。

题干通过排除小儿神经性皮炎的原因是“母乳”，从而肯定“存在别的某种原因”引起小儿神经性皮炎。故此题为现象原因模型（剩余法型）。

【第 2 步　套用母题方法】

A 项，支持题干，说明有可能是“牛乳”这一其他原因引起小儿神经性皮炎。

B 项，此项如果为真，说明有可能是“母乳”引起小儿神经性皮炎后一直未治愈，所以此时让患儿停止进食母乳而改用牛乳后症状也不会消失，从而说明题干的论证并没有排除“母乳”这一原因，削弱题干。

C 项，支持题干，说明有可能是“家族史”这一其他原因引起小儿神经性皮炎。

D 项，无关选项，题干不涉及母乳与牛乳哪个更容易“吸收”。（干扰项·比较不一致）

E 项，支持题干，说明有可能是“过敏体质”这一其他原因引起小儿神经性皮炎。

【答案】B

母题变式 21.6　现象原因模型：求同法型

母题技巧

第 1 步 识别论证类型	题干特点： 论据：在某现象出现的两个场合中，有一个共同因素。 结论：这一共同因素是该现象的原因。
第 2 步 套用母题方法	求同法主要考削弱题，削弱方法如下： 方法一：另有其他共同因素。 如果在这两个场合中，还有其他可能导致这一现象出现的共同因素，即可削弱题干。 方法二：削弱因果。 求同法也是找原因的方法，故可以用削弱因果的方法进行削弱。

典型例题

1 某公司为了提高公司运营效率，尝试进行制度改革。先在行政部、财务部和人力资源部三个部门进行试点，如果效果好，则在全公司推广。具体方案：要求这三个部门的人每天提前一个小时到岗，观察其工作效率的变化。经过一个月的试点，发现这三个部门的工作效率都比之前有很大提高。公司领导认为改革措施效果很好，准备在全公司推广。

以下哪项如果为真，最能削弱上述结论？

A. 有的员工抱怨提前一个小时到岗，影响了正常的休息。

B. 每个人的适应能力不同，很大一部分的员工需要至少半个月时间去调整作息习惯。

C. 这三个部门的员工在制度改革前，集体参加了公司组织的内训，专门学习如何提高工作效率。

D. 为了更好地落实改革，公司需要每天多支付 1 个小时的薪酬，这对公司来说是一笔不小的开支。

E. 对于延长员工工作时间的做法，最近在网上引起了网友的广泛讨论，很多人在网上吐槽认为这种做法降低了员工的幸福满意度。

【第 1 步 识别论证类型】

题干：经过一个月的试点，发现这三个部门的工作效率都比之前有很大提高。公司领导认为：改革措施效果很好，准备在全公司推广。

题干通过找到三个部门共同的原因：提前一个小时到岗，来确定提高工作效率的原因，故此题为现象原因模型（求同法型）。

【第 2 步 套用母题方法】

A 项，无关选项，题干不涉及员工对于改革的态度。

B 项，不能削弱，半个月的缓冲期并不能说明改革无效。

C 项，削弱题干，此项通过指出存在其他共同因素，即集体参加了公司组织的内训，因此效率的提升可能不是因为改革，而是因为内训。

D 项，两可选项，这笔开支相对于效率的提升，是开支大于收益还是收益大于开支并不明确。

E 项，无关选项，题干不涉及众多网友的态度。（干扰项 · 诉诸众人）

干扰项 · 诉诸众人

试图用众人的观点或情况，而不是用逻辑来说服别人，这就犯了诉诸众人的逻辑错误。

【答案】C

母题变式 21.7 现象原因模型：求同求异共用法型

母题技巧

第 1 步 识别论证类型	题干特点：题干中既出现求同，也出现求异。
第 2 步 套用母题方法	用现象原因模型（求异法型）及现象原因模型（求同法型）的解题方法进行解题即可。

典型例题

1 某研究人员分别用新鲜的蜂王浆和已经存放了30天的蜂王浆喂养蜜蜂幼虫，结果显示：用新鲜蜂王浆喂养的幼虫成长为蜂王。进一步研究发现，新鲜蜂王浆中有一种叫作"royalactin"的蛋白质能促进生长激素的分泌量，使幼虫出现体格变大、卵巢发达等蜂王的特征，研究人员用这种蛋白质喂养果蝇，果蝇也同样出现体长、产卵数和寿命等方面的增长，说明这一蛋白质对生物特征的影响是跨物种的。

以下哪项如果为真，可以支持上述研究人员的发现？

A. 蜂群中的工蜂、蜂王都是雌性且基因相同，其幼虫没有区别。

B. 蜜蜂和果蝇的基因差别不大，它们有许多相同的生物学特征。

C. "royalactin"只能短期存放，时间一长就会分解为别的物质。

D. 能成长为蜂王的蜜蜂幼虫的食物是蜂王浆，而其他幼虫的食物只是花粉和蜂蜜。

E. 名为"royalactin"的这种蛋白质具有雌性激素的功能。

【第1步 识别论证类型】

题干中有三个研究：

研究1是对比实验：

第一组：喂新鲜的蜂王浆，成长为蜂王；
第二组：喂存放了30天的蜂王浆，没有成长为蜂王。

所以，新鲜的蜂王浆可使蜜蜂幼虫成长为蜂王。

研究2：新鲜蜂王浆中的"royalactin"蛋白质能促进生长激素的分泌量，使幼虫出现蜂王特征。也就是说，研究人员认为，是"royalactin"蛋白质使蜜蜂幼虫出现蜂王特征。

研究3：用"royalactin"蛋白质喂养果蝇，果蝇也出现体长、产卵数和寿命等方面的增长，说明这一蛋白质对生物特征的影响是跨物种的。

研究1构造两组对比实验，利用求异法得到因果关系，研究2又再次确定了该因果关系，多组不同的实验进行求同，可确定"royalactin"蛋白质的作用，故此题为现象原因模型（求同求异共用法型）。

【第2步 套用母题方法】

快速秒杀方法：

观察题干的三个研究，可以发现这些研究是为了确定"royalactin"蛋白质的作用，锁定这个论证对象，可以排除A、B、D三项。E项将题干中的"生长激素"偷换成了"雌性激素"，可排除。故C项正确。

逐项分析：

A项，支持题干，排除工蜂和蜂王的区别是基因所致的可能性，排除他因，但力度较小。

排除他因的力度判断

排除他因的力度大小，关键在于是否将所有的可能全部排除。看下面两个例子：

例 1. 张三的死因只有两种可能：自杀或者他杀。警方通过调查后排除了张三自杀的可能（排除他因），因此，张三死于他杀。

【分析】此例中的排除他因是非常有力度的，因为死因只有两种可能，排除其中一种就肯定了另外一种。

例 2. 张三不是死于肺癌（排除他因），因此，张三死于心脏病。

【分析】此例中的排除他因没有力度，因为，张三的死因有很多可能，即使不是死于肺癌，他也未必死于心脏病。例如他可能死于脑血栓、车祸、跳楼，等等。

B 项，说明蜜蜂和果蝇的基因差别不大，但并不能由此肯定“royalactin”蛋白质的作用，故此项不能很好地支持题干。

C 项，指出“royalactin”只能短期存放，时间一长就会分解为别的物质，这就解释了为什么新鲜蜂王浆可以让蜜蜂成长为蜂王而存放了 30 天的蜂王浆不能，故此项支持题干中的研究。

D 项，无关选项，题干是“新鲜的蜂王浆”与“存放了 30 天的蜂王浆”之间的对比，而此项说的是“蜂王浆”与“花粉和蜂蜜”之间的对比。

E 项，此项将题干中的“生长激素”偷换成了“雌性激素”，排除。

【答案】C

母题变式 21.8 现象原因模型的专有题型：解释题

母题技巧

第 1 步 **找到待解释的现象**	题干的提问方式为： “以下哪项如果为真，最有助于解释上述表面上的矛盾现象？” “以下哪项如果为真，最有助于解释上述现象？” “以下哪项如果为真，最有助于解释上述差异？”
第 2 步 **套用母题方法**	（1）解释差异 此类题的题干会出现两个不同的对象，同一事件在这两个对象上发生时，产生了结果上的差异。此时的解法为：找差异，即，找到两个对象之间的差异点，这个差异点会导致题干中结果的差异。 （2）解释矛盾 此类题的题干会出现两个看似矛盾、实则不矛盾的现象。我们要找到题干的矛盾点在哪里，正确的选项可以化解这个矛盾。 （3）解释现象 题干中直接描述一种现象。我们要找到题干中现象的原因。

续表

说明： 解释题一般默认题干中的差异、矛盾、现象已经发生，是已知事实。我们要解释题干差异、矛盾、现象发生的原因，而非支持或削弱题干。

典型例题

1 剪除的干草在土壤中逐渐腐烂，提供养料和产生土壤中的有益细菌，这有利于植物的生长。但是被剪除的如果是新鲜青草的话，则结果会不利于植物的生长。

以下哪项如果为真，则最能解释上述现象？

A. 任何植物在土壤中腐烂都会增加土壤中的有益细菌。

B. 干草腐烂后形成的养料能立即被土壤中的有益细菌吸收。

C. 新鲜青草被剪除后在土壤中比干草腐烂得更快。

D. 新鲜青草在土壤中腐烂时会产生高温，一些土壤中的有益细菌在这样的高温下难以生存。

E. 如果把剪除的干草和新鲜青草混合起来在土壤中腐烂，结果则不利于植物的生长。

【第 1 步 找到待解释的现象】

题干：剪除的干草在土壤中逐渐腐烂，有利于植物的生长；但是，被剪除的如果是新鲜青草的话，则结果会不利于植物的生长。

【第 2 步 套用母题方法】

A 项，说明不管是干草还是新鲜青草都有利于植物生长，加剧题干中的矛盾。

B 项，可以解释剪除的干草有利于植物的生长，但无法解释剪除的新鲜青草不利于植物的生长。

C 项，新鲜青草腐烂得更快，但不确定这对于植物有利还是无利，故不能解释题干。

D 项，说明新鲜青草腐烂时产生的高温杀死了土壤中的有益细菌，故不利于植物生长，可以解释。

E 项，无关选项，题干是对剪除的干草和剪除的新鲜青草对植物生长影响的比较，没有涉及混合起来的情况。

【答案】D

2 经济学家与考古学家就货币的问题展开了争论。

经济学家：在所有使用货币的文明中，无论货币以何种形式存在，它都是因为其稀缺性而产生其价值的。

考古学家：在索罗斯岛上，人们用贝壳作货币，可是该岛上贝壳遍布海滩，随手就能拾到。

下面哪一项能对两位专家的论述之间的矛盾作出解释？

A. 索罗斯岛上居民节日期间在亲密的朋友之间互换货币，以示庆祝。

B. 索罗斯岛上的居民认为鲸牙很珍贵，他们把鲸牙串起来当作首饰。

C. 索罗斯岛上的男女居民使用不同种类的贝壳作货币，交换各自喜爱的商品。

D. 索罗斯岛上的居民只使用由专门工匠加工的有美丽花纹的贝壳作货币。

E. 即使在西方人将贵金属货币带到索罗斯岛之后，贝壳仍然是商品交换的媒介物。

【第 1 步　找到待解释的现象】

题干：稀缺性物品才可以作为货币，但是，索罗斯岛上的人们以贝壳作货币，贝壳却遍布海滩。

【第 2 步　套用母题方法】

A 项，无关选项，此项只能说明货币的作用，但未说明索罗斯岛上的人们为什么以贝壳作货币。

B 项，无关选项，题干不涉及“鲸牙”。

D 项，说明贝壳虽然不稀缺，但是索罗斯岛上的居民使用的是经过专门工匠加工后的贝壳，因此这种专门制作的贝壳，作为货币是具有稀缺性的，可以解释题干。

C、E 项，不能解释，这两项描述了索罗斯岛上的居民以贝壳作为货币这一现象，但未解释这一现象的原因。

【答案】D

3 科学家：就像地球一样，金星内部也有一个炽热的熔岩核，随着金星的自转和公转会释放巨大的热量。地球是通过板块构造运动产生的火山喷发来释放内部热量的，在金星上却没有像板块构造运动那样造成的火山喷发现象，令人困惑。

如果以下陈述为真，则哪一项对科学家的困惑给出了最佳的解释?

A. 金星自转缓慢而且其外壳比地球的薄得多，便于内部热量向外释放。

B. 金星大气中的二氧化碳所造成的温室效应使其地表温度高达 485℃。

C. 由于受高温高压的作用，金星表面的岩石比地球表面的岩石更坚硬。

D. 金星内核的熔岩运动曾经有过比地球的熔岩运动更剧烈的温度波动。

E. 金星与太阳的距离比地球与太阳的距离更近。

【第 1 步　找到待解释的现象】

金星与地球的相同点：内部有一个炽热的熔岩核，会释放巨大的热量。

金星与地球的差异点：地球通过火山喷发释放内部热量，金星上没有火山喷发现象。

题干涉及金星与地球两个对象在释放内部热量上存在差异，故需要找出二者之间的差异。

【第 2 步　套用母题方法】

A 项，说明金星自转缓慢且外壳比地球薄，便于内部热量向外释放，因此不再需要通过火山喷发释放内部热量，可以解释。

B 项，无关选项，题干涉及的是“释放内部热量”，而此项涉及的是“地表温度”。

C 项，加剧题干的矛盾，金星内部释放巨大的热量，而金星表面的岩石又坚硬，这就可能会形成爆炸或更严重的火山喷发。

D 项，无关选项，题干不涉及“温度波动”。

E 项，无关选项，与太阳的距离远近可能影响表面温度，但与内部热量的释放无关。

【答案】A

4 美国某大学医学院的研究人员在《小儿科》杂志上发表论文指出，在对 2 702 个家庭的孩子进行跟踪调查后发现，如果孩子在 5 岁前每天看电视超过 2 小时，他们长大后出现行为问题的风险将会增加 1 倍多。所谓行为问题是指性格孤僻、言行粗鲁、侵犯他人、难与他人合作等。

以下哪项最好地解释了以上论述?

A. 电视节目会使孩子产生好奇心，容易导致孩子出现暴力倾向。

B. 电视节目中有不少内容容易使孩子长时间处于紧张、恐惧的状态。

C. 看电视时间过长，会影响孩子与其他人的交往，久而久之，孩子便会缺乏与他人打交道的经验。

D. 儿童模仿能力强，如果只对电视节目感兴趣，长此以往，会阻碍他们分析能力的发展。

E. 每天长时间地看电视，容易使孩子神经系统产生疲劳，影响身心发展。

【第 1 步　找到待解释的现象】

题干：如果孩子在 5 岁前每天看电视超过 2 小时，他们长大后出现行为问题（性格孤僻、言行粗鲁、侵犯他人、难与他人合作等）的风险将会增加 1 倍多。

【第 2 步　套用母题方法】

题干中的“每天看电视超过 2 小时”会引发行为问题，而不是“看电视”会引发行为问题。因此，锁定“长时间”，可知此题要从 C 项和 E 项中选。

C 项，说明长时间看电视会导致孩子缺乏与他人打交道的经验，由此易引发性格孤僻、难与他人合作等行为问题，可以解释题干。

E 项，说明长时间看电视会影响身心发展，但影响身心发展的后果未必是产生行为问题，故 E 项的解释力度不如 C 项，排除。

A、B 项，解释的是“看电视”的影响，而不是“长时间看电视”的影响，故排除。

D 项，说明“看电视”影响的是“分析能力”，而不是“行为问题”，故排除。

【答案】C

5 大气和云层既可以折射也可以吸收部分太阳光，约有一半照射到地球的太阳光能被地球表面的土地和水面吸收，这一热能值十分巨大。由此可以得出：地球将会逐渐升温以致融化。然而，幸亏有一个可以抵消此作用的因素，即：

以下哪项作为上述的后续最为恰当？

A. 地球发散到外空的热能值与其吸收的热能值相近。

B. 通过季风与洋流，地球赤道的热向两极方向扩散。

C. 在日食期间，由于月球的阻挡，照射到地球的太阳光线明显减少。

D. 地球核心因为热能积聚而一直呈熔岩状态。

E. 由于二氧化碳排放增加，地球的温室效应引人关注。

【第 1 步　找到待解释的现象】

题干：什么样的抵消因素能防止地球将会逐渐升温以致融化。

【第 2 步　套用母题方法】

A 项，指出地球发散的热能值与其吸收的热能值相近，热量散发是热量吸收的抵消因素，故此项作为题干的后续最为恰当。

B 项，地球赤道的热向两极方向扩散，但这是热量在地球自身的内部循环。因此，此项只能在地球内部分配热量，但无法实现与外部的抵消作用，故此项不能解释题干。

C 项，日食期间是特例，很少发生，且“照射到地球的太阳光线明显减少”也只能说明日食期间地球吸收的热量减少，而并不是热量吸收的抵消因素，故此项不能解释题干。

D 项，无关选项，题干讨论的是“地球表面”吸收的热量，而此项讨论的是“地球核心”的热量。

E 项，“温室效应”引人关注，说明地球的温度并未被抵消（即降低），反而升高，故排除此项。

【答案】A

6 经对交通事故的调查发现，严查酒驾的城市和不严查酒驾的城市，交通事故发生率实际上是差不多的。然而，多数专家认为：严查酒驾确实能降低交通事故的发生。

以下哪项对消除这种不一致最有帮助？

A. 严查酒驾的城市交通事故发生率曾经都很高。

B. 实行严查酒驾的城市并没有消除酒驾。

C. 提高司机的交通安全意识比严格管理更为重要。

D. 除了严查酒驾外，对其他交通违章也应该制止。

E. 小城市和大城市交通事故的发生率是不一样的。

【第 1 步　找到待解释的现象】

锁定“然而”一词，可知前后出现了看似矛盾的现象或差异。

题干：严查酒驾和不严查酒驾的城市，交通事故发生率差不多。然而，多数专家却认为，严查酒驾可以降低交通事故的发生。

【第 2 步　套用母题方法】

A 项，说明严查酒驾的城市之前交通事故发生率更高，通过严查酒驾，使该城市的交通事故发生率降到了较低的水平，可以解释题干。

B 项，无关选项，题干讨论的是严查酒驾是否能“降低事故发生率”，而不涉及是否能“消除酒驾”。

C 项，无关选项，题干的论证不涉及“提高交通安全意识”。

D 项，无关选项，题干的论证不涉及“其他交通违章”。

E 项，无关选项，题干的论证不涉及“小城市和大城市”的比较。

【答案】A

7 某国有一家非常受欢迎的冰淇淋店，最近将一种冰淇淋的单价从过去的1.8元提高到2元，销售仍然不错。然而，在提价一周之内，几个雇员陆续辞职不干了。

下列哪项最能解释上述现象？

A. 提价后顾客不再像过去那样能将剩下的零钱作为小费。

B. 提高价格使该店不能继续保持其冰淇淋良好的市场占有率。

C. 尽管冰淇淋涨价了，老主顾们依然经常光顾该店。

D. 尽管提了价，该店的冰淇淋仍然比其他商店卖得便宜。

E. 冰淇淋的提价对店员们的工资水平并没有影响。

【第 1 步　找到待解释的现象】

锁定“然而”一词，可知前后出现了看似矛盾的现象或差异。

题干：一种冰淇淋的单价从过去的 1.8 元提高到 2 元，销售仍然不错。然而，在提价一周之内，几个雇员陆续辞职不干了。

【第 2 步　套用母题方法】

A 项，说明涨价前雇员可以得到小费，而涨价后得不到小费了，因此辞职，可以解释。

B、C、D项，均与雇员的情况无关。

E项，说明涨价对雇员的工资水平没有影响，所以此项不能解释雇员为什么辞职。

【答案】A

8 一则关于许多苹果都含有一种致癌防腐剂的报道，对消费者产生的影响极小。几乎没有消费者打算改变他们购买苹果的习惯。尽管如此，在报道一个月后的三月份，食品杂货店的苹果销售量大大地下降了。

下列哪项如果为真，能最好地解释上述明显的差异？

A. 在三月份里，许多食品杂货商为了显示他们对消费者健康的关心，移走了货架上的苹果。

B. 由于大量的食物安全警告，到了三月份，消费者已对这类警告漠不关心。

C. 除了报纸以外，电视上也出现了这个报道。

D. 尽管这种防腐剂也用在别的水果上，但是，这则报道没有提到。

E. 卫生部门的官员认为，由于苹果上仅含有少量的该种防腐剂，因此，不会对健康有威胁。

【第1步 找到待解释的现象】

锁定“尽管如此”一词，可知前后出现了看似矛盾的现象或差异。

题干：消费者并没有因为那则关于许多苹果都含有一种致癌防腐剂的报道而改变他们购买苹果的习惯，尽管如此，在报道一个月后的三月份，食品杂货店的苹果销售量大大地下降了。

【第2步 套用母题方法】

A项，可以解释，虽然消费者还愿意买，但是食品杂货商不再卖苹果，导致苹果销售量下降。

B项，消费者对这类警告漠不关心，说明这类警告不会影响苹果销量，加剧题干的矛盾。

C项，不能解释题干，此项试图说明这则报道通过电视影响了消费者的购买习惯，这与“几乎没有消费者打算改变他们购买苹果的习惯”相矛盾。要注意，解释题只能解释题干，不能质疑题干。

D项，无关选项，题干不涉及“别的水果”。

E项，无关选项，“官员”的观点并不直接影响消费者的选择。

【答案】A

9 近期的干旱和高温，导致海湾盐度增加，引起了许多鱼的死亡。虾虽然可以适应高盐度，但盐度高也给养虾场带来了不幸。

以下哪项如果为真，能够提供解释以上现象的原因？

A. 一些鱼会游到低盐度的海域去，来逃脱死亡的厄运。

B. 持续的干旱会使海湾的水位下降，这已经引起了有关机构的注意。

C. 幼虾吃的有机物在盐度高的环境下几乎难以存活。

D. 水温升高会使虾更快速地繁殖。

E. 鱼多的海湾往往虾也多，虾少的海湾鱼也少。

【第1步 找到待解释的现象】

锁定“但”一词，可知前后出现了看似矛盾的现象或差异。

题干：虾虽然可以适应高盐度，但是，盐度高也给养虾场带来了不幸。

【第2步 套用母题方法】

A项，无关选项，题干讨论的是“虾”，而不是“鱼”。

B 项，不能解释，由此项不确定水位下降对养虾场的影响。

C 项，说明盐度高会造成幼虾没有食物可吃，从而给养虾场带来了不幸，可以解释题干。

D 项，无关选项，题干讨论的是“盐度高”对养虾场的影响，而此项讨论的是“水温高”。

E 项，无关选项，此项描述了鱼和虾数量的关系，但不涉及“盐度高”对养虾场的影响。

【答案】C

10 一所大学的经济系最近做的一次调查表明，教师的加薪常伴随着全国范围内平均酒类消费量的增加。从 2005 年到 2010 年，教师工资平均上涨 12%，酒类销售量增加 11.5%。从 2011 年到 2015 年，教师工资平均上涨 14%，酒类销售量增加 13.4%。从 2016 年到 2020 年，酒类销售量增加 15%，而教师平均工资也上涨 15.5%。

以下哪项最为恰当地说明了文中引用的调查结果？

A. 当教师有了更多的可支配收入，他们喜欢把多余的钱花费在饮酒上。

B. 教师所得越多，花在买书上的钱就越多。

C. 由于教师增加了，人口也就增加了，酒类消费者也会因此而增加。

D. 在文中所涉及的时期里，乡镇酒厂增加了很多。

E. 从 2005 年至 2020 年，人民生活水平提高了，酒类消费量和教师工资也增加了。

【第 1 步　找到待解释的现象】

题干：教师的加薪常伴随着全国范围内平均酒类消费量的增加。

【第 2 步　套用母题方法】

题干中两个现象存在共变关系：教师收入越高，酒类消费量越多。根据共变法所学的知识，可知共变的两个现象，常见两种可能：（1）两种现象之间有因果关系；（2）由另外一种原因导致了这两种现象的发生。

A 项，干扰项，因为教师仅仅是酒类消费人群中很小的一部分，如果仅仅是教师收入增加这一原因，无法推动酒类消费同比例增长。

B 项，无关选项，题干不涉及“买书”。

C 项，无关选项，题干讨论的是“教师收入增加”，而此项讨论的是“教师人数增加”。

D 项，此项只能解释酒类的供给增加了，但无法解释教师收入和酒类消费的共变关系。

E 项，说明是人民生活水平提高（共因），导致了教师的加薪和酒类消费量的增加，可以解释。

【答案】E

11 达里湖是由火山喷发而形成的高原堰塞湖，生活在半咸水湖里的华子鱼——瓦氏雅罗鱼，像生活在海中的鲑鱼一样，必须洄游到淡水河的上游产卵繁育。尽管目前注入达里湖的四条河流都是内陆河，没有一条河流通向海洋，科学家们仍然确信：达里湖的华子鱼最初是从海洋迁徙而来的。

以下哪一项陈述如果为真，能对科学家的信念提供最佳的解释？

A. 生活在黑龙江等水域的雅罗鱼比达里湖的瓦氏雅罗鱼个头大一倍。

B. 捕捞出的华子鱼放入海水或淡水中只能存活一两天，死后迅速腐坏。

C. 达里湖与海洋的距离并没有过于遥远。

D. 科研人员将达里湖华子鱼的鱼苗放入远隔千里的柒盖淖，养殖成功。

E. 冰川融化形成达里湖，溢出的湖水曾与流入海洋的辽河相连。

【第1步 找到待解释的现象】

题干：目前注入达里湖的四条河流都是内陆河，没有一条河流通向海洋，科学家们仍然确信达里湖的华子鱼最初是从海洋迁徙而来的。

【第2步 套用母题方法】

A项，无关选项，题干不涉及生活在黑龙江等水域的雅罗鱼和达里湖的瓦氏雅罗鱼之间的比较。(干扰项·比较不一致)

B项，无关选项，题干只涉及华子鱼的来源，不涉及现在的华子鱼的情况。

C项，不能解释，达里湖与海洋的距离“没有过于遥远”，也无法说明华子鱼可以从海洋进入达里湖。

D项，无关选项，题干只涉及华子鱼的来源，不涉及华子鱼的养殖。

E项，可以解释，此项说明达里湖曾与海洋相连，这就解释了湖中的华子鱼来自海洋。

【答案】E

12 最近，有几百只海豹因吃了受到化学物质污染的一种鱼而死亡。这种化学物质即使量很少，也能使哺乳动物中毒。然而人吃了这种鱼却没有中毒。

以下哪项如果正确，则最有助于解释上面陈述中的矛盾？

A. 受到这种化学物质污染的鱼本身并没有受到化学物质的伤害。

B. 有毒的化学物质聚集在那些海豹吃而人不吃的鱼的部位。

C. 在某些既不吃鱼也不吃鱼制品的人体内，也发现了微量的这种化学毒物。

D. 被这种化学物质污染的鱼只占海豹总进食量的很少一部分。

E. 人类和海豹的消化系统有很大差别。

【第1步 找到待解释的现象】

锁定“然而”一词，可知前后出现了看似矛盾的现象或差异。

题干：几百只海豹因吃了受到化学物质污染的一种鱼而死亡，然而人吃了这种鱼却没有中毒。

【第2步 套用母题方法】

题干涉及两个对象“海豹”与“人”。

二者的相似之处：都吃了被污染的鱼。

二者的结果差异：几百只海豹死亡，但人却没有中毒。

因此，此题要找到“海豹”与“人”的差异之处。

A项，无关选项，题干只讨论该化学物质是否伤害“海豹”与“人”，而不涉及是否伤害“鱼”。

B项，可以解释，说明有毒的部分海豹会吃，而人不会吃，所以人没有中毒。

C项，无关选项，题干仅涉及吃这种鱼是否会中毒，与不吃鱼的人无关。

D项，加剧了题干的矛盾，海豹吃得不多就引起了死亡，那为什么人却没有中毒？

E项，无法解释，消化系统的区别与是否中毒的关系不确定。

【答案】B

母题模型 22 预测结果模型

母题技巧

第 1 步 **识别论证类型**	题干特点： 题干中出现"将会""会""未来会""会导致""一定能""要"等表示对未来结果断定的词汇。
第 2 步 **套用母题方法**	削弱：给出理由，说明结果预测错误。 支持：给出理由，说明结果预测正确。 假设：优先考虑搭桥法，说明结果确实会发生；或者指出结果发生的前提。 【预测结果模型的母题技巧】 将会就会未来会，此题考点是预测。 支持削弱找理由，假设优先搭桥法。

典型例题

1 随着互联网的发展，人们的购物方式有了新的选择。很多年轻人喜欢在网络上选择自己满意的商品，通过快递送上门，购物足不出户，非常便捷。刘教授据此认为，那些实体商场的竞争力会受到互联网的冲击，在不远的将来，会有更多的网络商店取代实体商店。

以下哪项如果为真，最能削弱刘教授的观点？

A. 网络购物虽然有某些便利，但容易导致个人信息被不法分子利用。

B. 有些高档品牌的专卖店，只愿意采取街面实体商店的销售方式。

C. 网络商店与快递公司在货物丢失或损坏的赔偿方面经常互相推诿。

D. 购买黄金珠宝等贵重物品，往往需要现场挑选，且不适宜网络支付。

E. 通常情况下，网络商店只有在其实体商店的支撑下才能生存。

【第 1 步 识别论证类型】

刘教授：网络购物便捷 —预测→ 在不远的将来，会有更多的网络商店取代实体商店。

锁定关键词"将来，会有"，可知此题是预测结果模型。

【第 2 步 套用母题方法】

A、C 项，都说明网购有弊端，可以削弱，但力度很小。

B 项，"愿意"是主观描述，未必是事实，不能削弱。(干扰项 · 诉诸主观)

D 项，此项说明售卖黄金珠宝的实体店不会被网络商店取代，但不能说明不会有更多的网络商店取代实体商店。(干扰项 · 不当反例)

E 项，此项说明没有实体商店，那么网络商店也无法生存，所以实体商店不可取代，削弱题干。

【答案】E

2 化学名称为聚四氟乙烯，商用名称为特氟龙的物质被广泛用于电饭煲内胆。有研究证明，在超过 260 度的高温作用下该物质会变为毒性物质，因此有人认为电饭煲会做出“毒米饭”。

以下哪项如果为真，最能质疑上述观点？

A. 特氟龙作为涂层特别容易剥落混到食物中。

B. 特氟龙内胆的电饭煲工作温度最高为 119 度。

C. 特氟龙在高温条件下产生的毒性足以致癌。

D. 特氟龙材料还被应用到医疗、冶金等领域中。

E. 从电饭煲发明以来，还没有发现用电饭煲做出“毒米饭”的报告。

【第 1 步 识别论证类型】

题干：化学名称为聚四氟乙烯，商用名称为特氟龙的物质被广泛用于电饭煲内胆（论据①）。有研究证明，在超过 260 度的高温作用下该物质会变为毒性物质（论据②），因此有人认为电饭煲会做出“毒米饭”（论点）。

题干的论点是对结果的预测，故此题为预测结果模型。

【第 2 步 套用母题方法】

A 项，支持题干，此项说明特氟龙作为涂层容易剥落混到食物中，有会造成“毒米饭”的可能。

B 项，削弱题干，题干表示只有在超过 260 度的高温作用下该物质才会变为毒性物质，而此项说明电饭煲的工作温度最高为 119 度，远低于 260 度，因此该结果难以发生。

C 项，支持题干，此项补充论据，给出理由肯定了题干的因果关系，肯定了对于结果的预测。

D 项，无关选项，题干不涉及特氟龙材料应用的其他场景，并且这些场景的温度是否达到 260 度也不确定。

E 项，无关选项，没有发现用电饭煲做出“毒米饭”的报告无法说明电饭煲不会做出“毒米饭”。（干扰项·诉诸无知）

【答案】B

3 在目前财政拮据的情况下，在本市增加警力的动议不可取。在计算增加警力所需的经费开支时，仅考虑到支付新增警员的工资是不够的，同时还要考虑到支付法庭和监狱新雇员的工资。由于警力的增加带来的逮捕、宣判和监管任务的增加，势必需要相关部门同时增员。

以下哪项如果为真，将最有力地削弱上述论证？

A. 增加警力所需的费用，将由中央和地方财政共同负担。

B. 目前的财政状况，绝不至于拮据到连维护社会治安的费用都难以支付的地步。

C. 湖州市与本市毗邻，去年警力增加 19%，逮捕个案增加 40%，判决个案增加 13%。

D. 并非所有侦察都导致逮捕，并非所有逮捕都导致宣判，并非所有宣判都导致监禁。

E. 当警力增加到与市民的数量达到一个恰当的比例时，将减少犯罪。

【第 1 步 识别论证类型】

此题没有明显的论证结构标志词，读题干的内容可知首句是一个断定（论点），后面的话是理由，故题干的论证结构为：由于警力的增加带来的逮捕、宣判和监管任务的增加，势必需要相关部门同时增员，那么就要支付新增警员以及法庭和监狱新雇员的工资 $\xrightarrow{\text{证明}}$ 在目前财政拮据的情况下，在本市增加警力的动议不可取。

题干的论据中有关键词“势必”，意思是“未来一定会”，故论据中存在对结果的预测，此题为预测结果模型。

【第 2 步 套用母题方法】

A 项，无关选项，费用由谁来承担，与费用是否太高无关。

B 项，此项是一个表决心式的选项，此项为真并不能否定题干论证的合理性。

C 项，支持题干，举一个类似的例子，说明增加警员的确会加大法庭、监狱的负担。

D 项，此项等价于：有的侦察不导致逮捕，有的逮捕不导致宣判，有的宣判不导致监禁。“有的不”只能反驳“所有”，不能削弱题干。（干扰项 · 不当反例之“有的不”）

E 项，说明警力增加到一定程度时，反而会减少犯罪，从而削弱“势必需要相关部门同时增员”，可以削弱题干。

【答案】E

4 通常人们总认为，赞助人向博物馆赠送展品，是对博物馆的一种财政上的支持。事实上，对捐赠品的日常保管和维护是一笔昂贵的开支。这笔开支的累计，甚至很快就会超过该捐赠品的市场价。因此，这些捐赠品事实上加剧而并非减轻了博物馆的财政负担。

以下哪项如果为真，最能削弱上述论证？

A. 捐赠品中包括珍贵的历史文物。

B. 博物馆的开支主要由国家财政负担。

C. 博物馆一般只接受允许并易于出售的赠品。

D. 博物馆对藏品的保管和维护费用因藏品的等级而异。

E. 博物馆对藏品的保管和维护费用，近年来有下降的趋势。

【第 1 步 识别论证类型】

题干：对捐赠品的日常保管和维护是一笔昂贵的开支，甚至会超过该捐赠品的市场价 $\xrightarrow{\text{证明}}$ 捐赠品事实上加剧而并非减轻了博物馆的财政负担。

锁定关键词“减轻了”，一般来说，题干中出现“减轻了”这种带“了”的词汇，说明结果已经发生了，多数题都会寻找这一已经发生了的结果的原因。但此题中，捐赠品是加剧了还是减轻了博物馆的财政负担呢？这是一种对结果的讨论，而不是对原因的讨论，故此题为预测结果模型。

【第 2 步 套用母题方法】

A 项，无关选项，捐赠品中是否包括珍贵的历史文物，与捐赠品是否增大了博物馆的开支无关。

B 项，无关选项，由谁支付博物馆的开支，与捐赠品是否增大了博物馆的开支无关。

C 项，由于博物馆一般只接受允许并易于出售的赠品，因此，只要及时出售这些赠品，就不需要支出昂贵的开支来保管和维护它们，削弱题干。

D 项，无关选项，即使保管和维护费用因藏品的等级而异，费用也一样有可能超过藏品的市场价。（干扰项 · 因人而异）

干扰项·因人而异

选项中出现因人而异、因物而异，这种选项一般是正确的废话，不能削弱题干或支持题干。

例如：

酱油问康哥：你觉得我和酱心在一起合适吗？

康哥回答说：找对象这个问题因人而异。

你看，康哥说了一句正确的废话，他并没有支持或反对酱油和酱心在一起。

E项，无关选项，题干中不存在现在与过去的保管和维护费用的比较。（干扰项·比较不一致）

【答案】C

5 一种部分可被生物分解的塑料饮料罐是将很小的塑料用玉米淀粉等黏合剂黏在一起而制造出来的。当黏合剂分解掉时，会留下细小的塑料。因此，将来这些饮料罐被丢弃时每个罐子产生的塑料垃圾并不比类似的不可被生物分解的罐子被丢弃时产生的塑料垃圾少。

以下哪项如果为真，最能加强以上的观点？

A. 部分可被生物分解的和不可被生物分解的塑料饮料罐都能被垃圾压缩机完全压平。

B. 为了弥补黏合剂的弱化效果，制造部分可以被生物分解的塑料饮料罐比制造不可被生物分解的塑料饮料罐需要更多的塑料。

C. 许多消费者关心生态问题，他们大都购买装在可被生物分解的塑料饮料罐里的产品而不购买装在不可被生物分解的塑料饮料罐里面的产品，即使前者价格要高一些。

D. 部分可被生物分解的塑料饮料罐的生产程序比不可被生物分解的塑料饮料罐的生产程序产生更少的塑料废物。

E. 目前再循环技术上的问题阻止了任何一种类型的塑料饮料罐的塑料被重新做成食品罐或饮料罐来使用。

【第 1 步　识别命题模型】

题干：当黏合剂分解掉时，会留下细小的塑料。因此，将来这些饮料罐被丢弃时每个罐子产生的塑料垃圾并不比类似的不可被生物分解的罐子被丢弃时产生的塑料垃圾少。

锁定关键词“将来”，可知此题为预测结果模型。

【第 2 步　套用秒杀方法】

A项，无关选项，两种塑料饮料罐能否被压平与其丢弃时所产生的垃圾量无关。

B项，此项指出新型塑料饮料罐实际生产所需的塑料量更多，故被丢弃时产生的塑料垃圾自然也就更多，说明结果预测得当，支持题干。

C项，无关选项，题干不涉及消费者是否关心生态问题。

D项，无关选项，题干不涉及两种塑料罐生产过程中产生的塑料废物量的比较。（干扰项·比较不一致）

E项，无关选项，新型塑料饮料罐能否回收与其被丢弃时所产生的垃圾量无关。

【答案】B

6 为防止利益冲突，国会可以禁止政府高层官员在离开政府部门后三年内接受院外游说集团提供的职位。然而，一个这种类型的官员得出这样的结论，认为这种禁止是不幸的，因为它将阻止政府高层官员在这三年里谋求生计。

这个官员的结论，从逻辑上讲，依赖于以下哪一项假设？

A. 法律不应限制前政府官员的行为。

B. 院外游说集团主要是那些以前曾担任过政府高层官员的人。

C. 当政府底层官员离开政府部门后，他们一般不会成为院外游说集团的成员。

D. 离开政府部门的政府高层官员只能靠做院外游说集团的成员来谋生。

E. 政府高层官员通常享有丰厚的退休金。

【第 1 步　识别论证类型】

题干：国会禁止离职高官三年内接受院外游说集团的职位，某官员认为这将阻止政府高层官员在这三年里谋求生计。因此，这种禁止是不幸的。

锁定关键词“将”，可知此题为预测结果模型。

【第 2 步　套用母题方法】

A 项，假设过度，此项中“官员的行为”这一概念是个普遍概念，即官员的所有行为，而题干仅涉及“禁止离职高官三年内接受院外游说集团的职位”这一行为。

B 项，无关选项，题干讨论的是离职高官三年内“是否应该”进入院外游说集团，而此项讨论的是院外游说集团人员的“构成”。(干扰项 · 话题不一致)

C 项，无关选项，题干讨论的是“高层官员”，此项讨论的是“底层官员”。(干扰项 · 对象不一致)

D 项，必须假设，说明该禁令确实会影响离职高官谋生。

E 项，削弱题干，说明即使离职高官不接受院外游说集团的职位，也有退休金保证其生计。

【答案】D

7 面对预算困难，W 国政府不得不削减对科研项目的资助，一大批研究项目转由私人基金资助。这样，可能产生争议结果的研究项目在整个受资助研究项目中的比例肯定会因此降低，因为私人基金资助者非常关心其公众形象，他们不希望自己资助的项目会导致争议。

以下哪项是上述论证所必须假设的？

A. W 国政府比私人基金资助者较为愿意资助可能产生争议的科研项目。

B. W 国政府只在意所资助的研究项目的效果，而不在意它是否会导致争议。

C. W 国政府没有必要像私人基金资助者那样关心自己的公众形象。

D. 可能引起争议的科研项目并不一定会有损资助者的公众形象。

E. 可能引起争议的科研项目比一般的项目更有价值。

【第 1 步　识别论证类型】

题干：①政府削减对科研项目的资助；②一大批研究项目转由私人基金资助；③私人基金资助者非常关心其公众形象，他们不希望自己资助的项目会导致争议。因此，可能产生争议结果的研究项目在整个受资助研究项目中的比例肯定会因此降低。

锁定关键字“会”，可知此题出现对未来结果的预测，故此题为预测结果模型。

【第2步 套用母题方法】

A项，此项说明政府比私人基金资助者更愿意资助争议项目，因此，由政府换成私人基金资助者后，受资助的争议项目确实会减少，必须假设。

B项，此项指出政府“不在意”项目是否会导致争议，过于绝对化。题干不必假设政府“不在意”，而是相对于私人基金资助者来讲，政府的在意程度更低。

C项，政府“不关心”其公众形象，过于绝对化。题干不必假设政府“不关心”，而是相对于私人基金资助者来讲，政府的关心程度更低。

D项，此项中“不一定”等价于“可能不”，题干隐含的假设是争议项目“可能有损形象”，而不是“可能不损害形象”，不必假设。

E项，无关选项，题干的论证不涉及项目的“价值”。

【答案】A

8 通常的高山反应是由高海拔地区空气中缺氧造成的，当缺氧条件改变时，症状可以很快消失。急性脑血管梗阻也具有脑缺氧的病症，如不及时恰当处理，会危及生命。由于急性脑血管梗阻的症状和普通高山反应相似，因此，在高海拔地区，急性脑血管梗阻这种病特别危险。

以下哪项最可能是上述论证所假设的？

A. 普通高山反应和急性脑血管梗阻的医疗处理是不同的。

B. 高山反应不会诱发急性脑血管梗阻。

C. 急性脑血管梗阻如果及时恰当处理，则不会危及生命。

D. 高海拔地区缺少抢救和医治急性脑血管梗阻的条件。

E. 高海拔地区的缺氧可能会影响医生的工作，降低其诊断的准确性。

【第1步 识别论证类型】

题干：由于急性脑血管梗阻的症状和普通高山反应相似，因此，在高海拔地区，急性脑血管梗阻这种病特别危险。

题干对“在高海拔地区得急性脑血管梗阻”这种病的结果进行了断定，认为这“特别危险”，故此题为预测结果模型。

【第2步 套用母题方法】

题干的前提是“急性脑血管梗阻的症状和普通高山反应相似”（相似），结果却是“急性脑血管梗阻这种病特别危险”（不同），前提相似，结果不同，故需要找出急性脑血管梗阻和普通高山反应的不同。

A项，此项说明两种病的症状差不多，所以，急性脑血管梗阻就可能被误诊为高山反应；而二者的医疗处理方式不同，那么，当急性脑血管梗阻被误诊为高山反应时，就会特别危险，预测得当，必须假设。

B项，无关选项，题干并不涉及高山反应是否会诱发急性脑血管梗阻。

C项，无关选项，题干中虽然也有“急性脑血管梗阻不及时恰当处理，会危及生命”，但这些内容在背景介绍部分，与题干的论证无关。

D、E项，均支持“在高海拔地区，急性脑血管梗阻这种病特别危险”这一结论，但是与题干的论证“症状相似导致其特别危险”无关。

【答案】A

母题模型 23 措施目的模型

母题技巧

第 1 步 识别论证类型

题干特点（1）：题干中出现“为了”“能”“可以”“以求”等表示目的的词汇。

题干特点（2）：题干中出现“计划”“建议”“方法”等表达措施的内容。

第 2 步 套用母题方法

假设题干结构为：计划采取措施 A，以求达到目的 B。

常见的削弱方式有：

削弱方式	内容说明	力度大小
措施达不到目的（措施目的拆桥）	指出由于某个原因，即使采取了措施 A，也无法达到目的 B。	力度大。
措施不可行	指出由于某个原因导致措施 A 无法实施。	力度大。
措施弊大于利	指出措施 A 弊端太大，采取措施 A 得不偿失。	力度大。
措施有副作用	指出措施 A 会产生一定的副作用。	力度小。因为再好的措施也是有一定的代价的。
削弱因果	有些措施目的的题目中暗含因果关系，可以削弱这个因果关系。	参考“现象原因模型”的削弱。

常见的支持方式有：

支持方式	内容说明	力度大小
措施可以达到目的（措施目的搭桥）	指出采取题干中的措施，可以达到题干中的目的。	力度大。
措施可行	指出措施具备实施的可行性。	力度较小。因为措施可行不能证明措施的有效性。 例如：“喝热水”这一措施具备可行性，但用这一措施来治疗感冒未必有效。
措施利大于弊	指出采取题干中的措施是利大于弊的。	力度大。
措施没有副作用	指出采取题干中的措施不会产生副作用。	力度非常小。因为即使措施没有副作用，也无法说明措施可以达到目的。 例如：“喝热水”这一措施没有什么副作用，但无法说明它能治疗感冒。
措施有必要	指出采取这一措施的必要性或原因。	力度大。因为措施有必要相当于具体说明了采取这一措施的原因。

续表

<table>
<tr>
<td>第2步
套用母题方法</td>
<td>常见的假设方式有：
<table>
<tr><th>方式</th><th>是否假设</th><th>说明</th></tr>
<tr><td>措施可以达到目的（措施目的搭桥）</td><td>必须假设</td><td>采用取非法，若措施达不到目的，就没必要采取此措施。</td></tr>
<tr><td>措施可行</td><td>必须假设</td><td>采用取非法，若措施不可行，就无法采取此措施。</td></tr>
<tr><td>措施利大于弊</td><td>必须假设</td><td>采用取非法，若措施不是利大于弊的，采取此措施就得不偿失。</td></tr>
<tr><td>措施没有副作用</td><td>不必假设</td><td>措施的有效性与措施有无副作用并不直接相关。</td></tr>
<tr><td>措施有必要</td><td>必须假设</td><td>既然是措施“有必要”，当然必须假设。</td></tr>
</table>
</td>
</tr>
</table>

典型例题

1 一种非侵犯性诊断程序——磁共振成像（MRI），能被用来确认冠状动脉堵塞。与一种经常使用的侵犯性诊断程序A相比，磁共振成像不会对病人产生危害。因此，为了在探测冠状动脉是否堵塞时确保病人的安全，磁共振成像应在所有尝试诊断冠状动脉堵塞时取代A程序。

以下哪项如果为真，则最能削弱上述论证？

A. A程序能被用来诊断冠状动脉堵塞之外的情况。

B. 磁共振成像主要是用来诊断冠状动脉堵塞的。

C. A程序能比磁共振成像揭示更多的关于堵塞物本性的信息。

D. 磁共振成像与A程序一样能够确认冠状动脉堵塞。

E. 使用A程序时没有造成风险的一些病人不愿意使用磁共振成像。

【第1步　识别论证类型】

锁定关键词“为了”，可知此题为措施目的模型。

题干：为了在探测冠状动脉是否堵塞时确保病人的安全（目的），磁共振成像应在所有尝试诊断冠状动脉堵塞时取代A程序（措施）。

【第2步　套用母题方法】

A项，无关选项，题干讨论的是“诊断冠状动脉堵塞”，此项讨论的是“诊断冠状动脉堵塞之外的情况”。

B项，重复了题干中的论据，不能削弱题干。

C项，削弱题干，此项说明A程序比磁共振成像更有优势，提出反面论据，说明不必采取题干中的措施。

D项，此项说明磁共振成像在确认冠状动脉堵塞的作用上和A程序一样，但是它不会对病人产生危害，故磁共振成像更有优势，支持题干。

E 项，无关选项，“是否愿意”是主观观点，不影响事实的成立性。（干扰项 · 诉诸主观）

【答案】C

2 某市主要干道上的摩托车车道的宽度为 2 米，很多骑摩托车的人经常在汽车道上抢道行驶，严重破坏了交通秩序，使交通事故频发。有人向市政府提出建议：应当将摩托车车道扩宽为 3 米，让骑摩托车的人有较宽的车道，从而消除抢道的现象。

以下哪项如果为真，最能削弱上述论点？

A. 摩托车车道宽度增加后，摩托车车速将加快，事故也许会随之增多。

B. 摩托车车道变宽后，汽车车道将会变窄，汽车驾驶者会有意见。

C. 摩托车车道扩宽后，有些骑摩托车的人仍会在汽车车道上抢道行驶。

D. 扩宽摩托车车道的办法对汽车车道上的违章问题没有什么作用。

E. 扩宽摩托车车道的费用太高，需要进行项目评估。

【第 1 步 识别论证类型】

锁定关键词“建议”，可知此题为措施目的模型。

题干：扩宽摩托车车道 $\xrightarrow{\text{以求}}$ 消除抢道现象。

【第 2 步 套用母题方法】

A 项，不能削弱，事故“也许”会随之增多，那也许不会增多。（干扰项 · 诉诸无知）

B 项，扩宽摩托车车道会引发汽车驾驶者的意见，措施有副作用，可以削弱，但力度较小。

C 项，此项说明摩托车车道扩宽后，仍会有抢道现象，措施达不到目的，削弱力度大。（要注意，题干结论中的“消除”是绝对化词，只要指出有反例即可削弱，故此项中的“有些”不影响力度。如果结论中的“消除”改为“减少”，则此项无法削弱。）

D 项，无关选项，题干的论证不涉及“违章问题”。（干扰项 · 话题不一致）

E 项，“需要进行项目评估”，那么就存在经过评估后证明可行的可能，也存在经过评估后证明不可行的可能。（干扰项 · 两可选项）

【答案】C

3 一些城市，由于作息时间比较统一，加上机动车太多，很容易形成交通早高峰和晚高峰，市民们在高峰时间上下班很不容易。为了缓解人们上下班的交通压力，某政府顾问提议采取不同时间段上下班制度，即不同单位可以在不同的时间段上下班。

以下哪项如果为真，最可能使该顾问的提议无法取得预期效果？

A. 有些上班时间段与员工的用餐时间冲突，会影响他们生活的乐趣，从而影响他们的工作积极性。

B. 许多上班时间段与员工的正常作息时间不协调，他们需要较长一段时间来调整适应，这段时间的工作效率难以保证。

C. 许多单位的大部分工作通常需要员工们在一起讨论，集体合作才能完成。

D. 该市的机动车数量持续增加，即使不在早晚高峰期，交通拥堵也时有发生。

E. 有些单位员工的住处与单位很近，步行即可上下班。

【第 1 步 识别论证类型】

锁定关键词“为了”“建议”，可知此题为措施目的模型。

某政府顾问：采取不同时间段上下班制度（措施）$\xrightarrow[\text{以求}]{}$缓解人们上下班的交通压力（目的）。

【第2步 套用母题方法】

A项，措施会影响有些人的工作积极性，但"有些"是弱化词，说明措施副作用较小，削弱力度小。

B项，措施短期内会影响工作效率，即措施短期内有副作用，削弱力度小。

C项，无关选项，题干中的措施是"不同单位"在不同时间段上下班，而此项涉及的是"同一单位"不能同时上下班的影响。（干扰项·话题不一致）

D项，说明即使采取了错开上下班时间的措施避开早高峰和晚高峰，交通拥堵仍然会经常发生，措施达不到目的，削弱题干。

E项，无关选项，题干中指出交通拥堵是"机动车太多"造成的，与"有些"步行上下班的人无关。（干扰项·不当反例之"有的不"）

【答案】D

4 1991年6月15日，菲律宾吕宋岛上的皮纳图博火山突然大爆发，2 000万吨二氧化硫气体冲入平流层，形成的霾像毯子一样盖在地球上空，把部分要照射到地球的阳光反射回太空。几年之后，气象学家发现这层霾使得当时地球表面的温度累计下降了0.5℃。而皮纳图博火山爆发前的一个世纪，因人类活动而造成的温室效应已经使地球表面温度升高了1℃。某位持"人工气候改造论"的科学家据此认为，可以用火箭弹等方式将二氧化硫充入大气层，阻挡部分阳光，达到给地球表面降温的目的。

以下哪项如果为真，最能对该科学家提议的有效性构成质疑？

A. 如果利用火箭弹将二氧化硫充入大气层，会导致航空乘客呼吸不适。

B. 如果在大气层上空放置反光物，就可以避免地球表面受到强烈阳光的照射。

C. 可以把大气中的碳提取出来存储到地下，减少大气层中的碳含量。

D. 不论任何方式，"人工气候改造"都将破坏地球的大气层结构。

E. 火山喷发形成的降温效应只是暂时的，经过一段时间温度将再次回升。

【第1步 识别论证类型】

锁定关键词"达到……目的"，可知此题为措施目的模型。

某科学家：用火箭弹等方式将二氧化硫充入大气层，阻挡部分阳光（措施）$\xrightarrow[\text{以求}]{}$给地球表面降温（目的）。

【第2步 套用母题方法】

A项，措施会导致航空乘客呼吸不适，"不适"这样的副作用较小，削弱力度较小。

B、C项，都提出了给地球表面降温的新措施，但即使这种新措施是有效的，也无法说明题干中的措施无效。（干扰项·其他措施）

干扰项·其他措施

结构（1）：措施 A 可以达到目的。

这种结构的题干，“另有其他措施”的选项是干扰项，不能削弱题干。

例如：

坐飞机可以到达北京。

反驳：坐高铁可以到达北京。

这一反驳是无效的，因为坐高铁能去北京，并不能反驳坐飞机也可以去北京。

结构（2）：为了达到目的需要措施 A。

这种结构的题干，“另有其他措施”可以削弱。即，有其他方式也可以达到目的，未必需要措施 A。

例如：

去北京，必须（需要、建议）坐飞机。

反驳：去北京可以坐高铁（坐高铁也可以去北京，而且更便宜更便捷）。

这一反驳是有效的，既然坐高铁也可以去北京，那么就不必非得坐飞机（如果指出坐高铁还更有优势，那就更可以削弱了）。

D 项，措施有副作用，但是无法知道此种方式对大气层的影响有多大，故削弱力度较小。

E 项，说明题干中的措施只能短暂降温，温度还是会再次回升，那么，这个措施就无法真正达到降温的目的，即措施无效，削弱力度最大。

【答案】E

5 随着互联网的飞速发展，足不出户购买自己心仪的商品已经成为现实。即使在经济发展水平较低的国家和地区，人们也可以通过网络购物来满足自己对物质生活的追求。

以下哪项最能质疑上述观点？

A. 随着网购销售额的增长，相关税费也会随之增加。

B. 即使在没有网络的时代，人们一样可以通过实体店购买心仪的商品。

C. 网络上的商品展示不能完全反映真实情况。

D. 便捷的网络购物可能耗费人们更多的时间和精力，影响人际间的交流。

E. 人们对物质生活追求的满足仅仅取决于所在地区的经济发展水平。

【第 1 步　识别论证类型】

锁定关键词“通过……来……”，可知此题为措施目的模型。

题干：随着互联网的飞速发展，足不出户购买自己心仪的商品已经成为现实，因此，人们可以通过网络购物来满足自己对物质生活的追求。

【第 2 步　套用母题方法】

A 项，无关选项，题干不涉及“税费”问题。（干扰项·话题不一致）

B 项，不能削弱，人们可以通过实体店购买心仪的商品，不能削弱网络购物能否满足物质生活的追求。

C项，不能削弱，“商品展示不能完全反映真实情况”与“人们可以通过网络购物来满足自己对物质生活的追求”没有必然的联系。（干扰项·否定最高级）

D项，不能削弱，指出网络购物有负面影响，但“影响人际间交流”与“满足对物质生活的追求”之间的关系并未说明。

E项，对物质生活的追求仅与经济发展水平有关，与互联网的发展无关（拆桥法），削弱题干。

【答案】E

6 为减少不断增长的人口规模对气候的影响，全球人类饮食需要在更具营养价值的同时降低温室气体排放。海产品是良好的蛋白、脂肪酸、维生素和矿物质来源。因此，促进海产品替代其他动物蛋白，不仅可以增加食品的营养价值，还能帮助应对气候变化。

以下哪项如果为真，最能加强上述论证？

A. 海产品替代其他动物蛋白会导致摄入者出现腹痛、腹泻等情况，还会导致寄生虫感染。

B. 更新现有的渔业捕捞技术，也能减少温室气体的排放。

C. 大多数海产品的营养密度高于动物蛋白，海产品的温室气体排放量较之陆地动物普遍更低。

D. 鲑鱼、鲱鱼和鲭鱼等海产品，在相同分量的情况下营养价值比动物蛋白低。

E. 海虾、海蟹等海产品的营养价值低于鱿鱼和鳗鱼。

【第1步 识别论证类型】

题干：海产品是良好的蛋白、脂肪酸、维生素和矿物质来源。因此，促进海产品替代其他动物蛋白，不仅可以增加食品的营养价值，还能帮助应对气候变化。

题干中，“促进海产品替代其他动物蛋白”是一项措施，而“增加食品的营养价值，帮助应对气候变化”是该措施的目的，故此题为措施目的模型。

【第2步 套用母题方法】

A项，此项说明海产品替代其他动物蛋白会导致摄入者腹痛、腹泻、寄生虫感染等，措施有副作用，可以削弱题干，但力度小。

B项，无关选项，题干不涉及“更新现有的渔业捕捞技术”这项措施。

C项，此项说明用海产品替代其他动物蛋白能在增加营养价值的同时减少温室气体排放，措施可以达到目的（搭桥法），支持题干。

D项，此项说明用海产品替代其他动物蛋白不会增加营养价值，措施达不到目的，削弱题干。

E项，无关选项，题干不涉及“海虾、海蟹等海产品”与“鱿鱼和鳗鱼”在营养价值上的比较。

【答案】C

7 蛋黄含有较多的胆固醇，有的人害怕胆固醇高，不敢吃蛋黄。近期一篇涉及50万中国人、随访时长近9年的研究报告提出，每天吃鸡蛋的人比起那些基本不吃鸡蛋的人，心血管事件风险降低11%，心血管事件死亡风险降低18%，尤其是出血性中风风险降低了26%，相应的死亡风险则降低了28%。考虑到脑中风是我国居民第一大死因，研究者提出，每天吃一个鸡蛋有利于心血管健康。

以下各项如果为真，哪项最能支持研究者的观点？

A. 来自日本的一项涉及4万人的追踪研究中，每天吃鸡蛋的人比起不吃鸡蛋的人，死亡率低了30%。

B. 鸡蛋的营养十分丰富，钙、磷、铁、维生素A、维生素B的含量都比较高。

C. 食物摄入胆固醇并不等于血胆固醇水平，且鸡蛋中含有的卵磷脂能有效阻止胆固醇和脂肪在血管壁上的沉积。

D. 每天吃鸡蛋的人，教育水平和家庭收入都更高，饮食更加健康，生活更自律，更有可能补充维生素。

E. 经常性地吃鸡蛋有利于增加人体的肌肉。

【第 1 步　识别论证类型】

题干：每天吃鸡蛋的人比起那些基本不吃鸡蛋的人，心血管事件风险降低 11%，心血管事件死亡风险降低 18%，尤其是出血性中风风险降低了 26%，相应的死亡风险则降低了 28%。考虑到脑中风是我国居民第一大死因，研究者提出，每天吃一个鸡蛋（措施）有利于心血管健康（目的）。

锁定关键词“有利于”，可知此题为措施目的模型。

此外，题干通过对每天吃鸡蛋的人和基本不吃鸡蛋的人心血管事件风险的对比，得出“每天吃一个鸡蛋有利于心血管健康”这一结论，故此题也为现象原因模型（求异法型）。

【第 2 步　套用母题方法】

A 项，无关选项，题干涉及的是“心血管事件死亡率”，而此项涉及的是“死亡率”，二者并不一致。

B 项，此项仅指出鸡蛋的营养十分丰富，并未指出鸡蛋丰富的营养是否有利于心血管健康，故此项不能支持研究者的观点。

C 项，此项指出卵磷脂能有效阻止胆固醇和脂肪在血管壁上的沉积，即鸡蛋有利于心血管健康，措施可以达到目的，支持研究者的观点。

D 项，另有其他差异因素，故此项削弱研究者的观点。

E 项，无关选项，题干的论证不涉及鸡蛋是否有利于“增加人体肌肉”。

【答案】C

8 全国政协常委、著名社会学家、法律专家钟万春教授认为：我们应当制定全国性的政策，用立法的方式规定父母每日与未成年子女共处的时间下限。这样的法律能够减少子女平日的压力。因此，这样的法律也就能够使家庭幸福。

以下哪项如果为真，最能够加强上述推论？

A. 父母有责任抚养好自己的孩子，这是社会对每一个公民的起码要求。

B. 大部分的孩子平常都能够与父母经常地在一起。

C. 这项政策的目标是降低孩子们在平日生活中的压力。

D. 未成年孩子较高的压力水平是成长过程中以及长大后家庭幸福很大的障碍。

E. 父母现在对孩子多一份关心，就会减少日后父母很多的操心。

【第 1 步　识别论证类型】

“用立法的方式”是一种措施，“能够”是一种目的，故此题为措施目的模型。

钟万春教授：用立法的方式规定父母每日与未成年子女共处的时间下限 $\xrightarrow{\text{以求}}$ 减少子女平日的压力，使家庭幸福。

【第 2 步　套用母题方法】

A 项，不能支持，此项只说明家长“有责任”抚养好孩子，但“有责任”不代表需要通过立法来规定相处时间。

B 项，削弱题干，既然大部分孩子已经能够与父母经常在一起，那就没必要通过立法规定相处时间了，即措施没有必要。

C 项，此项只是重复了题干中这一措施的目标，不能说明措施有效。

D 项，未成年孩子的压力阻碍了家庭幸福，那么减少未成年孩子的压力会对家庭幸福有帮助，措施有必要，支持题干。

E 项，不能支持，此项只能说明父母需要对孩子多一些关心，不能具体说明是不是需要通过立法规定相处时间。

【答案】D

9 新一年电影节的影片评比，准备打破过去只有一部最佳影片的限制，而按照历史片、爱情片等几种专门的类型分别评选最佳影片，这样可以使电影工作者的工作得到更为公平的对待，也可以使观众和电影爱好者对电影的优劣有更多的发言权。

根据以上信息，这种评比制度的改革隐含了以下哪项假设?

A. 划分影片类型，对于规范影片拍摄有重要的引导作用。

B. 每一部影片都可以按照这几种专门的类型来进行分类。

C. 观众和电影爱好者在进行电影评论时喜欢进行类型的划分。

D. 按照类型来进行影片的划分，不会使有些冷门题材的影片被忽视。

E. 过去因为只有一部最佳影片，影响了电影工作者参加电影节评比的积极性。

【第 1 步　识别论证类型】

题干中，“将影片进行分类评选”是一种措施，而关键词“这样可以使”表明后面为目的，故此题为措施目的模型。

题干：将影片分类评选最佳影片（措施）$\xrightarrow{\text{以求}}$使电影工作者的工作得到更为公平地对待，也可以使观众和电影爱好者对电影的优劣有更多的发言权（目的）。

【第 2 步　套用母题方法】

A 项，无关选项，题干的论证与“规范影片拍摄”无关。（干扰项·话题不一致）

B 项，指出“将影片分类”这一措施可行，必须假设。

C 项，无关选项，“电影节影片评比”与“电影评论”是不同的概念。（干扰项·话题不一致）

D 项，无关选项，题干未提及“冷门题材”的电影。（干扰项·对象不一致）

E 项，无关选项，题干中的“公平对待”与电影工作者的“积极性”是不同的概念。（干扰项·话题不一致）

【答案】B

10 黑脉金蝴蝶幼虫先折断含毒液的乳草属植物的叶脉，使毒液外流，再食入整片叶子。一般情况下，乳草属植物叶脉被折断后其内的毒液基本完全流掉，即便有极微量的残留，对幼虫也不会构成威胁。黑脉金蝴蝶幼虫就是采用这种方式以有毒的乳草属植物为食物来源直到它们发育成熟。

以下哪项最可能是上文所作的假设?

A. 幼虫有多种方法对付有毒植物的毒液，因此，有毒植物是多种幼虫的食物来源。

B. 除黑脉金蝴蝶幼虫外，乳草属植物不适合其他幼虫食用。

C. 除乳草属植物外，其他有毒植物已经进化到能防止黑脉金蝴蝶幼虫破坏其叶脉的程度。

D. 黑脉金蝴蝶幼虫成功对付乳草属植物毒液的方法不能用于对付其他有毒植物。

E. 乳草属植物的叶脉没有进化到黑脉金蝴蝶幼虫不能折断的程度。

【第 1 步　识别论证类型】

题干：黑脉金蝴蝶幼虫先折断含毒液的乳草属植物的叶脉，使毒液外流，再食入整片叶子（措施）$\xrightarrow[\text{以求}]{}$以有毒的乳草属植物为食物来源直到它们发育成熟（目的）。

要注意，在一些真题中，会出现动物采取一些行动，达到诸如捕食、逃生等目的，这种题也可以看作措施目的模型。

【第 2 步　套用母题方法】

A 项，无关选项，题干说的是“这样的方式”可行，与此项中的“多种方法”无关。（干扰项·对象不一致）

B 项，无关选项，题干说的是“黑脉金蝴蝶幼虫”，和“其他幼虫”无关。（干扰项·对象不一致）

C、D 项，无关选项，题干不涉及“其他有毒植物”。（干扰项·对象不一致）

E 项，此项指出措施可行，如果乳草属植物的叶脉进化到了黑脉金蝴蝶幼虫不能折断的程度，那么该幼虫就无法折断叶脉获取食物了（取非法），必须假设。

【答案】E

11 在美国，比较复杂的民事审判往往超过陪审团的理解力，结果，陪审团对此做出的决定经常是错误的。因此，有人建议，涉及较复杂的民事审判由法官而不是陪审团来决定，这将提高司法部门的服务质量。

上述建议依据下列哪项假设？

A. 大多数民事审判的复杂性超过了陪审团的理解力。

B. 法官在决定复杂民事审判的时候，对那些审判的复杂性，比陪审团的人员有更好地理解。

C. 在美国以外一些具有相同法系的国家，也早就有类似的提议，并有付诸实施的记录。

D. 即使涉及不复杂的民事审判，陪审团的决定也常常出现差错。

E. 赞成由法官决定民事审判的唯一理由是想象法官的决定几乎总是正确的。

【第 1 步　识别论证类型】

锁定关键词“有人建议”，可知此题为措施目的模型。

题干：在美国，比较复杂的民事审判往往超过陪审团的理解力，结果，陪审团对此做出的决定经常是错误的（论据）。因此，有人建议，涉及较复杂的民事审判由法官而不是陪审团来决定，这将提高司法部门的服务质量（论点）。

【第 2 步　套用母题方法】

A 项，题干涉及的是“比较复杂的民事审判”，而不是“大多数”民事审判的复杂性。（干扰项·对象不一致）

B 项，既然题干中的建议是用法官来代替陪审团，那么法官对复杂的民事审判的理解力必须得优于陪审团，B 项肯定了法官的这种能力，必须假设。

C 项，无关选项，题干仅讨论“美国”的情况，与其他国家无关。（干扰项·对象不一致）

D 项，无关选项，题干仅涉及“比较复杂的民事审判”，不涉及“不复杂的民事审判”。（干扰项·对象不一致）

E 项，不必假设，题干的论证并不要求“法官的决定几乎总是正确的”，只要求“法官的决定正确性优于陪审团”。

【答案】B

12 某学会召开的国际性学术会议，每次都收到近千篇的会议论文。为了保证大会交流论文的质量，学术会议组委会决定，每次只从会议论文中挑选出10%的论文作为会议交流论文。

学术会议组委会的决定最可能基于以下哪项假设？

A. 每次提交的会议论文中总有一定比例的论文质量是有保证的。

B. 今后每次收到的会议论文数量将不会有大的变化。

C. 90%的会议论文达不到大会交流论文的质量。

D. 学术会议组委会能够对论文质量做出准确判断。

E. 学会有足够的经费保证这样的学术会议能继续举办下去。

【第1步 识别论证类型】

锁定关键词“为了”，可知此题为措施目的模型。

学术会议组委会：从会议论文中挑选出10%的论文作为会议交流论文$\xrightarrow[\text{以求}]{}$保证大会交流论文的质量。

【第2步 套用母题方法】

A项，措施可行，必须假设，否则，如果提交的会议论文都无法保证论文质量，那么即使从会议论文中挑选出10%的论文作为会议交流论文也无法保证大会交流论文的质量。

B项，无关选项，因为学术会议组委会的建议不是挑选出固定数量的论文，而是挑选出10%的论文。无论收到的论文总数是否有变化，都不影响可以从中挑选出10%。

C项，不必假设，题干需要假设的是有10%的论文达到质量要求，余下的论文质量无论是否达到质量要求，都不影响挑选出来的10%。

D项，不必假设，因为题干的措施是“挑选出10%的论文”，以此来保证论文质量。而不是由组委会直接判断论文质量。

E项，无关选项，题干不涉及这样的学术会议是否能够持续办下去，只涉及举办此学术会议时的论文质量。

【答案】A

13 研究显示，大多数有创造性的工程师，都有在纸上乱涂乱画，并记下一些看起来稀奇古怪的想法的习惯。他们大多数最有价值的设计，都直接与这种习惯有关。而现在的许多工程师都用电脑工作，在纸上乱涂乱画不再是一种普遍的习惯。一些专家担心，这会影响工程师的创造性思维，建议在用于工程设计的计算机程序中匹配模拟的便条纸，能让使用者在上面涂鸦。

以下哪项最可能是上述建议所假设的？

A. 在纸上乱涂乱画，只可能产生工程设计方面的灵感。

B. 对计算机程序中匹配的模拟便条纸，只能用于乱涂乱画，或记录看来稀奇古怪的想法。

C. 所有用计算机工作的工程师都不会备有纸笔以随时记下有意思的想法。

D. 工程师在纸上乱涂乱画所记下的看起来稀奇古怪的想法，大多数都有应用价值。

E. 乱涂乱画所产生的灵感，并不一定通过在纸上的操作获得。

【第1步 识别论证类型】

锁定关键词“建议”，可知此题为措施目的模型。

题干：在纸上乱涂乱画可以帮助工程师的设计工作（原因），因此，建议在用于工程设计的计算机程序中匹配模拟的便条纸，能让使用者在上面涂鸦（措施），以求获得灵感和创造性思维（目的）。

【第 2 步　套用母题方法】

A 项，“能产生”工程设计方面的灵感即可满足题干，“只可能产生”则过于绝对化，假设过度。（干扰项·绝对化）

B 项，“只能”过于绝对化，假设过度。（干扰项·程度不一致）

干扰项·程度不一致

假设题一般遵循“程度一致性”原则，即，选项的程度与题干要保持一致。如果选项的程度与题干不一致，就是干扰项。尤其是，当题干没有绝对化词时，选项若出现绝对化词，则一般是干扰项。

例如：

题干说的是“有可能”，选项若为“很有可能”“一定”，则是干扰项。

题干说的是“影响因素”，选项若为“最重要的影响因素”“主要影响因素”“唯一影响因素”等，则是干扰项。

C 项，题干中说的是“许多工程师”不再在纸上乱涂乱画，而此项是“所有”，假设过度。

D 项，不必假设“大多数”稀奇古怪的想法都有应用价值，只要“有的”稀奇古怪的想法有价值即可，假设过度。

E 项，必须假设，否则，若乱涂乱画所产生的灵感只能通过在纸上的操作获得，那么题干中的建议就无法产生效果（取非法）。

【答案】E

14 在四川的一些沼泽地中，剧毒的链蛇和一些无毒蛇一样，在蛇皮表面都有红、白、黑相间的鲜艳花纹。而就在离沼泽地不远的干燥地带，链蛇的花纹中没有了红色。奇怪的是，这些地区的无毒蛇的花纹中同样没有了红色。对这种现象的一个解释是，在上述沼泽和干燥地带中，无毒蛇为了保护自己，在进化过程中逐步变异出和链蛇相似的体表花纹。

以下哪项最可能是上述解释所假设的？

A. 毒蛇比无毒蛇更容易受到攻击。

B. 在干燥地区，红色是自然界中的一种常见色，动物体表的红色较不容易被发现。

C. 链蛇体表的颜色对其捕食的对象有很强的威慑作用。

D. 以蛇为食物的捕猎者尽量避免捕捉剧毒的链蛇，以免在食用时发生危险。

E. 蛇在干燥地带比在沼泽地带更易受到攻击。

【第 1 步　识别论证类型】

锁定关键词“为了”，可知此题为措施目的模型。

题干：无毒蛇为了保护自己（目的），在进化过程中逐步变异出和链蛇相似的体表花纹（措施）。

【第 2 步　套用母题方法】

A 项，削弱题干，此项说明无毒蛇变得与有毒蛇相似后，反而更易受到攻击，而不是有利于保护自己。

B 项，削弱题干，既然在干燥地带，动物体表变成红色有利于保护自己，那为什么在干燥地带蛇的花纹反而均无红色？

C项，无关选项，此项说明链蛇体表的颜色威慑的是链蛇的“捕食对象”，而不是“捕食链蛇”的动物。（干扰项·对象不一致）

D项，说明无毒蛇变异出和链蛇具有相似的体表花纹确实可以保护自己，措施可达目的，必须假设。

E项，无关选项，题干不涉及蛇在干燥地带与沼泽地带受攻击程度的比较。（干扰项·比较不一致）

【答案】D

第2节 与数量关系相关的模型

母题模型24 统计论证模型

母题变式24.1 统计论证模型：收入利润型

母题技巧

第1步 识别论证类型	题干特点：题干中出现“利润”“收入”“成本”等字样。
第2步 套用母题方法	使用以下公式解题： 总收入 = 单位收入 × 总数量。 利润 = 收入 − 成本。 利润率 = $\frac{利润}{成本}\times 100\% = \frac{收入-成本}{成本}\times 100\%$。 注意：若题干仅因为收入增加就认为利润增长，我们就用成本增加进行削弱；同理，若题干仅因为成本增加就认为利润减少，我们就用收入增加进行削弱。

典型例题

1 成品油生产商的利润很大程度上受国际市场原油价格的影响，因为大部分原油是按国际市场价购进的。近年来，国际原油市场价格的不断提高，增加了A国成品油生产商的运营成本，这说明，这些成品油生产商的利润将会大幅减少。

以下哪项如果为真，最能削弱以上结论？

A. 原油成本只占成品油生产商运营成本的一半。

B. 随着国际原油市场价格的上涨，该国政府将为成品油生产商提供较多的补助。

C. 在国际原油市场价格不断上涨期间，该国成品油生产商降低了个别高薪雇员的工资。

D. 在国际原油市场价格上涨之后，除进口成本增加外，成品油生产的其他成本也有所提高。

E. 该国成品油生产商的原油有一部分来自国内，这部分受国际市场价格波动影响较小。

【第 1 步 识别论证类型】

题干：国际原油市场价格的不断提高，增加了 A 国成品油生产商的运营成本，这说明，这些成品油生产商的利润将会大幅减少。

锁定关键词“利润”，可知此题为统计论证模型（收入利润型）。同时，锁定关键词“将会”二字，可知此题也为预测结果模型。

【第 2 步 套用母题方法】

根据公式“利润 = 收入 – 成本”，只要说明收入增加即可削弱题干的结论。

A 项，不能削弱题干，原油成本只占成品油生产商运营成本的一半，并不能削弱 A 国成品油生产商的运营成本“增加了”这一事实。

B 项，政府将为成品油生产商提供较多的补助，说明成品油生产商的收入有所提高，可以削弱题干。

C 项，不能削弱题干，降低个别高薪雇员的工资，并不能削弱 A 国成品油生产商的运营成本“增加了”这一事实。

D 项，支持题干，说明成本确实提高了。

E 项，受国际市场价格波动影响“较小”，说明还是受到了影响，不能削弱题干。

【答案】B

2 由于邮费上涨，广州《周末画报》杂志为了减少成本、增加利润，准备将每年发行 52 期改为每年发行 26 期，但每期文章的质量、每年的文章总数和每年的定价都不变。市场研究表明，杂志的订户和在杂志上刊登广告的客户的数量均不会下降。

以下哪项如果为真，最能说明该杂志社的利润将会因上述变动而降低？

A. 在新的邮资政策下，每期的发行费用将比原来高 1/3。

B. 杂志的大部分订户较多地关心文章的质量，而较少地关心文章的数量。

C. 即使邮费上涨，许多杂志的长期订户仍将继续订阅。

D. 在该杂志上购买广告页的多数广告商将继续在每一期上购买同过去一样多的页数。

E. 杂志的设计、制作成本预期将保持不变。

【第 1 步 识别论证类型】

题干：由于邮费上涨（原因），《周末画报》计划将每年发行 52 期改为每年发行 26 期，但每期文章的质量、每年的文章总数和每年的定价都不变（措施），杂志的订户和在杂志上刊登广告的客户的数量均不会因此下降，因此，可以降低成本、增加利润（目的）。

锁定关键词“利润”，可知此题为统计论证模型（收入利润型）。同时，题干中出现“为了”二字，说明此题也为措施目的模型。

【第 2 步 套用母题方法】

题干试图通过减少发行期数、降低邮费总额来获取更多利润。根据公式“利润 = 收入 – 成本”，我们只要说明收入下滑或者其他成本提高，即可削弱题干。

A 项，支持题干，说明确实由于邮费上涨而提高了成本。

B 项，题干已经指出文章的“质量”和“数量”都不变，故无论订户关心文章的质量还是数量，都不影响利润，故不能削弱题干。

C 项，无关选项，题干讨论的是“《周末画报》杂志”的情况，此项讨论的是“许多杂志”的普遍情况。

D 项，说明广告商购买的广告页数也会减少，从而降低利润，故此项正确。

E 项，其他成本不变，不影响利润，故不能削弱题干。

【答案】D

母题变式 24.2 统计论证模型：数量比率型

母题技巧

第 1 步 识别论证类型	命题情况（1）：题干论据中出现数量，论点中直接做出断定。 命题情况（2）：题干论据中出现比率，论点中直接做出断定。 命题情况（3）：用数量推断比率。
第 2 步 套用母题方法	列出题干中的比率或比例公式，根据公式解题即可。

典型例题

1 塑料垃圾因为难以被自然分解一直令人类感到头疼。近年来，许多易于被自然分解的塑料代用品纷纷问世，这是人类为减少塑料垃圾所作的一种努力。但是，这种努力几乎没有成效，因为据全球范围内大多数垃圾处理公司统计，近年来，它们每年填埋的垃圾中塑料垃圾的比例，不但没有减少，反而有所增加。

以下哪项如果为真，最能削弱上述论证？

A. 近年来，由于实行了垃圾分类，越来越多的过去被填埋的垃圾被回收利用了。

B. 塑料代用品利润很低，生产商缺乏投资的积极性。

C. 近年来，用塑料包装的商品品种有了很大的增长。

D. 上述垃圾处理公司绝大多数属于发达或中等发达国家。

E. 由于燃烧时会产生有毒污染物，塑料垃圾只适合填埋于地下。

【第 1 步 识别论证类型】

题干：据全球范围内大多数垃圾处理公司统计，近年来，它们每年填埋的垃圾中塑料垃圾的比例有所增加$\xrightarrow{\text{证明}}$易于被自然分解的塑料代用品没有起到减少塑料垃圾的作用。

锁定关键词“塑料垃圾的比例”，可知此题为统计论证模型（数量比率型）。

【第 2 步 套用母题方法】

根据公式：

$$\text{塑料垃圾的比例}=\frac{\text{塑料垃圾量}}{\text{垃圾总量}}=\frac{\text{塑料垃圾量}}{\text{塑料垃圾量}+\text{其他垃圾量}}。$$

故题干通过塑料垃圾的比例增加（率），来证明塑料垃圾量没有减少（量），但这不一定正确，塑料垃圾的比例增加可能是因为其他垃圾量减少了。故 A 项正确。

B 项，无关选项，生产商缺乏投资的积极性，无法直接说明塑料垃圾的比例问题。

C 项，无关选项，此项指出了塑料垃圾的比例增加的原因，但题干不涉及对原因的分析。（干扰项·无效他因）

D 项，试图用“发达或中等发达国家”的情况进行削弱，诉诸权威。（干扰项·诉诸权威）

E 项，无关选项，塑料垃圾是否填埋并不影响塑料垃圾的量。

【答案】A

2 在过去五年里，新商品房的平均价格每平方米增加 25%。在同期的平均家庭预算中，购买商品房的费用所占的比例保持不变。所以，在过去五年里，平均家庭预算也一定增加了 25%。

以下哪项关于过去五年情况的陈述是上面的论述所依赖的假设？

A. 平均每个家庭所购买的新商品房的面积保持不变。

B. 用于食品和子女教育方面的费用在每个家庭预算中所占的比例保持不变。

C. 在全国范围内用来购买新商品房的费用的总量增加了 25%。

D. 所有与住房有关的花费在每个家庭预算中所占的比例保持不变。

E. 过去五年，除了住房以外的其他产品的价格平均增长了 25%。

【第 1 步　识别论证类型】

题干：在过去五年里，新商品房的平均价格每平方米增加 25%。在同期的平均家庭预算中，购买商品房的费用所占的比例保持不变 $\xrightarrow{\text{证明}}$ 在过去五年里，平均家庭预算也一定增加了 25%。

题干中出现比例，故此题为统计论证模型（数量比率型）。

【第 2 步　套用母题方法】

根据公式：

$$\text{购买商品房的费用所占的比例}=\frac{\text{购买商品房的费用}}{\text{家庭预算}}=\frac{\text{平均每平方米的价格}\times\text{面积}}{\text{家庭预算}}$$，可知，只要指出面积不变，即可说明平均家庭预算也一定增加了 25%，故此题可秒选 A 项。

B 项，无关选项，题干不涉及食品和子女教育方面的费用。

C 项，无关选项，题干不涉及全国范围内购买新商品房的费用的总量如何增长。

D 项，无关选项，题干仅涉及购房花费所占的比例，不涉及所有与住房有关的花费所占的比例。

E 项，无关选项，题干不涉及除住房以外的其他产品的平均价格。

【答案】A

母题变式 24.3　统计论证模型：其他数量型

母题技巧

第 1 步　识别论证类型	1. 平均值型：题干中出现平均值。 2. 增长率型：题干中出现增长率。 3. 其他数量关系型：题干中出现其他数量关系。
第 2 步　套用母题方法	1. 平均值型 （1）平均值不能代表每个个体的值。 例如：美国人均收入高，并不能说明每个美国人收入高，由于贫富差距的存在，可能使得美国人也有很多穷人。 （2）个体值无法说明平均值。 例如：老吕的学员中，每年都有一些同学考到 270 分左右，但无法说明老吕学员的平均分能达到 270 分左右。 2. 增长率型 根据公式：现值 = 原值 ×（1 + 增长率）^{n}。 可知：只根据原来的值或只根据增长率，无法确定现在的值。 3. 其他数量关系型 无论题干中出现什么数量关系，都要优先列出数量关系公式，再进行解题。

典型例题

1 受多元文化和价值观的冲击，甲国居民的离婚率明显上升。最近一项调查表明，甲国的平均婚姻存续时间为 8 年。张先生为此感慨，现在像钻石婚、金婚、白头偕老这样的美丽故事已经很难得了，人们淳朴的爱情婚姻观一去不复返了。

以下哪项如果为真，最能说明张先生的理解不确切？

A. 现在有不少闪婚一族，他们经常在很短的时间里结婚又离婚。

B. 婚姻存续时间长并不意味着婚姻的质量高。

C. 过去的婚姻主要由父母包办，现在主要是自由恋爱。

D. 尽管婚姻存续时间短，但年轻人谈恋爱的时间比以前增加很多。

E. 婚姻是爱情的坟墓，美丽感人的故事更多体现在恋爱中。

【第 1 步　识别论证类型】

题干：甲国的平均婚姻存续时间为 8 年 $\xrightarrow{\text{证明}}$ 现在像钻石婚、金婚、白头偕老等存续时间长的婚姻已经很难得了。

题干的论据是“平均婚姻存续时间”，结论是“存续时间长的婚姻”，可知此题为统计论证模型（平均值型）。

【第 2 步　套用母题方法】

A 项，说明平均婚姻存续时间短，是因为闪婚一族的影响，而不是金婚等存续时间长的婚姻变少了，削弱题干。

B 项，无关选项，题干的论证不涉及“婚姻的质量”。

C 项，无关选项，题干的论证不涉及“结婚方式”。

D 项，无关选项，题干的论证不涉及“谈恋爱时间”的比较。

E 项，无关选项，题干的论证不涉及“婚姻与恋爱的关系”。

【答案】A

2 与 2020 年相比，2021 年德国与 A 国的贸易总额只增长了 2.7%，而其他欧洲国家与 A 国的贸易总额最低也增长了 3.9%，这说明，2021 年德国与 A 国的贸易总额已经落后于其他欧洲国家。

以下哪项如果为真，最能质疑以上论证？

A. 2021 年，A 国从德国的进口总额超过了其他所有国家。

B. 德国与 A 国达成了战略伙伴关系。

C. 很多亚洲国家与 A 国的贸易也增长迅速。

D. 2020 年，德国与 A 国的贸易总额超过了 1 000 亿美元，而其他欧洲国家与 A 国的贸易总额最多不过 800 亿美元。

E. 专家预计，2022 年德国与 A 国的贸易总额会有大幅提高。

【第 1 步　识别论证类型】

题干：与 2020 年相比，2021 年德国与 A 国的贸易总额只增长了 2.7%，而其他欧洲国家与 A 国的贸易总额最低也增长了 3.9% $\xrightarrow{\text{证明}}$ 2021 年德国与 A 国的贸易总额已经落后于其他欧洲国家。

题干的论据是“增长率”，结论是“总额”，故此题为统计论证模型（增长率型）。

【第 2 步 套用母题方法】

根据公式：

2021 年贸易总额 = 2020 年贸易总额 ×（1+ 增长率）。

可知，若 2020 年德国的贸易总额更高，则可削弱题干，故此题可秒选 D 项。

A 项，进口额仅是贸易总额的一部分，不能削弱题干。

B 项，无关选项，达成战略伙伴关系不能直接说明贸易总额的多少。

C 项，无关选项，题干讨论的是德国及其他欧洲国家的情况，不涉及亚洲国家。

E 项，无关选项，题干讨论的是 2021 年的情况，不涉及 2022 年的情况。

【答案】D

3 做了为期一年研究项目工作的研究人员发现，一根大麻香烟在吸食者的肺部沉积的焦油量是一根烟草香烟的 4 倍还要多。研究人员由此断定，大麻香烟吸食者比烟草香烟吸食者更有可能患上由焦油导致的肺癌。

下面哪一项如果为真，将对上文中研究者的结论构成最有力的削弱？

A. 研究中使用的大麻香烟比典型吸食者所用的大麻香烟要小很多。

B. 没有一个该研究项目的参与者在过去曾经吸食过大麻或烟草。

C. 在该研究项目的早期研究过去 5 年后所进行的一次跟踪检查表明，没有一名该研究项目的参与者得了肺癌。

D. 研究中使用的烟草香烟含有的焦油量比典型吸食者所用的烟草香烟略高。

E. 典型的大麻香烟吸食者吸食大麻香烟的频率比典型的烟草香烟吸食者低很多。

【第 1 步 识别论证类型】

题干：一根大麻香烟在吸食者的肺部沉积的焦油量是一根烟草香烟的 4 倍还要多大麻香烟吸食者比烟草香烟吸食者更有可能患上由焦油导致的肺癌。

题干的论据中出现数量关系，故此题为统计论证模型（其他数量关系型）。

【第 2 步 套用母题方法】

A 项，支持题干，如果此项为真，说明典型吸食者所用的大麻香烟的焦油含量更高，从而他们更可能患上由焦油导致的肺癌。

B 项，无关选项，该研究项目的参与者是否吸食过这两类香烟，与这两类香烟是否易于引发肺癌无关。

C 项，无关选项，由此项无法确定该研究项目的参与者是否吸食香烟。

D 项，支持题干，如果此项为真，说明典型吸食者所用的烟草香烟的焦油含量更低，从而更不可能患上由焦油导致的肺癌。

E 项，根据公式：焦油总量 = 一根香烟的焦油含量 × 吸烟数量。所以，只指出大麻香烟的吸烟数量少即可削弱题干，故此项正确。

【答案】E

第3节 其他论证模型

母题模型25 人丑模型

母题技巧

第1步 识别论证类型	题干结构（1）：背景介绍＋但是＋论据论点。 例如： 你人很好（背景介绍，无用信息），但是，我不能做你女朋友（论点），因为你太丑了（论据）。 题干结构（2）：他人的观点＋对这一观点的否定＋否定理由。 例如： 有人认为老吕很帅（他人观点），这一观点是荒谬的（对这一观点的否定，即老吕不帅），因为老吕鼻孔太大（否定理由，即论据）。
第2步 套用母题方法	题干结构（1）：直接锁定"但是"后面的部分。 题干结构（2）：重点是对他人观点的否定。

典型例题

1 在人类成功登陆月球以后，许多人认为，人类下一个外太空的登陆目标应该是火星的卫星"火卫一"，而不是火星。因为虽然从地球到二者的飞行时间差不多，但完成登陆探测"火卫一"所需的燃料，只是完成登陆探测火星所需的一半。然而，这一观点并不可取，因为除了燃料消耗，登陆还需要考虑很多其他的因素。

以下哪项最为准确地概括了题干所要论证的结论？

A. 登陆外太空目标时，首先需要考虑的因素是燃料消耗。

B. 下一个外太空登录目标可以是太阳系中的其他几大行星。

C. 在"火卫一"和"火星"两个外太空天体中，优先选择登录"火卫一"是错误的。

D. 优先选择登陆火卫一可将其作为太空中转站，更容易展开对火星的探测。

E. 燃料的消耗与登陆外太空目标的难度成正比。

【第1步 识别论证类型】

题干：在人类成功登陆月球以后，许多人认为，人类下一个外太空的登陆目标应该是火星的卫星"火卫一"，而不是火星（他人的观点）。因为虽然从地球到二者的飞行时间差不多，但完成登陆探测"火卫一"所需的燃料，只是完成登陆探测火星所需的一半（他人的论证）。然而，这一观点并不可取（否定他人的观点），因为除了燃料消耗，登陆还需要考虑很多其他的因素（否定他人观点的理由）。

题干结构为：某人认为A，但是这一提议是荒谬的，因为B。故此题为人丑模型。

【第2步 套用母题方法】

题干的问题是"以下哪项最为恰当地概括了题干所要表达的意思？"，即找论点，题干的论点为"这一观点并不可取"，即"人类下一个外太空的登陆目标应该是火星的卫星"火卫一"，而不是火星”是不可取的，故此题可秒选 C 项。

A、E 项，此题要求概括结论，而“燃料的消耗”是论据中出现的概念，不是结论，直接排除。

B 项，无关选项，题干说的是“火星和火卫一中不应该优先登陆火卫一”，并未涉及太阳系的“其他行星”。

D 项，此项说明优先登陆火卫一更有利于探索火星，支持有些人的观点，削弱题干的结论。

【答案】C

2 一项关于 W 国咖啡领域的调查显示，过去 W 国咖啡领域的融资金额高达 5 亿元。今年年初，该国许多知名企业跨界进入咖啡领域，本土咖啡品牌在快速崛起，企业的管理者们由此认为，W 国今年的本土咖啡品牌的销量将显著上升。但是，经济学家对此却表示看衰，因为，咖啡在 W 国居民中不是很受欢迎。

以下哪项如果为真，最能支持经济学家的观点？

A. W 国个别线下门店提供的速溶咖啡添加了植脂末、白砂糖等成分，摄入过多不利于身体健康。

B. W 国本土咖啡品牌的咖啡单价很高，口感也更差，而单价和口感是消费者购买咖啡时要考虑的因素。

C. W 国的一些企业开始向咖啡液、速溶咖啡、袋泡咖啡等全品类进军，并占据了很大的市场份额。

D. W 国的咖啡文化非常成熟，无论是年轻人，还是老年人都将咖啡视为每日必须的饮品。

E. W 国的一些居民不愿意购买咖啡，更倾向于购买奶茶等饮品。

【第 1 步　识别论证类型】

题干：企业的管理者们由此认为，W 过今年的咖啡销量将显著上升（他人的观点）。但是，经济学家对此却表示看衰（否定他人的观点），因为，咖啡在 W 国居民中不是很受欢迎（否定他人观点的理由）。

题干结构为：某人认为 A，但是这一提议是荒谬的，因为 B。故此题为人丑模型。

【第 2 步　套用母题方法】

A 项，不能支持，个别线下门店的情况未必有代表性。

B 项，支持题干，说明由于 W 国本土咖啡单价贵、口感差，导致其不受欢迎消费者欢迎。

C 项，削弱题干，咖啡液、速溶咖啡、袋泡咖啡等占据了很大的市场份额，说明咖啡并不是不受 W 国居民欢迎。

D 项，削弱题干，“无论是年轻人，还是老年人都将咖啡视为每日必须的饮品”说明咖啡并不是不受 W 国居民欢迎。

E 项，W 国的一些居民不愿意购买咖啡，说明这些人不欢迎咖啡，略有支持。但无法确定这些人能不能代表该国的整体情况。

【答案】B

母题模型 26　双断定模型

母题技巧

第 1 步　识别论证类型	题干特点：论点中出现两个断定，有些题甚至会出现多个断定。
第 2 步　套用母题方法	此模型主要在支持题中考查，秒杀方法有两种： 秒杀方法（1）：对题干的断定进行全面支持，即同时支持题干中的两种断定。 秒杀方法（2）：分析题干中的论据在支持哪个断定，用正确的选项来支持题干中缺少论据的断定。

典型例题

1 近年来，全世界的水稻田中陆续出现了杂草稻，它们直接导致稻田减产、品质下降，灾害严重的稻田甚至大面积绝收。这种杂草稻是通过基因组变异去驯化并适应环境的，有着正常水稻所不具备的强大生长优势。有专家指出，它们的存在不仅会加大田间管理难度和成本，还会使得正常水稻的产量骤降。

以下哪项为真，最能支持专家的观点？

A. 杂草稻的存在会使得正常水稻的结穗率提高至少三分之一。

B. 杂草稻米粒口感坚硬粗糙，收割时混入这种“假米”，会影响稻米的品质。

C. 杂草稻的存在可能会使得病虫害频发，从而导致使得农户使用更多的药剂；为全面拔除田间的杂草稻，还可能增加雇佣的人数。

D. 杂草稻主要分布在广东、湖南、江苏、东北等我国主要的水稻主产区。

E. 杂草稻会与抢占正常水稻的生长空间，影响正常水稻的阳光吸收，抢夺田间养分以致正常水稻产量会显著降低。

【第 1 步　识别论证类型】

专家：它们（杂草稻）的存在不仅会加大田间管理难度和成本，还会使得正常水稻的产量骤降。

题干的论点中存在两个断定：①会加大田间管理难度和成本；②会使得正常水稻的产量骤降。故此题为双断定模型。

【第 2 步　套用母题方法】

A 项，削弱题干，说明杂草稻不仅不会降低正常水稻的产量，反而会促进正常水稻产量提升。

B 项，无关选项，此项说的是杂草稻的品质低，不涉及专家观点中的两种不利之处。

C 项，支持题干，说明杂草稻确不仅会增加田间的管理难度，还会造成管理成本增加，支持论点①。

D 项，无关选项，此项说的是杂草稻的主要分布地，并未提及杂草稻的危害。

E 项，支持题干，说明杂草稻确实会使得正常水稻的产量显著降低，支持论点②。

比较C项和E项的力度，C项的程度词是“可能”，而E项的程度词是“显著”，故E项力度大。

【答案】E

2 考古学家发现，那件仰韶文化晚期的土坯砖边缘整齐，并且没有切割的痕迹，由此他们推测，这件土坯砖应当是使用木质模具压制成型的；而其他 5 件由土坯砖经过烧制而成的烧结砖，经检测其当时的烧制温度为 850℃ ~900℃。由此考古学家进一步推测，当时的砖是先使用模具将黏土做成土坯，然后再经过高温烧制而成的。

以下哪项如果为真，最能支持上述考古学家的推测？

A. 仰韶文化晚期的年代约为公元前 3500 年—公元前 3000 年。

B. 仰韶文化晚期，人们已经掌握了高温冶炼技术。

C. 出土的 5 件烧结砖距今已有 5 000 年，确实属于仰韶文化晚期的物品。

D. 没有采用模具而成型的土坯砖，其边缘或者不整齐，或者有切割痕迹。

E. 早在西周时期，中原地区的人就可以烧制铺地砖和空心砖。

【第 1 步　识别论证模型】

题干的提问方式为“以下哪项如果为真，最能支持上述考古学家的推测？”，故锁定“推测”

一词，观察题干可知有两个推测（双断定模型）：

推测①：土坯砖边缘整齐并且没有切割痕迹 $\xrightarrow{\text{推测}}$ 这件土坯砖由木质模具压制成型。

推测②：由土坯砖经过烧制而成的烧结砖烧制温度为 850℃ ~900℃ + 推测① $\xrightarrow{\text{推测}}$ 当时的砖是先使用模具将黏土做成土坯，然后再经过高温烧制而成的。

推测①中，论据与论点的话题不一致，故为拆桥搭桥模型（前后型）。

推测②中，论据可以很好地支持论点，故解题时不必考虑推测②。

【第 2 步　套用母题方法】

A 项，无关选项，题干的论证并未涉及仰韶文化晚期的具体年代。

B 项，无关选项，题干推测②中的核心概念为“烧制”，而此项中的核心概念为“冶炼”。（干扰项・概念不一致）

C 项，无关选项，题干的论证并未涉及烧结砖的年代。

D 项，没有采用模具而成型的土坯砖→边缘不整齐 ∨ 有切割痕迹，等价于：边缘整齐 ∧ 没有切割痕迹→采用模具而成型的土坯砖，搭桥法，支持推测①。

E 项，无关选项，题干的论证不涉及“烧制铺地砖和空心砖”。

【答案】D

母题模型 27　绝对化结论模型

母题技巧

第 1 步　识别论证类型	题干特点：题干论点中出现绝对化的断定。例如：“必须”“只有……才……”“如果……那么……”等。
第 2 步　套用母题方法	此模型主要在削弱题中考查。这类模型本质上考查的是形式逻辑中的矛盾命题，用形式逻辑的思维解题即可。

典型例题

1 与矿泉水相比，纯净水缺乏矿物质，而其中有些矿物质是人体必需的。所以营养专家老张建议那些经常喝纯净水的人必须改变习惯，多饮用矿泉水。

以下哪项最能削弱老张的建议？

A. 人们需要的营养大多数不是来源于饮用水。

B. 人体所需的不仅仅是矿物质。

C. 可以饮用纯净水和矿泉水以外的其他水。

D. 有些矿泉水也缺少人体必需的矿物质。

E. 人们可以从其他食物中得到人体必需的矿物质。

【第 1 步　识别论证类型】

题干：与矿泉水相比，纯净水缺乏矿物质，而其中有些矿物质是人体必需的，所以营养专家老张建议那些经常喝纯净水的人必须改变习惯，多饮用矿泉水。

锁定"必须"一词，可知此题为绝对化结论模型。锁定关键词"建议"，可知此题还是措施目的模型。

【第2步 套用母题方法】

A项，不能削弱，"大多数"营养不是来源于饮用水，并不能反驳题干中"有些矿物质是人体必需的"。

B项，人体所需的"不仅仅"是矿物质，说明矿物质也是人体所需之一，说明老张的建议有必要，支持题干。（干扰项·明否暗肯）

C项，"可以"饮用"其他水"，并不能否定饮用矿泉水的价值。（干扰项·其他措施）

D项，不能削弱，"有些"矿泉水缺少人体必需的矿物质，不能说明其他矿泉水也不能满足人体所需矿物质。（干扰项·不当反例之"有的不"）

E项，指出措施没有必要，若"其他食物"中可以得到人体必需的矿物质，那么经常喝纯净水的人就未必缺乏矿物质，也就未必需要饮用矿泉水了，削弱题干。

【答案】E

2 某奥运会金牌得主在分享自己的成功秘诀时曾表示"秘密武器是每天睡10个小时"。因此有人表示，长时间的睡眠是迈向成功的路上不可或缺的因素之一。

以下哪项如果为真，最能削弱上述结论？

A. 某上市公司CEO张伟表示他创业期间每天仅睡4个小时。

B. 有研究发现，成年人每天睡6.5~7.4个小时死亡率最低。

C. 身体长时间处于睡眠状态会导致心脏部位的健康受到威胁。

D. 良好的睡眠是绝好的调适压力的良药，可以帮助人恢复体能。

E. 长期睡眠过多，导致大脑功能衰退，甚至会增加患抑郁症的概率。

【第1步 识别论证类型】

题干：某奥运会金牌得主的成功秘诀是"每天睡10个小时"（论据）。因此有人表示，长时间的睡眠是迈向成功的路上不可或缺的因素之一（论点）。

本题有两个母题模型：

模型1：论据中的对象是"某奥运会金牌得主"（小范围），论点是一般性的结论（大范围），故此题为归纳论证模型。

模型2：题干的论点中出现绝对化词"不可或缺"，故此题为绝对化结论模型。直接找结论的矛盾命题即可反驳。

【第2步 套用母题方法】

A项，成功 ∧ ¬ 长时间的睡眠，与题干的论点矛盾，故此项最能削弱题干的结论。

B项，无关选项，题干论证的是充足的睡眠对成功的影响，而此项说的是睡眠与死亡率的关系。（干扰项·话题不一致）

C项，无关选项，题干论证的是充足的睡眠对成功的影响，而此项说的是睡眠与健康的关系。（干扰项·话题不一致）

D项，无关选项，此项说明良好的睡眠有助于缓解压力，但是这对于成功的帮助并不明确。（干扰项·话题不一致）

E项，无关选项，题干论证的是充足的睡眠对成功的影响，而此项说的是睡眠对大脑的影响。（干扰项·话题不一致）

【答案】A

母题模型 28 争论焦点模型

母题技巧

<table>
<tr><td>第 1 步
识别论证类型</td><td>1. 题干特点
题干中出现两个人的争论。
2. 提问方式
“以下哪项最为恰当地概括了上述争论的问题？”
“以下哪项是上述争论的焦点？”</td></tr>
<tr><td>第 2 步
套用母题方法</td><td>争论焦点模型的三大解题原则：
（1）双方表态原则。
争论的焦点必须是双方均明确表态的部分。如果一方对一个观点表态，另外一方对此观点没有表态，则此观点不是争论的焦点。
（2）双方差异原则。
争论的焦点必须是二者观点不同的部分，即有差异的部分。
（3）论点优先原则。
论据服务于论点，所以当反方质疑对方论据时，往往是为了说明对方论点不成立，这时争论的焦点一般是双方的论点不同。在双方论点相同，质疑对方的论据时，争论的焦点才是论据。</td></tr>
</table>

典型例题

1 张先生：应该向吸烟者征税，用以缓解医疗保健事业的投入不足。因为正是吸烟导致了许多严重的疾病，要吸烟者承担一部分费用，来对付因他们的不良习惯而造成的健康问题，是完全合理的。

李女士：照你这么说，如果您经常吃奶牛蛋糕或者肥猪肉，也应该纳税。因为如同吸烟一样，经常食用脂肪、胆固醇含量高的食物同样会导致许多严重疾病。但是没有人会认为这样做是合理的，并且人们的危害健康的不良习惯数不胜数，都对此征税，事实上无法操作。

以下哪项最为恰当地概括了张先生和李女士争论的焦点？

A. 张先生关于缓解医疗保健事业投入不足的建议是否合理？

B. 有不良习惯的人是否应当对由此种习惯造成的社会后果负责？

C. 食用脂肪、胆固醇含量高的食物对健康造成的危害是否同吸烟一样严重？

D. 由增加个人负担来缓解社会公共事业的投入不足是否合理？

E. 征税的方式来纠正不良习惯是否合理？

【第 1 步　识别论证类型】

题干提问方式为“以下哪项最为恰当地概括了张先生和李女士争论的焦点？”，可知此题为争论焦点模型。

【第 2 步　套用母题方法】

张先生：正是吸烟导致了许多严重的疾病，要吸烟者承担一部分费用，来对付因他们的不良习惯而造成的健康问题，是完全合理的$\xrightarrow{\text{证明}}$向吸烟者征税，用以缓解医疗保健事业的投入不足（观点）。

李女士：常吃奶油蛋糕或者肥肉会导致许多严重的疾病，让他们纳税不合理（归谬法）$\xrightarrow{\text{证明}}$不应该向吸烟者征税来缓解医疗保健事业的不足（观点）。

A项，李女士的观点是“不应该向吸烟者征税来缓解医疗保健事业的不足”，张先生的观点是“应该向吸烟者征税来缓解医疗保健事业的不足”。可见二人争论的焦点是“张先生关于缓解医疗保健事业投入不足的建议是否合理”，正确。

B项，两人的论证中“不良习惯”均是作为论据出现，违反论点优先原则，排除。

C项，两人都没有涉及“食用脂肪、胆固醇含量高的食物对健康的危害”与“吸烟对健康的危害”的比较，违反双方表态原则，排除。

D项，两人都没有涉及“社会公共事业”（注意：“医疗保健事业”仅仅是“社会公共事业”的一种，二者并非同一概念），违反双方表态原则，排除。

E项，两人都没有涉及“纠正不良习惯”（注意：“吸烟”仅仅是“不良习惯”的一种，二者并非同一概念），违反双方表态原则，排除。

【答案】A

2 陈先生：有的学者认为，蜜蜂飞舞时发出的嗡嗡声是一种交流方式，例如蜜蜂在采花粉时发出的嗡嗡声，是在给同一蜂房的伙伴传递它们正在采花粉位置的信息。但事实上，蜜蜂不必通过这样费劲的方式来传递这样的信息。它们从采花粉处飞回蜂房时留下的气味踪迹，足以引导同伴找到采花粉的地方。

贾女士：我不完全同意你的看法。许多动物在完成某种任务时都可以有多种方式。例如，有些蜂类可以根据太阳的位置，也可以根据地理特征来辨别方位，同样，对于蜜蜂来说，气味踪迹只是它们的一种交流方式，而不是唯一的交流方式。

以下哪项最为恰当地概括了陈先生和贾女士所争论的问题？

A. 关于动物行为方式的一般性理论，是否能只基于对某种动物的研究。

B. 气味踪迹是否为蜜蜂交流的方式。

C. 是否只有蜜蜂才有能力向同伴传递位置信息。

D. 蜜蜂在采花粉时发出的嗡嗡声，是否在给同一蜂房的伙伴传递所在位置的信息。

E. 气味踪迹是否为蜜蜂的主要交流方式。

【第1步 识别论证类型】

题干提问方式为“以下哪项最为恰当地概括了陈先生和贾女士所争论的问题？”，可知此题为争论焦点模型。

【第2步 套用母题方法】

陈先生的论证是一个“人丑模型”，他的观点是“蜜蜂不必通过这样费劲的方式来传递这样的信息”；贾女士不同意这一观点，并给出了论据。故，两人争论的焦点是：嗡嗡声是否是在给同一蜂房的伙伴传递它们正在采花粉位置的信息。可秒选D项。

A项，无关选项，陈先生、贾女士均未对“动物行为方式的一般性理论，是否能只基于对某种动物的研究。”这一问题表态，违反双方表态原则，排除。

B项，陈先生、贾女士均认可“气味踪迹是蜜蜂的交流方式”，在该问题上并不存在争议，违反双方差异原则，排除。

C 项，无关选项，陈先生、贾女士均未对“是否只有蜜蜂才有能力向同伴传递位置信息。”这一问题表态，违反双方表态原则，排除。

E 项，无关选项，陈先生、林女士均未对“气味踪迹是否为蜜蜂的主要交流方式”这一问题表态，违反双方表态原则，排除。

【答案】D

3 张珊：神经胶质癌患者不应该食用腌制食品，因为腌制食品有致癌作用。

李思：你的观点不能成立。没得癌症的人不应该食用有致癌作用的食物，但对于已经有癌症的人来说，就没必要在乎这么多了。

以下哪项最为准确地概括了张珊和李思争论的焦点？

A. 神经胶质癌患者是否应该吃有致癌作用的食物？

B. 没得癌症的人是否应该食用腌制食品？

C. 癌症患者是否应该食用腌制食品？

D. 神经胶质癌患者是否应该食用腌制食品？

E. 腌制食品是否致癌？

【第 1 步　识别论证类型】

题干的提问方式为“以下哪项最为准确地概括了张珊和李思争论的焦点？”，故此题为争论焦点模型。

【第 2 步　套用母题方法】

张珊的观点：神经胶质癌患者不应该食用腌制食品。

李思的观点：张珊的观点不能成立。

即李思对张珊的观点进行了反驳，故两人争论的焦点是：神经胶质癌患者是否应该食用腌制食品，故 D 项正确。

A 项，虽然李思的论据中涉及了“有致癌作用的食物”，但双方的论点仅涉及“腌制食品”，故此项扩大了论证范围，排除。

B 项，“没得癌症的人”只有李思提及，张珊没有提及，违反双方表态原则，排除。

C 项，题干涉及的是“神经胶质癌患者”，此项涉及的是“癌症患者”，扩大了论证范围，排除。

E 项，双方均认可腌制食品有致癌作用，违反双方差异原则，排除。

【答案】D

4 张教授：在南美洲发现的史前木质工具存在于 13 000 年以前。有的考古学家认为，这些工具是其祖先从西伯利亚迁徙到阿拉斯加的人群使用的。这一观点难以成立，因为要到达南美洲，这些人群必须在 13 000 年前经历长途跋涉，而在阿拉斯加到南美洲之间，从未发现 13 000 年前的木质工具。

李研究员：您恐怕忽视了，这些木质工具是在泥煤沼泽中发现的，北美很少有泥煤沼泽。木质工具在普通的泥土中几年内就会腐烂化解。

以下哪项最为准确地概括了张教授与李研究员所讨论的问题？

A. 上述史前木质工具是否是其祖先从西伯利亚迁徙到阿拉斯加的人群使用的？

B. 张教授的论据是否能推翻上述考古学家的结论？

C. 上述人群是否可能在 13 000 年前完成从阿拉斯加到南美洲的长途跋涉？

D. 上述木质工具是否只有在泥煤沼泽中才不会腐烂化解？

E. 上述史前木质工具存在于 13 000 年以前的断定是否有足够的根据？

【第 1 步　识别论证类型】

题干的提问方式为“以下哪项最为准确地概括了张教授与李研究员所讨论的问题？”，故此题为争论焦点模型。

【第 2 步　套用母题方法】

张教授：从阿拉斯加到南美洲之间，从未发现 13 000 年前的木质工具 $\xrightarrow{\text{证明}}$ 考古学家的观点是不成立的（即，这些工具不是从西伯利亚迁徙到阿拉斯加的人群使用的）。

李研究员：北美很少有泥煤沼泽，而木质工具在普通的泥土中几年内就会腐烂化解。即，李研究员认为，没有发现木质工具，可能是木质工具腐烂化解了。

A 项，张教授认为，这些工具不是从西伯利亚迁徙到阿拉斯加的人群使用的。但李研究员对此没有明确的表态，违反双方表态原则，故排除。

B 项，张教授认为，考古学家的观点不成立。李研究员指出，张教授的论据未必能推翻考古学家的观点。故此项正确。

C 项，题干中两人的论述均未提及原始人群能否在 13 000 年前完成从阿拉斯加到南美洲的长途跋涉，违反双方表态原则，故排除。

D 项，“史前木质工具是否只有在泥煤沼泽中才不会腐烂化解”是李研究员的论据，张教授的论述中没有涉及，违反双方表态原则，故排除。

E 项，“在南美洲发现的史前木质工具存在于 13 000 年以前”是张教授论证的背景信息，李研究员没有对此进行争论，违反双方表态原则，故排除。

【答案】B

第 6 章　论证逻辑的其他题型

① 论证逻辑的其他题型有哪些？

真题中，论证逻辑还有一些其他题型，例如推论题、评论题等。这些题型总体而言在考试中考查占比不大，合计每年约考 1~2 道题。

题型分类见下表：

题型	提问方式	解题思路
推论题	“如果上述断定为真，则以下哪项一定为真？” “以下哪项最符合题干的断定？” “以下哪项最能概括上述论证所要表达的结论？”	找到最符合题干信息的选项。
论证结构分析题	“如果用‘甲→乙’表示甲支持（或证明）乙，则以下哪项对上述论证基本结构的表示最为准确？”	找到能表示题干论证结构的选项。
评论论证与反驳方法题	“以下哪项最为恰当地概括了题干的论证方法？” “以下哪项最为恰当地概括了题干的质疑方法？”	找到题干的论证方法或反驳方法。
评论逻辑漏洞题	“以下哪项对于题干的评价最为恰当？” “以下哪项最为准确地指出了题干的逻辑漏洞？”	找到题干的逻辑漏洞。
判断关键问题题	“为了评价上述论证，回答以下哪个问题最重要？”	关键问题的成立性会影响题干论证的成立性。
论证结构相似题	“以下哪一项与题干中的论证最为相似？” “以下哪项与题干中的逻辑漏洞最为相似？”	找到和题干论证结构相同的项。

② 论证逻辑的其他题型重要吗？

在真题中，以上所有题型考查不多，每年加起来约考 1、2 道题。也就是说，这些题型不是真题的命题重点。对于想冲刺高分的同学来说，这些分一定要拿下；对于在职考 MBA、MPA 等专业而且仅要求过线的同学来说，仅做完本书的对应题目即可，不必再做大量的训练，节省下时间来做更重要的题型，投入产出比会更高。

本章考情分析

本章内容在考试中占比较低，近 10 年管综真题共计考查 13 道题；近 3 年经综真题共计考查 3 道题。在这 16 道真题中，本章的 6 个题型均有涉及。但需要注意的是，推论题多数出现在 2020 年之前的管综真题中。近几年的真题中，本章两大主要命题方式为："论证结构分析题""评论逻辑漏洞题"。

本章题型	难度	重要程度
题型 1　推论题	★★★★★	★★★
题型 2　论证结构分析题	★★★	★★★★
题型 3　评论论证方法与反驳方法题	★★★	★★
题型 4　评论逻辑漏洞题	★★★	★★★★
题型 5　判断关键问题题	★★★	★★
题型 6　论证结构相似题	★★★	★★★

难度说明：★★为简单，★★★为中档，★★★★为中档偏上，★★★★★为难。

题型 1 推论题

母题技巧

第 1 步　识别题目类型	提问方式: (1)概括论点题 “以下哪项如果为真，最能概括题干所要表达的结论？” (2)普通推论题 “如果上述断定为真，则以下哪项断定必然为真？” “如果上述断定为真，最能推出以下哪项结论？” “如果上述断定为真，最能支持以下哪项结论？”
第 2 步　套用母题方法	1. 若题干中出现“如果，那么”“除非，否则”“只有，才”等典型关联词，则此题为形式逻辑题，直接用形式逻辑知识进行推理即可。 2. 若题干为一个论证，则利用论证逻辑的知识解题。另外，要注意以下两点: (1)一致性。 正确选项的论证对象、论证范围、论证程度，一般需要与题干保持一致。 (2)相关性。 正确选项的内容，往往与题干信息直接相关。 3. 若提问方式为“以下哪项最能概括上述论证所要表达的结论”，则此题为概括结论题。常用方法如下: (1)分析论证结构法。 论据一般表现为事实描述，论点一般表现为有所断定。另外，根据“因此”“因为”“研究人员认为”等标志词快速分析论证结构，往往可以直接找到论点。 (2)概括论据法。 有的题目，题干中全是论据，那我们就需要概括这些论据，从而判断哪个选项是论点。

典型例题

1 据《科学日报》消息，1998 年 5 月，瑞典科学家在有关领域的研究中首次提出，一种对防治老年痴呆症有特殊功效的微量元素，只有在未经加工的加勒比椰果中才能提取。

如果《科学日报》的上述消息是真实的，那么以下哪项不可能是真实的?

Ⅰ. 1997 年 4 月，芬兰科学家在相关领域的研究中提出过，对防治老年痴呆症有特殊功效的微量元素，除了未经加工的加勒比椰果，不可能在其他对象中提取。

Ⅱ. 荷兰科学家在相关领域的研究中证明，在未经加工的加勒比椰果中，并不能提取对防治老年痴呆症有特殊功效的微量元素，这种微量元素可以在某些深海微生物中提取。

Ⅲ. 著名的苏格兰医生查理博士在相关的研究领域中证明，该微量元素对防治老年痴呆症并没有特殊功效。

A. 仅Ⅰ。 B. 仅Ⅱ。 C. 仅Ⅲ。

D. 仅Ⅱ和Ⅲ。 E. Ⅰ、Ⅱ和Ⅲ。

【第1步 识别题目类型】

题干的提问方式为"如果《科学日报》的上述消息是真实的，那么以下哪项不可能是真实的？"，故此题为推论题。结合题干中的关联词"只有……才……"，可知本题本质上是形式逻辑中的推理题。

【第2步 套用母题方法】

已知《科学日报》的上述消息是真实的，说明的确有瑞典科学家在有关领域的研究中"首次提出"了此观点，因此，不可能在更早的时间有科学家提出相同的观点，故Ⅰ项不可能为真。

《科学日报》的上述消息是真实的，只能说明的确有瑞典科学家提出此观点，但这种观点未必正确，故Ⅱ、Ⅲ项的真假无法确定。

【答案】A

2 随着心脏病成为人类健康的"第一杀手"，人体血液中的胆固醇含量越来越引起人们的重视。一个人血液中的胆固醇含量越高，患致命的心脏病的风险也就越大。至少有三个因素会影响人的血液中的胆固醇含量，它们是抽烟、饮酒和运动。

如果上述断定为真，则以下哪项一定为真?

Ⅰ. 某些生活方式的改变，会影响一个人患致命的心脏病的风险。

Ⅱ. 如果一个人血液中的胆固醇含量不高，那么他患致命的心脏病的风险也不高。

Ⅲ. 血液中的胆固醇含量高是造成当今人类死亡的主要原因。

A. 仅Ⅰ。

B. 仅Ⅱ。

C. 仅Ⅰ和Ⅱ。

D. 仅Ⅰ和Ⅲ。

E. Ⅰ、Ⅱ和Ⅲ。

【第1步 识别题目类型】

题干的提问方式为"如果上述断定为真，则以下哪项一定为真？"，锁定此题题干中第二句话中的关键词"就"可知，此条件为假言命题。但此题还涉及其他条件，故此题是一道综合型的推论题。

【第2步 套用母题方法】

Ⅰ项，由题干信息可知，至少有三个因素会影响一个人患致命的心脏病的风险，它们是抽烟、饮酒和运动。由于这三个因素均为生活方式的一种，故此项为真。

Ⅱ项，由题干信息可知，胆固醇含量高→患致命的心脏病的风险大，根据"箭头指向原则"可知，无法推出"胆固醇含量不高→患致命的心脏病的风险不大"，故此项可真可假。

Ⅲ项，推理过度，心脏病是人类健康的"第一杀手"，不代表血液中的胆固醇含量高是造成当今人类死亡的"主要原因"。

【答案】A

3 2008 年度统计显示，对中国人的健康威胁最大的三种慢性病，按其在总人口中的发病率排列，依次是乙型肝炎、关节炎和高血压。其中，关节炎和高血压的发病率随着年龄的增长而增加，而乙型肝炎在各个年龄段的发病率没有明显的不同。中国人口的平均年龄，在 2008 年至 2020 年之间，将呈明显上升态势而逐步进入老龄化社会。

依据题干提供的信息，能最为恰当地推出以下哪项结论？

A. 到 2020 年，发病率最高的将是关节炎。

B. 到 2020 年，发病率最高的将仍是乙型肝炎。

C. 在 2008 年至 2020 年之间，乙型肝炎患者的平均年龄将增大。

D. 到 2020 年，乙型肝炎患者的数量将少于 2008 年。

E. 到 2020 年，乙型肝炎的老年患者将多于非老年患者。

【第 1 步 识别题目类型】

题干的提问方式为："依据题干提供的信息，能最为恰当地推出以下哪项结论？"，故此题为推论题。同时，题干中出现"发病率"，可知此题也为统计论证模型。

【第 2 步 套用母题方法】

将题干信息整理如下：

① 2008 年，中国发病率最高的三种慢性病，依次是：乙型肝炎、关节炎、高血压。

②关节炎和高血压的发病率随着年龄的增长而增加，而乙型肝炎在各个年龄段的发病率没有明显的不同。

③中国人口的平均年龄，在 2008 年至 2020 年之间，将呈明显上升态势而逐步进入老龄化社会。

A、B 项，由②、③可知，随着人口的老龄化，关节炎的发病率会提高，乙型肝炎的发病率不变，但不确定前者的发病率会不会超过后者，故这两项可真可假。

C 项，由②可知，乙型肝炎在各个年龄段的发病率没有明显的不同，那么，总人口的平均年龄越大，则乙型肝炎患者的平均年龄也越大，故此项为真。

可使用赋值法证明如下：为方便计算，不妨设我国只有 10 岁的人和 50 岁的人，设乙型肝炎的发病率为 10%，赋值如下表：

	10 岁的人	50 岁的人	平均年龄
2008 年总人口	800	200	$\frac{800\times10+200\times50}{800+200}=18$
2008 年乙型肝炎发病者	80	20	$\frac{80\times10+20\times50}{80+20}=18$
2020 年总人口	200	800	$\frac{200\times10+800\times50}{800+200}=42$
2020 年乙型肝炎发病者	20	80	$\frac{20\times10+80\times50}{80+20}=42$

D 项，由②可知，乙型肝炎在各个年龄段的发病率没有明显的不同，那么，总发病人数 = 总人口数 × 发病率。故，必须知道 2008—2020 年的总人数如何变化，才能确定乙型肝炎的发病人

数如何变化。故此项不一定为真。

E项，由③可知，中国会进入老龄化社会，但不确定老年人的数量是否已经超过年轻人，故无法确定乙型肝炎的老年患者是否将多于非老年患者。

【答案】C

4 各品种的葡萄中都存在着一种化学物质，这种物质能有效地减少人血液中的胆固醇。这种物质也存在于各类红酒和葡萄汁中，但白酒中不存在。红酒和葡萄汁都是用完整的葡萄做原料制作的；白酒除了用粮食做原料外，也用水果做原料，但和红酒不同，白酒在用水果做原料时，必须除去其表皮。

以上信息最能支持以下哪项结论？

A. 用作制酒的葡萄的表皮都是红色的。

B. 经常喝白酒会增加血液中的胆固醇。

C. 食用葡萄本身比饮用由葡萄制作的红酒或葡萄汁更有利于减少血液中的胆固醇。

D. 能有效地减少血液中胆固醇的化学物质只存在于葡萄之中，不存在于粮食作物之中。

E. 能有效地减少血液中胆固醇的化学物质只存在于葡萄的表皮之中，而不存在于葡萄的其他部分中。

【第1步 识别题目类型】

题干的提问方式为“以上信息最能支持以下哪项结论？”，当题干的提问方式为“支持以下哪项”时，此题的题型是推论题而不是支持题。同时，题干中给出了两组对象的对比，故此题也为求异法模型。

【第2步 套用母题方法】

题干使用求异法：

红酒和葡萄汁：用完整的葡萄做原料（有葡萄皮），含有能减少血液中胆固醇的化学物质；

白酒：用去皮的葡萄做原料，不含能减少血液中的胆固醇的化学物质；

故：能有效地减少血液中胆固醇的化学物质，只存在于葡萄的表皮之中。

故E项正确。

干扰项分析：

A项，无关选项，题干不涉及葡萄表皮的颜色。

B项，无关选项，题干不涉及经常喝白酒是否会增加血液中的胆固醇。

C项，无关选项，题干不涉及“食用葡萄”的影响。

D项，题干不仅仅涉及“葡萄”和“粮食”的比较，还涉及“去皮”与“不去皮”的比较，故此项不如E项恰当。

【答案】E

5 在试飞新设计的超轻型飞机时，经验丰富的老飞行员似乎比新手碰到了更多的麻烦。有经验的飞行员已经习惯了驾驶重型飞机，当他们驾驶超轻型飞机时，总是会忘记驾驶要则的提示而忽视风速的影响。

以下哪项作为题干蕴含的结论最为恰当？

A. 重型飞机比超轻型飞机在风中更易于驾驶。

B. 超轻型飞机的安全性不如重型飞机。

C. 风速对重型飞机的飞行不会产生影响。

D. 飞行员新手在驾驶重型飞机时不会忽视风速的影响。

E. 新飞行员比老飞行员对超轻型飞机更为熟悉。

【第 1 步 识别题目类型】

题干的提问方式为“以下哪项作为题干蕴含的结论最为恰当？”，故此题为推论题。

【第 2 步 套用母题方法】

题干中出现新老飞行员的对比和重型、超轻型飞机的对比。故应该通过对比对象的不同来解题。

A 项，习惯了驾驶重型飞机后，驾驶超轻型飞机就容易忽略风速影响，这说明重型飞机比超轻型飞机在风中更易于驾驶，故此项正确。

B 项，推理过度，影响飞机安全性的因素有很多，不仅仅只有风速这一个因素。因此，不能仅仅因为风速的情况，就推出超轻型飞机的安全性不如重型飞机。

C 项，推理过度，由题干只能推出风速对重型飞机的影响“小于”对超轻型飞机的影响，但不能推出风速对重型飞机的飞行“不会”产生影响。

D 项，无关选项，题干中比较的是老飞行员和新飞行员试飞“超轻型”飞机时的情况，无法推出新飞行员驾驶“重型”飞机时的情况。

E 项，无关选项，题干中新老飞行员表现不同的原因是“老飞行员习惯了重型飞机”，但是，题干未提及新老飞行员是否熟悉超轻型飞机。

【答案】A

6 如果一个儿童体重与身高的比值超过本地区 80% 的儿童的水平，就称其为肥胖儿。根据历年的调查结果，15 年来，临江市的肥胖儿的数量一直在稳定增长。

如果以上断定为真，则以下哪项也必然为真?

A. 临江市每一个肥胖儿的体重都超过全市儿童的平均体重。

B. 15 年来，临江市的儿童体育锻炼越来越不足。

C. 临江市的非肥胖儿的数量 15 年来不断增长。

D. 15 年来，临江市体重不足标准体重的儿童数量不断下降。

E. 临江市每一个肥胖儿的体重与身高的比值都超过全市儿童的平均值。

【第 1 步 识别题目类型】

题干的提问方式为“如果以上断定为真，则以下哪项也必然为真？”，故此题为推论题。同时，题干中出现百分比和数量，可知此题也为统计论证模型。

【第 2 步 套用母题方法】

由题干信息可知：①肥胖儿数量 = 儿童总数 ×20%。②肥胖儿数量稳定增长，说明儿童总数稳定增长。

又有：非肥胖儿数量 = 儿童总数 ×80%，故非肥胖儿数量稳定增长，即 C 项正确。

A、E 项，题干信息不涉及全市儿童及体重与身高比值体重的平均值，故排除。

B 项，题干信息不涉及该市儿童的锻炼情况，故排除。

D 项，题干信息不涉及“标准体重”，故排除。

【答案】C

7 有一种通过寄生方式来繁衍后代的黄蜂，它能够在适合自己后代寄生的各种昆虫的大小不同的虫卵中，注入恰好数量的自己的卵。如果它在宿主的卵中注入的卵过多，它的幼虫就会在互相竞争中因为得不到足够的空间和营养而死亡；如果它在宿主的卵中注入的卵过少，宿主卵中的多余营养部分就会腐败，这也会导致它的幼虫死亡。

如果上述断定是真的，则以下哪项有关断定也一定是真的？

Ⅰ. 上述黄蜂的寄生繁衍机制中，包括它准确区分宿主虫卵大小的能力。

Ⅱ. 在虫卵较大的昆虫聚集区出现的上述黄蜂比在虫卵较小的昆虫聚集区多。

Ⅲ. 黄蜂注入过多的虫卵比注入过少的虫卵更易引起寄生幼虫的死亡。

A. 仅Ⅰ。　B. 仅Ⅱ。　C. 仅Ⅲ。

D. 仅Ⅰ和Ⅱ。　E. Ⅰ、Ⅱ和Ⅲ。

【第 1 步　识别题目类型】

题干的提问方式为“如果上述断定是真的，则以下哪项有关断定也一定是真的？”，故此题为推论题。同时，题干中涉及数量关系，故此题为统计论证模型，另外，黄蜂的行为可以认为是一种措施，故此题也可认为是措施目的模型。

【第 2 步　套用母题方法】

Ⅰ项，必然为真，此项说明措施可行，否则，如果此类黄蜂不能准确区分宿主虫卵大小，它就无法注入恰好数量的卵。

Ⅱ项，不一定为真。黄蜂总数 = 现有黄蜂 + 由虫卵繁殖而来的黄蜂，两个地区黄蜂宿主的虫卵数量无法确定，因此，无法判断这两个地区黄蜂的产卵数，也就无法确定由虫卵繁殖而来的黄蜂数量；题干信息也未说明现有的黄蜂的数量。因此，无法确定两个地区黄蜂的数量。

Ⅲ项，题干不涉及注入过多和过少的卵的比较，故此项不一定为真。

【答案】A

8 清朝雍正年间，市面上流通的铸币，其金属构成是铜六铅四，即六成为铜、四成为铅。不少商人出以利计，纷纷融币取铜，使得市面上的铸币严重匮乏，不少地方出现以物易物的现象。但朝廷征于市民的赋税，须以铸币缴纳，不得代以实物或银子。市民只得以银子向官吏购兑铸币用以纳税，不少官吏因此大发了一笔。这种情况，在雍正之前的明、清两朝历代从未出现过。

从以上陈述中可推出以下哪项结论？

Ⅰ. 上述铸币中所含铜的价值要高于该铸币的面值。

Ⅱ. 上述用银子购兑铸币的交易中，不少并不按朝廷规定的比价成交。

Ⅲ. 雍正以前明、清两朝历代，铸币的铜含量均在六成以下。

A. 仅Ⅰ。　B. 仅Ⅱ。　C. 仅Ⅲ。

D. 仅Ⅰ和Ⅱ。　E. Ⅰ、Ⅱ和Ⅲ。

【第 1 步　识别题目类型】

题干的提问方式为“从以上陈述中可推出以下哪项结论？”，故此题为推论题。

锁定关键词“大发了一笔”，即：指出有利润，可知此题也为统计论证模型（收入利润型）。

【第 2 步　套用母题方法】

Ⅰ项，由“商人出以利计，纷纷融币取铜”可知，融币取铜有利可图，则铸币中的铜的价值必然高于币值，故此项为真。

Ⅱ项，由“不少官吏因此大发了一笔”可知，此项必然为真，否则，如果上述用银子购兑铸币的交易都能严格按朝廷规定的比价成交，官吏就没有获利的空间。

Ⅲ项，此项不一定为真，因为雍正之前的明、清两朝历代从未出现过题干中的现象的原因可能有很多，例如：铜价太低，融币取铜无利可图；有严刑酷法，使商人和官员不敢徇私舞弊等。

【答案】D

9 烟斗和雪茄对健康的危害明显比香烟要小。吸香烟的人如果戒烟的话，则可以免除对健康的危害，但是如果改吸烟斗或雪茄的话，对健康的危害和以前差不多。

如果以上断定为真，则以下哪项断定最不可能为真？

A. 香烟对所有吸香烟者健康的危害基本相同。

B. 烟斗和雪茄对所有吸烟斗或雪茄者健康的危害基本相同。

C. 同时吸香烟、烟斗和雪茄者所受到的健康危害，不大于只吸香烟者。

D. 吸烟斗和雪茄的人戒烟后如果改吸香烟，则所受到的健康危害比以前大。

E. 烟斗比雪茄对健康的危害要大。

【第 1 步　识别题目类型】

题干的提问方式为“如果以上断定为真，则以下哪项断定最不可能为真？”，故此题为推论题。同时，题干中出现危害大小的比较，可知此题也为统计论证模型（其他数量型）。

【第 2 步　套用母题方法】

比大小问题可用不等式法，由题干可知：

①烟斗和雪茄对健康的危害明显比香烟要小，即：烟斗、雪茄＜香烟。

②吸香烟的人改吸烟斗或雪茄的话，对健康的危害和以前差不多。即：改吸烟斗、雪茄＝香烟。

故由①、②可得：直接吸烟斗、雪茄＜香烟＝改吸烟斗、雪茄。

因此，直接吸烟斗、雪茄＜改吸烟斗、雪茄。即，烟斗和雪茄对直接吸烟斗或雪茄的人的危害小于戒香烟后改吸烟斗或雪茄的人的危害。因此，B 项不可能为真。

【答案】B

10 法官：原告提出的所有证据，不足以说明被告的行为已构成犯罪。

如果法官的上述断定为真，则以下哪项相关断定也一定为真？

Ⅰ. 原告提出的证据中，至少没包括这样一个证据，有了它，足以断定被告有罪。

Ⅱ. 原告提出的证据中，至少没包括这样一个证据，没有它，不足以断定被告有罪。

Ⅲ. 原告提出的证据中，至少有一个与事实不符。

A. 仅Ⅰ。　B. 仅Ⅱ。　C. 仅Ⅲ。

D. 仅Ⅰ和Ⅱ。　E. Ⅰ、Ⅱ和Ⅲ。

【第 1 步　识别题目类型】

题干的提问方式为“如果法官的上述断定为真，则以下哪项相关断定也一定为真？”，故此题为推论题。

【第 2 步　套用母题方法】

Ⅰ项，此项中“足以”的意思是“足够、充分”，题干中“不足以”即“缺少充分条件”。故此项必然为真。

Ⅱ项，“没有它，不足以断定被告有罪”，可知此项是“没它不行”，即必要条件，故此项不符合法官的断定。

Ⅲ项，不必然为真。法官说的是证据不足，而不是证据“与事实不符”。

【答案】A

11 一项研究发现：吸食毒品（例如摇头丸）的女孩比没有这种行为的女孩患忧郁症的可能性高出 2 倍至 3 倍；酗酒的男孩比不喝酒的男孩患忧郁症的可能性高出 5 倍。另外，忧郁症会使没有不良行为的孩子减少犯错误的冲动，却会让有过上述不良行为的孩子行为更加出格。

如果上述判定为真，则以下哪项一定为真？

A. 行为出格的孩子容易患忧郁症，进而加重他们的出格行为。

B. 酗酒的男孩比食用摇头丸的女孩患忧郁症的可能性高。

C. 忧郁症会让人失去生活的乐趣并导致行为出格。

D. 没有坏习惯的孩子大多是家庭和谐快乐的。

E. 患有忧郁症的孩子都伴随有不良的出格行为。

【第 1 步　识别题目类型】

题干的提问方式为“如果上述判定为真，则以下哪项一定为真？”，故此题为推论题。同时，题干中出现两组对象的对比，故此题也为求异法模型。

【第 2 步　套用母题方法】

题干有如下信息：

①吸食毒品的女孩比没有这种行为的女孩患忧郁症的可能性高出 2 倍至 3 倍。

②酗酒的男孩比不喝酒的男孩患忧郁症的可能性高出 5 倍。

③忧郁症会使没有不良行为的孩子减少犯错误的冲动。

④忧郁症会让有过上述不良行为的孩子行为更加出格。

A 项，根据求同求异共用法，由题干信息①、②可知，不良行为使孩子更易患忧郁症。再由题干信息④可知，忧郁症会使他们的行为更加出格，故此项为真。

B 项，题干不涉及“酗酒的男孩”与“食用摇头丸的女孩”之间的对比，无关选项。

C 项，题干不涉及“生活乐趣”，另外，由题干信息③可知，忧郁症并不一定会导致行为出格。

D 项，题干不涉及“家庭和谐快乐”，无关选项。

E 项，由题干信息④可知，忧郁症会让有过上述不良行为的孩子更加行为出格，但不是所有“患有忧郁症的孩子都伴随有不良的出格行为”，此项扩大了论证范围，推理过度。

【答案】A

12 某项研究以高中三年级理科生 288 人为对象，分两组进行测试。在数学考试前，一组学生需咀嚼 10 分钟口香糖，而另一组无须咀嚼口香糖。测试结果显示，总体上咀嚼口香糖的考生比没有咀嚼口香糖的考生其焦虑感低 20%，特别是对于低焦虑状态的学生群体，咀嚼组比未咀嚼组的焦虑感低 36%，而对中焦虑状态的考生，咀嚼口香糖比不咀嚼口香糖的焦虑感低 16%。

从以上实验数据，最能得出以下哪项？

A. 咀嚼口香糖对于高焦虑状态的考生没有效果。

B. 对于高焦虑状态的考生群体，咀嚼组比未咀嚼组的焦虑感低 8%。

C. 咀嚼口香糖能够缓解低、中程度焦虑状态学生的考试焦虑。

D. 咀嚼口香糖不能缓解考试焦虑。

E. 未咀嚼口香糖的一组，因为无事可做而焦虑。

【第 1 步 识别题目类型】

题干的提问方式为“从以上实验数据，最能得出以下哪项？”，故此题为推论题。同时，题干中出现咀嚼口香糖和未咀嚼口香糖的焦虑感的对比，故此题也为求异法模型。

【第 2 步 套用母题方法】

题干采用求异法：

低焦虑状态的学生群体：咀嚼组比未咀嚼组的焦虑感低 36%；

中焦虑状态的考生：咀嚼口香糖比不咀嚼口香糖的焦虑感低 16%；

所以，咀嚼口香糖能够缓解低、中程度焦虑状态学生的考试焦虑。

故 C 项正确。

A、B 项，题干没有提及“高焦虑状态”的考生，故排除。

D 项，根据题干信息可知，此项表述与题干存在矛盾，故排除。

E 项，题干未提及未咀嚼口香糖的一组焦虑的原因是什么，故排除。

【答案】C

题型 2 论证结构分析题

母题技巧

第 1 步 识别题目类型	提问方式： “如果用‘甲→乙’表示甲支持（或证明）乙，则以下哪项对上述论证基本结构的表示最为准确？”
第 2 步 套用母题方法	解题步骤： （1）找论证结构标志词。如“因此”“故”“所以”等后面是论点；“因为”“由于”等后面是论据。 （2）没有论证结构标志词的，看句子的内容。若内容为“有所断定”，则为论点；若内容为“事实描述”或“理论描述”，则为论据。

典型例题

1 有一论证（相关语句用序号表示）如下：

①可见，我们中国人是有骨气的。

②古代的中国人，讲骨气。

③文天祥说：“人生自古谁无死，留取丹心照汗青。”这就是骨气。

④近当代的中国人，也讲骨气。

⑤李四光为祖国找到油田，打破外国“中国贫油论”；钱三强、钱伟长、钱学森等为祖国科

学技术做出了卓越贡献；“两弹一星”上天，扬中国国威、长中国人志气。这都是有骨气。

如果用“甲→乙”表示甲支持（或证明）乙，则以下哪项对上述论证基本结构的表示最为准确？

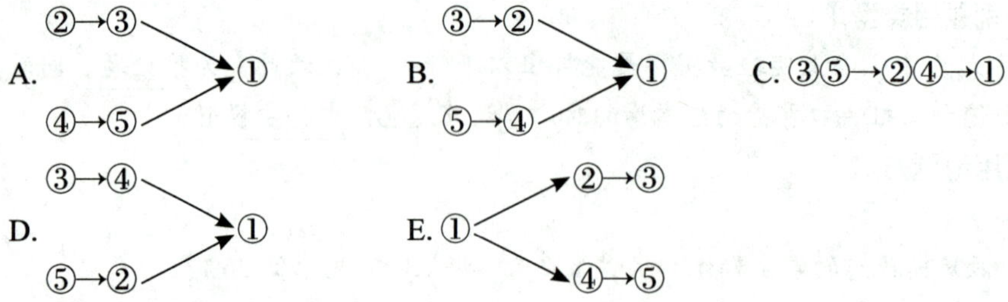

【第 1 步　识别题目类型】

观察题干的提问方式，此题显然为论证结构分析题。

【第 2 步　套用母题方法】

锁定关键词“可见”，可知句①是核心论点。

读其余四句话可知，句②、④均为断定，是分论点；句③、⑤是例子，故为论据。

③是古代的例子，故支持②；⑤是近当代的例子，故支持④。即：③→②；⑤→④，故 B 项正确。

【答案】B

2 有一论证（相关语句用序号表示）如下：

①天行有常，不为尧存，不为桀亡。

②应之以治则吉，应之以乱则凶。

③强本而节用，则天不能贫；养备而动时，则天不能病；修道而不贰，则天不能祸。

④故水旱不能使之饥，寒暑不能使之疾，祆怪不能使之凶。

⑤本荒而用侈，则天不能使之富：养略而动罕，则天不能使之全；倍道而妄行，则天不能使之吉。

⑥故水旱未至而饥，寒暑未薄而疾，祆怪未至而凶。

如果用“甲→乙”表示甲支持（或证明）乙，则以下哪项对上述论证基本结构的表示最为准确？

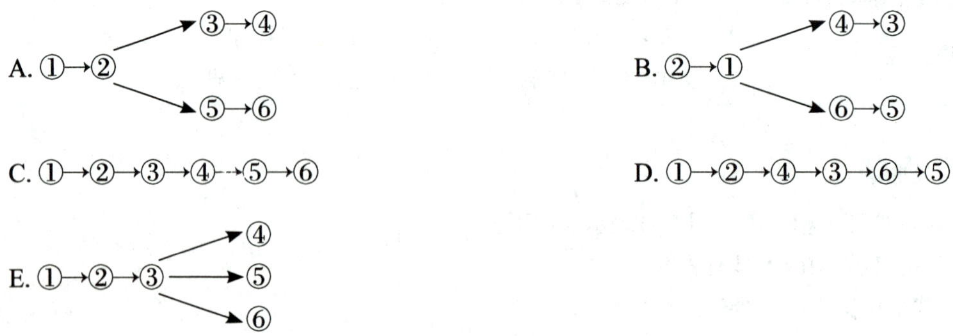

【第 1 步　识别题目类型】

观察题干的提问方式，此题显然为论证结构分析题。

【第 2 步　套用母题方法】

锁定关键词“故”，可知句④和句⑥是两个并列的结论，观察选项只有 A 项符合，故 A 项正确。

【答案】A

题型 3 评论论证方法与反驳方法题

母题技巧

第 1 步　识别题目类型	提问方式： “以下哪项最为恰当地概括了题干的论证方法？” “以下哪项最为恰当地概括了题干的质疑方法？”
第 2 步　套用母题方法	1. 评论论证方法题 （1）论证方法：归纳论证、类比论证、演绎论证；选言证法、反证法。 （2）找因果的方法：求因果五法。 2. 评论反驳方法题 常用的反驳方法：反驳对方的论据、反驳隐含假设、提出反面论据、指出另有他因、指出因果倒置，等等。

典型例题

1 张教授：在南美洲发现的史前木质工具存在于 13 000 年以前。有的考古学家认为，这些工具是其祖先从西伯利亚迁徙到阿拉斯加的人群使用的。这一观点难以成立，因为要到达南美洲，这些人群必须在 13 000 年前经历长途跋涉，而在阿拉斯加到南美洲之间，从未发现 13 000 年前的木质工具。

李研究员：您恐怕忽视了，这些木质工具是在泥煤沼泽中发现的，北美很少有泥煤沼泽。木质工具在普通的泥土中几年内就会腐烂化解。

以下哪项最为准确地概括了李研究员的应对方法？

A. 指出张教授的论据违背事实。

B. 引用与张教授的结论相左的权威性研究成果。

C. 指出张教授曲解了考古学家的观点。

D. 质疑张教授的隐含假设。

E. 指出张教授的论据实际上否定其结论。

【第 1 步　识别题目类型】

题干的提问方式为：“以下哪项最为准确地概括了李研究员的应对方法？”，故此题为评论反驳方法题。

【第 2 步　套用母题方法】

张教授：未发现→不是迁徙，逆否可得：是迁徙→发现。

即，张教授的隐含假设是：如果这些工具是从西伯利亚迁徙到阿拉斯加的人群使用的，那么，在阿拉斯加到南美洲之间，能发现13 000年前的木质工具。

李研究员认为，北美很少有泥煤沼泽，因此，即使在迁徙过程中遗留了木质工具，也无法保留到现在（不能发现），即：是迁徙∧不能发现，与张教授的隐含假设矛盾。故李研究员质疑了张教授的隐含假设。因此D项正确。

【答案】D

2 张教授：在西方经济萧条时期，由汽车尾气造成的空气污染状况会大大改善，因为开车上班的人大大减少了。

李工程师：情况恐怕不是这样。在萧条时期买新车的人大大减少，而车越老，排放的超标尾气造成的污染越严重。

以下哪项最为准确地概括了李工程师的反驳所运用的方法?

A. 运用了一个反例，质疑张教授的论据。

B. 做出一个断定，只要张教授的结论不成立，则该断定一定成立。

C. 提出一种考虑，虽然不否定张教授的论据，但能削弱这一论据对其结论的支持。

D. 论证一个见解，张教授的论证虽然缺乏说服力，但其结论是成立的。

E. 运用归谬法反驳张教授的结论，即如果张教授的结论成立，会得出荒谬的推论。

【第1步 识别题目类型】

题干的提问方式为："以下哪项最为准确地概括了李工程师的反驳所运用的方法？"，故此题为评论反驳方法题。

【第2步 套用母题方法】

李工程师并没有否定张教授的论据（开车上班的人减少），而是指出，萧条时期道路上会有更多的老车，而老车会造成更严重的污染。因此，即使开车的人减少，也会造成更严重的污染，从而削弱张教授的论据对其结论的支持。故C项最为准确。

【答案】C

3 朱红：红松鼠在糖松的树皮上打洞以吸取树液。既然糖松的树液主要是由水和少量的糖组成的，那么大致可以确定红松鼠是为了寻找水或糖。水在松树生长的地方很容易通过其他方式获得。因此，红松鼠不会是因为找水而费力地打洞，它们可能是在寻找糖。

林娜：一定不是在寻找糖，而是在寻找其他什么东西，因为糖松树液中糖的浓度太低了，红松鼠必须饮用大量的树液才能获得一点点糖。

朱红的论证是通过以下哪种方式展开的?

A. 陈述了一个一般规律，该论证是运用这个规律的一个实例。

B. 对更大范围的一部分可观察行为作出了描述。

C. 根据被清楚理解的现象和未被解释的现象之间的相似性进行类推。

D. 排除对一个被观察现象的一种解释，得出了另一种可能的解释。

E. 运用一个实例来补充一个一般性的见解。

【第1步 识别题目类型】

题干的提问方式为："朱红的论证是通过以下哪种方式展开的？"，故此题为评论论证方法题。

【第 2 步 套用母题方法】

朱红：①红松鼠是为了寻找水或糖；②水在松树生长的地方很容易通过其他方式获得$\xrightarrow{\text{证明}}$红松鼠可能是在寻找糖。

朱红的论证方式为选言证法：水∨糖，非水，因此糖。即，在对一种现象的两种解释中，排除一种解释，得出另一种可能的解释，故 D 项正确。

A 项，演绎论证；B 项，题干不涉及“更大范围”；C 项，类比论证；E 项，归纳论证均不正确，排除。

【答案】D

4 法学家：《中华人民共和国刑法修正案（八）（草案）》规定：75 周岁以上的老人不适用死刑，这一修改引起不小的争议。有人说，如果这样规定，一些犯罪集团可能会专门雇佣 75 周岁以上的老人去犯罪。我认为，这种说法不能成立。按照这种逻辑，不满 18 岁的人不判处死刑，一些犯罪集团也会专门雇佣不满 18 岁的人去犯罪，我们是否应当判处不满 18 岁的人死刑呢？

上面的论证使用了以下哪一种论证技巧？

A. 通过表明一个观点不符合已知的事实，来论证这个观点为假。

B. 通过表明一个观点缺乏事实的支持，来论证这个观点不能成立。

C. 通过假设一个观点为正确会导致明显荒谬的结论，来论证这个观点是错误的。

D. 通过表明一个观点违反公认的一般性准则，来论证这个观点是错误的。

E. 通过表明一个现象的成立，归纳概括一个一般规律。

【第 1 步 识别题目类型】

题干的提问方式为：“上面的论证使用了以下哪一种论证技巧？”但要注意，题干中有“这种说法不能成立”的句子，故此题为评论反驳方法题。

【第 2 步 套用母题方法】

“我”构造了一个类似的论证，但这一论证的结论是让人无法接受的（判处不满 18 岁的人死刑），故“我”使用了归谬法。C 项正确。

A 项，题干中不涉及“不符合已知的事实”，不符合题干，排除。

B 项，此项中“表明一个观点缺乏事实的支持”，即缺少论据，不符合题干，排除。

D 项，题干中不涉及“一般性准则”，不符合题干，排除。

E 项，归纳法，不符合题干，排除。

【答案】C

5 人们已经认识到，除了人以外，一些高级生物不仅能适应环境，而且能改变环境以利于自己的生存。其实，这种特性很普遍。例如，一些低级浮游生物会产生一种气体，这种气体在大气层中转化为硫酸盐颗粒，这些颗粒使水蒸气浓缩而形成云。事实上，海洋上空云层的形成很大程度上依赖于这种颗粒。较厚的云层意味着较多的阳光被遮挡，意味着地球吸收较少的热量。因此，这些低级浮游生物使地球变得凉爽，而这有利于它们的生存，当然也有利于人类的生存。

以下哪项最为准确地概括了上述议论所运用的方法？

A. 基于一般性的见解说明一个具体的事例。

B. 运用一个反例来反驳一个一般性的见解。

C. 运用一个具体事例来补充一个一般性的见解。

D. 运用一个具体事例来论证一个一般性的见解。

E. 对某种现象进行分析，并对这种现象产生的条件及其意义进行一般性的概括。

【第1步 识别题目类型】

题干的提问方式为："以下哪项最为准确地概括了上述议论所运用的方法？"，故此题为评论论证方法题。

【第2步 套用母题方法】

题干先提出一个一般性的见解：高级生物可以改变环境，然后又通过一个例子论证了低级生物也可以改变环境，补充了前面的一般性见解。故C项正确。

A项，演绎论证，不符合题干，排除。

B项，题干不是反驳"高级生物可以改变环境"这个一般性结论，而对它进行了补充，故此项不如C项准确。

D项，题干不是直接论证"高级生物可以改变环境"这个一般性结论，而是对它进行了补充，故此项不如C项准确。

E项，归纳法，不符合题干，排除。

【答案】C

题型4 评论逻辑漏洞题

母题技巧

第1步 识别题目类型	提问方式： "以下哪项对于题干的评价最为恰当？" "以下哪项最为准确地指出了题干的逻辑漏洞？"
第2步 套用母题方法	1. 解题步骤 （1）分析题干的论证结构。 （2）找到其逻辑漏洞。 2. 常见的逻辑漏洞 不当类比、自相矛盾、模棱两不可、非黑即白、偷换概念、转移论题、以偏概全、循环论证、因果倒置、不当假设、推不出（论据不充分、虚假论据、必要条件与充分条件混用、推理形式不正确等）、诉诸权威、诉诸人身、诉诸众人、诉诸情感、诉诸无知、合成与分解谬误、数量关系错误等。

典型例题

1 这次新机种试飞只是一次例行试验，既不能算成功，也不能算不成功。

以下哪项对于题干的评价最为恰当？

A. 题干的陈述没有漏洞。

B. 题干的陈述有漏洞，这一漏洞也出现在后面的陈述中：这次关于物价问题的社会调查结果，既不能说完全反映了民意，也不能说一点也没有反映民意。

C. 题干的陈述有漏洞，这一漏洞也出现在后面的陈述中：这次考前辅导，既不能说完全成功，也不能说彻底失败。

D. 题干的陈述有漏洞，这一漏洞也出现在后面的陈述中：人有特异功能，既不是被事实证明的科学结论，也不是纯属欺诈的伪科学结论。

E. 题干的陈述有漏洞，这一漏洞也出现在后面的陈述中：在即将举行的大学生辩论赛中，我不认为我校代表队一定能进入前四名，我也不认为我校代表队可能进不了前四名。

【第 1 步 识别题目类型】

题干的提问方式为"以下哪项对于题干的评价最为恰当？"，同时观察选项，可知此题为评论逻辑漏洞题。

【第 2 步 套用母题方法】

"成功"和"不成功"是一对矛盾命题，必为一真一假。题干对两个命题同时否定，犯了"模棱两不可"的逻辑错误。

A 项，显然不恰当。

B 项，"完全反映了民意"和"一点也没有反映民意"是反对关系（如：还有"部分反映民意"），不是矛盾关系。

C 项，"完全成功"和"彻底失败"是反对关系（如：还有"有成功之处也有失败之处"），不是矛盾关系。

D 项，"被事实证明的科学结论"和"纯属欺诈的伪科学结论"是反对关系（如：还有"尚待证明的科学结论"），不是矛盾关系。

E 项，"一定进入前四名"和"可能进不了前四名"互相矛盾，不能同时否定，与题干的逻辑漏洞相同。

【答案】E

2 所有的灰狼都是狼，这一断定显然是真的。因此，所有的疑似 SARS 病例都是 SARS 病例，这一断定也是真的。

以下哪项最为恰当地指出了题干论证的漏洞？

A. 题干的论证忽略了：一个命题是真的，不等于具有该命题形式的任一命题都是真的。

B. 题干的论证忽略了：灰狼与狼的关系，不同于疑似 SARS 病例和 SARS 病例的关系。

C. 题干的论证忽略了：在疑似 SARS 病例中，大部分不是 SARS 病例。

D. 题干的论证忽略了：许多狼不是灰色的。

E. 题干的论证忽略了：此种论证方式会得出其他许多明显违反事实的结论。

【第 1 步 识别题目类型】

题干的提问方式为"以下哪项最为恰当地指出了题干论证的漏洞？"，故此题为评论逻辑漏洞题。

【第 2 步 套用母题方法】

题干使用了类比论证，其漏洞在于类比不当，因为"灰狼"是"狼"的一种（种属关系），而"疑似 SARS 病例"不是"SARS 病例"的一种，B 项恰当地指出了这一漏洞。

其余各项均不正确。

【答案】B

3 违法必究，但几乎看不到违反道德的行为受到惩治，如果这成为一种常规，那么，民众就会失去道德约束。道德失控对社会稳定的威胁并不亚于法律失控。因此，为了维护社会的稳定，任何违反道德的行为都不能不受惩治。

以下哪项对上述论证的评价最为恰当？

A. 上述论证是成立的。

B. 上述论证有漏洞，它忽略了有些违法行为并未受到追究。

C. 上述论证有漏洞，它忽略了由违法必究，推不出缺德必究。

D. 上述论证有漏洞，它夸大了违反道德行为的社会危害性。

E. 上述论证有漏洞，它忽略了由否定“违反道德的行为都不受惩治”，推不出“违反道德的行为都要受惩治”。

【第 1 步 识别题目类型】

题干的提问方式为“以下哪项对上述论证的评价最为恰当？”，同时观察选项，可知此题为评论逻辑漏洞题。

【第 2 步 套用母题方法】

题干：违反道德的行为都不受惩治→引起道德失控→威胁社会稳定。

由题干可得：维护社会的稳定→¬ 违反道德的行为都不受惩治。

“¬ 违反道德的行为都不受惩治”=“有的违反道德的行为受惩治”，而不是“任何违反道德的行为都要受惩治”，故 E 项正确。

【答案】E

4 研究表明，严重失眠者中有 90% 爱喝浓茶。老张爱喝浓茶，因此，他很可能严重失眠。

以下哪项最为恰当地指出了上述论证的漏洞？

A. 它忽视了这种可能性：老张属于喝浓茶中 10% 不严重失眠的那部分人。

B. 它忽视了引起严重失眠的其他原因。

C. 它忽视了喝浓茶还可能引起其他不良后果。

D. 它依赖的论据并不涉及爱喝浓茶的人中严重失眠者的比例。

E. 它低估了严重失眠对健康的危害。

【第 1 步 识别题目类型】

题干的提问方式为“以下哪项最为恰当地指出了上述论证的漏洞？”，故此题为评论逻辑漏洞题。

【第 2 步 套用母题方法】

题干由“老张爱喝浓茶”得出“他很可能严重失眠”的结论，为使结论成立应当补充的前提是“爱喝浓茶的人中严重失眠者的比例”，而题干给出的论据却是“严重失眠者中爱喝浓茶的比例”，故 D 项正确。

【答案】D

题型 5 判断关键问题题

母题技巧

第 1 步　识别题目类型	提问方式： “为了评价上述论证，回答以下哪个问题最重要？”
第 2 步　套用母题方法	所谓关键问题就是：这个问题的回答，会影响题干论证的成立性。 解题方法： 对选项的问题做肯定回答，看削弱还是支持题干；再对选项的问题做否定回答，看削弱还是支持题干。肯定回答和否定回答恰好一个削弱题干，一个支持题干的项，就是正确选项。

典型例题

1 据一项统计显示，在婚后的 13 年中，妇女的体重平均增加了 15 公斤，男子的体重平均增加了 12 公斤。因此，结婚是人变得肥胖的重要原因。

为了对上述论证作出评价，回答以下哪个问题最为重要？

A. 为什么这项统计要选择 13 年这个时间段作为依据？为什么不选择其他时间段，例如为什么不是 12 年或 14 年？

B. 在上述统计中，有没有婚后体重减轻的人？如果有的话，占多大的比例？

C. 在被统计的对象中，男女各占多少比例？

D. 这项统计的对象，是平均体重较重的北方人，还是平均体重较轻的南方人？如果二者都有的话，各占多少比例？

E. 在上述 13 年中，处于相同年龄段的单身男女的体重增减状况是怎样的？

【第 1 步　识别题目类型】

题干的提问方式为“为了对上述论证作出评价，回答以下哪个问题最为重要？”，故此题为判断关键问题题。

【第 2 步　套用母题方法】

要评价的论证为：在婚后的 13 年中，妇女的体重平均增加了 15 公斤，男子的体重平均增加了 12 公斤 $\xrightarrow[\text{证明}]{}$ 结婚是人变得肥胖的重要原因。

A 项，统计 13 年还是 12 年、14 年，对题干论证的成立性没有影响，故排除。

B 项，有没有体重减轻的人，并不影响“平均体重增长”，故排除。

C 项，题干中无论男女，在婚后体重都增长了，因此，男女比例对题干论证的成立性没有影响，故排除。

D 项，无关选项，题干的论证不涉及北方人、南方人，故排除。

E 项，如果在上述 13 年中，处于相同年龄段的单身男女的体重增加程度也是相当的，则削弱题干；反之，则支持题干。因此，回答 E 项的问题对于评价题干中的论证最为重要。

【答案】E

2 自2003年B市取消强制婚前检查后，该市的婚前检查率从10年前的接近100%降至2011年的7%，成为全国倒数第一。与此同时，该市的新生儿出生缺陷率上升了一倍。由此可见，取消强制婚前检查制度导致了新生儿出生缺陷率的上升。

对以下各项问题的回答都与评价上述论证相关，除了：

A. 近十年来该市的生存环境（空气和水的质量等）是否受到破坏？

B. 近十年来在该市育龄人群中，熬夜、长时间上网等不健康的生活方式是否大量增加？

C. 近十年来该市妇女是否推迟生育，高龄孕妇的比例是否有较大提高？

D. 近十年来该市流动人口的数量是增加还是减少了？

E. 近十年来该市妊娠期妇女进行孕检的比例是增加还是减少了？

【第1步 识别题目类型】

题干的提问方式为“对以下各项问题的回答都与评价上述论证相关，除了：”，故此题为判断关键问题题。

【第2步 套用母题方法】

要评价的论证是：B市取消强制婚前检查制度$\xrightarrow{\text{导致}}$婚前检查率从10年前的接近100%降至2011年的7%$\xrightarrow{\text{导致}}$该市新生儿出生缺陷率上升了一倍。

A项，与题干的论证相关，如果生存环境受到破坏，则新生儿出生缺陷率可能上升，另有他因，削弱题干；反之，则支持题干。

B项，与题干的论证相关，如果该市育龄人群中不健康的生活方式大量增加，则新生儿出生缺陷率可能上升，另有他因，削弱题干；反之，则支持题干。

C项，与题干的论证相关，如果高龄孕妇的比例有较大提高，则新生儿出生缺陷率可能上升，另有他因，削弱题干；反之，则支持题干。

D项，无关选项，流动人口的多少并不影响新生儿的健康。

E项，与题干的论证相关，如果妊娠期妇女进行孕检的比例减少，则新生儿出生缺陷率可能上升，另有他因，削弱题干；反之，则支持题干。

【答案】D

3 针对某种溃疡最常用的一种疗法可在6个月内将44%的患者的溃疡完全治愈。针对这种溃疡的一种新疗法在6个月的试验中使治疗的80%的患者的溃疡取得了明显改善，61%的患者的溃疡得到了痊愈。由于该试验只选取了那些病情比较严重的溃疡患者，因此这种新疗法显然在疗效方面比最常用的疗法更显著。

对下列哪一项的回答能最有效地对上文论述做出评价？

A. 这两种疗法使用的方法有何不同？

B. 这两种疗法的使用成本是否存在很大差别？

C. 在6个月中以最常用疗法治疗的该种溃疡的患者中，有多大比例取得了明显改善？

D. 这种溃疡如果不进行治疗的话，病情显著恶化的速度有多快？

E. 在参加6个月的新疗法试验的患者中，有多大比例的人对康复的情况不满意？

【第1步 识别题目类型】

题干的提问方式为“对下列哪一项的回答能最有效地对上文论述做出评价？”，故此题为判断关键问题题。

【第 2 步　套用母题方法】

最常用的疗法：在 6 个月内将 44% 的患者的溃疡完全治愈。

新疗法：在 6 个月内使 80% 的患者的溃疡取得了明显改善，61% 的患者的溃疡得到了痊愈。因此，新疗法疗效更显著。

衡量疗效有两个标准：改善和治愈。但题干中仅比较了治愈的数据，缺少最常用的疗法的改善数据，因此，C 项的回答对于评价题干的论证最为重要。

其余各项均为无关选项。

【答案】C

题型 6　论证结构相似题

母题技巧

第 1 步　识别题目类型	提问方式： "上述论证方式和以下哪项最为类似？" "以下哪项论证中出现的逻辑错误与题干中出现的类似？"
第 2 步　套用母题方法	解题步骤： （1）读题干，分析题干的论证结构或逻辑谬误。 （2）依次对照选项，找出论证结构与题干相同的选项，或者犯了与题干相同谬误的选项。

典型例题

1 海拔越高，空气越稀薄。因为西宁的海拔高于西安，因此，西宁的空气比西安的空气稀薄。

以下哪项中的推理与题干的最为类似？

A. 一个人的年龄越大，他就变得越成熟。老张的年龄比他的儿子大，因此，老张比他的儿子成熟。

B. 一棵树的年头越长，它的年轮越多。老张院子中槐树的年头比老李家的槐树年头长，因此，老张家的槐树比老李家的槐树年轮多。

C. 今年马拉松冠军的成绩比前年好。张华是今年的马拉松冠军，因此，他今年的马拉松成绩比他前年的好。

D. 在竞争激烈的市场上，产品质量越高并且广告投入越多，产品需求就越大。甲公司投入的广告费比乙公司的多，因此，对甲公司产品的需求量比对乙公司产品的需求量大。

E. 一种语言的词汇量越大，越难学。英语比意大利语难学，因此，英语的词汇量比意大利语大。

【第 1 步　识别题目类型】

题干的提问方式为"以下哪项中的推理与题干的最为类似？"，故此题为论证结构相似题。

【第2步 套用母题方法】

题干：海拔越高，空气越稀薄。因为西宁的海拔高于西安，因此，西宁的空气比西安的空气稀薄。

“海拔越高，空气越稀薄”对于任何城市来说都是成立的，是一般性结论，因此，题干的论证正确。

A项，“一个人的年龄越大，他就变得越成熟”是和自身进行比较，而此项后面比较的是不同的两个人，故此项的推理结构与题干不同。

B项，“树的年头越长，年轮越多”对于任何树木来说都是成立的，是一般性结论，故此项正确，与题干相同。

C项，“今年马拉松冠军的成绩比前年好”比较的是今年和前年的不同选手，而此项后面比较的是张华今年和前年的成绩，与题干不同。

D项，产品质量越高并且广告投入越多，则产品需求就越大。可见，广告费仅是影响产品需求的一个因素，故此项不正确。

E项，此项倒置了“难学”与“词汇量大”的因果关系，与题干不同。

【答案】B

2 甲：什么是生命？

乙：生命是有机体的新陈代谢。

甲：什么是有机体？

乙：有机体是有生命的个体。

以下哪项与上述的对话最为类似？

A. 甲：什么是真理？

乙：真理是符合实际的认识。

甲：什么是认识？

乙：认识是人脑对外界的反应。

B. 甲：什么是逻辑学？

乙：逻辑学是研究思维形式结构规律的科学。

甲：什么是思维形式结构的规律？

乙：思维形式结构的规律是逻辑规律。

C. 甲：什么是家庭？

乙：家庭是以婚姻、血缘或收养关系为基础的社会群体。

甲：什么是社会群体？

乙：社会群体是在一定社会关系基础上建立起来的社会单位。

D. 甲：什么是命题？

乙：命题是用语句表达的判断。

甲：什么是判断？

乙：判断是对事物有所判定的思维形式。

E. 甲：什么是人？

乙：人是有思想的动物。

甲：什么是动物？

乙：动物是生物的一部分。

【第 1 步 识别题目类型】

题干的提问方式为“以下哪项与上述的对话最为类似？”，故此题为论证结构相似题。

【第 2 步 套用母题方法】

题干用“有机体”定义“生命”，又用“生命”定义“有机体”，犯了循环定义的逻辑错误。

A 项，分别解释了“真理”和“认识”，不是循环定义。

B 项，用“思维形式结构的规律”定义“逻辑”，又用“逻辑”定义“思维形式结构的规律”，犯了循环定义的逻辑错误，与题干相同。

C 项，分别解释了“家庭”和“社会群体”，不是循环定义。

D 项，分别解释了“命题”和“判断”，不是循环定义。

E 项，分别解释了“人”和“动物”，不是循环定义。

【答案】B

3 某出版社近年来出版物的错字率较前几年有明显的增加，引起了读者的不满和有关部门的批评，这主要是由于该出版社大量引进非专业编辑。当然，近年来出版物的大量增加也是一个重要原因。

上述议论中的漏洞，也类似地出现在以下哪项中？

Ⅰ. 美国航空公司近两年来的投诉比率比前几年有明显下降。这主要是由于该航空公司在裁员整顿的基础上有效地提高了服务质量。当然，“9 · 11”事件后航班乘客数量的锐减也是一个重要原因。

Ⅱ. 统计数字表明：近年来我国心血管病的死亡率，即由心血管病导致的死亡在整个死亡人数中的比例，较以前有明显增加，这主要是由于随着经济的发展，我国民众的饮食结构和生活方式发生了容易诱发心血管病的不良变化。当然，由于心血管病主要是老年病，因此，我国人口中的老龄人口比例增大也是一个重要的原因。

Ⅲ. S 市今年的高考录取率比去年增加了 15%，这主要是由于各中学狠抓了教育质量。当然，另一个重要原因是，该市今年参加高考的人数比去年增加了 20%。

A. 仅Ⅰ。 B. 仅Ⅱ。 C. 仅Ⅲ。

D. 仅Ⅰ和Ⅲ。 E. Ⅰ、Ⅱ和Ⅲ。

【第 1 步 识别题目类型】

题干的提问方式为“上述议论中的漏洞，也类似地出现在以下哪项中？”，故此题为论证结构相似题。

【第 2 步 套用母题方法】

题干：错字率增加的原因为：①大量引进非专业编辑；②出版物的大量增加。原因①是合理的，但原因②不合理，因为错字率是错误字数与总字数之比，不单与总字数有关，还与错误字数有关。

Ⅰ项，与题干的错误相同，投诉率是投诉人数与总人数之比，不单与总人数有关，还与投诉人数有关。

Ⅱ项，两个原因都是合理的，与题干不同。

Ⅲ项，与题干的错误相同，录取率是录取人数与总人数之比，不单与总人数有关，还与录取人数有关。

【答案】D

4 标准抗生素通常只含有一种活性成分，而草本抗菌药物却含有多种。因此，草本药物在对抗新的抗药菌时，比标准抗生素更有可能维持其效用。对菌株来说，它对草本药物产生抗性的难度，就像厨师难以做出一道能同时满足几十位客人口味的菜肴一样，而做出一道满足一位客人口味的菜肴则容易得多。

以下哪项中的推理方式与上述论证中的最相似?

A. 如果你在银行有大量存款，你的购买力就会很强。如果你的购买力很强，你就会幸福。所以，如果你在银行有大量存款，你就会幸福。

B. 足月出生的婴儿在出生后所具有的某种本能反应到 2 个月时就会消失，这个婴儿已经 3 个月了，还有这种本能反应。所以，这个婴儿不是足月出生的。

C. 根据规模大小的不同，超市可能需要 1 至 3 个保安来防止偷窃。如果哪个超市决定用 3 个保安，那么它肯定是个大超市。

D. 电流通过导线如同水流通过管道。由于大口径的管道比小口径的管道输送的流量大，所以，较粗的导线比较细的导线输送的电量大。

E. 如果今天天气晴朗，我就去打球，我今天没有去打球，所以今天下雨了。

【第 1 步　识别题目类型】

题干的提问方式为“以下哪项中的推理方式与上述论证中的最相似？”，故此题为论证结构相似题。

【第 2 步　套用母题方法】

题干采用类比的方法进行论证，将草本药物和标准抗生素对新的抗药菌的效用类比为厨师对客人口味的满足。

D 项，将电流通过导线类比为水流通过管道，与题干相同。

其余各项均不是类比论证，与题干不同。

【答案】D

老吕逻辑15年扛鼎之作

乐学喵教育

MBA MPA MEM MPAcc

管理类、经济类

2025

联考逻辑母题800练

主编 吕建刚

28个母题 28个技巧 800道习题 讲练测得高分

16个必备知识 16个常考干扰项 300道经典例题 270道专项训练 230道仿真模考

刷题分册

副主编 ◎ 张杰 李大海

中国政法大学出版社

2024 · 北京

目录

第 2 部分　专项训练

第 3 部分　仿真模考

第2部分

专项训练

800

专项训练 1　推理基础

（共 30 小题，每小题 2 分，共 60 分，限时 50 分钟）

你的得分是________

说明：本部分题目来源于原创题或各类真题。题目整体难度约等于真题。此部分题型在真题中直接考得并不是太多，每年至多 1～2 题。

1. 一个善的行为，必须既有好的动机，又有好的效果。无论是有意伤害他人，或是无意伤害他人，只要这种伤害的可能性是可以预见的，在这两种情况下，对他人造成伤害的行为都是恶的行为。以下哪项叙述符合题干的断定？
   A. P 先生写了一封试图挑拨 E 先生与其女友之间关系的信。P 的行为是恶的，尽管这封信起到了与他的动机截然相反的效果。
   B. 为了在新任领导面前表现自己，争夺一个晋升名额，J 先生利用业余时间解决积压的医疗索赔案件。J 的行为是善的，因为 S 小姐的医疗索赔请求因此得到了及时的补偿。
   C. 在上班途中，M 女士把自己的早餐汉堡包给了街上的一个乞丐。乞丐由于急于吞咽而被意外地噎死了。所以，M 女士无意中实施了一个恶的行为。
   D. 大雪过后，T 先生帮邻居铲除了门前的积雪，但不小心在台阶上留下了冰。他的邻居因此摔了一跤。因此，一个善的行为导致了一个坏的结果。
   E. S 女士义务帮邻居照看 3 岁的小孩，她带小孩在马路上玩，结果被车撞倒了。尽管 S 女士无意伤害这个小孩，但她的行为还是恶的。

2. 正常情况下，在医院出生的男婴和女婴的数量大体相同。在城市大医院，每周有许多婴儿出生；而在乡镇小医院，每周只有少量婴儿出生。如果一个医院一周出生的婴儿中有 45%～55%是女婴，则属于正常周；如果一周出生的婴儿中超过 55%是女婴或者超过 55%是男婴，则属于非正常周。现有以下一组婴儿出生总量的数据：

5	6	9	10	19

   上述这组数据中，哪几个可能是正常周？
   A. 5、6、10。　　B. 6、10、19。　　C. 5、9、19。
   D. 9、10。　　E. 6、10。

3. 在某次思维训练课上，张老师提出“尚左数”这一概念的定义：在连续排列的一组数字中，如果一个数字左边的数字都比其大（或无数字），且其右边的数字都比其小（或无数字），则称这个数字为“尚左数”。
   根据张老师的定义，在 8、9、7、6、4、5、3、2 这列数字中，以下哪项包含了该列数字中所有的“尚左数”？
   A. 4、5、7 和 9。　　B. 2、3、6 和 7。　　C. 3、6、7 和 8。
   D. 5、6、7 和 8。　　E. 2、3、6 和 8。

4. 对当代学生来说，德育比智育更重要。学校的课程设计如果不注重培养学生的完美人格，那么，即使用高薪聘请著名的专家教授，也不能使学生在面临道德伦理、价值观念挑战的 21 世纪中脱颖而出。

以下各项关于当代学生的断定都符合上述断定的原意，除了：

A. 学校的课程设计只有注重培养学生的完美人格，才能使当代学生脱颖而出。

B. 如果当代学生在 21 世纪脱颖而出，那一定是注重了对他们完美人格的教育。

C. 不能设想学生在面临道德伦理、价值观念挑战的 21 世纪中脱颖而出，而他的人格却不完美。

D. 除非注重完美人格的培养，否则 21 世纪的学生难以脱颖而出。

E. 即使不用高薪聘请著名的专家教授，学校的课程设计只要注重培养学生的完美人格，当代的学生就能在 21 世纪脱颖而出。

5. 某国政府决策者面临的一个头痛的问题就是所谓的“别在我家门口综合征”。例如：尽管民意测验一次又一次地显示大多数公众都赞同建新的监狱，但是，当决策者正式宣布计划要在某地建一新监狱时，总会遭到附近居民的抗议，并且抗议者总有办法使计划搁浅。

以下哪项也属于上面所说的“别在我家门口综合征”？

A. 某家长主张，感染了艾滋病毒的孩子不能被允许进入公共学校，当知道一个感染了艾滋病毒的孩子进入了他孩子所在的学校时，他立即办理了自己孩子的退学手续。

B. 某政客主张所有政府官员必须履行个人财产公开登记，他自己交了一份虚假的财产登记表。

C. 某教授主张宗教团体有义务从事慈善事业，但他自己拒绝捐款资助索马里饥民。

D. 某汽车商主张和外国进行汽车自由贸易，以有利于本国经济，但要求本国政府限制外国制造的汽车进口。

E. 某军事战略家认为核战争会毁灭人类，但主张本国保持足够的核能力以抵御外部可能的核袭击。

6. 某宿舍住着若干个研究生。其中，一个是大连人，两个是北方人，一个是广东人，两个人这学期只选修了逻辑哲学，三个人这学期选修了古典音乐欣赏。

假设以上的介绍涉及这宿舍中所有的人，那么，这宿舍中最少可能是几个人？最多可能是几个人？

A. 最少可能是 3 人，最多可能是 8 人。

B. 最少可能是 5 人，最多可能是 8 人。

C. 最少可能是 5 人，最多可能是 9 人。

D. 最少可能是 3 人，最多可能是 9 人。

E. 无法确定。

7. 世界级的马拉松选手每天跑步不少于两小时，除非是元旦、星期天或得了较严重的疾病。

若以上论述为真，则以下哪项所描述的人不可能是世界级的马拉松选手？

A. 某人连续三天每天跑步仅一个半小时，并且没有任何身体不适。

B. 某运动员几乎每天都要练习吊环。

C. 某人在脚伤痊愈的一周里每天跑步至多一小时。

D. 某运动员在某个星期三没有跑步。

E. 某运动员身体瘦高，别人都说他像跳高运动员，他的跳高成绩相当不错。

8. 若某个结果发生，则一定是有原因的；如果某个结果是复杂的，那么它的原因也是复杂的。

以下哪项如果为真，能驳倒上述结论?

Ⅰ. 某个结果发生了，但是没有原因。

Ⅱ. 某个结果是复杂的，但它的原因不是复杂的。

Ⅲ. 某个结果发生了，但原因不是复杂的。

A. 只有Ⅰ。

B. 只有Ⅱ。

C. 只有Ⅲ。

D. 只有Ⅰ和Ⅱ。

E. Ⅰ、Ⅱ和Ⅲ。

9. 某公司规定，在一个月内，除非每个工作日都出勤，否则任何员工都不可能既获得当月的绩效工资，又获得奖励工资。

以下哪项与上述规定的意思最为接近?

A. 在一个月内，任何员工如果所有工作日不缺勤，必然既获得当月的绩效工资，又获得奖励工资。

B. 在一个月内，任何员工如果所有工作日不缺勤，都有可能既获得当月的绩效工资，又获得奖励工资。

C. 在一个月内，任何员工如果有某个工作日缺勤，仍有可能获得当月的绩效工资，或者获得奖励工资。

D. 在一个月内，任何员工如果有某个工作日缺勤，必然或者得不到当月的绩效工资，或者得不到奖励工资。

E. 在一个月内，任何员工如果所有工作日不缺勤，必然既得不到当月的绩效工资，又得不到奖励工资。

10. 2010年上海世博会盛况空前，200多个国家场馆和企业主题馆让人目不暇接，大学生王刚决定在学校放暑假的第二天前往世博会参观。前一天晚上，他特地上网查看了各位网友对相关热门场馆选择的建议，其中最吸引王刚的有三条：

(1)如果参观沙特馆，就不参观石油馆。

(2)石油馆和中国国家馆择一参观。

(3)中国国家馆和石油馆不都参观。

实际上，第二天王刚的世博会行程非常紧凑，他没有接受上述三条建议中的任何一条。

关于王刚所参观的热门场馆，以下哪项描述正确?

A. 参观沙特馆、石油馆，没有参观中国国家馆。

B. 沙特馆、石油馆、中国国家馆都参观了。

C. 沙特馆、石油馆、中国国家馆都没有参观。

D. 没有参观沙特馆，参观石油馆和中国国家馆。

E. 没有参观石油馆，参观沙特馆和中国国家馆。

11. 有些大众对绝大多数新的立法都没有觉察，但不是所有大众对现存立法都必然不了解。

如果以上陈述为真，则以下哪项不一定是真的？

Ⅰ. 有些大众对现存立法可能不了解。

Ⅱ. 有些大众对现存立法可能了解。

Ⅲ. 有些大众对绝大多数新的立法是有觉察的。

A. 仅Ⅰ。　　B. 仅Ⅱ。　　C. 仅Ⅲ。

D. 仅Ⅰ和Ⅲ。　　E. Ⅰ、Ⅱ和Ⅲ。

12. “香蕉人”是指出国之后，黄色的皮肤不变，但内心已经被外国同化，变成“白色的人”。“芒果人”是指出国之后，黄色的皮肤不变，而内心还是中国人应有的，与皮肤一样颜色的人。

根据上述定义，下列属于“芒果人”的是：

A. 小王的孩子出国两年后就不愿意回国了，而且每次回国后总觉得周围的人不理解自己。

B. 丽丽虽然父母都是中国人，但是从小在美国养父母家长大，不会说汉语，结婚后和丈夫一起来中国旅游，觉得中国是个很不错的地方。

C. 佩佩出生在美国的一条唐人街，从小就学习汉语和中国文化，能用汉语交流，但是觉得自己和中国人的思维差异太大，无法交流。

D. 雯雯出国后经常回国，觉得还是家乡的伙伴更能明白她，国外也没有什么很吸引人的。

E. 强强没有出过国，也不屑于出国，他觉得哪里都不如自己的家乡好。

13. 李老师给数学兴趣小组的同学出了一套数学趣味试题，他说，这些试题不都有解。

如果李老师的这一断定为真，则有关这套试题的以下断定，哪项能确定真假？

Ⅰ. 所有试题都有解。

Ⅱ. 所有试题都没有解。

Ⅲ. 有的试题有解。

Ⅳ. 有的试题没有解。

A. 只有Ⅰ。　　B. 只有Ⅱ和Ⅳ。　　C. 只有Ⅰ和Ⅳ。

D. 只有Ⅱ和Ⅲ。　　E. Ⅰ、Ⅱ和Ⅲ。

14. 很多快乐的人并不幸福，但是没有一个幸福的人是不快乐的。

以下各项都可以从上述论述中推出，除了：

A. 有些不幸福的人是快乐的。

B. 有些幸福的人不快乐。

C. 有些快乐的人是幸福的。

D. 没有一个不快乐的人是幸福的。

E. 不可能幸福但是不快乐。

15. 一种方法能做出来所有的题，这样的万能方法是不可能存在的。

以下哪项最符合题干的断定？

A. 任何方法都必然没有它做不出来的题。

B. 至少有一种方法必然做不出来所有的题。

C. 至少有一道题任何的方法都必然做不出来。

D. 至少有一种方法可能做不出来所有的题。

E. 任何方法必然有题不能做出来。

16. 社区组织的活动有两种类型：养生型和休闲型。组织者对所有参加者进行统计发现：社区老人有的参加了所有养生型活动，有的参加了所有休闲型活动。

根据这个统计，以下哪项一定为真？

A. 社区组织的有些活动没有社区老人参加。

B. 有些社区老人没有参加社区组织的任何活动。

C. 社区组织的任何活动都有社区老人参加。

D. 社区的中年人也参加了社区组织的活动。

E. 有些社区老人参加了社区组织的所有活动。

17. 如果你的公司能在市场竞争中站稳脚跟，那么你的公司至少在一件事情上比其他公司做得好，比如你的产品比别人做得好；别人也做得一样好时，你比别人快；别人也同样快时，你比别人成本低；别人的成本也一样低时，你比别人附加值高。

下面哪一项与上面这段话的意思最不接近？

A. 只有你的公司至少在一件事情上比其他公司做得好，它才能够在市场竞争中站稳脚跟。

B. 如果你的公司没有一件事情做得比其他公司好，那它就不能在市场竞争中站稳脚跟。

C. 或者你的公司不能在市场竞争中站稳脚跟，或者你的公司至少在一件事情上比其他公司做得好。

D. 除非你的公司至少在一件事情上比其他公司做得好，否则它不能在市场竞争中站稳脚跟。

E. 若你的公司只在一件事情上比其他公司做得好，那么它能在市场竞争中站稳脚跟。

18. 培光中学有的受到希望工程捐助的学生不努力学习，这使该校所有的教师感到痛心。

已知上述断定为真，那么以下哪项断定不能确定真假？

Ⅰ. 不是所有受到希望工程捐助的学生都努力学习，使该校所有的教师感到痛心。

Ⅱ. 有些未受到希望工程捐助的学生不努力学习，并不使该校有些教师感到痛心。

Ⅲ. 有些受到希望工程捐助的学生不努力学习，并不使该校有些教师感到痛心。

A. Ⅰ、Ⅱ和Ⅲ。　　B. 仅Ⅰ和Ⅱ。　　C. 仅Ⅰ。

D. 仅Ⅱ。　　E. 仅Ⅲ。

19. 如果一个社会是公正的，则必须满足以下两个条件：第一，有健全的法律；第二，贫富差异是允许的，但必须同时确保消灭绝对贫困和每个公民事实上都有公平竞争的机会。

根据题干的条件，最能够得出以下哪项结论？

A. S社会有健全的法律，同时又在消灭了绝对贫困的条件下，允许贫富差异的存在，并且绝大多数公民事实上都有公平竞争的机会。因此，S社会是公正的。

B. S社会有健全的法律，但这是以贫富差异为代价的。因此，S社会是不公正的。

C. S社会允许贫富差异，但所有人都由此获益，并且事实上每个公民都有公平竞争的权利。因此，S社会是公正的。

D. S社会虽然不存在贫富差异，但这是以法律不健全为代价的。因此，S社会是不公正的。

E. S社会法律健全，虽然存在贫富差异，但消灭了绝对贫困。因此，S社会是公正的。

20. 某公司的销售部有五名工作人员，其中有两名本科专业是市场营销，两名本科专业是计算机，有一名本科专业是物理学。又知道五人中有两名女士，她们的本科专业背景不同。

根据上文所述，以下哪项论断最可能得出？

A. 该销售部有两名男士是来自不同本科专业的。

B. 该销售部的一名女士一定是计算机本科专业毕业的。

C. 该销售部三名男士来自不同的本科专业，女士也来自不同的本科专业。

D. 该销售部至多有一名男士是市场营销专业毕业的。

E. 该销售部本科专业为物理学的一定是男士，不是女士。

21. 某校所有男生不都喜欢打篮球，女生都不喜欢打篮球。

如果已知上述第一个断定为真，第二个断定为假，则以下哪项关于该校的断定不能确定真假？

Ⅰ. 男生都喜欢打篮球，有的女生也喜欢打篮球。

Ⅱ. 有的男生喜欢打篮球，有的女生不喜欢打篮球。

Ⅲ. 有的男生不喜欢打篮球，女生都喜欢打篮球。

A. 只有Ⅰ。　　B. 只有Ⅱ。　　C. 只有Ⅲ。

D. 只有Ⅰ和Ⅱ。　　E. 只有Ⅱ和Ⅲ。

22. 某大学考古研究会宣布，任何一个三年级以上的学生，只要对考古有兴趣并且至少选修过一门考古学相关课程，都可以参加考古挖掘实习。

以下哪项如果为真，说明上述规定没有得到贯彻？

Ⅰ. 小张是二年级学生，对考古有兴趣并且选修过两门考古学相关课程，被批准参加考古挖掘实习。

Ⅱ. 小李是三年级学生，对考古有兴趣但未选修过考古学相关课程，被批准参加考古挖掘实习。

Ⅲ. 小王是四年级学生，对考古有兴趣并且选修过两门考古学相关课程，但未被批准参加考古挖掘实习。

A. 只有Ⅰ。　　B. 只有Ⅱ。　　C. 只有Ⅲ。

D. 只有Ⅰ和Ⅱ。　　E. Ⅰ、Ⅱ和Ⅲ。

23. 有关专家指出，月饼高糖、高热量，不仅不利于身体健康，甚至演变成了“健康杀手”。月饼要想成为一种健康食品，关键要从工艺和配料方面进行改良，如果不能从工艺和配料方面进行改良，口味再好，也不能符合现代人对营养方面的需求。

由此不能推出的是：

A. 只有从工艺和配料方面改良了月饼，才能符合现代人对营养方面的需求。

B. 如果月饼符合了现代人对营养方面的需求，说明一定从工艺和配料方面进行了改良。

C. 只要从工艺和配料方面改良了月饼，即使口味不好，也能符合现代人对营养方面的需求。

D. 没有从工艺和配料方面改良月饼，却能符合现代人对营养方面需求的情况是不可能存在的。

E. 除非从工艺和配料方面改良月饼，否则不能符合现代人对营养方面的需求。

24. 散文家：智慧与聪明是令人渴望的品质。但是，一个人聪明并不意味着他很有智慧，而一个人有智慧也不意味着他很聪明。在我所遇到的人中，有的人聪明，有的人有智慧。但是，却没有人同时具备这两种品质。

若散文家的陈述为真，则关于他所遇到的人的以下哪一项陈述不可能为真？

A. 大部分人既不聪明，也没有智慧。

B. 大部分人既聪明，又有智慧。

C. 所有的人都是或者不聪明，或者没有智慧。

D. 有人聪明但无智慧，也有人有智慧却不聪明。

E. 有的人既不聪明也无智慧。

25. 想当优秀运动员的小学生都上业余体校。如果小玲上了业余体校，那么她一定是想当优秀运动员。

以下哪项如果为真，则最能支持上述推断？

A. 所有上业余体校的小学生，都想当优秀运动员。

B. 所有优秀运动员都上过业余体校。

C. 只有业余体校的优秀学生，才能成为优秀运动员。

D. 只有想当优秀运动员的小学生，才上业余体校。

E. 有些优秀运动员是业余体校学生。

26. 在新疆恐龙发掘现场，专家预言：可能发现恐龙头骨。

以下哪个命题和专家的意思相同？

A. 不可能不发现恐龙头骨。

B. 不一定发现恐龙头骨。

C. 恐龙头骨被发现的可能性很小。

D. 不一定不发现恐龙头骨。

E. 在其他地方也可能发现恐龙头骨。

27. 联欢晚会上，小李表演了一段京剧，老张夸奖道："小李京剧表演得那么好，他一定是个北方人。"

以下哪项是老张的话不包含的意思？

A. 不是北方人，京剧不可能唱得那么好。

B. 只有京剧唱得好，才是北方人。

C. 只要京剧唱得像小李那样好，就是北方人。

D. 除非小李是北方人，否则京剧不可能唱得那么好。

E. 只有小李是北方人，京剧才能唱得那么好。

28. 去年4月，股市出现了强劲反弹，某证券部通过对该部股民持仓品种的调查发现，大多数经验丰富的股民都买了小盘绩优股，所有年轻的股民都选择了大盘蓝筹股，而所有买小盘绩优股的股民都没有买大盘蓝筹股。

如果上述断定为真，则以下哪项关于该证券部股民的调查结果也必定为真？

Ⅰ. 有些年轻的股民是经验丰富的股民。

Ⅱ. 有些经验丰富的股民没买大盘蓝筹股。

Ⅲ. 年轻的股民都没买小盘绩优股。

A. 仅Ⅰ。　　B. 仅Ⅰ和Ⅱ。　　C. 仅Ⅱ和Ⅲ。

D. 仅Ⅰ和Ⅲ。　　E. Ⅰ、Ⅱ和Ⅲ。

29. 大、小行星悬浮在太阳系边缘，极易受附近星体引力作用的影响。据研究人员计算，有时这些力量会将彗星从奥尔特星云拖出。这样，它们更有可能靠近太阳。两位研究人员据此分别做出了以下两种有所不同的断定：

①木星的引力作用要么将它们推至更小的轨道，要么将它们逐出太阳系。

②木星的引力作用或者将它们推至更小的轨道，或者将它们逐出太阳系。

如果上述两种断定只有一种为真，则可以推出以下哪项结论？

A. 木星的引力作用将它们推至更小的轨道，并且将它们逐出太阳系。

B. 木星的引力作用没有将它们推至更小的轨道，但是将它们逐出太阳系。

C. 木星的引力作用将它们推至更小的轨道，但是没有将它们逐出太阳系。

D. 木星的引力作用既没有将它们推至更小的轨道，也没有将它们逐出太阳系。

E. 木星的引力作用如果将它们推至更小的轨道，就不会将它们逐出太阳系。

30. 所有诚实的人都不可能听信一些非正式渠道的流言。

如果以上命题为假，则以下哪项为真？

A. 所有诚实的人必然不会听信所有非正式渠道的流言。

B. 有的诚实的人必然不会听信一些非正式渠道的流言。

C. 有的诚实的人可能听信一些非正式渠道的流言。

D. 有的诚实的人可能不会听信一些非正式渠道的流言。

E. 所有诚实的人可能不会听信所有非正式渠道的流言。

专项训练 1 推理基础

答案详解

答案速查

1～5 EBBED	6～10 BADDB	11～15 DDCBE
16～20 CEDDA	21～25 ECCBD	26～30 DBCAC

1. E

【详细解析】

善的行为：①要有好的动机。②要有好的效果。

有两种恶的行为：①有意伤害他人且对他人造成了伤害。②无意伤害他人但对他人造成了伤害，且伤害的可能性是可以预见的。

A项，P先生虽然有伤害他人的动机，但并未造成伤害，不符合恶的行为的定义。

B项，J先生的动机并不是“好的动机”，不符合善的行为的定义。

C项，M女士的行为造成的伤害是“意外”，即意料之外的，具有不可预见性，不符合恶的行为的定义。

D项，T先生具有好的动机(帮邻居铲除门前的积雪)，但不具有好的效果(他的邻居因此摔了一跤)，不符合善的行为的定义。

E项，S女士对小孩的伤害虽然是无意的，但带小孩在马路上玩这种行为具备可预见的危险性，符合恶的行为的定义。故E项正确。

2. B

【详细解析】

正常周的定义：如果一个医院一周出生的婴儿中有45%～55%是女婴，则属于正常周。

若该周出生的婴儿数为5，比例最接近时为2∶3，此时，占比分别为40%、60%，故一定为非正常周。

若该周出生的婴儿数为6，当男婴或女婴数均等于3时，女婴占比为50%，属于正常周。

若该周出生的婴儿数为9，比例最接近时为4∶5，此时，占比分别约为44.4%、55.6%，故一定为非正常周。

若该周出生的婴儿数为10，那么当男婴或女婴数均等于5时，女婴占比为50%，属于正常周。

若该周出生的婴儿数为19，那么当男婴或女婴数为9或10时，女婴占比在45%～55%之间，属于正常周。

故B项正确。

3. B

【详细解析】

尚左数：一个数字左边的数字都比其大(或无数字)∧该数字右边的数字都比其小(或无数字)。

A 项，4、5、9 不满足“尚左数”的定义。

B 项，均为“尚左数”。

C 项，8 不满足“尚左数”的定义。

D 项，5、8 不满足“尚左数”的定义。

E 项，8 不满足“尚左数”的定义。

综上，B 项正确。

4. E

【详细解析】

(1)画箭头。

题干：①¬ 完美人格→¬ 脱颖而出。

(2)逆否。

题干的逆否命题为：②完美人格←脱颖而出，也可以写为：脱颖而出→完美人格。

(3)找答案。

A 项，完美人格←脱颖而出，等价于②，符合题干。

B 项，脱颖而出→完美人格，等价于②，符合题干。

C 项，¬(脱颖而出 ∧ 人格不完美)＝¬ 脱颖而出 ∨ 完美人格＝脱颖而出→完美人格，等价于②，符合题干。

D 项，¬ 完美人格→¬ 脱颖而出，等价于①，符合题干。

E 项，完美人格→脱颖而出，根据箭头指向原则，由②可知，“完美人格”后无箭头指向，故此项不符合题干。

5. D

【详细解析】

“别在我家门口综合征”：我赞同此项目，但是不要在我家附近做。

A 项，该家长并不赞同感染艾滋病毒的孩子进入学校，因此其行为不符合该综合征的特征。

B 项，该政客并未反对个人财产公开登记，因此其行为不符合该综合征的特征。

C 项，该教授并不属于宗教团体，因此其行为不符合该综合征的特征。

D 项，符合该综合征的特征。

E 项，该战略家“认为核战争会毁灭人类”，即他实际上是反对核战争的。因此其行为不符合该综合征的特征。

6. B

【详细解析】

由于大连人和北方人是“种属关系”，故北方人一共有 2 人，其中包含大连人。而广东人是南方人。

人数最多时，即其他几个概念均没有重合，则有：2(北方人)＋1(广东人)＋2(选修逻辑哲学)＋3(选修古典音乐欣赏)＝8(人)。

要想人数最少，则要重复的元素尽可能多，又有“2 人只选修了逻辑哲学，3 个人这学期选修了古典音乐欣赏”，故该宿舍的人数最少为：2(选修逻辑哲学)＋3(选修古典音乐欣赏)＝5(人)。

其中北方人、广东人与这5人重复。

综上所述，该宿舍最少5人，最多8人，故B项正确。

7. A

【详细解析】

世界级的马拉松选手：¬（元旦∨星期天∨得病)→跑步不少于两小时。

等价于：¬ 元旦∧¬ 星期天∧¬ 得病→跑步不少于两小时。

其矛盾命题为：¬ 元旦∧¬ 星期天∧¬ 得病∧跑步少于两小时。

A项，元旦和星期天相连最多两天，所以这三天中至少有一天既不是元旦，也不是星期天。并且他没有身体不适，所以如果他是世界级的马拉松选手，他应该跑步不少于两小时。但他只跑了一个半小时，说明他不可能是世界级的马拉松选手。

B项，题干没有涉及吊环训练，故此项可真可假。

C项，由于他有身体不适，所以跑步少于两小时，故仍有可能是世界级的马拉松选手。

D项，有可能这一天是元旦，或者他身体不适，所以仍有可能是世界级的马拉松选手。

E项，题干没有涉及跳高，故此项可真可假。

8. D

【详细解析】

题干信息如下：

①某个结果发生→有原因。

②结果是复杂的→原因也是复杂的。

①的负命题为：③某个结果发生∧¬ 有原因。

②的负命题为：④结果是复杂的∧¬ 原因也是复杂的。

Ⅰ项，某个结果发生∧¬ 有原因，等价于③，故此项可以反驳上述结论。

Ⅱ项，结果是复杂的∧¬ 原因也是复杂的，等价于④，故此项可以反驳上述结论。

Ⅲ项，某个结果发生∧¬ 原因也是复杂的，若此项为真，则③、④不一定为真，故此项不能反驳上述结论。

9. D

【详细解析】

题干：①¬ 每个工作日都出勤(有的工作日缺勤)→¬ 绩效工资∨¬ 奖励工资。

等价于：②绩效工资∧奖励工资→每个工作日都出勤(所有工作日不缺勤)。

A项，所有工作日不缺勤→绩效工资∧奖励工资，根据箭头指向原则，由②可知，“所有工作日不缺勤”后无箭头指向，故此项不符合题干。

B项，所有工作日不缺勤→可能(绩效工资∧奖励工资)，根据箭头指向原则，由②可知，“所有工作日不缺勤”后无箭头指向，故此项不符合题干。

C项，有某个工作日缺勤→可能(绩效工资∨奖励工资)，由①可知，此项不符合题干。

D项，有某个工作日缺勤→¬ 绩效工资∨¬ 奖励工资，由①可知，此项符合题干。

E项，所有工作日不缺勤→¬ 绩效工资∧¬ 奖励工资，根据箭头指向原则，由②可知，“所有工作日不缺勤”后无箭头指向，故此项不符合题干。

10. B

【详细解析】

由于“他没有接受上述三条建议中的任何一条”，故有：

条件(1)为假，即：¬(参观沙特馆→¬参观石油馆)＝参观沙特馆∧参观石油馆。故有：参观沙特馆和石油馆。

条件(2)为假，可知有两种可能：石油馆和中国国家馆都参观或石油馆和中国国家馆都不参观；由于参观了石油馆，故第1种可能为真，即石油馆和中国国家馆都参观。

条件(3)为假，即：¬(¬参观中国国家馆∨¬参观石油馆)＝参观石油馆∧参观中国国家馆。故有：石油馆和中国国家馆都参观。

综上，沙特馆、石油馆、中国国家馆均参观了。故B项正确。

11. D

【详细解析】

题干：

①有些大众对绝大多数新的立法都没有觉察。

②不是所有大众对现存立法都必然不了解，等价于：有些大众对现存立法可能了解。

Ⅰ项，“有的可能不”和②(“有的可能”)为下反对关系，根据口诀“一真另不定”可知，此项可真可假。

Ⅱ项，等价于②，故此项必然为真。

Ⅲ项，“有的有觉察”与①(“有的没有察觉”)为下反对关系，根据口诀“一真另不定”可知，此项可真可假。

因此，不一定为真的是Ⅰ项和Ⅲ项。故D项正确。

12. D

【详细解析】

“芒果人”的定义：①出国以后；②内心仍然认同中国文化。

A项，不符合②“内心仍然认同中国文化”，因此不符合“芒果人”的定义。

B项，不符合①“出国以后”，因此不符合“芒果人”的定义。

C项，不符合①“出国以后”，因此不符合“芒果人”的定义。

D项，符合“芒果人”的定义。

E项，强强没有出过国，不符合①“出国以后”，因此不符合“芒果人”的定义。

13. C

【详细解析】

题干：这些试题不都有解＝有的试题没有解。

Ⅰ项，“有的不”和“所有”为矛盾关系，题干为真，则此项一定为假。

Ⅱ项，根据口诀“下真上不定”可知，“有的不”为真无法推出“所有不”的真假，故无法确定此项真假。

Ⅲ项，“有的”和“有的不”为下反对关系，一真另不定，故无法确定此项真假。

Ⅳ项，与题干等价，一定为真。

综上，能确定真假情况的是Ⅰ项和Ⅳ项。故C项正确。

14. B

【详细解析】

题干：

①很多快乐的人并不幸福，即：有的快乐的人不幸福。

②没有一个幸福的人是不快乐的，即：所有幸福的人都是快乐的，可符号化为：幸福→快乐。

A项，根据"'有的'互换原则"可知，有的不幸福的人快乐＝有的快乐的人不幸福，等价于题干信息①，故此项一定为真。

B项，与题干信息②矛盾，故此项为假。

C项，根据题干信息②，由"推理关系"中的"所有→有的"可知，有的幸福的人是快乐的。再根据"'有的'互换原则"可知，有的快乐的人是幸福的，故此项一定为真。

D项，此项等价于：所有不快乐的人都是不幸福的，符号化为：¬快乐→¬幸福，等价于：幸福→快乐，等价于题干信息②，故此项一定为真。

E项，¬(幸福∧¬快乐)＝¬幸福∨快乐＝幸福→快乐，等价于题干信息②，故此项一定为真。

15. E

【详细解析】

题干：不 可能 一种 方法 能 做出来 所有的 题。

等价于：必然 任何 方法 不能 做出来 所有的 题。

等价于：必然 任何 方法 有的 题 不能 做出来。

因此E项正确。

16. C

【详细解析】

题干有以下信息：

①社区组织的活动有两种类型：养生型和休闲型。

②社区有的老人参加了所有养生型活动。

③社区有的老人参加了所有休闲型活动。

②等价于：所有的养生型活动都有老人参加。

③等价于：所有的休闲型活动都有老人参加。

可见，所有养生型的活动和所有休闲型的活动都有老人参加，即所有的社区活动都有老人参加，故C项正确。

17. E

【详细解析】

(1)画箭头。

题干：①能在市场竞争中站稳脚跟→至少在一件事情上比其他公司做得好。

(2)逆否。

题干的逆否命题为：②¬至少在一件事情上比其他公司做得好→¬能在市场竞争中站稳脚跟。

(3)找答案。

A 项，能在市场竞争中站稳脚跟→至少在一件事情上比其他公司做得好，等价于①，符合题干。

B 项，没有一件事情做得比其他公司好(即：¬ 至少在一件事情上比其他公司做得好)→¬ 能在市场竞争中站稳脚跟，等价于②，符合题干。

C 项，此项等价于：能在市场竞争中站稳脚跟→至少在一件事情上比其他公司做得好，由①可知，符合题干。

D 项，¬ 至少在一件事情上比其他公司做得好→¬ 能在市场竞争中站稳脚跟，等价于②，符合题干。

E 项，由①可知，“只在一件事情上比其他公司做得好”后无箭头指向，故此项不符合题干。

18. D

【详细解析】

题干：有的受到希望工程捐助的学生不努力学习，这使该校所有的教师感到痛心。

Ⅰ项，等价于：有的受到希望工程捐助的学生不努力学习，使该校所有的教师感到痛心，与题干等价，故此项为真。

Ⅱ项，题干并未提及“未受到希望工程捐助的学生”的状况，故此项真假不定。

Ⅲ项，此项中“并不使有些教师感到痛心”与题干中“所有的教师都感到痛心”矛盾，故此项必然为假。

综上，Ⅱ项不能确定真假，故 D 项正确。

19. D

【详细解析】

(1)画箭头。

题干：①公正→健全的法律∧贫富差异允许∧消灭绝对贫困∧公平竞争机会。

(2)逆否。

题干的逆否命题为：②¬ 健全的法律∨¬ 贫富差异允许∨绝对贫困∨¬ 公平竞争机会→¬ 公正。

(3)找答案。

A 项，健全的法律∧消灭绝对贫困∧贫富差异允许∧公平竞争机会→公正，根据箭头指向原则，由①可知，“健全的法律∧贫富差异允许∧消灭绝对贫困∧公平竞争机会”后无箭头指向，故此项可真可假。

B 项，健全的法律∧贫富差异允许→¬ 公正，根据箭头指向原则，由①可知，“健全的法律∧贫富差异允许”后无箭头指向，故此项可真可假。

C 项，贫富差异允许∧公平竞争机会→公正，根据箭头指向原则，由①可知，“贫富差异允许∧公平竞争机会”后无箭头指向，故此项可真可假。

D 项，¬ 健全的法律∧¬ 贫富差异允许→¬ 公正，由②可知，¬ 健全的法律→¬ 公正、¬ 贫富差异允许→¬ 公正，故此项为真。

E 项，健全的法律∧贫富差异允许∧消灭绝对贫困→公正，根据箭头指向原则，由①可知，“健全的法律∧贫富差异允许∧消灭绝对贫困”后无箭头指向，故此项可真可假。

20. A

【详细解析】

题干有以下论断：

①五人中，有两名本科专业是市场营销，有两名本科专业是计算机，有一名本科专业是物理学。

②五人中有两名女士，她们的本科专业背景不同。

若两名女士分别为市场营销和计算机专业，那么其余三名男士的专业各不相同。

若两名女士分别为市场营销和物理学专业，则三名男士中有两名是计算机专业，另一名是市场营销专业。

若两名女士分别为计算机和物理学专业，则三名男士中有两名是市场营销专业，另一名是计算机专业。

综上，A项正确。

21. E

【详细解析】

由“题干第一个断定为真”，可知“所有男生不都喜欢打篮球”为真，等价于：①有的男生不喜欢打篮球。

由“题干第二个断定为假”，可知“女生都不喜欢打篮球”为假，即“并非女生都不喜欢打篮球”为真，等价于：②有的女生喜欢打篮球。

Ⅰ项，“所有”和“有的不”为矛盾关系，根据①为真可知，此项的前半句必然为假；后半句与②等价，必然为真。故此项为假。

Ⅱ项，“有的”和“有的不”为下反对关系，根据①、②均为真及口诀“一真另不定”可知，此项两个分句的真假均无法确定。故此项真假不定。

Ⅲ项，此项的前半句与①等价，必然为真；由“有的”无法推出“所有”，故由②“有的女生喜欢打篮球”为真，无法断定此项后半句“女生都喜欢打篮球”的真假。故此项真假不定。

故E项正确。

注意：在本题中，选项都是两个分句，选项若要为真，有且仅有“两个分句”全部为真这一种情况。若两个分句中有一个为假或两个均为假，则此项为假。若两个分句中有一个为真另一个真假不定或两个都真假不定，则此项真假不定。

22. C

【详细解析】

考古研究会：三年级以上的学生∧对考古有兴趣∧至少选修过一门考古学相关课程→可以参加考古挖掘实习。

Ⅰ项，小张是二年级学生，不符合题干的前提，故不能说明考古研究会的规定没有得到贯彻。

Ⅱ项，小李未选修过考古学相关课程，不符合题干的前提，故不能说明考古研究会的规定没有得到贯彻。

Ⅲ项，四年级学生∧对考古有兴趣∧选修过两门考古学相关课程∧¬被批准参加考古挖掘实习，与考古研究会的规定矛盾，说明考古研究会的规定没有得到贯彻。

故C项正确。

23. C

【详细解析】

(1)画箭头。

①¬ 改良→¬ 符合。

(2)逆否。

题干的逆否命题为：②符合→改良。

(3)找答案。

A 项，改良←符合，等价于②，符合题干。

B 项，符合→改良，等价于②，符合题干。

C 项，改良→符合，根据箭头指向原则，由②可知，"改良"后无箭头指向，故此项不符合题干。

D 项，¬(¬ 改良∧符合)=改良∨¬ 符合=¬ 改良→¬ 符合，等价于①，符合题干。

E 项，¬ 改良→¬ 符合，等价于①，符合题干。

24. B

【详细解析】

题干有以下信息：

①有的人聪明。

②有的人有智慧。

③没有人同时具备这两种品质=¬(聪明∧智慧)，即：¬ 聪明∨¬ 智慧。有三种可能，即：聪明但是无智慧；不聪明但是有智慧；既不聪明也无智慧。

A 项，由"¬ 聪明∨¬ 智慧"的三种可能可知，此项有可能为真。

B 项，由"¬(聪明∧智慧)"为真可知，"聪明∧智慧"必然为假。

C 项，由③可知，所有人"¬ 聪明∨¬ 智慧"，故此项必然为真。

D 项，由"¬ 聪明∨¬ 智慧"的三种可能可知，此项有可能为真。

E 项，由"¬ 聪明∨¬ 智慧"的三种可能可知，此项有可能为真。

25. D

【详细解析】

题干：小玲上了业余体校，因此，小玲想当优秀运动员。

A 项，上了业余体校∧小学生→想当优秀运动员，则仅由"小玲上了业余体校"，不知道她是不是小学生，不能得出"小玲想当优秀运动员"的结论。

D 项，上了业余体校→想当优秀运动员∧小学生，故可得：小玲上了业余体校→小玲想当优秀运动员。故此项正确。

其余各项显然不正确。

26. D

【详细解析】

专家：可能发现恐龙头骨。

A 项，"不可能不"="必然"，故此项等价于"必然发现恐龙头骨"，与专家的意思不同。

B项，“不一定”=“可能不”，故此项等价于“可能不发现恐龙头骨”，与专家的意思不同。

C项，无关选项，题干没有涉及恐龙头骨被发现的概率大小。

D项，“不一定不”=“可能”，故此项等价于“可能发现恐龙头骨”，与专家的意思相同。

E项，无关选项，题干没有涉及在其他地方发现恐龙头骨的可能性。

27. B

【详细解析】

(1)画箭头。

老张：①京剧表演得好→北方人。

(2)逆否。

①逆否可得：②¬北方人→¬京剧表演得好。

(3)找答案。

A项，¬北方人→¬京剧唱得好，等价于②，故与老张的意思相符。

B项，北方人→京剧唱得好，根据箭头指向原则，由①可知，“北方人”后无箭头指向，故与老张的意思不相符。

C项，京剧唱得好→北方人，等价于①，故与老张的意思相符。

D项，¬北方人→¬京剧唱得好，等价于②，故与老张的意思相符。

E项，京剧唱得好→北方人，等价于①，故与老张的意思相符。

28. C

【详细解析】

题干：

①有的经验丰富的股民→买小盘绩优股。

②年轻股民→买大盘蓝筹股，等价于：¬买大盘蓝筹股→¬年轻股民。

③买小盘绩优股→¬买大盘蓝筹股，等价于：买大盘蓝筹股→¬买小盘绩优股。

由①、③、②串联可得：④有的经验丰富的股民→买小盘绩优股→¬买大盘蓝筹股→¬年轻股民，故Ⅱ项为真。

由②、③串联可得：⑤年轻股民→买大盘蓝筹股→¬买小盘绩优股，故Ⅲ项为真。

Ⅰ项，此项等价于：有的经验丰富的股民是年轻的股民，由④可知，有的经验丰富的股民不是年轻的股民，二者为下反对关系，一真另不定，故此项可真可假。

综上，C项正确。

29. A

【详细解析】

题干有以下断定：

①推至更小的轨道∀逐出太阳系；可简写为：推∀逐。

②推至更小的轨道∨逐出太阳系；可简写为：推∨逐。

方法一：对当关系法。

①“推∀逐”有两种可能：推真逐假、推假逐真。这两种可能均可以使“推∨逐”为真。

即，若①为真，则②也为真(即①和②为推理关系)，与题干“两种断定只有一种为真”矛盾，故①为假、②为真。

由①为假可推出：¬（推∀逐）=（推∧逐）∨（¬推∧¬逐）。

又由于②为真，故必有：推∧逐。

方法二：真值表法。

	推	逐	①推∀逐	②推∨逐
情况 1	√	√	×	√
情况 2	√	×	√	√
情况 3	×	√	√	√
情况 4	×	×	×	×

可见，只有在情况 1 时，断定①、②满足一真一假。故必有：推∧逐。

30. C

【详细解析】

题干：并非[所有]诚实的人都[不可能]听信一些非正式渠道的流言。

↓　　　↓

等价于：[有的]诚实的人 [可能] 听信一些非正式渠道的流言。

故 C 项正确。

注意：若出现两个否定词中间还有别的内容，则通过替换法口诀替换两个否定词中间的“所有”“有的”“必然”“可能”等关键词，并且第二个否定词后的内容不变。

专项训练 2　推理母题：5 大条件类

（共 30 小题，每小题 2 分，共 60 分，限时 80 分钟）

你的得分是________

说明：本部分题目均为原创题，题目的类型均来源于真题。题目整体难度大于真题，故做题时长可放宽至 80 分钟。本部分所涉及的所有题型均为必考重点。

1. 只有既认真上课，又完成课后习题，才能有效地掌握“母题”；除非有效地掌握“母题”，否则不能提高做题准确率；要进一步提升分数，学生必须提高做题准确率。

以下各项均能从题干的断定中推出，除了：

A. 学生要提高做题准确率，必须既认真上课，又完成课后习题。

B. 只要提高做题准确率，就能保证进一步提升分数。

C. 如果只认真上课，不完成课后习题，就不能有效地掌握“母题”。

D. 除非学生提高做题准确率，否则不能进一步提升分数。

E. 或者有效地掌握“母题”，或者不能提升分数。

2. 某集团公司总部财务部共有甲、乙、丙、丁、戊、己、庚、辛、壬、癸、赵、钱和孙 13 名财务人员，现欲从中选择 6 人下派至分公司担任财务经理一职，其余人均留在总部任职。已知：

(1)甲、乙、赵、钱中至多有 2 人留在总部任职。

(2)戊和孙 2 人最终的情况完全一致。

(3)丙、己 2 人中仅有 1 人被下派。

(4)丁、庚、壬中至少下派 2 人。

根据上述信息，可以得出以下哪项？

A. 辛和孙留在总部任职。

B. 戊和孙留在总部任职。

C. 丁和癸留在总部任职。

D. 甲和壬下派至分公司。

E. 辛和丙下派至分公司。

3. 如果一个人乐于奉献，那么他或者有一颗善良的心，或者有高度的社会责任感。如果一个人从不计较个人得失，那么他乐于奉献。如果一个人得到永无止境的快乐，那么他乐于奉献。

根据以上断定，以下哪一项可能为假？

Ⅰ. 如果一个人得到永无止境的快乐，那么他有高度的社会责任感。

Ⅱ. 所有从不计较个人得失的人都是乐于奉献的人。

Ⅲ. 所有的乐于奉献的人都是不计较个人得失的人。

A. 仅Ⅱ。　　B. 仅Ⅲ。　　C. 仅Ⅰ和Ⅱ。

D. 仅Ⅰ和Ⅲ。　　E. Ⅰ、Ⅱ和Ⅲ。

4. 为了在比赛中取得好成绩，冰壶队主教练拟定了一份参赛名单，这个名单必须满足以下条件：
①如果有冰玉，那么也要有清爽。
②如果没有萌萌，那么必须有妍妍。
③秋彤和斯佳不能都有。
④如果没有冰玉而有萌萌，则需要有秋彤。
如果名单中有斯佳，则以下哪项为真？
A. 名单中有冰玉。
B. 名单中有妍妍。
C. 名单中没有萌萌。
D. 名单中没有清爽和妍妍。
E. 名单中如果没有清爽，则一定有妍妍。

5. 茶艺爱好者赵嘉近期要举办“茶友”聚会，准备从金骏眉、西湖龙井、铁观音、六安瓜片、正山小种、大红袍、福鼎白茶、日照绿茶这 8 种茶品中购买一种或多种。已知：
(1)若正山小种和六安瓜片都购买，则一定购买大红袍。
(2)若大红袍和福鼎白茶中至少购买 1 种，则一定购买金骏眉和日照绿茶。
(3)若西湖龙井、正山小种和六安瓜片中至多购买 1 种，则一定购买福鼎白茶。
(4)若铁观音和日照绿茶中至多购买 1 种，则不购买西湖龙井也不购买福鼎白茶。
若赵嘉没有购买金骏眉，则以下哪项一定为真？
A. 赵嘉购买六安瓜片。
B. 赵嘉购买日照绿茶。
C. 赵嘉没有购买铁观音。
D. 赵嘉购买福鼎白茶。
E. 赵嘉购买正山小种。

6. 六一儿童节前夕，阳光幼儿园的陈园长将在甲、乙、丙、丁、戊、己、庚、辛和壬 9 位小朋友中挑选出多位一起上台演唱童谣歌曲——老鼠上灯台。已知：
(1)丙和丁中只有 1 人入选。
(2)如果选择丙，则丁和戊中只有 1 人被选择。
(3)若丁和乙中至少选择 1 人，则不选择壬但选择庚。
(4)若庚和戊中至少选择 1 人，则选择辛但不选择壬。
(5)若己和庚中至多选择 1 人，则甲、丁和戊均被选择。
根据上述信息，可以推出一定会选择谁？
A. 戊和壬。
B. 庚和辛。
C. 戊和丁。
D. 己和丙。
E. 甲和乙。

7. 某校学生会欲从赵、钱、孙、李、周、吴 6 位学生会干部中选出 1 人或多人参加活动，已知：
(1)钱和孙中只有 1 人入选。
(2)吴、赵、钱中恰有 2 人入选。
(3)若周入选，则吴入选。
(4)除非李未入选，孙才入选。
根据以上信息，以下哪项一定为真？
A. 赵入选。
B. 钱入选。
C. 吴未入选，赵不入选。
D. 若赵和周入选，则共有 2 人不入选。
E. 若赵和孙入选，则共有 2 人不入选。

8～9 题基于以下题干：

第十四届丘成桐大学生数学竞赛即将开始，清北大学竞赛集训队共有甲、乙、丙、丁、戊、己、庚、辛 8 名成员。关于谁将出征此次竞赛，已知：

(1)如果庚和戊中至少有 1 人参加此次竞赛，那么己和丁均参加此次竞赛。

(2)若甲参加此次竞赛，则丙不参加此次竞赛但乙参加此次竞赛。

(3)如果丁不参加此次竞赛，那么甲参加此次竞赛但辛不参加此次竞赛。

(4)如果丙不参加此次竞赛，那么庚参加此次竞赛。

8. 根据上述信息，可以得出以下哪项？

A. 甲参加此次竞赛。 B. 乙参加此次竞赛。 C. 丙参加此次竞赛。
D. 丁参加此次竞赛。 E. 戊参加此次竞赛。

9. 若 8 人中有 5 人参加此次竞赛，则可以得出以下哪项？

A. 甲参加此次竞赛。 B. 乙参加此次竞赛。 C. 丙参加此次竞赛。
D. 戊参加此次竞赛。 E. 己参加此次竞赛。

10. 某中学的甲、乙、丙、丁、戊和己 6 位同学将参加全国高中生奥赛，每人均参加数学、物理、信息科学技术中的 1 种，每种竞赛均有 2 人参加。还已知：

(1)戊和丙中有且仅有 1 人参加数学竞赛。

(2)如果丁参加物理竞赛，则丙参加数学竞赛。

(3)若乙和丁中至少有 1 人不参加物理竞赛，那么甲参加物理竞赛且己参加数学竞赛。

(4)如果乙不参加信息科学技术竞赛，则戊不参加信息科学技术竞赛且不参加物理竞赛。

根据上述陈述，可以得出以下哪项？

A. 戊参加物理竞赛。 B. 己参加数学竞赛。
C. 丙参加数学竞赛。 D. 乙参加信息科学技术竞赛。
E. 丁不参加信息科学技术竞赛。

11. “国庆黄金周”期间，某单位的赵嘉、钱宜、孙斌将分别在北京、西安、南京和拉萨 4 个地方选择多个去旅游。已知以下信息：

①恰有两人去北京，恰有两人去西安，恰有两人去南京，恰有两人去拉萨。

②每人至多去 3 个地方。

③对于赵嘉来说，如果去了北京，那么一定也会去南京。

④对于钱宜和孙斌来说，如果去了拉萨看布达拉宫，则也去了西安观秦皇陵。

⑤对于赵嘉和孙斌来说，如果去了南京，那么也要去西安。

根据以上信息，可以判断以下各项中一定为真的是：

A. 去西安的是赵嘉和钱宜。

B. 去拉萨的是钱宜和孙斌。

C. 孙斌选择去了北京、西安和南京。

D. 赵嘉选择去了拉萨、西安和南京。

E. 钱宜选择去了北京、南京和拉萨。

12～13 题基于以下题干：

为保持宿舍卫生整洁，一宿舍制定了下周一至周五的值日表。该宿舍正好有 5 位成员：小张、小李、小方、小郭和小田。以下条件必须满足：

①每天有且只有一位宿舍成员值日。

②每位宿舍成员值日的天数不能超过两天。

③没有宿舍成员连续两天值日。

④小张的值日早于小田。

⑤如果小方值日，则次日一定是小李值日。

12. 如果小张值日两天，小田在周四值日，则以下哪项可能为真？

A. 小张周二值日。　　B. 小李周二值日。　　C. 小方周二值日。

D. 小李周三值日。　　E. 小方周三值日。

13. 如果小李不值日，则以下哪项一定为真？

A. 小张恰值日一天。　　B. 小张恰值日两天。　　C. 小郭恰值日一天。

D. 小郭恰值日两天。　　E. 小田恰值日一天。

14. 对于一个企业而言，人才是其发展最重要的资源，人才能够提高企业的核心竞争力。只有建立健全各种规章制度，企业才能避免人才的流失。只有善用人才，才能焕发企业的活力。如果不能增加人才对企业的认同感，则企业的核心竞争力会受到影响。

若以上陈述为真，则以下哪项一定为真？

A. 只要建立健全各种规章制度，就能增加人才对企业的认同感。

B. 只有增加人才对企业的认同感，企业的核心竞争力才不会受到影响。

C. 如果企业的核心竞争力会受到影响，那么企业就无法避免人才的流失。

D. 如果不能焕发企业的活力，企业就不能避免人才的流失。

E. 如果不能避免人才的流失，则说明企业不善用人才。

15. 某民间戏剧团甲、乙、丙、丁、戊、己六位演员要参与表演京剧和昆剧两个戏剧节目，每个人都只能是一个戏剧节目的演员，并且需满足：

①甲和乙分别是两个戏剧节目的主演。

②如果丁表演京剧，那么己表演昆剧。

③如果戊表演京剧，那么己和她一起。

④如果乙表演昆剧，那么丙和丁都表演京剧。

如果甲和丁不表演同一个节目，则可以推出以下哪项？

A. 乙表演昆剧节目。

B. 丙表演京剧节目。

C. 戊表演昆剧节目。

D. 戊表演京剧节目。

E. 己表演京剧节目。

16. 小明、小军、小花、小飞和小雅在学校的联欢会上表演节目，表演时他们每人手上各拿了一个不同的气球。气球分别是：红色圆形、蓝色五角星形、黄色心形、蓝色圆形、红色心形。关于每人气球的颜色和形状，已知：

(1)小花和小雅的气球都不是圆形的，也不是蓝色的。

(2)小军的气球与小雅的颜色和形状都不一样。

(3)小雅的气球是黄色的，小明的气球是蓝色的。

(4)小军的气球与小花的是一样的颜色，小飞的气球不是五角星形的。

根据以上信息，下列说法正确的是：

A. 小军的气球是红色心形的。

B. 小花的气球是黄色心形的。

C. 小飞的气球是红色圆形的。

D. 小雅的气球是红色心形的。

E. 小明的气球是蓝色五角星形的。

17～18 题基于以下题干：

在乐学喵成功学员见面会上，同学们举办了盛大的花车游行活动。花车上有名字是 M、N、O、P 的四个人，他们分别扮演一位动画人物。已知：

①“葫芦娃”靠在 N 后面。

②扮演“光头强”的人在 O 的前面某个位置。

③在 2 号位置的人扮演“孙行者”。

④O 穿成“沙和尚”的样子。

⑤M 在 3 号位置。

17. 下列关于 N 的说法正确的一项是：

A. 在 3 号位置。　　B. 扮演“葫芦娃”。　　C. 在 2 号位置。

D. 在 4 号位置。　　E. 扮演“沙和尚”。

18. 四个人可能的情况是：

A. 1 号，O，“光头强”。　　B. 2 号，N，“葫芦娃”。　　C. 3 号，M，“葫芦娃”。

D. 4 号，O，“光头强”。　　E. 3 号，P，“葫芦娃”。

19. 甲、乙、丙、丁和戊 5 人在南京游玩。她们一同商讨出游计划，对于将要游览的地点，她们却有不同想法：

甲：若去鸡鸣寺，则一定不去秦淮河但去紫金山。

乙：若总统府和明故宫中至多去一个，则不去玄武湖但去鸡鸣寺。

丙：若去紫金山，则明孝陵和秦淮河要么都去，要么都不去。

丁：若去夫子庙或秦淮河，则也去总统府。

戊：若雨花台和阅江楼中至多去一个，则明孝陵和总统府中至少去一个。

若丁的想法未得到满足，则一定去以下哪个景点？

A. 明孝陵和紫金山。　　B. 鸡鸣寺和玄武湖。　　C. 玄武湖和总统府。

D. 秦淮河和雨花台。　　E. 夫子庙和阅江楼。

20. 某公司新入职的赵嘉、钱宜、孙斌、李玎、周武和吴纪 6 位管培生被安排在该公司的销售部、财务部、行政部、生产部、研发部和技术部历练，每个部门都恰好安排了其中一位管培生，每位管培生只被安排在一个部门。还已知：

(1)若李玎不被安排在生产部或者吴纪不被安排在财务部，则钱宜被安排在行政部且周武被安排在销售部。

(2)若孙斌被安排在行政部或赵嘉不被安排在财务部，则吴纪被安排在销售部且赵嘉被安排在生产部。

(3)若孙斌不被安排在行政部或者赵嘉不被安排在技术部，则李玎被安排在生产部。

根据上述信息，可以得出以下哪项？

A. 吴纪被安排在研发部。　B. 周武被安排在销售部。　C. 赵嘉被安排在行政部。

D. 孙斌被安排在技术部。　E. 钱宜被安排在生产部。

21～22 题基于以下题干：

来自兴宁的 5 位打金非遗传人赵嘉、钱宜、孙斌、李思、王武合力完成一件作品。该作品的制造包含造形、焊接、镶嵌、抛光、电镀五道工序。每道工序恰有两位非遗传人参与，每位非遗传人也恰好参与两道工序。已知：

(1)若赵嘉和王武中至多有一人参与镶嵌工序，则赵嘉参与焊接工序且王武参与电镀工序。

(2)若钱宜不参与造形工序，则孙斌参与焊接工序且钱宜参与抛光工序。

(3)若李思参与造形或者抛光工序，则王武参与抛光和镶嵌工序。

(4)如果赵嘉和王武中至多有一人参与抛光工序，那么李思参与镶嵌工序且孙斌参与电镀工序。

21. 根据以上信息，可以得出以下哪项？

A. 王武参与镶嵌工序。　B. 钱宜参与造形工序。　C. 孙斌参与抛光工序。

D. 李思参与镶嵌工序。　E. 赵嘉参与焊接工序。

22. 若焊接、镶嵌工序李思均未参与，则可以得出以下哪项？

A. 赵嘉和孙斌参与电镀工序。　B. 王武和李思参与抛光工序。

C. 李思和孙斌参与电镀工序。　D. 王武和赵嘉参与造形工序。

E. 钱宜和赵嘉参与镶嵌工序。

23. 现有数字为 1～9 的九张游戏牌，其中一张为“王牌”。赵、钱、孙、李每人各分得这 9 张牌中的两张，恰好没有人拿到“王牌”。四人现有如下发言：

①赵：我手上两张牌的乘积为 24。

②钱：我手上两张牌的乘积是 10 的倍数。

③孙：我的任何一张牌都比钱的牌数字大。

④李：我手上两张牌的乘积恰好是赵的一半。

根据上述信息，以下哪项一定为真？

A. 王牌是 1。　B. 王牌是 3。　C. 王牌是 5。

D. 王牌是 7。　E. 王牌是 9。

24. 某公司准备购买一批新茶叶用来招待客户，供应商处现有绿茶、白茶、黄茶、乌龙茶、红茶和黑茶6种类型可选择。已知：

(1)若绿茶和白茶至少选择一种，则选择黄茶但不选择乌龙茶。

(2)若不购买白茶，则购买绿茶和红茶。

(3)若黄茶和黑茶至少选择一种，则一定选择红茶。

(4)若选择红茶，则一定不选择白茶。

根据上述信息，以下哪项一定为真？

A. 选择白茶和红茶。 B. 选择黑茶和绿茶。 C. 选择绿茶和红茶。

D. 选择黑茶和乌龙茶。 E. 选择黄茶和乌龙茶。

25～26 题基于以下题干：

某公司对员工的体育兴趣爱好进行了调查。调查发现，财务部的甲、乙、丙、丁、戊5人每人恰好喜欢排球、足球、篮球、冰球和棒球中的2个项目，每个项目也恰有2人喜欢。此外，还已知：

(1)如果甲不喜欢足球或者乙喜欢冰球，那么丙和戊都不喜欢棒球。

(2)如果戊、丙中至少有1人喜欢排球，那么乙不喜欢足球且丁喜欢冰球。

(3)如果乙和丁中至少有1人喜欢棒球，那么甲喜欢篮球且戊喜欢排球。

(4)若甲和戊中至多有1人喜欢冰球，则丙喜欢棒球且乙喜欢篮球。

25. 根据以上信息，以下哪项一定为真？

A. 甲喜欢足球。 B. 乙喜欢冰球。 C. 戊喜欢排球。

D. 丁喜欢篮球。 E. 戊喜欢棒球。

26. 若丁喜欢棒球且戊喜欢足球，则以下哪项一定为真？

A. 戊喜欢足球和篮球。 B. 丁喜欢棒球和足球。 C. 丙喜欢排球和棒球。

D. 乙喜欢篮球和排球。 E. 甲喜欢冰球和足球。

27～28 题基于以下题干：

一位画家从红、橙、黄、绿、青、蓝、紫7种颜色中选择4种，从黑、白、灰、棕4种颜色中选择两种来作画。他的选择必须符合下列条件：

(1)如果选绿色，就不选蓝色也不选灰色。

(2)除非不选棕色也不选黄色，否则不选蓝色。

(3)只有选白色，才能选红色。

(4)不能选橙色，否则选黑色。

(5)如果选白色，则不能选黑色。

27. 根据以上信息，以下哪项可能是画家选择的所有颜色的组合？

A. 绿、黄、青、紫、棕、黑。

B. 绿、红、紫、橙、棕、白。

C. 绿、红、黄、青、白、黑。

D. 绿、橙、黄、青、紫、黑。

E. 蓝、橙、黄、青、灰、黑。

28. 如果画家选了蓝色，那么以下哪项一定为真？

A. 画家没选青色。 B. 画家选了红色。 C. 画家选了紫色。

D. 画家没选灰色。 E. 画家选了白色。

29～30 题基于以下题干：

为丰富知识储备和加强阅读能力，赵嘉在去年 4～9 月份读完了《汉书》《孙子兵法》《资治通鉴》《乡土中国》《平凡的世界》《瓦尔登湖》《万古江河》《老人与海》8 本书，每个月阅读 1～2 本书，每本书只能在一个月内读完。还已知：

(1)若《乡土中国》和《万古江河》中至少有一本在 6 月份读完，则 9 月份阅读《老人与海》且 7 月份阅读《资治通鉴》。

(2)若 4 月份不阅读《老人与海》，则 9 月份阅读《资治通鉴》。

(3)若 5 月和 9 月一共至多阅读 3 本书，则 5 月份阅读《资治通鉴》。

(4)若 7 月份不阅读《平凡的世界》或者不阅读《汉书》，则 4 月份阅读《瓦尔登湖》和《孙子兵法》。

29. 根据上述信息，可以得出以下哪项？

A.《孙子兵法》不在 4 月读。 B.《乡土中国》在 7 月读。

C.《万古江河》不在 6 月读。 D.《平凡的世界》在 9 月读。

E.《汉书》在《平凡的世界》之前读。

30. 若 6 月份读的书的数量比 8 月份多，则以下哪项一定为真？

A.《资治通鉴》在 4 月读。

B.《孙子兵法》在 5 月读。

C.《瓦尔登湖》在 6 月读。

D.《万古江河》在 8 月读。

E.《乡土中国》在 9 月读。

专项训练 2 ▸ 推理母题：5 大条件类

答案详解

答案速查

1～5 BBDEB	6～10 BDDEB	11～15 DBDBC
16～20 ECCEB	21～25 BCACA	26～30 DACCC

1. B

【第 1 步 识别条件类型】

题干由多个假言命题组成，且这些假言命题中有重复元素，选项均为假言命题，故此题为假言推假言模型。

【第 2 步 套用母题方法】

题干中的假言命题中有重复元素，故通过重复元素做串联即可解题。

(1)画箭头。

①有效地掌握“母题”→认真上课∧完成课后习题。

②¬有效地掌握“母题”→¬提高做题准确率。

③提升分数→提高做题准确率。

(2)串联。

由③、②、①串联可得：④提升分数→提高做题准确率→有效地掌握“母题”→认真上课∧完成课后习题。

(3)逆否。

④逆否可得：⑤¬认真上课∨¬完成课后习题→¬有效地掌握“母题”→¬提高做题准确率→¬提升分数。

(4)找答案。

A 项，提高做题准确率→认真上课∧完成课后习题，由④可知，此项能从题干推出。

B 项，提高做题准确率→提升分数，由④可知，此项可真可假。

C 项，认真上课∧¬完成课后习题→¬有效地掌握“母题”，由⑤可知，此项能从题干推出。

D 项，¬提高做题准确率→¬提升分数，由⑤可知，此项能从题干推出。

E 项，¬有效地掌握“母题”→¬提升分数，由⑤可知，此项能从题干推出。

2. B

【第 1 步 识别条件类型】

题干中出现 13 个人中选择 6 个，故此题为数量关系模型之选人问题。

【第 2 步 套用母题方法】

由条件(1)、(3)和(4)可得：甲、乙、赵、钱、丙、己、丁、庚、壬 9 人中至少下派 5 人。

再结合“从 13 人中选择 6 人下派至分公司”可得：戊、辛、癸、孙 4 人中至多下派 1 人。

再结合条件(2)可得：戊和孙均不下派。故 B 项正确。

3. D

【第 1 步 识别条件类型】

题干中出现多个假言命题，且这些假言命题中有重复元素，选项也可转化为假言命题，故此题为假言推假言模型。

【第 2 步 套用母题方法】

题干中的假言命题中有重复元素，故通过重复元素做串联即可解题。

(1)画箭头。

①乐于奉献→有一颗善良的心∨有高度的社会责任感。

②从不计较个人得失→乐于奉献。

③得到永无止境的快乐→乐于奉献。

(2)串联。

由②、①串联可得：④从不计较个人得失→乐于奉献→有一颗善良的心∨有高度的社会责任感。

由③、①串联可得：⑤得到永无止境的快乐→乐于奉献→有一颗善良的心∨有高度的社会责任感。

(3)逆否。

④逆否可得：⑥┐有高度的社会责任感∧┐有一颗善良的心→┐乐于奉献→┐从不计较个人得失。

⑤逆否可得：⑦┐有高度的社会责任感∧┐有一颗善良的心→┐乐于奉献→┐得到永无止境的快乐。

(4)找答案。

Ⅰ项，得到永无止境的快乐→有高度的社会责任感，由⑤可知，此项可真可假。

Ⅱ项，从不计较个人得失→乐于奉献，由②可知，此项为真。

Ⅲ项，乐于奉献→不计较个人得失，由②可知，“乐于奉献”后无箭头指向，故此项可真可假。

综上，D 项正确。

4. E

【第 1 步 识别条件类型】

题干由事实和假言命题组成，故此题为事实假言模型。观察选项，A、B、C、D 项均为事实，E 项为假言命题，故此题也为选项事实假言模型，优先看 E 项。

【第 2 步 套用母题方法】

从事实出发，由“名单中有斯佳”结合条件③“秋彤和斯佳不能都有”可得：┐秋彤。

由“┐秋彤”可知条件④的后件为假，则其前件也为假，可得：冰玉∨┐萌萌。

再观察条件①和条件②可发现，其前件恰好分别为“冰玉”“┐萌萌”，可以构成二难推理公式。

根据二难推理公式可得：

$$\begin{array}{c} 冰玉 \lor \neg 萌萌; \\ 冰玉 \rightarrow 清爽; \\ \neg 萌萌 \rightarrow 妍妍; \\ \hline 所以,清爽 \lor 妍妍 \end{array}$$

E项：假设E项前件为真，即"¬ 清爽"为真。结合"清爽∨妍妍"可得，"妍妍"。可见，E项前件可以推出其后件，故E项正确。

5. B

【第1步 识别条件类型】

题干由事实和假言命题组成，故此题为事实假言模型。

【第2步 套用母题方法】

从事实出发，由"赵嘉没有购买金骏眉"可知，条件(2)的后件为假，则其前件也为假，可得：¬ 大红袍∧¬ 福鼎白茶。

由"¬ 大红袍"可知，条件(1)的后件为假，则其前件也为假，可得：¬ 正山小种∨¬ 六安瓜片。

由"¬ 福鼎白茶"可知，条件(3)的后件为假，则其前件也为假，可得：西湖龙井、正山小种和六安瓜片中至少购买2种。

由"¬ 正山小种∨¬ 六安瓜片"并结合"西湖龙井、正山小种和六安瓜片中至少购买2种"可得：西湖龙井。

由"西湖龙井"可知，条件(4)的后件为假，则其前件也为假，可得：铁观音∧日照绿茶。

故B项正确。

6. B

【第1步 识别条件类型】

题干由半事实和假言命题组成，故此题为半事实假言模型。

【第2步 套用母题方法】

半事实分类讨论：由条件(1)可知，有如下两种情况：①丙∧¬ 丁；②¬ 丙∧丁。

若情况①为真，可得：丙。

由"丙"可知，条件(2)的前件为真，则其后件也为真，可得：丁∀戊。

由"丁∀戊"可知，条件(5)的后件为假，则其前件也为假，可得：己∧庚。

由"庚"可知，条件(4)的前件为真，则其后件也为真，可得：辛∧¬ 壬。

若情况②为真，可得：丁。

由"丁"可知，条件(3)的前件为真，则其后件也为真，可得：庚∧¬ 壬。

由"庚"可知，条件(4)的前件为真，则其后件也为真，可得：辛∧¬ 壬。

综上，两种情况均选择庚和辛。因此，B项正确。

7. D

【第1步 识别条件类型】

观察选项，发现D、E项均为假言命题，其余各项均为事实，故此题可视为选项事实假言模型。优先代入含假言的选项(D项、E项)进行验证。

【第 2 步　套用母题方法】

验证 D 项：

把 D 项的前件看作已知事实，则赵和周都入选。

由“周”可知，条件(3)的前件为真，则其后件也为真，可得：吴。

由“吴和赵”并结合条件(2)可得：¬ 钱。

由“¬ 钱”并结合条件(1)可得：孙。

由“孙”并结合条件(4)可得：¬ 李。

综上，赵、周、孙、吴 4 人入选，钱和李 2 人不入选。

可见，由 D 项的前件可以推出其后件，故 D 项正确。

此时，此题已选出正确答案，故无须再验证 E 项。

8. D

【第 1 步　识别条件类型】

题干由多个假言命题组成，选项均为事实，故此题为假言推事实模型。

【第 2 步　套用母题方法】

(1)将题干符号化。

①庚 ∨ 戊→己 ∧ 丁。

②甲→¬ 丙 ∧ 乙。

③¬ 丁→甲 ∧ ¬ 辛。

④¬ 丙→庚。

(2)串联找矛盾。

由③、②、④和①串联可得：¬ 丁→甲 ∧ ¬ 辛→甲→¬ 丙 ∧ 乙→¬ 丙→庚→庚 ∨ 戊→己 ∧ 丁。

故有：¬ 丁→丁。

可见，由“¬ 丁”出发推出了矛盾，因此“¬ 丁”为假，即“丁”为真。

故 D 项正确。

9. E

【第 1 步　识别条件类型】

题干补充新的数量关系“8 人中有 5 人参加此次竞赛”，其他已知条件同上题一致，故此题为数量假言模型。

【第 2 步　套用母题方法】

引用上题推理结果：丁。

从事实“丁”出发，无法联立其他已知条件，故分析其他条件。

(1)将题干符号化。

①庚 ∨ 戊→己 ∧ 丁。

②甲→¬ 丙 ∧ 乙。

③¬ 丁→甲 ∧ ¬ 辛。

④¬ 丙→庚。

(2)串联找矛盾。

由②、④和①串联可得：甲→¬ 丙 ∧ 乙→¬ 丙→庚→庚 ∨ 戊→己 ∧ 丁。

逆否可得：¬ 己∨¬ 丁→¬ 庚∧¬ 戊→丙→¬ 甲。

可见，若“¬ 己”为真，则己、庚、戊、甲 4 人均不参加此次竞赛，与“8 人中有 5 人参加此次竞赛”矛盾。故，“¬ 己”为假，即：“己”为真。

故 E 项正确。

10. B

【第 1 步 识别条件类型】

题干由半事实、假言命题和匹配关系组成，故此题为半事实假言匹配模型。

【第 2 步 套用母题方法】

“半事实”分类讨论：

由条件(1)可知，有如下两种情况：①戊数学∧¬ 丙数学；②¬ 戊数学∧丙数学。

若①为真，由“¬ 丙数学”可知，条件(2)的后件为假，则其前件也为假，可得：¬ 丁物理。

由“¬ 丁物理”可知，条件(3)的前件为真，则其后件也为真，可得：甲物理∧己数学。

若②为真，由“¬ 戊数学”可知，条件(4)的后件为假，则其前件也为假，可得：乙信息。

由“乙信息”可知，条件(3)的前件为真，则其后件也为真，可得：甲物理∧己数学。

综上可得：甲参加物理竞赛、己参加数学竞赛。故 B 项正确。

11. D

【第 1 步 识别条件类型】

题干由数量关系、假言命题和匹配关系组成，故此题为数量假言匹配模型。

【第 2 步 套用母题方法】

(1)数量关系优先算。

由“恰有两人去北京，恰有两人去西安，恰有两人去南京，恰有两人去拉萨”可知，每个城市都有两位同事去，总人次等于 8。

由“每位同事至多只能去三个地方”可知，8=3+3+2，故可得：⑥三位同事去的城市数量分别为 3 个、3 个、2 个。

(2)串联找矛盾。

条件③、⑤都涉及“赵嘉”，并且有重复信息“南京”。

故条件③、⑤可串联得：赵嘉北京→赵嘉南京→赵嘉西安，逆否可得：¬ 赵嘉西安→¬ 赵嘉南京→¬ 赵嘉北京。

故，如果赵嘉不去西安，则他在四个城市中只能去拉萨，与条件⑥矛盾，因此赵嘉去西安。

条件④、⑤都涉及“孙斌”，故分析这两个条件。

由条件④可知：孙斌拉萨→孙斌西安，等价于：¬ 孙斌西安→¬ 孙斌拉萨。

由条件⑤可知：孙斌南京→孙斌西安，等价于：¬ 孙斌西安→¬ 孙斌南京。

故，若孙斌不去西安，则他不去拉萨，也不去南京，故他在四个城市中只能去北京，与条件⑥矛盾，因此孙斌去西安。

根据条件①“恰有两人去西安”可知，孙斌、赵嘉去西安，故钱宜不去西安。

可知条件④“如果去了拉萨看布达拉宫，则也去了西安观秦皇陵”的后件为假，则其前件也为假，可得：钱宜不去拉萨。

再结合条件⑥可知，每人至少要去 2 个地方，故钱宜去北京和南京。而且除钱宜外，另外两人都去 3 个地方。

同时，由于“恰有两人去拉萨”，并结合“钱宜不去拉萨”可知，赵嘉和孙斌去拉萨。

此时可得下表：

人名＼地区	北京	南京	西安	拉萨
钱宜(2 个地方)	√	√	×	×
赵嘉(3 个地方)			√	√
孙斌(3 个地方)			√	√

若赵嘉去北京，则由条件③可知，他也要去南京，此时，赵嘉去了 4 个地方，与条件②矛盾。故赵嘉不去北京，因此赵嘉去南京。

此时可得下表：

人名＼地区	北京	南京	西安	拉萨
钱宜(2 个地方)	√	√	×	×
赵嘉(3 个地方)	×	√	√	√
孙斌(3 个地方)			√	√

根据题意，将上表补充完整，易知：

人名＼地区	北京	南京	西安	拉萨
钱宜(2 个地方)	√	√	×	×
赵嘉(3 个地方)	×	√	√	√
孙斌(3 个地方)	√	×	√	√

故 D 项正确。

12. B

【第 1 步　识别条件类型】

题干中出现“5 个人”与“5 天”的匹配关系，但并非一一对应，故此题为数量匹配模型。

【第 2 步　套用母题方法】

注意：本题的提问方式为“以下哪项可能为真”，故可考虑使用选项排除法。

本题题干补充新事实：⑥小张值日两天，小田在周四值日。

从事实⑥出发，结合④可知，小张在周一到周三这三天中值日两天。

再根据③可知，小张不可能连续两天值日，故小张在周一和周三值日，周二不值日，故 A 项错误。

此时可得下表：

周一	周二	周三	周四	周五
小张		小张	小田	

根据上表信息可知，D、E两项均错误。

由上表信息并结合⑤可知，小方周二不值日，故C项错误。

综上，B项正确。

13. D

【第1步 识别条件类型】

题干中出现“5个人”与“5天”的匹配关系，但并非一一对应，故此题为数量匹配模型。

【第2步 套用母题方法】

本题题干补充新事实：⑦小李不值日。

找重复元素“小李”，可知⑤的后件为假，则其前件也为假，可得：小方不值日。

此时，余下三人：小张、小郭、小田。

由②可知，每人最多值日两天，故余下三人的值日天数分别为2天、2天、1天。

由④可知，小张的值日早于小田。若这两人均值日2天，又由③可知，小张不能连续值日，则小张只能在周一和周三值日；此时，小田只能在周四和周五值日，与③矛盾。

因此，小张和小田不可能均值日2天，即其中一人值日1天，另外一人值日2天。

故小郭必值日2天，即D项正确。

14. B

【第1步 识别条件类型】

题干由多个假言命题组成，且这些假言命题中无重复元素，选项均为假言命题，故此题为假言推假言模型。

【第2步 套用母题方法】

(1)画箭头。

题干：

①企业能避免人才的流失→建立健全各种规章制度。

②焕发企业的活力→善用人才。

③不能增加人才对企业的认同感→企业的核心竞争力会受到影响。

(2)逆否。

题干的逆否命题为：

④¬建立健全各种规章制度→企业不能避免人才的流失。

⑤¬善用人才→¬焕发企业的活力。

⑥¬企业的核心竞争力会受到影响→增加人才对企业的认同感。

(3)找答案。

A项，建立健全各种规章制度→增加人才对企业的认同感，根据箭头指向原则，由①可知，“建立健全各种规章制度”后无箭头指向，故此项可真可假。

B项，¬企业的核心竞争力会受到影响→增加人才对企业的认同感，由⑥可知，此项为真。

C项，企业的核心竞争力会受到影响→企业不能避免人才的流失，根据箭头指向原则，由③

可知，“企业的核心竞争力会受到影响”后无箭头指向，故此项可真可假。

D项，¬焕发企业的活力→企业不能避免人才的流失，根据箭头指向原则，由⑤可知，“¬焕发企业的活力”后无箭头指向，故此项可真可假。

E项，企业不能避免人才的流失→¬善用人才，根据箭头指向原则，由④可知，“企业不能避免人才的流失”后无箭头指向，故此项可真可假。

15. C

【第 1 步　识别条件类型】

题干由事实、假言命题和匹配关系组成，故此题为事实假言匹配模型。

【第 2 步　套用母题方法】

将题干信息符号化：

①甲和乙分别是两个戏剧节目的主演。

②丁京剧→己昆剧。

③戊京剧→己京剧。

④乙昆剧→丙京剧∧丁京剧。

题干中补充新的事实：⑤甲和丁不表演同一个节目。

从事实①和事实⑤出发，可知甲与乙不表演同一个节目、甲与丁也不表演同一个节目，同时又只有两个节目，故乙和丁表演同一个节目。

找与“乙、丁”有关的重复信息，即条件④。

由条件④可知，若乙表演昆剧，则丁表演京剧，与“乙和丁表演同一个节目”矛盾，故乙不表演昆剧，因此，乙和丁表演的是京剧。

继续找与“乙、丁表演京剧”有关的重复信息，即条件②。

由“丁表演京剧”，可知条件②的前件为真，则其后件也为真，可得：己表演昆剧。

由“己表演昆剧”，可知条件③的后件为假，则其前件也为假，可得：戊不表演京剧，则戊表演昆剧。

综上，C项正确。

16. E

【第 1 步　识别条件类型】

题干中出现“人”与“气球”的一一匹配关系，故此题为简单匹配模型。

【第 2 步　套用母题方法】

(1)事实/问题优先看。

气球分别是：红色圆形、蓝色五角星形、黄色心形、蓝色圆形、红色心形。

由条件(3)可知，小雅的气球是黄色的，而黄色气球只有“黄色心形”，故可知：小雅的气球是黄色心形的。

(2)重复信息是关键。

观察题干已知条件，除“小雅”外，“小花”出现次数最多，故优先分析“小花”。

由条件(1)可知，小花的气球不是蓝色，故排除“蓝色五角星形”和“蓝色圆形”。

小花的气球不是圆形的，故排除“红色圆形”。

故，小花的气球是红色心形的。

由条件(4)中"小军与小花的气球颜色一样"可知，小军的气球是红色圆形的。

又由条件(4)中"小飞的气球不是五角星形的"可知，小明的气球是蓝色五角星形的、小飞的气球是蓝色圆形的。

故E项正确。

17. C

【第1步 识别条件类型】

题干中出现"人""角色""位置"的一一匹配关系，故此题为三组元素的简单匹配模型。

【第2步 套用母题方法】

题干条件③、⑤给出事实：孙行者在2号位置，M在3号位置：

位置	1	2	3	4
名字			M	
角色		孙行者		

观察题干条件，发现"O"出现次数最多，故优先分析"O"。由条件④可知，O是"沙和尚"，再结合上表可知，"O-沙和尚"不能在2、3号位置，同时由条件②可知，"O-沙和尚"前面还有"光头强"。所以"O-沙和尚"只能在4号位置。

又由条件①可知，"葫芦娃"靠在"N"后面，所以"葫芦娃"不能在1号位置，故"葫芦娃"只能在3号位置，N在2号位置。故C项正确。

18. C

【第1步 识别条件类型】

题干中出现"人""角色"与"位置"的一一匹配关系，故此题为多组元素的简单匹配模型。

【第2步 套用母题方法】

根据上题的推理结果，可得下表：

位置	1	2	3	4
名字	P	N	M	O
角色	光头强	孙行者	葫芦娃	沙和尚

故C项正确。

19. E

【第1步 识别条件类型】

题干由事实和假言命题组成，故此题为事实假言模型。

【第2步 套用母题方法】

题干有以下信息：

①鸡鸣寺→¬秦淮河∧紫金山。

②¬总统府∨¬明故宫→¬玄武湖∧鸡鸣寺。

③紫金山→(明孝陵∧秦淮河)∀(¬明孝陵∧¬秦淮河)。

④夫子庙∨秦淮河→总统府。

⑤¬ 雨花台 ∨ ¬ 阅江楼→明孝陵 ∨ 总统府。

从事实出发，由“丁的想法未得到满足”可得：（夫子庙 ∨ 秦淮河）∧ ¬ 总统府。

由“¬ 总统府”可知，②的前件为真，则其后件也为真，可得：¬ 玄武湖 ∧ 鸡鸣寺。

由“鸡鸣寺”可知，①的前件为真，则其后件也为真，可得：¬ 秦淮河 ∧ 紫金山。

由“紫金山”可知，③的前件为真，则其后件也为真，可得：（明孝陵 ∧ 秦淮河）∀（¬ 明孝陵 ∧ ¬ 秦淮河）。

由“（明孝陵 ∧ 秦淮河）∀（¬ 明孝陵 ∧ ¬ 秦淮河）”并结合“¬ 秦淮河”可得：¬ 明孝陵。

由“¬ 明孝陵 ∧ ¬ 总统府”可知，⑤的后件为假，则其前件也为假，可得：雨花台 ∧ 阅江楼。

由“¬ 秦淮河”并结合“夫子庙 ∨ 秦淮河”可得：夫子庙。

综上，E 项正确。

20. B

【第 1 步　识别条件类型】

题干由假言命题和匹配关系组成，选项均为事实，故此题为假言推事实＋匹配模型。

【第 2 步　套用母题方法】

(1)将题干符号化。

①¬ 李生产 ∨ ¬ 吴财务→钱行政 ∧ 周销售。

②孙行政 ∨ ¬ 赵财务→吴销售 ∧ 赵生产。

③¬ 孙行政 ∨ ¬ 赵技术→李生产。

(2)串联找矛盾。

由①、②和③串联可得：¬ 李生产 ∨ ¬ 吴财务→钱行政 ∧ 周销售→¬ 吴销售→¬ 孙行政 ∧ 赵财务→¬ 赵技术→李生产。

可见，由“¬ 李生产”出发推出了“李生产”，因此，“¬ 李生产”为假，即：“李生产”为真。

(3)推出答案。

由“李生产”可知，②的后件为假，则其前件也为假，可得：¬ 孙行政 ∧ 赵财务。

由“赵财务”可知，①的前件为真，则其后件也为真，可得：钱行政 ∧ 周销售。

故 B 项正确。

21. B

【第 1 步　识别条件类型】

题干由假言命题和匹配关系组成，选项均为事实，故此题为假言推事实＋匹配模型。

【第 2 步　套用母题方法】

(1)将题干符号化。

①¬ 赵镶嵌 ∨ ¬ 王镶嵌→赵焊接 ∧ 王电镀。

②¬ 钱造形→孙焊接 ∧ 钱抛光。

③李造形 ∨ 李抛光→王抛光 ∧ 王镶嵌。

④¬ 赵抛光 ∨ ¬ 王抛光→李镶嵌 ∧ 孙电镀。

(2)串联找矛盾。

由②、④、①和③串联可得：¬ 钱造形→孙焊接 ∧ 钱抛光→¬ 赵抛光 ∨ ¬ 王抛光→李镶嵌 ∧ 孙电镀→¬ 赵镶嵌 ∨ ¬ 王镶嵌→赵焊接 ∧ 王电镀→¬（王抛光 ∧ 王镶嵌）→¬ 李造形 ∧ ¬ 李抛光。

故，若“¬ 钱造形”为真，则可得：孙焊接∧赵焊接、孙电镀∧王电镀、李镶嵌∧¬ 李造形∧¬ 李抛光，再结合“每道工序恰有两位非遗传人参与”可知，李只参与镶嵌工序，与“每位非遗传人也恰好参与两道工序”矛盾。故，“¬ 钱造形”为假，即：钱造形。因此，B项正确。

22. C

【第 1 步　识别条件类型】

题干补充新的事实条件“焊接、镶嵌工序李思均未参与”，其他已知条件同上题一致，故此题为事实假言匹配模型。

【第 2 步　套用母题方法】

引用上题推理结果：钱造形。

题干补充新事实：¬ 李镶嵌∧¬ 李焊接。

由“¬ 李镶嵌∧¬ 李焊接”并结合“每位非遗传人也恰好参与两道工序”可知，③的前件为真，则其后件也为真，可得：王抛光∧王镶嵌。

由“王抛光∧王镶嵌”并结合“每位非遗传人也恰好参与两道工序”可知，①的后件为假，则其前件也为假，可得：赵镶嵌∧王镶嵌。

由“赵镶嵌∧王镶嵌”可知，④的后件为假，则其前件也为假，可得：赵抛光∧王抛光。

综上，结合“每道工序恰有两位非遗传人参与，每位非遗传人也恰好参与两道工序”可得下表：

工序 非遗传人	造形	焊接	镶嵌	抛光	电镀
赵嘉	×	×	√	√	×
钱宜	√	√	×	×	×
孙斌	×	√	×	×	√
李思	√	×	×	×	√
王武	×	×	√	√	×

故C项正确。

23. A

【第 1 步　识别条件类型】

题干已知条件中的乘积、数字大小等均可视为数量关系，故此题为数量关系模型。

【第 2 步　套用母题方法】

由①可知，赵的两张牌是(3、8)∨(4、6)。

由④可知，李的两张牌是(3、4)∨(2、6)。

若赵的两张牌是(4、6)，则李的两张牌和赵的牌一定有重复，与题意矛盾。因此，赵的两张牌是3、8；李的两张牌是2、6。

再结合②可知，钱的两张牌是4、5。

再由③并结合“钱的两张牌是4、5”可知，孙的两张牌是7、9。

综上，结合“恰好没有人拿到‘王牌’”可知，王牌是1。

故A项正确。

24. C

【第 1 步　识别条件类型】

题干由多个假言命题组成，选项均为事实，故此题为假言推事实模型。

【第 2 步　套用母题方法】

(1)将题干符号化。

①绿茶∨白茶→黄茶∧┐乌龙茶。

②┐白茶→绿茶∧红茶。

③黄茶∨黑茶→红茶。

④红茶→┐白茶。

(2)串联找矛盾。

由①、③和④串联可得：绿茶∨白茶→黄茶∧┐乌龙茶→黄茶∨黑茶→红茶→┐白茶。

可见，由“白茶”出发推出了“┐白茶”，故“白茶”为假，即“┐白茶”为真。

由“┐白茶”可知，②的前件为真，则其后件也为真，可得：绿茶∧红茶。

因此，C 项正确。

25. A

【第 1 步　识别条件类型】

题干由假言命题和匹配关系组成，选项均为事实，故此题为假言推事实＋匹配模型。

【第 2 步　套用母题方法】

(1)将题干符号化。

①┐甲足球∨乙冰球→┐丙棒球∧┐戊棒球。

②戊排球∨丙排球→┐乙足球∧丁冰球。

③乙棒球∨丁棒球→甲篮球∧戊排球。

④┐甲冰球∨┐戊冰球→丙棒球∧乙篮球。

(2)串联找矛盾。

由①、③、②和④串联可得：┐甲足球∨乙冰球→┐丙棒球∧┐戊棒球→乙棒球∨丁棒球→甲篮球∧戊排球→戊排球∨丙排球→┐乙足球∧丁冰球→┐甲冰球∨┐戊冰球→丙棒球∧乙篮球。

可见，由“┐甲足球∨乙冰球”出发推出了“┐丙棒球∧丙棒球”，因此，“┐甲足球∨乙冰球”为假，即“甲足球∧┐乙冰球”为真。

故 A 项正确。

26. D

【第 1 步　识别条件类型】

题干补充新的事实条件“丁喜欢棒球且戊喜欢足球”，其他已知条件同上题一致，故此题为事实假言匹配模型。

【第 2 步　套用母题方法】

引用上题推理结果：甲足球∧┐乙冰球。

从事实出发，由“丁喜欢棒球”可知，③的前件为真，则其后件也为真，可得：甲篮球∧戊排球。

由"戊排球"可知，②的前件为真，则其后件也为真，可得：¬ 乙足球∧丁冰球。

由"丁冰球"并结合"每个项目也恰有 2 人喜欢"可知，甲和戊中至多有 1 人喜欢冰球。故，④的前件为真，则其后件也为真，可得：丙棒球∧乙篮球。

综上，结合"每人恰好喜欢 2 个项目，每个项目也恰有 2 人喜欢"和"戊喜欢足球"可得下表：

员工＼项目	排球	足球	篮球	冰球	棒球
甲	×	√	√	×	×
乙	√	×	√	×	×
丙	×	×	×	√	√
丁	×	×	×	√	√
戊	√	√	×	×	×

故 D 项正确。

27. A

【第 1 步 识别条件类型】

题干由数量关系和假言命题组成，故此题为数量假言模型。同时，题干提问方式为"以下哪项可能是画家选择的所有颜色的组合"，故可使用选项排除法。

【第 2 步 套用母题方法】

题干有以下前提：

前提①：从红、橙、黄、绿、青、蓝、紫七种颜色中选择四种。

前提②：从黑、白、灰、棕四种颜色中选择两种，可排除 D 项。

题干有以下条件：

(1)绿→¬ 蓝∧¬ 灰。

(2)棕∨黄→¬ 蓝，可排除 E 项。

(3)红→白。

(4)橙→黑，可排除 B 项。

(5)白→¬ 黑，可排除 C 项。

故 A 项正确。

28. C

【第 1 步 识别条件类型】

"画家选了蓝色"为事实，其他条件同上题一致，故此题为事实数量假言模型。

【第 2 步 套用母题方法】

从事实出发，由"画家选了蓝色"可知，条件(1)的后件为假，则其前件也为假，可得：¬ 绿。

由"蓝"并结合条件(2)可得：¬ 棕∧¬ 黄。

故有：¬ 绿、¬ 棕、¬ 黄。

又由条件(5)及"从黑、白、灰、棕四种颜色中选择两种"可知，黑色与白色只能选择其中一个颜色。故进行分类讨论。

情况 1：若选择白色，则不选黑色，再结合条件(4)可知，不选橙色。
情况 2：若选择黑色，则不选白色，再结合条件(3)可知，不选红色。
故不选橙色或者不选红色，再结合“从红、橙、黄、绿、青、蓝、紫七种颜色中选择四种”可得：一定选择青、蓝、紫，故 C 项正确。

29. C

【第 1 步　识别条件类型】
题干由数量关系、假言命题和匹配关系组成，故此题为数量假言匹配模型。
【第 2 步　套用母题方法】
(1)数量关系优先算。
由“4～9 月份读完 8 本书”“每个月阅读 1～2 本书”和“每本书只能在一个月内读完”可知，4～9 月份每个月阅读的书的数量为：2 本、2 本、1 本、1 本、1 本、1 本。(此顺序不一定与月份顺序一一对应)
(2)数量关系找矛盾。
若条件(4)的后件为真，结合题干的数量关系“4～9 月份每个月阅读的书的数量为：2 本、2 本、1 本、1 本、1 本、1 本”可知，5～9 月份的任何两个月，至多只能阅读 3 本书。
故由条件(4)、(3)和(2)串联可得：¬ 7 月《平凡的世界》∨¬ 7 月《汉书》→4 月《瓦尔登湖》∧4 月《孙子兵法》→5 月和 9 月一共至多阅读 3 本→5 月《资治通鉴》→ ¬ 9 月《资治通鉴》→4 月《老人与海》。
可见，由“¬ 7 月《平凡的世界》∨¬ 7 月《汉书》”出发推出了“4 月《瓦尔登湖》∧4 月《孙子兵法》∧4 月《老人与海》”，即 4 月份阅读 3 本书，与“每个月阅读 1～2 本书”矛盾，因此，“¬ 7 月《平凡的世界》∨¬ 7 月《汉书》”为假，即：7 月《平凡的世界》∧7 月《汉书》。
由“7 月《平凡的世界》∧7 月《汉书》”并结合“每个月阅读 1～2 本书”可知，条件(1)的后件为假，则其前件也为假，可得：¬ 6 月《乡土中国》∧¬ 6 月《万古江河》。
故 C 项正确。

30. C

【第 1 步　识别条件类型】
题干补充新的数量关系，其他已知条件同上题一致，故此题为数量假言匹配模型。
【第 2 步　套用母题方法】
题干补充新的数量条件：(5)6 月份读的书的数量比 8 月份多。
由“6 月份读的书的数量比 8 月份多”并结合“4～9 月份每个月阅读的书的数量为：2 本、2 本、1 本、1 本、1 本、1 本”可知，6 月份读 2 本书。再引用上题的推理结果“7 月《平凡的世界》∧7 月《汉书》”可知，4 月、5 月、8 月、9 月均只读 1 本书。
由“5 月和 9 月均只读 1 本书”可知，条件(3)的前件为真，则其后件也为真，可得：5 月份阅读《资治通鉴》。
由“5 月份阅读《资治通鉴》”可知，条件(2)的后件为假，则其前件也为假，可得：4 月份阅读《老人与海》。
此时，可得下表：

书 月份	《汉书》	《孙子兵法》	《资治通鉴》	《乡土中国》	《平凡的世界》	《瓦尔登湖》	《万古江河》	《老人与海》
4月	×	×	×	×	×	×	×	√
5月	×	×	√	×	×	×	×	×
6月	×		×	×	×		×	×
7月	√	×	×	×	√	×	×	×
8月	×		×		×			×
9月	×		×		×			×

由上表并结合“6月份读2本书”可知，6月份阅读《瓦尔登湖》和《孙子兵法》。

故C项正确。

专项训练 3　推理母题：非 5 大条件类

（共 30 小题，每小题 2 分，共 60 分，限时 60 分钟）

你的得分是________

说明：本部分题目中有 27 题为原创题，其他题目来源于各类真题。题目整体难度约等于真题，所涉及的多数题型为必考重点。

1. 清北大学化工学院正对外招聘实验员和副教授，要求：所有新招收的实验员都必须拥有高校教师资格证，而所有新招收的副教授都必须具有硕士学历；所有具有硕士学历的人都拥有很强的科研能力；有资格申请科学基金的人都是新招收的副教授。
   根据以上信息，以下哪项判断是正确的？
   A. 有的新招收的实验员没有高校教师资格证。
   B. 所有拥有很强科研能力的人都有资格申请科学基金。
   C. 所有有资格申请科学基金的人都没有硕士学历。
   D. 不拥有很强科研能力的人没有资格申请科学基金。
   E. 所有拥有高校教师资格证的人都具有硕士学历。

2. 对某科技公司一个团队的调查显示：该团队中所有成员都精通编程。所有精通编程的成员都能熟练运用数据分析工具。所有拥有博士学位的成员都具备管理经验，然而，有一些成员没有管理经验。
   若上述信息为真，则以下关于该团队成员的描述哪项也一定为真？
   A. 所有没有管理经验的成员都不精通编程。
   B. 所有的成员都有管理经验。
   C. 有些成员没有博士学位。
   D. 有的成员不能熟练运用数据分析工具。
   E. 有的成员拥有博士学位。

3. 右侧有一个 5×5 的方阵，如图所示，它所含的每个小方格中可填入一个字(已有部分字填入)。现要求该方阵中的每行、每列及每个粗线条围住的 5 个小方格组成的区域中均含有“酸”“甜”“苦”“辣”“咸”5 个汉字，不能重复也不能遗漏。根据已经给定的条件，方阵中①和②所在方格应填入的汉字分别是：

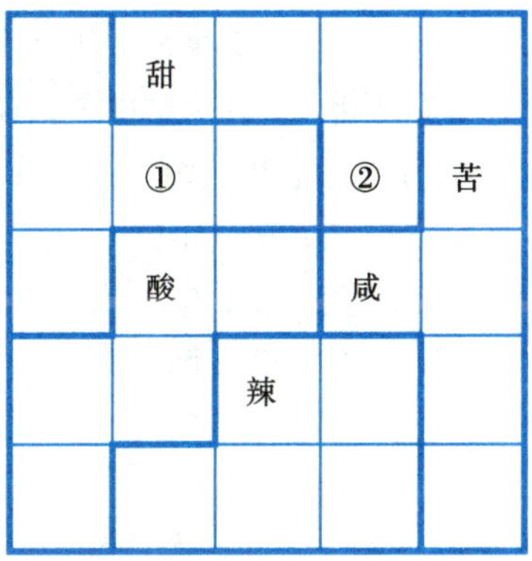

   A. 咸、辣。　　B. 咸、酸。
   C. 苦、酸。　　D. 辣、酸。
   E. 辣、甜。

4. 某企业组织了一场管理能力培训。所有上年度的优秀员工都参与了此次培训；任何一位参与此次培训的员工都能获得额外的补贴；有的部门经理是上年度的优秀员工。

如果上述判断为真，则以下哪项一定为真？

A. 有的部门经理没有获得额外的补贴。

B. 有的没有获得额外补贴的员工参与了此次培训。

C. 有些部门经理也获得了额外的补贴。

D. 所有不是上年度优秀员工的人都没有参与此次培训。

E. 所有未获得额外补贴的员工都是上年度的优秀员工。

5. 新学年开学伊始，有些新生刚入学就当上了校学生会干部。在奖学金评定中，所有宁夏籍的学生都申请了本年度的甲等奖学金，所有校学生会干部都没有申请本年度的甲等奖学金。

如果上述断定是真的，则以下哪项有关断定也必定是真的？

A. 所有的新生都不是宁夏人。

B. 有些新生申请了本年度的甲等奖学金。

C. 并非所有宁夏籍的学生都是新生。

D. 有些新生不是宁夏人。

E. 有些校学生会干部是宁夏人。

6. 所有关心员工福利的经理人，都被证明是卓有成效的经理人；而关心员工福利的经理人，都把注意力放在解决中青年员工的待遇问题上。因此，那些不把注意力放在解决中青年员工待遇问题上的经理人，都不是卓有成效的经理人。

为使上述论证成立，以下哪项必须为真？

A. 中青年员工的待遇问题，是员工的福利中最为突出的问题。

B. 所有卓有成效的经理人，都是关心员工福利的经理人。

C. 中青年员工的比例，近年来普遍有了大的增长。

D. 所有把注意力放在解决中青年员工待遇问题上的经理人，都是卓有成效的经理人。

E. 老年员工普遍对自己的待遇状况比较满意。

7. 有四个外表看起来没有区别的小球，它们的重量可能有所不同。取一个天平，将甲、乙归为一组，丙、丁归为另一组，分别放在天平的两边，天平是基本平衡的。将乙和丁对调一下，甲、丁一边明显要比乙、丙一边重得多。可奇怪的是，我们在天平的一边放上甲、丙，而另一边刚放上乙，还没有来得及放上丁时，天平就压向了乙一边。

请你判断，这四个球由重到轻的顺序是什么？

A. 丁、乙、甲、丙。

B. 丁、乙、丙、甲。

C. 乙、丙、丁、甲。

D. 乙、甲、丁、丙。

E. 乙、丁、甲、丙。

8. 下列动物如果只能归属为一种门类，并且满足以下条件：

①如果动物B是鸟，那么动物A不是哺乳动物。

②或者动物C是哺乳动物，或者动物A是哺乳动物。

③如果动物B不是鸟，那么动物D不是鱼。

④或者动物D是鱼，或者动物E不是昆虫。

⑤如果动物E不是昆虫，那么动物F不是海星。

以下哪项如果为真，可以得出“动物C是哺乳动物”的结论？

A. 动物B不是鸟。　　B. 动物A是哺乳动物。　　C. 动物D不是鱼。

D. 动物E是昆虫。　　E. 动物B是昆虫。

9. 甲、乙、丙、丁4位考生进入面试，他们的家长对面试结果分别作了以下的猜测：

甲父：“乙能通过。”

乙父：“丙能通过。”

丙母：“甲或者乙能通过。”

丁母：“乙或者丙能通过。”

其中只有一人猜对了。

根据以上陈述，可以推知以下哪项断定是假的？

A. 丙母猜对了。　　B. 丁母猜错了。　　C. 甲没有通过。

D. 乙没有通过。　　E. 丙没有通过。

10. 百花山公园是市内最大的市民免费公园，园内种植着奇花异卉以及品种繁多的特色树种。其中，有花植物占大多数。由于地处温带，园内的阔叶树种超过了半数；各种珍稀树种也超过了一般树种。一到春夏之交，鲜花满园；秋收季节，果满枝头。

根据以上陈述，可以得出以下哪项？

A. 园内珍稀阔叶树种超过了一般非阔叶树种。

B. 园内阔叶有花植物超过了非阔叶无花植物。

C. 园内珍稀挂果树种超过了不挂果的一般树种。

D. 百花山公园的果实市民可以免费采摘。

E. 园内珍稀有花树种超过了半数。

11. 在2024年的研究生入学考试中，女生的录取率大于男生的录取率。管理类联考考生的录取率达到了28%，经济类联考考生的录取率只有26%，这两类考生的录取率低于其他专业考生的录取率。

如果以上信息为真，则能推出以下哪项？

A. 参加管理类联考的男生的录取率，大于参加经济类联考的女生的录取率。

B. 参加管理类联考的女生的录取率，大于参加经济类联考的男生的录取率。

C. 参加管理类联考的男生的录取率，小于参加经济类联考的女生的录取率。

D. 研究生入学考试的录取率在逐年下降。

E. 无法确定参加管理类联考的女生的录取率与参加经济类联考的男生的录取率的大小关系。

12. 清北大学研究生院共有 1 314 名理工科硕士。其中理科硕士共有 520 人，应届男硕士有 396 人，工科女硕士有 278 人，非应届工科硕士有 270 人。

根据上述信息，可以得出以下哪项？

A. 应届理科男硕士至多 150 人。

B. 应届理科男硕士至少 150 人。

C. 非应届工科女硕士至多 120 人。

D. 非应届工科女硕士至少 120 人。

E. 应届工科男硕士至少 250 人。

13. 有的外科医生是协和医科大学 8 年制的博士毕业生，所以，有些协和医科大学 8 年制的博士毕业生有着精湛的医术。

以下哪项必须为真，才能够保证上述结论正确？

A. 有的外科医生具有精湛的医术。

B. 并非所有的外科医生都医术精湛。

C. 所有医术精湛的医生都是协和医科大学 8 年制的博士毕业生。

D. 所有的外科医生都具有精湛的医术。

E. 有的外科医生不是协和医科大学的博士。

14～15 题基于以下题干：

受大环境影响，某企业董事会就"如何建立健全企业管理制度和提高企业经济效益"展开激烈讨论，与会专家各抒己见。他们形成了如下四种观点：

(1)不建立健全企业管理制度，但必须要提高企业经济效益。

(2)必须要建立健全企业管理制度。

(3)必须要提高企业经济效益。

(4)如果不建立健全企业管理制度，则必须要提高企业经济效益。

14. 如果上述四种观点为两真两假，以下哪项必然为真？

A. 或者建立健全企业管理制度和提高企业经济效益同时做到，或者两者同时做不到。

B. 不要提高企业经济效益，但必须要建立健全企业管理制度。

C. 不要建立健全企业管理制度，但必须要提高企业经济效益。

D. 既要建立健全企业管理制度，也要提高企业经济效益。

E. 既不要建立健全企业管理制度，也不要提高企业经济效益。

15. 关于上述的四种观点，以下哪项说法为真？

A. 四种观点可以全部为假。

B. 四种观点可以全部为真。

C. 四种观点一定两真两假。

D. 四种观点必然只有一真。

E. 四种观点必然只有一假。

16. 所有的音乐家都是富有创造力的；所有富有创造力的人都具备艺术才华；如果一个人具备艺术才华，那么他一定善于感受生活的温度和颜色。因此，街头表演者都不善于感受生活的温度和颜色。

以下哪项如果为真，最能说明上述结论不成立？

A. 天生的艺术家一定是街头表演者。

B. 有些音乐家并不具备街头表演才华。

C. 有些音乐家是街头表演者。

D. 有些音乐家是天生的艺术家。

E. 天生的艺术家不一定具备艺术才华。

17. 有一个 5×5 的方阵，如下图所示，它所含的每个小方格中均可填入一个字(已有部分字填入)。现要求该方阵中的每行、每列及每个由粗线条围住的 5 个小方格组成的区域中均含有“虎”“鹿”“熊”“猿”“鸟”5 个字，不能重复也不能遗漏。用英文字母 A、B、C、D、E 表示行，用数字 1、2、3、4、5 表示列(例：图中鸟的位置为 E3)。

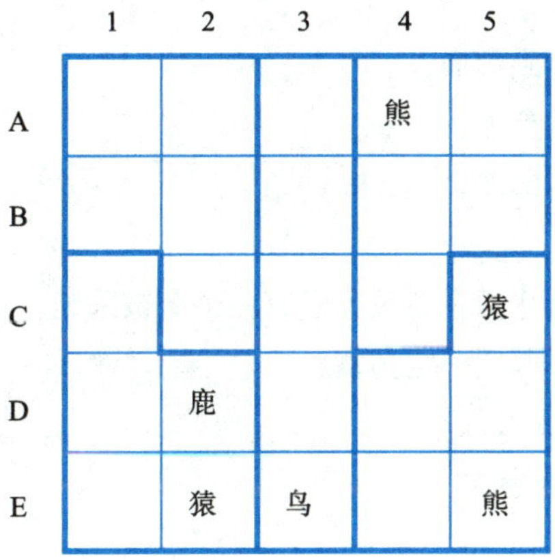

根据以上信息，“鸟”会在以下哪个位置出现？

A. A1。　　B. B1。　　C. C1。

D. D1。　　E. E1。

18. 某高校将在甲、乙、丙、丁、戊、己、庚、辛 8 位大四学生中选 5 人前往山区支教。关于最终的人选，4 位老师有如下断定：

(1)赵：甲、乙、丙至多有 1 人去。

(2)钱：丙、丁至少有 1 人不去。

(3)孙：甲、己、戊至多有 1 人去。

(4)李：丁、戊、己、庚至多有 2 人去。

若上述四人的判断仅有一句不符合最终事实，则去支教的人中一定有：

A. 甲。　　B. 乙。　　C. 丁。

D. 戊。　　E. 己。

19. 某商店被窃。经过侦破，查明作案的人就是甲、乙、丙、丁这四个人中的一个人。审讯中，四人的口供如下：

甲："乙就是罪犯。"

乙："丁才是罪犯。"

丙："我不是罪犯。"

丁："我也不是罪犯。"

现在知道，四人中说真话与说假话的人数不等，那么以下哪一项能判定真假？

A. 甲或乙是罪犯。

B. 甲或丙是罪犯。

C. 甲或丁是罪犯。

D. 乙或丁是罪犯。

E. 丙是罪犯。

20. 某高校要组建代表队参加亚洲高校学生辩论赛。关于代表队的组成，甲、乙、丙、丁四位指导老师有如下意见：

甲：要么张华参加，要么李成参加。

乙：张华和李成至少有一人参加。

丙：如果王勇参加，则赵刚参加。

丁：王勇要参加。

代表队的组建结果说明，上述四个意见，只有一个未被采纳。

如果上述断定为真，则以下哪项一定为真？

A. 如果张华未参加，则李成参加。

B. 如果张华参加，则李成未参加。

C. 张华和李成都参加。

D. 王勇参加，赵刚未参加。

E. 王勇和赵刚都参加。

21. 甲、乙、丙、丁四个嫌疑犯被警方拘捕。四人供词如下：

甲："我没有犯罪"。

乙："如果我是罪犯，那么甲也是罪犯"。

丙："如果乙是罪犯，那么我就没有犯罪"。

丁："我们之中肯定有人犯罪，但不是我"。

已知上面四句供词仅有一句为真，则以下哪项为真？

A. 甲、乙、丙、丁都是罪犯。

B. 乙、丙、丁都是罪犯，甲不是罪犯。

C. 甲、乙、丙、丁都不是罪犯。

D. 不能确定甲是不是罪犯。

E. 甲、乙、丙、丁都不能确定是否是罪犯。

22. 某处室共有李、王、陈、宋、文5人，办公室就该处室是否购买打印机、投影仪征询5人意见。

李：如果不购买打印机，那么也不购买投影仪。

王：两种都购买。

陈：两种至少购买一样。

宋：若购买投影仪，则一定也购买打印机。

文：两种至多购买一样。

办公室经过综合考虑，最终完成了采购工作。

根据上述讨论，公司最终做出了合理的决定，以下哪项是不可能的？

A. 李和陈的意见均不符合决定。

B. 王、陈仅有1人的意见符合决定。

C. 2人的意见不符合决定。

D. 3人的意见不符合决定。

E. 宋和王的意见均不符合决定。

23. 甲、乙、丙参加某快问快答竞赛，共计需要回答7道判断正误题。判断正确得1分，判断错误得−1分，不答得0分。已知3人的作答情况如下：

	第一题	第二题	第三题	第四题	第五题	第六题	第七题
甲	对	对	对	不答	错	对	不答
乙	对	错	错	错	不答	错	对
丙	错	对	错	错	对	对	错

如果三人共计答对6道题，则以下哪项为真？

A. 第一题的答案是对。

B. 第二题的答案是对。

C. 第五题的答案是错。

D. 第六题的答案是错。

E. 第七题的答案是错。

24. 所有重点大学的学生都是聪明的学生，有些聪明的学生喜欢逃学，小杨不喜欢逃学，所以，小杨不是重点大学的学生。

以下除哪项外，均与上述推理的形式类似？

A. 所有经济学家都懂经济学，有些懂经济学的爱投资企业，你不爱投资企业，所以，你不是经济学家。

B. 所有的鹅都吃青菜，有些吃青菜的也吃鱼，兔子不吃鱼，所以，兔子不是鹅。

C. 所有的人都是爱美的，有些爱美的还研究科学，亚里士多德不是普通人，所以，亚里士多德不研究科学。

D. 所有被高校录取的学生都是超过录取分数线的，有些超过录取分数线的是大龄考生，小张不是大龄考生，所以，小张没有被高校录取。

E. 所有想当外交官的都需要学外语，有些学外语的重视人际交往，小王不重视人际交往，所以，小王不想当外交官。

25. 张华拟选择一些课外读物，如果选择《春秋》，就不选择《大学》；要么选择《水经注》，要么选择《大学》；除非不选择《水经注》，才不选择《中庸》。由此，张华得出结论：选择《春秋》，但不选择《山海经》。

补充以下哪项作为前提，最能反驳张华的上述结论？

A. 如果选择《山海经》，就要选择《中庸》。

B. 如果选择《水经注》，就不能选择《山海经》。

C. 不选择《大学》，才能不选择《山海经》。

D. 除非选择《山海经》，否则不选择《中庸》。

E. 选择《中庸》或者选择《山海经》。

26. 现有一 5×5 的方阵，如下图所示，它所在的每个小方格中可填入一个字(已有部分字填入)。现要求该方阵中的每行、每列及每个由粗线条围住的 5 个小方格组成的区域中均含有“角”“徵”“宫”“商”“羽”5 个字，不能重复，不能遗漏。

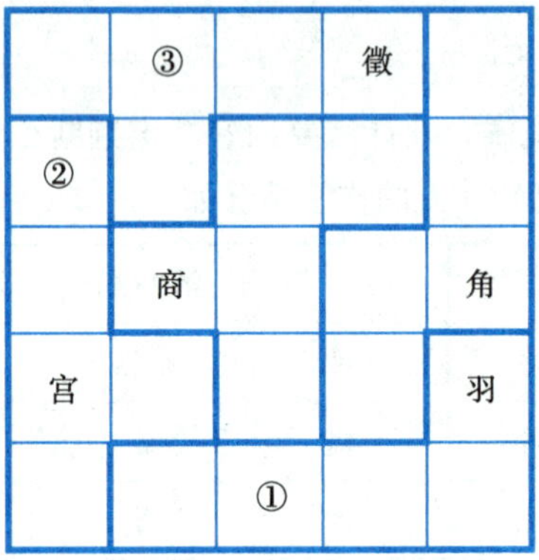

根据以上信息，依次填入图形①、②、③处的 3 个字应是：

A. 宫、角、宫。

B. 角、商、羽。

C. 徵、宫、羽。

D. 商、羽、宫。

E. 羽、徵、角。

27. 孔子，子姓，孔氏，名丘，字仲尼。他是受人尊敬的思想家。所有的思想家都是富有独特智慧的人。所有的思想家都穷尽一生追求真理。而所有富有独特智慧的人都拥有乐观的心态。所有穷尽一生追求真理的人都能抵挡住诱惑。

根据以上陈述，以下哪项不符合题干？

A. 有的富有独特智慧的人能抵挡住诱惑。

B. 有的穷尽一生追求真理的人拥有乐观的心态。

C. 有的富有独特智慧的人穷尽一生追求真理。

D. 有的思想家拥有乐观的心态。

E. 有的思想家不能抵挡住诱惑。

28. 草木是无情的，人不是草木，所以，人不是无情的。

与题干所犯的逻辑错误相同的是以下哪项？

A. 地球是个星球，地球上有人；月球是个星球，所以，月球上也有人。

B. 所有的天鹅都是白色的，这只鸟是黑色的，所以，这只鸟不是天鹅。

C. 鸟都是有羽毛的，拔光了羽毛的鸟是鸟，所以，拔光了羽毛的鸟是有羽毛的。

D. 所有鄙视知识的人都是无知之辈，他从不鄙视知识，所以，他不是无知之辈。

E. 所有的鱼都是自由自在的，草鱼是一种鱼，所以，草鱼是自由自在的。

29～30 题基于以下题干：

某项测试共有 6 道题，每道题给出 A、B、C、D、E 5 个选项，其中只有一项是正确答案。现有赵、钱、孙、李、周 5 人参加了测试，他们的答题情况和测试结果如下：

答题者	第一题	第二题	第三题	第四题	第五题	第六题	测试结果
赵	A	E	B	A	B	A	全错
钱	B	C	C	A	E	D	对 1 题
孙	C	B	D	E	A	C	对 2 题
李	D	C	E	D	E	E	全错
周	E	B	A	D	A	B	对 1 题

29. 根据以上信息，可以得出以下哪项？

A. 第二题的正确答案是 C。

B. 第二题的正确答案是 D。

C. 第三题的正确答案是 D。

D. 第四题的正确答案是 E。

E. 第四题的正确答案是 D。

30. 若后五道题的正确答案各不相同，则可以得出以下哪项？

A. 第一题的正确答案是 B。

B. 第二题的正确答案是 C。

C. 第三题的正确答案是 E。

D. 第五题的正确答案是 A。

E. 第六题的正确答案是 B。

专项训练 3 推理母题：非 5 大条件类

答案详解

答案速查

1～5 DCDCD	6～10 BADCA	11～15 EADBA
16～20 CCBCA	21～25 DADCD	26～30 BEDDE

1. D

【第 1 步 识别条件类型】

题干由多个性质命题组成，且这些命题中存在重复元素可以实现串联，故此题为性质串联模型。

【第 2 步 套用母题方法】

(1)画箭头。

①实验员→高校教师资格证。

②副教授→具有硕士学历。

③具有硕士学历→很强的科研能力。

④科学基金→副教授。

(2)串联。

由④、②和③串联可得：⑤科学基金→副教授→具有硕士学历→很强的科研能力。

(3)逆否。

⑤逆否可得：⑥┐很强的科研能力→┐具有硕士学历→┐副教授→┐科学基金。

(4)找答案。

A 项，有的实验员→┐高校教师资格证，与①矛盾，故此项必然为假。

B 项，很强的科研能力→科学基金，根据箭头指向原则，由⑤可知，“很强的科研能力”后无箭头指向，故此项可真可假。

C 项，科学基金→┐具有硕士学历，由⑤可知，科学基金→具有硕士学历，与此项构成反对关系，一真另必假，故此项必然为假。

D 项，┐很强的科研能力→┐科学基金，由⑥可知，此项必然为真。

E 项，高校教师资格证→具有硕士学历，根据箭头指向原则，由①可知，“高校教师资格证”后无箭头指向，故此项可真可假。

2. C

【第 1 步 识别条件类型】

题干由特称命题(有的)和全称命题组成，且这些命题中存在重复元素可以实现串联，故此题为性质串联模型中的有的串联模型。

【第2步 套用母题方法】

(1)画箭头。

①成员→精通编程。

②精通编程→熟练运用分析工具。

③博士学位→管理经验。

④有的成员→┐管理经验。

(2)从“有的”开始做串联。

由④、③串联可得：⑤有的成员→┐管理经验→┐博士学位。

由①、②串联可得：⑥成员→精通编程→熟练运用分析工具。

(3)逆否(注意：带“有的”的项不逆否)。

⑥逆否可得：⑦┐熟练运用分析工具→┐精通编程→┐成员。

(4)找答案。

A项，┐管理经验→┐精通编程，由④、①串联可知，有的没有管理经验→成员→精通编程，与此项构成矛盾关系，故此项一定为假。

B项，成员→管理经验，与④矛盾，故此项一定为假。

C项，有的成员→┐博士学位，由⑤可知，此项为真。

D项，有的成员→┐熟练运用分析工具，由⑥可知，成员→熟练运用分析工具，与此项构成矛盾关系，故此项一定为假。

E项，有的成员→博士学位，由⑤可知，有的成员→┐博士学位，与此项构成下反对关系，一真另不定，故此项可真可假。

3. D

【第1步 识别条件类型】

此题要求在方格中填入相应的汉字，易知本题为数独模型。

【第2步 套用母题方法】

为了表达方便，将图中的行用A、B、C、D、E表示，列用1、2、3、4、5表示，如下图：

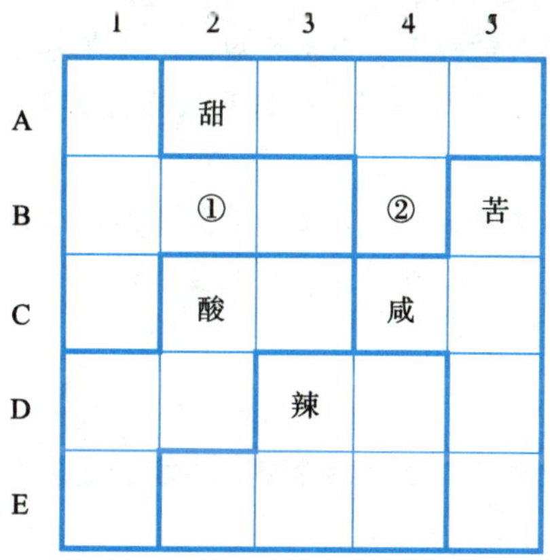

观察行、列及不规则区域，已知信息越多，越可能是解题的突破口。

发现由C2(“酸”)、C3(不是“辣”)、D1(不是“辣”)、D2(不是“辣”)、E1组成的不规则区域中有

4个方格可以排除“辣”，故可以确定E1为“辣”。

则A1、B1、C1均不可能为“辣”。

又由于D3为“辣”，故同列的B3不可能为“辣”，故在由A1、B1、①、B3、C1组成的不规则区域中①为“辣”。

根据“每行不重复”可知，②不是“辣”和“苦”。

根据“每列不重复”可知，②不是“咸”。

根据“不规则区域不重复”可知，②与A2不重复，故②不是“甜”。

综上，②只能是“酸”。故D项正确。

4. C

【第1步 识别条件类型】

题干由特称命题(有的)和全称命题组成，且这些命题中存在重复元素可以实现串联，故此题为性质串联模型中的有的串联模型。

【第2步 套用母题方法】

(1)画箭头。

①上年度的优秀员工→参与培训。

②参与培训→获得额外的补贴。

③有的部门经理→上年度的优秀员工。

(2)从“有的”开始做串联。

由③、①、②串联可得：④有的部门经理→上年度的优秀员工→参与培训→获得额外的补贴。

(3)逆否(注意：带“有的”的项不逆否)。

④逆否可得：⑤¬获得额外的补贴→¬参与培训→¬上年度的优秀员工。

(4)找答案。

A项，有的部门经理→¬获得额外的补贴，由④可知，有的部门经理→获得额外的补贴，与此项构成下反对关系，一真另不定，故此项可真可假。

B项，有的没有获得额外的补贴→参与培训，由⑤可知，¬获得额外的补贴→¬参与培训，与此项构成矛盾关系，故此项一定为假。

C项，有的部门经理→获得额外的补贴，由④可知，此项为真。

D项，¬上年度的优秀员工→¬参与培训，根据箭头指向原则，由⑤可知，“¬上年度的优秀员工”后无箭头指向，故此项可真可假。

E项，¬获得额外的补贴→上年度的优秀员工，由⑤可知，¬获得额外的补贴→¬上年度的优秀员工，与此项构成反对关系，一真另必假，故此项一定为假。

5. D

【第1步 识别条件类型】

题干由特称(有的)和全称命题组成，且这些命题中存在重复元素可以实现串联，故此题为性质串联模型中的有的串联模型。

【第2步 套用母题方法】

从“有的”出发：

“有些新生刚入学就当上了校学生会干部”，即：有的新生→校学生会干部。

找重复元素“校学生会干部”，发现“所有校学生会干部都没有申请本年度的甲等奖学金”。

故可串联得：有的新生→校学生会干部→┐甲等奖学金。

找重复元素“┐甲等奖学金”，发现“所有宁夏籍的学生都申请了本年度的甲等奖学金”，可得：┐甲等奖学金→┐宁夏。

故可串联得：①有的新生→校学生会干部→┐甲等奖学金→┐宁夏。

①逆否可得：②宁夏→甲等奖学金→┐校学生会干部。

A 项，由①可知，有的新生→┐宁夏，“有的”不能推出“所有”，故此项可真可假。

B 项，由①可知，有的新生→┐甲等奖学金，与此项是下反对关系，一真另不定，故此项可真可假。

C 项，此项等价于：有的宁夏籍的学生不是新生，即：有的宁夏→┐新生，由①、②均无法推出此项，故无法确定此项的真假。

D 项，有些新生→┐宁夏，由①可知，此项必然为真。

E 项，有些校学生会干部→宁夏，与①矛盾，故此项必然为假。

6. B

【第 1 步　识别条件类型】

题干由两个前提和一个结论组成，提问方式为“为使上述论证成立，以下哪项必须为真?”，故此题为隐含三段论模型。

【第 2 步　套用母题方法】

(1)将题干中的前提符号化。

前提①：关心员工福利→卓有成效。

前提②：关心员工福利→解决中青年员工的待遇。

(2)将题干中的结论符号化。

结论：不把注意力放在解决中青年员工待遇问题上的经理人，都不是卓有成效的经理人。

即：┐解决中青年员工的待遇→┐卓有成效。

等价于：卓有成效→解决中青年员工的待遇。

(3)补充从前提到结论的箭头，从而得到结论。

易知，补充前提③：卓有成效→关心员工福利。

即可与前提②串联成：卓有成效→关心员工福利→解决中青年员工的待遇，从而得到题干的结论。

故前提③就是答案，B 项正确。

7. A

【第 1 步　识别条件类型】

题干中出现重量上的大小关系，故此题为排序模型。排序问题中，优先用等式、不等式将题干信息表达出来。

【第 2 步　套用母题方法】

(1)先将题干信息用等式、不等式表达出来。

①甲＋乙＝丙＋丁。

②甲＋丁＞丙＋乙。

③乙>甲+丙。

(2)利用等式不等式的性质进行计算。

②−①可得：丁−乙>乙−丁，即：丁>乙。

②+①可得：2甲+乙+丁>2丙+乙+丁，进而可得：甲>丙。

再结合③可知，丁>乙>甲>丙。故A项正确。

8. D

【第1步 识别条件类型】

题干由五个前提和一个结论组成(皆可画成箭头)，要求找一个前提，使得结论“动物C是哺乳动物”成立，故此题为隐含三段论模型。

【第2步 套用母题方法】

(1)将题干中的前提符号化。

前提①：B是鸟→¬A是哺乳动物。

前提②：C是哺乳动物∨A是哺乳动物，等价于：¬A是哺乳动物→C是哺乳动物。

前提③：¬B是鸟→¬D是鱼，等价于：D是鱼→B是鸟。

前提④：D是鱼∨¬E是昆虫，等价于：E是昆虫→D是鱼。

前提⑤：¬E是昆虫→¬F是海星，等价于：F是海星→E是昆虫。

(2)将题干中的前提进行串联

将前提⑤、④、③、①、②串联可得：F是海星→E是昆虫→D是鱼→B是鸟→¬A是哺乳动物→C是哺乳动物。

(3)将题干中的结论符号化。

结论：C是哺乳动物。

(4)补充前提，从而得到结论。

显然，若有“E是昆虫”，即可推出“C是哺乳动物”的结论，故D项正确。

9. C

【第1步 识别条件类型】

题干已知“四个断定只有一真”，故此题为真假话模型。

【第2步 套用母题方法】

题干有以下信息：

甲父：乙。

乙父：丙。

丙母：甲∨乙。

丁母：乙∨丙。

(1)找矛盾。

题干中没有矛盾关系。

(2)找下反对关系或推理关系。

如果甲父猜对了，那么丙母和丁母也都猜对了，与题干“只有一人猜对”矛盾。

如果乙父猜对了，那么丁母也猜对了，与题干“只有一人猜对”矛盾。

故甲父和乙父都猜错了。

(3)推出结论。

由甲父猜错了可得：乙没有通过面试。

由乙父猜错了可得：丙没有通过面试。

由“乙和丙都没有通过面试”可知，丁母猜错了。

根据“只有一真”可知，丙母猜对了，即：甲 ∨ 乙 = ┐乙 → 甲。

由于乙没有通过面试，因此，甲通过了面试。故 C 项正确。

10. A

【第 1 步　识别条件类型】

题干中出现以下信息：

①有花植物占大多数，即：有花植物＞无花植物。

②阔叶树种超过了半数，即：阔叶树种＞非阔叶树种。

③各种珍稀树种也超过了一般树种，即：珍稀树种＞一般树种。

要注意，题干信息①是对植物进行划分；而题干信息②和③是对树种进行划分。故此题是针对树种的两次分类模型。

【第 2 步　套用母题方法】

方法一：大交大＞小交小。

使用口诀可得：珍稀阔叶树种＞一般非阔叶树种，故 A 项正确。

方法二：九宫格法。

设珍稀阔叶树种为 a，珍稀非阔叶树种为 b，一般阔叶树种为 c，一般非阔叶树种为 d，根据题意可得下表：

属性 \ 树种	阔叶树种	非阔叶树种
珍稀树种	a	b
一般树种	c	d

A 项，由于阔叶树种＞非阔叶树种，即 $a+c>b+d$；珍稀树种＞一般树种，即 $a+b>c+d$。两式相加，化简可得：$a>d$，即珍稀阔叶树种超过了一般非阔叶树种，故此项正确。

B 项，无法比较阔叶有花植物与非阔叶无花植物的多少，因为题干信息中，阔叶和非阔叶是对“树种”的划分，而不是对“植物”的划分。

C、D 项，题干没有涉及，均为无关选项。

E 项，与 B 项错误相似。

11. E

【第 1 步　识别条件类型】

题干中涉及“女生与男生”“管理类联考考生与经济类联考考生”，看起来像是一个集合的两次分类模型，但实际上并不是。因为，“女生与男生”是对所有参加研究生入学考试的同学的划分，而“管理类联考考生与经济类联考考生”仅仅是参加研究生入学考试的同学中的一部分。

【第 2 步 套用母题方法】

综上，此题无法套用两次分类模型的秒杀方法，由题干也推不出 A、B、C、D 项中的结论，故 E 项正确。

12. A

【第 1 步 识别条件类型】

题干将“1 314 名硕士”按照“性别”“理科与工科”“应届与非应届”三个标准进行了三次分类，故此题为三次分类模型，可使用“双九宫格法”或者“剩余法”进行解题。

【第 2 步 套用母题方法】

方法一：双九宫格法。

根据题意可知，工科硕士共有 1 314−520=794(人)，工科男硕士有 794−278=516(人)，应届工科硕士有 794−270=524(人)。

根据题干已知信息，可得以下两表：

理科(520 人)	男生	女生
应届	a	b
非应届	c	d

工科(794 人)	男生(516 人)	女生(278 人)
应届(524 人)	x	y
非应届(270 人)	z	w

故有：$\begin{cases}x+z=516\\w+z=270\end{cases}$，两式相减可得：$x-w=246$，即 $x=246+w$。

故有：$\begin{cases}x+a=396\\x=246+w\end{cases}$，两式相减可得：$a=150-w$。

故 a 的最大值为 150，即：应届理科男硕士至多 150 人，因此，A 项正确。

方法二：剩余法。

根据题干已知信息，可得下表：

	应届男生	应届女生	非应届男生	非应届女生
理科	a	b	c	d
工科	x	y	z	w

由题干数据“共有 1 314 人，其中理科硕士共有 520 人，应届男硕士有 396 人，工科女硕士有 278 人，非应届工科硕士有 270 人”，可得：

式①：理科硕士＋应届男硕士＋工科女硕士＋非应届工科硕士＝$(a+b+c+d)+(x+a)+(w+y)+(z+w)=520+396+278+270=1\ 464$。

式②：总人数$=a+b+c+d+x+y+z+w=1\,314$。

由①－②可得：③$a+w=150$。

故 a 的最大值为 150，即：应届理科男硕士至多 150 人，因此，A 项正确。

13. D

【第 1 步 识别条件类型】

题干由一个前提和一个结论组成，题干的提问方式为“以下哪项必须为真，才能够保证上述结论正确?”，故此题为隐含三段论模型。

【第 2 步 套用母题方法】

(1)将题干中的前提符号化。

前提①：有的外科医生→协和医科大学 8 年制的博士毕业生。

互换可得：有的协和医科大学 8 年制的博士毕业生→外科医生。

(2)将题干中的结论符号化。

结论：有的协和医科大学 8 年制的博士毕业生→有着精湛的医术。

(3)补充从前提到题干结论的箭头，从而得到结论。

根据“成对出现”的原理，可知答案一定涉及“外科医生”和“有着精湛的医术”。

易知，补充前提②：外科医生→有着精湛的医术。

即可与前提①串联得：有的协和医科大学 8 年制的博士毕业生→外科医生→有着精湛的医术。

从而推出：有的协和医科大学 8 年制的博士毕业生→有着精湛的医术。

故答案即为前提②：所有的外科医生都具有精湛的医术，D 项正确。

14. B

【第 1 步 识别条件类型】

题干已知“四种观点为两真两假”，故此题为真假话模型。

【第 2 步 套用母题方法】

题干信息如下：

①¬ 管理制度∧经济效益。

②管理制度。

③经济效益。

④管理制度∨经济效益。

(1)找矛盾。

题干中无矛盾关系。

(2)找下反对关系或推理关系。

若④为假，则①、②、③均为假，与“两真两假”矛盾。因此，④为真。

(3)推出结论。

由④为真可知，管理制度、经济效益至少一个为真。因此，②、③至少一真。再结合“两真两假”可知，①为假。

由①为假可得：管理制度∨¬ 经济效益，等价于：经济效益→管理制度。

根据二难推理公式：

经济效益→管理制度；

④管理制度∨经济效益，等价于：¬ 经济效益→管理制度；

因此，管理制度。

综上，②、④为真；进而可得：管理制度∧¬ 经济效益，故B项正确。

15. A

【第1步 识别条件类型】

题干的4个条件均是对“建立健全企业管理制度”和“提高企业经济效益”的判断，故此题考查的是其他推理模型(双判断模型)，可使用真值表法解题。

【第2步 套用母题方法】

题干信息如下：

①¬ 管理制度∧经济效益。

②管理制度。

③经济效益。

④¬ 管理制度→经济效益，等价于：管理制度∨经济效益。

管理制度	经济效益	¬ 管理制度∧经济效益	管理制度∨经济效益
√	√	×	√
√	×	×	√
×	√	√	√
×	×	×	×

根据上述真值表可知，题干的4种观点，可以全部为假。故A项正确。

16. C

【第1步 识别条件类型】

题干由三个前提和一个结论组成，题干的提问方式为“以下哪项如果为真，最能说明上述论证不成立?”，故此题为反驳三段论模型。

【第2步 套用母题方法】

(1)将题干中的前提符号化。

前提①：音乐家→富有创造力。

前提②：富有创造力→具备艺术才华。

前提③：具备艺术才华→善于感受生活的温度和颜色。

(2)将题干中的前提进行串联。

由前提①、②、③串联可得：④音乐家→富有创造力→具备艺术才华→善于感受生活的温度和颜色。

(3)写题干结论的矛盾命题。

题干的结论为：街头表演者都不善于感受生活的温度和颜色。

题干结论的矛盾命题为：有的街头表演者善于感受生活的温度和颜色。

即：⑤有的街头表演者→善于感受生活的温度和颜色。

(4)补充从前提到题干结论的矛盾命题的箭头，从而反驳题干的结论。

观察④和⑤，易知补充前提⑥：有的街头表演者→音乐家。

即可串联得：有的街头表演者→音乐家→富有创造力→具备艺术才华→善于感受生活的温度和颜色，从而得到题干结论的矛盾命题。

故答案为前提⑥：有的街头表演者是音乐家，等价于：有的音乐家是街头表演者，因此，C项正确。

17. C

【第 1 步　识别条件类型】

此题要求在方格中填入相应的字，易知此题为数独模型。

【第 2 步　套用母题方法】

已知 E3 为“鸟”，根据“每行、每个不规则区域内均不重复”可知，由 C5(“猿”)、D4、D5、E4(不是“鸟”)、E5(“熊”)组成的不规则区域中有 3 个格子可以排除“鸟”，故可以确定 D4、D5 中必然有“鸟”。

由 D4、D5 中有“鸟”、E3 为“鸟”，根据“每行、每个不规则区域内均不重复”可知，由 C1、D1(不是“鸟”)、D2(“鹿”)、E1(不是“鸟”)、E2(“猿”)组成的不规则区域中有 4 个格子可以排除“鸟”，故可以确定 C1 必然为“鸟”。因此，C 项正确。

18. B

【第 1 步　识别条件类型】

题干已知“四人的判断仅有一句不符合最终事实”，故此题为真假话模型。

【第 2 步　套用母题方法】

注意：题干已知条件均为数量关系，因此，本题需寻找数量矛盾而非常见的对当关系。

(1)找数量矛盾。

由条件(1)可知，甲、乙、丙至少 2 人不去。

由条件(4)可知，丁、戊、己、庚至少 2 人不去。

若条件(1)和(4)全部为真，则甲、乙、丙、丁、戊、己、庚 7 人中至少有 4 人不去；这与“8 位大四学生中有 5 人前往山区支教”矛盾，因此，条件(1)、条件(4)至少一假。

(2)判断其他已知条件的真假。

根据“只有一假”可知，条件(2)和条件(3)全部为真。

(3)推出结论。

由条件(2)为真可知，丙、丁至少有 1 人不去。

由条件(3)为真可知，甲、己、戊至少有 2 人不去。

因此，丙、丁、甲、己、戊 5 人中至少有 3 人不去，再结合“8 位大四学生中有 5 人前往山区支教”可知，剩下的乙、庚、辛 3 人一定去支教。故 B 项正确。

19. C

【第 1 步　识别条件类型】

题干已知这 4 个判断“真假不等”，故此题为真假话模型。

【第2步 套用母题方法】

(1)找矛盾。

乙的口供与丁的口供矛盾，故必有一真一假。

(2)分类讨论。

根据"真假不等"可知，共有以下两种情况：

情况1：3真1假(甲、丙的口供均为真)。

情况2：3假1真(甲、丙的口供均为假)。

(3)推出结论。

分析情况1：由甲的口供为真，可知乙是罪犯。再由题干"作案的人是这四个人中的一个人"可知，甲、丙、丁均不是罪犯。

分析情况2：由丙的口供为假，可知丙是罪犯。再由题干"作案的人是这四个人中的一个人"可知，甲、乙、丁均不是罪犯。

综上，无论是何种情况，甲、丁均不是罪犯。故作案者要么是乙，要么是丙。

故C项一定为假，正确。

20. A

【第1步 识别条件类型】

题干已知"四个意见只有一个未被采纳"，故此题为真假话模型。同时，观察选项，可以发现A项与B项均为假言命题，C项、D项、E项均为事实，故此题也为选项事实假言模型。

【第2步 套用母题方法】

题干有以下信息：

①张华∀李成。

②张华∨李成。

③王勇→赵刚，等价于：¬王勇∨赵刚。

④王勇。

优先代入含假言的选项进行验证。

假设A项的前件"张华未参加"为真。

由条件①、②可知，若"李成也未参加"，此时，条件①、②均为假，与题干"只有一个未被采纳"矛盾，故"李成也未参加"为假，即"李成参加"为真。

故若A项的前件为真，可以推出其后件，因此A项正确。

21. D

【第1步 识别条件类型】

题干已知"四个断定中仅有一句为真"，故此题为真假话模型。

【第2步 套用母题方法】

题干有以下断定：

甲：¬甲。

乙：乙→甲，等价于：¬乙∨甲。

丙：乙→¬丙，等价于：¬乙∨¬丙。

丁：有人犯罪∧¬丁。

(1)找矛盾。

题干中无明显矛盾关系。

(2)找下反对关系或推理关系。

甲和乙的断定为下反对关系，至少一真；再结合“只有一真”可知，丙和丁的断定均为假。

(3)推出结论。

由丙的断定为假可知：乙、丙均犯罪。

结合丁的断定为假可知：丁犯罪。

此时无法判断甲、乙断定的真假情况，故无法判断甲的犯罪情况。

故D项正确。

22. A

【第1步 识别条件类型】

题干由联言命题、选言命题和假言命题组成，选项涉及不同人或多少人的意见符合公司的决定，因此，此题实质上是断定这5个判断的真假情况，故此题可视为真假话模型。

【第2步 套用母题方法】

根据题干信息及分析，可得下表：

判断		李	王	陈	宋	文
打印机	投影仪	打∨¬投	打∧投	打∨投	¬投∨打	¬打∨¬投
√	√	√	√	√	√	×
×	×	√	×	×	√	√
√	×	√	×	√	√	√
×	√	×	×	√	×	√

根据上表可知，A项是不可能的。

23. D

【第1步 识别条件类型】

题干中每个人都对7道题进行了断定，每人的作答有对有错，故此题为一人多判断的真假话模型。

【第2步 套用母题方法】

由题干表格可知，第一题、第二题、第六题和第七题乙和丙两人的作答情况互为矛盾关系，因此，这4道题乙、丙两人共计答对4道题。

第五题甲和丙两人的作答情况互为矛盾关系，因此，这道题甲、丙两人1人答对1人答错。

再结合“三人共计答对6道题”和题干表格可知，若第三题或第四题的答案是错，则至少答对7道题，不满足题意。因此，第三题、第四题的答案均为“对”。

综上，结合“三人共计答对6道题”可知，第一题、第二题、第六题甲均作答错误，即第一题、第二题、第六题的答案分别是：错、错、错。

故D项正确。

24. C

【第1步 识别条件类型】

题干中出现性质命题，提问方式为“以下除哪项外，均与上述推理的形式类似？”，故此题为推理结构相似模型。

【第2步 套用母题方法】

题干：所有重点大学的学生(A)都是聪明的学生(B)，有些聪明的学生(B)喜欢逃学(C)，小杨(X)不喜欢逃学(¬C)，所以，小杨(X)不是重点大学的学生(¬A)。

将题干符号化：所有A都是B，有的B是C，X不是C，所以，X不是A。

A项，所有A都是B，有的B是C，X不是C，所以，X不是A。与题干一致。

B项，所有A都是B，有的B是C，X不是C，所以，X不是A。与题干一致。

C项，所有A都是B，有的B是C，X不是D，所以，X不是C。此项里面有一个概念的偷换：“人”和“普通人”，与题干不同。

D项，所有A都是B，有的B是C，X不是C，所以，X不是A。与题干一致。

E项，所有A都是B，有的B是C，X不是C，所以，X不是A。与题干一致。

25. D

【第1步 识别条件类型】

题干由三个前提和一个结论组成，题干的提问方式为“补充以下哪项作为前提，最能反驳张华的上述结论”，故此题为反驳三段论模型。

【第2步 套用母题方法】

(1)将题干中的前提符号化。

前提①：选择《春秋》→不选择《大学》。

前提②：选择《水经注》∨选择《大学》，即：不选择《大学》→选择《水经注》。

前提③：不选择《中庸》→不选择《水经注》，即：选择《水经注》→选择《中庸》。

(2)将题干中的前提进行串联。

由前提①、②和③串联可得：④选择《春秋》→不选择《大学》→选择《水经注》→选择《中庸》。

(3)写题干结论的矛盾命题。

题干的结论为：选择《春秋》∧不选择《山海经》。

题干结论的矛盾命题为：⑤选择《春秋》→选择《山海经》。

(4)补充从前提到题干结论的矛盾命题的箭头，从而反驳题干的结论。

观察④和⑤，易知补充前提：选择《中庸》→选择《山海经》。

与④串联可得：选择《春秋》→不选择《大学》→选择《水经注》→选择《中庸》→选择《山海经》，从而得到：选择《春秋》→选择《山海经》。

故补充的前提“选择《中庸》→选择《山海经》”就是答案，即D项正确。

26. B

【第1步 识别条件类型】

此题要求在方格中填入相应的字，易知本题为数独模型。

【第2步 套用母题方法】

根据题干可知，第四列第四行的交点处，不能填“角”“徵”“宫”“羽”，故只能填“商”。

再分析题干表格中“羽”所在的特殊框，根据“不重复原则”可知，第五行中第二列到第五列中一定有“商”。因此，第五行第一列不是“商”。

同理根据“不重复原则”可知，第四行第二列、第三行第一列均不是“商”。因此，②为“商”。故 B 项正确。

27. E

【第 1 步　识别条件类型】

题干由多个性质命题组成(皆可表示为箭头)，且这些命题中存在重复元素可以实现串联，故此题为性质串联模型。同时，题干条件符合双 A 串联公式。

【第 2 步　套用母题方法】

(1)画箭头。

①思想家→富有独特智慧。

②思想家→穷尽一生追求真理。

③富有独特智慧→拥有乐观的心态。

④穷尽一生追求真理→能抵挡住诱惑。

(2)串联。

观察①和②，符合双 A 串联公式，故，可得：⑤有的富有独特智慧→穷尽一生追求真理，等价于：有的穷尽一生追求真理→富有独特智慧。

与④串联可得：⑥有的富有独特智慧→穷尽一生追求真理→能抵挡住诱惑。

与③串联可得：⑦有的穷尽一生追求真理→富有独特智慧→拥有乐观的心态。

由①和③串联可得：⑧思想家→富有独特智慧→拥有乐观的心态。

由②和④串联可得：⑨思想家→穷尽一生追求真理→能抵挡住诱惑。

(3)找答案。

A 项，有的富有独特智慧→能抵挡住诱惑，由⑥可知，此项必然为真。

B 项，有的穷尽一生追求真理→拥有乐观的心态，由⑦可知，此项必然为真。

C 项，有的富有独特智慧→穷尽一生追求真理，由⑤可知，此项必然为真。

D 项，有的思想家→拥有乐观的心态，由⑧可知，此项必然为真。

E 项，有的思想家→┐能抵挡住诱惑，由⑨可知，思想家→能抵挡住诱惑，与此项构成矛盾关系，故此项必然为假。

28. D

【第 1 步　识别条件类型】

题干中出现性质命题，提问方式为“与题干所犯的逻辑错误相同的是以下哪项?”，故此题为推理结构相似模型。

【第 2 步　套用母题方法】

题干：草木(A)是无情的(B)，人(C)不是草木(┐A)，所以，人(C)不是无情的(┐B)。

将题干符号化：A→B，C→┐A，所以，C→┐B。要得到题干的结论需补充：B→A，故题干所犯的逻辑错误为“混淆充分必要条件”。

A 项，A→B，A→C；D→B，所以，D→C，与题干的逻辑结构不同。

B 项，A→B，C→┐B，所以，C→┐A，与题干的逻辑结构不同。

C项，A→B，C→A，所以，C→B，与题干的逻辑结构不同。

D项，A→B，C→¬A，所以，C→¬B。要得到题干的结论需补充：B→A，故题干所犯的逻辑错误为“混淆充分必要条件”，与题干相同。

E项，A→B，C→A，所以，C→B，与题干的逻辑结构不同。

29. D

【第1步　识别条件类型】

题干中每个人都对6道题进行作答，这些答案有真有假，故此题为一人多判断的真假话模型。

【第2步　套用母题方法】

题干已知，每道题给出A、B、C、D、E五个选项，其中只有一项是正确答案。

观察表格发现，第一题、第三题、第六题五人给出的答案包含了所有的可能性，因此，这三道题均恰好只有一人答对。

再结合五人的测试结果可得下表：

答题者	第二题	第四题	第五题	测试结果
赵	E	A	B	全错
李	C	D	E	全错
钱	C	A	E	合计对1题
孙	B	E	A	
周	B	D	A	

由上表的测试结果可知，每列的重复答案均错误，否则无法满足“合计对1题”。再结合赵和李的测试结果可得下表：

答题者	第二题	第四题	第五题	测试结果
赵	E(错)	A(错)	B(错)	全错
李	C(错)	D(错)	E(错)	全错
钱	C(错)	A(错)	E(错)	合计对1题
孙	B(错)	E	A(错)	
周	B(错)	D(错)	A(错)	

因此，第四题的正确答案是E，故D项正确。

30. E

【第1步　识别条件类型】

由于后五道题的正确答案各不相同，则此题可视为选项A、B、C、D、E与后五道题之间的一一匹配，故此题为两组元素的简单匹配模型，可采用表格法解题。

【第2步　套用母题方法】

由测试结果及上题分析可得下表：

答题者	第二题	第三题	第四题	第五题	第六题	测试结果
赵	E(错)	B(错)	A(错)	B(错)	A(错)	全错
钱	C(错)	C	A(错)	E(错)	D	对 1 题
孙	B(错)	D	E(对)	A(错)	C	对 2 题
李	C(错)	E(错)	D(错)	E(错)	E(错)	全错
周	B(错)	A	D(错)	A(错)	B	对 1 题

由上表可得：②第二题的正确答案：A∀D；③第三题的正确答案：A∀C∀D；④第四题的正确答案：E；⑤第五题的正确答案：C∀D；⑥第六题的正确答案：B∀C∀D。

由“后五道题的正确答案各不相同”可知，后五题中必有一道题的答案是B，再结合对后五题正确答案的分析可知，第六题的正确答案是B。

专项训练 4　推理母题强化训练

（共 30 小题，每小题 2 分，共 60 分，限时 90 分钟）

你的得分是________

说明：本部分所有题目均为原创题。2024 年的逻辑真题的推理题中有一些题难度较大，故本节重点训练真题中的难题，其中多数题的难度约等于真题中的压轴题。做题时间放宽至 90 分钟。

1. 某校甲、乙、丙、丁和戊 5 名新生将被安排在本周一到周五执勤，每人恰执勤一天，每天仅安排一人，互不重复。还已知：

(1)若甲未被安排在周四执勤，则丙被安排在周一执勤。

(2)丙被安排在紧挨戊之后的那一天执勤。

根据上述信息，可以得出以下哪项？

A. 乙被安排在周一执勤。

B. 丁被安排在周二执勤。

C. 丙被安排在周三执勤。

D. 若乙被安排在周五执勤，则丙被安排在周三执勤。

E. 若丁被安排在周一执勤，则乙被安排在周五执勤。

2. 大学生酱心只有周一、周二、周三、周五和周六有课，而且她上 4 门课：英语、数学、逻辑和写作。有课的日子里，她上午只上 1 门课，下午只上 1 门课，而且还知道以下条件：

(1)酱心只在两个连续的下午有英语课。

(2)酱心只在 1 个上午和 3 个下午上逻辑课。

(3)周六这天，酱心既不上英语课，也不上数学课。

若上述情况为真，请问酱心在哪一天一定会上英语课？

A. 周一。　　B. 周二。　　C. 周三。

D. 周五。　　E. 周六。

3～4 题基于以下题干：

端午节又称端阳节，是中华民族的传统节日，在我国各地区，都有在端午节当天佩戴五彩绳以辟邪的习俗。五彩绳，是从白、红、黑、黄、紫、橙、蓝、绿 8 种颜色中，挑选出来最能代表阴阳五行的 5 种颜色编织而成的。这 5 种颜色的选择必须同时满足以下条件：

①如果白和蓝被选择，则绿也被选择。

②如果黄被选择，则橙和蓝都不会被选择。

③如果紫被选择，则红不会被选择。

④在红、黑和橙这 3 种颜色中，恰好有 2 种颜色被选择。

3. 如果红和蓝同时被选择，则下面哪一个选项列出了可能同时被选择的 2 种颜色？

A. 白、黑。　B. 白、紫。　C. 黄、橙。

D. 紫、橙。　E. 黑、橙。

4. 如果橙未被选择，则下面哪项必定是真的？

A. 紫被选择。　B. 黄未被选择。　C. 白被选择。

D. 蓝被选择。　E. 蓝未被选择。

5. 赵嘉欲举办一次晚宴。他向甲、乙、丙、丁、戊、己 6 人发出了邀请。关于这 6 人的参加情况，已知：

(1)若乙参加且甲不参加，则丙不参加。

(2)如果丙、戊中至少有一人不参加，那么己会参加。

(3)如果丁参加，那么乙和甲中至少有一人参加。

(4)戊和丁要么都参加，要么都不参加。

若己不参加，则以下哪项一定为假？

A. 乙不参加。　B. 甲不参加。　C. 丁参加。

D. 戊参加。　E. 丙参加。

6～7 题基于以下题干：

中央民族乐团的音乐家张珊、李思、王伍、赵陆、孙琪正在合奏一首乐曲，他们中有一位是北京人、一位是广州人、一位是哈尔滨人、两位是杭州人，他们演奏的乐器有笛子、二胡、琵琶、古筝、唢呐，上述每种乐器都有人演奏，每人只演奏上述乐器中的一种。已知：

(1)张珊和演奏唢呐的人来自相同的城市。

(2)赵陆与演奏古筝的人均来自北方城市。

(3)这些人中，只有张珊学过二胡。

(4)如果赵陆演奏的是笛子，那么李思和王伍来自相同的城市。

(5)北京人演奏的是古筝。

6. 根据以上信息，以下哪项一定为真？

A. 演奏唢呐的是哈尔滨人。

B. 演奏琵琶的是北京人。

C. 演奏笛子的是广州人。

D. 孙琪演奏的是二胡。

E. 赵陆演奏的是二胡。

7. 如果李思来自北方城市，则以下哪项必然为真？

A. 如果张珊是杭州人，那么王伍演奏唢呐。

B. 如果赵陆是哈尔滨人，那么孙琪演奏笛子。

C. 如果李思是北京人，那么张珊不是杭州人。

D. 如果王伍是杭州人，那么孙琪演奏笛子。

E. 如果赵陆是哈尔滨人，那么王伍演奏笛子。

8～9题基于以下题干：

某集团投资部门的甲、乙、丙、丁、戊5位投资师将前往曼谷、伦敦、巴黎、上海、纽约、广州6个城市进行投资项目评估。每个城市都有其中的2人前往，每人前往2～3个城市。已知：

(1)甲和丁是固定小组，每次都是一同出行。

(2)乙前往曼谷和上海。

(3)丙前往巴黎，但不前往广州。

(4)乙和戊没有前往相同的中国城市。

8. 根据以上信息，可以得出以下哪项？

A. 甲前往曼谷。　　B. 乙前往巴黎。　　C. 丙前往上海。

D. 丁前往伦敦。　　E. 戊前往广州。

9. 如果丙和戊没有前往相同的法国城市，则可以得出以下哪项？

A. 甲前往伦敦。　　B. 戊前往纽约。　　C. 丙前往曼谷。

D. 丁前往纽约。　　E. 戊前往曼谷。

10. 一年一度的厨王争霸大赛盛大召开，在几位厨师的一番炒、爆、熘、炸后，共有四道菜入围决赛，这四道菜分别是：金丝软糕、银鱼炖汤、茼蒿炒肉、铁棍山药，组委会选拔了5位美食评委对菜品进行品尝和点评，这5位评委分别是：张、王、李、赵、刘。按照大赛规定，所有的菜均有评委品尝，并且每个评委只能品尝一道菜。同时组委会还规定：

①若张或王至少有1人品尝金丝软糕，则赵品尝铁棍山药且刘不品尝铁棍山药。

②若王品尝金丝软糕或赵品尝铁棍山药，则刘品尝铁棍山药而张不品尝茼蒿炒肉。

③若赵、刘并非都品尝铁棍山药，则张品尝金丝软糕。

根据以上陈述，可以得出下列哪项？

A. 张品尝银鱼炖汤，王品尝金丝软糕。

B. 王品尝茼蒿炒肉，李品尝金丝软糕。

C. 李品尝金丝软糕，赵品尝银鱼炖汤。

D. 赵品尝金丝软糕，刘品尝铁棍山药。

E. 王品尝茼蒿炒肉，赵品尝金丝软糕。

11. 2022年普通高等学校招生全国统一考试于6月10日落下帷幕，据统计超过1 193万的高中生参与，再创历史新高。高考结束后，在高中生顾梓森家中，围绕填报志愿的问题，家人们纷纷出谋划策。爸爸、妈妈、爷爷、奶奶四位家庭成员对顾梓森的高考志愿有如下规划：

爸爸：应该选择既能有良好的就业前景，又能实现个人理想的专业。

妈妈：要么选择有良好的就业前景的专业，要么选择能够实现个人理想的专业，没有其他可能性。

爷爷：如果选择能够实现个人理想的专业，则需要选择在经济发达的城市。

奶奶：没有必要选择经济发达的城市。

如果以上四位家庭成员对顾梓森高考志愿的规划只有一个没有实现，则以下哪项一定为真？

A. 爸爸的规划没实现。　　B. 妈妈的规划没实现。　　C. 爷爷的规划没实现。

D. 奶奶的规划没实现。　　E. 以上结论都不一定为真。

12～13 题基于以下题干：

省立东院呼吸科每周安排甲、乙、丙三位专家进行出诊，目前已知：

	周一	周二	周三	周四	周五	周六	周日
甲专家		休诊		休诊			休诊
乙专家				休诊		休诊	出诊
丙专家		出诊		出诊			休诊

并且还已知如下信息：

(1)每位专家每周出诊四天。

(2)每周有一天会诊日，所有专家都不能休诊。

(3)没有一位专家连续三天出诊。

(4)乙专家周二出诊。

12. 根据上述信息，每周哪一天是会诊日？

A. 周一。　　B. 周二。　　C. 周三。

D. 周五。　　E. 周六。

13. 如果甲专家是短发女专家，乙专家是长发女专家，丙专家是短发男专家，则以下哪项判断为真？

A. 周六有 2 位专家出诊。

B. 周一只有 1 位短发专家出诊。

C. 若某天有 2 位女专家出诊，则男专家不出诊。

D. 若某天男专家不出诊，则一定有女专家出诊。

E. 若某天只有 1 位女专家出诊，则男专家一定会出诊。

14. 在一次男子百米比赛中，甲、乙、丙、丁、戊、己、庚、辛 8 人都进入了决赛。赵、钱、孙、李对于最终的前五名做了如下预测：

	第一名	第二名	第三名	第四名	第五名
赵	甲	丙	乙	戊	庚
钱	庚	戊	乙	己	甲
孙	乙	庚	辛	戊	甲
李	丁	辛	丙	甲	乙

事实上，4 人的预测中，每人都恰好预测对了 2 个。

根据上述信息，可以得出以下哪项？

A. 庚获得第五名。　　B. 丙获得第三名。　　C. 己获得第四名。

D. 甲获得第一名。　　E. 辛获得第二名。

15. 某单位有6个人甲、乙、丙、丁、戊、己要挑选四种水果。已知每人选2种水果，每种水果只有三人选择。已知：

(1)只有甲和丙均不选择苹果，丙才不会选择李子。

(2)甲如果选择桃子，就会选择苹果。

(3)没有人既选择西瓜又选择李子。

(4)丙选择西瓜，除非戊和己都不选择西瓜。

根据上述信息，可以得出以下哪项？

A. 丁选择李子和桃子。

B. 甲选择苹果和西瓜。

C. 戊未选择李子。

D. 乙选择李子。

E. 丙选择西瓜。

16. S市市委欲从甲、乙、丙、丁、戊、己、庚7位干部中选择3位作为巡察组长。其中甲、乙、丙、丁为硕士研究生，戊、己、庚为博士研究生。选择条件如下：

(1)博士研究生中至少有一人当选，硕士研究生中也至少有一人当选。

(2)如果甲当选，那么己不当选。

(3)丙和丁必须同时当选或同时不当选。

(4)乙和庚必须同时当选或同时不当选。

如果补充以下哪项，则三位巡查组长可以确定？

A. 硕士研究生必须占多数。

B. 博士研究生必须占多数。

C. 甲和己都不能当选。

D. 乙和戊都不能当选。

E. 博士研究生和硕士研究生一样多。

17～18题基于以下题干：

现有自左向右依次排列的1～6号房间，甲、乙、丙、丁、戊和己任选一间入住，且每个房间仅住一人。还已知：

(1)如果己不住在3号房间，那么甲住在1号房间且丁住在5号房间。

(2)如果丙和丁的房间不相邻，则丙住在4号房间。

(3)如果丁住在甲的右边，那么甲与乙相邻。

(4)若甲与丙不相邻，则甲与乙不相邻。

17. 根据上述信息，以下哪项一定为真？

A. 甲住在1号房间。

B. 丙住在4号房间。

C. 丁住在3号房间。

D. 戊住在5号房间。

E. 己住在3号房间。

18. 若丙的房间在己的左边，则可以得出以下哪项结论？

A. 丙住在 1 号房间。　　B. 丁住在 2 号房间。　　C. 甲住在 4 号房间。

D. 戊住在 5 号房间。　　E. 乙住在 6 号房间。

19～20 题基于以下题干：

有 2 个山东人，2 个山西人，2 个河南人，2 个河北人围坐在一张方桌吃饭，方桌的每个边上坐两个人，且同省份的人不能坐在同侧，座次如右图所示：

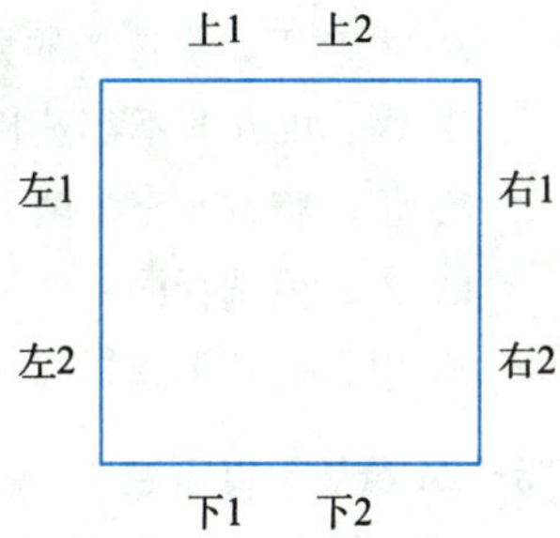

已知：

(1)山东人不坐在右侧，当且仅当山西人坐在右侧。

(2)如果河南人坐在上侧，那么山西人也坐在上侧。

(3)如果山西人坐在上侧，那么他坐在下侧和坐在右侧。

(4)如果河北人坐在上侧或者下侧，那么上侧、下侧和左侧最多有一个山东人。

(5)从桌子的四个侧面任意挑出 2 个侧面，则其中一个侧面坐的人的籍贯不可能与另一个侧面坐的人的籍贯完全相同。

19. 根据上述信息，以下哪项必然为真？

A. 下侧坐山西人和河北人。

B. 左侧坐山西人和河北人。

C. 右侧坐山东人和河北人。

D. 右侧坐山东人和河南人。

E. 下侧坐山西人和河南人。

20. 如果河北人在下侧坐，且任意两个籍贯相同的人不能同坐 1 号位，也不能同坐 2 号位。则由以下哪项可以推出河南人坐“右 1”？

A. 左 1 坐山西人。　　B. 下 1 坐山西人。　　C. 下 2 坐河北人。

D. 上 1 坐河北人。　　E. 左 2 坐河北人。

21. 甲、乙、丙、丁四位“五道口金融学院”的新生欲在微观货币银行学、宏观货币银行学、货币银行学、国际金融学、高级财务管理、大数据会计这六门课程中选修，每人至少选择一门课程，每门课程只有一个人选择，并且还已知：

(1)甲要么只选择大数据会计，要么只选择国际金融学。

(2)如果丙未选择微观货币银行学，那么丁仅选择宏观货币银行学和货币银行学。

(3)乙选择国际金融学，或者选择货币银行学。

(4)如果丙选择微观货币银行学，那么乙选择宏观货币银行学和微观货币银行学。

以下哪门学科是丙选择的？

A. 宏观货币银行学。

B. 微观货币银行学。

C. 高级财务管理。

D. 大数据会计。

E. 货币银行学。

22. 近年来，各高校“人才引进”策略进入白热化阶段。现有甲、乙、丙、丁、戊、己、庚、辛、壬 9 名顶尖人才准备加入“南山大学”“北清大学”“西京大学”。每所大学至少有两名人才选择，每位人才只能选择一所大学。已知：

(1)若甲、丙、壬中至少有一人选择“南山大学”，则辛、庚、甲 3 人均选择“西京大学”。

(2)如果甲、丁中至少有一人选择“西京大学”或者“北清大学”，则选择“南山大学”的是乙、丙、戊、己。

根据上述信息，以下哪项必然为假？

A. 乙、丁、庚选择的大学互不相同。

B. 丙、戊并非不都选择“南山大学”。

C. 丁、庚、辛至少两人选择同一所大学。

D. 乙、丙选择同一所大学。

E. 甲、壬、丁选择同一所大学。

23～24 题基于以下题干：

某大型超市有茶叶、水果、糕点、调味品、日用品、饮品、酒品、海鲜和熟食 9 类商品出售。某日，赵嘉前往该超市购物，已知：

(1)除非购买日用品和茶叶，否则购买海鲜和水果。

(2)如果购买水果并且不购买酒品，则一定购买饮品和日用品。

(3)如果海鲜、酒品和熟食中至少购买两类，则至多购买 5 类商品。

(4)如果购买饮品，则一定购买糕点和调味品。

23. 如果赵嘉未购买日用品，那么可以得出以下哪项？

A. 赵嘉购买糕点。　　B. 赵嘉购买茶叶。　　C. 赵嘉购买熟食。

D. 赵嘉购买调味品。　　E. 赵嘉未购买饮品。

24. 如果茶叶和酒品均未购买，那么可以得出以下哪项？

A. 赵嘉未购买熟食。　　B. 赵嘉未购买饮品。　　C. 赵嘉未购买糕点。

D. 赵嘉未购买水果。　　E. 赵嘉未购买调味品。

25～26 题基于以下题干：

某高校研究生宿舍的甲、乙、丙、丁、戊准备校招，她们都将在普华永道、毕马威、德勤、安永中进行选择，每个公司都有 3 人投递简历，甲和乙投递的公司都不相同。已知：

(1)若乙或丙至少一人投递了安永，则乙和丙均投递了普华永道。

(2)若丁投递了安永，则丙、丁和戊 3 人均投递了德勤。

(3)若甲、乙和丙 3 人中至少有 2 人投递了普华永道，则她们都投递了毕马威。

25. 根据上述信息，可以得出以下哪项？

A. 甲没有投递德勤。

B. 乙没有投递毕马威。

C. 丙没有投递普华永道。

D. 丁没有投递安永。

E. 戊没有投递德勤。

26. 若丁、戊投递的简历数不相同，则以下哪项一定为真？

A. 甲投递了毕马威。　　B. 乙投递了普华永道。　　C. 丙投递了毕马威。

D. 丁投递了 4 份简历。　　E. 戊投递了 4 份简历。

27～28 题基于以下题干：

某医院护士站的甲、乙、丙、丁、戊和己六位护士将在本周一到周六的晚上值班，每人仅值班一天，每天只安排一人值班。还已知：

(1)若丁在周一或者周二值班，则乙在周三值班且丙在周五值班。

(2)若乙和丙值班的时间不相邻，则甲被安排在戊之后的那天值班。

(3)若丁值班那天之前还至少安排其他两人值班，则丙在周四值班。

27. 根据上述信息，可以得出以下哪项？

A. 甲在周一值班。　　B. 乙在周二值班。　　C. 丙在周四值班。

D. 丁在周五值班。　　E. 戊在周六值班。

28. 若乙在周二值班，则可以得出以下哪项？

A. 己在周一值班。　　B. 丁在周五值班。　　C. 丁在周六值班。

D. 乙的值班时间和戊相邻。　　E. 丙的值班时间和甲相邻。

29～30 题基于以下题干：

某高中实验班有甲、乙、丙、丁和戊 5 人报名参加奥林匹克竞赛。在数学、化学、物理、计算机和生物 5 个科目中，他们每人报名 1～3 个。其中 2 人报名数学，2 人报名生物，2 人报名计算机，2 人报名化学，3 人报名物理。甲、乙、丙 3 人报的科目数量不同。另外，还知道：

(1)如果甲、乙中至少有 1 人报名物理，则丁报名数学且戊报名计算机。

(2)如果戊或甲报名计算机，则甲和戊均报名生物。

(3)如果丁报名物理，则戊报名计算机。

(4)若乙、丙、戊中至多有 2 人报名物理，则他们均不报名生物。

29. 根据以上信息，可以得出以下哪项？

A. 甲报名生物，乙报名数学。

B. 乙报名物理，丙报名生物。

C. 丙报名物理，丁报名数学。

D. 丁报名数学，戊报名化学。

E. 戊报名数学，甲报名化学。

30. 如果甲、乙同时报名了某一科目，则可以得出以下哪项？

A. 丙、乙均报名数学。

B. 甲、丙均报名数学。

C. 甲报名 3 个科目。

D. 乙报名 3 个科目。

E. 丙报名 1 个科目。

专项训练 4 推理母题强化训练

答案详解

答案速查

1～5　EBACB	6～10　CDCEB	11～15　ADDEB
16～20　DEDDA	21～25　CEEAA	26～30　CCACE

1. E

【第 1 步　识别条件类型】

观察选项，发现 D、E 项均为假言命题，其余各项均为事实，故此题可视为选项事实假言模型。优先代入含假言的选项(D 项、E 项)进行验证。

【第 2 步　套用母题方法】

验证 D 项：

把 D 项的前件看作已知事实，则乙被安排在周五执勤。

由条件(2)可知，条件(1)的后件为假，则其前件也为假，可得：甲被安排在周四执勤。

由"甲周四∧乙周五"并结合条件(2)可知，丙、戊只能分别被安排在(周二、周一)或(周三、周二)执勤。

可见，由 D 项的前件无法推出其后件，故排除此项。

验证 E 项：

把 E 项的前件看作已知事实，则丁被安排在周一执勤。

由条件(2)可知，条件(1)的后件为假，则其前件也为假，可得：甲被安排在周四执勤。

由"甲周四∧丁周一"并结合条件(2)可知，丙、戊只能分别被安排在周三、周二执勤。进而可知，乙被安排在周五执勤。

可见，由 E 项的前件可以推出其后件，故 E 项正确。

2. B

【第 1 步　识别条件类型】

题干中出现匹配关系(5 天共 10 节课对应 4 个科目)，但具体匹配数量并不确定，故此题为数量匹配模型。

【第 2 步　套用母题方法】

从事实出发，由题干条件(3)可知，酱心一定不在周六这天上英语课，故可以排除 E 项。

再由题干条件(1)可知，酱心需要在连续的两个下午上英语课，因此酱心不可能在周五上英语课，故排除 D 项。

此时，只剩下周一、周二和周三可以选择。

因此，嗇心要么在周一和周二连续的两个下午上英语课，要么在周二和周三连续的两个下午上英语课。故周二她一定会上英语课。

综上，B 项正确。

3. A

【第 1 步　识别条件类型】

题干由事实、数量关系和假言命题组成，故此题为事实数量假言模型。

【第 2 步　套用母题方法】

题干有以下信息：

①白∧蓝→绿。

②黄→¬ 橙∧¬ 蓝。

③紫→¬ 红。

④红、黑和橙(3 选 2)。

从事实出发，由“红”可知，③的后件为假，则其前件也为假，可得：¬ 紫。故排除 B、D 项。

由“蓝”可知，②的后件为假，则其前件也为假，可得：¬ 黄。故排除 C 项。

由“红”并结合④可知，黑和橙二选一，不能同时被选。故排除 E 项。

综上，A 项正确。

4. C

【第 1 步　识别条件类型】

题干由事实、数量关系和假言命题组成，故此题为事实数量假言模型。

【第 2 步　套用母题方法】

从事实出发，由“¬ 橙”结合④可得：红∧黑。

由“红”可知，③的后件为假，则其前件也为假，可得：¬ 紫。

由②可得：黄→¬ 蓝；等价于：¬ 黄∨¬ 蓝，即：蓝、黄至少一个不选；再结合“¬ 紫”“¬ 橙”“8 选 5”可得：白∧绿。

故 C 项正确。

5. B

【第 1 步　识别条件类型】

题干由事实和假言命题组成，故此题为事实假言模型。

【第 2 步　套用母题方法】

从事实出发，由“己不参加”可知，条件(2)的后件为假，则其前件也为假，可得：戊和丙均参加。

由“戊参加”并结合条件(4)可知，丁参加。

由“丁参加”可知，条件(3)的前件为真，则其后件也为真，可得：(5)乙参加∨甲参加。

由“丙参加”可知，条件(1)的后件为假，则其前件也为假，可得：(6)¬ 乙参加∨甲参加。

根据二难推理公式，由条件(5)和(6)可得：

(5)乙参加∨甲参加=¬乙参加→甲参加；

(6)¬乙参加∨甲参加=乙参加→甲参加；

因此，甲参加。

综上，甲、戊、丁、丙4人均参加。故B项一定为假，正确。

6. C

【第1步 识别条件类型】

题干中出现“人”“乐器”与“地区”的匹配关系，故此题为三组元素的简单匹配模型。

【第2步 套用母题方法】

从事实出发，由条件(1)结合“两位杭州人”可知，张珊来自杭州。

由条件(3)、(5)可知，张珊演奏二胡、北京人演奏古筝。

再由“北京人演奏古筝”和条件(2)可知，赵陆来自哈尔滨。

由“张珊来自杭州”可知，条件(4)的后件为假，则其前件也为假，可得：¬赵陆演奏笛子。

综上，可得下表：

城市	北京	广州	哈尔滨	杭州	
人			赵陆	张珊	
乐器	古筝		¬笛子	二胡	唢呐

由上表可得：赵陆演奏琵琶，广州人演奏笛子，故C项正确。

7. D

【第1步 识别条件类型】

题干中出现“人”“乐器”与“地区”的匹配关系，故此题为三组元素的简单匹配模型。

本题每个选项均补充了新的条件，故考虑选项代入法。

【第2步 套用母题方法】

由“李思来自北方城市”并结合上题分析，可得：李思来自北京。

结合上题分析可得下表：

城市	北京	广州	哈尔滨	杭州	
人	李思		赵陆	张珊	
乐器	古筝	笛子	琵琶	二胡	唢呐

A项，根据上表可知张珊来自杭州，但无法确定“王伍演奏唢呐”，故此项不必然为真。

B项，根据上表可知赵陆来自哈尔滨，但无法确定“孙琪演奏笛子”，故此项不必然为真。

C项，与上表中的推理结果矛盾，必然为假。

D项，若王伍来自杭州，那么孙琪一定来自广州(演奏笛子)，故此项为真。

E项，根据上表可知赵陆来自哈尔滨，但无法确定“王伍演奏笛子”，故此项不必然为真。

8. C

【第1步 识别条件类型】

题干中出现5位投资师与6个城市的匹配关系，并且元素间匹配的情况并不明确，故此题为数量匹配模型。

【第 2 步　套用母题方法】

(1)数量关系优先算。

由“每个城市都有其中的 2 人前往”可知，5 人共计前往 12 个城市。再结合“每人前往 2～3 个城市”可知，12=3+3+2+2+2。即：有 2 人各前往 3 个城市、有 3 人各前往 2 个城市。

(2)数量矛盾出事实。

根据条件(1)和(2)，若甲和丁二人也前往曼谷和上海，则曼谷和上海均有 3 人前往，与“每个城市都有其中的 2 人前往”矛盾，因此，甲和丁既不前往曼谷也不前往上海。

再根据条件(3)“丙前往巴黎”和条件(1)，若甲和丁二人也前往巴黎，则巴黎有 3 人前往，与“每个城市都有其中的 2 人前往”矛盾，因此，甲和丁不前往巴黎。

再由“乙前往上海”并结合条件(4)可知，戊不前往上海。

由“甲、丁、戊均不前往上海”并结合“每个城市都有其中的 2 人前往”可知，丙前往上海。

综上，可得下表：

投资师＼城市	曼谷	伦敦	巴黎	上海	纽约	广州
甲	×		×	×		
乙	√			√		
丙			√	√		×
丁	×		×	×		
戊				×		

故 C 项正确。

9. E

【第 1 步　识别条件类型】

题干中出现 5 位投资师与 6 个城市的匹配关系，并且元素间匹配的情况并不明确，故此题为数量匹配模型。

【第 2 步　套用母题方法】

本题新补充信息：丙和戊没有前往相同的法国城市。

引用上题数量关系：有 2 人各前往 3 个城市、有 3 人各前往 2 个城市。

引用上题表格：

投资师＼城市	曼谷	伦敦	巴黎	上海	纽约	广州
甲	×		×	×		
乙	√			√		
丙			√	√		×
丁	×		×	×		
戊				×		

由上表并结合“丙和戊没有前往相同的法国城市”可知，戊没有前往巴黎；再结合“每个城市都有其中的2人前往”可知，乙前往巴黎。

由“乙前往上海、曼谷、巴黎”并结合“每人前往2～3个城市”可知，乙不前往伦敦、纽约、广州。

由“乙不前往广州、丙不前往广州”并结合条件(1)可知，若甲、丁均不前往广州，则无法满足“每个城市都有其中的2人前往”。故，甲、丁均前往广州。可将上表补充如下：

投资师＼城市	曼谷	伦敦	巴黎	上海	纽约	广州
甲	×		×	×		√
乙	√	×	√	√	×	×
丙			√	√		×
丁	×		×	×		√
戊			×	×		×

此时，若戊前往伦敦和纽约，再结合“每人前往2～3个城市”可知，伦敦或者纽约一定会出现甲、丁、戊3人一同前往的情况，这与“每个城市都有其中的2人前往”矛盾。因此，戊至多前往伦敦和纽约中的1个。

再结合“每人前往2～3个城市”可知，戊前往曼谷。故E项正确。

10. B

【第1步 识别条件类型】

题干由数量关系和假言命题组成，故此题为数量假言模型。

【第2步 套用母题方法】

数量关系优先算。

根据“所有的菜均有评委品尝，并且每个评委只能品尝一道菜”可知，4道菜品尝的人数一定是：2人、1人、1人、1人。

方法一：串联找矛盾法。

①张品尝金丝软糕∨王品尝金丝软糕→赵品尝铁棍山药∧¬刘品尝铁棍山药。

②王品尝金丝软糕∨赵品尝铁棍山药→刘品尝铁棍山药∧¬张品尝茼蒿炒肉。

③¬赵品尝铁棍山药∨¬刘品尝铁棍山药→张品尝金丝软糕。

由③、①的串联得：¬赵品尝铁棍山药→张品尝金丝软糕→赵品尝铁棍山药。

故由“¬赵品尝铁棍山药”推出了矛盾，故有：赵品尝铁棍山药。

方法二：找二难推理法。

条件①的前件和条件③的后件均出现“张品尝金丝软糕”，根据口诀“前件后件一个样，后件逆否出二难”可得：

假设张品尝金丝软糕，则由条件①可知，赵品尝铁棍山药、刘不品尝铁棍山药。

假设张不品尝金丝软糕，则由条件③逆否可得：赵品尝铁棍山药、刘品尝铁棍山药。

由二难推理公式易知：赵品尝铁棍山药。

由"赵品尝铁棍山药"可知，条件②的前件为真，则其后件也为真，可得：刘品尝铁棍山药、张不品尝茼蒿炒肉。

由"刘品尝铁棍山药"可知，条件①的后件为假，则其前件也为假，可得：¬ 张品尝金丝软糕 ∧¬ 王品尝金丝软糕，故张和王都不品尝金丝软糕。

由此可知，李品尝金丝软糕。

又因为赵和刘品尝铁棍山药，故剩余三个人分别品尝其他三道菜。又知张不品尝金丝软糕和茼蒿炒肉，故张品尝银鱼炖汤，因此，王品尝茼蒿炒肉。

综上，张品尝银鱼炖汤，王品尝茼蒿炒肉，李品尝金丝软糕，赵和刘品尝铁棍山药。故 B 项正确。

11. A

【第 1 步　识别条件类型】

题干已知"四个判断只有一假"，故此题为真假话模型。优先找矛盾关系，如果题干中没有矛盾关系，则根据"只有一假"，找反对关系。

【第 2 步　套用母题方法】

将题干信息符号化：

爸爸：①有良好的就业前景 ∧ 实现个人的理想。

妈妈：②有良好的就业前景 ∀ 实现个人的理想。

爷爷：③实现个人理想→在经济发达的城市。

奶奶：④¬ 在经济发达的城市。

(1)找矛盾。

题干中无矛盾关系。

(2)找其他对当关系。

当条件①为真时，条件②必然为假；当条件②为真时，条件①必然为假，故条件①和条件②为反对关系，至少一假。

(3)判断其他已知条件的真假。

由"只有一假"可知，③和④均为真。

(4)推出结论。

由④为真可得：¬ 在经济发达的城市。

由"¬ 在经济发达的城市"并结合③可得：¬ 在经济发达的城市→¬ 实现个人的理想。

由"¬ 实现个人的理想"可知，爸爸的规划没实现。故 A 项正确。

12. D

【第 1 步　识别条件类型】

题干中出现"三位专家的出诊情况"与"一周 7 天"的匹配关系，故此题为数量匹配模型。

【第 2 步　套用母题方法】

(1)事实/问题优先看。

从事实出发，由"乙专家周二出诊"可知，若乙专家周一也出诊，此时乙专家周日、周一、周二连续 3 天出诊，与题干条件(3)"没有一位专家连续三天出诊"矛盾，故乙专家周一不出诊。

(2)重复元素是关键。

由“丙专家周二和周四出诊”可知，若丙专家周三也出诊，此时丙专家周二、周三、周四连续3天出诊，与题干条件(3)“没有一位专家连续三天出诊”矛盾，故丙专家周三不出诊。

综上，再结合表格信息可知，只有周五这一天没有医生休诊，故每周的会诊日是周五，即D项正确。

13. D

【第1步 识别条件类型】

观察选项发现，A、B项均为事实，C、D、E项均为假言命题，故此题为选项事实假言模型。优先看C、D、E项。

【第2步 套用母题方法】

整理上题已知信息和本题新补充的条件，可得下表：

	周一	周二	周三	周四	周五	周六	周日
甲专家(短发女)	出诊	休诊	出诊	休诊	出诊	出诊	休诊
乙专家(长发女)	休诊	出诊	出诊	休诊	出诊	休诊	出诊
丙专家(短发男)	出诊	出诊	休诊	出诊	出诊	休诊	休诊

若C项的前件为真，周五存在“有2位女专家出诊，同时男专家也出诊”，故此项一定为假。

若D项的前件为真，周三、周六、周日均满足“若某天男专家不出诊，则一定有女专家出诊”，故D项正确。

因已经确定了D项正确，故其他选项不必再看。

14. E

【第1步 识别条件类型】

题干中每个人都有5个断定，且这些断定有真有假，故此题为一人多判断的真假话模型。

【第2步 套用母题方法】

题干已知4人中每人都恰好预测对了2个，即20个预测中有8个是正确的，有12个是错误的。

对第一名的预测：4个人的预测完全不同。由于“名次”与“人”是一一匹配的，因此，这4个预测中，至少有3个是错误的。

对第二名的预测：4个人的预测完全不同。由于“名次”与“人”是一一匹配的，因此，这4个预测中，至少有3个是错误的。

对第三名的预测：4个人的预测中有3种情况。由于“名次”与“人”是一一匹配的，因此，这4个预测中，至少有2个是错误的。

对第四名的预测：4个人的预测中有3种情况。由于“名次”与“人”是一一匹配的，因此，这4个预测中，至少有2个是错误的。

综上，对前四名的预测中至少有10个是错误的。因此，对第五名的预测中至多有2个是错误的。

若第五名不是甲，则对第五名的预测中至少有3个是错误的，与“对第五名的预测中至多有2个是错误的”矛盾。因此，甲获得第五名。故，4人对第五名的预测，有2个是正确的、有2

个是错误的。

若第四名不是戊，则对第四名的预测中至少有3个是错误的，再结合对“第一名”“第二名”“第三名”和“第五名”预测的分析可知，至少有13个是错误的，与“20个预测中有8个是正确的，有12个是错误的”矛盾。因此，戊获得第四名。故，4人对第四名的预测，有2个是正确的、有2个是错误的。

若第三名不是乙，则对第三名的预测中至少有3个是错误的，再结合对“第一名”“第二名”“第四名”和“第五名”预测的分析可知，至少有13个是错误的，与“20个预测中有8个是正确的，有12个是错误的”矛盾。因此，乙获得第三名。

由李的预测、“乙第三∧戊第四∧甲第五”和“每人都恰好预测对了2个”可知，丁第一∧辛第二。

综上，第一名到第五名分别是：丁、辛、乙、戊、甲。故E项正确。

15. B

【第1步　识别条件类型】

题干由数量关系、假言命题和匹配关系组成，故此题为数量假言匹配模型。

【第2步　套用母题方法】

(1)将题干符号化。

①¬丙李子→¬甲苹果∧¬丙苹果。

②甲桃子→甲苹果，等价于：¬甲苹果→¬甲桃子。

③¬西瓜∨¬李子。

④戊西瓜∨己西瓜→丙西瓜。

(2)串联找矛盾。

由②可知，若甲不选择苹果，则甲不选择桃子；再结合“每人选两种水果”可知，甲西瓜∧甲李子。此时，与③矛盾，故甲选择苹果。

由“甲苹果”可知，①的后件为假，则其前件也为假，可得：丙李子。

由“丙李子”并结合③可知，¬丙西瓜。故④的后件为假，则其前件也为假，可得：¬戊西瓜∧¬己西瓜。

再结合“每种水果只有三人选择”可知，甲、乙、丁三人均选择西瓜。

故甲选择苹果和西瓜，B项正确。

16. D

【第1步　识别条件类型】

题干由数量关系和假言命题组成，故此题为数量假言模型。题干的提问方式为“如果补充以下哪项，则三位巡查组长可以确定?”，故考虑使用选项排除法。

【第2步　套用母题方法】

A、B项均为数量限制条件，显然无法确定具体人选，故排除。

C项，甲、己均不当选，无法根据其余条件判定选人情况，故排除。

D项，乙、戊均不当选，由条件(4)可知，庚不当选，此时三位博士研究生中已有两人不当选，结合“博士研究生中至少有一人当选”可知，己一定当选。此时博士研究生中只有一人当选，则硕士研究生中需有两人当选。

由“己当选”可知，条件(2)的后件为假，则其前件也为假，可得：甲不当选。此时硕士研究生中已有甲、乙两人不当选，故剩余丙、丁二人均需当选。

故可以确定三位巡查组长。

E项，共选三人，显然硕士研究生无法和博士研究生数量相同，故排除。

17. E

【第1步 识别条件类型】

题干由假言命题和匹配关系组成，选项均为事实，故此题为假言推事实+匹配模型。

【第2步 套用母题方法】

(1)将题干符号化。

①¬ 己3→甲1∧丁5。

②丙丁不相邻→丙4。

③丁住在甲的右边→甲乙相邻。

④甲丙不相邻→甲乙不相邻。

(2)串联找矛盾。

由①、③、④串联可得：⑤¬ 己3→甲1∧丁5→丁住在甲的右边→甲乙相邻(即：乙2)→甲丙相邻(即：丙2)。

可见，由“¬ 己3”出发推出了“甲1∧甲乙相邻∧甲丙相邻”。由于“甲1∧甲乙相邻∧甲丙相邻”不可能成立。因此，“¬ 己3”为假，即“己3”为真。

故E项正确。

18. D

【第1步 识别条件类型】

“丙的房间在己的左边”为事实，其他条件与上题一致，故此题为事实假言匹配模型。

【第2步 套用母题方法】

引用上题推理结果：己3。

本题新补充事实：丙的房间在己的左边。

从事实出发，由“丙的房间在己的左边”和“己3”可知，丙住在1号房间或2号房间。此时，②的后件必然为假，则其前件也为假，可得：丙和丁的房间相邻。故有如下两种情况：

	1号	2号	3号	4号	5号	6号
情况a	丙	丁	己			
情况b	丁	丙	己			

无论哪种情况为真，均可得：甲和丙不相邻；故，条件④的前件为真，则其后件也为真，可得：甲与乙不相邻。再结合上表可知，甲和乙住在4号、6号(位置不定)。因此，戊一定住在5号房间。

故D项正确。

19. D

【第 1 步　识别条件类型】

题干由假言命题和匹配关系组成，选项均为事实，故此题为假言推事实＋匹配模型。

【第 2 步　套用母题方法】

题干：

(1)¬ 山东右↔山西右，等价于：山东右↔¬ 山西右。

(2)河南上→山西上。

(3)山西上→山西下∧山西右。

(4)河北上∨河北下→上、下和左最多一个山东。

若条件(3)前件为真，则可得：山西上∧山西下∧山西右，与只有 2 个山西人矛盾。因此，条件(3)前件为假，即：¬ 山西上。再结合条件(2)可得：¬ 河南上。

由"¬ 山西上∧¬ 河南上"可得：山东上∧河北上。

由"河北上"可知，条件(4)前件为真，则其后件也为真，可得：上侧、下侧和左侧最多有一个山东人。

再结合"2 个山东人"和条件(5)可得：山东右。

由"山东右"并结合条件(1)可得：¬ 山西右。

再由"山东上∧河北上"条件(5)结合可知，河南右。

故 D 项正确。

20. A

【第 1 步　识别条件类型】

题干由假言命题和匹配关系组成，选项均为事实，故此题为假言推事实＋匹配模型。

【第 2 步　套用母题方法】

整理上题的推理结果及本题的已知条件，可知如下结果：

上侧：山东人、河北人。

右侧：山东人、河南人。

下侧：河北人、山西人。

左侧：山西人、河南人。

根据"任意两个籍贯相同的人不能同坐 1 号位，也不能同坐 2 号位"，若想求得河南人坐"右 1"，需先求得河南人坐"左 2"。

若想求得河南人坐"左 2"，需先求得山西人坐"左 1"。故 A 项正确。

21. C

【第 1 步　识别条件类型】

题干由数量关系、假言命题和匹配关系组成，故此题为数量假言匹配模型。

【第 2 步　套用母题方法】

(1)数量关系优先算。

题干中出现 4 人选择 6 门课程，每人至少选择一门课程，每门课程只有一个人选择，故数量关系可以为 6＝2＋2＋1＋1，也可以为 6＝3＋1＋1＋1。

(2)假言命题做串联。

若条件(4)前件为真，则可得：丙微观∧乙微观，与“每门课程只有一个人选择”；因此，条件(4)前件为假，即：¬ 丙微观。

由“¬ 丙微观”可知，条件(2)前件为真，则其后件也为真，可得：(5)丁仅选择宏观货币银行学和货币银行学。

由(5)可知，数量关系为6=2+2+1+1。

再由“丁选择货币银行学”结合条件(3)可得：乙选择国际金融学。

由“乙选择国际金融学”结合条件(1)可得：甲只选择大数据会计。

又“¬ 丙微观”结合“每人至少选择一门课程，每门课程只有一个人选择”可得：乙选择微观货币银行学、丙选择高级财务管理。

综上，C项正确。

22. E

【第1步 识别条件类型】

题干由数量关系、假言命题和匹配关系组成，故此题为数量假言匹配模型。

【第2步 套用母题方法】

(1)数量关系优先算。

由“每所大学至少有两名人才选择，每位人才只能选择一所大学”可知，题干的数量关系有3种可能：9=3+3+3、9=2+2+5、9=2+3+4。

(2)找数量矛盾。

①甲南山∨丙南山∨壬南山→辛西京∧庚西京∧甲西京。

②甲西京∨甲北清∨丁西京∨丁北清→乙、丙、戊、己均南山。

由①可得：甲南山→甲西京，与“每位人才只能选择一所大学”矛盾，因此，甲未选择南山大学。

由“¬ 甲南山”可知，②的前件为真，则其后件也为真，可得：乙、丙、戊、己均南山。

由“丙南山”可知，则条件①的前件为真，则其后件也为真，可得：辛、庚、甲3人均选择“西京大学”。

综上，结合“每所大学至少有两名人才选择”可得：丁、壬选择“北清大学”。

故E项为假。

23. E

【第1步 识别条件类型】

题干由事实和假言命题组成，故此题为事实假言模型。

【第2步 套用母题方法】

从事实出发，由“赵嘉未购买日用品”可知，条件(1)的前件为真，则其后件也为真，可得：海鲜∧水果。

由“赵嘉未购买日用品”还可知，条件(2)的后件为假，则其前件也为假，可得：¬ 水果∨酒品。

由"海鲜∧水果"和"¬水果∨酒品"可得：海鲜∧水果∧酒品。

由"海鲜∧酒品"可知，条件(3)的前件为真，则其后件也为真，可得：至多购买 5 类商品。

此时，若条件(4)的前件为真，则饮品、糕点和调味品均购买；再结合"海鲜∧水果∧酒品"可知，购买了 6 类商品，与"至多购买 5 类商品"矛盾。因此，条件(4)的前件为假，即：¬饮品。故 E 项正确。

24. A

【第 1 步　识别条件类型】

题干由事实和假言命题组成，故此题为事实假言模型。

【第 2 步　套用母题方法】

从事实出发，由"未购买茶叶"可知，条件(1)的前件为真，则其后件也为真，可得：海鲜∧水果。

由"水果∧¬酒品"可知，条件(2)的前件为真，则其后件也为真，可得：饮品∧日用品。

由"饮品"可知，条件(4)的前件为真，则其后件也为真，可得：糕点∧调味品。

由"海鲜∧水果∧饮品∧日用品∧糕点∧调味品"可知，条件(3)的后件为假，则其前件也为假，可得：海鲜、酒品和熟食中至多购买一类。

由"海鲜、酒品和熟食中至多购买一类"并结合"海鲜"和"¬酒品"可知，熟食未购买。故 A 项正确。

25. A

【第 1 步　识别条件类型】

题干由事实、假言命题和匹配关系组成故此题为事实假言匹配模型。

【第 2 步　套用母题方法】

从事实出发，由"甲和乙投递的公司都不相同"可知，条件(3)的后件为假，则其前件也为假，可得：甲、乙和丙 3 人中最多有 1 人投递了普华。再结合"每个公司都有 3 人投递简历"可知，丁、戊均投递普华永道。

由"丁普华∧戊普华"可知，条件(1)后件为假，则其前件也为假，可得：¬乙安永∧¬丙安永。

再结合"每个公司都有 3 人投递简历"可知，甲、丁、戊均投递安永。

由"丁安永"可知，条件(2)的前件为真，则其后件也为真，可得：丙、丁、戊均投递德勤。

再结合"每个公司都有 3 人投递简历"可知，甲、乙均未投递德勤。

故 A 项正确。

26. C

【第 1 步　识别条件类型】

题干由事实、假言命题和匹配关系组成，故此题为事实假言匹配模型。

【第 2 步　套用母题方法】

根据上题分析，整理投递关系可得下表：

	毕马威	安永	普华永道	德勤
甲		√		×
乙		×		×
丙		×		√
丁		√	√	√
戊		√	√	√

由上表可知，丁、戊已经各投递了三家公司，若他们投递的简历数不同，则只能是一人投递三家，另一人投递四家。即丁、戊中有且仅有一人投递毕马威。

结合“甲和乙投递的公司都不相同”可知，甲、乙最多有一人投递毕马威。

再结合“每个公司都有3人投递简历”可知，丙一定投递毕马威。

故C项为真。

27. C

【第1步 识别条件类型】

题干由假言命题和匹配关系组成，选项均为事实，故此题为假言推事实+匹配模型。

【第2步 套用母题方法】

(1)将题干符号化。

①丁周一∨丁周二→乙周三∧丙周五。

②乙和丙不相邻→甲被安排在戊之后的那天值班。

③丁之前至少有两人→丙周四。

(2)串联找矛盾。

由①、②串联可得：丁周一∨丁周二→乙周三∧丙周五→乙和丙不相邻→甲被安排在戊之后的那天值班。

由“乙周三∧丙周五∧甲被安排在戊之后的那天值班”可得：戊周一∧甲周二。

故有：丁周一∨丁周二→戊周一∧甲周二，与“每天只安排一人值班”矛盾。因此，“丁周一∨丁周二”为假，即：“¬丁周一∧¬丁周二”为真。

(3)推出答案。

由“¬丁周一∧¬丁周二”可知，③的前件为真，则其后件也为真，可得：丙周四。

故C项正确。

28. A

【第1步 识别条件类型】

“乙在周二值班”为事实，其他已知条件同上题一致，故此题为事实假言匹配模型。

【第 2 步　套用母题方法】

引用上题推理结果：丙周四、¬ 丁周一∧¬ 丁周二。

从事实出发，由“乙在周二值班”和“丙在周四值班”可知，②的前件为真，则其后件也为真，可得：甲被安排在戊之后的那天值班。

由“甲被安排在戊之后的那天值班”并结合“乙周二∧丙周四”可得：戊周五∧甲周六。

再结合“¬ 丁周一∧¬ 丁周二”可知，丁周三∧己周一。故 A 项正确。

29. C

【第 1 步　识别条件类型】

题干由数量关系、假言命题和匹配关系组成，故此题为数量假言匹配模型。

【第 2 步　套用母题方法】

(1)数量关系优先算。

由“2 人报名数学，2 人报名生物，2 人报名计算机，2 人报名化学，3 人报名物理”可知，5 人共计报名 11 个。再根据“甲、乙、丙 3 人报的科目数量不同”和“他们每人报名 1～3 个”可知，甲、乙、丙 3 人报名的科目数量为：1 个、2 个、3 个。再结合“5 人共计报名 11 个”可知，丁和戊 2 人报名的科目数量为：2 个、3 个。

(2)数量关系找矛盾。

题干有以下信息：

①甲物理∨乙物理→丁数学∧戊计算机。

②戊计算机∨甲计算机→甲生物∧戊生物。

③丁物理→戊计算机。

④乙、丙、戊中至多有 2 人报名物理→¬ 乙生物∧¬ 丙生物∧¬ 戊生物。

由③、②和④串联可得：丁物理→戊计算机→甲生物∧戊生物→乙、丙、戊均报名物理。

故有：丁物理→乙、丙、戊均报名物理，与“3 人报名物理”矛盾。因此，“丁物理”为假，即：¬ 丁物理。

由“¬ 丁物理”并结合“3 人报名物理”可知，①的前件为真，则其后件也为真，可得：丁数学∧戊计算机。

由“戊计算机”可知，②的前件为真，则其后件也为真，可得：甲生物∧戊生物。

由“甲生物∧戊生物”可知，④的后件为假，则其前件也为假，可得：乙、丙、戊均报名物理。故 C 项正确。

30. E

【第 1 步　识别条件类型】

“甲、乙同时报名了某一科目”为事实，其他条件与上题一致，故此题为事实数量假言匹配模型。

【第 2 步　套用母题方法】

题干补充新的事实条件：(5)甲、乙同时报名了某一科目。

引用上题“数量关系”和推理结果，可得下表：

人＼科目	数学(2人)	生物(2人)	计算机(2人)	化学(2人)	物理(3人)
甲		√			×
乙		×			√
丙		×			√
丁	√	×			×
戊	×	√	√	×	√

由上表，结合每个科目报名的人数可知，甲、乙同时报名了化学。

再结合“丁和戊2人报名的科目数量为：2个、3个”可知，丁报名计算机。可将上表补充如下：

人＼科目	数学(2人)	生物(2人)	计算机(2人)	化学(2人)	物理(3人)
甲		√	×	√	×
乙		×	×	√	√
丙		×	×	×	√
丁	√	×	√	×	×
戊	×	√	√	×	√

结合“甲、乙、丙、3人报名的科目数量为：1个、2个、3个”可知，E项正确。

专项训练 5　削弱题

（共 30 小题，每小题 2 分，共 60 分，限时 60 分钟）
你的得分是________

说明：本套卷的难度略大于近年真题。

1. 研究发现，人们在社交媒体上花费的时间越长，越容易感到孤独。研究人员招募了 1 787 名 19 岁至 32 岁的成年人，让他们完成一份问卷。调查发现，在社交媒体上每天花费时间超过 120 分钟的人感受到的孤独，大约是那些每天花费时间少于 30 分钟的人的两倍。研究人员解释说，这可能是因为人们在社交媒体上花费的时间越多，在现实世界中与人交流的时间就越少，因此越容易感到孤独。
以下哪项如果为真，最能削弱上述研究结论？
A. 科学研究表明，孤独的人抑郁的可能性是不孤独的人的 47 倍。
B. 越喜欢用社交媒体的人，对生活的满意度越低。
C. 人们越来越喜欢通过社交媒体来了解其他人的生活。
D. 人们喜欢在社交媒体上发布积极经历，容易使接收此类信息的人心态失衡。
E. 越容易感到孤独的人越喜欢用社交媒体。

2. 约翰：我在一生的各个时期中尝试了几种不同的心理治疗，如三种“交谈”疗法(弗洛伊德式、荣格式、认知式)和行为疗法。接受治疗期间是我一生中最不快乐的时光，因此，我得出结论：心理治疗对我不起作用。
下面哪一个陈述如果正确，最能削弱约翰的结论？
A. 行为疗法在设计时所针对的问题与交谈疗法所针对的问题不同。
B. 行为疗法所用的方法与交谈疗法所用的方法不大相同。
C. 尝试几种不同心理治疗法的人要比只用一种心理治疗法的人快乐。
D. 尝试几种不同心理治疗法的人要比只用一种心理治疗法的人更容易找到对他们起作用的一种疗法。
E. 接受最终有效的心理治疗的人在接受治疗时经常不快乐。

3. 近年，在对某大都市青少年犯罪情况的调查中，发现失足青少年中 24%都是离异家庭的子女。因此，离婚率的提高是造成青少年犯罪的重要原因。
假设每个离异家庭都有子女，则以下哪项如果是真的，最能对上述结论提出严重质疑？
A. 十多年前该大都市的离婚率已接近 1/4，且连年居高不下。
B. 该大都市近年的离婚率较之前有所下降。
C. 父母离异往往使得孩子更加富有侵略性，而这容易导致犯罪。
D. 正常的离异家庭比不正常地维系已经破裂的家庭更有利于社会的稳定。
E. 青少年犯罪中性犯罪占很大的比例。

4. 随着智能手机的普及，手机银行和电子支付正在改变人们的日常生活。只需几次点击，人们就可以完成转账、查询和投资等各种金融操作，非常方便快捷。但是，有专家发出警告，电子支付的普及会使得金融欺诈更加泛滥。

以下哪项如果为真，最能质疑上述专家的观点？

A. 电子支付使得人们能够随时随地进行交易，并实现了即时的资金流动。

B. 支付宝、微信等电子支付手段，由于有第三方平台对信息进行加密，可能会一定程度上避免金融诈骗。

C. 电子支付涉及大量个人的金融信息，这些信息容易遭黑客窃取和外部泄漏。

D. 电子支付的普及会挤压实体银行的生存空间，实体银行很难快速准确地识别金融数据，最终导致它们对金融安全问题有心无力。

E. 电子支付的普及可以使数据更加透明和易于追踪，从而有效预防金融欺诈。

5. 自 1978 年航空公司管制法颁布以来，美国主要的航空公司已经裁减了 3 000 多人。因此，尽管放松管制带来的竞争帮消费者大大降低了票价，但美国的经济也受到了对航空公司放松管制的破坏。

以下哪项如果为真，将会严重削弱以上论述？

A. 美国很多人表达了对解除航空公司管制的强烈支持。

B. 现在乘坐商业航班的人数比 1978 年的人数减少了，结果使运行航班所需的雇员也比 1978 年少了。

C. 现在的航班定期飞行的路线比 1978 年更加少了，因此航空业比 1978 年以前更加集中了，竞争也更加激烈了。

D. 几家主要的航空公司现在的利润和雇佣水平都比放松管制法通过以前要高了。

E. 小型的旅客承运商因为该放松管制法案的实施而繁荣起来，现在他们提供的新工作比 1978 年以来主要航空公司取消的岗位要多。

6. 认为大学的附属医院比社区医院或私立医院要好，是一种误解。事实上，大学的附属医院抢救病人的成功率比其他医院更低。这说明大学的附属医院的医疗护理水平比其他医院要低。

以下哪项如果为真，最能驳斥上述论证？

A. 有的医生既在大学工作又在私立医院工作。

B. 大学，特别是医科大学的附属医院拥有其他医院所缺少的精密设备。

C. 大学的附属医院的主要任务是科学研究，而不是治疗和护理病人。

D. 去大学的附属医院就诊的病人的病情，通常比去私立医院或社区医院的病人的病情重。

E. 抢救病人的成功率只是评价医院的标准之一，而不是唯一的标准。

7. 有研究人员认为，人类脱发是营养不均衡导致的，当人体无法吸收到均衡的营养，毛囊就会萎缩，从而导致脱发。但是，有反对者认为，事实并非如此，脱发是毛囊受损导致的。当毛囊受损后，处于“假性死亡”状态，毛囊退化并萎缩，导致毛发停止生长，逐渐枯萎脱落。

以下哪项如果为真，最能削弱反对者的观点？

A. 营养不均衡会导致患者体内缺失过多的免疫成分，从而容易发生感染性疾病。

B. 使用洗发水也会对毛囊造成一定程度的损害。

C. 毛囊受损是营养不均衡导致的。

D. 毛囊受损使其不能从头皮中吸收营养，从而导致脱发。

E. 如果能够经常做头皮护理，就可以缓解脱发的现象。

8. 当今高校本科生毕业论文中被发现有违反学术规范行为的人次在近10年来明显增多，这说明当代大学生在学术道德方面的素质越来越差。

以下哪项如果为真，将会明显削弱上述结论？

A. 互联网的强大功能为学术不端行为带来了极大的便利。

B. 高校没有对大学生进行学术道德方面的相关教育。

C. 近10年来大学本科毕业生的数量大幅增加。

D. 仍有三十名大学本科生的毕业论文被评为省优秀论文。

E. 有的违反学术规范的行为没有被检查出来。

9. 研究人员对四川地区出土的一批恐龙骨骼化石进行分析后发现，骨骼化石内的砷、钡、铬、铀、稀土等元素含量超高，与现代陆生动物相比，其体内的有毒元素要高出几百甚至上千倍。于是一些古生物学家推测这些恐龙死于慢性中毒。

如果以下各项为真，不能质疑上述推测的是哪一项？

A. 恐龙化石附近土壤中的有毒元素会渗进化石。

B. 恐龙化石内还有很多相应的解毒元素。

C. 这批恐龙化石都是老年恐龙，属于自然死亡。

D. 在恐龙化石附近的植物化石里，有毒元素含量很少。

E. 在这些恐龙化石上，都发现了能致命的伤痕。

10. 新挤出的牛奶中含有溶菌酶等抗菌活性成分。将一杯原料奶置于微波炉加热至50℃，其溶菌酶活性降低至加热前的50%。但是，如果用传统热源加热原料奶至50℃，其内的溶菌酶活性几乎与加热前一样，因此，对酶产生失活作用的不是加热，而是产生热量的微波。

以下哪项如果属实，最能削弱上述论证？

A. 将原料奶加热至100℃，其中的溶菌酶活性会完全失活。

B. 加热对原料奶酶的破坏可通过添加其他酶予以补偿，而微波对酶的破坏却不能补偿。

C. 用传统热源加热液体奶达到50℃所消耗的能源比微波炉加热至50℃少。

D. 经微波炉加热的牛奶口感并不比用传统热源加热的牛奶口感差。

E. 与传统热源加热相比，微波炉加热液体会使内部的温度高于液体表面达到的温度。

11. 调查表明，一年中的任何月份，18～65岁的女性中都有52%在家庭以外工作。因此，18～65岁的女性中有48%是全年不在外工作的家庭主妇。

以下哪项如果为真，最能严重地削弱上述论证？

A. 现在离家工作的女性比历史上的任何时期都多。

B. 尽管在每个月中参与调查的女性人数都不多，但是这些样本有很好的代表性。

C. 调查表明将承担一份有薪工作为优先考虑的女性比以往任何时候都多。

D. 总体上说，职业女性比家庭主妇有更高的社会地位。

E. 不管男性还是女性，都有许多人经常进出于劳动力市场。

12. 纯种的蒙古奶牛一般每年产奶400升，如果蒙古奶牛与欧洲奶牛杂交，其后代一般每年可产2 700升牛奶。为此，一个国际组织计划通过杂交的方式，帮助蒙古牧民提高其牛奶产量。
以下哪项如果为真，则对该国际组织的计划提出了最严重的质疑?
A. 并不是欧洲所有奶牛品种都可以成功地同蒙古奶牛杂交。
B. 许多年轻的蒙古人认为饲养奶牛是收入微薄的职业，不如其他职业更有利可图。
C. 蒙古地区的放牧条件只适合饲养当地品种的奶牛，不适合杂交奶牛生长。
D. 蒙古牧民出口到欧洲的主要产品是牛皮和牛角，而不是牛奶。
E. 许多欧洲奶牛品种每年产奶超过2700升。

13. 某国报载："在过去的20年里，州立法机关的黑人成员人数增长超过了100%，而白人成员却略微下降。这充分说明黑人的政治力量将很快与白人基本相等。"
下列哪一事实有力地削弱了上述观点?
A. 州立法机关提供的席位总数在20年里保持不变。
B. 20年前，州立法机关成员中有168个黑人，7 614个白人。
C. 过去20年里，选黑人为州长的州连五个也不到。
D. 过去20年里，中等家庭的收入提高了80%左右。
E. 过去20年里，登记选举的黑人比例提高了，而白人比例却有所下降。

14. 脐带血指胎儿娩出，脐带结扎并离断后残留在胎盘和脐带中的血液，其中含有的造血干细胞对白血病、重症再生障碍性贫血、部分恶性肿瘤等疾病有显著疗效，是人生中错过就不再有的宝贵的自救资源。父母为新生儿保存脐带血，可以为孩子一生的健康提供保障。
如果以下陈述为真，除哪一项外，都能削弱上面论述的结论?
A. 目前中国因患血液病需要做干细胞移植的概率极小，而保存脐带血的费用昂贵。
B. 通常保留的脐带血不能用于自身的治疗，因为脐带血会引起严重的自身免疫反应。
C. 脐带血的保存量通常为50毫升，这样少的数量对大多数成年人的治疗几乎没有效果。
D. 现在脐带血与外周血、骨髓一起成为造血干细胞的三大来源。
E. 脐带血在保存超过5年后，其作用将很难得到保证，而往往在10年以后才需要用到它。

15. 人体的大脑与血液之间有一道"血脑屏障"，任何起安眠作用的物质首先必须能穿过这个屏障才能起效。牛奶中含有一种名为色氨酸的氨基酸能够穿过血脑屏障，制造诱发睡眠的荷尔蒙5-羟色胺，因此人们认为睡前喝牛奶是促进睡眠非常有效的方法。
以下哪项如果为真，最能削弱上述结论?
A. 皮肤温度上升，入睡速度就快，故而喝一杯热饮就如同洗热水浴一样，能够加快入睡速度。
B. 小份的牛奶所含的色氨酸总量不足以让身体的激素水平发生较大的波动，只有喝大量的牛奶助眠效果才会好。
C. 米饭等碳水化合物助眠效果更好，它们会刺激胰岛素的合成，让色氨酸以外的氨基酸进入肌肉组织，从而使色氨酸更易进入大脑。
D. 牛奶中蕴含许多种类的氨基酸，这些物质进入血液后，会争抢穿过血脑屏障的通道，从而降低色氨酸穿过血脑屏障的能力。
E. 牛奶中的特殊蛋白质结构会使部分人身体产生免疫系统过度反应，例如气喘、荨麻疹、过敏性鼻炎、扁桃腺炎。

16. 宏达山钢铁公司由 5 个子公司组成。去年，其子公司火龙公司试行与利润挂钩的工资制度，其他子公司则维持原有的工资制度。结果，火龙公司的劳动生产率比其他子公司的平均劳动生产率高出 13%。因此，在宏达山钢铁公司实行与利润挂钩的工资制度有利于提高该公司的劳动生产率。

以下哪项如果为真，最能削弱上述论证？

A. 实行了与利润挂钩的工资制度后，火龙公司从其他子公司挖走了不少人才。

B. 宏达山钢铁公司去年从国外购进的先进技术装备，主要用于火龙公司。

C. 火龙公司是三年前组建的，而其他子公司都有 10 年以上的历史了。

D. 红塔钢铁公司去年也实行了与利润挂钩的工资制度，但劳动生产率没有明显提高。

E. 宏达山钢铁公司的子公司金龙公司去年没有实行与利润挂钩的工资制度，但它的劳动生产率比火龙公司略高。

17. 研究团队对欧洲各地发现的古代遗骸进行 DNA 分析，这些遗骸的年代可追溯到 12 000 年前欧洲出现农业之前和之后的一段时期。数据显示，从狩猎——采集生活方式转变为种植农作物方式，人们的平均身高降低了约 3.8 厘米。对此，有研究人员表示：欧洲人在那一历史时期身高改变与农业的兴起密切相关。

以下哪项如果为真，最能削弱研究人员的观点？

A. 早期农业社会的古代人类遗骸中存在海绵状及多孔性骨组织区域。

B. 那时期人类所处的环境、体内的基因并未发生会导致身高降低的变化。

C. 欧洲工业革命后，劳动条件改善及营养的增强使欧洲人在近百年时间里平均身高迅速增加。

D. 相比种植农作物的生活方式，狩猎——采集生活方式下人类肉食比例较高，虽然食物总体相对缺乏，但摄入的营养物质足以确保身高达到一个更高的水平。

E. 在那一时期，气候发生了较大变化，阳光的减少导致体内的生长激素含量不足，骨骼发育不完全。

18. 借助动物化石和标本中留存的 DNA，运用日益先进的克隆和基因技术，人类已经能够“复活”一些早已灭绝的动物，如猛犸象、渡渡鸟、恐龙等。与此同时，科学界对“人类是否应该复活灭绝动物”也展开了一场大讨论。支持者们相信，复活动物有望恢复某些地区被破坏的生态环境。例如，猛犸象生活在西伯利亚广阔草原上，其排泄物是滋养草原的绝佳肥料。猛犸象灭绝后，缺少肥料的草原逐渐被苔原取代。如果能让猛犸象复活，重回西伯利亚，将有助于缩小苔原面积，逐渐恢复草原生态系统。

以下哪项如果为真，最能反驳上述支持者的观点？

A. 如果投入大量时间、精力和成本去复活已经消失的生物，势必牵制和削弱对现存濒危动物的保护，结果得不偿失。

B. 仅仅克隆出某种灭绝动物的个体，并不等于人类有能力复活整个种群。

C. 即便灭绝动物能够成批复活，适宜它们生长的栖息地或许早已消失，如果不能给予重生物种一个适宜生存的环境，一切努力都将徒劳。

D. 这些动物绝大多数是在人类发展过程中逐渐消失的，正是人类活动，才导致了它们的灭绝。

E. 地球资源有限，复活灭绝了的动物势必对现存生物造成威胁。

19. 通过分析物体的原子释放或者吸收的光可以测量物体是在远离地球还是在接近地球，当物体远离地球时，这些光的频率会移向光谱上的红色端(低频)，简称“红移”；反之，则称“蓝移”。原子释放出的这种独特的光也被组成原子的基本粒子尤其是电子的质量所影响。如果某一原子的质量增加，其释放的光子的能量也会变得更高，因此，释放和吸收频率将会蓝移。相反，如果粒子变得越来越轻，频率将会红移。天文观察发现，大多数星系都有红移现象，而且，星系距离地球越远，红移越大，据此，许多科学家认为宇宙一定在不断膨胀。

以下哪项如果为真，最能反驳上述科学家的观点？

A. 在遥远的宇宙中，也发现了个别蓝移的天体。

B. 地球并非处于宇宙的中心区域。

C. 人们所能观察的星体可能不足真实宇宙的百分之一。

D. 从宇宙中其他天体的视角看，红移也是占绝对优势的现象。

E. 根据现代科学观察，宇宙中粒子的质量没有大的变化。

20. 移动支付如今正在北京、上海等大中城市迅速普及，但是，并非所有中国人都熟悉这种新的支付方式，许多老年人仍然习惯传统的现金交易。有专家因此断言，移动支付的迅速普及会将老年人阻挡在消费经济之外，从而影响他们晚年的生活质量。

以下哪项如果为真，最能质疑上述专家的论断？

A. 到 2030 年，中国 60 岁以上人口将增至 3.2 亿，老年人的生活质量将进一步引起社会关注。

B. 有许多老年人因年事已高，基本不直接进行购物消费，所需物品一般由儿女或社会提供，他们的晚年生活很幸福。

C. 国家有关部门近年来出台多项政策指出，消费者在使用现金支付被拒时可以投诉，但仍有不少商家我行我素。

D. 许多老年人已在家中或社区活动中心学会移动支付的方法以及防范网络诈骗的技巧。

E. 有些老年人视力不好，看不清手机屏幕；有些老年人记忆力不好，记不住手机支付密码。

21. 北大西洋海域的鳕鱼数量锐减，但几乎同时海豹的数量却明显增加。有人说是海豹导致了鳕鱼的减少。但这种说法难以成立，因为海豹很少以鳕鱼为食。

以下哪项如果为真，最能削弱上述论证？

A. 海水污染对鳕鱼造成的伤害比对海豹造成的伤害严重。

B. 尽管鳕鱼数量锐减、海豹数量明显增加，但在北大西洋海域，海豹的数量仍少于鳕鱼。

C. 在海豹的数量增加以前，北大西洋海域的鳕鱼数量就已经减少了。

D. 海豹生活在鳕鱼无法生存的冰冷海域。

E. 鳕鱼只吃毛鳞鱼，而毛鳞鱼也是海豹的主要食物。

22. 长期以来，哮喘灵被认为是治疗哮喘的速效药中最有效的一种。然而，近年来在西南地区所进行的研究发现，在被观察的哮喘病人中，有 1/5 的人在服用该药后产生了严重的副作用。一些医生据此认为，应该禁止使用哮喘灵作为治疗哮喘的药物。

以下哪项如果为真，则最能严重地削弱上述论证的结论？

A. 在哮喘灵最常用于治疗哮喘的西南地区，由哮喘而导致死亡的人数近几年增加了。

B. 在被观察的那些服用哮喘灵的病人中，许多人以前从未服用过这种药。

C. 尽管哮喘灵越来越受关注，西南地区的许多医生已经停止给哮喘患者开这种药。

D. 哮喘灵使某些人的哮喘病加重是因为它能破坏心脏组织。

E. 在被观察的那些服用哮喘灵的病人中，只有那些胆固醇含量极高的患者服用后才产生副作用。

23. 被疟原虫寄生的红细胞在人体内的存活时间不会超过 120 天。因为疟原虫不可能从一个它所寄生衰亡的红细胞进入一个新生的红细胞，因此，如果一个疟疾患者在进入了一个绝对不会再被疟蚊叮咬的地方 120 天后仍然周期性高烧不退，那么，这种高烧不会是由疟原虫引起的。
以下哪项如果为真，最能削弱上述结论？
A. 由疟原虫引起的高烧和由感冒病毒引起的高烧有时不容易区别。
B. 携带疟原虫的疟蚊和普通的蚊子很难区别。
C. 引起周期性高烧的疟原虫有时会进入人的脾脏细胞，这种细胞在人体内的存活时间要长于红细胞。
D. 除了周期性的高烧只有在疟疾治愈后才会消失外，疟疾的某些其他症状也会随着药物治疗而缓解乃至消失，但在 120 天内仍会再次出现。
E. 疟原虫只有在疟蚊体内和人的细胞内才能生存与繁殖。

24. 1987 年以来，中国人口出生率逐渐走低，以“民工荒”为标志的劳动力短缺现象于 2004 年首次出现，劳动力的绝对数量在 2013 年左右达到峰值后将逐渐下降。今后，企业为保证用工必须提高工人的工资水平和福利待遇，从而增加劳动力成本在生产总成本中的比重。
如果以下陈述为真，则哪一项能够对上述结论构成最有力的质疑？
A. 中国社会的“老龄化”进程正在加快，相关部门提出延迟退休以解决养老金短缺问题。
B. 提高工人的工资水平和福利待遇对企业利润有一定的损害。
C. 相关部门正在研究是否应该对计划生育政策做出适当调整。
D. 企业为保持利润会想方设法降低生产成本。
E. 国内一些劳动密集型企业开始增加生产线上机器人的数量。

25. 张珊在 2016 年奥运会上脚部受伤，被迫退出比赛。奥运会比赛中运动员受伤并不鲜见，这给人一个印象：奥运比赛由于其极强的竞争性，更容易造成运动员受伤。其实这种印象是不正确的。奥运会期间发生的运动员的受伤事故，和同一个时间段发生在世界各地的运动员受伤乃至致残事故比起来，在数量上微乎其微。
以下哪项如果为真，最能削弱上述论证？
A. 张珊在此次奥运会上的受伤，是旧伤复发。
B. 奥运会中运动员受伤，近几届呈逐渐严重的趋势。
C. 运动员中只有极小一部分参加奥运会比赛。
D. 奥运会比赛是运动员的极限挑战，比平时训练更易导致运动员受伤。
E. 奥运会的安全措施，包括对运动员的保护措施比平时更为严格。

26. 调查显示，84.8%的家长倾向于给孩子购买标有“儿童”字样的食品。几乎每一款“儿童食品”都宣称“无添加，适合孩子健康成长”。但有专家对此发出警告，很多标有“儿童”字样的食品会危害儿童的健康，不宜购买。
以下哪项如果为真，最能质疑专家的观点？
A. 由于市面上销售的有“儿童”标签的食品更易于外出携带，使得家长更青睐于它。
B. 孩子在不同年龄阶段，对各种营养物质的需求量会发生变化，而几乎所有“儿童食品”都没有明确的年龄分段和食用提示。
C. 所谓的“儿童食品”，成分通常与普通食品没什么区别，甚至有些因为添加过量的调味物质而有害儿童健康。
D. 儿童食品的外包装设计和食品形状设计都更符合儿童的审美，会导致儿童因为喜欢外形而过量进食。
E. 贴有“儿童”字样的食品都是生产厂商精心设计的，其所使用添加剂不会危害儿童的身体健康，并且营养成分远高于一般食品。

27. 虫洞和黑洞都是爱因斯坦广义相对论预言的特殊时空结构，黑洞的存在已经被观测所证实，而虫洞依然属于理论假定。如果能证明虫洞真的存在，天文学研究将获得巨大突破。在近期的一项研究中，研究人员通过数值模拟的方法，发现黑洞落入虫洞会产生一种特殊的引力波频率渐降的信号——“反啾啾声”，这与双黑洞碰撞所产生的引力波频率渐高的“啾啾声”是不同的。研究者据此推测，未来人们可以根据这种特殊的引力波信号找到宇宙中存在的虫洞。

以下哪项如果为真，最能质疑上述研究者的推测？

A. 黑洞落入虫洞后可能存在三种结局：一是瞬间穿过虫洞到达另外一个宇宙；二是停留在虫洞喉部；三是黑洞落入虫洞后，由于引力的相互作用，又被拉回到原来的宇宙。

B. 黑洞围绕大质量天体绕行时，如果其运行的是椭圆轨道，所产生的引力波频率会不断变化，渐近时频率会逐渐增高，渐远时频率会逐渐降低。

C. 黑洞落入虫洞后，由于引力的相互作用，又被拉回到原来的宇宙，此时它发出的引力波频率越来越小，发出“反啾啾声”。

D. 在此次研究中，研究人员模拟了一个五倍太阳质量黑洞，落入一个稳定、不旋转、可穿越的 200 倍太阳质量虫洞。

E. NASA 的一些天文学专家认为此种方法确实可以帮助人类寻找出太空可能存在的虫洞。

28. 利兹鱼生活在距今约 1.65 亿年前的侏罗纪中期，是恐龙时代一种体形巨大的鱼类。利兹鱼在出生后 20 年内可长到 9 米长，平均寿命 40 年左右，最大的体长甚至可达到 16.5 米。这个体形与现代最大的鱼类鲸鲨相当，而鲸鲨的平均寿命约为 70 年，因此利兹鱼的生长速度很可能超过鲸鲨。

以下哪项如果为真，最能反驳上述论证？

A. 利兹鱼和鲸鲨都以海洋中的浮游生物、小型动物为食，生长速度不可能有大的差异。

B. 利兹鱼和鲸鲨尽管寿命相差很大，但是它们均在 20 岁左右达到成年，体形基本定型。

C. 鱼类尽管寿命长短不同，但其生长阶段基本上与其幼年、成年、中老年相应。

D. 侏罗纪时期的鱼类和现代鱼类相比其生长周期没有明显变化。

E. 远古时期的海洋环境和今天的海洋环境存在很大的差异。

29. 社会成员的幸福感是可以运用现代手段精确量化的。衡量一项社会改革措施是否成功，要看社会成员的幸福感总量是否增加。S 市最新推出的福利改革明显增加了公务员的幸福感总量，因此，这项改革措施是成功的。

以下哪项如果为真，最能削弱上述论证？

A. 上述改革措施并没有增加 S 市所有公务员的幸福感。

B. S 市公务员只占全市社会成员很小的比例。

C. 上述改革措施在增加公务员幸福感总量的同时，减少了 S 市民营企业人员的幸福感总量。

D. 上述改革措施在增加公务员幸福感总量的同时，减少了 S 市全体社会成员的幸福感总量。

E. 上述改革措施已经引起 S 市市民的广泛争议。

30. 在两块试验菜圃里每块种上相同数量的西红柿苗，给第一块菜圃加入镁盐，但不给第二块加。第一块菜圃产出了 20 磅西红柿，第二块菜圃产出了 10 磅。因为除了水以外，没有向两块菜圃加入其他任何东西，第一块菜圃较高的产量必然是由于镁盐。

下面哪项如果正确，最能严重地削弱以上的论证?

A. 少量的镁盐从第一块菜圃渗入了第二块菜圃。

B. 第三块菜圃加入了一种高氮肥料，但没有加镁盐，产出了 15 磅西红柿。

C. 在每块菜圃中以相同份额种植了四种不同的西红柿。

D. 有些与西红柿竞争生长的野草不能忍受土壤里大量的镁盐。

E. 这两块试验菜圃的土质和日照量不同。

专项训练5 削弱题

答案详解

答案速查

1～5 EEAEE	6～10 DCCDE	11～15 ECBDD
16～20 BECCB	21～25 EECEC	26～30 EBBDE

1. E

【第1步 识别论证类型】

题干：

在社交媒体上每天花费时间超过120分钟：孤独感相对高；
在社交媒体上每天花费时间少于30分钟：孤独感相对低；
————————————————————
因此，在社交媒体上花费的时间越长，越容易感到孤独。

题干通过两组对象的对比实验，得出一个因果关系，故此题为现象原因模型(求异法型)。

【第2步 套用母题方法】

A项，无关选项，题干的论证不涉及孤独与患抑郁症的可能性之间的比较。(干扰项·比较不一致)

B项，无关选项，题干涉及的是社交媒体与"孤独感"之间的关系，而此项涉及的是"对生活的满意度"，话题与题干不一致，不能削弱题干。(干扰项·话题不一致)

C项，无关选项，题干的论证不涉及人们使用社交媒体的目的。

D项，无关选项，题干涉及的是社交媒体与孤独感之间的联系，而此项涉及的是社交媒体对他人心态的影响，话题与题干不一致，不能削弱题干。(干扰项·话题不一致)

E项，此项说明是由于越容易感到孤独才越喜欢使用社交媒体，因果倒置，削弱题干。

2. E

【第1步 识别论证类型】

约翰：心理治疗期间最不快乐 —证明→ 心理治疗对自己不起作用。

题干论据中的核心概念是"不快乐"，论点中的核心概念是"不起作用"，二者不一致，故此题为拆桥搭桥模型(前后型)。

【第2步 套用母题方法】

A、B项，无关选项，题干不涉及"交谈疗法"和"行为疗法"之间的比较。(干扰项·比较不一致)

C、D项，无关选项，题干不涉及"尝试几种不同心理治疗法"的人和"只用一种心理治疗法"的人之间的比较。(干扰项·比较不一致)

E项，指出接受心理治疗最终"有效"的人会经常"不快乐"，即说明了"不快乐"不代表"无效(不起作用)"，拆桥法，可以削弱约翰的结论。

3. A

【第1步 识别论证类型】

题干：在对某大都市青少年犯罪情况的调查中，发现失足青少年中24%都是离异家庭的子女(含有百分比的现象)。因此，离婚率的提高是造成青少年犯罪的重要原因(原因分析)。

题干的论据含有百分比，题干的论点是原因分析，题干的选项也含有百分比，故此题为现象原因模型(百分比对比型)。

【第2步 套用母题方法】

A项，此项与题干形成对比：

题干：失足青少年，来自离异家庭的占24%；

A项：所有人，离婚率接近1/4；

说明所有家庭的离婚率与失足青少年的家庭的离婚率没有差异。

故削弱离婚率的提高是青少年犯罪的重要原因(同比削弱)。

B项，此项指出离婚率相较于以往有所下降，但并未指出离婚率的具体数值，故此项不能削弱。

C项，说明父母离异确实容易导致孩子犯罪，支持题干。

D项，无关选项，题干不涉及“正常离异”家庭与“不正常维系”家庭之间的比较。(干扰项·比较不一致)

E项，无关选项，题干的论证不涉及青少年犯罪行为中“性犯罪”的比例。

4. E

【第1步 识别论证类型】

专家：电子支付的普及(主语)会使得金融欺诈更加泛滥(宾语)。

本题题干中专家的观点没有明确的论据，只是提出了一种观点，且提问方式为“最能质疑上述专家的观点”，故此题为拆桥搭桥模型(主宾型)。

【第2步 套用母题方法】

A项，无关选项，此项说的是电子支付的便捷性，未提及“金融欺诈”。

B项，说明有第三方平台对信息进行加密，能够避免金融诈骗，但“可能”是弱化词，故削弱力度弱。

C项，说明电子支付会造成个人的金融信息泄露，支持专家的观点。

D项，此项指出电子支付会挤压实体银行的生存空间，进而导致无法对金融安全问题作出有效的应对，支持专家的观点。

E项，此项指出电子支付的普及可以有效预防金融欺诈，拆桥法(主宾拆桥)，削弱专家的观点。

5. E

【第1步 识别论证类型】

题干：航空管制法颁布以来，美国主要的航空公司已经裁减了3 000多人 $\xrightarrow{\text{证明}}$ 美国经济受到了对航空公司放松管制的破坏。

题干的论据仅涉及“主要的航空公司”，论点涉及的是“航空公司”，前者是后者的子集，故此题为归纳论证模型。

【第2步 套用母题方法】

A项，“表达支持”是主观态度，不能削弱客观事实。(干扰项·诉诸主观)

B项，支持题干，此项指出乘坐商业航班的人数减少导致运行航班所需“雇员的减少”，说明现在航空业确实存在“就业减少”的情况。

C项，支持题干，此项指出“航班定期飞行的路线减少”导致竞争更加激烈，有助于支持题干信息“放松管制带来竞争”。

D项，不能削弱，因为“几家主要的航空公司”现在的利润和雇佣水平提高了，可以说明“主要的航空公司”没有受到放松管制的影响，但并不能说明“美国经济”不受航空公司放松管制的影响。

E项，此项说明“小型的旅客承运商”提供的新工作数量大于“主要航空公司”取消的岗位数量，那么美国航空公司总体雇员较之前增加了而不是减少了，因此，可以削弱题干的论证。

6. D

【第1步 识别论证类型】

题干：大学的附属医院抢救病人的成功率比其他医院更低，这说明，大学的附属医院的医疗护理水平比其他医院要低。

题干的论据是两个对象的结果差异，论点是两个对象的原因差异，故此题为现象原因模型(差果差因型)。

【第2步 套用母题方法】

A项，“有的医生”的情况不能说明两类医院的医疗护理水平。(干扰项·不当反例之“有的不”)

B项，指出了大学的附属医院与其他医院的差异，但大学附属医院的设备更好，无法解释为什么大学的附属医院抢救病人的成功率更低，故不能削弱题干。

C项，说明了大学的附属医院医疗护理水平低的原因，支持题干。

D项，指出是因为病情严重程度的差异导致了题干中抢救成功率的差异，另有差因，削弱题干。

E项，肯定了抢救病人的成功率是评价医院的标准，故有利于说明题干的论点成立，支持题干。(干扰项·明否暗肯)

7. C

【第1步 识别论证类型】

研究人员：营养不均衡(因)$\xrightarrow{\text{导致}}$人类脱发(果)。

反对者：①不是营养不均衡导致人类脱发，②而是毛囊受损导致毛发停止生长，逐渐枯萎脱落(果)。

锁定关键词“导致”可知，此题为现象原因模型。

【第2步 套用母题方法】

A项，无关选项，题干没有涉及“营养不均衡”与“感染性疾病”之间的关系。(干扰项·话题不一致)

B项，无关选项，题干没有涉及“洗发水”对毛囊的损害。(干扰项·话题不一致)

C项，说明是“营养不均衡”导致了“毛囊受损”，进而导致了毛发停止生长，逐渐枯萎脱落，削弱反对者的观点。

D项，说明毛囊受损(因)确实会导致脱发(果)，因果相关，支持题干。

E项，无关选项，题干并未讨论缓解脱发的措施。

8. C

【第 1 步　识别论证类型】

题干：当今高校本科生毕业论文中被发现有违反学术规范行为的人次在近 10 年来明显增多 $\xrightarrow[\text{证明}]{}$ 当代大学生在学术道德方面的素质越来越差。

题干论据中出现数量，论点中直接做出断定，故此题为统计论证模型。

【第 2 步　套用母题方法】

A 项，说明有可能是互联网的强大功能导致了学术不端行为，另有他因，削弱题干，但是由于这一原因与题干中的原因是可以共存的，故削弱力度弱。

B 项，说明违反学术规范行为增多的原因可能是"缺乏学术道德方面的相关教育"，但题干不涉及原因分析，不能削弱。

C 项，评价学术道德好坏的标准是违反学术规范行为的"发生率"，而非违反学术规范行为的"数量"。

$$\text{违反学术规范行为的发生率}=\frac{\text{违反学术规范行为的人次}}{\text{学生总数}}\times 100\%。$$

本项指出，近 10 年来大学本科毕业生的数量大幅增加，可以说明违反学术规范行为的"发生率"降低，从而削弱题干。

D 项，不能削弱，个别论文被评为省优秀论文，并不能判断其他论文是否存在违规以及大学生在学术道德方面的素质。(干扰项 • 不当反例之"有的不")

E 项，既然有的违反学术规范的行为没有被检查出来，那么违反学术规范行为的实际人数应该更多，支持题干。

9. D

【第 1 步　识别论证类型】

题干：恐龙骨骼化石中，砷、钡、铬、铀、稀土等元素含量超高，与现代陆生动物相比，其体内的有毒元素要高出几百甚至上千倍。因此，古生物学家推测：这些恐龙死于慢性中毒。

观察题干可知，论据是一个现象，而论点是对该现象原因的分析。此时，我们可以将题干中的"古生物学家推测"，替换为"这是因为"。故此题为现象原因模型。

【第 2 步　套用母题方法】

A 项，说明可能是由于有毒元素的渗透导致了化石中有毒元素含量超高，另有他因，削弱题干。

B 项，此项说明恐龙体内的有毒元素可能被解毒元素中和，那么恐龙就不会死于中毒，否因削弱。

C 项，此项说明恐龙的死因是自然死亡而不是慢性中毒，另有他因，削弱题干。

D 项，无关选项，题干讨论的是"恐龙化石"，而此项讨论的是"植物化石"。(干扰项 • 对象不一致)

E 项，说明恐龙可能是死于受伤，另有他因，削弱题干。

10. E

【第 1 步 识别论证类型】

题干中出现两组对比：

“微波炉”加热原料奶至 50℃，其溶菌酶活性降低至加热前的 50%；

“传统热源”加热原料奶至 50℃，其溶菌酶活性几乎与加热前一样；

故：对酶产生失活作用的不是加热，而是产生热量的微波。

题干通过两组对象的对比实验，得出一个因果关系，故此题为现象原因模型(求异法型)。

【第 2 步 套用母题方法】

A 项，无关选项，题干讨论的是加热至 50℃溶菌酶活性的变化情况，而此项讨论的是加热至 100℃溶菌酶活性的变化情况。(干扰项·话题不一致)

B 项，无关选项，题干不涉及对酶的破坏的“补偿”。

C 项，无关选项，题干不涉及两种不同的加热方式，加热牛奶至 50℃所消耗的能源量的比较。(干扰项·比较不一致)

D 项，无关选项，题干不涉及“口感”的比较。(干扰项·比较不一致)

E 项，说明与传统热源加热相比，微波加热的实际温度比设定数值更高，从而导致了牛奶中的酶失活，另有差因，削弱题干。

11. E

【第 1 步 识别论证类型】

题干：一年中的任何月份，18～65 岁的女性中都有 52%在家庭以外工作，因此，18～65 岁的女性中有 48%是全年不在外工作的家庭主妇。

题干论据中说的是“每个月的情况”，论点中说的是“全年整体的情况”，二者不一致，故此题为拆桥搭桥模型(前后型)。

【第 2 步 套用母题方法】

A 项，无关选项，题干不涉及现在与过去的比较。(干扰项·比较不一致)

B 项，说明样本有代表性，支持题干。

C 项，“优先考虑”是一种主观意愿，不能代表客观事实，故不能削弱。(干扰项·诉诸主观)

D 项，无关选项，题干不存在职业女性与家庭主妇社会地位的比较。(干扰项·比较不一致)

E 项，说明劳动力市场的人员流动较为频繁，题干中“一年中的任何月份”都有 48%的女性不在外工作，不能说明，48%的女性“全年”不在外工作，可能有女性在外工作几个月，又在家待几个月，故此项削弱题干。

12. C

【第 1 步 识别论证类型】

题干：蒙古奶牛与欧洲奶牛杂交的后代每年产奶量高于纯种的蒙古奶牛。因此，国际组织计划通过杂交的方式，帮助蒙古牧民提高其牛奶产量。

锁定关键句“通过……方式”，可知此题为措施目的模型。

【第 2 步　套用母题方法】

A 项，此项等价于：有的欧洲奶牛不可以与蒙古奶牛杂交；“有的不能杂交”并不能说明“杂交”这个措施不可行。(干扰项·不当反例之“有的不”)

B 项，“认为”是主观描述，年轻的蒙古人的观点未必为真，不能削弱。(干扰项·诉诸主观)

C 项，说明杂交奶牛无法在蒙古地区生长，那么也就无法提高牛奶产量了，措施达不到目的，削弱题干。

D 项，无关选项，题干只涉及牛奶的产量，不涉及牛奶的出口。(干扰项·话题不一致)

E 项，无关选项，题干不涉及“欧洲奶牛”的产奶量。

13. B

【第 1 步　识别论证类型】

题干：在过去的 20 年里，州立法机关的黑人成员人数增长超过了 100%，而白人成员却略微下降 $\xrightarrow[\text{证明}]{}$ 黑人的政治力量将很快与白人基本相等。

题干的论据是“增长率”，论点中的“相等”是指“数量上相等”，可知此题为统计论证模型(增长率型)。

【第 2 步　套用母题方法】

A 项，无关选项，题干未讨论州立法机关的总席位数。

B 项，根据公式“现在的黑人成员数量=20 年前的黑人成员数量×(1+增长率)”，可知只要说明 20 年前的黑人成员数量远小于白人，即可削弱题干，故此项可以削弱。

C 项，无关选项，题干的论证对象是“州立法机关的成员”，而此项的论证对象是“州长”。(干扰项·对象不一致)

D 项，无关选项，题干不涉及“中等家庭的收入”。(干扰项·话题不一致)

E 项，无关选项，题干不涉及白人、黑人登记选举比例的比较。(干扰项·比较不一致)

14. D

【第 1 步　识别论证类型】

题干：脐带血含有的造血干细胞对白血病、重症再生障碍性贫血、部分恶性肿瘤等疾病有显著疗效，是人生中错过就不再有的宝贵的自救资源。父母为新生儿保存脐带血(措施)，可以为孩子一生的健康提供保障(目的)。

题干中，“为新生儿保存脐带血”是措施，“为孩子一生的健康提供保障”是目的，故此题为措施目的模型。

【第 2 步　套用母题方法】

A 项，说明脐带血保存成本高，而利用的概率极小，即措施有副作用，削弱力度弱。

B 项，说明脐带血不能用于自身，也就无法为孩子一生的健康提供保障，措施达不到目的，削弱题干。

C 项，说明脐带血的保存量很少，对成年后的人没有效果，也就无法提供一生的保障，措施达不到目的，削弱题干。

D 项，支持题干，此项说明脐带血确实能够给孩子提供造血干细胞的来源。

E 项，此项说明脐带血可以保存的时间比较短，当需要使用的时候，其作用很难得到保证，措施达不到目的，削弱题干。

15. D

【第 1 步　识别论证类型】

题干：牛奶中含有一种名为色氨酸的氨基酸能够穿过血脑屏障，制造诱发睡眠的荷尔蒙 5-羟色胺(原因)，因此，人们认为睡前喝牛奶(措施)是促进睡眠非常有效的方法(目的)。

锁定关键词“方法”，可知此题为措施目的模型。

【第 2 步　套用母题方法】

A 项，此项说明热饭能够促进睡眠，牛奶能否起到作用不得而知。

B 项，说明喝大量牛奶确实有助于促进睡眠，支持题干。

C 项，无关选项，题干不涉及“喝牛奶”与“吃米饭等碳水化合物”的助眠效果的比较。(干扰项·比较不一致)

D 项，削弱题干，此项说明牛奶中其他氨基酸会使得色氨酸穿过血脑屏障的能力降低，进而会抑制其制造荷尔蒙 5-羟色胺的能力，即：措施达不到目的。

E 项，此项说明喝牛奶会产生副作用，但该副作用只在部分人身上产生，故削弱力度小。

16. B

【第 1 步　识别论证类型】

题干：

火龙公司的工资与利润挂钩：劳动生产率高；
其他子公司的工资不与利润挂钩：平均劳动生产率低；

所以，宏达山钢铁公司实行工资与利润挂钩的工资制度可以提高劳动生产率。

题干通过两组对象的对比实验，得出一个因果关系，故此题为现象原因模型(求异法型)。

【第 2 步　套用母题方法】

A 项，说明火龙公司采取与利润挂钩的工资制度，有助于吸引人才，从而提高劳动生产率，支持题干。

B 项，说明火龙公司劳动生产率高的原因可能是“先进技术装备”的使用，而不是“与利润挂钩的工资制度”，另有差因，削弱题干。

C 项，无关选项，题干仅讨论了“去年”的情况，因此，公司成立了三年还是十年，不影响题干的论证。(干扰项·话题不一致)

D 项，红塔钢铁公司去年也实行了与利润挂钩的工资制度(有因)，但劳动生产率没有明显提高(无果)，有因无果，可以削弱，但由于并未指出此项的论证对象与题干的论证对象具有相似性或一致性，故其削弱力度较小。

E 项，题干说火龙公司的劳动生产率比其他子公司的“平均”劳动生产率高，并不排除有子公司比火龙公司的劳动生产率高，因此，此项不能削弱题干。(干扰项·不当反例)

17. E

【第 1 步　识别论证类型】

题干的提问方式为“最能削弱研究人员的观点”，故直接锁定研究人员的观点：欧洲人在那一历史时期身高改变(主语：现象)与农业的兴起(宾语：原因)密切相关。故此题可认为是现象原因模型，或者拆桥搭桥模型(主宾型)。

【第 2 步　套用母题方法】

A 项，无关选项，题干的论证不涉及遗骸的情况。

B 项，说明不是环境和基因导致那时期的人类身高降低，排除他因，支持研究人员的观点。

C 项，无关选项，题干讨论的是 12 000 年前的身高变化情况，而此项讨论的是工业革命后的身高变化情况。

D 项，说明狩猎——采集生活方式与种植农作物的生活方式相比，可以确保身高达到一个更高的水平，即种植农作物的生活方式下身高水平更低，故此项为搭桥法（主宾搭桥），建立了“农业兴起”和“身高降低”之间的联系，支持研究人员的观点。

E 项，说明是阳光的减少（另有他因）使得骨骼发育不完全，进而导致了改变，削弱研究人员的观点。

18. C

【第 1 步　识别论证类型】

注意此题的问题是：“最能反驳上述支持者的观点”，锁定“支持者”，可知其观点是“复活动物有望恢复某些地区被破坏的生态环境”。后文中的“例如，猛犸象……”是论据。

支持者：复活动物（措施）$\xrightarrow{\text{以求}}$恢复某些地区被破坏的生态环境（目的）。

“复活动物”是一种措施，再锁定关键词“有望”“将有助于”，可知此题为措施目的模型。

【第 2 步　套用母题方法】

A 项，措施有副作用，可以削弱，但削弱力度弱。

B 项，题干的背景信息中提及人类可以复活“一些”早已灭绝的动物，而不是“整个种群”，故此项不能削弱题干。

C 项，支持者的观点中，复活动物的目的是恢复“生态环境”，但复活的动物要想存活，又依赖于适宜的“生态环境”，二者互为条件，可见复活动物无法达到恢复生态环境的目的，即措施达不到目的，削弱力度最大。

D 项，无关选项，题干的论证没有涉及动物灭绝的“原因”。（干扰项 • 话题不一致）

E 项，措施有副作用，可以削弱，但削弱力度小。

19. C

【第 1 步　识别论证类型】

题干：天文观察发现，大多数星系都有红移现象，而且，星系距离地球越远，红移越大，因此，宇宙一定在不断膨胀。

题干论据中的论证对象是“天文观察发现的大多数星系”，论点中的论证对象是“宇宙”，前者是后者的子集，故此题为归纳论证模型。

【第 2 步　套用母题方法】

A 项，个别蓝移的天体不能反驳“大多数”星系有红移现象。（干扰项 • 不当反例之“有的不”）

B 项，无关选项，地球是否位于宇宙的中心，不影响宇宙是否膨胀。

C 项，指出人们所能观察的星体可能不足真实宇宙的百分之一，那么通过天文观察发现的星系，就不能代表整个宇宙，样本没有代表性，可以削弱题干。

D 项，说明题干观察到的现象是正确的，支持题干。

E项，由题干的背景信息可知，由两种可能的原因导致红移，即“物体远离地球”和“粒子变轻”，此项排除“粒子变轻”这种可能，从而肯定“物体远离地球”这种可能，故此项支持题干。

20. B

【第1步　识别论证类型】

专家：许多老年人仍然习惯传统的现金交易 —证明→ 移动支付的迅速普及会将老年人阻挡在消费经济之外，从而影响他们晚年的生活质量。

锁定关键词“会”，可知此题出现对未来结果的预测，故此题为预测结果模型。

【第2步　套用母题方法】

A项，无关选项，题干不涉及社会对老年人生活质量的关注。

B项，说明即使老年人不会移动支付，也可以由子女代购，给出了新的理由说明移动支付的迅速普及并不会影响老年人的生活质量，直接削弱题干。

C项，无关选项，题干的论证对象为“老年人”，而此项的论证对象为“消费者”及“商家”。

D项，题干中的许多老年人是“习惯”传统的现金交易，而不是说“不会”移动支付。故此项只能解决“会不会”移动支付的问题，不能解决“习惯”问题，故此项排除。

E项，此项说明有些老年人确实无法适应移动支付，支持专家的观点。

21. E

【第1步　识别论证类型】

题干：有人说是海豹导致了鳕鱼的减少(他人的观点)。但这种说法难以成立(否定他人的观点)，因为海豹很少以鳕鱼为食(否定他人观点的理由)。

题干结构为：某人认为A，但是这一提议是荒谬的，因为B。故此题为人丑模型。

锁定关键词“导致”，可知本题还包含了现象原因模型。

【第2步　套用母题方法】

A项，无关选项，题干不涉及海水污染对鳕鱼和海豹造成的伤害的比较。(干扰项·比较不一致)

B项，无关选项，题干不涉及“海豹的数量”与“鳕鱼的数量”的比较。(干扰项·比较不一致)

C项，在海豹数量增加以前(无因)，鳕鱼数量就已经减少了(有果)，削弱他人的观点，支持题干论证。

D项，既然海豹和鳕鱼生活在完全不同的海域，那么海豹确实和鳕鱼的减少无关，因果无关，削弱他人的观点，支持题干论证。

E项，此项说明海豹和鳕鱼之间存在食物竞争关系，那么海豹数量的增加，可能会导致鳕鱼的食物变少，从而引起鳕鱼数量的减少，削弱题干论证。

22. E

【第1步　识别论证类型】

题干：在被观察的哮喘病人中，有1/5的人在服用该药后产生了严重的副作用。一些医生据此认为，应该禁止使用哮喘灵作为治疗哮喘的药物。

题干的论点中出现绝对化词“应该禁止”，故此题为绝对化结论模型。

【第2步　套用母题方法】

A项，无关选项，题干不涉及由哮喘导致的死亡人数的变化。

B 项，无关选项，题干不涉及被观察的病人以前是否服用过哮喘灵。

C 项，不能削弱，西南地区的医生停止给患者使用此种药物无法说明这种药物应该禁止使用，因为医生可能是出于其他原因停止的。

D 项，提出新论据，说明哮喘灵会危害服用者的心脏组织，支持题干。

E 项，题干中“禁止”的意思是任何人都不能用，我们只要说明有人可以用即可削弱题干。此项等价于：¬ 胆固醇含量过高→¬ 严重的副作用，那么，对于胆固醇含量并不过高的人来说，就无须禁止使用该药物，故此项削弱题干。

23. C

【第 1 步 识别论证类型】

题干：被疟原虫寄生的红细胞在人体内的存活时间不会超过 120 天；疟原虫不可能从一个它所寄生衰亡的红细胞进入一个新生的红细胞，因此，如果一个疟疾患者在进入了一个绝对不会再被疟蚊叮咬的地方 120 天后仍然周期性高烧不退，那么，这种高烧不会是由疟原虫引起的。

题干的论点中出现绝对化词“如果……那么……”，故此题为绝对化结论模型。找结论的矛盾命题即可削弱。

【第 2 步 套用母题方法】

A 项，题干不涉及“疟原虫引起的高烧”和“感冒病毒引起的高烧”的区别。

B 项，题干不涉及“携带疟原虫的疟蚊”和“普通的蚊子”的区别。

C 项，说明即使一个疟疾患者在进入了一个绝对不会再被疟蚊叮咬的地方 120 天后仍然周期性高烧不退，也仍然可能是由疟原虫引起的，与题干的结论矛盾，削弱题干。

D 项，无关选项，题干只涉及“周期性高烧”，不涉及“其他症状”。

E 项，无关选项，题干不涉及疟原虫是否“只能”在疟蚊体内及人的细胞内生存。

24. E

【第 1 步 识别论证类型】

题干：企业为保证用工必须提高工人的工资水平和福利待遇，从而增加劳动力成本在生产总成本中的比重。

锁定关键词“为”，可知此题为措施目的模型。另外，锁定“必须”一词，可知此题也为绝对化结论模型。

【第 2 步 套用母题方法】

A 项，无关选项，题干不涉及“养老金短缺问题”。

B 项，说明题干的措施会损害企业利润，措施有副作用，削弱题干，但力度小。

C 项，无关选项，“生育政策”与企业无关。

D 项，无关选项，题干讨论的是保证用工的措施，而此项讨论的是保持利润的措施。（干扰项 · 话题不一致）

E 项，指出措施没有必要，如果“机器人”可以替代人，那么也就没有必要提高工资水平和福利待遇了，削弱题干。

25. C

【第 1 步　识别论证类型】

题干：奥运会期间运动员的受伤事故和同一个时间段发生在世界各地的运动员受伤乃至致残事故比起来，在数量上微乎其微$\xrightarrow[\text{证明}]{}$奥运比赛更容易造成运动员受伤的印象不正确。

题干论据中出现数量，论点中直接做出断定，故此题为统计论证模型。

【第 2 步　套用母题方法】

A 项，不能削弱题干，个人的情况无法说明所有运动员的受伤率情况。

B 项，无关选项，题干比较的是“奥运会运动员和普通运动员”哪个更容易受伤，而此项是现在的奥运会和过去的奥运会的比较。(干扰项·比较不一致)

C 项，根据公式：$\text{奥运会运动员的受伤率}=\dfrac{\text{奥运会运动员的受伤人数}}{\text{奥运会运动员的总数}}\times 100\%$，可知，只要说明奥运会运动员的总数少，即可说明奥运会运动员的受伤率高，从而削弱题干。此项指出运动员中只有极小一部分参加奥运会比赛，也就是说参加奥运会的运动员的总数少，故削弱题干。

D 项，此项说明参加奥运会确实容易受伤，削弱题干的论点，但要注意，此题要求削弱题干的“论证”，而此项并没有涉及题干的论证关系，故此项的削弱力度不如 C 项。

E 项，支持题干，说明参加奥运会的运动员的保护措施好，不容易受伤。

26. E

【第 1 步　识别论证类型】

专家：很多标有“儿童”字样的食品(主语)会危害儿童的健康，不宜购买(宾语)。

本题题干中专家的观点没有明确的论据，只是提出了一种观点，且提问方式为“最能质疑上述专家的观点”，故此题为拆桥搭桥模型(主宾型)。

【第 2 步　套用母题方法】

A 项，无关选项，题干讨论的是“儿童食品”对儿童的影响，此项分析的是家长购买“儿童食品”的原因。(干扰项·话题不一致)

B 项，“儿童食品”没有明确的年龄分段和食用提示，可能会影响到这些食品的选择是否科学，略支持专家的观点。

C 项，直接说明“儿童食品”会危害儿童的健康，搭桥法，支持专家的观点。

D 项，不能削弱，进食量增加不能说明其会危害儿童的健康。

E 项，说明“儿童食品”确实更加营养健康，并且不会危害儿童身体，拆桥法，削弱专家的观点。

27. B

【第 1 步　识别论证类型】

题干：黑洞落入虫洞会产生一种特殊的引力波频率渐降的信号——“反啾啾声”，这与双黑洞碰撞所产生的引力波频率渐高的“啾啾声”是不同的$\xrightarrow[\text{预测}]{}$未来人们可以根据这种特殊的引力波信号找到宇宙中存在的虫洞。

锁定关键词“未来”，可知此题为预测结果模型。

【第 2 步 套用母题方法】

A 项，无关选项，题干不涉及黑洞落入虫洞的不同结局。

B 项，既然黑洞围绕大质量天体时也可能会发出“反啾啾声”，那么用这种特殊的引力波频率渐降的信号找到的可能是大质量天体，而非虫洞，说明结果预测不当，削弱题干。

C 项，说明黑洞落入虫洞后确实会发出“反啾啾声”，那么就可以根据这种引力波信号找到虫洞，支持题干。

D 项，无关选项，题干不涉及研究人员所使用方法的具体情况。

E 项，专家的个人观点未必为真，诉诸权威。

28. B

【第 1 步 识别论证类型】

题干：①利兹鱼与鲸鲨体形相当；②利兹鱼的平均寿命为 40 年左右，而鲸鲨的平均寿命约为 70 年 $\xrightarrow[\text{证明}]{}$ 利兹鱼的生长速度很可能超过鲸鲨。

题干论点中出现“生长速度”，这实际上是一个比率，故此题为统计论证模型（数量比率型）。

【第 2 步 套用母题方法】

A 项，二者的生长速度不会有“大的差异”，可以反驳二者的生长速度差异大，但不能反驳利兹鱼的生长速度“超过”鲸鲨。

B 项，生长速度是个“比率”，即：

$$\text{生长速度}=\frac{\text{体形}}{\text{生长时间}}。$$

在体形相当（分子相同）的情况下，只要说明二者的生长时间无差异，即可削弱题干，故此项可以削弱题干。

C 项，无关选项，题干并未讨论鱼类生长阶段的划分（注意：生长阶段≠生长时间）。

D 项，无关选项，题干不涉及侏罗纪时期的鱼类和现代鱼类之间的比较。（干扰项 · 比较不一致）

E 项，无关选项，题干不涉及远古时期的海洋环境和今天的海洋环境之间的比较。（干扰项 · 比较不一致）

29. D

【第 1 步 识别论证类型】

题干：①衡量一项社会改革措施是否成功，要看社会成员的幸福感总量是否增加；②新推出的福利改革措施增加了公务员的幸福感总量 $\xrightarrow[\text{证明}]{}$ 这项改革措施是成功的。

题干中论据①是个一般性前提，而论点是个别性的，故此题为演绎论证模型。

【第 2 步 套用母题方法】

A 项，“并没有增加 S 市所有公务员的幸福感”，等价于“有的 S 市公务员的幸福感没有增加”，这并不能削弱 S 市公务员的“幸福感总量”增加了。（干扰项 · 不当反例之“有的不”）

B 项，无关选项，题干并未讨论公务员在社会成员中的占比。

C 项，公务员和民营企业的人员无法代表 S 市全体社会成员，因此，无法判断社会成员的幸福感如何变化，既不能削弱题干，也不能支持题干。

D项，既然S市全体社会成员的幸福感总量减少了，结合论据①可知，此项改革措施是失败的，直接削弱论点。

E项，不能削弱，该措施引起了争议不能说明改革是不成功的。

30. E

【第1步 识别论证类型】

题干出现两组对象的对比实验，可知此题为现象原因模型(求异法型)：

第一块菜圃加入镁盐：产量高；

第二块菜圃没加镁盐：产量低；

故：第一块菜圃高的产量必然是由于镁盐。

【第2步 套用母题方法】

A项，镁盐从第一块菜圃渗入了第二块菜圃可能影响实验结果，但"少量"一词说明影响不大，故此项排除。

B项，说明在加入高氮肥料但没有加入镁盐的情况下，产量还是不如加入镁盐高，支持题干。

C项，说明两块菜圃种的西红柿品种相同，排除他因，支持题干。

D项，说明加入镁盐还可以去除杂草，支持题干。

E项，说明有其他差异因素影响了实验结果，削弱题干。

专项训练 6　支持题

（共 30 小题，每小题 2 分，共 60 分，限时 60 分钟）

你的得分是________

说明：本部分题目的整体难度约等于 2024 年真题的论证逻辑部分，大于 2021、2022、2023 年真题的论证逻辑部分。

1. 即使是最有经验的珠宝收藏家，也不会凭他们的肉眼鉴定来购买钻石，他们担心自己的眼睛会被赝品欺骗。既然最有经验的珠宝收藏家都无法凭肉眼将一件赝品和真的钻石区分开，赝品就与真品具有同样的审美享受，因此，这两件珠宝就具有同样的价值。

   以下哪项陈述如果为真，能最强地支持上述论证？

   A. 最有经验的珠宝收藏家也不能将赝品与真的钻石区分开来。

   B. 最有经验的珠宝收藏家只收藏那些更具有审美享受的珠宝。

   C. 一件珠宝的价值在很大程度上取决于市场的需要。

   D. 一件珠宝的价值应该完全由它提供的审美享受来决定。

   E. 三级拍卖市场的商家经常用赝品替代真品来牟取更大的利益。

2. 壳牌石油公司连续三年在全球 500 家最大公司净利润总额排名中位列第一，其主要原因是该公司比其他公司有更多的国际业务。

   下列哪项如果为真，则最能支持上述说法？

   A. 与壳牌公司规模相当但国际业务少的石油公司的净利润总额都比壳牌石油公司低。

   B. 历史上全球 500 家最大公司的净利润总额冠军都是石油公司。

   C. 近三年来全球最大的 500 家公司都在努力走向国际化。

   D. 近三年来石油和成品油的价格都很稳定。

   E. 壳牌石油公司是英国和荷兰两国所共同拥有的。

3. 张珊：尽管本地区几年来中学招生人数持续下降，但是小学招生人数却在大幅增加。因此，地区校务委员会提出建造一所新的小学。

   李思：另一个方案可以是将一些中学教室临时改为小学学生教室。

   下面哪项如果正确，则最有助于支持李思的可替换方案？

   A. 一些中学教室不能被改造为适合小学学生使用的教室。

   B. 建造一个中学的成本比建造一个小学的成本高。

   C. 虽然出生率未提高，但送孩子去本地区中学的家庭数目显著增多。

   D. 中学气氛可能危及小学学生的安全和自信。

   E. 即使该地区中学学生人数开始下降以前，有几所中学的教室也很少被使用。

4. 不该让小孩玩电脑游戏？这是很多家长的困扰，因为有太多的声音指责游戏正摧毁着下一代。不过一项新的研究显示，玩游戏有益于提高小孩的阅读能力，甚至可以帮助他们克服阅读障碍。

以下哪项如果为真，最不能支持上述观点？

A. 研究发现，如果让孩子们玩体感游戏，即依靠肢体动作变化来操作的游戏，累计超过 12 小时，孩子的阅读速度及认字准确率会显著提高。

B. 长期玩游戏的儿童阅读游戏规则更容易，还会对游戏中出现的画面变得敏感，但对周围的事物表现冷漠。

C. 相比玩单机版游戏的儿童，玩网络互动游戏的儿童会更加注重相互交流，因此他们的阅读能力提高得更快。

D. 儿童阅读障碍主要与神经发育迟缓有关，游戏只能暂时提高阅读速度，却无法克服阅读障碍。

E. 长期玩电脑游戏影响儿童视力发育，但可以使儿童更有效地集中注意力，而阅读障碍的根源是由于视觉注意力缺陷。

5. 有研究团队收集蜘蛛网进行微塑料实验测试，发现所有的蜘蛛网都被微塑料污染过。有些蜘蛛网中，微塑料可达蜘蛛网总重量的十分之一。该团队研究员认为，可以通过确定特定区域内蜘蛛网上微塑料的含量来快速了解该区域的微塑料污染情况。

以下陈述如果为真，哪项可以支持上述观点？

A. 微塑料可以有许多来源，包括纺织品、水瓶、外卖容器和食品包装。

B. 飘浮在空气中的微塑料有可能被人类吸入并进入血液，从而造成健康风险。

C. 蜘蛛网可有效粘着空气中飘浮的微塑料，其含量与空气中的微塑料浓度成正比。

D. 目前有多种方法可对微塑料含量进行检测，但准确度和灵敏度并不一致。

E. 蜘蛛网的黏度较差致使微塑料只是被其短暂地黏住，微塑料会在较短的时间内掉落。

6. 由于量子理论的结论违反直观，有些科学家对这一理论持不同看法。尽管他们试图严格地表明量子理论的断言是不精确的(即试图严格地证伪它)，但是发现，其误差在通常可接受的统计范围之内。量子理论的这些结果不同于与它相竞争的理论的结果，这表明接受量子理论是合理的。

以下哪一项原则最有助于表明上述推理的合理性？

A. 一个理论在被试图严格地证伪之前不应当被认为是合理的。

B. 只有一个理论的断言没有被实验所证伪，才可以接受这个理论。

C. 如果一个科学理论中违反直观的结论比与它相竞争的理论少，那么应该接受这个理论。

D. 如果试图严格地证伪一个理论，但该理论经受住了所有的考验，那么应该接受它。

E. 许多理论在被完全接受之前，都经历了漫长的被质疑的过程。

7. 一项调查显示：79.8%的糖尿病患者对血糖监测的重要性认识不足，即使在进行血糖监测的患者中仍然有 62.2%的人对血糖监测的时间和频率缺乏正确的认知；73.6%的患者不了解血糖控制的目标，这组数据足以表明目前我国血糖监测应用现状不尽如人意。有专家表示，近八成的糖尿病患者不重视血糖监测，这说明大部分患者还不知道应该如何管理糖尿病。

以下哪项如果为真，则最能支持上述专家的观点？

A. 如果不监测血糖，就不知道自身血糖水平是高还是低，从而使饮食、锻炼、治疗方面的努力变成徒劳。

B. 血糖监测是糖尿病综合治疗中的重要环节。

C. 除非重视血糖监测，否则不能对糖尿病进行科学有效的管理。

D. 除非不重视血糖监测，否则就能对糖尿病进行科学有效的管理。

E. 血糖监测是控制糖尿病的基础。

8. 体内不产生 P450 物质的人与体内产生 P450 物质的人比较，前者患帕金森氏综合征(一种影响脑部的疾病)的可能性三倍于后者，因为 P450 物质可保护脑部组织不受有毒化学物质的侵害。因此，有毒化学物质可能导致帕金森氏综合征。

下列哪项如果为真，将最有力地支持以上论证？

A. 除了保护脑部组织不受有毒化学物质的侵害外，P450 物质对脑部无其他作用。

B. 体内不能产生 P450 物质的人，也缺乏产生某些其他物质的能力。

C. 一些帕金森氏综合征病人有自然产生 P450 物质的能力。

D. 当用多乙胺(一种脑部自然产生的化学物质)治疗帕金森氏综合征病人时，病人的症状减轻。

E. 很快就有可能合成 P450 物质，用于治疗体内不能产生这种物质的病人。

9. 有时候，一个人不能精确地解释一个抽象词语的含义，却能十分恰当地使用这个词语进行语言表达。可见，理解一个词语并非一定依赖于对这个词语的含义作出精确的解释。

以下哪一项陈述能为上面的结论提供最好的支持？

A. 抽象词语的含义是不容易得到精确解释的。

B. 如果一个人能精确地解释一个词语的含义，那他就理解这个词语。

C. 一个人不能精确地解释一个词语的含义，不意味着其他人也不能精确地解释这个词语的含义。

D. 如果一个人能十分恰当地使用一个词语进行语言表达，那他就理解这个词语。

E. 有时候人们也不能精确地表达一个非抽象词语的含义。

10. 很多家长认为，孩子不听话，“打屁屁”惩罚一下，至少能让孩子注意到自己的行为不当，变得更听话一些。还有一些人坚持“不严加管教会惯坏孩子”的传统信念，认为“打屁屁”是为孩子好。研究者对 16 万名儿童在过去 5 年里的经历进行研究，通过收集“打屁屁”行为的数据加以分析，发现：打屁股会在儿童成长过程中造成主动思考能力弱、攻击性行为高等多种负面影响。

以下哪项如果为真，最能支持上述研究者的观点？

A. 学习成绩差的孩子比学习成绩好的孩子更易被家长打屁股。

B. 本身不听话且更容易惹祸的孩子更有可能受到父母的严厉惩罚。

C. 研究报告称全球大约 80%的父母都有以打屁股管教孩子的经历。

D. 被打屁股而困惑的孩子只懂得按家长要求去做而不会独立思考。

E. 父母体罚儿童的行为会增加自身暴力倾向，造成攻击性行为。

11. 某城市一个居民小区 2014 年以前经常发生盗窃事件，2014 年在小区居民的要求下，物业管理部门为该小区安装了技术先进的多功能防盗系统，结果该小区盗窃事件的发生率显著下降，这说明多功能防盗系统对于防止盗窃事件的发生起到了重要的作用。

以下哪一项如果为真，最能加强上述结论？

A. 从 2014 年开始，该城市没有安装这种多功能防盗系统的小区的盗窃事件有显著增加。

B. 该城市另一个居民小区也安装了这种多功能防盗系统，但效果不佳。

C. 从 2014 年开始，该城市加强了治安管理，盗窃事件有所减少。

D. 采取其他的防盗措施对预防盗窃事件也能起到一定的效果。

E. 该多功能防盗系统设计巧妙，多次获得奖项。

12. 心理学研究表明，大学里的曲棍球和橄榄球运动员比参加游泳等非对抗性运动的运动员能更快地进入敌对和攻击状态。但是，这些研究人员的结论——对抗性运动鼓励和培养运动的参与者变得怀有敌意和具有攻击性——是站不住脚的。橄榄球和曲棍球运动员可能天生就比游泳运动员更怀有敌意和具有攻击性。

下面哪项如果正确，则最能增强研究人员的结论？

A. 一般只有那些性格具有侵略性的人才能成为橄榄球运动员。

B. 橄榄球和曲棍球运动员，在实验开始的时候知道他们正在被检查攻击性，而游泳运动员并不知情。

C. 同一次心理学研究发现，橄榄球运动员与曲棍球运动员非常重视协作和集体比赛，而游泳运动员最关心的是个人竞争。

D. 这次研究考察设计时没有包括同时参加对抗性和非对抗性运动的大学运动员。

E. 橄榄球运动员与曲棍球运动员在赛季中比非赛季期更怀有敌意和具有攻击性，而游泳运动员的攻击性在赛季中和非赛季期没有变化。

13. 一则公益广告劝告人们，酒后不要开车，直到你感到能安全驾驶的时候才开。然而，在医院进行的一项研究发现，酒后立即被询问的对象往往低估他们恢复驾驶能力所需要的时间。这个结果表明，在驾驶前饮酒的人很难遵循这个广告的劝告。

下列哪项如果为真，最能强有力地支持以上结论？

A. 对于许多人来说，如果他们计划饮酒的话，他们会事先安排不饮酒的人开车送他们回家。

B. 医院中被研究的对象在估计他们恢复驾驶能力所需要的时间时，通常比其他饮酒的人更保守。

C. 一些不得不开车回家的人不饮酒。

D. 医院研究的对象也被询问恢复对安全驾驶不起重要作用的能力所需要的时间。

E. 一般的人对公益广告的警觉比医院研究对象对公益广告的警觉高。

14. 有些人若有一次厌食，就会对这次膳食中有特殊味道的食物持续产生强烈厌恶，不管这种食物是否会对身体有利。这种现象可以解释为什么小孩更易于对某些食物产生强烈的厌恶。

以下哪项如果为真，最能加强上述解释？

A. 小孩的膳食搭配中含有特殊味道的食物比成年人多。

B. 对未尝过的食物，成年人比小孩更容易产生抗拒心理。

C. 小孩的嗅觉和味觉比成年人敏锐。

D. 和成年人相比，小孩较为缺乏食物与健康的相关知识。

E. 如果讨厌某种食物，小孩厌食的持续时间比成年人更长。

15. 有的人即便长时间处于高强度的压力下，也不会感到疲劳，而有的人哪怕干一点活也会觉得累。这除了体质或者习惯不同之外，还可能与基因不同有关。英国格拉斯哥大学的研究小组通过对50名慢性疲劳综合征患者基因组的观察，发现这些患者的某些基因与同年龄、同性别健康人的基因是有差别的。

以下哪项如果为真，最能支持该研究成果应用于慢性疲劳综合征的诊断和治疗？

A. 基因鉴别已在一些疾病的诊断中得到应用。

B. 科学家们鉴别出了导致慢性疲劳综合征的基因。

C. 目前尚无诊断和治疗慢性疲劳综合征的方法。

D. 在慢性疲劳综合征患者身上有一种独特的基因。

E. 按照现在医疗技术的发展速度，开发出治疗慢性疲劳综合征的药品指日可待。

16. 人们在社会生活中常会面临选择，要么选择风险小、报酬低的机会；要么选择风险大、报酬高的机会。究竟是在个人决策的情况下富于冒险性，还是在群体决策的情况下富于冒险性？有研究表明，群体比个体更富有冒险精神，群体决策所带来的利益也不是最高的。

以下哪项如果为真，最能支持上述研究结论？

A. 在群体进行决策时，人们往往会比个人决策时更倾向于向某一个极端偏斜，从而严重背离最佳决策。

B. 个体会将其意见与群体其他成员相互比较，因其想要被其他群体成员所接受及喜爱，所以个体往往会顺从群体的一般意见。

C. 在群体决策时，为充分保障个人利益，个体往往都相对更保守，会选择最为常规的决策。

D. 群体决策有利于充分利用其成员不同的教育程度经验和背景，他们的广泛参与有利于提高决策的科学性。

E. 某社会行为学专家认为，群体决策更容易使得利益最大化，满足所有人的利益追求。

17. 2012年9月，欧盟对中国光伏电池发起反倾销调查。一旦欧盟决定对中国光伏产品设限，中国将失去占总销量60%以上的欧洲市场。如果中国光伏产品失去欧洲市场，中国光伏企业将大量减产并影响数十万员工的就业。不过，一位中国官员表示："欧盟若对中国光伏产品设限，将搬起石头砸自己的脚。"

如果以下陈述为真，则哪一项将给中国官员的断言以最强的支持？

A. 对于全球所有国家而言，光伏产品的广泛应用有助于缓解对化石能源的依赖。

B. 欧盟若将优质低价的中国光伏产品挡在门外，其他国家的光伏产品商会加大在欧盟市场的宣传力度。

C. 中国光伏产业从欧洲大量购买原材料和设备，带动了欧盟大批光伏上下游企业的发展。

D. 目前欧洲债务问题继续恶化，德国希望争取中国为解决欧债危机提供更多的帮助。

E. 一些国家的光伏产品的竞争力持续上升，欧盟可以用其来替代中国的光伏产品。

18. 在司法审判中，所谓肯定性误判是指把无罪者判为有罪，否定性误判是指把有罪者判为无罪。肯定性误判就是所谓的错判，否定性误判就是所谓的错放。而司法公正的根本原则是"不放过一个坏人，不冤枉一个好人"。某法学家认为，目前，衡量一个法院在办案中是否对司法公正的原则贯彻得足够好，就看它的肯定性误判率是否足够低。

以下哪项如果为真，能最有力地支持上述法学家的观点？

A. 错放，只是放过了坏人；错判，则是既放过了坏人，又冤枉了好人。

B. 宁可错判，不可错放，是"左"的思想在司法界的反映。

C. 错放造成的损失，大多是可弥补的；错判对被害人造成的伤害，是不可弥补的。

D. 各个法院的办案正确率普遍有明显的提高。

E. 各个法院的否定性误判率基本相同。

19. 许多种属的蜘蛛通过改变它们自身的颜色来和它们所寄住的花的颜色相匹配。这些蜘蛛的捕食对象——昆虫，和人类不同，却拥有如此敏锐的分辨颜色的本领，它们能够很容易地发现经过颜色伪装的蜘蛛。因此，蜘蛛通过改变颜色伪装自己必定是为了躲避它们自己的天敌。

下面哪项如果为真，最能有力地加强上面的推理？

A. 以这些自身会变颜色的蜘蛛为食的是一些蝙蝠，它们通过发出的声波的回音来捕食猎物。

B. 一些以这些自身会变颜色的蜘蛛为食的动物很少去捕获蜘蛛以防止自己摄入的蜘蛛毒液过量而受到损害。

C. 自身会变颜色的蜘蛛比那些缺少此能力的蜘蛛拥有更敏锐的分辨颜色的能力。

D. 自身会变颜色的蜘蛛织的蛛网很容易被它们的天敌发现。

E. 以自身会变颜色的蜘蛛为食的鸟类分辨颜色的能力并不比人类分辨颜色的能力敏锐多少。

20. 阳光公司是一家庞大的公司。它正在考虑在它所使用的房屋建筑内安装节能空调，这种节能空调与目前正在使用的传统空调拥有同样的功能。但是所需的电量仅是传统空调的一半。与此同时，这种节能空调的寿命也会比传统空调要长，因此，当传统空调坏掉时换上新的节能空调可以大大降低阳光公司的成本。

以下哪项如果为真，最能支持上述论证？

A. 换装这种节能空调后，阳光公司所能够节约的电费远高于其采购费用。

B. 阳光公司最近签了一份合同，要扩张办公区域。

C. 生产这种节能空调的公司对使用的新技术获得了专利，因此它享有生产节能空调独家权利。

D. 阳光公司发起了一项号召，就是鼓励员工每次在离开房间时关掉空调。

E. 换上新的节能空调的成本远远高于公司降低的金钱成本。

21. 经 A 省的防疫部门检测，在该省境内接受检疫的长尾猴中，有 1%感染上了狂犬病。但是只有与人及其宠物有接触的长尾猴才接受检疫。防疫部门的专家因此推测，该省长尾猴中感染有狂犬病的比例，将大大小于 1%。

以下哪项如果为真，将最有力地支持专家的推测？

A. 在 A 省境内，与人及其宠物有接触的长尾猴，只占长尾猴总数的不到 10%。

B. 在 A 省，感染有狂犬病的宠物，约占宠物总数的 0.1%。

C. 在与 A 省毗邻的 B 省境内，至今没有关于长尾猴感染狂犬病的疫情报告。

D. 与和人接触相比，健康的长尾猴更愿意与人的宠物接触。

E. 与健康的长尾猴相比，感染有狂犬病的长尾猴更愿意与人及其宠物接触。

22. 一个已经公认的结论是，北美洲人的祖先来自亚洲。至于亚洲人是如何到达北美洲的，科学家们一直假设，亚洲人是跨越在 14 000 年以前还连接着北美洲和亚洲、后来沉入海底的陆地进入北美洲的，在艰难的迁徙途中，他们靠捕猎沿途陆地上的动物为食。最近的新发现导致了一个新的假设，亚洲人是划船沿着上述陆地的南部海岸，沿途以鱼和海洋生物为食而进入北美洲的。

以下哪项如果为真，最能使人有理由在两个假设中更相信后者？

A. 当北美洲和亚洲还连在一起的时候，亚洲人主要以捕猎陆地上的动物为生。

B. 上述连接北美洲和亚洲的陆地气候极为寒冷，植物品种和数量都极为稀少，无法维持动物的生存。

C. 存在于 8 000 年以前的亚洲和北美洲文化，显示出极大的类似性。

D. 在欧洲，靠海洋生物为人的食物来源的海洋文化，最早发端于 10 000 年以前。

E. 在亚洲南部，靠海洋生物为人的食物来源的海洋文化，最早发端于 14 000 年以前。

23. 关节尿酸炎是一种罕见的严重关节疾病。一种传统的观点认为，这种疾病曾于 2 500 年前在古埃及流行，其根据是在所发现的那个时代的古埃及木乃伊中，有相当高的比例可以发现患有这种疾病的痕迹。但是，最近对于上述木乃伊骨骼的化学分析使科学家们推测，木乃伊所显示的关节损害实际上是对尸体进行防腐处理时所使用的化学物质引起的。

以下哪项如果为真，最能进一步加强对题干中所提及的传统观点的质疑？

A. 在我国西部所发现的木乃伊中，同样可以发现患有关节尿酸炎的痕迹。

B. 关节尿酸炎是一种遗传性疾病，但在古埃及人的后代中这种病的发病率并不比一般的要高。

C. 对尸体进行成功的防腐处理，是古埃及人一项秘而不宣的技术，科学家至今很难确定他们所使用物质的化学性质。

D. 在古代中东文物艺术品的人物造型中，可以发现当时的人患有关节尿酸炎的参考证据。

E. 一些古埃及的木乃伊并没有显示患有关节尿酸炎的痕迹。

24. 深度学习是一系列复杂的算法，使计算机能够识别数据中的模式并作出预测。研究人员利用深度学习技术训练 AI 系统自动读取视网膜扫描数据，并识别那些在接下来的一年中患心脏病风险较高的人。研究人员认为该项技术将替代传统的心脏病筛查方式。

以下哪项如果为真，最能支持研究人员的观点？

A. 视网膜扫描数据反映的微小血管变化是预测心脏疾病较为灵敏的指标。

B. 心脏病筛查必须要进行复杂且昂贵的超声心动图或心脏磁共振成像检查。

C. 视网膜扫描相对便宜，并且在许多配镜服务中被使用。

D. AI 系统是解开自然界中存在的复杂模式的绝佳工具。

E. 心脏病领域专家张教授认为，该项技术对于心脏病的筛查和预防有重要意义。

25. 在人的一生当中，人脑会不断对脑神经连接进行“优化重组”，“修剪”掉多余的连接，以保证有用的连接更加快速通畅。研究人员选取了121名年龄在4～20岁健康的志愿者，利用磁共振技术，分析了这一年龄段神经连接随着大脑发育和成熟而发生的变化。结果发现，女性对脑神经连接开始“修剪”的时间普遍早于男性。因此研究人员认为，女性的大脑相比男性大脑更高效。

以下陈述如果为真，哪项无法支持上述结论？

A. 学龄期女孩往往表现出比同龄男孩更好的理解能力和语言能力。

B. 脑神经连接“修剪”出错会导致自闭症，患病率性别差异显著。

C. 男孩只能专注于一件工作，女孩可以同时处理多项工作。

D. 大脑“修剪”和“重组”之后使得各种认知活动效率提升很多。

E. “修剪”的时间越早，大脑整体的效率也更高。

26. 过去几年中，我国的气候普遍比较凉。但是，在我国的日平均气温和湿度比正常水平稍高的那段时间内，我国生长的农作物的产量却显著增加；在未来几年，我国的日平均气温和湿度增加会是非常普遍的状态。因此，未来几年我国大多数地区农作物的年产量将会显著增加。

下面哪一项如果正确，最能支持题干的结论？

A. 即使北美地区的日平均气温和湿度都比现在有所增加后，那里的农作物产量也有望保持不变。

B. 温度和湿度的增加会使大气中二氧化碳的含量升高，二氧化碳浓度升高必会直接影响农作物的生理反应，进而提高农作物的产量。

C. 我国过去几年农作物的产量的增长率明显高于西亚诸国主要农作物的产量的增长率。

D. 未来几年，我国将不可避免地面临大规模的农作物害虫爆发。

E. 我国最近几年的气候普遍太冷太干燥，使得许多农作物害虫不能大规模地生长。

27. 盲盒是指消费者不能提前得知包装盒内具体产品的销售方式。现在许多商家大量销售盲盒，文具盲盒、零食盲盒等“盲盒＋”商业模式迅速走红。对此，有专家指出，盲盒这种销售方式会给青少年的身心健康造成负面影响。

以下哪项如果为真，最能支持上述专家的观点？

A. 越来越多的青少年对盲盒已从单纯的猎奇逐步升级到追求美感、情感等价值层面。

B. 打开盲盒时的不确定性令身心发育不成熟的青少年沉迷，激发其跟风攀比之心。

C. 盲盒销售的价格通常远高于其实际价值，大大加重了青少年家长的经济负担。

D. 相比于文具盲盒，零食盲盒对青少年的吸引力更大。

E. 青少年开盲盒只是图一时新鲜，不会对青少年的身心健康有负面作用。

28. 在法庭的被告中，被指控偷盗、抢劫的定罪率，要远高于被指控贪污、受贿的定罪率。其重要原因是后者能聘请收费昂贵的私人律师，而前者主要由法庭指定的律师辩护。

以下哪项如果为真，最能支持题干的叙述？

A. 被指控偷盗、抢劫的被告，远多于被指控贪污、受贿的被告。

B. 一个合格的私人律师，与法庭指定的律师一样，既忠实于法律，又努力维护委托人的合法权益。

C. 被指控偷盗、抢劫的被告中罪犯的比例，不高于被指控贪污、受贿的被告。

D. 一些被指控偷盗、抢劫的被告，有能力聘请私人律师。

E. 司法腐败导致对有权势的罪犯的庇护，而贪污、受贿等职务犯罪的构成要件是当事人有职权。

29. 一般认为，一个人在他 80 岁和 30 岁时相比，理解和记忆能力都会显著减退。最近一项调查显示，80 岁的老人和 30 岁的年轻人在玩麻将时所表现出的理解和记忆能力没有明显差别。因此，认为一个人到了 80 岁理解和记忆能力会显著减退的看法是站不住脚的。

以下哪项如果为真，最能加强上述论证？

A. 目前 30 岁的年轻人的理解和记忆能力，高于 50 年前的同龄人。

B. 上述调查的对象都是退休或在职的大学教师。

C. 上述调查由权威部门策划和实施。

D. 记忆能力的减退不必然导致理解能力的减退。

E. 科学研究证明，人的平均寿命可以达到 120 岁。

30. 由于每一层次的员工都不愿意在上级管理者眼里与坏消息有所关联，因此基层出现的严重问题在沿管理层次逐级上报时总是被淡化或是掩盖。所以，位于最高层次上的总经理对基层出现的真实问题的了解，要比他的下级们少得多。

以下哪项如果为真，则最能加强上述结论？

A. 管理层级中，较高层次的管理者解决问题的能力要比低层管理者解决问题的能力强。

B. 仍然有一些员工更关注的是事实，而不是他们在上级管理者心目中的印象。

C. 位于最高层次的总经理只能从直接下级处了解基层问题，而没有别的渠道。

D. 在哪一层发生的管理问题应由哪一层的管理人员去加以解决。

E. 向上级如实汇报基层情况的员工应当受到来自高层管理者的特别嘉奖。

专项训练6　支持题

答案详解

答案速查

1～5　DAEDC	6～10　DCADD	11～15　AEBCB
16～20　ACEEA	21～25　EBBAB	26～30　BBCAC

1. D

【第1步　识别论证类型】

题干：最有经验的珠宝收藏家都无法凭肉眼将一件赝品和真的钻石区分开，赝品就与真品具有同样的审美享受——证明→赝品与真品就具有同样的价值。

论据中的核心概念是“审美享受”，论点中的核心概念是“价值”，二者不一致，故此题为拆桥搭桥模型(前后型)。

【第2步　套用母题方法】

A项，此项仅仅是对题干论据的复述，支持题干，但力度很弱。

B项，无关选项，题干的论证并不涉及珠宝收藏家的收藏喜好。

C项，说明珠宝的价值取决于市场需求，拆桥法，削弱题干。

D项，说明珠宝的价值只和审美享受有关，搭桥法，支持题干。

E项，无关选项，题干并未涉及三级拍卖市场的商家。

2. A

【第1步　识别论证类型】

锁定关键词“主要原因”，可知此前是现象，此后是原因，故此题为现象原因模型。

题干：壳牌石油公司连续三年在全球500家最大公司净利润总额排名中位列第一，其主要原因是该公司比其他公司有更多的国际业务。

【第2步　套用母题方法】

A项，国际业务少的石油公司(无因)，净利润总额少(无果)，无因无果，支持题干。

B项，无关选项，全球500家最大公司净利润总额的排名中冠军是谁和获得冠军的原因无关。

C项，无关选项，题干的论证对象是“壳牌石油公司”，而此项的论证对象是“全球最大的500家公司”。(干扰项·对象不一致)

D项，无关选项，题干不涉及近三年石油和成品油的价格变动趋势。

E项，无关选项，题干不涉及壳牌石油公司的控制者是哪个国家。

3. E

【第1步　识别论证类型】

题干：尽管中学招生人数持续下降，但是小学招生人数却在大幅增加。

校务委员会：建造一所新的小学。

李思：另一个方案是将一些中学教室临时改为小学学生教室。

锁定关键词“方案”等，可知此题为措施目的模型。

【第2步　套用母题方法】

A项，“有的不”只能削弱“所有”，有的不能改造，无法说明改造这个方案不可行。(干扰项·不当反例之“有的不”)

B项，无关选项，题干不涉及建造中学和建造小学成本的比较。(干扰项·比较不一致)

C项，无关选项，题干不涉及“家庭数目”。

D项，此项指出李思的方案可能会危及小学学生的安全和自信，即：措施有副作用，削弱李思的可替换方案，但力度较小。

E项，此项说明“改造教室”的方案是可行的，支持李思的可替换方案。

4. D

【第1步　识别论证类型】

题干的论点：玩游戏(主语)有益于提高小孩的阅读能力(宾语1)，甚至可以帮助他们克服阅读障碍(宾语2)。

本题题干中没有明确的论据，只是提出了一种观点，且提问方式为“最不能支持上述观点”，故此题为拆桥搭桥模型(主宾型)。

【第2步　套用母题方法】

A项，说明玩游戏有助于提升儿童的阅读速度和认字准确率，即：有益于提高小孩的阅读能力，主宾搭桥，支持题干。

B项，此项指出玩游戏有益于儿童阅读游戏规则，侧面说明有益于提高小孩的阅读能力，主宾搭桥，支持题干。

C项，直接说明玩网络互动游戏有益于儿童阅读能力的提高，主宾搭桥，支持题干。

D项，此项指出玩游戏无法让儿童克服阅读障碍，主宾拆桥，削弱题干。

E项，说明玩游戏可以克服阅读障碍，从而提高阅读能力，主宾搭桥，支持题干。

注意：B项和E项虽指出玩电脑游戏会造成一些负面影响，但就提高阅读能力而言，均支持题干。

5. C

【第1步　识别论证类型】

研究员：可以通过确定特定区域内蜘蛛网上微塑料的含量来快速了解该区域的微塑料污染情况。

锁定关键句“通过……来快速了解……”，可知此题为措施目的模型。另外，此题也可认为是概念不一致的拆桥搭桥模型(前后型)。

【第2步　套用母题方法】

A项，无关选项，题干不涉及微塑料的来源。

B项，无关选项，题干不涉及空气中的微塑料是否会危害人体健康。

C项，说明蜘蛛网上的微塑料含量与空气中微塑料的含量成正比，那就可以根据蜘蛛网上微塑料的含量来了解该区域的微塑料污染情况，措施可以达到目的，支持题干。

D项，无关选项，目前已有的方法能否准确测量微塑料污染情况与题干的方法能否准确测量无关。(干扰项·话题不一致)

E项，说明微塑料无法有效黏结在蜘蛛网上，那就不能通过蜘蛛网上微塑料的含量来了解该区域的微塑料污染情况，措施达不到目的，削弱题干。

6. D

【第1步 识别论证类型】

题干：有的科学家试图证伪量子理论，但发现其误差在可接受的统计范围内，量子理论的这些结果不同于与它相竞争的理论的结果(论据)。这说明接受量子理论是合理的(论点)。

题干论据中的话题"证伪量子理论"与论点中的话题"接受量子理论是合理的"不一致，故此题为拆桥搭桥模型(前后型)。

【第2步 套用母题方法】

A项，无关选项，题干不涉及量子理论被严格证伪之前的合理性。

B项，接受这个理论→没有被实验所证伪，混淆了充分必要条件，不能支持题干。

C项，无关选项，题干中"量子理论的这些结果"不同于与它相竞争的理论的结果，指的是量子理论的误差在可接受范围内，而不是"违反直观的结论"是多还是少。

D项，建立了"证伪理论"与"接受理论"之间的关系，搭桥法，支持题干。

E项，无关选项，题干不涉及理论在被完全接受之前经历了什么。

7. C

【第1步 识别论证类型】

专家：近八成的糖尿病患者不重视血糖监测 $\xrightarrow{\text{证明}}$ 大部分患者还不知道应该如何管理糖尿病。

题干论据中的话题是"不重视血糖监测"，论点中的话题是"不知道应该如何管理糖尿病"，二者不一致，故此题为拆桥搭桥模型(前后型)。

【第2步 套用母题方法】

A、B、E项，偷换概念，题干说的是"重视血糖监测"，而这三项说的是"血糖监测"。(干扰项·概念不一致)

C项，不重视血糖监测→不能对糖尿病进行管理，搭桥法，支持题干。

D项，重视血糖监测→能对糖尿病进行科学有效的管理，题干中"重视血糖监测"是必要条件，而此项是充分条件，故不能支持题干。

8. A

【第1步 识别论证类型】

题干：①体内不产生P450物质的人与体内产生P450物质的人比较，前者患帕金森氏综合征的可能性三倍于后者；②P450物质可保护脑部组织不受有毒化学物质的侵害 $\xrightarrow{\text{证明}}$ 有毒化学物质可能导致帕金森氏综合征。

题干通过两组对象的对比实验，得出一个因果关系，故此题为现象原因模型(求异法型)。

【第 2 步 套用母题方法】

A 项，指出 P450 物质除了保护脑部组织不受有毒化学物质的侵害外没有其他作用，这就排除了 P450 物质的其他作用减少了帕金森氏综合征发病率的可能(即两组对象只有一个差异因素"是否受有毒化学物质的侵害")，排除他因，支持题干。

B 项，无关选项，题干不涉及"某些其他物质"。

C 项，无关选项，题干并没有说患帕金森氏综合征的人不产生 P450 物质，只是说不产生 P450 物质的人患帕金森氏综合征的可能性更大。(干扰项·话题不一致)

D 项，无关选项，题干讨论的是帕金森氏综合征的致病原因，而此项讨论的是治疗帕金森氏综合征。(干扰项·话题不一致)

E 项，无关选项，"合成 P450 物质"的用途与人体内产生"P450 物质"的作用无关。

9. D

【第 1 步 识别论证类型】

题干：有时候，一个人不能精确地解释一个抽象词语的含义，却能"十分恰当地使用这个词语进行语言表达"$\xrightarrow{\text{证明}}$"理解一个词语"并非一定依赖于对这个词语的含义作出精确的解释。

题干论据中的核心概念为"使用"，论点中的核心概念为"理解"，二者不一致，故此题为拆桥搭桥模型(前后型)。

【第 2 步 套用母题方法】

A 项，无关选项，题干没有涉及精确解释抽象词语的难易程度。(干扰项·话题不一致)

B 项，此项搭的是"解释"与"理解"的桥，而不是"使用"与"理解"的桥，不能支持。

C 项，无关选项，题干不涉及是否有人能精确地解释一个词语。(干扰项·话题不一致)

D 项，使用→理解，搭桥法，支持题干。

E 项，无关选项，题干的论证对象是"抽象词语"，而此项的论证对象是"非抽象词语"。(干扰项·对象不一致)

10. D

【第 1 步 识别论证类型】

研究者：打屁股(主)会在儿童成长过程中造成主动思考能力弱(宾：结果 1)、攻击性行为高(宾：结果 2)等多种负面影响(宾：结果)。

本题的题干中没有明确的论据，只是提出了一个观点，且提问方式为"最能支持上述研究者的观点"，故此题为拆桥搭桥模型(主宾型)。另外，研究者的观点是对结果的判断，故也可认为是预测结果模型。

【第 2 步 套用母题方法】

A 项，无关选项，题干不涉及"学习成绩好的孩子"和"学习成绩差的孩子"的比较。(干扰项·比较不一致)

B 项，无关选项，题干不涉及哪些孩子更易受到父母的严厉惩罚。

C 项，无关选项，题干不涉及全球范围内打孩子屁股的家长的比例。

D 项，说明打屁股会使得孩子只按要求去做，不会独立思考，支持题干中的结果 1。

E 项，无关选项，此项说的是父母体罚儿童会对自身造成的影响，不涉及对孩子的影响。(干扰项·话题不一致)

11. A

【第1步 识别论证类型】

题干：某小区安装多功能防盗系统后，盗窃事件的发生率下降 $\xrightarrow{证明}$ 多功能防盗系统对防止盗窃事件有作用。

题干通过安装多功能防盗系统前后对比，得出一个因果关系，故此题为现象原因模型(求异法型)。

【第2步 套用母题方法】

A项，题干中的小区安装了多功能防盗系统后，盗窃事件的发生率下降；而此项指出没有安装这种多功能防盗系统的小区的盗窃事件有显著增加，与题干形成对照组，说明多功能防盗系统对防止盗窃事件有作用，支持题干。

B项，另一个居民小区也安装了这种多功能防盗系统(有因)，但效果不佳(无果)，削弱题干。

C项，指出盗窃事件减少有其他的可能性：加强了治安管理，另有他因，削弱题干。

D项，无关选项，题干的论证与"其他措施"无关。

E项，无关选项，该多功能防盗系统多次"获奖"并不能证明其"有效"。

12. E

【第1步 识别论证类型】

注意：此题要支持的是"研究人员的结论"。

研究人员的结论是破折号中间的部分，其论证结构为：大学里的曲棍球和橄榄球运动员比参加游泳等非对抗性运动的运动员能更快地进入敌对和攻击状态 $\xrightarrow{证明}$ 对抗性运动鼓励和培养运动的参与者变得怀有敌意和具有攻击性。

题干通过两组对比的实验，得出一个因果关系，故此题为现象原因模型(求异法型)。

【第2步 套用母题方法】

A项，不是橄榄球运动让人有攻击性，而是有攻击性才能成为橄榄球运动员，说明研究人员因果倒置，削弱其结论。

B项，无法确定"是否知情"对攻击性的影响，故此项不能很好地削弱研究人员的结论。

C项，无关选项，研究人员的结论不涉及"协作""竞争"的问题。(干扰项·话题不一致)

D项，无关选项，研究人员的实验是对比实验，不要求有人同时参加两种运动。

E项，通过求异法，说明参加橄榄球和曲棍球运动导致运动员更怀有敌意和具有攻击性，而参加游泳的运动员没有变化，从而支持了研究人员的结论。

13. B

【第1步 识别论证类型】

题干：医院的研究表明，酒后立即被询问的对象往往低估他们恢复驾驶能力所需要的时间 $\xrightarrow{证明}$ 在驾驶前饮酒的人很难遵循广告中"感到能安全驾驶的时候才开车"的建议。

题干根据在医院做的一项研究的样本情况，得出一个针对"所有在驾驶前饮酒的人"的结论，故此题为归纳论证模型。

【第2步 套用母题方法】

A项，无关选项，题干的论证只涉及"驾驶前饮酒的人"，不涉及"喝酒后由别人送回家的人"。(干扰项·对象不一致)

B 项，此项说明医院的研究对象是更加保守的人，他们会低估恢复驾驶能力所需要的时间，那么，其他驾驶前饮酒的人就会更加低估恢复驾驶能力所需要的时间了，支持题干。

C 项，无关选项，题干的论证只涉及“驾驶前饮酒的人”，不涉及“不喝酒的人”。（干扰项 • 对象不一致）

D 项，无关选项，“对安全驾驶不起重要作用的能力”与题干“恢复驾驶能力”无关。

E 项，无关选项，题干的论据是医院的研究，而不是公益广告。

14. C

【第 1 步　识别论证类型】

锁定关键词“为什么”，可知题干是对“小孩更易于对某些食物产生强烈的厌恶”这种现象的原因的分析，故此题为现象原因模型。

题干：若有一次厌食，就会对有特殊味道的食物持续产生强烈厌恶 $\xrightarrow{\text{导致}}$ 小孩更易于对某些食物产生强烈的厌恶。

【第 2 步　套用母题方法】

A 项，此项有助于说明小孩的食物中令其厌食的种类会更多，但无法说明为什么小孩对“某些食物”的厌恶比成年人更强烈。（干扰项 • 比较不一致）

B 项，无关选项，题干中“若有一次厌食”，说明这种食物是吃过的，而此项是“未尝过的食物”。（干扰项 • 对象不一致）

C 项，指出由于小孩的嗅觉和味觉更加敏锐，所以他们对有特殊味道的食物更加厌恶，因果相关，支持题干。

D 项，不能支持，题干中表示：“不管这种食物是否会对身体有利”都会产生厌食，因此厌食与否和具有健康知识的多少没有关系。

E 项，无关选项，题干不涉及厌食持续时间长短的比较。（干扰项 • 比较不一致）

15. B

【第 1 步　识别论证类型】

题干：研究发现慢性疲劳综合征患者的某些基因与同年龄、同性别健康人的基因是有差别的，因此，基因不同导致人们患慢性疲劳综合征。

题干的提问方式为“以下哪项最能支持该研究成果应用于慢性疲劳综合征的诊断和治疗”，要将成果“应用于治疗”，故此题为措施目的模型。

【第 2 步　套用母题方法】

A 项，“一些疾病”可能包括“慢性疲劳综合征”，也可能不包括“慢性疲劳综合征”，故此项不能支持题干。

B 项，科学家们鉴别出了导致慢性疲劳综合征的基因，那么就可以通过鉴别这一基因进行诊断，进而有可能进行治疗，说明措施可以达到目的，支持题干。

C 项，无关选项，“目前”是否有诊断和治疗慢性疲劳综合征的方法，与题干中新的研究成果是否可以应用于慢性疲劳综合征的诊断和治疗无关。

D 项，慢性疲劳综合征患者身上有一种独特的基因，说明可以通过这种独特基因来识别慢性疲劳综合征患者，但是，B项直接找到了致病基因，而此项中的独特基因则不一定是致病基因，故此项支持力度不如B项。

E项，无关选项，题干不涉及“治疗慢性疲劳综合征的药品”。

16. A

【第1步 识别论证类型】

研究结论：群体比个体更富有冒险精神，群体决策所带来的利益也不是最高的。

本题题干中研究的结论没有明确的论据，只是提出了一种观点，且提问方式为“最能支持上述研究结论”，故此题为拆桥搭桥模型(主宾型)。

【第2步 套用母题方法】

A项，说明相对于个人决策，群体决策更容易倾向于极端(支持：冒险)，不是最佳决策(支持：利益不是最高的)，故此项支持研究结论。

B项，无关选项，顺从群体的一般意见无法说明群体决策更冒险，也无法说明其不是最佳决策。

C项，说明群体决策并不比个人决策冒险，反而会更加保守，削弱研究结论。

D项，说明群体决策更加恰当且理性，削弱研究结论。

E项，专家的个人观点未必是正确的，不能支持。(干扰项·诉诸权威)

17. C

【第1步 识别论证类型】

中国官员：欧盟若对中国光伏产品设限，将搬起石头砸自己的脚。

锁定关键词“将”，可知此题为预测结果模型。另外，中国官员的断言没有明确的论据，只是提出了一个观点，故此题也可以认为是拆桥搭桥模型(主宾型)。

【第2步 套用母题方法】

A项，题干的论证对象是“欧盟”，而此项的论证对象是“所有的国家”，二者不一致。(干扰项·对象不一致)

B项，无关选项，题干的论证不涉及其他国家的光伏产品商的行为。

C项，此项指出欧盟若对中国光伏产品设限，欧盟大批光伏上下游企业的发展会受到影响(即：砸自己的脚)，说明预测得当，支持中国官员的断言。

D项，无关选项，题干不涉及“欧债危机”。

E项，此项指出欧盟可以用其他国家的光伏产品来替代中国的光伏产品，那么设限就不会对欧盟产生影响，说明结果预测不当，削弱中国官员的断言。

18. E

【第1步 识别论证类型】

题干：有两种误判影响司法公正：肯定性误判(错判)、否定性误判(错放)。但法学家认为，目前，衡量法院是否公正，只需要看它的肯定性误判率(错判)。

当有两种影响因素时，排除其中一种的影响，即可确定另外一种的影响，故此题考查的是演绎论证模型(选言论证)。

【第2步 套用母题方法】

根据选言论证公式：$A \vee B = \neg A \rightarrow B$，即，在有两种方法的情况下，排除其中一种方法，则可肯定余下的一种方法。故可秒选 E 项。

A、C 项，说明错放的危害不如错判大，但错放仍然有危害，故不能得出“只需要看它的肯定性误判率(即错判)”的结论。

B 项，无关选项，说明不应该“宁可错判，不可错放”，与法学家的结论无关。

D 项，无关选项，办案正确率普遍有提高，是现在与过去的比较，题干不涉及这样的比较。(干扰项·比较不一致)

E 项，指出各个法院的否定性误判率基本相同，即排除错放的影响，故只需要考虑错判，支持法学家的观点。

19. E

【第 1 步　识别论证类型】

题干：蜘蛛的捕食对象(昆虫)能够轻易识破经过颜色伪装的蜘蛛，因此，蜘蛛伪装是为了躲避天敌。

当有两种可能时，排除其中一种可能，可以确定是另外一种可能，故此题为演绎论证模型(选言论证)。

【第 2 步　套用母题方法】

A 项，指出蜘蛛在颜色上的伪装对于蝙蝠来说是没有用的，即说明蜘蛛伪装不是为了躲避天敌，削弱题干。

B 项，无关选项，题干的论证不涉及“毒液”。(干扰项·话题不一致)

C 项，无关选项，题干不涉及“自身会变颜色的蜘蛛”与“缺少此能力的蜘蛛”的比较。(干扰项·比较不一致)

D 项，无关选项，题干的论证不涉及“蛛网”。(干扰项·话题不一致)

E 项，题干中指出人类未能识别经过颜色伪装的蜘蛛，而此项指出蜘蛛的天敌(鸟类)与人类一样，即它们也无法分辨蜘蛛的伪装，故蜘蛛可以通过这种伪装躲避天敌，支持题干。

20. A

【第 1 步　识别论证类型】

题干：节能空调与目前正在使用的传统空调拥有同样的功能，但是所需的电量仅是传统空调的一半。与此同时，这种节能空调的寿命也会比传统空调要长，因此，当传统空调坏掉时换上新的节能空调(措施)可以大大降低阳光公司的成本(目的)。

锁定关键词“可以”，可知此题为措施目的模型。另外，题干中还涉及“成本”，故也可认为是统计论证模型(收入利润型)。

【第 2 步　套用母题方法】

A 项，说明换装节能空调后，能够节约的电费远高于节能空调的采购成本，总体上而言，阳光公司的成本支出比原来更低，措施可以达到目的，支持题干。

B 项，无关选项，题干的论证不涉及是否扩张办公区域。

C 项，无关选项，题干的论证对象是“阳光公司”，即，使用空调的公司，而此项的论证对象是“生产节能空调的公司”。(干扰项·对象不一致)

D 项，无关选项，题干的论证不涉及“关掉空调的号召”。

E 项，削弱题干，此项说明换上新的节能空调会使该公司总成本提高，措施达不到目的。

21. E

【第 1 步　识别论证类型】

题干：①经 A 省的防疫部门检测，在该省境内接受检疫的长尾猴中，有 1%感染上了狂犬病。②只有与人及其宠物有接触的长尾猴才接受检疫。因此，该省长尾猴中感染有狂犬病的比例，将大大小于 1%。

论据中的对象是“与人及其宠物有接触的长尾猴”，论点中的对象是“该省长尾猴”，前者是后者的子集，即：

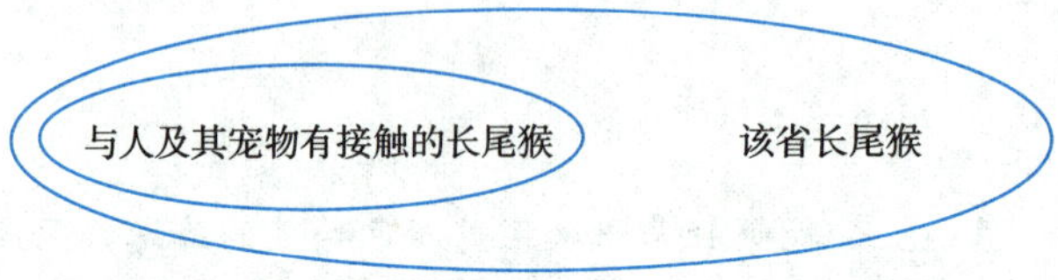

故此题为归纳论证模型。

【第 2 步　套用母题方法】

A 项，说明专家的样本仅占总数的 10%不到，样本可能没有代表性，削弱题干。

B 项，无关选项，题干讨论的是“长尾猴”，而此项讨论的是“宠物”。(干扰项·对象不一致)

C 项，无关选项，题干讨论的是“A 省”，而此项讨论的是“B 省”。(干扰项·对象不一致)

D 项，无关选项，题干不涉及健康的长尾猴与“人”和“人的宠物”之间的比较。(干扰项·比较不一致)

E 项，说明“与人及其宠物有接触的长尾猴患病率”比普通的长尾猴患病率高，那么，既然前者的发病率为 1%，则后者的发病率小于 1%，故支持题干。

22. B

【第 1 步　识别论证类型】

待削弱的假设①(陆路)：亚洲人是跨越 14 000 年以前还连接着北美洲和亚洲、后来沉入海底的陆地进入北美洲的，在艰难的迁徙途中，他们靠捕猎沿途陆地上的动物为食。

待支持的假设②(水路)：亚洲人是划船沿着上述陆地的南部海岸，沿途以鱼和海洋生物为食而进入北美洲的。

题干中有两个假设，否定一个则可以肯定另外一个，故此题为演绎论证模型(选言论证)。

【第 2 步　套用母题方法】

A 项，说明亚洲人主要以捕猎陆地上的动物为生，支持假设①。

B 项，假设①认为“迁徙者是以沿途陆地上的动物为食”，B 项说明沿途陆地上没有动物，故削弱假设①，从而肯定假设②，故此项正确。

C 项，无关选项，题干的论证不涉及“亚洲文化”和“北美洲文化”的比较。

D、E 项，均没有涉及迁徙，显然是无关选项。

23. B

【第 1 步　识别论证类型】

传统观点：在古埃及木乃伊中，有相当高的比例可以发现患关节尿酸炎的痕迹(现象)，因此，关节尿酸炎曾在 2 500 年前的古埃及流行(原因)。

题干的观点：木乃伊所显示的关节损害实际上是对尸体进行防腐处理时所使用的化学物质引起的(其他原因)$\xrightarrow[\text{证明}]{}$关节尿酸炎没有在 2 500 年前的古埃及流行。

可见，此题为现象原因模型。

【第 2 步　套用母题方法】

A 项，无关选项，我国的情况与古埃及的情况无关。(干扰项・对象不一致)

B 项，如果"关节尿酸炎是一种遗传性疾病"，那么假如此病曾在古埃及流行，古埃及人的后代中患这种病的发病率也应该更高才对，但事实并不高，说明此病没有在古埃及流行。支持题干的观点。

C 项，无关选项，科学家是否确定古埃及防腐技术的化学性质，与这种技术是否会引起关节损伤无关。

D 项，有助于说明古埃及人得过"关节尿酸炎"，支持传统观点，削弱题干的观点。

E 项，题干说的是"有相当高的比例"的古埃及的木乃伊，有关节尿酸炎的痕迹，那么"没有显示患有关节尿酸炎的痕迹"的木乃伊的情况并不能削弱或支持题干。(干扰项・不当反例之"有的不")

24. A

【第 1 步　识别论证类型】

题干：利用深度学习技术训练 AI 系统自动读取视网膜扫描数据，并识别那些在接下来的一年中患心脏病风险较高的人(论据)。因此，该项技术将替代传统的心脏病筛查方式(论点)。

锁定关键词"将"，可知此题为预测结果模型。

【第 2 步　套用母题方法】

A 项，此项说明该项技术确实可以用来预测心脏疾病，给出理由说明题干的预测正确，支持题干。

B 项，说明心脏病筛查必须做超声心动图或心脏磁共振成像检查，那么该项技术就无法替代传统的心脏病筛查方式，说明题干的预测不当，削弱题干。

C 项，无关选项，题干不涉及视网膜扫描的价格问题和应用范围。

D 项，无关选项，题干不涉及 AI 系统在解开自然界中存在的复杂模式时的作用。

E 项，专家的观点未必是正确的。(干扰项・诉诸权威)

25. B

【第 1 步　识别论证类型】

题干：女性对脑神经连接开始"修剪"的时间普遍早于男性，因此，女性的大脑相比男性大脑更高效。

题干中论据的话题为"对脑神经连接开始修剪的时间"，论点的话题为"大脑的效率"，两者不一致，故此题为拆桥搭桥模型(前后型)。

【第 2 步　套用母题方法】

A 项，此项说明同龄女孩确实比同龄男孩有更好的理解能力和语言能力，例证法，支持题干。

B 项，无关选项，题干不涉及"脑神经连接'修剪'出错"会造成的结果。

C 项，此项说明女孩可以同时处理多项工作，而男孩不行，例证法，支持题干。

D 项，此项说明"脑神经连接'修剪'"可以帮助提升各种认知活动效率，而女孩的"修剪"早于男孩，搭桥法，支持题干。

E 项，此项说明"修剪"的时间越早，大脑整体的效率也更高，搭桥法，支持题干。

26. B

【第1步 识别论证类型】

题干：在我国的日平均气温和湿度比正常水平稍高的那段时间内，我国生长的农作物的产量却显著增加；在未来几年，我国的日平均气温和湿度增加会是非常普遍的状态$\xrightarrow{\text{预测}}$未来几年我国大多数地区农作物的年产量将会显著增加。

锁定关键词"将会"，可知此题为预测结果模型。

【第2步 套用母题方法】

A项，无关选项，题干的论证对象是"我国"，而此项的论证对象是"北美地区"，二者不一致。(干扰项·对象不一致)

B项，补充新论据，说明随着温度和湿度的增加，会使得农作物产量增加，支持题干。

C项，无关选项，题干不涉及"我国农作物产量增长率"和"西亚诸国主要农作物产量增长率"的比较。(干扰项·比较不一致)

D项，削弱题干，在农作物害虫大规模爆发的情况下，可能会使产量受到负面影响。

E项，无关选项，最近几年的情况无法说明未来农作物的产量会如何变化。

27. B

【第1步 识别论证类型】

专家：盲盒这种销售方式(主语)会给青少年的身心健康造成负面影响(宾语：结果)。

本题题干中专家的观点没有明确的论据，只是提出了一种观点，且提问方式为"最能支持上述专家的观点"，故此题为拆桥搭桥模型(主宾型)。另外，锁定关键词"会"，本题也可认为是预测结果模型。

【第2步 套用母题方法】

A项，此项说明盲盒不仅未对青少年的身心健康造成负面影响，反而促进了其身心发展，削弱专家的观点。

B项，此项说明盲盒会激发青少年的跟风攀比之心(负面影响)，搭桥法，支持专家的观点。

C项，无关选项，此项说的是盲盒对家长经济情况的影响，而题干说的是盲盒对青少年身心健康的影响。(干扰项·话题不一致)

D项，无关选项，题干不涉及"文具盲盒"和"零食盲盒"的比较。(干扰项·比较不一致)

E项，直接说明盲盒不会影响青少年的身心健康，削弱专家的观点。

28. C

【第1步 识别论证类型】

锁定关键词"其重要原因是"，可知此前是现象，此后是对该现象的原因的分析，故此题为现象原因模型。

题干：在法庭的被告中，被指控偷盗、抢劫的定罪率，要远高于被指控贪污、受贿的定罪率(现象)。其重要原因是后者能聘请收费昂贵的私人律师，而前者主要由法庭指定的律师辩护(原因)。

【第2步 套用母题方法】

A项，不能支持，题干中比较的是被告的定罪率，而此项比较的是被告的人数，二者不一致。(干扰项·比较不一致)

B 项，说明私人律师和法庭指定的律师作用相同，否因削弱，力度大。

C 项，排除“被指控偷盗、抢劫的被告”的实际犯罪率更高，导致其定罪率更高的可能性，排除他因，支持题干。（注意：被告不一定就是罪犯）

D 项，“一些”被指控偷盗、抢劫的被告，有能力聘请私人律师，不能说明整体情况。

E 项，“司法腐败”导致被指控贪污、受贿的被告定罪率更低，另有他因，削弱题干。

29. A

【第 1 步　识别论证类型】

锁定关键词“因此”，可知此前是论据，此后是论点。

题干：80 岁的老人和 30 岁的年轻人在玩麻将时所表现出的理解和记忆能力没有明显差别。因此，认为一个人到了 80 岁理解和记忆能力会显著减退的看法是站不住脚的。

题干中有两个考点：

考点 1：题干用“在玩麻将时”所表现出的理解和记忆能力，来代表一个人的理解和记忆能力，前者为后者的子集，故此题为归纳论证模型。

考点 2：论据中比较的是“80 岁的老人和 30 岁的年轻人”，是不同的人之间比较；而结论中“一个人到了 80 岁时”，是自己和自己比较，故此题也为拆桥搭桥模型（前后型）。

【第 2 步　套用母题方法】

A 项，由题干可知，现在 80 岁的老人＝现在 30 岁的年轻人。由 A 项可知，现在 30 岁的年轻人＞50 年前的 30 岁的年轻人。从而说明：现在 80 岁的老人＞50 年前的 30 岁的年轻人。现在 80 岁的老人，正是 50 年前 30 岁的年轻人，这就说明人到了 80 岁的时候，比起年轻时的自己，理解和记忆能力不仅没有减退反而更强了。故此项支持题干。

B 项，说明调查对象是“大学教师”，可能难以代表普通人，削弱题干。

C 项，诉诸权威。

D 项，无关选项，题干不涉及“记忆能力”与“理解能力”的关系。（干扰项 • 话题不一致）

E 项，无关选项，题干讨论的是“80 岁”时的情况，与寿命是否能达到“120 岁”无关。（干扰项 • 话题不一致）

30. C

【第 1 步　识别论证类型】

题干：由于每一层次的员工都不愿意在上级管理者眼里与坏消息有所关联（原因①），因此基层出现的严重问题在沿管理层次逐级上报时总是被淡化或是掩盖（原因②）。所以，位于最高层次上的总经理对基层出现的真实问题的了解，要比他的下级们少得多（结果）。

题干先描述了 2 个原因，然后对其结果做出了断定，故此题为预测结果模型。

【第 2 步　套用母题方法】

A 项，无关选项，题干仅讨论对问题的了解程度，与解决问题的能力无关。

B 项，削弱题干，否定了题干中的原因①。

C 项，支持题干，既然高层管理者无法从其他渠道了解问题，那么就会导致题干中的结果。

D 项，无关选项，题干仅讨论对问题的了解程度，与由谁解决问题无关。

E 项，削弱题干，说明下级可能会出于获得奖励的目的而说明实情，削弱原因②。

专项训练 7　假设题

（共 30 小题，每小题 2 分，共 60 分，限时 60 分钟）

你的得分是________

说明：本部分题目难度约等于近年真题。

1. 最近，在一百万年前的河姆渡氏族公社遗址发现了烧焦的羚羊骨残片，这证明人类在很早的时候就掌握了取火煮食肉类的技术。

   上述推论中隐含着下列哪项假设？

   A. 从河姆渡公社以来的所有人都掌握了取火的技术。

   B. 河姆渡人不生食羚羊肉。

   C. 只要发现烧焦的羚羊骨就能证明早期人类曾聚居于此。

   D. 河姆渡人以羚羊肉为主食。

   E. 羚羊骨是被人类取火烧焦的。

2. 地球所在的太阳系的八大行星中，存在生命的就占了八分之一。考虑到宇宙中存在数量巨大的行星，因此，宇宙中有生命的天体的数量一定是极其巨大的。

   以上论证的漏洞在于，不加证明就预先假设了以下哪项？

   A. 一个天体如果与地球类似，就一定存在生命。

   B. 一个星系，如果与太阳系类似，就一定恰有八个行星。

   C. 太阳系的行星与宇宙中的许多行星类似。

   D. 类似于地球上的生命可以在条件迥异的其他行星上生存。

   E. 地球是最适合生命存在的行星。

3. 人们一直认为管理者的决策都是逐步推理，而不是凭直觉。但是最近一项研究表明，高层管理者比中、基层管理者更多地使用直觉决策，这就证实了直觉其实比精心的、有条理的推理更有效。

   以上结论是建立在以下哪项假设基础之上的？

   A. 有条理的、逐步的推理对于许多日常管理决策是不适用的。

   B. 高层管理者制定决策时，有能力凭直觉决策或者有条理、逐步分析推理决策。

   C. 中、基层管理者采用有条理决策和直觉决策时同样简单。

   D. 高层管理者在多数情况下采用直觉决策。

   E. 高层管理者的决策比中、基层管理者的决策更有效。

4. 很多自称是职业足球运动员的人，尽管日常生活中的很多时间都在进行足球训练和比赛，但其实他们并不真正属于这个行业，因为足球比赛和训练并不是他们主要的经济来源。

上面这段话在推理过程中做了以下哪项假设？

上述论证基于以下哪项假设？

A. 职业足球运动员的技术水准和收入水平都比业余足球运动员要高得多。

B. 经常进行足球训练和比赛是成为职业球员的必由之路。

C. 一个运动员除非他的大部分收入来自比赛和训练，否则不能称为职业运动员。

D. 运动员希望成为职业运动员的动力来自想获得更高的经济收入。

E. 有一些经常进行足球训练和比赛的人并不真正属于职业运动员行业。

5. 在某一地区的几个国家中，讲卡若尼安语言的人占总人口的少数。一个国际团体建议以一个独立国家的方式给予讲卡若尼安语言的人居住的地区自主权，在那里讲卡若尼安语言的人可以占总人口的大多数。但是，讲卡若尼安语言的人居住在几个广为分散的地方，这些地方不能以单一连续的边界相连接，同时也就不允许讲卡若尼安语言的人占总人口的多数。因此，那个建议不能得到满足。

以上论述依赖于下面哪项假设？

A. 曾经存在一个讲卡若尼安语言的人占总人口多数的国家。

B. 讲卡若尼安语言的人倾向于认为他们自己构成了一个单独的社区。

C. 那个建议不能以创建一个由不相连接的地区构成的国家的方式得到满足。

D. 新的讲卡若尼安语言国家的公民不包括任何不讲卡若尼安语言的人。

E. 大多数国家都有几种不同的语言。

6. 培养能适应新时代要求的学生的关键因素不是灌输知识，而是培养能力。因此，提高我国的中小学教育质量的关键措施是尽快地把目前的应试教育改为素质教育。

以下各项都可能是上述论证所假设的，除了：

A. 提高我国的中小学教育质量的主要目标是培养能适应新时代要求的学生。

B. 目前我国的中小学教育中的应试教育不利于培养学生的能力。

C. 素质教育的着重点不是灌输知识。

D. 掌握了较多知识的学生不一定有较强的能力。

E. 有较强能力的学生一定能掌握较多的知识。

7. 交通部科研所最近研制了一种自动照相机，凭借其对速度的敏锐反应，当且仅当违规超速的汽车经过镜头时，它会自动按下快门。在某条单向行驶的公路上，一个小时中，这样的一架照相机共拍摄了 50 辆超速汽车的照片。从这架照相机出发，在这条公路前方的 1 公里处，一批交通警察于隐蔽处进行目测超速汽车能力的测试。在上述同一个小时中，某个警察测定，共有 25 辆汽车超速通过。由于经过自动照相机的汽车一定经过目测处，因此，可以推断，这个警察的目测超速汽车的准确率不高于 50%。

要使题干的推断成立，以下哪项是必须假设的？

A. 在该警察测定为超速的汽车中，包括在照相机处不超速而到目测处超速的汽车。

B. 在该警察测定为超速的汽车中，包括在照相机处超速而到目测处不超速的汽车。

C. 在上述一个小时中，在照相机前不超速的汽车，到目测处也不会超速。

D. 在上述一个小时中，在照相机前超速的汽车，都一定超速通过目测处。

E. 在上述一个小时中，通过目测处的非超速汽车一定超过 25 辆。

8. 面试在求职过程中非常重要。经过面试，如果应聘者的个性不符合待聘工作的要求，则不可能被录用。

以上论断是建立在下列哪项假设基础上的?

A. 必须经过面试才能取得工作，这是工商界的规矩。

B. 只要与面试主持人关系好，就能被聘用。

C. 面试主持人能够准确地分辨出哪些个性是工作所需要的。

D. 面试的唯一目的就是测试应聘者的个性。

E. 若一个人的个性符合工作的要求，他就一定会被录用。

9.《拯救地球》这本书极有说服力，以至每个读完这本书的人都不可能拒绝它的环保主义见解。据统计，世界环保组织上个月在全球各地散发了 2 000 份该书的复印本，因此，今年上个月至少有 2 000 人转变为环保主义者。

为使上述论证有说服力，以下哪项最不可能是这一论证的假设?

A. 不拒绝《拯救地球》一书环保主义见解的人，一定是环保主义者。

B. 上述复印本的统计数据是准确的。

C. 上述复印本的读者在之前都不是环保主义者。

D. 上述复印本的读者中，至少有 2 000 人第一次阅读该书。

E. 环保主义者一定同意《拯救地球》一书的所有见解。

10. 最新研究发现，脑内一种名为 SIRT1 的基因，会在人的丘脑部位指导合成相应的蛋白质。SIRT1 基因会随年龄增长而弱化，它指导合成的蛋白质也逐渐减少。因此研究人员推测，该基因会导致中年发福。

以下哪项是上述推测所依赖的假设?

A. 已有动物实验显示，人为增强 SIRT1 基因的功能可以减少实验对象的食欲，同时增加热量消耗。

B. 年龄越大的人，SIRT1 基因突变的概率越高，突变会使该基因逐渐失去指导蛋白质合成的功能。

C. 丘脑与控制体重有关，丘脑中相应的蛋白质合成得越多，越能有效遏制体重的上升。

D. SIRT1 基因存在于许多组织器官中，只有存在于丘脑中的基因才能影响机体蛋白质的合成。

E. 与 SIRT1 基因亲缘关系极为相近的 SIRT2 基因同样会导致人发福。

11. 对基础研究投入大量经费似乎作用不大，因为直接对生产起作用的是应用型技术。但是，应用型技术的发展需要基础理论研究作后盾。今天，纯理论研究可能暂时看不出有什么用处，但不能肯定它将来也不会带来巨大效益。

上述论证的前提假设是：

A. 发展应用型技术比搞纯理论研究见效快、效益高。

B. 纯理论研究耗时耗资，看不出有什么用处。

C. 应用型技术能大幅提高生产力，有促进行业经济发展的作用。

D. 发现一种新的现象与开发出它的实际用途之间存在时滞。

E. 发展应用型技术容易，搞纯理论研究难。

12. 张教授：在我国，因偷盗、抢劫或流氓罪入狱的刑满释放人员的重新犯罪率，要远远高于因索贿、受贿等职务犯罪入狱的刑满释放人员。这说明，在狱中对上述前一类罪犯教育改造的效果，远不如对后一类罪犯。

李研究员：你的论证忽视了这样一个事实：犯流氓罪等除了犯罪的直接主客体之外，几乎不需要什么外部条件。而职务犯罪是以犯罪嫌疑人取得某种官职为条件的，事实上刑满释放人员很难再得到官职，因此，因职务犯罪入狱的刑满释放人员不具备重新犯罪的条件。

以下哪项最可能是李研究员的反驳所假设的？

A. 因职务犯罪入狱的刑满释放人员如果具备条件仍然会重新犯罪。

B. 职务犯罪比流氓犯罪等具有更大的危害。

C. 我国监狱对罪犯的教育改造是普遍有效的。

D. 犯流氓罪等比职务犯罪更容易得手。

E. 惯犯基本上犯的是同一类罪行。

13. 某国际古生物学研究团队最新报告称，在 2.8 亿年前生活在南非的正南龟是现代乌龟的祖先，它们是在二叠纪至三叠纪大规模物种灭绝事件中幸存下来的。当时，为了躲避严酷的自然环境，它们努力地向下挖洞，同时为保证前肢的挖掘动作足够有力，身体需要一个稳定的支撑，从而导致了肋骨不断加宽。由此可知，乌龟有壳是适应环境的表现，只不过不是为了保护自己，而是为了向地下挖洞。

上述结论的成立需要补充以下哪项作为前提？

A. 现代乌龟继承了正南龟善于挖洞的某些习性。

B. 只有挖洞才能从大规模物种灭绝事件中幸存。

C. 龟壳是由乌龟的肋骨逐渐加宽后进化而来的。

D. 正南龟前肢足够有力因而并不需要龟壳保护。

E. 坚硬的龟壳为龟的生存提供了保障，以此来抵御大型猛兽的牙齿压力等。

14. 尽管有关法律越来越严厉，但盗猎现象并没有得到有效抑制，反而有愈演愈烈的趋势，特别是对犀牛的捕杀。一只没有角的犀牛对盗猎者来说是没有价值的，野生动物保护委员会为了有效地保护犀牛，计划将所有的犀牛角都切掉，以使它们免遭杀害的厄运。

野生动物保护委员会的计划假设了以下哪项？

A. 盗猎者不会杀害对他们没有价值的犀牛。

B. 犀牛是盗猎者为获得其角而猎杀的唯一动物。

C. 无角的犀牛比有角的犀牛对包括盗猎者在内的人威胁都小。

D. 无角的犀牛仍可成功地对人类以外的敌人进行防卫。

E. 对盗猎者进行更严格的惩罚并不会降低盗猎者猎杀犀牛的数量。

15. 在西方几个核大国中，若核试验得到了有效的限制，老百姓就会倾向于省更多的钱，出现所谓的商品负超常消费；若核试验的次数增多，老百姓就会倾向于花更多的钱，出现所谓的商品正超常消费。因此，当核战争成为能普遍觉察到的现实威胁时，老百姓为存钱而限制消费的愿望大大降低，商品正超常消费的可能性大大增加。

上述论证基于以下哪项假设？

A. 当核试验次数增多时，有足够的商品支持正超常消费。

B. 在西方几个核大国中，核试验受到了老百姓普遍的反对。

C. 老百姓只能通过本国的核试验的次数来觉察核战争的现实威胁。

D. 商界对核试验乃至核战争的现实威胁持欢迎态度，因为这将带来经济利益。

E. 在冷战年代，上述核战争的现实威胁出现过数次。

16. 学校董事会决定减少员工中教师的数量。学校董事会计划首先解雇效率较低的教师，而不是简单地按照年龄的长幼决定解雇哪些教师。

校董事会的这个决定假定了以下哪项?

A. 有比较准确地判定教师效率的方法。

B. 个人的效率不会与另一个人的相同。

C. 最有教学经验的教师就是最好的教师。

D. 报酬最高的教师通常是最称职的。

E. 每个教师都有某些教学工作是自己的强项。

17. 在2012年以前，阿司匹林和退热净独占了利润丰厚的日常使用止痛药市场。但在2012年，布洛芬在日常使用的止痛药的份额中占据了50%。因此，商业专家认为，2012年相应的阿司匹林和退热净的销售额一共也减少了50%。

上述结论的提出建立在以下哪项假设的基础之上?

A. 大多数消费者倾向使用布洛芬而不是阿司匹林或退热净。

B. 阿司匹林、退热净和布洛芬都能减轻头痛和肌肉疼痛，但阿司匹林和布洛芬会引起胃肠不适。

C. 布洛芬的加入并没有引起整个日常使用止痛药的市场增加总的销售额。

D. 生产与出售阿司匹林和退热净的公司不生产、出售布洛芬。

E. 2012年以前，布洛芬是处方药；2012年之后，布洛芬成了非处方药。

18. 目前对敦煌壁画的清理、修复涉及一个重要的美学理论问题。敦煌壁画的专家现在意识到，他们所研究的壁画颜色很可能不同于最初的颜色。专家们因此担心自己对敦煌壁画的研究结论是否恰当。

上述结论的提出建立在以下哪项假设的基础之上?

A. 一个艺术品研究结论的恰当性，和得出这一结论的历史阶段相关。

B. 一个艺术品的颜色，和关于它的研究结论的恰当性相关。

C. 一个经过再处理的艺术品的颜色，很可能不是原作者想要的。

D. 敦煌壁画的专家是公认的评价敦煌壁画的权威。

E. 敦煌壁画的颜色修复符合当代审美。

19. 一位足球教练这样教导他的队员："足球比赛从来都是以结果论英雄。在足球比赛中，你不是赢家就是输家；在球迷的眼里，你要么是勇敢者，要么是懦弱者。由于所有的赢家在球迷眼里都是勇敢者，所以每个输家在球迷眼里都是懦弱者。"

以下哪项最可能是上述足球教练论证的假设?

A. 在球迷们看来，球场上勇敢者必胜。

B. 球迷具有区分勇敢和懦弱的准确判断力。

C. 球迷眼中的勇敢者，不一定是真正的勇敢者。

D. 即使在球场上，输赢也不是区分勇敢者和懦弱者的唯一标准。

E. 在足球比赛中，赢家一定是勇敢者。

20. 一项长达 20 年的研究表明，爱做家务的求职者比不爱做家务的求职者更容易成功就业，就业后的收入前者也比后者高。此外，爱做家务的求职者比不爱做家务的求职者生活幸福感更高。通过做家务，求职者能养成合理规划的习惯和不骄不躁的品质。有专家据此认为，做家务有助于培养更多的社会精英。

题干论证要想成立，必须假设以下哪项？

A. 对于在职员工而言，养成合理规划和不骄不躁的习惯是升职所必须具备的品质。

B. 许多求职者的父母认为做家务对孩子们的求职起不到作用。

C. 合理规划和保持不骄不躁是社会精英的必备品质。

D. 做家务可以提升求职者的规划能力和生活幸福感。

E. 多参与志愿者活动有助于培养求职者不骄不躁的品质。

21. 在汉语和英语中，“塔”的发音是一样的，这是英语借用了汉语；“幽默”的发音也是一样的，这是汉语借用了英语。而在英语和姆巴拉拉语中，“狗”的发音也是一样的，但可以肯定，使用这两种语言的人交往只是将近两个世纪的事，而姆巴拉拉语(包括“狗”的发音)的历史，几乎和英语一样古老。另外，这两种语言，属于完全不同的语系，没有任何亲缘关系。因此，这说明，不同的语言中出现意义和发音相同的词，并不一定是由于语言的相互借用，或是由语言的亲缘关系所致。

为使以上论述成立，以下哪项是必须假设的？

A. 汉语和英语中，意义和发音相同的词都是相互借用的结果。

B. 除了英语和姆巴拉拉语以外，还有多种语言对“狗”有相同的发音。

C. 没有第三种语言从英语或姆巴拉拉语中借用“狗”一词。

D. 如果两种不同语系的语言中有的词发音相同，则使用这两种语言的人一定在某个时期彼此接触过。

E. 使用不同语言的人相互接触，一定会导致语言的相互借用。

22. 澳大利亚箱形水母是世界上毒性最强的动物之一，蜇人后其毒素会使人皮肤坏死并伴随剧痛，还会侵入人的心脏，使人在短时间内因心脏停搏而死亡。一只箱形水母体内携带的毒液足以致 60 人死亡，目前还没有针对其毒液的特效药物。近日，研究人员通过全基因组筛查的方法发现，人体细胞内一种名为 ATP2B1 的蛋白质是箱形水母毒液发挥毒性的必要条件，研究人员据此认为，通过靶向治疗方法降低胆固醇可以对抗箱形水母的毒液。

以下哪项可以作为上述论证的前提？

A. 靶向治疗方法是一种安全可靠的方法。

B. ATP2B1 蛋白质发挥作用需要胆固醇。

C. 降低胆固醇后不会对人体产生副作用。

D. 已研制出降低胆固醇的靶向治疗药物。

E. 除了人以外，很多动物的细胞体内都含有 ATP2B1 蛋白质。

23. 没有一个植物学家的寿命长到足以研究一棵长白山红松的完整生命过程。但是，通过观察处于不同生长阶段的许多棵树，植物学家就能拼凑出一棵树的生长过程。这一原则完全适用于目前天文学家对星团发展过程的研究。这些由几十万个恒星聚集在一起的星团，大都有 100 亿年以上的历史。

以下哪项最可能是上文所做的假设？

A. 在科学研究中，适用于某个领域的研究方法，原则上都适用于其他领域，即使这些领域的对象完全不同。

B. 天文学的发展已具备对恒星聚集体的不同发展阶段进行研究的条件。

C. 在科学研究中，完整地研究某一个体的发展过程是没有价值的，有时也是不可能的。

D. 目前有尚未被天文学家发现的星团。

E. 对星团的发展过程的研究，是目前天文学研究中的紧迫课题。

24. 急性视网膜坏死综合征多是由疱疹病毒引起的眼部炎症综合征。急性视网膜坏死综合征患者的大多数临床表现反复出现，相关的症状体征时有时无，药物治疗效果不佳。这说明，此病是无法治愈的。

以下哪项是上述论证对反复出现急性视网膜坏死综合征症状体征的患者的假设？

A. 没有重新感染过疱疹病毒。

B. 没有采取防止疱疹病毒感染的措施。

C. 对疱疹病毒的药物治疗特别抗药。

D. 可能患有其他相关疾病。

E. 先天体质较差。

25. 对患有心脏疼痛和消化不良等症状的患者的调查表明，喜欢戴墨镜的患者比不喜欢戴墨镜的患者心情会更加消沉或有忧郁症的倾向。对此，研究人员解释道，墨镜可以减少令人易怒的视觉刺激，有消沉或忧郁症倾向的患者更加喜欢戴上墨镜以减少这种刺激。

上述论证以下面哪项为假设？

A. 消沉或忧郁症都不是由身体的有机条件造成的。

B. 戴墨镜者认为墨镜不是一种把自己与别人疏远开来的方法。

C. 消沉有很多原因，包括任何人消沉都合乎情理的真实条件。

D. 对于戴墨镜的忧郁症患者来说，眼镜可以作为让别人看来戴镜者的健康不佳的视觉信号。

E. 墨镜没有把光线变得如此黯淡以致戴镜者的心情急剧消沉。

26. “相对论”的创立者爱因斯坦是左撇子，发明家富兰克林和科学家牛顿是左撇子，达·芬奇、米开朗琪罗、毕加索和贝多芬也都是左撇子。这表明，创造性研究是左撇子独特的天然禀赋。

以下哪项陈述是上述论证所依赖的假设？

A. 自福特以来的美国总统，除少数几位外都是左撇子。

B. 左撇子突出的创新研究能力并不是由教育和环境等后天因素决定的。

C. 20 世纪初，中国的父母还在煞费苦心地矫正孩子惯用左手的“坏毛病”。

D. 左撇子具有一定的遗传性，例如，英国女王伊丽莎白和她的母亲都是左撇子。

E. 右撇子不具备创造性研究的天然禀赋。

27. 普里兰的人口普查数据表明，当地 30 多岁未婚男性的人数是当地 30 多岁未婚女性人数的 10 倍。这些男性都想结婚，但是很显然，除非他们多数与普里兰以外的女性结婚，否则除去一小部分外，大多数还会是独身。

以上论述依据下面哪个假设?

A. 女性比男性更容易离开普里兰。

B. 30 多岁的女性比同年龄的男性更趋向于独身。

C. 普里兰的男性不大可能和相差几岁的女性结婚。

D. 绝大部分未婚的普里兰的男性家庭较为富足。

E. 普里兰市的离婚率很高。

28. 自从有皇帝以来，中国的正史都是皇帝自己家的日记，那是皇帝的标准像，从中不能完全看出皇帝的真实形态。要了解皇帝的真面目，还必须读野史，那是皇帝的生活写照。

以下哪项陈述是上述论证所依赖的假设?

A. 所有正史记述的都是皇帝家私人的事情。

B. 只有读野史，才能知道皇帝那些鲜为人知的隐私。

C. 只有将正史和野史结合起来，才能看出皇帝的真面目。

D. 正史记述的是皇帝治国的大事，野史记述的则是皇帝日常的小事。

E. 野史都是一些坊间传说，有一些杜撰和虚构。

29. 从老百姓反映的情况来看，我国各区域的民生服务水平有了很大提高。在民生服务中，树立了尊重人、理解人、关心人、依靠人的治理理念，将“为民作主”转变为“由民作主”；同时形成了普惠民生的治理格局，让民生工作惠及到千家万户。可见，我国的区域治理能力和成效大幅度提高。

上述论证成立需要补充以下哪项作为前提?

A. 精准服务是提升民生服务水平的切入点。

B. 民生服务水平是衡量我国区域治理能力和成效的重要指标。

C. 区域治理能力和成效的提升是国家治理体系和治理能力现代化的重要内容。

D. “由民作主”机制的形成标志着政府从注重“管理能力”向注重“治理能力”转变。

E. 民生服务水平的提高能否代表区域治理能力提高还需要进一步的评估。

30. 一词当然可以多义，但一词的多义应当是相近的。例如，“帅”可以解释为“元帅”，也可以解释为“杰出”，这两个含义是相近的。由此看来，把“酷(cool)”解释为“帅”实在是英语中的一种误用，应当加以纠正，因为“酷”在英语中的初始含义是“凉爽”，和“帅”丝毫不相及。

以下哪项是题干的论证所必须假设的?

A. 一个词的初始含义是该词唯一确切的含义。

B. 除了“cool”以外，在英语中不存在其他的词具有不相关的多种含义。

C. 词的多义将造成思想交流的困难。

D. 英语比汉语更容易产生语词歧义。

E. 语言的发展方向是一词一义，用人工语言取代自然语言。

专项训练7　假设题

答案详解

答案速查		
1～5　ECECC	6～10　EDCEC	11～15　DECAA
16～20　ACBAC	21～25　CBBAE	26～30　BCCBA

1. E

【第1步　识别论证类型】

题干：在一百万年前的河姆渡氏族公社遗址发现了烧焦的羚羊骨残片 —证明→ 人类在很早的时候就掌握了取火煮食肉类的技术。

论据中的话题是"烧焦的羚羊骨残片"，论点中的话题是"人类掌握取火煮食的技术"，二者不一致，故此题为拆桥搭桥模型(前后型)。

【第2步　套用母题方法】

A项，假设过度，因为题干中的论证要成立，无须假设"所有人"都掌握了取火的技术，只要有人能掌握即可。

B项，不必假设，"会吃熟肉"并不等于"不吃生肉"，也可能二者都吃。

C项，无关选项，题干只涉及早期人类是否掌握取火煮食的技术，与是否聚居无关。

D项，假设过度，因为题干中的论证要成立，无须假设"羚羊肉"是河姆渡人的主食，只要"羚羊肉"是河姆渡人的食物之一即可。

E项，建立了"烧焦的羚羊骨"与"人类取火煮食"之间的联系，搭桥法，必须假设。

2. C

【第1步　识别论证类型】

题干：地球所在的太阳系的八大行星中，存在生命的就占了八分之一。考虑到宇宙中存在数量巨大的行星，因此，宇宙中有生命的天体的数量一定是极其巨大的。

题干由"太阳系"的情况得到"宇宙"的情况，前者是后者的子集，故此题为归纳论证模型。

【第2步　套用母题方法】

A项，无关选项，题干讨论的是"有生命的天体的数量"，而此项讨论的是"存在生命"，二者不一致。(干扰项·话题不一致)

B项，无关选项，题干讨论的是"有生命的天体的数量"，而此项讨论的是"行星的数量"，二者不一致。(干扰项·话题不一致)。

C项，太阳系的行星与宇宙中的许多行星类似，即太阳系的情况在宇宙中有代表性，故此项必须假设。

D 项，无关选项，此项讨论的是“类似于地球上的生命”能否在其他行星上生存，不涉及有生命的天体的数量。

E 项，无关选项，题干未讨论最适合生命存在的行星。

3. E

【第 1 步　识别论证类型】

题干：高层管理者比中、基层管理者更多地使用直觉决策 $\xrightarrow{证明}$ 直觉其实比精心的、有条理的推理更有效。

题干由直觉决策被“高层管理者更多地使用”，得到直觉决策“更有效”，二者话题不一致，故此题为拆桥搭桥模型(前后型)。

【第 2 步　套用母题方法】

A 项，无关选项，此项不涉及两类人及两种决策方式的比较。

B 项，无关选项，题干讨论的是高层管理者使用“直觉决策”的情况，而此项讨论的是高层管理者决策的方式。

C 项，无关选项，题干比较的是高层与中、基层管理者的不同，而此项比较的是中、基层管理者的条理决策与直觉决策。(干扰项 · 比较不一致)

D 项，锁定“在多数情况下”可直接排除此项。题干只说明高层管理者用直觉决策比中、基层管理者多，但并不确定是不是“多数情况下”采用直觉决策。(干扰项 · 数量不一致)

E 项，搭建“高层管理者”与“更有效”之间的关系，搭桥法，必须假设。

4. C

【第 1 步　识别论证类型】

题干：足球比赛和训练并不是他们主要的经济来源，因此，很多自称是职业足球运动员的人并不真正属于这个行业。

题干中论据的话题是“不是他们主要的经济来源”，论点的话题是“不真正属于这个行业”，二者不一致，故此题为拆桥搭桥模型(前后型)。

【第 2 步　套用母题方法】

A 项，无关选项，题干不涉及“职业足球运动员”与“业余足球运动员”在技术水准和收入水平上的比较。(干扰项 · 比较不一致)

C 项，$\neg$ 大部分收入(主要经济来源) $\rightarrow$ $\neg$ 职业足球运动员，搭桥法，必须假设。

D 项，“希望”是一种主观判断，未必是事实。(干扰项 · 诉诸主观)

B、E 项，均为无关选项，题干涉及的是“经济来源”与职业足球运动员的关系；而这两项涉及的是“进行足球训练和比赛”与职业足球运动员的关系，话题不一致。(干扰项 · 话题不一致)

5. C

【第 1 步　识别论证类型】

题干：讲卡若尼安语言的人居住在几个广为分散的地方，这些地方不能以单一连续的边界相连接 $\xrightarrow{证明}$ 不能建立多数人讲卡若尼安语言的独立国家。

题干论据中的话题是“不能以单一连续的边界相连接”，论点中的话题是“不能建立独立国家”，二者不一致，故此题为拆桥搭桥模型(前后型)。

【第 2 步 套用母题方法】

A 项，无关选项，题干的论证不涉及“曾经”的情况。

B 项，“倾向于认为”是主观观点，未必是事实，不能作为论证的假设。(干扰项·诉诸主观)

C 项，不能以创建一个由不相连接的地区构成的国家，即，地域不连续→不能建立国家，搭桥法，必须假设。

D 项，假设过度，题干的论证只要求讲卡若尼安语言的人占大多数，而不是不包括“任何”不讲卡若尼安语言的人。

E 项，无关选项，题干的论证对象是“讲卡若尼安语言的人”，而此项的论证对象是“大多数国家”。(干扰项·对象不一致)

6. E

【第 1 步 识别论证类型】

题干：培养能适应新时代要求的学生的关键因素不是灌输知识，而是培养能力。因此，提高我国的中小学教育质量(目的)的关键措施是尽快地把目前的应试教育改为素质教育(措施)。

本题中既有拆桥搭桥模型(前后型)，又有措施目的模型。

【第 2 步 套用母题方法】

A 项，必须假设，搭桥法，建立前提中“适应新时代要求”和结论中“提高我国的中小学教育质量”之间的关系。

B 项，指出措施有必要，必须假设，否则就不必进行改革。

C 项，必须假设，否则，即使改革为素质教育也不能提高教育质量。

D 项，必须假设，否则，若掌握了知识的学生一定有较强的能力，那么通过应试教育即可达到培养学生能力的目的，不必进行教育改革。

E 项，不必假设，因为题干中教育改革的目的是“培养能力”，并未提及是否一定要掌握较多的知识。

7. D

【第 1 步 识别论证类型】

题干：照相机共拍摄了 50 辆超速汽车的照片，前方 1 公里处的警察测定，共有 25 辆汽车超速 —证明→ 这个警察目测超速汽车的准确率不高于 50%。

题干中涉及数量关系，故此题为统计论证模型。

【第 2 步 套用母题方法】

题干以照相机为标准，来判断警察的准确性，必须有两个假设：①照相机拍摄的结果是准确的；②照相机处与警察处通过超速汽车数相同。所以，D 项必须假设。

A、B 项，说明照相机处与警察处通过的超速汽车数并不相同，削弱题干的隐含假设②。

C、E 项，无关选项，题干判断的是超速汽车，而非“不超速汽车”。

8. C

【第 1 步 识别论证类型】

题干：经过面试，如果应聘者的个性不符合待聘工作的要求，则不可能被录用。

题干中，“面试”可视为一种措施，“不录用个性不符合工作要求者”是该措施的目的，故此题为措施目的模型。

【第 2 步　套用母题方法】

A 项，无关选项，题干不涉及"工商界的规矩"。

B 项，无关选项，题干不涉及"与面试主持人关系好"和"被聘用"之间的关系。

C 项，措施可行，必须假设。否则，如果面试主持人无法分辨哪些个性是工作所需要的，题干的目的就无法达到(取非法)。

D 项，假设过度，面试的目的之一是测试应聘者的个性即可，不必假设这是"唯一"目的。

E 项，不必假设，题干的目的是"个性不符合工作要求，则不录用"，而此项是"个性符合工作要求，则录用"，误把题干中的必要条件当作充分条件。

9. E

【第 1 步　识别论证类型】

题干：①每个读完《拯救地球》这本书的人都不可能拒绝它的环保主义见解；②世界环保组织上个月散发了 2 000 份该书的复印本。今年上个月至少有 2 000 人转变为环保主义者(论点)。

论据涉及的是"发了 2 000 份该书的复印本"，论点涉及的是"有 2 000 人转变为环保主义者"，二者不一致，故此题为拆桥搭桥模型(前后型)。

【第 2 步　套用母题方法】

A 项，必须假设，搭桥法，搭建前提中"不拒绝《拯救地球》一书中的环保主义见解"，与结论中"环保主义者"的桥梁。

B 项，必须假设，是题干中统计数据的前提。

C 项，必须假设，否则就不能得出 2 000 人转变为环保主义者。

D 项，必须假设，否则转变为环保主义者的人数就会低于 2 000 人。

E 项，假设过度，环保主义者只需要同意其中的环保主义见解即可，无须同意所有见解。

10. C

【第 1 步　识别论证类型】

题干：SIRT1 基因会随年龄增长而弱化，它指导合成的蛋白质也逐渐减少。因此，该基因会导致中年发福。

题干论据中的话题是"蛋白质逐渐减少"，论点中的话题是"导致中年发福"，话题不一致，故此题为拆桥搭桥模型(前后型)。

【第 2 步　套用母题方法】

A 项，无关选项，题干的论证对象是"人"，而此项的论证对象是"动物"，二者不一致。(干扰项 · 对象不一致)

B 项，无关选项，题干讨论的是蛋白质与体重之间的关系，而此项讨论的是年龄与蛋白质合成之间的关系，二者不一致。(干扰项 · 话题不一致)

C 项，搭桥法，直接建立了"丘脑中相应的蛋白质"与"体重"之间的关系，必须假设。

D 项，不必假设，此项只能说明 SIRT1 基因能影响蛋白质的合成，但是否会影响体重不得而知。

E 项，无关选项，此项的讨论的是"SIRT2 基因对体重的影响"，与题干 SIRT1 基因不一致。(干扰项 · 话题不一致)

11. D

【第 1 步 识别论证类型】

题干：纯理论研究可能暂时看不出有什么用处，但不能肯定它将来也不会带来巨大效益。

锁定关键词“将来”，可知此题为预测结果模型。

【第 2 步 套用母题方法】

A 项，无关选项，题干不涉及“应用型技术”和“纯理论研究”在见效速度和效益方面的比较。(干扰项·比较不一致)

B 项，此项指出纯理论研究没有用，说明题干结果预测不当，削弱题干。

C 项，无关选项，题干的论证对象是“纯理论研究”，而此项的论证对象是“应用型技术”，二者不一致。(干扰项·对象不一致)

D 项，必须假设，否则，如果从发现到应用之间没有时滞，那么当前的纯理论研究没有用处时，它在未来也不会带来效益。

E 项，无关选项，题干不涉及“应用型技术”和“纯理论研究”在研究的难易程度上的比较。(干扰项·比较不一致)

12. E

【第 1 步 识别论证类型】

张教授：偷盗、抢劫等犯罪的刑满释放人员的重新犯罪率，要远远高于职务犯罪的刑满释放人员(现象)。这说明，狱中对前一类罪犯教育改造的效果，远不如对后一类罪犯(原因)。

李研究员：因职务犯罪入狱的刑满释放人员不具备重新犯罪的条件，因为刑满释放人员很难再得到官职；而因犯流氓罪等入狱的刑满释放人员如果重新犯罪，几乎不需要什么外部条件。

张教授先摆出一种现象，然后分析这一现象的原因，而李研究员对张教授指出的原因进行了反驳，故此题为现象原因模型。

【第 2 步 套用母题方法】

A 项，假设过度，李研究员的依据是“不具备条件→不会犯罪”，等价于“犯罪→具备条件”，但这并不必假设“具备条件一定会重新犯罪”。

B 项，无关选项，题干不涉及犯罪的“危害”。

C 项，此项削弱张教授的结论，但并不是李研究员的假设。因为李研究员的论证并不直接涉及“对罪犯的教育改造”。

D 项，无关选项，题干不涉及哪种犯罪更容易“得手”。

E 项，必须假设，因为李研究员认为职务犯罪的刑满释放人员不再具备“职务”这一犯罪条件，说明他认为这些人重新犯罪时仍然犯的是职务犯罪，即同种犯罪。

13. C

【第 1 步 识别论证类型】

题干：为了躲避严酷的自然环境，它们努力地向下挖洞，同时为保证前肢的挖掘动作足够有力，身体需要一个稳定的支撑，从而导致了肋骨不断加宽(前提)$\xrightarrow[\text{证明}]{}$乌龟有壳是适应环境的表现(结论)，只不过不是为了保护自己，而是为了向地下挖洞。

论据中的核心概念是“肋骨不断加宽”，论点中的核心概念是“乌龟有壳”，二者不一致，故此题为拆桥搭桥模型(前后型)。

【第 2 步 套用母题方法】

A 项，无关选项，题干仅讨论“肋骨加宽和乌龟有壳”之间的关系，而此项讨论的是继承习性。(干扰项・话题不一致)

B 项，无关选项，题干仅讨论“肋骨加宽和乌龟有壳”之间的关系，而此项讨论的是从大规模物种灭绝事件中幸存下来的方式。(干扰项・话题不一致)

C 项，搭桥法，将论据中的“肋骨加宽”和论点中的“有壳”建立联系，必须假设。

D 项，提出了新论据，说明乌龟有壳不是为了保护自己，支持题干的论点，但不是题干成立的前提，不必假设。

E 项，说明乌龟有壳是为了保护自己，削弱题干的论点。

14. A

【第 1 步 识别论证类型】

锁定关键词“为了”“计划”“以免”，可知此题为措施目的模型。

题干：一只没有角的犀牛对盗猎者来说是没有价值的，野生动物保护委员会为了有效地保护犀牛(目的)，计划将所有的犀牛角都切掉(措施)，以使它们免遭杀害的厄运(目的)。

【第 2 步 套用母题方法】

A 项，指出将犀牛角切掉后，确实可以让犀牛免遭杀害，措施有效，必须假设。

B 项，假设过度，犀牛仅仅是被盗猎的动物之一，不必假设其是“唯一”动物。

C 项，无关选项，题干不涉及“无角的犀牛”与“有角的犀牛”对人的威胁的比较。(干扰项・比较不一致)

D 项，无关选项，题干仅讨论“盗猎者”，不涉及“人类以外的敌人”。

E 项，无关选项，题干仅讨论“将犀牛角切掉”这一措施，其他措施(对盗猎者进行更严格的惩罚)是否有效与题干中的措施是否有效无关。

15. A

【第 1 步 识别论证类型】

题干：若核试验得到了有效的限制，则商品负超常消费(省更多的钱)；若核试验的次数增多，则商品正超常消费(花更多的钱)。因此，当核战争成为能普遍觉察到的现实威胁时，商品正超常消费的可能性大大增加。

“商品正超常消费的可能性大大增加”是对未来的预测，故此题为预测结果模型。

【第 2 步 套用母题方法】

A 项，前提可行，必须假设，若无足够的商品，则不可能出现商品正超常消费。

B 项，无关选项，题干没有涉及老百姓支持还是反对核试验。

C 项，假设过度，不必假设老百姓“只能”通过本国核试验的次数来觉察核战争的现实威胁，也可以有其他方式。

D 项，无关选项，题干不涉及商界对核试验的态度。

E 项，无关选项，题干显然不必假设“冷战年代”的情况。

16. A

【第 1 步 识别论证类型】

题干：学校董事会计划首先解雇效率较低的教师，而不是简单地按照年龄的长幼决定解雇哪些教师。

锁定关键词“计划”，可知此题为措施目的模型。

【第 2 步 套用母题方法】

A 项，必须假设，必须有准确判定教师效率的方法，才能解雇效率较低的教师，方法可行。

B 项，不必假设，是否存在两人效率相同的情况，并不影响题干计划的成立性。

C、D、E 项，都没有涉及“效率”，显然是无关选项。

17. C

【第 1 步 识别论证类型】

题干：在 2012 年以前，阿司匹林和退热净独占了利润丰厚的日常使用止痛药市场。但在 2012 年，布洛芬在日常使用的止痛药的份额中占据了 50%$\xrightarrow{\text{证明}}$2012 年阿司匹林和退热净的销售额一共减少了 50%。

题干中出现数量关系，故此题为统计论证模型。

【第 2 步 套用母题方法】

假定 2012 年以前退烧药的销售总量为 100，2012 年的销售总量为 Y，可将题干信息整合成下表：

	2012 年以前	2012 年
销售总量	100	Y
阿司匹林＋退热净	100	50
布洛芬	0	0.5Y

故有：0.5Y＋50＝Y，可知 Y＝100。即销售总量没有产生变化，故 C 项正确。

A 项，“倾向使用”是主观表述，未必是事实，不能作为假设。(干扰项·诉诸主观)

B 项，无关选项，题干并未涉及这些药物的副作用。

D 项，无关选项，题干并未涉及阿司匹林和退热净的公司是否生产、出售布洛芬。

E 项，无关选项，题干仅讨论销售额，与布洛芬是否为处方药无关。

18. B

【第 1 步 识别论证类型】

题干：专家所研究的壁画颜色很可能不同于最初的颜色，因此，专家担心对敦煌壁画的研究结论是否恰当。

题干论据中的宾语是“最初的颜色”，论点中的宾语是“结论的恰当性”，二者并不一致，故此题为拆桥搭桥模型(前后型)。

【第 2 步 套用母题方法】

A 项，无关选项，题干不涉及“结论的恰当性”与“结论的历史阶段”之间的关系。(干扰项·话题不一致)

B 项，搭桥法，指出颜色与研究结论的恰当性相关，必须假设。

C 项，无关选项，题干不涉及“原作者”的想法。（干扰项 · 话题不一致）

D 项，敦煌壁画的专家具备权威性无法说明题干的论证是否成立。（干扰项 · 诉诸权威）

E 项，无关选项，题干不涉及“审美”问题。

19. A

【第 1 步 识别论证类型】

题干：由于所有的赢家在球迷眼里都是勇敢者，所以每个输家在球迷眼里都是懦弱者。

题干的论据是一个性质命题，论点也是一个性质命题，故此题为演绎论证模型。

【第 2 步 套用母题方法】

因为赢和输不可能共存，故题干论据中“不是赢家就是输家”的意思是：赢家 ∀ 输家。

题干有三个论据：①赢家 ∀ 输家；②勇敢 ∀ 懦弱；③赢家→勇敢。

题干的论点：输家→懦弱。

A 项，勇敢→赢家，等价于：¬ 赢家→¬ 勇敢。

故结合题干论据①、②可知：输家→¬ 赢家→¬ 勇敢→懦弱，可得：输家→懦弱。

即可得题干的论点，故 A 项是题干中的假设。

B、C 项，不必假设，因为题干说的是“在球迷眼里”的情况，也就是球迷的主观判断。这并不要求主观判断是准确的。比如说，“情人眼里出西施”，她真的是西施吗？不一定是，只是爱她的人感觉她像西施。

D 项，不必假设，题干不涉及输赢是否是区分勇敢者和懦弱者的“唯一标准”。

E 项，此项是对题干论据③的重复，不是隐含假设。

20. C

【第 1 步 识别论证类型】

锁定关键词“这说明”，可知此前为论据，此后为论点。

题干：通过做家务，求职者能养成合理规划的习惯和不骄不躁的品质 $\xrightarrow{\text{证明}}$ 做家务有助于培养更多的社会精英。

论据中的核心概念是“合理规划的习惯和不骄不躁的品质”，论点中的核心概念是“社会精英”，二者不一致，故此题为拆桥搭桥模型（前后型）。

【第 2 步 套用母题方法】

A 项，无关选项，题干的论证对象是“求职者”，而此项的论证对象是“在职员工”，二者不一致。（干扰项 · 对象不一致）

B 项，父母的主观观点未必为真，故不是题干的隐含假设。（干扰项 · 诉诸主观）

C 项，此项在“合理规划和保持不骄不躁的品质”与“社会精英”之间建立联系，搭桥法，必须假设。

D 项，说明做家务能提高求职者的规划能力和生活幸福感，但“规划能力和生活幸福感”与“社会精英”之间关系并不明确，故不是题干的隐含假设。（干扰项 · 话题不一致）

E 项，无关选项，题干不涉及参与志愿者活动对求职者的影响。

21. C

【第1步 识别论证类型】

题干：在英语和姆巴拉拉语中，“狗”的发音是一样的，但使用这两种语言的人交往只是将近两个世纪的事，而这两种语言都十分古老；英语和姆巴拉拉语也没有任何亲缘关系。因此，这说明，不同的语言中出现意义和发音相同的词，并不一定是由于语言的相互借用，或是由语言的亲缘关系所致。

题干的论点中存在两个断定：①并不一定是由于语言的相互借用；②不一定是由语言的亲缘关系所致。故此题为双断定模型。

题干的论据“英语和姆巴拉拉语也没有任何亲缘关系”，这足以说明断定②。故要保证题干的论点成立，必须保证断定①成立。

【第2步 套用母题方法】

A项，无关选项，“汉语和英语”为背景信息，与题干的论证无关。

B项，无关选项，题干的论证对象是“英语和姆巴拉拉语”，而此项的论证对象是“其他语言”，二者不一致。(干扰项·对象不一致)

C项，必须假设，否则，可能是第三种语言中的“狗”一词，成为英语和姆巴拉拉语的中介(取非法)，那么断定①就不成立了。

D项，说明题干的论据“使用这两种语言的人交往只是将近两个世纪的事”是虚假的，削弱题干。

E项，假设过度，“一定”一词过于绝对。

22. B

【第1步 识别论证类型】

题干：人体细胞内一种名为ATP2B1的蛋白质是箱形水母毒液发挥毒性的必要条件。研究人员据此认为，通过靶向治疗方法降低胆固醇可以对抗箱形水母的毒液。

题干中有两个考点：

考点1：论据中的论证对象是“ATP2B1蛋白质”，论点中的论证对象是“降低胆固醇”，二者不一致，故此题为拆桥搭桥模型(前后型)。

考点2：“靶向治疗方法降低胆固醇”是一种措施，“对抗箱形水母的毒液”是目的，故此题还属于措施目的模型。

【第2步 套用母题方法】

A项，不必假设，此项只能说明靶向治疗方法是安全可靠的，但无法确定该方法是否能对抗箱形水母的毒液。

B项，此项建立了“ATP2B1蛋白质”和“胆固醇”之间的关系，搭桥法，必须假设。

C项，不会对人体产生副作用，即措施无副作用，不必假设。

D项，不必假设，因为即使现在没有这类药物，也不代表靶向治疗的方法不可行，还可以有其他方式降低胆固醇。

E项，无关选项，题干的论证不涉及其他动物的体内是否含有ATP2B1蛋白质。

23. B

【第1步 识别论证类型】

题干：观察不同生长阶段的许多棵树，就能拼凑出一棵树的生长过程 $\xrightarrow{\text{证明}}$ 这一原则完全适用于目前天文学家对星团发展过程的研究。

题干中有两个考点：

考点 1：题干用树的研究情况类比到星团的研究情况，故此题为类比论证模型。

考点 2：题干通过这一原则(措施)，对星团进行研究(目的)，故此题也为措施目的模型。

【第 2 步　套用母题方法】

A 项，假设过度，题干论据中的论证对象是“树”，而论点中的论证对象是“星团”，我们只需要假设对“树”的研究方法可以用于“星团”研究即可，不必假设适用于某个领域的研究方法“都”适用于其他领域。

B 项，必须假设，指出可以对星团不同发展阶段进行研究，即措施可行。

C 项，无关选项，题干不涉及完整地研究某一个体的发展过程的“价值”。

D 项，无关选项，题干不涉及是否有未被发现的星团。

E 项，无关选项，题干不涉及星团研究是否紧迫。

24. A

【第 1 步　识别论证类型】

题干：患者的大多数临床表现反复出现，相关的症状体征时有时无，药物治疗效果不佳，这说明，此病是无法治愈的。

观察题干可知，论据是一个现象，而论点是对该现象原因的分析，故此题为现象原因模型。

【第 2 步　套用母题方法】

A 项，排除了重新感染疱疹病毒导致反复出现该疾病临床表现的可能性，排除他因，必须假设。

B 项，不必假设，题干的关键词是“治愈”，而此项是“防止疱疹病毒感染的措施”，即“预防”。(干扰项 • 概念不一致)

C 项，不必假设，因为题干只说此病无法治愈，但没讨论此病无法治愈的原因。

D 项，此项说明可能是其他相关疾病导致反复出现急性视网膜坏死综合征症状体征，另有他因，削弱题干。

E 项，此项说明可能是体质差导致反复出现急性视网膜坏死综合征症状体征，另有他因，削弱题干。

25. E

【第 1 步　识别论证类型】

题干出现两组对象的对比，故此题为现象原因模型(求异法型)：

喜欢戴墨镜的患者比不喜欢戴墨镜的患者心情会更加消沉或有忧郁症的倾向 $\xrightarrow[\text{证明}]{}$ 墨镜可以减少令人易怒的视觉刺激，有消沉或忧郁症倾向的患者更喜欢戴墨镜。

【第 2 步　套用母题方法】

A、C 项，皆为无关选项。因为，题干的结论是“消沉或忧郁会让人更喜欢戴墨镜”，即“消沉或忧郁”会造成什么结果；而这两项讨论的是消沉或忧郁症的原因。(干扰项 • 话题不一致)

B 项，无关选项，题干的论证不涉及戴墨镜者与其他人的“亲疏”问题。(干扰项 • 话题不一致)

D 项，无关选项，题干的论证不涉及“别人”对戴墨镜者的看法。(干扰项 • 话题不一致)

E 项，指出戴墨镜不是使人变消沉的原因，即排除因果倒置的可能，必须假设。

26. B

【第1步　识别论证类型】

题干："相对论"的创立者爱因斯坦、发明家富兰克林和科学家牛顿以及达·芬奇、米开朗琪罗、毕加索和贝多芬都是左撇子(现象)。这表明(其原因是)，创造性研究是左撇子独特的天然禀赋(原因)。

题干先是描述了一种现象，然后分析这一现象产生的原因，故此题为现象原因模型。

【第2步　套用母题方法】

A项，无关选项，"美国总统"是否是"左撇子"，与左撇子为何具有创造性无关。

B项，必须假设，此项说明不是由于"教育和环境等后天因素"使得左撇子具有突出的创新研究能力(排除他因)。

C项，无关选项，题干的论证不涉及中国父母是否矫正孩子的坏习惯。

D项，无关选项，题干的论证不涉及左撇子的遗传特性。(干扰项·话题不一致)

E项，无关选项，题干的论证对象是"左撇子"而不是"右撇子"。(干扰项·对象不一致)

27. C

【第1步　识别论证类型】

题干：普里兰当地30多岁未婚男性的人数是当地30多岁未婚女性人数的10倍，除非他们多数与普里兰以外的女性结婚，否则除去一小部分外，大多数还会是独身。

锁定关键词"还会是"，可知此题为预测结果模型。

【第2步　套用母题方法】

A项，不必假设，由于未婚男性的数量远大于未婚女性的数量，因此即使女性不离开普里兰，男性大多数还是找不到伴侣。

B项，不必假设，由于未婚男性的数量远大于未婚女性的数量，因此即使女性不趋向于独身，男性大多数还是找不到伴侣。

C项，必须假设，因为题干的论据仅涉及了相同年龄的男女数量，如果当地男性愿意与相差几岁的女性结婚的话，他们无须和普里兰以外的女性结婚，就可以不用独身。

D项，不必假设，由于未婚男性的数量远大于未婚女性的数量，那么无论男性是否富足，都可能找不到伴侣。

E项，无关选项，题干不涉及离婚率的问题。

28. C

【第1步　识别论证类型】

题干：中国的正史都是皇帝自己家的日记，那是皇帝的标准像，从中不能完全看出皇帝的真实形态。要了解皇帝的真面目，还必须读野史，那是皇帝的生活写照。

锁定关键词"要了解"，可知此题为措施目的模型。同时，锁定"必须"一词，可知此题还是绝对化结论模型。

【第2步　套用母题方法】

A项，此项重复了题干的论据，不是题干的假设。

B项，无关选项，题干并未涉及"皇帝鲜为人知的隐私"。

C项，锁定题干"还必须"中的"还"字，说明题干并没有否定读正史的必要性，而是在读正史的基础上，“还”必须读野史，故此项必须假设。

D 项，无关选项，此项讨论的是“正史”和“野史”记载的内容，而题干讨论的是读“野史”的必要性，话题不一致。（干扰项 • 话题不一致）

E 项，此项指出野史存在杜撰和虚构，那么通过野史所获得的信息不一定为真，也就无法了解皇帝的真面目了，措施达不到目的，削弱题干。

29. B

【第 1 步　识别论证类型】

题干：我国各区域的民生服务水平有了很大提高 —证明→ 我国的区域治理能力和成效大幅度提高。

题干论据和论点的主语(论证对象)均为“我国”，但宾语不同，论据中的宾语是“民生服务水平”，论点中的宾语是“区域治理能力和成效”，二者存在不一致，故此题为拆桥搭桥模型(前后型)。

【第 2 步　套用母题方法】

A 项，无关选项，题干不涉及提升民生服务水平的切入点。

B 项，搭桥法，建立“民生服务水平”与“区域治理能力和成效”之间的联系，必须假设。

C 项，无关选项，题干不涉及“区域治理能力和成效”与“国家治理体系和治理能力现代化”之间的联系。（干扰项 • 话题不一致）

D 项，不必假设，注重“治理能力”不等价于“区域治理能力和成效大幅度提高”。

E 项，此项指出“还需要进一步的评估”，则会有两种结果：若能代表，则支持题干；若不能代表，则削弱题干，故此项不是题干的隐含假设。（干扰项 • 两可选项）

30. A

【第 1 步　识别论证类型】

题干：“酷”在英语中的初始含义是“凉爽”，和“帅”丝毫不相及 —证明→ 把“酷(cool)”解释为“帅”实在是英语中的一种误用。

题干论据中的核心概念是“和‘帅’丝毫不相及”，论点中的核心概念是“误用”，二者不一致，故此题为拆桥搭桥模型(前后型)。

【第 2 步　套用母题方法】

A 项，初始含义是该词唯一确切的含义，不是初始含义的，就是误用，搭桥法，必须假设。

B 项，无关选项，题干的论证对象仅仅是“cool”，不涉及英语中其他的词。

C 项，无关选项，题干未讨论词的多义对思想交流的影响。

D 项，无关选项，题干不涉及“英语”和“汉语”在产生歧义的难易程度上的比较。（干扰项 • 比较不一致）

E 项，无关选项，题干不涉及“语言的发展方向”。

专项训练 8　解释题

（共 30 小题，每小题 2 分，共 60 分，限时 60 分钟）

你的得分是________

说明：本部分题目中有 8 道题为原创题，其他题目来源于各类真题。题目整体难度约等于真题。

1. 玉米中含有一种维生素烟酸，但它在玉米中的构成形式是人体不可吸收的。糙皮病是一种因缺乏烟酸导致的疾病。18 世纪时，当玉米从美洲引入到欧洲南部后，它迅速成为主食，许多主要吃玉米的欧洲人得了糙皮病。然而，当时在美洲，即使是在主要吃玉米的人当中，糙皮病仍然还是未出现的。

   下列哪项如果为真，最有助于解释上述糙皮病的不同发病率？

   A. 玉米被介绍到欧洲南部后成为当地主要流行的食物，因为其相对其他谷物产量高。

   B. 在美洲种植的玉米比在欧洲种植的玉米含有较多的烟酸。

   C. 与欧洲人不同，美洲人烹调玉米的方式将玉米中的烟酸转换成人体可用的形式。

   D. 在欧洲南部的许多吃玉米的人也吃烟酸丰富的食物。

   E. 发现糙皮病与烟酸有关之前，它被广泛认为是可以从人到人传播感染的。

2. 随着“二孩政策”的实施，母乳喂养越来越成为广大适龄女性生儿育女不可回避的话题。医学专家建议，在婴儿出生之后的最初 6 个月最好进行纯母乳喂养，而父母也都希望为孩子提供最好的营养。但统计显示，近年来我国 0—6 个月婴儿的纯母乳喂养率却明显偏低，婴儿 6 个月内的纯母乳喂养率在农村为 30%，在城市仅为 16%。

   以下各项如果为真，则除了哪项均能解释上述统计结果？

   A. 女性往往因工作压力大、工作环境、家庭状况不允许等原因而陷入母乳喂养困窘。

   B. 母乳喂养可降低儿童患病率，给孩子健康带来的益处可一直延续到成人期。

   C. 很多母亲并不了解母乳喂养的种种优势，反而把配方奶粉想象得过于美好。

   D. 母亲因为夜晚哺乳而影响睡眠质量，她们的工作生活节奏被哺乳完全打乱。

   E. 现代饮食营养不良，导致很多哺乳期的女性奶水量不足，不少宝妈表示“心有余而力不足”。

3. 一个地区的能源消耗增长与经济增长是呈正相关的，二者增长的幅度差通常不大于 15%。2021 年，W 省统计报告显示：该省的能源消耗增长了 30%，而经济增长率却是 12.7%。

   以下各项如果为真，则都可能对上文中的不一致之处作出合理的解释，除了：

   A. 一些地方官员为了给本地区的经济发展留点余地，低报了经济增长的数字。

   B. 民营经济在 W 省的经济中占的比例较大，某些民营经济的增长难以被统计到。

   C. 由于能源价格的大幅上涨，W 省新投资上马的企业有 90%属于低能消耗企业。

   D. 由于能源价格的大幅上涨，高能耗的大型国有企业的经济增长普遍下滑。

   E. W 省政府联合社会资本进行了大规模的投资活动，但是其能带来的经济效益需要在若干年之后才能显现。

4. 小儿哮喘是儿科常见病，目前随着城市工业化的进展，大气污染及粉尘污染的加剧，近年来该病发病率在世界范围内呈上升趋势。气管炎为我国多发的细菌感染，而小儿哮喘发病率上升的同时却伴随着气管炎在儿童中发病率的下降。但是，气管炎仍在侵袭大量成年人，尤以已婚人士为最。

下面哪一项如果正确，最能帮助解释儿童中气管炎发病率的下降？

A. 遗传因素部分决定了一个人易患气管炎的程度。

B. 在其他国家也发现了儿童疾病的增加伴随着气管炎的减少。

C. 抗生素能治疗和防止细菌感染，小儿哮喘经常被误诊为细菌感染而导致抗生素错用。

D. 儿童时期没有得过哮喘的人到成年时可能得哮喘，在这种情况下，疾病的后果一般会更加严重。

E. 那些得了气管炎的人得哮喘的危险增加了。

5. 美元加息的预期使得黄金等贵金属的价格一直面临着下跌趋势。除了投资，黄金还用于装饰行业，黄金的下跌使得装饰行业的成本大大降低，然而，令人惊讶的是，装饰行业在黄金大跌的去年和今年，尽管装饰业务并没有明显降低，但是整个行业利润却显示为亏损。

以下哪项如果为真，能给上面的装饰行业的亏损提供合理的解释？

A. 黄金仅仅是装饰行业消耗材料中的一小部分。

B. 由于黄金价格下跌，一些原本不用黄金进行装饰的客户，这两年也要求使用黄金进行装饰。

C. 装饰行业中的大多数企业将重要的贵金属原材料作为储备，不仅是为了生产也是一种投资。

D. 装饰行业使用的铂金、铜材等价格也随着黄金价格的下跌而下跌。

E. 由于房地产行业的快速发展，房屋装修成为装饰行业重要的工作。

6. 改吸“低量型”烟，即用标准机器测量时比一般香烟产生极少的尼古丁、焦油和一氧化碳的香烟，一般来说并不会降低诱发心脏病的风险。这一研究成果是令人惊讶的，因为尼古丁和一氧化碳一直被认为是促发心脏病的原因。

以下哪项如果为真，最有助于消除文中的不一致？

A. 绝大多数改抽“低量型”烟的人，都改正了其他容易诱发心脏病的不良生活习惯。

B. 吸进其他人抽的烟(二手烟)也会增加心脏病危险。

C. 对诱发心脏病来说，尼古丁并不像一氧化碳那样容易。

D. 一氧化碳和焦油都不是让人上瘾的物质。

E. 从抽“高量型”烟转抽“低量型”烟的人常常是靠增加吐气的次数和吸烟的深度来获得补偿，目的是保持他们习以为常的尼古丁水平。

7. 传统记忆理论认为，记忆就像录像带，每一次回忆都是从大脑中找出相应时间内的某一段录像加以回放。场景构建理论对记忆给出了另一种解释：人脑在编码记忆时只是记录一些碎片，在需要的时候，人脑以合乎逻辑并与主体当前信念状态相吻合的方式，将这些碎片连贯起来并作出补充，以形成回忆。

下面列出的现象都是场景构建理论能解释而传统记忆理论不能解释的，除了：

A. 有些阿尔茨海默病患者会丧失记忆能力。

B. 人对于同一件往事的多次回忆，内容会发生变化。

C. 一项统计显示，目击证人在20%～25%的情况下会指认警方明知不正确的人。

D. 英国心理学家金佰利·韦伯通过给实验对象看一些合成的假照片，成功地给他(她)植入了关于童年生活的虚假记忆。

E. 夫妻吵架时，双方对吵架的原因的回忆往往是不同的。

8. 用甘蔗提炼乙醇比用玉米提炼乙醇需要更多的能量，但奇怪的是，多数酿酒者却偏爱用甘蔗做原料。
以下哪项最能解释上述矛盾现象？
A. 任何提炼乙醇的原料的价格都随季节波动，而提炼的费用则相对稳定。
B. 用玉米提炼乙醇比用甘蔗节省时间。
C. 玉米质量对乙醇产品的影响较甘蔗小。
D. 用甘蔗制糖或其他食品的生产时间比提炼乙醇的时间长。
E. 燃烧甘蔗废料可提供向乙醇转化所需的能量，而用玉米提炼乙醇则完全需额外提供能量。

9. 洪罗市一项对健身爱好者的调查表明，那些称自己每周固定进行2～3次健身锻炼的人近两年来由28%增加到35%，而对该市大多数健身房的调查则显示，近两年来去健身房的人数明显下降。
以下各项如果为真，都有助于解释上述看似矛盾的断定，除了：
A. 进行健身锻炼没什么规律的人在数量上明显减少。
B. 健身房出于非正常的考虑，往往少报顾客的人数。
C. 由于简易健身器的出现，家庭健身活动成为可能并逐渐流行。
D. 为了吸引更多的顾客，该市健身房普遍调低了营业价格。
E. 被调查的健身锻炼爱好者只占全市健身锻炼爱好者的10%。

10. 随着文化知识越来越重要，人们花在读书上的时间越来越多，文人学子近视患者的比例也越来越高。即便在城里工人、乡镇农民中，也能看到不少人戴近视眼镜。然而，在中国古代很少发现患有近视的文人学子，更别说普通老百姓了。
以下除哪项外，均可以解释上述现象？
A. 古时候，只有家庭条件好或者有地位的人才读得起书；即便读书，用在读书上的时间也很少，那种头悬梁、锥刺股的读书人更是凤毛麟角。
B. 古时交通工具不发达，出行主要靠步行、骑马，足量的运动对于预防近视有一定的作用。
C. 古人生活节奏慢，不用担心交通安全，所以即使患了近视，其危害也非常小。
D. 古代自然科学不发达，那时学生读的书很少，主要是四书五经，一本《论语》要读好几年。
E. 古人书写用的是毛笔，眼睛和字的距离比较远，写的字也相对大些。

11. 夜晚点燃艾叶驱蚊曾是龙泉山区引起家庭火灾的重要原因。近年来，尽管使用艾叶驱蚊的人家显著减少，但是，家庭火灾所导致的死亡人数并没有呈现减少的趋势。
以下各项如果为真，都能够解释上述情况，除了：
A. 与其他引起龙泉山区家庭火灾的原因比较，夜晚点燃艾叶引起的火灾所导致的损害相对较小。
B. 夜晚点燃艾叶所导致的火灾一般在家庭成员睡熟后发生。
C. 龙泉人对夜晚点燃艾叶导致火灾的防范意识加强了，但对其他火灾隐患防范意识并没有加强。
D. 随着生活水平的提高，近年来居室内木质家具和家用电器增多，一旦发生火灾，火势比过去更为猛烈。
E. 现在龙泉山区家庭住宅一般都是相邻而建，因此，一户失火随即蔓延，死亡人数因而比过去增多。

12. 目前，全国各地的航空公司开始为旅行者提供微信订票服务。然而，在近期内，通过旅游类APP订票的旅行者并不会因此减少。

以下除了哪项，其他各项均有助于解释上述现象？

A. 正值国内外旅游旺季，订票的数量剧增。

B. 尽管已经过技术测试，但微信订票系统要正式运行还需进一步调试。

C. 绝大多数旅行者习惯于在旅游类 APP 预订酒店。

D. 在微信订票系统的试用期内，大多数旅行者为了保险起见愿意选择旅游类 APP 订票。

E. 旅游类 APP 订票服务的成本低于微信订票。

13. 一项对汉武大学企业管理系 2021 届毕业生的调查的结果看来有些问题，当被调查毕业生被问及其在校时学习成绩的名次时，统计资料表明：有 60%的回答者说他们的成绩位居班级的前 20%。

如果我们已经排除了回答者说假话的可能，那么下面哪一项能够对上述现象给出更合适一些的解释？

A. 未回答者中也并不是所有的人的成绩名次都在班级的前 20%以外。

B. 虽然回答者没有错报成绩，但不排除个别人对学习成绩的排名有不同的理解。

C. 汉武大学的学生学习成绩的名次排列方式与其他大多数学校不同。

D. 成绩较差的毕业生在被访问时一般没有回答这个有关学习成绩名次的问题。

E. 在校学习成绩名次是一个敏感的问题，几乎所有的毕业生都会进行略微的美化。

14. 西双版纳植物园中有两种樱草：一种自花授粉；另一种非自花授粉，即须依靠昆虫授粉。近几年来，授粉昆虫的数量显著减少。另外，一株非自花授粉的樱草所结的种子比自花授粉的要少。显然，非自花授粉樱草的繁殖条件比自花授粉的要差。但是游人在植物园多见的是非自花授粉樱草而不是自花授粉樱草。

以下哪项断定最无助于解释上述现象？

A. 和自花授粉樱草相比，非自花授粉樱草的种子发芽率较高。

B. 非自花授粉樱草是本地常见植物，而自花授粉樱草是刚从国外引进的。

C. 前几年，上述植物园非自花授粉樱草和自花授粉樱草的数量比大约是 5∶1。

D. 当两种樱草杂生时，土壤中的养分更易被非自花授粉樱草吸收，这又往往导致自花授粉樱草的枯萎。

E. 在上述植物园中，为保护授粉昆虫免受游客伤害，非自花授粉樱草多植于园林深处。

15. 为了争夺殖民地，在巴西、菲律宾等地爆发了美国与西班牙的战争。在此期间，美国海军曾经广为散发海报，招募兵员。当时最有名的一个海军广告是这样说的：美国海军的死亡率比纽约市民的死亡率还要低。海军的官员就这个广告解释说："据统计，现在纽约市民的死亡率是每千人有 16 人，而尽管是战时，美国海军士兵的死亡率每千人也不过只有 9 人。"

如果海军官员的资料为真，则以下哪项最能解释上述这种看起来很让人怀疑的结论？

A. 在战争期间，海军士兵的死亡率要低于陆军士兵。

B. 在纽约市民中包括生存能力较差的婴儿和老人。

C. 敌军打击美国海军的手段和途径没有打击普通市民的手段和途径来得多。

D. 美国海军的这种宣传主要是为了鼓动入伍，所以，要考虑其中夸张的成分。

E. 尽管是战时，纽约的犯罪仍然很猖獗，报纸的头条不时地有暴力和色情的报道。

16. 石器时代的陶工制作了复杂并且常常是精致的陶瓷水罐、工具和珠宝。他们也制作了精致的陶人。有许多这种精致的陶瓷水罐、工具和珠宝被发现时是完整的或几乎完整，然而大致与这些陶器在同时期制作的陶人却大多以小碎片的形式被发现。

以下哪项如果为真，能最好地解释为什么很少有陶人被发现时是完整的？

A. 最后修整期间，如果一组陶器中有一个碎了，石器时代的人有时会故意打碎整组东西，也许是为了避邪。

B. 世界各地陶土的成分差别很大，而这种成分又相应地会影响陶器的持久性。

C. 陶艺是石器时代发明的，人们早在掌握制作精致陶器技术以前就已经精通了制陶技术。

D. 石器时代的陶工制作陶人和制作陶瓷制品的时间一样多。

E. 许多石器时代的仪式需要打碎陶人，可能是作为对神的祭祀。

17. 一种香烟尼古丁含量较高，另一种香烟尼古丁含量较低。厂家生产这两种香烟是为了适应吸烟者的不同需求。但是，一项针对每天吸一包烟的吸烟者的研究发现，尽管他们对所吸香烟的尼古丁含量有不同的要求，但在吸烟当晚临睡前单位血液中尼古丁的含量并没有大的区别。

以下哪项如果为真，则最能解释上述现象？

A. 在上述被研究对象中，低尼古丁香烟吸烟者的比例低于高尼古丁香烟吸烟者。

B. 吸烟者吸入的尼古丁大多数都被血液吸收，吸入的尼古丁越多，单位血液中尼古丁的含量越高。

C. 除了吸烟，人还可能从其他途径吸入尼古丁。

D. 每天吸一包香烟的吸烟者都已成瘾，选择低尼古丁香烟的吸烟者，其烟瘾并不亚于高尼古丁香烟的吸烟者。

E. 不管吸哪一种烟，每天吸一包烟的吸烟者血液中尼古丁含量都超出了人的血液能吸收的限度。

18. 在过去的几十年中，位于加拿大南部和美国北部的多草湿地被广泛地排水和开发，而这些地方对鸭子、鹅类、天鹅及其他绝大多数水禽的筑巢和孵化是必不可少的。北美这一地区鸭类的数目在此期间显著下降，而天鹅和鹅类的数目却未受明显的影响。

下面哪一项如果正确，则最有助于解释上面提到的差异？

A. 在被开发的地区对禁止捕猎水鸟的禁令比野生土地更容易被强化。

B. 大多数鹅类、天鹅筑巢和孵化的地区是在比鸭类更靠北的地方，那里至今还未被开发。

C. 已经被开发利用的土地很少能够提供适合于水鸟的食物。

D. 鹅类和天鹅的数目在干旱期减少，因为此时可供孵化的地点越来越少。

E. 因为鹅类和天鹅比鸭类更大，所以它们在被开发的土地上更难以找到安全的筑巢点。

19. 近几年来，我国许多餐厅使用一次性筷子。这种现象受到越来越多的批评，理由是我国森林资源不足，把大好的木材用来做一次性筷子，实在是莫大的浪费。但奇怪的是，至今一次性筷子的使用还没有被禁止。

以下除哪项外，都能对上文的疑问从某一方面给以解释？

A. 有些一次性筷子不是木制的，有些一次性木制筷子并没使用森林中的木材。

B. 已经证明，一次性筷子的使用能有效地避免一些疾病的交叉感染。

C. 一次性筷子的使用与餐厅之间相互攀比有关，要禁止必须大家一起禁止才行。

D. 一次性筷子并不如想象的那样卫生，有些病菌或病毒也会借助一次性筷子传播。

E. 保护森林不能只保不用。合理地使用，适量地采伐，有利于森林的保护。

20. 有一商家为了推销其家用电脑和网络服务，目前正在大力开展网络消费的广告宣传和推广促销。经过一定的市场分析，他们认为手机用户群是潜在的网络消费的用户群，于是决定在各种手机零售场所宣传、推销他们的产品。结果两个月下来，效果很不理想。

以下哪项如果为真，最有助于解释出现上述结果的原因？

A. 刚刚购买手机的消费者需要经过一段时期后才能成为网络消费的潜在用户。

B. 最近国家在有关规定中对国家机关人员使用手机加以限制，购买手机的人因此有所减少。

C. 购买电脑或是办理网络服务对中国老百姓来说还是件大事，一般来说，消费者对此的态度比较慎重。

D. 家用电脑和网络服务在知识分子中已经比较普及，他们所希望的是增强自己计算机的功能。

E. 目前家用电脑更新换代速度快，广告宣传和推广促销要收到效果，必须特色鲜明，才能打动消费者的心。

21. 皮肤中胶原蛋白的含量决定皮肤是否光滑细腻，决定人的皮肤是否年轻。相同年龄的男性和女性皮肤中含有相同量的胶原蛋白，而且女性更善于保养，并能从日常保养中提高皮肤胶原蛋白含量，尽管如此，女性却比男性更容易衰老。

以下哪项能解释上述矛盾？

A. 男性皮肤内胶原蛋白是网状结构的，而女性是丝状结构的。

B. 女性维持光滑细腻的皮肤、年轻美貌的容颜需要大量胶原蛋白。

C. 男性和女性从食物或者日常保养中获得的胶原蛋白含量大体相当。

D. 男性的胶原蛋白几乎不消耗，而女性代谢需要消耗大量胶原蛋白。

E. 不管是吃猪蹄、吃银耳，还是吃桃胶、吃鱼胶，都不能直接为皮肤提供胶原蛋白。

22. 北美的雪松有的长在悬崖上，有的长在森林里。长在悬崖上的雪松几乎无从吸取养料，不如林中雪松的十分之一高。但是，林中雪松的年头很少超过 400 年，而很多悬崖上雪松的年头已超过 500 年。

以下哪项如果为真，则最有助于解释上述两种雪松年头上的差别？

A. 雪松具有顽强的生命力，否则不能在悬崖上生长。

B. 因气候干燥，北美经常发生森林火灾，而火灾不会殃及悬崖上的雪松。

C. 悬崖上雪松的生存条件和大多数不长树木的地方的生存条件类似。

D. 和高大的树木相比，较矮的树木在生长过程中消耗的养分较少。

E. 在西伯利亚地区，长在悬崖上的雪松一般也比长在森林里的雪松寿命长。

23. 《都市青年报》准备在 5 月 4 日青年节的时候推出一项订报有奖的营销活动。如果你在 5 月 4 日到 6 月 1 日之间订了下半年的《都市青年报》的话，你就可以免费获赠下半年的《都市广播电视导报》。推出这个活动之后，报社每天都在统计新订户的情况，结果令人失望。

以下哪项如果为真，最能够解释这项促销活动没能成功的原因？

A. 根据邮局发行部门的统计，《都市广播电视导报》并不是一份十分有吸引力的报纸。

B. 根据一项调查的结果，《都市青年报》的订户中有些已经同时订了《都市广播电视导报》。

C. 《都市广播电视导报》的发行渠道很广，据统计，订户比《都市青年报》的还要多 1 倍。

D. 《都市青年报》没有考虑很多人的订阅习惯。大多数报刊订户在去年年底已经订了今年一年的《都市广播电视导报》。

E. 《都市青年报》推出的这项活动，伤害了那些《都市青年报》老订户的感情，影响了它的发行工作。

24. 某企业秉持人才为上的理念，一直致力于专业技术人才队伍建设，十年来，该企业招聘的大部分机械工人来自甲职业技术学院，今年招聘的机械工人总数明显增加，但从该学院招聘的机械工人数量却大幅减少，而且招进来的很多人没有经过职业技术学院系统地学习。

以下哪项如果为真，最能解释该企业今年招聘情况的变化？

A. 该企业增设了技术培训部门，培训以低薪招聘进来的机械工人。

B. 三年前，该企业的管理层进行了重大重组，决定推广 AI 的应用。

C. 从去年开始，权威的职业技术学院排行榜上，甲学院落后于乙学院。

D. 很多没有上过职业技术学院的工人很有才华，只是没有机会上学。

E. 有一部分招进来的未经过职业技术学院系统学习的员工专业技术过硬。

25. 胡萝卜、西红柿和其他一些蔬菜中含有较丰富的β-胡萝卜素，β-胡萝卜素具有防止细胞癌变的作用。近年来从一些蔬菜中提炼出较丰富的β-胡萝卜素被制成片剂并建议吸烟者服用，以防止吸烟引起的癌症。然而，意大利博洛尼亚大学和美国得克萨斯大学的科学家发现，经常服用β-胡萝卜素片剂的吸烟者反而比不常服用β-胡萝卜素片剂的吸烟者更易患癌症。

以下哪项如果为真，最能解释上述矛盾？

A. 有些β-胡萝卜素片剂含有不洁物质，其中有致癌物质。

B. 意大利博洛尼亚大学和美国得克萨斯大学地区的居民吸烟者中癌症患者的比例都较其他地区高。

C. 经常服用β-胡萝卜素片剂的吸烟者有其他许多易患癌症的不良习惯。

D. β-胡萝卜素片剂不稳定，易于分解变性，从而与身体发生不良反应，易于致癌，而自然β-胡萝卜素性质稳定，不会致癌。

E. 吸烟者吸入体内的烟雾中的尼古丁与β-胡萝卜素发生作用，生成一种比尼古丁致癌作用更强的有害物质。

26. 据一项在几个大城市所做的统计显示，餐饮业的发展和瘦身健身业的发展呈密切正相关。从2006年到2010年，餐饮业的网点数量增加了18%，同期在健身房正式注册参加瘦身健身的人数增加了17.5%；从2011年到2015年，餐饮业的网点数量增加了25%，同期参加瘦身健身的人数增加了25.6%；从2016年到2020年，餐饮业的网点数量增加了20%，同期参加瘦身健身的人数也正好增加了20%。

如果上述统计真实无误，则以下哪项对上述统计事实的解释最可能成立？

A. 餐饮业的发展扩大了肥胖人群体，从而刺激了瘦身健身业的发展。

B. 瘦身健身运动刺激了参加者的食欲，从而刺激了餐饮业的发展。

C. 在上述几个大城市中，最近15年来，主要从事低收入、重体力工作的外来人口的逐年上升，刺激了各消费行业的发展。

D. 在上述几个大城市中，最近15年来，城市人口收入的逐年提高，刺激了包括餐饮业和瘦身健身业在内的各消费行业的发展。

E. 高收入阶层中，相当一批人既是餐桌上的常客，又是健身房内的常客。

27. 据报道，某贫困地区的 248 所中学通过直播与某一线城市的重点中学同步上课已经有 16 年之久。16 年来，这 248 所中学里，有的学校出了省状元，有的学校本科升学率涨了十几倍。从数据上看，这种直播教学模式是非常成功的。然而，令人遗憾的是，这一成功模式并未在全国得到广泛推广。

以下哪项如果为真，不能解释这一令人遗憾的现象？

A. 不同中学的学生知识基础不同，这种直播教学缺乏针对性。

B. 这一模式需要诸多部门的通力协作，面临的困难还很多。

C. 大部分贫困地区的中学，难以组建起高水平的师资队伍。

D. 一些贫困地区观念落后保守，不会尝试和接纳新事物。

E. 大部分贫困山区经济和设备落后，网络和电脑设备几乎都没有。

28. 在 A 国，每年接受治疗的精神忧郁症病人的人数超过 200 万人，接近 M 国的 10 倍，而 M 国的人口则接近 A 国的 10 倍。

以下各项如果为真，都有助于解释上述现象，除了：

A. A、M 两国医学界对何为精神忧郁症的解释不同。

B. 考虑到实际收入，和 M 国相比，A 国的医疗费用并不过于昂贵。

C. 和 M 国相比，A 国有较好的医疗条件。

D. 和 M 国人相比，A 国人有较高的自我保健意识。

E. 和 M 国相比，A 国的生活环境较不利于人的精神健康。

29. R 国的工业界存在着一种看起来矛盾的现象：一方面，根据该国的法律，工人终生不得被解雇，工资标准只能升不能降；但另一方面，这并没有阻止工厂引进先进的生产设备，这些设备提高了劳动生产率，使得一部分工人事实上被变相闲置(例如让 3 个人干 2 个人可以胜任的活)。

以下哪项相关断定如果为真，最能合理地解释上述现象？

A. 每个工人在被雇用之前，都经过严格的技术考核和培训。

B. 先进设备提高劳动生产率所创造的利润，高于重新培训工人从事其他工作的费用。

C. 先进设备的引进，提高了产品的最终成本。

D. R 国面临着修改上述法律的压力。

E. R 国的产品具有很强的国际竞争力。

30. 棕榈树在亚洲是一种外来树种，长期以来，它一直靠手工授粉，因此棕榈果的生产率极低。1994 年，一种能有效地对棕榈花进行授粉的象鼻虫被引进到亚洲，使得当年的棕榈果生产率显著提高，在有的地方甚至提高了 50%以上，但是到了 1998 年，棕榈果的生产率却大幅度降低。

以下哪项如果为真，最有助于解释上述现象？

A. 在 1994—1998 年，随着棕榈果产量的增加，棕榈果的价格在不断下降。

B. 1998 年秋季，亚洲的棕榈树林区开始出现象鼻虫的天敌赤蜂。

C. 在亚洲，象鼻虫的数量在 1998 年比 1994 年增加了一倍。

D. 果实产量连年不断上升会导致孕育果实的雌花无法从树木中汲取必要的营养。

E. 在 1998 年，同样是外来树种的椰果的产量在亚洲也大幅度低于往年的水平。

专项训练 8　解释题

答案详解

答案速查

1～5　CBCCC	6～10　EAEDC	11～15　BCDEB
16～20　EEBDA	21～25　DBDAE	26～30　DCBBD

1. C

【第 1 步　找到待解释的现象】

题干：许多主要吃玉米的欧洲人得了糙皮病，而主要吃玉米的美洲人没有得糙皮病。

【第 2 步　套用母题方法】

A 项，无关选项，此项分析了玉米成为欧洲南部主要流行食物的原因，并未解释发病率的不同。

B 项，虽然美洲玉米中的烟酸含量较欧洲更多，但人体并不能吸收，故此项无法解释糙皮病发病率的不一致。

C 项，此项说明美洲人与欧洲人在吃玉米时烹饪方法不同，美洲人所用的烹饪方式将烟酸转换成人体可用形式，从而避免了患糙皮病，可以解释。

D 项，既然这些人还吃其他烟酸丰富的食物，那么为什么还会有许多主要吃玉米的欧洲人得了糙皮病呢？无法解释题干。

E 项，无关选项，题干的论证不涉及糙皮病的传染方式。（干扰项·话题不一致）

2. B

【第 1 步　找到待解释的现象】

题干：在婴儿出生之后的最初 6 个月最好进行纯母乳喂养，而父母也都希望为孩子提供最好的营养，但是，近年来我国 0—6 个月婴儿的纯母乳喂养率却明显偏低，婴儿 6 个月内的纯母乳喂养率在农村为 30%，在城市仅为 16%。

【第 2 步　套用母题方法】

A、C、D、E 项都给出了不进行纯母乳喂养的原因，均能解释题干。

B 项，此项说明母乳喂养有好处，无法解释母乳喂养率低的情况。

3. C

【第 1 步　找到待解释的现象】

题干：通常能源消耗增长与经济增长幅度相差不超过 15%，但是，2021 年 W 省的二者增长幅度相差超过了 15%。

【第 2 步　套用母题方法】

A 项，可以解释，说明实际经济增长率要高于 12.7%，二者增长的幅度相差可能不大于 15%。

B 项，可以解释，说明经济增长率偏低是因为某些民营企业未被统计进去，题干的统计不准确，实际经济增长率要高于 12.7%，即二者增长的幅度差可能不大于 15%。

C 项，新企业有 90%属于低能消耗企业，在能源消耗更低的情况下，新企业的成立对经济的增长起到正向作用，此时，二者的增长幅度差距理应更小，此项加剧了题干中的矛盾。

D 项，可以解释，高能耗企业消耗了更多的能源，但经济下滑，从而导致差值超过了 15%。

E 项，可以解释，说明能源的消耗与经济的增长之间有时间差，即经济增长存在滞后性。

4. C

【第 1 步　找到待解释的现象】

题干：小儿哮喘发病率上升的同时却伴随着气管炎在儿童中发病率的下降。

【第 2 步　套用母题方法】

A 项，不能解释，此项只能说明遗传因素会影响气管炎的发病率，但无法解释题干中共变的现象。

B 项，不能解释，其他国家是否发现了类似的情况，与我国的情况无关。

C 项，可以解释，小儿哮喘发病被误诊为细菌感染导致抗生素错用，而抗生素能降低气管炎(细菌感染的一种)的发病率。

D 项，无关选项，题干待解释的现象是“儿童中气管炎发病率的下降”，不涉及成年以后的情况。

E 项，不能解释，题干仅涉及哮喘对气管炎的影响，不涉及气管炎对哮喘的影响。

5. C

【第 1 步　找到待解释的现象】

题干：装饰行业在黄金大跌的去年和今年，尽管装饰业务并没有明显降低，但是整个行业利润却显示为亏损。

【第 2 步　套用母题方法】

A 项，不能解释，即使黄金仅仅是装饰行业消耗材料中的一小部分，但由于不确定其他材料的价格如何变化，因此也无法确定总成本的变化情况。

B 项，不能解释，此项指出由于黄金价格的下降，反而促使了更多的客户选择使用黄金进行装饰，黄金装饰的业务量上升，则利润应该上升，加剧了题干中的矛盾。

C 项，此项说明即使黄金价格下跌使企业成本降低，但由于企业进行了黄金投资，黄金价格下跌使得企业的投资收益亏损，为装饰行业的亏损提供了合理的解释。

D 项，不能解释，此项说明装饰行业其他材料的成本也在下降，因此，整个行业的利润应该是上升的，加剧了题干中的矛盾。

E 项，无关选项，题干并不涉及房屋装修是否成为装饰行业重要的工作。

6. E

【第 1 步　找到待解释的现象】

题干：尼古丁和一氧化碳一直被认为是促发心脏病的原因，然而改吸“低量型”烟并不会降低诱发心脏病的风险。

【第2步　套用母题方法】

A项，改抽"低量型"烟的人改正了容易诱发心脏病的不良生活习惯，那么诱发心脏病的危险应该大大下降，加剧了题干中的矛盾。

B项，无关选项，题干不涉及吸进二手烟是否会导致诱发心脏病的风险增加。

C项，无关选项，题干不涉及尼古丁和一氧化碳在诱发心脏病的难易程度上的比较。

D项，无关选项，题干不涉及一氧化碳和焦油是否会让人上瘾。

E项，说明虽然改吸"低量型"烟，但是吸烟的次数和深度却有所增加，使得尼古丁的水平与改吸之前并未发生变化，因而无法减少诱发心脏病的风险，可以解释。

7. A

【第1步　找到待解释的现象】

传统记忆理论：记忆就像录像带回放。

场景构建理论：记忆只记录碎片，需要时大脑将记忆碎片拼合并补充形成符合主体当前信念状态的记忆，即记忆可以随主体的状态而改变。

【第2步　套用母题方法】

注意：此题是用题干来解释选项，而非用选项去解释题干。

A项，无关选项，题干不涉及"丧失记忆能力"时的情况。

B项，如果用传统记忆理论解释的话，那么多次回忆内容不应该产生变化，所以此项应该用场景构建理论进行解释。

C项，如果用传统记忆理论解释的话，那么目击者就不应该认错人，所以此项应该用场景构建理论进行解释。

D项，说明人的记忆是由记忆碎片拼合形成的，可以用场景构建理论进行解释。

E项，如果用传统记忆理论解释的话，那么双方的记忆就应该是相同的，所以此项应该用场景构建理论进行解释。

8. E

【第1步　找到待解释的现象】

题干：用甘蔗提炼乙醇比用玉米提炼乙醇需要更多的能量，但多数酿酒者却偏爱用甘蔗做原料。

【第2步　套用母题方法】

题干涉及"甘蔗"和"玉米"的比较，因此，指出"甘蔗"相对于"玉米"的优势即可解释题干。

A项，不涉及"甘蔗"的优势，不能解释。

B、C项，说明"玉米"更有优势，不能解释。

D项，无关选项，题干涉及的是"提炼乙醇"，不涉及"制糖或其他食品"。

E项，燃烧甘蔗废料可以提供转化所需的能量，而玉米不能，指出了"甘蔗"相对于"玉米"的优势，可以解释题干。

9. D

【第1步　找到待解释的现象】

题干：声称自己每周固定进行2～3次健身锻炼的人近两年来由28%增加到35%，而对大多数健身房的调查则显示，近两年来去健身房的人数明显下降。

【第 2 步 套用母题方法】

A 项，此项说明健身没有什么规律的人减少了，从而有可能导致健身的整体人数减少了，故可以解释题干。

B 项，此项说明健身房少报了顾客人数，所以统计出来去健身房的人少了，可以解释。

C 项，此项说明在家健身但不去健身房的人增多了，所以统计出来去健身房的人少了，可以解释。

D 项，不能解释，为了吸引更多的顾客，该市健身房普遍调低了营业价格，那么进健身房的人数应该变多，而不应该是减少，加剧了题干中的矛盾。

E 项，可以解释，指出样本没有代表性，调查结果可能不准确。

10. C

【第 1 步 找到待解释的现象】

题干：现代的文人学子近视患者的比例越来越高，然而，在中国古代很少发现患有近视的文人学子。

【第 2 步 套用母题方法】

A 项，说明古人读书时间少，因此不会近视，可以解释。

B 项，说明古人通过运动预防了近视，可以解释。

C 项，此项说明的是近视的危害，而不是影响近视的原因，不能解释。

D 项，说明古人读的书少，因此不会近视，可以解释。

E 项，说明古人的写字方式有利于防止近视，可以解释。

11. B

【第 1 步 找到待解释的现象】

题干：夜晚点燃艾叶驱蚊曾是龙泉山区引起家庭火灾的重要原因。近年来，该地区使用艾叶驱蚊的人家显著减少，但是，家庭火灾导致的死亡人数并没有减少。

【第 2 步 套用母题方法】

A 项，此项说明夜晚点燃艾叶引起的火灾所导致的损害相对较小，那么，就存在这种可能：点燃艾叶引起的火灾基本不会引发死亡。如果这样，那么这种火灾的多少就基本不影响死亡率，故此项可以解释。

B 项，此项说明夜晚点燃艾叶导致的火灾一般在家庭成员睡熟后发生，那么就更加容易引发死亡。因此，当夜晚点燃艾叶导致的火灾减少时，死亡人数应该随之减少，此项加剧了题干中的矛盾。

C 项，说明可能是其他原因导致的火灾引发了死亡，可以解释题干。

D 项，说明虽然现在火灾数量减少了，但由于木质家具和家用电器增多，火势比过去更为猛烈，因此引发了更多死亡，可以解释题干。

E 项，“一户失火随即蔓延，死亡人数因而比过去增多”，显然可以解释题干。

12. C

【第 1 步 找到待解释的现象】

题干：航空公司开通微信订票服务，然而，在近期内通过旅游类 APP 订票的旅行者并不会因此减少。

【第2步　套用母题方法】

A项，可以解释，说明订票总量变大了，因此通过旅游类APP订票的人不会减少。

B项，可以解释，说明微信订票系统还未正式运行。

C项，无关选项，题干讨论的是“订票”，而此项讨论的是“订酒店”。

D项，可以解释，说明大多数旅行者为了保险起见愿意选择旅游类APP订票。

E项，可以解释，说明旅行者可能会为了省钱选择旅游类APP订票。

13. D

【第1步　找到待解释的现象】

题干：被调查的毕业生中，有60%的回答者说他们的成绩位居班级的前20%。

【第2步　套用母题方法】

A项，无关选项，题干不涉及“未回答者”。

B项，此项并不能很好地解释题干的数字矛盾，因为“个别人”的情况无法解释大部分人(题干较大的数据差)的情况。

C项，无关选项，题干不涉及汉武大学和其他学校的比较。

D项，说明差生没有回答此问题，即60%的基数是“回答问题的毕业生”，而20%的基数是“班级所有毕业生”，二者基数不同，所以可以解释题干中的现象。

E项，不能解释，“略微的美化”无法解释题干中如此大的数据差异。

14. E

【第1步　找到待解释的现象】

题干：非自花授粉樱草的繁殖条件比自花授粉的要差，但是，游人在植物园多见的是非自花授粉樱草而不是自花授粉樱草。

【第2步　套用母题方法】

A项，说明非自花授粉樱草多是因为其种子发芽率较高，可以解释。

B项，说明非自花授粉樱草多是因为其是本地植物，而自花授粉樱草是“刚”从国外引进的，所以数量少，可以解释。

C项，说明非自花授粉樱草多是因为其基数大，可以解释。

D项，说明非自花授粉樱草更易吸收土壤中的养分，可以解释。

E项，不能解释，非自花授粉樱草多植于园林深处，那么游人应该更少见到非自花授粉樱草，加剧了题干中的矛盾。

15. B

【第1步　找到待解释的现象】

题干：尽管是战时，美国海军的死亡率比纽约市民的死亡率还要低。

【第2步　套用母题方法】

A项，无关选项，题干不涉及“海军”与“陆军”的比较。

B项，可以解释，此项指出纽约市民包括生存能力较差的婴儿和老人，这类人群的自然死亡率高；而美国海军则基本由健康的青壮年组成，这些人群的自然死亡率低，这就解释了题干中的现象。

C 项，无关选项，题干中指出美西战争是在巴西、菲律宾等地发生的，不涉及对美国市民的打击。

D 项，此项说明海军的宣传是虚假的，但提问中已经指出“如果海军官员的资料为真”，故此项与题干矛盾，排除此项。

E 项，此项并未说明暴力、色情等犯罪行为是否会导致人死亡，不能解释。

16. E

【第 1 步　找到待解释的现象】

题干：为什么很少有陶人被发现时是完整的？

【第 2 步　套用母题方法】

A 项，不能解释，若此项为真，则可能造成所有陶器和陶人均被打碎，而不会造成题干中的差异。

B 项，不能解释，由此项无法确定题干中陶器与陶人的是否存在陶土成分上的差异。

C 项，无关选项，题干不涉及人们是否精通了制陶技术。

D 项，无关选项，题干不涉及石器时代陶工制作不同类型陶制品的时间分配。

E 项，可以解释，此项说明制作的陶人在许多石器时代的仪式中需要被打碎，因此大多以小碎片的形式被发现。

17. E

【第 1 步　找到待解释的现象】

题干：尼古丁含量较高的香烟的吸烟者与尼古丁含量较低的香烟的吸烟者，在吸烟当晚临睡前单位血液中尼古丁的含量并没有大的区别。

【第 2 步　套用母题方法】

A 项，无关选项，题干讨论的是吸烟者血液中尼古丁的含量，而此项讨论的是两种吸烟者的数量占研究对象总数的比例。

B 项，不能解释，按此项推理的话，高尼古丁香烟的吸烟者在临睡前单位血液中尼古丁的含量应该更高，加剧了题干中的矛盾。

C 项，“可能”从其他途径吸入尼古丁是一种猜测，不能解释题干。

D 项，无关选项，题干不涉及烟瘾大小的比较。

E 项，可以解释，说明两种吸烟者血液中的尼古丁都达到了饱和状态，因此两种吸烟者血液内尼古丁的含量没有大的区别。

18. B

【第 1 步　找到待解释的现象】

题干：在过去的几十年中，被广泛地排水和开发的多草湿地对鸭子、鹅类、天鹅及其他绝大多数水禽的筑巢和孵化是必不可少的，但是鸭类的数目在此期间显著下降，而天鹅和鹅类的数目却未受明显的影响。

【第 2 步　套用母题方法】

A 项，不能解释，禁止捕猎水鸟对鸭类、鹅类、天鹅起到的影响是等同的，不会造成题干中的差异。

B项，可以解释，说明大多数鹅类、天鹅筑巢和孵化的地区未被开发，而鸭类筑巢和孵化的地区被开发了，所以鸭类的数目受影响，而天鹅和鹅类的数目未受明显的影响。

C项，不能解释，食物问题对鸭类、鹅类、天鹅起到的影响是等同的，不会造成题干中的差异。

D项，不能解释，此项说明鹅类和天鹅的数目会受到影响，加剧了题干中的矛盾。

E项，不能解释，此项说明鹅类和天鹅的数目会受到影响，且比鸭类还要严重，加剧了题干中的矛盾。

19. D

【第1步　找到待解释的现象】

题干：我国森林资源不足，做一次性筷子是莫大的浪费，但是，没有禁止使用一次性筷子。

【第2步　套用母题方法】

A项，可以解释，说明了使用一次性筷子不一定造成森林资源的浪费。

B项，可以解释，说明了一次性筷子的有利之处，虽然没有进行利弊的比较，但是可以起到解释的作用。

C项，可以解释，说明了一次性筷子没有被禁止的原因是攀比。

D项，说明一次性筷子本身也存在一些问题，因此，更应该禁止一次性筷子的使用，加剧了题干中的矛盾。

E项，可以解释，说明合理使用一次性筷子有利于森林资源的保护。

20. A

【第1步　找到待解释的现象】

题干：市场分析表明，手机用户群是潜在的网络消费的用户群，但是，在各种手机零售场所宣传、推销他们的产品两个月以来，效果很不理想。

【第2步　套用母题方法】

A项，可以解释，此项说明刚购买手机的消费者需要经过一段时期后才能成为网络消费的潜在用户，而题干中商家在手机零售场所进行宣传和推销，商家接触的都是刚买手机或者准备买手机的用户，此时用户还未完全成为网络消费的潜在用户，所以效果不理想。

题干说的是"手机"和"网络消费"的关系，只有A项涉及，故其他选项可直接排除。

21. D

【第1步　找到待解释的现象】

题干：相同年龄的男性和女性皮肤中含有相同量的胶原蛋白，而且女性更善于保养，并能从日常保养中提高皮肤胶原蛋白含量，但是女性却比男性更容易衰老。

【第2步　套用母题方法】

A项，不能解释，此项指出了男性与女性皮肤内胶原蛋白的结构不同，但没有指出这种不同是否影响衰老。

B项，不能解释，此项仅说明女性需要大量胶原蛋白，并未指出男性的情况如何。

C项，男性和女性体内的胶原蛋白含量基本相当，从外界获取的胶原蛋白含量也大体相当，因此，男性和女性的总胶原蛋白含量应基本一致。此种情况下，男性和女性在衰老方面应该没有差距，此项加剧了题干中的矛盾。

D 项，可以解释，男性和女性在胶原蛋白的消耗量上有差异，女性代谢需要消耗更多的胶原蛋白，就会导致女性体内胶原蛋白含量更低，进而使得女性更容易衰老。

E 项，无关选项，题干不涉及补充胶原蛋白的方式。

22. B

【第 1 步　找到待解释的现象】

题干：长在悬崖上的雪松吸取的养料不如林中雪松，但是，悬崖上雪松的年头却比林中雪松的年头长。

【第 2 步　套用母题方法】

A 项，不能解释，此项分析了雪松可以在悬崖上生长的原因，但不涉及林中的雪松，因此，无法解释二者年头的差异。

B 项，可以解释，说明林中雪松年头短是由于经常发生森林火灾，而悬崖上的雪松不受森林火灾的影响，故而年头长。

C 项，指出悬崖上的雪松生存条件较差，既然生存条件差，那么悬崖上的雪松更易死亡，而实际上很多年头超过 500 年，加剧了题干中的矛盾。

D 项，不能解释，此项说明悬崖上的雪松消耗的养分较少，但无法判断树木养分消耗与其年头长短之间的关系。

E 项，无关选项，题干的论证对象是“北美的雪松”，而此项的论证对象是“西伯利亚地区的雪松”。

23. D

【第 1 步　找到待解释的现象】

题干：订下半年的《都市青年报》，赠阅下半年《都市广播电视导报》这一活动为什么没有取得成功？

【第 2 步　套用母题方法】

A 项，可以解释，说明《都市广播电视导报》作为赠品缺少吸引力。

B 项，可以解释，说明有些读者已经有了“赠品”，所以不会再为了赠品订阅，但是“有些”可能是个别情况，故此项解释力度较弱。

C 项，不能解释，《都市广播电视导报》的订户比《都市青年报》的订户多，无法说明《都市青年报》的订户不需要《都市广播电视导报》。

D 项，可以解释，大多数报刊订户在去年年底已经订了今年一年的《都市广播电视导报》，因此，他们不再需要这份报纸。

比较 A 项和 D 项的力度，A 项是赠品的吸引力不是十分强，而 D 项是大多数订户已经有了这个赠品，根本不需要。当然是“不需要”的力度更大。故本题选择 D 项。

E 项，无关选项，是否伤害“老订户”的感情，与题干中针对“新订户”的活动是否成功没有关系。

24. A

【第 1 步　找到待解释的现象】

题干：某企业重视专业技术人才，今年招聘人数增加了，但是招聘的职业技术学院的工人数量在下降，而招聘的无职业技术学院系统学习的工人却很多。

【第2步 套用母题方法】

A项，此项说明企业增设了技术培训部门，企业可以以较低的人力成本自行培训那些以低薪招聘的机械工人，可以解释。

B项，AI的推广对于机械工人的数量有何影响并不明确，故不能解释题干。

C项，无关选项，题干并不涉及甲、乙两个学院之间的排名比较。

D项，此项说明很多没上过职业技术学院的工人有才华，但“有才华”不等于“技术过硬”，故不能解释题干。

E项，“有一部分”人的情况无法解释题干中“很多人”的情况。

25. E

【第1步 找到待解释的现象】

题干：β-胡萝卜素具有防止细胞癌变的作用，但是，经常服用β-胡萝卜素片剂的吸烟者反而比不常服用β-胡萝卜素片剂的吸烟者更易患癌症。

【第2步 套用母题方法】

A项，“有些”β-胡萝卜素片剂的情况未必具有代表性，且“有些”是弱化词，解释力度弱。

B项，无关选项，题干不涉及不同地区间居民吸烟者中癌症患者比例的比较。

C项，可以解释，另有他因导致经常服用β-胡萝卜素片剂的吸烟者易患癌症。但由于题干中出现了“结果的差异”，故应该找到“原因的差异”，即“经常服用β-胡萝卜素片剂的吸烟者”与“不常服用β-胡萝卜素片剂的吸烟者”之间的不同，此项没有指出这种不同，故解释力度弱。

D项，不能解释，此项仅说明“β-胡萝卜素”与“β-胡萝卜素片剂”之间有差异，并未说明“经常服用β-胡萝卜素片剂的吸烟者”与“不常服用β-胡萝卜素片剂的吸烟者”是否有差异。

E项，直接说明“经常服用β-胡萝卜素片剂”会导致吸烟者体内生成致癌作用更强的有害物质；而不常服用的吸烟者，受此影响更小。即两类人群在致癌因素上有差异，可以解释，且力度最强。

26. D

【第1步 找到待解释的现象】

题干：为什么餐饮业网点数量和瘦身健身人数呈密切正相关?

【第2步 套用母题方法】

题干中餐饮业网点数量的增加和瘦身健身业人数的增加呈现共变的趋势，根据共变法原理，二者之间可能存在因果关系，但也有可能是另外一个共同的原因(共因)导致这两个现象的共变。

D项，说明是由于收入的逐年提高(共因)，促进了餐饮业和瘦身健身业的共同增长，可以解释。

A、B项，说明餐饮业和瘦身健身业的发展互相促进，但是无法解释二者为何发展呈密切正相关。

C项，不能解释，“从事低收入、重体力工作”的外来人口上升，不大可能刺激较高消费的“餐饮”及“瘦身健身”行业的同步发展。

E项，不能解释，因为由此项无法判断高收入人群在最近15年的变化。

27. C

【第 1 步　找到待解释的现象】

题干：某贫困地区的 248 所中学通过直播与某一线城市的重点中学同步上课，从数据上看，这种直播教学模式是非常成功的。然而，令人遗憾的是，这一成功模式并未在全国得到广泛推广。

【第 2 步　套用母题方法】

A 项，因为不同中学的学生知识基础不同，所以题干中的直播教学模式无法在全国范围内得到推广，可以解释。

B 项，说明题干中的直播教学模式在全国范围内推广需要诸多部门的通力协作，还有很多困难没有解决，可以解释。

C 项，不能解释，此项指出大部分贫困地区的中学师资水平低，那么这些贫困地区就更需要通过网课的形式享受一线城市重点中学的教育，所以题干中的直播教学模式应该在全国得到广泛推广，加剧了题干中的矛盾。

D 项，说明一些贫困地区不会采用直播方式上课，可以解释。

E 项，说明大部分贫困地区不具备直播方式上课的基础设施，可以解释。

28. B

【第 1 步　找到待解释的现象】

题干：A 国的人口只有 M 国的十分之一，但是，A 国接受治疗的精神忧郁症病人的数量是 M 国的 10 倍。

【第 2 步　套用母题方法】

A 项，说明统计标准不同造成了题干中的差异，可以解释。

B 项，和 M 国相比，A 国的医疗费用并不过于昂贵，可能二者差不多，或者 A 国还是比 M 国略贵，只是没有贵到“过于昂贵”的程度，不能解释 A 国接受治疗的精神忧郁症病人的数量更多。

C 项，A 国有较好的医疗条件，说明 A 国的精神忧郁症病人更可能得到治疗，因此 A 国的抑郁症患者更愿意接受治疗，可以解释。

D 项，A 国人有较高的自我保健意识，说明 A 国的精神忧郁症病人更有可能去进行治疗，可以解释。

E 项，说明 A 国人更有可能患精神忧郁症，可以解释。

29. B

【第 1 步　找到待解释的现象】

题干：一方面，根据该国的法律，工人终生不得被解雇，工资标准只能升不能降；但另一方面，这并没有阻止工厂引进先进的生产设备，这些设备提高了劳动生产率，使得一部分工人事实上被变相闲置。

【第 2 步　套用母题方法】

B 项，采用先进设备所带来的利润，高于培训工人去从事其他工作的费用，因此，工厂可以培训这些工人去做其他的工作，既不违反 R 国法律，又增加了利润，可以解释题干中的现象。

C 项，如果先进设备的引进提高了产品的最终成本，那么就不应该引进先进设备，加剧了题干中的矛盾。

A、D、E项，均不涉及先进设备的使用，无关选项。

30. D

【第1步 找到待解释的现象】

题干：1994年，象鼻虫使得当年亚洲的棕榈果生产率显著提高，但是，到了1998年，棕榈果的生产率却大幅度降低。

【第2步 套用母题方法】

A项，无关选项，题干讨论的是“生产率”，而此项讨论的是“价格”。

B项，象鼻虫的主要作用是授粉，而它的天敌赤蜂在1998年秋季才开始出现，已经过了授粉季节，因此无法解释题干中的现象。

C项，象鼻虫的数量在1998年比1994年增加了一倍，那么其授粉效果应该更好，有助于棕榈果产量增加，故此项加剧了题干中的矛盾。

D项，说明是营养问题影响了1998年棕榈果的产量，可以解释。

E项，无关选项，题干仅讨论“棕榈果”，不涉及“椰果”。

专项训练9　其他题型

（共30小题，每小题2分，共60分，限时60分钟）

你的得分是________

说明：本部分题多来源于早期真题，难度较大，错的多也很正常，不用担心。

1. 某机关要精简机构，计划减员25%，撤销三个机构，这三个机构的人数正好占全机关的25%。计划实施后，上述三个机构被撤销，全机关实际减员15%。在此过程中，机关内部人员有所调动，但全机关只有减员没有增员。

   如果上述断定为真，则以下哪项也一定为真？

   Ⅰ. 上述计划实施后，有的机构调入新成员。

   Ⅱ. 上述计划实施后，没有一个机构，调入的新成员的总数，超出机关总人数的10%。

   Ⅲ. 上述计划实施后，被撤销机构中的留任人员，不超过机关原总人数的10%。

   A. 仅Ⅰ。　　B. 仅Ⅱ。　　C. 仅Ⅲ。

   D. 仅Ⅰ和Ⅱ。　　E. Ⅰ、Ⅱ和Ⅲ。

2. 在欧洲历史中，封建主义这一概念在出现时首先假设了贵族阶级的存在。但是除非贵族的封号和世袭地位受到法律的确认，否则，严格意义上的贵族阶级就不可能存在。虽然欧洲的封建主义早在8世纪就存在，但是，直到12世纪，贵族世袭才开始受到法律确认。而到了12世纪，不少欧洲国家的封建制度已走向衰弱。

   上述断定能恰当地推出以下哪项结论？

   Ⅰ. 在欧洲历史上，封建主义这一概念存在不同的定义。

   Ⅱ. 如果一个国家通过法律确认贵族的封号和世袭地位，则这个国家一定存在严格意义上的贵族阶级。

   Ⅲ. 在某个期间，封建国家中可能不存在严格意义上的贵族阶级。

   A. 仅Ⅰ。　　B. 仅Ⅱ。　　C. 仅Ⅲ。

   D. 仅Ⅰ和Ⅲ。　　E. Ⅰ、Ⅱ和Ⅲ。

3. 在黑、蓝、黄、白四种由深至浅排列的涂料中，一种涂料只能被它自身或者比它颜色更深的涂料所覆盖。

   若上述断定为真，则以下哪项确切地概括了能被蓝色覆盖的颜色？

   Ⅰ. 这种颜色不是蓝色。

   Ⅱ. 这种颜色不是黑色。

   Ⅲ. 这种颜色不如蓝色深。

   A. 仅Ⅰ。　　B. 仅Ⅱ。　　C. 仅Ⅲ。

   D. 仅Ⅰ和Ⅱ。　　E. Ⅰ、Ⅱ和Ⅲ。

4. 为了减少汽车追尾事故，有些国家的法律规定，汽车在白天行驶时也必须打开尾灯。一般地说，一个国家的地理位置离赤道越远，其白天的能见度越差；而白天的能见度越差，实施上述法律的效果越显著。事实上，目前世界上实施上述法律的国家都比中国离赤道远。

上述断定最能支持以下哪项相关结论？

A. 中国离赤道较近，没有必要制定和实施上述法律。

B. 在实施上述法律的国家中，能见度差是造成白天汽车追尾的最主要原因。

C. 一般地说，和目前已实施上述法律的国家相比，如果在中国实施上述法律，其效果将较不显著。

D. 中国白天汽车追尾事故在交通事故中的比例，高于已实施上述法律的国家。

E. 如果离赤道的距离相同，则实施上述法律的国家每年发生的白天汽车追尾事故的数量，少于未实施上述法律的国家。

5. 某公司一项对员工工作效率的调查测试显示，办公室中白领人员的平均工作效率和室内气温有直接关系。夏季，当气温高于30℃时，无法达到完成最低工作指标的平均工作效率；而在此温度线之下，气温越低，平均工作效率越高，只要不低于22℃；冬季，当气温低于5℃时，无法达到完成最低工作指标的平均工作效率；而在此温度线之上，气温越高，平均工作效率越高，只要不高于15℃。另外，调查测试显示，车间中蓝领工人的平均工作效率和车间中的气温没有直接关系，只要气温不低于5℃、不高于30℃。

从上述断定，推出以下哪项结论最为恰当？

A. 在车间中安装的空调设备是一种浪费。

B. 在车间中，如果气温低于5℃，则气温越低，工作效率越低。

C. 在春秋两季，办公室白领人员的工作效率最高时的室内气温在15℃～22℃。

D. 在夏季，办公室白领人员在室内气温32℃时的平均工作效率，低于在气温31℃时。

E. 在冬季，当室内气温为15℃时，办公室白领人员的平均工作效率最高。

6. 第二次世界大战末期，生育期的妇女数目创纪录得低，然而几乎20年后，她们的孩子的数目创纪录得高。在1957年，平均每个家庭有3.72个孩子。现在战后婴儿的数目创纪录得低，在1983年，平均每个家庭有1.79个孩子，比1957年少两个并且甚至低于2.11个的人口自然淘汰率。

如果以上信息为真，最能推出以下哪项？

A. 在出生率高的时候，一定有相对大量的妇女在她们的生育期。

B. 影响出生率最重要的因素是该国是否参加一场战争。

C. 除非有极其特殊的环境，否则出生率将不低于人口的自然淘汰率的水平。

D. 在出生率低的时候，一定有相对少的妇女在她们的生育期。

E. 出生率不与生育期妇女的数目成正比。

7. W 病毒是一种严重危害谷物生长的病毒，每年要造成谷物的大量减产。W 病毒分为三种：W_1、W_2 和 W_3。科学家们发现，把一种从 W_1 中提取的基因，植入易受感染的谷物基因中，可以使该谷物产生对 W_1 的抗体，这样处理的谷物会在 W_2 和 W_3 中，同时产生对其中一种病毒的抗体，但严重减弱对另一种病毒的抵抗力。科学家证实，这种方法能大大减少谷物因病毒危害造成的损失。

从上述断定最可能得出以下哪项结论？

A. 在三种 W 病毒中，不存在一种病毒，其对谷物的危害性比其余两种病毒的危害性加在一起还大。

B. 在 W_2 和 W_3 两种病毒中，不存在一种病毒，其对谷物的危害性比其余两种病毒的危害性加在一起还大。

C. W_1 对谷物的危害性比 W_2 和 W_3 的危害性加在一起还大。

D. W_2 和 W_3 对谷物具有相同的危害性。

E. W_2 和 W_3 对谷物具有不同的危害性。

8. 某本科专业按如下原则选拔特别奖学金的候选人：

(1)将本专业的同学按德育情况排列名次，均分为上、中、下三个等级(即三个等级的人数相等，下同)，候选人在德育方面的表现必须为上等。

(2)将本专业的同学按学习成绩排列名次，均分为优、良、中、差四个等级，候选人的学习成绩必须为优。

(3)将本专业的同学按身体状况排列名次，均分为好与差两个等级，候选人的身体状况必须为好。

假设该专业共有 36 名本科学生，则除了以下哪项外，其余都可能是这次选拔的结果？

A. 恰好有四个学生被选为候选人。

B. 只有两个学生被选为候选人。

C. 没有学生被选为候选人。

D. 候选人数多于本专业学生的 1/4。

E. 候选人数少于本专业学生的 1/3。

9. 研究人员发现，每天食用五份以上的山药、玉米、胡萝卜、洋葱或其他类似蔬菜可以降低患胰腺癌的风险。他们调查了 2 230 名受访者，其中有 532 名胰腺癌患者，然后对癌症患者食用的农产品加以分类，并询问他们其他的生活习惯，比如总体饮食和吸烟情况，将其与另外 1 701 人的生活习惯作比较。结果发现，每天至少食用五份蔬菜的人患胰腺癌的概率是每天食用两份以下蔬菜的人的一半。

以下哪一项办法最有助于判断上述研究结论的可靠性？

A. 查明在以肉食为主、很少食用五份以上蔬菜的群体中胰腺癌患者的比例有多大。

B. 研究胰腺癌患者中有哪些临床表现及其治疗方法。

C. 尽可能让胰腺癌患者生活愉快，以延长他们的寿命。

D. 通过实验室研究，查明上述蔬菜中含有哪些成分。

E. 分析胰腺癌患者的年龄结构。

10. 大学图书馆管理员说：直到三年前，校外人员还能免费使用图书馆，后来因经费减少，校外人员每年须付100元才能使用我馆。但是，仍然有150个校外人员没有付钱，因此，如果我们雇用一名保安去辨别校外人员，并保障所有校外人员均按要求缴费，图书馆的收益将增加。要判断图书馆管理员的话是否正确，必须首先知道下列哪一个选项？

A. 每年使用图书馆的校内人员数。

B. 今年图书馆的费用预算。

C. 图书馆是否安装了电脑查询系统。

D. 三年前图书馆经费降低了多少。

E. 雇用一名保安一年的开支。

11. 商业伦理调查员：XYZ钱币交易所一直误导它的客户说，它的一些钱币是很稀有的。实际上那些钱币是比较常见而且很容易得到的。

XYZ钱币交易所：这太可笑了。XYZ钱币交易所是世界上最大的几个钱币交易所之一，我们销售的钱币是经过一家国际认证的公司鉴定的，并且有钱币经销的执照。

XYZ钱币交易所的回答显得很没有说服力，因为它

以下哪项作为上文的后继最为恰当？

A. 故意夸大了商业伦理调查员的论述，使其显得不可信。

B. 指责商业伦理调查员有偏见，但不能提供足够的证据来证实他的指责。

C. 没能证实其他钱币交易所不能鉴定他们所卖的钱币。

D. 列出了XYZ钱币交易所的优势，但没有对商业伦理调查员的问题作出回答。

E. 没有对“很稀有”这一意思含混的词作出解释。

12. 按照我国城市当前水消费量来计算，如果每吨水增收5分钱的水费，则每年可增加25亿元收入。这显然是解决自来水公司年年亏损问题的好办法。这样做还可以减少消费者对水的需求，养成节约用水的良好习惯，从而保护我国非常短缺的水资源。

以下哪一项最为清楚地指出了上述论证中的错误？

A. 上述论证引用了无关的数据和材料。

B. 上述论证所依据的我国城市当前水消费量的数据不准确。

C. 上述论证作出了相互矛盾的假定。

D. 上述论证错把结果当成了原因。

E. 上述论证的论证无逻辑错误。

13～14题基于以下题干：

以下是在一场关于“安乐死是否应合法化”的辩论中正反方辩手的发言：

正方：反方辩友反对“安乐死合法化”的根据主要是在什么条件下方可实施安乐死的标准不易掌握，这可能会给医疗事故甚至谋杀造成机会，使一些本来可以挽救的生命失去最后的机会。诚然，这样的风险是存在的，但是我们怎么能设想干任何事都排除所有风险呢？让我提出一个问题，我们为什么不把法定的汽车时速限制为不超过自行车，这样汽车交通死亡事故发生率不是几乎可以下降到0吗？

反方：对方辩友把安乐死和交通死亡事故作以上的类比是毫无意义的。因为不可能有人会做这样的交通立法。设想一下，如果汽车行驶得和自行车一样慢，那还要汽车干什么？对方辩友，你愿意我们的社会再回到没有汽车的时代？

13. 以下哪项最为确切地评价了反方的言论？

A. 他的发言实际上支持了正方的论证。

B. 他的发言有力地反驳了正方的论证。

C. 他的发言有力地支持了反安乐死的立场。

D. 他的发言完全离开了正方阐述的论题。

E. 他的发言是对正方的人身攻击而不是对正方论证的评价。

14. 正方的论证预设了以下哪项？

Ⅰ. 实施安乐死带来的好处比可能产生的风险损失总体上说要大得多。

Ⅱ. 尽可能地延长病人的生命并不是医疗事业的绝对宗旨。

Ⅲ. 总有一天医疗方面可以准确无误地把握何时方可实施安乐死的标准。

A. 仅Ⅰ。　　B. 仅Ⅱ。　　C. 仅Ⅲ。

D. 仅Ⅰ和Ⅱ。　　E. Ⅰ、Ⅱ和Ⅲ。

15. 萨沙：在法庭上，应该禁止将笔迹分析作为评价一个人性格的证据，笔迹分析家所谓的证据习惯性地夸大他们的分析结果的可靠性。

格瑞高里：你说得很对，目前使用笔迹分析作为证据确实存在问题。这个问题的存在仅仅是因为没有许可委员会来制定专业标准，以此来阻止不负责任的笔迹分析家作出夸大其实的声明。当这样的委员会被创立以后，那些持许可证的从业者的笔迹分析结果就可以作为合法的法庭工具来评价一个人的性格。

格瑞高里在应答萨沙的论述时，用了下面哪一项？

A. 他忽视为支持萨沙的建议而引用的证据。

B. 他通过限定某一原则使用的范畴来为该原则辩护。

C. 他从具体的证据中抽象出一个普遍性的原则。

D. 他在萨沙的论述中发现了一个自相矛盾的陈述。

E. 他揭示出萨沙的论述自身表明了一个不受欢迎的，并且是他的论述所批评的特征。

16. 在美国，医生所开的药物处方中都不包含中草药。有人说，这是因为中草药的药用价值仍然受到严重质疑。其实真正的原因不是这样的。一种药物，除非由法定机构正式批准可用于相关医学处置，否则不允许上市。一种药物要获得法定机构的批准，一般要耗费 200 万美元，只有专利获得者才负担得起这笔费用。虽然鉴定中草药药用价值的方法可以申请专利，但中草药本身及其使用没有专利。因此，美国的医生不可能建议用中草药治病。

以下哪项最为准确地概括了题干的论证所使用的方法？

A. 通过否定一个事件发生的必要条件，来断定这一事件不会发生。

B. 通过对某一具体事例的分析来论证一个一般性的结果。

C. 通过对某一具体事例的分析来反驳一个一般性的结果。

D. 依据准确的数量分析来论证一个质的规定。

E. 通过对某一结果的另一种解释来质疑一个关于此种结果之原因的断定。

17. 自1990年到2005年，中国的男性超重比例从4%上升到15%，女性超重比例从11%上升到20%。同一时期，墨西哥的男性超重比例从35%上升到68%，女性超重比例从43%上升到70%。由此可见，无论在中国还是在墨西哥，女性超重的增长速度都高于男性超重的增长速度。

以下哪项陈述最为准确地描述了上述论证的缺陷？

A. 某一类个体所具有的特征通常不是由这些个体所组成的群体的特征。

B. 中国与墨西哥两国在超重人口的起点上不具有可比性。

C. 论证中提供的论据与所得出的结论是不一致的。

D. 在使用统计数据时，忽视了基数、百分比和绝对值之间的相对变化。

E. 美国在1990年到2005年女性超重比例没有中国高。

18～19题基于以下题干：

史密斯：根据《国际珍稀动物保护条例》的规定，杂种动物不属于该条例的保护对象。《国际珍稀动物保护条例》的保护对象中，包括赤狼。而最新的基因研究技术发现，一直被认为是纯种物种的赤狼实际上是山狗与灰狼的杂交种。由于赤狼明显需要被保护，所以条例应当修改，使其也保护杂种动物。

张大中：您的观点不能成立。因为，如果赤狼确实是山狗与灰狼的杂交种的话，那么，即使现有的赤狼灭绝了，仍然可以通过山狗与灰狼的杂交来重新获得它。

18. 以下哪项最为确切地概括了张大中与史密斯争论的焦点？

A. 赤狼是否为山狗与灰狼的杂交种？

B.《国际珍稀动物保护条例》的保护对象中，是否应当包括赤狼？

C.《国际珍稀动物保护条例》的保护对象中，是否应当包括杂种动物？

D. 山狗与灰狼是否都是纯种物种？

E. 目前赤狼是否有灭绝的危险？

19. 以下哪项最可能是张大中的反驳所假设的？

A. 目前用于鉴别某种动物是否为杂种的技术是可靠的。

B. 所有现存杂种动物都是现存纯种动物杂交的后代。

C. 山狗与灰狼都是纯种动物。

D.《国际珍稀动物保护条例》执行效果良好。

E. 赤狼并不是山狗与灰狼的杂交种。

20. 人们对于搭乘航班的恐惧其实是毫无道理的。据统计，仅1995年，全世界死于地面交通事故的人数超出80万，而在自1990年至1999年的10年间，全世界平均每年死于空难的还不到500人，而在这10年间，我国平均每年死于空难的还不到25人。

为了评价上述论证的正确性，回答以下哪个问题最为重要？

A. 在上述10年间，我国平均每年有多少人死于地面交通事故？

B. 在上述10年间，我国平均每年有多少人参与地面交通，有多少人参与航运？

C. 在上述10年间，全世界平均每年有多少人参与地面交通，有多少人参与航运？

D. 在上述10年间，1995年全世界死于地面交通事故的人数是否是最高的？

E. 在上述10年间，哪一年死于空难的人数最多？人数是多少？

21. 时光社区每天由保洁员收集的各住宅楼袋装垃圾通常在周三由保洁公司统一运走，每周一次。本周的垃圾很可能要到周四才被运走，因为本周一是法定节假日，保洁公司规定，如果一周中出现法定节假日，则运走垃圾的日子比常规推迟一天。

以下哪项最为恰当地概括了题干的论证所依据的方法？

A. 在似乎不相干的前提和结论之间试图建立推断关系。

B. 通过直接排除其他各种可能性，间接地推断某种结果非常可能出现。

C. 依据一般性的规则或规律来说明某种具体的情况或现象。

D. 基于某种具体的情况或现象概括出一般性的规则或规律。

E. 通过假设某种情况不存在会导致矛盾，来论证此种情况必然存在。

22. 吃胶质奶糖可能导致蛀牙。胶质奶糖粘在牙齿上的时间越长，则引起蛀牙的风险越大。吃巧克力可能导致蛀牙。同样，巧克力粘在牙齿上的时间越长，则引起蛀牙的风险越大。因为巧克力粘在牙齿上的时间比胶质奶糖短，因此，对于引起蛀牙来说，吃胶质奶糖比吃巧克力的风险更大。

以下哪项对上述论证的评价最为恰当？

A. 上述论证成立。

B. 上述论证有漏洞，因为它没有区分胶质奶糖和巧克力的不同类型。

C. 上述论证有漏洞，因为它不当地假设只有吃含糖食品才会导致蛀牙。

D. 上述论证有漏洞，这一漏洞也出现在以下的推理中：海拔高度的增高会导致空气的稀薄。一个城市海拔越高，空气越稀薄。西宁的海拔比西安高，因此，西宁比西安的空气稀薄。

E. 上述论证有漏洞，这一漏洞也出现在以下的推理中：火灾和地震都会造成生命和财产的损失。火灾或地震持续的时间越长，造成的损失越大。因为地震持续的时间比火灾短，因此，火灾造成的损失比地震大。

23～24 题基于以下题干：

李工程师：一项权威性的调查数据显示，在医疗技术和设施最先进的美国，婴儿最低死亡率在世界上只占第 17 位。这使我得出结论，先进的医疗技术和设施，对于人类生命和健康所起的保护作用，对成人要比对婴儿显著得多。

张研究员：我不能同意您的论证。事实上，一个国家所具有的先进的医疗技术和设施，并不是每个人都能均等地享受的。较之医疗技术和设施而言，较高的婴儿死亡率更可能是低收入的结果。

23. 以下哪项最为恰当地概括了张研究员反驳李工程师所使用的方法？

A. 对他的论据的真实性提出质疑。　B. 对他的结论的真实性提出质疑。

C. 对他援引的数据提出另一种解释。　D. 暗指他的数据会导致产生一个相反的结论。

E. 指出他偷换了一个关键性的概念。

24. 张研究员的反驳基于以下哪项假设？

Ⅰ. 在美国，享受先进的医疗技术和设施，需要一定的经济条件。

Ⅱ. 在美国，存在着明显的贫富差别。

Ⅲ. 在美国，先进的医疗技术和设施，主要用于成人的保健和治疗。

A. 仅Ⅰ。　B. 仅Ⅱ。　C. 仅Ⅲ。

D. 仅Ⅰ和Ⅱ。　E. Ⅰ、Ⅱ和Ⅲ。

25. 在经历了全球范围的股市暴跌的冲击以后，T 国政府宣称，它所经历的这场股市暴跌的冲击，是由最近国内一些企业过快地非国有化造成的。

以下哪项如果事实上是可操作的，最有利于评价 T 国政府的上述宣称？

A. 在宏观和微观两个层面上，对 T 国一些企业最近的非国有化进程的正面影响和负面影响进行对比。

B. 把 T 国受这场股市暴跌的冲击程度，和那些经济情况和 T 国类似，但最近没有实行企业非国有化的国家所受到的冲击程度进行对比。

C. 把 T 国受这场股市暴跌的冲击程度，和那些经济情况和 T 国有很大差异，但最近同样实行了企业非国有化的国家所受到的冲击程度进行对比。

D. 计算出在这场股市风波中 T 国的个体企业的平均亏损值。

E. 运用经济计量方法预测 T 国的下一次股市风波的时间。

26. 农科院最近研制了一种高效杀虫剂，通过飞机喷撒，能够大面积地杀死农田中的害虫。这种杀虫剂的特殊配方虽然能保护鸟类免受其害，但无法保护有益昆虫。因此，这种杀虫剂在杀死害虫的同时，也杀死了农田中的各种益虫。

以下哪项产品的特点，和题干中的杀虫剂最为类似？

A. 一种新型战斗机，它所装有的特殊电子仪器使得飞行员能对视野之外的目标发起有效攻击。这种电子仪器能区分客机和战斗机，但不能同样准确地区分不同的战斗机。因此，当它在对视野之外的目标发起有效攻击时，有可能误击友机。

B. 一种带有特殊回音强立体声效果的组合音响，它能使其主人在欣赏它的时候倍感兴奋和刺激，但往往同时使左邻右舍不得安宁。

C. 一部经典的中国文学名著，它真实地再现了中国封建社会中晚期的历史，但是，不同立场的读者从中得出了不同的见解和结论。

D. 一种新投入市场的感冒药，它能迅速消除患者的感冒症状，但也会使服药者在一段时间中昏昏欲睡。

E. 一种新推出的电脑杀毒软件，它能随机监视并杀除入侵病毒，并在必要时会自动提醒使用者升级，但是，它同时降低了电脑的运作速度。

27. 警察发现，每一个暴力事件都有某个人作为幕后策划者。所以，所有暴力事件都是由同一个人策划的。

下面哪一个推理中的错误与上述推理的错误完全相同？

A. 所有中国公民都有一个身份证号码，所以，每个中国公民都有唯一的身份证号码。

B. 任一自然数都小于某个自然数，所以，所有自然数都小于同一个自然数。

C. 在余婕的生命历程中，每一时刻后面都跟着另一时刻，所以，她的生命不会终结。

D. 每个亚洲国家的电话号码都有一个区号，所以，亚洲必定有与其电话号码一样多的区号。

E. 每个医生都属于某些科室，所以，所有的医生都属于某些科室。

28～29 题基于以下题干：

在第 16 届喀山世界游泳锦标赛中，宁泽涛以 47 秒 84 的成绩夺得男子 100 米自由泳决赛冠军，获得本人首枚世锦赛金牌。对此，网友评论不一。

张珊：宁泽涛今晚只是运气好而已，他今天游了47秒84，但这只是一个很一般的成绩，他去年曾经游出过46秒9的成绩。

李思：我不同意。这就像一个人以718分拿了高考状元，但你却说他考得不好，因为他在一次模考中曾经考过725分。

28. 以下哪项最为确切地概括了李思的反驳所运用的方法？
    A. 提出了一个比对方更有力的证据。
    B. 运用一个反例，质疑对方的论据。
    C. 提出了一个反例来反驳对方的一般性结论。
    D. 构造了一个和对方类似的论证，但这个论证的结论显然是不可接受的。
    E. 指出对方对所引用数据的解释有误，即使这些数据自身并非不准确。

29. 以下哪项最为恰当地概括了张珊和李思争论的焦点？
    A. 高考状元是否真的优秀？
    B. 宁泽涛是否是最优秀的运动员？
    C. 张珊论据所引用的数据是否准确？
    D. 是否应该通过历史成绩来断定运动员的大赛表现？
    E. 张珊对宁泽涛的评价是否合理？

30. 某对外营业游泳池更衣室的入口处贴着一张启事，称“凡穿拖鞋进入泳池者，罚款五至十元”。某顾客问：“根据有关法规，罚款规定的制定和实施，必须由专门机构进行，你们怎么可以随便罚款呢？”工作人员回答：“罚款本身不是目的。目的是通过罚款，来教育那些缺乏公德意识的人，保证泳池的卫生。”
    上述对话中工作人员所犯的逻辑错误，与以下哪项中出现的最为类似？
    A. 管理员：“每个进入泳池的同志必须戴上泳帽，没有泳帽的到售票处购买。”某顾客：“泳池中的那两位同志怎么没戴泳帽？”管理员：“那是本池的工作人员。”
    B. 市民：“专家同志，你们制定的市民文明公约共15条60款，内容太多，不易记忆，可否精简，以便直接起到警示的作用。”专家：“这次市民文明公约，是在市政府的直接领导下，组织专家组，在广泛听取市民意见的基础上制定的，是领导、专家、群众三结合的产物。”
    C. 甲：什么是战争？
    乙：战争是两次和平之间的间歇。
    甲：什么是和平？
    乙：和平是两次战争之间的间歇。
    D. 甲：为了使我国早日步入发达国家之列，应该加速发展私人汽车工业。
    乙：为什么？
    甲：因为发达国家私人都有汽车。
    E. 甲：一样东西，如果你没有失去，就意味着你仍然拥有。是这样吗？
    乙：是的。
    甲：你并没有失去尾巴。是这样吗？
    乙：是的。
    甲：因此，你必须承认，你仍然有尾巴。

专项训练 9 ▸ 其他题型

答案详解

答案速查

1～5 ADBCE	6～10 EBDAE	11～15 DCADB
16～20 ECCBC	21～25 CECDB	26～30 ABDEB

1. A

【第 1 步 识别题目类型】

题干的提问方式为"如果上述断定为真，则以下哪项也一定为真?"，故此题为推论题。

题干多次涉及减员的比例，可知此题为统计论证模型(其他数量型)。

【第 2 步 套用母题方法】

由于撤销的三个机构人数占全机关的 25%，但全机关实际减员只有 15%，那就说明至少有 10%的人实际上并没有真的被减员，而是进入了其他机构。

Ⅰ项，根据以上分析易知，此项为真。

Ⅱ项，不一定为真。比如，被裁撤的三个机构的人全部调入 A 机构，再裁减 B 机构人(裁剪人数为公司总人数的 15%)，此时，A 机构的调入人数超过全机关人数的 10%。

Ⅲ项，不一定为真。比如，被撤销的三个机构中的留任人员占到全机关总人数的 12%(即裁掉全机关总人数的 13%)，其他机构的裁员占全机关的 2%。此时，全机关实际减员 15%，但被撤销机构中的留任人员占全机关总人数的 12%。

2. D

【第 1 步 识别题目类型】

题干的提问方式为"上述断定能恰当地推出以下哪项结论?"，故此题为推论题。

题干出现诸如"除非……否则……"等假言命题的关键词，可知此题为与形式逻辑有关的推论题。

【第 2 步 套用母题方法】

将题干信息整理如下：

①封建主义这一概念在出现时首先假设了贵族阶级的存在。

②除非贵族的封号和世袭地位受到法律的确认，否则，严格意义上的贵族阶级就不可能存在，等价于：¬ 受到法律的确认→¬ 严格意义上的存在。

③欧洲的封建主义早在 8 世纪就存在，但是，直到 12 世纪，贵族世袭才开始受到法律确认。

④到了 12 世纪，不少欧洲国家的封建制度已走向衰弱。

Ⅰ项，由③可知，"8～12 世纪之间，贵族的世袭地位没有得到法律确认"，结合②可知，"在 8～12 世纪，严格意义上的贵族阶级就不存在"，再结合①可知，12 世纪以前，没有出现封建主义；结合④可知，封建主义这一概念存在不同的定义，否则题干自相矛盾。

Ⅱ项，此项等价于：通过法律确认→严格意义上存在，由②可知，“贵族的封号和世袭地位受到法律的确认”是“贵族阶级存在”的必要条件，而非充分条件，故此项不必然成立。

Ⅲ项，由③可知，“8～12 世纪之间，贵族的世袭地位没有得到法律确认”，结合②可知，“在 8～12 世纪，严格意义上的贵族阶级就不存在”；可见，8 世纪到 12 世纪的封建国家中，可能不存在严格意义上的贵族，故此项成立。

3. B

【第 1 步　识别题目类型】

题干的提问方式为“以下哪项确切地概括了能被蓝色覆盖的颜色?”，是由题干信息来看选项概括的准确度，故此题可认为是推论题。

【第 2 步　套用母题方法】

Ⅰ项，不准确，蓝色本身也能被蓝色覆盖，所以有可能是蓝色。

Ⅱ项，准确。因为，题干中有四种颜色，不是黑色的话，即蓝、黄、白，这三种颜色皆可被蓝色覆盖；也就是说，不是黑色的颜色都可以被蓝色覆盖。

Ⅲ项，不准确，不如蓝色深的是黄色和白色，而蓝色本身也能被蓝色覆盖。

故 B 项正确。

4. C

【第 1 步　识别题目类型】

题干的提问方式为“上述断定最能支持以下哪项相关结论?”，故此题为推论题。

【第 2 步　套用母题方法】

题干：

①一个国家的地理位置离赤道越远，其白天能见度越差。

②白天的能见度越差，实施“汽车在白天行驶必须打开尾灯”这一法律的效果越显著。

③目前世界上实施“汽车在白天行驶必须打开尾灯”这一法律的国家都比中国离赤道远。

A 项，无关选项，题干未讨论中国制定和实施上述法律的必要性。

B 项，推理过度，造成白天汽车追尾的原因有很多，不能仅仅因为实施上述法律对减少汽车追尾事故有效果，就推出其是最主要的原因。

C 项，由①和③可知，目前世界上实施上述法律的国家白天的能见度和中国相比较差；再结合②可知，中国实施上述法律的效果将不如目前世界上实施上述法律的国家，故此项正确。

D 项，无关选项，题干不涉及“中国”和“已实施上述法律的其他国家”白天汽车追尾事故在交通事故中的比例的比较。

E 项，推理过度，由于每个国家白天汽车追尾事故的基数不确定，因此，无法比较“实施该法律的国家”和“未实施该法律的国家”每年发生的白天汽车追尾事故的数量。

5. E

【第 1 步　识别题目类型】

题干的提问方式为“从上述断定，推出以下哪项结论最为恰当?”，故此题为推论题。此题的题干和选项均涉及不同季节不同温度对办公人员的影响，不妨将选项代入题干信息进行比对做排除。

【第2步 套用母题方法】

A项，不恰当，由题干信息可知，车间中，当气温低于5℃、高于30℃时，对蓝领工人的工作效率存在影响，因此安装空调还是有作用的。

B项，无关选项，题干没有说明气温低于5℃时，气温与工作效率的关系。

C项，无关选项，题干只涉及了夏、冬两季，没有涉及春秋两季。

D项，无关选项，题干没有说明气温高于30℃时，气温与工作效率的关系。

E项，正确的推论，由题干信息可知：冬季"气温越高，平均工作效率越高，只要不高于15℃"，说明室内温度为15℃时，办公室白领人员的平均工作效率最高。

6. E

【第1步 识别题目类型】

题干的提问方式为"如果以上信息为真，最能推出以下哪项？"，故此题为推论题。

【第2步 套用母题方法】

A项，与题干信息矛盾，不可能为真。

B项，无关选项，题干中的"第二次世界大战末期"仅仅表达时间，并没有讨论出生率与战争的关系。

C项，无关选项，题干不涉及"极其特殊的环境"。

D项，不一定为真，在出生率低的时候，有可能是因为相对少的妇女在她们的生育期，也有可能是因为生育意愿低等其他原因。

E项，1957年出生的孩子，在1983年时，正好处于生育期，因此，这个时候的生育期妇女应远大于第二次世界大战末期，但是平均每个家庭拥有的孩子更少，即在生育期妇女数量大大增加的情况下，出生率反而大大下降了。因此，E项正确。

7. B

【第1步 识别题目类型】

题干的提问方式为"从上述断定最可能得出以下哪项结论？"，故此题为推论题。

【第2步 套用母题方法】

A项，不必然真。因为如果 W_1 的危害性比其余两种病毒的危害性加在一起还大，则题干的陈述仍然成立。

B项，必然为真。否则，假如 W_2 的危害大于 W_1+W_3。那么，当抗体能抵抗 W_1+W_3，但减弱了对 W_2 的抵抗力时，反而会加大损失。

C项，不必然为真。题干比较的是 W_1 加上 W_2 和 W_3 中的一种病毒，与余下的一种病毒的关系，而不是比较 W_1 与 W_2、W_3。

D、E项，不必然为真。因为题干没有单独进行 W_2 和 W_3 的比较。

8. D

【第1步 识别题目类型】

题干的提问方式为"除了以下哪项外，其余都可能是这次选拔的结果？"，故此题为推论题。

【第2步 套用母题方法】

候选人必须同时满足德育、学习成绩、身体三方面的要求，那么，由学习成绩的情况可知，候选人最多占到总人数的1/4，即小于等于9人。故D项为假，其余各项都可能为真。

9. A

【第 1 步 识别题目类型】

题干的提问方式为“以下哪一项办法最有助于判断上述研究结论的可靠性?”，故此题为判断关键问题题。

【第 2 步 套用母题方法】

题干要评价的论证是：

每天至少食用五份蔬菜的人患胰腺癌的概率是每天食用两份以下蔬菜的人的一半 $\xrightarrow{\text{证明}}$ 每天食用五份以上蔬菜可以降低患胰腺癌的风险。

A 项，在以肉食为主、很少食用五份以上蔬菜的群体中胰腺癌患者的比例若高，则支持题干，反之则削弱题干，故此项是关键问题，正确。

B、C、D、E 项，均不涉及食用蔬菜和患胰腺癌的关系，故均为无关选项。

10. E

【第 1 步 识别题目类型】

题干的提问方式为“要判断图书馆管理员的话是否正确，必须首先知道下列哪一个选项?”，故此题为判断关键问题题。

【第 2 步 套用母题方法】

要评价的论证是：

雇用一名保安去辨别校外人员，并保障所有校外人员均按要求缴费，图书馆的收益将增加。

E 项，要判断收益是否增加，就要判断新增收益与新增支出的关系，所以，需要知道的是雇用保安的开支，故此项正确。

其余各项均与雇用保安无关，是无关选项。

11. D

【第 1 步 识别题目类型】

题干的提问方式为“以下哪项作为上文的后继最为恰当?”，观察题干可知，后续需要对“XYZ 钱币交易所的回答显得很没有说服力”这一观点进行解释，即指出“XYZ 钱币交易所”的逻辑漏洞，故此题为评论逻辑漏洞题。

【第 2 步 套用母题方法】

A 项，XYZ 钱币交易所并没有夸大商业伦理调查员的论述，排除。

B 项，XYZ 钱币交易所并没有指责商业伦理调查员“有偏见”，排除。

C 项，两人均不涉及 XYZ 钱币交易所是否具有钱币鉴定能力，排除。

D 项，XYZ 钱币交易所对商业伦理调查员的反驳，并没有涉及“钱币是否稀有”的问题，与商业伦理调查员的论证无关，正确。

E 项，“很稀有”这个词并不是含混的概念，排除。

12. C

【第 1 步 识别题目类型】

题干的提问方式为“以下哪一项最为清楚地指出了上述论证中的错误?”，同时观察选项，可知此题为评论逻辑漏洞题。

【第2步 套用母题方法】

题干：

①按照我国城市当前水消费量来计算，如果每吨水增收5分钱的水费，则每年可增加25亿元收入。

②“每吨水增收5分钱的水费”这一举措可以减少消费者对水的需求，养成节约用水的良好习惯，从而保护我国非常短缺的水资源。

要使①成立，必须假设：实施“每吨水增收5分钱的水费”的举措后，我国的水消费总量不变。

要使②成立，必须假设：实施“每吨水增收5分钱的水费”的举措后，我国的水消费总量会因此减少。

题干论证所必需的两个假设互为矛盾关系，故C项评价准确。

A、B、D、E项均未能指出题干论证中存在的错误。

13. A

【第1步 识别题目类型】

题干的提问方式为“以下哪项最为确切地评价了反方的言论?”，故此题为评论逻辑漏洞题。

【第2步 套用母题方法】

正方采用类比论证：

①汽车：有风险，但不应该将汽车时速限制为不超过自行车以排除汽车交通死亡事故风险；

②安乐死：有风险；

————————————

所以，不应该反对安乐死以排除安乐死的风险。

反方：如果汽车行驶得和自行车一样慢，那么汽车就毫无意义。

反方的观点说明，确实不应该限制汽车的时速，支持了正方的论据①，故A项正确。

其余各项均不恰当。

14. D

【第1步 识别题目类型】

题干的提问方式为“正方的论证预设了以下哪项”，故此题是一道假设题。

【第2步 套用母题方法】

Ⅰ项，必须假设，正方认为实施安乐死虽然有风险，但是不能禁止安乐死，说明他认为实施安乐死利大于弊。

Ⅱ项，必须假设，否则，如果医疗事业的绝对宗旨是尽可能地延长病人的生命，那么安乐死就不应该被允许。

Ⅲ项，不必假设，正方讨论的正是在“不能准确把握实施安乐死的标准”的情况下，是否应该执行安乐死，所以此项不必假设。

故D项正确。

15. B

【第1步 识别题目类型】

题干的提问方式为“格瑞高里在应答萨沙的论述时，用了下面哪一项?”，故此题为评论论证方法题。

【第 2 步　套用母题方法】

A 项，忽略论据，与格瑞高里的论证方法不符。

B 项，格瑞高里承认对方指出的问题，但认为这一问题，可以通过成立机构、限制不合理的行为来解决(限定使用范畴)，因此，笔迹分析结果还是可以作为证据使用的。故此项正确。

C 项，归纳论证，与格瑞高里的论证方法不符。

D 项，指出萨沙的论述自相矛盾，与格瑞高里的论证方法不符。

E 项，指出萨沙的论述正是自己所批评的，也是自相矛盾，与格瑞高里的论证方法不符。

16. E

【第 1 步　识别题目类型】

题干的提问方式为“以下哪项最为准确地概括了题干的论证所使用的方法?”，故此题为评论论证方法题。

【第 2 步　套用母题方法】

题干：

他人的观点：中草药的药用价值仍然受到严重质疑，因此，美国医生所开的药物处方中都不包含中草药。

真正的原因：中草药没有专利，不允许上市。

对于“美国医生不开中草药”这种行为的原因，有人认为是中草药的药用价值受到质疑。而题干通过论证给出了新的解释，否定了其他人的观点。故题干在质疑他人的观点时使用的方法为：另有他因，即提出新的解释，故 E 项正确。

17. C

【第 1 步　识别题目类型】

题干的提问方式为“以下哪项陈述最为准确地描述了上述论证的缺陷?”，故此题是评论逻辑漏洞题。

【第 2 步　套用母题方法】

题干中的论据：

①1990 年到 2005 年，中国的男性超重比例从 4%上升到 15%(即：上升 11 个百分点)，女性超重比例从 11%上升到 20%(即：上升 9 个百分点)。

②1990 年到 2005 年，墨西哥的男性超重比例从 35%上升到 68%(即：上升 33 个百分点)，女性超重比例从 43%上升到 70%(即：上升 27 个百分点)。

题干中的论点：无论在中国还是在墨西哥，女性超重的增长速度都高于男性超重的增长速度。

$$\text{超重的增长速度}=\frac{\text{现超重百分比}-\text{原超重百分比}}{\text{时间(15 年)}}。$$

A 项，无关选项，题干不涉及个体特征与个体组成的群体特征之间的关系。

B 项，无关选项，题干比较的是比例的变化量，与起点值无关。

C 项，由题干论据可知：无论是在中国还是墨西哥，男性超重比例增长速度都高于女性，而题干论点却与之矛盾，故此项正确地描述了题干论证的缺陷。

D 项，题干论点的核心话题是“超重的增长速度”，根据计算公式可知，此增长速度不涉及基数、百分比、绝对值的相对变化。

E 项，无关选项，题干不涉及“美国女性”与“中国女性”在超重比例上的比较。

18. C

【第 1 步 识别题目类型】

题干的提问方式为"以下哪项最为确切地概括了张大中与史密斯争论的焦点?",故此题为争论焦点题。

【第 2 步 套用母题方法】

A 项,史密斯提到"赤狼是杂种动物",而张大中并未对此发表看法,违反双方表态原则。

B 项,两人的争论中,赤狼仅仅是作为例证出现,而不是二人争论的观点,违反论点优先原则。

C 项,史密斯认为《条例》的保护对象中应当包括杂种动物,张大中认为此观点不能成立,故二人的争论焦点是:《条例》的保护对象中,是否应当包括杂种动物。此项正确。

D 项,二人均没有讨论山狗与灰狼是否都是纯种物种,违反双方表态原则。

E 项,两人均未对赤狼是否有灭绝的危险发表看法,违反双方表态原则。

19. B

【第 1 步 识别题目类型】

题干的提问方式为"以下哪项最可能是张大中的反驳所假设的?",故此题为假设题。

【第 2 步 套用母题方法】

A 项,不必假设,因为张大中的论证不涉及杂种动物的鉴别,只是说"假如"是杂种动物的话应该怎样。

B 项,必须假设,否则,如果有的杂种动物不是现存纯种动物杂交的后代,那么,此种杂种动物一旦灭绝,就不能通过杂交来重新获得它,张大中反驳的论据就不能成立。

C 项,无关选项,张大中没有讨论山狗与灰狼是不是纯种动物。

D 项,无关选项,张大中没有讨论《条例》的执行效果。

E 项,与张大中的"如果赤狼是山狗与灰狼杂交种的话"这句话矛盾,显然不是其假设。

20. C

【第 1 步 识别题目类型】

题干的提问方式为"为了评价上述论证的正确性,回答以下哪个问题最为重要?",故此题为判断关键问题题。

【第 2 步 套用母题方法】

要判断地面交通和航班哪个更安全,衡量标准应该是死亡率,而不是死亡人数。

$$死亡率=\frac{死亡人数}{交通参与人数}\times 100\%。$$

所以,回答 C 项的问题对于评价题干论证的正确性最为重要。

B 项仅仅是我国的情况,未必在全世界范围内有代表性,因此,B 项的重要性不如 C 项。

其余各项显然不正确。

21. C

【第 1 步 识别条件类型】

题干的提问方式为"以下哪项最为恰当地概括了题干的论证所依据的方法?",故此题为评论论证方法题。

题干中的规定：如果一周中出现法定节假日，则运走垃圾的日子比常规推迟一天。

题干中的结论：因为本周一是法定节假日，故原本在周三由保洁公司统一运走的垃圾，可能要到周四才被运走。

可见，题干由一个一般性前提，得出一个个别性结论，故此题为演绎论证模型。

【第 2 步 套用母题方法】

A 项，评论不恰当，题干中的前提和结论并非不相干。

B 项，剩余法，评论不恰当。

C 项，由一般到个别，评论恰当。

D 项，由个别到一般，评论不恰当。

E 项，反证法，评论不恰当。

22. E

【第 1 步 识别题目类型】

题干的提问方式为“以下哪项对上述论证的评价最为恰当?”，故此题为评论逻辑漏洞题。

【第 2 步 套用母题方法】

题干的漏洞在于其论证的前提是对吃胶质奶糖这一事件进行内部比较或者对吃巧克力这一事件进行内部比较，而结论是对吃巧克力和吃胶质奶糖之间进行比较。

A 项，显然评价不恰当。

B 项，评价不恰当，题干没有涉及胶质奶糖和巧克力的类型。

C 项，评价不恰当，题干并未假设只有吃含糖食品才会导致蛀牙。

D 项，评价不恰当，此项论证的是海拔高度与空气稀薄程度的比较，不存在漏洞。

E 项，评价恰当，此项论证的前提是对火灾或者地震的内部比较，结论是对地震和火灾之间的比较，漏洞与题干相同。

23. C

【第 1 步 识别题目类型】

题干的提问方式为“以下哪项最为恰当地概括了张研究员反驳李工程师所使用的方法?”，故此题为评论反驳方法题。

【第 2 步 套用母题方法】

李工程师认为原因是“先进的医疗技术和设施对婴儿的作用不显著”，张研究员认为原因是“低收入的结果”，故张研究员的反驳方法是另有他因。

A 项，质疑论据，排除。

B 项，质疑论点，排除。

C 项，另一种解释即另有他因，正确。

D 项，说明李工程师的论据会导致相反的结论，排除。

E 项，偷换概念，排除。

24. D

【第 1 步 识别题目类型】

题干的提问方式为“张研究员的反驳基于以下哪项假设?”，故此题为假设题。

【第2步 套用母题方法】

张研究员的论证中存在一组递进式的因果关系，即：①低收入$\xrightarrow{\text{导致}}$②不能享受先进的医疗技术和设施$\xrightarrow{\text{导致}}$③较高的婴儿死亡率。故：

Ⅰ项，必须假设，指出①$\xrightarrow{\text{导致}}$②这组因果关系确实具备相关性。

Ⅱ项，必须假设，指出确实存在低收入者，即前提①成立。

Ⅲ项，不必假设，因为只有李工程师提及"成人"而张研究员并没有提及，故此项是无关选项。

故D项正确。

25. B

【第1步 识别题目类型】

题干的提问方式为"以下哪项如果事实上是可操作的，最有利于评价T国政府的上述宣称?"，故此题为判断关键问题题。

【第2步 套用母题方法】

T国政府：本国受到全球范围的股市暴跌的冲击，这是因为，国内一些企业过快地非国有化。

A项，题干仅涉及过快地非国有化是否会导致"股市暴跌的冲击"；而此项对比的是"正面影响"和"负面影响"，无关选项。

B项，建立对照组，通过求异法可知，若没有实行企业非国有化的国家也受到了同样的冲击，则削弱题干的结论；若没有实行企业非国有化的国家没有受到冲击，则支持题干的结论。因此，B项对于正确评价T国政府的宣称最为有利。

C项，无关选项，此项中的对照组选择的是"那些经济情况和T国有很大差异"的国家，那么真正的影响因素可能是这些差异，无法衡量"非国有化"的影响。

D、E项，均不涉及"非国有化"，无关选项。

26. A

【第1步 识别题目类型】

题干的提问方式为"以下哪项产品的特点，和题干中的杀虫剂最为类似"，故此题为论证结构相似题。

【第2步 套用母题方法】

题干：杀虫剂可以区分鸟类和昆虫，所以不会杀死鸟类，但不能区分益虫与害虫，因此，会误杀益虫。

A项，一种新型战斗机所装有的特殊电子仪器可以区分客机(对应鸟类)和战斗机(对应昆虫)，所以不会误伤客机，但不能区分友机与敌机(对应益虫和害虫)，因此，会误伤友机(对应益虫)。可见此项与题干类似。

其余各项均与题干不同。

27. B

【第1步 识别题目类型】

题干的提问方式为"下面哪一个推理中的错误与上述推理的错误完全相同?"，故此题为论证结构相似题。

【第 2 步　套用母题方法】

题干：每一个暴力事件都有某个人作为幕后策划者。所以，所有暴力事件都是由同一个人策划的。

显然，由“某个”人不能推出“同一个”人，题干犯了偷换概念的逻辑错误。

B 项，任一自然数都小于“某个”自然数，无法推出所有自然数都小于“同一个”自然数，与题干错误相同，正确。

其余各项显然均与题干不同。

28. D

【第 1 步　识别题目类型】

题干的提问方式为“以下哪项最为确切地概括了李思的反驳所运用的方法?”，故此题为评论反驳方法题。

【第 2 步　套用母题方法】

A 项，提出更有力的论据，与李思的反驳方法不同，排除。

B 项，此项指出李思通过举反例来质疑对方的论据，高考可以近似地看成一个反例，但是，李思是为了反驳张珊的观点，而不是反驳张珊的论据，排除。

C 项，此项指出举反例来质疑“一般性结论”，不恰当。因为张珊的结论仅针对宁泽涛一个人，不是一般性结论。

D 项，李思构造了和对方类似的论证(高考)，但其结论显然是不可接受的，即荒谬的，所以他的反驳方法是：类比＋归谬，故此项正确。

E 项，李思没有反驳张珊的数据，排除。

29. E

【第 1 步　识别题目类型】

题干的提问方式为“以下哪项最为恰当地概括了张珊和李思争论的焦点?”，故此题为争论焦点题。

【第 2 步　套用母题方法】

A 项，仅是李思的观点提及“高考状元”，违反双方表态原则。

B 项，两人均未提及“最优秀的运动员”，违反双方表态原则。

C 项，李思没有对张珊所引用的数据进行质疑，违反双方表态原则。

D 项，干扰项，题干的论证仅涉及“宁泽涛”，而 D 项的论证对象是“运动员”，扩大了论证范围。

E 项，张珊对宁泽涛的评价是“这只是一个很一般的成绩”，李思不同意这个观点，并构造了一个类比论证来反驳这一观点，故两个人的争论焦点是张珊认为宁泽涛“这只是一个很一般的成绩”的这一评价是否合理，故此项正确。

30. B

【第 1 步　识别题目类型】

题干的提问方式为“上述对话中工作人员所犯的逻辑错误，与以下哪项中出现的最为类似?”，故此题为论证结构相似题。

【第2步 套用母题方法】

题干中，顾客询问的是游泳池的工作人员是否有资格罚款，而工作人员回答的是罚款的目的，工作人员犯了转移论题的逻辑错误。

A项，管理员要求每个进入泳池的同志必须戴上泳帽，又允许工作人员不戴泳帽，自相矛盾。

B项，市民建议精简文明公约，专家说的是市民公约是如何制定的，转移论题，与题干错误相似。

C项，用“战争”定义“和平”，又用“和平”定义“战争”，此项犯了循环定义的逻辑错误。

D项，因为是发达国家，所以私人都有汽车，而不是私人都有汽车就是发达国家，此项犯了因果倒置的逻辑错误。

E项，失去尾巴的隐含假设是原本有尾巴，如果“我”本来就没有尾巴的话，这个提问就是错的，此项犯了不当假设的逻辑错误。

第3部分

仿真模考

199 管理类联考逻辑 ▸ 模拟卷 1

（共 30 题，每小题 2 分，共 60 分，限时 60 分钟）

说明：难度中等偏上。请限时 60 分钟进行模考。

1. 要保障人民群众的生态环境健康，就必须切实维护生物安全。生物安全主要是指自然原因或人为活动导致的生物多样性减少、生态平衡破坏、外来物种入侵以及现代生物技术的研发和应用所带来的潜在风险。要科学而有效地化解这一类风险，必须采取预防和控制措施。只有加强生物安全的监督和管理，才能最大限度减少生态风险。

   根据以上陈述，可以得出以下哪项？

   A. 只有科学而有效地化解这一类风险，才能最大限度减少生态风险。

   B. 如果没有加强生物安全的监督和管理，就不能最大限度减少生态风险。

   C. 如果能科学而有效地化解这一类风险，则说明加强了生物安全的监督和管理。

   D. 若加强生物安全的监督和管理，则能保障人民群众的生态环境健康。

   E. 人为导致的外来物种入侵是破坏我国生物安全的最主要原因。

2. 考古学家通过对消失已久的鹦鹉嘴龙进行体色重建，发现其腹部颜色为浅色而背部颜色较深。这是一种保护色，作用是通过在身体上形成阴影，让动物自身在其他动物眼中失去立体效果，因此也被称为反荫蔽体色，这在现代动物中也较为常见。考古学家据此推测，鹦鹉嘴龙最有可能居住在森林里。

   要得到上述结论，最需要补充的前提条件是：

   A. 生活在森林中的动物其体色模式大多为反荫蔽体色。

   B. 恐龙包含许多种类，其中大部分都生活在森林和草原中。

   C. 在发现恐龙化石的地区，考古推测该区域曾有大片的森林。

   D. 鹦鹉嘴龙是种小型恐龙，这种体色对于逃避天敌有天然的伪装作用。

   E. 古生物学家 Jakob Vinther 博士认为，体色和动物的居住环境之间并没有直接的联系。

3. 随着气温上升，热带雨林遭受闪电雷击并引发大火的概率也会上升。然而，目前的监测表明，美洲热带雨林虽然更频繁地受到闪电雷击，却没有引发更多的森林大火。研究者认为，这可能与近年来雨林中藤蔓植物大量增加有关。

   以下哪项如果为真，最能支持上述结论？

   A. 闪电雷击常常引起温带森林大火，但热带雨林因为湿度较大，并不会产生较大火灾。

   B. 1968 年热带雨林中藤蔓植物的覆盖率是 32%，当前其覆盖率已经高达 60%，有的地区甚至超过 75%。

   C. 藤蔓茎干相对树枝电阻更小，能像建筑上的避雷针那样传导闪电，让大部分电流从自己的茎干传导。

   D. 雷击这样大规模、速度极快地放电，先摧毁了外部的藤蔓植物，中间的树木得到了保护。

   E. 藤蔓植物具有发达的根系，可以起到保持水土的作用。

4. 法制的健全或者执政者具有强有力的社会控制能力，是维持一个国家社会稳定必不可少的条件。Y国社会稳定但法制尚不健全。因此，Y国的执政者具有强有力的社会控制能力。
以下哪项的论证方式和题干的最为类似？
A. 一部影视作品，要想有高的收视率或票房价值，作品本身的质量和必要的包装、宣传缺一不可。电影《青楼月》上映以来票房价值不佳但实际上质量堪称上乘。因此，它缺少必要的广告宣传和媒介炒作。
B. 必须有超常业绩或者30年以上服务于本公司的工龄的雇员，才有资格获得X公司本年度的特殊津贴。黄先生获得了本年度的特殊津贴但在本公司仅供职5年，因此他一定有超常业绩。
C. 如果既经营无方又铺张浪费，则一个企业将严重亏损。Z公司虽经营无方但并没有严重亏损，这说明它至少没有铺张浪费。
D. 一个罪犯要实施犯罪，必须既有作案动机，又有作案时间。在某案中，W先生有作案动机但无作案时间。因此，W先生不是该案的作案者。
E. 一个论证不能成立，当且仅当，或者它的论据虚假，或者它的推理错误。J女士在科学年会上关于她的发现之科学价值的论证尽管逻辑严密、推理无误，但还是被认定不能成立。因此，她的论证中至少有部分论据虚假。

5. A国选手已经占据本次比赛前三名中的一席，五位记者对于剩下的席位，进行了如下预测：
小赵：很遗憾中国选手和美国选手都没能进入前三名。
小钱：没有美国选手，但有法国选手。
小孙：除非美国选手进入前三名，否则法国选手不会进入前三名。
小李：中国选手和法国选手一定都进入了前三名。
小周：或者美国选手进入前三名，或者中国选手进入前三名。
结果有三位记者预测准确，那么预测错误的记者是：
A. 小赵和小孙。　　B. 小钱和小李。　　C. 小孙和小周。
D. 小李和小周。　　E. 小赵和小李。

6. 某三甲医院的医生中，专科医院毕业的医生人数大于非专科医院毕业的医生人数，女医生的人数大于男医生的人数。
如果以上论述是真的，那么以下哪项关于该医院医生的断定也一定是真的？
(1)非专科医院毕业的女医生人数大于专科医院毕业的男医生人数。
(2)专科医院毕业的男医生人数大于非专科医院毕业的男医生人数。
(3)专科医院毕业的女医生人数大于非专科医院毕业的男医生人数。
A. 只有(1)和(2)。　　B. 只有(2)。　　C. 只有(3)。
D. 只有(2)和(3)。　　E. (1)、(2)和(3)。

7～8题基于以下题干：

某校运动会期间，618宿舍的赵、钱、孙、李、周和吴6人报名了跳高、游泳、铅球、短跑和长跑5个项目中的1～2个，每个项目恰有2人报名。另外，还知道：

(1)若李报名短跑或者周报名铅球，则孙报名跳高且吴报名游泳。

(2)若周和孙至少1人报名短跑，则赵报名长跑和短跑。

(3)如果周和李至多1人报名游泳，则周报名短跑且钱报名长跑。

7. 根据以上信息，以下哪项一定为假？

A. 赵报名长跑。 B. 李报名短跑。 C. 孙报名跳高。

D. 钱报名铅球。 E. 周报名长跑。

8. 如果补充条件："若李和吴至多1人报名短跑，则赵和孙均报名跳高和长跑"，则可以得出以下哪项？

A. 李报名1个项目。 B. 钱报名2个项目。 C. 吴报名2个项目。

D. 李或吴报名铅球。 E. 周或钱报名跳高。

9. 波音737飞机出现后的50年中，航空发动机的直径越来越大，所以新一代的737MAX系列不得不将发动机的安装位置向机翼的前方移动，并尽可能升高，但这又可能会使飞机在飞行中自动向上抬头，导致失速。为解决这一问题，737MAX新增MCAS(机动特性增强系统)，在必要的时候实现飞机"自动低头"的功能。但有专家分析，最近737MAX机型接连发生两次空难，可见MCAS系统并不可靠。

以下陈述如果为真，哪项可以作为专家的论据？

A. 不少执飞737MAX机型的飞行员并不熟悉新款MCAS系统，错误操作可能导致事故。

B. 飞机传感器出现故障，使得MCAS接收到错误数据，进而不断执行"自动低头"的指令。

C. 两次空难均显示飞行速度大幅超过限制，进而产生飞机结构无法承受的气动力。

D. 两次空难均显示起飞后，飞行员与MCAS系统争夺控制权，但都没能阻止MCAS的"自动低头"功能，最终导致飞机俯冲。

E. 两起空难发生后，世界各国均禁止波音737MAX机型飞越本国领空，并停飞该机型。

10. 喵喵教育科技有限公司打算在研究生考试前为同学们录制一段祝福视频，现要从吕、张、马、李、赵、刘、孙、王8位老师选出5人参与录制。已知：

(1)吕和张至多1人参与录制。

(2)如果赵和王至少有1人参与录制，那么马也参与录制。

(3)若李参与录制，则赵参与录制。

(4)只有刘和孙均不参与录制，马才参与录制。

根据以上陈述，可以得出以下哪项？

A. 马不参与录制。 B. 吕不参与录制。 C. 王不参与录制。

D. 赵参与录制。 E. 刘参与录制。

11. 阿尔茨海默病是一种较为严重的疾病，4号基因突变曾被认为是阿尔茨海默病的一项致病因素。但近期有科学家提出导致这一复杂疾病的病因可能很简单，就是一些能引起脑部感染的微生物，如HSV-1病毒。

以下哪项如果为真，则最能支持上述科学家的观点？

A. 携带4号突变基因同时感染了HSV-1病毒的人群罹患阿尔茨海默病的概率会比单独具有此类突变基因的群体高2倍。

B. 当大鼠脑部受到HSV-1感染时，携带4号突变基因的大鼠产生的病毒DNA是正常大鼠的14倍。

C. 有些携带4号突变基因的患者使用抗病毒药物治疗后，其病情有所好转。

D. 在一些健康老年人的大脑中也存在着HSV-1病毒。

E. 4号基因突变是引发老年病的重要原因。

12. 由于外科医生的数量比手术数量增加得快，同时，由于不开刀的药物治疗在越来越多地代替外科手术，近年来每个外科医生的年平均手术量下降了 1/4。因此，如果这种趋势持续下去，外科医生的医术水平就会发生大幅度下降。

以下哪项是上述论证所必须假设的？

A. 一个外科医生医术水平不可能适当地保持下去，除非他以一定的最小频率做手术。

B. 外科医生现在将他们的大部分时间用在完成不用开刀的药物治疗工作上。

C. 所有的医生，尤其是外科医生，在医学院所接受的训练的时间在减少。

D. 每一个需要上台做手术的医生，其本人的医术水平与手术量成正比。

E. 某些经验丰富的外科医生目前所做的手术比他们通常所做的量大得多。

13. 海洋考古学家最近在一个古地中海港口的水下发现了几百件陶器，大概是 4 000 年前留下的。尽管船只木制框架的残迹早已腐烂了，但在最初的调查中发现的这些陶器的数量和多样性使考古学家假设：他们发现了一艘 4 000 年前的沉船残骸。

以下哪项如果为真，则对考古学家的假设给予了最强有力的支持？

A. 海洋考古学家已在另一个古地中海港口发现了一艘 3 000 年前的船只残骸。

B. 木头浸在水中腐烂的速度受木头质地的影响很大。

C. 在发现这些陶器的同一港口发现了两艘被探明的沉船残骸，它们分别具有 3 500 年和 3 000 年的历史。

D. 在该港口发现的陶器与在其他几个古地中海发现的陶器很相似。

E. 在陶器之间的海床上发现了铜制的船零件，大约有 4 000 年的历史。

14. 甲、乙、丙、丁、戊、庚六个人参加马拉松比赛，已知：

(1)甲不是最后一名，但他的前面至少有四个人。

(2)丙不是第一名，也不是最后一名。

(3)丁的前后至少都有两个人。

(4)庚不是最后一名，他和最后一名之间还有两个人。

(5)戊也不是最后一名。

根据以上信息，第二名(没有并列名次)是谁？

A. 甲。 B. 戊。 C. 丁。

D. 乙。 E. 丙。

15. 最近对北海班轮乘客的一项调查表明，在旅行前服用晕船药的旅客比没有服用晕船药的旅客有更多的人表现出了晕船的症状。显然，与药品公司的临床实验结果报告相反，不服用晕船药会更好。

以下哪项如果为真，则最强有力地削弱了上文的结论？

A. 在风浪极大的情况下，大多数乘客都会表现出晕船的症状。

B. 没有服用晕船药的乘客和服用了晕船药的乘客以相同的比例加入了调查。

C. 那些服用晕船药的乘客如果不服药，他们晕船的症状会更加严重。

D. 花钱买晕船药的乘客比没有花钱买晕船药的乘客更不愿意承认自己有晕船的症状。

E. 该班轮上有一些乘客由于在旅行前服用了晕船药，在整个旅行中都没有表现出任何晕船的症状。

16. 某高校安排大三的学生前往省内著名企业参观学习，已知：

(1)如果参观天禾公司，就必须参观致尚公司。

(2)致尚公司、风云公司至多只能参观一个。

(3)若参观风云公司，就必须参观怡情公司。

(4)除非参观致尚公司，否则不能参观怡情公司。

(5)风云公司或者天禾公司至少参观一个。

根据以上陈述，以下哪项一定为真？

A. 参观天禾和致尚公司。

B. 参观风云和怡情公司。

C. 参观风云和天和公司。

D. 参观致尚和怡情公司。

E. 参观天禾和怡情公司。

17. 患有抑郁症的人有很强的自杀倾向，很多人认为抑郁症是一种心理疾病。20 世纪中期，医学研究发现，抑郁症自杀者大脑内 3 种神经递质(血清素、去甲肾上腺素和多巴胺)的浓度低于正常人。医学家由此推测：是这 3 种神经递质的浓度失衡导致了抑郁症。

以下哪项陈述为真，能给上述医学家的结论以最强的支持？

A. 抑郁症在医学上不仅是一种心理疾病，也是一种器质性病变。

B. 医学实验已经证明：抑郁症导致了大脑内上述 3 种神经递质的浓度失衡。

C. 女性和老年人群中抑郁症的发病率比男性更高。

D. 若抑郁症患者持续服用保持 3 种神经递质浓度平衡的药物，患者的病情会得到有效控制甚至痊愈。

E. 患抑郁症并且自杀的人，往往是来自单亲家庭，成长过程中伴随有强烈的自卑感、自责感、悲观和失望。

18. 史密斯、弗朗基和安德烈住在相邻的公寓里。弗朗基住在中间。他们的职业分别是钢琴家、医生和作家。已知：

(1)当安德烈外出时，作家带着她的狗去散步。

(2)当史密斯的立体声音乐太响时，只有钢琴家能敲到他套房的墙。

那么史密斯、弗朗基和安德烈依次是什么职业？

A. 钢琴家、作家和医生。

B. 钢琴家、医生和作家。

C. 作家、钢琴家和医生。

D. 作家、医生和钢琴家。

E. 医生、钢琴家和作家。

19. 台风是大自然最具破坏性的灾害之一。有研究表明：通过向空中喷洒海水水滴，增加台风形成区域上空云层对日光的反射，那么台风将不能聚集足够的能量，这一做法将有效阻止台风的前进，从而避免更大程度的破坏。

上述结论的成立需要补充以下哪项作为前提？

A. 喷洒到空中的水滴能够在云层之上重新聚集。

B. 人工制造的云层将会对邻近区域的降雨产生影响。

C. 台风经过时，常伴随着大风和暴雨等强对流天气。

D. 台风前进的动力来源于海水表面日光照射所产生的热量。

E. 除台风外，酸雨也是大自然最具破坏性的灾害之一。

20. 狗比人类能听到频率更高的声音，猫比正常人在微弱光线中视力更好，鸭嘴兽能感受到人类通常感觉不到的微弱电信号。

上述陈述最能支持以下哪项？

A. 大多数动物的感觉能力强于人类所显示的感觉能力。

B. 任何能在弱光中看见东西的人都不如猫在弱光中的视力。

C. 研究者不应为发现鸭嘴兽的所有感觉能力均比人类所显示的能力强而感到吃惊。

D. 在进化中，人类的眼睛和耳朵发生改变使人的感觉能力不那么敏锐了。

E. 有些动物有着区别于人的感觉能力。

21. 某研究院为了加强与兄弟单位的科研合作，计划派遣若干骨干人员前往兄弟单位开展工作。根据工作要求，派遣时需满足以下条件：

(1)在甲和乙两人中至少要派出1人。

(2)在乙和丙两人中至多能派出1人。

(3)如果派出丁，则丙和戊两人都要派出。

(4)在甲、乙、丙、丁和戊等5人中至少应派出3人。

如果上述断定为真，则以下哪项一定为真？

A. 派甲和丙。　　B. 派乙和丁。　　C. 派丙和戊。

D. 派乙和丁。　　E. 派甲和戊。

22. 人类与疟疾已经进行了几个世纪的斗争，但一直是"治标不治本"——无法阻断疟疾传染源。目前研究者培育出一种经过基因改造的蚊子，它具备了不再感染疟疾的能力，并且能妨碍野生蚊子繁衍，从而有效切断人与蚊子的疟疾传播途径，假以时日，就能根绝疟疾这个顽症。

以下哪项如果为真，则最能支持上述结论？

A. 转基因蚊子的体质比野生蚊子差，一旦被放到野外很容易死亡。

B. 转基因蚊子只在疟疾存在时才有生存优势，当生存环境中没有疟疾时，它们和野生蚊子的存活率是相同的。

C. 转基因蚊子的生殖能力在繁衍了九代后显著增加，可能带来野生蚊子种群的灭亡。

D. 转基因蚊子与野生蚊子交配产下的后代并不都具有抗疟疾基因，但在基因层面上都会产生突变，形成新型蚊子。

E. 目前，只有少数科学家能掌握转基因蚊子的批量培育技术。

23. 研究人员在观察开普勒太空望远镜发现数千颗太阳系外行星后，发现银河系内拥有大量的行星，几乎每一颗恒星周围都存在行星。许多恒星系统内存在2～6颗行星，其中约1/3的行星处于宜居带上，行星表面的温度适合液态水存在，这可能意味着银河系内几乎处处有宜居的星球。

以下哪项如果为真，则最能支持上述结论？

A. 只要存在水资源，就有生命存在的可能性，但不一定能完成进化。

B. 许多宜居带行星与恒星之间的距离小于地球和太阳的间距，恒星释放的耀斑可能扼杀生命。

C. “恒星系统内存在2～6颗行星”这一结论是根据200多年前的“提丢斯-波得定则”推算而出，非实测结果。

D. 银河系内2 000亿～4 000亿颗恒星中80%是红矮星，超过一半的红矮星周围环绕的行星与地球类似，并存在水和大气层。

E. 人类需要多少年可以找到另一个宜居的星球尚未定论。

24. 甲、乙、丙、丁、戊、己、庚7名代表分别来自广西、海南、贵州、吉林、江西、辽宁、黑龙江7省份中的一个(互不重复)，他们受邀前往上海学习先进的经济发展模式。关于他们所来自的省份，已知：

(1)如果甲来自广西，那么乙来自江西并且丙来自黑龙江。

(2)如果庚不是来自吉林或者丙不是来自贵州，那么乙来自海南。

(3)如果甲不来自广西，那么丁来自辽宁且戊来自贵州。

如果上述论述为真，以下哪项一定为真？

A. 甲来自辽宁。　　B. 乙来自广西。　　C. 戊来自贵州。

D. 庚来自江西。　　E. 己来自广西。

25. 最近实施的一项历史上最严格的禁止吸烟的法律，虽然尚未禁止人们在其家中吸烟，却禁止人们在一切公共场所和工作地点吸烟。如果这项法律得到严格执行，就能彻底保护上班人员免受二手烟的伤害。

以下哪项陈述如果为真，则能最强有力地削弱上述论证？

A. 上下班的人员吸入汽车尾气的危害要比吸二手烟的危害大得多。

B. 诸如家教、护工、小时工等人员都在雇主的家里上班。

C. 任何一项立法及其实施都不能完全实现立法者的意图。

D. 这项控制吸烟的法律过高地估计了吸二手烟的危害。

E. 有些人仍然不自觉地在办公场所的厕所中偷偷吸烟。

26. 建树学校拟选拔3名学生为校三好学生，经过层层筛选，现有甲、乙、丙、丁、戊、己、庚共7名三好学生候选人，且已知条件如下：

(1)丙、己、庚三人中仅有1人当选。

(2)甲、丁、戊、己至多有3名当选，则乙、丙至少有1人当选。

(3)或者戊当选，或者甲当选，二者必居其一。

(4)如果丁不当选，那么乙、丙、戊均不当选。

根据以上信息，下列哪项一定为真？

A. 甲、乙当选。　　B. 甲、丙当选。　　C. 乙、丙当选。

D. 丙、丁当选。　　E. 丁、戊当选。

27. 威胁美国大陆的飓风是由非洲西海岸高气压的触发形成的。每当在撒哈拉沙漠以南的地区有大量的降雨之后，美国大陆就会受到特别频繁的飓风袭击。所以，大量的降雨一定是提升气流压力而造成飓风的原因。

以下哪项论证中所包含的缺陷与上述论证中的最为相似?

A. 张珊、李思都是老烟民，但都很长寿。

B. 东欧的事件会影响中美洲的政治局势，所以东欧的自由化会导致中美洲的自由化。

C. 汽车在长的街道上比在短的街道上开得更快，所以，长街道上的行人比短街道上的行人更危险。

D. 桑菊的花瓣在正午时会合拢，所以，桑菊的花瓣在夜间一定会张开。

E. 许多后来成为企业家的人，他们在上大学时经常参加竞争性的体育运动。所以，这些企业家之所以能成功，一定是因为经常参加竞争性的体育运动。

28. 土卫二是太阳系中迄今观测到存在地质喷发活动的3个星体之一，也是天体生物学最重要的研究对象之一。德国科学家借助卡西尼号土星探测器上的分析仪器发现，土卫二发射的微粒中含有钠盐。据此可以推测，土卫二上存在液态水，甚至可能存在“地下海”。

以下哪项如果为真，最能支持上述推测?

A. 只有存在“地下海”，才可能存在地质喷发活动。

B. 在土卫二上液态水不可能单独存在，只能以“地下海”的方式存在。

C. 如果没有地质喷发活动，就不可能发现钠盐。

D. 土星探测器上的分析仪器得出的数据是确切可信的。

E. 只有存在液态水，才可能存在钠盐微粒。

29～30题基于以下题干:

某高铁线路设有“富强”“民主”“和谐”“法治”“文明”五个站。该线路现有甲、乙、丙、丁、戊5趟车运行。每趟列车停靠其中三站，每站有三趟列车停靠。已知:

(1)若乙或戊至少有一个停靠“法治”或者“和谐”，则甲、丙、丁均停靠“法治”。

(2)若乙停靠“富强”或者“和谐”，则丁停靠“富强”且甲停靠“法治”。

(3)若丙、丁至少有一个停靠“法治”，则甲、丙、戊均停靠“和谐”。

29. 根据以上条件，以下哪项必然为真?

A. 甲停靠“富强”。 B. 丙停靠“民主”。 C. 戊停靠“和谐”。

D. 丁停靠“文明”。 E. 乙停靠“法治”。

30. 若丙停靠“富强”，则以下哪项不可能为真?

A. 甲停靠“民主”。

B. 丁停靠“文明”。

C. 甲和戊停靠了两个相同的站。

D. 丁和乙停靠了两个相同的站。

E. 甲和丁停靠了两个相同的站。

199管理类联考逻辑▸模拟卷1

答案详解

答案速查

1～5 BACBA	6～10 CBDDD	11～15 AAEEC
16～20 ADCDE	21～25 ECDCB	26～30 DEECE

1. B

【第1步 识别条件类型】

题干由多个假言命题组成，且这些假言命题中无重复元素，选项均为假言命题，故此题为假言推假言模型。

【第2步 套用母题方法】

(1)画箭头。

题干：

①保障人民群众的生态环境健康→切实维护生物安全。

②科学而有效地化解这一类风险→采取预防和控制措施。

③能最大限度减少生态风险→加强生物安全的监督和管理。

(2)逆否。

题干的逆否命题为：

④┐切实维护生物安全→┐保障人民群众的生态环境健康。

⑤┐采取预防和控制措施→┐科学而有效地化解这一类风险。

⑥┐加强生物安全的监督和管理→┐能最大限度减少生态风险。

(3)找答案。

A项，能最大限度减少生态风险→科学而有效地化解这一类风险，题干不涉及二者关系，故此项可真可假。

B项，┐加强生物安全的监督和管理→┐能最大限度减少生态风险，等价于⑥，故此项可以由题干推出。

C项，科学而有效地化解这一类风险→加强生物安全的监督和管理，题干不涉及二者关系，故此项可真可假。

D项，加强生物安全的监督和管理→保障人民群众的生态环境健康，题干不涉及二者关系，故此项可真可假。

E项，题干不涉及"破坏我国生物安全的最主要原因"是什么，故此项无法由题干推出。

2. A

【第1步 识别论证类型】

题干：鹦鹉嘴龙体色呈现反荫蔽体色$\xrightarrow[\text{证明}]{}$鹦鹉嘴龙最有可能居住在森林里。

题干中论据的论题是鹦鹉嘴龙“体色”，论点的论题是“居住在森林里”，二者不一致，故此题为拆桥搭桥模型(前后型)。

【第2步　套用母题方法】

A项，此项建立了“体色”和“居住场所”之间的联系，搭桥法，必须假设。

B项，题干的论证对象是“鹦鹉嘴龙”，此项的论证对象是“大部分恐龙”，二者不一致。(干扰项·对象不一致)

C项，无关选项，发现恐龙化石的区域曾有大片森林，与鹦鹉嘴龙是否生活在森林无关。

D项，无关选项，此项说明体色有助于鹦鹉嘴龙逃避天敌，与题干“居住在森林里”无关，话题不一致。(干扰项·话题不一致)

E项，专家的个人观点未必为真。(干扰项·诉诸权威)

3. C

【第1步　识别论证类型】

锁定关键词“与……有关”，并结合题干可知此前是现象，“与……有关”是现象的原因，故此题为现象原因模型。

现象：美洲热带雨林虽然更频繁地受到闪电雷击，却没有引发更多的森林大火。

原因：这可能与近年来雨林中藤蔓植物大量增加有关。

【第2步　套用母题方法】

A项，另有他因，说明因为热带雨林的湿度较大导致没有产生较大火灾，削弱题干。

B项，无关选项，此项只能说明藤蔓植物的覆盖率提高了，但是并没有说明其能否阻止火灾的发生。

C项，因果相关，说明藤蔓茎干因电阻更小才导致不会因闪电引发火灾，支持题干。

D项，不能支持，此项说明藤蔓植物在雷击时可以保护中间的树木，但是，其是否能阻止火灾的发生不得而知。

E项，无关选项，“保持水土”与“阻止火灾”无关。(干扰项·话题不一致)

4. B

【第1步　识别条件类型】

题干可以用箭头表示，提问方式为“以下哪项的论证方式和题干的最为类似?”，故此题为推理结构相似题。先将题干符号化，再将选项与题干一一对应即可解题。

【第2步　套用母题方法】

题干：法制健全(A)∨社会控制能力(B)←社会稳定(C)。社会稳定(C)∧¬法制健全(¬A)→社会控制能力(B)。

将题干符号化：A∨B←C；C∧¬A→B。

A项，A∨B→C∧D。¬B∧C→¬D，与题干不同。

B项，A∨B←C。C∧¬A→B，与题干论证方式一致。

C项，A∧B→C。A∧¬C→¬B，与题干不同。

D项，A→B∧C。B∧¬C→¬A，与题干不同。

E项，A↔B∨C。¬C∧A→B，与题干不同。

5. A

【第 1 步 识别条件类型】

题干已知“五个人的预测中有三位记者预测正确”，故此题为真假话模型。

【第 2 步 套用母题方法】

题干：

①¬ 中国∧¬ 美国。

②¬ 美国∧法国。

③¬ 美国→¬ 法国，等价于：美国∨¬ 法国。

④中国∧法国。

⑤中国∨美国。

(1)找矛盾。

预测①和预测⑤为矛盾关系；预测②和预测③为矛盾关系。

(2)推真假。

根据题干“五个人的预测中有三位记者预测正确”，可知有两句假话，这两句假话一定出现在预测①、⑤和预测②、③中。

因此，预测④一定是真话。

(3)推出结论。

由预测④一定是真话可知，中国和法国均进入前三名，故美国没能进入前三名。

因此，预测①、③一定为假话，即小赵和小孙预测错误。故 A 项正确。

6. C

【第 1 步 识别条件类型】

题干将某三甲医院的医生按照“是否为专科医院毕业”和“性别”两个标准进行了两次分类，故此题为两次分类模型，采用九宫格法进行解题。

【第 2 步 套用母题方法】

设专科医院毕业的男医生人数为 a，专科医院毕业的女医生人数为 b，非专科医院毕业的男医生人数为 c，非专科医院毕业的女医生人数为 d。

根据题干信息，可得下表：

医生	男	女
专科医院毕业	a	b
非专科医院毕业	c	d

已知专科医院毕业的医生人数大于非专科医院毕业的医生人数，即：①$a+b>c+d$。

已知女医生的人数大于男医生的人数，即：②$b+d>a+c$。

①+②可得：$2b+a+d>2c+a+d$，进而可得：$b>c$，即专科医院毕业的女医生人数大于非专科医院毕业的男医生人数，故断定(3)为真。

断定(1)和断定(2)，由题干信息无法推出，故可真可假。

故 C 项正确。

7. B

【第 1 步　识别条件类型】

题干由数量关系、假言命题和匹配关系组成，故此题为数量假言匹配模型。

【第 2 步　套用母题方法】

(1)数量关系优先算。

由“每人报名了 5 个项目中的 1～2 个，每个项目恰有两人报名”可知，10＝1＋1＋2＋2＋2＋2，即：有 2 人只报名了 1 个项目，有 4 人报名了 2 个项目。

(2)假言命题做串联。

题干中的假言命题可表示如下：

①李短跑∨周铅球→孙跳高∧吴游泳。

②周短跑∨孙短跑→赵长跑∧赵短跑。

③¬ 周游泳∨¬ 李游泳→周短跑∧钱长跑。

串联找矛盾，串联①、③和②可得：李短跑∨周铅球→孙跳高∧吴游泳→¬ 周游泳∨¬ 李游泳→周短跑∧钱长跑→周短跑∨孙短跑→赵长跑∧赵短跑。

故有：李短跑→周短跑∧赵短跑，若“李短跑”为真，则李、赵和周 3 人均报名短跑，这与“每个项目恰有两人报名”矛盾。因此，“李短跑”为假，即：“¬ 李短跑”为真。

故 B 项正确。

8. D

【第 1 步　识别条件类型】

题干补充新的假言命题条件，其他已知条件同上一致，故此题为数量假言匹配模型。

【第 2 步　套用母题方法】

引用上题推理结果：¬ 李短跑。

题干新补充条件：④¬ 李短跑∨¬ 吴短跑→赵跳高∧孙跳高∧赵长跑∧孙长跑。

由“¬ 李短跑”可知，④的前件为真，则其后件也可真，可得，赵跳高∧孙跳高∧赵长跑∧孙长跑。

由“赵跳高∧赵长跑”结合“每人报名了 5 个项目中的 1～2 个”可知，¬ 赵短跑，故②的后件为假，则其前件也为假，可得：¬ 周短跑∧¬ 孙短跑。

由“¬ 周短跑∧¬ 孙短跑∧¬ 李短跑∧¬ 赵短跑”结合“每个项目恰有两人报名”可知，钱短跑∧吴短跑。

由“¬ 周短跑”可知，③的后件为假，则其前件也为假，可得：周游泳∧李游泳。

由“周游泳∧李游泳”结合“每个项目恰有 2 人报名”可知，①的后件为假，则其前件也为假，可得：¬ 李短跑∧¬ 周铅球。

综上，结合“每人报名了 5 个项目中的 1～2 个，每个项目恰有 2 人报名”可得下表：

项目 人	铅球	短跑	游泳	跳高	长跑
赵	×	×	×	√	√
钱		√	×	×	×
孙	×	×	×	√	√
李		×	√	×	×
周	×	×	√	×	×
吴		√	×	×	×

由上表，结合“每个项目恰有两人报名”可知，李和吴至少有一人报名铅球。故D项正确。

9. D

【第1步 识别论证类型】

专家：最近737MAX机型接连发生两次空难，可见MCAS系统并不可靠。

题干无明显的命题模型，但需要注意题干的提问方式为“哪项可以作为专家的论据”，故此题实则为从选项中选出适合作为专家观点的依据。

【第2步 套用母题方法】

A项，说明可能是由于飞行员的错误操作，进而导致737MAX机型的两次空难，补充反面论据，削弱专家的观点。

B项，说明是传感器失效导致飞机失事，但无法确定MCAS系统是否可靠，故不能作为专家的论据。

C项，说明是由于飞机飞行速度过快进而导致两起空难事故发生，但速度过快是否与MCAS系统有关无法确定，故不能作为专家的论据。

D项，说明飞行员介入后也无法阻止MCAS的“自动低头”功能，进而导致飞机俯冲酿成空难，可以作为专家的论据，进而支持专家的观点。

E项，无关选项，此项指出了两起空难对737MAX机型飞机的影响，与MCAS系统无关。

10. D

【第1步 识别条件类型】

题干由数量关系和假言命题组成，故此题为数量假言模型。

【第2步 套用母题方法】

题干有如下信息：

①¬吕∨¬张。

②赵∨王→马。

③李→赵。

④马→¬刘∧¬孙。

串联找矛盾，由③、②和④串联可得：⑤李→赵→赵∨王→马→¬刘∧¬孙。

⑤逆否可得：刘∨孙→¬马→¬赵∧¬王→¬李。

若“刘∨孙”为真，则马、赵、王和李4人均不参与录制，与“8选5”矛盾。因此，¬刘∧¬孙。

再结合条件(1)可知，刘、孙、吕和张4人中至少有3人不参与录制，结合“8选5”可知，马、李、赵、王均参与录制。

故D项正确。

11. A

【第1步 识别论证类型】

锁定关键句“导致这一复杂疾病的病因可能很简单”，可知此题为现象原因模型。

现象：阿尔茨海默病。

原因：脑部感染微生物，如HSV-1病毒。

【第2步 套用母题方法】

A项，此项构建了如下的求异实验：

携带4号突变基因同时感染了HSV-1病毒：罹患阿尔茨海默病的概率高；

携带4号突变基因：罹患阿尔茨海默病的概率低；

根据求异法，可得结论：感染了HSV-1病毒会增加罹患阿尔茨海默病的概率。

支持科学家的观点。

B项，转移论题，“病毒DNA”与“阿尔茨海默病”不是同一概念。

C项，无关选项，此项涉及的是患者如何“治疗”，而非患病的“原因”。

D项，说明一些老年人大脑中存在HSV-1病毒(有因)但没有患阿尔茨海默病(无果)，有因无果，削弱科学家的观点。

E项，无关选项，题干讨论的是“阿尔茨海默病”，此项讨论的是“老年病”。(干扰项·对象不一致)

12. A

【第1步 识别论证类型】

题干：近年来每个外科医生的年平均手术量下降了1/4 —证明→ 如果这种趋势持续下去，外科医生的医术水平就会发生大幅度下降。

题中论据的宾语是“平均手术量”，论点的宾语是“医术水平”，二者存在不一致，故此题为拆桥搭桥模型(前后型)。

【第2步 套用母题方法】

A项，¬以一定的最小频率做手术→¬保持水平，搭建了“平均手术量”与“医术水平”之间的桥梁，搭桥法，必须假设。

B项，无关选项，题干未涉及外科医生目前将时间用在何处。

C项，无关选项，题干的论证对象是“外科医生”，此项的论证对象是“所有医生”；此外，题干论证也不涉及在医学院所接受的训练时间的长短。(干扰项·对象不一致)

D项，题干中的论证若要成立，只要假设“外科医生”的医术水平与手术量有关，无需假设“每一个需要上台做手术的医生”其医术水平与手术量有关，假设过度。

E项，不必假设，题干的论证对象是“外科医生”，而此项的论证对象是“某些经验丰富的外科医生”，两者不一致。(干扰项·对象不一致)

13. E

【第 1 步 识别论证类型】

题干：海洋考古学家最近在一个古地中海港口的水下发现了几百件陶器，大概是 4 000 年前留下的 —证明→ 他们发现了一艘 4 000 年前的沉船残骸。

题干用陶器的时间来推断沉船的时间，故此题为拆桥搭桥模型(前后型)。但五个选项中没有涉及搭桥的项，故逐个分析选项。

【第 2 步 套用母题方法】

A 项，无关选项，题干的论证对象是“一个古地中海港口的船只残骸”，此项的论证对象是“另一个古地中海港口的船只残骸”。(干扰项·对象不一致)

B 项，无关选项，题干的论证是由“陶器”的时间来推断沉船时间，并未涉及“木头在水中的腐烂速度”。

C 项，不能支持，由另外两艘分别具有 3 500 年和 3 000 年历史的沉船残骸无法得知题干中所描述的沉船的年代。(干扰项·对象不一致)

D 项，不能支持，因为在其他古地中海中发现的陶器的年代未知。

E 项，提出新论据，通过大约有 4 000 年历史的船零件推测此沉船大约有 4 000 年的历史，支持题干。

14. E

【第 1 步 识别条件类型】

题干出“名次”与“人”的一一匹配关系，故此题为简单匹配模型。

【第 2 步 套用母题方法】

事实/问题优先看：由条件(1)可知，甲第五名。

由条件(4)可知，庚是第三名。

又由条件(3)可知，丁第三名或者丁第四名。

再结合“庚第三名”可知，丁第四名。

再结合条件(2)、(4)、(5)可知，甲、丙、丁、庚、戊均不是最后一名。

因此，最后一名是乙。

再由“丙不是第一名”可知，戊第一∧丙第二。

故 E 项正确。

15. C

【第 1 步 识别论证类型】

题干：在旅行前服用晕船药的旅客比没有服用晕船药的旅客有更多的人表现出了晕船的症状 —证明→ 不服用晕船药会更好。

题干由两组对象对比，得出一个因果关系，故此题为现象原因模型(求异法型)。

【第 2 步 套用母题方法】

A 项，无关选项，此项并未说明服用晕船药是否会对晕船症状产生作用。

B 项，支持题干，此项说明样本具有代表性。

C 项，说明对于服用晕船药的乘客来说，服药还是有效的，削弱题干。

D项，如果此项为真，则说明服用晕船药的旅客中实际晕船者的数量比调查结果更多，更加说明服用晕船药不好，支持题干。

E项，“有一些乘客在旅行前服用了晕船药后没有晕船”，并不能反驳“服用晕船药的旅客比没有服用晕船药的旅客有更多的人表现出了晕船的症状”。(干扰项·不当反例之“有的不”)

16. A

【第1步 识别条件类型】

题干中的已知条件均为假言命题，选项均为事实，故此题为假言推事实模型。

【第2步 套用母题方法】

(1)将题干符号化。

①天禾→致尚。

②¬致尚∨¬风云，等价于：致尚→¬风云，还等价于：风云→¬致尚。

③风云→怡情。

④¬致尚→¬怡情。

⑤风云∨天禾，等价于：¬天禾→风云，还等价于：¬风云→天禾。

(2)串联找矛盾。

由条件④、③、⑤和①串联可得：¬致尚→¬怡情→¬风云→天禾→致尚。

可见从“¬致尚”出发推出了矛盾，故“¬致尚”为假，即“致尚”为真。

(3)推出答案。

由“致尚”结合条件②可得：¬风云。

由“¬风云”结合条件⑤可得：天禾。

故A项正确。

17. D

【第1步 识别论证类型】

题干：

抑郁症自杀者：3种神经递质的浓度相对于正常人更低；

正常人：3种神经递质的浓度相对于抑郁症自杀者更高；

因此，是这3种神经递质的浓度失衡导致了抑郁症(因果关系)。

题干通过设置“抑郁症自杀者”和“正常人”两组对象的对比实验，得出一个因果关系，故此题为现象原因模型(求异法型)。

【第2步 套用母题方法】

A项，无关选项，“抑郁症”在病理上的划分与题干无关。

B项，此项说明是抑郁症导致神经递质浓度失衡，因果倒置，削弱题干。

C项，无关选项，题干不涉及“女性、老年人群”与“男性”在抑郁症发病率上的比较。(干扰项·比较不一致)

D项，若持续服用保持3种神经递质浓度平衡的药物(无因)，则病情会得到有效控制甚至痊愈(无果)，无因无果，支持题干。

E项，此项说明可能是由于家庭环境导致患有抑郁症并自杀，另有差因，削弱题干。

18. C

【第1步 识别条件类型】

题干中出现"人"与"职业"的一一匹配关系，故此题为两组元素的简单匹配模型。

【第2步 套用母题方法】

(1)事实/问题优先看。

由题干信息可知，弗朗基住在中间，但由此推不出任何结论。

(2)重复元素是关键。

观察题干条件，发现不存在重复元素，故逐个条件进行分析。

由条件(1)可知，安德烈不是作家。

由条件(2)可知，史密斯不是钢琴家。由于"弗朗基住在中间"，说明史密斯和安德烈分别住在两端。住在中间的人可以敲到两侧套房的墙，故钢琴家住在中间，钢琴家是弗朗基。此时可知，安德烈不是作家，不是钢琴家，故安德烈是医生，则史密斯是作家。

故C项正确。

19. D

【第1步 识别论证类型】

锁定关键词"通过""将有效阻止"等，可知此题为措施目的模型。

题干：向空中喷洒海水水滴$\xrightarrow{\text{以求}}$增加台风形成区域上空云层对日光的反射$\xrightarrow{\text{以求}}$台风将不能聚集足够的能量$\xrightarrow{\text{以求}}$有效阻止台风的前进，从而避免更大程度的破坏。

【第2步 套用母题方法】

A项，无关选项，题干仅涉及"向空中喷洒海水水滴"，不涉及"水滴能够重新聚集"。

B项，此项说明题干中的措施有副作用，削弱题干。

C项，无关选项，题干的论证不涉及"大风和暴雨等强对流天气"。

D项，必须假设，此项建立"台风前进的动力"和"海水表面日光照射所产生的热量"的联系，说明题干中的措施能够达到阻止台风前进的目的(搭桥法)。

E项，无关选项，题干的论证不涉及"酸雨"。

20. E

【第1步 识别题目类型】

题干的提问方式为："上述陈述最能支持以下哪项?"，故此题为推论题。

【第2步 套用母题方法】

A项，题干中只涉及三种动物，所以无法体现"大多数"，推论过度。

B项，题干信息"猫比正常人在微弱光线中视力更好"中比较的是猫与"正常人"，而不是"猫"与"任何人"，故此项不能被推出。

C项，无关选项，题干并未涉及鸭嘴兽的"所有感觉能力"，也不涉及研究者对此发现是否应该"感到吃惊"。

D项，无关选项，题干并未涉及人类进化过程中"眼睛和耳朵发生改变"与"感觉能力的敏锐度"之间的关系。

E项，题干指出狗、猫、鸭嘴兽分别在听力、视力和感觉方面与人不同，故此项可以被推出。

21. E

【第 1 步 识别条件类型】

题干由数量关系和假言命题组成，故此题为数量假言模型。

【第 2 步 套用母题方法】

数量关系优先算：甲、乙、丙、丁和戊 5 至少选 3，故至多淘汰 2 人。

由条件(2)可知，乙、丙至少淘汰 1 人，因此，甲、丁、戊至多淘汰 1 人。

由条件(3)逆否可得：¬ 丙 ∨ ¬ 戊 → ¬ 丁，因此，若淘汰戊，则丁也被淘汰；这与“甲、丁、戊至多淘汰 1 人”矛盾，故，一定派遣戊。

由“一定派遣戊”结合“甲、丁、戊至多淘汰 1 人”可知，甲、丁至多淘汰 1 人。

由条件(1)、(2)和(3)串联可得：¬ 甲 → 乙 → ¬ 丙 → ¬ 丁，即：¬ 甲 → ¬ 丁；因此，若淘汰甲，则丁也被淘汰，这与“甲、丁至多淘汰 1 人”矛盾，故，一定派遣甲。

综上，一定派甲和戊，E 项正确。

22. C

【第 1 步 识别论证类型】

题干：一种经过基因改造的蚊子具备了不再感染疟疾的能力，并且能妨碍野生蚊子繁衍，从而有效切断人与蚊子的疟疾传播途径 —预测→ 假以时日，就能根绝疟疾这个顽症(预测结果)。

锁定关键词“假以时日”，可知此题为预测结果模型。当然，此题也可以认为是措施目的模型。

【第 2 步 套用母题方法】

A 项，说明转基因蚊子在野外不易存活，难以妨碍野生蚊子繁衍，削弱题干。

B 项，转基因蚊子在有疟疾时才有生存优势，说明转基因蚊子的优势需要一定的条件，有削弱作用。

C 项，说明转基因蚊子可能导致野生蚊子种群的灭亡，支持题干。

D 项，说明转基因蚊子的后代不都具有抗疟疾基因，说明根绝疟疾有难度，有削弱作用。

E 项，掌握转基因蚊子技术的科学家数量的多少，与这种技术是否有效无关，不能支持题干。

23. D

【第 1 步 识别论证类型】

题干：研究人员观察数千颗太阳系外行星后，发现银河系内许多恒星系统内约 1/3 的行星处于宜居带上，行星表面的温度适合液态水存在 —证明→ 这可能意味着银河系内几乎处处有宜居的星球。

题干中论据的论证对象是“研究人员观察的行星”，而论点的论证对象是“银河系内几乎处处有”，前者是后者的子集，故此题为归纳论证模型。

【第 2 步 套用母题方法】

A 项，无关选项，题干的论证不涉及“进化”。(注意：此项不是搭桥法，因为题干的论据中已经提到“宜居”问题，无须再搭论据中的“水”与论点中“宜居”的桥。)

B 项，说明许多处于宜居带上的行星可能并不适合居住，削弱题干。

C 项，说明题干的论据“非实测结果”，论据存在缺陷，削弱题干。

D 项，题干中仅由“望远镜发现的数千颗太阳系外行星”的情况，就推断银河系内“几乎处处有"宜居的星球，存在样本数量不够的问题，此项提出新论据，说明银河系中确实存在大量宜居的星球，支持题干。

E项，无关选项，题干的论证并未涉及人类找到宜居星球所需的时间。

24. C

【第1步 识别条件类型】

题干中的已知条件均为假言命题，选项均为事实，故此题为假言推事实模型。

【第2步 套用母题方法】

(1)将题干符号化。

①甲广西→乙江西∧丙黑龙江。

②¬庚吉林∨¬丙贵州→乙海南。

③¬甲广西→丁辽宁∧戊贵州。

(2)串联找矛盾。

由条件①、②串联可得：甲广西→乙江西∧丙黑龙江→¬丙贵州→乙海南。

可见，从"甲广西"出发推出了矛盾，故"甲广西"为假，即"¬甲广西"为真。

(3)推出答案。

由"¬甲广西"可知，条件③的前件为真，则其后件也为真，可得：丁辽宁∧戊贵州。故C项正确。

25. B

【第1步 识别论证类型】

题干：如果禁止人们在一切公共场所和工作地点吸烟(未禁止人们在其家中吸烟)的法律得到严格执行，就能彻底保护上班人员免受二手烟的伤害。

题干的结论是个假言命题，故此题为绝对化结论模型。题干的提问方式为"能最强有力地削弱上述论证"，可根据"A→B"与"A∧¬B"矛盾来进行削弱。

【第2步 套用母题方法】

A项，无关选项，题干论证的对象是"二手烟"，与"汽车尾气"无关。

B项，说明由于该法律不禁止在家中吸烟，故即使该法律得到严格执行(A)，在雇主家里上班的人员仍有可能会受到二手烟的伤害(¬B)，可削弱题干。

C项，无关选项，题干不涉及立法者的意图。

D项，无关选项，题干不涉及对二手烟危害程度的讨论。

E项，说明此项法律没能得到严格执行(¬A)，由"¬A"无法削弱"A→B"，故此项不能削弱题干。

26. D

【第1步 识别条件类型】

题干由数量关系和假言命题组成，故此题为数量假言模型。

【第2步 套用母题方法】

由"7选3"结合条件(1)可知，甲、乙、丁、戊4人中有2人当选。

再结合条件(3)可得：(5)乙、丁中有且仅有1人当选。

由“甲、乙、丁、戊4人中有2人当选”可知条件(2)的前件为真，则其后件也为真，可得：(6)乙、丙至少有1人当选。

由(6)可知，条件(4)的后件为假，则其前件也为假，可得：丁当选。

由“丁当选结合”结合条件(5)可知，乙不当选。

再由“乙不当选结合”结合条件(6)可知，丙当选。故D项正确。

27. E

【第1步 识别题目类型】

题干：每当在撒哈拉沙漠以南的地区有大量的降雨之后，美国大陆就会受到特别频繁的飓风袭击。所以，大量的降雨一定是提升气流压力而造成飓风的原因。

题干把发生在前的事情当作发生在后的事情的原因，犯了“以先后为因果”的逻辑错误。

题干的提问方式为“以下哪项论证中所包含的缺陷与上述论证中的最为相似?”，故此题为论证结构相似题。

【第2步 套用母题方法】

A项，只是描述事例，并未得出因果关系，与题干不同。

B、C、D项均为对结果的推断，而不是找原因，与题干不同。

E项，试图找到一些人成为企业家的原因，而且也是把发生在前的事情当作发生在后的事情的原因，犯了“以先后为因果”的逻辑错误，与题干相同。

28. E

【第1步 识别论证类型】

题干：土卫二发射的微粒中含有钠盐 $\xrightarrow{\text{证明}}$ 土卫二上存在液态水，甚至可能存在“地下海”。

题干中论据涉及的是“微粒中含有钠盐”，论点涉及的是“液态水”，二者不一致，故此题为拆桥搭桥模型(前后型)。

【第2步 套用母题方法】

A项，无关选项，此项建立起了“地质喷发活动”和“地下海”之间的联系，但题干的论证不涉及二者之间的关系。(干扰项·话题不一致)

B项，无关选项，题干的论证不涉及土卫二中液态水是否能单独存在。

C项，无关选项，此项建立起了“地质喷发活动”和“钠盐”之间的联系，但题干的论证不涉及二者之间的关系。(干扰项·话题不一致)

D项，说明题干论据并非是虚假的，支持题干，但力度较小，并未建立起论据与论点之间的联系。

E项，钠盐→液态水，此项建立起了“钠盐”和“液态水”之间的联系，搭桥法，支持题干。

29. C

【第1步 识别条件类型】

题干由数量关系、假言命题和匹配关系组成，故此题为数量假言匹配模型。

【第2步 套用母题方法】

由条件(1)可知，若乙停靠法治，则甲、丁、戊也停靠法治；此时，有四趟车停靠法治，与“每站仅有三趟列车停靠”矛盾。因此，乙不停靠法治。同理，戊也不停靠法治。

结合“每站仅有三趟列车停靠”可知：甲、丙、丁停靠法治。

由“乙不停靠法治”结合“每趟列车均停靠其中三站”可知，乙停靠富强或和谐。

由“乙停靠富强或和谐”可知，条件(2)前件为真，则其后件也为真，可得：丁富强∧甲法治。

又由“甲、丙、丁停靠法治”可知，条件(3)前件为真，则其后件也为真，可得：甲和谐∧丙和谐∧戊和谐。再结合“每站仅有三趟列车停靠”可知，乙、丁不停靠和谐。

综上，可得下表：

	富强	民主	和谐	法治	文明
甲			√	√	
乙	√	√	×	×	√
丙			√	√	
丁	√		×	√	
戊			√	×	

故C项正确。

30. E

【第1步 识别条件类型】

“丙停靠‘富强’”是事实，其他已知条件同上题一致，故此题属于事实数量假言匹配模型。

【第2步 套用母题方法】

题干新增事实：(4)丙停靠富强。

引用上题推理结果：

	富强	民主	和谐	法治	文明
甲			√	√	
乙	√	√	×	×	√
丙			√	√	
丁	√		×	√	
戊			√	×	

由上表结合“丙停靠富强”可知，甲、戊不停靠富强。

由“戊不停靠富强”结合“每趟列车均停靠其中三站”可知，戊停靠文明和民主。

可得下表：

	富强	民主	和谐	法治	文明
甲	×		√	√	
乙	√	√	×	×	√
丙	√	×	√	√	×
丁	√		×	√	
戊	×	√	√	×	√

由上表结合“每站仅有三趟列车停靠”可知，甲、丁分别停靠民主和文明中的一个。故此题选择E项。

199 管理类联考逻辑 ▸ 模拟卷 2

（共 30 题，每小题 2 分，共 60 分，限时 60 分钟）

说明：难度中等偏上。请限时 60 分钟进行模考。

1. 鹤鸵是世界上第三大的鸟类，分布于澳大利亚和新几内亚等地，为鹤鸵目鹤鸵科唯一的代表。鹤鸵的爪子异常坚硬，而且其长长的指甲就像是一把锋利的匕首，能够轻易地挖出动物的内脏。因此，鹤鸵是世界上最危险的鸟。所有的鹤鸵都会对不速之客果断出击，而所有对不速之客果断出击的鸟也为人所畏惧。
   如果以上陈述为真，则以下陈述都必然为真，除了：
   A. 有些鹤鸵为人所畏惧。
   B. 任何不为人所畏惧的鸟不是鹤鸵。
   C. 有些世界上最危险的鸟为人所畏惧。
   D. 有些对不速之客果断出击的鸟是世界上最危险的鸟。
   E. 有些为人所畏惧的鸟不是鹤鸵。

2. 我国电子电器产业规模大、吸纳就业多，是稳经济、保市场主体的重要一环。提高电子电器产业活力，是实现信息化建设的重要前提。提高政府监管和服务效能，就一定能推动更多优秀电子电器企业在市场竞争中脱颖而出。加大对电子电器产业的全面改革力度，就必须稳住经济大盘。
   根据以上陈述，可以得出以下哪项?
   A. 如果大力推动更多电子电器优秀企业在市场竞争中脱颖而出，就能提高政府监管和服务效能。
   B. 如果能够提高电子电器产业活力，那么就可以实现信息化建设。
   C. 如果不能加大对电子电器产业的全面改革力度，那么将无法稳住经济大盘。
   D. 如果不能有更多的优秀电子电器企业在市场竞争中脱颖而出，则政府的监管和服务效能没有提高。
   E. 只有实现信息化建设，才能稳住经济大盘。

3. 最近，国家新闻出版总署等八大部委联合宣布，“网络游戏防沉迷系统”及配套的《网络游戏防沉迷系统实名认证方案》将于今年正式实施，如果未成年人玩网络游戏超过 5 小时，游戏内经验值和收益将清零。这一方案的实施，将有效地防止未成年人沉迷网络游戏。
   以下哪项说法如果正确，则能够最有力地削弱上述结论?
   A. 许多未成年人只是偶尔玩玩网络游戏，“网络游戏防沉迷系统”对他们并无作用。
   B. “网络游戏防沉迷系统”对成年人不起作用，未成年人有可能冒用成年人身份或利用网上一些生成假身份证号码的工具登录网络游戏。
   C. “网络游戏防沉迷系统”的推出，意味着未成年人玩网络游戏得到了主管部门的允许，从而可以从秘密走向公开化。
   D. 除网络游戏外，还有单机游戏、电视机上玩的 PS 游戏等，“网络游戏防沉迷系统”可能会使很多未成年玩家转向这些游戏。
   E. 很多家长认为未成年人持续玩 5 个小时游戏明显时间过长，防沉迷系统应该更加严格。

4. 甲、乙、丙、丁四人进入了 WTA 世界巡回赛总决赛的四强。关于四人最终的成绩（每人的名次互不相同），已知：

(1)若甲或丙至少有一人是前两名，则丁是第二名并且丙是第一名。

(2)若乙是第三或者第四名，则丁是第一名并且丙是第三名。

(3)若丁是第二名或者丙是第四名，则乙不是前两名。

根据以上条件，可以确定以下哪项为真？

A. 乙是第一名。 B. 丁是第三名。 C. 丙是第二名。

D. 甲是第四名。 E. 乙是第三名。

5. 气候变暖背景下，非热带地区生长季开始时间提前的趋势明显，这会对植被生长产生怎样的影响？科学家研究发现，生长季提前会促进冷湿地区树木生长，不利于气候较干燥地区树木生长。

以下选项如果为真，最能加强上述结论的是：

A. 不同气候条件下生长季提前对树木生长产生影响的主要途径存在差异。

B. 研究发现，生长季提前会对树木径向生长的空间格局产生影响。

C. 在气候较干燥地区，生长季提前增加了水分胁迫或霜冻风险。

D. 生长季提前使适宜生长的累积温度增加，减少了树木生长的温度限制。

E. 生长季提前并不能对冷湿地区树木的成长条件产生利好的影响。

6～7 题基于以下题干：

甲、乙、丙、丁、戊、己、庚、辛八位学者汇聚一堂进行学术交流。八人坐在一张八边形桌子边开会，各座位的编号如右图所示。在安排座位时有如下要求：

(1)丙坐在 1 号位置上。

(2)乙和丙的座位必须相邻。

(3)若乙、辛的座位不相邻，则己、辛的座位相邻。

(4)若甲、丙的座位不相邻，则甲与辛中间有两人。

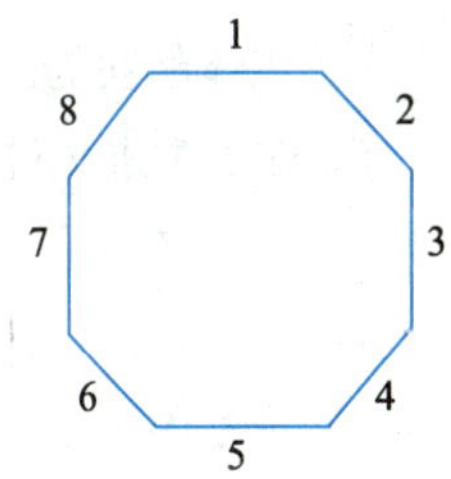

6. 若甲坐在 5 号位置，则以下哪项一定为真？

A. 己坐在 3 号位置。

B. 甲、己中间有 1 人。

C. 己与辛不相邻。

D. 己坐在 7 号位置。

E. 乙、戊中间有 1 人。

7. 若辛和甲中间只隔着 1 人，则以下哪项一定为假？

A. 丁坐在 5 号位置。

B. 辛坐在 4 号位置。

C. 辛坐在 6 号位置。

D. 辛坐在 5 号位置。

E. 戊坐在 7 号位置。

8. 张珊：应当创造条件让孩子们多参加体育比赛，培养他们超越对手的竞争精神和尽全力获胜的荣誉感，这对他们今后的成长有重要的意义。

李思：我不同意你的看法。体育比赛不像数学竞赛，数学竞赛的参加者成绩可以都是优，但每次体育比赛中的优胜者只是少数人，多数是失败者，只是胜利者的陪衬。因此，让孩子们参加体育比赛，对其中的大多数人来说，结果是挫伤自信，这对他们今后的成长不利。

以下各项如果为真，能质疑李思的反驳，除了：

A. 体育比赛中的失败者或失败方，其成绩和表现可以是很优秀的。

B. 和任何竞争一样，要在体育比赛中获胜，不可能不经历多次的失败。

C. 每次体育比赛中的优胜者只是少数人，不等于体育比赛的参赛者只有少数人可能成为优胜者。

D. 大多数家长都支持自己的孩子有机会多参加体育比赛。

E. 体育比赛中的失败者不一定会因此自卑，反而越挫越勇。

9. 有研究表明，要成为男性至少需要拥有一条Y染色体。3亿年前，男性特有的Y染色体在产生之际含有1 438个基因，但现在只剩下45个。按照这种速度，Y染色体将在大约1 000万年内消失殆尽。因此，随着Y染色体的消亡，人类也将走向消亡。

以下各项如果为真，最不能质疑上述论证的是：

A. 恒河猴Y染色体基因确实经历过早期高速丧失的过程，但在过去的2 500万年内却未丢失任何一个基因。

B. 男性即使失去Y染色体也有可能继续生存下去，因为其他染色体有类似基因可以分担Y染色体的功能。

C. 在人类进化过程中，可以找到单性繁殖或无性繁殖后代的方法，从而避免因基因缺失引发的繁殖风险。

D. Y染色体存在独特的回文结构，该结构具有自我修复功能，可以保持丢失基因的信息，实现基因再生。

E. 人类现在留存的Y染色体与消失的染色体有本质性的区别，并不容易消失。

10. 张教授：强迫一个人帮助另一个人是不道德的。因此，一个政府没有权力通过税收来进行利益和资源的再分配。任何人，如果愿意，完全可以自愿地帮助别人。

李研究员：政府有权力这么做，只要这个政府允许人民自由地选择居留还是离开它所管理的国家。

对以下哪个问题，张教授和李研究员最可能有不同回答？

A. 一个政府是否有权力通过税收来进行利益和资源的再分配？

B. 一个允许对外移民的政府通过税收进行利益和资源的再分配是否不道德？

C. 一个不允许对外移民的政府通过税收进行利益和资源的再分配是否不道德？

D. 通过税收进行利益和资源的再分配是否意味着强迫一部分公民帮助另一部分公民？

E. 政府是否应该允许人民自由地选择居留还是离开它所管理的国家？

11. 现在很多青年人参与跑步运动，夜间跑步正在成为一种时尚。但是，一项统计研究表明，一些人体器质性毛病都和跑步有关，例如，脊椎盘错位，足、踝扭伤，膝、腰关节磨损，等等。此项研究进一步表明，在刚开始跑步锻炼的人中，很少有这些毛病，而经常跑步的人中，多多少少都有这样的毛病。这说明人体扛不住经常性跑步产生的压力。

以下哪项是上述论证所假设的？

A. 经常跑步锻炼的人并不知道这项运动有害于身体。

B. 不经常跑步的人体也会出现器质性毛病。

C. 应当宣传跑步对人体有害，使更多的人不采用或放弃此种健身方式。

D. 和许多动物种类相比，人体器官对外部压力的抵抗能力较弱。

E. 跑步和人体的某些器质性毛病有因果关系。

12. 资本的特性是追求利润。2004 年上半年我国物价上涨的幅度超过了银行存款的利率。1—7 月份，居民收入持续增加，但居民储蓄存款增幅持续下滑，7 月外流存款高达 1 000 亿元左右，同时定期存款在全部存款中的比重不断下降。

以下哪项如果为真，则最能够解释这高达 1 000 亿元储蓄资金中大部分资金的流向？

A. 由于预期物价持续上涨，许多居民的资金只能存活期，以便随时购买自己所需的商品。

B. 由于预期银行利率将上调，许多居民的资金只能存活期，准备利率上调后改为定期。

C. 由于国家控制贷款规模，广大民营企业资金吃紧，民间借贷活跃，借贷利息已远远高于银行存款利率。

D. 由于银行存款利率太低，许多居民考虑是否买股票或是基金。

E. 一些保守的居民，仍然希望把钱存在银行里以规避风险。

13. 乐学喵集训营今日正式开营，有甲、乙、丙、丁、戊、己、庚和辛 8 位学员前来报到，班主任将这 8 人安排在第一和第二两个不同的宿舍，每个宿舍均只有 4 人。还已知：

(1)若甲或丁在第一宿舍，则乙在第二宿舍且丙在第一宿舍。

(2)若辛和戊不在同一宿舍，则丁和辛均在第一宿舍。

(3)若乙和庚中至多有 1 人在第一宿舍，则戊在第二宿舍。

若戊被安排在第一宿舍，则以下哪项一定为真？

A. 己在第一宿舍。　　B. 丙在第二宿舍。　　C. 庚在第二宿舍。

D. 甲在第一宿舍。　　E. 戊在第二宿舍。

14. 某一宿舍的甲、乙、丙、丁 4 位同学分别选修了管理学、经济学、科学前沿、哲学 4 门选修课。每人均选择 1 门且各不重复。另外，还知道：

(1)除非丁不选修科学前沿，否则甲选修经济学。

(2)如果乙不选修管理学，那么甲选修管理学且丙选修哲学。

(3)如果丙不选修哲学，则乙选修经济学。

(4)如果甲不选修管理学，则乙不选修管理学。

根据以上陈述，可以得出以下哪项？

A. 甲选修经济学。　　B. 乙选修科学前沿。　　C. 丙选修管理学。

D. 丁选修哲学。　　E. 甲选修科学前沿。

15. 甲、乙、丙、丁每人只会编程、插花、绘画、书法四种技能中的两种，其中有一种技能只有一个人会。并且：
(1)乙不会插花。
(2)甲和丙会的技能不重复，乙和甲、丙各有一门相同的技能。
(3)甲会书法，丁不会书法，甲和丁有相同的技能。
(4)乙和丁中只有一人会插花。
(5)没有人同时会绘画和书法。
如果上述信息为真，则以下哪项不正确？
A. 甲会书法，也会编程。 B. 乙会绘画，也会编程。 C. 丙会绘画，也会插花。
D. 丁会绘画，也会编程。 E. 甲不会绘画。

16. 心脏的搏动引起血液循环。对同一个人，心率越快，单位时间进入循环的血液量越多。血液中的红细胞运输氧气。一般来说，一个人单位时间通过血液循环获得的氧气越多，他的体能及其发挥就越佳。因此，为了提高运动员在体育比赛中的竞技水平，应该加强他们在高海拔地区的训练，因为在高海拔地区，人体内每单位体积血液中含有的红细胞数量，要高于在低海拔地区。
以下哪项是题干的论证必须假设的？
A. 海拔的高低对运动员的心率不产生影响。
B. 不同运动员的心率基本相同。
C. 运动员的心率比普通人慢。
D. 在高海拔地区训练能使运动员的心率加快。
E. 运动员在高海拔地区的心率不低于在低海拔地区。

17. 众所周知，西医利用现代科学技术手段可以解决很多中医无法解决的病症，而中医依靠对人体经络和气血的特殊理解也治愈了很多令西医束手无策的难题。据此，针对某些复杂疾病，很多人认为中西医结合的治疗方法是有必要的。
为使上述论证能够成立，必须假设的前提是以下哪一项？
A. 针对这些疾病的中医和西医的治疗方法可以相互结合，扬长避短。
B. 这些疾病单独用中医疗法或者单独用西医疗法并不能有效治疗。
C. 针对这些疾病，医疗界已经掌握了中西医结合的治疗方法。
D. 针对这些疾病，医学界已经尝试了中西医结合的治疗方法，并取得了良好的效果。
E. 对于慢性病来说，应该还是中医治疗比较好。

18. 某公司拟将白掌、竹芋、芦荟、火棘、绿萝、吊兰、芍药这七种盆栽放入从左至右的七个花坛，每个花坛只放一种，各不重复。还已知：
(1)芦荟在第一个或者第七个。
(2)若白掌在第三个或火棘不在第四个，则吊兰在第六个。
(3)芍药在第一个，否则芦荟不在第一个。
(4)芦荟与竹芋相邻。
(5)绿萝和吊兰中间摆放了另外两种盆栽。
根据以上信息，以下哪项一定正确？
A. 芦荟在第一个花坛。 B. 芍药在第三个花坛。 C. 竹芋在第四个花坛。
D. 吊兰在第五个花坛。 E. 绿萝在第二个花坛。

19. 工业废气排放是温室气体增加的重要原因，但还有大量温室气体来自水下。湖泊、池塘和河流等水体的底部沉积物会产生甲烷，甲烷主要以气泡的形式冒出水面，进入大气。研究发现，富含营养的水体沉积物会释放更多甲烷。因此有专家建议，为降低水体温室气体排放，应限制化肥的滥用。

要使上述论证成立，必须补充以下哪一项前提？

A. 水体沉积物排出的甲烷量比工业废气还多。

B. 甲烷是温室气体的最主要成分。

C. 化肥极易通过水体给环境造成污染。

D. 滥用化肥很容易给水体沉积物带来过多营养。

E. 化肥在农作物抗旱、抗寒和增产方面有非常重要的作用。

20～21 题基于以下题干：

六座城市的位置如图所示：

城市 1	城市 2
城市 3	城市 4
城市 5	城市 6

在城市 1、城市 2、城市 3、城市 4、城市 5 和城市 6 这六座城市所覆盖的区域中，有 4 所医院、2 座监狱和 2 所大学。这 8 个单位的位置须满足以下条件：

(1)没有一个单位跨不同的城市。

(2)没有一座城市有 2 座监狱，也没有一座城市有 2 所大学。

(3)没有一座城市中既有监狱又有大学。

(4)每座监狱位于至少有 1 所医院的城市。

(5)有大学的 2 座城市没有共同的边界。

(6)城市 3 有 1 所大学，城市 6 有 1 座监狱。

20. 以下哪项可能为真？

A. 城市 5 有 1 所大学。 B. 城市 6 有 1 所大学。 C. 城市 2 有 1 座监狱。

D. 城市 3 有 2 所医院。 E. 城市 6 没有医院。

21. 如果每座城市都至少拥有上述 8 个单位中的 1 个单位，则以下哪项一定为真？

A. 城市 1 有 1 座监狱。 B. 城市 2 有 1 所医院。 C. 城市 3 有 1 所医院。

D. 城市 4 有 1 所医院。 E. 城市 5 有 1 座监狱。

22. 人的日常思维和行动，哪怕是极其微小的，都包含着有意识的主动行为，包含着某种创造性，而计算机的一切行为都是由预先编制的程序控制的，因此，计算机不可能拥有人所具有的主动性和创造性。

补充下面哪一项，能够最强有力地支持题干中的推理？

A. 计算机能够像人一样具有学习功能。

B. 计算机程序不能模拟人的主动性和创造性。

C. 在未来社会，人控制计算机还是计算机控制人，是很难说的一件事。

D. 人能够编出模拟人的主动性和创造性的计算机程序。

E. 计算机的计算能力比一些人强。

23～24 题基于以下题干：

放假三天，小李夫妇准备做六件事：①购物（这件事编号为①，以此类推）；②看望双方父母；③郊游；④带孩子去游乐场；⑤去市内公园；⑥去电影院看电影。每件事均做一次，且在一天内做完。已知：

(1)每天做的事情的数量互不相同。

(2)如果②、③和④至少需要两天来完成，则②和⑤安排在第二天。

(3)如果①和⑥至多一个安排在第一天，则②、③、⑤需要分别安排在三天。

23. 根据上述信息，以下哪项一定为真？
A. ②和③安排在同一天。
B. ①和⑤安排在同一天。
C. ②和⑥安排在同一天。
D. ①和⑥安排在同一天。
E. ②和⑤安排在同一天。

24. 若③和⑤安排在同一天，则以下哪项一定为真？
A. ②安排在第三天。
B. ③安排在第三天。
C. ⑤安排在第二天。
D. ③和④安排在同一天。
E. ②和④安排在同一天。

25. 某公司要在甲、乙、丙、丁、戊、己、庚中选择 5 人组队去参加某定向越野比赛。考虑到每个人的能力不同，该公司做出如下决定：
(1)若甲、乙、丙至多 2 人参加，则戊、己、庚都参加。
(2)若甲、乙都参加，则丁、戊、己、庚至多有 1 人参加。
根据以上陈述，可以推出以下哪项？
A. 甲参加。
B. 乙参加。
C. 丙参加。
D. 丁参加。
E. 戊参加。

26. 通常人们不认为美国是一个有很多长尾鹦鹉爱好者的国家，然而，在对一批挑选出来进行比较的国家所做的一项调查中，美国以每 100 人中有 11 人养长尾鹦鹉而排名第二。由此可得出结论：美国人比大多数其他国家的人更喜欢养长尾鹦鹉。
知道以下哪项最有助于判断上述结论的可靠性？
A. 美国拥有的长尾鹦鹉的数量。
B. 美国养长尾鹦鹉的人的数量。
C. 在调查中排名第一的国家每 100 人中养长尾鹦鹉的人的数量。
D. 美国养长尾鹦鹉的人数和美国养其他鸟类作为宠物的人数的比较。
E. 该调查中未包括的国家每 100 人中养长尾鹦鹉的人的数量。

27. 某校决定从张珊、李思、王伍、赵柳、孙琪中保送一个或几个人去北大读研。辅导员建议：

(1)如果保送张珊，那么必须保送李思并且不能保送王伍。

(2)如果保送李思或者保送王伍，则不能保送赵柳。

(3)如果不保送张珊，那么保送王伍。

(4)不能既不保送孙琪也不保送赵柳。

(5)如果不能保送赵柳，那么也不保送张珊。

结合以上信息，可以确定该校指出的保送人员是：

A. 李思和孙琪。　　B. 李思和赵柳。

C. 孙琪和王伍。　　D. 赵柳和王伍。

E. 赵柳和孙琪。

28. 在南极海域冰冷的海水中，有一种独特的鱼类，它们的血液和体液中具有一种防冻蛋白，因为该蛋白它们才得以存活并演化至今。时至今日，该种鱼类的生存却面临巨大挑战。有人认为这是海水升温导致的。

以下哪项如果为真，则最能支持上述观点？

A. 南极海水中的含氧量随气温上升而下降，缺氧导致防冻蛋白变性，易沉积于血管，导致供血不足，从而缩短鱼的寿命。

B. 防冻蛋白能够防止水分子凝结，从而保证南极鱼类正常的活动，气候变暖使得该蛋白变得可有可无。

C. 南极鱼类在低温稳定的海水中能够持续地演化，而温暖的海水不利于南极鱼类的多样性。

D. 并非所有南极物种都具有防冻蛋白，某些生活于副极地的物种并没有这种蛋白。

E. 南极海域海水升温使得更多鱼类进入，有利于南极鱼类的多样性。

29～30题基于以下题干：

某高校甲、乙、丙、丁、戊五人为完成实践作业，前往高铁站、地铁站、游乐场、商场和机场五个人流量大的地点发放问卷调查表。每人选择三个地点，每个地点有三人选择。已知：

(1)若乙、丁、戊至少两人选择机场，则丁和甲选择商场。

(2)若乙、戊至少有一人不选择高铁站或者不选择机场，则丙和丁均不选择高铁站。

(3)若甲、丙至多一人选择高铁站，则乙和丙选择商场。

(4)若丁至少选择游乐场、地铁站中的一个，则乙、丁、戊均选择游乐场。

29. 根据上述信息，以下哪项必为真？

A. 甲选择高铁站和地铁站。　　B. 乙选择高铁站和商场。

C. 丙选择游乐场和机场。　　D. 丁选择地铁站和商场。

E. 戊选择商场和游乐场。

30. 若五人中仅有两人的选择完全相同，则以下哪项一定为真？

A. 甲选择商场和机场。　　B. 丁和丙选择商场。

C. 丙选择地铁站和商场。　　D. 丙、丁和戊选择地铁站。

E. 乙、丙和丁选择商场。

199管理类联考逻辑 ▸ 模拟卷2

答案详解

答案速查		
1～5　EDBDC	6～10　BDDAA	11～15　ECBBD
16～20　EBBDD	21～25　DBDCE	26～30　ECABC

1. E

【第1步　识别条件类型】

题干由多个性质命题组成，且这些命题中存在重复元素可以实现串联，故此题为性质串联模型。

【第2步　套用母题方法】

题干有以下信息：

①鹤鸵→世界上最危险的鸟。

②鹤鸵→对不速之客果断出击。

③对不速之客果断出击→为人所畏惧。

观察①和②，符合双A串联公式，即：

由①可得：有的鹤鸵→世界上最危险的鸟，等价于：有的世界上最危险的鸟→鹤鸵。

与②、③串联可得：④有的世界上最危险的鸟→鹤鸵→对不速之客果断出击→为人所畏惧。

由②可得：有的鹤鸵→对不速之客果断出击，等价于：有的对不速之客果断出击→鹤鸵。

与①串联可得：⑤有的对不速之客果断出击→鹤鸵→世界上最危险的鸟。

A项，由④可知，鹤鸵为人所畏惧，由对当关系中的"所有→有的"可知，此项"有些鹤鸵为人所畏惧"为真。

B项，¬为人所畏惧→¬鹤鸵，等价于：鹤鸵→为人所畏惧，由④可知，此项为真。

C项，有些世界上最危险的鸟→为人所畏惧，由④可知，此项为真。

D项，有些对不速之客果断出击→世界上最危险的鸟，由⑤可知，此项为真。

E项，由④可知，有的鹤鸵→为人所畏惧，互换可得：有的为人所畏惧→鹤鸵，与此项为下反对关系，一真另不定，故此项可真可假。

2. D

【第1步　识别条件类型】

题干中出现多个假言命题，选项均为假言命题，故此题为假言推假言模型。

【第2步　套用母题方法】

题干中的假言命题没有重复元素，无法实现串联，故使用三步解题法解题即可。

(1)画箭头。

①实现信息化建设→提高电子电器产业活力。

②提高政府监管和服务效能→脱颖而出。

③加大全面改革力度→稳住经济大盘。

(2)逆否。

题干的逆否命题为：

④¬ 提高电子电器产业活力→¬ 实现信息化建设。

⑤¬ 脱颖而出→¬ 提高政府监管和服务效能。

⑥¬ 稳住经济大盘→¬ 加大全面改革力度。

(3)找答案。

A项，脱颖而出→提高政府监管和服务效能，根据箭头指向原则、由②可知，"脱颖而出"后无箭头指向，故此项可真可假。

B项，提高电子电器产业活力→实现信息化建设，根据箭头指向原则、由①可知，"提高电子电器产业活力"后无箭头指向，故此项可真可假。

C项，¬ 加大全面改革力度→¬ 稳住经济大盘，根据箭头指向原则、由⑥可知，"¬ 加大全面改革力度"后无箭头指向，故此项可真可假。

D项，¬ 脱颖而出→¬ 提高政府监管和服务效能，等价于⑤，可以推出。

E项，稳住经济大盘→实现信息化建设，根据箭头指向原则、由③可知，"稳住经济大盘"后无箭头指向，故此项可真可假。

3. B

【第1步 识别论证类型】

题干：实施"网络游戏防沉迷系统"后，未成年人玩网络游戏超过5小时，游戏内经验值和收益将清零$\xrightarrow[\text{以求}]{}$防止未成年人沉迷于网络游戏。

题干中"新实施的方案"是一种措施，"防止未成年人沉迷于网络游戏"是一种目的，故此题为措施目的模型。

【第2步 套用母题方法】

A项，无关选项，题干中的"网络游戏防沉迷系统"针对的是"沉迷游戏者"，而不是"偶尔玩游戏者"。(干扰项·对象不一致)

B项，说明该措施不能有效地防止未成年人沉迷于网络游戏，即措施达不到目的，可以削弱。

C项，无关选项，未成年人玩网络游戏是否走向公开化，与"网络游戏防沉迷系统"是否有效无关。(干扰项·话题不一致)

D项，无关选项，题干的措施只针对"防止未成年人沉迷于'网络游戏'"，与"其他游戏"无关。(干扰项·对象不一致)

E项，不能削弱，此项是在认可防沉迷系统有效的基础上，要求采用更加严格的防沉迷系统，明否暗肯，有支持题干的嫌疑。

4. D

【第 1 步 识别条件类型】

题干中的已知条件均为假言命题，选项均为事实，故此题为假言推事实模型。

【第 2 步 套用母题方法】

(1)将题干符号化。

①甲或丙至少有一人前两名→丁 2∧丙 1。

②乙 3∨乙 4→丁 1∧丙 3。

③丁 2∨丙 4→┐乙 1∧┐乙 2。

(2)串联找矛盾。

由③、②串联可得：丁 2∨丙 4→┐乙 1∧┐乙 2→乙 3∨乙 4→丁 1∧丙 3。

可见，由"丁 2"出发推出了矛盾，故"丁 2"为假，即"┐丁 2"为真。

(3)推出答案。

由"┐丁 2"可知，①的后件为假，则其前件也为假，可得：甲或丙至多 0 人是前两名，即：甲、丙均不是前两名。因此，甲、丙均排在后两名。

再结合"┐丁 2"可得：乙 2∧丁 1。

由"乙 2"可知，③的后件为假，则其前件也为假，可得：┐丁 2∧┐丙 4。

综上，第一名到第四名依次为：丁、乙、丙、甲。

故 D 项正确。

5. C

【第 1 步 识别论证类型】

题干：科学家研究发现，生长季提前会促进冷湿地区树木生长，不利于气候较干燥地区树木生长。

锁定关键词"会"，可知此题为预测结果模型。

【第 2 步 套用母题方法】

A 项，无关选项，题干论证的是气候变暖背景下，生长季提前对树木生长的影响，而此项论证的是不同气候条件下，生长季提前对树木生长产生的影响，二者论证的背景并不一致。

B 项，无关选项，题干不涉及生长季提前对树木径向生长产生的影响。(干扰项·话题不一致)

C 项，支持题干，此项说明在气候较干燥地区，生长季提前增加了水分胁迫或霜冻风险，确实不利于该地区树木生长。

D 项，无关选项，题干不涉及生长季提前对温度的影响。(干扰项·话题不一致)

E 项，削弱题干，此项说明生长季提前不会对冷湿地区树木的生长带来好的影响，否定了题干论点中"生长季提前促进冷湿地区树木生长"的观点。

6. B

【第 1 步 识别条件类型】

题干由事实、假言命题和匹配关系组成，故此题为事实假言匹配模型。

【第 2 步 套用母题方法】

从事实出发，由"甲坐在 5 号位置"和条件(1)可知，条件(4)前件为真，则其后件也为真，可得：甲与辛中间有两人。

由"甲与辛中间有两人"结合"甲坐在5号位置"可知，辛坐在2号或者8号。

再根据条件(2)可知，乙也坐在2号或者8号。

因此，乙、辛的座位不相邻。故，条件(3)前件为真，则其后件也为真，可得：己、辛的座位相邻；结合"辛坐在2号或者8号"可得：己坐在3号或者7号。

因此，甲与己之间一定间隔1人。

故B项正确。

7. D

【第1步　识别条件类型】

"辛和甲中间只隔着1人"为事实，其他条件同上题一致，故此题为事实假言匹配模型。

【第2步　套用母题方法】

从事实出发，由"辛和甲中间只隔着1人"可知，条件(4)后件为假，则其前件也为假，甲、丙的座位相邻。

结合条件(2)可知，有如下两种情况：①丙1、乙2、甲8；②丙1、乙8、甲2。

若"甲8"结合"辛和甲中间只隔着1人"可知，辛在6号位置；此时，乙和辛不相邻。

若"甲2"结合"辛和甲中间只隔着1人"可知，辛在4号位置；此时，乙和辛也不相邻。

因此，乙和辛不相邻。即：条件(3)前件为真，则其后件也为真，可得：己、辛的座位相邻。

再结合"辛在4号位置或者6号位置"可知，己的位置可以是5号、7号、3号。

故D项一定为假，正确。

8. D

【第1步　识别论证类型】

李思：体育比赛与数学竞赛不同，优胜者只是少数人，因此，参加体育比赛，对于失败者来说就是挫伤自信，这对他们今后的成长不利。

本题无明显的命题模型，故直接分析选项。

【第2步　套用母题方法】

A项，提出反面论据，指出体育比赛中的优胜者虽然只是少数人，但是失败者也可以是很优秀的，因此不会挫伤孩子的自信，削弱题干。

B项，削弱题干，指出要想获胜不可能不经历失败，失败对孩子的成长有利。

C项，削弱题干，指出体育比赛中的优胜者虽然只是少数人，但是孩子们可能在不同的项目中成为优胜者。

D项，诉诸众人，大多数家长支持的不见得就是有利的，故此项不能削弱题干。

E项，削弱论点，说明失败不一定会挫伤自信。

9. A

【第1步　识别论证类型】

题干：3亿年前，男性特有的Y染色体在产生之际含有1 438个基因，但现在只剩下45个。按照这种速度，Y染色体将在大约1 000万年内消失殆尽$\xrightarrow{\text{预测}}$随着Y染色体的消亡，人类也将走向消亡。

锁定关键词"将"，可知此题为预测结果模型。

【第 2 步 套用母题方法】

注意：题干的提问方式为"最不能质疑上述论证的是"，因此应选无关选项或支持项。

A 项，无关选项，题干讨论的是"人类"，此项讨论的是"恒河猴"。（干扰项・对象不一致）

B 项，提出反面论据，说明即使 Y 染色体消亡了，人类还可以继续生存下去，削弱题干。

C 项，说明人类实现繁殖不一定需要 Y 染色体，因此，即使 Y 染色体消亡，人类也未必走向消亡，削弱题干。

D 项，说明 Y 染色体最终不会消亡，削弱题干。

E 项，直接反驳题干的论据，削弱题干。

10. A

【第 1 步 识别题目类型】

题干的提问方式为"对以下哪个问题，张教授和李研究员最可能有不同回答?"，故本题为争论焦点题。

【第 2 步 套用母题方法】

张教授：强迫一个人帮助另一个人是不道德的，因此，政府没有权力通过税收来进行利益和资源的再分配。

李研究员：如果这个政府允许人民自由地选择居留还是离开它所管理的国家，那么政府就有权力这么做。

故二人的争论焦点为：政府是否有权力通过税收来进行利益和资源的再分配，即 A 项正确。

B、C 项，无关选项，题干不涉及"政府通过税收进行利益和资源的再分配是否道德"的问题。

D 项，只有张教授提及"强迫一部分公民帮助另一部分公民"，李研究员没有，违反双方表态原则，排除。

E 项，只有李研究员提及"允许人民自由地选择居留还是离开它所管理的国家"，张教授没有，违反双方表态原则，排除。

11. E

【第 1 步 识别论证类型】

题干：

经常跑步的人：有器质性毛病。
刚开始跑步的人：很少有这些器质性毛病。

因此，人体扛不住经常性跑步产生的压力(跑步导致了这些器质性毛病)

题干由两组对象的对比，得出一个因果关系，故此题为现象原因模型(求异法型)。

【第 2 步 套用母题方法】

A 项，无关选项，跑步的人"是否知道(主观观点)"跑步有害于身体，与"人体是否扛不住经常性跑步产生的压力(客观事实)"无关。

B 项，不经常跑步的人(无因)，也会出现器质性毛病(有果)，削弱题干。

C 项，无关选项，题干的论证不涉及"是否应当宣传跑步对人体有害。"

D 项，无关选项，题干的论证不涉及人体和其他动物对外部压力的抵抗能力的比较。（干扰项・比较不一致）

E 项，此项说明题干的原因(跑步)和题干的结果(器质性毛病)有关，因果相关，必须假设。

12. C

【第 1 步　找到待解释的现象】

锁定“但”一词，可知前后出现了看似矛盾的现象或差异。

待解释的现象：1—7 月份，居民收入持续增加，但是，居民储蓄存款增幅持续下滑，7 月外流存款高达 1 000 亿元左右。

【第 2 步　套用母题方法】

A、B 项，无关选项。因为题干要求解释的是“7 月外流存款高达 1 000 亿元左右”的原因。而这两项指出活期存款增加了，解释的是“定期存款在全部存款中的比重不断下降”的原因。

C 项，因为借贷利息已远远高于银行存款利率，民营企业由于追求利润会使得 1 000 亿元储蓄资金外流用于民间借贷，可以解释题干。

D 项，不能解释，“考虑”是否买股票或是基金不代表已经购买了股票或是基金。

E 项，说明居民仍然希望把钱存在银行，那么银行的居民存款应该是增加，而题干却是外流，此项加剧了题干中的矛盾。

13. B

【第 1 步　识别条件类型】

题干由事实、假言命题和匹配关系组成，故此题为事实假言匹配模型。

【第 2 步　套用母题方法】

从事实出发，由“戊被安排在第一宿舍”可知，条件(3)的后件为假，则其前件也为假，可得：乙第一∧庚第一。

由“乙第一”可知，条件(1)的后件为假，则其前件也为假，可得：¬ 甲第一∧¬ 丁第一。

由“¬ 丁第一”可知，条件(2)的后件为假，则其前件也为假，可得：辛和戊在同一宿舍。

由“辛和戊在同一宿舍”并结合“戊被安排在第一宿舍”可知，辛在第一宿舍。

由上述信息并结合“每个宿舍均只有 4 人”可得：①戊、乙、庚、辛被安排在第一宿舍；②甲、丁、丙、己被安排在第二宿舍。故 B 项正确。

14. B

【第 1 步　识别条件类型】

题干已知条件均为假言命题，选项均为事实，故此题为假言推事实模型。

【第 2 步　套用母题方法】

将题干信息符号化：

①丁科学前沿→甲经济学。

②¬ 乙管理学→甲管理学∧丙哲学。

③¬ 丙哲学→乙经济学。

④¬ 甲管理学→¬ 乙管理学。

由④逆否可得：乙管理学→甲管理学，若其前件为真，则与“每人均选择一门且各不重复”矛盾。因此，乙不选修管理学。

由“乙不选修管理学”可知，②的前件为真，则其后件也为真，可得：甲管理学∧丙哲学。

由“甲选修管理学”可知，①的后件为假，则其前件也为假，可得：¬ 丁科学前沿。

综上，甲、丙、丁三人均不选修科学前沿，故，乙选修科学前沿，B 项正确。

15. D

【第1步　识别条件类型】

题干中出现“人”与“技能”的匹配，且每人均有两项技能，故此题为数量匹配模型。

【第2步　套用母题方法】

从事实出发，即条件(1)“乙不会插花”，找重复元素“乙”或者“插花”。

由条件(4)可知，丁会插花。

由于“每人只会四种技能中的两种”，说明丁不可能同时会绘画和编程，故选择D项。

16. E

【第1步　识别论证类型】

题干的论据：

①心率越快，单位时间进入循环的血液量越多。

②血液中的红细胞运输氧气。

③一个人单位时间通过血液循环获得的氧气越多，他的体能及其发挥就越佳。

④在高海拔地区，人体内每单位体积血液中含有的红细胞数量，要高于在低海拔地区。

题干的论点：为了提高运动员在体育比赛中的竞技水平，应该加强他们在高海拔地区的训练。

题干的论据出现了多种数量关系，可知此题为统计论证模型。

【第2步　套用母题方法】

由题干论据②、④可知，在高海拔地区，一次心跳的输氧量更大，结合题干论据①可得如下公式：

单位时间输氧量(如一分钟)＝一次心跳输氧量×心率(一分钟心脏跳动次数)。

可知，若在高海拔地区运动员的心率不低于低海拔地区，则单位时间输氧量比低海拔地区更高，从而提高了运动员的竞技水平，故E项必须假设。

A项，注意，题干的论证假设的是“在高海拔地区运动员的心率不低于低海拔地区”，即在高海拔地区运动员的心率“大于或者等于”低海拔地区。A项中“不产生影响”，即“等于”，仅是“大于或者等于”中的一种情况，故排除此项。

B项，无关选项，题干是同一运动员在高海拔地区与低海拔地区的比较，而此项是不同运动员之间的比较。(干扰项·比较不一致)

C项，无关选项，题干不涉及运动员与普通人之间的比较。(干扰项·比较不一致)

D项，“加快”，即“大于”，此项与A项一样，仅是“大于或者等于”中的一种情况，故排除此项。

17. B

【第1步　识别论证类型】

题干：西医利用现代科学技术手段可以解决很多中医无法解决的病症，而中医依靠对人体经络和气血的特殊理解也治愈了很多令西医束手无策的难题$\xrightarrow[\text{证明}]{}$针对某些复杂疾病，中西医结合的治疗方法是有必要的。

题干无明显论证模型，直接分析选项。

注意：题干的结论强调的是方法的“必要性”，因此，本题不是措施目的模型。

【第2步　套用母题方法】

A项，不必假设，此项说明中西医结合治疗方法能有好的效果，但未说明是否有必要采取“中西医结合治疗”这一措施。

B项，必须假设，若单独使用中医或者西医疗法就能有效治疗这些疾病，那么就没有必要采用结合的措施，即：题干的结论不成立(取非法)。

C项，不必假设，中西医结合的措施具备可行性不能说明其是必要的。

D项，不必假设，中西医结合的措施有良好的效果无法说明此种措施的必要性。

E项，无关选项，题干不涉及哪种治疗方法对于慢性病更为有效。

18. B

【第1步　识别条件类型】

题干中出现“7个花坛”与“7个盆栽”的一一匹配关系，故此题为简单匹配模型。

【第2步　套用母题方法】

由条件(3)可知，若芦荟在第一个，则芍药也在第一个，这与“每个花坛只放一种，各不重复”矛盾。因此，芦荟不在第一个，再结合条件(1)可知，芦荟在第七个。

由“芦荟在第七个”结合条件(4)可知，竹芋在第六个。

由“竹芋在第六个”可知，条件(2)后件为假，则其前件也为假，可得：¬ 白掌3∧火棘4。

根据上述信息，可得下表：

第一个	第二个	第三个	第四个	第五个	第六个	第七个
			火棘		竹芋	芦荟

由上表结合条件(5)可知，绿萝、吊兰放在第二个和第五个(并非一一对应)。

再由“¬ 白掌3”可得：白掌1∧芍药3。

故B项正确。

19. D

【第1步　识别论证类型】

题干：富含营养的水体沉积物会释放更多甲烷(原因)，因此，应限制化肥的滥用(措施)，以求降低水体温室气体排放(目的)。

本题题干除了措施目的模型以外，题干的论证过程中又存在论证对象的不一致(即：拆桥搭桥模型)，因此，要使得题干的论证成立，有两处需要搭桥：①“富含营养的水体沉积物”和“滥用化肥”；②“甲烷”和“温室气体”。

【第2步　套用母题方法】

A项，无关选项，题干并未涉及水体沉积物排出的甲烷量和工业废气排出的甲烷量之间的比较。(干扰项 • 比较不一致)

B项，只需要假设甲烷是温室气体成分之一即可，无须为“最主要”，假设过度。

C项，无关选项，题干并未讨论化肥造成污染的方式。

D项，必须假设，建立起“滥用化肥”和“富含营养的水体沉积物”之间的联系，搭桥法。

E项，无关选项，题干并未涉及化肥的实际用途。

20. D

【第 1 步　识别条件类型】

题干中出现“城市”与“单位”的匹配关系，且单位数量比城市数量多，故此题为数量匹配模型。

【第 2 步　套用母题方法】

从事实出发，由条件(6)“城市 3 有 1 所大学”并结合条件(5)“有大学的 2 座城市没有共同的边界”，可知城市 1、4、5 中无大学(排除 A 项)，再由条件(2)“没有一座城市有 2 所大学”和“共有 2 所大学”，可知另外一所大学在城市 2 或者城市 6。

由条件(6)“城市 6 有 1 座监狱”并结合条件(3)“没有一座城市中既有监狱又有大学”，可知城市 6 不可能有大学(排除 B 项)，因此，城市 2 有大学。

再由条件(3)可得：城市 2 不可能有监狱，故排除 C 项。

由条件(6)“城市 6 有 1 座监狱”并结合条件(4)“每座监狱位于至少有 1 所医院的城市”，可知城市 6 有医院，故排除 E 项。

综上，D 项可能为真。

21. D

【第 1 步　识别条件类型】

题干中出现“城市”与“单位”的匹配关系，但单位数量比城市的数量多，故此题为数量匹配模型。

【第 2 步　套用母题方法】

此题补充条件：(7)每座城市都至少拥有上述 8 个单位中的 1 个单位。

数量关系优先算：由条件(4)和(7)可知，题干的数量关系为：2、2、1、1、1、1。其中“2”指的是“医院＋监狱”，“1”指的是单独的单位。即 8 个单位分配为：“医院＋监狱”“医院＋监狱”“医院”“医院”“大学”“大学”，再与 6 座城市进行一一匹配。

从事实出发，由条件(6)、(3)、(5)可知：(8)城市 1、城市 5、城市 4、城市 6 均无大学。

再结合条件(2)“没有一座城市有 2 所大学”可知，城市 2 必有大学。

故城市 3、城市 2 均只有一所大学。

因此，城市 1、城市 4、城市 5、城市 6 均有医院。

故 D 项正确。

22. B

【第 1 步　识别论证类型】

题干：人的日常思维和行动包含着有意识的主动行为和某种创造性，而计算机的一切行为都是由预先编制的程序控制的 —证明→ 计算机不可能拥有人所具有的主动性和创造性。

题干中论据涉及的是“预先编制的程序控制”，论点涉及的是“不可能拥有人所具有的主动性和创造性”，二者存在不一致，故此题为拆桥搭桥模型(前后型)。

【第 2 步　套用母题方法】

A 项，无关选项，题干并未讨论计算机的学习功能。

B 项，说明程序不能模拟人的主动性和创造性，搭桥法，支持题干。

C 项，无关选项，题干不涉及“人控制计算机”和“计算机控制人”的探讨；而且，“是很难说的一件事”犯了诉诸无知的逻辑错误。

D项，说明存在具有主动性和创造性的计算机程序，削弱题干。

E项，无关选项，题干不涉及“计算机”和“人”之间计算能力的比较。(干扰项·比较不一致)

23. D

【第1步　识别条件类型】

题干由数量关系、假言命题和匹配关系组成，故此题为数量假言匹配模型。

【第2步　套用母题方法】

数量关系优先算：由条件(1)可知，三天所做的事情的数量分别为1件、2件、3件。

串联找矛盾：由条件(2)和(3)串联可得：①和⑥至多一个安排在第一天→②、③、⑤需要分别安排在三天→②、③和④至少需要两天来完成→②和⑤安排在第二天。

可见，由“①、⑥至多一个安排在第一天”出发推出了矛盾：②和⑤不在同一天∧②和⑤在同一天。故其为假，即：①和⑥都安排在第一天。

因此，D项正确。

24. C

【第1步　识别条件类型】

“③和⑤安排在同一天”是事实，其他已知条件同上题相同，故本题为事实数量假言匹配模型。

【第2步　套用母题方法】

题干补充新的事实条件：(4)③和⑤安排在同一天。

从事实出发，由“③和⑤安排在同一天”结合“三天所做的事情的数量分别为1件、2件、3件”可知，③和⑤不能安排在第一天。

若②和④安排在同一天，则无法满足“三天所做的事情的数量分别为1件、2件、3件”。因此，②和④不安排在同一天。

由“②和④不安排在同一天”结合条件(2)可知，②和⑤安排在第二天。

再结合条件(4)可知，②、③和⑤安排在第二天。

综上，三天的安排见下表：

第一天	第二天	第三天
①、⑥	②、③、⑤	④

故C项正确。

25. E

【第1步　识别条件类型】

题干由数量关系和假言命题组成，故此题为数量假言模型。

【第2步　套用母题方法】

此题中，数量关系为7选5，无需再另外计算。

由条件(2)可知：若甲、乙都参加，则丁、戊、己、庚至多有1人参加；此时，甲、乙、丁、戊、己、庚6人中最多有3人参加，即使“丙”参加也无法满足“7选5”。因此，条件(2)前件为假，即：¬甲∨¬乙。

由“¬甲∨¬乙”可知，甲、乙、丙3人中最多2人参加，故，条件(1)前件为真，则其后件也为真，可得：戊、己、庚都参加。故E项正确。

26. E

【第1步 识别题目类型】

题干：在对一批挑选出来进行比较的国家所做的一项调查中，美国以每100人中有11人养长尾鹦鹉而排名第二$\xrightarrow{\text{证明}}$美国人比大多数其他国家的人更喜欢养长尾鹦鹉。

题干的提问方式为“知道以下哪项最有助于判断上述结论的可靠性?”，故此题为判断关键问题题。

【第2步 套用母题方法】

A项，无关选项，此项讨论的是美国长尾鹦鹉的总数量，与题干的结论不相关。

B项，无关选项，此项讨论的是美国饲养长尾鹦鹉人群的数量，与题干的结论不相关。

C项，无关选项，比较美国和排名第一的国家之间的数值大小，与美国是否超过大多数国家无关。

D项，无关选项，此项是美国内部的一个比较，与题干的结论不相关。

E项，如果在该调查未包括的国家中，大多数国家每100人中养长尾鹦鹉的人的数量比美国多，则削弱题干；反之，则加强题干。故E项对于判断题干结论的可靠性最为重要。

27. C

【第1步 识别条件类型】

题干由多个假言命题组成，选项均为事实，故此题为假言推事实模型。

【第2步 套用母题方法】

题干信息如下：

①张珊→李思∧¬王伍。

②李思∨王伍→¬赵柳。

③¬张珊→王伍。

④¬(¬孙琪∧¬赵柳)=孙琪∨赵柳。

⑤¬赵柳→¬张珊。

串联找矛盾，由①、②、⑤串联可得，张珊→李思→¬赵柳→¬张珊。

可见，由“张珊”出发推出了矛盾，故“张珊”为假，即“¬张珊”为真。

由“¬张珊”可知，条件③的前件为真，则其后件也为真，可得：王伍。

由“王伍”可知，条件②的前件为真，则其后件也为真，可得：¬赵柳。

由“¬赵柳”并结合条件④可知，¬赵柳→孙琪，故保送孙琪。

综上，王伍和孙琪一起被保送。故C项正确。

28. A

【第1步 识别论证类型】

题干：有一种独特的鱼类，它们的血液和体液中具有一种防冻蛋白，因为该蛋白它们才得以存活并演化至今。时至今日，该种鱼类的生存却面临巨大挑战(现象)。有人认为这是海水升温导致的(原因)。

题干先描述了一种现象，然后分析了这种现象的原因，故此题为现象原因模型。

【第2步 套用母题方法】

A项，补充新论据，说明气温上升导致防冻蛋白变性，从而缩短鱼的寿命，支持题干。

B项，此项说明气温上升虽然可以使防冻蛋白失效，但是不会影响鱼类生存，削弱题干。

C项，无关选项，题干不涉及哪种温度有利于鱼类的多样性。

D项，无关选项，题干不涉及其他物种体内是否具有这种防冻蛋白。

E项，无关选项，题干不涉及海水的温度对鱼类多样性的影响。

29. B

【第1步　识别条件类型】

题干由数量关系和假言命题组成，故此题为数量假言模型。

【第2步　套用母题方法】

由条件(2)可知：¬乙高铁站∨¬戊高铁站→¬丙高铁站∧¬丁高铁站；若前件为真，则会出现至少三人不选择高铁站，与“每个地点有三人选择”矛盾，故，“¬乙高铁站∨¬戊高铁站”为假，“乙高铁站∧戊高铁站”为真。

由“乙高铁站∧戊高铁站”结合“每个地点有三人选择”可知，甲、丙至多一人选择高铁站，因此，条件(3)前件为真，则其后件也为真，可得：乙商场∧丙商场。

由“乙商场∧丙商场”结合“每个地点有三人选择”可知，甲、丁至多一人选择商场，故条件(1)后件为假，则其前件也为假，可得：乙、丁、戊至多一人选择机场。

再结合“每个地点有三人选择”可知，甲、丙选择机场。

由“甲、丙选择机场”可知，乙、戊至多一人选择机场，故条件(2)前件为真，则其后件也为真，可得：丙和丁均不选择高铁站。

由“丁不选择高铁站”结合“每人选择三处地点”可知，丁至少选择游乐场、地铁站中的一个，故，条件(4)前件为真，则其后件也为真，可得：乙、丁、戊均选择游乐场。

综上可得下表：

	高铁站	地铁站	游乐场	商场	机场
甲	√		×		√
乙	√	×	√	√	×
丙	×	√	×	√	√
丁	×		√		
戊	√		√		

综上，B项正确。

30. C

【第1步　识别条件类型】

题干由数量关系和假言命题组成，故此题为数量假言模型。

【第2步　套用母题方法】

题干新补充信息：(5)五人中仅有两人的选择完全相同。

引用上题推理结果：

	高铁站	地铁站	游乐场	商场	机场
甲	√		×		√
乙	√	×	√	√	×
丙	×	√	×	√	√
丁	×		√		
戊	√		√		

根据上表，结合条件(5)可知，只有乙和戊能满足题干要求，因此，戊也选择商场。

再根据“每人选择三处地点，每个地点有三人选择”补充上表可得：

	高铁站	地铁站	游乐场	商场	机场
甲	√	√	×	×	√
乙	√	×	√	√	×
丙	×	√	×	√	√
丁	×	√	√	×	√
戊	√	×	√	√	×

综上，C项正确。

199 管理类联考逻辑 ▸ 模拟卷 3

（共 30 题，每小题 2 分，共 60 分，限时 60 分钟）

说明：本套模拟卷难度约等于真题中较难的年份，如 2023 年、2024 年。请限时 60 分钟进行模考。

1. “中国开放的大门不会关闭，只会越开越大。”做好技术、外资引进工作，是一项全局性、创新性的系统工程。如果不能统筹好“引进来”和“走出去”，则不能构建更具韧性和开放度的供应链、产业链、数据链、人才链。只有构建好西部陆海新通道，才能引导跨国公司在中西部深化投资布局。坚持全国一盘棋，准确把握涉外经济技术合作领域的政策内涵、工作要求和目标任务，以更高水平开放推动更深层次改革，就能加快形成国际竞争合作新优势，为经济高质量发展注入更强动力。

   根据以上陈述，可以得出以下哪项？

   A. 如果构建好西部陆海新通道，就能加快形成国际竞争合作新优势。

   B. 要想引导跨国公司在中西部深化投资布局，就必须准确把握涉外经济技术合作领域的政策内涵、工作要求和目标任务。

   C. 只有统筹好“引进来”和“走出去”，才能构建更具韧性和开放度的供应链、产业链、数据链、人才链。

   D. 如果可以加快形成国际竞争合作新优势，就能准确把握涉外经济技术合作领域的政策内涵、工作要求和目标任务。

   E. 构建好西部陆海新通道，就有可能引导跨国公司在中西部深化投资布局。

2. 5 000 多年前某地是大汶口文化，但在距今约 4 400 年的时候，为龙山文化所替代。是什么原因导致这两种文化的更迭？考古人员发现，在距今约 4 400 年的时候，发生了一次严重的“冷事件”，环境由原来的温暖湿润转变为寒冷干燥，植被大量减少，藻类、水生植物基本绝迹了，大汶口文化向南迁移，而龙山文化由北迁到此地。他们据此认为，距今 4 400 年左右的极端气候变化，可能是导致这次文化变迁的主要原因。

   以下哪项如果为真，最能支持上述论证？

   A. 大汶口文化有不断向南方迁移的传统。

   B. 龙山文化刚迁来时，人口较多，但之后逐渐减少，在距今约 4 000 年的时候消失了。

   C. 大汶口文化的族群以藻类和水生植物作为食物的主要来源。

   D. 不同生存方式的族群对气候和环境都有相对稳定的需求。

   E. 龙山文化的族群一直对此地虎视眈眈，所以，大汶口文化一迁移龙山文化的族群就占领了此地。

3. 一般来说，动物的蛋会通过土壤中微生物和堆肥分解有机物时产生的热量来孵化，但这些微生物(包含细菌)也会穿透蛋壳、感染胚胎，自然情况下这一比例高于20%。然而，在澳洲有一种名为丛冢雉的鸟类，其蛋发生感染的概率仅为9%，研究者发现其蛋壳中含有溶酶酵素。研究者据此认为这种物质很可能就是抵御细菌侵扰的关键因素。

以下哪项如果为真，则不能削弱上述结论？

A. 丛冢雉的蛋壳中所含的溶酶酵素量，与其他动物相比，含量大抵相当。

B. 丛冢雉的蛋壳被一层纳米级的碳酸钙层包裹，这使它拥有了更强的防水性和抗细菌入侵能力。

C. 丛冢雉散发一种特殊气味，会使附着在其蛋壳上的细菌数减少。

D. 与其他动物的蛋壳相比，丛冢雉的蛋壳要薄三分之一，更易受到微生物的入侵。

E. 丛冢雉的蛋壳比一般动物的蛋壳要厚，细菌不容易入侵。

4. 在检测皮勒麻这种严重的疾病时，一个错误的阳性结果指出人们患皮勒麻但实际上他们没有患；一个错误的阴性结果指出人们没有患皮勒麻但实际上他们患有。因此，为了更准确地检测皮勒麻，医生应采用产生错误阳性结果比例最低的实验室测试手段。

以下哪一项如果是正确的，则为以上建议提供了最有力的支持？

A. 皮勒麻病人接受的治疗没有损害性的副作用。

B. 产生错误阳性结果比例最低的实验室测试手段与用来检测皮勒麻的其他实验室手段会产生同样微小的副作用。

C. 产生错误阳性结果比例最低的实验室测试手段与用来检测皮勒麻的其他实验室手段相比会消耗更多经费。

D. 所有检测皮勒麻的实验室测试手段有相同的出现错误阴性结果的比例。

E. 有专家认为，产生错误阳性结果比例最低的实验室测试手段是不存在的。

5. 五行八卦代表了早期中国的哲学思想，其中五行包括金、木、水、火、土，八卦包括乾、坤、震、艮、离、坎、兑、巽。八卦中的每一卦都对应五行中的某一行，每行均有卦与之对应。还已知：

(1)坤和艮对应五行中的同一行。

(2)若坤不对应木，则坎不对应火。

(3)如果水不对应坎，则离和兑对应土。

(4)离对应金，否则坎对应火。

已知水仅对应震和巽，则下列哪项一定为真？

A. 坤对应金。

B. 离对应水。

C. 乾对应金。

D. 坤对应土。

E. 兑对应木。

6. 山河市政府举办文化会演大赛，各个区派出一支队伍参加。最终山南队、江北队、河西队、海东队进入前四，进行最后名次的争夺。市长对比赛的名次做出以下猜测：

(1)山南队、江北队都不能进入前两名。

(2)如果河西队获得第一，那么海东队将获得第二。

(3)如果山南队无法获得前两名，那么江北队将进入前两名。

比赛结束后，发现市长的预测只有一项是正确的。

据此，可以推出以下哪项？

A. 河西队获得第一。 B. 海东队获得第二。 C. 山南队获得第三。

D. 江北队获得第四。 E. 河西队获得第三。

7. 在广袤的中华大地上，最近几十年已经新植了数以十亿计的树木，绿色植被的增长有目共睹，沙漠化和水土流失情况得到了极大缓解。据此，有专家指出，中国已经是全球变绿的最重要的力量之一。

以下哪项如果为真，最能支持上述专家的观点？

A. 中国西南地区和东北地区的快速造林大大减少了我国对进口木材的依赖。

B. 卫星数据对比显示，中国大量过去荒漠化的地方现在已经被绿色植被所覆盖。

C. 中国的植被面积仅占全球的6.6%，但全球植被面积净增长的25%来自中国。

D. 在有些国家和地区，毁林开荒正在导致具有全球气候调节功能的雨林面积大大减少。

E. 和中国相比，最近几十年部分欧美国家森林覆盖率的增长速度相对缓慢。

8. 某班准备开展元旦联欢活动，倡导男生与女生互选组成节目小组，要求每个女生只能选1位男生，而每位男生只能在选他的女生中选择1～2位组队。现有男生甲、乙、丙3人面对张、王、李、赵4位女生，已知：

(1)张、王2人中至少有1人选择甲。

(2)王、李、赵3人中至少有2人选择乙。

(3)张、李2人中至少有1人选择丙。

(4)最终互选顺利完成，无论男生还是女生彼此都选到了心仪的合作伙伴。

根据以上信息，可以得出以下哪项？

A. 男生甲选到了张。 B. 男生乙选到了赵。 C. 男生丙选到了李。

D. 男生甲选到了王。 E. 男生乙选到了王。

9. 直立人大约于200万年前起源于非洲，并且扩散到了欧亚大陆；现代人约在20万年前出现。这两种人类的化石在中国均有分布。比如北京周口店古老地层出土的“北京人”属于直立人；年轻地层中的“山顶洞人”属于现代人。对中国当代人群的研究发现，父系遗传的Y染色体均源自非洲，起源时间在8.9万年至3.5万年前；母系遗传的线粒体DNA均源自非洲，起源时间在10万年以内；没有检测到直立人的遗传组分。

如果以上陈述为真，则最能支持以下哪个假说？

A. “北京人”的后代可能灭绝了，中国当代人的祖先是大约10万年前从非洲来到亚洲的。

B. 中国的直立人和现代人分别来自非洲大陆，他们杂交的后代是中国当代人的祖先。

C. 北京周口店的“山顶洞人”是从“北京人”进化而来的。

D. 中国当代人是200万年前从非洲扩散到欧亚大陆的直立人的后代。

E. 早期的直立人是从不同的物种进化而来的，不存在明显的共同点。

10. 近日，研究人员发现发烧可以促进淋巴细胞向感染部位转移。他们解释说，这是由于发烧会增加热休克蛋白90(Hsp90)在T淋巴细胞中的表达，这种蛋白质与整合素结合，促进T淋巴细胞黏附到血管上，最终加快迁移到感染的位置。

以下除哪项外，均能支持上述结论?

A. 整合素是一种细胞黏附分子，在发烧时可以控制T淋巴细胞的转运。

B. 发烧能够诱导Hsp90与整合素的尾部结合，并可激活整合素。

C. 压力可以诱导Hsp90在T淋巴细胞中的表达。

D. Hsp90与整合素结合后，可激活促进T淋巴细胞迁移的信号通路。

E. Hsp90与整合素的结合可促进整合素蛋白在淋巴细胞表面的寡聚，从而促进T淋巴细胞的迁移。

11. 赵嘉计划在课余时间阅读名著，图书馆有《论语》《史记》《奥德赛》《资本论》四本书可以进行借阅。已知：

(1)如果不阅读《论语》，那么就要阅读《史记》。

(2)如果不阅读《奥德赛》，那么就要阅读《资本论》。

(3)只有阅读《资本论》，才会阅读《论语》。

(4)要么阅读《史记》，要么阅读《奥德赛》。

根据赵嘉的上述考虑，关于她的阅读计划，以下哪项一定为真?

A. 赵嘉一定会阅读《史记》。

B. 赵嘉一定不会阅读《资本论》。

C. 赵嘉一定会阅读《资本论》。

D. 赵嘉一定不会阅读《史记》。

E. 赵嘉一定会阅读《论语》。

12. 最近在挪威一个小岛上发现的史前石壁画使考古学家感到困惑。根据传统理论，此类史前石壁画大都画有作画者当时吃的食物。这个小岛上的作画者吃的应该是鱼或其他海洋生物，但所发现的画中看不到这样的食物。因此，在这点上，传统理论的结论有问题。

以下各项如果为真，则都能削弱题干的论证，除了：

A. 上述作画者捕食岛上的陆地动物。

B. 上述石壁画一部分没有被保存下来。

C. 上述石壁画中有的画有陆地动物。

D. 上述石壁画有的部分模糊不清。

E. 上述石壁画只是这次考古发现的壁画中的一部分。

13. 某企业安排张、王、李、赵、杨五名员工去甲、乙、丙、丁、戊五个村做活动宣传，每人去的地方均不重复。已知：

(1)如果王不去乙村，那么杨去丙村。

(2)赵去丁村，除非王去甲村。

(3)若李不去戊村，则赵不去丁村。

(4)除非李去丙村，王才不去甲村。

根据上述信息，可以得出以下哪项?

A. 杨去戊村。

B. 李去甲村。

C. 杨去丙村。

D. 李去戊村。

E. 赵去甲村。

14. 赵某、钱某、孙某每人有两个外号，每个人的外号都不相同。人们有时以数学博士、短跑健将、跳高冠军、小画家、大作家和歌唱家称呼他们，此外：

①数学博士夸跳高冠军跳得高。

②跳高冠军和大作家常与赵某一起看电影。

③短跑健将请小画家画贺年卡。

④数学博士和小画家关系很好。

⑤钱某向大作家借过书。

⑥孙某下象棋常赢钱某和小画家。

以下各项除了哪一项外都一定为真？

A. 赵某的两个外号分别是小画家和歌唱家。

B. 钱某的外号不是数学博士。

C. 孙某的两个外号并非数学博士和小画家。

D. 赵某的外号不是跳高冠军。

E. 孙某的外号是短跑健将。

15. 太平洋中部的海底，散落着大量的矿石，这些矿石名为“多金属结核”，是镍、钴、锰等稀有金属的混合物。支持深海开采的人认为，多金属结核可以提供开发清洁能源所需的矿物，同时海洋每年吸收约四分之一的全球碳排放量，开采结核的过程本身对海洋的碳吸收能力影响不大；反对者则认为，海洋本就已经受到过度捕捞、工业污染和塑料垃圾等人类活动的威胁，在这种情况下，深海开采将加剧人类活动对海洋产生的不利影响。

以下哪项如果为真，最能支持反对者的观点？

A. 目前人类对深海生物及环境的研究还不够深入，还不足以支持对深海进行大规模开采矿物的活动。

B. 即使海洋开采活动能够为日益增加的能源需求提供更多的金属，人类对金属的需求仍然得不到满足，只会与日俱增。

C. 地球上的海洋彼此相连，并共享一个环绕地球的洋流系统，开采活动的评估应该进行全局考虑。

D. 深海开采过程中释放的泥浆不仅会破坏矿区之上深海中层水域的生态环境，还会威胁鲸鱼、甲壳类动物、蠕虫、软体动物等海洋动物的迁徙和生存。

E. 深海开采对全球生态环境造成的影响远不如汽车尾气。

16. 右图是一个 5×5 的方阵，它所包含的每个小方格中均可填入一个词(已有部分词填入)。现要求该方阵中的每行、每列及每个由粗线条围成的小区域内均含有“泰山”“华山”“衡山”“恒山”“嵩山”5 个词，不能重复也不能遗漏。

	嵩山	恒山	①	②
泰山	衡山			
		嵩山	衡山	
华山		衡山	泰山	
			③	④

根据上述要求，以下哪项是方阵中①和④方格处依次应填入的词？

A. 衡山、泰山。

B. 华山、嵩山。

C. 衡山、嵩山。

D. 华山、衡山。

E. 华山、恒山。

17. 近日，某研究小组利用蓝色发光二极管(LED)成功研发出节能效果出众的半导体材料，制造出了约1毫米见方的一小块半导体，它能够稳定传输家电使用过程中所需的10安培电流。如果用在空调等电器上的话，可以节省近10%的耗电量。研究小组认为，利用这种新型半导体材料生产的家用电器，将比传统家用电器更具有市场竞争力。

以下哪项如果为真，最能支持上述结论?

A. 这种新型半导体材料在未来也可应用于生产电动汽车。

B. 目前市场上销售的声称节能型的家用电器质量参差不齐。

C. 全球著名的几大家电企业已与该研究小组展开该研究成果的商业转化合作。

D. 利用这种新材料生产的家用电器的成本有望在未来达到与传统家用电器相近的程度。

E. 新型半导体材料的研发引起了全世界范围的关注。

18～19题基于以下题干：

在某选秀节目中，有甲、乙、丙、丁、戊、己和庚七位导师对三位参赛选手王某、陈某、张某进行晋级表决。按照规定，有四位或者四位以上导师投赞成票时，该选手才可以晋级。并且每个导师都不可以弃权，必须对所有选手作出表决。已知：

(1)甲反对这三位选手晋级。

(2)除甲以外的其他导师至少赞成一位选手晋级，也至少反对一位选手晋级。

(3)乙反对王某晋级。

(4)庚反对陈某和张某晋级。

(5)丁和丙持同样态度。

(6)己和庚持同样态度。

18. 赞成王某晋级的导师是哪一位?

A. 乙。　B. 丙。　C. 丁。

D. 戊。　E. 庚。

19. 下面的断定中，哪一项不可能为真?

A. 乙和丙同意同一选手晋级。　B. 乙和庚同意同一选手晋级。

C. 乙一票赞成，两票反对。　D. 丙两票赞成，一票反对。

E. 己一票赞成，两票反对。

20. 清北大学甲、乙、丙、丁、戊、己6名体育生将代表学校参加清北市运动会。他们每人将在长跑、短跑、跳高、游泳、铅球、举重、乒乓球和花滑8个项目选择1～2个参加，每个项目均有1人参加。还已知：

(1)如果甲、乙参加的项目数之和至少为3，则戊参加游泳且丁参加花滑。

(2)若甲、乙至少有1人选择游泳或者举重，则甲选择长跑和跳高。

(3)如果丙至多选择铅球和乒乓球中的1个，那么甲选择游泳并且丁不能选择花滑。

(4)只有乙选择举重，丙才不选择长跑比赛。

根据上述信息，以下哪项一定为真?

A. 丙选择长跑项目。　B. 丁选择举重项目。　C. 己选择短跑项目。

D. 甲选择花滑项目。　E. 戊选择跳高项目。

21. 在某次模拟考试中，张珊、李思、王伍、赵柳、孙琪的成绩分列第一至第五名。已知下列条件：

①张珊的名次既不挨着李思，也不挨着王伍。

②赵柳的名次既不挨着孙琪，也不挨着王伍。

③孙琪的名次既不挨着李思，也不挨着王伍。

④张珊没有染发。

⑤染发的是排在第一名和第四名的同学。

由此可见，排在第二名的是以下哪位同学？

A. 张珊。　　B. 王伍。　　C. 赵柳。

D. 孙琪。　　E. 李思。

22. 近年来，有犯罪前科并在三年内"二进宫"的人数逐年上升。有专家认为，其数量递增可能是由于我们的教育、改造体制存在缺陷，所以应当改革。我们需要一种既能帮助刑满释放人员融入社会又能监督他们的措施。

对以下哪个问题的回答，与评价该专家的观点不相干？

A. 刑满释放人员走出监狱的大门后是否无法就业，除重操旧业外别无选择？

B. 父母在监狱服刑的孩子的数量是不是多于父母已刑满释放的孩子的数量？

C. 在刑满释放之后，有关部门是否永久剥夺了曾犯重罪的人的投票权？

D. 政府是否在住房、就业等方面采取措施以帮助有犯罪前科的人重返社会？

E. 刑满释放人员走出监狱的大门后是否受到家庭和社会的歧视？

23. 某市运动会即将开幕，某机关的甲、乙、丙、丁 4 人分别在长跑、铅球、跳高、跳远、短跑、游泳这 6 个项目中报名了 1--2 个，每个项目均只有 1 人报名。此外，还已知：

(1)如果乙报名跳远或者甲报名长跑，则丁报名跳高且丙报名铅球。

(2)如果甲报名短跑或铅球，那么乙报名游泳。

(3)乙要么报名跳远，要么报名短跑。

(4)如果乙不报名长跑或者甲不报名短跑，则丙报名跳高和游泳。

根据上述信息，可以得出以下哪项？

A. 丁报名了铅球。　　B. 乙报名了铅球。　　C. 丙报名了跳远。

D. 甲报名了跳远。　　E. 丁报名了游泳。

24. 众所周知，高的血液胆固醇水平会增加血液凝结而引起中风的危险。但是，最近的一篇报告指出，血液胆固醇水平低使人患其他致命类型的中风(即脑溢血，由大脑的动脉血管破裂而引起)的危险性在增大。报告建议，因为血液胆固醇在维持细胞膜的韧性方面起着非常重要的作用，所以低的血液胆固醇会削弱动脉血管壁的强度，从而使它们易于破裂。由此，上述结论证实了日本研究者长期争论的问题，即西方饮食比非西方饮食能更好地防止脑溢血。

以上的结论依据下面哪个假设？

A. 西方饮食比非西方饮食更有益于健康。

B. 与非西方饮食相比，西方饮食易使人产生较高的血液胆固醇。

C. 血液胆固醇水平与动脉血管的强弱并无直接关联。

D. 脑溢血比血液凝结引起的中风更危险。

E. 血压低的人患脑溢血的危险性在增大。

25. 甲、乙、丙、丁四人同时到一家水果店购买水果，该水果店只有苹果、橘子、香蕉、葡萄四种水果，他们每个人都购买了两种水果，每种水果都只有两人购买，且每个人购买的水果种类均不完全相同。已知：

(1)如果丁至少购买了橘子和香蕉中的一种，那么乙购买了苹果而丙不购买橘子。

(2)如果乙和丙两人中至多有一人购买了葡萄，则甲和丁都购买了苹果。

若乙购买了苹果，则一定可以得出以下哪项？

A. 甲购买了苹果。　　B. 乙不购买葡萄。　　C. 丙购买了香蕉。

D. 丁购买了香蕉。　　E. 乙购买了香蕉。

26. 死于公元1600年的费狒狒将军之墓前矗立着一个描述该将军戎装上马情景的雕塑。一些历史学家认为这个作品出自和费将军同一世纪的某个艺术家之手。然而，许多有关费将军之墓的现存文献资料都没能将涉及这个雕塑的记录追溯到公元1880年之前。因此，这个雕塑作品极有可能出自更晚些时候的艺术家之手。

如果下面的各项内容为真，则哪一项替换了文中涉及雕塑的证据也一样支持原文推理的结论？

A. 费将军的雕塑是由费将军遗孀的家人委托制作的。

B. 现存的文献资料显示，在公元1624年有一位艺术家为墓地附近的教堂有偿制作了数量不明的作品。

C. 描述费将军戎装上马情景的雕塑里，费将军穿的靴子中的一种材料直到公元1875年前都没有被作为制作靴子的材料出现过。

D. 在费将军墓地附近的教堂里的一些贵重的其他艺术品被可靠地测定产于公元1500年所处的那个世纪。

E. 费将军墓地前的雕塑和在他有生之年完成的雕塑相互比照起来非常相像。

27. 根据最近一次的人口调查分析：所有北美洲人都是美洲人；所有美洲人都是白人；所有亚洲人都不是美洲人；所有印尼人都是亚洲人。

根据以上陈述，可以推知以下哪项不一定是真的？

A. 所有印尼人都不是北美洲人。　　B. 所有美洲人都不是印尼人。

C. 有些白人不是印尼人。　　D. 有些白人不是亚洲人。

E. 有些印尼人不是白人。

28. 肌萎缩侧索硬化症(ALS)，俗称"渐冻症"。某科研团队研究发现，ALS的疾病发展与肠道微生物AM菌的数量密切相关。研究人员观察和比较了37名ALS患者及29名健康亲属的肠道菌群和血液、脑脊液样本。他们发现肠道细菌菌株有差异，其中有一种菌株与烟酰胺的产生有关。此外，在这些ALS患者的血液和脑脊液中，烟酰胺水平有所下降。

以下哪项如果为真，最能支持上述论证？

A. 人类肠道中的微生物非常复杂。

B. 烟酰胺是肠道微生物AM菌的代谢物。

C. 小鼠补充烟酰胺后，ALS症状得到了减轻。

D. 人体肠道细菌的变化与ALS的疾病发展速度有关。

E. 在烟酰胺下降的患者中，男性下降的程度更甚于女性。

29～30题基于以下题干：

某市电竞协会将举办《英雄联盟》《王者荣耀》《和平精英》《使命召唤》和《大话西游》5个游戏项目的赛事。甲、乙、丙、丁、戊、己6位电竞爱好者闻讯而动。他们每人报名了其中的2个项目，每个项目均有1～3人报名。已知：

(1)若甲报名《王者荣耀》或者《使命召唤》，则乙报名《和平精英》且丁报名《大话西游》。

(2)若甲至少报名《英雄联盟》和《大话西游》中的1个，则丙报名《王者荣耀》且己报名《大话西游》。

(3)如果丁至多报名《王者荣耀》和《英雄联盟》中的1个，那么甲和丙均报名《和平精英》。

(4)若戊和己中至少有1人不报名《和平精英》，则丁报名《英雄联盟》和《使命召唤》。

29. 根据上述信息，可以得出以下哪项？

A. 甲报名《王者荣耀》。 B. 己报名《和平精英》。 C. 戊报名《英雄联盟》。

D. 丁报名《和平精英》。 E. 己报名《大话西游》。

30. 若丁报名《王者荣耀》且乙报名《和平精英》，则以下哪项一定为真？

A. 甲和丁报名《英雄联盟》。

B. 乙和己报名《使命召唤》。

C. 甲和丙报名《大话西游》。

D. 乙和丁报名《王者荣耀》。

E. 己和丁报名《英雄联盟》。

199管理类联考逻辑 ▸ 模拟卷3

答案详解

答案速查		
1～5　CDDDC	6～10　ACBAC	11～15　CCCED
16～20　DDEBC	21～25　ABDBC	26～30　CEBEA

1. C

【第1步　识别条件类型】

题干中出现多个假言命题，选项均为假言命题，故此题为假言推假言模型。

【第2步　套用母题方法】

题干中的假言命题中无重复信息，无法实现串联，故使用三步解题法即可解题。

(1)画箭头。

题干：

①¬能统筹好“引进来”和“走出去”→¬构建更具韧性和开放度的供应链、产业链、数据链、人才链。

②深化投资布局→构建好西部陆海新通道。

③准确把握内涵、要求、任务∧更高水平开放推动更深层次改革→加快形成新优势。

(2)逆否。

题干的逆否命题为：

④构建更具韧性和开放度的供应链、产业链、数据链、人才链→能统筹好“引进来”和“走出去”。

⑤¬构建好西部陆海新通道→¬深化投资布局。

⑥¬加快形成新优势→¬准确把握内涵、要求、任务∨¬更高水平开放推动更深层次改革。

(3)找答案。

A项，构建好西部陆海新通道→加快形成新优势，根据箭头指向原则，由②可知，“构建好西部陆海新通道”后无箭头指向，故此项可真可假。

B项，深化投资布局→准确把握内涵、要求、任务，题干不涉及“深化投资布局”与“准确把握内涵、要求、任务”之间的关系，故此项可真可假。

C项，构建更具韧性和开放度的供应链、产业链、数据链、人才链→能统筹好“引进来”和“走出去”，等价于④，故此项为真。

D项，加快形成新优势→准确把握内涵、要求、任务，根据箭头指向原则，由③可知，“加快形成新优势”后无箭头指向，故此项可真可假。

E项，构建好西部陆海新通道→可能深化投资布局，根据箭头指向原则，由②可知，“构建好西部陆海新通道”后无箭头指向，故此项可真可假。

2. D

【第 1 步 识别论证类型】

题干：在距今约 4 400 年的时候，发生了一次严重的“冷事件”，环境由原来的温暖湿润转变为寒冷干燥，植被大量减少，藻类、水生植物基本绝迹了，大汶口文化向南迁移，而龙山文化由北迁到此地 $\xrightarrow{\text{证明}}$ 距今 4 400 年左右的极端气候变化，可能是导致这次文化变迁的主要原因。

锁定关键词“主要原因”，可知题干是在分析文化变迁的原因，故此题为现象原因模型。

【第 2 步 套用秒杀方法】

A 项，另有他因，说明大汶口文化向南迁移是由于其不断向南方迁移的传统，削弱题干。

B 项，无关选项，龙山文化迁来后的状况与其迁移的原因无关。

C 项，说明气候变化使得藻类、水生植物基本绝迹，会减少大汶口文化族群的食物来源，进而导致其向南迁移，但是无法说明为什么龙山文化会由北迁到此地，所以支持力度较小。

D 项，因果相关，说明气候和环境的变化会影响族群生存，进而可能导致其变迁，支持题干。

E 项，另有他因，说明龙山文化的迁移是因为族群原因，削弱题干。

3. D

【第 1 步 识别论证类型】

题干：

澳洲丛冢雉：蛋壳中含有溶酶酵素，其蛋发生感染的概率仅为 9%；

其他动物：其蛋发生感染的概率高于 20%；

因此，溶酶酵素很可能就是抵御细菌侵扰的关键因素。

题干通过两组对象的对比，得出一个因果关系，故此题为现象原因模型(求异法型)。

【第 2 步 套用母题方法】

A 项，有因无果，其他动物的蛋壳中也含有溶酶酵素(有因)，但是感染概率却更高(无果)，可以削弱。

B 项，另有他因，说明丛冢雉的蛋壳是因为被一层纳米级的碳酸钙层包裹才抵御了细菌侵扰，可以削弱。

C 项，另有他因，说明是丛冢雉散发的特殊气味导致了细菌数减少，可以削弱。

D 项，排除其他差异因素，说明不是因为蛋壳厚导致了丛冢雉的蛋壳可以抵御细菌入侵，支持题干。

E 项，另有他因，说明是因为丛冢雉的蛋壳更厚，所以抵御了细菌的入侵，削弱题干。

4. D

【第 1 步 识别论证类型】

题干：一个错误的阳性结果指出人们患皮勒麻但实际上他们没有患；一个错误的阴性结果指出人们没有患皮勒麻但实际上他们患有。为了更准确地检测皮勒麻，医生应采用产生错误阳性结果比例最低的实验室测试手段。

题干中的论据涉及两种错误：错误的阳性结果，错误的阴性结果。题干中的论点只涉及一种错误：错误阳性结果。故此题为演绎论证(选言论证)模型。

【第2步 套用母题方法】

使用选言论证的公式解题：错误的阳性结果∨错误的阴性结果=¬错误的阴性结果→错误的阳性结果。即，排除错误的阴性结果的影响即支持题干。故此题可秒选D项。

A项，无关选项，题干讨论的是更为准确地检测皮勒麻的手段，而此项讨论的是皮勒麻病人接受的治疗是否有副作用。

B项，无关选项，“微小的副作用”与题干中的目的“更准确地检测皮勒麻”无关。

C项，无关选项，题干不涉及“产生错误阳性结果比例最低的实验室测试手段”与“其他实验室测试手段”消耗经费量的比较。（干扰项·比较不一致）

E项，“专家认为”是一种主观判断，未必是事实。（干扰项·诉诸主观）

5. C

【第1步 识别条件类型】

题干由事实、假言命题和匹配关系组成，故此题为事实假言匹配模型。

【第2步 套用母题方法】

从事实出发，由“水仅对应震和巽”可知，条件(3)的前件为真，则其后件也为真，可得：离和兑对应土。

由“离对应土”可知，条件(4)的前件为真，则其后件也为真，可得：坎对应火。

由“坎对应火”可知，条件(2)的后件为假，则其前件也为假，可得：坤对应木；再结合条件(1)可得：艮对应木。

综上，结合“每行均有卦与之对应”可得：乾对应金。

故C项正确。

6. A

【第1步 识别条件类型】

题干已知“市长的预测只有一项是正确的”，故此题为真假话模型。

【第2步 套用母题方法】

题干：

①¬山南队前2∧¬江北队前2。

②河西队第1→海东队第2，等价于：¬河西队第1∨海东队第2。

③¬山南队前2→江北队前2，等价于：山南队前2∨江北队前2。

(1)找矛盾。

题干中预测①和预测③互为矛盾关系。

(2)判断其他已知条件的真假。

根据题干“只有一项是正确”可知：预测②为假。

(3)推出结论。

由“¬河西队第1∨海东队第2”为假可知：河西队第1∧¬海东队第2，为真。

故A项正确。

7. C

【第1步 识别论证类型】

题干：在广袤的中华大地上，最近几十年已经新植了数以十亿计的树木，绿色植被的增长有目共睹，沙漠化和水土流失情况得到了极大缓解$\xrightarrow{\text{证明}}$中国已经是全球变绿的最重要的力量之一。

题干中论据的论证对象是"中华大地(中国)"，论点的论证对象是"全球"，二者存在不一致，故此题为拆桥搭桥模型(前后型)。

【第2步 套用母题方法】

A项，无关选项，此项说明快速造林缓解了我国对进口木材的依赖，但不涉及我国对全球变绿的影响。

B项，此项仅能说明中国的绿色植被数量确实增长了，但由此不能说明中国已经是全球变绿的最重要的力量之一，故此项不能支持题干。

C项，此项指出全球植被面积净增长的25%来自中国，说明中国的植被增长确实是全球变绿的最重要的力量之一，搭桥法，支持题干。

D项，无关选项，题干讨论的是"中国是全球变绿的最重要的力量之一"，此项讨论的是"有些国家和地区毁林开荒的危害"。(干扰项·话题不一致)

E项，无关选项，题干不涉及中国和欧美国家关于森林覆盖率的增长速度的比较。(干扰项·比较不一致)

8. B

【第1步 识别条件类型】

题干中出现男生与女生的匹配，但女生人数比男生人数多，故此题为数量匹配模型。

【第2步 套用母题方法】

数量关系先计算：需要把4位女生分成3组与男生组队，故分组情况为：4=2+1+1。

题干中无事实，故找重复元素，发现"张""王""李"均为重复元素，且重复次数均为两次，难以断定哪一个是突破口。

观察条件(1)，发现可以分情况进行讨论，故以此为解题突破口。

情况1：张选甲。

故张不选丙，由条件(3)可知，李选丙。

故李不选乙，由条件(2)可知，王和赵选乙。

情况2：王选甲。

故王不选乙，由条件(2)可知，李和赵选乙。

由二难推理可知：

张选甲∨王选甲。

张选甲→赵选乙。

王选甲→赵选乙。

故，"赵选乙"为真。

由条件(4)"互选"且"彼此都选到了心仪的合作伙伴"可知，乙也必选赵。

故B项正确。

9. A

【第 1 步 识别题目类型】

题干的提问方式为"如果以上陈述为真，则最能支持以下哪个假说?"，故此题为推论题。推论题直接使用选项排除法即可。

【第 2 步 套用母题方法】

题干有以下信息：

①北京周口店出土的"北京人"属于直立人；"山顶洞人"属于现代人。

②中国当代人群父系遗传的 Y 染色体均源自非洲，起源时间在 8.9 万年至 3.5 万年前；母系遗传的线粒体 DNA 均源自非洲，起源时间在 10 万年以内。

③中国当代人群没有检测到直立人的遗传组分。

A 项，由③可知，中国当代人群不可能是直立人的后代，再结合①可知，"北京人"的后代确实灭绝了。再结合②可知，中国当代人的祖先是大约 10 万年前从非洲来到亚洲的。故此项正确。

B 项，由③可知，中国当代人群没有直立人的遗传组分，因此，中国当代人不可能是直立人的后代，故此项一定为假。

C 项，题干由①可知，无法确定"北京人"和"山顶洞人"之间是否具有遗传关系，故此项可真可假。

D 项，由③可知，中国当代人群没有直立人的遗传组分，因此，中国当代人不可能是 200 万年前从非洲扩散到欧亚大陆的直立人的后代，故此项一定为假。

E 项，无关选项，题干不涉及早期的直立人从何进化而来，是否存在明显的共同点。

10. C

【第 1 步 识别论证类型】

题干：发烧(原因)可以促进淋巴细胞向感染部位转移(结果)。研究人员解释说，这是由于发烧会增加热休克蛋白 90(Hsp90)在 T 淋巴细胞中的表达，这种蛋白质与整合素结合，促进 T 淋巴细胞黏附到血管上，最终加快迁移到感染的位置。

锁定关键词"解释说"，可知此题为现象原因模型。注意题干的提问方式为"除哪项外均能支持"，因此应选无关选项或削弱项。

【第 2 步 套用母题方法】

A 项，提出新论据，说明整合素在发烧时可以控制 T 淋巴细胞的转运，支持上述结论。

B 项，指出发烧能够诱导 Hsp90 与整合素的尾部结合，并可激活整合素，支持上述结论。

C 项，无关选项，此项只能说明"压力"可以诱导 Hsp90 在 T 淋巴细胞中的表达，但不涉及"发烧"是否促进淋巴细胞向感染部位转移。

D 项，此项指出了 Hsp90 与整合素结合后是如何促进 T 淋巴细胞迁移的，支持上述结论。

E 项，此项指出了 Hsp90 与整合素结合后是如何促进 T 淋巴细胞迁移的，支持上述结论。

11. C

【第 1 步 识别条件类型】

题干由选言命题(可转化为假言命题)和假言命题组成，选项均为事实，故此题为假言推事实模型。

【第2步　套用母题方法】

题干有以下信息：

①¬《论语》→《史记》。

②¬《奥德赛》→《资本论》。

③《论语》→《资本论》。

④《史记》∀《奥德赛》，等价于：⑤《史记》→¬《奥德赛》。

由①、⑤和②串联可得：¬《论语》→《史记》→¬《奥德赛》→《资本论》，即：⑥¬《论语》→《资本论》。

根据二难推理公式，结合③、⑥可得：

《论语》→《资本论》；
¬《论语》→《资本论》；
———————————
因此，一定阅读《资本论》。

故C项正确。

12. C

【第1步　识别论证类型】

题干的论据：

①根据传统理论，此类史前石壁画大都画有作画者当时吃的食物。

②这个小岛上的作画者吃的应该是鱼或其他海洋生物。

③所发现的画中看不到鱼或其他海洋生物。

题干的结论：

传统理论的结论有问题。

题干的论据①是个一般性前提，得到的结论仅针对这个小岛上的作画者，即结论为个别性结论，故此题为演绎论证模型。

【第2步　套用母题方法】

注意：题干的提问方式为“都能削弱题干的论证，除了”，因此应选无关选项或支持项。

A项，直接质疑论据②，削弱题干。

B项，由于石壁画保存不全，因此不能根据画中现有的内容得出结论，削弱题干。

C项，石壁画中“有的画有陆地动物”不能反驳题干中“所发现的画中看不到鱼或其他海洋生物”，不能削弱题干。

D项，由于石壁画有的部分模糊不清，因此不能根据画中现有的内容得出结论，削弱题干。

E项，由于题干中的石壁画仅仅是壁画中的一部分，因此不能根据画中现有的内容得出结论，削弱题干。

13. C

【第1步　识别条件类型】

题干由假言命题和匹配关系组成，选项均为事实，故此题为假言推事实＋匹配模型。

【第2步　套用母题方法】

题干有以下信息：

①¬ 王乙→杨丙。

②¬ 王甲→赵丁。

③¬ 李戊→¬ 赵丁。

④¬ 王甲→李丙。

由②、③和④串联可得：¬ 王甲→赵丁→李戊→¬ 李丙→王甲。

故有："¬ 王甲→王甲"，因此"¬ 王甲"为假，即"王甲"为真。

由"王甲"可知，①的前件为真，则其后件也为真，可得：杨丙。

故C项正确。

14. E

【第1步 识别条件类型】

题干中出现"人"与"外号"的一对二的匹配关系，故此题为数量匹配模型。

【第2步 套用母题方法】

注意：题干均为两两互斥条件，即：若A与m一起做某件事，说明A不是m。

由于题干中只有三个人，对任意外号来说，排除两个人，就能确定第三个人拥有这个外号。

条件⑥中出现"小画家"与"孙某""钱某"两两互斥，故可直接断定孙某和钱某均不是小画家，即赵某是小画家。

此时，出现确定事实，从事实出发，找"赵某"或者"小画家"。

由②可知，赵某不是大作家、不是跳高冠军；由③可知，赵某不是短跑健将；由④可知，赵某不是数学博士。故赵某是歌唱家。

由⑤可知，钱某也不是大作家，故孙某是大作家。

由②可知，孙某也不是跳高冠军，故钱某是跳高冠军。

由①可知，钱某也不是数学博士，故孙某是数学博士。

因此，钱某还是短跑健将。

综上所述，三人的外号情况见下表：

外号 人名	数学博士	短跑健将	跳高冠军	小画家	大作家	歌唱家
赵某	×	×	×	√	×	√
钱某	×	√	√	×	×	×
孙某	√	×	×	×	√	×

故E项正确。

15. D

【第1步 识别论证类型】

反对者：海洋本就已经受到过度捕捞、工业污染和塑料垃圾等人类活动的威胁，在这种情况下，深海开采将加剧人类活动对海洋产生的不利影响。

锁定关键词"将"，可知此题为预测结果模型。

【第2步　套用母题方法】

A项，无关选项，此项说明不适宜对深海进行大规模开采，但由此无法说明深海开采是否会加剧人类活动对海洋产生的不利影响。

B项，无关选项，此项说明海洋开采活动可以提供更多的金属，但不涉及人类活动对海洋产生的不利影响。

C项，无关选项，说明深海开采应该进行全局考虑，但不涉及人类活动对海洋产生的不利影响。

D项，深海开采不仅会破坏中层海域的生态环境，还会威胁鲸鱼、甲壳类动物、蠕虫、软体动物等海洋动物的迁徙和生存，补充新的理由，说明结果预测正确。

E项，无关选项，题干不涉及"深海开采"和"汽车尾气"对全球生态环境造成影响的比较。（干扰项•比较不一致）

16. D

【第1步　识别条件类型】

此题要求在图形中填入相应的词语，易知本题为数独模型。

【第2步　套用母题方法】

为了表达方便，将图中的行用A、B、C、D、E表示，列用1、2、3、4、5表示，如下图：

	1	2	3	4	5
A		嵩山	恒山	①	②
B	泰山	衡山			
C			嵩山	衡山	
D	华山		衡山	泰山	
E				③	④

使用行列交点法，结合"每行和每列均不重复"可知，①不是"嵩山""恒山""衡山""泰山"，故①是"华山"。

根据"每行不重复"可知，B5、C5、D5均不是"衡山"；再结合"每个由粗线条围成的小区域内不重复"可知，A5不是"衡山"。故E5是"衡山"，即④是"衡山"。

综上，D项正确。

17. D

【第1步　识别论证类型】

题干：新型半导体材料能够稳定传输家电使用过程中所需的10安培电流。如果用在空调等电器上的话，可以节省近10%的耗电量$\xrightarrow{\text{预测}}$利用这种新型半导体材料生产的家用电器，将比传统家用电器更具有市场竞争力。

锁定关键词"将"，可知此题为预测结果模型。

【第2步 套用母题方法】

A项，无关选项，题干讨论的是将新型半导体材料用于"家用电器"，而非"电动汽车"。(干扰项·对象不一致)

B项，无关选项，此项讨论的是"目前市场上的"节能型家用电器，而非计划使用"新型半导体材料"的家用电器。(干扰项·对象不一致)

C项，不能支持，此项只能说明新型半导体材料有望用于家电中，但不能说明利用这种新型半导体材料生产的家用电器比传统家用电器更具有市场竞争力。

D项，家用电器的使用总成本=购买成本+日常使用成本。此项说明，这种新材料制作的家用电器的生产成本并不更高，从而有助于说明它的购买成本与传统家用电器相当。而题干指出，这种新材料制作的家用电器更省电，即日常使用成本低。因此，这种新材料制作的家用电器的使用总成本会更低，从而支持题干。

E项，无关选项，新型半导体材料的研发引起关注与新型家用电器是否更具有市场竞争力无关。

18. E

【第1步 识别条件类型】

题干中出现"导师"与"选手"的匹配，但导师人数比选手人数多，故此题为数量匹配模型。

【第2步 套用母题方法】

将题干信息整理见下表：

导师 / 参赛选手	甲	乙	丙、丁	戊	己、庚
王某	×	×			
陈某	×				×
张某	×				×

由题干信息(2)并结合上表可知，己和庚赞成王某晋级。

故E项正确。

19. B

【第1步 识别条件类型】

题干中出现"导师"与"选手"的匹配，但导师人数比选手人数多，故此题为数量匹配模型。

【第2步 套用母题方法】

注意：题干的提问方式为"哪一项不可能为真"，优先考虑使用选项排除法。

A项，由题干信息无法得知丙赞成或者反对哪位选手晋级，故此项可真可假。

B项，根据题干信息(2)、(3)、(4)可知，庚反对陈某和张某晋级，赞成王某晋级，而乙反对王某晋级，所以乙和庚不可能赞成同一选手晋级，故此项不可能为真。

C项，题干信息(3)指出乙反对王某晋级，但由题干信息无法得知乙对剩余的陈某和张某两位参赛选手的晋级是赞成还是反对，故此项可真可假。

D项，由题干信息无法得知丙赞成或者反对哪位选手晋级，故此项可真可假。

E项，己与庚持同样态度，由上题分析可知，己赞成王某晋级，反对陈某和张某晋级，即一票赞成，两票反对，故此项一定为真。

综上，B项正确。

20. C

【第1步　识别条件类型】

题干由数量关系、假言命题和匹配关系组成，故此题为数量假言匹配模型。

【第2步　套用母题方法】

数量关系优先算：由“8个项目分给6个人，每人择1～2个参加”可知，8=2+2+1+1+1+1，即，6人所选择的项目数分别为：2、2、1、1、1、1。

由条件(2)可得：甲游泳∨甲举重→甲长跑∧甲跳高；若其前件为真，则甲选择3个项目，这与题干数量关系矛盾，因此，¬甲游泳∧¬甲举重。

由“¬甲游泳”可知，条件(3)后件为假，则其前件也为假，可得：丙铅球∧丙乒乓球。

结合条件(4)可得：乙举重。

由“乙举重”可知，条件(2)前件为真，则其后件也为真，可得：甲长跑∧甲跳高。

由“甲长跑∧甲跳高”和“乙举重”可知，甲、乙参加的项目数之和至少为3。故，条件(1)前件为真，则其后件也为真，可得：戊游泳∧丁花滑。

再结合“每个项目均有1人参加”可知，己参加短跑，C项正确。

21. A

【第1步　识别条件类型】

题干中出现5人的成绩由高到低依次排序，故此题为排序模型。当然，也可以看作是“人”与“名次”的一一匹配，故此题为简单匹配模型。

【第2步　套用母题方法】

观察已知条件，可知“王伍”出现的次数最多，故优先考虑“王伍”。

由①可知，王伍不挨着张珊；由②可知，王伍不挨着赵柳；由③可知，王伍不挨着孙琪。

故王伍只挨着李思这一个人，可得：王伍是第一名或者第五名。

假设王伍排在第一名，那么李思排在第二名。

由①、③可知，李思的名次只能挨着王伍和赵柳，故赵柳排在第三名。

由②可知，赵柳的名次不挨着孙琪，故赵柳的名次挨着张珊，故张珊排在第四名，孙琪排在第五名。

由④、⑤可知，张珊不能排在第四名，故该假设与题干矛盾。

故王伍排在第五名，同理可知，李思排在第四名，赵柳排在第三名，张珊排在第二名，孙琪排在第一名。

故A项正确。

22. B

【第1步　识别题目类型】

题干的提问方式为“对以下哪个问题的回答，与评价该专家的观点不相干?”，故此题为判断关键问题题。

【第2步　套用母题方法】

注意：本题找的是"不相干"的选项。

A项，如果回答为"是"，说明确实需要帮助刑满释放人员就业，则支持专家的观点，否则，削弱专家的观点。

B项，无关选项，题干说的是刑满释放人员，此项说的是在监狱服刑人员和刑满释放人员的孩子的情况。

C项，如果回答为"是"，说明确实需要帮助刑满释放人员获得投票权，则支持专家的观点，否则，削弱专家的观点。

D项，如果回答为"否"，说明刑满释放人员确实需要在重返社会中获得帮助，则支持专家的观点，否则，削弱专家的观点。

E项，如果回答为"是"，说明确实需要一种措施来帮助刑满释放人员，则支持专家的观点，否则，削弱专家的观点。

23. D

【第1步　识别条件类型】

题干中出现人与项目的匹配关系，"每人报名了1～2个项目，每个项目均只有1人报名"为数量关系，条件(3)为半事实，条件(1)、(2)和(4)均为假言命题，故此题为半事实数量假言匹配模型。

【第2步　套用母题方法】

(1)数量关系优先算。

由"甲、乙、丙、丁4人分别在长跑、铅球、跳高、跳远、短跑、游泳这6个项目中报名了1～2个，每个项目均只有1人报名"可知，6=1+1+2+2，即：有2人报名了1个项目，有2人报名了2个项目。

(2)半事实分类讨论。

由条件(3)可知，有如下两种情况：①乙跳远∧¬乙短跑；②¬乙跳远∧乙短跑。

若①为真，则条件(1)的前件为真，则其后件也为真，可得：丁跳高∧丙铅球。

由"丙铅球"并结合"每人报名了1～2个项目"可知，条件(4)的后件为假，则其前件也为假，可得：乙长跑∧甲短跑。

由"甲短跑"可知，条件(2)的前件为真，则其后件也为真，可得：乙游泳。

此时，乙报名了跳远、长跑、游泳3个项目，与"每人报名了1～2个项目"矛盾。因此，①为假，②为真。

由"②为真"可知，乙短跑。故，条件(4)的前件为真，则其后件也为真，可得：丙跳高∧丙游泳。

由"丙跳高"可知，条件(1)的后件为假，则其前件也为假，可得：¬乙跳远∧¬甲长跑。

由"丙游泳"可知，条件(2)的后件为假，则其前件也为假，可得：¬甲短跑∧¬甲铅球。

综上，结合"每人报名了1～2个项目，每个项目均只有1人报名"可知，甲报名了跳远。

故D项正确。

24. B

【第 1 步　识别论证类型】

题干：血液胆固醇水平低使人患其他致命类型的中风(即脑溢血，由大脑的动脉血管破裂而引起)的危险性在增大 $\xrightarrow{\text{证明}}$ 西方饮食比非西方饮食能更好地防止脑溢血。

题干中论据的论证对象是“血液胆固醇水平”，论点的论证对象是“西方饮食和非西方饮食”，故此题为拆桥搭桥模型(前后型)。

【第 2 步　套用母题方法】

A 项，此项的核心概念是“有益于健康”，题干的核心概念是“防止脑溢血”，二者并不等价。(干扰项・概念不一致)

B 项，说明西方饮食中的血液胆固醇含量比非西方饮食更高，血液胆固醇水平更高，有利于防止脑溢血，搭桥法，支持题干。

C 项，此项说明血胆固醇水平并不会影响动脉血管强度，拆桥法，削弱题干。

D 项，题干论证不涉及“脑溢血”和“血液凝结引起的中风”两种疾病危险程度的比较。(干扰项・比较不一致)

E 项，此项说明“血压”会影响“脑溢血”的风险，但题干论证不涉及“血压”。(干扰项・话题不一致)

25. C

【第 1 步　识别条件类型】

题干由事实、假言命题和匹配关系组成，故此题为事实假言匹配模型。

【第 2 步　套用母题方法】

从事实出发，由“乙购买了苹果”并结合“每种水果都只有两人购买”可知，条件(2)的后件为假，则其前件也为假，可得：乙和丙均购买了葡萄。

由“每种水果都只有两人购买”可知，丁不购买葡萄；再结合“乙购买了苹果”和“每个人都购买了两种水果，每种水果都只有两人购买”可知，丁至少购买了橘子和香蕉中的一种。因此，条件(1)的前件为真，则其后件也为真，可得：乙购买了苹果而丙不购买橘子。

由“乙购买了葡萄和苹果”并结合“每个人都购买了两种水果”可得：乙不购买橘子。

由“乙、丙均不购买橘子”并结合“每种水果都只有两人购买”可得：甲、丁购买了橘子。

再结合“乙购买了葡萄和苹果”“丙购买了葡萄”和“每个人购买的水果种类均不完全相同”可知，丙不购买苹果。

综上可知，丙购买了香蕉。

故 C 项正确。

26. C

【第 1 步　识别论证类型】

题干的观点：费狒狒将军墓前的雕塑作品极有可能出自更晚些时候的艺术家之手。

本题要求找出一个选项替换文中的证据，替换后一样支持题干的结论。故本题实际上是要求找出一个新的论据支持题干的结论。

【第2步 套用母题方法】

A项，“遗孀”是指丈夫死后留下的妻子，因此，如果此项为真，则雕塑作品是费将军同时代艺术家制作的，削弱题干。

B项，无关选项，此项中的作品未必包括费将军墓前的雕塑作品。

C项，雕塑中靴子的材料是1875年以后才被用于制作靴子，说明该雕塑的制作时间远晚于费狒狒将军所处的年代，支持题干。

D项，无关选项，“其他艺术品”的制作年代与费将军墓前的“雕塑作品”的制作年代无关。(干扰项·对象不一致)

E项，说明费将军墓前的雕塑作品可能出自费将军同时代艺术家之手，削弱题干。

27. E

【第1步 识别条件类型】

题干由多个全称命题组成，且这些命题中存在重复元素可以实现串联，故此题为性质串联模型。

【第2步 套用母题方法】

题干：

(1)北美洲人→美洲人。

(2)美洲人→白人。

(3)亚洲人→┐美洲人，等价于：美洲人→┐亚洲人。

(4)印尼人→亚洲人，等价于：┐亚洲人→┐印尼人。

由(1)、(2)串联可得：北美洲人→美洲人→白人。

结合对当关系中的“所有→有的”，故有：(5)有的北美洲人→白人=有的白人→北美洲人。

再由(5)、(1)、(3)、(4)串联可得：(6)有的白人→北美洲人→美洲人→┐亚洲人→┐印尼人。

(6)逆否可得：(7)印尼人→亚洲人→┐美洲人→┐北美洲人。

A项，印尼人→┐美洲人，由(7)可知，此项为真。

B项，北美洲人→┐印尼人，由(6)可知，此项为真。

C项，有的白人→┐印尼人，由(6)可知，此项为真。

D项，有的白人→┐亚洲人，由(6)可知，此项为真。

E项，有些印尼人→┐白人，由(6)可知，此项无法断定真假。

28. B

【第1步 识别论证类型】

题干：ALS患者的血液和脑脊液中，烟酰胺水平有所下降 $\xrightarrow[\text{证明}]{}$ ALS的疾病发展与肠道微生物AM菌的数量密切相关。

题干中论据涉及的是“烟酰胺水平”，论点涉及的是“肠道微生物AM菌的数量”，故此题为拆桥搭桥模型(前后型)。

【第2步 套用母题方法】

A项，无关选项，题干并未讨论人类肠道中微生物的复杂程度。

B项，此项指出烟酰胺是AM菌的代谢物，说明两者之间存在关联，搭桥法，支持题干。

C项，此项的论证对象是“小鼠”，题干的论证对象是“人”，两者不一致。(干扰项·对象不一致)

D项，无关选项，题干并未讨论影响ALS的疾病发展速度的因素。

E项，题干未涉及“男性ASL患者”和“女性ASL患者”烟酰胺下降程度的比较。(干扰项·比较不一致)

29. E

【第1步　识别条件类型】

题干由数量关系、假言命题和匹配关系组成，故此题为数量假言匹配模型。

【第2步　套用母题方法】

(1)数量关系优先算。

由“他们每人报名了其中的2个项目”可知，5个项目共计有12人次报名。再结合“每个项目均有1～3人报名”可知，12＝3＋3＋2＋2＋2或12＝3＋3＋3＋2＋1，故无法准确计算数量关系。

(2)假言命题做串联。

题干中的假言命题可表示如下：

①甲王者∨甲使命→乙和平∧丁大话。

②甲英雄∨甲大话→丙王者∧己大话。

③¬丁王者∨¬丁英雄→甲和平∧丙和平。

④¬戊和平∨¬己和平→丁英雄∧丁使命。

串联找矛盾，串联①、③和④可得：甲王者∨甲使命→乙和平∧丁大话→¬丁王者∨¬丁英雄→甲和平∧丙和平→¬戊和平∨¬己和平→丁英雄∧丁使命。

可见，由“甲王者∨甲使命”出发推出了“丁大话∧丁英雄∧丁使命”，与“他们每人报名了其中的2个项目”矛盾。因此，“甲王者∨甲使命”为假，即：¬甲王者∧¬甲使命。

再结合“他们每人报名了其中的2个项目”可知，甲至少报名英雄联盟和大话西游中的1个。

故，②的前件为真，则其后件也为真，可得：丙王者∧己大话。

故E项正确。

30. A

【第1步　识别条件类型】

“丁报名《王者荣耀》且乙报名《和平精英》”为事实，其他已知条件同上题一致，故此题为事实数量假言匹配模型。

【第2步　套用母题方法】

引用上题推理结果：丙王者∧己大话、¬甲王者∧¬甲使命。

从事实出发，由“丁报名王者荣耀”并结合“他们每人报名了其中的2个项目”可知，④的后件为假，则其前件也为假，可得：戊和平∧己和平。

由“戊和平∧己和平∧乙和平”并结合“每个项目均有1～3人报名”可知，③的后件为假，则其前件也为假，可得：丁王者∧丁英雄。

由上述信息并结合“他们每人报名了其中的2个项目，每个项目均有1～3人报名”，可得下表：

项目 / 人	《英雄联盟》	《王者荣耀》	《和平精英》	《使命召唤》	《大话西游》
甲	√	×	×	×	√
乙			√		
丙		√	×		
丁	√	√	×	×	×
戊			√		
己	×	×	√	×	√

故A项正确。

199 管理类联考逻辑 ▸ 模拟卷 4

（共 30 题，每小题 2 分，共 60 分，限时 60 分钟）

说明：难度约等于真题中较难的年份，如 2023 年，2024 年。请限时 60 分钟进行模考。

1. 乡村振兴，既要塑形，也要铸魂。农村精神文明建设是滋润人心、德化人心、凝聚人心的工作。想要农民文化生活更加丰富多彩，就得健全农村公共文化体系。只有加强思想政治引领，才有可能让乡村文明不断焕发新气象。

   根据以上陈述，可以得出以下哪项？

   A. 如果没有加强思想政治引领，就没有可能让乡村文明不断焕发新气象。

   B. 要健全农村公共文化体系，就必须先让农民的文化生活丰富起来。

   C. 如果加强思想政治引领，就能丰富农民文化生活。

   D. 只有让乡村文明不断焕发新气象，才能加强思想政治引领。

   E. 除非不断焕发新气象，否则无法使得农民文化生活更加丰富多彩。

2. 最近的一项研究发现：随着人类的演化，编码人类嗅觉受体的基因不断突变，许多在过去能强烈感觉气味的嗅觉受体已经突变为对气味不敏感的受体，与此同时，人类嗅觉受体的总体数目也随时间推移逐渐变少。由此可见，人类的嗅觉经历着不断削弱、逐渐退化的过程。

   以下哪项如果为真，最能支持上述结论？

   A. 嗅觉受体被嗅质分子激活后，就会产生电信号，从而沿着嗅觉传导通路，传向嗅觉中枢，引起嗅觉。

   B. 相对于视觉而言，嗅觉在人类感觉系统中的重要性较低。

   C. 人类有大约 1 000 个嗅觉受体相关基因，其中只有 390 个可以编码嗅觉受体。

   D. 不同人群之间嗅觉存在很大差异，老年人的嗅觉敏感性明显低于年轻人。

   E. 多数哺乳动物在进化的过程中，嗅觉是在不断加强的。

3. 在一项实验中，让 80 名焦虑程度不同的女性完成同样的字母识别任务，同时在她们头上放置电极，观察大脑活动。结果表明，焦虑程度高的女性在完成任务时脑电活动更复杂，更容易出错。实验者由此得出结论：女性的焦虑程度影响完成任务的质量。

   以下哪项如果为真，最能反驳上述结论？

   A. 焦虑程度高的女性与其他女性相比在实验前对任务不熟悉。

   B. 女性焦虑时，大脑会受到各种思绪的干扰而无法专注。

   C. 女性焦虑容易引起强迫症、广泛性焦虑等心理问题。

   D. 有研究显示，焦虑和大脑反应错误率是正相关的。

   E. 现代社会，男性焦虑比女性焦虑更为普遍。

4. 光明中学高二(1)班的甲、乙、丙、丁、戊、己、庚、辛 8 位学生在运动会期间分别报名了篮球、足球、排球、长跑 4 个项目中的 1 个，每个项目都有人报名，每人只能报名 1 个项目。有 3 个项目的报名人数不同。此外，还已知：
(1)乙、戊、甲和丁 4 人报名了足球和长跑 2 个项目。
(2)丙和己报名了篮球项目。
(3)戊和辛报名了相同的项目。
根据以上信息，可以得出以下哪项？
A. 庚报名排球项目。
B. 乙报名足球项目。
C. 戊报名篮球项目。
D. 甲报名长跑项目。
E. 丁报名足球项目。

5. 爬行动物不是两栖动物，两栖动物都是卵生的。所以，凡是卵生的动物都不是爬行动物。
以下哪项在结构上和题干最为类似？
A. 商品都是有使用价值的，貂皮大衣是有使用价值的。所以，貂皮大衣是商品。
B. 考试不及格就会补考，补考的学生不能参加三好学生评选。所以，所有不能参加三好学生评选的都曾经考试不及格。
C. 所有说粤语的人都不是广东人。因为广东人不是香港人，而香港人都说粤语。
D. 过度溺爱孩子会导致孩子经常哭闹，经常哭闹的孩子都有肠胃问题。所以，孩子的肠胃问题可能是由家长溺爱孩子造成的。
E. 香港人不说普通话，台湾人都说普通话。所以，所有台湾人都不是香港人。

6. “俏色”指的是一种利用玉的天然色泽进行雕刻的工艺。这种工艺原来被认为最早始于明代中期，然而，在商代晚期的妇好墓中出土了一件俏色玉龟，工匠用玉的深色部分做了龟的背壳，用白玉部分做了龟的头尾和四肢。这件文物表明，俏色工艺最早始于商代晚期。
以下哪一项陈述是上述论证的结论所依赖的假设？
A. 俏色是比镂空这种透雕工艺更古老的雕刻工艺。
B. 妇好墓中的俏色玉龟不是更古老的朝代留传下来的。
C. 因势象形是俏色和根雕这两种工艺的共同特征。
D. 周武王打败商纣王时，从殷都带回了许多商代玉器。
E. 妇好墓中的青铜器色泽良好，保存完整。

7. 没有一个未来学命题能够通过观察或实验而被验证为真。所以，无法知道任何未来学命题的真实性。
为了合乎逻辑地推出上述结论，需要假设下面哪项为前提？
A. 如果一个命题能够通过观察或实验被证明为真，则其真实性是可以知道的。
B. 只凭观察或实验无法证明任何命题的真实性。
C. 要知道一个命题的真实性，需要通过观察或实验证明它为真。
D. 人们通过信仰来认定未来学命题的真实性。
E. 未来学既不能被证实也不能被证伪。

8.《礼记·大学》中有这样一段话："古之欲明明德于天下者，先治其国；欲治其国者，先齐其家；欲齐其家者，先修其身；欲修其身者，先正其心；欲正其心者，先诚其意；欲诚其意者，先致其知。"如果《礼记·大学》中的观点是正确的，则以下哪项必然为假？

A. 欲明明德于天下者，必先诚其意。

B. 如果一个人能够治其国，那么他一定能够正其心。

C. 致其知者，可以治其国。

D. 或者不能齐其家，或者诚其意。

E. 欲明明德于天下者，没有致其知。

9. 甲、乙、丙、丁、戊、己6位嘉宾分别来自南山、北清、天和、风云、致尚、西京等6家公司中的一个，互不重复。她们受邀在2023年9月25日前往深圳参与某公司的新品发布会，已知：

(1)如果甲不来自南山或者乙不来自西京，那么丙来自北清或者风云。

(2)若丁不来自北清或者戊不来自风云，则丁来自天和且戊来自西京。

(3)如果己不来自致尚，那么乙来自风云且戊不来自北清。

(4)若丙不来自天和，则戊和丁两人均不来自天和。

如果上述信息为真，以下哪项一定为真？

A. 甲来自西京。　B. 乙来自北清。　C. 戊来自致尚。

D. 丁来自天和。　E. 戊来自风云。

10～11题基于以下题干：

乐学喵集训营举办了一次篮球比赛，"乘风破浪队"的队长酱缸哥哥准备在甲、乙、丙、丁、戊、己、庚和辛8位学员中选择几人，作为他的队友。已知：

(1)如果丙和辛都不被选择或者选择甲，则不选择乙。

(2)如果丁和辛中至少选择1人，则一定不选择戊。

(3)如果不选择戊，则选择丙但不选择己。

(4)己和庚仅选择1人。

10. 若最终选择了4位学员，则以下哪项一定为真？

A. 一定选择庚。　B. 一定选择己。　C. 一定选择戊。

D. 一定选择丙。　E. 一定选择乙。

11. 若酱缸哥哥选择乙但没有选择庚，则以下哪项一定为真？

A. 一定选择丁和己。　B. 一定选择丙和戊。　C. 一定选择己和辛。

D. 一定选择庚和丙。　E. 一定选择戊和甲。

12. 一些环保主义者是热爱旅游的人，所有的环保企业代表都支持减少风景区开发，所有热爱旅游的人都反对减少风景区开发。

由此可以得出以下哪项？

A. 所有环保主义者都反对减少风景区开发。

B. 所有的环保企业代表都不热爱旅游。

C. 一些热爱旅游的人支持加大风景区开发。

D. 一些环保主义者支持减少风景区开发。

E. 一些环保企业代表热爱旅游。

13. 研究发现，试管婴儿的出生缺陷率约为9%，自然受孕婴儿的出生缺陷率约为6.6%。这两种婴儿的眼部缺陷比例分别为0.3%和0.2%；心脏异常比例分别为5%和3%；生殖系统缺陷的比例分别为1.5%和1%。因而可以说明，试管婴儿技术导致试管婴儿比自然受孕婴儿的出生缺陷率高。

以下哪项如果为真，则最能质疑该结论？

A. 试管婴儿要经过体外受精和胚胎移植过程，人为操作会加大受精卵受损的风险。
B. 选择试管婴儿技术的父母大都是生殖系统功能异常，这些异常会令此技术失败率增加。
C. 试管婴儿在体外受精阶段可以产生很多受精卵，只有最优质的才被拣选到母体进行孕育。
D. 试管婴儿的父母比自然受孕婴儿的父母年龄大很多，父母年龄越大，新生儿出生缺陷率越高。
E. 现在的试管婴儿技术已逐步成熟，婴儿出生缺陷率大大降低。

14～15 题基于以下题干：

为切实掌握各地直营店的销售情况，天和集团销售总监派遣甲、乙、丙、丁、戊、己6位督察员前往北京、上海、杭州、苏州、南京、成都、重庆7个城市进行调研，每人前往1～2个城市，互不重复，且每个城市均有1人前往。已知：

(1)若甲或乙前往北京，则己前往苏州并且丙前往南京。
(2)若丁不前往杭州或者己不前往重庆，则戊前往杭州而甲不前往苏州。
(3)若丙不前往南京或者乙前往成都，则己不前往上海而丁前往重庆。
(4)若戊不前往北京或者不前往上海，则甲前往北京而乙不前往苏州。

14. 根据以上信息，可以得出以下哪项？

A. 甲前往北京。
B. 丁前往杭州。
C. 丙前往南京。
D. 乙前往苏州。
E. 丙前往上海。

15. 若已未前往苏州，则可以得出以下哪项？

A. 乙前往苏州。
B. 丁前往北京。
C. 戊前往重庆。
D. 己前往上海。
E. 甲前往南京。

16. 开车斗气、胡乱变线、强行超车等“路怒症”是一种被称为间歇性、暴发性障碍(IED)的心理疾病。有研究发现，IED患者弓形虫检测呈阳性的数量是非IED患者的2倍。研究者认为，弓形虫感染有可能是导致包括“路怒症”在内的IED心理疾病的罪魁祸首。

以下哪项如果为真，无法支持研究者的观点？

A. 感染了弓形虫的老鼠往往更大胆、更敢于冒险，也因此更容易被猫抓到。
B. 弓形虫使大脑中控制威胁反应的神经元受到过度刺激，易引发攻击行为。
C. 对弓形虫检测呈阳性的IED患者施以抗虫感染治疗之后，冲动行为减少。
D. 弓形虫是猫身上的一种原生动物寄生虫，但猫是比较温顺的动物。
E. 感染弓形虫后会使大脑中产生囊肿，而这种囊肿与人的冲动行为有关。

17. “倾销”被定义为以低于商品生产成本的价格在另一个国家销售这种商品的行为。H国的河虾生产者正在以低于M国河虾生产成本的价格，在M国销售河虾。因此，H国的河虾生产者正在M国倾销河虾。

以下哪一项对评估上文提到的倾销行为是必要的？

A. H国的河虾生产者是否通过在M国的倾销行为获利。

B. 如果H国一直以低于M国的河虾生产成本的价格在M国销售河虾，M国的河虾产业就会破产。

C. 专家们在倾销行为对两国的经济都有害或都有利，还是只对其中的一方有害或有利的问题上达成了共识。

D. 由于计算商品生产成本的方法不同，很难得出同一种商品在不同国家的生产成本的精确比较数值。

E. 倾销定义中的“生产成本”指的是商品原产地的生产成本，还是销售地同类商品的生产成本。

18. 杭州亚运会即将开幕，甲、乙、丙、丁、戊、己、庚、辛、壬和癸10位志愿者根据赛事方安排，将分成第一、第二、第三和第四小组，前往高铁站进行志愿服务。已知：

(1)若甲、乙和戊至多1人在第一小组，则丁在第二组而庚不在第三小组。

(2)若丙和戊不在同一小组，则辛和壬均在第四小组。

(3)丁和戊均在第四小组。

(4)若乙和己至少1人在第一小组，则癸在第三小组且丙在第二小组。

(5)若庚不在第三小组或者第二小组和第三小组人数不同，则第四小组至多有3人。

根据上述信息，可以得出以下哪项？

A. 庚在第四小组。

B. 乙在第三小组。

C. 甲在第三小组。

D. 己在第二小组。

E. 癸在第一小组。

19. 某中学聘请了甲、乙、丙、丁、戊和己六位老师，他们教的科目为数学、英语、物理、化学、生物中的一个，每位新老师只教一个科目，每个科目至少有一位新老师。已知：

(1)若甲或乙至多有一人是数学老师，则甲是物理老师或者丙是英语老师。

(2)若乙是数学老师或者己不是化学老师，则丁是生物老师而甲不是英语老师。

(3)若丙是英语老师或者戊不是数学老师，则戊和己均不是化学老师。

若丁是物理老师，可以得出以下哪项？

A. 己是数学老师。

B. 丙是生物老师。

C. 乙是物理老师。

D. 甲是化学老师。

E. 己是英语老师。

20. 永久型赛马场的休闲用骑乘设施每年都要拆卸一次，供独立顾问们进行安全检查。流动型赛马场每个月迁移一次，所以可以在长达几年的时间里逃过安全检查网及独立检查。因此，在流动型赛马场骑马比在永久型赛马场骑马更加危险。

下列关于流动型赛马场的陈述如果是正确的，则哪一项最能削弱上面的论述？

A. 在每次迁移前，管理员们都拆卸其骑乘设施，检查并修复潜在的危险源，如磨损的滚珠轴承。

B. 它们的经理们拥有的用于安全方面及维护骑乘设施的资金要少于永久型赛马场的经理们。

C. 由于它们可用迁徙以寻找新的顾客，建立安全方面的良好信誉对于它们而言不是特别重要。

D. 在它们迁移时，赛马场无法接收到来自它们的骑乘设施生产商的设备回收通知。

E. 骑乘设施的管理员们经常忽视骑乘设施管理的操作指南。

21. 在下图 5×5 矩阵中，每个小方格可填入一个汉字，要求每行、每列及每个由粗线条围成的小区域内均含有梅、兰、竹、菊、松 5 个汉字，不能重复也不能遗漏。

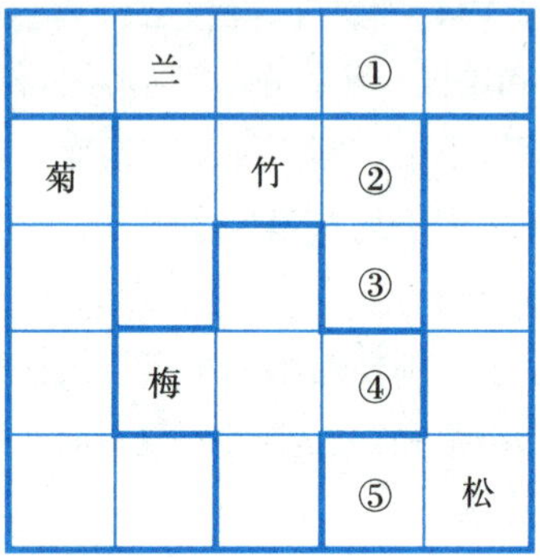

根据已经给定的条件，可以推出矩阵中①、②、③、④、⑤5 个方格中依次填入的汉字是？

A. 松、兰、梅、竹、菊。

B. 菊、梅、松、竹、兰。

C. 松、兰、菊、竹、梅。

D. 梅、菊、竹、兰、松。

E. 梅、兰、菊、竹、松。

22. 碎片化时代人们的注意力很难持久。让用户在邮件页面停留更长时间已经成为营销者不断努力的方向。随着富媒体化的逐步流行，邮件逐步从单一静态向动态转变，个性化邮件的特性也逐步凸显。GIF(动态图片、动画)制作简单、兼容性强，在邮件中可以增加视觉冲击力。因此，在邮件中插入 GIF，更能吸引用户的目光、增加用户的点击率。

以下哪项如果为真，则最能支持上述结论？

A. 如果针对特定用户群而制作个性化营销邮件，那么销售机会会增加 20%。

B. 过去没有插入 GIF 的个性化营销邮件，也为很多企业带来了成功。

C. 20 世纪 70 年代出生的人习惯于电子邮件的静态界面，不喜欢花里胡哨的东西。

D. 插入 GIF 的个性化营销邮件，比普通发送的邮件给企业带来的收入多 18 倍。

E. 在邮件中插入 GIF 在技术上较难实现。

23～24题基于以下题干：

某次会议上，赵嘉、钱宜、孙斌、李玎、周武、吴纪、郑赓七人需要轮流上台发言。关于他们上台发言的顺序，已知：

(1)除非孙斌最后一个上台，否则李玎第四个上台。

(2)如果赵嘉在钱宜之后上台，那么孙斌第二个上台。

(3)吴纪和郑赓的上台顺序相邻。

(4)如果孙斌不是第六个上台，那么钱宜在赵嘉之前上台。

23. 如果周武和吴纪都在孙斌之后上台，那么以下哪项一定为真？

A. 周武第三个上台。

B. 周武第四个上台。

C. 周武第五个上台。

D. 钱宜第一个上台。

E. 赵嘉第二个上台。

24. 若钱宜最后一个上台，则以下哪项不可能为真？

A. 赵嘉第五个上台。

B. 吴纪第一个上台。

C. 周武第五个上台。

D. 郑赓第一个上台。

E. 赵嘉第二个上台。

25. 亚运会期间，甲、乙、丙、丁、戊、己、庚、辛和壬 9 位志愿者将被安排到篮球馆、羽毛球馆、排球馆、游泳馆这 4 个比赛场馆进行志愿者服务，每人只能被安排到 1 个场馆，每个场馆均安排了志愿者前往。已知：

(1)若丙和庚至少 1 人被安排到排球馆，则乙、壬和丁均被安排到羽毛球馆。

(2)若甲和己中至多有 1 人被安排到羽毛球馆，那么辛和丙均被安排到排球馆。

(3)若戊、己、庚中至多 2 人被安排到游泳馆，则丁被安排到排球馆而甲被安排到篮球馆。

根据以上陈述，则可以推出以下哪项？

A. 甲被安排到篮球馆。　　B. 壬被安排到游泳馆。　　C. 己被安排到排球馆。

D. 丙被安排到羽毛球馆。　　E. 庚被安排到羽毛球馆。

26. 有研究者认为，有些人罹患哮喘病是由于情绪问题。焦虑、抑郁和愤怒等消极情绪，可促使机体释放组织胺等物质，从而引发哮喘病。但是，反对者认为，迷走神经兴奋性的提高和交感神经反应性的降低才是引发哮喘病的原因，与患者的情绪问题无关。

以下哪项如果为真，则最能削弱反对者的观点？

A. 现代医学已经证实，消极情绪也可诱发身体疾病。

B. 哮喘病发作会造成患者情绪焦虑、抑郁和愤怒等。

C. 焦虑、抑郁和愤怒等消极情绪是现代人的普遍问题。

D. 消极情绪会提高患者迷走神经的兴奋性并降低交感神经的反应性。

E. 现代人往往忽视自己的情绪，心理免疫力下降。

27. 研究生小李拟在 4 个学期里选修甲、乙、丙、丁、戊、己、庚、辛、壬 9 门课程，每个学期选修其中的 1～3 门课程，每门课程均在其中的 1 个学期修完。同时还满足：

①后 3 个学期选修的课程数量均相同。

②甲和丙必须在同一学期选修。

③乙和丁不在相邻的学期选修且乙比丁早选修，当且仅当戊或壬在第一学期选修。

④如果戊和庚至少有一门不在第一学期选修，那么甲、丁和庚在同一学期选修。

⑤若戊比丙早选修，则辛和壬在同一学期选修。

若丁不在第四学期选修，则可以得出以下哪项？

A. 己在第三学期选修。 B. 乙在第二学期选修。 C. 丁在第二学期选修。

D. 辛在第三学期选修。 E. 甲在第四学期选修。

28. 中国睡眠研究会发布的《2022 中国健康睡眠调查报告》从不同角度呈现国人的睡眠情况，此报告一出，研究小组立即对“影响睡眠质量的原因”进行了问卷调查。调查显示，相较于那些开着门窗睡眠的人，就寝时关闭门窗的人更容易频繁醒来，而且睡眠质量也更低。因此，该研究小组认为，就寝时关闭门窗会导致睡眠质量变低。

以下哪项如果为真，最能削弱上述结论？

A. 研究小组调查的对象覆盖了全年龄段的人群。

B. 睡眠质量差的人更喜欢关闭门窗睡觉。

C. 相较于那些开着门窗睡眠的人，就寝时关闭门窗的人并没有特别严重的心理压力。

D. 睡眠质量下降会导致人体的免疫力下降，容易感冒、胃肠感染、过敏。

E. 就寝时关闭门窗只是影响睡眠质量的因素之一。

29～30 题基于以下题干：

某高校为求学生能够多元化发展，面向全校学生开设了行政学、管理学、逻辑学、工程学、统计学和心理学这 6 门课程。某宿舍的甲、乙、丙、丁、戊 5 人均只选择了其中的 3 门课，且每门课程有 2～3 人选择。已知：

(1)若甲不选择工程学或戊不选择管理学，则乙选择统计学和心理学。

(2)若丙选择管理学或者甲不选择统计学，则戊和丙均选择逻辑学和行政学。

(3)如果甲和丁至多 1 人选择逻辑学，则乙选择行政学和工程学。

(4)若乙至多选择逻辑学和工程学中的 1 门，则丁选择逻辑学且丙选择管理学。

29. 根据上述信息，可以得出以下哪项？

A. 甲选择行政学。 B. 乙选择逻辑学。 C. 丙选择工程学。

D. 丁选择统计学。 E. 戊选择管理学。

30. 若乙和丙均选择了管理学，则以下哪项一定为真？

A. 甲选择管理学和心理学。 B. 丁选择统计学和心理学。 C. 戊选择统计学和逻辑学。

D. 乙选择管理学和统计学。 E. 丙选择统计学和逻辑学。

199管理类联考逻辑 ▸ 模拟卷4

答案详解

答案速查

1～5 AAAAC	6～10 BCEED	11～15 BBDCA
16～20 DEDBA	21～25 ADDEA	26～30 DABEB

1. A

【第1步 识别条件类型】

题干中出现多个假言命题，选项也均为假言命题，故此题为假言推假言模型。

【第2步 套用母题方法】

题干中的假言命题没有重复元素，故无法串联，使用三步解题法即可。

(1)画箭头。

题干：

①丰富多彩→健全体系。

②不断焕发新气象→加强思想政治引领。

(2)逆否。

题干的逆否命题为：

③¬健全体系→¬丰富多彩。

④¬加强思想政治引领→¬不断焕发新气象。

(3)找答案。

A项，¬加强思想政治引领→¬不断焕发新气象，等价于④，可以推出。

B项，健全体系→丰富多彩，根据箭头指向原则，由①可知，“健全体系”后无箭头指向，故此项可真可假。

C项，加强思想政治引领→丰富多彩，根据箭头指向原则，由②可知，“加强思想政治引领”后无箭头指向，故此项可真可假。

D项，加强思想政治引领→不断焕发新气象，根据箭头指向原则，由②可知，“加强思想政治引领”后无箭头指向，故此项可真可假。

E项，¬不断焕发新气象→¬丰富多彩，根据箭头指向原则，由④可知，“¬不断焕发新气象”后无箭头指向，故此项可真可假。

2. A

【第1步 识别论证类型】

研究发现：随着人类的演化，编码人类嗅觉受体的基因不断突变，许多在过去能强烈感觉气味的嗅觉受体已经突变为对气味不敏感的受体，与此同时，人类嗅觉受体的总体数目也随时间推

移逐渐变少 $\xrightarrow{证明}$ 人类的嗅觉经历着不断削弱、逐渐退化的过程。

题干中论据的论证对象是“嗅觉受体”，论点的论证对象是“嗅觉”，二者明显不一致，故此题为拆桥搭桥模型(前后型)。

【第2步　套用母题方法】

A项，此项建立起了“嗅觉受体”和“嗅觉”之间的联系，搭桥法，支持题干。

B项，无关选项，题干不涉及“视觉”和“嗅觉”在人类感觉系统中重要性的比较。(干扰项·比较不一致)

C项，无关选项，题干不涉及嗅觉受体相关的基因的数量以及编码嗅觉受体的基因的数量。

D项，无关选项，题干不涉及“老年人”和“年轻人”嗅觉敏感性的比较。(干扰项·比较不一致)

E项，无关选项，题干的论证对象是“人类”，而此项的论证对象是“多数哺乳动物”。(干扰项·对象不一致)

3. A

【第1步　识别论证类型】

题干：

焦虑程度高的女性：更容易出错；
其他焦虑程度的女性：更不易出错；

———————————————

故：女性的焦虑程度影响完成任务的质量。

题干由两组对象的对比实验，得出一个因果关系，故此题为现象原因模型(求异法型)。

【第2步　套用母题方法】

A项，说明“对任务熟悉程度的差异”影响了完成任务的质量，另有差因，削弱题干。

B项，说明焦虑会影响思绪，进而导致其完成任务时更容易出错，因果相关，支持题干。

C项，无关选项，焦虑“引发的心理问题”与其是否“影响完成任务的质量”无关。

D项，直接说焦虑与错误率成正相关，因果相关，支持题干。

E项，无关选项，题干不涉及男性与女性的比较。(干扰项·比较不一致)

4. A

【第1步　识别条件类型】

题干中出现“人”与“项目”的匹配关系，且人数多于项目数，故此题为数量匹配模型。

【第2步　套用母题方法】

(1)数量关系优先算。

由“8个人报名了4个项目”并结合“有3个项目的报名人数不同”可知，8=1+2+2+3或8=1+1+2+4，即：4个项目的人数分配情况为：1人、2人、2人、3人，或者1人、1人、2人、4人。

(2)数量矛盾出事实。

由条件(1)和(3)可知，乙、戊、甲、丁、辛5人共报名了足球和长跑2个项目。结合“4个项目的人数分配情况为：1人、2人、2人、3人，或者1人、1人、2人、4人”可知，足球和长跑2个项目的人数分配情况为(2人、3人)或者(1人、4人)，具体不定。

故丙、己和庚3人报名了排球和篮球2个项目，且这2个项目的人数分配情况为：1人、2人。再结合条件(2)可知，庚报名排球项目。故A项正确。

5. C

【第1步 识别条件类型】

题干中出现性质命题，提问方式为“以下哪项在结构上和题干最为类似?”，故此题为推理结构相似题。

【第2步 套用母题方法】

题干：爬行动物(A)→不是两栖动物(¬B)，两栖动物(B)→卵生的(C)。所以，凡是卵生的(C)动物→不是爬行动物(¬A)。

将题干符号化：A→¬B，B→C。所以，C→¬A。

A项，A→B，C→B。所以，C→A，与题干的推理结构不同。

B项，¬A→B，B→¬C。所以，¬C→¬A，与题干的推理结构不同。

C项，注意此项论点在前，论据在后，可调整语序为：因为广东人不是香港人，而香港人都说粤语。所以，所有说粤语的人都不是广东人。符号化为：A→¬B，B→C。所以，C→¬A，与题干的推理结构相同。

D项，A→B，B→C。所以，C的原因可能是A，与题干的推理结构不同。

E项，A→¬B，C→B。所以，C→¬A，与题干的推理结构不同。

6. B

【第1步 识别条件类型】

题干：在商代晚期的妇好墓中出土了一件俏色玉龟 —证明→ 俏色工艺最早始于商代晚期。

题干论据中的“商代晚期”指的是“妇好墓”的年代，而结论是“俏色工艺”的年代，二者不一致，故此题为拆桥搭桥模型(前后型)。

【第2步 套用母题方法】

A项，题干不涉及“俏色工艺”和“镂空工艺”的比较。(干扰项·比较不一致)

B项，必须假设，否则，如果妇好墓中的俏色玉龟是更古老的朝代留传下来的，则俏色工艺就早于商代晚期，题干的论证就不成立了(取非法)。

C项，无关选项，题干不涉及“俏色”和“根雕”这两种工艺的共同特征。

D项，无关选项，题干不涉及“周武王”所做的事情。

E项，无关选项，题干的论证并未涉及青铜器。

7. C

【第1步 识别论证类型】

锁定关键词“所以”，可知“所以”前面的内容为论据，“所以”后面的内容为论点。

题干等价于：任何未来学命题都不能够通过观察或实验而被验证为真 —证明→ 任何未来学命题的真实性无法知道。

题干中论据的核心概念是“不能被验证为真”，论点的核心概念是“真实性无法知道”，二者不一致，故此题为拆桥搭桥模型(前后型)。

【第2步 套用母题方法】

需要搭"不能验证为真"和"真实性无法知道"的桥。即：

不能被验证为真 ⟶ 真实性无法知道

搭桥法：不能被验证为真→真实性无法知道，等价于：知道其真实性→能够被验证为真，故C项正确。

8. E

【第1步 识别条件类型】

题干由多个假言命题构成，提问方式为"以下哪项必然为假"，故此题考查的是假言命题的矛盾命题模型。

【第2步 套用母题方法】

(1)画箭头。

①欲明明德于天下→治其国。

②治其国→齐其家。

③齐其家→修其身。

④修其身→正其心。

⑤正其心→诚其意。

⑥诚其意→致其知。

(2)串联。

由①、②、③、④、⑤、⑥串联可得：⑦欲明明德于天下→治其国→齐其家→修其身→正其心→诚其意→致其知。

故有：⑧欲明明德于天下→致其知。

(3)找矛盾。

A项，欲明明德于天下→诚其意，由⑦可知，此项为真。

B项，治其国→正其心，由⑦可知，此项为真。

C项，致其知→治其国，根据箭头指向原则，由⑦可知，"致其知"后没有箭头指向，故此项可真可假。

D项，¬齐其家∨诚其意，等价于：齐其家→诚其意，由⑦可知，此项为真。

E项，"欲明明德于天下∧¬致其知"，与⑧矛盾，故此项一定为假。

9. E

【第1步 识别条件类型】

题干由假言命题和匹配关系组成，选项均为事实，故此题为假言推事实+匹配模型。

【第2步 套用母题方法】

(1)将题干符号化。

①¬甲南山∨¬乙西京→丙北清∨丙风云。

②¬丁北清∨¬戊风云→丁天和∧戊西京。

③¬己致尚→乙风云∧¬戊北清。

④¬丙天和→¬戊天和∧¬丁天和。

(2)串联找矛盾。

由①、④和②串联可得：¬ 甲南山∨¬ 乙西京→丙北清∨丙风云→¬ 丙天和→¬ 戊天和∧¬ 丁天和→丁北清∧戊风云。

可见，由"¬ 甲南山∨¬ 乙西京"出发推出了"(丙北清∨丙风云)∧丁北清∧戊风云"；故"¬ 甲南山∨¬ 乙西京"为假，即"甲南山∧乙西京"为真。

(3)推出答案。

由"乙西京"可知，③的后件为假，则其前件也为假，可得：己致尚。

由"甲南山∧乙西京∧己致尚"可知，若④的前件为真，则其后件也为真，此时，所有人均不来自天和，与题干矛盾。因此，④的前件为假，即：丙天和。

由"丙天和"可知②的后件为假，则其前件也为假，丁北清∧戊风云。

故E项正确。

10. D

【第1步　识别条件类型】

题干由数量关系和假言命题组成，故此题为数量假言模型。

【第2步　套用母题方法】

(1)数量关系优先算。

由条件(1)可得：甲→¬ 乙，等价于：¬ 甲∨¬ 乙，即：甲、乙中至少有1人不被选择。

结合条件(4)可得：甲、乙、己、庚4人中至少有2人不被选择。再结合"8选4"可得：丙、丁、戊、辛4人中至少选择2人。

(2)数量关系找矛盾。

由条件(2)和(3)串联可得：丁∨辛→¬ 戊→丙∧¬ 己，逆否可得：¬ 丙∨己→戊→¬ 丁∧¬ 辛。

可见，若"¬ 丙"为真，则丙、丁和辛3人均不被选择，与"丙、丁、戊、辛4人中至少选择2人"矛盾。因此，一定选择丙。

故D项正确。

11. B

【第1步　识别条件类型】

题干由事实和假言命题组成，故此题为事实假言模型。

【第2步　套用母题方法】

从事实出发，由"乙"可知，条件(1)的后件为假，则其前件也为假，可得：¬ 甲∧(丙∨辛)。

由"¬ 庚"并结合条件(4)可得：己。

由"己"可知，条件(3)的后件为假，则其前件也为假，可得：戊。

由"戊"可知，条件(2)的后件为假，则其前件也为假，可得：¬ 丁∧¬ 辛。

由"¬ 辛"并结合"丙∨辛"可得：丙。

故B项正确。

12. B

【第1步 识别条件类型】

题干由特称命题(有的)和全称命题组成，且这些命题中存在重复元素可以实现串联，故此题为性质串联模型中的有的串联模型。

【第2步 套用母题方法】

(1)画箭头。

①有的环保主义者→热爱旅游。

②环保企业代表→支持减少风景区开发。

③热爱旅游→反对减少风景区开发。

(2)从“有的”开始做串联。

由①、③、②串联可得：④有的环保主义者→热爱旅游→反对减少风景区开发→┐支持减少风景区开发→┐环保企业代表。

(3)逆否(注意带“有的”的项不逆否)。

④逆否可得：⑤环保企业代表→支持减少风景区开发→┐反对减少风景区开发→┐热爱旅游。

(4)找答案。

A项，由④可知，有的环保主义者反对减少风景区开发，“有的”无法推“所有”，故此项可真可假。

B项，由⑤可知，此项为真。

C项，由④可知，有的热爱旅游→┐支持减少风景区开发，与此项为下反对关系，一真另不定，故此项可真可假。

D项，由④可知，有的环保主义者→┐支持减少风景区开发，与此项为下反对关系，一真另不定，故此项可真可假。

E项，由⑤可知，环保企业代表都不热爱旅游，与此项矛盾，故此项为假。

13. D

【第1步 识别论证类型】

题干：

试管婴儿：出生缺陷率高；
自然受孕婴儿：出生缺陷率低；

故：试管婴儿技术导致试管婴儿比自然受孕婴儿的出生缺陷率高。

题干由两组对象的对比实验，得出一个因果关系，故此题为现象原因模型(求异法型)。

【第2步 套用母题方法】

A项，说明试管婴儿技术会加大受精卵受损的风险，支持题干结论。

B项，无关选项，题干说的是“试管婴儿的出生缺陷率”，此项说的是“试管婴儿技术的失败率”，两者不一致。(干扰项·话题不一致)

C项，此项中的“最优质”指的是试管婴儿技术产生的受精卵中选取的最优质的，但与自然受孕相比，它是否更加优质则无法判断，故不能质疑题干。

D项，说明是父母的年龄差异导致试管婴儿比自然受孕婴儿的出生缺陷率高，另有差因，削弱题干。

E项，无关选项，此项比较了试管婴儿技术的发展前后对婴儿出生缺陷率的影响，但与题干的论证无关。(干扰项 • 比较不一致)

14. C

【第1步 识别条件类型】

题干由数量关系、假言命题和匹配关系组成，故此题为数量假言匹配模型。

【第2步 套用母题方法】

(1)数量关系优先算。

由“6个人前往7个城市”“每人前往1～2个城市，互不重复”和“每个城市均有1人前往”可知，7=1+1+1+1+1+2，即：有5人前往1个城市、有1人前往2个城市。

(2)假言命题做串联。

题干有如下信息：

①甲北京∨乙北京→己苏州∧丙南京。

②¬丁杭州∨¬己重庆→戊杭州∧¬甲苏州。

③¬丙南京∨乙成都→¬己上海∧丁重庆。

④¬戊北京∨¬戊上海→甲北京∧¬乙苏州。

串联找矛盾，由③、②、④和①串联可得：¬丙南京∨乙成都→¬己上海∧丁重庆→¬丁杭州∨¬己重庆→戊杭州∧¬甲苏州→¬戊北京∨¬戊上海→甲北京∧¬乙苏州→甲北京∨乙北京→己苏州∧丙南京。

可见，由“¬丙南京”出发推出了“丙南京”。故“¬丙南京”为假，即“丙南京”为真。

故C项正确。

15. A

【第1步 识别条件类型】

“己未前往苏州”为事实，其他已知条件均与上题一致，故此题为事实假言匹配模型。

【第2步 套用母题方法】

从事实出发，由“己未前往苏州”可知，①的后件为假，则其前件也为假，可得：¬甲北京∧¬乙北京。

由“¬甲北京”可知，④的后件为假，则其前件也为假，可得：戊北京∧戊上海。

由“戊北京∧戊上海”，结合“每人前往1～2个城市”可知，②的后件为假，可得：丁杭州∧己重庆。

由“己重庆”可知，③的后件为假，则其前件也为假，可得：丙南京∧¬乙成都。

综上，再结合“有5人前往1个城市、有1人前往2个城市”可知，甲成都∧乙苏州。故A项正确。

16. D

【第1步 识别论证类型】

锁定关键词“导致”，可知此题为现象原因模型。

原因：弓形虫感染。

结果：导致包括“路怒症”在内的IED心理疾病。

【第2步　套用母题方法】

A项，说明弓形虫感染让老鼠变得大胆，构建类比实验，支持题干中研究者的观点，但力度较小。

B项，说明弓形虫易引发攻击行为，因果相关，支持题干中研究者的观点。

C项，说明在实施了抗虫感染治疗之后，冲动行为减少，无因无果，支持题干中研究者的观点。

D项，猫身上有弓形虫(有因)，但比较温顺(无果)，削弱题干中研究者的观点。

E项，无说明弓形虫感染确实会导致冲动行为，因果相关，支持题干中研究者的观点。

17. E

【第1步　识别题目类型】

题干：H国的河虾生产者正在以低于M国河虾生产成本的价格，在M国销售河虾$\xrightarrow{\text{证明}}$H国的河虾生产者正在M国倾销河虾。

题干的提问方式为"以下哪一项对评估上文提到的倾销行为是必要的?"，故此题为判断关键问题题。

【第2步　套用母题方法】

E项是必要的，因为，如果倾销定义中的"商品生产成本"指的是"销售地同类商品的生产成本"，则上述H国的河虾生产者的行为确实是倾销。但如果倾销定义中的"商品生产成本"指的是"商品原产地的生产成本"，则上述H国的河虾生产者所售的河虾的价格未必低于商品生产成本的价格，故他的行为未必是倾销。

其余各项均为无关选项。

18. D

【第1步　识别条件类型】

题干由事实、假言命题和匹配关系组成，故此题为事实假言匹配模型。

【第2步　套用母题方法】

从事实出发，由"丁和戊均在第四小组"可知，条件(1)后件为假，则其前件也为假，可得：甲、乙和戊至少2人在第一组。再结合"戊在第四小组"可知，甲和乙均在第一小组。

由"甲和乙均在第一小组"可知，条件(4)的前件为真，则其后件也为真，可得：癸在第三小组∧丙在第二小组。

由"丙在第二小组"和"戊在第四小组"可知，条件(2)的前件为真，则其后件也为真，可得：辛和壬均在第四小组。

由"丁、戊、辛和壬均在第四小组"可知，条件(5)后件为假，则其前件也为假，可得：庚在第三小组∧第二小组和第三小组人数相同。

综上，己在第二小组。

故D项正确。

19. B

【第1步　识别条件类型】

题干由事实、数量关系、假言命题和匹配关系组成，故此题为事实数量假言匹配模型。

【第2步 套用母题方法】

(1)数量关系优先算。

由“每位新老师只教一个科目，每个科目至少有一位新老师”可知，6=1+1+1+1+2，即：有4个科目各有1位新老师、有1个科目有2位新老师。

(2)事实出发做串联。

由“丁是物理老师”可知，条件(2)的后件为假，则其前件也为假，可得：¬乙数学∧己化学。

由“¬乙数学”可知，条件(1)的前件为真，则其后件也为真，可得：甲物理∨丙英语。

由“己化学”可知，条件(3)的后件为假，则其前件也为假，可得：¬丙英语∧戊数学。

由“甲物理∨丙英语”并结合“¬丙英语”可得：甲物理。

综上，结合“有4个科目各有1位新老师、有1个科目有2位新老师”可得下表：

科目	数学	英语	物理	化学	生物
老师	戊	乙	甲、丁	己	丙

故B项正确。

20. A

【第1步 识别论证类型】

题干：永久型赛马场的休闲用骑乘设施每年都要拆卸一次，供独立顾问们进行安全检查。流动型赛马场每个月迁移一次，所以可以在长达几年的时间里逃过安全检查网及独立检查。因此，在流动型赛马场骑马比在永久型赛马场骑马更加危险。

题干中的论据涉及“可以逃过”，论点涉及“更加危险”，二者明显不一致，故此题为拆桥搭桥模型(前后型)。

【第2步 套用母题方法】

A项，此项说明流动型赛马场的安全检查比永久型赛马场更频繁，即：“可以逃过”不等价于“更加危险”，拆桥法，削弱题干。

B项，此项说明流动型赛马场用于安全方面的资金少，补充新论据，支持题干。

C项，无关选项，题干论证并不涉及“建立安全方面的良好信誉”对赛马场是否重要。

D项，此项说明流动型赛马场可能会错过设备回收通知，从而带来安全隐患，支持题干。

E项，忽视操作指南可能会对骑乘设备造成损害，增加赛马场的危险性，定期进行安全检查可能可以降低危险性，故此项支持题干。

21. A

【第1步 识别条件类型】

此题要求在矩阵中填入相应的汉字，易知此题为数独模型。

【第2步 套用母题方法】

由信息量最大的空格入手(第二行第二列)，横行不能填入菊、竹，纵列不能填入兰、梅，所以只能填入“松”。

由第二行第二列中填入“松”，在由②和③组成的倒凹形中，②、③处均不可能填入“竹”和“松”，排除B、D项。

第五行已经有“松”，故⑤不能为“松”，排除E项。

观察A、C选项，只有③和⑤不一样，则①为松，②为兰，④为竹，则第二行中的字分别为：菊、松、竹、兰、梅，则第三行第二列不能填入松、竹、兰、梅，只能填入“菊”，则③只能填入“梅”。

综上，A项正确。

22. D

【第1步　识别论证类型】

“在邮件中插入GIF”可看作是措施，“吸引用户的目光、增加用户的点击率”可看作是目的，故此题为措施目的模型。

题干：GIF(动态图片、动画)制作简单、兼容性强，在邮件中可以增加视觉冲击力。因此，在邮件中插入GIF，更能吸引用户的目光、增加用户的点击率。

【第2步　套用母题方法】

A项，无关选项，题干的论证对象是“在邮件中插入GIF”，而此项的论证对象是“个性化营销邮件”。(干扰项·对象不一致)

B项，无关选项，由“过去”没有插入GIF的个性化营销邮件也取得过成功，无法判断插入GIF后会不会有更大的成功。

C项，不能削弱，20世纪70年代出生的人不喜欢，不能说明措施无效，不当反例之“有的不”。

D项，说明在邮件中插入GIF确实能给企业带来更多的收入，措施可以达到目的，支持题干。

E项，说明措施有难度，但有难度不等价于实现不了，不能削弱。(干扰项·存在难度)

23. D

【第1步　识别条件类型】

题干由事实、假言命题和匹配关系组成，故此题为事实假言匹配模型。

【第2步　套用母题方法】

从事实出发，由“周武和吴纪都在孙斌之后上台”可知，孙斌在前五个上台。因此，条件(1)和(4)的前件为真，则其后件也为真，可得：李玎第四个上台、钱宜在赵嘉之前上台。

由“钱宜在赵嘉之前上台”可知，条件(2)的前件为真，则其后件也为真，可得：孙斌第二个上台。

根据上述信息，可得下表：

第一个	第二个	第三个	第四个	第五个	第六个	第七个
	孙斌		李玎			

根据条件(3)和“周武和吴纪都在孙斌之后上台”可知，吴纪、郑赓和周武三人均在后五个上台。

再结合“钱宜在赵嘉之前上台”可知，钱宜第一个上台。故D项正确。

24. E

【第1步　识别条件类型】

题干由事实、假言命题和匹配关系组成，故此题为事实假言匹配模型。

【第2步　套用母题方法】

从事实出发，由“钱宜最后一个上台”可知，条件(1)的前件为真，则其后件也为真，可得：李玎第四个上台。

由“钱宜最后一个上台”还可知，条件(4)的后件为假，则其前件也为假，可得：孙斌第六个上台。

根据上述信息，可得下表：

第一个	第二个	第三个	第四个	第五个	第六个	第七个
			李玎		孙斌	钱宜

由上表并结合条件(3)可知，吴纪和郑赓两人的上台顺序有如下四种可能：吴纪1∧郑赓2、吴纪2∧郑赓1、吴纪2∧郑赓3、吴纪3∧郑赓2。

综上，第二个上台的是吴纪或者郑赓。故E项正确。

25. A

【第1步　识别条件类型】

题干由假言命题和匹配关系组成，故此题为假言推事实＋匹配模型。

【第2步　套用母题方法】

(1)将题干信息符号化。

①丙排球馆∨庚排球馆→乙羽毛球馆∧壬羽毛球馆∧丁羽毛球馆。

②¬甲羽毛球馆∨¬己羽毛球馆→辛排球馆∧丙排球馆。

③戊、己、庚中至多2人被安排到游泳馆→丁排球馆∧甲篮球馆。

(2)串联找矛盾。

由③、②和①串联可得：戊、己、庚中至多2人安排到游泳馆→丁排球馆∧甲篮球馆→¬甲羽毛球馆∨¬己羽毛球馆→辛排球馆∧丙排球馆→丙排球馆∨庚排球馆→乙羽毛球馆∧壬羽毛球馆∧丁羽毛球馆。

可见，由“戊、己、庚中至多2人安排至游泳馆”出发推出了“丁排球馆∧丁羽毛球馆”，与“每人只能被安排到1个场馆”矛盾。故“戊、己、庚中至多2人被安排到游泳馆”为假，即“戊、己、庚中均被安排到游泳馆”为真。

(3)推出答案。

由“己被安排到游泳馆”可知，②的前件为真，则其后件也为真，可得：辛排球馆∧丙排球馆。

由“丙排球馆”可知，①的前件为真，则其后件也为真，可得：乙羽毛球馆∧壬羽毛球馆∧丁羽毛球馆。

再结合“每个场馆均安排了志愿者前往”可知，甲被安排到篮球馆。

故A项正确。

26. D

【第1步　识别论证类型】

题干的提问方式为“哪项最能削弱反对者的观点”，故锁定反对者的观点：迷走神经兴奋性的提高和交感神经反应性的降低才是引发哮喘病的原因，与患者的情绪问题无关。

锁定关键词“原因”，可知此题为现象原因模型。

【第2步 套用母题方法】

A项，“身体疾病”与“哮喘病”不是同一概念。(干扰项·话题不一致)

B项，无关选项，题干讨论的是引发哮喘病的“原因”，而此项讨论的是哮喘病发作的“结果”。(干扰项·话题不一致)

C项，无关选项，“消极情绪是现代人的普遍问题”不代表“消极情绪是引发哮喘病的原因”。

D项，说明消极情绪会提高患者迷走神经的兴奋性并降低交感神经的反应性，从而引发哮喘病，削弱题干中反对者的观点“哮喘病与患者的情绪问题无关”。

E项，无关选项，无法确定心理免疫力下降与哮喘病的关系。

27. A

【第1步 识别条件类型】

题干由事实、数量条件、假言命题和匹配关系组成，故此题为事实数量假言匹配模型。

【第2步 套用母题方法】

(1)数量关系优先算。

由条件①和“4个学期选修9门课程，每个学期选修其中的1到3门课程”可得：⑥后3个学期选修的课程数量为2门、2门、2门。进而可得：⑦第一学期选修3门课程。

(2)事实出发做串联。

由条件②“甲和丙必须在同一学期选修”并结合“每个学期选修其中的1到3门课程”可知，条件④的后件为假，则其前件也为假，可得：戊和庚都在第一学期选修。

由“戊和庚都在第一学期选修”结合条件③可得：乙和丁不在相邻的学期选修且乙比丁早选修。

由“丁不在第四学期选修”和“乙和丁不在相邻的学期选修且乙比丁早选修”可知，乙在第一学期选修、丁在第三学期选修。

由“戊在第一学期选修”可知，条件⑤的前件为真，则其后件也为真，可得：辛和壬在同一学期选修。

综上，再结合条件②和“第一学期选修3门课程，后3个学期选修的课程数量为2门、2门、2门”可知，己在第三学期选修。

综上，A项正确。

28. B

【第1步 识别论证类型】

题干：

开着门窗睡眠的人：更不容易频繁醒来，睡眠质量也更高；
就寝时关闭门窗的人：更容易频繁醒来，睡眠质量更低；

因此，就寝时关闭门窗会导致睡眠质量变低(因果关系)。

题干通过设置“开着门窗睡眠的人”和“就寝时关闭门窗的人”的对比实验，得出一个因果关系，故此题为现象原因模型(求异法型)。

【第2步 套用母题方法】

A项，此项说明调查的样本具有代表性，支持题干。

B项，此项说明不是因为就寝时关闭门窗导致睡眠质量变低，而是因为睡眠质量差的人更喜欢关闭门窗睡觉，因果倒置，削弱题干。

C项，说明并不是由于心理压力上的差异导致睡眠质量上有差异，排除差因，支持题干。

D项，无关选项，题干的论证并未讨论睡眠质量变低会对人体造成何种影响。

E项，此项说明就寝时关闭门窗确实是影响睡眠质量的因素，因果相关，支持题干。

29. E

【第1步　识别条件类型】

题干由数量关系、假言命题和匹配关系组成，故此题为数量假言匹配模型。

【第2步　套用母题方法】

(1)数量关系优先算。

由“5人均只选择了其中的3门课”可知，5人共计选择了15门课程。再结合“每门课程有2～3人选择”可知，15=2+2+2+3+3+3，即：有3门课有2人选择、有3门课有3人选择。

(2)假言命题做串联。

题干中的假言命题可表示如下：

①¬甲工程∨¬戊管理→乙统计∧乙心理。

②丙管理∨¬甲统计→戊逻辑∧丙逻辑∧戊行政∧丙行政。

③¬甲逻辑∨¬丁逻辑→乙行政∧乙工程。

④¬乙逻辑∨¬乙工程→丁逻辑∧丙管理。

串联找矛盾，串联①、④、②和③可得：¬甲工程∨¬戊管理→乙统计∧乙心理→¬乙逻辑∨¬乙工程→丁逻辑∧丙管理→丙管理∨¬甲统计→戊逻辑∧丙逻辑∧戊行政∧丙行政→¬甲逻辑∨¬丁逻辑→乙行政∧乙工程。

故有：¬甲工程∨¬戊管理→乙统计∧乙心理∧乙行政∧乙工程，这与“5人均只选择了其中的3门课”矛盾。因此，“¬甲工程∨¬戊管理”为假，即“甲工程∧戊管理”为真。

故E项正确。

30. B

【第1步　识别条件类型】

“乙和丙均选择了管理学”为事实，其他已知条件与上题一致，故此题为事实数量假言匹配模型。

【第2步　套用母题方法】

引用上题推理结果：甲工程∧戊管理；有3门课有2人选择、有3门课有3人选择。

从事实出发，由“乙管理∧丙管理”可知，②的前件为真，则其后件也为真，可得：戊逻辑∧丙逻辑∧戊行政∧丙行政。

由“戊逻辑∧丙逻辑”结合“每门课程有2～3人选择”可知，③的前件为真，则其后件也为真，可得：乙行政∧乙工程。

由“乙行政∧乙工程∧乙管理”结合“五人均只选择了其中的3门课”可得：¬乙逻辑。故，④的前件为真，则其后件也为真，可得：丁逻辑∧丙管理。

综上，再结合“5人均只选择了其中的3门课，且每门课程有2～3人选择”可得下表：

员工＼课程	行政学	管理学	逻辑学	统计学	心理学	工程学
甲	×	×	×	√	√	√
乙	√	√	×	×	×	√
丙	√	√	√	×	×	×
丁	×	×	√	√	√	×
戊	√	√	√	×	×	×

故B项正确。

199管理类联考逻辑 ▸ 模拟卷5

（共30题，每小题2分，共60分，限时60分钟）

说明：难度中等偏上。请限时60分钟进行模考。

1. 不同的运动专项要求运动员具备不同特点的身体素质。因此，对于身体素质的训练方法、内容和手段也要求具有鲜明的项目特征和个人特点。只有运动员的训练方式是科学的，才能最大程度地提高运动员的成绩。如果盲目增加运动员的训练量，就会增加运动员受伤的风险。只有保持健康，运动员才能不断挑战新高度。

   根据以上陈述，可以得出以下哪项？

   A. 运动员成功的因素不仅仅在于训练方式，还与教练的执教能力紧密相关。

   B. 若运动员的训练方式是不科学的，就不能最大程度地提高运动员的成绩。

   C. 若没有盲目增加运动员的训练量，运动员就能最大程度地提高成绩。

   D. 如果不保持健康，那么不能最大程度地提高运动员的成绩。

   E. 如果不能不断挑战新高度，就不会增加运动员受伤的风险。

2. 在观察地球的气候类型和周期为11年的太阳黑子的活动长达36年以后，科学家们发现，在影响地球气候的风的类型变换之前，太阳黑子活动非常频繁。有人得出结论认为，在以后的天气预测过程中，气象学家将可以利用这一信息来更准确地预测天气。

   以下哪项如果正确，则能最严重地削弱以上论证？

   A. 现在的天气预报要比36年前详细得多。

   B. 科学家们可以确定，太阳黑子活动直接影响地球的气候。

   C. 气象学家们以前就可以利用太阳黑子活动以外的其他证据来预测现在可根据太阳黑子活动来预测的气候状况。

   D. 科学家们尚未确定为什么太阳黑子活动会遵循11年的周期。

   E. 美国的气象学家们认为，这一发现会使得全球对天气的变化预测更为精准，有利于人类避免超强自然灾害。

3. 济南市槐荫、历下、天桥、市中、长清五个区都开展植树活动。在某段时间内做出如下安排：

   (1)除非长清区不开展该活动，否则市中区和槐荫区都必定开展该活动。

   (2)或者市中区不开展该活动，或者槐荫区不开展该活动。

   (3)倘若槐荫区或者历下区不开展该活动，那么长清区和天桥区都开展该活动。

   如果上述断定都是真的，则以下哪项一定为假？

   A. 天桥区或者市中区开展该活动。

   B. 长清区或者市中区开展该活动。

   C. 槐荫区或者历下区开展该活动。

   D. 历下区或者长清区开展该活动。

   E. 长清区或者天桥区开展该活动。

4. 太阳风中的一部分带电粒子可以到达 M 星表面，将足够的能量传递给 M 星表面粒子，使后者脱离 M 星表面，逃逸到 M 星大气中。为了判定这些逃逸的粒子，科学家们通过三个实验获得了如下信息：

实验一：或者是 X 粒子，或者是 Y 粒子。

实验二：或者不是 Y 粒子，或者不是 Z 粒子。

实验三：如果不是 Z 粒子，就不是 Y 粒子。

根据上述三个实验，以下哪项一定为真？

A. 这种粒子是 X 粒子。
B. 这种粒子是 Y 粒子。
C. 这种粒子是 Z 粒子。
D. 这种粒子不是 X 粒子。
E. 这种粒子是 Y 粒子或 Z 粒子。

5. 应当用法律进行限制和规范在生产塑料制品时使用石油的行为。我国对石油在能源供应上的需求比塑料要大得多。此外，我们对进口石油日益增长的依赖可能会导致严重的后果。因此，通过减少在塑料生产中的石油用量，我国就可以向能源供应的自力更生迈进一大步，进而增强我国的安全。

以下哪项如果为真，最能削弱上述推论？

A. 塑料生产中的新工艺能够降低生产中所需的石油量。
B. 太阳能、风能、水能等可再生能源的开发和利用，助力我国实现能源供应的自力更生。
C. 我国消耗的石油中只有极小一部分是用于塑料生产的。
D. 近年来，全球几大原油出口国纷纷宣布减产，同时增加了新能源研究项目的投入。
E. 塑料生产过程中减少石油的使用，会导致制造商的原材料成本增加。

6. 一家人准备一起去北欧旅游，各自表达如下愿望：

父亲："若去挪威，则不去丹麦或冰岛。"

母亲："若不去冰岛，则去挪威和丹麦。"

儿子："若不去挪威，则去瑞典和芬兰。"

最终的方案满足了上述每个人的愿望。

根据以上陈述，可以得出下列哪项？

A. 去瑞典、芬兰和丹麦。
B. 去瑞典、芬兰和冰岛。
C. 去瑞典、丹麦和冰岛。
D. 去芬兰、丹麦和冰岛。
E. 去挪威、丹麦和瑞典。

7. 调查显示，中国消费者对奢侈品品牌的忠诚度远远低于西方消费者，对许多中国消费者而言，高价格仍然很重要，物有所值仍然比品牌重要，而且在现阶段甚至比质量还重要。

如果以上信息为真，则最能推出以下哪项？

A. 中国消费者购买奢侈品时往往不会考虑价格因素。
B. 中国消费者喜欢购买价格高且物有所值的奢侈品。
C. 比起知名度来，奢侈品的价格更吸引中国消费者。
D. 中国消费者不甚关注知名奢侈品的价格及其质量。
E. 与部分欧洲国家消费者相比，中国消费者对奢侈品品牌的忠诚度要高。

8～9题基于以下题干：

现有自左向右依次排列的1～5号房间，甲、乙、丙、丁、戊任选一间入住，且每个房间仅住一个人。已知：

(1)如果甲住在3号房间，那么丙住在1号房间。

(2)如果乙既没有住在1号房间，也没有住在2号房间，则甲住在3号房间。

(3)如果甲住在1号或5号房间，那么甲与乙相邻。

(4)只有甲与丙不相邻，甲与乙才相邻。

8. 若甲、丙二人的房间相邻，且甲住在丙的左边，则可以得出以下哪项结论？

A. 甲住在4号房间。
B. 丙住在2号房间。
C. 丁不住在2号房间。
D. 戊不住在3号房间。
E. 甲住在3号房间。

9. 若已知甲住在4号房间，且丙和丁相邻，则可以得出以下哪项？

A. 丙住在2号房间。
B. 丙住在3号房间。
C. 丁住在3号房间。
D. 戊住在5号房间。
E. 丁住在2号房间。

10. 以前有几项研究表明，食用巧克力会增加食用者患心脏病的可能性。而一项最新的、更为可靠的研究得出结论：食用巧克力与心脏病发病率无关。估计这项研究成果公布之后，巧克力的消费量将会大大增加。

上述推论基于以下哪项假设？

A. 大量食用巧克力的人中，并不是有很高的比例患心脏病。
B. 尽管有些人知道食用巧克力会增加患心脏病的可能性，却照样大吃特吃。
C. 人们从来也不相信进食巧克力会更容易患心脏病的说法。
D. 现在许多人认为巧克力不一定会导致心脏病，但容易诱发糖尿病。
E. 现在许多人不吃巧克力完全是因为他们相信巧克力会诱发心脏病。

11. 在阳光充足的白天，树叶中的叶绿体利用太阳光能进行光合作用。如今时常出现严重的雾霾天气，那些在空气中悬浮的细小的污染物会造成叶片气孔的阻塞。因此，时常出现的严重雾霾天气，会使得叶片患上“缺素症”，从而导致叶片枯黄，甚至枯死。

以下哪项如果为真，最能支持上述论证？

A. 空气中的湿度过高会导致植物叶片霉烂、落花，并易引起病虫蔓延。
B. 树叶中的叶绿体是需要利用太阳能才能将通过气孔叶片内部的二氧化碳和由根部吸收输送到叶片的水转变成碳水化合物等能源物质的。
C. 严重的雾霾中的粉尘颗粒会四处弥漫，无论植物叶片是大是小，都一样无法避免地受到威胁，造成不利影响。
D. 叶片气孔一旦被堵住，植物的蒸腾作用也会受阻，树木根吸收的水分以及矿物元素也无法及时输送到叶片。
E. 雾霾的影响使植物无法进行顺畅的光合作用。

12. “好吃鬼”俱乐部成立一周年之际，主席木可小姐选择了生椰拿铁、厚乳拿铁、卡布基诺、香草拿铁、抹茶瑞纳冰5种饮品给小好吃鬼们，已知：

(1)如果不选择生椰拿铁，那么要选择厚乳拿铁。

(2)如果选择卡布基诺或者厚乳拿铁，那么就必须选择香草拿铁。

(3)香草拿铁和抹茶瑞纳冰至多选择一种。

(4)除非不选择香草拿铁，否则要选择抹茶瑞纳冰。

根据上述信息，以下哪项一定为真?

A. 选择生椰拿铁和香草拿铁。

B. 不选择抹茶瑞纳冰。

C. 选择卡布基诺。

D. 选择厚乳拿铁。

E. 选择生椰拿铁。

13. 有一个6×6的方阵，如下图所示，它所含的每个小方格中均可填入一种元素(已有部分元素填入)。现要求该方阵中的每行、每列及每个由粗线条围住的六个小方格组成的区域中均含有“碳”“氢”“氮”“氧”“磷”“硫”六种元素，不能重复也不能遗漏。

	氮				氢
		磷			
	②	硫	碳	氧	
		④	磷	①	
	氧		⑤	氮	
磷		③			

根据上述要求，以下哪项是方阵中①、②、③、④处依次应填入的元素?

A. 氢、磷、氮、氧。

B. 氢、磷、氧、氮。

C. 氮、氢、硫、氧。

D. 氢、氮、氧、氮。

E. 硫、磷、氮、氧。

14. 某研究调查了数千名被试者的睡眠情况与健康状况，结果发现，从中年至老年(50岁至70岁间)一直处于较短睡眠模式(即每晚睡眠时长少于6小时)的人，与同年龄段睡眠正常的人相比，失智风险会增加30%。研究者由此认为，中老年人适当增加睡眠时长有助于预防失智的发生。

以下陈述如果为真，哪项最能质疑研究者的观点?

A. 老年人每日睡眠时间过长不仅会有疲劳感，还会记忆力降低，精力不集中。

B. 随着年龄的增加，身体的细胞也慢慢衰老，这就导致睡眠时间开始变短。

C. 心血管代谢问题和精神疾患等都是失智的重要风险因素。

D. 失智是一种因脑部疾病所导致的渐进性认知功能退化，跟睡眠时长无关。

E. 对于青少年而言，适当延长睡眠时间，有助于大脑的发育。

15. 年终审计期间，普华公司安排审计部门六位员工甲、乙、丙、丁、戊、己去天和、风云、长今三个公司出差。其中只有一个人去天和，两个人去风云，三个人去长今。在安排时，有如下要求：

(1)甲和乙要去同一个地方。

(2)丙和丁不能去同一个地方。

(3)如果乙去风云，那么己去天和。

如果戊去了天和，则以下哪项一定为真？

A. 乙去了风云。　　B. 丙去了风云。　　C. 丙去了长今。

D. 甲去了风云。　　E. 己去了风云。

16. 要杜绝令人深恶痛绝的“黑哨”，必须对其科以罚款，或者永久性地取消其裁判资格，或者直至追究其刑事责任。事实已经证明，罚款的手段在这里难以完全奏效。因此，如果不永久性地取消“黑哨”的裁判资格，就不可能杜绝令人深恶痛绝的“黑哨”现象。

以下哪项是上述论证最可能假设的？

A. 一个被追究刑事责任的“黑哨”必定被永久性地取消裁判资格。

B. 大型赛事中对裁判的贿金没有上限。

C. “黑哨”是一种职务犯罪，本身已触犯法律。

D. 对“黑哨”的罚金不可能没有上限。

E. “黑哨”现象只存在于大型赛事中。

17. 由于烧伤致使四个手指黏结在一起时，处置方法是用手术刀将手指黏结部分切开，然后实施皮肤移植，将伤口覆盖住。但是，有一个非常头痛的问题是，手指靠近指根的部分常会随着伤势的愈合又黏结起来，非再一次开刀不可。一位年轻的医生从穿着晚礼服的新娘子手上戴的白手套得到启发，发明了完全套至指根的保护手套。

以下哪项如果为真，最能削弱该保护手套的作用？

A. 该保护手套的透气性能直接关系到伤势的愈合。

B. 由于材料的原因，保护手套的制作费用比较贵，如果不能大量使用，价格很难下降。

C. 烧伤后新生长的皮肤容易与保护手套粘连，在拆除保护手套时容易造成新的伤口。

D. 保护手套需要与伤患的手形吻合，这就影响了保护手套的大批量生产。

E. 保护手套不一定能适用于脚趾烧伤后的复原。

18. 某公司计划从现有的甲、乙、丙、丁、戊、己、庚和辛 8 个车间中选择 5 个进行技术升级改造。已知：

(1)若选择戊车间或者丙车间，则不选择乙车间。

(2)若选择丁车间，则不选择己车间但选择庚车间。

(3)若选择甲车间或者庚车间，则辛车间也需要选择。

(4)若选择辛车间，则选择丙车间。

根据上述信息，可以得出以下哪项？

A. 选择甲车间。　　B. 选择乙车间。　　C. 选择丙车间。

D. 不选择庚车间。　　E. 不选择辛车间。

19. 仿制药物和拥有商标的原创药物在活性成分上既相同又等量，因为仿制药物就是用以替代拥有商标的原创药物的。但是，仿制药物有时候在服用该药的病人身上所体现出来的效果，和拥有商标的原创药物相比，又存在着一些重要的不同之处。

下面哪项如果为真，最有助于解释上文中所体现出来的矛盾？

A. 当拥有商标的原创药物的专利到期后，中国法律允许在不进一步研究该药物活性成分功效的情况下生产该药的仿制药物。

B. 因为一些医生对该种药物的仿制药物的剂量不熟悉，因此他们只开某种药物的拥有商标的原创药物的处方。

C. 药物中没有活性的成分和填充物能够影响该药物有效成分被吸收的速率和在血液中浓度的分布情况，仿制药物和原创药物各自所含有的填充物和没有活性的成分相互之间有很大的不同。

D. 由于仿制药物的生产者无须为该药物的研究开发进行投资，因此他们的产品能够以较低的价格出售。

E. 和年轻人的身体相比，更可能经常使用处方药的老年人的身体对药物剂量的微小改变所引致的反应显得更敏感。

20. 公司董事会决定调整公司的经理层，现欲从 A、B、C、D、E、F、G 七名合格人选中挑选出 4 名进入新组建的经理层。关于这 4 人的选择，公司人力资源部门经过充分调查论证，已形成下列意见：

(1)如果选择 A，那么 B 不能入选。

(2)B、D 中至少有一人需要进入经理层。

(3)如果 A 进入但 C 不进入经理层，那么 G 不进入经理层。

(4)E、F 中至多有一人进入经理层。

(5)如果决定 C 进入经理层，那么 D 不进入经理层。

根据以上意见，可以推出以下哪项一定为假？

A. C 入选经理层。　　B. B 入选经理层。　　C. G 入选经理层。

D. A 入选经理层。　　E. D 入选经理层。

21～22 题基于以下题干：

某公司欲从甲、乙、丙、丁、戊、己、庚、辛、壬、癸和子 11 名基层管理者中提拔 6 名担任公司的中层管理。并且还已知：

(1)如果戊和庚中至少有 1 人被提拔，那么甲和癸都不会被提拔。

(2)若乙和壬同时被提拔或者同时不被提拔，则丙和子都不会被提拔。

(3)丁和辛两人要么同时被提拔，要么同时不被提拔。

(4)戊、庚和己中恰好有 2 人被提拔。

21. 若己和子均未被提拔，则以下哪项一定为真？

A. 甲和辛被提拔。　　B. 庚和壬被提拔。　　C. 乙和辛被提拔。

D. 甲和壬被提拔。　　E. 庚和辛被提拔。

22. 如果戊被提拔，则可以得出以下哪项？

A. 己和辛被提拔。 B. 丁和辛被提拔。 C. 子和甲被提拔。

D. 癸和乙被提拔。 E. 甲和壬被提拔。

23. 最近，新西兰恒天然乳业集团向政府报告，发现其一个原料样本含有肉毒杆菌。事实上，新西兰和中国的乳粉检测项目中均不包括肉毒杆菌，也没有相关产品致病的报告。恒天然自曝家丑，或者是出于该企业的道德良心，或者是担心受到处罚；恒天然乳业集团担心因为不能及时处理食品安全问题而受到严厉处罚。由此可见，恒天然自曝家丑并非真的出于企业的道德良心。

以下哪个推理与上述推理有相同的逻辑错误？

A. 鱼和熊掌不可兼得，因此，取熊掌而舍鱼也。

B. 作案人或者是甲或者是乙。现已查明作案人是乙，所以，作案人不是甲。

C. 如果一个人沉湎于世俗生活，就不能成为哲学家。所以，如果你想成为哲学家，就应当放弃普通人的生活方式。

D. 衣食足知荣辱，故衣食不足不知荣辱。

E. 获得此次竞赛第一的学员是赵嘉或者钱宜。赵嘉并未获得第一，因此，钱宜获得第一。

24. 在美国，本国制造的汽车的平均耗油量是每 21.5 英里 1 加仑，而进口汽车的平均耗油量是每 30.5 英里 1 加仑。显然，美国车的买主在汽油上的花费要远高于进口汽车的买主，因此，美国的汽车工业在和外国汽车制造商的竞争中会失去很大一部分国内市场。

上述论证基于以下哪项假设？

A. 对买主而言，他们考虑的是车辆的驾驶感受和乘坐感受。

B. 美国汽车的最高时速要高于进口汽车。

C. 美国汽油的价格呈上涨趋势。

D. 汽车在使用过程中的花费是买主在购买汽车时的主要考虑因素。

E. 目前在欧洲境内，美国汽车的销售量逐年上升。

25. 在过去的十年中，美国年龄在 85 岁或以上的人口数开始大量增长。出现这一趋势的主要原因是这些人在脆弱的孩提时期享受到了美国良好的健康医疗照顾。

下面哪项如果正确，最能严重地削弱上面的解释？

A. 在美国，年龄 85 岁或 85 岁以上的人中，有 75％的人其父母的寿命小于 65 岁。

B. 在美国，现在 85 岁以上年龄组出生人数少于比这一年龄组大一点和小一点的年龄组。

C. 在美国，年龄在 85 岁以上的人中，有 35％需要 24 小时护理。

D. 美国很多 85 岁以上的人是在 20 岁或 20 岁以后才移民至美国的。

E. 由于联邦政府用于怀孕妇女和儿童的医疗护理的资金减少，美国公民的寿命有可能会缩短。

26. 某高中新招聘了赵、钱、孙、李、周和吴 6 位心理辅导老师，学校领导决定让这 6 位老师分别在初一、初二、初三、高一、高二、高三年级中选择 1 个年级就职，并且每个年级也只有 1 位心理辅导老师选择。还已知：

(1)只有每位老师的薪资一致时，赵才选择初三年级。

(2)如果李、周两人都不选择高一，那么钱选择初二并且李选择初三。

(3)如果钱不选择高二或者吴不选择高三，那么钱选择初一且吴不选择初二。

(4)如果赵不选择初三，那么吴不选择高三且周选择高二。

事实上，不同年级的老师薪资是不同的，则以下哪项一定为真？

A. 周选择初一。　B. 孙选择初二。　C. 李选择高二。

D. 孙选择高三。　E. 吴选择初三。

27. 第二十二届世界杯足球赛在卡塔尔如期举行，32 支球队从预选赛中脱颖而出。豪强林立，关于哪支球队将捧起“大力神金杯”，有如下几个预测：

(1)如果巴西队不能进入半决赛，那么阿根廷队不能进入决赛。

(2)只有克罗地亚队不能进入半决赛，摩洛哥队才能进入半决赛。

(3)巴西队和法国队中至少有一支不能进入半决赛。

(4)如果巴西队不能进入四强，那么法国队没有获得亚军。

若上述四句话中只有一真，则以下哪项一定为真？

A. 巴西队进入半决赛。

B. 摩洛哥队进入决赛。

C. 阿根廷队获得冠军。

D. 法国队未获得亚军。

E. 克罗地亚队获得冠军。

28. 某公司改革期间，实施的居家办公政策，让许多公司的全体员工快速进入了远程办公的模式。科学家对微软约 6.1 万名美国员工开展的一项研究发现，在全体员工远程办公的情况下，员工与其他团队同事的联系会减少，与跨团队工作的同事的共事时间也会缩减。科学家认为，对任一公司而言，远程办公可能会减少跨团队协作的机会。

以下哪项如果为真，最能削弱科学家的观点？

A. 远程办公在一定程度上缩短了团队协作中定期会议的时长，使得员工能够更高效、更有针对性地获取有效信息。

B. 公司内部跨团队协作机会的多少并不受员工与其他业务团队同事之间的联系紧密程度和共事时间长短的影响。

C. 科学家虽然仅选取微软公司这一个案例进行研究，但其他公司在远程办公的情况下，与微软公司面临的问题基本一致。

D. 虽然远程办公会导致实时沟通减少，但是避免了无效信息和重复信息的传递，跨团队员工之间的联系并未减少。

E. 团队协作有利于打破部门壁垒，提高各个团队的工作效率，从而提高公司的核心竞争力。

29～30 题基于以下题干：

随着新的旗舰手机发布，为切实解决消费者的问题，天和公司客服部安排了甲、乙、丙、丁、戊、己、庚、辛和壬 9 位产品专员从本周一到本周五在直播间为消费者进行专业的产品介绍。每位产品专员只直播一天，每天安排 1～3 位产品专员，此外，还已知：

(1)周二和周四安排的人数比周三多，但是比周一少。

(2)若戊和己至多一人被安排在周一，则甲被安排在周三而丁被安排在周二。

(3)若丁和辛至少一人被安排在周二或者周三，则壬被安排在周四而庚被安排在周五。

(4)若乙和壬至少一人被安排在周四或者周二，则丙被安排周三但戊不被安排在周二。

29. 根据上述信息，可以得出以下哪项？

A. 甲被安排在周五。

B. 乙被安排在周四。

C. 丙被安排在周三。

D. 丁被安排在周二。

E. 戊被安排在周一。

30. 若丙被安排在周一，则可以得出以下哪项？

A. 丁被安排在周二。

B. 庚被安排在周二。

C. 壬被安排在周三。

D. 乙被安排在周四。

E. 辛被安排在周五。

199管理类联考逻辑 ▸ 模拟卷5

答案详解

答案速查		
1～5　BCBAC	6～10　BBADE	11～15　DEADE
16～20　ACCCD	21～25　EBBDD	26～30　ECBEB

1. B

【第1步　识别条件类型】

题干中出现多个假言命题，且这些假言命题中无重复元素，选项多数为假言命题，故此题为假言推假言模型。

【第2步　套用母题方法】

(1)画箭头。

题干：

①能最大程度地提高运动员的成绩→运动员的训练方式是科学的。

②盲目增加运动员的训练量→会增加运动员受伤的风险。

③运动员能不断挑战新高度→保持健康。

(2)逆否。

题干的逆否命题为：

④¬运动员的训练方式是科学的→¬能最大程度地提高运动员的成绩。

⑤¬会增加运动员受伤的风险→¬盲目增加运动员的训练量。

⑥¬保持健康→¬运动员能不断挑战新高度。

(3)找答案。

A项，题干信息中不涉及运动员成功的因素，故此项可真可假。

B项，¬运动员的训练方式是科学的→¬能最大程度地提高运动员的成绩，等价于④，故此项必然为真。

C项，¬盲目增加运动员的训练量→能最大程度地提高运动员的成绩，由⑤可知，“¬盲目增加运动员的训练量”后无箭头指向，故此项可真可假。

D项，¬保持健康→¬能最大程度地提高运动员的成绩，题干不涉及“保持健康”与“能最大程度地提高运动员的成绩”之间的关系，故此项可真可假。

E项，¬运动员能不断挑战新高度→¬会增加运动员受伤的风险，由⑥可知，“¬运动员能不断挑战新高度”后无箭头指向，故此项可真可假。

2. C

【第 1 步　识别论证类型】

锁定关键句"在以后的天气预测过程中"，可知此题为预测结果模型。

题干：在影响地球气候的风的类型变换之前，太阳黑子活动非常频繁，因此，在以后的天气预测过程中，气象学家将可以利用这一信息来更准确地预测天气。

【第 2 步　套用母题方法】

A 项，无关选项，题干不涉及现在的天气预报与 36 年前的天气预报之间在详细程度上的比较。(干扰项 • 比较不一致)

B 项，此项指出太阳黑子活动确实会影响地球气候，那么气象学家可以利用这一信息更准确地预测天气，说明预测正确，支持题干。

C 项，太阳黑子活动能够预测的气候状况，以前已经通过其他手段进行预测了，说明新发现不能为预测天气带来更多的帮助，削弱题干。

D 项，无关选项，题干不涉及太阳黑子活动遵循 11 年的周期的原因。(干扰项 • 话题不一致)

E 项，美国气象学家的观点未必为真，不能削弱。(干扰项 • 诉诸权威)

3. B

【第 1 步　识别条件类型】

题干由半事实和假言命题组成，故此题为半事实假言模型。

【第 2 步　套用母题方法】

半事实分类讨论：由条件(2)可知，有如下三种情况：①¬ 市中 ∧ 槐荫；②市中 ∧ ¬ 槐荫；③¬ 市中 ∧ ¬ 槐荫。

无论哪种情况，都可知：市中区和槐荫区必然不会都开展该活动。故，条件(1)的后件为假，则其前件也为假，可得：¬ 长清。

由"¬ 长清"可知，条件(3)的后件为假，则其前件也为假，可得：槐荫 ∧ 历下。

由"槐荫"结合条件(2)可得：¬ 市中。

综上，"¬ 长清 ∧ ¬ 市中"为真，则其矛盾命题"长清 ∨ 市中"为假，故 B 项正确。

4. A

【第 1 步　识别条件类型】

题干由多个假言命题组成(选言可转化为假言)，故此题为假言推事实模型。

【第 2 步　套用母题方法】

方法一：串联找矛盾法。

(1)将题干符号化。

①X ∨ Y，等价于：¬ Y→X。

②¬ Y ∨ ¬ Z，等价于：Y→¬ Z。

③¬ Z→¬ Y。

(2)串联找矛盾。

由②、③串联可得：Y→¬ Z→¬ Y。

可见，由"Y"出发推出了矛盾，故"Y"为假，即"¬ Y"为真。

(3)推出答案。

由"¬ Y"可知，条件①的前件为真，则其后件也为真，可得：X。

故A项正确。

方法二：通过重复元素，找二难推理法。

(1)找重复元素。

观察题干，发现②的后件和③的前件均为"¬ Z"。

(2)找二难推理。

此时，逆否②易出二难推理(口诀：前件后件一个样，后件逆否出二难)。

逆否②可得：Z→¬ Y。

又已知③：¬ Z→¬ Y。

根据二难推理公式可得：¬ Y。

(3)推出答案。

由"¬ Y"可知，条件①的前件为真，则其后件也为真，可得：X。

故A项正确。

5. C

【第1步 识别论证类型】

锁定"通过……就可以……"，可知此题为措施目的模型。

题干：减少我们在塑料生产中的石油用量(措施)$\xrightarrow[\text{以求}]{}$可以向能源供应的自力更生迈进一大步，进而增强我国的安全(目的)。

【第2步 套用母题方法】

A项，此项指出有新工艺能够降低生产中所需的石油，那说明题干的措施是可行的，支持题干。

B项，指出有其他措施可以助力我国实现能源供应的自力更生，但题干的措施是否能达到目的不得而知，不能削弱题干。

C项，由于塑料生产过程中只使用了"极小一部分"的石油，那么即使减少我们在塑料生产中的石油用量也无法保证我国能在能源供应的自力更生上迈进"一大步"，即：措施达不到目的，削弱题干。

D项，无关选项，题干的论证对象是"我国"，而此项的论证对象是"全球几大原油出口国"。(干扰项·对象不一致)

E项，此项说明题干中的措施会使得生产成本增加，即：措施有副作用，削弱题干，但力度很弱。

6. B

【第1步 识别条件类型】

题干由多个假言命题组成，选项均为事实，故此题为假言推事实模型。

【第2步 套用母题方法】

注意：本题的提问方式为"可以得出下列哪项"，且选项看起来像排列组合一样列出了各种可能，故优先考虑使用选项排除法。

根据父亲的愿望，可排除E项。

根据母亲的愿望，可排除A项。

根据儿子的愿望，可排除C、D项。

故B项正确。

7. B

【第1步 识别题目类型】

题干的提问方式为“如果以上信息为真，则最能推出以下哪项?”，故此题为推论题。

【第2步 套用母题方法】

题干已知下列信息：

①中国消费者对奢侈品品牌的忠诚度远远低于西方消费者。

②对许多中国消费者而言，高价格仍然很重要。

③物有所值比品牌重要，而且在现阶段甚至比质量还重要。

“对许多中国消费者而言，高价格仍然很重要”说明中国消费者喜欢价格高的奢侈品；“物有所值仍然比品牌重要”说明中国消费者喜欢物有所值的奢侈品。故可以推出中国消费者喜欢购买价格高和物有所值的奢侈品，即B项正确。

A项，与题干信息②矛盾，故此项不能被推出。

C项，题干没有对“价格”和“知名度”进行比较，故此项不能被推出。

D项，由题干信息②可知，中国消费者关注价格；由题干信息③可知，“物有所值比质量还重要”，但这并不代表质量不重要，故此项不能被推出。

E项，由题干信息①可知，整体而言，中国消费者对奢侈品品牌的忠诚度远远低于西方消费者，但是否高于“部分”西方消费者则无法确定，故此项不能被推出。

8. A

【第1步 识别条件类型】

题干由事实、假言命题和匹配关系组成，故此题为事实假言匹配模型。

【第2步 套用母题方法】

题干有以下信息：

①甲3→丙1。

②¬乙1∧¬乙2→甲3。

③甲1∨甲5→甲乙相邻。

④甲乙相邻→甲丙不相邻。

本题补充新事实：⑤甲丙相邻；⑥甲住在丙的左边。

从事实⑤出发，由“甲丙相邻”可知，条件④的后件为假，则其前件也为假，可得：甲乙不相邻。

由“甲乙不相邻”可知，条件③的后件为假，则其前件也为假，可得：¬甲1∧¬甲5。

又由事实⑥可知，丙不能住在最左边，故丙不住在1号房间，即：¬丙1。

由“¬丙1”可知，条件①的后件为假，则其前件也为假，可得：¬甲3。

由“¬甲3”可知，条件②的后件为假，则其前件也为假，可得：乙1∨乙2。

由“甲乙不相邻”并结合“乙1∨乙2”可知：甲不住在1、2、3号房间。

综上，甲不住在1、2、3、5号房间，故甲住在4号房间，即A项正确。

9. D

【第 1 步　识别条件类型】

与上题相同。

【第 2 步　套用母题方法】

从本题补充的新事实出发，由“甲住在 4 号房间”可知，条件②的后件为假，则其前件也为假，可得：乙住在 1 号房间或 2 号房间。故有下表：

房间	1	2	3	4	5
人员	乙	乙		甲	

由本题的补充条件“丙和丁相邻”可知，丙丁捆绑占 2 个相邻的房间。

若乙在 2 号房间，则剩余的 1、3、5 三个房间各不相邻，与“丙和丁相邻”矛盾。

故乙一定住在 1 号房间，丙和丁住在 2、3 号房间，剩余的戊住在 5 号房间。可得下表：

房间	1	2	3	4	5
人员	乙	丙和丁		甲	戊

综上，D 项正确。

10. E

【第 1 步　识别论证类型】

题干：一项最新的、更为可靠的研究得出结论：食用巧克力与心脏病发病率无关，因此，巧克力的消费量将会大大增加。

锁定关键词“将会”可知，此题为预测结果模型。另外，所有假设题都要优先考虑搭桥法。

【第 2 步　套用母题方法】

A 项，无关选项，题干的论证不涉及大量食用巧克力的人中心脏病患者的比例。

B 项，不必假设，有些人的情况并不能代表所有人的情况，此项不能说明巧克力的消费量会大大增加。

C 项，既然人们从不相信这种说法，那么即使公布这项研究成果，对巧克力的消费量增加也不会起到任何正向的作用，说明预测错误，削弱题干。

D 项，许多人的主观想法并不一定为真，此外，题干也未涉及巧克力是否会诱发糖尿病。

E 项，此项说明是由于人们相信巧克力会诱发心脏病才不吃巧克力，即搭建了“心脏病”与巧克力“消费”之间的桥梁，必须假设。

11. D

【第 1 步　识别论证类型】

题干：如今时常出现严重的雾霾天气，空气中悬浮的细小的污染物会造成叶片气孔的阻塞，因此，时常出现的严重雾霾天气，会使得叶片患上“缺素症”，从而导致叶片枯黄，甚至枯死。

题干论据中的核心概念是“会造成叶片气孔的阻塞”，论点中的核心概念是“会使得叶片患上‘缺素症’”，二者不一致，故此题为拆桥搭桥模型（前后型）。另外，此题中还有预测结果模型。

【第2步　套用母题方法】

A项，无关选项，题干讨论的是“雾霾天气”对植物叶片的影响，而此项讨论的是“空气湿度”对植物叶片的影响。(干扰项 • 话题不一致)

B项，此项说明雾霾天气会导致植物缺乏碳水化合物等能源物质，但并未说明这会使得叶片患上“缺素症”，不能支持题干。

C项，此项说明雾霾天气会对植物叶片产生不利影响，补充新的论据，支持题干，但“不利影响”并不一定就是“缺素症”，故支持力度较弱。

D项，此项说明植物气孔堵塞会使得植物缺乏矿物元素，搭桥法，支持题干。

E项，此项说明雾霾天气会影响植物的光合作用，但并未指出光合作用与“缺素症”是否有关，故不能支持题干。

12. E

【第1步　识别条件类型】

题干由多个假言命题组成(选言可转化为假言)，选项均为事实，故此题为假言推事实模型。

【第2步　套用母题方法】

(1)将题干符号化。

①┐生椰→厚乳。

②卡布基诺∨厚乳→香草。

③┐香草∨┐抹茶，等价于：香草→┐抹茶，又等价于：抹茶→┐香草。

④香草→抹茶。

(2)找二难推理。

条件④逆否可得：┐抹茶→┐香草。

结合条件③：抹茶→┐香草。

根据二难推理公式，可得：┐香草。

(3)推出答案。

由“┐香草”可知，②的后件为假，则其前件也为假，可得：┐卡布基诺∧┐厚乳。

由“┐厚乳”可知，①的后件为假，则其前件也为假，可得：生椰。故E项正确。

13. A

【第1步　识别条件类型】

此题要求在方阵中填入相应的元素，易知此题为数独模型。

【第2步　套用母题方法】

此类题中，可优先根据“不重复原则”进行选项排除，再以“给出已知信息最多的行或列或特殊区域”作为解题突破口进行填写。

根据“每行、每列及每个由粗线条围住的六个小方格组成的区域均不重复”可知，①不能填入“氮”、②不能填入“氮”、③不能填入“氧”，故排除B、C、D项。

根据“每列不重复”可知，第六列均不能填入“氢”，再根据“每个由粗线条围住的六个小方格组成的区域均不重复”可知，①填入“氢”，故排除E项。

综上，A项正确。

14. D

【第 1 步　识别论证类型】

题干中出现两组对象的对比：

一直处于较短睡眠模式的人：失智风险更高；

同年龄段睡眠正常的人：失智风险更低；

故：中老年人适当增加睡眠时长有助于预防失智的发生。

本题由两组对比的实验，得出一个因果关系，故此题为现象原因模型(求异法型)。

【第 2 步　套用母题方法】

A 项，此项指出“每日睡眠时间过长”有危害，但题干论点中涉及的是“适当增加睡眠时长”，二者并不一致，故此项不能削弱研究者的观点。

B 项，此项仅说明为什么睡眠时间变短，没有指出睡眠时长与失智风险之间的关系，故此项不能削弱研究者的观点。

C 项，此项仅指出失智的重要风险因素，没有指出睡眠时长与失智风险之间的关系，故此项不能削弱研究者的观点。

D 项，此项指出失智与睡眠时长无关，因果无关(因果拆桥)，削弱研究者的观点。

E 项，无关选项，题干的论证对象是“中老年”，而此项的论证对象是“青少年”，论证对象不一致。

15. E

【第 1 步　识别条件类型】

题干由事实、假言命题、匹配关系组成，故此题为事实假言匹配模型。

【第 2 步　套用母题方法】

从事实出发，由“戊去了天和”并结合“只有一个人去天和”可知，己不去天和。

由“己不去天和”可知，(3)的后件为假，则其前件也为假，可得：乙不去风云，故乙去长今。

由“乙去长今”并结合(1)“甲和乙要去同一个地方”可得：甲去长今。

由(2)“丙和丁不能去同一个地方”可知，丙、丁只能一人去风云，另一人去长今，故剩余的己一定去风云，因此 E 项正确。

16. A

【第 1 步　识别论证类型】

题干：①杜绝“黑哨”→罚款 ∨ 取消裁判资格 ∨ 追究刑事责任；②罚款无效$\xrightarrow[\text{证明}]{}$如果不永久性地取消“黑哨”的裁判资格，就不可能杜绝令人深恶痛绝的“黑哨”现象。

题干中的论据是一个假言命题，故此题为演绎论证模型(假言论证)。

【第 2 步　套用母题方法】

由前提①、②可得：③杜绝“黑哨”→取消裁判资格 ∨ 追究刑事责任。

题干的结论：¬ 取消裁判资格→¬ 杜绝“黑哨”，等价于：④杜绝“黑哨”→取消裁判资格。

A 项，追究刑事责任→取消裁判资格。联合③可知：

情况 1：杜绝“黑哨”→取消裁判资格；情况 2：杜绝“黑哨”→追究刑事责任→取消裁判资格。

故必有：杜绝“黑哨”→取消裁判资格，从而得到题干的结论。故 A 项正确。

B 项，无关选项，题干不涉及大型赛事的赌金是否有上限。

C项，无关选项，题干不涉及“黑哨”是否违法。

D项，无关选项，题干不涉及对裁判的罚金是否有上限。

E项，无关选项，题干不涉及“黑哨”出现的场合。

17. C

【第1步 识别论证类型】

题干问题“该保护手套的作用”中的“作用”一词表示目的，故此题为措施目的模型。

题干：使用完全套至指根的保护手套(措施)$\xrightarrow{\text{以求}}$防止指根随着伤势的愈合黏结起来、再次手术(目的)。

【第2步 套用母题方法】

A项，由题干无法得知保护手套的透气性如何，如果保护手套的透气性好则此项支持题干，如果保护手套的透气性差则削弱题干。(干扰项·两可选项)

B、D项，均说明实施此措施有一些困难之处，但这不代表无法实施，故不能削弱题干。(干扰项·存在难度)

C项，措施有副作用，说明使用此手套会对手指造成新的伤害，削弱题干。

E项，无关选项，题干只涉及对“手指”的保护，不涉及“脚趾”。(干扰项·对象不一致)

18. C

【第1步 识别条件类型】

题干由数量关系(8选5)和假言命题组成，故此题为数量假言模型。

【第2步 套用母题方法】

(1)将题干符号化。

①戊∨丙→┐乙。

②丁→┐己∧庚。

③甲∨庚→辛。

④辛→丙。

(2)串联找矛盾。

由②、③、④和①串联可得：丁→┐己∧庚→甲∨庚→辛→丙→戊∨丙→┐乙。

逆否可得：乙→┐戊∧┐丙→┐丙→┐辛→┐甲∧┐庚→己∨┐庚→┐丁。

若“乙”为真，则戊、丙、辛、甲、庚、丁6个车间均不选择，与“8选5”矛盾。因此，“乙”为假，即：“┐乙”为真。

若“┐丙”为真，则丙、辛、甲、庚、丁5个车间均不选择，与“8选5”矛盾。因此，“┐丙”为假，即：“丙”为真。

若“┐辛”为真，则辛、甲、庚、丁4个车间均不选择，与“8选5”矛盾。因此，“┐辛”为假，即：“辛”为真。

故C项正确。

19. C

【第1步 找到待解释的现象】

待解释的现象：仿制药物和拥有商标的原创药物在活性成分上既相同又等量，但是，仿制药物和拥有商标的原创药物在病人身上所体现出来的效果，又存在着一些重要的不同之处。

【第2步 套用母题方法】

A项，无关选项，题干涉及的是仿制药物的效果，而此项涉及的是法律规定。(干扰项·话题不一致)

B项，无关选项，题干涉及的是仿制药物的效果，而此项涉及的是医生的开药情况。(干扰项·话题不一致)

C项，此项说明仿制药物和原创药物的填充物和没有活性的成分存在不同，这些不同影响了药物的效果，可以解释题干中的矛盾。

D项，无关选项，题干涉及的是仿制药物的效果，而此项涉及的是仿制药物的价格。(干扰项·话题不一致)

E项，无关选项，题干没有涉及年轻人和老年人的对比。(干扰项·比较不一致)

20. D

【第1步 识别条件类型】

题干由数量关系(7选4)和假言命题组成，故此题为<u>数量假言模型</u>。

【第2步 套用母题方法】

题干有以下信息：

①A→┐B。

②B∨D，等价于：┐B→D。

③A∧┐C→┐G。

④┐E∨┐F。

⑤C→┐D。

由①、②和⑤串联可得：A→┐B→D→┐C。可见，若A入选，则C不入选，此时，结合③可得：┐G。

综上，在A入选的情况下，B、C、G三人均不入选；再结合④可知，至少有4人不入选，与"7选4"矛盾。因此，A不入选。故D项正确。

21. E

【第1步 识别条件类型】

题干由事实、半事实、数量关系和假言命题组成，故此题为<u>事实半事实数量假言模型</u>。

【第2步 套用母题方法】

此题中，数量关系为"11选6"，故无须再另外计算。

<u>从事实出发，</u>由"己未被提拔"并结合条件(4)可得：戊∧庚。

由"戊"可知，条件(1)的前件为真，则其后件也为真，可得：┐甲∧┐癸。

此时，甲、癸、己、子4人均不被提拔。

<u>从"半事实"出发，进行分类讨论：</u>

由条件(3)可知，有如下两种情况：①丁∧辛；②┐丁∧┐辛。

若②为真，此时共有6人不被提拔，与"11选6"矛盾。因此，②为假、①为真，即：丁∧辛。

综上，E项正确。

22. B

【第1步 识别条件类型】

同上题相同。

【第2步 套用母题方法】

此题中，数量关系为“11选6”，故无须再另外计算。

从事实出发，由“戊被提拔”并结合条件(4)可得：己∨庚。

由“戊被提拔”还可知，条件(1)的前件为真，则其后件也为真，可得：¬甲∧¬癸。

若“乙和壬同时不被提拔”为真，结合条件(2)可得：¬丙∧¬子。此时，乙、壬、甲、癸、丙、子、己、庚8人中有7人不被提拔，与“11选6”矛盾。故，乙和壬并非同时不被提拔。

此时，有如下3种情况：①乙∧壬；②¬乙∧壬；③乙∧¬壬。

若②或者③为真，结合“¬甲∧¬癸”“己∨庚”“11选6”可得：丙、丁、戊、辛、子5人中只有1人不被提拔。再结合条件(3)可得：丁∧辛。

若①为真，结合条件(2)可得：¬丙∧¬子。再结合“¬甲∧¬癸”“己∨庚”“11选6”可得：乙、丁、戊、辛、壬均被提拔。

综上，丁和辛一定被提拔。故B项正确。

23. B

【第1步 识别条件类型】

题干的提问方式为“以下哪个推理与上述推理有相同的逻辑错误?”，且题干能进行符号化，故此题为推理结构相似题。先将题干符号化，再将选项与题干一一对应即可解题。

【第2步 套用母题方法】

题干：或者是出于该企业的道德良心(A)，或者是担心受到处罚(B)，恒天然乳业集团担心因为不能及时处理食品安全问题而受到严厉处罚(B)。由此可见，恒天然自曝家丑并非真的出于企业的道德良心(¬A)。

将题干符号化：A∨B，B，因此，¬A。

A项，¬(A∧B)，因此，¬A∧B。与题干不一致。

B项，A∨B，B，因此，¬A。与题干一致。

C项，A→B，因此，¬B→C。与题干不一致。

D项，A→B，因此，¬A→¬B。与题干不一致。

D项，A∨B，¬A，因此，B。与题干不一致。

24. D

【第1步 识别论证类型】

题干：美国车的买主在汽油上的花费要远高于进口汽车的买主$\xrightarrow{\text{证明}}$美国的汽车工业在和外国汽车制造商的竞争中会失去很大一部分国内市场。

题干论据中的核心概念是“在汽油上的花费”，论据中的核心概念是“会失去很大一部分国内市场”，故此题为拆桥搭桥模型(前后型)。

【第2步 套用母题方法】

A项，此项说明是否买车取决于车辆的驾乘感受，拆桥法，削弱题干。

B项，无关选项，题干不涉及“美国汽车”和“进口汽车”最高时速的比较。(干扰项·比较不一致)

C项，无关选项，题干并未涉及美国汽油价格变化的趋势。

D项，此项建立起了“汽油花费”和“买车”之间的联系，搭桥法，必须假设。

E项，无关选项，欧洲境内的美国汽车销量与美国汽车在本土的销售情况无关。

25. D

【第1步 识别论证类型】

锁定关键词“主要原因是”，可知此题为现象原因模型。

题干：在过去的十年中，美国年龄在85岁或以上的人口数开始大量增长，主要原因是，这些人在脆弱的孩提时期享受到了美国良好的健康医疗照顾。

【第2步 套用母题方法】

A项，父母寿命低于65岁，无法解释为什么年龄85岁或85岁以上的人会增加，无关选项。

B项，无关选项，题干不涉及不同年龄组出生人数的比较。(干扰项·比较不一致)

C项，无关选项，题干的论证只涉及寿命，不涉及是否需要护理。(干扰项·话题不一致)

D项，指出美国很多85岁以上的人是在20岁或20岁以后才移民至美国的，那么他们在孩提时期并没有享受到美国良好的医疗照顾，否因削弱。

E项，联邦政府用于怀孕妇女和儿童的医疗护理的资金减少(无因)，美国公民的寿命有可能会缩短(无果)，支持题干。

26. E

【第1步 识别条件类型】

题干由事实、假言命题和匹配关系组成，故此题为事实假言匹配模型。

【第2步 套用母题方法】

从事实出发，由“不同年级的老师薪资是不同的”并结合条件(1)可得：¬赵初三。

由“¬赵初三”可知，条件(4)的前件为真，则其后件也为真，可得：¬吴高三∧周高二。

由“¬吴高三”可知，条件(3)的前件为真，则其后件也为真，可得：钱初一∧¬吴初二。

由“钱初一”可知，条件(2)的后件为假，则其前件也为假，可得：李高一∨周高一。

由“李高一∨周高一”并结合“周高二”可得：李高一。

综上，结合“每位心理辅导老师选择1个年级，每个年级只有1位心理辅导老师选择”可得：吴初三。故E项正确。

27. C

【第1步 识别条件类型】

题干已知“上述四句话中只有一真”，故此题为真假话模型。

【第2步 套用母题方法】

题干有以下信息：

①巴西半决赛∨¬阿根廷决赛。

②¬摩洛哥半决赛∨¬克罗地亚半决赛。

③¬巴西半决赛∨¬法国半决赛。

④巴西四强(即：巴西半决赛)∨¬法国亚军。

(1)找矛盾。

题干中无矛盾关系。

(2)找下反对关系或推理关系。

①和③为下反对关系，至少一真。再结合“上述四句话中只有一真”可知，②和④均为假。

(3)推出结论。

由“②为假”可得：摩洛哥半决赛∧克罗地亚半决赛。

由“④为假”可得：¬巴西半决赛∧法国亚军。

由“¬巴西半决赛”可知，③为真，故①为假。

由“①为假”可得：¬巴西半决赛∧阿根廷决赛。

由“阿根廷决赛”并结合“法国亚军”可得：阿根廷冠军。

故C项正确。

28. B

【第1步　识别论证类型】

题干：微软公司在全体员工远程办公的情况下，员工与其他团队同事的联系会减少，与跨团队工作的同事的共事时间也会缩减，因此，对任一公司而言，远程办公可能会减少跨团队协作的机会。

题干中论据涉及的是“联系减少、共事时间缩减”，论点涉及的是“减少跨团队协作机会”，故此题为拆桥搭桥模型(前后型)。

此外，题干论据中的对象是“微软公司”，论点中的对象是“任一公司”，前者是后者的子集，故此题也为归纳论证模型。

【第2步　套用母题方法】

A项，无关选项，此项说明了远程办公的好处，但不涉及“共事时间”对跨团队协作的影响。

B项，此项说明“跨团队协作机会”和“跨团队工作的同事的共事时间”之间并无联系，拆桥法，削弱题干。

C项，此项说明“微软公司”能代表其他公司，即：样本有代表性，支持题干。

D项，此项说明远程办公并未削减跨团队员工之间的联系，削弱题干的论据，而本题要求削弱科学家的观点(即论点)，故此项削弱力度较弱。

E项，无关选项，题干并未讨论团队协作的好处。

29. E

【第1步　识别条件类型】

题干由数量关系、假言命题和匹配关系组成，故此题为数量假言匹配模型。

【第2步　套用母题方法】

(1)数量关系优先算。

由“每位产品专员只直播一天，每天安排1～3位产品专员”和条件(1)可知，周二和周四安排了2位专员，周一安排了3位专员、周三安排了1位专员。

再结合总人数为9可知，周五安排了1位专员。

(2)假言命题做串联。

题干中的假言命题可表示如下：

①¬ 戊周一∨¬ 己周一→甲周三∧丁周二。
②丁周二∨丁周三∨辛周二∨辛周三→壬周四∧庚周五。
③乙周四∨壬周四∨乙周二∨壬周二→丙周三∧¬ 戊周二。
串联找矛盾，由①、②和③串联可得：¬ 戊周一∨¬ 己周一→甲周三∧丁周二→丁周二∨丁周三∨辛周二∨辛周三→壬周四∧庚周五→乙周四∨壬周四∨乙周二∨壬周二→丙周三∧¬ 戊周二。
可见，由“¬ 戊周一∨¬ 己周一”出发推出“甲周三∧丙周三”，这与“周三安排了1位专员”矛盾。因此，“¬ 戊周一∨¬ 己周一”为假，即：“戊周一∧己周一”为真。
故E项正确。

30. B

【第1步 识别条件类型】
“丙安排在周一”是事实，其他已知条件同上题一致，故此题为事实数量假言匹配模型。
【第2步 套用母题方法】
引用上题推理结果：戊周一∧己周一、周二和周四安排了2位专员，周一安排了3位专员、周三安排了1位专员、周五安排了1位专员。
从事实出发，由“丙被安排在周一”可知，③的后件为假，则其前件也为假，可得：¬ 乙周四∧¬ 壬周四∧¬ 乙周二∧¬ 壬周二。
由“¬ 壬周四”可知，②的后件为假，则其前件也为假，可得：¬ 丁周二∧¬ 丁周三∧¬ 辛周二∧¬ 辛周三。
由“¬ 乙周四∧¬ 壬周四∧¬ 乙周二∧¬ 壬周二”“戊周一∧己周一∧丙周一”和“周一安排了3位专员”可知，乙、壬被安排在周三和周五(具体情况不定)。
由“乙、壬被安排在周三和周五”结合“周三安排了1人、周五安排了1人”可知，丁和辛均不被安排在周五。
由“丁和辛均不被安排在周五”结合“¬ 丁周二∧¬ 丁周三∧¬ 辛周二∧¬ 辛周三”可知，丁和辛被安排在周四。
综上，甲和庚被安排在周二。
故B项正确。

396 经济类联考逻辑 ▸ 模拟卷 1

（共 20 题，每小题 2 分，共 40 分，限时 40 分钟）

说明：难度中上，请限时 40 分钟答题。

1. 今年以来，我国吸收外资保持稳定增长，但受到疫情等因素影响，稳外资形势仍然复杂严峻。只有抓紧推出促进制造业引资、设立外资研发中心等新一批稳外资政策，才能加强全流程服务和全方位保障。如果政府大力支持、鼓励国家级经开区等平台的开发，则能更好地发挥引资带动作用。只有发挥外资协调机制重点外资项目工作专班作用，才能推动外资项目落地。
根据以上陈述，可以得出以下哪项？
A. 只有发挥外资协调机制重点外资项目工作专班作用，才能实现外资项目落地。
B. 如果政府不大力支持、鼓励国家级经开区等平台的开发，那么无法加强全流程服务和全方位保障。
C. 抓紧推出促进制造业引资、设立外资研发中心等新一批稳外资政策，一定能够加强全流程服务和全方位保障。
D. 若不能发挥外资协调机制重点外资项目工作专班作用，则无法推动外资项目落地。
E. 如果加强全流程服务和全方位保障，则能更好地发挥引资带动作用。

2. 牙刷按棕毛的硬度分为软、硬两种。如何合理地选择和使用牙刷以减少牙垢，科研人员做了以下测试。被测试者分为人数相等的 2 组，每天刷牙 2 次，所用牙刷不更换。第一组使用软棕牙刷，第二组使用硬棕牙刷。半年后，比较被测试者新形成的牙垢，第一组的明显较少，而第二组不见明显减少。因此，为了减少牙垢的形成，选择软棕牙刷比选择硬棕牙刷较为合理。
以下哪项如果为真，最能支持上述测试结果的结论？
A. 在保洁产品的市场里，软棕牙刷的价格往往比硬棕牙刷要贵 2 至 3 倍。
B. 软棕牙刷和硬棕牙刷都需要定期进行保洁消毒。
C. 软棕牙刷由于硬度较低，对于牙齿的伤害是比硬棕牙刷小。
D. 第二组测试者比第一组测试者更喜欢饮用碳酸饮料和食用甜点。
E. 2 组参与实验的测试者的饮食习惯和实验前的口腔健康情况都在同一个水平。

3. 沪海市纺织协会近期将举办一场学术交流会议，为保证此次学术交流的质量，邀请了华东大学纺织学院赵嘉、钱宜、孙斌、李玎、周武、吴纪、郑庚、王新八位教授中的一人或者多人，已知：
(1)如果赵嘉和吴纪均不邀请，则邀请孙斌但不邀请王新。
(2)如果钱宜和孙斌中至多邀请一人，则一定不邀请吴纪。
(3)如果赵嘉和孙斌中至少有一人邀请，则一定邀请郑庚和周武。
(4)李玎和周武要么都邀请，要么都不邀请。
若最终邀请了王新，则一定还邀请：
A. 周武和钱宜。　　B. 李玎和郑庚。　　C. 赵嘉和孙斌。
D. 吴纪和周武。　　E. 郑庚和钱宜。

4. 一家石油公司进行了一项关于石油泄漏对环境影响的调查，并得出结论：石油泄漏区域水鸟的存活率为95%。这项对水鸟的调查委托给了最近一次石油泄漏地区附近的一家动物医院，据调查称，受污染的20只水鸟中只有1只死掉了。
如果以下陈述为真，则哪一项将对该调查的结论提出最严重的质疑？
A. 许多幸存的被污染的水鸟受到严重伤害。
B. 大部分受影响的水鸟是被浮在水面上的石油所污染的。
C. 极少数受污染的水鸟在再次被石油污染后被重新送回动物医院。
D. 石油泄漏区域内几乎所有受伤的水鸟都被送到了动物医院。
E. 只有那些看起来还能活下去的受污染的水鸟才会被送进动物医院。

5. 赵、钱、孙、李和周五人聚在一起玩“斗地主”，每一局只能三个人玩。以下是游戏规则：
①没有人可以连续玩三局。
②没有人可以连续两局不玩。
③每个人都必须玩三局。
④赵、孙和李玩第一局。
⑤钱、李和周玩第二局。
根据以上信息，下列哪一位一定玩第四局？
A. 赵。 B. 钱。 C. 孙。
D. 李。 E. 周。

6. 某公司甲、乙、丙、丁四位高层计划前往公司总部参与季度会，但由于业务需要，需要有高层留守公司主持工作，关于是否前往公司总部参与季度会，甲、乙、丙、丁四人表达了以下观点：
甲说：或者乙参加季度会，或者我参加季度会。
乙说：除非丙不参加季度会，否则我不参加季度会。
丙说：无论丁会不会参加季度会，我都参加季度会。
丁说：如果甲或乙参加季度会，我就参加季度会。
假设上述观点均为真，可以推出以下哪项为真？
A. 乙、丙都参加季度会了。
B. 甲和乙都参加季度会了。
C. 甲、丙、丁都参加季度会了。
D. 四个人都参加季度会了。
E. 只有一个人参加季度会了。

7. 山东儿童医院的医生最近在参与一项“手拉手”公益活动。有些经常志愿献血的医生为经济困难的儿童捐款。凡是为经济困难的儿童捐过款的医生，均与贫困家庭结成了帮困对子。因此，经常志愿献血的医生都是山东省年度好医生。
以下哪项如果为真，最能反驳上述结论？
A. 有些给贫困儿童买学习用品的医生没有志愿献血。
B. 有些给贫困儿童买学习用品的医生经常志愿献血。
C. 所有与贫困家庭结成帮困对子的医生都没被评为山东省年度好医生。
D. 有些经常志愿献血的医生和贫困家庭结成了帮困对子。
E. 有的山东省年度好医生没有经常志愿献血。

8. 恋爱是人类社会普遍存在的现象，它能引起神经内分泌状态、神经功能及外显行为的广泛变化，对个体的行为和情绪均有影响。从20世纪90年代开始，恋爱就已经成为心理学、认知神经科学、神经生物学等多个学科研究、关注的焦点。生活中，我们经常会听到这样的说法：恋爱使人变傻，催生出无数“幸福而愚蠢的女人和男人”。但近期有研究表明：恋爱不仅不会使智商下降，反而还能给智力带来很多积极效应。

以下选项如果为真，最能支持研究人员结论的是：

A. 恋爱使人体内的催产素升高，而催产素能增加信任程度，这就表明恋爱可能会激发更多的合作行为。

B. 恋爱会导致杏仁核活动受到抑制，使人的警觉性下降，但是对人的智力不会造成任何的影响。

C. 和女友甜蜜的爱情激发了薛定谔无限的灵感，在随后的一年中，他的智慧爆棚，推导出薛定谔方程。

D. 某科学家研究发现，恋爱能抑制与社会判断、负性情绪有关的脑区活动，导致“情人眼里出西施”。

E. 经过对100对恋人和200个单身人员的调查发现，恋爱的人比不恋爱的人更容易受到情绪的影响。

9. 为丰富战队文化，“剑来——GNR”电子竞技俱乐部应联盟要求，计划在“维尼熊”“加菲猫”“杰尼龟”“小飞狗”“猪猪侠”“海绵宝宝”六个角色中选取一个作为俱乐部吉祥物，现在该俱乐部三名选手对此作出以下提议：

甲：“维尼熊”“猪猪侠”都不适合。

乙：在“杰尼龟”“猪猪侠”和“小飞狗”仅选一个。

丙：若不选择“加菲猫”，则一定选择“海绵宝宝”。

若只有一人的提议被采纳，则以下哪个角色被该俱乐部选中？

A.“猪猪侠”。 B.“加菲猫”。 C.“维尼熊”。

D.“杰尼龟”。 E.“海绵宝宝”。

10. 某市拟修建一条地铁线路，沿途设有：富强站、民主站、和谐站、自由站、文明站、公正站。关于各地铁站点的安排顺序还需遵循以下要求：

(1)富强站和自由站相邻，并且自由站安排在第三个。

(2)文明站不在第一个，就在最后一个。

(3)富强站与和谐站之间间隔一个站。

(4)民主站和公正站不是换乘站，一定要相邻。

根据上述要求，以下哪项一定为真？

A. 民主站在第五个。

B. 和谐站在第六个。

C. 公正站在第五个。

D. 文明站在第一个。

E. 富强站在第四个。

11. 一般商品只有在多次流通过程中才能不断增值，但艺术品作为一种特殊商品却体现出了与一般商品不同的特性。在拍卖市场上，有些古玩、字画的成交价有很大的随机性，往往会直接受到拍卖现场气氛、竞价激烈程度、买家心理变化等偶然因素的影响，成交价有时会高于底价几十倍乃至数百倍，使得艺术品在一次"流通"中实现大幅度增值。

以下哪项最无助于解释上述现象？

A. 艺术品的不可再造性决定了其交换价格有可能超过其自身价值。

B. 不少买家喜好收藏，抬高了艺术品的交易价格。

C. 有些买家就是为了炒作艺术品，以期获得高额利润。

D. 虽然大量赝品充斥市场，但对艺术品的交易价格没有什么影响。

E. 国外资金进入艺术品拍卖市场，对价格攀升起到了拉动作用。

12. 旧式的美国汽车被认为是空气的严重污染者，美国所有州都要求这种车通过尾气排放标准检查，不合格的车辆将被禁止使用，其车主会被要求购买新车驾驶。所以，这种旧式美国汽车对全球大气污染的危害在未来将会消失。

以下哪项如果为真，则能够对上述论证构成最严重的质疑？

A. 我们不可能把一个州或一个国家的空气分隔开来，因为空气污染是个全球问题。

B. 由于技术的革新，现在的新车开旧后不会像以前的旧车那样造成严重的空气污染。

C. 在非常兴旺的旧车市场上，旧式的美国汽车被出口到没有尾气排放限制的国家。

D. 在美国，要求汽车通过尾气检查的法令在个别州的执行情况不尽如人意。

E. 尽管旧式汽车被停止使用，但空气污染仍然会因为汽车总数的增加而加重。

13. 喵喵屋商店最近做年中促销活动，准备从泡面、可乐、薯片、虾条、果冻、话梅、辣条 7 种零食饮料中挑选 4 种组成一个零食福袋，作为给顾客的回馈礼物。根据平时各个零食的售卖情况，挑选必须满足下列条件：

(1)如果选择了果冻，则薯片也要选择。

(2)除非可乐放进福袋里，否则辣条不能放进福袋。

(3)或者选择泡面，或者选择可乐，二者必居其一。

(4)果冻和话梅中至少要选择一个，但不能都选择。

根据以上陈述，以下哪些小零食一定会被放进福袋里？

A. 可乐或辣条。　　B. 果冻或辣条。　　C. 薯片或虾条。

D. 薯片或果冻。　　E. 可乐或果冻。

14. 甲、乙、丙、丁 4 人准备去旅游。为更好享受旅途，他们决定四人一同前往。关于旅游的目的地，四人的意愿如下：

甲：并非西安和三亚去并且只去一个。

乙：如果去拉萨或不去洱海，则去西安。

丙：除非不去拉萨，否则西安和三亚至少去一个。

丁：如果不去张家界，就去洱海。

若最终只有乙的意见未被采纳，则以下哪项是他们的目的地？

A. 西安。　　B. 洱海。　　C. 三亚。

D. 张家界。　　E. 拉萨。

15. 下方是一个 4×4 的方阵，共有 16 个小方格，每个小方格中均可填入一个词。现要求该方阵中的每行、每列均含有“英国”“法国”“挪威”“德国”4 个词，不能重复也不能遗漏。

①	②	③	④
法国		德国	
英国	法国		
			挪威

根据以上信息，该方阵中①、②、③、④处依次填入的词应是：

A. 英国、法国、挪威、德国。
B. 挪威、英国、法国、德国。
C. 挪威、德国、英国、法国。
D. 德国、英国、法国、挪威。
E. 英国、法国、德国、挪威。

16. 一次同乡会，李明、王刚、张波都在不同的岗位上工作，他们三个人的职业分别是警察、医生和律师。另外，他们分别来自东湖、西岛、南山三个村子，已知：

①医生称赞来自南山村的同乡身体健康。
②来自西岛村的与警察合了一张影。
③医生和来自西岛村的都喜欢打篮球。
④王刚跟来自东湖村的互留了联系方式。
⑤来自西岛村的和王刚、张波都没有联系过。

如果以上陈述为真，那么以下哪项也一定为真?

A. 李明是警察，西岛村人。
B. 王刚是医生，南山村人。
C. 张波是警察，东湖村人。
D. 李明是律师，西岛村人。
E. 王刚是医生，西岛村人。

17. 一位花匠准备从 P、Q、R、S、T、U、V7 种花中选择 5 种，任何 5 种花的组合必须满足以下条件：

(1)如果选用 P，那么不能选用 T。
(2)如果选用 Q，那么也必须选用 U。
(3)如果选用 R，那么也必须选用 T。

以下哪项是可以接受的花的选择组合?

A. P、Q、S、T、U。
B. P、Q、R、U、V。
C. Q、R、S、U、V。
D. Q、R、S、T、U。
E. Q、R、S、T、V。

18. 根据世界各国的媒体报道，近年来，世界范围内火灾频发，同一时期，一些在草地和树木上觅食的食草动物也灭绝了。因此，研究者认为动物灭绝导致了火灾频发。

以下哪项如果为真，不能支持研究者的观点？

A. 食草动物灭绝情况严重的地区，火灾范围更大，频率也更高。

B. 食草动物的灭绝造成很多肉食动物的食物来源剧减，引起整个草原的生态破坏。

C. 食草动物的进食行为会减少可燃物的数量，避免了火灾的发生。

D. 1 万年前—6000 年前大型动物消亡后，全球火灾发生次数比 1 万年前的多。

E. 虽然全球气温在不断上升，但是依旧没能达到可以引燃森林的温度。

19～20 题基于以下题干：

某高铁线路上设有“东川”“西京”“南威”“北安”“中海”5 个车站，该线路上有“东月号”“西水号”“南金号”“北火号”“中木号”“复合号”6 趟车运行。每趟车至少停靠 2 个站台，每站恰好有 3 趟车停靠，并且每趟车所停靠的车站与列车名称的第一个字不相同。已知：

(1)除非“中木号”不停靠“西京”，也不停靠“北安”，否则它停靠“中海”。

(2)如果“西水号”停靠“南威”，则“中木号”不停靠“东川”。

(3)如果停靠“东川”，则不停靠“中海”。

(4)除非“西水号”停靠“东川”，否则它不停靠“北安”。

(5)如果“北火号”停靠“南威”，那么“南金号”也停靠“南威”。

19. 根据上述信息，可以得出以下哪项？

A.“东月号”停靠“西京”。

B.“西水号”停靠“南威”。

C.“南金号”停靠“北安”。

D.“复合号”停靠“南威”。

E.“北火号”停靠“东川”。

20. 如果“北火号”停靠了“东川”，并且它和“复合号”只停靠了其中 2 个站台，则以下哪项一定为真？

A.“东月号”停靠了 3 个站台。

B.“南金号”停靠了 4 个站台。

C.“东月号”和“复合号”都停靠了“中海”。

D.“北火号”和“复合号”都停靠了“西京”。

E. 有两个站台“南金号”和“西水号”都没停靠。

396 经济类联考逻辑 ▸ 模拟卷 1

答案详解

答案速查

1～5 DEBED	6～10 CCCAD
11～15 DCCDC	16～20 DDBDC

1. D

【第 1 步 识别条件类型】

题干中出现多个假言命题，选项均为假言命题，故此题为假言推假言模型。

【第 2 步 套用母题方法】

题干中的假言命题没有重复元素，故无法串联，可使用三步解题法解题。

(1)画箭头。

①加强全流程服务和全方位保障→抓紧推出政策。

②支持、鼓励国家级经开区等平台的开发→引资带动。

③推动外资项目落地→发挥专班作用。

(2)逆否。

题干的逆否命题为：

④¬ 抓紧推出政策→¬ 加强全流程服务和全方位保障。

⑤¬ 引资带动→¬ 支持、鼓励国家级经开区等平台的开发。

⑥¬ 发挥专班作用→¬ 推动外资项目落地。

(3)找答案。

A项，实现外资项目落地→发挥专班作用，题干不涉及“实现外资项目落地”，故此项可真可假。(注意，题干条件为“推动”而此项为“实现”，两者并非同一概念)

B项，¬ 支持、鼓励国家级经开区等平台的开发→¬ 加强全流程服务和全方位保障，根据箭头指向原则、由⑤可知，“¬ 支持、鼓励国家级经开区等平台的开发”后无箭头指向，故此项可真可假。

C项，抓紧推出政策→加强全流程服务和全方位保障，根据箭头指向原则、由①可知，“抓紧推出政策”后无箭头指向，故此项可真可假。

D项，¬ 发挥专班作用→¬ 推动外资项目落地，等价于⑥，可以推出。

E项，加强全流程服务和全方位保障→引资带动；题干不涉及“加强全流程服务和全方位保障”与“引资带动”之间的推理关系，故此项可真可假。

2. E

【第 1 步 识别论证类型】

题干：

第一组：软棕牙刷；

第二组：硬棕牙刷；

半年后，第一组新形成的牙垢的明显较少，而第二组新形成的牙垢不见明显减少；

所以，为了减少牙垢的形成，选择软棕牙刷比选择硬棕牙刷较为合理。

题干通过两组对象的对比实验，得出一个因果关系，故此题为现象原因模型(求异法型)。

【第2步　套用母题方法】

A项，无关选项，题干不涉及软棕牙刷与硬棕牙刷价格的比较。(干扰项·比较不一致)

B项，无关选项，题干不涉及牙刷是否需要定期保洁消毒。

C项，无关选项，题干不涉及软棕牙刷与硬棕牙刷对牙齿伤害的比较。(干扰项·比较不一致)

D项，指出是饮食习惯的差异导致了新形成的牙垢的差异，另有差因，削弱题干。

E项，排除2个组的测试者饮食习惯和口腔健康情况成绩不同的可能，排除差因，支持题干。

3. B

【第1步　识别条件类型】

题干由事实和假言命题组成，故此题为事实假言模型。

【第2步　套用母题方法】

从事实出发，由“邀请了王新”可知，条件(1)的后件为假，则其前件也为假，可得：赵嘉∨吴纪。

再从半事实“赵嘉∨吴纪”出发，分类讨论：

情况1：邀请赵嘉，但不邀请吴纪。

若“邀请赵嘉”，则条件(3)的前件为真，则其后件也为真，可得：郑庚∧周武。

情况2：邀请吴纪，但不邀请赵嘉。

若“邀请吴纪”，条件(2)的后件为假，则其前件也为假，可得：钱宜∧孙斌。

由“孙斌”可知，条件(3)的前件为真，则其后件也为真，可得：郑庚∧周武。

由上述推理结果可知，情况3：同时邀请赵嘉和吴纪时，也一定邀请郑庚和周武。

综上所述，一定会邀请郑庚和周武。

由“邀请周武”结合条件(4)可得：李玎。

故B项正确。

4. E

【第1步　识别论证类型】

石油公司：动物医院调查称，受污染的20只水鸟中只有1只死掉了 $\xrightarrow{\text{证明}}$ 石油泄漏区域水鸟的存活率为95%。

题干由调查的样本情况，得出关于整个石油泄漏区域的情况，故此题为归纳论证模型。

【第2步　套用母题方法】

A项，无关选项，此项仅说明存活的水鸟受到严重伤害，但并未提及此类鸟的存活率。(干扰项·话题不一致)

B项，无关选项，此项仅说明大部分受影响的水鸟是被石油所污染的，但并未提及水鸟的存活率。(干扰项·话题不一致)

C项，无关选项，题干的论证不涉及"被重新送回动物医院"的水鸟所占的比例。

D项，此项说明样本具有代表性，支持题干。

E项，此项说明被送进动物医院中的水鸟是存活可能性更高的水鸟，样本没有代表性，削弱题干。

5. D

【第1步　识别条件类型】

题干中出现"5个人"与"4局游戏"的匹配，故此题为数量匹配模型。

【第2步　套用母题方法】

找重复元素，可知"李"出现的次数最多，故优先分析。

由①、④、⑤可知，李连续玩了两局，故李第三局不玩。

再由②可知，李第三局不玩，第四局一定玩。

故D项正确。

6. C

【第1步　识别条件类型】

题干由事实和假言命题组成，故此题为事实假言模型。

【第2步　套用母题方法】

将题干信息符号化：

①乙∨甲，等价于：¬甲→乙，还等价于：¬乙→甲。

②丙→¬乙。

③丙。

④甲∨乙→丁。

从事实出发，由③结合②可得：¬乙。

由"¬乙"结合①可得：甲。

由"甲"可知，④的前件为真，则其后件也为真，可得：丁。

综上，甲、丙、丁三人参加季度会。故C项正确。

7. C

【第1步　识别条件类型】

题干由两个前提和一个结论组成，要求"最能反驳上述结论"，故此题为反驳三段论模型。

【第2步　套用母题方法】

(1)将题干中的前提符号化。

前提①：有的献血医生→捐款。

前提②：捐款→结成了帮困对子。

(2)将题干中的前提进行串联。

由前提①、②串联可得：③有的献血医生→捐款→结成了帮困对子。

(3)写题干结论的矛盾命题。

题干的结论为：献血医生→山东省年度好医生。

题干结论的矛盾命题为：有的献血医生→¬山东省年度好医生。

(4)补充从前提到题干结论的矛盾命题的箭头，从而反驳题干的结论。

易知，补充前提④：结成了帮困对子→┐山东省年度好医生。

即可与③串联得：有的献血医生→捐款→结成了帮困对子→┐山东省年度好医生，从而得到：有的献血医生→┐山东省年度好医生。

故补充的前提④就是答案，即：所有与贫困家庭结成帮困对子的医生都没被评为山东省年度好医生，因此C项正确。

8. C

【第1步 识别论证类型】

研究表明：恋爱(主语)不仅不会使智商下降，反而还能给智力带来很多积极效应(宾语)。

本题题干中研究人员的观点没有明确的论据，只是提出了一种观点，且提问方式为“最能支持研究人员的结论”，故此题为拆桥搭桥模型(主宾型)。

【第2步 套用母题方法】

A项，无关选项，此项只能说明恋爱可能会激发更多的“合作行为”，但不直接涉及“智力”。(干扰项·话题不一致)

B项，削弱题干，此项说明恋爱对人的智力不会造成任何的影响，因此也不会给智力带来很多积极效应，否定题干的论点。

C项，此项说明恋爱对薛定谔的智力产生了积极影响，例证法，支持题干。

D项，无关选项，此项说明了恋爱能够影响“脑区活动”，但不涉及恋爱对“智力”的影响。

E项，无关选项，此项说明了恋爱对“情绪”的影响，但不涉及恋爱对“智力”的影响。

9. A

【第1步 识别条件类型】

题干已知“三个断定中只有一真”，故此题为真假话模型。

【第2步 套用母题方法】

题干有以下信息：

①┐维尼熊∧┐猪猪侠。

②杰尼龟、猪猪侠、小飞狗中仅选1个。

③加菲猫∨海绵宝宝。

(1)找矛盾。

题干中无矛盾关系，根据“只有一真”，找题干中的下反对关系或推理关系。

(2)找其他对当关系。

观察题干信息可知，③和①是推理关系。若③为真，则①也为真，与“只有一真”矛盾，因此，③为假。

(3)推出结论。

根据③为假可得：④┐加菲猫∧┐海绵宝宝。

综上，可知要么①为真，要么②为真。

若①为真，结合④可得：┐加菲猫∧┐海绵宝宝∧┐维尼熊∧┐猪猪侠；再根据“六个角色中选取一个”可知，当选的角色为“杰尼龟”或“小飞狗”，此时，②也为真，与“只有一真”矛盾。因此，①为假，②为真。

由①为假可得：维尼熊∨猪猪侠；因此，“加菲猫”“杰尼龟”“小飞狗”“海绵宝宝”均未入选。再结合②为真可知，“猪猪侠”被选中。故A项正确。

10. D

【第1步 识别条件类型】

题干出现一字排列，且题干中出现相邻元素，故此题为方位匹配模型。

【第2步 套用母题方法】

条件(1)、(3)和(4)均为特殊位置关系，但条件(1)中包含确定事实，故优先考虑。由“自由站安排在第三个”结合“富强站和自由站相邻”可知，富强站在第二个或者第四个，可分类讨论。

情况1：富强站在第二个。

由“富强站在第二个”结合条件(3)可知，和谐站在第四个。由上述信息可得下表：

第一个	第二个	第三个	第四个	第五个	第六个
	富强站	自由站	和谐站		

由上表结合条件(4)可知，民主站和公正站在第五个、第六个。进而可得：文明站在第一个。

情况2：富强站在第四个。

由“富强站在第四个”结合条件(3)可知，和谐站在第二个或者第六个。由上述信息可得下表：

	第一个	第二个	第三个	第四个	第五个	第六个
①			自由站	富强站		和谐站
②		和谐站	自由站	富强站		

在①的情况下，结合条件(4)可知，民主站和公正站在第一个、第二个；此时无法满足条件(2)。

在②的情况下，结合条件(4)可知，民主站和公正站在第五个、第六个；结合条件(2)可知，文明站在第一个。

综上，文明站只能在第一个。故D项正确。

11. D

【第1步 找到待解释的现象】

锁定“但”一词，可知前后出现了看似矛盾的现象或差异。

题干：一般商品只有在多次流通过程中才能不断增值，但艺术品在一次“流通”中就可以实现大幅度增值。

【第2步 套用母题方法】

A、B、C、E项都提供了艺术品增值的原因，故能解释题干。

D项，指出赝品对艺术品的交易价格没有影响，当然也就无助于解释艺术品价格的上涨。

12. C

【第1步 识别论证类型】

题干：“美国所有州”禁止使用不合格的车辆，所以，旧式美国汽车对“全球”大气污染的危害在未来将会消失。

锁定关键词“在未来将会”，可知此题为预测结果模型。

此外，本题的论据中涉及的区域是“美国所有州”，论点中涉及的区域是“全球”，前者是后者的子集，故此题也为归纳论证模型。

【第2步 套用母题方法】

A项，无关选项，此项仅说明空气污染是个全球问题，但未说明这种污染是否会在将来消失。

B项，无关选项，题干的论证不涉及“新车开旧后”与“以前的旧车”产生污染的严重程度的比较。(干扰项·比较不一致)

C项，旧式美国汽车会被出口到没有尾气排放限制的国家，所以“旧式美国汽车”对空气的污染可能依然存在，只不过是在其他国家而非美国，削弱题干。

D项，不能削弱，此项说明当下仍然可能面临旧式美国汽车对大气造成污染的情况，但“现在”的情况无法削弱“未来”的情况。

E项，无关选项，题干的论证不涉及“汽车数量”与“空气污染严重”之间的关系。(干扰项·话题不一致)

13. C

【第1步 识别条件类型】

题干由假言命题(选言可转化为假言)和数量关系(7选4)组成，故此题为数量假言模型。

【第2步 套用母题方法】

将题干信息符号化：

①果冻→薯片。

②¬可乐→¬辣条。

③泡面∀可乐。

④果冻∀话梅。

由③、④可知，泡面、可乐、果冻、话梅中只有2种入选。

因此剩余的薯片、虾条、辣条3种零食中，必定选择2种，故薯片或虾条一定会被放进福袋里。因此，C项正确。

14. D

【第1步 识别条件类型】

题干由看似全部由假言命题构成，选项均为事实，但由“乙的意见未被采纳”可得到事实，故此题实为事实假言模型。

【第2步 套用母题方法】

将题干信息符号化：

①¬(西安∀三亚)=(¬西安∧¬三亚)∨(西安∧三亚)。

②拉萨∨¬洱海→西安。

③拉萨→西安∨三亚。

④¬张家界→洱海。

从事实出发，由乙的意见未被采纳可知，其矛盾命题为真。乙的矛盾命题为：(拉萨∨¬洱海)∧¬西安。故，一定不去西安。

从事实出发，由“¬西安”结合①可知，¬三亚。

由“¬西安∧¬三亚”可知，③的后件为假，则其前件也为假，可得：¬拉萨。
由“¬拉萨”结合“拉萨∨¬洱海”可知，¬洱海。
由“¬洱海”可知，④的后件为假，则其前件也为假，可得：张家界。
故D项正确。

15. C

【第1步　识别条件类型】
此题要求在方格中填入词语，易知本题为数独模型。
【第2步　套用母题方法】
先观察方阵第一列，已经出现了“法国”“英国”，所以①不能是“法国”“英国”，故排除A、E项。
再观察方阵第四列，已经出现了“挪威”，所以④不能是“挪威”，故排除D项。
再观察方阵第三行、第三列及第四列，又知“每行、每列填入的4个词不能重复也不能遗漏”，且第三行已经出现了“英国”“法国”，第三列出现了“德国”，所以方阵第三行第三列定位的方格中只能填“挪威”，进而可知第三行第四列定位的空白格中只能填“德国”。
此时再观察方阵第四列，已经出现了“德国”，所以④不能是“德国”，故排除B项。
综上所述，C项正确。

16. D

【第1步　识别条件模型】
题干中出现人、职业、村的一一匹配关系，故此题为三组元素的简单匹配问题。
【第2步　套用母题方法】
观察题干条件，发现“西岛村”出现的次数最多，可以作为解题突破口。
根据②可知，来自西岛村的不是警察。
根据③可知，来自西岛村的不是医生。
因此，来自西岛村的是律师。
根据⑤可知，王刚、张波均不是西岛村人，故来自西岛村的是李明。
即：李明——律师——西岛村。
根据①可知，医生不是南山村的，故警察是南山村的。
根据④可知，王刚不是东湖村的，故王刚是南山村的。
即：王刚——警察——南山村。
所以，张波是医生，是东湖村的。
即：张波——医生——东湖村。
故D项正确。

17. D

【第1步　识别条件类型】
题干由数量关系和假言命题组成，故此题为数量假言模型。
题干的提问方式为“以下哪项是可以接受的花的选择组合?”，故优先考虑使用选项排除法。

【第2步 套用母题方法】

根据条件(1)，排除A项。

根据条件(2)，排除E项。

根据条件(3)，排除B、C项。

故D项正确。

18. B

【第1步 识别论证类型】

题干：世界范围内火灾频发，同一时期，一些在草地和树木上觅食的食草动物也灭绝了$\xrightarrow{证明}$动物灭绝导致了火灾频发。

题干的论据两种现象同时出现：①世界范围内火灾频发；②一些在草地和树木上觅食的食草动物也灭绝了。符合共变法模型的特点，故此题为现象原因模型(共变法型)。

【第2步 套用母题方法】

A项，此项说明食草动物灭绝情况严重的地区，火灾范围更大，肯定了题干的因果关系，支持题干。

B项，食草动物的灭绝会破坏生态平衡，与题干论证“火灾频发”无关。

C项，说明“动物灭绝”和“火灾频发”有关联，因果相关，支持题干。

D项，此项构建了前后对比实验：

大型动物消亡前：火灾更少；
大型动物消亡后：火灾更多；

根据求异法原理可知，动物灭绝导致了火灾发生次数更多。

故此项支持题干。

E项，排除了因气温升高而导致火灾频发的可能性，排除他因，支持题干。

19. D

【第1步 识别条件类型】

题干由事实和假言命题组成，故此题为事实假言模型。

【第2步 套用母题方法】

从事实出发，由“每趟车所停靠站台的名称与车名称的第一个字不相同”可知，“中木号”不停靠“中海”，“东月号”不停靠“东川”，“北火号”不停靠“北安”，“西水号”不停靠“西京”，“南金号”不停靠“南威”。

因此，条件(1)、(5)后件均为假，则其前件也为假，可得：“中木号”不停靠“西京”，也不停靠“北安”，“北火号”不停靠“南威”。

因此，“西京”“北安”“中海”3站“中木号”均不停靠。结合“每趟车至少停靠2个站台”可得：“中木号”停靠“东川”“南威”2个车站。

由“中木号”停靠“东川”可知，条件(2)后件为假，则其前件也为假，可得：“西水号”不停靠“南威”。

因此，“北火号”“西水号”“南金号”均不停靠“南威”。再结合“每站恰好有3趟车停靠”可知，“东月号”“中木号”“复合号”均停靠“南威”。故D项正确。

20. C

【第1步 识别条件类型】

题干由事实和假言命题组成，故此题为事实假言模型。

【第2步 套用母题方法】

本题新补充事实：(6)“北火号”停靠了“东川”，并且它和“复合号”只停靠了其中2个站台。

由“北火号”停靠了“东川”可知，条件(3)前件为真，则其后件也为真，可得：“北火号”不停靠“中海”。

再结合上题推理结果可得下表：

	东月号	西水号	南金号	北火号	中木号	复合号
东川	×			√	√	
西京		×			×	
南威	√	×	×	×	√	√
北安				×	×	
中海				×	×	

由“每趟车至少停靠2个站台”结合上表可知，“北火号”停靠“西京”。

若(4)的前件为真，则其后件也为真，可得：“西水号”不停靠“北安”；结合上表可知，“西水号”至多停靠1个站台；与“每趟车至少停靠2个站台”矛盾；因此，(4)的前件为假，故，“西水号”停靠“东川”。

由“西水号”停靠“东川”可知，条件(3)前件为真，则其后件也为真，可得：“西水号”不停靠“中海”。

综上，结合每站停靠3趟车，可得下表：

	东月号	西水号	南金号	北火号	中木号	复合号
东川	×	√		√	√	
西京		×		√	×	
南威	√	×	×	×	√	√
北安		√		×	×	
中海		×		×	×	

由上表可知，“东月号”“南金号”“复合号”均在“中海”停靠。故C项正确。

396 经济类联考逻辑 ▸ 模拟卷 2

（共 20 题，每小题 2 分，共 40 分，限时 40 分钟）

说明：难度约等于真题中较难的年份，如 2024 年。

1. 饱和脂肪酸会增加高血脂以及心血管疾病风险。饱和脂肪酸多存在于奶油、黄油、奶酪、猪牛羊肉和动物油中，如果有高血脂困扰，一定要尽量少吃这些食物。反式脂肪酸是一种人体非必需的脂肪酸，对心血管的危害比饱和脂肪酸高 2.5～10 倍。除非每天来自反式脂肪酸的能量不超过食物总能量的 1%，否则就会摄入太多反式脂肪酸。

   根据以上陈述，可以得出以下哪项？

   A. 如果少吃含饱和脂肪酸的食物，那么一定能免除高血脂困扰。

   B. 只有每天来自反式脂肪酸的能量不超过食物总能量的 1%，才没有摄入太多反式脂肪酸。

   C. 如果摄入太多反式脂肪酸，那么每天来自反式脂肪酸的能量一定超过食物总能量的 1%。

   D. 如果有高血脂困扰，那么不能摄入太多反式脂肪酸。

   E. 摄入其他类型的反式脂肪酸也会增加高血脂的风险。

2. 青山村山清水秀，环境优美，村民们在村委会的带领下规划村庄的美好未来。他们计划：

   (1)如果不开发乡村旅游，则不兴建葡萄庄园也不修建民宿。

   (2)如果发展水产养殖和开发乡村旅游至少有一个，那么也要修建民宿。

   (3)除非兴建葡萄庄园，否则发展水产养殖。

   (4)如果开发乡村旅游，则要改造村容村貌。

   如果上述计划得以实施，可以得出以下哪项？

   A. 青山村会兴建葡萄庄园。

   B. 青山村会改造村容村貌。

   C. 青山村不会修建民宿。

   D. 青山村不会发展水产养殖。

   E. 青山村不会兴建葡萄庄园。

3. 在确定慢性疲劳综合征的努力中，这种不可思议的疾病究竟属于生理性的还是属于心理性的尚未确定。病理学家做了如下试验：第一组患者被指定服用一种草药膏剂，并被告知这种膏剂仍在试用过程中，其中 30% 的人在接受治疗三个月内得到治愈；第二组患者接受同样的草药膏剂治疗，但被告知这种膏剂已经经过广泛的临床实验，被证明是有效的，结果有 85% 的人在同样三个月内得到治愈。由此可见，人对从疾病中能够有复原机会的信念能够影响人从病中的康复。

   以下哪项如果为真，则最能对上述论证提出质疑？

   A. 参加试验的患者没有一个人有过任何心理紊乱治疗的历史。

   B. 如果告诉第一组患者这种草药膏剂被证明是有效的，这组人康复的比率就会和第二组一样。

   C. 两组试验对象是随意从一批人中挑选出的，他们被诊断患有慢性疲劳综合征。

   D. 实际情况是，第一组成员普遍比第二组成员患慢性疲劳综合征的时间长且病情重。

   E. 容易上当受骗与疾病的关系被弄颠倒了。

4. 长久以来，心理学家都支持“数学天赋论”；数学能力是人类与生俱来的能力，就连动物也有这种能力。他们认为存在一种天生的数学内核，通过自我慢慢发展，这种数学内核最后会“长”成我们所熟悉的一切数学能力。最近有反对者提出了不同的看法：数学能力没有天赋，只是文化的产物。

以下哪项如果为真，最能支持反对者的看法？

A. 10～12个月的婴儿已经知道3个黑点和4个黑点是不一样的。

B. 数学是大脑的产物，而大脑的生长模式早已由基因“预设”。

C. 经过人为训练的大猩猩、海豚和大象等动物能处理数学问题。

D. 绝大多数的原始部落的居民只能表示5以下甚至更少的数量。

E. 要想学好数学，需要自身不断地努力。

5～6题基于以下题干：

某集团的人事部门受董事会委托，准备从分公司去年的8位优秀员工中选择1位或者多位调往总部任职。这8位优秀员工分别是：赵嘉、钱宜、孙斌、李玎、周武、吴纪、郑耿和王新。根据以下条件进行决策：

(1)如果选择赵嘉或者郑耿，那么选择吴纪。

(2)若选择李玎或者王新，则不选择周武。

(3)除非不选择吴纪，否则选择周武但不选择钱宜。

(4)钱宜、孙斌和王新中至多选择1人。

5. 若只选择3人，则以下哪项一定为真？

A. 不选择吴纪。　　B. 选择赵嘉。　　C. 不选择李玎。

D. 选择郑耿。　　E. 选择钱宜。

6. 若只有3人未被选择，则以下哪项一定为真？

A. 选择吴纪和李玎。　　B. 选择赵嘉和王新。　　C. 选择周武和吴纪。

D. 选择郑耿和钱宜。　　E. 选择孙斌和王新。

7. 在大学里，许多温和宽厚的教师是好教师，但有些严肃且不讲情面的教师也是好教师，而所有好教师都有一个共同点：他们都是学识渊博的人。

如果以上陈述为真，则以下哪项陈述也一定为真？

A. 许多学识渊博的教师是温和宽厚的。

B. 有些学识渊博的教师是严肃且不讲情面的。

C. 所有学识渊博的教师都是好教师。

D. 有些学识渊博的教师不是好教师。

E. 所有严肃且不讲情面的教师都是好教师。

8. 某公司计划从总部的几名技术骨干中选拔几人，前往东川市协助创立分公司。在挑选人员时，需满足以下条件：

(1)若选择甲，则乙和丁至少选择一人。

(2)若丙、乙和己中至多选择两人，则选择丙但不选择辛。

(3)如果不选择辛，则己和庚均被选择。

(4)如果甲和戊中至多选择一人，则丙和己有且仅有一人被选择。

(5)若选择戊或者壬，则不选择丁但选择癸。

根据上述信息，可以得出以下哪项？

A. 选择丁和甲。　　B. 选择壬和癸。　　C. 选择乙和辛。

D. 选择乙和甲。　　E. 选择己和丁。

9. 目前，研究人员发明了一种弹性超强的新材料，这种材料可以由1英寸被拉伸到100英寸以上，同时这一材料可以自行修复且能通过电压控制动作。因此研究者认为，利用该材料可以制成人工肌肉，替代人体肌肉，从而为那些肌肉损伤后无法恢复功能的患者带来福音。
以下哪项如果为真，则不能支持研究者的观点？
A. 该材料制成的人工肌肉在受到破坏或损伤后能立即启动修复机制，比正常肌肉的康复速度快。
B. 该材料在电刺激下会发生膨胀或收缩，具有良好的柔韧性，与正常肌肉十分接近。
C. 目前，该材料研制成的人工肌肉尚不能与人体神经很好地契合，无法实现精准抓取物体等动作。
D. 一般材料如果被破坏，需通过溶剂修复或热修复复原，而该材料在室温下就能自行恢复。
E. 现在的科学技术已经能将该材料制作成人工肌肉。

10. 一般来说大脑会是身体最早容易出现衰老的部位之一，可能从二十多岁开始大脑就会开始慢慢地出现退化的现象，而且大脑的退化也会影响到其他器官的老化。最近的一项实验表明，多补充膳食纤维可以平衡与年龄有关的肠道微生物群失调，从而提高血液中丁酸盐的水平。研究人员据此建议，多吃富含膳食纤维的食物，这有助于延缓大脑功能衰退的进程。
以下哪项如果为真，最能支持上述研究人员的建议？
A. 膳食纤维会促进肠道中有益细菌的生长，产生多种短链脂肪酸。
B. 丁酸盐可以减轻大脑中的小胶质细胞炎症，小胶质细胞炎症是大脑功能衰退的主要原因。
C. 多吃富含膳食纤维的食物需要增加牙齿的咀嚼，这增加了口腔的运动量。
D. 老年人吸收功能降低，多吃富含膳食纤维的食物可以增加肠道蠕动。
E. 压力过大、睡眠不足、中枢神经系统疾病等都会引发大脑功能退化。

11. 某次会议讨论期间，甲、乙、丙、丁、戊被安排在一张圆桌前进行讨论，圆桌边放着标有1～5号的五张座椅(未必按序排列)。实际讨论时，甲、乙、丙、丁、戊5人均未按顺序坐在1～5号的座椅上，已知：
(1)甲坐在1号座椅右边第2张座椅上。
(2)乙坐在5号座椅左边第2张座椅上。
(3)丙坐在3号座椅左边第1张座椅上。
(4)丁坐在2号座椅左边第1张座椅上。
如果丙坐在1号座椅上，则可知甲坐的是哪个座椅？
A. 2号。 B. 3号。 C. 4号。 D. 5号。 E. 无法得知。

12. 据统计，目前全球每年死于饥饿的人数高达千万。而中国人每年在餐桌上浪费的粮食约为800万吨，相当于1亿人一年的口粮。这意味着，如果我们能有效杜绝餐桌上的食物浪费，就能够救活千百万的饥民。
如果以下陈述为真，哪一项最适合用来质疑上述结论？
A. 许多人宁可选择饿死，也不会选择吃残羹冷炙。
B. 消费能拉动经济发展，富人帮助穷人的途径之一是增加消费。
C. 杜绝食物浪费只是解决饥饿问题的有利条件。
D. 恶劣气候导致粮食价格波动，加剧了饥饿问题。
E. 大力推广杂交水稻技术，可以使全球粮食产量大幅增加，从而避免人们因饥饿而死亡。

13. 一列客车上共三位乘客老张、老王和老孙，客车上共三位工作人员司机、乘警和乘务员。这三位工作人员恰好和这三位乘客的姓一样。

(1)乘客老王家住南京。

(2)乘客老张是一位老工人，有20年工龄。

(3)乘警家住济南。

(4)姓孙的工作人员常和乘务员下棋。

(5)乘客之一是乘警的邻居，他也是一个老工人，工龄恰好是乘警的3倍。

(6)与乘警同姓的乘客家住北京。

依据上面的资料，对于客车上三个人的姓氏，下面哪项判断是正确的?

A. 司机姓孙，乘警姓张，乘务员姓王。

B. 司机姓张，乘警姓王，乘务员姓孙。

C. 司机姓王，乘警姓张，乘务员姓孙。

D. 司机姓孙，乘警姓王，乘务员姓张。

E. 司机姓王，乘警姓孙，乘务员姓张。

14. 某办公室有王莉、李明和丁勇3名工作人员，本周有分别涉及网络、财务、管理、人事和教育的5项工作需要他们完成。关于任务安排，需要满足下列条件：

①每人均完成1－2项工作，1项工作只能由1人完成。

②人事和管理工作都不是由王莉完成的。

③如果人事工作由丁勇完成，那么财务工作由李明完成。

④完成教育工作的人至少还需完成1项其他工作。

到了周末，3人顺利地完成了上述5项工作。

如果李明只完成5项工作中的一项，那么以下哪项准确地列举了这项工作的可能性?

A. 人事、财务。

B. 人事、管理、财务。

C. 人事、网络。

D. 财务。

E. 教育、财务。

15. 父母不可能整天与他们未成年的孩子待在一起。即使他们能够这样做，他们也并不总是能够阻止他们的孩子去做可能伤害他人或损坏他人财产的事情。因此，父母不应该因为他们未成年的孩子所犯的过错而受到指责和惩罚。

以下哪一项一般原则成立，则最有助于支持上面论证中的结论?

A. 未成年孩子所从事的所有活动都应该受到成年人的监管。

B. 在司法审判体系中，应该像对待成年人一样对待未成年孩子。

C. 父母应当保护子女的人身权不受侵害。

D. 父母有责任教育他们的未成年孩子去分辨对错。

E. 人们只应该对那些他们能够加以控制的行为承担责任。

16. 近期，滨海市发生了一起凶杀案，经过现场勘查，警方初步锁定了与死者一起来别墅度假的甲、乙、丙、丁四人。警方分别记录了四人的口供。

甲：不是我，我没有作案动机。应该是乙，乙与死者有经济纠纷。

乙：如果不是丙，那么肯定是丁做的，他们在晚饭时与死者发生了争吵。

丙：不是我也不是丁，因为当时我们两个人正在屋子里面下棋。

丁：要么是甲，要么是乙，我知道得不多。

现场勘查显示，这次凶杀案应该是两人一同作案，为了掩盖实情，作案人必然说假话来欺骗警察，而未作案者则说的是真话。

那么根据上述口供，能推出凶手是：

A. 甲和乙。　B. 乙和丙。　C. 甲和丙。
D. 乙和丁。　E. 丙和丁。

17. 甲、乙、丙、丁、戊、己是一个家族的兄弟姐妹。已知：

①甲是男孩，有 3 个姐姐。

②乙有一个哥哥和一个弟弟。

③丙是女孩，有一个姐姐和一个妹妹。

④丁的年龄在所有人当中是最大的。

⑤戊是女孩，但是她没有妹妹。

⑥己既没有弟弟也没有妹妹。

从以上叙述中，可以推出以下哪项结论？

A. 己是女孩且年龄最小。
B. 丁是女孩。
C. 6 个兄弟姐妹中女孩的数量多于男孩的数量。
D. 甲在 6 个兄弟姐妹中排行第三。
E. 乙在 6 个兄弟姐妹中排行第二。

18. 蛇纹岩土干燥、营养成分低，通常含有对大多数物种来说有毒的镍、铬等重金属元素。研究人员发现拟南芥属植物的一个种群生长在蛇纹岩土中，这对它们而言是非常极端的环境。有研究人员分析了这种拟南芥属植物的基因，认为它们是从生长于附近的亲缘属群中“借”了一些有利的基因，以帮助它们应对极端环境的。但是，有反对者认为这种拟南芥属植物是通过原有基因变异的方式获得遗传变异来适应环境的。

以下哪项如果为真，最能削弱反对者的观点？

A. 生长于蛇纹岩土中的其他植物都是完全独立地通过自然选择进行适应性进化的。
B. 并未见到生长于非蛇纹岩土中的该种拟南芥属植物通过改变基因的方式获得遗传变异以适应环境。
C. 在生长于蛇纹岩土中的拟南芥属植物中检测出附近亲缘属植物的特征性基因片段，该基因片段增强了对重金属的耐受力。
D. 未在生长于附近非蛇纹岩土中的植物中发现改变基因的现象。
E. 目前尚未有研究可以证明拟南芥属植物中基因的来源。

19～20 题基于以下题干：

某公司的甲、乙、丙、丁、戊5人计划周末前往南京游玩，每人将在夫子庙、牛首山、中山陵、总统府、明孝陵、栖霞山、阅江楼、鸡鸣寺这8个景点中选择1个或多个，每个景点只有1人选择。已知：

(1)若甲不选择栖霞山或者丁不选择阅江楼，则乙选择夫子庙且丁选择牛首山。

(2)若甲至多选择鸡鸣寺和总统府中的1个，则丁选择阅江楼且甲选择夫子庙。

(3)若甲不选择牛首山或者丙不选择中山陵，则戊选择明孝陵且甲不选择鸡鸣寺。

(4)若丁或者戊选择阅江楼，则丙选择中山陵且甲、丁和戊3人一共至多前往4个景点。

19. 根据上述信息，可以得出以下哪项？

A. 甲选择阅江楼。　　B. 乙选择牛首山。　　C. 丁选择夫子庙。

D. 丙选择中山陵。　　E. 戊选择中山陵。

20. 若丙选择鸡鸣寺且每人至多选择2个景点，则以下哪项一定为真？

A. 甲选择总统府。　　B. 乙选择总统府。　　C. 丙选择明孝陵。

D. 丁选择2个景点。　　E. 戊选择2个景点。

396 经济类联考逻辑 ▸ 模拟卷 2

答案详解

答案速查

1~5 BBDDC	6~10 CBDCB
11~15 CCAAE	16~20 CBCDB

1. B

【第 1 步 识别条件类型】

题干中出现多个假言命题，且这些假言命题中无重复元素，选项也多为假言命题，故此题为假言推假言模型。

【第 2 步 套用母题方法】

(1)画箭头。

题干：

①有高血脂困扰→少吃含饱和脂肪酸的食物。

②¬ 每天来自反式脂肪酸的能量不超过食物总能量的 1%→摄入太多反式脂肪酸。

(2)逆否。

题干的逆否命题为：

③¬ 少吃含饱和脂肪酸的食物→¬ 有高血脂困扰。

④¬ 摄入太多反式脂肪酸→每天来自反式脂肪酸的能量不超过食物总能量的 1%。

(3)找答案。

A 项，少吃含饱和脂肪酸的食物→免除高血脂困扰，根据箭头指向原则，由①可知，“少吃含饱和脂肪酸的食物”后无箭头指向，故此项可真可假。

B 项，¬ 摄入太多反式脂肪酸→每天来自反式脂肪酸的能量不超过食物总能量的 1%，等价于④，此项为真。

C 项，摄入太多反式脂肪酸→每天来自反式脂肪酸的能量一定超过食物总能量的 1%，根据箭头指向原则，由②可知，“摄入太多反式脂肪酸”后无箭头指向，故此项可真可假。

D 项，有高血脂困扰→¬ 摄入太多反式脂肪酸，题干不涉及二者之间的关系，故此项可真可假。

E 项，题干不涉及“其他类型的反式脂肪酸”。

2. B

【第 1 步 识别条件类型】

题干由多个假言命题组成，选项均为事实，故此题为假言推事实模型。

【第2步　套用母题方法】

(1)将题干符号化。

①¬ 开发乡村旅游→¬ 兴建葡萄庄园∧¬ 修建民宿。

②发展水产养殖∨开发乡村旅游→修建民宿。

③¬ 兴建葡萄庄园→发展水产养殖。

④开发乡村旅游→改造村容村貌。

(2)串联找矛盾。

由①、③和②串联可得：¬ 开发乡村旅游→¬ 兴建葡萄庄园∧¬ 修建民宿→¬ 兴建葡萄庄园→发展水产养殖→发展水产养殖∨开发乡村旅游→修建民宿。

可见，由"¬ 开发乡村旅游"出发推出了"修建民宿∧¬ 修建民宿"，因此，"¬ 开发乡村旅游"为假，即："开发乡村旅游"为真。

(3)推出答案。

由"开发乡村旅游"可知，②的前件为真，则其后件也为真，可得：修建民宿。

由"开发乡村旅游"可知，④的前件为真，则其后件也为真，可得：改造村容村貌。

故B项正确。

3. D

【第1步　识别论证类型】

题干：

第一组：被告知这种膏剂仍在试用过程中，其中30%的人得到治愈；

第二组：被告知这种膏剂已经经过广泛的临床实验，被证明是有效的，结果有85%的人得到治愈；

结论：人对从疾病中能够有复原机会的信念能够影响人从病中的康复。

题干中出现两组对象的对比实验，得到一个因果关系，故此题为现象原因模型(求异法型)。

【第2步　套用母题方法】

A项，此项指出两组人员在"心理紊乱治疗的历史"方面没有区别，排除差因，支持题干。

B项，与题干形成前后对比：被告知膏剂有效前，第一组仅有30%的人得到治愈；被告知膏剂有效后，第一组有85%的人得到治愈，根据求异法原理可知，信念确实能促进人从疾病中的康复，支持题干。

C项，说明样本是随机挑选的，具有代表性，支持题干。

D项，说明是因为两组人员的患病时间与病情不同导致了治愈率的不同，另有差因，削弱题干。

E项，无关选项，题干的论证并未涉及"容易上当受骗与疾病之间的关系"。

4. D

【第1步　识别论证类型】

反对者的看法：数学能力没有天赋，只是文化的产物。

题干中反对者的观点没有明确的论据，只是提出了一种观点，且提问方式为"最能支持反对者的看法"，故本题为拆桥搭桥模型(主宾型)。

【第2步 套用母题方法】

A项，此项说明婴儿已经具备一定的数学能力，即数学能力是有天赋的，削弱反对者的看法。

B项，此项直接说明数学能力由基因"预设"，即数学能力是有天赋的，削弱反对者的看法。

C项，此项说明动物有数学能力，支持心理学家"就连动物也有这种能力"的观点。但此项中动物的数学能力是人为训练形成的，也支持了反对者"数学是文化的产物"的观点。

D项，说明没有文化时(原始部落)，数学能力也很弱，无因有果，支持反对者的观点。

E项，偷换概念，题干说的是"数学能力"，此项说的是"如何学好数学"。

5. C

【第1步 识别条件类型】

题干由数量关系和假言命题组成，故此题为数量假言模型。

【第2步 套用母题方法】

(1)数量关系优先算。

由"8选3"并结合条件(4)可得：赵嘉、李玎、周武、吴纪和郑耿5人中至少选择2人。

(2)假言命题做串联。

题干中的假言命题可表示如下：

①赵嘉∨郑耿→吴纪。

②李玎∨王新→¬周武。

③吴纪→周武∧¬钱宜。

串联找矛盾，串联②、③和①可得：李玎∨王新→¬周武→¬吴纪→¬赵嘉∧¬郑耿。

可见，若"李玎∨王新"为真，则周武、吴纪、赵嘉和郑耿4人均不被选择，这与"赵嘉、李玎、周武、吴纪和郑耿5人中至少选择2人"矛盾。因此，"李玎∨王新"为假，即："¬李玎∧¬王新"为真。

故C项正确。

6. C

【第1步 识别条件类型】

题干由数量关系和假言命题组成，故此题为数量假言模型。

【第2步 套用母题方法】

(1)数量关系优先算。

由"8不选3"并结合条件(4)可得：⑤赵嘉、李玎、周武、吴纪和郑耿5人中至少选择4人。

(2)假言命题做串联。

题干中的假言命题可表示如下：

①赵嘉∨郑耿→吴纪。

②李玎∨王新→¬周武。

③吴纪→周武∧¬钱宜。

串联找矛盾，串联②、③和①可得：李玎∨王新→¬周武→¬吴纪→¬赵嘉∧¬郑耿。

若"李玎∨王新"为真，则周武、吴纪、赵嘉和郑耿4人均不被选择，这与⑤矛盾。因此，李玎和王新均不被选择。

若"¬周武"为真，则周武、吴纪、赵嘉和郑耿4人均不被选择，这与⑤矛盾。因此，一定选择周武。

若"¬吴纪"为真，则吴纪、赵嘉和郑耿3人均不被选择，这与⑤矛盾。因此，一定选择吴纪。故C项正确。

7.B

【第1步 识别条件类型】

题干由特称(有的)和全称命题构成，且这些命题中存在重复元素可以实现串联，故此题为性质串联模型中的有的串联模型。

【第2步 套用母题方法】

(1)画箭头。

①许多温和宽厚的教师是好教师，"许多"可以推出"有的"，即：有的温和宽厚的教师→好教师。

②有的严肃且不讲情面的教师→好教师。

③好教师→学识渊博。

(2)从"有的"开始做串联。

由①、③串联可得：④有的温和宽厚的教师→好教师→学识渊博。

由②、③串联可得：⑤有的严肃且不讲情面的教师→好教师→学识渊博。

(3)找答案。

A项，由④可知，有的温和宽厚的教师→学识渊博，互换可得：有的学识渊博的教师→温和宽厚。但由"有的"无法推出"许多"，故此项可真可假。

B项，由⑤可知，有的严肃且不讲情面的教师→学识渊博，互换可得：有的学识渊博的教师→严肃且不讲情面，故此项为真。

C项，由④、⑤可知，"学识渊博"后无箭头指向，故此项可真可假。

D项，由③可知，"有的学识渊博的教师是好教师"为真，与此项"有些学识渊博的教师不是好教师"为下反对关系，一真另不定，故此项可真可假。

E项，由②可知，"有的严肃且不讲情面的教师是好教师"为真，由"有的"无法推出"所有"，故此项可真可假。

8.D

【第1步 识别条件模型】

题干已知条件均为假言命题，选项均为事实，故此题为假言推事实模型。

【第2步 套用母题方法】

由条件(4)、(2)和(3)串联可得：¬甲∨¬戊→丙∀己→丙、乙和己至多2人→丙∧¬辛→¬辛→己∧庚。

可见，由"¬甲∨¬戊"出发推出了"(丙∀己)∧(丙∧己)"。故"¬甲∨¬戊"为假，即"甲∧戊"为真。

由"甲"可知，条件(1)前件为真，则其后件也为真，可得：乙∨丁。

由"戊"可知，条件(3)前件为真，则其后件也为真，可得：¬丁∧癸。

由"¬丁"并结合"乙∨丁"可得：乙。

因此，D项正确。

9. C

【第 1 步 识别论证类型】

题干中“利用这种弹性超强的新材料可以制成人工肌肉”是措施，“为……带来福音”是目的，故此题为措施目的模型。

研究者：利用该材料可以制成人工肌肉，替代人体肌肉，从而为那些肌肉损伤后无法恢复功能的患者带来福音。

【第 2 步 套用母题方法】

A 项，说明该材料制成的人工肌肉能在肌肉损伤后快速康复，措施可以达到目的，支持题干中研究者的观点。

B 项，说明该材料的柔韧性与正常肌肉接近，即：能够替代正常肌肉，措施可以达到目的，支持题干中研究者的观点。

C 项，说明用该材料制成的人工肌肉无法正常运动，措施不可行，削弱题干中研究者的观点。

D 项，说明该材料在被破坏后自行恢复方面的优势，措施可行，支持题干中研究者的观点。

E 项，此项指出现在的技术可将该材料制成肌肉，说明措施可行，支持题干中研究者的观点。

10. B

【第 1 步 识别论证类型】

题干：多补充膳食纤维可以平衡与年龄有关的肠道微生物群失调，从而提高血液中丁酸盐的水平 —证明→ 多吃富含膳食纤维的食物，有助于延缓大脑功能衰退的进程。

题干中论据的宾语与论点的宾语存在不一致，故此题为拆桥搭桥模型(前后型)。

【第 2 步 套用母题方法】

A 项，无关选项，此项说的是膳食纤维对人体肠道系统的益处，与题干延缓大脑功能衰退不一致。(干扰项·话题不一致)

B 项，此项说明提高血液中丁酸盐的水平，有利于抑制大脑功能衰退，搭桥法，支持题干。

C 项，无关选项，题干的论证不涉及“口腔运动量”。

D 项，无关选项，题干的论证不涉及“膳食纤维”对“肠道蠕动”的影响。

E 项，无关选项，题干并未分析“大脑功能退化”的原因。

11. C

【第 1 步 识别条件类型】

题干中出现 5 个人坐在圆桌周围，故此题为围桌而坐型的方位匹配模型。

【第 2 步 套用母题方法】

题干补充事实：(5)“丙”坐在“1 号”座椅上。

找“丙”，由条件(3)可知，丙坐在 3 号座椅左边第 1 张座椅上。即丙的右边是 3 号座椅。

找“1 号”，由条件(1)可知，甲坐在 1 号座椅右边第 2 张座椅上。

故可得下图(注意：在围桌而坐模型中，面向圆心来区分左右)：

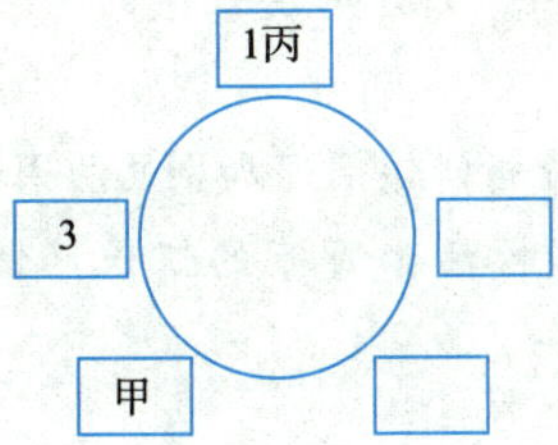

由条件(2)“乙坐在5号座椅左边第2张座椅上”可知，此时5号座椅有3种可能，受限于甲、丙以及3号座椅的位置，易得出5号座椅只能在甲右边第1张座椅上。

由此可以得出乙坐在3号座椅上。可得下图：

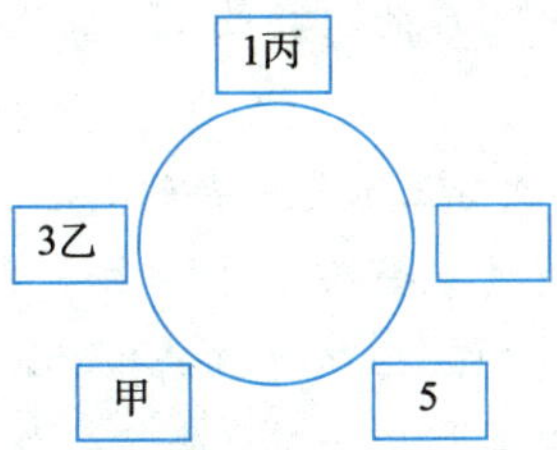

由条件(4)“丁坐在2号座椅左边第1张座椅上”，并结合“甲左边第1张座椅是乙”可知，甲不是2号座椅，且此时1、3、5号座椅都已知，故甲只能是4号座椅。

综上，可得下图：

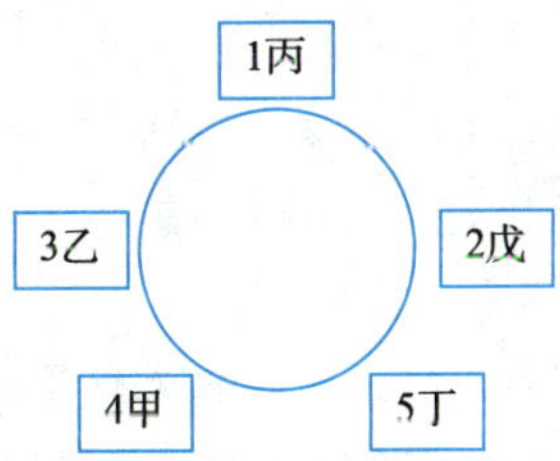

故C项正确。

12. C

【第1步　识别论证类型】

题干：中国人每年在餐桌上浪费的粮食约为800万吨，相当于1亿人一年的口粮 $\xrightarrow{\text{证明}}$ 如果我们能有效杜绝餐桌上的食物浪费，就能够救活千百万的饥民。

题干的结论是一个假言命题(充分条件)，故此题属于绝对化结论模型。从这个角度解题时，我们只需要说明“不充分”即可。

“有效杜绝餐桌上的食物浪费”是一种措施，“救活千百万的饥民”是目的，故此题也为措施目的模型。

【第2步　套用母题方法】

A项，无关选项，题干探究的是“有效杜绝餐桌上的浪费”对“救活千百万的饥民”的作用，并未涉及“吃残羹冷炙”。

B项，无关选项，题干论证并未讨论富人帮助穷人的方式有哪些。

C项，说明“有效杜绝餐桌上的浪费”只是解决饥饿的有利条件，即：不是充分条件，直接削弱题干的结论。

D项，无关选项，题干论证并未分析饥饿问题加剧的原因。

E项，说明有其他措施可以能够救活千百万的饥民，但这无法说明题干中的措施达不到目的。

13. A

【第1步 识别条件类型】

题干中出现“人”与“职业”的一一匹配关系，故此题为简单匹配模型。

【第2步 套用母题方法】

观察题干的已知条件，发现“乘警”出现的次数最多，故优先考虑。

由条件(3)可知，乘警家住济南。

由条件(1)可知，老王家住南京，故老王不是乘警的邻居。

由条件(5)中“乘警邻居的工龄恰好是乘警的3倍”可知，乘警邻居的工龄一定是3的倍数。

由条件(2)中“老张有20年工龄”可知，20不是3的倍数，故老张不是乘警的邻居。

综上：老王和老张都不是乘警的邻居，故老孙是乘警的邻居，家住济南。

由条件(6)可知，与乘警同姓的乘客住在北京。又由于老王住在南京、老孙住在济南，因此，老张住在北京，和乘警同姓，故可知乘警姓张。

由条件(4)“姓孙的工作人员常和乘务员下棋”可知，乘务员不姓孙，故乘务员姓王，司机姓孙。

故A项正确。

14. A

【第1步 识别条件类型】

题干中出现“3个人”与“5项工作”的匹配，故此题为数量匹配模型。

要注意，本题要求“列举”李明完成的工作的可能性，故需要分析李明可能完成的工作的所有情况。

【第2步 套用母题方法】

数量关系优先算：3个人完成5项工作，每人均完成1—2项工作，可知3个人的工作安排情况为：5=2+2+1。则恰有1个人(由题干可知是李明)只完成1项工作，另外2人分别完成2项工作。

条件②是事实，优先考虑。题干中“人事”出现2次，可以此作为解题突破口。

由条件②可知，人事不是由王莉来完成的。

故人事有可能是由李明来完成的，也有可能是由丁勇来完成的。

情况1：人事由李明完成。

由于李明只完成1项工作，故由条件②可知，管理不是由王莉完成，故管理由丁勇完成。与题干中的条件没有矛盾，可能成立。

情况2：人事由丁勇完成。

由条件③可知，财务由李明完成。

由于李明只完成1项工作，故由条件②可知，人事、管理不是由王莉完成的，故人事和管理由丁勇完成，剩余的网络和教育由王莉完成。与题干中的条件没有矛盾，可能成立。

综上，李明可能完成的工作有人事和财务，可排除C、D、E项。

A项和B项的差异是"管理"，假设管理由李明完成，由条件②"人事不是由王莉来完成的"并结合"李明只完成5项工作中的1项"可知，人事由丁勇完成。再由条件③可知，财务由李明完成。此时，李明要完成2项工作，与"李明只完成5项工作中的1项"矛盾。故李明不能完成管理工作，即排除B项。综上，A项正确。

15. E

【第1步　识别论证类型】

题干：①父母不可能整天与他们的未成年孩子待在一起，②父母并不总是能够阻止他们的孩子犯错 $\xrightarrow{\text{证明}}$ 父母不应该因为他们的未成年孩子所犯的过错而受到指责和惩罚。

题干中论据的话题与论点的话题不一致，故此题为拆桥搭桥模型(前后型)。

【第2步　套用母题方法】

A项，削弱题干，说明父母应当监管未成年孩子的所有活动。

B项，无关选项，题干没有涉及对犯错的未成年孩子的审判。

C项，无关选项，题干没有涉及父母对子女的保护。

D项，无关选项，题干没有涉及父母对未成年孩子应该承担的教育责任。

E项，此项等价于：不是能够加以控制的行为→不承担责任，搭桥法，说明父母对自己无法控制的行为不用承担责任，支持题干。

16. C

【第1步　识别条件类型】

由"这次凶杀案应该是两人一同作案，为了掩盖实情，作案人必然说假话来欺骗警察，而未作案者则说的是真话"可知，"4个判断2真2假"，故此题为真假话模型。优先找矛盾关系。

【第2步　套用母题方法】

将题干信息符号化：

①甲：¬甲∧乙。

②乙：¬丙→丁，等价于：丙∨丁。

③丙：¬丙∧¬丁。

④丁：甲∀乙。

(1)找矛盾。

②和③互为矛盾关系，故②和③一真一假。

由"2真2假"可知，①和④一真一假。

(2)找其他对当关系。

①和④推理关系，如果①为真，则也④为真；与"①和④一真一假"矛盾。故①为假，④为真。

(3)推出结论。

根据④为真可知，甲、乙人中有且仅有1人是罪犯；因此，丙、丁两人中有且仅有1人是罪犯。

由“丙、丁两人有且仅有1人是罪犯”可知，③为假。

综上，甲、丙两人说假话；结合“作案人必然说假话来欺骗警察，而未作案者则说的是真话”可知，甲、丙两人是作案人。

综上，C项正确。

17. B

【第1步　识别条件类型】

题干中出现甲、乙、丙、丁、戊、己6人的年龄大小排序故此题为排序模型。还涉及他们的男女性别关系匹配，故此题也为匹配模型。

【第2步　套用母题方法】

观察已知条件，发现由条件④可直接确定丁最大，由条件⑥可直接确定己最小。

由条件⑤“戊是女孩，但是她没有妹妹”可知，己是男孩，且戊是最小的女孩。

此时已经分析了条件④、⑤、⑥，观察条件①、②、③。

由条件①“甲是男孩，有3个姐姐”可以确定：甲(男)的排行最大为老四。

又由于己(男)最小，故甲(男)的排行可能为老四或老五。

若甲(男)为老五，则老五、老六都是男孩，与条件②“乙只有一个弟弟”矛盾。故甲(男)不可能是老五，则甲(男)确定是老四。

由条件①“甲有3个姐姐”可知，老大、老二、老三都是女孩，老四、老五、老六都是男孩。

由于乙只有一个弟弟，故乙是老五。

综合上述信息，可得下表：

老大	老二	老三	老四	老五	老六
丁(女)			甲(男)	乙(男)	己(男)

根据上表并结合“戊是最小的女孩”可知，戊是老三。故余下的丙是老二。

综上可得下表：

老大	老二	老三	老四	老五	老六
丁(女)	丙(女)	戊(女)	甲(男)	乙(男)	己(男)

故B项正确。

18. C

【第1步　识别论证类型】

题干中的现象：拟南芥属植物的一个种群生长在蛇纹岩土中，这对它们而言是非常极端的环境。

研究人员认为的原因：拟南芥属植物是从生长于附近的亲缘属群中“借”了一些有利的基因，以帮助它们应对极端环境的。

反对者认为的原因：拟南芥属植物是通过“原有基因变异的方式”获得遗传变异来适应环境的。

故此题为现象原因模型。

【第2步　套用母题方法】

注意：此题要求削弱反对者的观点。

A项，无关选项，题干的论证对象是“蛇纹岩土中拟南芥属植物”，此项的论证对象是“蛇纹岩土中其他植物”。（干扰项 · 对象不一致）

B项，无关选项，题干的论证对象是“蛇纹岩土中拟南芥属植物”，此项的论证对象是“非蛇纹岩土中拟南芥属植物”。（干扰项 · 对象不一致）

C项，提出论据，说明生长于蛇纹岩土中的拟南芥属植物中能够增强对重金属耐受力的基因片段来自附近亲缘属植物，支持研究人员的结论，削弱反对者的观点。

D项，无关选项，题干的论证对象是“蛇纹岩土中拟南芥属植物”，此项的论证对象是“非蛇纹岩土中的植物”。（干扰项 · 对象不一致）

E项，既然不能确定拟南芥属植物中基因的来源，那就无法判断是“借”还是“基因变异”，故此项既不能削弱也不能支持题干。（干扰项 · 诉诸无知）

19. D

【第1步　识别条件类型】

题干由假言命题和匹配关系组成，选项均为事实，故此题为假言推事实＋匹配模型。

【第2步　套用母题方法】

(1)将题干符号化。

①¬ 甲栖霞山 ∨ ¬ 丁阅江楼→乙夫子庙 ∧ 丁牛首山。

②¬ 甲鸡鸣寺 ∨ ¬ 甲总统府→丁阅江楼 ∧ 甲夫子庙。

③¬ 甲牛首山 ∨ ¬ 丙中山陵→戊明孝陵 ∧ ¬ 甲鸡鸣寺。

④丁阅江楼 ∨ 戊阅江楼→丙中山陵 ∧ 甲、丁和戊3人至多前往4个景点。

(2)串联找矛盾。

由①、③和②串联可得：¬ 甲栖霞山 ∨ ¬ 丁阅江楼→乙夫子庙 ∧ 丁牛首山→¬ 甲牛首山 ∨ ¬ 丙中山陵→戊明孝陵 ∧ ¬ 甲鸡鸣寺→¬ 甲鸡鸣寺 ∨ ¬ 甲总统府→丁阅江楼 ∧ 甲夫子庙。

可见，由“¬ 甲栖霞山 ∨ ¬ 丁阅江楼”出发推出了“乙夫子庙 ∧ 甲夫子庙”，故“¬ 甲栖霞山 ∨ ¬ 丁阅江楼”为假，即“甲栖霞山 ∧ 丁阅江楼”为真。

由“丁阅江楼”可知，④的前件为真，则其后件也为真，可得：丙中山陵 ∧ 甲、丁和戊3人一共至多前往了4个景点。

因此，D项正确。

20. B

【第1步　识别条件类型】

“丙选择鸡鸣寺”为事实，“每人至多选择2个景点”为数量关系，其他已知条件同上题一致，故此题为事实数量假言匹配模型。

【第2步　套用母题方法】

引用上题推理结果：丁阅江楼 ∧ 甲栖霞山、丙中山陵 ∧ 甲、丁和戊3人至多前往4个景点。

(1)数量关系优先算。

由“每人选择8个景点中的1个或多个”和“每人至多选择2个景点”可知，8=1+1+2+2+2，即：有3人各选择2个景点、有2人各选择1个景点。

(2)事实出发做串联。

由“丙选择鸡鸣寺”可知，②的前件为真，则其后件也为真，可得：丁阅江楼∧甲夫子庙。

结合“每人至多选择2个景点”可得：¬甲牛首山。故，③的前件为真，则其后件也为真，可得：戊明孝陵。

由“甲栖霞山∧甲夫子庙∧戊明孝陵∧丁阅江楼∧丙中山陵∧丙鸡鸣寺”“甲、丁和戊3人至多前往4个景点”和“有3人各选择2个景点、有2人各选择1个景点”可知，乙选择2个景点。

综上，可得下表：

人	甲	乙	丙	丁	戊
景点	夫子庙、栖霞山	牛首山、总统府	鸡鸣寺、中山陵	阅江楼	明孝陵

故B项正确。

396 经济类联考逻辑 ▸ 模拟卷 3

（共 20 题，每小题 2 分，共 40 分，限时 40 分钟）

说明：难度约等于真题中较难的年份，如 2024 年。

1. 给孕妇让座是一种约定俗成的公序良俗，不仅体现了社会良好的风尚，同时也体现了对孕妇的关爱。只有不违反人格尊严，才能成为公序良俗。

   根据以上陈述，可以得出以下哪项？

   A. 有的体现了社会良好的风尚的行为没有体现对孕妇的关爱。

   B. 有些体现了社会良好的风尚的行为不违反人格尊严。

   C. 只要不违反人格尊严，就能成为公序良俗。

   D. 有些体现了对孕妇的关爱的行为不是一种约定俗成的公序良俗。

   E. 违反人格尊严的行为遭人唾弃。

2. 素数是指只含有两个因子的自然数(即只能被自身和 1 整除)。孪生素数是指两个相差为 2 的素数，比如 3 和 5、17 和 19 等。所谓的孪生素数猜想，是由希腊数学家欧几里得提出的，意思是存在着无穷对孪生素数。该论题一直未得到证明。近期，美国一位华人讲师的最新研究表明，虽然还无法证明存在无穷多个相差为 2 的素数对，但存在无穷多个相差小于 7 000 万的素数对。有关方面认为，如果这个结果成立，那么将是数论发展的一项重大突破。

   以下哪项如果为真，则最能支持有关方面的观点？

   A. 这位华人讲师长期从事数学领域的相关教学和科研工作。

   B. 关于孪生素数猜想的证明需要一个漫长的、逐步推进的过程。

   C. 这是第一次有人正式证明存在无穷多组间距小于定值的素数对。

   D. 7 000 万这个数字很大，离孪生素数猜想给出的 2 还有很大距离。

   E. 欧几里得是世界著名的数学家，提出的很多猜想都得到了证明。

3. A 国联邦所得税是累进税，收入越高，纳税率越高。A 国有的州还在自己管辖的范围内，在绝大部分出售商品的价格上附加 7%左右的销售税。因此，当销售税也被视为所得税的一种形式的话，这种税收是违背累进原则的：收入越低，纳税率越高。

   以下哪项如果为真，最能加强题干的议论？

   A. 人们花在购物上的钱基本上是一样的。

   B. 近年来，A 国的收入差别显著扩大。

   C. 低收入者有能力支付销售税，因为他们缴纳的联邦所得税相对较低。

   D. 销售税的实施，并没有减少商品的销售总量，但售出商品的比例有所变动。

   E. 与 A 国相邻的 B 国，并没有征收销售税。

4. 某市大学生田径竞赛中，甲队、乙队、丙队、丁队、戊队进入决赛。在决赛正式开始之前，四位裁判赵、钱、孙、李对冠军的归属做了如下预测。

赵：冠军一定在甲队和丁队中产生。

钱：如果冠军不是甲队也不是丙队，那么也不是乙队。

孙：冠军不是丙队，而是乙队。

李：如果冠军不是乙队，那么冠军是戊队。

最后结果显示，四位教练中只有一位的预测为真，则以下哪项必然为真？

A. 赵说假话，冠军是甲队。 B. 钱说真话，冠军是丙队。 C. 赵说假话，冠军是乙队。

D. 孙说真话，冠军是丁队。 E. 李说假话，冠军是戊队。

5. 北星中学预备选拔 4 名学生参加全国中学生女排联赛，经过层层选拔，有 7 名学生进入备选，分别是，主攻组：张珊、李思、王伍；副攻组：赵柳、孙琪；接应组：谭巴、黄玖。已知：

(1)每个组至少有 1 人入选。

(2)如果张珊、李思、王伍中至少有 1 人入选，则孙琪和黄玖也要入选。

(3)如果谭巴或者赵柳入选，则孙琪不能入选。

(4)除非谭巴入选，否则张珊不入选。

根据以上信息，可以得出以下哪项？

A. 张珊入选。 B. 王伍入选。 C. 谭巴入选。

D. 赵柳入选。 E. 李思不入选。

6. 中秋佳节之际，某地举办中秋晚会，准备从甲、乙、丙、丁、戊、己、庚、辛 8 名小朋友中选出 4 名参加儿童文艺会演。已知：

(1)若未选择丁，则一定选择乙。

(2)若戊、己、庚至多选择 2 人，则一定不选择乙。

(3)若选择甲或者不选择丙，则一定选择辛。

(4)若丁和己至少选择 1 人，则一定选择甲。

根据以上信息，以下哪项一定为真？

A. 选择甲，但不选择辛。 B. 选择丁，但不选择乙。 C. 选择戊，但不选择庚。

D. 选择丙，但不选择己。 E. 选择丁，但不选择辛。

7. 漂流理论认为，距今约 5 000 万年前，生活在马达加斯加岛上的环尾狐猴、狐蝠以及其他哺乳动物的祖先当年乘坐天然的“木筏”，来到了马达加斯加这座位于印度洋的岛屿上。根据这一理论，来自非洲大陆东南部的哺乳动物当年漂流到马达加斯加，它们利用的交通工具是大原木或者漂浮的植被。在上演漂流记前，风暴将它们卷入大海，在洋流的带动下，这些古代“难民”漂流数周，来到马达加斯加。

以下哪项如果为真，则不能支持上述漂流理论？

A. 5 000 万年前，两个大陆板块周围的洋流曾一度向东流动，也就是流向马达加斯加。

B. 小型哺乳动物天生新陈代谢缓慢，能够在没有太多食物和淡水的情况下存活数周。

C. 在从非洲大陆东南部到达马达加斯加的动物中，没有大象、狮子等超重、超大哺乳动物。

D. 5 000 万年前，非洲大陆和马达加斯加之间的距离与今天不同。

E. 5 000 万年前，海上有许多可以漂浮的植被和原木。

8. 某公园从左到右共有六个花坛，依次编号为1～6。现拟将玫瑰、月季、百合、兰花、菊花、梅花这6种花分别种入6个花坛，每个花坛只种一种花。还已知：

(1)月季种植在梅花左边的第三个花坛。

(2) 3号花坛要么种兰花，要么种玫瑰。

(3)当且仅当1号花坛种菊花时，4号花坛不种百合。

(4)百合与玫瑰相邻。

根据以上信息，以下哪项一定正确？

A. 1号花坛种百合。　　B. 3号花坛种兰花。　　C. 4号花坛种菊花。

D. 5号花坛种玫瑰。　　E. 6号花坛种菊花。

9. “东胡林人”遗址是新石器时代早期的人类文化遗址，在遗址中发现的人骨化石经鉴定属两个成年男性个体和一个少年女性个体。在少女遗骸的颈部位置有用小螺壳串制的项链，腕部佩戴由牛肋骨制成的骨镯。这说明在新石器时代早期，人类的审美意识已开始萌动。

以下哪项如果为真，则最能削弱上述判断？

A. 新石器时代的饰品通常是石器。

B. 出土的项链和骨镯都十分粗糙。

C. 项链和骨镯的作用主要是表示社会地位。

D. 两个成年男性遗骸的颈部有更大的项链。

E. 审美意识是女人的天性，自古她们就喜欢佩戴一些饰品来展现自身的美。

10. 如果你喝的饮料中含有酒精，你的心率就会加快。如果你的心率加快，就会觉得兴奋。因此，如果你喝的饮料中含有酒精，就会觉得兴奋。

以下哪项推理的结构和上述推理最为类似？

A. 如果你投资股票，你就有破产的风险。如果你投资股票，你就有发财的希望。因此，如果你有破产的风险，那么就有发财的希望。

B. 如果你每天摄入足够的水分，就能降低血液的黏稠度。如果血液的黏稠度过高，就会增加患心脏病的危险。因此，如果你每天摄入足够的水分，就会减少患心脏病的危险。

C. 如果你喝过多的酒，你的肝脏就会有过度负担。如果你喝过多的酒，你就可能出现酒精肝。因此，如果你的肝脏过度负担，你就可能出现酒精肝。

D. 如果你有足够的银行存款，就会有足够的购买能力。如果你有足够的购买能力，就会拥有宽敞的住房。因此，如果你有足够的银行存款，就会过得非常舒适。

E. 如果你有稳定的工作，就会有稳定的收入。如果你有稳定的收入，就会生活得幸福。因此，只要你有稳定的工作，就会生活得幸福。

11. 研究表明，阿司匹林具有防止心脏病突发的功能。这一成果一经确认，研究者立即以论文形式向某权威医学杂志投稿。不过，一篇论文从收稿到发表，至少需要3个月。因此，如果这一论文一收到就被发表，那么，这3个月中死于心脏病突发的患者很可能挽回生命。

以下哪项如果为真，则最能削弱上述论证？

A. 上述医学杂志加班加点，以尽快发表该论文。

B. 有学者对上述关于阿司匹林的研究结论提出了不同意见。

C. 经常服用阿司匹林容易导致胃溃疡。

D. 一篇论文的收、审、排、印需要时间，不可能一收到就被发表。

E. 阿司匹林只有连续服用8个月，才能产生防止心脏病突发的效果。

12～13题基于以下题干：

某校春季校园招聘会期间，共有天和、普惠、高华、致尚、通合和风云六家公司前来招聘。计算机专业的甲、乙、丙、丁、戊和己六人分别向这六家公司中的一家投递了简历，各不重复。还已知：

(1)若丙投递致尚或高华，则乙投递通合并且丁投递风云。

(2)若乙不投递天和或者丁不投递通合，则甲投递致尚或者天和。

(3)若戊或者己投递高华或者天和，则丙投递风云且己不投递致尚。

12. 若甲投递普惠，则以下哪项必为真？

A. 丁投递风云。

B. 己投递高华。

C. 乙投递通合。

D. 丙投递致尚。

E. 戊投递通合。

13. 若丙投递高华，则以下哪项一定为真？

A. 丁投递通合。

B. 己投递风云。

C. 甲投递天和。

D. 丙投递致尚。

E. 己投递普惠。

14. 最近，一些儿科医生声称，狗最倾向于咬13岁以下的儿童。他们的论据是：被狗咬伤而前来就医的大多是13岁以下的儿童。他们还发现，咬伤患儿的狗大多是雄性德国牧羊犬。

如果以下陈述为真，则哪一项最能严重地削弱儿科医生的结论？

A. 被狗咬伤并致死的大多数人，其年龄都在65岁以上。

B. 被狗咬伤的13岁以上的人大多数不去医院就医。

C. 许多被狗严重咬伤的13岁以下儿童是被雄性德国牧羊犬咬伤的。

D. 许多13岁以下被狗咬伤的儿童就医时病情已经恶化了。

E. 女童比男童更易于被狗咬伤。

15. 有一段时间，电视机生产行业竞争激烈。由于电视机品牌众多，产品质量成为消费者考虑的首要因素。某电视机生产厂家为了扩大市场份额，一方面加大研发力度，进一步提高了电视机产品的质量；另一方面在价格上作调整，适当降低了产品的价格。然而，调整之后的头三个月，其电视机产品的市场份额不但没有提高，反而有所下降。

以下哪项如果为真，则最能解释上述现象？

A. 消费者通常会考虑不同产品的价格差异，而非同一产品在不同时期的价格差异。

B. 一个家庭再次购买电视机产品时会首先考虑原来的品牌。

C. 消费者通常是通过价格来衡量电视机产品质量的。

D. 其他电视机生产厂家也调整了产品价格。

E. 消费者不仅看重产品的价格，还看重产品的外观。

16. 吕、赵、罗、花、李、张6位老师在聊“十一”出游计划时发现，他们选定的城市分别是北京、天津、白城和乌鲁木齐，每位老师只去1个城市，每个城市至少有1人前往。已知：

(1)罗不去天津，否则李去乌鲁木齐且赵去天津。

(2)若张去北京或吕去天津，则花和张都去乌鲁木齐。

(3)若吕和赵至多有1人去天津，则罗和花两人均去天津。

(4)若李去乌鲁木齐，则花不去天津或吕去天津。

(5)只有李去北京，罗才去北京。

若上述断定为真，则谁去白城？

A. 李。　　B. 罗。　　C. 花。

D. 张。　　E. 吕。

17. 聪聪需要在自然生物、隶书书法、诗词鉴赏、中医基础、插花艺术这5门选修课中选择3门作为本学期的选修科目。聪聪对选修的科目有如下要求：

(1)如果选修隶书书法，就选修中医基础。

(2)如果选修插花艺术，就选修中医基础和自然生物。

根据上述信息，聪聪一定选修了如下哪个科目？

A. 自然生物。

B. 隶书书法。

C. 诗词鉴赏。

D. 中医基础。

E. 插花艺术。

18. 在海滩旅游胜地的浅海游泳区的外延，设置渔网以保护在海水中游泳的度假者免遭鲨鱼的攻击的措施一直受到环境保护人员的指责，因为设置的渔网每年不必要地杀死了成千上万的海生动物。然而，最近环境保护人员发现，埋在游泳区外延海底的通电电缆能够让鲨鱼远离该区域，同时对游泳者和海洋生物没有造成危害。因此，该海滩旅游胜地通过实施在海底设置通电电缆而不是设置渔网的措施，可以既保持海滩旅游业的发展，又能解决那些环境保护人员所关心的问题。

下面哪项如果为真，则能最严重地削弱上文中的推理？

A. 许多从来就没有看见鲨鱼曾经在附近水域出现过的海滩旅游胜地，没有计划要设置这种通电电缆。

B. 尽管大多数人宣称害怕鲨鱼，但是那些被看到有鲨鱼出没的海滩旅游胜地的旅游业只受到了轻微的损害。

C. 大多数旅游者不会到那些他们不能亲眼看见，但拥有实实在在地保护他们在海滩浅海游泳区游泳时免遭鲨鱼攻击的保护性屏障的海滩旅游胜地游玩。

D. 在海底埋通电电缆不是唯一的得到环境保护人员准许而又能够成功地无伤害驱逐鲨鱼的创新措施。

E. 掩埋在浅海海底的电缆里通过的电流将驱逐许多种类的海鱼，但是对那些许多海滩旅游胜地用以吸引游客眼球的海生动物不产生驱逐作用。

19～20 题基于以下题干：

某医院安排 5 名护士周内值班，这 5 名护士分别为甲、乙、丙、丁和戊，已知每名护士只需要值 1 天班。从星期一到星期五晚上每天都要有人值班，且每天只有 1 名护士值班。同时，还有如下要求：

(1)丙被安排在戊之后值班。

(2)丁和甲 2 人在星期三晚上一起去看了电影。

(3)星期四晚上值班的人与乙、丁一起吃过饭。

(4)丙从未见过乙，也不在最后一天值班。

19. 若丁不是最早值班的人也不是最晚值班的人，则可以得出以下哪项？

A. 乙在星期五值班。

B. 丁在星期三值班。

C. 甲在星期二值班。

D. 戊在星期五值班。

E. 丙在星期四值班。

20. 若星期三值班的人不认识丙，则下面哪项一定为真？

A. 甲在星期一值班。

B. 乙在星期二值班。

C. 丙在星期四值班。

D. 丁在星期五值班。

E. 戊在星期三值班。

396 经济类联考逻辑 ▸ 模拟卷 3

答案详解

答案速查	
1～5 BCABB	6～10 BDECE
11～15 EBCBC	16～20 BDCAD

1. B

【第 1 步 识别条件类型】

题干由多个性质命题组成，且这些命题中存在重复元素可以实现串联，故此题为性质串联模型。同时，题干条件符合双 A 串联公式。

【第 2 步 套用母题方法】

(1)画箭头。

①给孕妇让座→公序良俗。

②给孕妇让座→体现了社会良好的风尚。

③给孕妇让座→体现了对孕妇的关爱。

④公序良俗→不违反人格尊严。

(2)串联。

观察①和②，符合双 A 串联公式，故，可得：有的公序良俗→体现了社会良好的风尚；再与④串联可得：⑤有的体现了社会良好的风尚→公序良俗→不违反人格尊严。

观察②和③，符合双 A 串联公式，故，可得：⑥有的体现了社会良好的风尚→体现了对孕妇的关爱。

观察①和③，符合双 A 串联公式，故，可得：⑦有的公序良俗→体现了对孕妇的关爱；再与④串联可得：⑧有的体现了对孕妇的关爱→公序良俗→不违反人格尊严。

(3)找答案。

A 项，有的体现了社会良好的风尚的行为→┐体现了对孕妇的关爱，由⑥可知：有的体现了社会良好的风尚的行为→体现了对孕妇的关爱，与此项是下反对关系，一真另不定，故此项可真可假。

B 项，有的体现了社会良好的风尚→不违反人格尊严，由⑤可知，此项为真。

C 项，不违反人格尊严→公序良俗，根据箭头指向原则，由④可知，“不违反人格尊严”后无箭头指向，故此项可真可假。

D 项，有的体现了对孕妇的关爱→┐公序良俗，由⑧可知，有的体现了对孕妇的关爱→公序良俗，与此项是下反对关系，一真另不定，故此项可真可假。

E 项，题干的陈述不涉及“遭人唾弃”，故此项可真可假。

2. C

【第 1 步 识别论证类型】

题干的提问方式为“哪项最能支持有关方面的观点”，故直接定位到“有关方面的观点”。此种问法大多考查的是拆桥搭桥模型(主宾型)。

有关方面：如果这个结果(华人讲师的最新研究表明存在无穷多个相差小于 7 000 万的素数对)成立，那么将是数论发展的一项重大突破。

【第 2 步 套用母题方法】

A 项，此项用这位华人讲师自身的情况作为论据来证明其观点的正确性，犯了诉诸人身的逻辑谬误，排除。

B 项，无关选项，证明的过程是否漫长与结论是否成立无关。

C 项，此项指出该研究是“第一次”，即此前没有，故若该证明成立，它就是一项“突破”，支持题干中有关方面的观点。

D 项，削弱题干，指出 7 000 万这个数字太大，以致于即使题干中这一研究结果成立，也可能与证明孪生素数猜想之间存在很大距离。

E 项，无关选项，欧几里得提出的很多数学猜想是否得到了证明，与题干中“华人讲师”的研究发现是否有助于证明孪生素数猜想无关。

3. A

【第 1 步 识别论证类型】

题干：A 国有的州还在自己管辖的范围内，在绝大部分出售商品的价格上附加 7%左右的销售税，因此，当销售税也被视为所得税的一种形式的话，这种税收是违背累进原则的：收入越低，纳税率越高。

锁定关键词“7%”“纳税率”，可知此题为统计论证模型(数量比率型)。

【第 2 步 套用母题方法】

根据公式：销售税=商品的总花费×7%，纳税率=$\frac{\text{销售税}}{\text{收入}}$。

A 项，说明所有人的销售税都一样，那么收入低的人纳税率就更高了，支持题干。

B 项，无关选项，题干的论证不涉及 A 国人收入差别是否发生变化。

C 项，无关选项，题干不涉及低收入者有能力支付销售税的原因。

D 项，无关选项，题干不涉及“销售税的实施”对商品销售总量和收储商品比例的影响。

E 项，无关选项，此项的论证对象是“B 国”，题干的论证对象是“A 国”，两者不一致。

4. B

【第 1 步 识别条件类型】

题干已知“四位教练中只有一位的预测为真”，故此题为真假话模型。

【第 2 步 套用母题方法】

题干有以下信息：

①甲 ∨ 丁。

②甲 ∨ 丙 ∨ ¬ 乙。

③¬ 丙 ∧ 乙。

④乙∨戊。

(1)找矛盾。

题干中无矛盾关系。

(2)找下反对关系或推理关系。

②和④为下反对关系，至少一真。再结合“四位教练中只有一位的预测为真”可知，①和③均为假。

(3)推出结论。

由①为假可得：¬ 甲∧¬ 丁。

由③为假可得：丙∨¬ 乙。

由“丙∨¬ 乙”可知，②为真、④为假。

由④为假可得：¬ 乙∧¬ 戊。

综上，丙队是冠军。

故B项正确。

5. B

【第1步 识别条件类型】

题干由数量关系和假言命题组成，故此题为数量假言模型。

【第2步 套用母题方法】

(1)数量关系优先算。

由题干信息可知共有3个小组，共选拔4人，结合条件(1)可知，有一个小组选2人，其余小组选1人，故3个小组的人员分配情况为：2人、1人、1人。

(2)假言命题做串联。

由条件(2)可得：张珊∨李思∨王伍→孙琪∧黄玖。

由条件(3)可得：谭巴∨赵柳→¬ 孙琪。

由条件(4)可得：¬ 谭巴→¬ 张珊。

由条件(1)可知，主攻组一定有人入选，故条件(2)的前件为真，则其后件也为真，可得：孙琪∧黄玖。

由“孙琪”可知，条件(3)的后件为假，则其前件也为假，可得：¬ 谭巴∧¬ 赵柳。

由“¬ 谭巴”可知，条件(4)的前件为真，则其后件也为真，可得：¬ 张珊。

综上，张珊、谭巴、赵柳3人均不能入选，剩余的李思、王伍、孙琪、黄玖均入选。

故B项正确。

6. B

【第1步 识别条件类型】

题干由数量关系和假言命题组成，故此题为数量假言模型。

【第2步 套用母题方法】

由条件(4)、(1)和(2)串联可得：¬ 甲→¬ 丁∧¬ 己→¬ 丁→乙→戊∧己∧庚。

可见，由“¬ 甲”出发推出“¬ 己∧己”，即推出了矛盾，故“¬ 甲”为假，即：甲。

由“甲”可知，条件(3)的前件为真，则其后件也为真，可得：辛。

若“乙”为真，则条件(2)后件为假，则其前件也为假，可得：戊∧己∧庚。此时，有6人入选，与“8选4”矛盾。因此，一定不选择乙。

由条件(1)逆否可得：┐乙→丁，故选择丁。

故B项正确。

7. D

【第1步　识别论证类型】

题干的提问方式为“哪项不能支持上述漂流理论”，故定位到“漂流理论”。

漂流理论：距今约5 000万年前，生活在马达加斯加岛上的环尾狐猴、狐蝠以及其他哺乳动物的祖先当年乘坐天然的“木筏”，来到了马达加斯加这座位于印度洋的岛屿上。

题干中没有明显的命题模型，故直接分析选项。

【第2步　套用母题方法】

A项，补充新论据，说明在洋流的带动下，这些动物会漂向马达加斯加，支持漂流理论。

B项，补充新论据，说明这些小型哺乳动物即使在漂流数周后依然可以存活，支持漂流理论。

C项，如果有超重、超大的哺乳动物，那么它们不能乘坐“木筏”漂流到马达加斯加，支持漂流理论。

D项，此项指出5 000万年前，非洲大陆和马达加斯加之间的距离与今天不同。如果这种“不同”是指过去更近，则更有利于小动物的“漂流”(支持漂流理论)；如果这种“不同”是指过去更远，则更不利于小动物的“漂流”(削弱漂流理论)。(干扰项·两可选项)

E项，补充新论据，说明海上存在天然的“木筏”，支持漂流理论。

8. E

【第1步　识别条件类型】

题干中出现“花坛”与“花”之间的一一匹配，故此题为简单匹配模型。

【第2步　套用母题方法】

(1)事实/问题优先看。

提问中无新补充信息，题干已知条件中也没有事实。

(2)重复/方位是关键。

条件(1)中出现特殊位置关系(间隔)，可进行分类讨论。

由条件(1)可知，月季和梅花的位置分别是：1号花坛和4号花坛、2号花坛和5号花坛或者3号花坛和6号花坛；再结合条件(2)可知，月季和梅花只能分别种在1号花坛和4号花坛，或者2号花坛和5号花坛。

若1号花坛种植月季，结合条件(3)可得：4号花坛种植百合，此时与“4号花坛种植梅花”矛盾，因此，月季种在2号花坛、梅花种在5号花坛。

再结合条件(2)和(4)可得：玫瑰种在3号花坛、百合种在4号花坛。

由“百合种在4号花坛”并结合条件(3)可知，菊花不种在1号花坛，因此，兰花种在1号花坛、菊花种在6号花坛。故E项正确。

9. C

【第1步　识别论证类型】

题干：新石器时代早期的“东胡林人”遗骸身上佩戴项链和骨镯(现象)$\xrightarrow{\text{证明}}$在新石器时代早期，人类的审美意识已开始萌动(原因)。

题干中论据的宾语是“佩戴项链和骨镯”，论点的宾语是“审美意识”，二者不一致，故此题可认为是拆桥搭桥模型(前后型)。

同时，题干的论据是一种现象，论点是对该现象原因的分析，故此题也为现象原因模型。

【第2步 套用母题方法】

A项，无关选项，题干的论证并未涉及新石器时代饰品的原材料。

B项，无关选项，题干的论证并未讨论出土项链和骨镯的做工精细程度。

C项，此项表明，佩戴饰品是为了表明社会地位，另有他因，可以削弱题干。

D项，无关选项，题干的论证对象是“少女遗骸”，此项的论证对象是“成年男性遗骸”，两者不一致。(干扰项 • 对象不一致)

E项，此项建立了“审美意识”与“佩戴饰品”之间的联系，搭桥法，支持题干。

10. E

【第1步 识别条件类型】

题干中出现假言命题，提问方式为“以下哪项推理的结构和上述推理最为类似?”，故此题为推理结构相似题。先将题干符号化，再将选项与题干一一对应即可解题。

【第2步 套用母题方法】

题干：如果你喝的饮料中含有酒精(A)，你的心率就会加快(B)。如果你的心率加快(B)，就会觉得兴奋(C)。因此，如果你喝的饮料中含有酒精(A)，就会觉得兴奋(C)。

将题干符号化：A→B。B→C。因此，A→C。

A项，A→B。A→C。因此，B→C。与题干的推理结构不同。

B项，A→B。C→D。因此，A→┐D。与题干的推理结构不同。

C项，A→B。A→C。因此，B→C。与题干的推理结构不同。

D项，A→B。B→C。因此，A→D。与题干的推理结构不同。

E项，A→B。B→C。因此，A→C。与题干的推理结构相同。

11. E

【第1步 识别论证类型】

题干：一篇论文从收稿到发表，至少需要3个月。因此，如果这一论文一收到就被发表，那么，这3个月中死于心脏病突发的患者很可能挽回生命。

题干的论点中出现假言命题，故此题为绝对化结论模型。

【第2步 套用母题方法】

A项，无关选项，此项讨论的是医学杂志以何种方式尽快发表论文，但与快速发表论文“能否挽回心脏病突发的患者的生命”无关，故此项为无关选项。

B项，其他学者提出的意见未必为真，不能削弱。

C项，说明经常服用阿司匹林有副作用，但与“能否挽回心脏病突发的患者的生命”无关。

D项，不能削弱题干，因为题干讨论的是假如“一收到就发表”为真的话，会产生怎么样的结果，而此项讨论的是“是否能一收到就发表”。

E项，此项等价于：如果不连续8个月服用阿司匹林，不能产生防止心脏病突发的效果。那么即使收到论文之后就发表，也无法在3个月内挽回心脏病突发的患者的生命，削弱题干。

12. B

【第 1 步 识别条件类型】

题干由事实、假言命题和匹配关系组成，故此题为事实假言匹配模型。

【第 2 步 套用母题方法】

从事实出发，由"甲投递普惠"可知，条件(2)的后件为假，则其前件也为假，可得：乙天和∧丁通合。

由"乙天和∧丁通合"可知，条件(1)的后件为假，则其前件也为假，可得：¬丙致尚∧¬丙高华。

由"甲投递普惠""乙天和∧丁通合∧¬丙高华"和"六人分别向这六家公司中的一家投递了简历，各不重复"可知，戊或者己投递高华。故，条件(3)的前件为真，则其后件也为真，可得：丙风云∧¬己致尚。

综上，结合"六人分别向这六家公司中的一家投递了简历，各不重复"可得：戊致尚∧己高华。

故 B 项正确。

13. C

【第 1 步 识别条件类型】

题干由事实、假言命题和匹配关系组成，故此题为事实假言匹配模型。

【第 2 步 套用母题方法】

从事实出发，由"丙投递高华"可知，条件(1)的前件为真，则其后件也为真，可得：乙通合∧丁风云。

由"丙投递高华"还可知，条件(3)的后件为假，则其前件也为假，可得：¬戊高华∧¬戊天和∧¬己高华∧¬己天和。

再由"丙高华∧乙通合∧丁风云∧¬戊高华∧¬戊天和∧¬己天和"可知，甲天和。

故 C 项正确。

14. B

【第 1 步 识别论证类型】

题干：狗最倾向于咬 13 岁以下的儿童。他们的论据是：被狗咬伤而前来就医的大多是 13 岁以下的儿童。

观察题干可知，论据是一个现象，论点是对该现象的原因的分析。此时，我们可以将题干中的"他们的论据是"替换为"这是因为"，故此题为现象原因模型。

【第 2 步 套用母题方法】

A 项，无关选项，题干的论证对象是"被狗咬伤的儿童"，此项的论证对象是"被狗咬伤并致死的人"，两者不一致。(干扰项・对象不一致)

B 项，说明是因为被狗咬伤的 13 岁以上的人大多数不去医院就医导致了去医院就医的多数是 13 岁以下的儿童，另有他因，削弱题干。

C 项，无关选项，题干的论证对象是"被狗咬伤的儿童"，此项的论证对象是"被狗严重咬伤的儿童"，两者不一致。(干扰项・对象不一致)

D 项，无关选项，题干不涉及就医时病情是否已经恶化。

E 项，无关选项，题干不涉及女童和男童的比较。(干扰项・比较不一致)

15. C

【第1步 找到待解释的现象】

锁定“然而”一词，可知前后出现看似矛盾的现象或差异。

题干：某电视机生产厂家提高了电视机产品的质量、降低了产品的价格，但是调整之后的头三个月，其电视机产品的市场份额不但没有提高，反而有所下降。

【第2步 套用母题方法】

A项，此项指出消费者会考虑“不同产品的价格差异”，那么就存在一种可能：该厂家电视机降价后产品具有了价格优势，从而可能使更多的消费者选择他们的产品，故不能解释。

B项，如果此项为真，消费者在二次购买时都选择原来的品牌，那么品牌的市场占有率应该保持不变，故不能解释。

C项，说明消费者认为“价格低”意味着“质量差”，可以解释。

D项，指出其他厂家也调整了产品的价格，但从此项无法看出调整后的价格和质量谁占优势，故不能很好地解释题干中的现象。

E项，不能解释，题干中不涉及该厂家电视机的外观情况。

16. B

【第1步 识别条件类型】

题干由数量关系、假言命题和匹配关系组成，故此题为数量假言匹配模型。

【第2步 套用母题方法】

(1)数量关系优先算。

由“每位老师只去1个城市，每个城市至少有1人前往”可知，6=1+1+2+2或者6=1+1+1+3。

(2)假言命题做串联。

题干中的假言命题可表示如下：

①罗天津→李乌鲁木齐∧赵天津。

②张北京∨吕天津→花乌鲁木齐∧张乌鲁木齐。

③¬吕天津∨¬赵天津→罗天津∧花天津。

④李乌鲁木齐→¬花天津∨吕天津。

⑤罗北京→李北京。

串联找矛盾，由③、①和④串联可得：¬吕天津∨¬赵天津→罗天津∧花天津→李乌鲁木齐∧赵天津→¬花天津∨吕天津。

可见，由“¬吕天津∨¬赵天津”出发推出了“花天津∧赵天津∧(¬花天津∨吕天津)”。故，“¬吕天津∨¬赵天津”为假，即：“吕天津∧赵天津”为真。

由“吕天津”可知，②的前件为真，则其后件也为真，可得：花乌鲁木齐∧张乌鲁木齐。

若⑤的前件为真，则其后件也为真，可得：罗北京∧李北京，此时与“每个城市至少有1人前往”矛盾。因此，⑤的前件为假，即：罗不去北京。故，罗去白城。所以，B项正确。

17. D

【第1步 识别条件类型】

题干由数量关系和假言命题组成，故此题为数量假言模型。

【第2步 套用母题方法】

观察题干条件，发现“中医基础”出现多次，故优先考虑。

由条件(1)逆否可得：¬中医基础→¬隶书书法。

由条件(2)逆否可得：¬中医基础→¬插花艺术。

因此，若不选修中医基础，则隶书书法、插花艺术均不选修，与“5个科目中选修了3个”矛盾。所以，一定选修中医基础，D项正确。

18. C

【第1步 识别论证类型】

题干：该海滩旅游胜地通过实施在海底设置通电电缆而不是设置渔网的措施(措施)$\xrightarrow{以求}$可以既保持海滩旅游业的发展，又能解决那些环境保护人员所关心的问题(目的)。

锁定关键词“措施”，可知此题为措施目的模型。

【第2步 套用母题方法】

A项，不能削弱，此项只能说明那些没有鲨鱼出没的区域不必采取题干中的措施，但无法说明有鲨鱼出没的海域的情况，也无法说明措施是否有作用。

B项，此项说明鲨鱼会影响旅游业的发展，那么采取题干的措施就能化解这种危害，措施可以达到目的，支持题干。

C项，通电电缆埋藏在海底，游客无法亲眼看见这种保护措施，这会导致游客不去此类海滩旅游胜地游玩。此项说明该项措施无法保持海滩旅游业的发展，措施达不到目的，削弱题干。

D项，不能削弱，是否是“唯一”措施和其所起的作用无关。

E项，此项说明题干的措施不会驱逐引游客眼球的海生动物，即措施无副作用，支持题干。

19. A

【第1步 识别条件类型】

题干中出现“人”与“值班日期”的一一匹配关系，故此题为简单匹配模型。

【第2步 套用母题方法】

(1)事实/问题优先看。

由“丁不是最早值班的人也不是最晚值班的人”可得：丁不在星期一值班、丁不在星期五值班。

(2)重复/互斥是关键。

观察题干已知条件，发现“丁”和“丙”均出现3次，故优先分析。

分析重复元素“丁”：

由条件(2)可得：甲和丁均不在星期三值班。

由条件(3)可得：乙和丁均不在星期四值班。

综上，可得：丁在星期二值班。

分析重复元素“丙”：

由条件(1)可知：丙不在星期一值班。

由条件(4)并结合条件(3)可知，丙不在星期四值班、丙不在星期五值班。

再结合“丁在星期二值班”可得：丙在星期三值班。

再结合条件(1)可得：戊在星期一值班。

由上述信息，结合“乙不在星期四值班”可得：甲在星期四值班、乙在星期五值班。

故A项正确。

20. D

【第1步 识别条件类型】

题干中出现“人”与“值班日期”的一一对应关系，故此题为简单匹配模型。

【第2步 套用母题方法】

(1)事实/问题优先看。

由“星期三值班的人不认识丙”可得：丙不在星期三值班。

(2)重复/互斥是关键。

观察题干已知条件，发现“丙”出现的次数最多，故优先分析。

由条件(1)可知：丙不在星期一值班。

由条件(4)并结合条件(3)可知，丙不在星期四值班、丙不在星期五值班。

综上，可得：丙在星期二值班。

由“丙在星期二值班”并结合条件(1)可得：戊在星期一值班。

由条件(2)可知，丁和甲均不在星期三值班。因此，乙在星期三值班。

由条件(3)可知，丁不在星期四值班。因此，丁在星期五值班、甲在星期四值班。

故D项正确。

396 经济类联考逻辑 ▸ 模拟卷 4

（共 20 题，每小题 2 分，共 40 分，限时 40 分钟）

说明：难度约等于真题中较难的年份，如 2024 年。

1. 某杂志社调查了京华大学法律系和经济系的所有学生，发现：所有法律系的学生都获得了律师资格证；所有获得律师资格证的学生都获得了优秀毕业生推荐资格；所有未获得国家奖学金的学生都未获得优秀毕业生推荐资格。

   如果以上断定为真，则可以得出以下哪项？

   A. 有的未获得国家奖学金的学生是法律系的。

   B. 所有获得国家奖学金的学生都是法律系的学生。

   C. 所有未获得国家奖学金的学生都未获得律师资格证。

   D. 有的法律系的学生未获得优秀毕业生推荐资格。

   E. 有的获得国家奖学金的学生是经济系的学生。

2. 药品制造商：我们公司要求使用我们新药的病人，要同时购买一次性的用于每周血液测试的工具。这些工具的花费是完全必要的，因为，这些病人每周必须做血液测试，以监视新药潜在的可能非常危险的副作用。

   下列哪项如果正确，则最能反对药品制造商的论述？

   A. 购买血液测试工具的花费没有阻止任何病人获得药和工具。

   B. 医学实验室能够做血液测试，对病人或他们的保险商的要价低于药品制造商对工具的要价。

   C. 一年的药物和每周的血液测试工具使病人或他们的保险商花费超过 1 万美元。

   D. 大多数政府和其他健康保险项目不补偿病人为药品和血液测试工具所付的全部费用。

   E. 遭受该药一个或一个以上危险的副作用的病人会花费很多钱治疗。

3. 某公司团建期间，策划部的甲、乙、丙、丁、戊、己、庚和辛 8 位员工被安排在天和酒店 8 楼从左至右的第一到第四个房间中，每人只去 1 个房间，每个房间恰安排了 2 人。还已知：

   (1)若乙和己至多 1 人被安排在第二个房间，则辛被安排在第四个房间且乙的房间在辛的左边。

   (2)若甲被安排在第一个或者第四个房间，则庚被安排在第三个房间。

   (3)若乙被安排在第一个房间或者丁不被安排在第二个房间，则辛和己被安排在第三个房间。

   (4)若乙被安排在第二个或者第三个房间，则乙和甲的房间不相邻。

   若戊被安排在第三个房间，则以下哪项一定为真？

   A. 丁在第四个房间。

   B. 辛在第一个房间。

   C. 庚在第二个房间。

   D. 甲在第三个房间。

   E. 己在第一个房间。

4. 研究显示，在115摄氏度下，将甜玉米分别加热10分钟、25分钟和50分钟后发现，其抗自由基的活性分别升高了22%、44%和53%。因此，加热时间越长的玉米，抗衰老的作用越好。

以下各项如果为真，无法削弱上述结论的是：

A. 加热65分钟后，玉米抗自由基的活性反而降低了。

B. 与甜玉米相比，糯玉米在加热相同时间后，其抗自由基的活性增高的幅度很小。

C. 甜玉米是玉米中比较少见的一种，不具有代表性。

D. 对于玉米来说，并非是抗自由基的活性越高，其抗衰老的作用越好。

E. 加热时间越长的玉米，其抗衰老的作用变差了。

5. 随着信息技术的飞速发展，人类逐步进入信息社会。信息技术的快速发展对人们的生活和工作方式产生了深远的影响。如果信息技术能够得到广泛应用，则能提高人们的生活质量。但是，信息技术的快速发展同样也带来了诸多负面影响，如果不出台有效的管理措施，就无法营造风清气正的网络环境。

根据以上陈述，可以得出以下哪项？

A. 如果出台有效的管理措施，就能营造风清气正的网络环境。

B. 只要能提高人们的生活质量，就能消除信息技术的快速发展带来的诸多负面影响。

C. 只有出台有效的管理措施，才能营造风清气正的网络环境。

D. 如果信息技术未能够得到广泛应用，就没有必要出台有效的管理措施。

E. 如果能营造风清气正的网络环境，那么信息技术的发展对社会百利而无一害。

6. 某医院在周一到周五安排医院内科、外科、儿科、放射科和中药科这5个科室工作人员进行例行体检。已知：

(1)内科的例行体检安排在周三。

(2)外科的例行体检安排在儿科之前。

(3)放射科安排在内科之后例行体检。

(4)儿科的例行体检安排在中药科之后。

根据上述信息，以下哪项安排不可能为真？

A. 中药科在放射科之前做例行体检。

B. 内科在外科之后做例行体检。

C. 放射科在儿科之后做例行体检。

D. 儿科在内科之前做例行体检。

E. 外科在中药科之前做例行体检。

7. 为扩大市场份额，某公司决定在上海、北京、深圳、广州、南京、成都和长沙这7座城市成立直营旗舰店，并派遣甲、乙、丙、丁和戊5位集团高管前往上述7地进行实地考察。每位高管将前往1～2座城市考察，每座城市只有1位高管前往，还已知：

(1)若丙至多前往南京和北京中的1个，则乙前往上海而丁前往长沙。

(2)若丁不前往北京或者甲不前往广州，则乙和丙均不前往上海。

(3)若甲前往成都或者乙不前往广州，则丁前往南京且戊前往深圳。

根据上述信息，可以得出以下哪项？

A. 甲前往北京。

B. 丙前往南京。

C. 乙前往深圳。

D. 丁前往南京。

E. 戊前往广州。

8. 研究人员为研究睡眠与记忆力的关系，分别对21岁的年轻人和75岁的老年人进行睡眠和记忆测试。在睡眠过程中，研究人员借助脑电图仪对受试者的睡眠和脑电波活动进行检测，老年人的慢波睡眠时间比年轻人平均少75%。在8小时睡眠后的次日，研究人员再次检测对日前单词的记忆情况。结果显示，老年人次日的单词记忆成绩比年轻人差55%。因此，研究人员认为，慢波睡眠时间缩短是影响老年人记忆力的关键。

以下哪项如果为真，能够质疑上述观点？

A. 睡眠质量的好坏不仅取决于慢波睡眠的长短，也取决于快波睡眠的长短。

B. 慢波睡眠能使得新获取的信息从短期储存记忆的海马区转移到长期储存记忆的前额皮质。

C. 绝大多数老年人大脑功能减退，记忆力下降，即使延长慢波睡眠时间，也难改善记忆力。

D. 无论是参与实验的老年人还是年轻人，在实验开始前都没有接触过或者学习过这些单词。

E. 人们慢波睡眠的时间会受到心理压力、健康状况和所处的环境影响。

9. 如果爱因斯坦的相对论是正确的，那么，顺时运动的物体的时速不可能超过光速。但是，量子力学预测，基本粒子超子的时速超过光速。因此，如果相对论是正确的，那么，或者量子力学的这一预测是错误的，或者超子逆时运动(返回过去)。

上述推理方式和以下哪项最为类似？

A. 有语言学家认为，现代英语起源于古代欧洲的波罗英多语，这一看法不正确。英语更可能是起源于芬兰乌戈尔语，因为英语和诸多起源于乌戈尔语的现代语种都有相似之处。

B. 如果被告实施犯罪，那么他或者有明确动机，或者精神不正常，因为只有精神不正常的人的行为才没有明确动机。心理检测的结论是该被告的精神不正常，但证据说明，该被告的行为有明确动机。因为没有理由否定证据，所以，被告有罪。

C. 如果人的大脑处于缺氧情况下，那么只能存活几分钟。令人惊奇的是，一个目击者声称，一个巫师被深埋地下一周后仍然活着。因此，人的大脑处于缺氧的情况下，那么，或者目击者所说的不是事实，或者该巫师的大脑并没有完全缺氧。

D. 拥有一个国家的国籍，意味着就是这个国家的公民。有的国家允许本国公民有双重国籍，但中国的法律规定，中国公民不能拥有双重国籍。欧洲H国公民查尔斯拥有中国国籍。这说明中国有关双重国籍的法律没有得到严格实施。

E. 警察办案，或者基于逻辑推理，或者基于证据。友谊花小区发生的这起谋杀案，没有发现有效的证据，所以警察只能依据逻辑推理办案。

10. 数字干预疗法需要心理疾病患者登录一个软件或网站，进行阅读、观看。研究人员对83项测试数字干预疗法治疗抑郁症的研究进行分析，共涉及1.5万名参与者。研究人员发现，数字干预疗法减轻了患者的抑郁症状。因此，研究人员认为日常浏览电脑和智能手机等智能产品可以减轻患者的抑郁症状。

以下哪项如果为真，最能削弱上述观点？

A. 1.5万名参加随机实验的人员中有80%是成年人，69.5%是女性。

B. 数字干预疗法为日益增多的心理健康需求者提供了替代方案。

C. 目前尚不清楚数字干预疗法是否与面对面的心理疗法一样有效果。

D. 日常浏览智能产品主要是为了工作和休闲，无法进行专业的心理干预。

E. 日常浏览电脑和智能手机对于一些没有智能设备的老年人来说是一件难事。

11. 海那幼儿园六一儿童会演需要5名小朋友参加演出，现有甲、乙、丙、丁、戊、己、庚、辛、壬、癸共10名小朋友参加了排练，且已知条件如下：

(1)甲、乙、丙至少有1人参加演出，则丁和戊不能参加演出。

(2)如果己参加演出，那么乙也需要参加演出。

(3)要么癸参加演出，要么庚参加演出。

现已知领舞的小朋友丁必须参加演出，则下列哪项一定正确？

A. 己参加演出。

B. 丙参加演出。

C. 癸参加演出。

D. 辛参加演出。

E. 庚参加演出。

12. 男青年小张、小王和小李分别和女青年小赵、小陈和小高相爱。三对情侣分别养了狗、猫和鸟作为宠物。其中：

(1)小李不是小高的男友，也不是猫的主人。

(2)小赵不是小王的女友，也不是狗的主人。

(3)如果狗的主人是小王或小李，小高就是鸟的主人。

(4)如果小高是小张或小王的女友，小陈就不是狗的主人。

根据以上条件，以下哪项一定为真？

A. 小张和小陈是情侣。

B. 小高和小王是情侣。

C. 小高养的是猫。

D. 小王和小陈共同养狗。

E. 小李和小赵共同养鸟。

13～14题基于以下题干：

某小区4栋2单元6楼的三个家庭共有甲、乙、丙、丁、戊五个小孩，三个家庭的家长准备在暑假期间给孩子们报暑假兴趣班。现有绘画、象棋、围棋、游泳和篮球五种兴趣班可供孩子们选择。每种兴趣班恰有两个孩子选择，每个孩子至少选择一个兴趣班。已知：

(1)如果丁不选择象棋或者乙不选择游泳，那么丙和戊都不选择篮球。

(2)如果戊、丙中至少有一人选择绘画，那么甲和丙均不选择围棋。

(3)如果丁至少选择象棋和围棋中的一种，则甲选择象棋且戊选择绘画。

(4)若乙和丁中至少有一人选择围棋，则丙选择游泳且甲选择篮球。

13. 若丙选择篮球，则以下哪项一定为真？

A. 甲不选择象棋。 B. 乙不选择围棋。 C. 丙不选择绘画。

D. 丁不选择游泳。 E. 戊不选择绘画。

14. 若甲只选择象棋，则以下哪项一定为真？

A. 乙选择象棋。 B. 丁选择绘画。 C. 丙选择游泳。

D. 丁选择围棋。 E. 戊选择象棋。

15. 复活节岛是位于太平洋上的一座孤岛。在报道中，复活节岛文明的衰落常作为一个警世故事，讲述人类肆意采伐棕榈树林，致使肥沃的土壤流失，最终导致岛中食物短缺，文明自此衰落。然而近日有专家提出，复活节岛文明的衰落与树木砍伐并无必然联系。

以下哪项如果为真，则最能支持上述专家的观点？

A. 大约公元1200年，岛上居民开始砍伐棕榈树，用于建造木船，运送大型石质雕像。

B. 考古发现，当岛上最后的树木(棕榈树)被砍伐完之后，仍有大量原住民生活着，其农业耕作的水平没有下降。

C. 花粉分析表明，早在公元800年，森林的毁灭就已经开始，岛屿地层中的大棕榈树和其他树木的花粉越来越少。

D. 1772年荷兰殖民者开始登陆复活节岛，并对当地居民进行奴役，那时岛上的土著人口是4 000人，到1875年时仅有200人。

E. 岛上森林的肆意砍伐引发了沙尘暴，从而致使致命疾病泛滥。

16. 一次学术讨论会议开始前，组委会就在本次会议中能否全程使用“能量分解”来替代“爆炸”这个术语展开激烈的争论。两个术语虽然所表达的含义上大体相近，但是，“爆炸”这个术语可以引出合理的反应，诸如提高注意度，而替代的术语“能量分解”就无法带来这种效果。因此，“能量分解”不能在这次学术讨论会议全过程中使用。

以下哪一个是上述论断所基于的假设？

A. 如果一个术语能在学术讨论会议全过程中使用，则说明该术语可以引出合理的反应。

B. 在其他的学术讨论会议中，并未出现使用“能量分解”这个术语替代“爆炸”的情况。

C. 在该次讨论会议中，如果一个术语无法引出合理的反应，就不应该在这次学术讨论会议全过程中使用。

D. 组委会使用“能量分解”这个术语来替代“爆炸”这个术语的唯一原因是让任何关于爆炸的严肃的政策讨论变得不可能。

E. 能否用某个术语替代另一个术语，仅仅取决于两者的含义是否相近。

17. 东汉大学化工学院陈教授的团队中共有赵嘉、钱宜、孙斌、李玎和吴纪五位研究生。一次实验后，五位研究生中的一人或者多人主动承担了实验室的清理工作。关于具体是谁，已知：

赵嘉说：“若不是我打扫的，则至多有两人参与了打扫。”

钱宜说：“我和孙斌都没有打扫。”

孙斌说：“如果是李玎打扫的，那么钱宜参与了打扫。”

李玎说：“若是赵嘉打扫的，则孙斌也参与了打扫。”

若上述四人的话中只有一句为真，则以下哪项一定为真？

A. 赵嘉和孙斌参与了实验室卫生打扫。

B. 李玎和吴纪参与了实验室卫生打扫。

C. 孙斌和钱宜参与了实验室卫生打扫。

D. 至多有两人参与了实验室卫生打扫。

E. 恰好有四人参与了实验室卫生打扫。

18. 岸上见书店最近采购了一批考试用书，其中普通话考试书籍 300 种，考研书籍 200 种；彩印书籍 270 种，非彩印书籍 230 种。

根据以上数据，以下各项都为真，除了：

A. 普通话考试彩印书籍的种类多于考研非彩印书籍的种类。

B. 普通话考试非彩印书籍的种类多于考研彩印书籍的种类。

C. 普通话考试彩印书籍最少 70 种。

D. 普通话考试非彩印书籍最少 100 种。

E. 考研彩印书籍最多 200 种。

19～20 题基于以下题干：

乐学喵公司 6 名技术骨干甲、乙、丙、丁、戊、己准备去韩国、日本、德国、英国、美国 5 个国家考察，由于时间有限，每个人只能去 2～4 个国家，每个国家仅有 3 人去考察。已知：

(1)若甲或乙至少有 1 人去韩国或日本，则丙和丁均去德国、英国和美国。

(2)若丙或丁去韩国或英国，则丁去韩国和日本。

(3)若丙、丁和戊中至少有 2 人去韩国，则甲和己均不去韩国和德国。

(4)若甲或戊去德国或美国，则戊去日本、德国和英国。

19. 根据上述信息，可以得出以下哪项？

A. 甲不去英国。　　B. 丙不去韩国。　　C. 戊不去美国。

D. 乙去日本。　　E. 己去德国。

20. 若己不去日本，则可以得出以下哪项？

A. 乙去德国、英国和美国。

B. 丙只去 2 个国家。

C. 丁去日本、德国和英国。

D. 若丙只去 3 个国家，则丁只去韩国和日本。

E. 若己只去 2 个国家，则丙只去韩国、日本和德国。

396 经济类联考逻辑▸模拟卷 4

答案详解

答案速查	
1～5　CBEBC	6～10　DBCCD
11～15　DEDBB	16～20　CBDCD

1. C

【第 1 步　识别条件类型】

题干由多个性质命题组成，且这些命题中存在重复元素可以实现串联，故此题为性质串联模型。

【第 2 步　套用母题方法】

(1)画箭头。

①法律系学生→律师资格证。

②律师资格证→优秀毕业生推荐资格。

③¬获得国家奖学金→¬优秀毕业生推荐资格。

(2)串联。

由①、②和③串联可得：④法律系学生→律师资格证→优秀毕业生推荐资格→获得国家奖学金。

(3)逆否。

④逆否可得：⑤¬获得国家奖学金→¬优秀毕业生推荐资格→¬律师资格证→¬法律系学生。

(4)找答案。

A 项，有的未获得国家奖学金→法律系学生，由⑤可知，¬获得国家奖学金→¬法律系学生，与此项构成矛盾关系，故此项必然为假。

B 项，获得国家奖学金→法律系学生，根据箭头指向原则，由④可知，"获得国家奖学金"后无箭头指向，故此项可真可假。

C 项，¬获得国家奖学金→¬律师资格证，由⑤可知，此项必然为真。

D 项，有的法律系学生→¬优秀毕业生推荐资格，由④可知，法律系学生→优秀毕业生推荐资格，与此项构成矛盾关系，故此项必然为假。

E 项，题干已知条件中不涉及"经济系的学生"，故此项可真可假。

2. B

【第 1 步　识别论证类型】

药品制造商：这些病人每周必须做血液测试，以监视新药潜在的可能非常危险的副作用，因此，购买一次性的用于每周血液测试的工具的花费是必要的。

此题的结论中出现“必要”这一绝对化词，故此题为绝对化结论模型。指出购买这些工具的花费“不是”必要的，即可削弱题干。

【第2步 套用母题方法】

A项，补充新论据，此项说明购买每周血液测试工具不会给病人带来影响，支持药品制造商的论述。

B项，此项指出医学实验室能够做血液测试且花费更低，故购买血液测试工具的花费并不是必要的，削弱药品制造商的论述。

C项，无关选项，“花费高”与这项花费是否“必要”无关。

D项，无关选项，“大多数政府和其他健康保险项目是否承担费用”与“这项花费是否必要”无关。

E项，说明确实有必要购买测试工具，支持药品制造商的论述。

3. E

【第1步 识别条件类型】

题干由事实、假言命题和匹配关系组成，故此题为事实假言匹配模型。

【第2步 套用母题方法】

从事实出发，由“戊被安排在第三个房间”和“每个房间恰安排了2人”可知，条件(3)的后件为假，则其前件也为假，可得：$\neg$乙1∧丁2。

由“丁2”和“每个房间恰安排了2人”可知，条件(1)前件为真，则其后件也为真，可得：辛4∧乙的房间在辛的左边。

由“辛4∧乙的房间在辛的左边”结合“$\neg$乙1”可知，乙在第二个房间或者第三个房间。故，条件(4)前件为真，则其后件也为真，可得：乙和甲的房间不相邻。

由“乙在第二个房间或者第三个房间”和“乙和甲的房间不相邻”可知，甲在第四个或者第一个房间。故条件(2)前件为真，则其后件也为真，可得：庚3。

综上，可得下表：

房间	第一	第二	第三	第四
人		丁	戊、庚	辛

由上表，结合“乙在第二个房间或者第三个房间”和“每个房间恰安排了2人”可知，乙在第二个房间。

再结合“乙和甲的房间不相邻”可知，甲在第四个房间。

结合“每个房间恰安排了2人”可将上表补充如下：

房间	第一	第二	第三	第四
人	丙、己	乙、丁	戊、庚	甲、辛

故E项正确。

4. B

【第1步 识别论证类型】

研究显示：在115摄氏度下，将甜玉米分别加热10分钟、25分钟和50分钟后发现，其抗自由基的活性分别升高了22%、44%和53%(实验调查)。因此，加热时间越长的玉米，抗衰老的作用越好(论点)。

题干中论据的主语(论证对象)是“甜玉米”，论点的主语(论证对象)是“玉米”，前者是后者的子集，即：

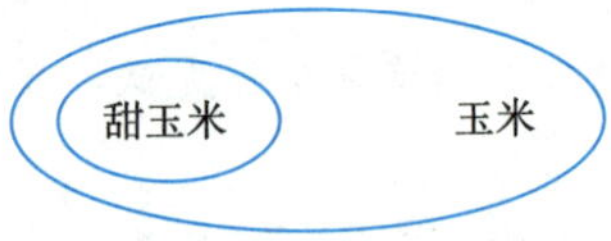

故此题为归纳论证模型。

另外，题干中论据的宾语是“抗自由基活性”，论点的宾语是“抗衰老作用”，二者不一致，故此题也为拆桥搭桥模型(前后型)。

【第2步 套用母题方法】

A项，提出反面论据，说明加热时间延长，但玉米抗自由基的活性降低了，可以削弱。

B项，补充新论据，说明无论是“糯玉米”还是“甜玉米”，加热后抗自由基的活性都会增加，支持题干。

C项，此项说明样本不具有代表性，削弱题干。

D项，拆桥法，说明抗自由基的活性与抗衰老的作用之间联系不大，削弱题干。

E项，此项直接反驳题干的论点，削弱题干。

5. C

【第1步 识别条件类型】

题干由多个假言命题组成，且这些假言命题中无重复元素，选项均为假言命题，故此题为假言推假言模型。

【第2步 套用母题方法】

(1)画箭头。

题干：

①信息技术能够得到广泛应用→能提高人们的生活质量。

②¬出台有效的管理措施→¬营造风清气正的网络环境。

(2)逆否。

题干的逆否命题为：

③¬能提高人们的生活质量→¬信息技术能够得到广泛应用。

④营造风清气正的网络环境→出台有效的管理措施。

(3)找答案。

A项，出台有效的管理措施→营造风清气正的网络环境，根据箭头指向原则，由④可知，“出台有效的管理措施”后无箭头指向，故此项可真可假。

B项，能提高人们的生活质量→能消除信息技术的快速发展带来的诸多负面影响，根据箭头指向原则，由①可知，“能提高人们的生活质量”后无箭头指向，故此项可真可假。

C项，营造风清气正的网络环境→出台有效的管理措施，由④可知，此项为真。

D项，¬信息技术能够得到广泛应用→¬有必要出台有效的管理措施，根据箭头指向原则，由

③可知，“¬ 信息技术能够得到广泛应用”后无箭头指向，故此项可真可假。

E项，营造风清气正的网络环境→信息技术的发展对社会百利而无一害，题干不涉及“营造风清气正的网络环境”与“信息技术的发展对社会百利而无一害”之间的推理关系，故此项可真可假。

6. D

【第1步　识别条件类型】

题干中出现“科室”与“日期”的一一匹配关系，故此题为简单匹配模型。

【第2步　套用母题方法】

(1)事实/问题优先看。

根据条件(1)可知，内科的例行体检安排在周三。

(2)重复/互斥是关键。

观察题干已知条件，发现条件(2)和条件(4)中均涉及“儿科”(重复元素)，故优先分析。

由条件(2)和条件(4)可知，外科和中药科都在儿科之前，结合“内科安排在周三”，可得：儿科只能在周四或者周五。

由条件(3)结合“内科安排在周三”可知，放射科也只能在周四或者周五。

综上，周一、周二安排外科和中药科(并非一一对应)，周三安排内科，周四、周五安排儿科和放射科(并非一一对应)。

故D项不可能为真。

7. B

【第1步　识别条件类型】

题干由数量关系、假言命题和匹配关系组成，故此题为数量假言匹配模型。

【第2步　套用母题方法】

(1)数量关系优先算。

由“每位高管将前往1～2座城市考察”可知，7=1+1+1+2+2。即：有2人考察2座城市，有3人考察1座城市。

(2)假言命题做串联。

题干中的假言命题可表示如下：

①¬ 丙南京∨¬ 丙北京→乙上海∧丁长沙。

②¬ 丁北京∨¬ 甲广州→¬ 乙上海∧¬ 丙上海。

③甲成都∨¬ 乙广州→丁南京∧戊深圳。

串联找矛盾，由③、①和②串联可得：甲成都∨¬ 乙广州→丁南京∧戊深圳→¬ 丙南京∨¬ 丙北京→乙上海∧丁长沙→丁北京∧甲广州。

可见，由“甲成都∨¬ 乙广州”出发推出了“丁南京∧丁长沙∧丁北京”，与“每位高管将前往1～2座城市考察”矛盾。故“甲成都∨¬ 乙广州”为假，即“¬ 甲成都∧乙广州”为真。

(3)推出答案。

由“乙广州”可知，②的前件为真，则其后件也为真，可得：¬ 乙上海∧¬ 丙上海。

由“¬ 乙上海”可知，①的后件为假，则其前件也为假，可得：丙南京∧丙北京。

故B项正确。

8. C

【第 1 步 识别论证类型】

题干：

老年人：慢波睡眠时间更短，单词记忆成绩更差；
年轻人：慢波睡眠时间更长，单词记忆成绩更好；

因此，慢波睡眠时间缩短是影响老年人记忆力的关键。

题干由两组对象的对比实验，得出一个因果关系，可知此题为现象原因模型(求异法型)。

【第 2 步 套用母题方法】

A 项，无关选项，题干并未涉及“慢波睡眠”“长波睡眠”与“睡眠质量”之间的关系。(干扰项·话题不一致)

B 项，说明慢波睡眠能把新获取的信息转化为长期记忆，即：慢波睡眠确实会影响记忆力，因果相关，支持题干。

C 项，说明慢波睡眠的时长不会影响老年人的记忆力，因果无关，削弱题干。

D 项，排除了因为老年人和青年人对单词的熟悉程度不同而导致单词记忆成绩不同的可能性，排除差因，支持题干。

E 项，无关选项，题干论证不涉及影响“慢波睡眠时长”的因素。

9. C

【第 1 步 识别条件类型】

题干中出现假言命题构成的推理，题干的提问方式为“上述推理方式和以下哪项最为类似?”，故此题为推理结构相似题。

【第 2 步 套用母题方法】

题干：相对论是正确的→顺时运动的物体的时速不可能超过光速。量子力学预测：超子的时速超过光速。所以，若相对论正确，那么，或者量子力学对超子的预测是错误的，或者超子逆时运动。

将题干符号化：A→B。C。所以，A→¬ C∨D。

A 项，锁定“这一看法不正确”及后续的论据标志词“因为”可知，此项为论证逻辑中的“人丑模型”，与题干不同。

B 项，A→B∨C，因为：¬ B→C。C∧B，所以 A。与题干不同。

C 项，A→B。C。所以，A→¬ C∨D。与题干相同。

D 项，此项存在性质命题“有的国家允许本国公民有双重国籍”，而题干不存在性质命题，与题干不同。

E 项，A∨B，因为¬ B，所以 A。与题干不同。

10. D

【第 1 步 识别论证类型】

题干：研究人员发现与对照组相比，数字干预疗法减轻了患者的抑郁症状(论据)。因此，研究人员认为日常浏览电脑和智能手机等智能产品可以减轻患者的抑郁症状(论点)。

题干中论据涉及的是“数字干预疗法”，论点涉及的是“日常浏览电脑和智能手机等智能产品”，二者存在不一致，故此题为拆桥搭桥模型(前后型)。

【第2步　套用母题方法】

A项，无关选项，题干不涉及实验参与者的年龄和性别比例问题。

B项，题干的论证对象是“患者”，而此项的论证对象是“心理健康需求者”，两者不一致。(干扰项 · 对象不一致)

C项，无关选项，题干不涉及“数字干预疗法”与“面对面的心理疗法”效果的对比。(干扰项 · 比较不一致)

D项，此项说明“日常浏览智能产品”不等同于“数字干预疗法”，拆桥法，削弱题干。

E项，此项指出题干中的方法对老年人来说存在难度，但是，有难度不代表不能做到，因此不能削弱题干。(干扰项 · 存在难度)。

11. D

【第1步　识别条件类型】

题干由事实、数量关系和假言命题组成，故此题为事实数量假言模型。

【第2步　套用母题方法】

从事实出发，由“丁必须参加演出”可知，条件(1)的后件为假，则其前件也为假，可得：甲、乙、丙3人均不能参加演出。

由“乙不能参加演出”可知，条件(2)的后件为假，则其前件也为假，可得：己不参加演出。

由条件(3)可知，癸和庚中有1人不参加演出。

综上，甲、乙、丙、己、庚、癸6人中有5人不参与演出。因此，丁、戊、辛、壬均参加演出。故D项正确。

12. E

【第1步　识别条件类型】

题干中出现3个男青年、3个女青年以及3只宠物之间的对应关系，故此题为三组元素的简单匹配模型。

【第2步　套用母题方法】

由条件(1)“小李不是小高的男友”可知，小高的男友是小张或小王。

由条件(2)“小赵不是狗的主人”可知，狗的主人是小陈或小高。

由“小高的男友是小张或小王”可知，条件(4)的前件为真，则其后件也为真，可得：小陈不是狗的主人。再结合“狗的主人是小陈或小高”可知，狗的主人是小高，故鸟的主人不是小高。

由“鸟的主人不是小高”可知，条件(3)的后件为假，则其前件也为假，可得：狗的主人不是小王，也不是小李。故狗的主人是小张。因此，小张和小高是情侣，共同养狗。

由条件(2)可知，小赵不是小王的女友，故小赵是小李的女友。

由条件(1)可知，小李不是猫的主人，故小赵和小李是情侣，共同养鸟，所以小王和小陈是情侣，共同养猫。

综上，E项正确。

13. D

【第 1 步 识别条件类型】

题干由事实、假言命题和匹配关系组成，故此题为事实假言匹配模型。

【第 2 步 套用母题方法】

从事实出发，由"丙选择篮球"可知，条件(1)的后件为假，则其前件也为假，可得：丁象棋∧乙游泳。

由"丁象棋"可知，条件(3)的前件为真，则其后件也为真，可得：甲象棋∧戊绘画。

由"戊绘画"可知，条件(2)的前件为真，则其后件也为真，可得：¬甲围棋∧¬丙围棋。

由"¬甲围棋∧¬丙围棋"并结合"每种兴趣班恰有两个孩子选择"可知，条件(4)的前件为真，则其后件也为真，可得：丙游泳∧甲篮球。

由"乙游泳∧丙游泳"并结合"每种兴趣班恰有两个孩子选择"可知，丁不选择游泳。

故 D 项正确。

14. B

【第 1 步 识别条件类型】

题干由事实、假言命题和匹配关系组成，故此题为事实假言匹配模型。

【第 2 步 套用母题方法】

从事实出发，由"甲只选择象棋"可知，条件(4)的后件为假，则其前件也为假，可得：¬乙围棋∧¬丁围棋。

由"¬丁围棋∧¬乙围棋∧甲只象棋"并结合"每种兴趣班恰有两个孩子选择"可知，丙围棋∧戊围棋。

由"丙围棋"可知，条件(2)的后件为假，则其前件也为假，可得：¬戊绘画∧¬丙绘画。

由"¬戊绘画∧¬丙绘画∧甲只象棋"并结合"每种兴趣班恰有两个孩子选择"可知，乙绘画∧丁绘画。

由"¬戊绘画"可知，条件(3)的后件为假，则其前件也为假，可得：¬丁象棋∧¬丁围棋。

由"¬丁象棋"可知，条件(1)的前件为真，则其后件也为真，可得：¬丙篮球∧¬戊篮球。

由"¬丙篮球∧¬戊篮球∧甲只象棋"并结合"每种兴趣班恰有两个孩子选择"可知，乙篮球∧丁篮球。

综上，B 项正确。

15. B

【第 1 步 识别论证类型】

专家：复活节岛文明的衰落与树木砍伐并无必然联系。

题干中专家的观点没有明确的论据，只是提出了一种观点，且提问方式为"最能支持上述专家的观点"。专家判断的是"复活节岛文明的衰落"和"树木砍伐"的关系，故此题为拆桥搭桥模型(主宾型)；此外，题干中涉及对文明衰弱的原因分析，故此题也为现象原因模型。

【第 2 步 套用母题方法】

A 项，无关选项，此项说明了岛上居民砍伐树木的用途，未涉及文明衰落的原因。

B 项，此项说明岛上居民砍伐完全部树木后并没有影响居民的正常生活，即文明的衰弱与树木砍伐无关，直接支持专家的观点。

C项，无关选项，题干不涉及“森林毁灭从何时开始”。

D项，此项说明可能是荷兰的殖民统治导致了岛上文明衰落，支持题干。但这无法说明“复活节岛文明的衰落”与“树木砍伐”无关，也有可能是两者共同作用的结果。故此项力度不如B项。

E项，说明是森林的砍伐导致了岛上文明的削弱，拆桥法(主宾型)，削弱专家的观点。

16. C

【第1步　识别论证类型】

题干：两个术语虽然所表达的含义上大体相近，但是，“爆炸”这个术语可以引出合理的反应，诸如提高注意度，而替代的术语就“能量分解”就无法带来这种效果 $\xrightarrow{\text{证明}}$ “能量分解”不能在这次学术讨论会议全过程中使用。

题干中论据的核心概念是“无法引出合理的反应”，论点的核心概念是“不应该在这次学术讨论会议全过程中使用”，两者不一致，故此题为拆桥搭桥模型(前后型)。

【第2步　套用母题方法】

A项，能在学术讨论会议全过程中使用→该术语可以引出合理的反应，建立了论据和论点之间的联系，但是，题干的论证是“某次学术会议”，此项的论证对象是“学术会议”，假设过度。

B项，无关选项，题干的论证对象是“某次学术会议”，此项的论证对象是“其他学术会议”，两者不一致。(干扰项 • 对象不一致)

C项，在该次讨论会议中，无法引出合理的反应→不应该在这次学术讨论会议全过程中使用，搭桥法，建立论据和论点和核心概念间的联系，必须假设。

D项，无关选项，题干论证并未分析组委会使用“能量分解”这个术语来替代“爆炸”的原因。

E项，说明即使无法引出合理的反应，由于“能量分解”和“爆炸”的含义相近，所以，可以使用“能量分解”来替代“爆炸”，拆桥法，削弱题干。

17. B

【第1步　识别条件类型】

题干已知“上述四人的话中只有一句为真”，故此题为真假话模型。

【第2步　套用母题方法】

题干有以下信息：

①赵∨至多2人。

②¬钱∧¬孙。

③¬李∨钱。

④¬赵∨孙。

(1)找矛盾。

题干中无矛盾关系。

(2)找下反对关系或推理关系。

①和④为下反对关系，至少一真。再结合“只有一真”可得：②、③均为假。

(3)推出结论。

由“②为假”可得：钱∨孙。

由“③为假”可得：李∧¬钱。

由“¬钱”并结合“钱∨孙”可得：孙。

由“孙”可知，④为真。因此，①为假。

由“①为假”可得：¬赵∧至少三人。

由“¬钱∧¬赵”并结合“至少三人”可得：李∧孙∧吴。

故B项正确。

18. D

【第1步 识别条件类型】

题干将书籍按照“科目”“是否为彩印”两个标准进行了两次分类，故此题为两次分类模型。

【第2步 套用母题方法】

设普通话考试彩印书籍有a种，考研彩印书籍有b种，普通话考试非彩印书籍有c种，考研非彩印书籍有d种。根据题意，可得下表：

	普通话考试	考研
彩印	a	b
非彩印	c	d

由“普通话考试书籍300种，考研书籍200种”可知，①$a+c=300$；②$b+d=200$。

由“彩印书籍270种，非彩印书籍230种”可知，③$a+b=270$；④$c+d=230$。

由①－④$=a-d=70$可知，$a>d$，即：普通话考试彩印书籍的种类多于考研非彩印书籍的种类，A项正确。

由④－②$=c-b=30$可知，$c>b$，即：普通话考试非彩印书籍的种类多于考研彩印书籍的种类，B项正确。

由“$a-d=70$”可知，a至少要有70种，即：普通话考试彩印书籍最少有70种，C项正确。

由“$c-b=30$”可知，c至少要有30种，即：普通话考试非彩印书籍最少有30种，D项错误。

由“$a+b=270$，a至少要有70种”可知，b至多有200种，即：考研彩印书籍最多有200种，E项正确。

19. C

【第1步 识别条件类型】

题干由数量关系、假言命题和匹配关系组成，故此题为数量假言匹配模型。

【第2步 套用母题方法】

(1)数量关系优先算。

由“5个国家，每个国家仅有3人去考察”可知，6人共计前往15个国家。再结合“每个人只能去2～4个国家”可知，6人考察国家的情况有两种：①2个、2个、2个、3个、3个、3个；②2个、2个、2个、2个、3个、4个。

(2)串联找矛盾。

由(1)、(2)串联可得：甲或乙至少有1人去韩国或日本→丙和丁均去德国、英国和美国→丁去韩国和日本。

可见，由“甲或乙至少有1人去韩国或日本”出发可以推出“丁去了5个国家”，与“每个人只能去2～4个国家”矛盾。因此，甲和乙均不去韩国，也均不去日本。

(3)推出答案。

由“甲和乙均不去韩国”和“每个国家仅有3人去考察”可知，条件(3)的前件为真，则其后件也为真，可得：甲和己均不去韩国和德国。

此时，可得下表：

人＼国家	韩国	日本	德国	英国	美国
甲	×	×	×		
乙	×	×			
丙					
丁					
戊					
己	×		×		

由上表并结合“每个人只能去2～4个国家，每个国家仅有3人去考察”可知，甲去英国和美国，丙、丁和戊均去韩国。

由“甲去美国”可知，条件(4)的前件为真，则其后件也为真，可得：戊去日本、德国和英国。

此时，可得下表：

人＼国家	韩国	日本	德国	英国	美国
甲	×	×	×	√	√
乙	×	×			
丙	√				
丁	√				
戊	√	√	√	√	
己	×		×		

由上表并结合“每个人只能去2～4个国家”可知，戊不去美国。故C项正确。

20. D

【第1步　识别条件类型】

“己不去日本”为事实，其他已知条件同上题一致，故此题为事实数量假言匹配模型。

【第2步　套用母题方法】

题干补充新事实：己不去日本。

再引用上题表格，可得下表：

人＼国家	韩国	日本	德国	英国	美国
甲	×	×	×	√	√
乙	×	×			
丙	√				
丁	√				
戊	√	√	√	√	×
己	×	×	×		

再结合“每个人只能去2～4个国家，每个国家仅有3人去考察”，可得下表：

人＼国家	韩国	日本	德国	英国	美国
甲	×	×	×	√	√
乙	×	×	√	×	√
丙	√	√		×	×
丁	√	√		×	×
戊	√	√	√	√	×
己	×	×	×	√	√

观察选项，发现A项、B项和C项均为事实，D项和E项均为假言命题，优先代入含假言的选项进行验证。

验证D项：

把D项的前件看作已知条件，即：“丙只去3个国家”，而数量关系只能是：2个、2个、2个、2个、3个、4个，所以丁只能去2个国家。由上表可知，丁只去韩国和日本。可见，由D项的前件可以推出其后件，故D项正确。

此时，本题已经得出答案，故无须再验证E项。

中央电视台年鉴

1999

赵化勇　　主　编

赵立凡
王　录　　副主编

中国广播电视出版社

图书在版编目（CIP）数据

中央电视台年鉴 1999/赵化勇主编．-北京：中国广播电视出版社，1999.9.

ISBN 7-5043-3371-9

Ⅰ．中…　Ⅱ．赵…　Ⅲ．中央电视台-中国-1999-年鉴　Ⅳ．G229.24-54

中国版本图书馆 CIP 数据核字（1999）第 41735 号

中央电视台年鉴 1999

主编	赵化勇
编者	中央电视台研究室
责任编辑	沈楚瑾
装帧设计	李　萌　尹桂馥
责任校对	张莲芳
出版发行	中国广播电视出版社
社址	北京复外大街 2 号（邮政编码：100866）
经销	全国各地新华书店
印刷	利丰雅高印刷（深圳）有限公司
开本	787×1092 毫米　1/16
字数	700（千）字
印张	20.5
插页	64
版次	1999 年 9 月第 1 版　　1999 年 9 月第 1 次印刷
印数	2000 册
书号	ISBN 7－5043－3371－9/Z·180
定价	180.00　元

中共中央总书记、国家主席、中央军委主席江泽民为中国电视事业暨中央电视台诞生四十周年题词：

更好地发挥电视媒体的作用　为改革开放和社会主义现代化建设服务

一九九八年八月二十六日

中共中央政治局常委、全国人大常委会委员长李鹏为中国电视事业暨中央电视台诞生四十周年题词：

把中央电视台办成中国和世界沟通的桥梁和纽带

一九九八年七月二十日

中共中央政治局常委、国务院总理朱镕基给《焦点访谈》的赠言：

舆论监督，群众喉舌，政府镜鉴，改革尖兵

一九九八年十月七日

中共中央政治局常委、全国政协主席李瑞环为中国电视事业暨中央电视台诞生四十周年题词：

念念不忘观众

一九九八年八月二十五日

亲切的关怀

1998 年 8 月 14 日，中共中央总书记、国家主席、中央军委主席江泽民在湖北抗洪抢险第一线接受中央电视台记者采访。

1998年12月26日，江泽民总书记为广播电视录制1999年新年讲话。录像后，江总书记与广电总局领导以及中央电视台工作人员合影。

1998年11月，《共和国主席刘少奇》摄制组采访江泽民总书记。采访后，江总书记与中央电视台领导及摄制组部分同志合影。

1998年12月31日，江泽民、朱镕基、李瑞环、胡锦涛、李岚清等党和国家领导人观看第二届中国京剧艺术节演出节目。

1998年春节前夕，李鹏、朱镕基、李岚清等党和国家领导人在中南海亲切接见《春节联欢晚会》部分演职人员。

1998年10月7日，朱镕基总理视察中央电视台，与《焦点访谈》栏目组工作人员座谈，为《焦点访谈》赠言：“舆论监督，群众喉舌，政府镜鉴，改革尖兵”。

全国政协主席李瑞环与京剧晚会演员合影。

1998年7月8日，中共中央政治局常委、国家副主席胡锦涛在中央党校亲切接见了《党旗下的誓言——“七一”晚会》剧组主创人员及部分演员代表。

亲切的关怀

1998年12月5日，中共中央政治局常委、国务院副总理李岚清在曼谷亚运会国际广播中心中央电视台亚运报道中心视察。

1998年10月16日，李岚清副总理到中央电视台视察电脑动画软件开发及国产动画节目制作，并作重要指示。

1998年1月20日，中央领导丁关根、李铁映到中央电视台观看'98春节联欢晚会彩排，并看望演职人员。

中央电视台领导

（1998年）

台长兼总编辑　杨伟光

副台长　赵化勇

副台长　刘宝顺

副台长　李　丹

副台长　刘宜勤

副台长　李东生

'98中央电视台10件大事

中央领导同志亲切关怀并高度评价电视宣传工作。据不完全统计，1998年江泽民、李鹏、朱镕基、胡锦涛、尉健行、李岚清和丁关根等中央领导同志对中央电视台宣传工作的讲话和批示达 73 次。

1

'98中央电视台10件大事

2

三项重大宣传任务圆满完成，取得良好社会效果。1998年的“两会”报道，舆论导向正确，报道重点突出，时效性强，在内容和形式上都有突破。在抗洪抢险宣传中，中央电视台及时、准确地宣传中央关于抗洪抢险工作的决策部署，生动地报道军民抗洪抢险的感人事迹，充分地体现全国人民风雨同舟的大团结、大协作精神，歌颂我国社会主义制度的优越性。同时，成功地举办了《我们万众一心》、《抗洪精神颂》、《为了灾区的孩子》等文艺晚会，受到中央领导的表扬。在纪念我国改革开放20年的报道中，中央电视台对内、对外宣传充分、及时，全面报道、展示了改革开放20年的伟大成就。改革开放20年纪念大会和大型文艺晚会《春潮颂》的电视直播，受到中央领导和广大观众好评。

'98中央电视台10件大事

中国电视事业暨中央电视台诞生40周年纪念活动成功举行。江泽民、李鹏、李瑞环等党和国家领导人分别题词，朱镕基总理表示祝贺。10月9日，中国电视事业暨中央电视台诞生40周年纪念大会在京西宾馆举行，李岚清、丁关根等领导出席大会，李岚清副总理作了重要讲话。台庆期间，本着勤俭节约的原则，组织专题晚会、出版电视丛书、编印纪念画册、颁发荣誉证书、制作台庆专题片、编辑台庆祝贺片等。

3

'98中央电视台10件大事

4

继续深化宣传改革，实施精品战略，电视节目精品迭出，频道包装加强，社会影响明显扩大。1998年，中央电视台《新闻联播》、《焦点访谈》、《经济半小时》、《中国报道》等栏目继续受到观众欢迎。同时，新推出的《走近科学》、《城市之间》、《幸运52》、《今日说法》、《中华医药》等一批栏目也受到观众喜爱。中央电视台对重大新闻事件和突发事件的现场直播报道日趋成熟。如：美国总统克林顿访华报道；张北、尚义地震报道；伊拉克武器核查危机与“沙漠之狐”行动的报道；首次实现利用卫星可视电话系统直播极地科学考察情况；雅鲁藏布大峡谷科学探险考察跟踪报道；第十三届亚运会报道等。同时，中央电视台又有一大批节目在国内、国际评奖中获奖。国内电视剧评奖的获奖节目数量也有所增加，本年度“飞天奖”评选中央电视台获得51%的奖项。

'98中央电视台10件大事

5

第四套节目在海外落地工作取得新进展。6月1日，“CCTV—大富频道”在日本卫星电视网东京地区落地播出；7月1日，全天24小时向日本全境播出。9月至10月，中央电视台相继与匈牙利、俄罗斯等国的8家电视台签订了整套转播CCTV—4的协议或意向书，并与捷克、保加利亚等国的6家电视台签订了播出中央电视台节目的合作协议，从而扩大了CCTV—4在东欧的落地播出。CCTV—4在美国的落地入户取得突破性进展，累计订户达94万户。到1998年底，中央电视台共与19个国家及地区的38家电视机构（其中有些机构是跨国或跨洲公司）签署了正式转播CCTV—4的协议，节目在119个国家和地区落地入网或入户。与7个国家及地区的8家电视机构签署了合作备忘录及合作意向书。

'98中央电视台10件大事

6

新技术应用取得新成果。直播卫星技术试播成功，标志我国电视技术上了一个新的台阶。虚拟技术开始使用。同时国内第一个DVB—T电视地面广播试验系统试验成功。1998年，中央电视台播出系统全面备份化，形成了八套数字、八套模拟的机械手自动播出系统，为确保播出安全创造了有利条件。全年安全播出创年度最好纪录。

'98中央电视台10件大事

经营活动以影视传播业为主体，多业并举，成效显著。1998年，中央电视台分党组重组中国国际电视总公司后，以现代企业方式投入运作，取得初步成果。全年实现总利润1.9亿元(包括中视股份利润)。1998年，中央电视台创收达45亿元。

7

'98中央电视台10件大事

8

顺利完成机构调整，大力开展台规教育。1998年，中央电视台通过严格的组织程序，顺利完成了机构调整工作。配合广电总局机构改革，积极做好总局分流人员的接收安置工作。1998年，中央电视台开展了多种形式的台规教育，为推动全台各项工作走上科学、规范的轨道做了深入细致的工作，取得了良好效果。

第九件大事

'98中央电视台10件大事

加强精神文明建设力度，积极开展创“三优”活动。1998年再次被评为“首都文明单位标兵”。同时还被评为北京市卫生红旗单位；广电总局计划生育和献血工作标兵单位；海淀区绿化、美化工作先进单位；彩电宿舍区获北京市安全文明小区称号。1998年，中央电视台“心连心”艺术团四次赴基层慰问演出，受到观众好评。

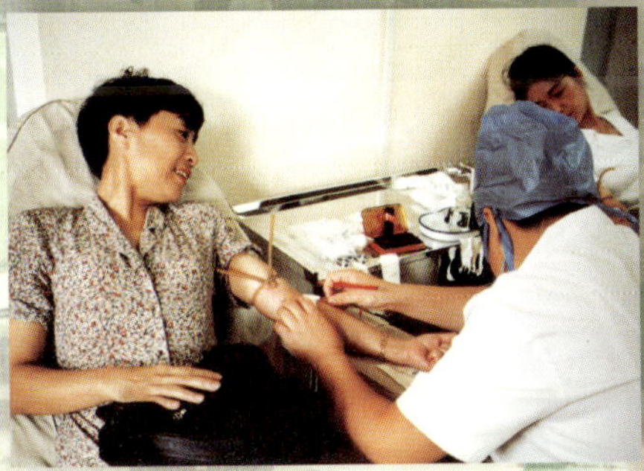

9

'98中央电视台10件大事

积极贯彻国家房改政策，认真为全台职工办实事。建成、购买一批业务用房和宿舍楼，职工工作条件和生活条件有明显改善。

10

总编室

①

①副台长赵化勇、副总编辑兼总编室主任罗明参加中央电视台观众座谈会。
②总编室领导开会研究工作。
③1998年12月16日，总编室召开节目编排研讨会。
④1998年12月24日，中央电视台观众座谈会在京召开。

宣传规划处

①②总编室宣传规划处开会研究工作。
③宣传规划处国际互联网组在制作网上节目。

节目资料管理处

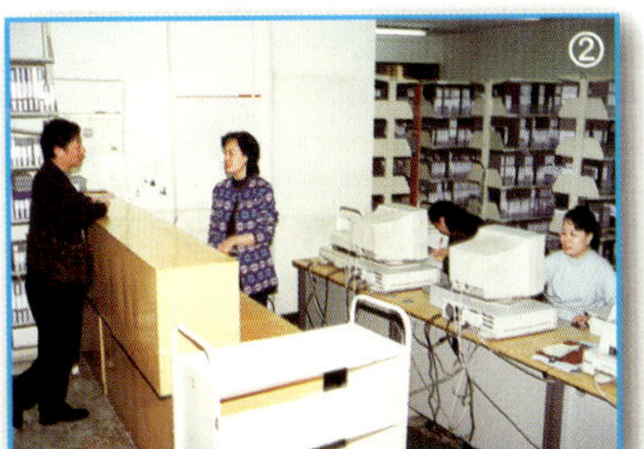

①节目资料管理处的工作人员认真细致开展节目资料的整理著录工作。
②磁带库的工作人员热情耐心地帮助编导查找节目资料带。

节目播出管理处

《电视你我他》特别节目“共架七彩桥——村村通广播电视工程”报道在广西拍摄。

《电视你我他》特别节目“共架七彩桥——村村通广播电视工程”报道在甘肃拍摄。

观众联系处

①

②

③

④

①总编室领导与观众联系处部分同志研讨工作。
②观众联系处的工作人员在阅读处理观众电子邮件。
③观众联系处的工作人员在处理观众来信。
④数据分析科的工作人员在紧张工作。

研究处

《跨世纪电视丛书》编委会主任杨伟光与常务编委罗明、王录研究工作。

台副总编辑赵立凡参加《电视研究》改版工作座谈会。

①研究处领导深入印厂检查质量。
②图书资料科抓紧进行图文资料分系统数据建设，1998年整理数据20余万条。
③1998年11月12日至15日，《电视研究》编辑部召开电视理论期刊业务研讨会，台副总编辑赵立凡到会并作专题报告。
④1998年9月，《精品赏析·中央电视台抗洪抢险宣传报道》录制现场。
⑤1998年11月，召开《中国电视论纲》出版座谈会。

新闻节目中心

①1998年2月，新闻报道组赴伊拉克前合影。
②1998年全国电视新闻年会在四川都江堰市召开。
③1998年8月，中心主任孙玉胜在湖北灾区采访。
④1998年11月15日，'98珠海国际航空航天博览会直播前，中心领导和编导、技术人员一起研究直播方案。
⑤中心领导在'98中国珠海国际航空航天博览会直播现场。
⑥1998年6月，美国总统克林顿访华期间到北京大学演讲，新闻中心领导和编导在做现场直播前的准备。

新闻采访部

①1998年5月，记者赴湖北采访朱镕基总理慰问洪涝灾区群众。
②1998年11月，记者在辽宁采访朱镕基总理考察工作。
③1998年3月，领导和记者一起认真讨论九届人大一次会议电视直播方案。
④1998年4月，记者采访第二次亚欧会议。

社会新闻部

▲1998年10月19日至12月3日，记者随中国雅鲁藏布大峡谷科学考察探险队首次徒步穿越大峡谷，成功完成了全程报道工作。

◀ 庭审直播《电影厂诉版权被侵案》是中央电视台第一次向亿万观众直播庭审过程。中共中央总书记江泽民打电话给最高法院院长肖扬对庭审直播表示称赞。

▶在湖南岳阳君山大堤，干部群众在抗洪间隙学唱抗洪歌曲《不屈的精神》。图为记者在现场拍摄。

地方新闻部

①1998年12月29日，地方新闻部与上海电视台筹备1999年“元旦升旗直播”工作，工作人员在现场留影。
②地方新闻部与深圳电视台工作人员在“元旦升旗直播”现场留影。
③1998年12月31日深夜，地方新闻部与深圳电视台工作人员进行“元旦升旗直播”前的线路调试工作。

新闻编辑部

①播音员直播《新闻联播》节目。
②新闻播出前，播音员在修饰稿件。
③1998年7月至8月，国际新闻组记者在柬埔寨首都金边采访柬埔寨大选。
④《晚间新闻》播出前，编辑们紧张地修改稿件。

新闻评论部

①1998年12月2日，在人民大会堂举行了大型艺术纪录片《布达拉宫》开拍仪式，全国政协副主席阿沛·阿旺晋美出席了仪式。

②1998年3月21日，在张北县海流图乡河东村举行《东方时空》希望小学奠基仪式。

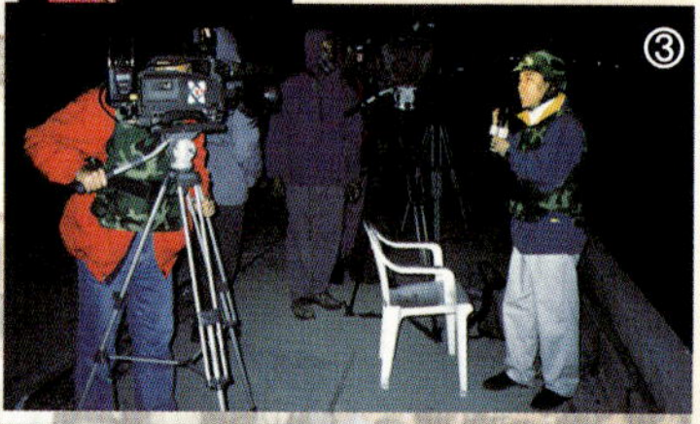

③1998年12月19日，《焦点访谈》记者在伊拉克首都巴格达做现场报道。
④1998年8月，《新闻调查》记者在湖北荆江大坝上采访抗洪抢险的钢铁八连战士。
⑤1998年10月10日，评论部工作人员参加《东方时空》希望小学落成典礼。

新闻制作部

1998年10月7日，朱镕基总理在《新闻联播》导播室视察，制作部主任为总理介绍导播情况。

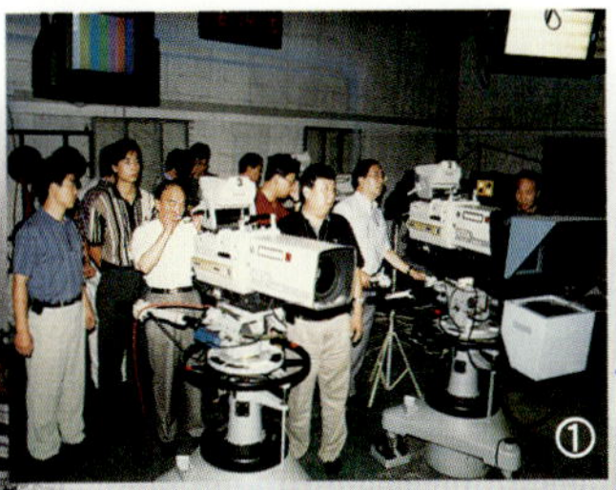

①1998年8月，台领导在250平米演播室通过摄像机观看背景改革效果。
②1998年8月，副台长李东生和制作部领导与工作人员在现场研究《新闻联播》背景改革方案。
③改革后的250平米演播室的《新闻联播》背景。

军事部

①1998年3月，全军电视记者站站长会议召开。副台长李东生和站长们合影。
②1998年5月，记者随海军舰队出访澳大利亚。
③1998年3月，《人民子弟兵》栏目记者在山东沂蒙山老区采访解放战争时期的支前百姓。

1998年7月，《人民子弟兵》栏目记者随抢险救灾部队拍摄采访。

▲1998年12月19日，美英空袭巴格达，军事部记者在战场拍摄。

▼《军事天地》栏目记者在哈尔滨飞机制造公司拍摄《中国军用飞机》。

1998年6月，记者在世界海拔最高的驻兵点“神仙湾”哨卡采访。

1998年11月，中央电视台第二次派报道组赴伊拉克采访。图为记者在巴格达拍摄。

海外节目中心

广电总局副局长吉炳轩和中央电视台副台长赵化勇在海外中心观看《中国新闻》直播节目。

1998年8月，中心主任赵宇辉在佳木斯抗洪一线与卫星地面站技术人员研究传送方案。

1998年10月18日，在《欢聚一
晚会现场，来自十几个国家和地区
观众和赵宇辉主任及工作人员合影。

海外新闻部

①1998年12月，台长杨伟光接见《中国新闻》栏目部分工作人员。
②海外新闻部部分工作人员合影。
③海外新闻部传达上级宣传报道精神，研究选题，把握导向。
④1998年9月，《中国新闻》栏目记者在宁夏回族自治区红寺堡采访中国最大的扶贫移民新村。
⑤1998年2月，记者在西藏拉萨布达拉宫采访藏族群众欢度藏历新年，采用卫星地面站现场直播。
⑥导播、编辑在制作《中国新闻》。
⑦1998年8月，记者在江西九江抗洪现场拍摄。
⑧1998年7月27日，海外新闻部组成40人的摄制组赴吉林，以实况录像的形式首次制作播出了中国农村民主选举的全过程。

②

⑥

③

⑦

④

⑧

⑤

①

海外专题部

①1998年3月19日，九届全国人大一次会议闭幕，副委员长田纪云接受《中国报道》栏目记者专访并为《中国报道》题词："向世界报道中国"。
②1998年10月8日，国防部部长迟浩田来到中央电视台接受专访并为《中国报道》题词。
③1998年8月13日，《中国报道》栏目记者在水灾地区采访。
④1998年10月，《中国风》栏目记者在四川省黑水县拍摄《黑水艺术》。

海外编辑部

1998年10月15日，台长杨伟光和海外观众合影。

《千秋史话》栏目组召开研讨会。

《欢聚一堂》剧照"音乐之声"。

①《中国文艺》栏目组在大型文艺晚会《香江灿烂》现场办公。
②1998年10月，海外"幸运观众"游览长城。
③纪录片《神鹿呀，我们的神鹿》现场照片。

对台编辑部

1998年12月,《天涯共此时》栏目记者在台湾屏东东港鱼市采访。

1998年12月,《天涯共此时》栏目记者在台湾日月潭采访。

外语新闻部

①《英语新闻》栏目导播与主持人在研究稿件。
②1998年8月21日,《中国新闻》栏目记者在哈尔滨抗洪救灾报道现场采访慰问解放军的群众。
③1998年7月16日,《中国新闻财经报道》栏目制片人采访联合国粮食计划署官员。
④1998年6月1日,《中国新闻》栏目记者在美国宇航中心报道阿尔法磁谱仪升空试验。

◀1998年12月16日,《英语新闻》栏目记者在曼谷对第十三届亚运会作现场报道。

外语专题部

小节目 大制作——《功夫》拍摄现场。

1998 年 4 月，外语专题部摄制组在云南省西双版纳地区拍摄文化专题片《泼水节》和《傣家歌舞》。

海外制作部

多媒体工作室在编辑节目。

复制机房在紧张工作。

第三数字电编室在工作。

社教节目中心

综合部

①

②

③

④

①1998年摄制电视系列片《澳门岁月》时，中心主任高长龄（右）拜会新华社澳门分社社长王啓仁。
②综合部严格规范行文运作程序，公文运行通畅迅速。
③社教节目中心与广告部首次合作，邀请广告界朋友进行栏目、节目交流。
④业务工作研讨和培训相结合，不断提高编导队伍的业务素质。
⑤秘书们不断学习，充实自我，以便在工作中发挥积极作用。

⑤

专题部

专题部领导为1998年度优秀节目获奖人员颁发证书。

《当代工人》栏目记者深入车间录制特别节目。

每个镜头，精益求精——《半边天》工作现场。

▼《万家灯火》特别节目在600平米演播室紧张录制。

《读书时间》录播现场。

《今日说法》演播现场。

1998年10月，“情系灾区——'98健康之路九江行”义务诊治数千人次，受到灾区人民的好评。

科教部

1998年11月12日，全国人大副委员长、中国科协主席周光召(左二)视察《走近科学》栏目组。

1998年11月，'98全国优秀电视科教节目颁奖活动在海口市举行。中央电视台有三个栏目、节目获一等奖。

1998年10月，'98“夕阳红”全国老年电视合唱队比赛在无锡举行。图为全国老龄协会会长张文范(一排右四)与合唱队员的合影。

1998年2月，《科技博览》栏目编导在南极“长城站”拍摄了10集系列节目。

1998年5月15日，科教部召开外语教学节目研讨会。

1998年4月，在北京召开《科技博览》节目研讨会。

1998年9月，科教部全体工作人员捐赠的赈灾物资送往黑龙江省肇源县和吉林省镇赉县。

纪录片部

1998年12月19日，大型纪录片《澳门岁月》首映礼在澳门举行。全国政协副主席马万祺与台长杨伟光以及澳门知名人士参加剪彩。

1998年12月，副台长李东生在大型系列电视片《改革开放二十年》新闻发布会上讲话。

系列片《中国人》的编辑人员在讨论节目选题。

1998年5月，《共产党宣言》摄制组在北京采访著名学者胡绳。

《刘少奇》摄制组工作人员怀着崇敬的心情参观开封刘少奇纪念馆。

文艺节目中心

文艺部

① 1998 年 12 月 22 日，电视直播纪念党的十一届三中全会 20 周年大型音乐会《春潮颂》。演出结束后，江泽民等党和国家领导人接见全体演员。

② 1998 年 7 月 8 日，中共中央政治局常委胡锦涛在中央党校接见《党旗下的誓言——“七一”晚会》剧组主创人员和演员代表。

③ 1998 年 8 月 16 日，电视直播大型抗洪赈义演晚会《我们万众一心》。

④ 1998 年 8 月 21 日，电视直播大型赈灾义演晚会《携手筑长城》。图为当场捐款的情景。

⑤《旋转舞台·百年经典》栏目播出《少年先锋队队歌》。

⑥ 1998 年 12 月 13 日，举办第四届全国戏剧小品电视大赛专业组决赛。

⑦ 1998 年 4 月，举办第八届全国青年歌手电视大奖赛。

(背景) 1998 年 5 月 4 日，电视直播《光明行——庆祝北京大学建校 100 周年文艺晚会》。

国际部

①1998年6月，李岚清副总理接见译制片《一曲难忘》、《居里夫人》译制工作人员。
②1998年3月20日，国际部举办栏目、节目研讨会。
③1998年初，中央电视台与正大集团就《正大综艺》节目续约举行签字仪式。
④1998年11月，国际部6部译制片获第十八届“飞天奖”。
⑤《'98环球》栏目推出新节目《风云百年》。
⑥《正大综艺》推出新栏目《不做不知道》。

影视部

影视部《西藏风云》剧组临时党支部拍摄现场会后合影。

电视连续剧《难忘岁月——红旗渠的故事》剧照。该剧获第十八届全国电视剧“飞天奖”。

1998年度全国电视剧题材规划会议在广州召开。图为影视部人员合影。

8集电视连续剧《老街》剧照。该剧获第十八届全国电视剧“飞天奖”。

44集电视连续剧《雍正王朝》剧照。

戏曲音乐部

1998年9月28日，丁关根同志在《抗洪精神颂》晚会现场。

①1998年12月28日，《走进新时代——第五届“康佳杯”中国音乐电视大赛颁奖晚会》在深圳举行。
②1998年1月1日，中央电视台、中央人民广播电台、中国国际广播电台在世纪剧场联合录制'98新年音乐会。
③1998年9月28日，《抗洪精神颂》晚会演播现场。
④1998年6月，《相约一九九八——庆祝香港回归一周年大型歌会》在香港进行。
⑤'98春节联欢晚会大型歌舞。
⑥'98春节戏曲晚会川剧《请虎》剧照。
⑦1998年9月28日，大型歌舞《风雨同舟》在一号演播厅录制。

广告部

1998年11月7日，杨伟光等台领导亲临中央电视台'99黄金段位广告招标大会现场并接见中心各部门领导和广告部全体工作人员。

中心领导在招标开始前布置工作。

1998年11月8日，在梅地亚中心召开1999年中央电视台黄金段位广告招标大会。

1998年12月，召开年终总结会，并请专家讲课。

1998年9月，广告部代表中央电视台在香港参加第一届亚洲广告展。

1998年9月至10月，先后在广州、成都、杭州、郑州召开1999年黄金段位广告招标座谈会。图为郑州座谈会会场。

广告客户踊跃参加中央电视台黄金段位广告招标大会。

广告经济

经济部

1998年9月11日，《金土地》栏目制片人及《重建家园》报道组记者在大庆油田。

1998年12月21日，《20年·20人》节目主人公相聚北京。

“两个字，好吃的—— 真笨！”猜词是笑声最多的环节！

信息部

①1998年11月19日，在北京国际展览中心电视直播《'98架金桥电视交易会》开幕式。
②信息部领导讨论工作计划。
③1998年11月24日，在北京召开与地方台协作规划研讨会。
④1998年11月22日，在南京召开与江苏著名工商企业联谊会。
⑤1998年9月，《商务电视》栏目编辑在机房工作。

1998年10月，举行'98“华鹤杯”电视经济节目主持人大赛。

1998年“3·15”晚会现场。

信息中心

体育节

① 1998年12月，李岚清副总理在曼谷视察第十三届亚运会国际广播中心中央电视台报道中心。
②1998年12月，在第十三届亚运会期间，国家体育总局副局长袁伟民接受记者采访。
③乒乓“少帅”蔡振华难敌众记者。
④ 1998年10月，中心主任阎连俊在《城市之间·北京—巴黎》节目现场。
⑤记者采访亚洲百米女飞人——李雪梅。
⑥第十三届亚运会中央电视台曼谷演播室。

综合部

① 《城市之间》栏目的四位主持人。
②大型趣味性体育竞技栏目《城市之间》在无锡外景基地拍摄现场。

目中心

新闻部

①1998年12月，中国女垒在亚运会上获得冠军后，记者采访国家体育总局局长伍绍祖。
②1998年7月，记者赴巴塞罗那采访国际奥委会主席萨马兰奇。
③1998年7月，记者赴巴塞罗那拍摄萨马兰奇的家。
④1998年4月，记者在西藏拉萨布达拉宫前留影。
⑤《五环夜话》节目录制现场。
⑥主持人主持《足球之夜》节目。

竞赛部

①第四十六届国际军体五项大赛开幕式准备直播。
②1998年7月，雅典世界男篮锦标赛转播工作间。
③1998年摩托罗拉中国羽毛球天王挑战赛工作人员与国家羽毛球总教练李永波（中）研究转播计划。
④记者采访参加'98北京国际马拉松赛的运动员。

青少节目中心

①全国人大副委员长王光英、彭珮云，全国妇联书记处第一书记顾秀莲和台领导兴致勃勃地观看'98“六一”晚会。
②1998年6月2日，副台长赵化勇在全国少儿电视工作座谈会上讲话。
③1998年3月13日，中心主任余培侠在伦敦第二届世界儿童高峰会上发言。
④1998年6月1日，获奖的编导们在第四届“金童奖”颁奖大会上。
⑤《大风车》栏目主持人。

①52集系列动画片《小糊涂神》荣获第四届“金童奖”一等奖。
②26集动画片《小精灵——灰豆儿》获'98“金鹰奖”一等奖。
③《动画城》是播出国产动画片的窗口。
④《大风车》周末版《风车转转转》直播现场。
⑤鞠萍采访小江姗。
⑥1998年4月18日，现场直播《百鸟之声——百首动画歌曲卡拉OK大赛颁奖晚会》。
⑦《小船 小船》摄制组的主创人员。该片获第十八届慕尼黑青少年电视节“联合国儿童基金会特别奖”。
⑧《第二起跑线》演播现场。
⑨'98全国大专辩论会决赛现场。

技术管理办公室

1998年10月，朱镕基总理在台领导陪同下视察主控机房。

①技术人员向中宣部部长丁关根、广电部部长孙家正演示节目制作过程。
②1998年1月，副台长刘宜勤、总工程师邵昌有陪同副部长张海涛视察播出机房。
③1998年1月，副台长刘宜勤、总工程师邵昌有等向副部长张海涛汇报技术系统工作。
④1998年10月，技术系统召开处以上干部会，台长杨伟光到会并讲话。
⑤1998年10月28日，台长杨伟光、副台长刘宜勤出席在中国大饭店举行的中央电视台、中广卫星公司、中仪设备进出口公司与南非MIH公司“卫星扩大覆盖实验工程”项目签字仪式。
⑥1998年11月，中央电视台、香港佑图国际有限公司、广播电影电视学会联合主办'98北京数字电视技术研讨会。
⑦技术管理办公室与播送中心联合开发的具有国际先进水平的DVBT数字地面广播系统。
⑧中央电视台与南非MIH公司共同开发CBTV数字地面卫星直播系统。

科技处

①1998年8月，广电总局领导参观BRITV展览会后，与工作人员亲切交谈。
②1998年8月，中央电视台与日本JVC公司联合开发光盘存储系统签字仪式。
③1998年7月，科技处与北京国视技术公司联合主办'98灯光应用技术交流会。
④DVBT机房全景。
⑤中央电视台建台40周年灯光照明工程竣工。

技术管理办公室

程管理处

①1998年1月，中央电视台召开'98工程项目审查会议。
②中央电视台光盘生产线验收大会。
③1998年2月，中央电视台'98技术维护工作会议。

④1998年9月25日，中央电视台援建蒙古国卫星地面站工程竣工移交签字仪式。
⑤松下数字录像设备大修。
⑥1000平米演播室灯光系统改造工程论证会。

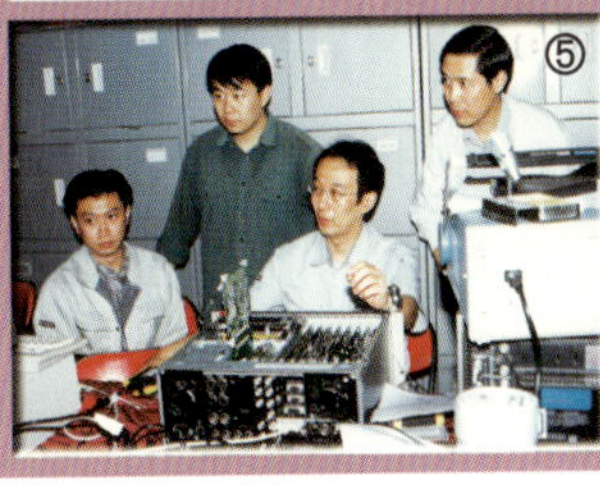

息通讯处

①计算机系统网络中心工作人员对计算机网络进行系统测试。
②程控交换机房的工作人员在对程控交换进行检测。
③网络中心机房。
④通讯设备维修。
⑤中央电视台国际网络站点——春节晚会专辑节目制作、发布。

力处

①1998年12月25日，一号厅8号电站建成投入使用。
②为保证安全供电，动力处供电科对高压配电柜进行严格检修。
③1998年5月，中央电视台新增两台1250KVA变压器，工作人员在进行耐压测试。

技术制作中心

◀技术制作中心召开1998年工作会议。

▼ 中心主任李旋宗在工作会议上讲话。

采录部

①第二十六电编机房。
② A613 第二十七电编机房。
③前期拍摄。
④（背景）新400平米演播室(全数字演播室)。

中央卫星电视传播中心

传播中心搬入新办公楼，中央电视台副台长兼传播中心主任赵化勇、电影局副局长兼传播中心副主任杨步亭来检查工作。

1998年，中央电视台副台长兼传播中心主任赵化勇参观传播中心新办公楼并检查工作。

1998年4月，传播中心在昆明召开“代理省厅工作研讨会”。

1998年11月，传播中心召开“部分县级台联网会议”，总局社会司司长才华出席会议。

1998年7月27日至30日，中央卫星电视传播中心在大庆召开“加扰节目质量座谈会”，黑龙江省广播电视厅厅长张克忠、副厅长徐景章参加会议。

1998年4月，传播中心新办公楼完工，图为新办公楼全景。

台办公室

台办公室

①

②

③

①1998年2月17日，中央电视台召开1998年工作会议。
②台办公室领导李晓明和各处领导在工作例会上研究工作。
③1998年6月，在“荧屏杯”管理规章制度知识竞赛中，台办公室代表队获一等奖。

秘书处

台办公室秘书处召开全体工作人员会议。

1998年度秘书处编辑的部分刊物。

法规处

法规处在研究工作。

房管处

房管处召开全体工作人员会议研究部署房改工作。

外事处

1998年5月9日，外事处全体党员和部分群众参观西柏坡中共中央旧址。

保卫处

①1998年7月25日，副台长赵化勇与文艺中心和保卫处领导在山东青岛北海舰队码头的节目录制现场协调演出工作。
②1998年9月18日，保卫处召开'98保卫工作座谈会。
③参加'98中央电视台保卫工作座谈会的代表分组讨论。
④1998年12月15日，北京市消防局、广电总局保卫司领导检查一号演播大厅的消防工作。
⑤1998年1月23日，台领导和台办室、保卫处领导到驻台武警部队慰问。

行政处

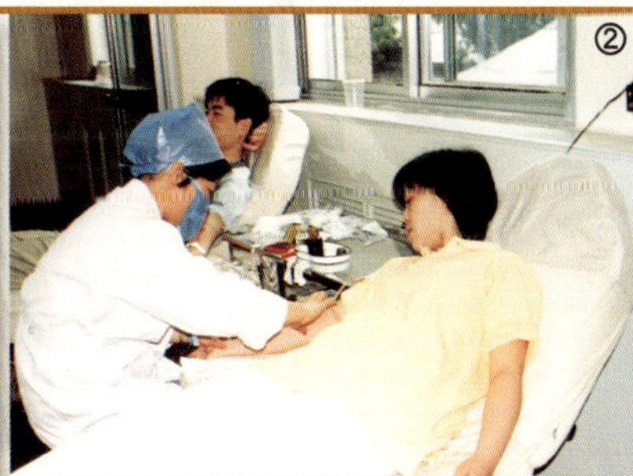

①1998年1月18日，副台长刘宝顺在中央电视台计划生育工作会议上讲话。
②中央电视台职工积极献血。
③以高度的责任心做好台绿化工作。
④职工食堂高质量的饮食服务为职工称道。图为食堂工作人员在做餐前准备工作。
⑤1998年1月27日，医务所医生在春节晚会播出现场承担救护工作。
⑥1998年7月，组织台职工子弟'98中学生夏令营活动。

机关党委

1998年5月4日，举办中央电视台第二届“十位优秀青年”评选暨表彰活动。图为优秀青年和参加会议的广电总局领导及台领导合影。

①1998年底开展送温暖活动。图为台党委书记、副台长刘宝顺，党委专职副书记南玉敏及老干部处领导看望老台长孟启予同志。
②1998年9月11日，组织“中央电视台抗洪抢险宣传报道先进事迹报告会”，有五位同志在抗洪抢险宣传报道中表现突出，光荣入党。
③1998年8月16日晚，党委为《我们万众一心》抗洪赈灾文艺晚会做现场募捐工作。
④1998年12月15日，党委组织全台职工参加海淀区人大代表的换届选举。
⑤1998年6月，中央电视台党委获中直机关先进基层党组织称号。
⑥1998年7月1日，为纪念建党77周年及建台40周年，党委组织《相聚在党旗下》文艺演出，图为离退休老干部在演出。
⑦在剧中心举办的党建知识培训班上，台纪委专职干部讲解党的纪律的具体内容。
⑧台党委摄制的电视系列片《相聚在党旗下》之二“为历史作证”，获中组部第五届党员电教片评比“红星”二等奖。

授 予

广播电影电视总局中央电视台党委

中直机关先进基层党组织称号

①1998年5月16日，中央电视台第二届田径运动会举行。台党委书记、副台长刘宝顺为获奖者发奖。
②1998年9月1日至3日，台工会举办了中央电视台首届集邮展览，有1600多人次参观了展览。
③中央电视台职工为灾区捐献衣物。
④1998年9月1日，台工会组织为抗洪抢险一线人员体检。
⑤1998年8月6日，台工会组织“少儿之家”的小朋友到百鸟园参观。
⑥1998年5月22日，台乒乓球队与台湾省台北新闻界乒乓球队进行友谊比赛。
⑦中央电视台召开首届工会联合会会员代表大会。

①

②

③

④

⑤

⑥

⑦

工会

人事办公室

干部管理处

干部管理处在研讨人事工作。

干部管理处工作人员正为筹备 1998 年度表彰大会忙碌着。

培训职称处

①1998 年 4 月，举办编辑记者业务培训班。图为副台长李东生与《经济日报》著名记者艾丰在主席台上。
②1998 年 5 月，组织台规台纪教育培训。图为人事办公室副主任为大家授课。
③1998 年 1 月，举办寻呼台岗位培训班。
④1998 年 7 月，中央电视台与北京广播学院联合举办的新闻学专业课程班举行毕业典礼。
⑤1998 年 12 月，培训职称处与技术制作中心共同举办 ENG 操作培训班。图为北京广播学院的老师在讲课。

⑥1998 年 8 月，组织九八届大学毕业生进行入总局、入台教育。
⑦1998 年 11 月，举办涉外业务交流培训班。图为英国西萨莫克学院的费尔先生在授课。

劳动工资处

劳资处运用微机管理程序，为全台调整工资做准备，提高了工作效率。

劳资处工作人员根据有关劳动法规，为退休人员咨询买房问题。

劳资处领导参与工资程序设计，协商微机联网。

离退休人员管理处

①1998年5月，离退休处再次被评为广电总局老干部工作先进集体。
②1998年6月，中央电视台老干部象棋协会在全国广电系统第三届老年象棋比赛中荣获团体第六名。
③1998年3月，离退休处请医疗部门为老同志义务检查身体。
④两位退休书画家为老同志书画班现场表演。
⑤1998年9月，老同志踊跃为灾区捐款捐物。
⑥1998年重阳节，为迎接国际老人年，中央三台老干部合唱团与河南马村女子合唱团举行“相聚重阳联谊会”。

财经办公室

财经办公室召开1998年全室工作总结表彰大会。

中央电视台总会计师贾文增同志在1998年财务工作总结会议上发言。

计划统计处

▼ 财经办主任许二春在批阅文件。

计划统计处全体人员在研究工作。

财务处

1999年初召开全处工作总结会。财务处荣获1998年台先进集体称号。

◀1998年中央电视台连续三年荣获北京市个人所得税代扣代缴先进单位称号。图为税务核算工作人员认真统计纳税额。

担负着全台编播部门财务核算管理工作的财务二科在核销账目。

◀ 计算机室技术人员进行年终财务决算程序编制工作。

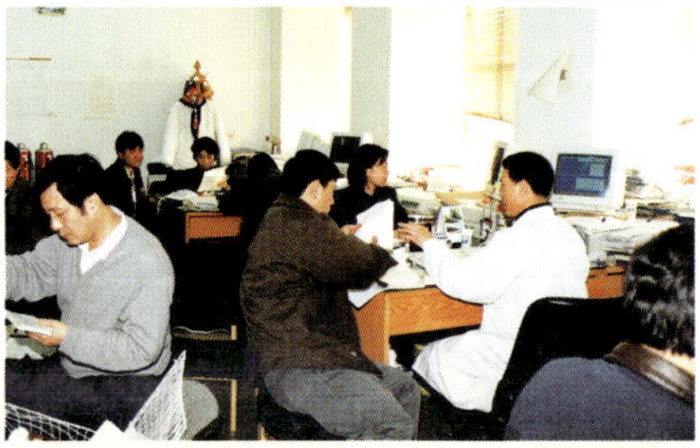

财产物资处

为保障全台日常物资供应，器材科的工作人员在研究发料程序。

设备科的同志与厂家共同验货。

综合科的工作人员在回收整理废旧设备。

处领导和设备科的工作人员一起检查 1998 年设备购置合同完成情况。

经营管理处

①1998年11月11日，组织召开台属集体企业清产核资总结大会。
②经营管理处研究 1998 年度工作计划。
③1998年9月，举办经济理论学习班。

基建处

① 1998 年，中国广播电视音像资料馆初步设计完成。图为审查会现场。
② 1998 年 12 月，购买莲香园小区商品住宅15942平米。图为预售契约签字仪式。

纪检组 监察室

①1998年12月，纪检组、监察室召开研讨会，中纪委、监察部和中纪委、监察部驻广电总局纪检组、监察局有关领导参加了会议。
②1998年3月，纪检组、监察室召开专、兼职纪检监察干部工作会议，研究部署台纪检监察工作。
③1998年6月18日，纪检组、监察室邀请监察部法规处有关同志为台副司局级以上干部及专、兼职纪检监察干部讲授《行政监察法》。

▶1998年3月，在纪检监察干部工作会议上，台纪检组组长陈君传达中纪委关于纪检监察工作的精神。

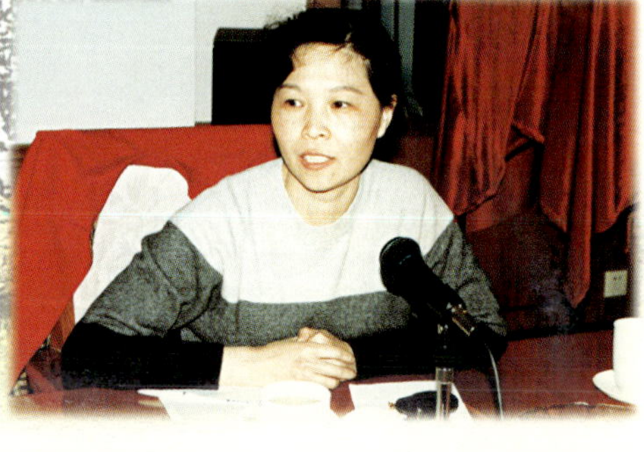

▶纪检组副组长、监察室主任张海鸽在1998年纪检监察干部工作会议上做工作总结。

审计处

①1998年5月，原广电部审计局局长王保智来台检查审计工作并与台领导陈君交谈。
②1998年5月，原广电部审计局局长王保智等领导来台检查审计工作。
③1998年4月9日，审计处领导与天津电视台政工室主任、专职审计员交流内部审计工作经验。
④1998年9月，召开南海影视城工程审计工作会议。
⑤1998年5月，审计处的同志与原广电部审计局综合处处长交谈审计工作。
⑥1998年5月，台领导陈君和审计处领导向来台检查审计工作的原广电部审计局局长王保智汇报台内审计工作。

①

②

③

④

⑤

⑥

我们的朋友遍天下

①1998年9月2日，台领导杨伟光、赵化勇、李丹与荷兰米拉德国际控股有限公司代表合影。

②1998年12月29日，台长杨伟光与美国熊氏集团总裁签署协议。

③1998年11月3日，台长杨伟光在中央电视台无锡影视基地会见亚广联主席达杜·贾法。

④1998年9月2日，在台庆40周年酒会上，副台长赵化勇与泰国正大集团代表亲切交谈。

⑤1998年12月1日，副台长赵化勇会见德国电视二台台长。

⑥1998年9月，副台长赵化勇参观'98荷兰国际广播电视设备展览会。

我们的友谊传四方

①1998年9月2日，在台庆40周年酒会上，副台长刘宝顺与日本东京放送代表团亲切交谈。
②1998年9月2日，在台庆40周年酒会上，副台长刘宝顺与德国电视二台代表亲切交谈。
③1998年5月，副台长李丹会见马来西亚新闻代表团。
④1998年10月20日，副台长李丹会见乌拉圭代表团。
⑤1998年9月2日，在台庆40周年酒会上，副台长刘宜勤与韩国广播公司代表亲切交谈。
⑥1998年1月11日，副台长李东生会见伊拉克通讯社社长。

①

②

③

④

⑤

⑥

中国国际电视总公司

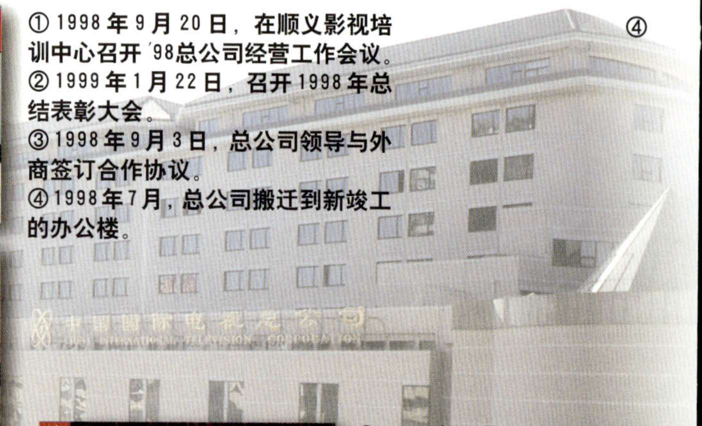

①1998年9月20日，在顺义影视培训中心召开'98总公司经营工作会议。
②1999年1月22日，召开1998年总结表彰大会。
③1998年9月3日，总公司领导与外商签订合作协议。
④1998年7月，总公司搬迁到新竣工的办公楼。

梅地亚

①1998年9月22日，中国国际电视总公司、NAK信息网络和梅地亚中心举行NAK综合收费频道开播签字仪式。
②1998年2月，梅地亚中心为日本长野冬奥会开幕式直播进行摄像。

无锡中视

①太湖影视城“水浒城”景点剧照“梁山水泊出征”。
②太湖影视城“水浒城”景点剧照“义取高唐州”。
③ 太湖影视城“水浒城”景点“皇宫文德殿”。

南海影视城

①1998年12月25日，南海影视城开业剪彩仪式。
②1998年12月26日，南海影视城举行开业暨电视剧《太平天国》封镜典礼，全国政协副主席叶选平出席了开业典礼。
③南海影视城领导接待澳大利亚新闻集团董事长墨多克。
④南海影视城“太平天国城”外景。
⑤南海影视城景点“香港一条街”。

编 辑 说 明

一、《中央电视台年鉴》是反映中央电视台事业基本情况和发展变化的资料工具书，内容主要反映在编一年中的中央电视台的重大事件和各方面工作的情况和史料。

二、本年鉴从1994年起，每年编印一册。1999年刊为第六卷，出版精装本。全书包括以下部分：1. 特载；2. 概况；3. 栏目、节目介绍；4. 专辑；5. 规章制度选载；6. 专论；7. 观众调查；8. 工作会议和研讨会；9. 新技术装备；10. 电视书、报、刊及音像出版物；11. 文章篇目辑览；12. 获奖；13. 机构；14. 大事记；15. 人物；16. 统计；17. 对香港特别行政区及澳门、台湾地区交流与合作；18. 对外交流与合作；19. 附录；20. 图片。

三、有关电视宣传情况的介绍是本年鉴的主体。

〔概况〕——1998年各方面工作情况的综述；

〔栏目、节目介绍〕——介绍1998年开办栏目、改版栏目和优秀节目；

〔专辑〕——中国电视事业暨中央电视台诞生40周年、中央电视台'98抗洪抢险宣传报道；

〔规章制度选载〕——1998年中央电视台发布的宣传、事业、管理等方面的规章制度；

〔专论〕——在报刊上发表或在业务研讨会上宣读过的部分论文；

〔观众调查〕——选登观众调查报告、收视率分析、观众来信分析；

〔工作会议和研讨会〕——选介电视工作、电视理论和业务研讨会、经验交流会；

〔电视书、报、刊及音像出版物〕——有关电视理论和业务的著译以及中央电视台编辑的电视书、报、刊的目录和简介；

〔获奖〕——社会和广播电视系统的评奖、电影评奖、全国好新闻评奖、电视报刊论文与稿件评奖、国际评奖名单，台获奖节目名单；

〔机构〕——介绍1998年中央电视台机构设置；

〔人物〕——在"人物志"中介绍正处级以上职务人员和正高级专业职务人员，以及被社会有关部门授予和评选的先进模范人物；

〔图片〕——中央电视台重大活动、重点节目与栏目和有关业务活动的照片。

四、《中央电视台年鉴》的编辑工作得到了台内外有关部门的领导、专家以及出版单位的大力支持。在此，一并表示感谢。

《中央电视台年鉴（1999）》编辑委员会

《中央电视台年鉴（1999）》编辑部

分类目录

1. 特　　载

2. 概　　况

3. 栏目、节目介绍

4. 专　　辑

一、中国电视事业暨中央电视台诞生40周年

二、中央电视台'98抗洪抢险宣传报道

5．规章制度选载

6．专　　论

7．观众调查

8．工作会议和研讨会

一、全国性电视工作会议

二、全国性理论和业务研讨会

三、中央电视台工作会议和研讨会

9. 新技术装备

10. 电视书、报、刊及音像出版物

11. 文章篇目辑览

12. 获　　奖

一、新闻奖

二、电影类

三、文艺类

四、综合类

五、电视报刊、论文、稿件类

13. 机　　构

14. 大事记

15. 人物

16. 统计

17. 对香港特别行政区及澳门、台湾地区交流与合作

18. 对外交流与合作

19. 附 录

20. 图 片

CCTV 1999 YEARBOOK

Contents

1. 特 载

一、中央领导讲话

江泽民会见全国宣传部长会议代表时强调，要紧紧围绕党的十五大主题，扎实生动做好宣传思想工作

(1998 年 1 月)

中共中央总书记、国家主席江泽民在会见全国宣传部长会议代表时作了重要讲话。他强调，今年是全面贯彻落实党的十五大提出的各项任务的第一年。宣传思想战线要紧紧围绕高举邓小平理论伟大旗帜，把建设有中国特色社会主义伟大事业全面推向 21 世纪这个十五大的主题，扎扎实实而又生动活泼地做好各项宣传思想工作。

江泽民在讲话中充分肯定了宣传思想工作取得的成绩。他说，在过去的一年中，宣传思想战线的同志紧密团结在党中央周围，高举邓小平理论伟大旗帜，坚持党的基本路线，围绕香港回归、召开党的十五大以及开创外交工作新局面等几件大事，做了大量的工作，取得了显著成绩，为促进全国的改革、发展、稳定，促进两个文明建设做出了重要贡献。

江泽民指出，今年宣传思想战线要在全党和全国人民中推动兴起学习邓小平理论的新高潮。要多宣传一些广大干部和群众学习贯彻邓小平理论和十五大精神的新经验；多宣传一些各地各部门把中央的路线方针政策同本地本部门的具体实际紧密结合，创造性地开展工作的新经验；多宣传一些广大干部和群众在改革和建设中不断解放思想、实事求是、抓住机遇、艰苦创业的新经验；多宣传一些广大干部和群众同心同德地发展好的形势，努力解决前进中遇到的矛盾、问题和困难的新经验；多宣传一些广大干部和群众在学习与实践中自我教育、自我提高的新经验。

江泽民强调，党的宣传思想工作，肩负着用先进的思想、科学的理论、高尚的精神和正确的舆论，去宣传群众、武装群众、教育群众、鼓舞群众为实现自己的根本利益而奋斗的崇高使命，因而在党的整个工作中始终处于极其重要的地位。宣传思想战线的同志们，要充分认识自己所从事的工作是无上光荣的，又是十分艰巨的。因为光荣，就要特别珍惜热爱；因为艰巨，就要始终奋发进取。这次宣传部长会议开得很好，对今年的宣传思想工作进行了部署。希望同志们继续开创宣传思想工作的新局面。

(摘自 1998 年 1 月 16 日《人民日报》)

李鹏视察中央电视台工作时的讲话

(1997年12月)

在1997年即将结束的时候,在我们迎接新年到来之际,我今天有机会到中央电视台和大家见面,感到非常高兴。首先,我向大家致以节日的祝贺。

1997年是不平凡的一年。我们经历了许多重大事件,比如小平同志不幸逝世、党的十五大胜利召开、香港顺利回归祖国、江泽民主席访美、三峡工程大江截流成功等。所有这些重大事件,中央电视台都向全国、全世界作了报道。你们功不可没。

中央电视台在前台有许多著名的播音员,在国内家喻户晓,但是还有更多的同志在后台支持前台播音的同志,他们默默无闻地做出了贡献。今天我特别地,不仅向前台,而且向后台的同志们致以崇高的敬意。

电视事业是一个新兴事业,在所有传媒中间时效最快、收视率最高、效果最好、影响最广泛。希望你们在新的一年里,继续贯彻党的十五大精神,牢牢把握正确的舆论导向,表扬先进,同时也揭露社会的时弊。为了一个目的,就是通过新闻媒介,能够鼓舞全国人民的志气,把我们中国建设好,让我们沿着邓小平建设有中国特色社会主义道路走下去,使我们中国人民生活幸福、国家繁荣昌盛。

(摘自《电视研究》1998年第1期)

朱镕基视察中央电视台,并与《焦点访谈》栏目组工作人员座谈

(1998年10月)

1998年10月7日,中共中央政治局常委、国务院总理朱镕基到中央电视台视察,并与《焦点访谈》栏目组工作人员座谈。

朱镕基总理视察了中央电视台主控中心、播控中心和《新闻联播》、《焦点访谈》演播室。在《焦点访谈》演播室,朱总理与在场的编辑记者谈笑风生。他说,《焦点访谈》越办越好,受到了全国人民的欢迎。但也不是所有人都欢迎,有些人看了就很伤脑筋。当然,关键是老百姓看了高兴。朱镕基总理风趣地对大家说,我也是你们监督的对象。朱镕基总理送给《焦点访谈》栏目四句话:舆论监督、群众喉舌、政府镜鉴、改革尖兵。

在与《焦点访谈》栏目组工作人员座谈时,朱镕基总理听取了台领导的情况介绍和编辑记者代表的发言后,作了热情洋溢的讲话。

朱总理说,《焦点访谈》开播以来,我既是很热情的观众,也是一个积极的支持者、义务的宣传员。《焦点访谈》现在越来越受欢迎,中央领导同志和广大群众很支持你们,感谢大家为宣传党中央、国务院各项政策所做的大量工作。现在,"《焦点访谈》现象"越来越普及,除中央电视台外,很多其他的电视广播节目也开办了类似栏目,这对于树立党和政府的良好形象,增强人民群众凝聚力,促进国家改革和建设,推动社会主义民主与法制建设有着十分重要的作用,你们的工作意义非常重大。

朱总理说,《焦点访谈》充分发挥了舆论监督的作用,为国家确定改革措施提供了思路;《焦点访谈》作为群众喉舌,通过节目反映了老百姓的呼声,在人民群众中有着极高的权威性;作为政府镜鉴,国家领导人从《焦点访谈》节目中体察到很多细致具体的情况,也真实地了解到党和国家各项政策的贯彻执行情况;《焦点访谈》推动和促进了党的方针政策的执行,充分发挥了改革尖兵的作用。

朱镕基总理指出,今后一个阶段,新闻舆论要重点宣传打击走私及偷逃骗税、狠刹卖企业之风、不搞重复建设等,宣传稽查特派员制度取得的成果。

(摘自《决策参考》1998年第10期)

李岚清副总理在纪念中国电视事业暨中央电视台诞生40周年大会上的讲话

（1998年10月）

中共中央政治局常委、国务院副总理李岚清出席纪念中国电视事业暨中央电视台诞生40周年大会并讲话。

李岚清首先代表党中央、国务院向中国电视事业的开创者，向全国的电视工作者和中央电视台的全体同志表示热烈的祝贺和衷心的问候。他说，党中央、国务院历来重视电视事业的发展，重视中央电视台的工作。40年来，在党中央、国务院的亲切关怀和直接领导下，我国电视从无到有、从小到大、从黑白到彩色，从对内到对外，从微波传送到微波、电缆和卫星传送并举，事业不断发展，影响日益扩大。现在，电视已成为亿万人民群众不可缺少的精神食粮和信息的重要来源，成为人们日常生活的重要组成部分。电视作为一种重要的新闻媒介和舆论阵地，在我国社会主义建设和改革开放中做出了重要贡献。中央电视台和各级地方电视台坚持为人民服务、为社会主义服务的方向，为全党全国工作服务，全面地宣传贯彻党的基本理论、基本路线和各项方针政策，生动地反映人民群众的伟大业绩和精神风貌，圆满完成了一系列重大宣传报道任务，为促进改革开放和现代化建设，维护社会稳定，发挥了重要的舆论宣传和引导作用。

李岚清说，当前，全党和全国各族人民正在全面贯彻落实党的十五大精神，推进改革开放和现代化建设，为实现跨世纪的宏伟目标而积极奋斗。我们的电视工作者要继续引导人民正确认识形势，弘扬正气，鼓舞斗志，促进改革开放和现代化建设继续前进，坚决维护安定团结的政治局面，把社会主义物质文明和精神文明建设提高到新水平。这是摆在广大电视工作者面前的一项重大而光荣的任务。

李岚清说，在我国各级电视台中，中央电视台作为国家电视台，工作直接关系到党和政府的形象，在国际、国内影响很大，同时对全国各级电视台有着重要的示范和导向作用。中央电视台的同志们一定要充分认识到自己肩负的重大责任和光荣使命，继续发扬成绩，再接再厉，努力开创工作的新局面。

李岚清在讲话中对进一步做好电视工作特别是中央电视台的工作提出希望：要强化大局，坚持正确舆论导向；要继续深化改革，发挥中央电视台的优势；要坚持深入实际，改进电视报道风格；要加强对外宣传，努力提高宣传效果；要加强队伍建设，培养更多优秀人才。

李岚清最后说，广大电视工作者，要更加紧密地团结在以江泽民同志为核心的党中央周围，高举邓小平理论的伟大旗帜，谦虚谨慎，艰苦奋斗，勇于开拓，敢于创新，为我国电视事业新的繁荣和发展，为推进建设有中国特色社会主义的伟大事业做出新的贡献。

（摘自1998年10月10日《人民日报》）

丁关根指出，要认真贯彻十五大精神，进一步做好宣传思想工作

（1998年4月）

今年是全面贯彻落实党的十五大精神的第一年，是开创改革开放和现代化建设新局面、实现跨世纪战略任务至关重要的一年。努力做好宣传思想工作，对于贯彻落实十五大确定的各项任务和中央今年工作部署，促进改革、发展、稳定，具有重要意义。

一、正确认识宣传思想工作的形势

十四大以来,在以江泽民同志为核心的党中央领导下,宣传思想战线高举旗帜,保持一致,解放思想,实事求是,围绕中心,团结鼓劲,服务大局,心系人民,重在建设,改革创新,把握导向,弘扬正气,形成了积极健康向上的工作局面。一是宣传思想工作为改革、发展和稳定提供了良好的舆论环境和有力的思想保证。二是宣传思想战线的管理加强,又呈现出团结活跃的良好氛围,发挥了各方面的积极性。三是宣传文化事业在深化改革和结构调整中迅速发展,实力明显增强,人民群众的文化生活丰富多彩。这是以江泽民同志为核心的党中央有力领导的结果,是各地各部门关心重视的结果,是社会各方面积极支持的结果,是宣传思想战线全体同志团结奋斗、共同努力的结果。

在肯定工作成绩的同时,要看到新的形势对宣传思想工作提出了新的要求。现在,改革进入攻坚阶段,发展处于关键时期,需要我们积极、全面、准确、深入地宣传十五大精神,宣传中央的重大决策和工作部署,更好地统一广大干部群众的思想;需要我们牢牢把握正确舆论导向,正确处理改革、发展、稳定的关系,更好地发挥团结鼓劲、凝聚力量的作用;需要我们多做艰苦细致的思想工作,更好地帮助人们坚定实现跨世纪奋斗目标的信心。还要清醒地看到,宣传思想工作有许多地方需要改进,有不少问题亟待解决。我们做了大量工作,还有大量工作要做。一定要十分珍惜已经取得的工作成果,兢兢业业,扎扎实实,把宣传思想工作继续推向前进。

二、认真做好 1998 年的宣传思想工作

今年宣传思想工作的指导思想是:在以江泽民同志为核心的党中央领导下,学习十五大,宣传十五大,贯彻十五大,高举邓小平理论伟大旗帜,围绕经济建设这个中心,把握正确舆论导向,加强精神文明建设,坚持党的基本路线不动摇,坚持同以江泽民同志为核心的党中央保持一致,坚持为人民服务、为社会主义服务、为全党全国工作大局服务。

今年工作的基本要求是:积极、全面、准确、深入地学习、宣传、贯彻十五大精神,以科学的理论武装人,以正确的舆论引导人,以高尚的精神塑造人,以优秀的作品鼓舞人,把全党思想统一到十五大精神上来,把全国各族人民的力量凝聚到实现十五大确定的各项任务上来。

在实际工作中,要坚持解放思想,实事求是,抓住机遇,开拓进取,"巩固、深入、创新、提高",把学习十五大报告同系统学习邓小平理论结合起来,把坚持正确舆论导向同全面提高引导水平结合起来,把深入开展群众性精神文明创建活动同全面加强思想道德建设结合起来,把实施精品工程同全面促进文化艺术的繁荣结合起来。

今年的工作重点是:理论武装工作要兴起新高潮,新闻舆论工作要上新水平,精神文明建设要有新面貌,多出优秀作品,工作要有新起色,宣传文化事业的改革开放要有新举措,队伍建设和法规制度建设要有新进展。

1. 理论武装工作要兴起新高潮。党的十五大强调:"邓小平理论为我们党认识世界和改造世界提供了新的强大思想武器。全党要重视学习,善于学习,兴起一个学习马列主义、毛泽东思想特别是邓小平理论的新高潮。"这是保证全党坚持党的基本路线不动摇的迫切需要,是把我们党建设成为领导社会主义现代化事业坚强核心的迫切需要,是把建设有中国特色社会主义伟大事业全面推向新世纪的迫切需要。我们要从这样的政治高度和时代要求来提高认识,增强做好理论武装工作的自觉性。

兴起理论学习新高潮,最根本的是要高举邓小平理论伟大旗帜不动摇,在思想上和工作中牢固确立邓小平理论的指导地位。邓小平理论是马克思主义同当代中国实践和时代特征相结合的产物,是毛泽东思想在新的历史条件下的继承和发展,是当代中国的马克思主义,是马克思主义在中国发展的新阶段。在当代中国,只有邓小平理论能够解决社会主义的前途和命运问题,只有邓小平理论能够实现民族振兴、国家富强和人民幸福。坚持邓小平理论,就是真正坚持马克思列宁主义、毛泽东思想;高举邓小平理论的旗帜,就是真正高举马克思列宁主义、毛泽东思想的旗帜。

兴起理论学习新高潮,必须发扬理论联系实际的学风。要紧密结合改革开放和现代化建设的实际,紧密结合各部门、各单位的工作实际,紧密结合干部群众的思想实际,在学以致用上下功夫。大力倡导认真学习的风气,民主讨论的风气,积极探索的风气,求真务实的风气,使全党在对邓小平理论的历史地位、指导意义、科学体系和精神实质的认识上有新提高,在运用邓小平理论解决改革开放和现代化建设实际问题的能力上有新提高,在改造客观世界的同时改造主观世界的自觉性上有新提高。

兴起理论学习新高潮,要把学习十五大报告同系统学习邓小平理论紧密结合起来。加强组织领导,进一步健全党委中心组和党员干部学习制度,重点抓好县以上领导干部的学习,充分发挥讲师团、理论研究基地和理论宣传部门的作用。今年是十一届三中全会召开 20 周年,要组织好纪念活动,在广大干部群众中深入进行党的基本理论、基本路线教育。

2. 新闻舆论工作要上新水平。积极、全面、准确、深入地宣传十五大精神，是今年新闻舆论工作的首要任务，也是衡量工作上水平最重要的标志。要坚持党性原则，坚持实事求是，坚持团结稳定鼓劲、正面宣传为主的方针，增强政治意识、大局意识、责任意识，加强宏观管理，提高引导水平，牢牢把握正确的舆论导向，为全面落实十五大确定的各项任务创造良好的舆论环境。

要按新闻工作规律办事，增强吸引力、说服力和感染力。及时、准确地宣传党的方针政策，真实地反映亿万群众的伟大实践。新闻工作者要深入群众，深入实际，把握时代脉搏，反映群众呼声。多写短新闻、现场新闻，多报道有新闻价值的事情，为群众喜闻乐见。要改进文风，写短、写活、写实、写深，增加信息量，增强新闻宣传的准确性、鲜明性和生动性。

进一步加强和改进典型宣传、热点引导和舆论监督。这几年，宣传先进典型力度大，效果好，要继续努力，做得更好。典型宣传，要处理好报道数量和报道质量的关系，全国统一宣传和各地分层次宣传的关系，经常性宣传和集中宣传的关系，形成合力和发挥媒体各自特色的关系。注意多形式、多角度，防止一般化、模式化。坚持实事求是，使群众感到先进典型可亲可敬可信可学。热点引导和舆论监督要心系大局，心系人民，围绕党和政府重视、人民群众关心的问题，选好题目，注意方式，入情入理，因势利导，给人以启发，给人以鼓舞。对那些违背中央方针、损害群众利益、贪污腐败、违法乱纪等行为，坚决给予揭露和批评，针砭时弊，弘扬正气。

3. 精神文明建设要有新面貌。进一步落实中央对精神文明建设提出的各项任务，着重在六个方面下功夫。一是在为改革、发展、稳定服务，促进两个文明建设协调发展上下功夫。精神文明建设必须始终坚持为经济建设中心服务，必须同促进经济发展和社会进步紧密结合。二是在巩固、提高、延伸、辐射上下功夫。在巩固已有成果的基础上提高，向深度广度延伸，发挥先进地区、先进单位的辐射作用。三是在提高人的思想道德素质特别是培育青少年上下功夫。按照“四有”公民的要求，加强爱国主义、集体主义、社会主义教育，加强社会公德、职业道德、家庭美德教育，加强基层思想政治工作，引导人们树立正确的世界观、人生观、价值观。四是在广泛发动群众参与上下功夫。精神文明建设必须一切为了群众，一切依靠群众，一切成果由群众认可。要把工作着眼点放在与群众利益密切相关、受群众欢迎的事情上，扎扎实实为老百姓办好事、办实事。五是在加强管理、完善机制上下功夫。进一步健全党委统一领导、党政领导亲自抓的领导体制。充分发挥各级文明委、政府部门、社会团体的作用，逐步形成各方面分工负责、齐抓共管的工作机制。六是在坚持不懈、务求实效上下功夫。精神文明建设贵在坚持，重在落实，力戒形式主义。要狠狠地抓，一天不放松地抓，从具体事件抓起。一个问题一个问题地解决，一个层面一个层面地拓展，扎扎实实地把精神文明建设推向前进。

4. 多出优秀作品，工作要有新起色。随着物质生活水平的提高，人民群众的精神文化需求增长很快，需求结构也发生了很大变化，对作品质量的期盼越来越高。在对外开放和发展社会主义市场经济条件下，精神产品生产增添了新的活力，也遇到了新的问题，外来文化思潮、市场经济中那只“看不见的手”从积极和消极两个方面影响着创作和生产。文艺和出版工作者在社会变革中，认识生活有一个体察、熟悉和深化的过程，艺术创作有一个实践、积累和提高的过程。面对这样的复杂情况，我们要深入思考，积极探索，正确引导，有所作为，既不能急于求成，又要从人民的需要出发，增强紧迫感和使命感，努力多出优秀作品。

进一步树立正确的创作思想，增强精品意识。认真贯彻党的文艺方针政策，坚持“二为”方向和“双百”方针，弘扬主旋律，提倡多样化，坚持思想性、艺术性和观赏性的统一。文艺作品要体现时代精神，表现形式要丰富多彩，给人以鼓舞，给人以美的享受。要引导作家艺术家树立正确的世界观、人生观和价值观，深入生活，深入群众，焕发激情，奉献才华。要把精品意识落实到创作和生产的每一个环节，反复磨砺，精益求精，把最好的精神食粮贡献给人民。

要尊重文艺规律，尊重作家艺术家的创造性劳动。倡导不同形式和风格的自由发展，不同观点和学派的自由讨论，发扬艺术民主和学术民主。提倡平等友好、以理服人的讨论，提倡相互切磋、取长补短的风气，增进理解，增进团结，把大家的精力集中到多出优秀作品上来。

明年是中华人民共和国建国50周年，要抓紧准备，制定规划，精心安排，推出一批优秀的图书、影视、戏剧、音乐、舞蹈、曲艺等作品，以丰硕成果向50周年大庆献礼。

5. 宣传文化事业的改革开放要有新举措。十一届三中全会以来，新闻、出版、广播影视、文化等部门进行了一系列改革，取得明显成效。改革管理体制，转换经营机制，加强法规建设，实施精品战略，完善经济政策，培育文化市场，加强对外交流，促进了宣传文化事业繁荣健康发展。现在要增强紧迫感和责任感，进一步深化宣传文化领域的改革。

宣传文化事业改革的指导思想和方针原则是，坚持以邓小平理论和党的基本路线为指导,解放思想,实事求是,积极探索,勇于实践。改革要服从、服务于全党全国工作大局,有利于发挥宣传文化工作者的积极性,有利于促进事业的繁荣发展,有利于加强和改善党的领导。要积极借鉴经济领域改革的成功经验,注意发挥市场机制的积极作用,又要考虑意识形态工作的特点,符合精神文明建设的要求,遵循宣传文化事业发展的内在规律。坚持把社会效益放在首位,力求实现社会效益同经济效益的统一,坚决反对见利忘义、一切向钱看。积极吸收世界上一切有益的文化成果和先进管理经验,抵御腐朽思想文化的侵蚀,努力把中华民族的优秀文化介绍给世界。

当前,新闻出版广播影视业深化改革的主要任务是,优化资源配置,完善内部管理,搞活经营机制,努力提高质量。要做好组建报业集团、出版集团、书刊发行集团和影视集团的试点工作。组建集团要同加强领导班子建设相结合,同加强内部管理相结合,同治理散滥现象相结合,着眼于提高综合实力,增强在国内外的影响。要坚持自愿原则,不搞行政命令,不能认为"一联就灵"。

宣传文化事业的改革,政策性强。要鼓励探索,鼓励实践,坚持从实际出发,积极稳妥,循序渐进,防止一哄而起。改革措施要符合党的方针政策和国家的法律法规。

6. 队伍建设和法规制度建设要有新进展。按照政治强、业务精、作风正的要求,建设一支高素质的宣传思想工作队伍。要把宣传思想战线各级领导班子建设成为能够担当起跨世纪历史重任的团结坚强的领导集体。要培养和选拔一大批具有强烈事业心和责任感的优秀年轻干部,确保党的宣传事业后继有人。要以新进入宣传工作领导岗位的同志和优秀中青年干部为重点,加大干部培训力度。要同理论界、新闻界、出版界、文艺界的专家学者加强联系,沟通情况,交流思想,增进友谊。认真听取他们对我们工作的意见和建议,热情帮助他们解决工作和生活中的实际问题。

宣传文化领域的法规制度建设,十四大以来取得很大进展,主要工作方面都有了基本遵循。要把已有的法规制度学习宣传好,贯彻落实好。同时,抓紧制定工作中急需的法规,加快立法步伐,逐步健全宣传文化法规体系。

三、要有一个良好的精神状态

做好党的宣传思想工作,必须有良好的精神状态。一要坚定自觉地高举邓小平理论伟大旗帜,用邓小平理论武装头脑、指导工作,牢固树立建设有中国特色社会主义的坚定信念,坚持党的基本路线不动摇,坚持同以江泽民同志为核心的党中央保持一致。二要解放思想,实事求是,抓住机遇,开拓进取,坚韧不拔,奋发向上,增强改革意识,创造性地开展工作。三要淡泊名利,甘于奉献,全心全意为人民服务,诚心诚意为人民谋利益,不为名所动,不为利所惑,多学习少应酬,多奉献少计较,多实干少空谈,防微杜渐,严于律己,甘当人民苦力,始终把党和人民的利益放在首位。

让我们在十五大精神指引下,紧密团结在以江泽民同志为核心的党中央周围,高举邓小平理论伟大旗帜,解放思想,实事求是,努力做好党和人民交给我们的工作。

(选自《求是》1998 年第 5 期)

二、广播电影电视部(总局)领导讲话

高举邓小平理论伟大旗帜,努力建设有中国特色社会主义的广播影视事业

——孙家正在全国广播影视厅局长会议上的报告(摘要)

(1998 年 1 月)

这次会议是党的十五大胜利召开以来的第一次全国广播影视厅局长会议。

这次会议的主要任务是:以邓小平理论为指导,认真学习贯彻党的十五大精神,总结 1997 年的工作,分

析广播影视工作面临的新形势,研究确定进一步推进广播影视改革和发展的思路、措施,部署1998年的工作。

一、1997年工作的回顾

1997年是我们党和国家历史上非常重要的一年。敬爱的邓小平同志不幸逝世,全国各族人民化悲痛为力量,在以江泽民同志为核心的党中央领导下,坚定不移地把建设有中国特色社会主义的伟大事业推向前进。我国成功地恢复了对香港行使主权,在完成祖国统一大业的道路上迈出了重要一步。我们党胜利召开了第十五次全国代表大会,对我国改革开放和现代化建设跨世纪发展作出了全面部署。一年来,广播影视工作紧紧围绕全党全国工作大局,各方面工作都取得了新的进展,在促进改革、发展、稳定中发挥了重要作用。

(一)圆满完成了各项重大宣传报道任务。1997年邓小平同志悼念活动、香港回归、党的十五大召开和江泽民主席访美等重大宣传报道,在国内外产生了深远而广泛的影响。中央三台成功地完成了历史上次数最多、语种最多、时间最长的现场直播,地方电台、电视台在充分报道本地活动的同时,采取各种措施,确保了中央台节目的转播,体现了我们系统的整体优势,取得了很好的宣传效果,党中央和广大群众是相当满意的。此外,广播电视还圆满完成了"两会"、"八运会"等重要会议、重要活动的宣传报道任务。

(二)加大了经济建设宣传的力度。突出宣传了党中央、国务院关于农业和农村工作、关于国有企业改革和发展、关于实施科教兴国和可持续发展战略、关于加强经济宏观调控等一系列方针、政策和部署,以及带来的一系列可喜变化,为这些工作的顺利推进提供了有力的舆论支持。特别是中西部地区开发建设的宣传力度加大。十大国有企业典型和南昆铁路、黄河小浪底工程截流、长江三峡工程大江截流等一大批国家重点建设工程的宣传报道,极大地鼓舞了全国人民建设有中国特色社会主义的信心。

(三)保持了精神文明建设宣传的良好态势。进一步深化了邓小平理论的宣传,加强了党的建设的宣传,加大了弘扬爱国主义、集体主义、社会主义和艰苦创业精神的宣传,形成了新的高潮。有力地推动了精神文明建设的深入开展。

(四)加强了对外宣传和交流。按照以我为主、以正面为主、以事实为主的方针,紧紧围绕经济建设中心和几件大事的宣传,积极配合国家的整体外交工作,加强了对西方主流社会的宣传,取得了良好的宣传效果。国际台听众来信已超过65万封,来自161个国家。中央电视台的国际频道实现了全天24小时播出,已有115个我驻外使领馆可以收看,特别是香港回归期间,有27个国家和地区的67个电视台转播我电视节目。中央电台和有关地方电台对香港特区与台湾、澳门的宣传有了加强。对外交流合作进一步扩大,一批优秀的国产影视作品走向世界。

(五)推出了一大批优秀作品。大型文献纪录片《邓小平》在新年伊始播出后,在国内外产生了巨大的政治和社会影响。一批反映历史、贴近现实、弘扬民族精神的影片相继产出,《鸦片战争》、《挺立潮头》、《成吉思汗和他的母亲》等影片在思想性、艺术性的结合和群众喜闻乐见方面有新的突破,同时有效杜绝了倾向有误的影片,较大幅度减少了粗制滥造、格调不高的影片。重大题材和现实题材电视剧的创作继续保持良好势头,少儿题材和戏曲题材的电视剧有新的起色,《车间主任》、《儿女情长》、《香港故事》等播出后,受到了普遍赞扬。中央电视台播出的国产动画片已占主导地位。《香港沧桑》、《科教兴国》等专题片和《回归颂》等大型文艺晚会,以及一大批文艺栏目节目的播出,有力地配合了1997年几件大事的宣传。

(六)治理散滥工作成效显著。各级广播电视部门,普遍组织了对中办、国办37号文件的学习,制定了具体实施方案,推进各项治理工作,有效地遏制了乱播滥放、乱设台网、乱开播出前端等散滥现象。从全国范围来讲,治理工作的主要任务大头已经落地,广播电视新的发展格局已初步形成。

(七)法制建设取得重要进展。继《电影管理条例》之后,《广播电视管理条例》的颁布实施,基本改变了广播电视管理依据不足的局面。立法步伐加快,《卫星传输广播电视节目管理办法》等一批与条例配套的规章和规范性文件已颁布执行。对近百件广播影视规章和规范性文件进行了清理。截至去年底,已有15个省(区、市)出台广播影视地方性法规规章共16个。

(八)事业建设迅速发展。各级广播影视部门狠抓了扩大覆盖的工作,截止1997年底,我国广播电视的综合覆盖率预计已分别达到85.8%和87.4%。有线网络联网工程全面展开,并取得重大进展,北京到石家庄、上海到杭州等跨区域的系统内联网工程基本完成。又有15个省(区、市)的广播电视节目实现了卫星传送,基本形成了星网结合的广播电视传输体系。国际广播中心等对外广播发射中心已投入使用,中央电台业务楼土建工程和骨干发射台技术改造、扩建工程基本完成。数字音频广播先导网的试验、高清晰度电视的研究取得阶段性的成果,深圳有线电视综合信息网的试验圆满完成。电影的生产技术和质量进一步提高。VCD光盘生产线正式投产。

(九)广播影视改革进一步深化。新闻改革取得新进展,一批具有广播电视特点的新栏目相继问世,频道特色更加鲜明。影视合流和制片、发行、放映经营一体化的改革不断深入,发行渠道逐步拓宽,国产影片发行放映取得良好成绩。经营性影视企业的现代企业制度改革取得可喜进展,成功地举办了全国国产电视节目交易会。全国广播电视节目交易中心的筹建工作已经展开。全国农村电影拷贝常年交易形成规模。

(十)队伍建设普遍加强。各级广播影视部门,大力加强了领导班子建设,深入开展了"双学"、"三讲"活动,进一步增强了在政治上、思想上、行动上同以江泽民同志为核心的党中央保持一致的自觉性和坚定性。廉洁自律、查办案件和纠正行业不正之风工作取得了阶段性成果,党风廉政建设和反腐败斗争健康发展。五年干部培训规划顺利实施,全系统去年共培训各类人员29324名,省级以上电台、电视台播音员、主持人普通话水平测试全面展开,教育事业投入增加,重点学科和教材建设、专业设置、科学研究以及教育改革都取得一定成效。

去年的工作还存在一些不足,主要是:我们的许多思想观念、工作方法还不适应社会主义市场经济的要求,改革和发展的力度仍然不够大;广播影视艺术生产还不适应人民群众日益增长的精神文化需求,优秀作品仍然偏少;事业建设还不适应科学技术迅猛发展的要求,扩大广播电视有效覆盖的任务仍然艰巨;管理意识还比较淡薄,人才培养、干部培训的任务仍然十分繁重。这些都需要我们采取切实有效的措施加以改进。

二、认真贯彻落实党的十五大精神,全面推进广播影视事业的改革和发展

党的十五大是我国改革开放和社会主义现代化建设承前启后、继往开来的一次极为重要的会议。江泽民同志在大会上的报告,高举邓小平理论伟大旗帜,科学地总结历史,全面地规划未来,鲜明地把建设有中国特色社会主义文化作为基本目标,纳入党在社会主义初级阶段的基本纲领。江泽民同志强调,"有中国特色社会主义的文化,是凝聚和激励各族人民的重要力量,是综合国力的重要标志","只有经济、政治、文化协调发展,只有两个文明都搞好,才是有中国特色社会主义。"江泽民同志还指出"发展文学艺术、新闻出版、广播影视事业,是社会主义文化建设的重要内容,"并提出了一系列具体要求。这对整个广播影视系统是一个巨大的鼓舞,各级广播影视部门和广大广播影视工作者一定要认清肩负的责任,认真贯彻落实党的十五大精神,并以此统揽广播影视工作的全局,为建设有中国特色社会主义的文化,为社会主义两个文明建设做出新的贡献。为此,要大力推进以下六个方面的工作:

(一)坚持党性原则,坚持实事求是,把握正确的舆论导向。

在广播影视的所有工作中,宣传工作是中心,是第一位的。新闻宣传必须坚持党性原则,坚持实事求是,把握正确的舆论导向。要认真总结新闻宣传工作的经验,改进新闻宣传的方式方法,提高新闻宣传的质量,努力使广播电视宣传在掌握党的基本理论、基本路线、基本方针,紧密联系实际、密切联系群众方面有较大的进步。

当前,广播电视节目套数多了,播出时间长了,节目量不断增长,在这种情况下,我们要更加重视新闻。一是继续推进新闻节目的整点播出和重要新闻的滚动播出,提高时效性,增加信息量。二是加强和改进新闻性栏目的建设,名牌栏目要不断完善,不断充实,不断提高,不断创新。三是努力扩大新闻报道面,增加有积极意义的社会新闻、文化科技新闻、体育新闻、国际新闻等。

同时要遵循新闻规章,讲究宣传艺术,增强宣传效果。努力拓宽对外宣传的渠道。要进一步发挥中央和地方的两个积极性,创造条件,扩大我国广播电视节目的对外覆盖。

(二)实施精品战略,逐步形成优秀作品不断涌现、异彩纷呈的局面。

随着我国人民群众物质和文化生活的日益提高,努力创造更多思想性、艺术性相统一的优秀作品,是广播影视部门义不容辞的重大责任。要坚持"二为"方向,贯彻"双百"方针,弘扬主旋律,提倡多样化。以规划和组织好迎接建国50周年优秀作品的创作生产为重点,大力推进精品战略,促进广播影视文艺的繁荣。

继续实施电影"九五五〇工程",繁荣创作,多出精品。一是要精心组织并认真落实三年电影创作规划。二是继续落实各项经济政策,加大对优秀影片创作的投入、扶持力度。三是完善和加强管理,使之有利于多出优秀影片,不出倾向有误和格调不高的影片。四是加快北京、上海、长春三大电影基地的建设,争取在本世纪末摆脱困境,初具规模。五是要加强电影评论工作,扩大优秀影片的宣传,促进电影艺术健康发展。

电视剧创作生产要强化精品意识,保持良好势头。要采取有效措施,加强宏观调控,把提高质量作为电视剧创作的中心任务。要努力创作更多的优秀作品。

(三)依靠科技进步,加快广播影视事业发展的步伐。

事业建设的重点要继续放在扩大广播电视人口有效覆盖上,覆盖的重点放在农村。积极采取有线接入、无线转播、多路微波等各种手段,加快地面接入网的建

设。加强中央和省第一套广播电视节目的覆盖,特别是要通过技术改造和加强转播工作,扩大有效覆盖。继续扶持老少边穷地区广播电视事业,加大广播电视扶贫力度,逐步扫除广播电视收听收视盲区。

努力扩大广播电视对外覆盖,加强落地工作。

加快有线网络建设,大力发展本地接入网,努力扩大用户,力争到本世纪末全国70%以上的省份实现联网,有线电视用户突破8000万户。

加大技术更新改造的力度,提高广播电视节目制作、播出质量,保证安全、可靠、不间断。加快电影制作和放映技术的更新改造。

加强广播影视高新技术的跟踪研究和开发,实现广播影视技术发展的跨越。

大力推进计算机在全系统的广泛应用。

(四)加强法制建设,推进广播影视管理的规范化、法制化。

加强广播影视的法制建设,把广播影视各项工作纳入规范化、法制化轨道,是使我们的事业更加健康有序发展,以崭新的姿态、充沛的活力迈入21世纪的保证。

进一步加快立法步伐。抓紧制定与《电影管理条例》、《广播电视管理条例》相配套的各项规章制度,继续加强普法工作,加大执法监督检查力度,努力提高全系统特别是各级领导干部的法制意识、法制观念和依法管理的水平。

加大治散治滥工作力度,全面完成治理任务。要坚决按照中央的要求,进一步统一思想、坚定信心,在各级党委、政府的领导下,巩固已有成果,坚持不懈地抓下去。

切实加强播出管理。要严格执行节目播出管理有关规定,加强播出审查,坚持重播重审。加强和完善接收、录播境外卫星电视节目的管理,严格录播节目的审批程序。着手实施对广播电视节日的监听、监看管理。

进一步做好对外交流合作的归口管理。加强中外合拍、协拍影视片的管理,更好地促进对外交流合作。

(五)积极推进各项改革,努力增强广播影视事业自我发展的能力和活力。

为适应跨世纪广播影视事业发展的需要,更好地解决我们工作面临的各种矛盾和问题,必须继续推进和深化广播影视的各项改革。

推进影视艺术生产体制的改革。实行电影故事片生产单片许可证制度,以广泛吸纳社会资金,充分调动各方面参与电影生产的积极性。对电视剧的生产实行投拍备案制度、发行审批制度。积极推进影视合流,充分发挥三大电影基地和电视剧制作基地的作用,促进影视创作生产向规模化、集约化方向发展。

积极探索建立适应社会主义市场经济的影片和广播电视节目流通体制。进一步深化广播影视企业的改革。着手组建中国电影集团公司。

深化人事制度改革,努力创造公平、平等、竞争、择优的用人环境,为优秀人才脱颖而出提供制度保证。

(六)加强队伍建设,培养跨世纪的高素质广播影视队伍。

实现本世纪末广播影视的奋斗目标,关键在于要有高素质的队伍。

加强思想建设是广播影视队伍建设的重点。要坚持用邓小平理论武装全体广播影视工作者,特别是各级领导干部,要进一步增强理论上、政治上的坚定性,坚定不移地坚持党性原则,坚持广播电视作为党和人民喉舌、广播影视作为社会主义精神文明建设重要阵地的性质;坚定不移地在思想上、政治上、行动上与以江泽民同志为核心的党中央保持高度一致,确保广播影视事业沿着正确的政治方向发展。

认真贯彻落实十五大提出的领导班子建设的总要求,贯彻落实全国组织工作会议精神,大力加强各级领导班子的建设。各级领导干部,特别是新进班子的年轻干部要重视理论学习,带头讲学习、讲政治、讲正气,增强政治意识、大局意识和责任意识,坚持民主集中制的各项制度,保证党的路线和中央的决策顺利贯彻执行。要把那些群众公认是坚决执行党的路线、实绩突出、清正廉洁的同志选进领导班子。大胆起用优秀年轻干部。

加大专业人才培养和干部培训工作力度。进一步办好广播影视院校,优化教育结构,推进办学体制、管理体制的改革,全面实施素质教育,大力提高教学质量和办学效益。继续落实干部培训的五年规划,重点加强对管理干部和专业人才的培训。逐步实行持证上岗、竞争上岗制度。力争在本世纪末广播影视队伍的整体素质有明显的提高,年龄结构、知识结构和专业结构更趋合理。

坚持从严治党的方针,抓好党风廉政建设和反腐败工作。切实加强队伍的作风建设和职业道德建设,纠正行业不正之风。加强广播影视系统党的建设,充分发挥党的基层组织的坚强战斗堡垒作用和共产党员的先锋模范作用。

三、努力做好1998年的工作

1998年是全面贯彻落实党的十五大精神的第一年,也是完成"九五"计划的关键的一年。做好今年的工作具有十分重要的意义。各级广播影视部门要高举邓小平理论伟大旗帜,全面贯彻落实党的十五大精神,始终坚持正确的舆论导向,大力提高广播影视节目质量,加快事业发展步伐,加大依法管理力度,推进广播影视各项改革,进一步提高队伍政治思想业务素质,为把建设有中国特色社会主义事业全面推向21世纪,提供更加有力的舆论支持和良好的文化环境。

(一)关于广播电视宣传

要按照积极、全面、准确、深入的要求,做好学习贯彻十五大精神的宣传报道,把全党的思想统一到十五大精神上来,把全国各族人民的力量凝聚到十五大确立的各项任务上来。要毫不放松地坚持把宣传邓小平理论放在重中之重的位置,要组织编辑记者深入基层、深入群众、深入生活,了解情况,抓好典型,准确宣传十五大提出的一系列重大方针政策的客观必然性和正确性,充分反映十五大精神在改革和建设中产生的巨大影响和威力。

加大经济宣传的力度。要深入宣传中央经济工作会议精神,使广大干部群众全面了解今年经济工作的形势、总体要求、主要任务、工作部署、关键环节,以及改革和发展的重大举措,进一步明确方向,增强信心。

继续加强精神文明建设的宣传。要以"讲文明、树新风"为重点,搞好创建文明城市、文明村镇、文明行业和文化、科技、卫生"三下乡"活动的宣传。加强舆论监督,批评不文明思想和行为,对黄、赌、毒和腐败等丑恶现象要予以揭露。

认真做好今年重要会议、重大活动的宣传报道。今年将召开第九届全国人大一次会议和全国政协九届一次会议,进行换届选举和政府机构改革。县级以上各级人民代表大会也要进行换届选举。要按照中央和各级党委的部署,认真做好会议的报道,进一步动员全国各族人民为胜利实现"九五"计划和2010年远景目标而奋斗。

(二)关于广播影视艺术生产

今年广播影视文艺工作的重点,一是要深化生产与流通体制的改革,调动各方面的力量,促进优秀作品的创作、生产和播映;二是要以规划组织好迎接建国50周年优秀作品的创作为重点,集中精力抓好重大题材、重点剧目、重要晚会、重点专题片等的创作生产。针对电视剧生产中存在的题材撞车、重复、趋长,现实题材偏少等问题,要从今年开始改进题材规划工作,切实加强管理,支持和提倡现实题材与中短篇体裁电视剧的创作,特别要注意多拍一些充分表现工人、农民、知识分子的高尚品质和丰富的精神世界,反映他们从事改革开放和现代化建设的生动实践,赞美他们创造美好生活的聪明才智和精神风貌的优秀作品。

(三)关于扩大广播电视覆盖

目前在城市已经能听到和看到几十套广播电视节目,但在相当一部分农村,至今仍听不到、听不好广播,看不到、看不好电视。尽快解决这些问题,关系到国家的稳定和发展,关系到党的十五大提出的经济发展和社会全面进步的奋斗目标的顺利实现。因此,部党组明确提出,要把事业发展的重点放在扩大覆盖上,把覆盖的重点放在农村,争取到本世纪末,基本消灭广播电视的收听、收看盲点,基本实现村村通广播电视。要实现这个目标,首先,各地要在广泛调查摸底的基础上对本地区广播电视的覆盖情况做到心中有数,然后有针对性地制订扩大覆盖的规划。其次,要抓住当前各省节目上星的机会,加强地面接入网建设,加强转播工作,把中央和省的广播电视节目覆盖到村村户户。第三,各级广播影视部门要积极取得党委、政府的重视与支持,争取把这个目标纳入各地经济与社会发展规划,联合各方面的力量,确保"村村通广播电视"目标的实现。

(四)关于依法管理

近年来,《电影管理条例》、《广播电视管理条例》以及一批配套规章制度的相继实施,为广播影视的依法管理提供了依据,全系统的法制意识也有了明显增强。现在面临的突出问题是如何真正做到有法必依、执法必严、违法必究。两个《条例》赋予了我们执法权力的同时,也明确了相应的责任与义务。同时还要看到,治散治滥工作力度的加大,为我们创造了一个良好的依法管理的客观环境;而且广播电视有线网络的迅速发展,也为我们的管理工作提供了先进的物质手段。希望大家要继续认真学习好、宣传好、贯彻好两个《条例》,切实履行自己的职责,提高依法管理的水平,开创广播影视管理工作的新局面。

(五)关于队伍建设

广播影视队伍关系到整个事业健康发展。从总体上讲,我们这支队伍是好的,但是也存在一些不容忽视的问题。因此,要把队伍建设作为今年的一项突出任务,抓紧抓好。

最后,我再讲一下机构改革的问题。今年国务院和地方各级政府都将进行机构改革,这是一件大事。各级广播影视部门一定要充分认识这次机构改革的重要性,增强全局观念,自觉地服从国家机构改革的整体部署和要求,按照精简、统一、效能的原则,转变政府职能,调整内部结构,提高工作效率和工作水平。

同志们,21世纪已经为期不远。这将是建设有中国特色社会主义事业取得新的辉煌胜利的世纪,也必将是我国广播影视事业获得更大发展,取得更大繁荣的世纪。我们一定要高举邓小平理论伟大旗帜,紧密团结在以江泽民同志为核心的党中央周围,艰苦奋斗,开拓前进,努力把一个更加充满生机和活力的广播影视事业带入21世纪。

(摘自《决策参考》1998年第1期)

把握舆论导向，提高节目质量是台长工作的重中之重

——田聪明在与省级电台、电视台台长座谈时的讲话（摘要）

（1998 年 4 月）

中宣部、广电总局召开 1998 年全国省级电台、电视台台长会议，主题是继续认真学习贯彻十五大精神，贯彻全国宣传部长会议精神，研究如何把我们广播电视宣传工作提高到一个新的水平。同志们在会上听了关根同志的讲话录音和光春同志的讲话。关根同志和光春同志的讲话对于如何搞好当前的宣传工作，有非常重要的指导性和针对性。我们要很好学习领会并切实贯彻。

广电总局的负责同志今天来同大家座谈，主要目的，一是共同学习领会关根同志和光春同志的讲话，研究贯彻落实的措施；二是就今年年初全国广播影视厅局长会议上部署的工作落实情况作些交流和沟通；三是想借此机会听听台长们对我们工作的意见和建议。

刚才听了几位同志的发言，大家都非常关心广播电视系统的改革问题。改革势在必行，我们正分别进行研究和试点。

下面想就各级电台、电视台（包括有线电视台，下同）台长的工作，讲点意见：

从 1997 年 11 月 4 日部党组正式确定我主管宣传工作后，我研究的一个主要问题就是如何管好宣传，由此我想到我们电台、电视台台长的工作怎么抓法，我的认识是，各级电台、电视台台长整个工作的重中之重是把握舆论导向、提高节目质量。今天想与大家交流一些想法。

一、我为什么讲这个题目？为什么要这样强调？又是根据什么来确立这个观点的呢？

作为广播电台、电视台的台长，要管电台、电视台的全面工作。过去孙家正部长在部里工作时多次讲过，我们广电部门的主要工作可以概括为“一个根本指针、六项工作”，其中第一项就是做好宣传工作，把握好舆论导向。而做好包括坚持正确的舆论导向在内的整个广播电视工作，最重要的是靠节目质量，包括节目的思想内容、表现艺术、播放技术等。我认为抓住了把握正确舆论导向、提高节目质量的问题，就抓住了做好广播电视各项工作的根本。

我为什么这样来强调？

首先是我国电台、电视台的性质、宗旨和任务所决定的。而在当前新形势下尤其需要经常强调。一条消息、一则报道、一个节目的播出，都有一个导向问题，这些报道和节目从制定选题、确立报道思想，到采访、编辑、制作、播出等整个过程，几乎都是在台里的调控下完成的；即使是实况转播、节目的引进、广告的播出，其运作过程等也都是在台里完成的。可以说不论广播电视、内宣外宣、有线无线、中央台地方台、大台小台，概莫能外。对此，作为一台之长，无疑要负总责。

二是人民群众有要求，1997 年广播收听和电视收看的调查报告都显示，一方面广播电视的重要作用愈来愈显著；另一方面群众的要求愈来愈强烈。这就要求我们的各个频道、栏目，特别是黄金时间要向人民群众提供高质量的节目来满足他们文化生活的需要。

三是电台、电视台，都是综合新闻、艺术、技术、事业建设和管理等于一体的单位，包括人、财、物，产、供、销和生活福利等日常事务各种问题，每天都摆在台长的面前。对此，台长们无疑会不辞辛劳地进行工作，但只有抓住了把握正确的舆论导向，提高节目质量这个关键环节，才能把其他工作带起来。就是要通过抓舆论导向，抓节目质量来带动管理、技术、队伍素质和节目制作等工作。

四是把握好舆论导向、提高节目质量，是电台、电视台工作中永恒的重中之重。在目前国际国内条件下，这方面的工作不仅显得更加重要，而且有相当的艰巨性和复杂性。比如世界范围内不同社会制度、不同意识形态的对立和斗争，不同思想文化的相互激荡和渗透将长期存在，而且是相当复杂激烈的。比如在市场经济条件下随时可能使有的人做出见利忘义的事；又比如我们法制不够健全，管理制度不够完善，工作中随时可能出现一些纰漏；特别是我们广播电视工作者政治意识、大局意识、责任意识，确需经常想到，经

常强调。

二、把握好舆论导向,提高节目质量的基本要求

第一条,是“帮忙而不添乱”。当前我国的发展处于跨世纪的关键时期,改革处于攻坚阶段,不仅需要做的事情很多,而且矛盾也很多,所以要特别注意处理好改革与发展稳定的关系。我们在宣传中要确保“帮忙而不添乱”这一基本原则。十五大选举产生的新的党中央领导集体,经过实践考验是能够驾驭全局,能够领导全党全国各族人民沿着邓小平同志开创的建设有中国特色社会主义道路迈向21世纪的,我们广播电视作为受众最广、影响最大、感染力最强、时效最快的现代化新闻工具,一定要尽到自己的责任,“帮忙而不添乱”,这是中央对我们的要求,是人民群众对我们的要求,也是历史赋予我们的责任,同志们应该用强烈的事业心和责任感,来杜绝“添乱”的事故发生。

第二条,要把坚持团结、稳定、鼓励和以正面宣传为主的方针与舆论监督有机地结合起来,努力把握好分寸。为此,就要在全面提高节目质量上下功夫,努力提高舆论引导水平。比如,今年“两会”期间有同志提出,在现场直播中,讲话的内容要与相应的画面对应。总理讲到香港第一次组团参加会议时,画面就应当是香港代表团,可我们没有做到,这说明我们这方面还有很多工作需要改进,需要不断提高。

第三条,我们广播电视的所有栏目,所有节目,包括新闻、文艺、社会服务类专题以及广告等,都要以广大人民群众是否满意、是否高兴、是否答应为根本的出发点。当前,要下决心消除一些节目中的不良内容,包括摆阔、打斗、吸烟、粗话脏话,以及过于暴露的床上戏等不良镜头和不文明语言。从中央电视台和部分省台1997年的调查结果看,现在与1992年相比,老百姓对这一问题的担心由第十位一跃为第二位,这说明,观众对电视评价持积极态度,但也意识到电视可能给人们带来副作用。群众最担心的是电视节目中存在的不良内容会影响少年儿童学坏。我们各级电台、电视台都应引起重视,并采取措施尽力消除。

三、保证宣传舆论导向正确和节目质量不断提高的主要措施

作为总局,概括讲,叫工作靠大家,我们服务好,我们要多做团结的工作、协调的工作、调动积极性的工作,帮助大家解决自身难以解决的问题。当前主要抓三件事:第一,要坚持不懈地抓广播电视系统采编播人员学习邓小平理论和党的路线方针政策,深入群众、深入社会实践,注意研究实际问题。第二,要坚持不懈地抓广播电视节目的管理。就是要通过健全和完善制度,明确职责,层层负责。第三,要坚持不懈地在宣传实践中总结、研究、探讨,不断提高宣传水平。我们要不断地改进工作,不断地发现问题,不断地解决问题。总书记在十五大报告中说,只有人民监督的政府才不敢懈怠。我们广电总局首先不懈怠,我们正在贯彻国务院第一次全体会议精神,加强学习,改进工作作风,提高办事效率,健全法规制度。我们也相信各台一定会继续努力工作,不会懈怠,不辜负党和人民的期望。

(摘自《决策参考》1998年第7期)

2. 概 况

1998 年中央电视台 10 件大事

1998 年，中央电视台根据党中央的统一部署，在广电总局的领导下，高举邓小平理论伟大旗帜，自觉地同以江泽民同志为核心的党中央保持高度一致；坚持以宣传为中心，强化精品意识，不断提高节目质量；引进先进技术设备；大力加强管理；进一步深化精神文明建设；各项工作取得明显成绩。1998 年中央电视台 10 件大事如下：

1. 中央领导同志亲切关怀并高度评价电视宣传工作。据不完全统计，全年江泽民、李鹏、朱镕基、胡锦涛、尉健行、李岚清和丁关根等中央领导同志肯定中央电视台宣传工作的讲话和批示达 73 次。10 月 7 日，朱镕基总理在视察中央电视台时，与《焦点访谈》栏目组工作人员座谈，并赠言："舆论监督，群众喉舌，政府镜鉴，改革尖兵"。10 月 16 日，李岚清副总理到中央电视台视察，观看了电脑动画制作全过程演示，并作了重要指示。

2. 三项重大宣传任务圆满完成，取得良好社会效果。1998 年的"两会"报道，舆论导向正确，报道重点突出，时效性强，在内容和形式上都有突破，为整个"两会"报道创造了欢快的氛围，影响广泛。在抗洪抢险电视宣传中，中央电视台反应迅速，行动果断，始终保持高度的政治意识、大局意识和责任意识，及时、准确地宣传中央关于抗洪抢险工作的决策部署，生动地报道防汛抗洪和军民抗洪抢险的感人事迹，充分地体现全国人民风雨同舟的大团结、大协作精神，歌颂我国社会主义制度的优越性。同时，成功地举办了《我们万众一心》、《抗洪精神颂》、《为了灾区的孩子》等文艺晚会，受到中央领导同志表扬。1998 年是我国实行改革开放 20 年。中央电视台对内、对外宣传充分、及时，有计划、有步骤地对有关纪念活动进行了报道，制作了一系列新闻、专题节目，全面报道、展示改革开放 20 年的伟大成就；改革开放 20 年纪念大会和大型文艺晚会《春潮颂》直播，备受中央领导和广大观众好评。

3. 中国电视事业暨中央电视台诞生 40 周年纪念活动成功举行。江泽民、李鹏、李瑞环等党和国家领导人分别题词，朱镕基总理表示祝贺。10 月 9 日，中国电视事业暨中央电视台诞生 40 周年纪念大会在京西宾馆举行，李岚清、丁关根等领导出席大会，李岚清副总理作了重要讲话。台庆期间，按勤俭节约的原则，组织专题晚会、出版电视丛书、编印纪念画册、颁发荣誉证书、制作台庆专题片、编辑台庆祝贺片等，达到了"总结经验，发扬成绩，鼓舞士气，扩大交流，增进友谊，在全国和全世界树立中央电视台良好形象"的目的。

4. 继续深化宣传改革，实施精品战略，电视节目精品迭出，频道包装加强，社会影响明显扩大。1998 年，中央电视台继续实施精品战略，《新闻联播》、《焦点访谈》、《经济半小时》、《中国报道》、《春节联欢晚会》、《旋转舞台》、《'98 环球》等一批优秀栏（节）目，继续受到观众欢迎。同时，新推出的《走近科学》、《城市之间》、《幸运 52》、《今日说法》、《中华医药》等一批栏（节）目也受到观众喜爱。中央电视台在对重大新闻事件和突发事件的报道中，依托高新技术，不断扩大直播领域，现场直播报道日趋成熟。对美国总统克林顿访华的报道积极、准确、及时、充分；张北、尚义地震 20 分钟后，中央电视台即在新闻节目作出报道；中央电视台记者三次赴伊拉克及时报道武器核查危机与"沙漠之狐"行动，实现重大国际新闻事件报道的重大突破；首次实现利用卫星可视电话系统直播极地科学考察情况；首次对雅鲁藏布大峡谷科学探险考察进行跟踪报道；组成建台以来规模最大的体育报道团，成功报道了第十三届亚运会，播出节目达 320 小时。与此同时，中央电视台又有一大批节目在国内、国际评奖中获奖。如：科影厂摄制的影片《介入疗法》、《暖棚养畜》、《神奇的气肥》包揽了中国电影"华表奖"优秀科教片的前三名，影片《银杏新传》获得'98斯洛伐克环保影视节"班斯卡——比斯特里察大学校长奖"；中央电视台录制的少儿专题片《小船　小船》在第十八届慕尼黑国际青少年电视节上获联合国基金会特别奖，纪录片《神鹿呀，我们的神鹿》获第七届上海电视节纪录片评委会特别奖。参加国内电视剧评奖的获奖节目数量也有所增加，本年度“飞天奖”评选中央电视台获得51%的奖项；其中《水浒传》、《人间正道》、《红旗渠的故事》等电视剧作品，成为一段时间的电视收视热点。

5. 中央电视台第四套节目（CCTV－4，国际频道）在海外落地工作取得新进展。6月1日，“CCTV—大富频道”在日本卫星电视网东京地区落地播出；7月1日，全天24小时向日本全境播出。9月至10月，中央电视台相继与匈牙利、俄罗斯等国8家电视台签订了整套转播CCTV－4的协议或意向书，并与捷克、保加利亚等国的6家电视台签订了播出中央电视台节目的合作协议,从而扩大了CCTV－4在东欧的落地播出。CCTV－4在美国的落地入户取得突破性进展，通过有线电视进入大学有线电视、曼哈顿有线电视和费城有线电视，累计订户数量达94万。此外，还通过直播卫星进入美国主流社会卫星电视平台，潜在订户达10万户。通过举办幸运观众活动，加强了与海外观众的联系，进一步扩大了国际频道在海外的影响。到1998年底，中央电视台共与19个国家及地区的38家电视机构签署了正式转播CCTV－4的协议，节目在119个国家和地区直接落地入网或入户；与7个国家及地区的8家机构签署了合作备忘录及合作意向书。

6. 新技术应用取得新成果。直播卫星技术试播成功，标志我国电视技术上了一个新的台阶。虚拟技术开始使用。同时国内第一个DVB－T电视地面广播试验系统试验成功。1998年，中央电视台播出系统全面备份化，形成了八套数字、八套模拟的机械手自动播出系统，为确保播出安全创造了有利条件。全年安全播出创年度最好纪录。

7. 经营活动以影视传播业为主体，多业并举，成效显著。1998年，中央电视台分党组按照“加快发展第三产业，建立第二大经济支柱”的战略部署重组中国国际电视总公司后，根据台经营工作方针，以现代企业方式投入运作，取得初步成果。总公司全年实现总利润1.9亿元（包括中视股份利润）。1998年，广告经营部门克服了亚洲金融危机的不利影响，克服了全国部分地区特大水灾及新闻广告媒体激烈竞争等诸多因素带来的不利影响，保证了广告收入，同1997年持平。全台创收达45亿，也同1997年持平。

8. 顺利完成机构调整，大力开展台规教育。1998年，中央电视台通过严格的组织程序，顺利完成了机构调整工作，对全台15个中心（室）的245个科组进行了考核、调整，任免了干部。配合广电总局机构改革，积极做好总局分流人员的接收安置工作。1998年，中央电视台开展了多种形式的台规教育。3月份起，先后举办处级以上干部管理规章制度培训班、全台职工“管理规章制度100题”答题活动及“荧屏杯”管理规章制度知识竞赛，为推动全台各项工作走上科学、规范的轨道做了深入细致的工作，取得了良好的效果。

9. 加强精神文明建设力度，积极开展创“三优”活动。1998年再次被评为“首都文明单位标兵”，这已是连续六年获得这一光荣称号。同时还被评为北京市卫生红旗单位、广电总局计划生育和献血工作标兵单位、海淀区绿化、美化工作先进单位；彩电宿舍区获北京市安全文明小区称号。1998年，中央电视台“心连心”艺术团四次赴基层慰问演出，受到观众好评。

10. 积极贯彻国家房改政策，认真为全台职工办实事。建成、购买一批业务用房、职工住房，工作条件和生活条件有明显改善。

1998年中央电视台宣传工作概况

1998年是全国各条战线全面贯彻落实党的十五大精神的第一年。中央电视台根据党中央的统一部署，在广电总局的领导下，高举邓小平理论伟大旗帜，自觉地同以江泽民同志为核心的党中央保持高度一致，始终坚持正确的舆论导向，坚持为人民服务、为社会主义服务、为全党全国工作大局服务；坚持以宣传为中心，强化精品意识，不断提高节目质量，进一步加大宣传管理力度；为全面贯彻落实党的十五大精神，实现我国1998年经济任务总目标和本世纪社会主义建设的宏伟蓝图，创造良好舆论环境。

中央电视台全年宣传工作导向正确、基调鲜明、重点突出，以“两个文明”宣传为全年宣传工作主旋律，舆论监督力度进一步加大。抗洪救灾的大力度报道，激发了全国人民的爱国情怀，取得了很好的宣传效果，受到中央领导和广大电视观众的一致肯定。据不完全统计，全年江泽民、李鹏、朱镕基等中央领导同志肯定中央电视台宣传工作的讲话批示达73次。特别是由于《焦点访谈》等栏目推动和促进了党的方针政策的执行，充分发挥了改革尖兵的作用，以及中央电视台在抗洪报道中的出色表现，中央有关领导多次对中央电视台的工作给予了表扬。

1998年是中国电视事业暨中央电视台诞生40周年。江泽民、李鹏、李瑞环等领导同志题了词。江泽民总书记的题词是："更好地发挥电视媒体的作用，为改革开放和社会主义现代化建设服务。"李鹏委员长的题词是："把中央电视台办成中国和世界沟通的桥梁和纽带。"全国政协主席李瑞环的题词是："念念不忘观众。"李岚清副总理出席了纪念大会并作了重要讲话。

10月7日，朱镕基总理到中央电视台视察，与《焦点访谈》栏目组工作人员座谈，并赠言："舆论监督，群众喉舌，政府镜鉴，改革尖兵。"他指出：《焦点访谈》充分发挥了舆论监督作用，为国家确定改革措施提供了思路；《焦点访谈》作为群众喉舌，通过节目反映了老百姓的呼声，在人民群众中有着极高的权威性；作为政府镜鉴，国家领导人从《焦点访谈》节目中体察到很多细致具体的情况，也真实地了解到党和国家各项政策的贯彻执行情况；《焦点访谈》推动和促进了党的方针政策的执行，充分发挥了改革尖兵的作用。

10月16日，李岚清副总理到中央电视台视察了电脑动画制作情况，并就更好地通过电视媒体普及基础知识教育、宣传农业科技知识、加强舆论引导和监督、弘扬传统民族文化、实施电视精品战略等问题作出指示。

中央领导的指示促进了中央电视台进一步坚持从党和人民的利益、党和国家的工作大局出发，把党的喉舌和群众喉舌统一起来，把舆论监督和正面报道统一起来，谦虚谨慎，精益求精，把工作做得更好。

一、以经济宣传为中心，为深化经济改革和再就业工程创造良好舆论环境

根据中央精神，中央电视台积极宣传经济发展形势，以鼓舞全国人民的信心。积极、全面、准确地做好"五大改革"的宣传，即：做好国有企业改革、金融体制改革、政府机构改革、粮食流通体制改革、城镇住房制度改革的宣传，同时做好医疗保障制度改革的宣传。为我国全年经济总目标的顺利实现提供良好的舆论氛围，起到了化解矛盾、平衡心态、保持社会稳定的作用。在节目内容和形式上贴近生活，贴近群众。

下岗再就业问题是当前全社会普遍关注的一个热点问题。5月14日，"国有企业下岗职工基本生活保障和再就业工作会议"在京召开，中央电视台对下岗再就业作了及时报道。还播出了下岗工人再就业技能培训系列电视讲座，《广而告之》推出了十几部思路创新、制作精良、贴近生活的再就业公益广告短片，取得了很好的社会效益。

此外，中央电视台还对"3·15"国际消费者权益保护日、'98环保世纪行、建设万里海疆活动、山西朔州大同等地特大假酒致人中毒死亡的恶性案件等作了报道。江泽民总书记对山西朔州等地假酒案作了重要批示，影响巨大。《"3·15"之夜》晚会直播成功，在社会上引起强烈反响。朱镕基总理收看后，特地打来电话感谢中央电视台做出这样有深度的节目，并指示国务院发文取缔传销活动。一批反映国企改革的电视剧《黑脸》、《人间正道》、《月缺月圆》、《岁月长长路长长》等播出后，也受到中央领导和观众的好评。

二、抗洪救灾宣传激发全社会爱国拥军热情

1998年，我国长江和东北嫩江、松花江发生了全流域性的严重洪涝灾害，形势极其严峻。根据党中央、国务院的指示精神，抗洪抢险报道成为新闻工作中压倒一切的任务。中央电视台反应迅速，行动果断，先后派出新闻中心、海外中心、文艺中心、社教中心、新影厂750多人次的采访报道队伍奔赴受灾省区采访。同时，后方的10多个后期制作机房、演播室和自编机房24小时开通，保证了所有栏目的抗洪救灾宣传报道任务的完成。中央电视台记者采访地域涉及灾区20多个重要坝段和50多个大中城市。仅在《新闻联播》等新闻栏目中就首播有关新闻984条，累计重播2200多条，有力地鼓舞了抗洪军民的斗志和士气。

中央电视台认真领会和贯彻江泽民总书记指示和中宣部指示精神，始终保持高度的政治意识、大局意识和责任意识，及时、准确地宣传中央关于抗洪抢险工作的决策部署，生动地报道防汛抗洪和军民抗洪抢险的感人事迹，做到了弘扬主旋律、弘扬爱国主义精神与抗洪抢险新闻报道的有机结合。在报道中，突出宣传党中央、国务院对抗洪抢险的重大决策部署，对灾区人民和奋战在抗洪前线的广大军民的深切关怀；大力宣传人民解放军指战员、武警部队官兵战斗在抗洪抢险最前线的大无畏精神，着力展现人民军队用血肉之躯筑起抗洪抢险的钢铁长城、勇于拼搏、勇于奉献的精神和风貌；大力宣传抗洪抢险斗争中军民万众一心与洪水搏斗的英雄气概和灾区百姓与人民军队的鱼水之情；热情宣传全国人民对汛区、灾区人民的支援，弘扬一方有难八方支援的社会主义精神，充分地体现全国人民风雨同舟的大团结、大协作精神，歌颂

我国社会主义制度的优越性。

整个抗洪抢险电视报道过程合理部署、逐步深入，受到中央领导及社会各界的好评，反映出经过近年来重大宣传报道活动的实践，中央电视台在应对重大突发事件时“召之即来、来之能战、战之能胜”的良好整体素质。洪灾发生时广大观众通过电视新闻了解了汛情。抗洪斗争最困难的阶段，中央电视台与中华慈善总会、中国红十字会总会合作，短短8天时间，全台各部门密切配合，连续奋战，向全国和全世界现场直播了《我们万众一心》抗洪赈灾义演晚会，晚会募集款物总价值超过6亿元。江泽民总书记、朱镕基总理等党和国家领导人都在不同场合以不同方式称赞这台晚会在抗洪抢险斗争中发挥的巨大作用。8月13日，江泽民总书记在前往湖北灾区的专机上，对中央电视台抗洪报道提出表扬。他说：中央电视台有关抗洪的新闻报道不错，镜头很有特点，看来有的记者是冒了很大风险。8月18日，朱镕基总理主持召开的国务院总理办公会，对这台晚会的成功给予了充分肯定和高度赞扬。同日，国务院办公厅还专门致函对晚会的成功给予充分肯定和高度赞扬。丁关根同志指出：中央电视台的抗洪报道，很好地反映了洪区军民战天斗地的精神风貌，对鼓舞士气、鼓舞人民起了很好的作用。此外，中央电视台还与教育部合办了全国教育系统赈灾义演《为了灾区的孩子》，制作了《让世界充满爱》等18首音乐电视作品。在抗洪救灾取得全面胜利之际，中央电视台又推出大型文艺晚会《抗洪精神颂》，热情讴歌了伟大的抗洪精神。9月28日晚，晚会现场直播时，丁关根等领导同志出席，对晚会的成功表示热烈祝贺，并于当晚传达了江泽民总书记观看了整台晚会后的表扬与鼓励。新影厂及时派出12个摄制组和驻四省记者站在抗洪一线拍摄了抗洪救灾情况，并与“八一”电影制片厂合作摄制完成大型纪录片《挥师三江》。

除此之外，根据国务院关于洪灾过后防止发生重大疫情的指示精神，中央电视台赶制出《健康之路》系列特别报道《抗洪灾·防疫情》，于8月22日起在第一套节目黄金时间播出。为了及时报道灾区人民在重建家园工作中的生产、生活现状和需求，第二套节目《经济半小时》、《金土地》等栏目及时播出灾区重建家园的特别节目，为灾区重建献计献策。

在此次抗洪抢险报道中，中央电视台涌现出一批表现突出的先进个人和集体，充分说明中央电视台是一支能打硬仗、过得硬的队伍，不愧是党的喉舌。中央电视台各中心的领导同志先后奔赴第一线，身先士卒，率先垂范，为群众做出榜样，鼓舞了前方报道组的同志们。在抗洪大堤上，哪里有险情，哪里就有中央电视台记者的身影。他们不仅进行采访报道，在危急时刻，还加入到抢险斗争中，并为灾区人民慷慨解囊。他们以自己的表现，赢得了当地人民的称赞，也为中央电视台赢得了荣誉。前方的记者严防死守，坚持再坚持；后方的同志急前方所急，全力以赴从各方面给宣传报道打开绿灯，提供可靠保障。在台值班室工作的同志吃住在办公室，认真处理好每一条从前方传来的新闻素材，确保了前方新闻的传送、编辑制作、播出等任务的完成。

三、集中展示改革开放20周年的辉煌成就

1998年是我国实行改革开放20年。中央电视台对内、对外宣传部门都充分、及时、有计划、有步骤地对有关纪念活动进行了报道，制作了一系列新闻、专题节目，全面报道、展示改革开放20年的伟大成就。12月1日，《经济半小时》播出20集专题片《20年·20人》，从经济改革视角反映20年来在政治、经济和文化生活等方面的变化。12月4日，12集电视专题片《改革开放二十年》在第一套节目黄金时间播出，全面阐述20年来我国各条战线发生的深刻变化。12月18日，第一套节目对中央纪念大会作直播报道，穿插相关背景报道，集中地展现了20年的伟大成就。

在此之前，早在10月1日，《新闻联播》就开辟了《历史的跨越》专栏，全面展示改革的成就及深刻的社会变化。其他各新闻节目也进行了大量相关报道。第四套节目结合外宣特点，《中国新闻》连续播出了106集系列节目《20年巨变》；《中国报道》播出了20集系列报道《改革开放20年》，每集30分钟；《中国各地》（英语）联合14家地方电视台，举办半小时专题展播；《中国投资指南》（英语）推出“改革开放20年经济发展成就展示”系列节目。中央电视台还从10月起播出了18集电视连续剧《风生水起》；12月22日在第一套节目黄金时间现场直播了由中宣部、文化部、广电总局主办，中央电视台承办的纪念改革开放20年的大型文艺晚会《春潮颂》。

四、做好“两会”、十五届三中全会以及其他重要会议的报道工作

1998年的“两会”报道因进行换届选举、热点问题多而引人注目，现场直播任务大大重于往年。全台精心组织，编导、技术和后勤人员密切合作，第一、四套节目和英语传送频道现场直播达到21场，确保了国内外观众能够在第一时间了解到“两会”的

情况。在报道形式上有所创新，改变传统直播方式，突出了现场感。“两会”报道首次在第一、四套节目中设立了演播室，由主持人对包括大会现场直播在内的多种节目形态进行有机串联，以合理的形式包装节目，为整个“两会”的报道创造了欢快的氛围和良好的直播效果。

中国共产党十五届三中全会10月14日在北京闭幕。中央电视台在宣传中始终把农村改革20年的巨大成就和基本经验作为重点，针对完善农产品市场体系、加强农田水利建设、改善农业生态环境、实施科教兴农、做好粮食购销体制改革等几个方面的问题进行了重点报道。农村栏目《田野》推出了一系列节目，包括：政策法规访谈系列，高效节水之路系列，水稻养殖技术系列。《走近科学》组织多家新闻单位，开展了科普万里行活动，对农村科技示范典型进行了全面报道。十五届三中全会召开前夕、会议期间、会议闭幕后，中央电视台在新闻节目和专栏节目中陆续播出了一些配合性报道；随着相关文件的学习和采访的深入，各类新闻栏目又选择承包经营、增收减负、农业市场流通体制、多种经营、秋冬农田水利基本建设等农村热点问题进行了深入报道。

五、准确、充分、及时报道重大外事活动

随着综合国力的增强，中国在国际政治舞台上的地位愈显重要。中央电视台对江泽民主席参加中、哈、吉、塔、俄五国首脑会晤，出访俄罗斯、日本；李鹏委员长出访卢森堡、荷兰、俄罗斯；朱镕基总理出访英国、法国；李瑞环主席出访欧洲四国；胡锦涛副主席出访韩国、日本；以及其他中央领导的出访活动都进行了充分、及时的报道。根据中央要求，新影厂也拍摄了以江泽民主席为首的中央领导人外事活动胶片。江泽民主席12月初亲自审看了出访日本的电影素材。

作为对江泽民主席访美的回访，美国总统克林顿从6月25日起对我国进行国事访问。中央电视台严格遵照中央的统一部署，按照以我为主、以事实为主、以正面宣传为主的原则，对这一重大事件进行了积极、准确、及时、充分的报道。克林顿来华前，6月15日，由中央电视台和中央新闻纪录电影制片厂摄制的大型文献纪录片《越过太平洋》在全国上映。6月19日，中央电视台第一套节目播出大型电视纪录片《跨世纪的握手——江泽民主席访美纪行》，并播出了美国游客在天安门城楼参观的纪实采访，为克林顿访华创造了较好的气氛，巧妙地批评了美国反华势力企图阻止克林顿访华的图谋。克林顿访华期间，中央电视台在各次新闻中及时报道克林顿的活动，并在《焦点访谈》、《新闻调查》栏目和第四套节目、英语传送频道播出新闻专题节目。6月27日、29日，现场直播了“江泽民主席与克林顿总统会见中外记者”和“克林顿总统在北京大学发表演讲”的实况。中央电视台如此开放地进行报道，出乎克林顿的意料；北大学生尖锐深刻的提问，也使美国人感到惊讶。这两场活动增强了中央电视台的新闻竞争力，树立了我国改革开放的形象，在国内外产生了积极影响。中央电视台记者独家采访了克林顿，提问得体，播出反响强烈。中央电视台为外方提供的七个场次的现场信号质量很高，受到外国同行的一致好评。

六、圆满完成一系列重大活动宣传

1．1998新年、春节宣传。

为丰富节日荧屏，烘托节日气氛，中央电视台在1998年两节期间集中制作了一批形式多样的配合性节目，圆满完成了1998年第一项重点任务。1月1日，中央电视台与上海东方电视台合作，通过卫星双向传送，现场直播了北京八达岭万人登山和上海东方明珠塔百人登高比赛盛况。1月3日，43集电视剧《水浒传》在中央电视台第一套节目黄金时间推出，很快形成新的收视热点和观众话题，2月中旬该剧平均收视率高达39%，最高达45%。《'98春节联欢晚会》、《'98春节歌舞晚会》、《'98春节戏曲晚会》受到普遍欢迎。其中《'98春节联欢晚会》观众投票达60万张，创最高水平。贺岁片《同喜同喜》也作了有益的尝试。新春期间，中央电视台还派出20多个摄制组奔赴江西井冈山革命老区、内蒙古、陕西、湖北、辽宁等地，从不同角度反映了节日期间全国各地、各行业喜迎新春的欢庆场面。

2．邓小平同志逝世一周年以及纪念周恩来、刘少奇、彭德怀诞辰100周年的宣传。

2月19日是邓小平同志逝世一周年纪念日，中央电视台播出新影厂与中央文献研究室联合制作的大型专题片《丰碑》；“心连心”艺术团赴广西百色地区进行慰问演出。3月5日是周恩来总理诞辰100周年纪念日，中央电视台以各种节目形式表达了对这位伟人的缅怀之情：《百年丰碑——中央电视台“心连心”艺术团纪念周恩来诞辰100周年文艺演出》，深情地表达了全国各族人民对周总理的衷心爱戴和满怀深情，受到观众好评；新影厂摄制的大型文献纪录片《周恩来外交风云》，在电影市场引起强烈反响，分列上海和北京1998年国产票房第一和第三。11月24日是刘少奇同志诞辰100周年纪念日，中央电视台播出了大型文献纪录片《刘少奇》，电视剧《战争年代的少奇同志》，中央新闻

纪录电影制片厂推出纪录片《国家主席刘少奇》。为纪念彭德怀同志诞辰100周年,中央电视台在第一套节目黄金时间播出了大型文献纪录片《彭德怀》。9月15日杨尚昆同志在京逝世,中央电视台当天就在《新闻联播》中播出新闻,并在9月20日播出介绍杨尚昆光辉一生的专题纪录片。

3. 庆祝香港回归祖国一周年宣传。

中央电视台在新闻节目中准确、及时、充分地报道了江泽民主席在香港受到的热烈欢迎和香港同胞在回归祖国一周年时的欢乐心情。第四套节目播出电视纪录片《香港新纪元》、纪录影片《世纪大典》;第一套节目黄金时间播出由中央电视台文艺节目中心与香港电视广播有限公司(TVB)联合录制的大型歌会《相约一九九八》,在内地和香港引起强烈反响;第四套节目还向海内外现场直播了纪念香港回归一周年大型文艺晚会《香江灿烂》等。这些欢快喜庆的节目受到观众的喜爱。

12月20日是澳门回归倒计时一周年纪念日。中央电视台新闻节目及时报道了我国政府、社会各界以及澳门各界人士举办的各类庆祝活动。同时组织播出《全国澳门知识竞赛》、电视剧《澳门的故事》、专题片《澳门岁月》以及百集新闻系列片《澳门万象》。

4. 中国电视事业暨中央电视台诞生40周年。

1998年是中国电视事业暨中央电视台诞生40周年,中央电视台以"节俭务实"为原则,组织了几项活动。播出了文艺晚会《我深深地爱着你》,通过丰富多彩的节目反映了建台40年的成就以及电视人的工作、生活和无私奉献精神。专题片《春风夏雨40年》,展现了电视的发展与国家命运紧密相连的关系及电视在中国社会和人民大众中的影响,突出表现了一代代电视工作者的高尚情操。此外,中央电视台还出版了"跨世纪电视丛书",为中国特色社会主义电视理论的研究打下基础。10月9日,庆祝大会在京西宾馆举行,江泽民、李鹏、李瑞环等党和国家领导人分别题词祝贺,李岚清副总理到会作了重要讲话。

5. 组织好宁夏回族自治区成立40周年和广西壮族自治区成立40周年的宣传。

为作好宁夏回族自治区成立40周年庆祝活动的报道,中央电视台新闻中心成立了庆祝活动报道组。《新闻联播》播发新闻14条,受到了国办、中宣部、自治区领导的称赞。此前《新闻联播》还播出了10集报道《今日宁夏》专栏,陆续播出了"公路请到家门口"、"枸杞花香能醉客"、"向沙漠要土地要效益"、"营造科技的绿洲"、"筑巢引凤图发展"等内容,受到了各界好评。10月25日晚,中央电视台还在第一套节目黄金时间播出了庆祝宁夏回族自治区成立40周年文艺晚会《花儿飞向新世纪》。

12月11日,是广西壮族自治区40周年纪念日,中共中央政治局委员、国务院副总理吴邦国率中央代表团赴广西参加了庆祝活动。中央电视台圆满完成了报道任务,共发新闻11条,采制专题片一部,准确、及时、充分地报道了广西壮族自治区40周年大庆的盛况,受到了国办、中宣部、自治区领导的称赞。自治区党委副书记杨基常在看了报道后称赞:中央电视台的同志采访得很深入、扎实,报道得很成功,向中央电视台表示感谢。系列报道《今日广西》(10集)也同时播出。报道选取广西壮族自治区40年间最有典型性的变化,以其鲜明的特色和内容的独到获得了广西各界干部群众的好评。《美丽的壮锦——广西壮族自治区成立40周年文艺晚会》12月11日晚在中央电视台第一套节目黄金时间播出。

6. 国际赛事频繁,体育报道精彩纷呈。

1998年中央电视台顺利完成了冬奥会、世界游泳锦标赛、世界女篮锦标赛、世界女排锦标赛、世界男排锦标赛和世界杯足球赛等大型国际赛事的报道工作。为了将世界杯足球比赛的精彩场面展现给广大观众,中央电视台动用了大量人力、物力,对所有64场比赛都进行了现场直播,受到足球爱好者的普遍欢迎,世界杯足球赛成了全国性的热门话题。

12月6日,第十三届亚运会在泰国曼谷举行,这是本世纪最后一次洲际运动会。中央电视台派出了120多人组成强大报道团,对本届亚运会进行全面报道。体育频道从12月7日至12月20日全部播出亚运会内容,除以有中国队参加的比赛为主的现场直播和录像外,还设有《亚运会今日》、《曼谷赛场》等专题和新闻节目,并在第五套、第二套节目中现场直播重要比赛,在第一套节目黄金时间开办专题报道。

7. 加大对打击走私犯罪的报道力度,播出纪录片《中华之盾》。

8. '98"六个一百工程"成果丰硕。百集人偶剧播出《玉米人》、《胖胖熊》各52集;百集文学宝库改编了《小橘灯》等文学名著。此外,还播出了动画片《小糊涂神》、《大头儿子和小头爸爸》等。

9. 为纪念《共产党宣言》发表150周年,与中共中央编译局合作摄制专题片《共产党宣言》。

10. 7月7日是新影厂建厂45周年,也是延安电影团成立60周年纪念日。新影厂组织了隆重、简朴、务实的纪念活动,突出继承、改革、发展的主题,取得圆满成功。

七、反应迅速、主动出击,及时报道重大新闻事件和突发事件,现场直播水平再上台阶

1998年,中央电视台在对重大新闻事件和突发事件的报道中,依托高新技术,不断扩展直播领域,现场报道水平日趋成熟。

1. 1月10日上午11时50分,河北省张北、尚义地区发生6.2级地震。震情发生20分钟之后,中央电视台即在新闻节目作出报道,在所有新闻媒体中最早报道震情。

2. 在对伊拉克武器核查危机的电视报道中,中央电视台先后两次、共计19人(第一次8人、第二次11人)于2月及11月赴海外热点地区进行直播报道,实现了重大国际新闻事件报道的重大突破,在国内外引起了强烈反响。

3. 5月1日,现场直播了三峡工程临时船闸正式通航的盛况。

4. 6月3日,赴美对"发现号"航天飞机搭载阿尔法磁谱仪(AMS)首次升空试验进行了现场直播。这是中央电视台首次在美国进行新闻性节目现场直播。

5. 南极报道第一次利用卫星可视电话系统实现直播。

6. 现场直播中国十大电影厂起诉版权被侵案。

7. 直播珠海国际航空博览会。

8. 首次对雅鲁藏布大峡谷科学探险考察进行跟踪报道。这是中央电视台记者进入情况最复杂、条件最艰苦、危险性最大的区域进行的一次长时间的科考报道活动。新影厂6名记者也参加了这一科考拍摄活动。

八、对外宣传努力拓展新的领域

在对外宣传方面,中央电视台按照中央对外宣传精神和部署,在节目内容、频道建设、对外联络、节目落地等方面都取得了新进展。第四套节目(国际频道)除组织策划了新年春节、"两会"、抗洪救灾、改革开放20年、克林顿访华、阿尔法磁谱仪首次升空试验、雅鲁藏布大峡谷科考等一系列活动外,还针对外宣特点就海外观众关心的问题进行报道。本着"对内淡化、对外充分"的原则对"面向21世纪世界人权国际研讨会"、"两岸两会高层会谈"、"台胞林滴娟案件"进行了及时、客观、公正的报道。此外,注重国际频道的整体形象包装,《中国新闻》、《中国报道》、《中国文艺》、《海峡两岸》、《欢聚一堂》栏目先后进行了改版,取得了较好的效果。

更为可喜的是,第四套节目在海外落地工作在日本、东欧取得进展。日本大富公司7月1日起全天24小时转播中央电视台第四套节目;东欧匈牙利、俄罗斯等8家电视公司也与中央电视台签订了转播第四套节目的协议。

九、深化宣传改革,改善频道包装,一批节目在国内、国际评奖中获奖

1998年,中央电视台有计划、有步骤地实施频道改革、栏目改革。加强节目和时段预告、宣传,规范台标、字幕使用规定等,出台了《中央电视台出示演职员表字幕的规定》。6月1日开始出台包装方案,更好地树立了中央电视台整体形象。此外,还先后在第一套、第二套和第四套节目中推出《城市之间》、《幸运52》、《今日说法》、《走近科学》、《东方家园》、《中华医药》等新栏目。

在全台同志的共同努力下,中央电视台一大批节目在国内、国际评奖中获奖。科影厂摄制的影片《介入疗法》、《暖棚养畜》、《神奇的气肥》,包揽了中国电影"华表奖"优秀科教片的前三名;影片《银杏新传》获得′98斯洛伐克环保影视节"班斯卡——比斯特里察大学校长奖";影片《基因与转基因动物》、《介入疗法》,双双获得伊朗第二十八届国际教育电影节银奖;电视片《太阳能集热器》获捷克技术电影节"布拉格技术大学校长奖"。少儿专题片《小船　小船》,在第十八届慕尼黑国际青少年电视节上获联合国儿童基金会特别奖;纪录片《神鹿呀,我们的神鹿》,获第七届上海电视节纪录片评委会特别奖。在第四届全国少儿电视"金童奖"评选中,中央电视台在文艺类、竞赛类、大中学生类和戏剧小品类节目评奖中均喜获丰收,获得的一等奖和特别奖,占全部一等奖、特别奖的70%以上。《水浒传》、《人间正道》、《十七岁不哭》等电视剧,在第十八届大众电视"金鹰奖"中获奖;《大三峡》等在′98中国广播电视新闻奖电视社教节目评奖中获奖;《爱我中华》在′98全国优秀科教节目评奖中获奖。

与此同时,《中国电视报》精心组织好各项报道,全面提高宣传质量,积极宣传中央电视台电视节目。全年期平均发行量超过210万份(超额30万份),最高达到280万份,继续名列全国第一。全年总收入达到7200万元,总支出6400万元,纯利润800万元,创历史最高纪录。

1998年中央电视台技术工作概况

1998年,中央电视台技术系统围绕全台重点工作,配合各项改革措施,解放思想,加强管理,认真

负责，开拓进取，较好地完成了技术保障、节目制作播出、技术管理和新技术应用等工作，取得了较好成绩。

一、加强服务意识，贯彻精品意识，满足宣传需要，确保安全播出

一年来，技术系统以宣传工作为中心，以最大限度地满足工作需要为目的，实施全面可靠的技术保障。分工细致，责任明确，有部署、有落实、有检查，圆满完成了各项重大宣传任务和日常节目制作任务，为深入实施精品战略创造了良好的技术条件。八套节目和英语传送频道全年共完成总播出时间60045小时，平均每天播出164.5小时，比1997年每天增加10.8小时。八套节目和英语传送频道全年总播出事故率为31.6秒/百小时（包括停播、错播、劣播），仅为1997年播出事故率的三分之一。1998年安全播出是历史最好年份。

1. 强化服务意识，做好技术服务工作，重点保证了全年各大重要宣传报道战役的顺利完成。

1998年，技术部门高质量完成了党的十五届三中全会和“两会”宣传报道的技术保障工作。在时间紧、任务重的情况下，克服了各种困难，团结协作、密切配合，圆满完成了春节联欢、歌舞、戏曲三台晚会的节目制作任务。派出技术人员随同赴伊拉克、柬埔寨报道小组，通过卫星进行实况现场报道，为中央电视台实现首次域外现场报道做出了贡献。在抗洪救灾电视报道工作中，技术系统分期、分批派出技术人员50余人次，分赴各个灾区一线配合节目部门，圆满完成新闻、专题节目的采集编辑、移动卫星转播传送、直升机航拍和电力、通讯保障工作。圆满完成了美国总统克林顿、英国首相布莱尔、韩国总统金大中访华期间在我国各地活动的新闻专题报道、实况转播和卫星传送任务，并为境外电视机构提供移动卫星地面站设备及相关技术服务。克服时间紧、任务急、困难多等不利因素，日夜奋战，完成了赈灾募捐义演和《抗洪精神颂》晚会的现场直播。调集全台一流设备、一流技术制作人员，组织实施了第十三届亚运会电视报道技术方案和技术协调工作，全力完成本世纪亚洲体坛最后一次盛会的电视报道。此外，还完成了三峡临时船闸通航、美国“发现号”航天飞机搭载阿尔法磁谱仪升空、法国巴黎′98世界杯足球赛、珠海国际航空博览会、′98国庆文艺晚会、′98北京春季、秋季国际马拉松赛等活动的现场直播任务。

2. 全面实施计算机信息网络和管理系统工作，加大利用国际互联网对外播发信息的能力。

在为宣传工作提供优良技术保障的同时，技术部门为加大中央电视台节目宣传力度，加强了中央电视台网站系统建设。在中央电视台国际互联网站上制作了“两会”专辑、′98春节晚会专辑、′98世界杯风云专辑、台庆40周年专辑、抗洪救灾大事记等。并与新闻节目中心合作，在《新闻联播》的基础上，将《午间新闻》、《晚间新闻》、《新闻30分》中的大量新闻节目制作上网。还与节目部门合作，先后将《足球之夜》、《五环夜话》、《健康之路》、《大风车》、《综艺大观》、《旋转舞台》、《商桥》、《供求热线》、《商务电视》、《中国音乐电视60分》等11个著名栏目制作上网。有效地扩大了节目信息来源，拓展了与观众联系手段，增大了节目宣传力度，实现了全球快速信息传递。

3. 扩大动画、特技节目的制作能力，满足动画和节目包装制作需要，为繁荣国产动画节目制作尽心尽力。

1998年，中央电视台动画片日生产量，由年初的每月50分钟上升到每月130分钟。已完成了《西游记》10集、《阿笨猫》12集、《小神仙》13集、《封神榜》18集。三维动画创意设计和制作成绩不菲，全年共完成节目片头、片花、片尾和栏目片头共63个，共5225秒。其中有′98春节晚会的三台节目、《地方台30分钟》、《走近科学》、《中华医药》、《儿童剧场》、《交响世界》、《金色的节日》、《五环夜话》、《全国大学生篮球联赛》、《“伊利杯”春节晚会节目颁奖晚会》、《祖国各地》、《春风夏雨40年》、《′98环球》、《健康之歌》等。其中1998年春节联欢晚会中《健康歌》获得了动画界的一致称赞，并获得春节联欢晚会“伊利杯”节目二等奖和全国节目制作质量评比MTV奖项中的一等奖。《七彩文苑》获第二十七届亚太地区片头评奖的银奖。

从3月份开始，技术系统为配合中央电视台对频道进行整体包装及栏目的改版工作，精心组织，精心设计，精心制作，创一流，争精品，配合全台各节目中心全面完成了频道包装、改版工作，使中央电视台屏幕呈现出新的形象。

二、加强技术管理，加强质量监控，全面提高技术质量

1. 不断完善技术管理制度，密切关注播出节目质量。

根据全台统一部署，技术系统在修订中央电视台各项管理规章制度的基础上，完成了各中心二级管理规章制度的修订编制和定岗定责工作，完善了播出安全管理规定。进一步探索制定新的节目制作管理模式，技术制作中心制定并实施了《三维动画制作管理程序》、《虚拟演播室场景设计、制作流程》；海外中心实行

了技术制作"段位"区域性管理方式,即根据制作机房功能及重点栏目的节目制作流程划分管理区域,以便更有效地提高设备使用率,使管理工作有章可循,成为节目制作质量和安全播出的保证。从年初开始,技术部门会同财产物资部门,对全台电视专业设备固定资产进行了清查、清理工作,建立了物资计算机管理档案和数据库,以加强物资管理工作。继续抓好全台的节目技术质量和监测监看工作,促进全台节目技术质量不断提高。

2. 加强技术维护管理,提高技术工程质量。

一年来技术部门始终把保证播出安全、搞好优质服务作为中心工作,不断加强安全责任意识,促进做好技术维护管理工作。加强了技术岗位培训,提高了值放人员的操作水平和应变能力。认真总结了技术维护工作经验,提出并实施了1998年技术维护工作计划,完成了系统定期测试和多项设备的维修保养。1998年科技处和工程管理处还分别组织节目制作技术质量和技术工程质量评比,提高了工作人员的质量意识。

三、加强技术事业基本建设工作

随着事业发展,技术工程基本建设逐步成为一项重要工作,它直接影响着中央电视台消化吸收当今最先进的电视制作技术,壮大节目制作规模,扩大节目制作能力,提高节目制作质量。

一年来,技术系统为适应事业发展需要,改善电视节目制作生产条件,运用先进的电视制作技术,在加强技术工程基本建设方面做了大量工作:

完成一号演播厅一、二期工程和多个演播室的建设与数字化技术改造工作,加快了电视节目数字化制作和播出进程。建成3套虚拟演播室,改善了节目制作条件,丰富了节目制作形式。完成高档动画系统扩容工程,新增12套动画制作终端和1套合成实时视频输出系统,扩大了国产动画节目生产能力。2个多媒体译配机房改造采用国内领先水平的录音工艺,在硬件上保证了生产能力和译制片质量。一批摄录设备得到技术改造,全台计算机网络系统实现升级扩充。完成台"标准视听室"和"自动监测系统"的建设。

四、跟踪电视技术发展新动向,积极推广应用新技术

根据广电总局"关于扩大卫星覆盖面试验"的部署,与多家单位合作,提出了"卫星扩大覆盖试验"的总体方案,并完成系统设计、设备选型、设备订货等一系列安装调试等准备工作。我国第一个直播卫星实际广播已于1999年1月1日开播。数字电视地面广播试验台1998年第四季度已进行了开路试验,建立了国内第一个DVB-T电视地面广播平台,为我国制定数字电视标准积累了很多有益的数据,为开展数字地面广播创造了条件。虚拟演播室技术的应用取得了较好的效果,在专题节目、世界杯足球赛和春节晚会等节目中发挥了作用。1998年北京国际广播电视设备展览会(BIRTV)期间举办的29场技术讲座、直播卫星讲座、数字节目资料存档系统讲座和1998年北京数字电视技术研讨会,为中央电视台技术人员了解和掌握电视新技术提供了条件。运用最新电视技术为宣传工作服务,起到了积极作用,收到了良好效果。中央电视台逐步加大科研工作的发展力度,增强在国际技术方面的参与能力。点睛动画软件、自动播出系统软件等技术成果通过了鉴定。组织了操作人员和专家对联合开发的多媒体设备,进行技术指标测试和设备操作功能检测。初步完成了中央电视台计算机2000年问题的技术调查统计工作,制定了解决原则和方法,并草拟了初步的解决方案。

五、中央卫星电视传播中心不断扩大覆盖,增强宣传效果

为让更多观众看到加扰电视节目,贯彻落实广电总局关于2000年前基本实现"村村通"的战略部署,中央卫星电视传播中心加快联网,扩大覆盖。截止到12月底,联网用户超过5000万户,收视观众超过1.5亿人。全国除少数边远贫困县以外,都能收看到中央电视台4套加扰卫星电视节目。

1998年中央电视台党政工作概况

一、行政工作

1998年,中央电视台行政部门加强服务意识,提高管理力度,大胆实践,勤政务实,为全台完成重大宣传任务,实施各项改革举措,提供了强有力的行政保障,为提高全台行政管理水平做了大量卓有成效的工作。

行政管理工作顾大局、抓重点、讲实效,求突破,把协调服务职能渗透到工作一线,把后勤保障工作深入到每个岗位,为提高管理工作综合水平、树立行政部门良好形象付出了艰苦的劳动。1998年4月、5月,中央

电视台相继成立了行政管理委员会、财产物资购置领导小组,对规划、监督、检查全台行政工作,规范财产物资的引进和购置渠道发挥了重要作用。

1. 深化人事制度改革,不断探索新形势下科学的人事管理模式。

台人事办1998年组织了全台定岗定责工作,撰写了约30万字的《中央电视台岗位职责》初稿,待定稿后组织实施,为规范岗位责任提供了切实可行的依据。

根据人事部、广电总局的要求,按照台分党组的部署和机关组织程序,全面完成了中央电视台升格后机构和各级干部的调整配备工作,一是为适应工作需要由原来的48个部处调整为79个,新增31个部处;二是严格执行《党政领导干部选拔任用工作暂行条例》,按干部选拔程序选拔了一批德才兼备的干部到中心和部、处担任领导。中央电视台积极配合广电总局机构改革、机关人员分流工作,分三批共接收了总局47名分流人员,总局有关部门、台内接收单位和个人均十分满意。

进一步推进和完善了聘用人员制度,加强了对临时人员的管理力度。1998年,人事办公室在台内各部门的配合下,为100多人办理了续聘、招聘手续,考核接收了23名应届大学毕业生。年终中央电视台成立人事、党委、纪检、审计等部门组成的考核小组,对正处级以上干部进行了年度考核;中心、部、处对全台所属2400多名职工进行了年终考核;建立并完善了临时人员管理数据库。

完善职工培训制度,做好职称评聘工作。1998年人事办公室组织办各类业务培训班38期,培训人员达1424人次。继续做好职工岗位培训丛书的审定和出版工作。加强学历教育和出国留学工作,全年共有230人参加不同层次的学历教育。组织了日、俄、法、英四门外语培训班,800多人次参加了外语学习,为申请职称评定的同志提供了基础条件。规范了职称评审工作,完成了台内300余人的职称评定,还为外单位代评高中级职称30人次。

加强劳资管理工作,全面落实职工工资、福利待遇政策,极力维护职工切身利益。

重视发挥老干部余热,妥善做好老干部工作。在台庆40周年期间,人事办公室组织老干部开展了一系列有意义的纪念活动。在洪灾期间,有260多位老同志先后捐款3万多元,捐衣3000多件。离退休老同志在监看电视节目、接待上访人员、参与节目审看等工作中也发挥了重要的作用。

2. 抓好制度建设,提高服务质量。

按照中央电视台分党组提出的1998年管理年要重点抓好全台管理规章制度贯彻执行的指示精神,从3月份起,台办室会同纪检组、监察室、人事办,先后举办处级以上干部管理规章制度培训班、全台职工"管理规章制度100题"答题活动及"荧屏杯"管理规章制度知识竞赛。通过一系列形式多样的教育活动,将严肃的规章制度形象化,以寓教于乐的竞赛形式使全台同志接受了一次生动的管理规章制度知识教育,为促进全台管理规章制度的落实、推动全台各项工作走上科学规范的轨道做了深入细致的工作,取得了良好的效果。

此后,行政部门在规范全台办公程序、做好大型活动的组织与协调、明确台内公文办理规定、加强会议计划管理等行政工作中发挥了重要作用。在历次重大宣传活动中,行政管理部门全面参与方案部署,充分发挥协调作用,积极承担服务保障,以高效、快捷、深入、细致的工作,从对外联络、对内协调各方面做了大量具有前瞻意义的综合服务工作。在规范公文管理程序工作中继续加强指导和管理,及时培训秘书工作技能,大力推动办公自动化应用,适时组织公文信息工作讲评。中央电视台信息处理工作连续六年获得广电部(广电总局)评比第一名。台办公室每年组织的"两会"提案答复工作也受到广电总局表彰。同时,中央电视台加大了对台内会议的管理力度,削减了会议支出,促进了会议质量和工作效率的提高。

1998年,根据社会发展需要和中央电视台管理工作整体部署,成立了法规处,这是中央电视台规范管理的重要标志之一。法规处积极开拓知识产权管理工作,加强了合同管理,在开展普法教育等方面也发挥了重要作用。

随着中央电视台的迅速发展,外事任务日益繁重。外事部门接待工作热情周到,出访工作组织严密,外事管理全面细致。全年共接待团组348批、1653人,组织出访团组251批、933人。建立了外事文件资料档案,完善了护照管理制度,为进一步提高外事管理和服务效能打下了良好的基础。

中央电视台治安综合治理和消防警卫等工作也取得新的成绩。在台内各次重大活动中,保卫部门严谨有效的工作为活动的圆满进行提供了充分的安全保障。通过加强消防监管力度,确保了全年未发生火灾事故。随着近年来台上访人员不断增多,治安情况日益复杂,保卫部门细致观察,认真分析,果断制止,全年处理上访近2万人次,为全台各项工作的正常进行,创造了良好的治安环境。治安消防工作也被上级主管部门评为先进单位。

房管部门积极贯彻国家房改政策,认真为全台职工办实事。房屋管理部门为了进一步贯彻落实《国务院关于深化城镇住房制度改革的决定》,做了大量艰苦扎实的工作,为房改售房的顺利进行打下了良好基础。1998年,中央电视台已完成首批住房销售的大部分工作,住房分配赶上北京市第一批房改“班车”;还顺利完成了新购、新建的170余套住房的分配和150余套腾退住房的再分配。

1998年,中央电视台在建台40年以来,第一次开办回民餐厅,为少数民族职工用餐提供了一份特殊服务。食堂工作连续多年在中直机关受到好评。台车队安全行驶129万公里,全年无事故。门诊部组织的职工体检和抗洪抢险一线职工体检,受到广大职工的好评。

1998年,中央电视台注重绿化美化环境,加强院内秩序管理。为迎接台庆40周年,行政部门组织人力日夜施工,对台内绿地进行了更新和调整。广电总局绿化委员会在检查庭院绿化美化工作时,对中央电视台绿化工作给予了充分肯定。中央电视台连续10年被北京市海淀区评为绿化先进单位。

3. 财经工作保障了全台整体利益及各项工作的正常运转。

一年来,财务经营部门严格各项管理,保障事业健康发展。及时调整年度预算,合理调整支出结构,基本保持了本年度财务收支平衡。为落实住房制度改革,缓解职工住房紧张状况,财务部门积极协调、合理调整资金,为职工购买了1万平方米住房并办理了产权证。1998年,财务部门先后制订、修订了《收入管理办法》、《经费支出管理原则》和《外汇支出管理》等10余项财务管理办法,贯彻了国家有关财经法规及财务管理制度,规范了台财务人员的行为。财务部门为廓清资产、资金情况,界定产权,摸清家底,组织人员对台属14家集体企业进行了清产核资工作,为经济管理决策提供了依据。基建部门保证了基建工程的进度和质量,为宣传提供物质保障。在狠抓台内急用工程和重点工程建设进度的前提下,精心组织实施台内三大块11项工程的新建、改建和收尾工作。一号演播厅工程确保了1999年春节投入使用。业务楼完成施工验收,即可交付使用。

经营管理部门制定了经营管理工作条例,提高了经营管理和服务意识。制订了《经营计划及预算管理规定》、《中央电视台对外投资管理办法》、《项目管理办法》、《经营管理办法》等管理工作条例。各经营场所为台内业务培训、各类会议提供了较好的环境和服务。

4. 台庆工作组织严密,安全有序,成果显著。

台庆期间,圆满完成了约请中央领导题词、召开纪念大会、举办招待酒会、组织专题晚会、出版电视丛书、编印纪念画册、颁发荣誉证书、制作台庆专题片、编辑台庆祝贺片等计划中的纪念活动,达到了“发扬成绩,鼓舞士气、扩大交流、增进友谊,在全国和全世界树立中央电视台良好形象”的目的。

5. 加强精神文明建设力度,积极开展创“三优”活动。

1998年是中央电视台精神文明建设持续发展的重要一年,台精神文明办公室通过卓有成效地组织协调和开展各项精神文明建设活动,为力争首都文明标兵单位六连冠打下了坚实的基础。年初,中央电视台再次被评为“广电部精神文明单位标兵”。6月份,两次接待首都精神文明办来台举行观摩座谈会,并组织全台职工参加了由首都中直机关精神文明建设委员会举办的“火鸟杯”首都文明市民知识大赛活动。中央电视台1998年还组织协调了中直机关举办的“中直机关首届文化艺术节”活动,并承办艺术节闭幕式的文艺晚会制作与播出。中央电视台彩电宿舍继1997年获得“海淀区文明小区”称号后,1998年顺利通过有关部门验收,获得“北京市文明小区”称号。中央电视台在绿化、卫生、计划生育、献血等方面做出成绩,分别被上级主管部门评为先进单位。

二、党务工作

1998年,中央电视台党务工作以深入学习贯彻邓小平理论和党的十五大精神为指导方针,以增强基层党组织的战斗堡垒作用和共产党员先锋模范作用为主导,通过扎实、丰富、新颖的工作,加强党的建设、队伍建设,营造团结、奋进、开拓、进取的良好氛围。

1998年,台党委继续抓好全台职工特别是领导干部对邓小平理论的学习,着力拓展理论学习的广度和深度。7月底至8月初连续举办了三期处以上干部邓小平经济理论学习班,全台90%处以上干部以及部分团委委员共300多人参加了学习,加强了运用邓小平理论指导宣传工作实践的主动性。

1. 健全完善基层组织,发挥系统优势,促进和保障电视宣传。

中央电视台机构调整后,党组织系统也相应调整了所属4个基层党委、16个总支,总计116个党支部。修订了党委、纪委、团委、工会工作职责,在规范党员发展工作等方面做了大量工作。1998年的民主评议党员工作,结合建台40周年,开展“忆台史,找差距,学先进”活动,取得了较好效果。

2. 在重大宣传活动中,切实发挥党组织战斗堡垒作用和共产党员先锋模范作用。

在雅鲁藏布大峡谷摄制组、亚运报道团中建立了临时党支部和党总支,以加强党组织在重大宣传工作中的领导核心作用,发挥共产党员在重大活动中的骨干作用和勇挑重担的先锋模范作用。在抗洪报道期间,切实发挥党、团组织的政治核心和战斗堡垒作用,全力组织好台内的宣传动员、捐款捐物工作。1998 年中央电视台共向灾区捐款 104.3 万元,捐赠衣物 4.5 万件,捐献图书 1.2 万册。中央电视台各级党组织还为前方记者做好后勤保障工作以及先进表彰等各项工作。先后向全台共产党员和各级党组织发出公开信、慰问电,组织慰问小组深入报道工作一线,把党的工作做到报道工作中去,把组织的关怀送到每一个同志家里。

3. 围绕全台中心任务,大力开拓宣传教育新形式,生动、多样、全方位地开展宣传教育工作。

党委主办的职工闭路电视全年共拍摄专题片 18 部,其中为纪念建台 40 周年和建党 77 周年拍摄的《相聚在党旗下》6 集系列专题片之一《历史作证》,代表中直工委参加中组部第五届全国党员教育片评选,获"红星"二等奖。闭路电视作为职工思想教育的新形式,为开展党的宣传工作注入了新的生机与活力。

4. 纪检监察审计工作充分树立党的形象,不断纯洁党员队伍。

中央电视台纪检监察工作深入贯彻中央及广电总局有关纪检监察工作精神,充分发挥监督作用,禁止有偿新闻,树立中央电视台良好的新闻队伍形象。按照中央制止奢侈浪费的八项规定,有步骤、分层次地认真做好清理通讯工具等三项重点工作。开展了台规教育、廉政教育和普法教育,进一步推动了管理规章制度的贯彻执行,增强了台内干部职工的法律意识。加大了反腐力度,组织力量查处违纪案件,核实了一批群众举报情况。

审计工作认真履行监督职责,维护财经纪律和经济秩序,积极开展业务工作,为促进廉政建设做出了贡献。提出了加强管理、加强监督的具体意见 30 多条,查处违纪金额 100 多万元。还对全台 7 个工程项目进行了审计,核减工程款 221.17 万元。委托基建维修审计 3 项,节约资金 1416.03 万元。

纪委工作配合党委抓好领导干部民主生活会,努力提高党员遵守纪律的自觉性。

5. 工会工作以服务为宗旨,开创新局面。

中央电视台于 7 月完成了工会委员会的改选,改制成立台首届工会联合会,工会工作由此得到根本改善。工会联合会在台属 20 个符合条件的中心建立工会委员会,初步形成联合制工作格局。重新组建后的台工会联合会,确定工会工作定位,明确工会工作的立足点是维护广大职工权益,改善职工工作生活条件,活跃职工文体生活。在抗洪期间,扩大暑期台"少儿之家"的规模,组织抗洪报道第一线职工体检,帮助解决新住宅区职工子女上学等问题,树立为中心工作服务、为职工服务的意识,发挥桥梁和纽带作用,使工会真正成为职工之家。通过组织赈灾捐献、开展文体活动、贯彻"全民健身计划"、参与各类比赛,树立了中央电视台职工队伍健康向上的整体形象。由于改组后工会有较大的起色,1998 年度台工会联合会被广电总局及中直工委评为先进工会组织。

1998 年,台党委、新闻采访部党支部被中直机关工委评为先进基层党组织;7 名同志被评为中直机关优秀共产党员,3 名同志被评为优秀党务工作者。在抗洪抢险总结表彰活动中,中央电视台 9 个先进集体、23 名先进个人受到中宣部表彰;9 个先进集体、23 名先进个人受到中直工委表彰;1 个先进集体、1 名先进个人受到全国妇联表彰;10 个先进集体、33 名先进个人受到广电总局表彰。

1998 年中央电视台经营工作概况

1998 年,中国国际电视总公司以影视传播业为主体,广泛涉及其他行业,成为中央电视台最大的经济实体和中国最具实力的电视媒体产业集团。

1998 年,总公司按照中央电视台分党组关于"加快发展第三产业、建立第二大经济支柱"的战略部署进行重组,根据台经营工作改革的方针及媒介产业发展的市场特点,以讲求规模、多业并举、大力追求利润回报的现代企业方式投入运作,取得初步成果。全年列入总公司计划的企业(不含股份公司和梅地亚中心等企业),累计实现营业收入 5.5 亿元,实现利润总额 1.44 亿元,实现净利润 9468 万元,提前两个月完成年度财务计划。

1998 年,中央电视台广告经营部门克服了亚洲金融危机的持续影响,克服了全国部分地区特大水灾及新闻广告媒体激烈竞争等诸多因素带来的不利影响,保证了广告收入不产生大幅下滑,与 1997 年持平。

1. 加强内部管理,适应电视媒体产业集团模式。

1998 年,总公司不断加大管理力度,使总公司对所属公司的管理和公司系统的财务、投资、人事管理走上规范轨道。先后制订了一系列规章制度,明确总公司范围内的所有投资项目,必须经过严格论证,完善了公司的各项管理。

总公司还加强了对所属 6 家二级公司及其下属公司的管理,所属公司经营状况整体良好,共实现净利润

1868 万元,完成计划指标的 156%。

2. 开阔眼界,打开思路,瞄准国际市场。

一年来,总公司积极发展影视音像制品生产制作和广告方面的优势,全面扩大经营成果;把握好国家有关政策,做好境外卫星节目代理,积极培育新的经济增长点,扩大增收渠道,努力在国际上树立自己的品牌。

为配合台分党组"节目插出与制作分离"的方针,总公司成立了节目制作公司,专门从事投资拍摄、合作制作和接待境外摄影队等业务。从 3 月份筹建开始,已独资、合资拍摄电视剧 61 部(集),合作制作节目 23 个,接待境外摄影队 11 个,完成了总公司下达的 200 万元利润指标。取得了较好的利润回报。

作为境外卫星节目的总代理,总公司在年初与美国特纳国际公司续签合同后,已与全国 28 个省、市的管理部门建立了合作关系和较完善的收费网络,提前两个月完成全年利润指标 550 万元。

1998 年,总公司先后参加了法国戛纳电视节、广州电视节交易会、'98 北京国际卡通展览会、上海电视节等活动,并加入了中国国际贸易促进委员会组织。与香港一些影视机构以及世界各大影视集团和美国好莱坞多家影视公司的实质性交流,为总公司拓展国际市场打下了基础。到 1998 年底,总公司建立了包括全球 36 个国家和地区、近 150 家公司的营销网络。

3. 影视基地逐步由事业服务型向企业经营型转化,运转趋于良性。

3. 栏目、节目介绍

一、1998 年中央电视台栏目目录

(一)总编室(11 个)

《请您欣赏》
《电大教学》
《人口与计划生育》
《星火科技》
《农业教育与科技》
《电视你我他》
《银幕采风》
《收视指南》
《周末导视》
《节目预告》
《精品赏析》

(二)新闻节目中心(18 个)

《早间新闻》
《新闻 30 分》
《新闻联播》
《晚间新闻报道》(晚间新闻、世界报道、体育新闻)
《时事纵横》
《焦点访谈》
《东方时空》
《新闻调查》
《实话实说》
《人民子弟兵》
《军事天地》
《新闻专题》
《军事报道》
《祝你成才》
《部队生活》
《军营文化》
《中国武警》
《军事纪录片》

(三)体育节目中心(23 个)

《城市之间》
《经典时刻》
《康乐年华》
《体育欣赏》
《节目预告》
《体育商城》
《体育新闻》
《体育大世界》
《中国体育》
《世界体育报道》
《五环夜话》
《足球之夜》
《篮球公园》
《周二大放送》
《假日体育》
《纹枰论道》
《棋牌乐》
《卫星赛场》
《国内竞技场》
《意大利足球甲级联赛》
《德国足球甲级联赛》
《跟我学系列》
《实况录像》

(四)社教节目中心(17 个)

《夕阳红》
《田野》

《科技博览》
《走近科学》
《学烹饪》
《电视教育》
《祖国各地》
《地方台 30 分钟》
《中华民族》
《当代工人》
《读书时间》
《美术星空》
《今日说法》
《半边天》
《健康之路》
《万家灯火》
《社会经纬》

(五)青少节目中心(9 个)

《大风车》
《大风车地方版》
《儿童剧场》
《第二起跑线》
《12 演播室》
《动画城》
《学前节目》(故事钟、七巧板、蒲公英)
《少儿节目》(天天动画、儿童歌曲、和爸爸妈妈一起看、开心岛、大追踪、传感风铃)
《芝麻开门》

(六)文艺节目中心(54 个)

《综艺大观》
《旋转舞台》
《曲苑杂坛》
《文化视点》
《戏剧博览》
《戏剧天地》
《文艺广角》
《周末大回旋》
《中外歌舞》
《综艺走廊》
《电视书场》
《曲艺与杂技》
《专题文艺》
《电视剧场》
《艺苑风景线》
《音乐厅》
《正大综艺》
《'98 环球》
《世界各地》
《外国文艺》
《人与自然》
《动物世界》
《国际影院》
《正大剧场》
《世界名著名片欣赏》
《世界影视城》
《佳艺剧场》
《佳艺影院》
《午夜剧场》
《每日佳艺》
《佳艺五线间》
《东西南北中》
《音乐电视城》
《中国音乐电视 60 分》
《每周一歌》
《请跟我唱》
《地方文艺》
《星光舞台》
《银屏歌声》
《外国音乐》
《音乐大舞台》
《音乐桥》
《星星擂台》
《星星音乐会》
《音乐知多少》
《九州戏苑》
《戏苑百家》
《戏曲采风》
《梨园群英》
《戏曲大舞台》
《戏迷园地》
《知识库》
《名段欣赏》
《戏曲直播》

(七)海外节目中心(44 个)

《中国新闻》
《粤语新闻》
《中国报道》
《中华医药》
《中国旅游》

《纪录中国》
《中国风》
《中华文明之光》
《英语新闻》
《今日中国》(英、法)
《一周中国要闻》(英)
《CNN 世界报道》(英)
《环球瞭望》(英)
《投资指南》(英)
《中华艺苑》(英)
《音乐电视》(英)
《华夏风情》(英)
《中国各地》(英)
《神州风采》(英)
《功夫》(英)
《厨艺》(英)
《汉语教学》(英)
《电视剧场》(英)
《周日话题》(英)
《外国人看中国》(英)
《东方家园》
《千秋史话》
《中国文艺》
《欢聚一堂》
《神州戏坛》
《海峡两岸》
《天涯共此时》
《观众之友》
《华夏掠影》
《变化中的中国》
《戏曲大舞台》(海外版)
《周末电影》
《东方彩虹》
《西语节目》
《西语新闻》
《体育节目》
《俄语节目》
《阿拉伯语节目》
《法语节目》

(八)广告经济信息中心(23 个)

《经济半小时》
《中国财经报道》
《世界经济报道》
《生活》
《商界名家》
《金土地》
《欢乐家庭》
《幸运 52》
《供求热线》
《商务电视》
《商桥》
《电视购物》
《广而告之》
《公益广告》
《生活资讯版》(图文页)
《综合经济信息版》(图文页)
《游艺娱乐》(图文页)
《金融信息版》(图文页)
《沪、深证券股市行情》(专业信道)
《新闻纵横》(专业信道)
《农业扶贫信息》(专业信道)
《全国物资商品供求、质量监督信息》(专业信道)
《中视汇龙空中汽车市场》(专业信道)

(九)新影厂(2 个)

《世纪回眸》
《纪录片之窗》

(十)科影厂(1 个)

《科教片之窗》

二、1998年中央电视台新栏目介绍

《军事报道》

1998年1月1日开播的新闻类军事栏目。该栏目发布权威军事新闻，展示全军将士风采，传播国防科技知识，追踪世界军事风云。立足全国武装力量官兵，面向关心国防和军队建设的广大观众，以新闻和深入报道为主要形式，落实党中央、中央军委和四总部的大政方针，围绕部队中心工作，它以领导重视、战士关心、群众喜爱、社会关注的军事动态、先进典型和国防建设风貌为主要报道内容。每日19:30在第七套节目播出，长度30分钟。

《部队生活》

1998年1月1日开播的综合性军事栏目。该栏目以展示当代军人风采，宣传我军新时期建设成就，传播国防科技知识，提供军事生活资讯等为主要内容。其宗旨为以军人为本，以关注军人生活为己任，以节目内容的生活化为主要创作倾向，力求使栏目成为广大军内外观众“走进军人的生活，结识生活中的军人”的一条途径。该栏目设有《军旗下的故事》、《练兵场》、《后勤战线》、《军事百科》、《和平树下》、《为兵服务》6个小栏目。每周六、日14:30在第七套节目播出，长度27分钟。

《中国武警》

1998年1月1日开播的军事栏目。该栏目全面反映武警部队风貌，着重表现武警部队当前建设中的重要经验和信息，武警官兵中涌现出的先进人物的生活与经历，武警部队基层文化活动的多彩，警民之间在风雪雨火中结下的深厚情谊；并对武警特殊的任务、特殊的技能和特警的战斗生活进行专题报道。开设《警营热线》、《橄榄星座》、《绿地百花》和《警民新曲》4个小栏目。每周日14:00在第七套节目播出，长度27分钟。

《军事纪录片》

中央电视台驻全军16个记者站于1998年1月1日联袂推出的军事栏目。它全方位、多层面地向观众展示人民解放军火热的军营生活，是战争与人、和平与兵、血与情的写真，苦与乐的纪录。每周日17:30在第七套节目播出，长度27分钟。

《城市之间》

1998年10月30日开播的大型趣味性体育竞技栏目。它以轻松幽默的竞技游戏项目、妙趣横生的情节、滑稽可笑的举动，使城市之间在相互对垒中增进了解和友谊。该栏目借鉴了欧洲电视中已经成熟的节目样式，并根据中国的国情和丰富的地域人文特色设计并创新。在体育包装内注入文化生命，并弘扬体育精神，强调团队意识和热爱家乡的自豪感。该栏目也是一个城市大博览，力求对中国各城市的历史风貌、人文景观有所触及，具有一定的知识性和观赏性。《城市之间》是一台普通百姓参与、观众喜闻乐见的大众娱乐性节目。在大制作、大场面的基础上力求创造出最真实的游戏场面，使观众处于友好的竞争和紧张的愉悦之中。隔周五21:30在第五套节目播出，长度90分钟。

《经典时刻》

1998年8月7日开播的体育栏目。该栏目以为观众提供服务为宗旨,设有小栏目《主任信箱》,直接回答观众对体育节目提出的问题,以及《观众点播》、《精品回顾》等。每周五21:30在第五套节目播出;《城市之间》开播以后,与其隔周五交替播出,长度90分钟。

《康乐年华》

1998年6月1日开播的体育栏目。该栏目以国务院《全民健身计划纲要》为蓝本,多方位、多角度、多层次地报道全民健身情况,促进这项“利国利民,功在当代,利在千秋”的工作不断发展。每周一、四8:35在第五套节目播出,长度50分钟。

《篮球公园》

1998年11月2日开播的大型体育专题栏目。该栏目集篮球项目的新闻消息、比赛欣赏、篮球娱乐、知识介绍及观众参与为一体。每周一19:30在第五套节目播出,长度180分钟。

《周二大放送》

1998年7月24日开播的综合性体育栏目。该栏目以轻竞技竞赛项目为主,介绍非奥运竞技项目中的国际标准体育舞蹈、健美操、艺术体操、滑水、登山等十几个项目。在没有主持人出像主持的情况下,用其精美的画面、精练的语言、高品位的背景音乐,巧妙有序地将节目内容连接在一起,使观众获得力与美的享受。每周二19:30在第五套节目播出,长度180分钟。

《走近科学》

1998年6月1日开播的科技栏目。旨在弘扬科学精神,宣传科学思想,提倡科学方法,传播科学知识。该栏目以提高全民族科学文化素质,树立学科学、爱科学、讲科学、用科学的社会风尚为目的,具有信息量大、知识性强、贴近生活、可视性强的特点。设有《科学·生活》、《科学·关注》、《科学·人物》和《科技信息》4个小栏目。每周二、四14:40及每周日13:30在第一套节目播出,长度30分钟。

《今日说法》

1998年11月21日开播的法制栏目。其宗旨为重在普法,监督执法,促进立法。栏目的基本样式为以案说法,大众参与,专家评说。外拍部分由社会现象、案件及对有关人士的调查、访问构成;内景部分由演播室内的议论、评点构成;内外呼应,剖析发生在人们生活中的法律事件,普及法律知识,增强大众法律意识。每日12:37在第一套节目播出,长度15分钟。

《中华医药》

1998年6月1日开播的医药栏目。旨在向海内外观众传播中国优秀传统医药文化,以增强海外华人与祖国的密切联系和民族认同感。在内容上注重挖掘和弘扬祖国的传统文化,在栏目包装上具有强烈的民族特色。设有《人物档案》、《专科门诊》、《健康话题》、《养生有道》、《中华老字号》、《医林专讯》、《洪涛信箱》、

《民族医药》等小栏目。每周一 10:30 在第四套节目播出,长度 30 分钟。

《纪录中国》

1998 年 6 月 1 日开播的面向海外的纪录片栏目。其宗旨是"以真实记录中国现实生活中发生的典型故事去展示中国时代变革的大潮"。本着每个人都是一个故事,每个故事都记录着一段正在发生的历史的主题,在时代变革的矛盾冲突中开掘时代前进的原动力。在选题上注重寻找现实生活中能够深刻、生动地表现中国主流社会的题材;在体裁上采用纪录片方式,客观描述事件的发生、发展和结果,同时引发观众去理解、思考和评论。该栏目每周二 10:30 在第四套节目播出,长度 30 分钟。

《环球瞭望》(英)

1998 年 8 月 13 日开播的英语国际新闻栏目。该栏目旨在以中国人的视角对国际热点问题进行跟踪和深入报道,力求为观众提供全面、及时、权威的国际新闻报道。该栏目关注经济报道,专门设有股市行情和汇市动态。每周一至六为常态报道,每周日为周末版。周末版除报道当天的国际要闻外,还邀请专家、学者和我国驻外记者就当前国际热点问题进行背景分析、综合评述,对热点人物、热点国家和地区进行点评,并对一周国际要闻进行回顾。每日 19:00 在第四套节目和英语传送频道播出,长度 30 分钟。

《东方家园》

1998 年 6 月 3 日开播的地理知识教育类栏目。该栏目以海外华人,特别是华人中的新生代和国内广大青少年为主要收视对象,从地理知识的角度介绍中国的山川河流、沙漠森林、高原平地、海疆地域、行政区划、城市兴衰、气候变化、自然灾害等方面的情况及成因,用平实的叙述方式及科学的观点,引导观众探索大自然的奥秘,使海外华人的下一代认识自己祖先繁衍生息的地方,同时为想与中国交往的人们提供了解中国改革开放政策和中国国情基本状况的窗口。每周三 10:15 在第四套节目播出,长度 15 分钟。

《千秋史话》

1998 年 6 月 2 日开播的历史与文化栏目。该栏目以中华民族历史上的人物或事件为视点,展开一个个令人感兴趣的历史话题,使观众能够多视角地了解某一个历史人物或事件,进而了解中华民族源远流长的历史。采用主持人与嘉宾访谈的方式,配之以丰富的文物古迹画面。嘉宾以历史学家为主,兼有文学家、艺术家等等,从不同的角度展开话题,力求准确、生动、新鲜。在每一期节目结尾适当介绍一些与话题有关的国宝文物,以增加节目的知识性和趣味性。每周二 10:15在第四套节目播出,长度 15 分钟。

《海峡两岸》

1998 年 6 月 1 日开播的对台宣传专题栏目。该栏目以台湾观众为主要收视对象,旨在促进两岸人民的相互了解、推动两岸关系发展。以把握两岸关系发展脉搏、洞察海峡局势变化潮汐的新闻性、评论性节目为主,设有《两岸聚焦》、《人物写真》、《海峡沙龙》3 个小栏目。每周四 10:30 在第四套节目播出,长度 30 分钟。

《幸运 52》

1998 年 11 月 22 日开播的互动式电视竞猜栏目。该栏目源于英国,是中央电视台引进的风靡欧洲的互动式电视节目GOBINGO的升级模式。由现场选手竞猜和场外家庭观众参与两部分组成,融入服务经济、贴近生活的特点,不仅有扣人心弦、层层递进的精彩比赛,而且还开辟了电话竞猜热线和家庭卡片等多种渠道,使场内场外每位观众都有公平均等的参与节目、赢得幸运大奖的机会。每周日11:15在第二套节目播出,长度45分钟。

《电视购物》

1998年6月1日开播的广告栏目。该栏目以传播规范化的电视直销产品信息为目的,具有内容实用、形式好看的特点。节目形态主要有两类,一类是5分钟以上的长片广告;另一类是主持人在演播室现场介绍直销产品。每周一7:55在第二套节目播出A版,长度30分钟;15:25播出B版,长度50分钟。

《生活资讯版》(图文页)

1998年7月23日开办的图文电视图文页栏目,旨在为百姓提供生活资讯的信息服务。设有《新闻摘要》、《体坛快讯》、《外汇牌价》、《科技博览》、《文化快车》、《时讯快递》、《电脑新世界》、《展会大观》、《国家监督窗口》、《中消协热线》、《车市风云》、《招生招聘》、《京城一瞥》和《百姓留言板》等小栏目。每日在第一套节目逆程中与《游艺娱乐》、《综合经济信息》轮流滚动播出。

《游艺娱乐》(图文页)

中央电视台1998年12月推出的图文电视图文页栏目,旨在为百姓提供轻松、欢乐的信息服务。设有《开心一乐》、《趣味转盘》、《娱乐头条》和《观众开心太空站》等小栏目。每日在第一套节目逆程中与《生活资讯》、《综合经济信息》轮流滚动播出。

《新闻纵横》(专业信道)

中央电视台1998年7月18日开播的图文电视专业信道栏目。设有《国内要闻》、《国际要闻》、《经济新闻》、《体育新闻》、《教科文卫新闻》、《地方要闻》、《地方采风》和《地方农业》等小栏目。每日10:00~10:30,14:00~14:30,17:00~17:30在第一套节目逆程8A0信道播出。

三、1998年中央电视台改版栏目介绍

《银幕采风》

中央电视台与广电总局电影局合办的于1995年5月28日开播的介绍电影的杂志型专题栏目。其宗旨是报道和宣传中国电影界的大事、要事及优秀国产影片、优秀导演和演员。1998年4月25日开始栏目化播出,设有《银幕内外》、《新电影》、《今夜星空》和《电影唱片》4个小栏目。栏目进行整体包装,各小栏目前加广告导语,形成轻松、休闲、有文化、端庄而不刻板的栏目风格。隔周日22:52在第一套节目播出,长度30分钟。

《体育大世界》

1991年5月7日开播的杂志型体育栏目。该栏目的开播开创了中央电视台杂志型栏目的先河。主要内容为国内外体育节目汇编。1998年11月1日改版，设有《经历未来》、《畅想空间》、《背景透视》和《共同穿越》4个小栏目，着重对体育事件和体育人物进行报道和分析。每周日21:10在第一套节目播出，长度45分钟。

《当代工人》

1997年5月19日开播的专题栏目。其宗旨是歌颂中国工人的丰功伟绩，展现工人的时代风采。该栏目1998年6月改版。在内容上更为贴近工人生活，关注当前话题。在形式上采用访谈方式，走出电视演播室，深入厂矿、林区、油田，把演播空间拓展到一线工人中，在工作现场直接与工人们对话。这种全新的栏目样式，使节目更具新闻性、时效性和现场感，加强了活泼热烈的气氛和观众参与意识，促进了人与人之间的交流、沟通和理解，同时更利于维护工人的权益。每周一10:40在第一套节目播出，长度30分钟。

《社会经纬》

1996年5月16日开播的法制专题栏目。旨在弘扬法律精神、普及法律意识、启迪法律思维、揭示社会规则。为适应观众对法律知识的渴望以及欣赏水平不断提高的要求，该栏目1998年11月进行了改版。把“庭审中讲述故事，冲突中普及法律”作为改版的宗旨，不再设立小栏目，每期用45分钟讲述一个老百姓打官司的故事。把法律知识和法律意识的普及通过具体的庭审过程来实现。栏目由背景展示、主体故事和演播室评述三部分构成。从全国各地法院正在开庭审理的案件中选择有代表性的案件进行拍摄，用庭审的过程构建节目的空间和线索，在此基础上选择与此相关的背景资料给予展示，演播室中学者、专家、社会公众人物和主持人一起从法律的角度剖析案件，从而形成立体的普法节目格局。隔周四21:10或22:52在第一套节目播出，长度45分钟。

《戏曲直播》

1992年9月开播的戏曲栏目。其宗旨是采用现场直播的电视手段，将首都文艺舞台上演出的精彩戏曲节目，及时送到千家万户，展现于广大观众面前。内容包括全国各戏曲剧种的大戏或折子戏，优秀传统戏，新编历史戏，现代戏，以及专门组织的戏曲晚会、演唱会等。该栏目开办后一直在北京地区直播，1998年4月开始和有条件进行直播的省、市电视台联合直播，既扩大了节目源，又加强了与地方电视台的合作。隔周四19:40在第三套节目播出，长度140分钟。

《地方文艺》

1993年8月1日为全国地方电视台开设的文艺栏目。其宗旨是发挥全国地方电视台的系统优势，策划、组织、带动各地方电视台不断创新，推出精品。该栏目对不同地域、不同风格、不同类型、不同特色的艺术品种重新编辑制作，具有较高的欣赏性和艺术性。1998年2月1日推出系列节目《'98首届全国电视诗歌、散文展播》，并设置了《名家谈散文》、《关于电视散文的话》、《栏目寄语》、《导演寄语》、《语丝》等小栏目，为电视文学的发展开辟了新的艺术样式，为电视屏幕增加了新的艺术品种。隔周日22:52在第一套节目播出，长度30分钟。该栏目除《'98首届全国电视诗歌、散文展播》外的其他节目每周四19:35在第八套节目播出，长度50分钟。

《音乐电视城》

1996年5月25日开播的音乐栏目。该栏目以推出有中国特色、富于民族性、健康向上、明朗新颖的音乐电视作品为宗旨，集知识性、趣味性、欣赏性、艺术性为一体，主要推荐最新中国音乐电视作品，反映音乐电视的台前幕后，评价优秀作品，介绍知名音乐电视作品的创意、制作，推广介绍新人新作，展示年度音乐电视大赛参赛作品。1998年3月28日改版，设立了《劲爆金曲》、《中国民歌》、《新歌上视》、《镜外追踪》、《飞来曲》等小栏目，形式上以歌手嘉宾的现场演唱为主，结合音乐电视作品的欣赏。隔周六21:25在第一套节目播出，长度30分钟。

《中国新闻》

1992年10月1日开播的对海外播出的新闻栏目。它荟萃中国国内要闻、国际要闻、来自中国各地的反映中国方方面面变化和百姓生活的新闻，以及中国和世界部分城市的天气预报。目前全世界有数百家电视台播出《中国新闻》节目。几年来，《中国新闻》逐渐增加播出次数，先后开办了《中国新闻粤语版》、《中国新闻综合要闻版》、《中国新闻午间版》等系列节目。1998年6月1日又创办了《中国新闻财经报道》和《中国新闻文化报道》。《中国新闻财经报道》本着架起中外经济交流桥梁的宗旨，向世界报道中国经济，为中国招商引资提供服务。设有《财经要闻》、《今日视点》和《金融动态》等小栏目。《中国新闻文化报道》集新闻性、信息服务性为一体，设有《文化热点》、《一周国内文化简讯》、《世界文化新闻荟萃》、《文化新闻人物》和《文化信息资讯服务》等小栏目。《中国新闻》现已成为一个系列栏目，它时效快，信息量大，是港澳台和海外华人、华侨了解中国对外开放、经济发展和人民生活的一个重要窗口。每日在第四套节目多次播出。

《英语新闻》

1986年12月26日开播的英语新闻栏目。多年来已由当初面向在华逗留和工作的外国人发展成面向全球观众,成为他们了解中国的一个重要窗口。1998年7月《英语新闻》进行改版。在内容上,午间《英语新闻》除当日要闻和改编前一天的国内要闻外,重点播出社会新闻、文化新闻和时效性强的国际新闻,彻底改变了以往完全重播前一天新闻的做法。晚间《英语新闻》则以当天发生的中国新闻和国际要闻为主,同时加大经济新闻报道量,并针对海外观众的需要,自制了一些有对外宣传特点的系列报道。在形式上,《英语新闻》采用了全新的片头、片花和片尾。在编排上与国际接轨,采用三段式提要,节目中间加栏目宣传片和节目预告,使节目结构简洁、明快流畅。为方便观众更好地理解节目内容,增加了中、英文对照字幕,大大增加了节目的信息量并增强了可视性。每日12:00、23:00在第四套节目播出,长度30分钟。

《华夏掠影》

1984年创办的与全国地方电视台合作的对外宣传的栏目。它采用短纪录片形式,题材内容广泛,包括中国各省的政治、经济、文化历史、民俗风情、风光名胜和社会生活等,对外全面展示当代中国的时代风貌。1998年6月1日改版播出,主要宗旨是使地方电视台提供的节目更符合对外宣传的特点,节目更加紧凑精彩,整体风格更加统一。改版制作了新片头,长度由20分钟改为15分钟,每周一10:15在第四套节目播出。

《中国风》

1993年10月9日开播的杂志型专题栏目。其前身为《荧屏荟萃》,1995 年 1 月 1 日更名为《中国风》。该栏目以弘扬中华民族优秀文化为己任,内容涉猎广泛,包括服饰、建筑、家具、绘画、书法、收藏、文物、古迹以及相关的人物,具有一定的文化欣赏性和趣味性。1998 年 3 月 18 日改版,栏目形式介于板块与专题之间,采用主持人现场串联方式,将采访有关方面专家与后期配音叙述结合起来交替进行,使节目形成有机的整体。每期节目以某个方面的内容为重点并以此话题作为主线,中间穿插各类与主线相关的文化内容的节目,加上宣传短片及片花,使节目形散而神不散。每周日 10:30 在第四套节目播出,长度 30 分钟。

《中国财经报道》

1997 年 5 月 5 日开播的经济新闻类栏目。其前身是 1996 年 7 月 1 日开播的《财经报道》。该栏目以全方位报道发生在中国及世界的重要经济新闻为主旨,是中国大众获取中国市场经济信息,了解全球财经动态的重要信息渠道。1998 年 5 月 20 日改版,在保证重大财经事件报道的前提下,重新调整了小栏目,设有《工商动态》、《行业扫描》、《每周调查》、《本周证券》、《亚洲快报》、《国际市场》等小栏目。播出时间改为每日 8:30、12:30、17:50 在第二套节目滚动播出,每次 10 分钟;每日 7:40、19:35、1:05 在第二套节目滚动播出,每次 15 分钟。

《供求热线》

1996 年 7 月 1 日开播的经济信息有偿服务栏目。该栏目旨在利用电视传媒的优势,连接产、供、销,让产品走向市场,为企业赢得最佳效益。为使人们及时获得准确、权威、有价值的经济信息,该栏目将各类信息分门别类,使之系统化、专业化,将每日 20 分钟节目改版为按不同行业划分的专业信息博览窗口。1998 年 12 月 25 日首先推出周五版《清风车影》,介绍汽车行业专业信息,包括《名车展示》、《车迷沙龙》、《有车人家》、《汽车行情》等小栏目。该栏目改版后加重节目的延伸效益,通过 INTERNET 国际互联网向世界 150 多个国家和地区的 8000 多万用户发布信息,24 小时提供免费查询服务。该栏目每日 17:30 在第二套节目播出。

四、1998 年中央电视台重点节目介绍

伊拉克特别报道

在 1998 年 2 月对伊拉克武器核查危机的报道中,中央电视台派出 8 人报道组赶赴伊拉克首都巴格达对事态进展进行跟踪式报道,开创了中央电视台对重大国际事件进行现场全程跟进直播报道的先例,同时也是近十几年来规模最大的一次对境外远程突发性新闻事件的报道。当时这一热点地区的局势相当紧张,报道组在完全陌生的环境里和局势一波三折的情况下,对事件进行了完整有序的报道,在国内外引起强烈反响。

1998 年 11 月中旬,在海湾局势再次吃紧、剑拔弩张之际,中央电视台再次组成 11 人报道组于 11 月 14 日至 12 月 10 日第二次奔赴伊拉克首都巴格达进行采访。报道组携带了移动卫星地面站、海事卫星电话、数字摄像机、数字编辑机等先进的采制、传输设备,在满足日常新闻传送的同时,可随时对突发的重大事件进行现场直播。在伊拉克的 21 天时间里,共发回新闻、背景报道、英语新闻、焦点访谈等节目共计 37 条,报道组专访伊拉克副总统拉马丹等新闻还引起 BBC、AP 等国际知名媒体的关注并被转发。

这两次有关伊拉克武器核查危机的报道由于前后

期密切配合,播发了大量新闻、背景、专访、特写、分析、综述,多层次、全方位、有纵深感地报道了事件的方方面面,使中央电视台关于海湾战事的报道客观全面、生动鲜活、权威公正。

现场直播《江泽民、克林顿答中外记者问》

美国总统克林顿于1998年6月下旬访华,这次访问是对江泽民主席访美的回访。两位元首于1998年6月27日在会谈后举行记者招待会回答各国记者的提问,中央电视台第一、四套节目并机对此进行了独家现场直播。历时近80分钟。

该现场直播重点突出,镜头切换准确、流畅,取得了很好的社会效果,在国际上也引起很大反响,美国也采用我们的直播信号向美国的观众现场直播了记者招待会。克林顿总统在接受中央电视台记者的独家采访时曾说,他本人没有想到中国能够现场直播这次活动,并非常感慨地说:中国离世界并不太远。可以说这也是一种肯定,一方面是对中国采用直播的形式,毫不隐瞒地、原原本本地把事件的经过展现在中国和世界观众面前的肯定,另一方面还有对中国电视事业发展的肯定。

这场直播在中美关系史上还是第一次,也是我国改革开放和外交政策成功的具体体现。

电视新闻专题《新任总理朱镕基答记者问》

本新闻专题借助电视传媒优势,展现了中国政府新任总理的风采。面对中外记者唇枪舌剑的提问,朱镕基总理镇定自若、对答如流,果断、直率、坚定的话语,显示了中国新一代领导人开放、洒脱的个性和超凡的品质。

另外,在答记者问现场,关于政府使命、国企改革、下岗分流等一系列尖锐问题的提出,体现了中外记者对中国新时期的政治和经济体制改革现状前所未有的热情和关注。

该片画面到位、剪辑流畅、现场气氛活跃,既有大型节目的风范,又贴切到位、浑然天成。1998年3月19日在第一套节目播出,长度40分钟。

现场直播《珠海国际航空航天博览会开幕式》

1998年11月15日9:20～11:50,中央电视台第一、四套节目并机现场直播了珠海国际航空航天博览会开幕式。

珠海国际航空航天博览会于1998年11月15日至22日举行。有28个国家的600多家公司参展,中国人民解放军八一飞行表演队、美国海军苍天特技表演队、俄罗斯试飞院飞行表演队以及英国金梦特技表演队在航展期间作了精彩的飞行表演。中央电视台除直播了开幕式全过程外,还对本届航展和世界各大航展的背景情况进行了介绍,穿插直播了开幕式前的跳伞表演,并首次实现了对特技飞行表演的现场拍摄和播出。拍摄高速运动并进行高难度特技飞行的飞机,难度很大;要捕捉到拍摄对象,展示其精彩的运动轨迹、队形变化,并同步剪辑、播出,难度更大。此次直播,中央电视台共在现场设置了16个机位,通过一辆转播车和多路微波进行信号汇总、两级切换。达到了预定效果。现场主持、解说具有体育竞技解说的风格,节奏快捷,明晰顺畅。与直播报道配合的新闻和专题节目及时、充分、翔实,拓展了节目主题,使此次珠海航展的报道全面生动。

庭审直播《电影厂诉版权被侵案》

1998年7月11日中央电视台第一套节目现场直播了由北京市第一中级人民法院审理的一起知识产权案,该案涉及国内10家知名电影制片厂,诉讼内容为影片版权被侵。此次直播对促进我国的知识产权保护意义重大,更重要的是它对促进我国司法公正、推动法制建设、加强司法审判的社会监督和新闻监督起到了积极作用。这也是中央电视台历史上首次直播庭审过程。在节目形式上采取了前后方二级切换的方式，前方在庭审现场设了6个摄像机位进行直播，后方在演播室由主持人和两位知名法律专家点评，并制作了相关的背景介绍，同时设立热线电话，解答观众朋友的问题。由于庭审延时，直播也顺延，历时295分钟。中央有关领导和最高法院对此次直播给予了高度评价。

现场直播《探询宇宙之谜——阿尔法磁谱仪首次升空试验》

1998年6月3日5:00～7:45，中央电视台在第一套节目现场直播了“发现号”航天飞机搭载阿尔法磁谱仪(AMS)首次升空试验。

AMS实验是由中美等十几个国家联合进行的一次太空探测实验，其目的是要发现太空中是否存在反物质和暗物质，进而探索宇宙的成因。这项实验是由著名华裔科学家、诺贝尔奖金获得者丁肇中教授领导的，中国科学家为这次实验制作了最关键的部位——永磁体。

此次直播围绕AMS发射人空这一新闻主体，侧重报道我国科学家在这次实验中所起的重要作用，以及丁肇中教授领导的华人科学家为此付出的艰辛努力，并对宇宙爆炸学说、人类的太空探索作科普介绍，对中国基础科学研究在国际上的地位、中国航天科技事业的巨大成就和发展前景作综合报道。

直播在北京和美国肯尼迪发射中心两地进行，直播形式由现场报道、背景介绍、演播室主持人与专家对话共同构成。

张北地震连续报道

1998年1月10日，河北省张家口地区的张北、尚义两县发生6.2级地震。中央电视台立即派出两个采访组，一路记者开车在北京北郊一带寻找震源，另一路直奔国家地震局了解震情。当得知地震发生在张家口一带时，北郊组马上开车直奔张家口，从发生地震到记者赶往张家口只用了不到一个小时的时间。当天下午4时30分，中央电视台记者在张家口电视台记者的配合下，第一批赶到张北县的大河乡乱石山村进行了现场采访拍摄。由于当时传送条件的限制，现场的新闻一直到晚上9时多才传回北京。《晚间新闻》首发了第一条有现场图像的新闻。新闻播发后，迅速被世界各媒体转发。

1月11日，张北地震报道小组赶到了地震灾区，在连续十多天里，对灾情及救援、物资分发等作了详尽的报道，保证每天都有几条消息传送回北京。该连续报道从1998年1月10日至1月25日在第一套节目连续播出。

《东方时空》纪念改革开放20年特别节目《流金岁月》

《流金岁月》是一部反映改革开放20年中身处改革浪头的新闻人物的电视系列片。该片每集由3至4个新闻人物构成，通过这些改革先行者的回述，展现他们在改革大潮中的所作所为、所思所想，真实展现改革进程中的每一步变化以及变化之中和变化之后的人生感悟。该片采用纪实的人物访谈方式，坚持人与社会的有机结合，既有改革大背景的展现，又有人物的独特经历、真实感悟，点面结合、以点带面。该片共16集，每集33分57秒。1998年11月14日至1999年1月2日在第一套节目《东方时空》栏目播出。

电视系列报道《改革开放20年》

系列报道《改革开放20年》以翔实的历史背景资料、生动深入的采访报道与官员专家的分析评论相结合，全面客观地报道改革开放20年来，中国在政治、经济、文化、教育、科技、艺术、社会发展进步等方面所取得的辉煌成就，以及在发展过程中正在解决的问题。该系列报道共20集，内容为：“解放思想”、“农村改革”、“走向开放”、“走向市场”、“所有制改革”、“国有企业改革和产业结构调整”、“政治现代化”、“文化的复兴和繁荣”、“精神文明建设”、“科教兴国”、“法治历程”、“国防建设现代化”、“外交风云”、“两岸潮声”、“民族和睦”、“宗教自由”、“小康不是梦”、“向贫困宣战”、“可持续发展的中国”和“中国迈向新世纪”。每集30分钟。1998年11月20日至12月20日在第二、四套节目《中国报道》栏目中播出。

《健康之路》特别报道《抗洪灾·防疫情》

1998年夏,长江、松花江、嫩江发生百年不遇的特大洪水。为确保大灾之后无大疫,中央电视台《健康之路》栏目适时推出特别报道系列节目《抗洪灾·防疫情》。该栏目组先后派出5个摄制组,共20人次前往灾区采访,介绍灾区防病防疫现状以及当地医务部门采取的应急措施,并请专家在演播室讲评、回答观众关心的问题。随时通报由卫生部救灾办公室提供的灾区卫生防疫情况。该特别报道具有较强的针对性、权威性,对预防肠道传染病、红眼病、流行性出血热、中暑、血吸虫病、钩端螺旋体病等起到了重要的指导作用。非灾区的观众也从节目中了解到灾区的实况,并从中学到不少防病知识。该特别报道共86期,每期5分钟,1998年8月23日至11月15日在第一套节目每晚黄金时段播出。

电视系列报道《20年·20人》

1978年12月18日,标志着改革开放起步的十一届三中全会在北京召开。为纪念这个日子,中央电视台推出了纪念改革开放20周年特别节目20集电视系列报道《20年·20人》。该系列报道通过20位能够代表中国社会和中国人精神变迁的人物的故事,记录一段真实的历史,展现一段不寻常的岁月,试图用个体的生命活动来反映一个国家20年的改革成就,唤起中国人对20年历程的回顾和思考。该系列报道共20集,每集30分钟。1998年12月1日至20日在第二套节目《经济半小时》栏目播出。

′98曼谷亚运会电视报道

第十三届曼谷亚运会1998年12月6日至20日在泰国曼谷举行,中央电视台派出了共计130人的电视报道团,全面、迅速、准确、深刻地报道了曼谷亚运会。同时中央电视台第一次为组委会提供垒球转播的国际信号,受到亚广联的好评。

该节目的总体设计和节目制作力求创新,在主演播室包装节目的基础上建立亚运村分演播室,扩大了报道空间,增加了节目的鲜活性,同时在各主要赛场建立单边信号,加强了整体报道的优势。为办好《非常接近》栏目,中央电视台为运动队提供两台小型摄像机,由运动员自己确定选题,自己拍摄,使“奖牌背后的故事”生动活泼,最大限度满足观众的需求。在长达20天的《曼谷赛场》直播比赛过程中,充分利用双视窗和单边信号,使竞赛场、演播室、单边注入点有机地结合起来,大跨度超越空间距离,在一场比赛中灵活机动地插入另一场精彩比赛,两个赛场的播音员密切配合,使观众在完整收看一场比赛的同时又可以在第一时间了解到不同赛场同时或先后发生的热点赛事。1998年12月1日至20日中央电视台第一套、第二套、第五套节目播出新闻、专题、现场直播共计330小时。

′98世界杯足球赛专题报道《法兰西之夜》

《法兰西之夜》是第十六届世界杯足球赛期间中央电视台推出的专栏节目,是大型运动专题报道。

该节目以专栏的形式设有多个小节目。《世界杯多媒体》以反映世界杯新闻为主要内容,包括自采新闻、外传消息、网络消息、电话采访等;《遥望法兰西》重点介绍世界杯期间国内足坛的重点内容,强调中国足球与世界杯的距离,反映中国足球走近世界杯所做的各种努力;《关于法国》结合世界杯介绍主办国法国的风土人情、文化背景;《伴我雄心》撷取赛场精彩片段点评球事,并利用先进的虚拟演播室技术,为观众提供更新颖的视角;《我本英豪》重点推介绿茵场上各路得意或失意的英雄豪杰;《细说风雨》述说世界杯60多年的风风雨雨;《数字世界杯》及时报道关于世界杯的各项数字统计,如进球数、红、黄牌及各类专业数据,以提高节目的专业性;《游戏世界杯》以游戏方式,演绎另一个世界杯,让观众能够轻松、愉快地收看节目。除《世界杯多媒体》、《伴我雄心》外,其他小栏目均为不定期播出。节目的总体构成由主创人员结合当天的热点最后框定,以便及时、有效地反映世界杯的总貌。该节目均为现场直播,把当天最终的消息最快地传播出去,既强调了现场气氛,又缩短了与观众的心理距离。

在主持人设置上,注重不同类型的搭配组合,带领观众穿梭于中法之间,往来于历史与现实之间。总体包装与节目相得益彰、相辅相成,既突出了节目的外在形式,又承载了部分消息的传递任务。该节目还利用热线形式对比赛进行各种预测,观众参与踊跃,收到了良好的效果。该节目共33集,每集90分钟。1998年6月10日至7月18日在第五套节目播出。

′98“爱立信”中国乒乓球擂台赛

由中央电视台与中国乒协联合举办的爱立信中国乒乓球擂台赛,经历了三个春秋的历练,到1998年已逐步走向成熟。本项赛事始终坚持“振国球雄威、展国手风采”的宗旨,通过三年的擂台赛,推出了一批优秀、有才华的乒乓国手,实现了促进乒乓事业发展的目的。截止到1998年底,共在12个省、直辖市、自治区中的14个城市和地区举办了比赛。在选择主办地点时,注意选择一些边远地区及少数民族地区,使那些经济欠发达地区的观众也能有机会看到高水准的体育赛事。每周六15:50在第二套节目现场直播,长度120分钟。

电视专题片《决胜》

电视专题片《决胜》表现了在1998年南北洪水袭来的危急时刻,全国军民在以江泽民同志为核心的党中央的坚强领导和指挥下,万众一心,共赴危难,与洪水进行殊死搏斗,最终取得了抗洪救灾的伟大胜利。该片以磅礴的气势贯穿始终;荡气回肠的感人故事穿插其间;用思想和哲理的火花观照事实;雄浑与细腻交织;以纪实的手法传达出鲜活的现场感和厚重的历史感。1998年9月25日至27日在第一套节目播出,该片共3集,每集50分钟。

电视专题片《改革开放二十年》

1978年12月18日中国共产党第十一届三中全会召开,会议确定了解放思想,实事求是的思想路线,标志着中国开始真正走向改革开放的现代化之路。为纪念这次具有历史意义的会议,中央电视台摄制了系列专题片《改革开放二十年》。

该片每一集以一个题目为线索,围绕“真理标准”大讨论、农村联产承包、社会主义市场经济、思想解放、精神文明建设、法制建设、军队改革、科教兴国等主题独立展开,总体上“以横带纵”,使观众在回望别人故事的同时,看到昨天的自己;再从历史大背景的叙述和议论中,看到12亿中国人共同走过的辉煌历程。全片规模庞大,气势磅礴,生动感人,清晰再现了历史本身所具有的丰富性和生动性。片中选择了大量足以照亮岁月的鲜活细节,生动勾勒出20年沧海桑田的历史变迁。该片共12集,每集50分钟。1998年12月4日起在第一套节目连续播出。

电视纪录片《跨世纪的握手——江泽民主席访美纪行》

应美国总统克林顿的邀请,1997年10月26日至11月2日,国家主席江泽民对美国进行了为期8天的国事访问。中央电视台精心制作的电视纪录片《跨世纪的握手——江泽民主席访美纪行》再现了江泽民主席访美的盛况和取得的重大成果;阐述了此次访问的现实意义和深远的历史意义;通过运用大量的富有现场感的镜头和同期声,展示出今日中国在国际政治舞台上的强大地位和江主席的大国元首风范与人格魅力。该片共分五个部分:历史性的跨越、经贸科技合作的新天地、尊重历史增进友谊、国家风采和迎接新世纪。1998年6月19日在第一套节目播出,长度60分钟。

文献纪录片《周恩来》

为纪念一代伟人周恩来诞辰100周年,中央电视台与中共中央文献研究室联合拍摄了文献纪录片《周恩来》。该片真实、准确、生动地再现了周恩来不平凡的人生历程,着力表现了他在担任总理的26年间,为新中国取得的每一项重大成就所付出的心血与才智;他对真理的执著追求、对人民的无限忠诚、对事业的高度责任感,以及他那独具魅力的无私奉献精神;严于律己、清正廉洁、顾全大局、忍辱负重的崇高思想境界;全心全意为人民服务的公仆意识;实事求是、依靠群众、平等待人的思想作风等。全片在对重要历史事件、事实进行客观冷静叙述的同时,努力运用文献资料营造一种整体的历史感,借此表达创作者对历史和人物命运深刻的思考,以求对我们今天乃至今后的事业有重要的启示。该片共12集,每集50分钟。1998年2月22日至3月2日在第一套节目播出。

文献纪录影片《周恩来外交风云》

文献纪录影片《周恩来外交风云》着重展示了新中国建立以来,周恩来作为我国外交事业的主要奠基者之一,以决策人、指挥者、实践家三位一体的身份,在长达26年的时间里,以异乎寻常的智慧和才能,为新中国的外交事业做出的杰出贡献。影片按照历史的沿革,将三十几个震动世界的大事件有重点地贯穿起来,让人在重温历史之余,感受到周恩来完整的人格魅力,感叹历史沧桑的变迁。该片运用了大量鲜为人知的纪实性影片资料,其中包括一部分从国外买进来的珍贵资料,有相当一部分是首次与国内观众见面。这是一部纪实性、观赏性、艺术性、思想性完美统一的佳作,是新中国外交史的一部教科书。由中央新闻纪录电影制片厂与北京建基文化传播公司联合摄制。1998年10月1日在第六套节目播出,长度90分钟。

文献纪录片《刘少奇》

1998年11月24日是刘少奇同志诞辰100周年纪念日。为纪念这位中国现代著名的无产阶级革命家、政治家、军事家,缅怀他献身中国人民解放事业、建立共和国和建设社会主义的丰功伟绩,展示他精深的理论建树和执著探索的胆识,弘扬他博大的革命胸怀和伟大的爱国主义精神,中央电视台和中共中央文献研究室联合摄制了文献纪录片《刘少奇》。该片摄制组历时一年半,足迹遍及国内16个省、市及俄罗斯、越南、柬埔寨等国家,采访了300多位直接当事人,掌握了大量鲜为人知的史实。通过编年与主题相结合的结构方式,把这位伟人的一生同国家命运相连,在宏大的历史背景下,凸现刘少奇鲜明的个性和独特的人格魅力,着力刻画刘少奇作为工人革命领袖、国家元首和普通公民坚毅的公众形象和丰富的内心世界。全片共6集,每集50分钟。1998年11月16日至22日在第一套节目播出。

纪录影片《丰碑》

为纪念邓小平逝世一周年,由中共中央文献研究室、中央电视台、中央新闻纪录电影制片厂联合摄制了电影纪录片《丰碑》。该片采用纪实手法,以大量珍贵的历史镜头真实地再现了伟人风采,高度浓缩了邓小平伟大光荣的一生,展示了他对祖国和人民的深情挚爱,也表达了全国各族人民对一代伟人的衷心爱戴和深切缅怀之情。江泽民总书记为本片题写了片名。李鹏总理在片中作重要讲话。钱其琛、黄菊、谢非、李长春等领导同志在片中追忆历史,真情流露。香港特别行政区首任行政长官董建华欣然接受本片采访。加利、基辛格、尼雷尔等世界政要在片中表达了对邓小平的敬意和悼念。邓小平的理论、业绩、风范是留在中国人民心中的一座永恒的丰碑,影片围绕这条主线,将伟人辞世后群众的追悼、怀念和伟人生前的活动结合在一起。影片第一次带领观众走进邓小平最后20年居住的地方,再现领袖人物的平常生活;邓小平的亲属提供的从未公开发表过的照片和资料从新的角度揭示领袖人物的内心世界。首次出现在观众面前的还有世界上惟一一条以邓小平的名字命名的街道。该片全长90分钟,1998年2月19日在第一套节目播出。

电视专题片《中秋夺城记》

电视专题片《中秋夺城记》,是为纪念济南战役50周年而拍摄的特别节目。该片以大量翔实的史料,客观真实地再现了发生在半个世纪前的那场浴血争夺,披露了其中许多鲜为人知的细节,使观众在领略战争风云的同时,真切地感受到那个时代军人的风采。该片分上、下两集,每集45分钟。1998年10月3日在第一套节目播出。

电视系列片《澳门岁月》

澳门将于1999年12月20日回归伟大祖国。在澳门回归倒计时一周年之际,中央电视台推出了电视系列片《澳门岁月》。该片以中国著名诗人闻一多所著《七子之歌》为灵魂,表达中华民族渴望祖国统一的情感。该片突出了澳门的特点,讲述了自1553年以来澳门的历史、经济、文化现状、中葡关系,以及在“一国两制、澳人治澳”的政策指导下,澳门回归的进程。全片共5集,每集50分钟。1998年12月20日起在第一套节目播出。

电视系列片《沙漠中的恩格贝》

电视系列片《沙漠中的恩格贝》记述了一群志愿者经过近十年的努力,在荒无人烟的沙漠中营造出一片绿洲的经历。

原鄂尔多斯羊绒集团副总裁王明海在1989年春天带领首批志愿者踏上了内蒙古自治区的沙漠之地恩格贝,他们买下30万亩沙地,用创造性的劳动——筑坝拦洪,引洪淤地,植树种草,养殖山羊和鸵鸟,走出了一条开发沙漠的新路。如今的恩格贝已经是一片沙漠中的绿洲,有10万亩土地的植被覆盖率达到了70%。他们的行动向世人展示着一个新思路——多种形式、多种体制开发沙漠是行之有效的。为此,志愿者们也付出了很多代价。

该系列片6集:《初识王明海》、《植树季节》、《走条新路》、《紧张的夏日》、《不言付出》和《秋天到了》,每集30分钟。1998年11月3日至10日在第四套节目陆续播出。

电视专题片《永恒的母校——北京大学百年校庆侧记》

《永恒的母校——北京大学百年校庆侧记》是中央电视台与北京大学联合拍摄的一部电视专题片。该片以北京大学百年校庆期间的种种活动为核心,采访了参加校庆的数百名北大校友,从一个横断面折射了北京大学百年来高举民主与科学的旗帜、引导整个民族向着光明的方向前进的辉煌历程。该片涵盖了北大校庆前后的一系列庆祝活动和学术活动,在有限的篇幅内给人较大的信息量,让广大观众对北大校庆有了全面的、立体的了解和认识。片中所采访的北大校友,从30年代毕业的老科学家到90年代毕业的青年一代,从在祖国各条战线默默奉献的劳动者到来自世界各国的留学生,具有广泛的代表性。既有父子校友、夫妻校友的感人故事,也有浓郁的师生情同学谊。一个又一个热烈的场面,一群又一群激动的人物,使整部专题片如同一首美妙的抒情曲。该片的视角由小及大、由浅入深,对北大精神和中华民族自强不息、求索不止的民族精神作了生动的阐发。1998年5月26日在第四套节目播出,长度35分钟。

《′98 架金桥电视交易会》

为扩大信息传播效果，满足社会各界对权威、准确、有价值信息的迫切需求，中央电视台联合国家知识产权局、国家产学研工程领导小组等单位共同主办了为期一周的“′98 架金桥电视交易会”活动，并选取两天分别进行现场直播。此次直播本着“为产品架金桥，为企业觅知音”的宗旨，以推广高新技术项目和产品、促进科技成果商品化为重点，宣传国家“科教兴国”方针，结合 1998 年抗洪救灾重建家园的宣传需求，设立产学研工程、专利技术、高新技术、重建家园四个展区，借助电视屏幕，系统地、成规模地介绍给社会各界。两天的直播，一场以产学研工程为主，另一场以“专利技术”为主，将 130 多家企业项目、产品有机地串联在一起，组成板块。在节目中特别开设“重建家园”板块，把“架金桥”与重建家园连在一起，进一步体现节目的社会性，同时也为灾区人民做实事。为突出信息节目短、平、快的特点，主持人用通俗易懂的语言，用清楚准确的画面，在短短的 30 秒钟内把参展项目展现在观众面前。为了更好地发挥电视直播的优势，在直播现场设置了 20 部直播热线电话，直接为企业牵线搭桥，通过电视手段实现了企业与客户的直接对话。共两集，每集 60 分钟。1998 年 11 月 19 日、20 日在第二套节目现场直播。

《′98“3·15”特别节目》

中央电视台联合国家技术监督局、中国消费者协会、最高人民检察院、最高人民法院、国家工商行政管理局、内贸部等部委及 16 家地方电视台共同制作的《′98“3·15”特别节目》，首次推出“6＋2”方案，其中“6”是白天六小时“3·15”行动直播报道；“2”是晚上两小时“3·15”晚会。′98“3·15”行动直播报道，涉及全国 24 个城市。节目分别由“假酒”、“楼患”、“传销”、“为了农村消费者”、“计量检测”和“为了尊严”6 个重点题材进行构架，推出一系列具有权威性、指导性的报道，每部分都有现场目击、焦点等新闻性小板块及“3·15”当天通过微波线路从全国 24 个大中城市传来的最新消息；此外，每个单元还有知识专题、漫画等别开生面的形式。该节目内容丰实鲜活，形式新颖多样，信息量大，报道有深度，特别是关于传销的报道，引起朱镕基总理的关注，节目播出后有关部门立即下达了取缔传销的通知。′98“3·15”晚会以丰富多彩的文艺节目贯穿，融知识性、服务性、参与性、娱乐性为一体，并力求突破往年“3·15”晚会内容。1998 年 3 月 15 日在第一套节目现场直播。

′98 春节晚会系列(3 台)

中央电视台 1998 年春节联欢晚会以“中华民族春节大团圆，万众一心迈向新世纪”为主题，以“热烈、祥和、欢乐、团聚、祝福、自豪、奋进”为基调，在中央电视台新建的一号演播厅现场直播了长达 260 分钟的精彩节目。调用大量地方演员和各民族节目，运用贺卡形式贯穿，精心安排结构板块是这台晚会的突出特点。从解晓东、范晓萱演唱的《健康歌》开始，进入潘长江、黑妹、大山合演的小品《一张邮票》，继以台湾歌手范宇文的一曲《我爱你中国》，转入纪实访谈《母亲河》，再推向毛宁、刘德华、张信哲两岸三地歌手同唱《大中国》，形成了思想性、艺术性、娱乐性、可视性圆满结合的中心板块，将晚会主题思想集中体现并推向高潮。另外还有那英、王菲演唱的《相约九八》；张也、杨丽萍、黄豆豆等表演的歌舞《走进新时代》、《梅》、《龙腾虎跃》；严顺开、赵本山、陈佩斯等主演的小品《我在马路边》、《拜年》、《王爷与邮差》；冯巩、牛群合说的相声《坐享其成》和赵丽蓉、巩汉林及众多电影老演员的《功夫令》、《正方与反方》等综艺节目。

′98 春节歌舞晚会《致春天》，以“祥和、欢快、优美、大气”为指导思想，选取中外各个时期具有代表性的歌、舞、乐优秀作品，加之独具匠心的创作节目，通过《致祖国》、《致同学》、《致亲人》、《致友人》、《致春天》5 大板块，多体裁、多视角地表达对春天的致意。整台晚会 160 分钟，在中国深圳的“世界之窗”和“锦绣中华”这两个集中体现中国文化和世界文化的主题公园实景拍摄完成。′98 春节歌舞晚会《致春天》是一台广场艺术、舞台艺术与电视艺术相结合的晚会。

′98 春节戏曲晚会《金虎闹春》，以“欢乐、祥和、喜庆、团圆”为主题，努力体现戏曲界在十五大精神鼓舞下和全国人民一样，满怀信心迎接未来的精神面貌，反映戏曲工作者不断开拓、创新、团结、奋发，为推动戏曲艺术的繁荣发展所取得的新成就，表现香港回归后梨园行新老艺术家欢聚一堂共度新春佳节的喜悦心情。晚会采用茶座式现场联欢形式，以中央电视台1000平米大演播室为中心，通过台上台下、场内场外跳进跳出的方式，充分体现晚会大团圆、大团聚、大联欢的气氛。节目以京剧为主，兼容评剧、豫剧、越剧、黄梅戏、川剧、高甲戏、晋剧等16个剧种，既有原汁原味的优秀传统剧目，又有获“五个一工程奖”的现代戏和专为晚会创作的思想内容好、艺术质量高的戏歌、电视小戏等共43个节目，长度240分钟。三台晚会于1998年1月27日春节除夕之夜分别在第一、二、三套节目播出。

′98抗洪赈灾晚会系列(3台)

1998年夏，长江、嫩江、松花江发生百年不遇的特大洪水。为振奋全国军民抗洪精神，慰问抗洪前线的广大军民，救助受洪涝灾害影响的学校学生。中央电视台制作了3场抗洪赈灾直播晚会。

大型赈灾义演晚会《我们万众一心》，由中央电视台、中华慈善总会、中国红十字会总会联合主办，1998年8月16日通过中央电视台第一、四套节目向全国及全世界现场直播。这台晚会明星荟萃，声势浩大。晚会的新闻纪实性突出，不断有一线抗洪军民的救灾场景和感人事迹出现在演出现场的大屏幕上，并贯穿于整场晚会。这些动人的现场画面和文艺节目有机地结合在一起，激发了人民抗洪的决心，把全国人民和灾区人民的心紧紧地凝聚在一起。晚会现场设立的募捐热线电话此伏彼起，接连不断，募捐工作从一开始就出现了热烈动人的场面。参加演出的演员们以及现场的工作人员频频慷慨解囊，以表示对灾区人民的一片爱心。整台晚会情深意切，真实感人，真正体现了一方有难，八方支援，万众一心，筑起新长城的民族精神风貌。

《抗洪精神颂》是中共中央宣传部、解放军总政治部、国家广播电影电视总局联合主办，中央电视台“心连心”艺术团慰问抗洪军民的大型文艺晚会。该晚会于1998年9月28日在中央电视台一号演播厅举行，并在第一套节目向全国现场直播。晚会以慰问抗洪军民，歌颂他们的英雄事迹，表现全国人民在以江泽民同志为核心的党中央的领导下，战胜洪水，重建家园，万众一心，众志成城，不怕困难，顽强拼搏，坚韧不拔，敢于胜利的伟大的抗洪精神为主题，在热烈而豪迈、悲壮而深情的氛围中，通过中央电视台和抗洪前线8个省电视台节目主持人和记者讲述真实的故事，大批抗洪军民先进代表出席和具有高度艺术感染力的精彩节目，把晚会一次次推向高潮。将音乐、朗诵、歌舞、小品多种艺术形式综合编排为一体，以舞美、音响、灯光多种手段渲染情景效果，是这台晚会节目的突出特色。整台晚会气势恢宏，真切感人，演员阵容强大，节目感染力强，是一曲热情歌颂伟大抗洪精神的时代壮歌。

大型赈灾义演晚会《为了灾区的孩子》，由教育部主办，中央电视台与中国教育电视台共同承办，1998年9月10日在中央电视台第一套节目现场直播。这台赈灾晚会的宗旨是为受洪涝灾害影响的学校学生进行募捐义演，保证灾区的教育事业不受影响，呼唤社会为他们奉献爱心。晚会由演艺界、教育界与各行各业知名人士联合参加，演出阵容庞大。并透过一组组满含师生深情的灾区现场照片，表述一个个鲜为人知的动情故事，具有一定的纪实性与可视性。该晚会募捐到4亿多元的钱和物，以实际行动帮助了灾区的教育事业。

《春潮颂——纪念改革开放20周年大型音乐会》

为纪念党的十一届三中全会召开20周年，宣传改革开放20年来的光辉历程和社会主义现代化建设所取得的伟大成就，宣传邓小平理论和党的基本路线，宣传党的十五大精神，中宣部、文化部、解放军总政治部、国家广电总局于1998年12月22日在北京人民大会堂联合主办了大型音乐会《春潮颂》。音乐会在《序曲》中拉开帷幕。共分《希望的田野》、《春天的故事》、《走进新时代》三个乐章，选择的曲目大多为反映时代风貌，体现历史进程，抒发人民情怀的优秀作品。这些作品脍炙人口，台上唱、台下和，交相呼应，场面壮观。音乐会荟萃了我国近20年来涌现出来的各音乐艺术门类的优秀演员，由百余人组成的大型交响乐队安排在人民大会堂舞台前区；乐队两侧与身后梯式台阶上是500余人组成的合唱队，气势宏大；舞台正中矗立着巨大荧幕，适时与音乐作品配合，播映精选的20年来珍贵历史资料画面。观众席中，由士兵、工人、农民、青年学生、少年儿童、科技及少数民族代表等组成多个演唱方阵，他们在演出高潮时与台上的演员共同演唱，营造热烈、欢快的剧场氛围。演出全部采用现场演奏、现场演唱的形式。1998年12月22日在第一套节目向全国作现场直播。长度100分钟。

《香江灿烂——纪念香港回归一周年大型文艺晚会》

纪念香港回归一周年大型文艺晚会《香江灿烂》,通过歌曲、舞蹈、器乐演奏、京剧、潮剧、高甲戏、纪实采访等艺术手段,再现香港回归的精彩瞬间,表现香港回归一年间香港各界人士的真实心态,通过艺术家们的精湛表演,表达全国人民和香港各界纪念回归的喜悦心情。在这台规模宏大的晚会上,范徐丽泰、金庸、李乐诗、刘琼等社会各界知名人士亲临直播现场,就人们所关心的问题,接受主持人的专访。杨丽萍、徐小明、卞留念、腾格尔、王海波、阎维文、张也、莫华伦、陈明、挪威"大地之子"演奏组、"卿梅静月"华乐演奏小组等著名演员及演出团体,为观众表演精彩的文艺节目。1998年6月30日在第四套节目现场直播。

《相约一九九八——庆祝香港回归一周年大型歌会》

为庆祝香港回归祖国一周年,再现这一历史时刻给中国人民带来的激情与喜悦,中央电视台与香港电视广播有限公司(TVB)在香港联合录制了大型歌会《相约一九九八》。

这台歌会在众多歌唱演员共同演唱的《一九九七,永恒的爱》中揭开序幕。歌会不仅演员阵容强大,场面气势恢宏,而且力求在歌会的形式上有所创新和突破。来自内地、香港、台湾的演员形成不同模式的对唱、重唱表演,成为这台歌会的显著特点。由通俗歌手演唱民歌是这台歌会的另一特点,特别是由港台流行歌星与内地民族唱法的演员联合演唱民歌更令人耳目一新。曾在国际乐坛上荣获大奖的数位著名歌唱家演唱的世界经典歌剧、音乐剧选段及脍炙人口的电影插曲给观众带来美的享受。

晚会由巩俐、陈红、曾志伟、沈殿霞等著名电影演员和演艺界知名人士出任嘉宾。歌会在香港无线电视城1000平米演播室实况录制,1998年7月1日分别在中央电视台第一套节目和香港无线翡翠台播出。

′98农民晚会《天地喜洋洋——献给中国农村改革20周年》

为了反映农村改革的伟大成就,表现中国农民战天斗地的奋斗精神及展示新世纪中国农村的希望,中央电视台推出了′98农民晚会《天地喜洋洋——献给中国农村改革20周年》。晚会以浓郁的乡土风情为底蕴,以20年历史的跨越为主线,以文艺节目、专题采访、种养殖竞赛、趣味农事竞赛及现场热线为构架,全方位、多视角、艺术化地体现了沧桑多变的中国农村和农民的形象。中央有关领导在晚会上为第三届中国杰出青年农民颁奖。晚会设立山东、山西两个分会场,主会场欢快热烈、场面宏大;分会场东西呼应,趣味盎然。晚会专题采访围绕农村联产承包、民主建设、科技兴农等主题展开,以点带面、纵横交织,回顾20年的风雨历程,展望世纪之交新农村的美好前景。晚会文艺节目有川江号子及陕北、江西兴国、山西河曲等民歌对唱;有评剧、豫剧、黄梅戏、花鼓戏等戏曲联唱及小品、相声、诗朗诵、歌舞等,由著名演员及山西、陕西、四川、江西、内蒙、西藏等地区的数百位农牧民联袂出演。1998年11月21日在第二套节目播出,长度100分钟。

《百鸟之声——′98"双汇杯"全国百首动画少儿歌曲卡拉OK电视邀请赛(决赛)》

《百鸟之声》决赛颁奖晚会是一台充满欢歌笑语的晚会。来自全国24个省、市、自治区的22名进入决赛的小选手,于1998年4月18日,相聚在中央电视台800平米的演播厅里,用优美动听的歌声,歌唱幸福的童年,歌唱祖国美好的未来。决赛晚会分为"男孩子的歌"、"童趣"、"心愿"、"妈妈的爱"、"走向明天"五部分。

决赛晚会中所演唱的歌曲创作年代的跨度近50年，其中有《只怕不抵抗》、《红星歌》、《跨世纪的新一代》等。这些不同年代的少儿歌曲，不仅内容健康向上，而且非常具有童趣。决赛晚会设“最佳表演奖”、“最佳演唱奖”、“最佳小歌手奖”和“伯乐奖”，同时还颁布动画设计奖。晚会串联手法新颖，由鞠萍和董浩担任决赛晚会的司仪，金龟子、潘长江和卡通小动物们以幽默、风趣的表演形式串联整个晚会。该晚会1998年4月18日在第二套节目现场直播，长度90分钟。

“六一”晚会《爱星满天——第四届全国少儿电视“金童奖”颁奖晚会》

1998年的“六一”晚会，既是孩子们的节日盛会，又是第四届“金童奖”的颁奖晚会。这也是中央电视台首次将颁奖晚会纳入“六一”晚会。在这台合二为一的晚会上，来自全国各地的小演员和许多知名演员表演了歌、舞、小品、杂技、音乐剧、武术、幼儿艺术体操等节目；同时通过专题全面介绍少儿电视节目40年的发展历程，介绍第四届“金童奖”获奖节目情况，以及为发展繁荣我国少儿电视节目在幕后默默耕耘的电视工作者的精神风貌。1998年6月1日在第一套节目现场直播，长度100分钟。

电视连续剧《难忘岁月——红旗渠的故事》

红旗渠在国际上被称为“世界第八奇迹”，又被称为“人造天河”。为开拓这条渠，林县人民苦干了10年，硬是用血肉之躯在无路可寻的崇山峻岭之间筑起了这条震惊中外、造福万代的长渠。该剧是一部劳动者和大自然搏斗的壮丽史诗，是一首生命的赞歌。它再现了当年林县人民为改变命运，下定决心，没条件创造条件，艰苦奋斗，劈山凿石，粉身碎骨也不怕，终于引来漳河水的撼人心魄的历史画卷，鲜明地塑造了农村青年二旺，城市技术员刘广泰，县委书记阎运德和基层干部“王大炮”及善良的大旺，宽厚的扁担叔等人物群像，使人回想起那段难忘的岁月，品味那段难忘岁月留下的奋斗和牺牲精神，那种值得90年代人去念恋和追寻的伟大境界。中央电视台影视部、河南电视台、林县市委市政府联合摄制，共14集。1998年9月29日至10月29日在第一套节目播出。

电视连续剧《有这么一群兵》

该剧讲述了这样一个故事：在改革开放的新时期，二炮部队从温州地区招收一批富裕的温州子弟兵。这批兵入伍前有的开公司、办工厂，有的家庭富裕、从小娇生惯养。他们带着在市场经济中形成的对人生、对社会的最初认识来到军营，在部队这个大熔炉里经过锤炼，克服了自身的种种弱点，逐步成长为部队的技术骨干和国家建设的有用人才。该剧歌颂了新时期我军政治思想工作的威力，颂扬了温州青年富裕不忘保家卫国的爱国主义情操。中央电视台影视部与二炮电视艺术中心联合摄制，共8集。1998年2月12日至3月3日在第一套节目陆续播出。

电视连续剧《水浒传》

该剧是继《西游记》、《红楼梦》、《三国演义》之后又一部改编古典名著的力作。《水浒传》是中国文化史上伟大的文学作品之一，是一部流传甚广的通俗小说。用现代化的电视手段，以电视剧的形式表现这一巨著反映的历史，重新演绎一个英雄汇集、反抗强暴的壮烈故事，对弘扬中华传统文化有重要意义。

该剧是一部现实主义的大型电视连续剧，是宋元时代的社会景观图，是以塑造英雄为兴奋点的。它展示了以宋江为首的梁山好汉的众生相，奏出了一部雄浑悲壮的古代英雄交响曲。该剧拍得有气势，淋漓尽致地展现了农民起义的壮阔，也深刻揭示了农民起义失败的历史悲剧原因所在。中国电视剧制作中心摄制，共43集。1998年1月3日起在第一套节目连续播出。

电视连续剧《人间正道》

本剧以我国内陆经济欠发达的平川地区为切入口,以共产党人带领一千多万人民摆脱贫穷落后的经济大建设为主线。在两万八千平方公里土地上,在上至省委下至基层的广阔视野里,在国企改革、公司成败、反腐倡廉、基础建设等敏感的领域中展示了一幅幅气势磅礴、场面壮观的生活画卷。塑造了吴明雄、陈忠阳、刘金萍等一大批无私无畏、敢于为改革事业押上身家性命的当代英雄的形象。作品直面人生,客观而又深刻地揭示了前进中的重重困难和尖锐矛盾。歌颂了平川人民在党的领导下,排除阻力、创造人间奇迹的伟大力量,以及世纪之末的中国共产党人为人民、为祖国的富强而奋力拼搏的政治勇气、精神勇气和道德勇气。中国电视剧制作中心摄制,共 26 集。1998 年 5 月 13 日起在第一套节目连续播出。

电视连续剧《十七岁不哭》

本剧讲述的是十七岁孩子的故事。十七岁孩子的世界还很小,学校几乎是他们惟一的活动天地,学习是他们最主要的生活内容。十七岁孩子的心灵像张白纸,渗水性太强、太敏感。社会上各式各样的思潮都会多多少少被他们感受接收到。所以他们对挣钱经商、竞选、出人头地也有了自己的经历和想法,总是亲自尝了才肯承认苦。每一桩心事、每一次挫折都是一道坎,十七岁的孩子注定要在磕磕绊绊中成长。他们也正是在这个过程中学习自律与选择,因为谁都是一边受伤一边学坚强。孩子特有的乐观和青春的自信令他们能够骄傲地向明天承诺——明天他们会出色、会优秀、会更好。中国电视剧制作中心摄制,共 10 集。1998 年 2 月 3 日起在第二套节目连续播出。

《银幕采风——′98 中国电影贺岁片专辑》

中央电视台《银幕采风》栏目在 1998 年第 19 期推出了《′98 中国电影贺岁片专辑》。该节目以较强的权威性、可视性,向观众全面介绍了贺岁片这一新生的片种。不仅介绍了贺岁片的由来,而且还介绍了 1998 年拍摄的 7 部贺岁片,同时还采访了所有贺岁片的主创人员。该节目突出了节日气氛,片花、场景、主持人服装等总体设计与贺岁片所体现的欢乐、祥和气氛相得益彰。在所有报道贺岁片的媒体中,本专辑是第一个全面、科学、到位地评价贺岁片的节目。1998 年 12 月 6 日在第一套节目播出,长度 30 分钟。

4 专 辑

一、中国电视事业暨中央电视台诞生 40 周年

中国电视事业暨中央电视台诞生 40 周年大会举行

中国电视事业暨中央电视台诞生 40 周年大会 10 月 9 日在京举行。江泽民、李鹏、李瑞环等领导同志为中国电视事业暨中央电视台诞生 40 周年题词。中共中央政治局常委、国务院副总理李岚清出席会议并讲话。

中共中央政治局常委、国务院总理朱镕基 10 月 7 日视察了中央电视台,对中国电视事业暨中央电视台诞生 40 周年表示祝贺。

中共中央政治局委员、书记处书记、中宣部部长丁关根等领导同志出席了会议。

李岚清代表党中央、国务院向中国电视事业的开创者,向全国的电视工作者和中央电视台的全体同志表示热烈的祝贺和衷心的问候。对进一步做好电视工作特别是中央电视台的工作提出希望。

李岚清、丁关根等领导同志为在中国电视战线工作 40 年的职工代表颁发了荣誉证书。

邹家华、张思卿等领导同志也出席了会议。

国家广电总局局长田聪明、中央电视台台长杨伟光在会上讲话。会议由国家广电总局副局长李树文主持,广电总局副局长同向荣在会上宣读了在中国电视战线工作 40 年的老电视工作者名单。中央电视台职工代表白岩松、老电视工作者代表沈力在会上发了言。

中国电视事业诞生 40 年来,取得了巨大的发展和成绩。目前,中央电视台播出 8 套节目,每天平均播出 160 多个小时的节目。中央电视台的节目能覆盖全球 98%的国家和地区,《新闻联播》、《焦点访谈》、《大风车》、《综艺大观》等栏目在观众中具有广泛的影响。

(摘自 1998 年 10 月 10 日《人民日报》)

出席中国电视事业暨中央电视台诞生40周年大会的中央领导和有关单位负责人名单

中央和有关部委领导:

中共中央政治局常委、国务院副总理　李岚清
中共中央政治局委员、书记处书记　丁关根
全国人大常委副委员长　邹家华
全国政协副主席　张思卿
中央外宣办公室主任　赵启正
国务院副秘书长　刘奇葆
中宣部副部长　徐光春
新闻出版署副署长　桂晓风

国家广播电影电视总局领导:

田聪明　李树文　吉炳轩　同向荣　赵　实
张海涛　王德新　杨伟光　安景林　张振华
王甘文　张振东

原广电部(广播事业局)领导:

吴冷西　梅　益　张香山　温济泽　周新武

李哲夫　王寿仁　谢文清　郝平南　金　照
卢克勤　聂大江　徐崇华　何栋材　李范笑

首都各大新闻单位负责人：

人民日报社总编　许中田
新华社副社长　张宝顺
光明日报社总编　王　晨
经济日报社总编　艾　丰
解放军报社社长　孙忠同
工人日报社社长　瞿祖庚
农民日报社社长　孙永仁
中国青年报社副总编　陈小川
中国妇女报常务副总编　卢小飞
科技日报社社长　焦洪波
法制日报社总编　陈应革
新闻出版报社副总编　张秀平
北京日报社副总编　林浩基
中央人民广播电台副台长　王健儒
中国国际广播电台副台长　汪勤文

中央电视台副台长：

赵化勇　刘宝顺　李　丹　李东生　刘宜勤

继往开来　再创辉煌

——在中国电视事业暨中央电视台诞生 40 周年纪念大会上的讲话

田聪明

各位领导、各位来宾、同志们、朋友们：

40 年前，中央电视台的前身——北京电视台在中国开播，这标志着我们从此开始书写中国电视事业的辉煌发展史。值此中国电视事业开创 40 周年、中央电视台建台 40 周年之际，我代表国家广播电影电视总局向全国的电视工作者和中央电视台的全体同志表示热烈的祝贺！此时，我们深切缅怀把毕生心血和生命奉献给中国电视事业的所有先驱，向他们致以深深的敬意！衷心感谢中国电视事业和中央电视台所有的开拓者、实践者 40 年来呕心沥血为中国电视事业的创建、发展和改革所做出的贡献！在这里，还特别要向为抗洪抢险做出贡献的全国电视系统广大采、编、播、工程技术人员等全体同志表示崇高的敬意和慰问！

同志们、朋友们，中国电视事业和中央电视台所走过的 40 年，是在党和政府亲切关怀下成长发展的 40 年。毛泽东、周恩来、邓小平等老一辈无产阶级革命家和以江泽民同志为核心的党中央第三代领导集体，都非常重视中国的电视事业和中央电视台的工作，经常给予指示和关怀。中国电视事业和中央电视台所迈出的每一步，都是在党和政府的正确领导、人民群众的热情支持和社会各界的大力协助下进行的。34 年前，毛泽东同志为我国的第一座电视台即中央电视台前身——北京电视台题写了台名；1988 年，邓小平同志题写了“中央电视台三十周年”；1993 年和今年，江泽民同志分别题词：“努力办好电视，促进社会主义物质文明和精神文明建设”、“更好地发挥电视媒体的作用，为改革开放和社会主义现代化建设服务”。所有这些，不仅为中国电视事业的发展指明了道路，而且极大地激励着电视工作者的工作热情。

这 40 年，是中国电视事业从零起步，一步步走向兴盛繁荣的 40 年。目前，全国已基本形成中央和地方，卫星、无线和有线相结合的现代化电视传播网络。全国 943 座无线电视台，1285 座有线电视台，共播出 1005 套电视节目；全国拥有 3 亿台电视机，观众超过 10 亿；中央电视台国际频道信号已送往全球。可以说，中国已成为名副其实的世界电视大国。

这 40 年，是中央电视台艰苦创业、逐步前进、改革发展的 40 年。特别是改革开放以来有了长足进步，从创立之初每周播出两次，每次播出 3 个小时，覆盖范围很小，只有 30 多名工作人员，发展成几千人的国家台，共开办八套电视节目和一个英语传送频道，每天播出 160 多个小时，技术装备达到了世界先进水平，对重大事件实现了同步报道，各套节目覆盖全国，部分节目信号覆盖全球，并正在亚洲、欧洲、非洲、北美洲、拉丁美洲和大洋洲逐步落地。这些辉煌业绩，倾注着中央电视台几代人不懈努力和奋斗的心血。

40 年来，特别是改革开放以来，作为党的宣传思想战线上一个重要方面军，中央电视台和全国各级电视台坚持以马列主义、毛泽东思想、邓小平理论为指导，在思想上政治上同党中央保持高度一致，牢牢把握正确的舆论导向，为党在各个时期的工作大局创造良好的舆论氛围做出了积极贡献。中央电视台的《新闻联播》、《焦点访谈》、《大风车》、《综艺大观》等一批名牌栏目，《春节联欢晚会》等一大批优秀电视节目以及地方电视台的一些栏目和节目，受到了党、政府和广大观众的喜爱。中国电视事业积极跟踪世界电视高新技术，加强电视理论研究，稳步发展各项事业，完善各项管理。目前，中国电视已成为在众多新闻媒体中最具影响和地位、最为普及和现代化的生机勃勃的传播手段，为建设世界一流电视台和中国电视走向世界打下了良好基础。

回顾40年来的奋斗、艰辛和辉煌，是为了激励我们开创中国电视事业更加美好的明天。江泽民总书记在党的十五大报告中指出：“有中国特色社会主义的文化，是凝聚和激励全国各族人民的重要力量，是综合国力的重要标志。”并强调发展广播影视事业，是有中国特色社会主义文化建设的重要内容。李岚清同志的重要讲话转达了党中央、国务院对我国电视事业和中央电视台的鼓励、爱护和殷切期望。根据党中央、国务院的要求，为实现党的十五大提出的跨世纪宏伟目标，中国电视工作者和中央电视台肩负的历史使命是神圣而艰巨的，这就要求我们：

一、要着眼于改革开放和建立社会主义市场经济体制的大局，进一步强化喉舌和服务职能

在这里，我们希望中央电视台和全国电视工作者要切实做到“学习学习再学习，深入深入再深入”。就是要认真学习马列主义、毛泽东思想，特别是邓小平理论，学习党的路线、方针、政策，学习专业业务知识。同时，要坚持深入生活，深入实际，调查研究，并把二者有机结合起来，准确传播党和政府的精神，深刻反映亿万群众在改革开放和现代化建设中的劳动和创造，准确把握舆论导向。

二、要着眼于21世纪的机遇与挑战，建设世界一流电视台

新世纪的到来为中国电视事业发展提出了新的更高的参照标准。作为国家电视台，作为中国对外宣传的一个窗口，中央电视台全体职工要树雄心、立壮志，抓住机遇发展自己，建设世界一流电视台。这就要求中央电视台以21世纪为新的时代背景，以世界一流电视台为奋斗目标来确定今后的发展战略和实施措施；要站在国家台的高度，加强与系统内的团结与合作，学会通过发挥广播电视系统的整体优势来做好自己的工作；要继续抓好节目质量和收视率的提高，尤其要下功夫抓好在海外落地的工作，积极筹办英语频道，为在全世界树立社会主义中国的良好形象不懈努力。

三、要着眼于知识经济、信息时代的要求，继续深化电视事业和中央电视台自身改革，进一步提高在多种传播媒体激烈竞争中的竞争能力

面对国内外传播媒体不断丰富、竞争日益激烈的现状，要保持中国电视事业发展的活力，全国电视系统，特别是中央电视台就必须进一步解放思想、更新观念，深化电视宣传和管理体制的改革。改革的一个重要成果是要使电视媒体的特色得以充分发挥，及时为观众奉献出导向正确、质量上乘，既具有浓厚的民族特色、又能体现改革开放时代特征的电视节目，不断满足人民群众日益增长的信息服务和精神文化需求。

四、要着眼于高新科技迅速发展的趋势，不断推动电视技术创新

电视是高科技产业，与高新技术日新月异的发展息息相关。中央电视台和全系统要充分发挥社会主义国家电视台的优势，紧紧跟踪世界电视高新技术的发展趋势，特别要密切关注数字电视、直播卫星电视等新的电视广播技术的最新发展，积极引进世界高新技术和先进的管理经验，通过试验和应用，不断增加电视节目的技术含量，提高节目的技术质量，继续扩大电视节目的有效覆盖和实际入户率。

五、要着眼于建设社会主义法制国家和我国电视工作的特点，进一步加快法规建设，加强依法管理，保证我国电视事业健康有序地发展

在改革开放和建立社会主义市场经济体制的全过程中，电视事业必须继续坚持一手抓繁荣，一手抓管理的方针。对现有的法规要不断充实完善，逐步提高等次和效力。随着事业的发展，还要及时制订相应的法规，切实做到有章可循；凡已制订的法规必须严格执行，切实做到有法必依，执法必严，违法必究。必须看到，在新的形势下，没有严格的依法管理，绝不可能有健康有序的繁荣发展。对此，各级广电行政部门，中央电视台和全国电视系统要有很高的自觉性。

六、要着眼于中国电视事业广阔的发展前景，培养一支政治强、业务精、纪律严、作风正的高素质电视工作者队伍

人才是电视事业发展的基本条件，特别是知识经济、知识创新和信息时代的大趋势，要求我们必须有一支高素质的队伍与之相适应。这次抗洪抢险宣传报道的实践再次证明，我们这支广播电视队伍是中央满意，人民信赖，经过考验能够打硬仗、打大仗的。这是我们对迎接新世纪、新挑战充满信心的基本点。同时，我们也应清醒地看到，新世纪要求电视工作者队伍，既要有较高的理论政策水平，又要有一定的社会实践经验和扎实作风；既要有现代观念、现代知识素养，又要有较强的专业水平。只有拥有这样的队伍，我们才能在迎

接新世纪、新挑战中再创中国电视的辉煌。

同志们、朋友们,21世纪即将到来,中国电视事业和中央电视台走过了40年征程之后正站在一个新的发展起点上。让我们紧密团结在以江泽民同志为核心的党中央周围,高举邓小平理论伟大旗帜,谦虚谨慎,再接再厉,同心协力,开拓创新,使中国电视这一充满活力和希望的朝阳事业在风云际会的新世纪鹏程万里,大展鸿图!

(原载《电视研究》1998年第10期)

深化宣传改革　坚持正确导向　为把中央电视台建设成为世界大台而奋斗

——在中国电视事业暨中央电视台诞生40周年纪念大会上的讲话

杨伟光

尊敬的各位领导、各位来宾、同志们:

今天,我们怀着兴奋的心情,隆重集会庆祝中国电视事业暨中央电视台诞生40周年。在这里,我首先代表中央电视台全体职工对中央领导和各位来宾的光临表示热烈的欢迎和衷心的感谢!

在毛泽东、周恩来等党和国家领导人的直接关怀下,经过老一辈电视工作者的辛勤努力,1958年9月2日创建了中国第一座电视台——北京电视台。创建之初,仅有三十多名工作人员,覆盖面积仅北京地区,电视节目内容、形式比较简单,主要播出电影、文艺演出、新闻纪录片等。60年代初期,共开办新闻性、知识性、娱乐性电视栏目二十多个,为电视事业的发展奠定了基础。“文化大革命”期间,北京电视台曾一度停播,随后才恢复播出。但由于电视工作者的努力,电视事业得以持续发展。1972年,实现了从黑白电视到彩色电视的转变。1978年5月1日,北京电视台正式更名为中国中央电视台,国家台的地位得以确认。

1979年以来,在改革开放大潮的推动下,在党中央、国务院的关怀下,全国出现办电视热,中央电视台的事业也得到较快发展;特别是最近五年,在党的十四大、十五大精神指引下,取得了高速度的发展。主要表现在以下六个方面:

第一,频道数量由1978年的两套增加到八套,除第一套以新闻为主的综合频道以外,还有经济频道、戏曲音乐频道、国际频道、体育频道、电影频道、农业·军事·少儿·科技频道、文艺频道等专业频道和英语传送频道。

第二,节目播出时间大幅度增加。1978年,平均每天播出十几个小时,1998年,平均每天播出160多小时。

第三,对外宣传从寄送录像带发展到以卫星覆盖全球,现全球98%的地区均可以接收中央电视台的电视信号,节目在海外落地工作取得了新成绩。据统计,有206个我驻外使领馆和一些海外华侨华人天天收看我台节目。

第四,技术装备已接近国际先进水平。五年来,加大了技术投入,引进了先进的采、录、编、播技术设备,大量采用数字电视技术,播出系统由模拟改为数字播出,播出方式由半自动转变为全自动播出。

第五,电视队伍不断壮大,从1978年的400多人,增加到现在近5000人(包括聘用人员),涌现出一批优秀的节目主持人、编导、记者、制片人、技术人员和管理人员。

第六,经营收入逐年大幅度提高,由主要靠国家拨款转变为自给有余,开始向国家上交部分资金。

中央电视台之所以能取得这些成绩,首先,是党中央、国务院对电视事业的关怀。毛泽东、邓小平、江泽民三代党的领导核心都十分关心电视事业。去年,中央领导同志直接对我台节目批示达64次;今年截至9月底又对我台节目作了58次批示,其中江总书记的批示有10次。10月7日,朱镕基总理、丁关根部长等到台里视察,并作了重要指示。10月9日,李岚清副总理、丁关根部长、邹家华副委员长、张思卿副主席又亲自到会。李岚清副总理作了重要讲话,全面阐明了做好电视工作的重要性,高度评价了电视工作取得的成绩,提出了进一步办好电视事业的五点要求。党中央、国务院领导从宣传指导思想到具体节目,都给了我们明确的指示,使我们在复杂条件下能把握正确的舆论导向。其次,是中宣部、广电部(总局)的正确领导。对重大宣传,中宣部、广电部(总局)都有明确部署,经常给我们具体指导。第三,是全社会,特别是新闻界和全国电视系统的支持。许多新闻、专题、文艺节目和电视剧都是各界专家、学者、作家、艺术家参与制作的,有许多是省市电视台制作的。第四,是我台全体职工的刻苦努力。比如,在今年的抗洪斗争中,我们派出700多人次到抗洪一线,拍到全国军民响应中央号召,万众一心,众志成城,同洪魔进行艰苦卓绝斗争的动人镜头。实践证明,我们这支队伍是忠于党的新闻事业、勇于改革、富于创造精神、特别能战斗的队伍。

中央电视台40年不平凡的发展历程,凝结着几代电视工作者的无私奉献。在这里,让我们向为中国电视事业做出贡献的老一辈电视工作者表示崇高的敬意。

孔子说:四十而不惑。在中国电视事业和中央电视台创建40周年之际,回顾我台走过的历程,主要有以下八个方面的体会:

一、坚持电视宣传工作的党性原则,自觉地同党中央保持高度一致,是坚持正确舆论导向的政治保证

中央电视台是国家电视台,是党、政府和人民的喉舌,是党的新闻事业的重要组成部分。中央电视台坚持以邓小平理论和党的基本路线为指导,认真落实江泽民总书记提出的"以科学的理论武装人,以正确的舆论引导人,以高尚的精神塑造人,以优秀的作品鼓舞人"的任务,在政治上、思想上和行动上自觉地同党中央保持高度一致。在宣传工作中,要增强政治意识、大局意识和责任意识,始终坚持正确的舆论导向,坚持正面宣传为主,坚持团结、稳定、鼓劲,弘扬主旋律,坚持多样化的方针,及时、全面、准确地宣传中央的路线、方针、政策,生动地反映人民群众火热的生活和他们的要求、愿望,以爱国主义、集体主义和社会主义的思想教育人民,用文明健康的文艺节目来丰富群众的文化生活。

二、不断深化电视改革,是中央电视台迅速发展的根本动力

近20年来,我们根据中央精神和中宣部、广电部(总局)的部署,解放思想,实事求是,一切从实际出发,不断强化电视改革力度。1992年7月,根据世界电视发展总趋势,结合中央电视台的实际,台分党组提出把中央电视台建设成为同我国大国地位相称的世界水平的电视台的奋斗目标。同时提出"以宣传为中心,以事业为基础,以管理为重点,以改革为动力,以繁荣屏幕为目标"的总要求,确定了"扬中央电视台之优势,汇全系统全社会之精华"的发展方针,提出"天上一颗卫星,地面一张销售网络"的对外宣传的发展思路。同时,根据党的十四大精神和中央领导同志的指示,台分党组提出要增强八个意识:喉舌意识、观众意识、改革意识、精品意识、竞争意识、管理意识、人才兴台意识、廉政勤政意识,在宣传、技术、财务、人事和经营管理等方面进行了一系列改革,取得了一定成绩。

在宣传改革方面,1993年,根据中央领导要抓好热点宣传的指示,开始推行电视节目栏目化,创办《东方时空》、《夕阳红》等新栏目,改进了《东西南北中》、《环球45分》等老栏目,受到观众欢迎。同年,新闻报道实现了滚动播出,第一套节目新闻播出次数由每天4次增加到12次。同时,在晚上黄金时间开办了《焦点访谈》。1996年,开办《新闻调查》、《实话实说》、《社会经纬》等节目,深度报道提高到新的水平。

1995年,在解放军总政治部、农业部、电影局的热情支持下,经原广电部批准,开办了加扰播出的戏曲音乐频道、体育频道、电影频道、农业·军事·少儿·科技频道和文艺频道,专业频道特色进一步突出,大大推动了全国有线电视的发展,满足了人民群众对电视文化多样化的需求。

1996年,在栏目安排方面,实施优胜劣汰的竞争机制,实行黄金时段栏目招标,促进了节目制作水平的提高;提出将第一套节目办成我台的精品频道,荟萃全台优秀节目、栏目,增强竞争力;提出把第二套节目办成以经济为特点的频道,新开办了《经济半小时》、《生活》、《中国财经报道》、《世界经济报道》、《金土地》等10个栏目,受到经济界的普遍欢迎;同时提出实行栏目主持人化,涌现了一批优秀节目主持人,提高了栏目的可视性。

1997年,对重大新闻事件进行直播报道,提高了新闻报道的时效性。香港回归72小时直播、党的十五大胜利召开的直播、长江三峡大江截流工程直播都达到专业水平。

在行政管理体制改革方面,实行三级管理体制,即在台分党组领导下,充分发挥编辑委员会、技术委员会和行政管理委员会的作用,加强系统间综合协调,形成台、中心、部(处)的三级管理模式,增强报道计划性,确保了政令畅通。

在人事制度改革方面,实行领导干部聘任制度,做到干部能上能下;实施"三六九"人才工程,加强了干部队伍的培养和梯队建设;在全国范围内招聘节目主持人,吸引大批电视专业人才;实行第二用工制度,缓解了事业发展迅速与人员编制紧张的矛盾。

在财务管理改革方面,制定节目经费指标包干制度,对《东方时空》、《夕阳红》等栏目试行制作经费承包;对剧中心、中国电视报社实行经济承包;各编辑部门实行经费包干使用;实行技术设备有偿使用。同时,加强量化管理,调动各部门工作积极性,让每个部门的领导和职工都注意开源节流,提高效益。

三、实施精品战略,努力提高电视节目质量,是保持中央电视台优势的关键

进入90年代以来,境外大台纷纷开办卫星电视频道,国内20多家省级电视台已上星,电视媒体间的竞

争日趋激烈。中央电视台分党组清醒地认识到,电视媒体间的竞争归根结底是节目质量的竞争。

1995年,针对电视剧生产状况,中央电视台率先提出强化精品意识,实施精品战略。1995年,台分党组确定以"团结鼓劲,狠抓精品"为全年工作总要求。几年来,精品战略的实施取得了一定的成果,推出了一批具有时代特点和民族特色的、能够代表中国电视最高水平的精品节目、栏目。

新闻报道节目从传统的画面加解说转变为同期录音录像、现场采访的纪实报道。以大型文献纪录片《毛泽东》、《邓小平》、《周恩来》和大型电视专题片《望长城》、《中华之剑》、《香港沧桑》为代表的一批精品节目的播出,成为近年电视屏幕的一道亮色。实施少儿"六个一百工程",初步改变了主要靠引进动画片的局面;电视文艺节目质量不断提高,《春节联欢晚会》、重大节日的庆祝晚会、"心连心"艺术团到基层演出、"3·15"国际消费者权益日专题晚会等大型晚会不断创新;优秀的历史题材电视剧《唐明皇》、《三国演义》、《水浒传》和现实题材作品《情满珠江》、《英雄无悔》、《和平年代》、《人间正道》等都受到观众的喜爱。

几年来,中央电视台有计划地重点推出新栏目,加强原有栏目改版,开办了一批具有较高水准、在国内具有一定影响、拥有固定观众群体的优秀栏目。比如,《东方时空》、《焦点访谈》、《新闻调查》、《中国报道》等深度报道受到全社会的关注;《新闻联播》、《中国新闻》、《新闻30分》进一步增强新闻可视性;《经济半小时》、《生活》、《中国财经报道》扩大了经济报道面;《夕阳红》、《大风车》、《社会经纬》、《体育大世界》、《半边天》等针对性明显加强;《综艺大观》、《曲苑杂坛》、《东西南北中》、《音乐电视城》、《旋转舞台》、《正大综艺》、《人与自然》、《'98环球》、《中国文艺》品种繁多、丰富多彩。《实话实说》栏目则进行了谈话类节目的有益尝试。

1998年,台分党组提出"深化电视宣传改革,加强频道整体包装",除第一套综合频道外,各专业频道要根据自身特点,办好特色栏目,使频道整体节奏鲜明,画面制作精美,同时加强节目宣传力度,给人以新的感觉。

精品战略实施收到了良好成效。五年来,中央电视台获国内外奖项的节目数量持续增长。1995年和1997年,《东方时空》、《焦点访谈》栏目获中宣部举办的首都主要新闻单位十佳名牌栏目。1997年,在"五个一工程"奖评选中,中央电视台制作和参与制作的16部电视剧获奖,占获奖总数的57%。在国际评奖中有12项获奖,其中香港回归报道获亚广联颁发的特别奖、《黄河的故事》获亚广联娱乐节目最高奖。这表明中央电视台新闻报道和文艺节目水平得到国际同行的认可。

四、坚持人才兴台方针,是提高队伍素质、节目质量和事业建设水平的重要措施

江泽民总书记提出,要加强队伍建设,建立一支政治强、业务精、作风正的干部队伍。中央电视台按照江泽民总书记的指示,提出"人才兴台"方针,实施"三六九"人才工程。

"三六九"人才工程的内容是:培养在职和后备台级领导30人,在职和后备处级干部600人,各系统业务骨干900人,形成梯队。这一目标的提出,大大推动了电视队伍的建设。几年来,台分党组培养、选拔了一批德才兼备、业绩突出、具有开拓创新精神的中青年业务骨干进入各级领导班子,初步形成了有利于优秀人才脱颖而出的良好机制。

实行第二用工制度改革,是"人才兴台"方针的重要组成部分。1993年,中央电视台开始面向全国招聘节目主持人和新闻播音员;1994年,经原广电部人事司批准,制定了第二用工制度的有关规定,当年招聘了200多名编辑、记者和工程技术人员,缓解了事业迅速发展与人员编制紧张之间的矛盾。至1998年初,中央电视台共聘用各类专业人才500多名,他们活跃在全台编播、采访、节目主持、技术制作、行政管理和经营工作等岗位,很多人已成为业务骨干。

"人才兴台"方针的贯彻实施,为中央电视台的改革和发展注入了新的活力,不仅带来了节目质量的提高,更可贵的是,形成了一种良好的竞争机制,充分调动了队伍的积极性和创造性,敬业、拼搏、奉献的精神得到较好的发挥。

五、深入实际,贴近群众,贴近生活,是提高电视作品可视性的关键

我们的实践表明,生动地反映人民群众的思想、工作、生活的节目,都比较受观众欢迎。所以,我们提倡记者、编辑到实践中去,到群众中去。在今年的抗洪斗争中,我们先后派出700多名记者到抗洪救灾第一线,拍下了许多珍贵的感人镜头;除及时播出新闻外,还制作了三集专题片《决胜》,播出了《我们万众一心》、《抗洪精神颂》两台大型文艺晚会。由于主持人、记者、编导深入一线,《抗洪精神颂》有80%的节目是新创作的同抗洪有关的内容,有三首新歌在群众中开始流传。这些实践充分地证明:生活是文艺创作的惟一源泉。我们的《生活空间》的记者深入到群众当中,亲切地讲述老百姓的故事;我们的"心连心"艺术团到革命老区、

农村、工厂、军营演出，受到热情的欢迎。

六、用先进技术设备武装起来，是电视事业发展的重要保障

科学技术是第一生产力。要实现建设世界电视大台的目标，除了要具备一流的人才外，还要拥有世界一流的技术装备。中央电视台分党组重视依靠科技进步、引进先进的技术设备，在节目制作、播出和传输等方面，都达到国际水平。

在节目制作方面，建立了数字演播室、数字后期制作系统；在播出方面，建立了数字录像机播出系统和数字压缩系统；在电视传输方面，建立了数字移动地面站和移动数字卫星新闻采集转播系统。移动数字卫星新闻采集转播系统和移动数字卫星地面站这两项新技术的采用，使新闻采集和电视实况转播扩大了空间，使过去不可能进行的转播重大新闻事件成为可能，使同步报道电视新闻事件的领域大大扩大。截止到 1997 年底，中央电视台已建成 9 个数字演播室、22 个数字后期制作系统、3 辆数字转播车、4 套数字移动地面站、50 套数字非线性编辑系统、多套二维三维动画制作系统、虚拟演播室系统、数字特技系统等。同时，我台还采用数字压缩技术，通过卫星传送节目信号到全国、全球。

七、坚持财务改革，抓好经营工作，是保障电视事业发展资金来源的重要条件

电视是一项重装备、高科技、大投入、大产出的文化事业。为筹集电视事业发展资金，中央电视台进行了一系列财务改革，增收节支，积极开展经营工作，各项收入连年增长，为事业迅速发展提供了有力的资金保障。

1979 年，中央电视台开始做广告，组织一部分收入，但整个 80 年代主要靠财政拨款。1991 年，中央电视台经财政部、原广电部批准，实行财务包干，定额拨款，超支不补，节余留用的办法。1991 年，中央电视台广告创收达到 2.7 亿元。最近几年，由于节目质量提高，广告经营加强，实行第一套黄金时间广告招标等办法，使广告收入连年大幅度提高。1997 年，广告收入达到 41.7 亿元，纳税和上交文化、教育、扶贫等各种资金达 12 亿元，台内全年开支 30 亿，有力地保证了香港回归、十五大召开等重大宣传的进行。

为避免事业收入过于依赖广告，我们提出“建设第二经济支柱”的思路，把中国国际电视总公司建成实业集团。1997 年中国国际电视总公司按企业集团模式进行了重组，理顺企业内部关系，扩大公司经营规模，巩固全国销售网。总公司已成为国内最大的电视节目集散中心，中国电视节目代理公司已初步建立了覆盖全球的节目外销网络。新影厂和科影厂划归中央电视台以后，迅速摆脱困境，已初步建成重要的电视节目制作基地。近十年来，中央电视台相继组建无锡、涿州、威海、南海等影视基地。其中，以无锡影视基地部分景区组成的中视影视基地股份公司于 1997 年正式挂牌上市，开始了资本经营的有益尝试，影视基地逐步由事业服务型向企业经营型转化。

八、加强党的领导和精神文明建设，是办好电视的根本保证

作为党、政府和人民的喉舌，我台一直坚持政治家办台的原则，围绕电视宣传的中心任务，积极开展党的工作，加强党的领导和思想政治工作，注重发挥基层党组织的战斗堡垒作用和党员的模范作用，增强了全台的凝聚力，提高了全台干部职工的政治素质、业务素质，确保大家以良好的精神状态投入报道工作，顺利完成党交给的各项宣传任务。

在党的思想建设中，我们特别强调做好社会主义精神文明建设，用邓小平理论武装全台职工。近几年来，围绕党中央的指示精神，及时组织全台党员学习党的十四大、十五大会议精神，举办了《邓小平文选》读书班、邓小平理论学习班等多期理论学习班，这对于统一全台思想认识，把握正确舆论导向起到了积极作用。台机关党委、台分党组、纪检组还十分重视基层党组织建设，严格执行民主评议制度，在全台基层组织中开展“创先争优”评比，表扬先进，批评后进，提倡勤政廉政，反对行业不正之风，增强了队伍的凝聚力和战斗力。我台连续五年被评为首都文明单位标兵，是首都两个五连冠精神文明建设标兵之一。

回顾过去，我们创造了辉煌；展望未来，我们深感任重道远。

中国电视事业 40 年辉煌的历程激励我们要抓住机遇，进行第二次创业，为把中央电视台建成世界有影响的大电视台而努力。

当今国内外电视媒体竞争异常激烈。中央电视台如何发挥国家台的优势，更好地为党的十五大提出的“高举邓小平理论伟大旗帜，把建设有中国特色社会主义事业全面推向 21 世纪”的宏伟蓝图服务，是摆在中央电视台每一位职工面前的首要问题。丁关根同志提出，新闻宣传工作要在牢牢把握正确舆论导向的基础上，总结经验，开拓创新，在服务中心、服从大局，增强权威性上下功夫；在写出高度、写出深度，增强指导性上下功夫；在贴近生活、贴近群众，增强可读性上下功夫，把新闻舆论工作提高到新水平。为此，我们要在 40 年事业发展的基础上，根据中央深化改革的精神和

广电总局的部署,制定中央电视台下个世纪切实可行的战略目标。

首先要加强邓小平理论的学习,坚持正确的舆论导向。

要紧紧围绕高举邓小平理论伟大旗帜,把建设有中国特色社会主义事业全面推向21世纪这个主题,积极、全面、准确、深入地宣传贯彻党的十五大精神,坚持党性原则,坚持实事求是,坚持把握正确的舆论导向,坚持为全党全国工作大局服务,坚持团结稳定鼓劲、正面宣传为主的方针,为落实十五大确定的各项任务创造良好的舆论环境。要加强学习马列主义、毛泽东思想,特别是邓小平理论;学习电视专业知识,掌握电视制作规律,提高电视艺术表现技巧;学习历史、经济、科技、法律等方面的知识,并在实践中不断总结,增长才干,努力提高自身素质。

二是要继续深化电视宣传改革,走民族化的道路。

要进一步解放思想,更新观念,强化频道和栏目建设,提高节目质量,不断提高电视节目的可视性。实行内外并举的方针,对内对外宣传都要继续提高新闻节目的时效性、针对性,提高舆论引导水平。要注重发挥电视新闻的舆论监督作用,抓好群众关心、领导重视、普遍存在的热点问题的报道;同时把握好度,批评之后应有结果,防止片面追求轰动效应。按照朱镕基总理的要求,把热点节目办成:“舆论监督,群众喉舌,政府镜鉴,改革尖兵。”

三是强化精品意识,继续实施精品战略。

要集中优秀的人才、精良的设备、足够的资金,制作一批具有时代特点和民族特色的、能够代表中国电视最高水平的精品专题片、电视剧和电视文艺节目,争取每年创作一两部公认的精品。同时,全面提高节目质量,对内和对外都要办出更多的名牌栏目,以便让电视观众的遥控器更长时间地停留在中央电视台的频道上。

四是加强对外宣传,办好国际频道。

认真抓好信号落地工作,扩大用户,“把中央电视台办成中国和世界沟通的桥梁和纽带”。为了适应世界电视发展的趋势,为了与资本主义电视媒体竞争,为了推动中国在21世纪新的崛起,我们在意识形态领域必须同西方进行竞争,打破西方的片面宣传,在全世界树立起社会主义中国的良好形象。因此,我们要通过电视媒体,向世界传播中华优秀文化,报道中国对世界重大问题的观点,介绍中国改革开放的情况。

五是增强为人民服务的意识。

作为电视工作者,要“念念不忘观众”,牢固树立为中国电视观众服务、为全世界关心中国的电视观众服务的意识,不断创作出思想性、艺术性俱佳的电视精品,以此奉献给广大群众。

六是加强党的领导。

要紧紧围绕党和国家的中心工作,积极开展党的工作,加强党组织的建设,发挥党组织的战斗堡垒作用和党员的先锋模范作用;讲学习、讲政治、讲正气,努力造就一支政治强、业务精、纪律严、作风正的电视队伍,以良好的精神状态投入到各项宣传报道任务中去。

同志们,回顾中央电视台40年的发展情况,可以看出,高举邓小平理论伟大旗帜,解放思想,实事求是,锐意改革,真抓实干,是中央电视台工作不断进步、事业持续发展的关键。

展望未来,前程似锦。我们要响应江总书记关于“更好地发挥电视媒体的作用,为改革开放和社会主义现代化建设服务”的号召,高举邓小平理论伟大旗帜,认真学习党的十五大精神,全面贯彻以江泽民同志为核心的党中央制定的各项方针政策,认真总结40年来的宝贵经验,发扬优良传统,深化改革,开拓创新,团结鼓劲,扎实工作,创造充满中国风格和中国气派的电视事业,更好地为改革开放和社会主义现代化建设服务,为全党全国工作大局服务。

(原载《电视研究》1998年第10期)

让今天的梦想成为明天的现实

——在中国电视事业暨中央电视台诞生40周年纪念大会上的发言

白岩松

今天站在这里,代表台里的职工讲几句话,对于我这个年轻的电视人来说,是一件深感荣幸的事情。

1978年,当我们台正式以中央电视台这个称号和所有观众见面的时候,我10岁,而今年我已30岁整。回首过去这20年,正好是我成长中最重要的岁月,对于我这个生长在边疆小城的孩子来说,电视告诉了我:外面的世界是什么样的,并让我在这种了解中慢慢地铸就了自己的愿望。

5年前,我自己也成为中央电视台的一名职工。进台之后我才知道,40年前,当电视拓荒者站在起跑线的时候,中国电视机的数量还不到50台;然而经过拓荒者一年又一年的努力,40年前的电视星星之火,已成今日的燎原之势,中央电视台已成为拥有观众最多、影响最大的电视媒体，已成为党和人民的喉舌，已成为现代中国的一个组成部分。这是对老一辈电视工作者最大的回报。

先辈的工作越是出色，我们新一代电视人的压力和责任也就越大。电视机再不是40年前的50台，而是今天的3亿多台了，作为中央电视台的一名职工，我们党和人民在关注我们，期待我们再铸辉煌。面对这种压力和期待，我们只有百倍地努力，才会不辱使命。

10月7日，朱镕基总理来到我们中间，"舆论监督，群众喉舌"这八个字告诉我们，党和人民的愿望是高度一致的。我们只有把手中的镜头当成一支记录历史的笔，以责任感为依托，才能完成党和人民赋予我们的光荣使命。而"政府镜鉴，改革尖兵"这八个字更是领导与观众对我们的期望。我们只有厚积薄发，深入学习、理解、贯彻党和政府的路线、方针、政策，坚持正确舆论导向，努力提高舆论引导水平，为观众奉献精品节目，才能在将来回顾自己走过的道路时，不会懊悔与自责。朱镕基总理这十六字赠言对我们是很大的鼓舞，它让我们在回顾过去40年走过的道路时，更多地把关注投向未来。

在平日的工作中，我强烈地感受到，无论是台里的各级领导还是每一位普通的职工，心中都有一个梦想：

如果说，在过去的40年里，中央电视台为所有观众打开了一个了解世界、了解身边生活的窗口，那么，在未来的岁月里，在马上要到来的新世纪中，经过我们共同的努力，中央电视台一定会成为世界了解中国的一个最好的窗口。

当我们一个又一个的电视人在记录历史的时候，其实我们也被历史记录着。也许我们每一个人的力量并不够强大，然而当我们汇聚在一起，当我们所有人都在努力的时候，我们相信，今天的梦想会在明天成为现实，为此我们奋斗。

（原载《电视研究》1998年第10期）

春蚕吐丝无所求

——在中国电视事业暨中央电视台诞生40周年纪念大会上的发言

沈　力

在庆祝我台建台40周年之际，我代表离退休的老同志们说几句心里话。

40年前，正值我们风华正茂的大好年华，大家从四面八方云集到一起，开始了对电视事业的开拓与耕耘。那时，电视事业还是一块没有被开垦过的处女地，既没有属于自己的楼房，也没有先进的技术设备；既没有像样的演播大厅，也没有正规的录音间；既没有现成的教材，也没有专业人员，甚至很多人还不知道电视是什么样子。可我们有的是中华民族的志气和敢于拼搏的勇气。

在各级领导的关怀、指导下，大家心往一处想，劲往一处使，互相关心、互相支持、互相提醒、互相补台，兢兢业业，一丝不苟，顺利地完成了一次次的播出任务。

正是这些当年风华正茂的热血青年，在数不清的挑灯夜战中，青丝变成了白发，皱纹爬上了脸庞。为了我国的电视事业，大家无私地奉献出了人生最美好的年华。

今天，当我们庆祝中国电视40岁生日的时候，当我国电视事业腾飞与辉煌的时候，我们感到由衷的欣慰，感到无怨无悔，感到自豪与骄傲。

请接受我们这些电视老兵的真诚祝愿：祝愿我国的电视事业不断攀登，再创辉煌，为造福人类做出新的贡献。

最后，请允许我用一首小诗表达我们的心意：

风霜雨雪四十秋，
春蚕吐丝无所求。
甘为荧屏添砖瓦，
喜看电视筑高楼。

（原载《电视研究》1998年第10期）

荣获广播电影电视总局颁发的从事电视工作40周年老同志荣誉证书人员名单

中央电视台

曹淑贤　陈振翟　戴五生　方庆浩　顾群星
化　民　冀　峰　孔令铎　李　华　李玉英
林景云　刘贵林　罗　丹　孟启予　潘殿奎
庞　啸　秦芝莲　沈　力　宋　珑　孙同耕
苏　实　王化南　王　平　王喜明　王兴华

王元洪 吴玉珍 徐家察 徐增祁 叶 惠
于碧云 曾文济 张正道 赵 琳 周纯荣
佟庆德 晏惠芳 史启新 康纯生 毛玉山
段小常 曾心影 杨 洁 文英光 贾 然
江苏省广播电视厅 王 蕴
河北电视台 陈增来
上海电视台 胡文金
黑龙江电视台 任绍久
天津电视台 王玉芬 李跃增

务实节俭庆华诞

——中央电视台诞生40周年纪念活动总结

四十春秋,岁月如歌。40年前的今天,中央电视台(当时称为北京电视台)在年轻的共和国的怀抱中诞生了;40年后的今天,中国电视事业蒸蒸日上,前程似锦。中央电视台已发展成为中国第一大台,成为在世界上具有重要影响的电视传媒。

为了庆贺40周年华诞,本着"务实、节俭"的原则,经广电总局党组批准,中央电视台于9月1日至9月2日举行了一系列纪念活动,并在10月9日隆重举行了中国电视事业暨中央电视台诞生40周年纪念大会。台庆活动在抗洪抢险的特殊情况下及时调整方案,圆满完成了各项活动。整个台庆工作组织周密,安全有序,成果显著,体现了中央电视台人才荟萃的优势和一流的工作效率,达到了"发扬成绩、鼓舞士气、扩大交流、增进友谊,在全国乃至世界上树立中央电视台良好形象"的目的。

中央电视台建台40周年纪念活动,在全国万众一心抗御洪灾的特殊背景下结束了。虽然台庆规模有所缩小,庆祝活动尽量保持低调,但与以往相比,此次规格和组织水平却达到一个新的高度,保留了大量珍贵的文献资料、图片资料,也为今后举办类似的综合性大型活动积累了许多可资借鉴的宝贵经验。

建台40周年的庆祝活动主要有以下几个特点:

1.江泽民等中央领导同志题词祝贺,体现了对中央电视台的亲切关怀

党中央历来重视电视事业的发展,重视中央电视台的工作。值此中央电视台建台40周年之际,江泽民等中央领导欣然题词,表示祝贺和勉励。中央领导的题词和朱镕基总理、李岚清副总理针对中央电视台工作的一系列重要讲话,给中央电视台职工以巨大的精神鼓舞,全台掀起了一个学习中央领导题词和讲话精神的热潮。

2.中国电视事业暨中央电视台诞生40周年纪念大会盛况空前

10月9日,国家广播电影电视总局在京西宾馆礼堂隆重召开中国电视事业暨中央电视台诞生40周年纪念大会。党和国家领导人李岚清、丁关根、邹家华、张思卿及中央宣传思想工作领导小组成员、广电总局领导、原广电部(广播事业局)领导、首都各大新闻单位的领导、全国各省广播电视厅厅长、省台台长及全台职工代表计1000多人出席大会。李岚清副总理作重要讲话。广电总局局长田聪明、中央电视台台长杨伟光也在会上回顾了电视事业的发展,提出了电视事业今后的发展目标。会议还向来自全国各地在电视战线工作40年的老电视工作者颁发了荣誉证书。会后,中央电视台还向在台工作30年的老同志颁发了证书。

3.台庆招待会及海外嘉宾的接待工作显示出一流大台的水准

8月31日至9月3日,中央电视台邀请了多家国际知名的电视机构代表来京参加台庆纪念活动。包括:美国映佳传媒集团、美国有线新闻网(CNN)、加拿大新时代电视公司、德国电视二台、澳大利亚南方之星有限公司、南非多选公司、日本放送协会(NHK)、泰国正大集团、韩国广播公司(KBS)、香港无线电视台、台湾无线卫星电视台、澳门广播电视有限公司等来自世界各大洲22个电视传媒的59位代表。台庆办公室和外事处、文艺部精心筹划并出色完成了来宾接待及招待会上的文艺演出工作,来宾们普遍表示满意。

9月1日晚,中央电视台建台40周年招待会在香格里拉饭店举行,招待会简朴、隆重、适度,形式别具一格。会前,广电总局领导、首都新闻单位的负责同志、台领导与境内外来宾在会场自由交谈,互道问候,并就有关合作事宜交换意见。在自助餐厅,由赵安、刘欣主持的联谊会给来宾留下了深刻印象,展现了中央电视台职工较高的专业素质和艺术修养;台内职工和银河艺术团的孩子们表演了器乐演奏、歌曲、歌舞、魔术、京剧等精彩的文艺节目;李丹副台长、经济日报社副总编庹震及多位国外电视界同行也即兴登台表演,为招待会增添了轻松、喜庆的气氛。

4.专题晚会《我深深地爱着你》成为广大电视工作者的一次盛会

9月2日晚,现任及历任广电总局(部)领导、现任及历任台领导、海外22家电视机构的负责人和首都文艺界知名人士、台内各部门职工代表1000余人参加了在一号演播大厅举行的大型专题文艺晚会《我深深地爱着你》。晚会总计100分钟,回顾了建台40周年的

风雨历程,以及在党的三代领导人的亲切关怀下,在几代电视工作者的辛勤努力下,中央电视台从无到有,从小到大,逐渐走向成熟并跻身世界一流大台的历史轨迹和必然趋势。

晚会主题鲜明、内容紧凑,融合了多种艺术形式,具有鲜明的民族特点、电视色彩和时代气息。晚会在节目编排、舞美、灯光、音响、服装、化妆、道具等方面均有创新。其中开场歌舞《今夜华诞》气势宏大,以介绍中央电视台八套节目为主要内容的结尾场面激动人心,意味深长;游戏节目《技高一筹》、民乐演奏与童声伴唱的《闲聊波尔卡》等令人耳目一新;琴声与心语《四十不惑》表达了不同职业和背景的老艺术家对电视的一往情深;小品《今天是你的生日》真实再现了电视工作者在"大家"与"小家"之间面临的艰难选择;相声《假如没有电视》以诙谐的语言说明了电视在群众日常生活中的巨大作用;舞蹈《女儿红》、戏曲《琳琅满目》和少数民族歌舞体现了电视的兼容优势和民族特色。

5. 编辑出版一套高质量的"跨世纪电视丛书"

为了总结40年来特别是近5年来我国电视事业发展的经验,根据台分党组的决定,中央电视台编辑、出版了一套"跨世纪电视丛书"。丛书共计10种,400万字。它们是:《中国电视论纲》、《中央电视台发展史》、《重大新闻现场直播文案选编》、《电视新闻文集》、《电视文艺文集》、《电视专题文集》、《电视管理文集》、《电视技术文集》、《荧屏金杯录》、《中国电视美术》(画册)。

《丛书》坚持以邓小平理论为指导,坚持正确的舆论导向,内容既有对往昔的回顾,又有对现实的分析、对未来的展望;既有实践经验的总结,又有理论的升华,从不同侧面反映出中央电视台40年发展轨迹与现实风貌。中央电视台专门成立了丛书编辑委员会和丛书编辑部,历时8个月完成全部编辑出版任务。"丛书"的编辑工作计划性强,编辑力量雄厚,成果显著,标志我台的电视理论建设达到了一个新的高度,其中《中国电视论纲》被列为国家重点社会科学课题。"丛书"出版发行后受到社会各界好评,已经出版的2800套丛书发售一空。8月20日,由中央党校邓小平理论研究中心、广电总局、中国广播电视出版社联合在人民大会堂召开了《中国电视论纲》的出版发行座谈会。会上,中央党校副校长龚育之称《论纲》阐述的有中国特色社会主义电视理论是邓小平理论的一个组成部分,充分肯定了《论纲》及"跨世纪电视丛书"出版的重要意义。

6. 专题片《春风夏雨40年》形象反映了中央电视台40年的发展历程

为配合建台40年,新闻中心评论部制作了特别节目、纪实专题片《春风夏雨40年》(50分钟)。该片全面介绍了中央电视台40年的业绩,特别反映了最近5年的改革与辉煌。专题片以1998年元旦零时到7月1日中央电视台的重大活动和日常运作过程为基本框架,通过不断闪回对过去的追忆和电视在政治、经济、文化等领域的影响,来反映中央电视台从无到有、从小到大的发展过程和形象,突出表现了一代又一代电视工作者的社会责任感和良知,以及他们为理想、为电视事业的发展而奋斗的高尚情操。该片在创作上做到引述事实的理性化、理论思考的感性化,并综合调动电视的各种表现手法,使观众感觉到可视性高、耐人回味,与以往的庆典片相比,有很大的突破。

摄制组自1997年底成立以来,对100多位人物进行了采访,查阅了大量文献资料,邀请各方面人士召开了十多次讨论会,在1998年1月份完成初稿并得到台编委会的肯定。在后来的拍摄过程中又根据新的发现,先后四易其稿。

7. 制作台庆祝贺片《来自海外媒体的祝贺》受到海外媒体的广泛支持

为了展示中央电视台作为世界大台在国际电视媒体中的地位,介绍中央电视台与各国电视机构的友好合作关系,同时借此机会向海外观众展示近年来中央电视台国际频道信号覆盖全球并在许多国家和地区落地的情况,海外中心对外联络部制作了长达30分钟的专题祝贺片《来自海外媒体的祝贺》,节目包括来自世界各大洲12个国家和地区的20家电视机构。由于长江等地遭受特大洪灾的原因,祝贺片没有在台庆期间播出,但祝贺片的复制带在9月3日、4日都送到了来台参加台庆的这20家电视机构的负责人手中。他们对此表示非常感谢。祝贺片最后安排10月10日在第四套节目中播出,日本大富等几家电视机构都作了收看,并再次打来电话表示祝贺。

8. 台庆纪念册《中国中央电视台40年》印制精美,出版质量高

台庆纪念画册以文字和图片为载体从一个侧面反映了中央电视台建台40年来尤其是近5年来的发展轨迹。画册收录了建台以来,以毛泽东、邓小平、江泽民同志为核心的党中央三代领导集体对中央电视台重视和关怀的内容;收录了近年来中央电视台组织香港回归电视报道等重大报道活动;收录了实施精品战略、繁荣电视屏幕所取得的丰硕成果;收录了近年来积极引进先进电视技术,加快数字化步伐,改善节目制作和播出技术条件的种种举措;以及在行政管理、服务保障、广告经营等方面取得的成就。画册共100页,图片600多张。

9. 为老同志颁发荣誉证书的工作细致周到

经台领导研究决定,由人事办公室负责向台龄30

年和40年以上的老同志颁发荣誉证书。经过逐一统计并核实,台龄满40年的有于碧云等计45人,台龄在30年以上的有丁俐丽等174人。这项工作表明了中央电视台对于为电视事业付出毕生精力、做出巨大贡献的老电视工作者的感激和崇敬。

此外,摄制纪录片《中国中央电视台》、编印《中央电视台简介》(中文、英文版)、制作并发行台庆邮资明信片、首次为台庆设计整体标识等配合性工作也取得较好的宣传效果。

台庆工作取得成功的原因主要有以下几点:

1. 各级领导重视、关心。这次台庆纪念活动不仅是纪念中央电视台建台40周年,同时也是纪念中国电视事业诞生40周年,所以各级领导非常重视这项工作。广电总局领导曾多次就庆祝活动的有关问题做出指示,杨伟光等台领导也数次听取准备工作汇报,要求各项活动周密组织,争创一流,体现出大台风范。

2. 台内各部门密切配合

台庆活动中涉及节目宣传、外事、保卫、消防、财务、翻译、人员统计等繁琐的工作,有关部门总是尽最大努力予以解决。9月3日早晨,当海外客人离开时,外事处同志及时送上了连夜赶制的台庆晚会录像带和外宾在国内观光、参加台庆活动的录像带、相册,客人普遍表示满意;在一号演播大厅二期工程施工中,技术系统、基建部门、消防保卫部门与承建单位密切协作,只用27天就完成了装修工程,交付台庆晚会剧组使用;台庆专题片摄制组需要拍摄大楼的夜景,各部门在接到通知后特意留下值班人员,将方楼东侧、南侧所有房间的灯全部打开,直至晚上9时才离开办公室。

3. 制订周密计划,适时调整方案

此次台庆纪念活动从1997年底就开始筹划,确定了以九项庆祝内容为主的庆祝方案。1998年初成立了台庆40周年纪念活动工作领导小组,杨伟光同志任组长。6月16日,成立台庆办公室,具体组织和督办实施各项台庆计划,先后召开了十多次大型协调会,在临近台庆日的前两个星期,更是每天召开协调会,及时解决出现的问题。从台庆过程看,规模较大程序复杂的活动是台庆纪念大会、接待外宾并举行招待会和举办台庆晚会。虽然这些活动牵涉的领导多、部门多、环节多,但事先考虑到了所有细节,明确分工,将责任分解落实,并统一督促检查。

这次筹备台庆纪念活动期间一个意外的变故对原定计划冲击很大,那就是自6月份以来发生在长江、嫩江、松花江流域的特大洪水。为了服从、服务于宣传大局,维护中央电视台在全国观众中的良好形象,根据中央领导同志的意见,在台庆日的前夕,中央电视台将台庆期间最重要的活动——中国电视事业暨中央电视台诞生40周年纪念大会推迟举行,同时台庆专题片和海外媒体的祝贺片也延迟播出。只是考虑到已经对外宾发出邀请,9月1日和2日还是以适当的方式举办了台庆招待会和专题晚会。

这次台庆工作不论在经费开支还是活动规模上,均力求节俭。没有制作台庆礼品、纪念品,不为职工发放奖金,不在台内营造大规模的庆祝气氛,不广泛邀请客人参加庆祝活动,不主动接受社会各界各种形式的祝贺,就连印制"跨世纪电视丛书"也是"货比三家"后才选择了印刷质量较好、价格相对较低的一家印刷厂。

4. 台庆办公室协调得力,成效显著。与以往不同的是,这次台庆办公室没有过早地组织专门队伍,而是从原台办室抽调几位同志,就具体工作与各有关部门联络协调。办公室的规模虽小,但人员精干,分工明确,联络渠道通畅,提高了办事效率。台庆办公室是整个台庆工作与台内、台外联络的总枢纽,在庆祝活动经常处于变动中的情况下,台庆办与广电总局和台内各部门保持密切联络,严格把握口径,同时精心制定纪念大会、招待会、台庆晚会的实施计划和接待计划,编印并下发了台庆纪念活动实施手册。在整个活动中,不论是台庆办领导还是一般工作人员均体现了高度的工作热情和较强的组织能力。办公室领导和工作人员既处理好特殊情况下的台庆活动,处理好台庆工作与抗洪救灾的关系,同时又准确贯彻了台分党组对庆祝活动的要求,高水平完成了分担的工作,得到领导的认可和来宾的赞誉。

中央电视台建台40周年纪念活动已经圆满结束了。这次纪念活动既是一次富有成效的台史教育,也体现了台内各部门周密高效的组织协调能力,体现了广大职工强烈的集体荣誉感,整个活动达到了预期目的。相信在台庆活动中积累的这些宝贵经验和精神财富,必将继续推动中央电视台向世界一流大台的目标前进。

二、中央电视台′98 抗洪抢险宣传报道

中央电视台抗洪抢险宣传报道综述

1998年夏季，长江、嫩江、松花江流域发生了百年不遇的特大洪水。在这场同洪魔进行的波澜壮阔的斗争中，中央电视台坚决贯彻党中央和江泽民总书记的重要指示，根据中宣部和广电总局的部署，反应敏捷，行动果断，精心组织，周密部署，团结一致，不畏艰险，顽强拼搏，及时全面地完成了中央交给的抗洪抢险宣传报道任务。

面对这次历史罕见、南北两条战线同时告急的防洪局势，中央电视台先后派出48路、750多人次的采访报道队伍，采访地域涉及四川、湖北、湖南、江西、安徽、江苏、黑龙江、吉林、内蒙古等省区20多个重要地段和50多个大中城市。这次抗洪抢险报道共动用摄像机70余套，移动卫星地面站三套，装有先进航拍设备的直升飞机一架和大量便携式数字设备，开通了整个微波线路和卫星传送系统，构成全面、及时、准确、高效的运作体系和立体报道网络。同时，后方的十多个后期制作机房，演播室和自编机房24小时开通，各科组24小时值班，随时待命，保证了抗洪抢险宣传报道任务的完成。

在抗洪救灾期间，中央电视台新闻节目中心和海外节目中心共向国内外首播新闻消息1884条2888分钟，新闻专题节目145期(集)2183分钟；社教节目中心制作的特别节目、专题节目有1000多分钟，分别在《健康之路》、《中华民族》、《走近科学》、《科技博览》等栏目播出；文艺节目中心推出了两台大型文艺晚会《我们万众一心——′98抗洪赈灾义演晚会》(与中华慈善总会和中国红十字会总会联合举办)、《抗洪精神颂》(与总政治部、广电总局联合举办)，制作了《真情奉献——中国音乐电视抗洪赈灾系列》共30首。

这次报道是中央电视台有史以来对自然灾害的报道投入力量最大的一次，在全国参加抗洪报道的各类媒体中，中央电视台人数最多、规模最大、影响最为深广，受到党中央、国务院、中央军委的表扬，得到全国广大电视观众的好评。这段时期，中央电视台新闻节目的收视率比平时高7%。

1998年8月13日，江泽民总书记在前往湖北灾区的专机上对中央电视台的记者说：最近一段时间，中央电视台有关抗洪的新闻报道不错，镜头很有特点，看来有的记者是冒了很大的风险，这对电视工作者也是一个考验。

1998年9月11日，中央电视台党委召开了“中央电视台抗洪抢险宣传报道先进事迹报告会”；10月13日，中央电视台召开了“中央电视台抗洪抢险总结表彰大会”，对在抗洪抢险中表现出色、做出突出贡献的35个先进集体、964名先进个人进行表彰。

中央电视台有10个单位、33人获国家广电总局抗洪救灾先进集体和先进个人称号。有9个单位、23人获中直机关支援抗洪救灾和中央新闻单位抗洪抢险宣传报道工作先进集体和先进个人称号。中央电视台有16篇消息、专题获′98全国抗洪救灾优秀报道广播电视作品奖。

发扬抗洪精神，推动电视工作上新台阶

——在中央电视台抗洪抢险宣传报道工作总结表彰大会上的讲话(摘要)

杨伟光

中央电视台1998年抗洪抢险的报道，有以下几个

特点:

一、坚持正确的舆论导向,及时准确地传达以江泽民为核心的党中央的声音

在整个抗洪斗争中,党中央高度关注灾区群众的生命安全和切身利益,直接指挥这场斗争,始终与抗洪军民心心相连。8月7日,党中央召开政治局常委扩大会议,根据日益严峻的抗洪形势,要求全党全军全国把抗洪抢险工作当做当前头等大事,要全力支持抗洪抢险第一线军民的斗争,直到取得最后的胜利。8月12日,中宣部专门召开会议,部署抗洪抢险宣传报道工作,要求各新闻单位本着对党、对国家、对人民高度负责的精神,增强政治意识、大局意识和责任意识,为夺取抗洪抢险斗争的全面胜利提供有力的舆论支持。中央电视台认真领会并迅速贯彻中央精神,台分党组立即决定将宣传重点全面转向抗洪报道,派出大批记者到抗洪一线。在此次报道中,我台突出宣传了以江泽民为核心的党中央对抗洪抢险的重大决策部署,对灾区人民和奋战在抗洪前线广大军民的深切关怀。如新闻节目中及时播出了《江总书记到湖北、湖南、江西、黑龙江抗洪前线看望抗洪军民》、《李鹏在嫩江、松花江抗洪一线慰问军民》、《朱镕基总理到湖北、江西、黑龙江、湖南等地慰问抗洪军民》等新闻,还播出李瑞环、胡锦涛、尉建行、李岚清、温家宝等领导同志到南方、北方灾区慰问和指导工作的新闻。这些报道反映了党和政府关于战胜洪灾的重大决策和中央领导关心受灾群众吃饭、喝水、穿衣、住宿、医疗等各方面的问题,大大鼓舞了抗洪前线军民的斗志,增强了党和政府在人民群众中的威望。

在抗洪报道中,我们既如实地报道水情、灾情,又注意鼓舞士气,注意通过报道凝聚党心、军心和民心。早在7月中旬,在沿长江各省防洪形势日益严峻的时候,我们就主动停止了相关省份的批评报道。8月8日以后,我台的报道始终以“万众一心,严防死守”为主题。在中央强调关心灾区群众生活、加大防病防疫报道力度后,我台迅速在新闻节目中予以体现,并随后将《健康之路》栏目调整为灾区防病防疫特别报道。洪水消退后,我们又及时转入了重建家园、恢复生产的报道。对外宣传则按照中央精神始终坚持以正面为主,正确处理了汛情和灾情的关系,再一次向世界展示了中国政府和中国军队、中国人民在巨大的自然灾害面前团结一致、坚不可摧的英雄气概。

二、及时反映了各地军民响应中央号召,万众一心与洪水作斗争的伟大壮举

中央电视台一方面及时报道党中央、国务院的指示精神,另一方面又深入到抗洪一线积极宣传广大军民的英雄事迹,以弘扬正气,鼓舞斗志。我们的一线记者面对死亡的威胁,克服种种意想不到的困难,拍下了大量展现全民万众一心战胜洪灾的生动镜头,推出了《军民共筑抵御洪魔的钢铁大堤》、《内蒙古百万军民抗洪抢险》、《百万军民严防死守,荆江大堤固若金汤》、《焦点访谈·保荆州》、《中国报道·中国人民解放军奋力抗洪抢险》等在观众中产生广泛影响的报道。

我台记者在深入采访中报道了一批感人至深的先进人物典型。如党员领导干部罗典苏、普通农民胡继成、解放军战士齐晓军的事迹都是我台独家发现与报道的。我台还根据中央的要求对高建成、吴良珠、王占成、李长志、杨晓飞等英雄人物作了大量宣传。这些先进典型的事迹播出后,极大地鼓舞了各地军民的斗志。为了表达对抗洪英雄的敬意,经领导研究,我台还为英雄胡继成的妻子、母亲、女儿购买了20年的生活医疗保险。

除了宣传军民万众一心与洪水搏斗的英雄气概外,中央电视台还用较大篇幅报道了全国人民对灾区人民的支援,反映了“一方有难,八方支援”的社会主义精神。8月16日晚,由中央电视台、中华慈善总会和中国红十字会总会联合推出了一台长达三个半小时的抗洪赈灾义演晚会《我们万众一心》,共募集社会各界捐款6亿多元,创下了建国以来一次性募捐的最高纪录。晚会的筹备时间仅仅8天,以陈雨露同志为总导演的导演组,夜以继日地组织节目,主持人刘璐深入九江、荆江抗洪前线拍摄节目,采访了总书记和总理。整台晚会情深意切,真实感人,高潮迭起。晚会播出后,朱镕基总理、丁关根同志给予了高度评价,认为“气氛热烈感人,主题鲜明突出,演员表演投入”。国务院办公厅也来信高度评价了这台晚会。根据中国青年报社社会调查中心在北京的电话调查,有85%的北京人观看了这台晚会,95%的观众认为晚会办得很成功。由于晚会的影响,为灾区捐赠钱物的北京人的比例由十天前的21%上升到88%,对全国人民支援灾区起了很好的作用。

9月28日,由中宣部、解放军总政治部、广电总局联合主办,中央电视台承办的大型慰问演出晚会《抗洪精神颂》播出并获得成功。这台晚会突出宣传了江总书记提出的伟大抗洪精神和“共产党好,解放军好,社会主义好,祖国大家庭好”这个主题,以“歌颂、热烈、悲壮、动情、豪迈”为基调,再现了抗洪斗争中的真实场景和先进典型人物。为办好这台晚会,以孟欣为总导演的编导人员看了大量电视录像以及报刊的报道和评论,同时深入到大庆、九江等灾区第一线体验生活。晚

会节目80%是新创作的反映抗洪斗争和先进人物的作品。尤其是表现高建成烈士的一组节目和两组大型音诗画作品《众志成城》、《风雨同舟》,既气势磅礴,又细腻感人、催人泪下。晚会直播当晚,江泽民总书记完整观看了电视转播实况,丁关根等领导同志到现场观看。总书记说:“晚会很好,非常感人。”丁关根说:“整个晚会情真意切、非常感人,歌颂了抗洪英雄,歌颂了抗洪精神,歌颂了我们的人民、我们的军队、我们的祖国、我们的党。”

对外宣传除了弘扬抗洪主旋律外,还注意突出对外特点,跟踪海外舆论动态,一是为海外观众解疑释惑,二是驳斥西方的歪曲报道。针对海外的疑虑和西方的不实报道,连续播发了如《九江市区秩序井然》、《武汉三镇繁华依旧》、《大庆被淹油井产量仅占总产量的1%》、《专家认为:中国的水灾不会对国民经济造成太大的影响》等,起到了稳定人心的作用。再比如,针对海外“中国不重视水利投资”的报道,《中国新闻》派出七个采访组拍摄了四川二滩、湖北三峡、隔河岩、丹江口、葛洲坝、武汉和南京长江大堤等工程,说明正是长江上游一系列工程统一调度使用,才大大减轻了洪峰对下游河段的压力。

第四套节目的新闻报道和赈灾晚会播出后,在国内外引起强烈反响,许多海外华人和国际友人捐款捐物对灾区灾民表示慰问。美国一位华裔女士在晚会演出现场捐献3000多万元药品。一位海外华人来电话说,他们收看了第四套节目转播的赈灾晚会节目,认为一次节目募集了6亿人民币,真是了不起,中国人到关键时刻总是显示出一方有难、八方支援的传统美德。

在这次抗洪报道中,我们还着重增加了防疫防病科技救灾和重建家园的内容。在《健康之路》、《走近科学》、《科技博览》、《田野》、《经济半小时》、《金土地》等栏目中,就洪水起因、洪水预测、如何科学筑坝、怎样净化饮水、怎样防病防疫、如何重建家园、恢复生产等话题进行了大量深入的报道。据了解,《健康之路》特别报道已经成为卫生部领导每天碰头会的话题之一。

三、反映了军民团结进行抗洪斗争,突出了军队的突击作用

在这次抗洪斗争中,解放军及武警部队先后投入了30余万兵力,抗洪部队始终承担着最艰巨的任务,战斗在最艰险的地方,出现在最危急的关头。中央电视台通过大量新闻报道,展现了人民军队为党和人民建立的新的功勋。这方面的代表性报道有新闻特写《在洪水中永生》;新闻《英雄部队旧地》;《焦点访谈·战九江》;《东方时空·冲锋舟,生命之舟》等。

我们在突出报道解放军和武警官兵中流砥柱作用的同时,又大力宣传了军民团结一心与洪水搏斗的英雄气概和灾区百姓与人民军队的鱼水之情。如新闻《荆州涌动拥军情》,《焦点访谈·千里大堤,鱼水深情》等。

中央电视台在今年的抗洪报道中,军事记者行动最快。早在6月中旬,军事部就向全军记者站发出通知,要求记者带上设备,随部队行动。128名军队记者与抗洪部队干部战士同吃同住,拍摄了大量珍贵的第一手图像资料和富有感染力的消息、特写、专访等,先后在重点栏目推出了高建成、吴良珠、吴长富及广州军区某舟桥旅、塔山英雄团等抗洪英雄人物和英雄集体。

为了真实反映抗洪部队与洪水进行殊死搏斗的场面,我们的军事记者也面临着同样的危险,付出了艰辛的劳动。军事部女记者伍辉在湖北簰洲湾决口后乘第一批冲锋舟坚持拍摄了十几个小时,完整地记录了部队营救遇险群众的过程,受到总政于永波主任的表扬。我台驻武警记者站记者王文,冒着生命危险随部队在湖北、湖南等地采访,连续奋战70多天,制作了《麻塘大堤抢险》、《退水更需百倍警惕》等一系列好新闻。

四、反映了我台队伍是一支政治上强,业务上精,能吃大苦而耐大劳,不怕牺牲能打硬仗的队伍

在这次抗洪抢险斗争中,事实再一次证明,中央电视台的队伍是经得起艰难困苦的考验的,在百万抗洪大军中,哪里有险情,哪里就有我台记者的身影;哪里最艰苦,他们就在哪里战斗。他们身穿救生衣,脚踩烂泥路,手持话筒,肩扛录像设备,风餐露宿,与抗洪军民共同战斗,涌现出许多动人的先进事迹。

在这次报道中,女记者孙树文克服病痛,坚守湖南抗洪一线30多天,与报道组的同志一起发了新闻95条;王铁刚在湖北坚守时间最长,跑遍了湖北各处险段;女记者曹一兵吃苦敬业,是东北地区采稿量最多的记者;中宣部的交流干部尚墨玲在最危险的时刻请战,在九江组织报道工作,成绩出色;孙朝中采访完“兰西拉”工程之后,由唐古拉山转战湖北洪湖近一个月,最后心脏病发作,险些出现生命危险;高峰在九江江新洲溃堤时,奋不顾身地冲入堤内拍摄到整个抢险过程;郭宏宪在九江长江大堤封堵决口报道中,连续五天五夜奋战在决口处,并首先发回决口封堵成功的消息;记者再军四下九江,曾连续三天两夜没合眼,完成了累计120分钟的《焦点访谈》、《东方时空》的报道任务;摄像师荣欣多次冒着生命危险和感染传染病的危险到水中拍摄,21天里拍摄了500多分钟素材;翟树杰敏感地把握住防汛的主题,与同事们一起制作了10期《焦点

访谈》;杨锐是外语新闻部记者,在九江五天内他就发回12篇中英文报道,后来又到北线采访;韩斌哪里有险情就冲到哪里,一次自费租了一艘渡船采访,因船体漏水险些出危险;女记者万灵行程数千公里,两次跟踪洪峰由齐齐哈尔到达哈尔滨;《中国报道》栏目记者周秉铃在灾区48天里共拍摄素材带60盘,计1800多分钟;修月川不顾糖尿病的折磨,在制作"抗洪·防疫"系列节目中表现突出;新影厂老摄影师封永迎今年近60岁,他和年轻人一样肩负沉重的装备,冲在最艰苦最危险的地方,险些被决口处的铁路断轨砸伤,出色完成了影片资料的拍摄任务。

在这次报道中,我台记者陈杰的发稿量最多,达43条。在洪区时间最长的记者是李景芳和方田,他们分别是52天和50天。也有很多记者付出了巨大的代价,如记者张涛不幸感染了血吸虫病;记者伍杰为保护摄像机腿部受伤骨折;记者牟正蓬患急性阑尾炎仍坚持采访完"兵妈妈"的新闻之后,才走上监利县医院的手术台。

应该说,所有参加抗洪报道的同志都很出色,很优秀,这里只能简单举些例子。

在这次抗洪报道中,我们这支队伍发扬吃苦耐劳、顽强拼搏、不怕牺牲、连续作战的精神,受到领导和群众的好评。江总书记对我台记者说:中央电视台有关抗洪的新闻报道不错,镜头很有特点,看来有的记者是冒了很大风险,这对电视工作者是个考验。湖北荆州市委宣传部等单位在联名写来的信中说:"哪里最危险,哪里就有两种人,一是解放军,一是电视台记者。他们都是最可敬最可爱的人,而电视记者中最突出的,当数中央电视台的记者们。"

五、全台体制,严密组织,保证了抗洪报道任务的全面完成

为了提高抗洪报道的整体质量和效率,台分党组根据中央精神决定把抗洪工作作为全台工作的头等大事,全台各部门都为做好抗洪工作开绿灯。各中心根据自己的特点把宣传重点迅速转到抗洪报道上来。新闻节目中心组建了抗洪报道信息策划系统和节目处理系统。这两个系统与前方的各个报道组联合构成了效率很高的节目采编、制作、播出网络。各部门前后方统一协调,一、四套各档新闻栏目与《东方时空》、《焦点访谈》、《新闻调查》、《中国报道》、《健康之路》、《科技博览》、《中华民族》等栏目相互配合,互相支持,交换新的素材,体现了"大编辑部"的意识。信息、指令的畅通使台里对全局了如指掌,便于科学决策;前方记者及时掌握台里的意图,便于有针对性地组织报道。

此外,文艺节目中心用很短的时间就组织了《我们万众一心》抗洪赈灾义演晚会和《抗洪精神颂》晚会,并成功进行了直播,这也体现了全台体制和严密的组织工作。这两台晚会由文艺节目中心负责组织,但由新闻中心提供了大量抗洪抢险的镜头,播送中心、技术制作中心、技管办的同志加班加点,围绕晚会的各工种克服了许多困难,从动力保障到节目制作到晚会的安全播出,付出了艰辛的劳动。广告经济信息中心积极联系各广告客户,全力组织筹款。海外中心向156个国家和地区的使领馆、我台各驻外记者站及部分海外电视机构发出"举办赈灾义演并为灾区人民募集捐款的倡议书",并及时将倡议书上了国际互联网,效果很好。总编室及时调整节目,加大对晚会的宣传力度。台办室唐世鼎等几位同志与中华慈善总会、中国红十字会总会等协办单位密切联系,逐笔统计款项。保卫处、行政处、服务中心等部门则为晚会提供了周到的后勤服务。

为了保证前线电视宣传的需要,播送中心、技术制作中心、技管办共派出30多名业务骨干,动用大量包括移动卫星地面站在内的先进设备为一线记者服务,后方的后期制作机房、演播室和自编机房则24小时开通,各科组24小时值班,随时待命。一线的技术人员同编辑记者一道,扛着沉重的设备,在极为恶劣的条件和危险的环境中,保证了节目制作和信号的正常传送。比如播送中心传送部技术员杨晋康,他跟随移动卫星地面站三次奔赴长江、嫩江流域,精心养护设备,保证传送信号畅通;转播部王军执行航拍任务,随同摄制组转战湖南、湖北、江西三省,飞行时间累计48小时,行程近万里,拍摄了大量灾区军民抗洪抢险的画面;采录部的侯同刚跟随《我们万众一心》剧组到前线为晚会赶拍素材,他认真刻苦,精心保护设备,工作主动,受到大家的一致好评。

机关党委注意把党建工作与抗洪救灾报道相结合。9月11日,机关党委召开了抗洪抢险宣传报道事迹报告会,来自新闻、海外、文艺、播送中心的十几位同志动情地讲述了他们在抗洪一线的所见、所闻、所感。机关党委还向奋战在前方的记者发去慰问信,并派郭书兰、马静、宿晓光三位同志组成慰问小组前往抗洪一线,代表台分党组、机关党委看望慰问我台记者。8月26日,机关党委、人事办公室和工会分别看望了从前线回来的部分记者和仍在一线进行报道的记者的家属;台工会还两次邀请北京友谊医院热带病研究所的专家来台,为抗洪一线归来的我台职工进行体检。

此外,台办室及通讯、财务、物资、保卫、磁带管理和交通、生活服务等部门,顾全大局,特事特办,急事急办,一切为了前线,一切为了抗洪报道,有力地支持了我台的抗洪抢险宣传工作。

从8月5日开始，全台职工还积极响应台分党组的号召，投入极大的热情参加为灾区人民捐款捐物的活动，许多部门和职工多次捐款。截止到目前(10月11日)，全台捐款总额达800多万元，其中我台职工个人捐款累计达90多万元，衣物3.3万多件。倪萍和王扶林各捐款1万元。

当然，中央电视台在这次抗洪抢险报道中能够取得成功，除了队伍士气高昂和组织严密外，还有两个重要的外部条件。

首先，是中央的正确决策。入汛以来，中央就一直关注着气候的变化和江河的汛情，后来根据受洪水威胁地区的实际情况，又提出严防死守及“三个确保”(即确保长江大堤安全、确保重要城市安全、确保人民生命安全)。在抗洪最危急的时刻，中央又发布总动员令，要求广大军民坚定信心，坚持坚持再坚持，直到取得最后的胜利。正因为有了中央的正确决策，我们的宣传报道才有了正确的指导思想。通过报道提高了党和政府的威信，提高了部队的威信，增强了全民族的凝聚力，使人民群众由衷地体会到“共产党好、解放军好，社会主义好，祖国大家庭好”。

其次，是各地、各部门和各兄弟单位对电视宣传的大力支持。如果没有地方政府的支持，没有部队指战员的配合，没有社会各界群众的关注，没有各兄弟媒体和地方电视台的密切合作，我们不可能取得这样的成功。所以，我们要认真总结经验，争取更广泛的支持与合作，这样才能真正提高中央电视台的舆论引导水平，更好地完成党中央交给的各项宣传任务。

新闻节目中心抗洪抢险宣传报道总结

一

在'98抗洪救灾中，新闻节目中心共向灾区派出记者303人、50多个摄制组，动用7套次卫星地面站(SNG)和一架航拍用直升飞机。

在持续三个多月的抗洪报道中，《新闻联播》等新闻栏目首播有关新闻984条，计1108分钟，累计重播2200多条；《焦点访谈》31期，《东方时空》中四个栏目共80期，《东方时空》特别节目2期，《新闻调查》4期，总计1283分钟。在抗洪取得决定胜利、中央召开表彰大会之际，又播出了大型专题片《决胜》3集，总计150分钟。

二

此次抗洪报道突出宣传了党中央、国务院对抗洪抢险的重大决策部署和对前线抗洪军民的深切关怀。抗洪抢险期间，众多中央政治局常委赴灾区指挥抗洪抢险、慰问一线军民，江泽民总书记、李鹏委员长、朱镕基总理和李瑞环、胡锦涛、李岚清、尉健行等领导同志都亲赴灾区指导抗洪救灾或关怀灾区工作。新闻中心时政组全组出动，共奔赴灾区36人次，快速及时地报道领导人的活动，增强了全国抗洪军民的信心。

三

8月7日中央政治局常委扩大会议召开后，中央电视台进一步加强了长江抗洪抢险宣传报道的力度，向前方增派了记者，并加大了节目播出量。重点新闻栏目《新闻30分》、《晚间新闻》、《早间新闻》有关抗洪抢险的新闻报道占到了总篇幅的30%至50%，特别是《新闻联播》每天有关抗洪抢险的新闻已经占到80%以上；《新闻联播》还打破惯例，延长了播出时间，充分报道抗洪新闻。《焦点访谈》、《东方时空》、《新闻调查》等新闻评论栏目也集中力量宣传报道抗洪抢险，特别是对九江堵口、簰洲湾溃坝抢险、荆江分洪等重大事件的后续报道力度大，冲击力和感染力都更强。

除了报道数量的增加外，还注重报道质量的提高，追求时效、现场感、感人细节的展示等等。节目形态有动态消息、新闻特写、访谈和专题报道。同时，根据汛情变化及时扩大报道面，从单一的抗洪报道转入灾民安置、灾区疫病控制、灾区社会治安、洪灾对经济增长的影响等，使新闻报道更加丰富，更有深度。

四

策划和组织功能在这次水灾报道中发挥了巨大作用，其中一个重要方面就是准确及时地为台领导、中心领导和各部主任提供了准确的水情和汛情信息。

早在3月中旬，中央电视台就注意到了水利部部长、国家防汛抗旱总指挥部副总指挥钮茂生有关长江可能发生特大洪水的警告；5月初，长江防汛总指挥部在南京召开总指挥长会议。针对各方面汇总的情况，策划组建议中央电视台进行长江全流域的抗洪抢险现场直播，并制定了详细的直播方案。在与水利部进行相关协调过程中，我们掌握了大量水情信息，并开始与全国各地的防汛指挥部门建立紧密的联系。在此期间，准确预报了湖南澧县澧南垸和安乡安造垸被淹的讯息。这两次预测的成功，增强了我台加强水情预测和新闻策划的信心，为水灾报道全面进入集团化、大军团作战奠定了基础。新闻策划组的水情预报工作，为前期报道的顺利进行提供了有力支持。

整个抗洪报道期间,策划组连续两个多月24小时值班,与国家防总和地方各级防办、各路记者保持密切联络,每天清晨向新闻中心提供最新的水情分析报告和新闻报道方案,有时一天提供多个报告。这些方案直接指导了前方报道组的工作。

五

在这次抗洪救灾报道中,新闻节目中心领导直接全面组织、协调前方报道组和记者,进一步磨合了大编辑部运作体系。在这次抗洪救灾报道中,先后被派往全国各地灾区的303名记者,统一由策划组负责协调、联络。策划组根据水情、灾情的变化,及时提出报道组调动和记者派遣建议,经中心领导认可后实施。地方部全权负责前方记者回传新闻的接收与播出。

大编辑部意识还体现在前后方的配合,后方千方百计地为前方记者提供全方位的服务。前方记者每天都能收到由策划组详细整理的《会议纪录·审片纪要》。《会议纪录·审片纪要》详细记录了每天台领导、新闻节目中心领导审看《新闻联播》节目时具体详细的审片意见以及每次会议的精神,使台领导和新闻中心的指示、意图很快就能传达给前方记者,很快就能体现在屏幕上。总之,由于有统一的组织和协调,今年抗洪报道的整个组织工作有条不紊。

六

策划组充分发挥与各地防汛指挥部门密切联系的优势,及时汇总各地水情信息和水利专家的分析意见,编辑制作了大量背景报道。在每次洪水发展进入转折期时,策划组都能及时配合栏目组作出相关的背景性报道,如《长江发生全流域性洪水》、《解放军在抗洪救灾中发挥重要作用》、《长江干流水位为何居高不下》等新闻背景及时到位。这几个新闻背景曾被各地方电视台和香港凤凰卫视台转播,文字稿也因专业权威性,被各大报社转载。

8月16日傍晚,荆江分洪区准备启用的消息再次传来,中央电视台总编室、新闻节目中心等各部门立即制定了直播报道方案。当天晚上中央电视台正好直播《我们万众一心》赈灾义演晚会,当时准备随时切断晚会现场节目,直播报道荆江分洪的消息。美国CNN也已派人联系,准备随时切出中央电视台信号。晚会23时30分结束后,中央电视台第一套节目仍没有中断播出,目的就是为了能随时切入荆江分洪最新消息。一旦分洪,准备一直直播到第二天中午。事先还制作了大量有关荆江分洪背景性节目,足够播出10个小时。当时前方近50名记者和台内近200名编播人员都彻夜未眠。后来没有分洪,当然也就没有直播。大家深为荆江分洪区内50多万百姓的家园得以免遭洪水而感到欣慰。

七

新闻节目中心在人员极为紧张、任务极为繁重的情况下,还根据台、中心的指示,协助其他中心完成了抗洪救灾的报道工作。如文艺节目中心的《我们万众一心》赈灾义演(8月16日)和《为了灾区的孩子》赈灾义演(9月10日),在全国产生了很大反响。晚会将文艺演出和生动感人的纪实画面有机地结合,大量新闻纪实镜头的加入增加了节目的感染力,而晚会中所有涉及灾区的内容都是新闻节目中心的前方报道组协助拍摄的。由于要在晚会现场向观众交代各地的水情汛情和抗洪抢险的最新进展,所以接办这两场晚会的任务是非常重也非常紧急的,可以说是新闻中心分布在灾区的报道力量为晚会起到了临危救场的作用,所有前方的协调联络、拍摄方案的制定、回传画面的编辑、整理、送审等大量工作都是由策划组承担完成的。

在长江和东北地区抢险取得阶段性胜利后,确保灾后无大疫逐步成为灾区救灾工作重点。中央电视台第一套节目黄金时间及时推出的普及防疫的知识性栏目《健康之路》,其中涉及灾区的活灵活现的采访内容大部分也是由新闻节目中心前方各报道组协助拍摄的。策划组的编辑们每天都根据疫情的发展和栏目的要求,协助策划具体选题、拍摄目录,与前方记者协调、联络,参与后期编辑。

此外,策划组还协助总编室《电视你我他》、《精品赏析》等栏目的记者、编辑们制作了近10期节目,并为《中国电视报》、总编室等台内部门撰写了一些文章。

八

拍摄、播出了大量精彩、经典镜头,推出了一批感人至深的独家人物典型。

女童江珊被救、朱镕基总理拥抱广州军区副司令龚谷成、簰洲湾连夜救人、九江决口的瞬间、东北滨州铁路100多辆装满石头的货车沿铁轨滑入水中堵口等重要的事件,中央电视台都有生动的记录,许多镜头已成为'98抗洪经典画面,成为宝贵的历史资料。

中央电视台记者深入采访,挖掘出了一批感人至深的先进人物典型,如党员领导干部罗典苏、普通农民胡继成、解放军战士齐晓军的事迹,都是中央电视台独家发现与报道的,节目播出后引起了极大反响,极大鼓舞了各地军民的抗洪斗志,增强了全国人民的凝聚力。

海外节目中心抗洪抢险宣传报道总结

一

在'98抗洪救灾中，海外节目中心先后出动单机14套，派遣20多个报道组的85位记者（中文记者77名，英文记者8名）188人次奔赴湖北、湖南、江西、黑龙江、内蒙等省区的武汉、三峡、沙市、荆州、长沙、岳阳、华容、常德、南昌、九江、荆江、洞庭湖、洪湖、哈尔滨、大庆、齐齐哈尔、佳木斯等17个灾区第一线，采访了几百名解放军官兵、党政领导干部和群众，制作播出了大量反映第一线军民力挽狂澜战胜洪魔动人事迹的新闻和专题节目。后方人员与前方人员密切配合，坚持24小时值班，做到及时制作调整播出节目。经前后方共同努力，圆满完成了抗洪救灾对外报道任务，取得了非常好的宣传效果。

抗洪救灾对外报道大致可分三个阶段：第一阶段，从6月初至7月初，对汛情逐步发展情况进行了报道；第二阶段，从7月初到8月中，对党和政府关于抗洪救灾的决策、指挥以及长江流域军民严防死守、共战洪魔的事迹进行了报道；第三阶段，从8月中到9月初，对长江流域和东北地区抗洪救灾以及灾区防疫防病、生产自救、重建家园的情况进行了报道。

二

在此期间，第四套节目和英语传送频道对外首播抗洪救灾节目共约3420分钟。其中新闻900多条，首播时长1780分钟。《中国新闻》每天12档滚动新闻中首播抗洪救灾新闻15条，20分钟以上，共首播700多条，约1400分钟（重播4800分钟）；《英语新闻》自采新闻60多条，时长100多分钟，首播185条，时长380分钟；《中国报道》每天首播一次，每次30分钟，共播出25期专题节目，750分钟，其中前方报道组拍回素材共6720分钟。制作播出赈灾义演节目900分钟。向海外寄送有关节目800分钟。有许多新闻和专题节目都是最早或独家报道的。

《中国新闻》播出节目主要是：《百万军民严防死守，荆江大堤固若金汤》、《荆江分洪已不可能》、《中国洪灾主要原因是天气异常》、《灾区各地社会秩序井然，百姓生活照常，受灾群众有饭吃有衣穿》、《大庆被淹油田产量仅占总产量的1%》、《大庆保证大灾之年不减产》、《中国在今年特大灾害中死亡仅3000余人》、《专家认为：洪灾对中国经济影响不大》。

《英语新闻》播出自采新闻有：《"绑架"教导员》、《大家、小家总关情》、《湖北重灾区灾民困境见闻》等。

《中国报道》播出的专题节目是：《中国做好防御洪涝灾害的准备》、《中国长江通过第一次洪峰》、《百万军民严守死保沿江干堤》、《中国人民解放军奋力抗洪抢险》、《长江第四次洪峰通过湖南湖北，防汛形势依然严峻》、《江泽民亲赴荆江，五次洪峰通过监利》、《万众一心抗洪救灾》、《来自黑龙江、湖南、湖北、江西抗洪前线的报道》、《温家宝指出要全力以赴力保大庆油田》、《军民共筑铜墙铁壁——来自哈尔滨的报道》、《从水灾看水土保持的重要性》、《救灾物资陆续发放各地》、《专家谈洪水对中国经济的影响》、《国际红十字会官员考察中国南北灾情》等。

新闻和专题节目报道的主要内容有七个方面：第一，党中央和国务院抗洪救灾的英明决策、部署和正确指挥，江泽民主席、朱镕基总理以及各级政府和领导干部关心灾区人民群众生活的情况。第二，长江、嫩江和松花江流域汛情和灾情的发展情况。第三，抗洪救灾前线百万军民严防死守、战天斗地的英雄气概和官兵情、军民情的动人事迹。第四，全国人民、海外华人华侨及外国友人捐款捐物支援灾区的感人事迹。第五，针对海外关注的问题和西方媒体的有关舆论，进行解疑释惑和有关背景介绍或进行反驳。第六，灾区防疫防病，生产自救，重建家园。第七，全国各地努力生产，以实际行动支援灾区的情况。

三

现场直播大型赈灾义演晚会。8月16日晚20点1分0至23点30分第四套节目与第一套节目并机向海外播出了中央电视台与中华慈善总会和中国红十字会总会联合举办的大型赈灾义演晚会——《我们万众一心》，时长约200分钟。播出中现场热线电话不断，陆续收到了我驻外使领馆、海外华人、港澳台同胞的电话和他们致祖国和灾区人民的慰问电和捐款。8月17日，第四套节目和英语传送频道又两次重播赈灾义演晚会节目120分钟；《欢聚一堂》、《中华艺苑》等栏目又八次向海外重播赈灾晚会节目，时长400分钟。8月21日，又现场直播了民政部和文化部在人民大会堂联合举办的大型赈灾义演晚会《携手筑长城》，时长210分钟。

向美国和日本大富电视台寄送赈灾晚会节目4套，时长800分钟。

在赈灾募捐晚会之前，为了使海外观众更好地收看到义演晚会，海外节目中心还积极做好配合性宣传和对外联络工作，8月10日至15日及时向我驻美国、英国、法国、德国、俄罗斯、日本等156个国家和地区的使领馆以及中央电视台驻美国、比利时、香港、澳门的记者站、台湾TVBS发出了赈灾募捐倡议书,并及时将倡议书上了国际互联网。这项工作取得了较好成果。

四

在对外报道中坚持正面报道,把握正确舆论导向,突出抗洪救灾的主旋律:既及时、准确、全面、生动地报道了长江、嫩江和松花江抗洪救灾的严峻形势,又突出地展现了我国军民战天斗地的英雄气概和官兵情、军民情感人事迹的主题,该内容占整个报道的70%。向世界充分显示了中国政府和中国军队、中国人民在巨大的自然灾害面前坚不可摧、团结凝聚的英雄气概和民族精神。

其次,关注和针对海外媒体有关反应的舆情进行针对性的报道。这次水灾牵动了全世界华人华侨和关心中国的外国朋友的心,但是有些情况因故不能及时报道,致使观众疑问很多。另外,也有些外国传媒对我国的洪灾进行片面甚至歪曲报道。针对海外的疑虑和西方的不实报道,《中国新闻》大力采访有针对性的新闻连续播发,比如:《九江市区秩序井然》、《哈尔滨市区生活秩序井然》、《武汉三镇繁华依旧》、《大庆被淹油井产量仅占总产量的1%》、《专家认为:洪灾对中国经济影响不大》等等,有力地粉碎了谎言,正了视听,稳定了人心。

五

抗洪抢险节目播出后,取得了比较好的宣传效果,受到了中央领导和观众的好评,也得到了我驻外使领馆、港澳台同胞以及海外华人华侨的热烈反响,使他们及时真实地了解了中国灾情和中国人民抗洪救灾的情况,纷纷捐款捐物,支援我国灾区灾民。8月16日,我们陆续收到了新加坡、苏里南、阿拉伯、叙利亚等使领馆以及美国华人和港澳台同胞的慰问电及来信、电话,他们对中央电视台举办赈灾募捐晚会表示感谢,对灾区灾民表示深切的同情和慰问,并祝祖国和抗灾军民夺取最后的胜利,同时积极向灾区捐款捐物。先后收到各国友好团体及个人捐献人民币近亿元。曾有一批从台湾来哈尔滨旅游的台胞说,他们看了《中国新闻》的报道,非常佩服解放军的行为,同时对灾区人民深表同情,此次大家自发捐款表达同胞手足之情。还有一位从美国来北京的华侨,一下飞机就从首都机场直奔红十字总会,一次捐款50万美元。他说,他看了中央电视台的报道后深受感染,身为中国人,理应为国分忧。

赈灾晚会节目播出后,美国和日本等国的观众来电询问节目重播的时间,以便收看。有的还索要晚会节目带,推荐给当地电视台播出。

六

海外节目中心80多位记者冒着酷暑和风雨,夜以继日地在抗洪救灾第一线进行报道,与抗洪军民同呼吸、共命运,与洪水展开了殊死搏斗。他们高尚的精神和强烈的事业心以及扎实的工作作风,受到了中央领导、国家防总、受灾地区各级政府、解放军官兵和灾区人民的好评和赞扬。据不完全统计,自抗洪报道以来,海外节目中心收到来自灾区以及海外的感谢信、来电、传真、E-mail上百件。

水利部部长钮茂生在水灾现场对《中国报道》记者迎险而上的精神给予了高度赞扬。

黑龙江省省长田凤山说:“以前我就爱看《中国新闻》,现在更是每天必看,你们的报道很及时、很全面。”佳木斯市市委书记孙启文在洪峰通过后专程看望摄制组时说,在《中国新闻》记者抵佳报道的第二天,佳木斯市委就收到了来自澳大利亚的捐款咨询电话。他对中央电视台为佳市抗洪救灾做出的突出贡献和投入的人力、物力表示感谢。

黑龙江省委书记徐有芳、省长田凤山、湖南省委书记王茂林、副书记郑培民、副省长兼防汛总指挥庞道沐、江苏省委书记陈焕友、四川省省长宋宝瑞等领导,通过各种方式表达对《中国新闻》记者的称赞和对中央电视台的感谢之情。中国红十字会总会和哈尔滨、佳木斯、大庆、九江、岳阳、荆州等市的领导都专门给《中国新闻》发来感谢信。

从中央电视台抗洪救灾报道的成功看电视界对抗洪斗争胜利的特殊贡献

高丽萍

从1998年6月下旬中央电视台《新闻联播》、《中国新闻》等栏目播放长江抗洪抢险的消息开始,到9月3日江泽民总书记在湖南救灾一线庄严宣布“全国人民抗洪抢险的伟大斗争已经取得了决定性胜利”为止,在长达两个多月的抗灾战役中,中央电视台团结受灾省市区县电视台组成的电视新闻大军,通过快速、真实、生动的新闻和专题报道,向国际社会展示了中国人民在特大洪水灾害面前所表现出的伟大的抗洪精神。那一组组感人肺腑的抗灾报道,无疑给观众带来了心灵的震撼，它让人们受到的爱国主义教育是极其深刻的，同时，也反映这次报道获得了巨大的成功。它所产生的重要影响和社会效应有以下几个方面：

一、中央电视台抗洪救灾新闻打出了国际知名度

如果就这次中央电视台对洪灾报道的收视率、受欢迎程度在海内外做一个民意调查的话，相信结果会很好。仅笔者在香港看到的香港无线电视台、亚洲电视台、九仓有线电视台等主要电子传媒，每天都要在各档新闻和专栏节目中转播中央电视台第一套或第四套节目的有关抗灾的重要报道。据了解，海外传媒的采用率也是相当高的，世界各大电视网不断有关于中国军民救灾的报道。笔者在香港传媒和港人中进行询问，他们对中央电视台全方位、高质量的抗洪新闻采访、报道是很满意的，认为满足了他们从不同角度了解抗灾信息的需求。很显然，由于中央电视台此次对这一特大自然灾害的报道与国际接轨，不但信息量大，而且速度快、内容准确，特别是对国际社会普遍关注的、最能体现人权的受灾群众的生活安置等问题的及时、客观、充分的报道，再次体现出中央电视台作为国际大台所具有的风范。因此，它始终掌握着对内对外宣传的主动权，致使一些别有用心的境外传媒关于我国洪灾的揭露式、歪曲式的报道失去了市场。这不能不说中央电视台在对外宣传上取得了巨大的胜利。

二、中央电视台用全天候接力式的详尽报道抓住观众的心

中央电视台在此次抗洪抢险新闻报道中，在八次洪峰的每一次到来时，都有党中央、中国政府对一场场重要战斗的科学决策和指挥，而且对中央的政令发布都作了最及时、最充分的报道，这对数百万抗灾军民和全国人民夺取抗灾胜利都是极大的鼓舞。

对长江、嫩江、松花江三大江堤的每一处危险地段，中央电视台都投入"重兵"把守，每时每刻都与抗灾的军民战斗在一起，而对于关键的九江大堤合龙的抢险采访，记者们更是全天候接力式地详尽报道。我们从电视画面上，看到抢险官兵用自己的血肉之躯顶住了凶猛洪水对大坝的冲击，一组组奋战场面感人至深。救灾一线有一句术语叫"拉网式"查险，而我们从一条电视新闻的画面上印有十多个记者的名字这一现象可以看出，在每一个险段，记者们也在"拉网式"地接力采访，24小时不停歇。正是他们昼夜战斗在抢险一线，才使得在中央电视台的新闻节目中推出了一个又一个抢险英雄。如果没有24小时与抢险军民一起抗洪，中央电视台的新闻报道就会漏掉英雄。文字传媒漏掉或没有赶上在现场采写英雄，完全可以通过生花妙笔唤回失去的机会，但对电视新闻来讲则无法弥补，因为事件不会重演。所以，观众在被高建成、胡继成等英雄的事迹打动的时候，同时也对那些托出英雄的电视记者崇高的敬业精神赞誉有加。

三、中央电视台在灾害新闻的深度报道上获得成功

此次灾害新闻的深度报道在中央电视台新闻和专题节目中占有很大比重。在整体报道中，他们更新观念，去除了可说可不说的程式化报道，集中优势兵力深入抗灾一线，挖掘和捕捉具有指导抗洪救灾斗争典型意义的人和事，特别注重了人情味新闻的发掘和报道。

这次由南到北，由东到西的特大洪灾发生后，随之给国家和人民造成了巨大损失，观众不禁产生沉重感。但很快人们就发现，中央电视台的水灾新闻中，有大量的来自一线的新闻特写，向观众讲述人与人之间相互帮助的动人故事，展示像湖南省岳阳市委宣传部长和抗洪钢铁战士吴良珠等等累倒、病倒在长江干堤上的党员、干部、优秀战士的壮烈情怀。一批又一批英雄人物的事迹和他们的名字通过电视报道瞬间传到亿万家庭。这样的电视新闻没有空话、套话、大话，记者在采访时也没有刻意追求技巧，完全是用摄像机把这些活生生的誓与大堤共存亡的英雄事迹展现在观众面前。这些极富人情味的新闻报道，人们易于接受并在脑海中留下深刻印象。它首先对现今商品社会和经济大潮中日益滋长的"一切向钱看"等不良社会风气是一个最有力的抨击，同时也使全国人民受到了生动的爱国主义教育。因此，这样的新闻，它的社会意义是非常重大的。这样的新闻也是最值得记者去追踪报道的。

另一方面，中央电视台此次对灾害新闻的报道积累了宝贵的经验，相应的研究也已走向国际。我们看到，中央电视台在整个抗洪报道中，不是单一、平面地就灾论灾，而是抱着对观众认真负责的态度详细解释导致今年大灾的成因，全面地介绍在这次洪灾中党中央、国务院的坚强领导和科学决策，以及科学救灾所产生的力量、作用等有价值的信息。特别是对抗洪救灾新闻的阶梯式报道步骤，向国际社会展示了中央电视台在特大自然灾害面前表现出的科学态度和理智的新闻操作水平。如果把中央电视台第一套节目从6月下旬就开始的抗灾报道内容一天天排出来，它的整体而有序的报道，就是对伟大的中国人民之所以能战胜全球罕见的特大自然灾害最好的诠释。可以说，在这次空前的抗洪斗争中，不论是中央电视台的指挥者，还是深入抗灾最前线的记者，都磨炼了意志，积累了经验，

同时,也经受住了严峻的考验。

(原载《电视研究》1998 年第 10 期)

反映灾害新闻中的典型形象

刘松山

1998 年 6 月下旬到 9 月,中央电视台与其他媒体的新闻工作者同所有抗洪将士一起在茫茫洪水中,在千里江堤上奔跑着、劳作着、思索着,每日都从不同角度、不同侧面为全国人民不断地绘制着最新的抗洪图画。面对这样百年不遇的灾害,年轻的记者们在紧张而有序地搜集素材,向观众讲述一则亲身经历的人与自然厮杀搏斗的壮烈故事。

壮烈在于它的典型形象。洪峰所以能一次又一次被征服,险情所以能一次又一次被排除,抗洪斗争所以能取得一个又一个胜利,根本原因就在于有一支英雄的抗洪大军。这座群像中有几组典型形象,一是党和国家领导人,二是英勇的解放军指战员,三是灾区人民和大后方人民。新闻不能仅仅具有实录和再现的意义,所有成功的新闻都是靠记者们的“表现”而在观众心中打上印记的。中央电视台记者们对抗洪新闻中各类典型形象的成功报道就是一个例证。

一、成功地塑造了领导的形象

应当说,由于种种原因,在以往的电视新闻中,我们对领导人的形象反映是有欠缺的。程序化、刻板化、模式化的倾向明显,人们从荧屏上所能看的多半是领导同志千篇一律的握手、合影、入座和无声的会谈,所能听到的多半是播音员用标准口音略带表情地“代领导人讲话”。这几乎成了播发领导人活动的公式。这一公式固然是长期以来新闻环境的产物,其本身也具有严整、庄重、滴水不漏的优点,但公式化的播发方式严重损害了新闻效果,不利于在观众心中树立领导人个性化的形象。领导人只有在新闻中神形兼备、言行生动,才能与观众由陌生变得亲切,才能以一个栩栩如生的形象,以其独特的个人魅力走进亿万民众的心中。这次中央电视台对江泽民、李鹏、朱镕基、温家宝等领导人亲赴抗洪前线指挥作战的新闻播发就十分出色,给亿万观众留下久久不能忘怀的印象。成功的一个重要原因就在于电视台一改以往“不动声色”的报道方式,把活动现场推入观众视野,让每一个领导人不仅是站在旌旗猎猎的堤坝上,更是立于亿万人民面前。人们亲眼看到江泽民主席头顶烈日站在数千官兵中间声音沙哑地做长时间战时动员,发出“坚持、坚持、再坚持”的坚强号令,要求坚决夺取抗洪斗争的最后胜利,并向所有官兵大声发问:“有没有信心?!”场上群情激奋、口号雷动,一种战天地斗地、誓与大堤共存亡的革命英雄主义气概不仅感染了在场官兵,而且深深感染了荧屏前的亿万观众,悲壮和激越之情让无数人泪眼迷离。人们亲眼看到李鹏委员长上午还在人民大会堂主持召开人大常委会委员长会议,下午就在飞机上借着窗口的微弱光线焦急万分地凝视地图,察看东北洪水所到地域,旋即又看到他立于黑浪滚滚的江边大堤上,迎着大风,紧握双拳,向东北军民发出坚决抗洪的紧急号召。人们亲眼看到朱镕基总理在湖北察看灾情回京不久,得知长江告急,又连夜飞赴长江,亲临湖北、江西最危险的地方,并用他沉痛而坚定的声音不断激励抗洪官兵。人们亲眼看到国务院副总理、国家防汛总指挥温家宝深夜走下飞机舷梯,接着就通宵不眠地与灾区负责同志研究灾情,作出战略部署;看到他由西到东、由南到北,长时间拖着疲惫之身在洪水危堤上、在大雨泥泞中奔走不息;看到他满心忧患、由缓而急、由低沉而高亢、一次又一次地向人们发出悲壮的总动员。所有这些画面和声音都充分反映了当代中国领导人临危不惧、指挥若定、坚韧不拔的可贵品质,留下了他们极富个人魅力的珍贵片断。

二、成功地塑造了人民军队的形象

人民解放军是抗洪的中流砥柱,他们用血肉之躯、用年轻的生命筑起了一道洪水冲不垮的千里长堤。抗洪斗争已经生动地证明,人民解放军是最英勇的战斗者,是最无畏的英雄,是新时期最可爱的人。为在荧屏中再现解放军的英雄形象,展示当代军人的精神风貌,电视记者也必是疲于征战、费尽心血。我们在电视上看到南京军区某副司令员几天几夜没合眼却仍在波浪中边指挥边奋力传递麻袋;看到当年大兴安岭的扑火英雄“大胡子”师长而今已五十多岁的东北某集团军副军长奋不顾身地奔向抗洪第一线;看到广州军区、南京军区,以及沿江各省军区的司令员、政委们身先士卒奔赴抗洪最危险的地方现场指挥。我们看到数十万大军从四面八方飞速开赴前线;看到解放军满身泥泞,扛着几十公斤的麻袋在最危险的地段昼夜奔跑不息;看到一排排战士为保住堤坝而冲入水中,硬是用血肉之躯顶住七八级狂风和巨浪一夜的袭击;看到解放军驾驶着冲锋舟劈波斩浪,四处寻找和救助灾民;看到战士们因长时间洪水浸泡而皮肤溃烂并患上各种疾病;看到战士们连续三天三夜不得合眼扛着麻袋竟倚在树上睡着了，等等。人民子弟兵一不怕苦、二不怕死的精神，不仅让灾区人民深受感动，也让电视机前的亿万观众感怀不已。我们还看到退伍军人中的战士、班长、父子、夫妻重返前线的动人画面，看到抛开临产妻子奔赴前线的军官，看到推迟婚期却不幸牺牲的战士，看到在洪水袭来时救了六七位灾民和战士最终却被洪水吞没的抗洪英雄高建成。在中央电视台不断推陈出新的新闻节目中，有关解放军的报道占了全部抗洪新闻最重的比例，解放军集体的典型、解放军将领的典型以及解放军个体的典型互相交织，精彩纷呈，处处体现了电视工作者的匠心，他们将人民军队坚不可摧的意志和大无畏的牺牲精神，在全世界人民面前展示了出来，举国上下都被深深震动了！

三、成功地塑了中国人民的形象

电视新闻还成功反映了灾区人民和大后方人民的光辉形象。灾区人民是英雄的人民，他们平静地面对灾难，并团结一心，奋起自救，重建家园。大后方人民无时无刻不在关注和牵挂着灾区，并以前所未有的浩大声势发起了救援运动。骨肉相连，血浓于水，灾难使中华民族的巨大凝聚力得到空前升华。这一段时间，电视成了联系灾区与后方的重要纽带，人们每天都急切地从电视上了解灾区人民的最新消息并通过电视进行无声的心灵交流。我们看到灾区的地方领导同志总是走在最危险、最困难的第一线，湖北省委书记贾志杰说，哪个地段最危险，他的指挥所就要设在哪里。一位叫罗典苏的市委宣传部长在医院刚刚脱离生命危险就坚持要求重返抗洪前线，王茂林、田凤山、张德江、卢荣景、回良玉等省委负责同志都日夜在江堤上、在洪水中奔跑察看、慰问灾民。沧海横流，方显英雄本色。公仆们在灾害来临时更显出心忧一方、全心全意为人民服务的崇高精神。我们看到灾区人民眼含热泪自发为解放军送饭送水、偷洗解放军衣服的动人故事；看到陌生的灾民们互以为家、相扶相助的暖暖亲情；看到一趟趟专列、一队队汽车满载着各类救灾物资，满载着大后方人民的深情厚意，从四面八方昼夜兼程奔赴灾区；看到一批又一批医疗队克服重重困难深入灾区，看病送药，向灾民们讲解防疫常识……洪水无情人有情，军民团结，灾民团结，灾区与后方团结，电视新闻中每次出现这样的画面，就令观众沉重的心情变得舒缓，让人们在灾害中体味到暖暖亲情和希望，体味到团结的伟大力量。电视新闻不仅成功反映了群众集体的形象，还成功反映了群众个体的形象，因而我们看到当代的“红嫂”为给战士治毒虫蜇伤，不顾羞涩，当即推开小儿挤下了自己的乳汁；看到大嫂为救被毒蛇咬伤的战士，竟烧断自己心爱的长辫捆在战士的腿上；看到一位年轻的妻子在丈夫牺牲后竟毅然将价值12万元的物资捐献给灾区；看到一位老人在1954年抗洪中立下大功，今天面对危险，竟又毅然决然地用自己的血肉之躯去堵住洪水汹涌的涵洞长达30余小时；看到一位村委会副主任为救其他村民，再一次把生奉献给别人，将死留给了自己……

随着电视新闻不断地呈现在观众面前，可以说，中央电视台组织的抗洪报道是十分成功的。它以各类典型形象为主线，清晰生动又极富感染力地为亿万观众展示了一幅气势恢宏的军民抗洪图。组织这样的报道必须具有高屋建瓴、能放能收的新闻思路，必须有敏锐的新闻眼光和吃苦耐劳的品质，必须有一支高素质的组织严明的电视新闻采编队伍。

抗洪新闻是灾害新闻，有灾害就必然有故事。这次的抗洪报道，中央电视台经过精心选材，组成了一个又一个感人故事，全面而恰如其分地反映了各类典型形象，并用这些典型形象向世人昭示了面对灾害全国军民大无畏的不屈精神。这些典型形象的意义已远远超过了电视新闻本身，必将给人以荡气回肠、余音绕梁的思索，给人以长久的精神震撼，也必将在电视新闻的历史上留下不朽的一页。

（摘自《电视研究》1998年第10期）

中央电视台抗洪救灾报道收视情况分析

刘志忠

一、中央电视台各档主要新闻节目收视率明显提高

1.1998年8月9日至8月15日，《新闻联播》的平均收视率(32.95%)明显高于入夏以来的收视率(6月1日至8月8日该节目的平均收视率为31.16%)。这说明《新闻联播》以前方记者对抗洪抢险大量的现场报道、现场目击、现场描述和体验深深吸引了观众，以其权威、及时、深入的报道，满足了观众关心灾区、心系国家的急切心情，达到了很好的新闻宣传效果。

2.早、中、晚各时段的新闻节目，由于都能将抗洪抢险的最新信息报道给观众，《新闻30分》还能将抗洪中常用的一些术语向观众讲解，也受到了观众的良好回应。《新闻30分》、《晚间新闻》、《早间新闻》的收视率均较前期有明显上升。

二、《焦点访谈》、《新闻调查》、《东方时空》的深层报道受到欢迎

在新闻节目播出多种形式、多种角度的抗洪抢险新闻报道的同时,《焦点访谈》、《东方时空》、《新闻调查》也不甘人后,制作了许多生动感人的专题节目。如《焦点访谈》的"风口浪尖英雄本色",《时空报道》关于防洪形势、水情动态的报道,《东方之子》前方新闻人物的深层访谈,《新闻调查》的"保卫荆江"等。这些节目明显拓展了中央电视台防洪抗灾报道的广度和深度,让观众了解更为全面翔实的内容,因而受到了欢迎。

三、《我们万众一心——'98 抗洪赈灾义演晚会》影响深远

1998 年 8 月 16 日,中央电视台通过短短一周的组织策划设计,与中华慈善总会、中国红十字会总会联合举办了大型抗洪赈灾义演晚会《我们万众一心》。该晚会真实地展现了战斗在抗洪抢险一线的广大军民团结奋斗、顽强拼搏的感人事迹,展现了社会各界和海外人士踊跃捐款捐物、向灾区人民奉献爱心的动人情景,展现了广大演职人员和新闻工作者不计名利、不顾个人安危、忘我工作的可贵精神,在全社会引起了强烈反响。该晚会近 4 个小时,平均收视率为 25.23%,明显高于平时同时段节目的平均收视率(在 1998 年上半年,即使在纯黄金时段 20:00～21:00,平均收视率也只有 18.36%)。而根据《中国青年报》社会调查中心在北京的追踪调查,接触过该台晚会的观众比率更是达到 85%,其中有六成观众自始至终观看了该台晚会,95%的观众认为该台晚会办得很成功。

(摘自《电视研究》1998 年第 10 期)

国务院办公厅致函中央电视台、中华慈善总会、中国红十字会总会赞扬抗洪赈灾义演晚会成功

中央电视台、中华慈善总会、中国红十字会总会:

你们 8 月 16 日在北京主办的《我们万众一心》——'98 抗洪赈灾义演晚会,真实地展现了战斗在抗洪抢险第一线的广大军民团结奋战、顽强拼搏的感人事迹,展现了社会各界和海外人士踊跃捐款捐物、向灾区人民奉献爱心的生动情景,展现了广大演职人员和新闻工作者不计名利、忘我工作的可贵精神,在全社会引起强烈反响。今天国务院总理朱镕基主持召开的国务院总理办公会,对这台晚会的成功给予了充分的肯定和高度的赞扬,并向仍然奋战在抗洪抢险第一线的广大干部群众、人民解放军指战员和武警官兵,向慷慨解囊支援抗洪抢险斗争的社会各界和海外人士,向辛勤的文艺工作者和新闻工作者表示亲切慰问和崇高敬意!国务院已责成有关部门负责把捐献的钱物直接用于救助灾区人民生活和灾后重建家园。

抗洪赈灾晚会展现的生动场面,充分显示了伟大的中国人民在以江泽民同志为核心的党中央领导下,战胜艰难险阻的强大凝聚力,万众一心、众志成城的英雄气概和一方有难、八方支援的社会主义大团结、大协作精神。这种精神是振兴国家和民族的深厚力量。当前,抗洪抢险斗争已经进入决战阶段,我们要继续发扬这种精神,紧密团结,共同奋斗,夺取抗洪抢险决战的最后胜利。

(原载 1998 年 8 月 19 日《人民日报》)

中央电视台关于表彰在抗洪抢险宣传报道工作中做出突出贡献的先进集体、先进个人的决定

今年入汛以来,我国长江、嫩江、松花江流域相继发生百年罕见的特大洪水。在这场同洪魔进行的波澜壮阔的斗争中,我台坚决贯彻党中央和江泽民总书记的指示,根据中宣部和广电总局的具体部署,台分党组精心部署,统一组织,及时、准确地报道了党中央、国务院抗洪抢险斗争的指示精神和一线军民奋勇抗洪的壮丽画卷。派赴抗洪抢险一线的 700 余名记者,不畏艰险,不怕牺牲,克服重重困难,舍弃小家,顾全大局,以抗洪精神投入抗洪报道,他们用最快的速度,感人的镜头,动情的声音,记录了感天动地的历史场面,讴歌了气壮山河的英雄业绩。此间,我台还以最短的时间赶排了《我们万众一心》大型赈灾义演晚会,《抗洪精神颂》晚会,为号召社会力量支援灾区重建和大力弘扬伟大的抗洪精神做出了重要贡献。在这次抗洪抢险报道

中,全台各部门大力协作,以高度的政治责任感、使命感和敬业精神,紧密配合,全力以赴,出色完成了各自的任务。为了总结经验,鼓励先进,进一步做好今后的宣传工作,台分党组决定对在抗洪抢险宣传报道工作中表现出色、做出突出贡献的集体和个人进行表彰。

一、荣获先进集体荣誉称号的共35个:

新闻节目中心新闻采访部:时政组、综合组
新闻节目中心社会新闻部:记者二组、记者五组
新闻节目中心地方新闻部:编辑一组
新闻节目中心:新闻编辑部
新闻节目中心:新闻评论部
新闻节目中心新闻制作部:录制科
新闻节目中心军事部:新闻报道组、驻广州军区记者站、驻沈阳军区记者站、驻济南军区记者站
海外节目中心海外新闻部:地方组
海外节目中心海外专题部:《中国报道》组
海外节目中心外语新闻部:《英语报道》组
社教节目中心专题部:《健康之路》栏目组
社教节目中心科教部:《走近科学》栏目组
文艺节目中心文艺部:《我们万众一心》剧组
文艺节目中心戏曲音乐部:《抗洪精神颂》晚会剧组、《中国音乐电视抗洪赈灾系列》剧组
广告经济信息中心广告部:资讯科
广告经济信息中心经济部:《国是·家事》报道组
青少节目中心青年部:《12演播室》栏目组
技术制作中心采录部:录制一科
技术制作中心音频部:录音一科
播出传送中心:卫星传送组
播出传送中心:总控部
台办公室:秘书处、保卫处
机关党委:工会
人事办公室:离退休管理处
总编室:节目播出管理处
总编室节目资料管理处:新闻磁带库
财经办财务处:财务二科
中央新闻纪录电影制片厂:第三编辑室

二、荣获特等奖荣誉称号的个人共24名:

新闻节目中心新闻采访部:孙朝中 高 峰 郭宏宪 尚墨玲
新闻节目中心社会新闻部:孙树文 王铁刚 曹一兵
新闻节目中心新闻评论部:再 军 荣 欣 翟树杰
新闻节目中心军事部:伍 辉 王 文
海外节目中心海外新闻部:万 灵
海外节目中心海外专题部:周秉铃
海外节目中心外语新闻部:杨 锐 韩 斌
社教节目中心专题部:修月川
文艺节目中心文艺部:陈雨露
文艺节目中心戏曲·音乐部:孟 欣 刘 璐
技术制作中心采录部:侯同刚
播出传送中心转播部:王 军
播出传送中心传送部:杨晋康
中央新闻纪录电影制片厂:封永迎

三、荣获一等奖荣誉称号的个人:

王晶等81名。

四、荣获二等奖荣誉称号的个人:

孙玉胜等155名。

五、荣获三等奖荣誉称号的个人:

李挺等704名。

台分党组号召全台职工向获得抗洪抢险先进集体和先进个人荣誉称号的同志们学习。学习他们艰苦奋斗、深入一线、乐于奉献、甘于牺牲的工作作风;学习他们舍家为国、不怕艰苦、忘我工作的敬业精神;学习他们不辱使命,人民利益、祖国需要高于一切的责任意识,学习他们团结协作,争创精品的行业风范。

我们坚信,我们这支经过抗洪斗争考验和锻炼的队伍,是任何困难都难不倒、压不垮的。让我们团结一致,积极工作,开拓前进,继承和发扬"万众一心、众志成城、不怕困难、顽强拼搏、坚韧不拔、敢于胜利"的伟大抗洪精神,不辜负党中央对新闻工作者的厚望,为把我台早日建成世界有重要影响的大台而努力奋斗,为中国电视事业的发展写下更加辉煌的篇章!

(1998年10月3日发文)

附:中央电视台抗洪抢险宣传报道工作荣获一等奖荣誉称号的个人名录

新闻节目中心

新闻采访部

王 晶 刘东华(女) 樊冬平 苏咏鸿

孙红莉(女) 岳 群(女) 林 键

社会新闻部

陈 杰 武 伟 阎 洪 李 玲(女)

牟正蓬(女) 张 涛 石 岩(女) 李 毅

地方新闻部

高 波(女)

新闻编辑部

李 昕

新闻评论部

王丽丽(女) 王亚峰 汪 力 张文华(女)

柏 扬 赛 纳 伍 杰 郭 佳(女)

谷源旭 朱永琪 高 伟 方宏进

军事部

赵元贵 吴乃奇 王家国 郭西昌

于长征 赵玉刚 赵继生

海外节目中心

海外新闻部

任永蔚(女) 李 峰(女) 徐 俐(女) 贺学国

海外专题部

丁 樵 董 鑫 孔宪静

外语新闻部

王小飞

海外制作部

肖建海

社教节目中心

专题部

王洪有 张 磊 黄 贺

科教部

刘国春 刘仙明(女) 高慧芬(女)

文艺节目中心

文艺节目部

邹友开

文艺部

赵 安 刘铁民 邢大友 张晓宁 王 浩

周利明 徐阿春 周 涛(女) 廖 筠(女)

国际部

赵忠祥 张 政

戏曲音乐部

杨东升 韩 伟 徐小帆(女) 王志军

朱 军 胡迎节 魏党生 刘 真

广告经济信息中心

经济部

杨亚生 付 丹(女) 李相伟 田 梅(女)

青少节目中心

青年部

徐荃乐

少儿部

鞠 萍(女)

技术制作中心

采录部

李 硕

播出传送中心

传送部

王轲平

总控部

张大立 张 勇

国家广电总局抗洪救灾先进集体、先进个人名单(中央电视台部分)

一、先进集体:

新闻节目中心长江流域抗洪救灾联合报道团

新闻节目中心松嫩流域抗洪救灾联合报道团

新闻节目中心

新闻节目中心军事部驻广州军区记者站

海外节目中心海外专题部《中国报道》组

海外节目中心海外新闻部《中国新闻》编辑部

文艺节目中心《我们万众一心——'98抗洪赈灾义演晚会》剧组

文艺节目中心《抗洪精神颂》晚会剧组

播送中心卫星传送组

工会

二、先进个人:

伍 辉 王 文 荣 欣 翟树杰 再 军 郭宏宪

孙朝中 高 峰 孙树文 王铁刚 曹一兵 尚墨玲

万 灵 周秉铃 杨 锐 韩 斌 修月川 邹友开

孟　欣　陈雨露　刘　璐　王志军　田　梅　鞠　萍
王　军　杨晋康　侯同刚　张冬彧　封永迎　田忠卿
宿晓光　马　静　王扶林

中直机关支援抗洪救灾先进集体和先进个人名单（中央电视台部分）

先进集体：

松嫩流域抗洪救灾联合报道团
长江流域抗洪救灾联合报道团
驻广州军区记者站
新闻节目中心
《我们万众一心——′98 抗洪赈灾义演晚会》剧组
《抗洪精神颂》剧组
卫星传送组
海外新闻部《中国新闻》编辑部
海外专题部《中国报道》组

先进个人：

伍　辉(女)　王　文　荣　欣　翟树杰
再　军　郭宏宪　孙朝中　高　峰　孙树文(女)
王铁刚　曹一兵(女)　尚墨玲(女)　万　灵(女)
周秉铃　杨　锐　刘　璐(女)　王　军　杨晋康
侯同刚　修月川　封永迎　韩　斌　陈雨露(女)

中央新闻单位抗洪抢险宣传报道工作先进集体和先进个人名单(中央电视台部分)

先进集体：

驻广州军区记者站
长江流域抗洪救灾联合报道团
松嫩流域抗洪救灾联合报道团
新闻节目中心
海外专题部《中国报道》组
海外新闻部《中国新闻》编辑部
《我们万众一心——′98 抗洪赈灾义演晚会》剧组
卫星传送组
《抗洪精神颂》剧组

先进个人：

伍　辉(女)　王　文　荣　欣　翟树杰　再　军
郭宏宪　孙朝中　高　峰　孙树文(女)　王铁刚
曹一兵(女)　尚墨玲(女)　万　灵(女)
周秉铃　杨　锐　陈雨露(女)　刘　璐(女)
王　军　杨晋康　侯同刚　修月川　封永迎　韩　斌

′98 全国抗洪救灾优秀报道广播电视作品获奖篇目（中央电视台部分）

一等奖

电视消息：朱镕基再次赴湖北长江抗洪一线
　　武汉暴雨加洪峰，防洪形势严峻（与湖北电视台合作）
电视专题：决胜
　　龚谷成

二等奖

电视消息：防汛抗洪斗争中的耳目
　　大堤安危重于生命(与湖南电视台合作)
　　百姓送鸡情义重　驻军婉拒纪律严
电视专题系列报道：江泽民在湖南、江西、黑龙江抗洪抢险第一线看望广大军民，指导救灾工作

三等奖

电视消息：荆江分洪区居民舍小家保大家
　　真的好想你
　　大堤上的“兵妈妈”
电视专题：中流砥柱
　　抗洪灾·防疫情
　　河东三十年
　　生死簰洲湾
　　外国人看中国水灾

5. 规章制度选载

中央电视台自制节目版权交易和出版发行授权的规定

近年来,中央电视台自制节目版权被侵害、出版发行行为不规范的现象时有发生,损害了中央电视台的形象,也造成经济上的严重损失。为进一步加强管理,明确中央电视台自制节目版权的归属、交易、出版发行授权等问题,现将有关规定颁布如下:

一、凡由台属各部门投资制作的电视节目版权为台所有,台属任何单位、部门和个人都无权向国内外任何媒体、出版社和社会团体转让、出售、出版中央电视台拥有版权的影视节目。

二、依据法律程序,中央电视台已授权台属中国国际电视总公司为台自制影视节目的全球版权交易和音像制品出版发行的总代理。中国国际电视总公司已将这项权力转授给所属中国电视节目代理公司。中国电视节目代理公司取得中央电视台自制节目全球版权交易和音像制品出版发行的总代理权。

三、节目的音像制品出版发行,若确需交中国国际电视总公司以外的单位承办,须报总编室批准。节目部门可向中国国际电视总公司推荐出版单位,由总编室与出版单位签订正式出版合同后,并在出版单位支付版权使用费后方可履行出版事宜。

四、合办(拍)节目,在签订合同时要严格明确版权划分。

自本规定下达之日起,有关单位须严格遵照执行。违反规定者将视情节追究其责任,直至纪律处分。

中央电视台
1998年3月25日
(台办室提供)

中央电视台临时工作人员管理办法

第一章　总　　则

第一条　为健全人事管理制度,加强对临时工作人员的管理工作,根据国家有关规定制定本办法。

第二条　本办法适用于本台党政、编播、技术等部门使用的下列临时工作人员:

(一)从外单位借用的人员;

(二)离休、退休人员;

(三)北京市城镇待业青年;

(四)北京市郊区农民工;

(五)外地务工人员。

第三条　人事处负责全台临时工作人员的管理工作。

第四条　对临时工作人员的管理工作应坚持公开、平等、竞争、择优的原则,遵循管理与服务并重的方针。

对临时工作人员要实施分级分类管理。(1)分级:人事处负责临时工作人员的招用、制定临时工作人员工资标准、办理各类社会化服务事宜,拟定劳务协议书样本,监督管理用人部门与临时工作人员签订劳务协议。各部门负责与临时工作人员签订劳务协议,负责临时工作人员的使用、日常管理、考核、工资发放等。(2)分类:根据临时工作人员的不同岗位实施分类管理,并制定出相应的选用、培训、考核等办法。

第五条　招用临时工作人员实行总量控制。全台临时工作人员总数不得超过2600人。各部门要从实际出发,严格控制使用临时工作人员数量,不得突破人事处下达的临时工作人员指标。招用外省市户口的临时工作人员要从严限制,一般不得超过本部门实有临时工作人员总数的10%。

第二章 临时工作人员的招用

第六条 各部门临时工作人员由人事处统一组织招用。

第七条 各部门应及时将需求临时工作人员的岗位、人数、使用期限、资格条件、经费开支渠道等情况向人事处申报。经核定后,在适当范围内公布招用信息。

第八条 报名工作由人事处统一组织。报名人员均应填写统一印制的本台临时工作人员报名登记表,并交验各种有关证件。

第九条 临时工作人员的资格条件:

(一)政治上与党中央保持一致,拥护四项基本原则和改革开放方针。

(二)品行端正,遵纪守法,无违法违纪行为。

(三)热爱本职工作,遵守职业道德,踏实肯干,有胜任本职工作的能力。

(四)编播、技术等岗位的临时工作人员应具备大学专科以上学历,并有相应的外语水平。其中记者、编辑原则上应具备相关专业大学本科学历。从事辅助性岗位的临时工作人员要求具有初中以上文化水平。

(五)身体健康。

(六)最低年龄应符合《劳动法》的规定,最高年龄不超过65周岁。

第十条 拟招用人员初试时应提供以下证明材料:

1. 北京市城镇待业青年须持有求职证、身份证、学历证书。

2. 借用人员须持有身份证、学历证书、职称证书、工作证及原单位同意借出函。其中户口在外地的,还须持有暂住证和北京市暂住人口婚育证。

3. 离退休人员须持有离退休证、学历证书、职称证书、身份证。

4. 京郊农民工须持有身份证、学历证书、乡以上政府部门出具的做工证明函。

5. 外地务工人员须持有身份证、学历证书、暂住证、外出人员就业登记卡、北京市暂住人口婚育证。外地务工人员所持证件需做到证卡(《就业证》与《外出人员就业登记卡》)合一、《就业证》登记事项与持证人相符。

第十一条 重要岗位一般不得使用临时工作人员。特殊情况,需报人事处审批。

根据广播电影电视部广人劳字[1997]104号文件和北京市劳动局[1998]第2号通告中规定的行业、工种(岗位),限制使用外地来京务工人员。使用外地务工人员时,必须在北京市劳动局批准的指标范围内。

第十二条 重要岗位由人事处对符合资格条件的人员组织考试考核。考试考核应体现科学性、客观性和公正性。根据不同岗位的特点和用人部门的用人要求安排考试考核的内容。

第十三条 对拟招用的人员,由人事处组织政审。需要进行身体健康检查的岗位,应在指定医院进行体格检查。

第十四条 经资格审查、考试考核、政审和体检后符合招用条件的人员,由人事处输入临时工作人员信息库,向用人部门推荐。用人部门也可以主动到信息库挑选。

第十五条 用人部门选择到合适人员后,填写《临时工作人员审批表》,送人事处审批。

第三章 劳务协议书

第十六条 用人部门使用临时工作人员,必须以书面形式签定劳务协议书。

第十七条 签定劳务协议书必须遵循平等自愿、协商一致的原则,不得违反法律、法规和台人事管理制度。

第十八条 本办法附有不同类型劳务协议书样本。用人部门按临时工作人员类型,签订相应的劳务协议书。

除样本所列内容外,如果需要补充其他内容,可以在符合法律、法规、台人事管理制度以及样本基本内容的前提下,经双方协商一致予以补充。

第十九条 下列情形,可以变更协议书的内容:

(一)订立协议书所依据的法律、行政法规、规章发生变化,协议书应变更相关内容。

(二)订立协议书所依据的客观情况发生重大变化,致使协议书无法履行的,经双方协商同意,可以变更协议书相关内容。

第二十条 协议期限未满,有下列情形,可以解除协议:

(一)经双方协商一致,可以解除协议。

(二)临时工作人员有下列情形之一,用人部门可以解除协议:

1. 严重违反劳动纪律或用人部门规章制度的;

2. 严重失职、营私舞弊,对用人部门利益造成重大损害的;

3. 被依法追究刑事责任的。

(三)下列情形之一,用人部门可以解除协议,但应提前七日以书面形式通知临时工作人员:

1. 因工作量减小、机构变更、工作内容改变等需裁减临时工作人员的;

2. 临时工作人员不能完成工作任务的;

3. 临时工作人员患病或非因工负伤,医疗期满后不能从事原工作的;

4. 双方不能就变更协议书内容达成协议的。

但临时工作人员如有下列情形之一,用人部门不得因上述情形解除协议:

1. 经指定医院证明患病或非因工负伤、在规定的医疗期内的;

2. 妇女在孕期、产期、哺乳期内的。

(四)临时工作人员解除协议,应当在不损害用人部门利益的前提下,提前七日以书面形式通知用人部门。

(五)有下列情形之一,临时工作人员可以随时通知用人部门解除协议:

1. 用人部门以暴力或者非法限制人身自由的手段强迫劳动的;

2. 用人部门不能按照协议书规定支付劳动报酬或者提供劳动条件的。

(六)从外单位借用的人员,还可根据"人员借用协议书"中商定的其他情形解除协议。

第二十一条 劳务协议书期满即行终止。如双方协商一致,可以续订协议书。

劳务协议书终止、续订或解除,用人部门应报人事处备案。

第二十二条 凡因个人原因被部门辞退的人员,其他部门不得使用。

第四章 岗前培训

第二十三条 招用的临时工作人员须先进行岗前培训,经培训合格后方可上岗工作。

第二十四条 岗前培训的主要内容是台规、台纪教育和岗位应知、应会知识。

岗前培训由人事处组织实施。

第二十五条 培训后经考核合格的,发给岗前培训证。凭岗前培训证办理出入证并上岗工作。

第二十六条 岗前培训费用按照培训的类型、场所、时间、人数等核算,由用人部门承担。

第五章 待遇

第二十七条 临时工作人员的工资标准由人事处统一制定,由用人部门根据实际情况在标准范围内浮动发放。

第二十八条 临时工作人员的工资,根据不同岗位执行下列标准:

(一)第一档 月平均650元,浮动范围为450元至850元。执行本档临时工作人员工资标准的岗位如下:

播音、主持、编辑、记者、翻译、特技设计、医生、美术设计、软件编程、服装设计。

(二)第二档 月平均550元。浮动范围为380元至720元。执行本档临时工作人员工资标准的岗位如下:

摄像、化妆师、灯光师、录音师、美工师、音频技术、视频技术、设备维修、会计、电工、空调水暖维护、木工、厨师。

(三)第三档 月平均450元。浮动范围为300元至650元。执行本档临时工作人员工资标准的岗位如下:

剧务、信号传送、教务管理、档案管理、图书管理、计算机操作、打字、洗印、道具、护理、出纳、校稿、观联信件、资料整理、话务、司机、摄像工、音频制作、视频制作、灯光工、录音工、化妆、美工。

(四)第四档 月平均350元。浮动范围为300元至450元。执行本档临时工作人员工资标准的岗位如下:

茶炉、浴室、餐厅服务、收发、传达、消防监控、治安执勤、车辆疏导、存车管理、家委会、会议室服务、清洁工、电梯监控、机房值班、办公室勤杂、库房保管。

第二十九条 临时工作人员工资审查制度:

各部门每月月底前将该月临时工作人员变化的情况报人事处,由人事处在次月5日前通知计财处,由计财处在6日发放临时工作人员工资。

临时工作人员不得领取劳务费、稿费。

第三十条 临时工作人员享受台内政治思想、职业道德、业务技术、劳动安全卫生及有关规章制度的教育和培训。

第三十一条 临时工作人员享受法定节假日,每周工作时间不多于国家规定的40小时。加班后安排倒休。

临时工作人员享受中央电视台劳保用品待遇。

第三十二条 临时工作人员因工负伤或死亡,依照国家有关规定处理。

第六章 考 核

第三十三条 协议期满前,必须对临时工作人员进行考核。考核内容包括协议期内的工作业绩、工作能力、工作表现等。考核工作由用人部门组织实施,考核分优秀、合格、不合格三类。考核结果报人事处备案。

第三十四条 考核结果将作为临时工作人员续签协议的重要依据。不合格者,不再续签协议。

第七章 经济补偿与赔偿

第三十五条 下列情形之一,用人部门违反劳务协议书约定条件的,按下列标准支付补偿金:

1.用人部门克扣或者无故拖欠临时工作人员工资的,除在规定的时间内全额支付临时工作人员工资外,还需加发相当于临时工作人员工资25%的经济补偿金;

2.用人部门支付的临时工作人员工资低于本市最低工资标准的,要在补足低于标准部门的同时,另外支付相当于低于部分25%的经济补偿金。

第三十六条 下列情形,用人部门应发给相当于本岗位月平均临时工作人员工资一个月的经济补偿金:

北京市城镇待业青年、农民工因本办法第三章第二十条第(三)款而解除协议的。

第三十七条 用人部门解除协议后,未按规定给予本人经济补偿的,除全额发给经济补偿金外,还须按该经济补偿全数额的50%支付额外经济补偿金。

第三十八条 北京市城镇待业青年、农民工患病或者非因工负伤,确认不能从事原工作而解除协议的,用人部门还应一次性发给本人不低于本岗位临时工作人员月人均工资的医疗补助费。患重病和绝症的还应增加医疗补助费。患重病的增加部分不低于医疗补助费的50%,患绝症的增加部分不低于医疗补助费的100%。

第三十九条 临时工作人员违反劳务协议书的约定解除协议或违反协议书约定的事项,给甲方造成损失的,应赔偿用人部门损失。

第四十条 本人解除协议的,凡由用人部门出资培训的人员,应向用人部门偿付培训费。

第八章 争议的处理

第四十一条 工会、监察、党办、人事等部门组成台临时工作人员劳动争议调解委员会,负责临时工作人员与用人部门之间劳动争议的调解工作。调解委员会的日常工作由台工会组织与协调。

第四十二条 临时工作人员同用人部门之间发生劳动争议,可以向本台劳动争议调解委员会申请调解。调解劳动争议,应当根据合法、公正、及时处理的原则,维护当事人的合法权益。

第四十三条 经调解无效的,可以按照有关规定申请仲裁。

第九章 监督检查

第四十四条 本办法的执行情况,由台人事处会同党办、监察室、计财处、审计处、保卫处进行监督检查。

第四十五条 用人部门应经常检查本部门使用临时工作人员情况,做好管理工作,发现问题及时解决。

第四十六条 用人部门违反本办法,根据不同情况,给予下列处理:通报批评;经济处罚;暂时停办该部门招用人员手续;取消该部门本年度评选先进集体资格等。必要时,追究部门领导人的责任。

第十章 附 则

第四十七条 本办法不包括实习人员。实习人员的管理办法另行规定。

第四十八条 下述人员不列为临时工作人员:

(一)外协人员,即与中央电视台有合作项目(如合办栏目)单位的人员;

(二)承包单位人员,即承包中央电视台基建工程或工程技术服务项目单位的人员;

(三)台属公司人员。

第四十九条 本办法执行中的具体问题,由台人事处负责解释。

第五十条 本办法自发布之日起执行。

中央电视台

1998年2月26日

(台人事处提供)

中央电视台关于新入台大学生岗位津贴、奖金的发放办法

各中心(室)、部、处:

自1993年10月工资套改以来,中央电视台新入台大学生在见习期(含初期,以下同)内享受了岗位津贴及全额奖金。实施几年来,并未充分发挥奖金的激励作用,没有充分体现出对新入台大学生在见习期内工作表现的考核。鉴于此,我们对新入台大学生在见习期内的岗位津贴、奖金的发放办法,做出如下调整:

一、根据国办发(1993)85号文件规定,新参加工作的大学生,在见习期内实行见习工资,不再享受岗位津贴。

二、在见习期内,奖金按全额的50%发到部门。各部门根据本人的工作表现,在考核的基础上分档次发放。

三、在见习期满转正定级后,可享受岗位津贴和全

额奖金。

四、此办法自1998年8月1日起执行,解释权归人事办。

中央电视台

1998年8月17日

(台办室提供)

中央电视台接收实习人员的暂行规定

为了对实习人员实行统一的规范化管理,确保中央电视台各项工作正常进行,特制定本规定。

一、资格

高校实习生必须是国家承认学历的全日制大专生、本科生、硕士(博士)研究生(临近毕业的最后一学年)。本台一般不接收各类专修班、研修班、短训班学员的实习。

地方电视台申请来台实习的人员必须由地方电视台向中央电视台提出申请,经批准后,按照双方的协议办理。

二、期限

1. 高校实习生的实习期限最长不得超过半年。

2. 地方台实习人员的实习期限以双方协议的时间为准,最长不得超过半年。

三、指标控制

由人事处根据各部门的工作任务情况,确定中央电视台接收实习人员的指标,实行总量控制,以免因实习人员过多影响各部门的正常工作。

四、要求

1. 实习人员实习期间只能从事辅助性工作,不得安排在关键岗位上工作;

2. 实习人员在台期间不得以中央电视台职工的名义对外活动,不得损坏台内各种设备、设施,不得违背台内各项规章制度和所在部门的各项规定;

3. 对违反规章制度的实习人员,取消实习资格,并视情节轻重予以处理。

五、程序

1. 学校教务处(学生处)或所在单位人事部门向我台提出申请,人事处负责审批。

2. 高校实习生凭以下证明材料报到:本人学生证、身份证及所在学校出具的实习介绍信和政审材料。地方台实习人员凭以下证明材料报到:本人工作证、身份证及所在电视台人事部门出具的业务实习协议书和政审材料,其中外地人员还须持有暂住证。

3. 实习人员填写临时出入证申请表,人事处负责办理临时出入证手续。

4. 人事处统一负责安排实习部门,业务部门根据实习人员所学专业或在原单位从事的工作,安排到相应岗位或相关岗位,并指派专人(必须是本部门的业务骨干)负责实习指导。实习结束后,实习人员写出实习报告,实习指导人写出实习鉴定,报人事处备案。

本规定自公布之日起实行。

中央电视台

1998年2月26日

(台办室提供)

6. 专 论

全面贯彻十五大精神，继续深化电视改革，把中央电视台的事业推向 21 世纪

——在中央电视台 1997 年工作总结表彰大会上的讲话

1997 年，是我国历史上极不平凡的一年。在党中央关怀下，在广电部党组领导下，全台同志团结鼓劲，扎实工作，坚持以邓小平理论为根本指针，坚持党的基本路线，自觉地同以江泽民同志为核心的党中央保持高度一致，全面贯彻执行中央的宣传方针政策，把握正确舆论导向，积极推动四项任务的落实，圆满完成了全年各项宣传任务。宣传工作、事业建设、队伍建设和经营工作都取得了显著的成绩。这些成绩，主要表现在以下 10 个方面：

(一) 推出 12 集大型电视文献纪录片《邓小平》

该片记录了邓小平同志的光辉业绩和伟人风采，艺术地表现了邓小平理论的形成和发展过程。播出后，在海内外引起强烈反响。2 月 19 日，邓小平同志逝世，我台及时、隆重、深情、有序地报道了邓小平同志的治丧活动，感人至深地反映了全国人民对小平同志的缅怀之情，受到胡锦涛等中央领导同志的表扬。

(二) 按照中央统一部署，圆满地完成了香港回归、党的十五大等重大事件的宣传报道

我台对党的十五大的进程、内容、精神和有关人物作了及时、充分、全方位的报道。会议前后，我台播出了《展示新成就，迎接十五大》、《中国之路》、《十五大精神与实践》等系列报道和专题节目，有力地配合了十五大宣传，受到广泛好评。为了及时、充分地报道香港回归的盛况，我们打破常规，自 6 月 30 日凌晨至 7 月 3 日凌晨在第一、第四套节目里连续直播 72 小时，并开办英语传送频道进行连续 41 小时的现场直播，完成了我台有史以来时间最长的大型直播报道。此外，还成功地进行了江泽民主席访美、长江三峡截流、黄河小浪底截流、南昆铁路全线铺通、漠河地区日全食和彗星天象奇观的现场直播报道。

(三) 深化宣传改革，八个频道的特色更加鲜明

第一套新闻节目提前一小时开播，开办了六点早间新闻；第二套经济节目进行了全面改版，经济栏目从两个增加到九个，首播时间从一小时增加到三个半小时，内容针对性加强，表现形式更加生动，试办了英语卫星传送频道，电视剧创作空前繁荣，完成了青少年节目第二个“六个一百工程”；“心连心”艺术团在遵义等地举行了五场慰问演出，受到群众的热烈欢迎。文艺栏目、专题栏目质量均有提高。

(四) 节目获得国内国际奖项数量大大增加

在中宣部举办的“五个一工程奖”评选活动中，我台有 16 部电视剧获奖，音乐电视作品《珠穆朗玛》和《人与自然》丛书也分获“五个一工程”歌曲奖和图书奖。香港回归特别报道获得亚太广播联盟第二十四届新闻工作会议颁发的特别奖；《旋转舞台·江河湖海系列篇（一）：黄河的故事》在第三十四届亚太广播联盟大会上获得文化放送亚广联娱乐奖；纪录片《我们西藏·八廓南街 16 号》获法国真实电影节大奖。此外，我台合作拍摄的儿童影片《鹤童》，科影厂拍摄的《种子正传》、《长城》、《羌塘》、《大脑潜能》均在国际电影节上获奖，我台设计的片头《精品库》、《动物世界》分获国际片头大赛银奖、铜奖。

(五) 国际频道和英语传送频道在海外落地取得突破性进展

我台通过租用泛美 4 号、泛美 5 号、热鸟 2 号和银河 4 号卫星的 Ku 波段转发器，使节目实现了对欧洲、北美洲、澳洲、拉丁美洲和非洲的覆盖，全球覆盖率已达 98%，并逐步进入外国主流社会。

(六) 数字电视技术的采用给电视宣传带来革命性的进步

我台在国内率先采用数字技术，大规模进行技术系统工程建设，建成了 9 个数字演播室、22 个数字

后期制作系统、3 辆数字转播车、4 套数字移动地面站、30 套数字非线性编辑系统等编辑制作系统，扩大了生产能力，优化了制作工艺，加快了模拟技术向数字技术过渡的步伐，为完成重大新闻事件现场直播创造了条件。

（七）全台规章制度的修订工作基本完成

此项工作由台办室牵头，全台各部门参加，全面修订了全台规章制度。

（八）基本建设取得较大成绩，工作环境和职工居住条件得到较大改善

（九）中国国际电视总公司重组完成，中视股份上市成功，全台全年广告收入创历史最高水平，并完成了上缴国家税收的任务

（十）精神文明建设取得丰硕成果，连续五年被评为首都精神文明单位标兵。

1997 年我台工作取得了很大成绩，但同党和人民的要求，仍存在很大差距：各项工作发展不平衡；队伍建设工作较薄弱，骄傲自满情绪较普遍，缺乏艰苦奋斗精神，存在铺张浪费现象；管理工作不严、不细、不够落实，仍存在不少漏洞。

1998 年是全面贯彻落实党的十五大精神的第一年，也是完成“九五”计划关键的一年。做好今年的工作具有十分重要的意义。中央电视台的工作，要根据党中央的统一部署，在广电部党组正确领导下，高举邓小平理论伟大旗帜，全面贯彻十五大精神，自觉地同以江泽民同志为核心的党中央保持高度一致，努力开创宣传工作新局面。全台工作要坚持以宣传为中心，以管理为重点，强化精品意识，不断提高节目质量，继续深化各项改革，提高技术水平，提高队伍政治思想和业务素质，更好地为人民服务，为社会主义服务，为全党全国的工作大局服务。

一、全面贯彻落实党的十五大精神，抓好物质文明和精神文明建设的宣传

（一）坚持以邓小平理论为指针，坚持正确舆论导向，做好党的十五大精神的宣传报道

十五大精神的宣传要在积极、全面、准确、深入上下功夫，采取多种形式，宣传十五大确定的一系列方针政策和重大措施，反映全国各地各个部门贯彻、落实十五大精神的实际行动，报道政治、经济和社会生活等方面出现的新气象，把全党的思想统一到十五大精神上来，把全国各族人民的力量凝聚到实现十五大确定的各项任务上来。坚持把宣传邓小平理论放在重中之重的位置。

（二）抓好两个文明建设的宣传

1. 要认真贯彻落实中央经济工作会议精神，全面宣传 1997 年我国良好的经济形势和特点，宣传好今年经济工作的总体要求、主要任务、工作部署和关键环节，以及改革发展的重大举措；要进一步做好稳定农业，加强农业基础地位，全面发展农村经济的宣传；认真组织好经济体制改革特别是国有企业改革的宣传；继续搞好加强和改善宏观调控的宣传；宣传进一步提高对外开放水平，按照全国金融工作会议精神，做好金融改革的宣传；做好经济宣传。

2. 继续搞好精神文明建设的宣传。要紧紧围绕为人民服务，为群众办好事、办实事这一核心，报道各地、各部门在治理环境卫生、整顿交通秩序、提倡文明言行、提高服务质量四个方面取得的新进展、新成效；继续宣传创建文明城市、文明村镇、文明行业和文化、科技、卫生“三下乡”活动；继续做好先进典型的宣传，提高宣传水平；要加强舆论监督，批评不文明思想和行为，对社会丑恶现象予以揭露。

（三）精心组织，精心实施，打好九个宣传报道战役

1. 做好元旦春节的宣传，为全年工作开好局。

2. 认真做好第九届全国人大一次会议和九届全国政协一次会议的宣传报道。

3. 满含深情地做好纪念邓小平同志逝世一周年的报道。2 月 19 日，邓小平同志逝世一周年。我台播出了大型专题片《丰碑》。我台“心连心”艺术团赴小平同志战斗过的广西百色地区进行了慰问演出。重播大型电视文献纪录片《邓小平》。

4. 做好纪念周恩来同志和刘少奇同志诞辰 100 周年的报道。为缅怀老一辈无产阶级革命家的丰功伟绩，新闻节目将及时、隆重报道中央的有关重大纪念活动，同时，推出 12 集系列片《周恩来》、电视剧《周恩来在上海》和纪录片《周恩来外交风云》。“心连心”艺术团将赴周恩来的故乡江苏淮安进行慰问演出。今年 11 月将播出 7 集文献纪录片《刘少奇》和反映刘少奇同志业绩的电视剧等。

5. 做好庆祝广西壮族自治区和宁夏回族自治区成立 40 周年活动的报道。

6. 精心组织香港回归一周年的宣传。

7. 做好澳门回归前一周年倒计时宣传。

8. 积极开展改革开放 20 周年的报道活动。对内对外宣传部门将充分、及时报道有关重大纪念活动，全面报道、展示改革开放 20 年的伟大成就。

9. 组织精干队伍，做好重大体育赛事的报道。

二、深化宣传改革，发展电视事业

（一）精心组织播出，加强频道整体包装

最近几年，我台的宣传片、片头等制作质量均有

明显提高，但与海外电视节目相比，仍有差距。各节目部门要充分重视重点节目的宣传和包装，根据自己的特点，加强整体设计，办好一批具有各自特色的栏目。

（二）提高新闻的时效性、针对性，提高舆论引导水平

电视新闻宣传必须坚持党性原则，继续推进整点播出和重要新闻的滚动播出，创造条件开办新闻频道，对重大新闻事件进行有深度的现场直播。发挥电视新闻的舆论监督作用，抓好群众关心、领导重视、普遍存在的热点问题的报道。

（三）加强节目管理，提高节目质量

目前，我台现有栏目305个，1997年平均日播出量达160多个小时。重点要抓好以下几项工作：

1. 认真执行屏幕语言文字差错的奖惩办法和各类节目有关字幕的规定；

2. 加强资料和节目带管理；

3. 重要节目用数字带制作、播出和保存；

4. 实行借阅节目和资料原版带不出库的规定；

5. 加强对全台节目经费使用的监督，节目费用实行收支两条线。

6. 切实加强播出管理，严格执行播出管理规定，确保安全播出。

（四）逐步实行电视节目制作与播出相对分离的体制

目前，全台八套节目及英语传送频道每日播出的节目量很大，需要投入大量人力、物力和财力进行制作。为此，应积极借鉴世界大媒体先进的管理经验，引入竞争机制，实行择优播出。除新闻节目外，对其他节目逐步实行制作和播出相对分离的体制。

（五）加强对外宣传，积极创造条件，开办英语频道

对外宣传要抓好重点栏目的质量，创造条件开办英语频道。同时要抓好节目落地工作。

三、强化精品意识，继续实施精品战略

（一）精心组织、制作一批高水平的系列专题片

今年，我台重点制作、推出的系列专题节目有：专题片《丰碑》、系列片《伟大的旗帜》、电视纪录片《周恩来》、专题片《刘少奇》以及《改革开放20年》、《敦煌》、《十五页历史档案》、《澳门岁月》、《中华文明》等。

（二）深入生活，不断提高电视文艺的艺术品位。

电视文艺工作要继续坚持文艺工作“二为”方向、“双百”方针，弘扬主旋律，提倡多样化，紧跟时代步伐，贴近现实生活，讴歌社会主义现代化建设的成就，赞美各行各业的劳动者。电视文艺节目要坚持走民族化、大众化的路子，重在提高节目的艺术品位，力戒粗制滥造。

文艺频道要进一步提高《综艺大观》、《曲苑杂坛》、《东西南北中》、《音乐电视城》、《旋转舞台》、《正大综艺》、《文化视点》等文艺类栏目的水平。重点办好各种晚会，组织好“心连心”艺术团的慰问演出和各种群众性文艺比赛。

（三）抓好规划，逐步做到良性循环，保持电视剧创作繁荣稳定

电视剧生产仍要坚持以现实题材为主，重点抓好现实题材作品的创作，继续在第一套节目黄金时间播出优秀电视剧作品。今年，要推出《周恩来在上海》、《人间正道》、《东周列国·战国篇》等，不断向国内观众介绍世界公认的影视精品。

（四）精心策划、制作为庆祝新中国创建50周年的献礼节目。主要献礼节目有：专题片《新中国》，电视剧《解放战争》、《抗美援朝》、《西藏风云》，大型庆祝晚会等。

（五）新影厂要保证国家重大活动、党和国家领导人出访胶片资料的拍摄工作，围绕改革开放20年和建国50年，利用电影资料制作一批高质量的影片；科影厂要做好系列节目《让生命永存》、动画节目《北京的变迁》，制作2至3部精品科教片和4至5部农业科教片，并提高英语字幕的生产能力。

（六）《中国电视报》今年要继续完整地介绍各套电视节目的播出安排，“改革版面，提高质量”。

（七）研究室要完成《中国电视论纲》、《中央电视台发展史》、《金杯录》和《电视论文集》的撰稿、编辑工作。

（八）积极做好庆祝建台40周年的工作。

四、引进先进技术，提高节目技术质量

（一）全力以赴抓好安全播出，保证重大宣传报道任务和日常宣传工作的顺利完成。

（二）积极推进节目制作和播出的数字化进程，提高节目制作、播出水平。

（三）继续扩大节目后期制作系统，增加后期制作能力，建立新闻共享系统。

（四）加强动画制作系统建设，扩大动画节目的制作能力。

（五）在部科技司的支持下，开展直播卫星试验和研究工作。

五、加强经营工作，提高社会效益和经

济效益

(一)制定中国国际电视总公司整体经营发展战略，按照现代化企业标准，完善各项规章制度，广泛借鉴先进的管理经验，稳步提高经济效益。

(二)理顺产权关系，加快企业转制，按照国家提出的政企分开、产权清晰、管理科学的要求，组织产权登记，明确投资责任和投资关系，摸清家底，选择试点企业，逐步推广。

(三)组织推行企业经营目标责任制和经理任期责任制。

六、加强管理，热情服务，提高工作效率

(一)组织好全台新规章制度的学习。

(二)做好重大宣传报道活动的后勤保障服务和综合协调工作。

(三)继续做好外事管理工作。

(四)加强人事管理工作，做好职工专业培训教育。

(五)深化财务管理改革，强化计划财务管理。

(六)做好后勤服务工作，改善职工工作、生活条件。

七、加强党的工作，抓好队伍建设

(一)深入学习、贯彻、落实邓小平理论和党的十五大精神，特别是领导干部要带头学习，加强台内精神文明建设。组织民主评议党员，评选表彰“十优青年”。

(二)抓好队伍建设。今年要将队伍建设当做一项突出的任务来抓。要从加强管理入手，认真做好教育、管理、监督工作，严格各项聘用、考核、奖惩制度。同时，大力倡导良好的职业道德风尚，举办各种以政治思想教育为主要内容的培训班，要使电视队伍成为政治强、业务精、作风正、纪律严的高素质的队伍。

(三)抓好廉政建设，加强财务审计工作，厉行节约，禁止奢侈浪费。

(四)加强社会主义精神文明建设工作，继续开展优质服务、优良秩序、优美环境的活动，积极完成精神文明建设的各项硬指标。

1998年，是党的十五大确定我国21世纪发展宏伟蓝图之后的第一年，是迎接新世纪到来的关键一年。在建设有中国特色社会主义事业的历史进程中，中央电视台担负着光荣的职责。不仅要向国内的广大观众提供优秀的精神食粮，满足人民群众日益增长的文化需求，而且要为全世界观众服务，让更多的外国观众了解中国民族文化、经济发展和社会生活的方方面面。

21世纪将是建设有中国特色社会主义事业取得新的辉煌成就的世纪，也必将是中央电视台取得更大发展的世纪。我们一定要高举邓小平理论的伟大旗帜，紧密团结在以江泽民同志为核心的党中央周围，统揽全局，精心部署，团结一致，奋发进取，艰苦奋斗，开拓前进，使中央电视台以更加充满生机和活力的面貌进入21世纪！

(杨伟光)

(摘自《电视研究》1998年第3期)

浅析《新闻联播》的直播

从1996年1月1日起，中央电视台收视率最高的《新闻联播》节目开始直播。这一举措无疑是具有历史意义的，它不仅表明中央电视台经过40年的发展，已进入了一个新的历史阶段，同时还标志着中央电视台正逐渐缩小与国际上知名电视台的差距，向着新的目标迈进。

改革开放以来，中国社会的各个领域都发生了天翻地覆的变化，人民的生活水平显著提高，电视机已进入了中国的千家万户。富裕后的人们不仅仅关心自己的衣食住行，也关注国家政策的决定、法律法规的制定，甚至对远在万里以外的联合国会议、波黑战争、阿以会谈等也感到有兴趣。因为现代技术的发展早已把偌大的世界变成了小小的“地球村”，过去万里之外的国家，现在都成了“邻里”。

电视是使这一切成为可能的有效途径之一。中央电视台《新闻联播》节目正是顺应这一形势而诞生，并一直在亿万观众的瞩目下发展成长的。时至今日，《新闻联播》已成为中国上至最高领导，下至平民百姓生活中非常重要的一部分。为了使观众直接、快速地了解全国乃至全世界所发生的各种信息，《新闻联播》在经过精心策划、充分准备后，才开始进行直播。

一、《新闻联播》直播是电视发展的必然趋势

电视直播是“在现场把新闻事实的图像、声音及记者报道、采访等转换为电信号直接发射的即时播出方式”。它可以使观众如身临其境，耳闻目睹正在发生的事情和正在进行的活动，从而产生现场感、参与感、动态感、新鲜感。其显而易见的优势使其成为世界各主要电视台新闻节目播出的通行做法。

长期以来，中央电视台由于人员、设备等条件的限制，新闻节目的直播，尤其是《新闻联播》节目的直播，一直无人敢于问津。

但电视新闻的直播已成为新闻媒体发展的必然趋势，中央电视台的领导和有关部门负责人也从未放弃过在这方面的努力。如对 1993 年 3 月八届全国人大一次会议的报道，会议最后的一项议程是选举产生新一届国家领导人，将确定以江泽民为核心的中国第三代领导集体，其重要意义是不言而喻的。海内外舆论都广为关注，中央电视台派出了阵容强大的报道组，对选举产生国家领导人这一议程的报道更是精心策划、认真组织和准备。由于选举历时三个多小时，跨度长，涉及的机构和领导人名称多，而选举结果产生时又已接近《新闻联播》播出时间，于是台领导果断决定对选举结果这一新闻进行直播，让亿万观众尽早了解这一历史性的盛况，也让海外观众尽早听到、看到中国新闻媒介的报道。

这次报道很成功，使中央电视台的决策者和参与这次报道的编辑记者对搞好电视新闻直播增强了信心。两年后，也就是 1995 年，中央电视台除《新闻联播》以外的所有正点新闻节目都改为了直播，为最终实行《新闻联播》的直播作了进一步的铺垫。

二、电视新闻直播的优势

电视新闻直播的优势之一是它可以使观众有“身临其境、耳闻目睹”的感觉，同时它也与新闻自身的规律相符合。新闻是对新近发生或正在发生的事实的客观报道。新闻从业人员和新闻媒介应在尽可能短的时间里将刚刚发生的新闻传递给受众，电视新闻直播是达到这一目的的最佳途径，也是它在与其他新闻媒介竞争中立于不败之地的重要原因。

电视新闻直播的另一优势是它可以促使播音员格外集中精力，最大限度地调动自己的声音、经验、表情，使其所播的新闻更具客观性、公正性、真实性，更容易被观众接受。直播由于是直接与观众见面，不像录播有回旋的余地，因此，从某种意义上讲，对播音员锻炼过硬本领、不断提高业务素质也大有裨益。

电视直播的第三个优势是它对技术和采编人员提出了更高的要求，它可以促进我们进行设备技术的更新，培养一批招之即来、来之能战、战之能胜的高水平的技术人员和编辑记者队伍。

三、播音员如何做好电视新闻直播

新闻节目是广播电视等媒介的主体。衡量一个电视台水平高低往往是看其新闻播音的好坏。如今，就中央电视台而言，新闻节目在全天播出节目中比重越来越大，由最初的一天一次综合性新闻节目，发展到一天几次甚至十几次、几十次，例如整点新闻、半点新闻、板块新闻等等，大大增加了新闻播出量。这是社会发展，也是时代的需要。

播音员作为与观众直接对话的新闻播出最后的“守门人”，他（她）的工作直接关系到新闻播出的成功与否。而新闻的直播又对播音员提出了更高的要求，简单的顺畅、准确已远远不能满足受众的要求，还必须能在有限的时间里将新闻清楚地播出去，内容传达准确无误，句子组织规范，贯穿利落，语句疏密有度，同时尽可能地透过文字表面的含义发掘出更深的内涵，使观众达到新的认识高度。

虽然有些播音员语言基本功扎实，语句组织能力也较强，但就是播不出新闻的“新”意，不能通过语言表达出新闻的深层次价值。这在很大程度上是与播音员备稿不足，不能从更大的范围和高度去理解新闻有关。吃不透稿子，不了解新闻的背景，自然就难以深刻。备稿非常重要，尤其是直播，备不好稿，难免甚至肯定会出问题。

这里所说的备稿，并非简单地多念几篇稿件，一般情况下，首先是划分稿件的层次，搞清楚稿件文脉与语脉；然后是了解背景；再次是了解“目的”，弄清新闻的现实意义；最后是明确“重点”和确定“基调”。

要想达到高层次的新闻播音，尤其是新闻直播的水平，播音员必须广泛地涉猎各方面的知识，成为一个“博学家”，努力做到一专多能。特别是需要有坚实的语言功力，较深的语言造诣。理解力、观察力、感受力、反应力、表现力、感染力、调节力，这些都是语言造诣和语言功力的体现，不可等闲视之。

此外，良好的心理素质和较强的应变能力，也是播音员搞好直播必不可少的条件。

目前，中国的电视新闻直播还有许多不成熟的地方。但我们有理由相信，通过大家的共同努力，新闻节目的直播一定会越来越受广大观众的欢迎。

（邢质斌）

（摘自《电视研究》1998 年第 9 期）

对中央电视台新闻中心运作体制的思考

在中央电视台经常出现多个栏目记者同时采访一个事件的现象。例如在一个全国科技大会上,《焦点访谈》的记者无意中发现有7个中央电视台的话筒。而另一次韩国与朝鲜首次在京恢复部长级会谈时,若没有新闻中心主任的及时提醒,中央电视台却差一点与其失之交臂。为什么记者们会这样厚此薄彼呢?笔者以为,原因主要是:

一、部门与部门之间不沟通。采访部与编辑部是两个独立的部门,彼此的联系仅靠传递报题单和新闻成品带。于是后期编辑常常抱怨前期记者没有为栏目着想,而前期记者又在考虑怎样创办自己的栏目。这样就造成编辑想要的新闻供不应求,不想要的新闻却供过于求。

二、栏目与栏目之间不沟通,导致一片多拍的重复劳动。一条新闻,采访部拍,《新闻30分》拍,《中国新闻》拍,《焦点访谈》也拍,各自都为自己的栏目而拍。如果是同一个被采访人,当他多次接受相同或类似问题的提问后,他的回答还能保持新鲜和精彩吗?如果说这是为了刺激竞争,鼓励出精品,那么由于栏目之间的封闭而形成资料私存、概不共享的现象,恐怕也很难制作出精品新闻节目。

三、工种与工种之间的不沟通,导致编辑疲于应付播出,而很少有时间考虑节目的策划。应该说,播音、技术等工种具有很好的“服务精神”,但由于缺乏必要的“参与意识”,势必使他们的工作完全处于被动状态。

四、同一工种之间不沟通,造成节目缺乏整体连贯性和策划性。随着中央电视台新闻改革的深化,逐渐涌现一批新的栏目。但人员的培训却没有相应配套,因此有些栏目的编辑有班就来,没班就回家休息,造成工作上没有很好的衔接,从而导致新闻编排上缺乏连贯的策划。主任一级的人员更是不仅要忙于一些行政会议和事务,而且还要昼夜值班,因此很少有精力对节目的质量进行通盘考虑。

有人说,随着新闻改革的不断深入,电视新闻的发展已经到了由手工作坊式的小本经营向系统化操作的信息产业转化阶段,必须改变旧的机制使其适应新的信息时代。这些话不无道理。怎么改?我认为首先要通过网络服务器的管理来实现资源共享,它一方面能提高单机的工作速度和效率,另一方面可以降低工作成本,减少了不必要的浪费。更重要的也许是它带来一种全新的、高效的管理观念。也就是它可以提高记者、编辑的个人素质,同时又可以减少不必要的重复劳动。

其次,如有的同志提出的,设立一个“策划部”,负责各档新闻和专题的整体策划,或者是建立“大编辑部”的管理体制,打破目前的部门或栏目的框架,统筹各档新闻及专题的采访与策划。再次,建立一个全新闻中心的电脑互联网络。每个记者或编辑都把选题发到主页那里,浏览者在选看的同时可以加进自己的设想,这样集思广益,相信策划出的东西会比几个人冥思苦想出来的更加鲜活。最后在限定时间内将选题发给总制片人即中心主任批示。同样,前期记者若不是现场报道,稿件一律通过电脑联网发到编辑系统,由责任编辑统一修改,再发到主任处定稿。一旦实行真正意义上的直播后,播音员也可以从网络中直接调出稿件,看后即播。同样,还可将资料收集、整理后入网,实现整个系统的资料共享。

电视是一项集体的艺术,电脑联网可以把分散的个人的才智集中起来,每个工种职责分明,精诚合作,这样才是这项集体艺术趋于完美的保证。从这个意义上说,每个工种都是生产线上的重要一环。无论哪一环节出现差错,都会给产品的声誉造成负面影响。倘若各个工种之间缺乏必要的理解与精诚合作,那么电视的优势反而会成为一种不必要的负担。

(李朝晖)

(摘自《电视研究》1998年第8期)

现场直播的另一种操作

对于电视工作者来说,现场直播是一项诱人的工作,也是一项危险的工作,尤其是新闻事件的直播报道。它的危险性就在于它的报道与事件的发生同步。它具有真正意义上的一次性,是不可重复的,不可预演的。它的节奏无法改变,直播中的叙事节奏就是事件发展的节奏。不仅如此,它还不可能像录播节目那样,通过后期制作的深思熟虑、反复调整能添彩或弥补前期拍摄中的某种失误。直播中的精彩往往是一刹那产生的,这使你感到刺激和挑战;直播中的失误是没有丝毫机会挽回的，这使你感到紧张和压力。而精彩似乎是理所当然的，失误却是不可原谅的。

本文拟结合现场直播报道中容易出现的一些问题作初步探讨，并以期引起同行和理论界更深入地研究。

单镜头问题

依个人的看法，现场直播可分为两种形态：一是现场转播，二是直播报道。现场转播的历史较长一些，相对于直播报道来说，它使用的频率也高一些。它基本上是利用多讯道电视系统采集现场信号，用不同机位的镜头实现镜头语言的组接，或者再辅以主持人的画外音解说，完成对现场事件的表达。这种形态比较适合文艺晚会、体育比赛、某种仪式或会议，因为这些现场相对稳定和完整。它的传播效果是使观众处于一个较为旁观的位置，像通过一个现场旁边的窗口欣赏事件。现场直播报道是90年代中国电视新闻改革以来，新闻深度报道增加，新闻节目主持人、记者逐渐成熟，新闻报道大量使用了出镜记者以后的产物。这类报道的一个重要标志就是现场的出镜人。由于他（她）身处事件现场，可以更细致地看到、听到现场所发生的情况，切身感受到现场的氛围，这就便于他（她）掌握事件的走向。他（她）有时作为媒介的代表介绍事件时或强调或省略；有时又作为观众的代表，在现场撷取一些值得深究的事刨根问底；有时又像观众的一个见多识广的朋友，提供一些现场人与事的背景情况。虽然出镜人是现场的"外人"，但由于他（她）介入到现场中，使现场成为开放性的，就容易造成观众也可能在现场的幻觉。当然这种幻觉的产生有赖于镜头的转换。当出镜人双目注视镜头（也是观众）时，这条视线产生了说者对听者个体倾诉的效果，起到了询唤的功能，把屏幕上的世界和空间与观众所处的世界和空间连接在了一起，打破了两个时空的界限，使观众"进入"到出镜人所在的现场空间。当出镜人注视镜头的目光移到了现场场面，镜头也随之拍摄现场场面时，镜头便有机地转换为观众的主观镜头，造成现场"目击"的效果，使观众产生了直接进入现场的幻觉。从这个意义上说，现场转播和直播报道最根本的美学分野，就在于前者是观众处在此空间看彼空间发生的事件，后者则取消了观看空间与事件空间彼此之间的界限。

但具体到实践操作中，我们往往会发现一些问题。这些问题的产生不仅是工艺、技巧的，也体现在对直播报道美学认识的不足。不管是现场转播还是直播报道，为了充分表现现场事件，往往都会设置多个机位。对于现场转播，只要通过切换来实现镜头语言的组接，通过视觉语言把现场事件表达清楚就可以了。但对于直播报道来说仅此是不行的，它还要求镜头语言要构置出观众的在场感。就这一点而言，最好的办法是使用单镜头。单镜头不是单一、简单的镜头。单镜头能保证空间关系的连贯性，它对空间关系的呈现与观众观看事物的实际经验是一致的，它的推拉摇移与观众观看事物时视线的转移是一致的。如果随意作镜头分切，很容易把主观镜头转换为客观镜头，一下子跳到另一个角度，空间关系突然被另外一个视点分割，与观众观看事物的实际经验极不吻合，产生了间离效果，在场感便因此消失。

要完成对现场事件的视觉表达，单镜头往往是不够的，需要靠多机位的镜头组接才能完成。而且在一次现场直播报道中，往往也不可能只使用主观镜头，它还需要客观镜头的补充，甚至在一次大型的电视直播中，还会交替出现现场转播和直播报道两种形态。所以镜头转换是必须的，但它应该遵循不让观众察觉的原则。

紧张和压力

现场直播报道必然要面对紧张的氛围。在紧张的氛围中，大多数参与直播的工作人员所产生的不安情绪往往大于即兴创作的激情，特别是需要抛头露面的主持人、记者，他们个体的失误不仅使自己出丑，还会影响直播的整体质量。直播使人感到压力和紧张，不仅是内容上的不可重复性使然，还跟直播的操作方式有很大关系。直播等于是在一个瞬间把前期拍摄和后期合成浓缩在一起完成了。为了播出安全，必须衔接紧密，各工种的人员都不能有丝毫的松懈，任何操作都必须十分及时。直播导演一声声急促的指令和"倒计时"的提示，使现场工作气氛变得更加紧张，主持人、记者的心理状态都会受到相当程度的影响。所以我们往往看到直播现场的主持人、记者在镜头前缺乏从容的节奏和松弛的姿态，而显得过于急切、过于亢奋，语言表达上也过于忙忙叨叨。

演员按照剧本、导演的要求，准确地表达出角色的规定情绪，把外界干扰、刺激的因素排除掉，任务基本就完成了。而且他们做这一切是可以事先充分准备的，而主持人和记者不能因为心态没有调整合适，就让大家先等一会儿，甚至今天先不拍；更不可能"这条没拍好，再来一次"。当他正在说话时，可能耳机里还会传来导演的指令或现场导演的手势，这时他（她）马上就得有应变措施，同时又不能让观众察觉。他（她）所面对的现场大多是不可控的，不像文艺节目的直播，是可排演的，可复制的。主持人和记者与正在发生新闻事件的现场和直播工作现场的关系是很矛盾的：他（她）需要排除外界的干扰，但又不能封闭得与外界毫不发生情绪关联，让观众觉得他（她）跟现场气氛格格不入；他（她）需要呈现出让受众感到舒服的播报节奏和情绪，但又得随时根据事件现场的情况作调整，随时敏锐地捕捉现场各种瞬息万变的情况，并体现出现场感。

如何提供背景资料

直播报道要完成的任务是展现事件发生的过程和结果，对事件的来龙去脉作清晰的交待。一次成功的电视现场直播，除了要在技术保障上和镜头表达上及时、客观、全面地反映出现场存在的视听内容以外，还要合理地传达出与现场相关的又非现场本身所能呈现的内容。

比如，我们看香港特区行政长官选举的现场直播，除了要了解现场投票的过程，了解在此之前都已有过什么样的选举工作，了解谁当选之外，同时还要了解董建华、吴光正、杨铁梁的背景，公众和各媒介对候选人的基本评价，等等。这些背景资料，是现场之外的信息。而提供这些信息对于完成这场直播是相当重要的。

在中央电视台《'97香港回归特别报道》中，我们在一些场次感到背景资料的提供明显不足，而在另外一些场次又觉得报道者说得太多了。在这次直播报道中一些记者准备的背景资料不能说不充分，但却有相当的比重与现场氛围毫不吻合，一些议论成了与现场无关的两层皮评说。比如，彭定康离开港督府一场，现场记者对大家感兴趣的现场情况置之不理，一味地介绍彭是何时到港的，曾抛出一个政改方案等。这些背景并不是该现场鲜活的独有的背影。如果确实需要提供，也应在演播室部分出现。而一些与离开港督府这一现场事件相关的背景，却没有提供。比如，把米字旗递给彭定康的人是谁？最后一次把港督送出港督府的司机是谁？以及与他们相关的情况等。其实不少直播场也都有类似的问题，如威尔斯大厦两军交接仪式上的中校是谁？彭定康离港乘坐的大不列颠尼亚号，除了彭定康、查尔斯王子、布莱尔首相之外还有谁？他们是乘船直达英国还是到别处换飞机？中方送行者是谁？等等。这些都是很值得向观众交待而却没有交待的背景。

现场直播的另一种操作

现场直播本身构成了一个独立、封闭、自足的节目。对一些比较简单的事件，各媒体基本上采取这种方式作直播，但对于一些比较复杂的事件，单靠对事件的直播就构成完整的节目或者一次专题报道，显然较为困难，而且也会失去扩大事件外延的机会。在这种情况下，直播往往只是节目中的一个部分、一种元素，它与其他节目部分、元素一起共同构成一个复合型的节目。

三峡工程大江截流，是三峡工程第一阶段完成的标志。但截流事件本身所能提供的视听元素较为单调，无非就是倒土和推土。在考虑现场直播的时候，首先要面对以下问题：先且不说截流工作历时数十天，单就11月8日合龙当天看，从李鹏总理上午宣布合龙开始到下午合龙成功，也有六七个小时。如果在这天不间断地对截流事件进行直播，只是看龙口倒土，既单调乏味，也毫无必要。看来，不连续地、间断式地对大江截流的合龙作现场报道是较为合理的选择。但这样一来也就带来了另外一个问题：从合龙当天情况看，有两段内容必然要直播，一是上午李鹏宣布合龙开始到第一车土倒入江中；二是下午江泽民、李鹏到达主席台至合龙成功，江泽民讲话，江泽民、李鹏来到合龙口。但如果只对这两段内容进行直播，在这之间常规地播放电视台平常播放的节目，而这些节目与三峡又毫不相关，就会使这两段直播被其他节目所割裂，处在其他节目的包围中。这样整个截流事件的直播报道就会变得支离破碎，缺乏整体感。而且，只作这两段直播，在这两段之间发生的与截流相关的现场情况又无法及时传达给观众，必然影响第一时间、第一观众的传播效果。

为了解决既可以间断式地对现场事件作直播，又不至于破坏截流报道的整体性，中央电视台11月8日历时14小时的关于截流的报道，由“大江截流现场直播”变为了“大江截流特别报道”。这样，现场直播就不是独立的节目了，它只是“特别报道”这一大节目中的一种元素、一个部分。它与录播专题、演播室直播话题相互穿插，共同构成一个复合型整体节目，构成一次较为完整、全面、丰富的三峡截流专题报道。在这次报道中，有截流现场的多次直播报道和现场转播（不仅是上文提到的那两段），有主持人与专家的现场评述和背景介绍，还有关于三峡工程的起源、论争、效益、长江的人文风光以及三峡工程对未来中国经济建设的意义等。这样的节目构成具有的好处是：一方面，使间断出现的现场直播不会被分割、孤立，大约每一至二小时作一段现场直播，既让观众及时了解到合龙的最新情况，又避免了全程直播必然造成的冗长乏味、沉闷单调。另一方面，间或出现的现场直播段落形成了一条结构线，串起了整个报道，并由于有了现场直播的“诱饵”作牵引，提起了受众的兴趣，增加了收视率，使这次关于三峡的报道成为历年来同类报道中最被关注和传播效果最好的一次。

（何绍伟）

（摘自《电视研究》1998年第3期）

试析电视访谈

长期以来，电视叙事主要依靠画面、解说及音乐，进入90年代以后，在电视专题片中，采访对象面对观众大段口述的镜头陡然增多，并成了片中叙事的重要组成部分。可以说，访谈现象的突然崛起是中国电视专题片叙事语言结构的一次重大转换。

由画面的单纯纪录跃至音画的同期实录，从纪实的画面+解说到纪实的画面+访谈，对中国电视界来说，经历了一个漫长的摸索过程。解说与访谈的根本差异就在于：它们的交流方式不同，前者体现出媒介主体与观众的交流，是转述，观众接收的是经过拼合的叙事信息；后者体现的是媒介主体与被采访者的交流，是直述。在电视传播中，访谈所运载的纪实效果及能量是巨大的。一旦电视从业者深谙此理以后，访谈便会迅速占据荧屏，成为一种崭新的传播模式。它既迎合了纪实主义对于“现场”、“同期声”、“人物”等元素的追求，也在“情节化叙事”无能为力之处填补了理性叙事手段的空缺。

过多的解说词，曾经是中国电视专题片的一大弊病；访谈的出现，可以说是电视思维的一次进步。但由于电视从业者对于访谈的某些误解和滥用，却又使某些电视专题片由一个误区走向了另一个误区。80年代，观众时常抱怨：“打开电视，全是开会。”如今，这种抱怨已经换成了“打开电视，全是人头”。电视需要访谈，但观众却不要泛滥的访谈。

我们越来越多地看到被采访对象在镜头前的侃侃而谈，凡可以写景、抒情、叙述、议论等叙事功能无不由荧屏上的被采访者一肩承之。而与此同时，观众却感到画面干枯无力、叙事拖沓、节奏含糊等诸多弊端。更有甚者，一些专题片几乎就是大段“访谈”和大段解说与空镜头的拼凑，这样做不仅没有丰富电视的叙事语言，相反，却使得它更为单调和乏味。

前面我们说过，无论是解说还是访谈，凸显的都是媒介主体的力量。美国CNN的老板泰德·特纳明告诫自己的记者：“告知观众我们的行动，并让观众看到正在采访的记者。”这样做的目的正是为了提醒观众：“不是他们在说，而是我们让他们说。”位于电视叙事核心的，始终是媒介本身。访谈过多过滥，不仅说明了媒介本身的主体意识不强，控制能力不够，而且也会直接损耗节目信息，制约作品节奏。当荧屏上大段大段出现人物谈话的时候，也往往是观众注意力游离、准备改换频道的时候。中央电视台《经济半小时》栏目曾一度不得不做出硬性规定：每次人物访谈的出现时间一律不得超过30秒。

在专题片的制作实践中，创作者对于访谈的使用似乎已经形成了一个固定的模式：先让事件的当事人概述事件经过——“叙”，从其间穿插一些普通群众对于该事件的看法——“议”，最后由该领域中的专家进行点评，以结束全篇——“评”。实际上，很多专题片就是依照这种三段论式的结构创作而成的。

依据在作品中发挥的不同作用，我们可以把电视访谈大致分为三大类。

1. 陈述访谈。对当事人的陈述访谈是访谈叙事中出现频率最高、使用效果较好的一种方法。一般的记者都比较在意把当事人还原到故事发展的典型环境中去，这有助于较明确地显示当事人在节目中的身分、角色，突出采访对象的客体位置，为媒介主体在采访活动中的灵活性、主动性提供保证。

典型环境是一种内涵极大的电视表意符号，既可以展现此情此景，也可以在访谈前后加上历史镜头。在哥伦比亚广播公司的名牌新闻栏目《60分钟》中，我们看到的访谈段落有大部分是用面部特写拍摄而成的，而在凤凰台最近播出的《百年叱咤风云榜》中，访谈画面背景用的是纯净的黑色和简单的光，有关该故事叙说者言及的环境，则加插在访谈之中，其表现能力并未受到任何影响。

还原典型环境仅是策略的一种，切不可为还原典型环境而还原典型环境，一定要将当事人和典型环境放在同一画面内加以展现。在武汉电视台拍摄的一部关于救援落水儿童的英雄事迹的纪录片中，记者让当事人站在出事地点描绘当时的情况，一动不动地讲了两分多种，其中仅插入了两三个带有解释作用的空镜头，画面沉闷得让人难以忍受。

我们应该明确的是，访谈并不只意味着“说下去，再说下去”，它仅仅是电视叙事的一个有机构成，如何更为丰富地营造其内部结构，将会是一个永恒的课题。

2. 随机访谈。随机采访旁观者、行人及与事件有关的民众，这是媒介主体借之印证片中观点的一种常用的方法。但要注意的是，只有在随机访谈成为整个论证过程不可或缺的环节的时候，它的运用才具有某种合理性，相反则会导致画蛇添足，甚至导致观众的怀疑。

我们经常在屏幕上看到记者在街上拦住行人，让行人回答问题。当然，很多随机访谈的答案多为社会共识，被采访者回答后主宾皆怡，但这种随机访谈过多对电视创作是很不利的。

随机访谈获得的大都是暂时的行为判断式的答案：是与否，好与坏……它不可能得出精确耐推敲的答案。为了弥补这一缺陷，记者更应该以一种恳切的态度和虚心求证的心情走向人群。

3. 评论访谈。评论访谈的权威性和说服力极为显著，它是近年来电视屏幕上十分常见的一种类型。

电视主持人对专家、学者进行访谈是电视媒介就某个专门问题，借主持人之口，求教于专家学者。由于在大部分的评论访谈中，主持人与专家的语言关系处理不当，往往使主持人堕入极为被动的境地，即使是面对一些专业化程度不高的课题，我们的主持人也由于过于谨慎而避免作充分的自信的判断。我们提倡专家访谈，但又反对过分依赖专家的学术权威，而轻易地放弃媒介自身的权威性。一次成功的评论访谈，主持人应该完成的是一次优秀的行为交流。从《朱德》、《邓小平》等一批大型专题片中，我们看到了质量上乘的访谈叙事：拖沓的语言消失了，人物采访以快节奏的方式进行；景别明显变小，特写镜头增多了；人物环境进行了精心的设计，背景更加纯净。在这些专题片中，访谈语言和其他叙事语言的关系更为紧密，最终和整个节目的自然流程融为一体。这进一步表明中国电视人对于电视媒介理性叙事语言匹配结构的认识有了飞跃。

（刘　文）

（摘自《中国广播电视学刊》1998 年第 12 期）

谈电视世界经济报道的现状与走势

近年来，我国关于世界经济报道的数量不断增多，范围不断扩大，内容不断深入，形式呈现出多样化，因而这一报道领域已越来越引起人们的广泛关注。特别是随着经济全球化进程的加快，中国经济正在适应这一时代潮流，因此，对于世界经济的报道，把解决中国经济问题放在世界经济的大背景下来考虑，把世界经济现象放在与中国经济的联系上来把握就显得尤为重要了。“他山之石，可以攻玉”，将国外先进的科学技术和先进的管理经验介绍出来，可以作为解决中国面临的困难和难题的参考。

一、电视世界经济报道的定位

我国各媒体适应经济全球化的浪潮，从 1996 年开始纷纷加大了对世界经济报道的分量。

适应这一变化，全国一些电视台先后出现了有关世界经济报道的节目。中央电视台经济部也于 1996 年 7 月 1 日创办了报道世界经济的固定栏目。1997 年 5 月 5 日将其改名为《世界经济报道》。应该说这是一次历史性的突破，这一举措抓住了时机，使中央电视台走在了世界经济报道的前列。

改版后的《世界经济报道》对报道内容进行了重新定位，分设了《世经热点》、《环球市场》、《人物专访》、《海外传真》、《世纪梦寻》5 个小栏目。其特点如下：

第一，突出了新闻性。栏目规定本周内发生的世界经济重大事件必须在本周播出，及时报道世界经济最新发生的重大事件。如《最惠国待遇透视》、《香港明天更繁荣》、《东南亚金融危机》、《技术全球化为发展中国家“加油”》、《全球汽车使用无铅汽油》等等。

第二，加强了报道的针对性和指导性。针对我国在经济发展中面临的问题，栏目提出到国际上去找“说法”。基于我国中西部自然条件差，经济发展慢的现状，报道了美国西部最荒凉落后的犹他州，短短几年间依靠教育和科技成为经济发展最快的州；针对我国部分职工下岗失业的现状，介绍了一些国家安排就业的好做法，等等。

第三，提高了报道的权威性。栏目提出不具权威性和新闻价值的人物专访一律不能播出。因此，安排播出了世界 500 家大企业排行榜中名列前茅的总裁、董事长，或是经济界顶尖新闻人物的人物专访。同时强调在节目中的分析、解释具有权威性，报道必须提供深刻精辟的背景分析、权威的解释和透彻的对未来趋势的预测。

第四，增强了报道的可视性。栏目主张坚决消灭“声画两张皮”的现象，反对不加消化地堆积资料的做法，鼓励多用第一手资料，鼓励独家专访，活用资料，因而，栏目的可视性有了明显提高。

二、电视世界经济报道面临的问题

目前，电视中有关世界经济的报道尚存在着一些问题。

1. 鲜活的现场报道少

近年来，世界各大电视台竞争十分激烈，发生了重大事件，几大电视台的记者同时赶到现场的例子非常普遍。目前，又出现了一种竞争，谁的现场报道更鲜活、更深刻的倾向。我国电视的现场报道虽然逐步增多，但是其鲜活性、深刻性仍有待于提高，特别是世界经济报道，鲜活的现场报道更少。

2. 针对性、指导性仍有待提高

中央电视台《世界经济报道》栏目的针对性、指导性比改版前有了很大提高，但是仍然不够理想，这表现在有些选题，与我们国家急于了解外国在经济发展中的成功经验毫无关系，也与我们目前面临的问题相距甚远。那么，怎样才能加强针对性、指导性呢？关键在于严把选题关。最近《世界经济报道》栏目加强了选题策划，为迎接党的十五大的召开，播出了《企业扭亏——一个全球的话题》、《股份制浪潮席卷全球》、《犹他奇迹》等等，较好地配合了党的中心工作和宣传重点。

3. 通俗性、趣味性不够

目前《世界经济报道》在通俗性、趣味性方面存在着一定的差距。如谈投资理念时就太抽象，在分析日本泡沫经济时不从普通老百姓的视角入手，而是从专家学者的角度入手，让一般观众看不懂或理解起来吃力。另一方面，我们的记者在没有完全吃透有关内容的情况下，生吞活剥地把内容端给观众，也造成了一般观众看不懂的局面。因此，加强通俗性、趣味性是十分必要的。

4. 观众面窄，收视率不高

目前，中央电视台《世界经济报道》栏目的收视率尚不高，据央视调查统计在 0.63% 左右。观众面比较窄，一般有四类人士固定收看这一节目：(1) 我国涉外公务员，外贸、外企管理人员和职员；(2) 外国驻华使馆人员，外国驻华机构人员和其他来华外国人员；(3) 世界经济研究人员、专家、学者、教授、学生；(4) 少部分知识分子。

由此看来，一般的大众还没有成为这个栏目的固定观众，因此，扩大观众群，提高收视率已成为当务之急。

三、电视世界经济报道的潜力

邓小平同志指出：和平与发展是当代世界两大主题。随着经济全球化的发展电视世界经济报道是大有可为的，大有潜力可挖。

第一，世界经济报道可报道的内容十分广泛。即使是政治、军事冲突，其背后的深层原因还是经济。如 1996 年 9 月 18 日美国悍然对伊拉克发射导弹，导致海湾危机，其根本原因就在于美国要控制中东地区的石油。《世界经济报道》及时播出了《海湾危机背后的经济原因》，收到了良好的社会效果。

第二，国外在经济领域里的成功经验十分丰富。我国在从计划经济体制向市场经济体制的转轨过程中，亟待借鉴国外先进的管理和成功的经验。这种对外国先进管理和成功经验的需求，决定了世界经济报道大有可为。

第三，随着信息时代的到来，国外以科技为先导的产业在经济发展中的龙头作用已越来越明显。因此，加大国外先进科技对经济发展促进作用的报道面，也为世界经济报道提供了广阔的空间。

第四，国外经济生活中的新奇现象比较多，如“电子货币”、“互联网络”、“热连线”等等，一般中国观众都会感到新奇，因此具有较强的可视性。

第五，电视世界经济报道要求从业人员懂外语、懂经济、懂电视，对人员的素质要求比较高。充分挖掘和提高从业人员的潜力和素质，将成为事业再发展的保障和前提。

四、电视世界经济报道的未来走势

1. 面对竞争，必须以质量求生存

目前，在我国的电视媒介中，关于世界经济报道的栏目仅中央电视台一家有，但是这个局面将会很快被打破。一旦时机成熟，一些有实力的地方电视台开办类似《世界经济报道》这样的栏目是极有可能的。此外，新华社电视部正在利用海外分社遍及世界各地的优势，定期制作国际经济类的专题片发送给国内各地市级电视台播放。因此，中央电视台必须提高节目质量，否则将在竞争中吃败仗。

2. 电视世界经济报道的比重将会不断增加

目前，《世界经济报道》在中央电视台第二套经济节目中的栏目比重是 1:9。如果按播出时间来算，大概只是 1 分钟比 380 分钟。如果同全台新闻节目播出时间来比较，恐怕只是万分之一了。随着全球经济一体化、跨国公司直接投资增加、全球贸易自由化、金融自由化进程的加快，世界经济报道的比重将会不断增加。目前《世界经济报道》已从每周 30 分钟增加到每周 45 分钟，也许将来会扩版到每周 60 分钟或 100 分钟，或从每周首播一次增加到每周首播三次甚至过渡到每天首播一次。这是时代的需要，也是历史的必然。

3. 电视世界经济报道的覆盖面将会不断加大

这里所说的“覆盖面加大”一是指世界经济报道涉及的领域越来越大，报道的内容越来越丰富；二是指播出信号的覆盖面越来越广。随着观众对国外先进科技、先进管理手段和经济领域成功经验的渴求，扩大报道面已成为历史的必然。

4. 电视世界经济报道的观众将会越来越多

经济的全球化，信息全球化，贸易自由化，金融自由化和跨国公司的发展以及跨国企业兼并的增多，每一个有知识的人都对周围世界有着强烈的求知需要。因此，随着时间的推移，热心世界经济报道的观众将会越来越多。

综上所述，随着我国经济的飞速发展，随着经济全球化的大趋势，电视对世界经济的报道将会越来越多。因此，中央电视台关于世界经济的报道，只有提高质量，深挖节目潜力，才会大有可为。

(王永利)

(摘自《电视研究》1998 年第 2 期)

谈经济节目主持人

中国的电视事业在过去近 20 年里发展极为迅速，电视的社会影响力在急剧扩大，与此同时，电视节目主持人队伍也在发展和壮大。通过几年的实践，我认识到，电视节目的主持人不但需要全力实践，还需要时刻注意进行理论学习。关于主持人专业的基本特性和发展前景，目前，在一般意义上的探讨比较多，而对不同节目类型的主持形式特点、主持人的基本素质以及发展前景等方面的研究则显得不够。本文结合个人的工作体验，试就经济节目主持人的有关问题进行探讨。

一、经济节目主持人的视野

1. 主持人起码的自信来自对专业知识的把握

就像战士熟悉自己的武器一样，经济节目主持人必须熟悉经济问题的专门知识。从 1989 年《经济半小时》栏目创办以来，我就是这个栏目的值班主持人。这段时间的主持工作使我逐渐意识到，当好主持人首要的是要有自信。

在我的主持实践中，经济专业知识的重要性，从一开始就形成对我的压力。正因为这种压力，迫使我利用各种机会学习、丰富经济知识。如果说在演播室里对着镜头念事先准备好的稿子，还可以掩盖一下专业知识缺陷的话，那么当与你的采访对象进行直接交流的时候，就会漏洞百出，因而也就会丧失主持人起码的自信心。

经济节目主持人的经济专业知识实际上是一种视野，它不仅仅是个人的，而是关系到成千上万的观众。主持人的专业知识如果少了，就意味着视野窄了，很可能观众的视野也因此被限制住了。

2. 在各类经济问题节目中进行实践，是主持人成长的必由之路

经济问题种类繁多，经济类节目无所不包，如果要求主持人对所有的经济问题样样精通，也是不现实的，但是参与各种经济问题的节目主持，可以扩大主持人的视野。从《经济半小时》开播以来，我曾参与主持了各类节目，这使我意识到，一个成熟的经济节目主持人必须对一些经济问题有系统的、稳定的主持经历，这不仅能扩展自己的视野，而且使主持人对特定的经济节目主持有充分的把握。

在过去几年的实践中，我既有一般性经济节目主持的经验，也有特定主题的经济节目的主持经验，这对我的专业成长有很大的促进作用。

二、经济节目主持人的专业方向

在多年的主持实践中，我特别注意在经济节目主持人的专业方向上，进行多方面的探索。

1. 对特有观众对象群的把握是节目主持成败的关键

经济问题五花八门，各类观众对经济节目的关注和需求，也是有差别的。近些年来，我越来越注意把握不同观众群对同一个或同一类经济节目的不同兴趣，并根据这种兴趣点的变化，来确定和调整节目的主持要点。比如，像反映农村经济现象和问题的节目，农村和城市里的观众是怀着不同的兴趣和目的来看的，而同是农村观众，乡村干部和普通农民的观看兴趣点也不同。如果不知这种差异，肯定无法将节目主持好。

我每年都参加“3·15”节目的主持，在这类节目中，我充分把握消费者希望在节目中能够直截了当地对损害消费者的各种行为进行无情“曝光”的心理，因此在主持过程中，注意用带有鲜明情绪倾向的语调，辅之以相应的手势动作和表情以明辨是非。同时我还注意到观众们希望通过“3·15”直播节目获得更多的消费知识来保护自己的权益。于是在节目的有关段落里，我又注意以循循善诱的口气和姿势，来向观众传播他们所需要的知识。

2. 角色的交错：做经济问题内行还是做单纯的传播者

专业类型节目的主持人需经常面对角色交错的局面，在节目主持和对专家、官员、普通老百姓的采访中，很难把握一种界限——主持人是“装”得对话题一无所知好，还是“装”得十分内行好。

经过近几年的实践，我逐渐悟出：经济节目的主持人首先是经济知识、信息的传播者。电视分工要求主持人做的事，不是向观众显示你的经济专业知识如何，也不是显示你对某一经济问题的看地如何，而是通过你在电视镜头前的言谈举止来传播有关的经济信息。要成功地达到这个目的，经济节目主持人必须在电视镜头前树立经济问题内行的形象，没有这种形象，观众很难相信你所传播的信息。

在对经济学家、政府官员的采访时，我注意在以上两种角色之间寻找一种巧妙的接合点。对不同专业领域的经济专家或不同部门的政府官员，我分别确定不同的采访语气和表情，采用不同的主持样式和风格，从而做到游刃有余而又节奏得当，严谨中有活泼。

3. 对经济节目的全方位参与

1996年我在大型电视专题片《粮食·粮食》中担任总编导兼主持人以后，对全方位地参与到节目的制作中的感受和理解更深了一层。

有不少节目主持人只是单纯地将编导准备好的稿子拿来，机械地对着电视镜头说内容。严格地说，这不是主持节目。我一直力图破掉这种主持形象，在经济节目的制作过程中，有许多制作的设想会随时受到现实经济现象的变化的冲击，我认为，这不仅是对编导人员的冲击，也是对节目主持人的冲击。在制作《粮食·粮食》的过程中，正因为我兼有总编导之职，所以在我们拍摄时期对粮食问题的变化情况（如各地的收购价的变动，政府对粮食政策的重申，粮食贸易与市场的变动）时时刻刻了如指掌，所以，在最后确定主持这一大型电视专题片的基本风格和重点时，我做到了心中有数：以庄重沉稳的表情，开放多变的姿态和带有思考意味的语调为主。

节目主持人在主持节目之前，案头工作是必不可少的，对整个节目制作过程的实质性参与，是最好的先期准备。专业类型节目主持人与记者、编导之间如何实现有效的沟通，是困扰已久的问题。这个问题解决不好，则会影响我国专业类型节目主持人整体水平的提高。我意识到，实现有效的沟通，就主持人来说，惟有积极参与节目的整体制作过程，别无他途。《粮食·粮食》一片播出以后在社会各界引起很好的反响，其中对我的主持给予较高的评价。这使我更加确信，专业类型节目的主持人应勇于探索，敏锐地把握其专业方向，如此，才能有所作为，成为有特色、有功力、有发展的专业类型主持人。

（王红蕾）

（摘自《电视研究》1998年第9期）

试论对外电视文艺的艺术特征

对深厚民族文化传统的尊重和担当文化传播者的使命感，是我们对外电视文艺工作者的重要立足点，在我们的作品中，要用“国际语言”向海外观众讲述“中国的故事”；要展示中华民族悠远文化的永恒魅力；要展现中西文化交融的恢宏气势和当代中国改革开放的时代气息；要体现华人同胞血浓于水的亲情。既要表达爱国情愫，又要抒发世界情怀，把“民族之声”融入到世界和平友好的“大合唱”中去，从而体现出国际化、民族性、时代感和人情味，这是对外电视文艺的鲜明特征。

在此以国际频道开播五周年志庆晚会《跨越星空》为例，分析论述这四个特征。

一、国际化品格

现阶段对外文艺的观众主要是居住在世界各地的华人、华侨以及关心中国的国际友人。这一方面是对外文艺的优势，因为对外文艺由此在创作上拥有了相对广阔的空间；但另一方面也为创作提出了更高的要求。观众当中的人多数具有较高的文化素养，加之去国已久，生活环境、文化背景、人生阅历、欣赏品位等都与国内观众有很大的不同。在晚会创作阶段，我们多次与对外电视文艺同仁进行探讨，最后达成了这样的共识：是否具有国际性文化交往的内涵和力度，是否具有较高的艺术水准和欣赏价值，是对外文艺创作的重要原则。基于这一观点，我们在选择演出者时，许多国内观众熟悉的一些“明星”、“大腕”并没有被这台晚会选用，获国际大奖的著名小提琴演奏家吕思清，钢琴演奏家孔祥东，具有东西文化素养的歌手费翔，在56个国家同步发行唱片的国内特性鲜明的歌手朱哲琴，南斯拉夫音乐奖获得者、少数民族歌手腾格尔，以一曲《心太软》红透华人圈的台湾流行歌星任贤齐，曾为美国影片《生死时速》配乐的国际乐人、日本音乐教父小室哲哉，日本青春偶像华原朋美，新加坡头号影、视、歌坛明星范文芳，俄罗斯民族舞蹈团，瑞典LOOK TWICE(再回首)演唱组等的登台献艺，使晚会具有了国际性文化对话的实力；丹麦驻华大使、著名旅美华裔油画家陈逸飞、中国文化史学者余秋雨、台湾诗人余光中等文化大家的参与，更突出了晚会国际化的品格，提高了电视晚会的文化品位，增强了电视文艺的文化承载力。

本世纪初,艺术大师林风眠曾说,“从历史方面观察,一民族文化之发达,一定是以固有文化为基础,吸收他民族的文化,造就新的时代”,因而在对外文艺中“以我为主,中西交融,营造人类情感融合的氛围”,是国际化品格的重要体现。在《跨越星空》晚会上,热情奔放的俄罗斯舞蹈和节奏强烈的瑞典 LOOK TWICE 的舞曲音乐,形成晚会的两次情绪高潮。浓郁的异国情调,使人耳目一新。对来自国外的节目,我们既要求有相当的艺术水准,又要求与中国文化相和谐。LOOK TWICE 演唱组是瑞典知名的迪斯科音乐小组,我们建议他们将中国歌曲《弯弯的月亮》也按他们的风格改编成舞曲并用英语演唱,结果产生了奇佳的效果。在西方文化潮流中占有重要位置的爵士乐,以中国刘元爵士乐队与丹麦驻华大使合奏的形式出现在晚会现场。虽然大多数中国人对爵士乐并不熟悉,但在友好合作的气氛下体现出的音乐精神给观众留下了深刻印象。演唱中国戏曲的演员分别来自苏丹、美国、亚美尼亚、日本,他们演唱京剧和地方戏曲。“洋虞姬”高鼻美目,表演凄婉惜别之情楚楚动人;五岁女童,碎步登台,用日语演唱“样板戏”,稚气可人,惹人爱怜。这些外国朋友严谨认真的表演态度传达出的感染力,比单纯选用国内名家演唱另有一番神韵。他们真诚参与的本身就说明了他们对中华文化的敬仰之情,也说明了中国戏曲的恒久魅力。我们还特别注意保证节目的艺术水准,戒除猎奇的、让外国人“出洋相”的哗众取宠心理。在节目形式的选取上,也考虑海外观众的收视习惯和语言困难,尽量少用纯语言性的如小品、相声等节目形式。

对外文艺的表现手法和外在形态要与国际接轨,体现国际化特色。《跨越星空》晚会在舞美设计上运用了国际形象符号,打破了中国传统的象形、对称思维,采用抽象洗炼的造型语汇,以流动的曲线为主体,为灯光及表演留出较大的余地,简洁大气,富有现代感。灯光设计摒除颜色的堆砌和一味的闪烁跳跃,发挥高科技灯光设备的艺术效果,随着不同情景的节目,变幻色调和层次,让灯光融化在音乐中,烘托情绪,渲染气氛,营造意境。

《跨越星空》晚会的片头、片尾以及片中间隔都有统筹设计,采用了统一贯穿的音乐,首尾呼应,结构完整。片头在空灵、清脆的铃声中开始,蓝色夜空繁星闪烁,镜头纵深前进,世界各地著名建筑的夜景在弧形地平线上横移,不同肤色的人们抬头仰望画面左上方不断变换的典型中国文化符号,卫星天线从天际深处转向观众,发射出 CCTV 的光柱,意境深邃,韵味悠长,既有深广的国际内涵,又体现了中国的民族特质。晚会中旋律性的节目全部采用动态画面,大摇臂移动镜头较为适宜海外观众的欣赏习惯,在使用三维动画、数码特技等造型、剪贴、接景合成画面的手法时,尽量做得自然,以美的原则幻化高于自然的形象。对外文艺在语言和字幕上多采用中英文双语,适应海外观众的收视习惯,提供尽可能的收视便利。英文主持人的话语绝不是汉语串联词的简单翻译,而是以外国人的语言思维方式,在汉语串联词基础上加以提炼和补充。这样即使懂双语的人看起来也不会有重复和繁琐感,晚会节奏也不致拖沓。

二、深厚的民族性

深厚的民族文化传统,不是已逝的梦影,不是风干的遗产,它是“不断向前流淌,正在流淌,并将继续流淌的跨时间的文化流程”,民族性和时代感并不对峙。继承民族优秀文化传统,并不意味着复制、照搬“过去已经存在的东西”,也不是在“过去已经存在”的东西中挑挑拣拣,而是发前人所未发,想前人所未想,创造出“过去从未存在的东西”。对于我们的对外文艺节目来说,就是要创作出富有时代感的,禀承历史精华的,为海外观众喜闻乐见的现代民族艺术作品。

“越是民族的就越是世界的”,但从某种意义上说,虽传统,虽民族,如若没有找到现代的语言来点化、消解,没有找到民族与世界的交汇点,就难以让海外受众接受和理解,也无法成为世界的。寻求解读民族文化的钥匙,用适宜的画面符号来传达民族性是我们对外电视工作者要努力的目标。《跨越星空》晚会避免用“民俗化”的视角来表现中国悠远厚重的文化传统,而是以泱泱之气雍容优雅地推出了古典音乐《春江花月夜》。画面以闻名世界的旅美油画大师陈逸飞为切入点,画家在现场讲述他身居海外,仍怀念儿时聆听《春江花月夜》时的感受,以及他的画作为何与中国音乐结下不解之缘。此时,镜头摇向他的名作《浔阳遗韵》,就在观众凝神名画时,画面已叠为晚会现场坐在大画框中同原作画面完全一致的“仕女名伶”的演奏。纯洁的蓝色影调,飘缈的干冰涌动,名曲名画交相辉映,创造出人间仙境般的视听效果,使单纯的民族器乐演奏陡添神采与风韵。民族舞蹈《根》以现代意识表现传统心理,语汇繁杂,象征性强,比较晦涩。演员在一米见方的逼真的大树根上起舞,我们通过变换摄像角度和运动镜头以及两极镜头的切换,加强造型美感的视觉冲击力。字幕化解舞蹈语汇:“叶落归根,仿佛是前世的约定,又仿佛是远古祖先神秘的呼唤,无论天涯海角,无论飘零何方,故乡是魂,故乡是根”,结尾处巨大葱绿的树冠从天而降,与演员结合成一棵枝繁叶茂的大树,形神兼备,以雅取胜,化解了艰深的舞蹈主题。

三、鲜明的时代感

瞬息万变的现代社会,信息快速流动,观众不断更新,精神产品日夜不停地涌现,鲜明的时代感便成为艺术作品的生命。

在《跨越星空》晚会中,《中国民歌、服饰》是一组以民歌为本,服饰为表的组合节目,以民歌的旋律为母体,用现代手法编曲配器,并用通俗唱法演唱,重新演绎。

这种方式赋予歌曲时代的艺术风貌和全新的艺术内涵,不仅使海内和海外熟悉中国文化的观众耳目一新,而且让渴望了解中国民俗的国际友人称道。中国服饰《紫禁城》、《竹简遗风》、《风情妖娆》、《金螺梦》等都是与当前国际服装设计理念接轨的设计师的心血之作,颇具时代感。设计师们从故宫、竹简和剪纸等民族文化中汲取灵感,赋予服饰较深远的人文内涵。节目中色彩斑斓的音乐和亮丽典雅的东方服饰,表现出了丰富的现代感受。《民族风情》精选了蒙、藏、朝鲜三个民族的歌舞,改变模式化的舞伴歌,展示实实在在的少数民族独特的生活气息:晨曦中的沐浴、挤奶、祈祷;年轻人在花市中嬉戏;儿女绕膝承欢的天伦之乐等,使少数民族歌舞真正显示出个性鲜明的风情画的魅力。

四、浓郁的人情味

情感是人类共通的语言。抒发情与爱,增进亲情伦理的同化力、民族情感的凝聚力,是对外文艺的又一特征。华人华侨游子,遍布全球,他们远渡重洋艰苦创业,故国遥远亲人难聚,他们那种对祖国对亲人的殷切思念之情,是安居国内的人们难以体会的。

菲律宾华侨合唱团是中央电视台国际频道的忠实观众,他们自发组织专门演唱歌颂祖国和民族的歌曲,多次在菲律宾的公众活动中演出。他们说:"是国际频道拉近了我们和北京的距离,使我们的心和祖国贴得更近了。"国际频道开播五周年之际,我们邀请他们作为海外观众代表,参与庆典晚会。他们发自内心的真挚情感深深打动了场内观众,成为整场晚会极为精彩的情感高潮。晚会结束后,他们回到菲律宾,成为媒体追踪报道的热点。由此可见,观众参与的积极意义和国际频道在海外的影响。几十年来,台湾文坛泰斗余光中先生的诗句,道出了海外华人那绵绵不尽的乡愁,多少华侨同胞正是怀揣着余先生的诗句奔走于异乡的茫茫夜色之中,成为千千万万海外游子内心深处珍藏的财富。飘泊多年的余先生有感而发,欣然给晚会赠诗一首《思乡曲》,我们把它填入马思聪先生经典的《思乡曲》音乐中,诗歌、乐曲、演唱(关牧村)、芭蕾(王珊、杨新华)、钢琴(孔祥东)、小提琴演奏(吕思清)有机融合在一起,名家荟萃,韵律美、造型美、意境美,缠绵悱恻,创造出一种"欲罢不能、欲语还休"的艺术境界。

中国人久居海外,无论物质多么富有,境遇多么顺遂,他们都不愿作精神的飘萍。对根源的认同,对民族的情感是永远难以割舍的。海外华侨有三分之一来自闽南、潮汕、梅州,为此,我们特别为海外的闽南、客家乡亲献上乡音一组,带去了弥久不散的乡情。对外文艺适当采用粤语、闽南、潮汕、客家等方言制作节目,不失为一种贴近观众、引起情感共鸣的有效方式,它所牵扯出的思乡之情和营造的怀旧氛围,最能触及观众心中最纤弱的情思。

羁旅国外的留学生是海外观众中不可忽视的一部分,他们乍离祖国,难遣孤寂,更加渴望看到来自祖国的电视节目。留学美国、学习声乐的李棠是我国著名歌唱家李光曦之女,他们父女和满文军共同演唱《懂你》,把远离家乡的儿女对年迈父母的理解和感情演绎得淋漓尽致。李棠与李光曦自然流露的父女亲情感人肺腑。这个节目在表现手法上没有任何做作的渲染和煽情的阐释。真挚含蓄的情感增强了感染力。腾格尔倾注身心演唱的《妈妈的心》如泣如诉,虽然许多人听不懂蒙语,但苦难母亲那质朴的情感表达,使每一个听到它的人都会感到深深的震撼。舞蹈中扮演儿子角色的是中央民族大学曾获国家级金奖的演员,他的表演极为投入,一曲终了,他无法控制自己的情感,冲出演播室,痛哭失声。由此我们得出,发自内心的情感流露和真诚的艺术追求,是文艺节目富有感染力的源泉。感动自己,才能感动别人。力求避免急于取悦于观众的"文化焦虑症",摆脱"浮、闹、俗、假"的误区,以及狭隘的民粹主义思想,不追求表面的轰轰烈烈,在沉静中见奇丽,精益求精,坚持高尚的艺术品位,不仅契合海外观众的审美需求,也适应国内观众日益提高的审美需求,给观众以美的熏陶和审美的提升。

(郭霁虹)

(摘自《电视研究》1998 年第 9 期)

人民需要电视剧精品

目前,我国电视剧年产量已近万集,就每年全国电视剧生产来看,优秀和比较优秀的作品仅占总量的三分之一左右。多出电视剧精品是时代的需要,是人民的需要，也是繁荣荧屏和促进我国电视剧事业健康发展的需要。因此，研讨总结电视剧精品创作生产的一般规律，对指导和推动整个电视剧生产，无疑具有重要的作用。

思考一：创作电视剧精品的两个要素

一部好的艺术作品，要让观众在欣赏过程中自觉地完成从感知到认知的审美过程。简言之，就是观众对一部艺术作品“看——爱看——继续看下去”，或者“看——不爱看——转换审美对象”的过程。一部电视剧精品，一上来就吸引观众，就会使观众继续看下去。反之，就抓不住观众。要创作更多的电视剧精品，就需要了解对电视剧精品艺术特性有重要影响的两个因素。

第一个因素——思想性。作为一种广大观众喜闻乐见的电视节目形态，电视剧具有贴近生活，展示人物悲欢离合的命运和强烈的戏剧冲突，惊险离奇的情节，更容易达到潜移默化的教化美育等功能。从剧中人物身上，观众感受到中华民族五千年悠久文化和传统美德的熏陶，捕捉到与时代同步，与改革开放大潮同流的脉搏，与建设有中国特色社会主义的春风同呼吸，与完善社会主义道德价值标准共命运。电视连续剧《水浒传》，紧紧抓住了以宋江为代表的农民起义军只反贪官、不反皇帝的错误指导思想，最后导致被招安直至失败的悲剧性结局。改编者选取《水浒》一百回本，而不是更为流行的梁山好汉排座次的七十一回本，完整地再现了在封建社会里农民起义由于自身的局限性必然失败的命运。这样就加深了电视剧的历史厚重感和梁山英雄们的艺术感染力，使该剧在中央电视台第一套黄金时段播出创下46%的特高收视率。

电视连续剧《香港的故事》围绕香港是中国领土不可分割的组成部分，香港的发展和繁荣是依靠香港人民的智慧和勤劳，是与祖国内地人民的大力支持分不开的，以一个普通香港人家庭命运的发展贯穿全剧，表现了中国人民反抗侵略，维护民族尊严，勤劳、善良、吃苦、节俭、重大义的性格特点。该剧主题鲜明，可视性强，在1997年香港回归祖国的宣传过程中，以21%的收视率，成为当年中央电视台第一套黄金时段电视剧收视率榜首。

长篇连续剧《咱爸咱妈》和《儿女情长》是贴近平民生活的作品。它们把人世间最珍贵的亲情娓娓道来，不刻意追求戏剧冲突，在如同生活的小溪里潺潺地流出一段段令人感悟、让人动情的故事，使观众产生强烈的共鸣。

长篇连续剧《和平年代》把视角切入到与现实生活密切相关联的改革开放大潮中军旅生活的一个侧面，歌颂了当代军人为保卫国家和在和平年代现代化建设中做出的奉献和牺牲精神，塑造出一组90年代改革开放环境里新一代最可爱的人的屏幕形象。

第二个因素——艺术性。一部电视剧，光把握好作品的思想性而忽视艺术性，就不能成为一部艺术作品，更谈不上成为优秀作品去感染人和教育人了。实践反复证明，只有强化作品的艺术性，才能使观众在情感上接受和认同，才能引导观众在欣赏作品完成审美创造的过程中同时接受作者所要表达的思想内涵。

感染力——重点是在曲折复杂的故事情节和环境中，强化主要人物的性格和形象塑造。电视剧中人物命运的起伏发展，人物性格和形象塑造关系全剧的成败。凡优秀电视剧的艺术魅力无一例外都是把刻画人物、关注人物命运的走向放在首位，让观众随着剧中人物命运的发展或激昂，或沉郁，或宣泄，或思考，从而进入人物情感的审美创造境界之中。像《和平年代》里的主要人物秦子雄，编剧让他作为一名共和国的军人置身于百万大裁军、和平年代以经济建设为中心这个典型环境中，在各种诱惑面前，矢志不渝，把自己的青春年华奉献给革命化、现代化、正规化部队建设，塑造一个有血有肉，有情有义的当代军人形象。

冲击力——一部优秀的电视剧能不能抓住观众，情节上的冲击和视觉画面上的冲击设置非常重要。也就是说，要给观众留下深刻印象的戏和强烈动感的画面，当然，这一切都是为塑造人物形象服务的。长篇连续剧《水浒传》中“武松大闹飞云浦”一段戏中，首先，编导者从情节设置上就紧紧抓住观众的心理：武松被诬陷流放途中，面临杀手的伏击，具有极强的悬念。其次，导演在拍摄中既渲染了环境气氛，又重点表现武松临危不惧、武艺高强的英雄气概，最终尽除群凶。几组武打拍得新颖不俗，干脆利落，既突出了武松的人物性格，视觉上又具有很强的冲击力，给观众留下了深刻的印象。

可视性——这是任何一部成功的电视剧所不可缺少的重要基础，简言之，就是要好看。要有好看的故事，要有精彩的情节，要有吸引观众的人物，要有流畅的画面，要有动人的音乐和插曲。使观众唱起一首插曲就想起一部电视剧，记住一个人物就忘不了一部电视剧。

思考二：创作电视剧精品的规律

1. 抓好剧本创作

优秀剧本的标志是什么呢？

一是力求思想性和艺术性的统一，使之主题鲜明，贴近时代，反映生活，可视性强。

二是围绕人物命运的发展，编织一个好看和动人的故事。

三是剪裁得当，疏密有致。一部优秀的电视剧本，就像一个优美的园林设计，既有小桥流水，又有亭台堂榭，峰回路转，曲径通幽，让人目不暇接，让人赏心悦目，让人美不胜收，让人见景思情。为此，电视剧本的情节设置和矛盾冲突安排要做到此起彼伏。尤其是中长篇连续剧，每集都要有中心事件，以及围绕这个中心事件而展开的戏剧冲突，围绕大的戏剧冲突而产生小的情节铺垫。

2. 要把精品意识贯穿于电视剧生产的全过程。

有了一部优秀的电视剧本，要使之真正成为一部优秀的电视剧精品，必须经过以导演为核心的艺术创作集体的二度创作，必须抓好电视剧的拍摄、剪辑、修改等各个环节的工作，将精品意识贯穿于电视剧生产的全过程。

一是选好导演，选好演员，形成高水平、团结合作的艺术创作集体。

导演是把电视剧本由文字转变成视听兼备的形象的统帅。导演对原剧本人物和情节的理解以及审美感悟，对角色的分析以及戏剧冲突节奏的把握，对主要演员的选择及其表演的认定，对摄影、美术、音乐、灯光、音响、服装、化妆等诸多艺术创作工种积极性的调动，对完成一部电视剧精品的创作都是非常重要的。

二是坚持高标准的艺术追求，抓好拍摄计划的落实。

电视剧生产是各工种协同配合，创造性的艺术实践活动。一部优秀的电视剧是集体智慧的结晶。它要求参与这种创造性艺术实践的艺术工作者，要尊重电视剧艺术的规律，要始终坚持对艺术高标准的追求，以对广大观众负责，对社会负责的精神投入这种艺术实践，努力创作出电视剧精品。

思考三：创作电视剧精品需要高水平的人才

要完成一部电视剧精品的创作，无论是剧本，还是拍摄、剪辑等项工作，都离不开高水平艺术人才的创造性劳动。要推动这些工作的进展，领导是关键。因此，要实现创作电视剧精品的目标，在选择编剧、制片人、导演及其他艺术创作工种人员时，必须坚持高标准，重视其在艺术创作实践中取得的成果，不搞平衡照顾，不降格以求。在“本子（剧本）、班子（摄制创作集体）、票子（拍摄资金）、机子（拍摄设备）”，这四个要素中最为重要的是人才。惟其如此，才能实现创作资源的最佳配置，创作人才的优化组合，实现电视剧精品战略的目标。

时代呼唤电视剧精品，人民需要电视剧精品。只要我们继续坚持为人民服务，为社会主义服务的方向，坚持百花齐放，百家争鸣的方针，在邓小平理论旗帜指引下，按照江泽民总书记提出的“文艺工作者要努力在自己的作品和表演中，贯注爱国主义、集体主义、社会主义的崇高精神，鞭挞拜金主义、享乐主义、个人主义和一切消极腐败现象”的要求，就能生产出更多、更好的电视剧精品，满足广大观众的需要，为社会主义的精神文明建设服务。

（胡　恩）

（摘自《电视研究》1998 年第 6 期）

纪录片的类别

众所周知，纪录片是一种非虚构的作品，故事片是虚构的作品。可是多年来我在美学上一直追求纪录片故事片化，故事片纪录片化。为什么要把《9·18大案纪实》这样的电视剧拍得像纪录片一样，目的就是让观众相信这是真的。那么我又希望纪录片故事片化，那是因为纪录片长久以来不太好看，缺少情节，我希望它也像故事片那样好看。非虚构的纪录片可以纪录有生命的东西，也可以纪录无生命的东西，都是纪录一种物体或者生命的行为的轨迹和状态。它可以促进人们之间的了解，也为后人留下了珍贵的纪录，这就是纪录片的任务。

纪录片发展到今天，已出现了好几种形态。有一种应被视作非常高级的纪录片，是给少数人看的，绝大部分人看不懂。因此可否这样说：非常高级的东西，未必就是好看的东西。

目前我们大多数电视人所从事的纪录片创作，我们研究的是绝大多数人能看得懂，喜欢看的，也即老百姓喜欢看的非虚构的这一类作品。这一种纪录片在国内也有两种情形：一种是先有明确的思想和主题，然后去寻找过去、现在以至未来时空的资料加以编排。第二大类是事先没法进行了解分析，无法写出提纲和解说，因为事件正在进行中，不知以后如何走向，也不知道结局如何，只是跟着拍了，纪录下事件或人物行为的过程。

这两类片子不能说谁好谁坏，它只能根据你要表现的题材内容来确定你所要使用的形式或手法。对发生过的事情只能用专题片的手法，对与生活同步的当然要去跟拍，抢拍。问题的实质在于你捕捉的题材是否生动，你表现的思想是否有力度，你拍摄的每一个情节是否真实。

比较完全意义上的纪录片又分两类：一类是比较追求故事情节，讲究节奏，讲究矛盾冲突，换句话说，很讲究好看。另一类更多的是讲一种状态，不太追求情节、矛盾，它更多的是在很自然的状态中去表现人的个性，希望在一种看似平淡的描述中去刻画人，很少加入编导的主观意图，而是让观众自己去品味片中纪录下的人的状态和性格。这两类也不能说哪一类好哪一类不好。最根本的问题还是要看你表现的题材是否有历史价值。

不管是哪一类纪录片，它的成功与否最后都取决于对细节的拥有量和对细节的处理。不管是虚构的还是非虚构的作品，人物的个性都是靠细节来完成的。你如果拥有大量的细节，而且对这些细节作非常合乎情理的、富有文学性的处理，你就有获得成功的可能。

最近北京电视台有一部纪录片，叫《芝麻酱还要慢慢调》。片子反映一位叫陈子宽的老人，他有两个爱好一个习惯，一爱好唱京戏，二爱好看足球，一个习惯是他家的芝麻酱他一定要调 8 遍，直到调出油来。这部片子并没有想从表面上去说明什么大的道理，只是让观众看看有这么个老汉，他是这样对待自己的晚年的。他身处社会最底层，可对生活却如此热爱，活得那么有滋有味儿。他为了能唱京戏请别人给他拉胡琴，他每次都先给拉琴的人点一支烟放在旁边，趁人家拉过门时把烟递过去。他就那么执著，非唱不可，唱了阿庆嫂还唱胡传魁，接着又唱刁德一，唱够了回家比干什么都得意。他看了 50 年的足球，还时不时发表评论，特认真，查字典，写发言稿，一边用老花镜一边还用放大镜；最后中国队对伊朗队的比赛被他言中了。在短短 30 分钟的片子里，作者依靠大量生动的细节表现这位中国老人的最平常的生活。

我们很多片子题材很重大，意义很深刻，但如果把解说拿掉，留下的可能是一片苍白。而依靠细节塑造人物的片子，把解说拿掉也没关系，因为这种解说没有任何观念上强迫观众的地方。人物靠自己的说话，靠自己的表情，靠自己的细节，靠生活的原态来表现自己。可见细节是纪录片好不好看的最要紧的元素，如果不好看，深刻的意义也就不存在了。

（陈汉元）

（摘自《电视研究》1998 年第 4 期）

纪录片问题断想

中国的电视纪录片发展到今天，无疑只有近几年在理论与创作上都是最兴旺的时期。这种兴旺一方面是由于电视工作者对纪录片这种表现手段认识的日趋深入；另一方面也是由于《沙与海》、《最后的山神》等纪录片在国际上获奖后所带来的“大奖效应”。于是有人说中国的电视纪录片已经成熟和繁荣，但也有人说纪录片较以前受重视是实，繁荣却未必；更有人说中国的纪录片“整体上还没有走向成熟，仍需艰苦努力的探索”。不管是繁荣也好，幼稚也好，我们必须承认，从《望长城》开始，电视纪录片进入了一个新的发展阶段。

一个时期以来，伴随着电视纪录片从“热”到“稳”的发展过程，一些作品的成功之处已得到了充分的揭示，但同时也掩盖了一些不可忽视的问题，这里主要谈的是纪录片理论与创作中的几个误区。

不客气地说，在纪录片的理论与创作中，不是用先进的理论指导创作，而是创作在推动纪录片理论的前进。然而“理论问题不解决，我们只能在盲目的条件下实践，就可能出现这样那样的偏差”。在纪录片的理论研究上，明显存在着概念不明、分类不清甚至似是而非的现象。如果说没有理论指导下的创作失误尚有情可原，那么似是而非的理论导致的创作失误，就不免有些可悲了。

对于纪录片是什么这个问题，几乎没有多少文章去讨论，但奇怪的是定义虽未明确，却有许多文章争执于纪录片与专题片的界定。其实这种界定的实质还是对纪录片的认识问题。而纪录片的定义和解释又那么多，每一位创作者或研究者似乎都能引用一个定义或概念来支持自己的观点，这里，我们不妨把这些定义罗列如下：

1. 纪录影片、纪录片，一种非虚构的影片，它具有一个有说服力的主题或观点，但它取材于实际生活，并运用编辑和音响来增进其观念的发展。

——美国《电影术语汇编》

2. 运用一种合适的社会造型艺术语言的方法组织现实。

——约翰·格里尔逊

（这里还有一个同样来自格里尔逊的定义，更简洁、更明确一些：纪录影片是对现实的创造性处理。）

3. 纪录片，是对某一政治、经济、军事、文化生活或历史性事件作系统、完整记录报道的影片。

——《辞海》

4. 表现人类或社会活动某些方面的电影或电视片。

——《牛津现代高级英语词典》

5. 电视纪录片，是以摄像或摄影手段，对政治、经济、军事、文化、历史事件等作比较系统完整的纪实报道，并给人以一定的审美享受的电视作品。

——《电视专题节目界定》

从上面几个定义不难看出，前两个和后三个是有着明显区别的。我们不妨把前者划为"表现说"，后者算作"再现说"。"表现说"中的定义侧重的是影片所要传达的观念，"再现说"中的定义则侧重于对生活的记录。尽管"表现说"也标明要取材于现实生活，但它只是服务于观念的素材，就像格里尔逊曾经说过的那样："我的使命是要创造一个对世界的新的认识。"所以在他那里，这种"新的认识"的取得就有可能使现实变为加工过的现实。也许有人会说，只要我们对所拍摄的素材加以取舍或选择就都是对现实的加工，是编导者观念的表现。不错，但这里最主要的区别在于影片中所传达的思想或观念，是现实本身所具有的，还是经过以现实加工处理后所表达的已经是创作者的观念，只不过借助于影片这一手段而已呢？这两种创作观如果只遵从任何一方就会导致影片创作走向两个极端：一种是只记录生活的原貌，流于自然主义；一种为观念去改造现实，甚至去摆拍、表演。这两者应该说走向任何一个极端都是不可取的，而这两种现象在我们的创作中都存在。

纪录片理论中的另一个误区就是对画面语言的认识问题。毫无疑问，电视有自己的语言，需要靠蒙太奇等艺术手段来推进或表现影片的观念。但有些同志把画面语言推崇到了至高无上的地位，以为解说词越少越好，甚至以为一句解说词都没有就是至善，这也是一种极端主义的认识。

我们知道，无声片时代将电影语言演绎到了一个高级阶段，但即使在其最完善时期也不是电影语言就能包揽一切了。也不是有声片的出现就使人变懒了、变傻了，是电影语言的倒退。否则电影发展了一百年，为什么至今也没有退回到默片时代呢？

艺术创作上内容与形式的关系问题人人都能倒背如流。没有一个好的题材，即使形式再新，也不一定能成为好作品。我们看到的许多优秀影片，有的解说词远远多于画面语言，但也并没有影响它们成为好作品。至于画面语言与解说词在电视中孰主孰次，则完全根据影片的需要，不可能将两者完全地割裂开来。

纪录片理论上的含混不清，也导致了一些同志在创作上的迷惘。正如前面所提到的，由于有些同志认为纪录片就是对生活的真实记录，于是将生活原封不动地搬上银（屏）幕，拍出的片子不讲究用光，也不讲究构图，甚至摇摇晃晃，以为这样就真实。还有的同志据此提出，有时可以故意拍得不稳些，以显示影片的真实感和现场感，这可以说是对纪录片创作的一种歪曲，是一种自然主义的创作倾向，同时也是"创作者基本功不扎实的表现"。

与自然主义的方法相反的，是唯美主义的创作方法。有的创作者不顾内容与题材，只是一味地追求光与影的效果，把现实剪接得七零八碎，用以表现创作者的观念。有时甚至只是在玩弄技巧。由此拍出的影片没有一句解说词，也没有同期声，只靠所谓的电视语言和一些人工的音响来表现创作者的思想。这不是把电视当做为观众服务的工具，而是把影片当成个人的"试验田"，把影片搞得晦涩难懂，其结果是观众到最后也不知影片所云；而创作者则大骂观众不懂艺术。

纪录片创作中的另一个误区就是题材选择上的功利主义。自从《最后的山神》等作品在国际上获奖以后，许多创作者都一窝蜂地拥向民族地区去挖掘民族题材，在这种人地相关论的影响下，一些编导往往以"猎奇的、居高临下的、津津乐道、夸夸其谈的态度从事少数民族题材纪录片的创作，仍然以拍天外来客的方法拍摄少数民族人物"。以为只要是这类题材就容易获奖，这一点从1995年四川国际电视节上中国选送的60部作品中有20部是民族题材的，近10部是关于西藏的这一怪现象中就可以看出。这绝对是中国电视纪录片创作上功利主义的表现，也是创作者理论上的迷惘导致的创作上的盲从。

纪录片创作中功利主义的另一个表现就是，许多台、许多创作者创作纪录片的目的只是为了获人奖。大台为一部纪录片可以投入十几万甚至几十万，小一点的台也是倾其全力，不惜代价。有时为了一部片子所投入的人力物力，可能比该台一年播出的所有纪录片的花费都要高。再有就是热衷于搞大题材、系列片，我们常常能听到，今天这个台推出10集系列片，明天那个台就要推出百集系列片。笔者曾碰到一位和某台合作的导演，名片上赫然印着1000集系列片《××》导演兼制片人。

另外，经济学中存在的"马太效应"在电视界中也存在。获大奖的导演无论在财力、人力及技术装备上都优先得到满足，成为电视台的"大腕"。他们可以一年只做一部片子，而其他年轻的导演则很难与他们相比。无疑这对培养一支纪录片的创作队伍是极为不利的。事实上，我们缺少的也正是这样一支队伍，而不仅仅是几个“大腕”。以十年磨一剑的方式拍纪录片，搜奇抉思，日旰忘返，即使不谈人力物力的投入，单是对电视栏目的定期播出满足都是不适宜的。正如有的同志说的，这是一种扭曲的“马太效应”，“纪录片的创作繁荣必须有一个整体意识。没有大面积的丰收，就没有个体的辉煌”。

上海台国际部主任刘景琦在谈到上海台纪录片创作取得的成就时，曾把这一切归结于与他们制作的节目贴近百姓、贴近生活有着密切的关系。如果没有广泛的观众基础，也就不会有上海台纪录片事业的发展壮大。我们知道，电视节目的价值最终要通过受众来实现，而现在的许多创作者似乎并不在乎观众是否欢迎，只要能赢得评委，目的就达到了。由此也出现了一些获奖影片只为专业人士所知，众多观众却不知晓的现象。似乎电视专业工作者与大众之间存在着一道鸿沟，专业工作者看好的，大众并不喜欢；大众看好的，专业人士却不喜欢。那么，怎样创作出既受大众欢迎，又为专家们看好的节目，还需要广大电视工作者去探索和实践。但绝不是目前电视纪录片创作上的功利主义所能实现的。

（任达青）

（摘自《现代传播》1998年第3期）

电视纪实艺术管见

电视纪实艺术是用多种电视技术手段，富有创造性的方式和自然、朴实的方法，以及现在进行时的新闻镜头，真实地报道、客观地反映社会生活，展现生活原貌和完整过程的电视节目表现形态。它的根本在于“真实”，排斥虚构、摆拍乃至扮演；它的美学意义在于创作者从现实生活中去发现美、提炼美，从而帮助人们认识社会、了解人生。

一、电视纪实艺术的根本——真实

“真实”是从客观世界的运动、变化、发展中所表现出来的客观事物自身的规律性。不管是“真实”的自然存在，还是“真实”的社会存在，都有着不以人的意志为转移的客观必然性，并以丰富多样的现象来体现这种本质。人们对于“真实”的把握，自然不是纯粹观念性的，而是在改造世界的社会实践中，通过不同的手段与途径来逐渐“逼近”那个“真实”的目标与境界。

电视的出现，无疑是人类迄今为止所创造的最接近生活真实的一种媒介。由于电视不像电影、戏剧那样，需要一定的观赏环境与观赏态度的约束，而是与人们吃、穿、住、行等日常生活完全连结在一起的，所以，看起来它似乎并不是一种我们身外的特殊媒介传播手段，而是我们日常生活中最自然的一部分，是现实生活的自然延伸，是我们生活中难以分割的构成因素。

电视纪实艺术的基本要求是真实，这也是它的本质特征和特有的优势。纪实艺术的魅力也在于它的不可替代的真实，这是可信和赢得观众的基本条件。观众对那种居高临下、任意解释客观事物、强加于人的做法早已厌倦，观众要看事物的真相，自己从客观事实中得出结论。近年来，纪录片受到广大观众的欢迎，这是重要原因。

纪录片是电视纪实艺术的最佳传播方式。近年来有多种艺术都贴上纪实的标签。如纪实电视剧、纪实文学，但它们都不具有纪实艺术的本质和特征。纪实艺术是生活的真实与艺术真实的统一，以真实生活为基础，具有极强的艺术感染力。电视剧只能模仿真实，或借用部分生活镜头，它仍然要虚构，要强调戏剧冲突。纪实艺术并不像创造艺术那样“高于生活”，而是对生活的选择。真实是纪实艺术的生命，是不可动摇的根本。《潜伏行动》就是纪实艺术的精品。它记录了真枪实弹、殊死搏斗、震撼人心的战斗场景，是一部跟踪纪实、魅力无穷的纪录片。《潜伏行动》是消灭犯罪团伙全过程的忠实记录，人们为真实的事件所吸引，小分队的命运使观众牵肠挂肚，人们同片中的英雄同呼吸、共命运。观众希望看到事件发展的过程和结果。但结果是不可预料的，不仅观众不知道将要发生什么，就是拍摄者和拍摄对象（小分队）也料想不到结果如何。生活中的事件是不可再现的，不像电视剧里的情节，演员可以重演，而纪录片则不然。同是反映西藏现实生活的《藏北人家》和《西藏的诱惑》却有着截然不同的两种风格，前者是纪实艺术的体现，后者则是创造艺术的表现。《藏北人家》真实地记录了藏北一户人家一天的具体生活情景，重点跟踪拍摄了牧羊人放牧的完整生活过程，细腻地展现了妻子为丈夫洗头的生动情节，使观众亲眼目睹了藏北人家独特的生存环境和人文状态。

纪实不等于艺术，它们之间有一个发展的过程。纪实是纪实艺术的元素，真实性是基础，但无目的的纪实也不能称为艺术。

二、电视纪实艺术的美学价值取向

电视纪实艺术追求的是一种纪实美。所谓纪实美是指未经人为的艺术加工而自然形成的美，它强调生活本身的美。在自然形态的生活中，那些平常的现象即那些不具有戏剧冲突的现象之中却蕴藏、沉淀着最深厚的美。因此，纪实艺术的一项任务就是通过忠实地记录生活，再现平常生活之中的“生活美”。

纪实美要求电视镜头更加贴近生活、贴近现实，引导着创作者从生活的原生态当中追随着普通人的生活流程和命运遭遇，去发现美、提炼美。可以说，这种“以生活为美”的纪实美学，正是构筑当代电视纪实艺术的基础。中央电视台《东方时空》栏目中的《生活空间》就洋溢着浓郁的纪实美、生活美。“讲述老百姓自己的故事”这一命题本身就充分地体现出纪实美的深广内涵。又如《女鞋匠和她的儿子》，跟拍了一个来北京摆修鞋摊的浙江女鞋匠和她两个儿子一天的生活：早晨起床；送儿子上学；摆摊修鞋；儿子放学；看电视、吃方便面……一切似乎都淡然无味。但是，观众正是从这些平淡的生活原生态里感受到了母爱的美、手足之情的美和望子成龙的殷殷之心。感受到了人与情、命运与心灵相互交叠时迸发出的淡而有味的沉甸甸的“纪实美”。

纪实艺术的价值在于认识社会,认识人生,了解人生。“人”的主题是当今电视纪录片的重要命题。人的生存意识、生命意识所孕育的文化精神在许多电视纪实艺术的创作中成为一种境界。《沙与海》中那两个身处不同环境的普通人，他们对各自生活境遇的泰然处之，引发了观众的联想，揭示了人生的价值。《壁画后面的故事》在一个美好生命被病魔毁灭的剧烈动荡过程中，我们看到的是那个青年平静的心态。尽管面对死亡，他并不感到死亡的恐惧，反而体会到一种明朗的生命意识。除此以外，即使在以“事件”为题材的作品中，纪实艺术最终体现的也是人生、社会的价值取向。

三、电视纪实艺术的发展形态

1989年，中央电视台开办了一个展览性橱窗式栏目——《地方台50分钟》（后改为《地方台30分钟》），为地方电视台的优秀纪录片提供了一方表现天地。许多佳作由此而出，在一定程度上推动了纪实艺术的发展。

近几年，一批优秀电视纪录片突破了原有创作框架与思维定势，体现了纪实艺术的一些新发展。比如：选题在前所未有的广度和深度上展开，人的主题在扩展，注意“自然记录”、选择“原生态材料”，纪实以情节展开，或淡化情节，同期声被越来越多地采用等就是明显的表现。

纪实艺术被应用于多方位、全景式地记录伟大的时代与广阔的社会生活，反映了当今时代的主流、现代社会的人文景观以及普通人的日常生活；注意以冷静求实的深沉思索去观察现实，并把现实放在历史潮流中考察。比如：《广东行》把视点投向改革开放的前沿；《Bobby老师，你好》反映了市场经济大潮中一位普通人含辛茹苦从事免费教育的故事；而《毛毛告状》的视点又落在上海的民工潮上，记录了一位外来妹闯荡上海滩的遭遇。

在现今的纪实艺术创作中，“人”越来越受到重视，成了一个不朽的主题。但是，不能脱离社会环境而单纯地表现“人”，它必须观照社会因素。只有表现社会化的人的生存状态，才能在经过升华的纪实艺术中表现人的主题。《藏北人家》把一个人文科学的内容浓缩于一个家庭的日常生活之中，使人们感受到一种实在的生存体验。《望长城》把一个具有文化感和历史感的宏大主题渗透到民歌手、业余考古家、蒙古汉子等一个个活生生的人的生活中，貌似说长城，而实际在说人，在说中国源远流长的文化。

如今许多创作人员已从摆布、调度转为发现、跟拍、抢拍，使纪实艺术更注重自然记录，更接近原生态材料。这里，人们的审美观念也发生了变化，领悟到真实地记录生活、展示生活的原生态才是纪实艺术的魅力之所在。上海电视台摄制的《大动迁》就是近期的代表作。记者从1993年8月开始采访，整个拍摄过程与动迁工作同步，真实地记录了这场上海历史上空前规模的市民大动迁，着重并生动地表现了其中七户人家的故事，反映他们面临大动迁的喜怒哀乐，着力刻画他们识大体、顾大局、牺牲个人利益，服从国家需要的高尚品质与动人情感。

一般说来，观众喜欢看纪录片，因为它完全是真人真事，而如果真人真事中又有故事情节，就更有诱惑力了。所以，纪实艺术有一部分向着既是纪实的，又有故事性的方向发展。如《半个世纪的乡恋》，用纪实的手法向观众讲述了一位在抗日战争时期被迫当日寇“慰安妇”的韩国老人李天英的悲惨遭遇。李天英老人的遭遇本身就是一个故事，一个控诉日本军国主义的故事，一个歌颂中韩两国人民之间深厚友情的动人的故事。

目前，有些纪录片为了充分表现生活的原生态，而将情节淡化，体现了纪实艺术向淡化情节方向发展的又一种趋势。一部上好的纪录片，未必要求有十分曲折、完整的情节，一些似乎不完整的情节，只要拍得自然、真实，也能使人由衷地信服。获得第十五届“金鹰奖”的《冬天》就是这样一个作品，节目的创作者重点记录了四川省漆树坪村乡亲们冬天的生活情景，用近乎散文的形式，描绘出一幅乡村生活的风景画，表现出广大人民在困境中的奋斗精神。

同期声是生活语言主要的表现形式，它随事件的展开，与人物的行为同时进行。它反映人物的心理，表现人物的个性，揭示行为的因果关系。没有同期声的纪录片所反映的现实世界是不完全的。《望长城》开辟了我国纪录片采用同期声的先河。李秀云是《望长城》摄制组偶然遇到的一位农村妇女。丈夫病故，她带着一双儿女独居。当主持人焦建成问她今后有什么打算时，她说，先挣钱还债，还丈夫看病时借下的债。然后再攒钱，给儿子盖房、娶媳妇。而她的儿子，眼下只有9岁。她之所以上山来，是因为“孩子们在家呆闷了，带他们上山来玩玩儿”。言谈之中，那乐观的神情、洒脱的笑声，无论谁看了，谁听了，都能够从心灵深处获得一种对自己生存状态的感悟。这就是同期声的感染力。

同期声所造成的氛围和情绪，能把观众带入纪实艺术所表现的环境之中。目前，同期声尚未纪实化并成为画面的有机组成部分。它常常作为纪实的形式，较少成为表达的内容。有的仅仅作为背景出现，有的经过排练和导演，早已失去纪实的本意。在电视纪录片中，主持人与采访对象的交谈、主持人或被采访者面向观众交流的“独白”都经常出现，但“画中人”自然的语言和行为，特别是他们之间生动的交流，无论是声音还是动作，都极少捕捉到。

电视纪实艺术作为一个新的艺术种类不是孤立的，它和社会、文化、生活等有着千丝万缕的联系，还有待我们在工作实践中进一步探索和研究。

(钱连红)

(摘自《电视研究》1998年10期)

庭审节目的电视特性初探

1998年7月11日是中国电视发展史上值得记述的一天，中央电视台在当天用4个多小时的时间现场直播了北京市第一中级人民法院对一起案件的全部审理过程，受到海内外媒体的关注。

法制节目从最早的专家法律讲座，到案例加采访，再到破案纪实、庭审现场直播，是一个推陈出新、不断演变的过程，这一方面说明了电视制作手段的成熟，另一方面也反映出观众的参与意识在增强。庭审节目作为电视专题节目的组成部分，有它自己的特性。笔者想从以下四个方面做一些阐述：

1. 庭审节目不是庭审过程的简单堆砌，而应突出法律冲突，展现故事的发展脉络。

在有些案件审理中，审判长宣读判决书不足3分钟，却用几个小时的时间就书证、物证、勘验笔录等进行法庭调查。如果全盘照搬马拉松式的审理过程，对于拍摄者和观众都会是一份苦差事。如何使观众在有限的时间里获得自己感兴趣的案件中最有价值的信息？这就需要我们的电视编辑和记者要树立观众意识，捕捉庭审过程中最能吸引观众的东西，包括重要的证据、精彩的辩论、双方的陈述、法官的裁判等等。这样的创作思路可以概括为“在庭审中讲述故事，在冲突中普及法律”。

2. 庭审节目不宜把直播作为惟一的制作形式，而应以录播为主，同时借鉴其他的电视表现手段。

直播是开辟庭审栏目的电视台最初都喜欢采用的形式，其好处是能在第一时间把法庭内发生的事告诉给电视观众，最大限度地拉近法院与观众的距离；其弊端是受案件的可视程度、法官的业务水平、诉讼双方当事人的表现及法庭上各种不可预见因素的左右，很容易出现拖沓与尴尬的场面。而这也正是许多电视台不得不将直播改为经过剪辑加工后的录播的原因。录播可以删繁就简、浓缩精华，录播能够强化冲突、叙述故事，无疑会更有生命力。但仅仅靠对庭审活动的录播也是不够的。对原告和被告的跟踪拍摄，对案件事实的客观描述，对法官、公诉人、律师及旁听群众的穿插采访，对判决或裁定执行情况的详尽调查，都能成为节目的重要内容。同时主持人在节目中对庭内、庭外时空的调度，电视编辑对演播室、大屏幕等制作手段的灵活运用也是十分必要的。可以这样说，庭审节目要以录播为主并集各家之长，充分调动电视的多种表现形式，才能为观众喜闻乐见。

3. 庭审节目不能就事论事地评述案件，而应强调与案件相关的背景，增大信息含量。

近来，一些电视台的庭审节目不约而同地采用夹叙夹议的报道方式，即在休庭间隙和宣判之后，找来法律专家就案件的性质、判决的依据进行评述，解释或回答诸如控辩双方谁更占理、证据能否被合议庭认可、判决适用哪些法律条款之类的问题。其特点是法言法语、就事论事。其实，作为观众，他（她）最希望了解的未必是这些带有电视编辑强烈主观色彩的东西。有些判断与结论，观众自己通过收看节目也能得出来，无须专门解释。由此看来，庭审节目这种电视深度报道形式，应当提供给观众的是与案件密切相关的背景资料，包括犯罪的起因、违法的后果、案件的共性与特殊性、法院以往对此类案件的处理情况、判决所依据法律的适用范围等等。掌握了这些背景资料，观众就可以更深入地了解案情，更准确地理解判决，而借助这些背景资料，庭审节目就能增大信息量，使内容更加丰富多彩。

4. 庭审节目不要忽视电视特技包装手段的作用，而应在保证真实性的同时提高节目的可视性。

如前所述，庭审节目是把一个正在发生或刚刚发生过的案件审理过程呈现给观众，它的生命力来源于真实性。然而，过于强调“原汁原味”，可能会使轰动一时的案件因繁琐的程序、枯燥的陈述、重复的调查变得沉闷乏味。真实性的获得如果以牺牲可视性为代价，是得不偿失的。借助先进的电视特技包装手段，庭审节目照样可以做得好看。例如，通过对镜头的处理、声效的取舍、文字图表的运用、解说词恰如其分的交代与烘托，可以使庭审节目显得人物更突出、情节更生动、主题更鲜明。反之，不讲究画面与同期声的叙事功能，忽视了字幕与旁白的揭示作用，庭审节目的播出效果就会大打折扣。这里所说的电视特技包装手段，还应包括三维动画、非线性编辑等先进技术手段的巧妙利用，无论是国外电视台还是国内电视同行在这方面都已有成功的尝试。

庭审节目作为电视法制节目中的一种新样式，有其自身的特性和制作的规律，它报道的是法庭审理活动，运用的是多种电视表现手段。庭审节目既要做到真实，又要做到好看，惟有如此，才能达到吸引观众和普及法律知识的目的。

（黄海星）

（摘自《中国广播电视学刊》1998年第12期）

我看青年节目

一、青年节目的特点

在中央电视台的对象型节目中，60年代出现过《红卫兵》，70年代末到80年代末创办过《中学生》，其间几次努力要开办青年节目，都未成功。1990年2月《青年节目》终于和观众见面，1991年12月28日又改为《12演播室》，至今已有六七个年头了。

青年节目属于对象型、综合型、栏目化的专题节目。青年节目的根本出发点是服务于青年观众，以传播文化、文明为基本内容，形式丰富多彩、灵活多变。

青年节目的收视对象应是18岁到35岁的青年人。但青年人的兴奋点、关注点因年龄不同会有很大的差别。如：18岁到20岁的人普遍关注升学求学；20岁到25岁普遍关注择业择偶；25岁到30岁普遍关注立业成家；30岁到35岁普遍关注修身治家。但青年关注的基本点就是关心自己、关注社会。

由生理与心理决定，青年人具有流动性和开放性。所以，青年节目的形式、结构和节奏必须适应青年人的特点，采取动态表现、短小快活的节目形式。

《12演播室》正是由于节目选题和表现都最适合青年观众的要求，才广受欢迎。如专题片《青春追踪》，展示了1992年春天中国各阶层青年的生活和心态。《漫谈MTV》第一次把音乐电视展现给青年观众，甚至引导了电视的时尚潮流。《说长道短》，让青年人品味社会流行语，分析文化衫，青年人有了畅所欲言的阵地。《上帝的风采》，青年观众登上舞台，体验着编导、演员和主持人的感觉，全方位地参与电视制作，使他们消除了对电视的神秘感并更多了几分对《12演播室》的亲切感等等。《12演播室》真正起到“青年之友”的作用。

二、青年节目的主要形式

继中央电视台《12演播室》之后，地方台也相继开办了青年节目。总体来看，青年节目主要有以下三种形式：

1. 板块式：即若干小栏目构成板块节目，主持人表述式串联。其优势是节奏快，节目精，具有一定灵活性。缺点是，青年无法参与，只能被动收看。

2. 侃谈式：演播室内有关人士侃侃而谈，主持人穿针引线。其优势是给青年观众提供了参与机会，能激发其收视热情甚至参与热情。其不足是形式比较单调。

3. 竞赛式：就一个主题，现场比试，主持人即兴驾驭。其优点是给青年观众更充分的参与机会和表现机会，热闹、活泼。缺点是很难表达深刻的理念和思想。

三、青年节目的选题内容

青年节目的基本出发点是：为青年关注、为青年服务。既选择青年观众普遍关心、渴望了解的内容；为青年朋友排忧解难、解决问题。因而应力求做到内容新颖、视角独特、思想深刻。

1994年底，我们到南沙群岛采访，制作了《南沙太阳花》，第一次把南沙官兵艰苦刚毅的守礁生活报道给青年朋友。节目播出后，立刻引起强烈反响，青年朋友纷纷写信向最可爱的人表示敬意，这个选题以新取胜。1995年春天我们又到重庆拍摄电影学院招生，原本是要向青年朋友简单介绍如何报考电影学院表演系。后来一个从云南山村赶来报考的农家子弟，渴求成功的目光吸引了我，我又同时套拍了一部25分钟的纪录片《云来雾去》，这个节目之所以吸引观众，是因为视角独特。再如1995年春，我们拍摄了10分钟的节目《京城又见迪斯科》，在青年人都熟悉的内容中我们进行了独特的分析，着重表明了此番迪斯科再度在青年人中兴起与十多年前有何不同，有什么文化背景，青年人为什么又选择了迪斯科，要注意什么问题。我们甚至还请调查公司和《北京青年报》联合进行问卷调查，公布出相关数字做例证，视角独特且形式新颖。

四、青年节目的形式设计

作为电视节目，形式的选择往往先于选题的形成甚至比内容更为重要。

选择节目（栏目）形式（版式），参考因素来自于主观和客观两个方面。客观方面要参考节目传播特性、服务对象、节目时长、播出时段、播出频次。比如《东方时空》每天播出，每天还有重播，因此，采用杂志式、板块化是最合适的。其内容选择也应偏重新闻性、报道类。《12演播室》的服务对象是青年，每周播出一次，因此板块式并不是最佳选择，只有突出每期的整体效果才能在众多栏目中给观众留下印象。青年节目最好能采取动态串联形式，即尽可能让主持人移动，让镜头运动，从而克服呆板。主持人语言节奏和编辑节奏也宜快一些，以适应青年的心理节奏。

五、青年节目的主持人

对象型节目主持人首先要对节目对象有浓厚的兴趣，青年节目的主持人最好也是青年。而且要关注青年、研究青年，善于从青年人的生活表现中发现问题、分析问题。形象求端正而不求华丽，服饰求整齐而不求奇异，语言求平实而不求哆媚。

主持人是编辑思想的体现者，是节目的灵魂，其工作虽然体现于节目的串联和完成，但这些仅仅是主持人工作的一小部分，大量工作是日常甚至是随时的准备。就是要置身青年之中，保持年轻心态，感知青年思潮，不但关注周围青年，更要密切关注青年报刊，以及日常生活中与青年相关的方方面面。磨刀不误砍柴工，点滴积累也许会帮助我们取得更大的成绩。

（张泽群）

（摘自《电视研究》1998年第4期）

少儿节目：电视化与儿童化

在电视日益普及的今天，比起十几年前儿童节目诞生之初来，儿童对电视的依赖，电视对儿童的影响越来越大已经成为不争的事实。在这样的背景下来分析和研究少儿节目本身的特性，使少儿节目适应儿童观众日益增强的需要是很有意义的。

一、电视化

电视少儿节目是在电视上播放，通过电视进行传播的，因此它首先要符合电视传媒的特点。

任何一种媒介形式都有其自身的独特媒材，这也是它区别于其他媒介形式的本质特征。电视是科学技术的产物，它是以光波、声波诉诸人的视觉听觉的媒介形式。正是视听结合的语言带来了电视时空无限自由的特点，也只有在视听语言的媒介中，我们才能在短短数秒和两个镜头衔接中感受上下数千年的时间变化和纵横几万里的空间变化。时空的无限自由性带来了电视视听语言的巨大魅力。

电视时空无限自由的特点，打破了舞台封闭性的时空观念，带来了开放的时空观念。而早期的电视少儿节目以儿童的歌舞表演为主，摄像机实际上只充当了一个舞台表演的忠实记录者，呈现在电视上的只是一次舞台或剧场中的表演，电视无限自由的时空被局限、封闭在舞台之中，这是对电视本体特性认识不够带来的。时代发展到今天，屏幕上的少儿节目以融歌舞、游戏、专题、电视短剧、动画片、动画观联节目于一体的形式出现，少儿节目也逐渐走出演播室封闭的空间，带领孩子们进入更广泛的空间，这正是电视开放时空观念下的产物。

电视不同于报纸、书籍等其他传媒的又一特性是它的直观性、具象性。这一方面是电视的优势，另一方面又是电视的劣势。前者是因为它有具体可看的画面和具体可闻的声音，所传达的信息具有直接、准确、形象、生动的特点；后者是因为它的具体性正好剥夺了小观众想象、思考、概括、抽象的能力。因此，如何针对电视的特性来扬长避短是一个值得深思的问题。少儿节目应该用可视性、可听性强的节目吸引住小观众的注意力，把抽象、概括的理念灌注其中，引导小观众积极地思考问题。现在已经做了一些有益的尝试，比如中央电视台的《聪明屋》节目，主要播出一些小观众最喜欢的动画片，每个动画片又配有与之相关的知识性游戏节目，这样，小观众在欣赏动画片的同时又能思考动画片中的问题，了解与动画片有关的背景文化知识。今后的少儿节目应在增强节目本身的可视性同给孩子更多的想象空间之间找到一种平衡。

现场性、共时性是电视优于其他传媒的特性。也就是说电视能在事件发生发展的同时传播正在进行的过程。这就是为什么能出现全球共享奥运盛会，共看世界杯足球赛的原因。直播的魅力是无穷的，它能使事件的进行与观众的观看达到“共时”，观众有一种与事件同步的身临其境之感。

由这种身临其境之感带来的是电视节目强烈的参与性。有人曾说，“电影是两个人在说话，第三者即观众在偷听；而电视则是有第三者在场的两个人的谈话”。这形象地说明了电视的参与性。实践证明，凡是参与性强的节目都是小观众偏爱的节目。比如中央电视台《大风车》栏目推出的《小信鸽全国儿童文学作品电视大赛》。这个节目是将全国各地小学生的作文经过评选，将其中的优秀篇章以电视短剧、散文TV、小品、相声、歌舞的形式搬上电视屏幕。孩子们的参与程度已经不止停留在当当现场观众的层次上。每一个作品都是由小观众自己创作的，节目表演也以孩子们自己表演为主。孩子们看到通过自己的劳动而呈现在屏幕上的电视节目是何等的兴奋！

我们可以通过以上实例来分析电视少儿节目中参与性的几个层次。首先是编导、创作者的参与。在少儿节目中，编导、创作者的参与应该是藏而不露的，他们的参与是为孩子们设计、提供一个表达自己的场所，他们的意图是通过孩子来实现的。也就是说，一群经过深思熟虑的“大人”躲在“小信鸽”的身后，他们的目的只有一个，让孩子们把喜怒哀乐写下来，把心理话掏出来交给“小信鸽”，让“小信鸽”忠实地传递孩子们的心声。“小信鸽”即是编导、创作者为孩子们提供的一片不加成人过滤的净水。其次是节目运作中孩子也即观众的参与。节目的创作来源是孩子。孩子们拿起笔直接参与节目的创作过程，这是以往的任何节目都没有的。在节目制作过程中小观众还参与了表演等过程。在整个节目的过程中小观众实现了表达自己的思想、情感、意愿以及展现自己才干的愿望。他们已经变被动接受者为主动参与者。第三个层次是参与影响节目的制作走向。从观众的角度来说，现在还多是一种松散、随意性的参与，如用写信等方式来表达好恶、批评、建议等。因此，节目的创作者应该有意识地对观众进行科学、系统的调查，通过观众对节目的反馈意见来调整、确定节目的创作走向。与反馈相对的是前馈的概念。前馈是指“事先通过调查研究等方式了解传播对象的需要，以改进传播节目的制作，增强传播效果”（施拉姆《传播学概论》新华出版社，1984年版，第4页）。通过前馈来让观众积极参与到节目的创作走向中来往往能事半功倍，做到有的放矢。国外的很多节目已经这么做了，比如大家熟知的美国儿童节目《芝麻街》，在制作前就请专家做了一次深入的调查研究，了解小观众们的需要，在通过反馈，前馈信息来调整、改进、确立节目的制作走向方面，我国的少儿电视节目还是比较薄弱的，至今尚未形成一套科学、有效、长期固定的参与形式。这是需要进一步努力的。

除了上述几点，电视化还应体现在节目制作的手段和技巧上，即如何灵活运用视听语言上。比如“小信鸽”节目中的《窗口》是一个小学生写的作文，叙述孩子们如何反感班主任在教室窗口“监视”、“窥探”他们上课的情形。它主要是一种心理情绪，内心活动的东西，要把它变成电视作品就需要用视听手段来将它电视化。在这个作品中，编导者采用空镜头拍摄手法，通过一堂课上大小不同、远近配置的声音，通过教室里课桌、椅的运动，通过摄像机的运动来模拟了同学、老师的视角，呈现了一种情绪氛围，虽然没有一个演员，但声音与镜头语言完全传达了故事，这个创意十分有想象力，是完全电视化的手法。

随着科学技术的进步，各种电视特技手段的运用越来越频繁。电视节目中特技手段的运用要求精勿滥，要根据节目的性质、内容来确定。相比之下，儿童节目是较适合运用特技手段的。各种特技手段产生的奇异的视觉效果符合儿童好奇心强、想象力丰富的特点，能满足他们的欣赏需求。比如“小信鸽”中的《种鸡蛋》就是通过卡通景物与真人抠像结合的方法表现儿童的趣事，有一种新鲜、奇异的感觉。各种新奇的东西恰好是儿童爱看的，因此，儿童节目中特技的比例可以适当增加。

二、儿童化

儿童化指电视少儿节目应该真实地反映儿童的心理、生活，符合儿童的欣赏要求。

关于儿童节目的定位我们应该思考这样一个问题：儿童节目是成人让儿童看的，还是儿童需要看的？

长期以来，我们的儿童节目过分强调了成人的教化、指导作用，“寓教于乐”，“教”有余而“乐”不足。我们的成人总是喋喋不休地高高在上地告诉孩子们应当如何如何，成人把自己想象中的儿童生活当成真正的儿童生活去表现，以至于孩子们个个老气横秋，长的是小孩相，说的却是大人话。这主要是因为我们没有承认孩子有独立的人格和思维，没有真正平等地来对待孩子。施拉姆在《我国儿童生活中的电视》一书中首先使用了“儿童是电视的使用者”这一概念，他把儿童从一个信息的被动接受者提升为主动寻求者。这实际上是承认了儿童作为个体生命的存在，承认了儿童特有的情感、思维、生活。因此，我们的少儿节目应该定位于儿童需要看的节目。

要想知道儿童需要什么样的节目就要研究儿童的心理、生理特征。儿童一般都具有好奇心强、好模仿、喜欢轻松愉快的特点。儿童看电视一般都是为了轻松和娱乐，即使是为了满足好奇心而获取知识，也不能等同于课堂学习的一种延伸。因此，孩子们喜欢充满神奇性、趣味性、幽默性、富于想象力的节目。

在感性发展上，孩子们易于信任电视，把电视作为权威，“电视上是这样说的”，孩子们经常以此同父母辩白就是证明。孩子们经常与电视节目中的角色建立一种强烈的感情，对它吐露心声。因此，少儿节目一定要真实，要真实地展示节目中人物的思想、感情、性格，要尊重孩子们对电视的信赖，不应欺骗孩子们的感情。

在激发创造力方面，专家认为未知的和不寻常的图像，它们本身并不能激起小观众创造性的联想。因此，必须通过儿童已经熟悉与了解的东西，并以此为基础，建立与其他事物的联系，把想象的事物与熟悉的事物连接起来。这一点，我们在制作儿童电视节目时一定要特别注意。

儿童在不同的时期，心理、生理特征是完全不同的，因此，这方面的研究，一是要分阶段进行，二是要放在不同的时代背景下来研究。也就是说，儿童节目的编导者还应是儿童心理专家。

儿童节目不仅要符合儿童的生理、心理特征，还要真实地反映儿童的心态。编导们要多一些童真和孩子气，哪怕是孩子式的幼稚也比成人式的成熟来得可爱。编导们要以儿童的眼光来看世界，这其实是很难做到的，因为有些东西是只能来自孩子自身的，所以，最好的办法是调动孩子们自己来参与节目的创作。

儿童是人类生命的一个时间概念，它代表着不同的历史时期的同一人群，这一人群在不同时期都会对客观现实产生反应。“小信鸽”节目是成功调动孩子参与的非常儿童化的节目。在这个节目中，每篇作品都是活生生的剧本，是成人作家深入生活也体会不到、写不出来的。比如一篇题为《希望明天还停电》的作品，叙述了一个孩子在停电后突然感受到的家庭温馨与交流。母亲不再看电视，父亲也不再爬格子，自己也不用写作业，一家人围坐在烛光里，谈笑风生，其乐融融。电来了，一下又恢复原状，父母迅速离去，自己只好面对课本。于是他发出了“希望明天还停电”的呼声。它反映了孩子希望得到父母之爱，希望与人交流的孤独感。这种感觉完全是儿童化的，充满孩子气和个性化的，再好的成人作家恐怕也编不出这种细节来。它是充满童趣和真实的儿童心态，它是只属于孩子的。因此，与其徒劳、拙劣地去体验生活，还不如给孩子提供舞台，让他们自己去表达，去发挥来得真实。

从以上论述可以看出，电视儿童节目的儿童化要求成人编导以平等的心态对待儿童，要求他们认真研究儿童心理、生理问题，其良策之一是调动孩子们来参与。正像《大风车》的转动要靠风——要靠孩子们鼓起腮帮子去吹动。

实践证明，孩子们参与程度越深的节目，越是儿童化的节目，也就越受到小观众的偏爱。

（罗闪　刘怡）

（摘自《现代传播》1998年第3期）

加强电视理论研究，促进电视事业发展

1997年10月，中央电视台研究室给各省及直辖市电视台发了一份《全国省级电视台理论研究工作开展状况调查问卷》。全国31家省级和直辖市电视台均按要求填答了问卷。根据《调查问卷》提供的数据看，在全国包括中央电视台在内的32个电视台中，已经有15个电视台成立了电视理论研究机构，占全省、直辖市以上电视台的46.9%；专门从事电视理论研究工作的人员共有186名，其中，具有副高以上专业职称者105名；各台共组织召开台内学术会议132次，省市范围内学术会议40次，全国性学术会议53次，国际性学术会议8次；在各台内的出版物上发表各类论文585篇，在省级以上出版物上发表各类论文956篇，在国际学术会议或报刊上发表论文18篇；出版理论专著57部（公开出版发行的34部，

内部发行的23部)，其中获奖的论文和专著共164部(篇)；各台共办公开发行的刊物17种，内部发行的刊物32种，每期总发行量达9.31万份。

这些数据有力地说明了1997年全国电视理论研究工作取得了可喜的成绩。各台领导同志对电视理论研究工作越来越重视，多数台都把电视理论研究工作摆在了重要位置。1996年办有理论刊物的电视台不足10家，1997年已有21家电视台有了自己的理论阵地。从研究人员的构成上看，文化素质普遍提高，在186位电视理论研究人员中，大学本科毕业的59人，研究生毕业的28人，共占总人数的46.8%；有155人具有中级以上专业技术职称，占总人数的83%多，初步形成了一支力量较强的电视理论研究队伍。从调查中还反映出，很多同志对目前的理论研究状况是比较满意的，有84.4%的台认为，开展电视理论研究工作对本台节目质量的提高“作用很大”和“比较大”，没有一个台认为没有作用；有76.5%的台认为，开展理论研究工作的状况比以前“明显改善”和“有所改善”。

同兄弟电视台一样，中央电视台的理论研究工作1997年也取得了长足进步。各部门在台内共主办电视学术会议51次，参加人数3745人次；派出参加各种电视学术会议7次，参加人数135人次；发表各类电视论文77篇，共约38.3万字；出版有关电视方面的学术专著26部，共1000多万字。

近年来，电视理论研究越来越受到人们的关注。现在除了电视界，有些高等院校和社会科学研究部门，也都把研究的目光投向电视领域，相继成立了研究机构并著书立说。形势固然可喜，但是我们也清醒地看到，目前在对电视理论的认识和研究中也存在不少问题。这些问题无疑会影响到电视理论工作的深入展开。为此，我想就如何加强电视理论研究工作提出几点意见。

一、要提高对电视理论的认识，加强对电视理论研究工作的领导

理论就是对事物系统化的理性认识，是对客观事物的本质与规律性的正确反映。电视理论就是对电视带有规律性的认识，也可以说是对电视实践经验的总结、提高、升华。电视理论并不神秘。因此，每位电视工作者都可以学习理论、研究理论，乃至在实践中应用、创造和丰富理论。

电视理论是我们搞好电视工作的有力武器，是指导电视实践不可缺少的指南。这个作用首先体现在舆论引导上。只有重视电视理论，认识了电视在社会生活中的功能并掌握电视的基本规律，才能正确把握舆论导向。理论问题不解决，思想不明确，在盲目的情况下实践，就有可能出现各种偏差，走许多弯路。因此，每个电视工作者都应该重视学习和研究电视理论，提高理论修养。其次，理论的作用也体现在直接为宣传服务上，体现在节目制作的各个环节。电视是最具现代化特点的传播媒体，从采访、制作直到播出，技术复杂，程序繁多，要办好电视一刻也离不开理论的指导。

本次“问卷调查”结果显示，各地有越来越多的电视台领导，比过去更加重视电视理论研究工作。有更多的台建立了相应的研究机构，适当增加了人员和经费，不断加强对理论研究工作的领导。作为具体从事理论研究工作的同志，更有责任、有义务协助领导把电视理论工作抓好，努力提高大家学习和研究理论的兴趣与自觉性，并为他们提供良好的学习和研究条件，创造一个良好的学习环境和氛围。

二、要加强电视理论研究工作的规划，把握电视理论研究的方向

近些年，特别是进入90年代以来，我国电视事业发展得非常快。就拿中央电视台来说，现在已经有八套节目，近300个栏目，每天累计播出时间达到160多个小时，电视的人口覆盖率在全国已达到了86.2%（1996年统计数字），在世界上也有一定数量的收视群。各省市电视台的发展也都很快。这样大的事业必须要从理论上有一个宏观的把握，有一个统一的指导思想，并在具体操作上对其做好科学规划。这就要求我们要高举邓小平理论的伟大旗帜，认真学习邓小平理论的基本立场、观点和方法，坚持正确的研究方向，做好研究规划，根据各台的实际，实事求是地进行安排。电视理论研究工作，要坚持正确的政治方向，要抵制西方电视理论的负面影响，要走具有中国特色社会主义电视理论研究之路。

三、要改进电视理论研究的方法，提倡用电视手段研究电视

电视理论研究必须密切联系实际，贴近电视，使研究工作更好地为电视事业的发展服务。1. 首先要与电视节目创作实践紧密结合。1997年中央电视台创办的“精品赏析”活动，就是电视理论研究与节目创作实践结合的成功尝试，收到了很好的效果。这一做法主要是，选取国内外优秀的影视作品，聘请社会上著名的专家、学者与台内的编导和有关创作人员一起看片，一边欣赏一边点评——指出它好，好在哪里；不好，问题又是什么。实事求是，客观公正。这

样做的好处是，可以帮助电视从业人员直接从优秀作品中学到一些新的东西，得到有益的启发，从而充实和提高自己，从学习精品到能够制作精品。“精品赏析”活动从电视节目创作实践中来，最后又能指导今后的创作。“精品赏析”活动可以把创作者、评论者、观众聚合在一起，面对面地讨论节目创作中的问题，改变了过去的背靠背、各自单干的工作方式——创作者可直接听到评论家、观众对自己节目的评价；评论家也能听到创作者对自己评论的意见，使电视理论研究工作更好地为电视宣传工作服务，同时也能促进电视理论研究工作的深入与提高。2. 电视理论研究工作还要与事业的发展和管理相结合。对电视事业管理工作的研究，一直是电视理论研究的薄弱环节。其实，在这方面有很多工作需要去做。比如管理体制、机构设置、事业建设、人才培养，等等。3. 电视理论研究工作同时也要与领导的宏观规划和决策工作相结合，为领导宏观规划和决策提供依据。这些研究一方面与节目的发展提高是一致的；另一方面也关系到电视发展的百年大计，因此是不容忽视的。

电视是一种声像结合的现代化的大众传播媒体。它具有生动、形象、逼真的特点。面对这样一种特殊的媒体，只靠过去从节目到文字出版物的传统研究方法是不够的，应提倡用现代化的电视手段来研究电视，只有采用这种生动、形象、综合的手段研究电视，才能比较准确地表达、剖析和揭示电视节目的内在规律，使电视理论研究更加生动活泼，效果也更为明显。

四、要加强电视理论研究方面的学术交流，共同促进电视理论研究工作的繁荣

电视事业是综合的事业，庞大的事业，电视研究也不能只靠少数人，更不能关起门来搞。要贯彻“百花齐放，百家争鸣”的方针。采用不同形式对电视的具体规律开展争鸣，经过认真严肃、实事求是的探讨，最后形成一致或比较一致的认识；即使有些地方形不成共识也没关系，对学术问题的看法允许保留，求同存异。在人力上可以采取合作的方法，不仅应该在系统内联手行动，形成合力，而且需要尽量调动社会的力量。一般来说，大专院校、科研机构人力资源都比较丰富，学术造诣也相对较高，对基础理论研究具有相当的优势；电视台的同志则实践经验较多，二者结合起来正好取长补短，相得益彰。有些重大的研究项目，也不妨请社会上理论造诣较高的专家学者做客座研究员来协助完成。电视理论的学术交流还包括与国外同行的交流。过去，我们接待国外来访者多，听他们讲课的多，受他们的理论影响也多。而我们主动地去国外讲学的少。为了扩大我国电视理论界的影响，我认为应当挑选我国电视队伍中具有丰富的实践经验，又具有一定理论水平的同志主动去境外讲学，宣讲我们的电视理论研究成果，加强相互了解。这无疑对促进我国电视理论工作的开展是有益处的。

五、关于电视理论研究人才的培养问题

在这次“问卷调查”中，各台同志都反映，开展理论研究工作主要的困难就是人才缺乏。我想，这一困难可能来自两个方面：一是缺少编制；二是虽然有人但又不一定合用。这个问题解决起来确实有相当的难度。如果不能从外面调进或者招聘，主要还是要靠在内部挖潜，就是从现有的具备一定条件的人员中培养，鼓励他们勇挑重担，充分调动其积极性。不少年轻人喜欢搞节目，他们有一定的创作实践经验，但不喜欢搞研究，或没时间坐下来研究理论。这些同志可以临时借调到研究室，承担与其制作节目相关的课题研究任务，完成后仍回原部门。这样既能充分利用人才，又能培养锻炼人才。

国家的繁荣富强和电视事业的进步，给电视理论研究提供了良好的机遇和严峻的挑战。但理论研究工作不是一朝一夕就能有成就的，我们必须抓住这个机遇，奋发图强，努力发展自己，一方面因地制宜、脚踏实地地从事研究工作，当好领导的参谋，更好地为电视宣传服务；另一方面要注意积累研究成果，不断吸纳世界发达国家的电视研究成果，使我国的电视理论研究向着更深层次、更广阔的领域拓展，积极地为建设和发展具有中国特色社会主义的电视理论而努力。

（王录）

（摘自《电视研究》1998年第1期）

对电视批评的批评

电视传媒，肩负着宣传、教育、引导、娱乐之功能，是应当有客观好坏、是非标准的，什么是真善美，什么是假恶丑，总得有人来评价与引导，也总得有个章法可循 。我们把依据一定尺度评估电视节目，分析成败原因，提供改进方案的过程称做电视批评。遗憾的是，我们在这方面的工作实在是薄弱，电视批评远远落后于实践。究其原因，无非有二：一是人们

对批评有成见；二是时下人们多数存在急功近利之心态。

人们对“批评”有成见，一提起批评就立刻联想到“棍子”、“限制”，以至“吹毛求疵”等。一句话，批评代表否定。这种认识是片面的、错误的。其实，批评是一个辩证的统一体，它包括积极与消极、肯定和否定两个方面。从理论上来讲，没有一个节目是百分之百准确成功或百分之百失误的，这就为电视批评提供了一个广阔的空间。

古希腊语批评 Krinein 一词含有理解和判断两个意义，一位西方理论家这样定义艺术批评——出于提高艺术的质量和激发观众兴趣的目的，对某一艺术作品的优缺点作出审慎的评判。

急功近利反映出时下的一种社会心态，这种心态也波及到文艺批评的领域，其突出表现就是“浮躁”。比如，一些美术批评家光忙着出席画展开幕式，音乐批评家只顾着迎来送往一批批洋音乐人，电影批评家不断地对好莱坞大片感慨抒情，而文学批评家或者干脆销声匿迹，或者变相做推销员，过去的文人相轻变成了现在的文人互捧。而电视批评家呢？要么写些人物专访，大书特书电视创作的奇、巧、难、苦，要么邀入饭店、酒店大侃节目策划、节目定位，于是出现了老节目新包装、新节目老调子。

看来在目前的中国电视批评界不是因为过多“否定”让人心寒，而是起着哄地“肯定”让人心寒。盲目肯定必然导致盲目乐观，盲目乐观反过来又会盲目肯定；这下可苦了观众，他们的欣赏水平提不高，电视节目就难出精品。电视制作的发展应该也必须与观众的欣赏趣味同向，且同步提高，而绝非相反。也就是说，是广大的电视观众从我们制作的节目中受益、受教育，而不是我们电视制作者在节目制作过程中以杜撰取代创作，以煽情作为媚俗手段。我们不能一方面大谈服务观众、奉献社会，一方面则聚集主创“精英”坐在房间里自吹、自擂。

实际上，开展电视批评，或者说研究电视理论大有可为。之所以在此大声疾呼开展电视批评，是由它的必要性，或者说是电视批评具有如下功能所决定的。

1. 电视批评应当是观众的收视向导

在电视播出时间如此之长、节目量如此之多的今天，电视批评者应当明确、公正地告诉观众哪些节目好看，哪些节目不好看，不好看的原因又是什么。观众太需要一位这样的向导了。

2. 电视批评在创作者和观众之间架起沟通的桥梁

电视艺术的综合性与庞杂性是其他艺术门类无法比拟的。一方面观众要了解电视创作者所面临的各种困难和局限性，另一方面电视工作者也需要及时、准确地把握观众需求，有针对性地为观众服务。电视批评为这种双向交流提供了可能性。

3. 电视批评推荐新的创作趋向

这是具有创造性电视批评的核心问题。实际上艺术批评的过程是扬弃的过程，在肯定、否定或否定之否定之后，艺术批评留给人的是广阔的多指向的创作空间。实际上一些节目的策划者或撰稿人也应该从优秀的评论文章里得到创作灵感。

4. 电视批评做观众的代言人

如果电视批评者真能做到客观、准确地指出某一节目存在的问题，那么好处至少有两点：一是在广大观众中建立良好形象，成为值得他们信任的人；二是在电视传播圈内为同行们提供改正机会。

现在看一些电视批评文章，总有隔靴搔痒、不知所云之感，似乎电视批评只能就事论事，就节目谈节目，成了心得体会，散文杂感了。笔者认为，对电视批评除了要端正认识外，还应该采取科学而实用的电视批评方式，至少我们应当注意如下问题：

（1）电视批评应参照电视传播的结构特点来进行

电视传播是由发送者、信息、媒体、接收者等环节构成的，电视批评可针对四个环节中的任何一个展开：

批评

发送者→信息→媒体→接收者

这样可以有的放矢，论点集中，避免胡子眉毛一把抓，更有利于专题研究的深入。

（2）电视批评应采取科学的方法

这里所说的科学方法就是理论研究要建立在事实基础上，而最好的事实是准确的数据，具有说服力的数据。

现代统计学不但使获取这些数据成为可能，而且从观念上也使人们认识到获取它们是十分必要的。在这里，数字的准确包括两个含义：一是其本身的准确无误；另一个是用此数字说明此问题，或用彼数字说明彼问题的逻辑的准确无误。就拿“收视率”来讲，其一是我们最熟悉并认同的计算方法。

$$收视率=\frac{收看某节目的人数}{被调查的所有人数}$$

用这个计算方法得出的收视率告诉我们最基本、最宏观的收视状况。另一种计算方法我们姑且称它为收视率份额：

$$收视率份额=\frac{收看某节目的人数}{被调查的使用该媒体的人数}$$

上面两个公式中的分子相同，分母不同，后者更注重考查节目在同行业中的竞争力，两个数字所说明问题的侧重点是不同的。质量科学有句名言：不准确的数据不如没有数据。诚哉斯言！在我们的工作中确有不少模糊的概念、混乱的用语，亟待科学化、规范化。

(3) 电视批评也要走向市场

如果说电视业要遵循市场规律，为人民提供精神食粮的话，那么电视批评当然也要和市场挂钩。这种挂钩不应再是那种电视批评者“散兵游勇”式地出现在某个节目研讨会或是策划会上，而应当是体系与体系之间的挂钩，科研与生产之间的挂钩，理论与实践的挂钩。

一方面电视批评界要为电视创作者、决策者以至广告客户提供准确、理智和科学的取向依据，另一方面电视发展所带来的物质利益也应当有所投入到电视研究上来，投入到科研上来。这是一个关系到长期发展的战略问题，应当引起有关人士的重视。

我国电视事业方兴未艾，电视事业良性循环的关键在于电视批评的发展。电视批评领域果真能出现百花齐放、百家争鸣的局面，受益者绝不仅仅是某个电视机构，而是中国的数亿电视观众。

(徐荃乐)

(摘自《电视研究》1998年第1期)

现场声在纪录片创作中的地位和作用

笔者作为一位三十多年潜心钻研画面和解说的记者，现在来做现场声的作用和地位的文章，实是教训深刻所致。

1997年7月，为纪念建军70周年摄制的大型电视纪录片《背负民族的希望》播出后，受到观众和专家的广泛好评，并获得1997年度中国广播电视新闻奖特别奖。专家们认为，《背负民族的希望》采取主题结构式创作方法，“形式新颖，内容丰富，寓理言情，手法独特，有很强的思想性和可视性，是一部宣传我军光荣历史，弘扬我军革命精神，充分展示各个时期，特别是新时期我军军威和风貌的优秀电视专题节目……”

观众也给予了高度赞誉。

安徽观众余涓在来信中说：“《背负民族的希望》拍得好！好久没有这样投入地、主动地收看电视节目了，每晚两个小时，不敢挪位……不止一次地看着看着，泪流满面。”

特别是大连101中学刘声宏老师给杨伟光台长的信，更让人思绪万千。他在信中说：“看了贵台播出的《背负民族的希望》深受感动。边防战士对每一寸国土的执著的爱，深深感染了我。在观看的过程中，我眼含热泪，尤其在听到边防战士的胃里全是草时，禁不住眼泪夺眶而出……”

分析观众来信，赞扬最多的是有现场声的段落。而这些起决定性作用的现场声恰恰是记者不大注意采录或不大注意保存的。

《背负民族的希望》讲的是我军70年的光辉历程。我军70年来作战、训练等重大活动的影视资料，自然是节目不可缺少的重要内容。笔者本人作为这支军队中的一员，度过了39个春秋，其中26年是做新闻工作。特别是近20年，全军的许多重大活动，笔者都是电视报道的主要组织者之一。例如，1981年我军在华北地区举行大规模演习，笔者是电视报道的现场总指挥。反映这次演习的电视纪录片《光荣啊，人民解放军》以及电视新闻，在全国电视节目评选中均获特等奖。当时，包括笔者在内的所有工作人员都为此沾沾自喜，总认为这些片子代表了中央电视台的水平。在制作《背负民族的希望》翻阅资料时，又重新看了一下《光荣啊，人民解放军》。从画面上看，当时用抓拍、抢拍的方法拍摄的镜头依然称得上是精品。从它的取景构图、光线运用、镜头的推拉摇移等，可以看出记者的摄影功夫很过硬。但是，它的声音，尤其是现场同期声却显得很单薄。邓小平在华北地区大演习时，第一次以中央军委主席的身份观看演习、检阅部队，并发表重要讲话。可是在我们的节目中基本上没有用现场同期声，整个节目只用了邓小平这样一句话：“演习部队全体指战员同志们，你们胜利完成了这次演习任务，我代表党中央、国务院、中央军委向同志们表示祝贺！”而讲话的实质内容全部用播音员解说代替。结果，声画结合的现代化的综合艺术，变成了解说加画面的单调作品。

为寻找邓小平这次讲话的录音，我问遍了当时组织演习的有关部门，都说没有保留录音，只有文字稿。

重看《光荣啊，人民解放军》，回顾当年邓小平和中央其他领导同志谈笑风生的亲切场面，以及部队官兵那种执著的练兵精神，真有点无地自容的感觉。如果我们的节目记录的不仅是他们的形象，而且也有广大官兵和领导人在演习场上丰富多彩的声音，包括口令、军号、动员、宣誓、领导人之间的交谈以及演习结束后那种难以掩饰的谈笑声等，哪怕只有一句具有时代特点的言语，其作用也要比后来写的解说词生动得多。因为，撰稿人就是笔下生花，也很难真实地反映出现场的氛围。

由此我想起八一电影制片厂拍摄的炮击金门的纪录片《送瘟神》。1959 年美国总统艾森豪威尔“访问”台湾时，我军奉命对大小金门进行炮击，以抗议美国干涉我国内政。片子中有两个细节令人难忘：当战士装填炮弹后，指挥员下达的口令是：“为‘欢迎’艾森豪威尔，开炮!”接着，万炮齐发，射向金门；当艾森豪威尔离开台湾时，我军奉命进行“欢送”，再次炮击，下达的口令是：“为送瘟神，开炮!”现在的年轻人看了这样的内容似乎不可理解，但这样的口令真实地反映了那个时代的特点和中国人民当时的心情，它是中国人民当时发自内心的怒吼！从这两句口令中也可以看出，当时炮击金门打的是政治仗。整个纪录片惟有这两句口令是点睛之笔；炮弹出膛，呼啸爆炸等镜头，虽然气势磅礴，但却降到了次要地位。

从近几年播出的影响较大的几部大型电视纪录片看，在创作上突破最大的是在现场声运用方面。这些节目大量使用了现场同期声，尤其是使用了几年前、几十年前的现场录音。例如，1949 年人民英雄纪念碑奠基时，毛泽东宣读碑文的现场录音，从大型电视纪录片《毛泽东》到《背负民族的希望》，都用了。观众对此之所以百听不厌，不仅仅因为这是巨人的声音，更重要的是，从声音中能听出或者看出中国人民胜利后的喜悦和不忘革命先烈的氛围。同样内容的节目，有的纪录片使用的是播音员的声音，这种声音尽管播得抑扬顿挫，浑厚优美，但它很难将人们带到四十多年之前的现场，其感染力与前者是无法比拟的。

《邓小平》一片播出后产生了很大的轰动效应，编导在其中最大限度地使用了邓小平讲话、谈话时的现场声，是成功的重要因素之一。特别是很多非正式谈话的声音，更让人回味无穷。例如，1978 年邓小平访问日本乘坐新干线高速列车时，记者问：“怎么样，乘新干线后您有什么想法?”邓小平回答：“我感到快,有催人跑的意思。我们现在更合适坐这样的车。”

这个细节视觉上给人的信息是一目了然的、有限的。而声音给人的信息却是无限的、发人深思的。许多人当时甚至现在并不一定完全理解它的内涵。接着一句解说：“引导中国实现伟大历史转折的高速列车终于在 1978 年底开始启动了。”这时人们才真正理解了邓小平谈“高速列车”的用意和中国为什么实行改革开放。

在《邓小平》一片中，还有邓小平、邓颖超、陈云三人在一起聊天的细节：

邓颖超：我们三个人同年。

邓小平：同一年，你们两个哪个大?

邓颖超：我比你大四个月吧?

邓小平：四个月呀，我是八月。

邓颖超：你是八月，我是二月。

邓小平：二月，那大半年呢。你呢?

陈云：我六月。

邓小平：啊？六月?

陈云：六月。

邓小平：六月，你居中，那还是她大。

这个细节，如果是一般人，意义就不大。但这是三位伟大政治家在聊天，给人的信息就不同了。观众从中既可以窥见三位政治家生活的一斑，又可以看出三位战友之间的关系。这些信息的传播，声音起了决定性作用。如果没有声音，只是看到三位伟人在聊天，使人产生不了任何联想，当然也无法感染观众。

从图像质量上看，许多类似这样的细节似乎不是高档摄像机拍摄的。因为这样的细节一般新闻节目基本上不用，专业记者一般也不去录它；就是录也很难长期保存。而业余记者看到什么都感到新鲜，只要有关部门的人员不干涉，他手中的摄像机就可转个不停。因此，许多记者认为无用的内容和细节，业余爱好者有意无意地全部记录了下来。在《邓小平》一片中，这样的场面不止一处，几乎全是从“民间”搜集来的。

现场声在纪录片中的作用和地位，已远远超出了人们对它的认识。这一点从《背负民族的希望》第六集《心系国土》中再一次得到证明。节目中许多催人泪下的细节，都是现场声起到了十分重要的作用。例如，守卫在阿拉善沙漠中的战士在巡逻休息时，记者与他们有这样一段对话：

记者：十几啦?

战士：18 岁。

记者：现在觉得苦不苦?

战士：现在苦是苦的，说不苦不是实话，苦肯定是苦的。但是能吃得现在这样的苦，今后干什么都不怕。

记者：你们谁要对家里说说呢?

战士：这地方这么苦，我每次写信，就跟他们说这地方挺好的，让他们别担心。

记者：结婚了没有?

排长：结婚了，时间不长……在家呆了 27 天就回到边防了。

记者：那你说几句吧。

排长：家里能看到吗?

记者：我想能看到的，你给讲几句吧。

排长：那我就不讲了。

记者：为什么呢?

排长：免得她看到心疼。

这段对话直扑主题，比较生活化。战士的回答没有豪言壮语，说的全是心里话。在这样的恶劣环境中，战士发自内心的话，正是观众所关心的话题。如果不是现场声音，而是记者的描述和回忆，就很难把观众带入大漠深处，亲自感受守边战士的苦与乐。

《背负民族的希望》最能催人泪下、观众来信提到最多的一个细节是烈士高明诚的妻子的报告录音。高明诚生前是西藏军区边防某团团长。在一次执行边防勘测任务时，他和勘测队被暴风雪困在山中。为了让战士安全走出困境，他把自己的干粮全部给了战士。五天后，战士被营救出来了，但身高1.8米的团长高明诚却倒下了。按照高明诚妻子的要求，医院对他的遗体进行了解剖，结果发现他的胃里全是草。高明诚的妻子在报告中说："我给他安排了一个温暖舒适的家，家里有盼望他的老母，有可爱的女儿，惟独缺少他……为了弥补西藏高原的食物单调，夏天回来，头年的年货我还给他留着；冬天回来，夏天的西红柿我都会给他保存好。但他被解剖时，胃里全是草……"

这个细节，没有报告人的图像，更不可能有高明诚团长当时被暴风雪困在山里的镜头，只有她妻子报告时的录音和高明诚团长牺牲的地方以及高明诚烈士墓。而所有的人听了烈士妻子的这段录音，都不能不为之动情。很显然，烈士妻子的录音在这中间起了决定性的作用。

纵观这几年大型电视纪录片的发展不难看出，现场声（不是指音乐）已成为决定电视纪录片成功与失败的重要因素。在纪录片中，凡是大段大段使用解说词的段落，很难将观众吸引住。因为许多观众已经感觉到，妙笔生花的解说词，往往有水分。

(韩金度)

(摘自《电视研究》1998年第12期)

同期声的魅力

同期声是指在拍摄电视画面的同时记录下来的现场声音。电视新闻的同期声主要指和画面上出现的人物同步的语言。

广播以声音以主，局限于"听话听声"；报纸以文字为主，辅以图片来加强视觉形象；只有电视能够把声音、图像和文字有机地合为一体。电视新闻如果没有同期声，也没有效果声和背景声，只采用画面加解说的方法，就会只见人物嘴巴动却听不见说话声，难以了解人物的思想，观众就会觉得不够真实。

一、重要的同期声具有权威性

没有同期声就难以加强权威性。中央电视台的新闻在1982年以前，大都是画面加解说词，人物的讲话非常少，这就意味着不能独立发布重要新闻，节目就没有权威性。1982年9月1日，从党的十二大起，中央领导明确规定，"中央电视台可以独立发布重要新闻"。从此，电视新闻节目才有了权威。随着同期声的逐步增加，中央电视台的权威性不断得到加强。近年播出的大型电视纪录片《毛泽东》和大型电视文献纪录片《邓小平》，都大量采用了众多人物的同期声，仅《毛泽东》一片就采访了267人。通过许多重要人物对历史事件的讲话、回忆，充分反映了两位伟人光辉而伟大的一生。大量使用权威人物的同期声，使节目更具有权威性。

同期声是提高权威性的重要手段。

1988年，中央电视台对"两会"期间的主要领导人的记者招待会首次实行现场直播，广大观众不仅可以听到中外记者的提问，而且可以亲眼看到国家领导人是如何回答问题的，如同身临其境，产生了强烈的现场感和参与感。观众说："过去人大开会，只能过后从《参考消息》或香港报刊得知一点，这次中央电视台直播，把'两会'的本来面目摆在观众面前，是一大突破。"近年来，中央电视台对香港回归、三峡工程大江截流等重大事件都实行现场直播，使同期声得到充分的运用，极大地提高了权威性。

二、有价值的同期声是鲜活的事实

同期声可以表现活生生的事实。1997年11月25日，中央电视台《焦点访谈》栏目播出《"罚"要依法》节目，运用同期声来报道乱罚款的事实，非常生动。当记者再军、白河山搭车顺309国道采访至山西黎城县境内时，交警刘代江拦车乱罚款，开口就罚"20"元。当记者问他理由时，他只说："来来来，下来我告诉你。"当记者再问时，刘代江又张口罚款"40"！记者录下的这段同期声就是鲜活的事实，比配音解说更令人信服。用鲜活的同期声作事实来报道，可以起到"事实胜于雄辩"的作用。

同期声可以使报道更加生动。1997 年 6 月 30 日，《新闻联播》节目播出新闻《港督彭定康撤离港督府》。记者任永蔚在现场出镜报道："各位观众，我身后这座白色建筑就是香港总督府，它是香港历任港督的官邸。"接着记者在现场解说事件的过程。由于整条新闻的内容都采用记者的同期声，使观众有一种仿佛被带到历史事件现场参与历史进程的感觉，使报道的事实活在观众的面前。运用同期声可以生动地反映事实。

有价值的同期声本身就是鲜活的事实，不论运用新闻人物的同期声还是运用采访者的同期声，都是为了加强新闻的现场感，让事实更真实地出现在观众的眼前。

三、同期声可以创造生动的形象

1994 年 2 月 1 日，《新闻联播》节目播出《总书记与村支书一席话》，新闻中大量使用了人物的对话。新闻最后有一段非常精彩的谈话，江泽民总书记对山西省临汾市乔李村党支部书记王运康说："山西有三分之一像你这样子，你们胡（富国）书记头发就可以少掉两根。全国都像你这样，我的头发就可以长起来了。"这一段风趣幽默的同期声，塑造出了总书记深入实际、平易近人和充满智慧的形象。

1993 年 3 月 15 日，李鹏总理在八届全国人大一次会议上表明中国政府对中英香港问题的严正立场时，300 多字的讲话在不到三分钟的时间里，得到 2800 多名全国人大代表的四次热烈的掌声。编辑林键把李总理的讲话和代表们的掌声编成了三分钟的新闻特写《代表民心的四次掌声》，新闻内容全部采用现场同期声，当晚在《新闻联播》节目播出后，引起国内外强烈反响，世界各大新闻机构都转播了这条新闻。这里的掌声是不寻常的掌声，这掌声里有新闻，有民心，有震撼人心的力量，更有激动人心的形象。

同期声还可以用来刻画未出镜头的人物形象。如《焦点访谈》记者再军在 309 国道采访乱罚款的现象时，运用同期声刻画了两个很有意思的细节。一个细节是当黎城交警刘代江信口将罚款由"20"元涨为"40"元时，一个司机对记者说："算了，我给他 40 吧，再问就揍你了。"另一个细节是一个司机正向记者介绍乱罚款的情况时，发现有警车开来就说："交警来了，我得走。"这两个细节在电视画面上都没有交警出现，但个别交警乱罚款的恶劣形象却通过同期声跃然而出了。

四、同期声具有独特的艺术力量

1949 年 10 月 1 日，毛泽东主席在天安门城楼上庄严宣告："中华人民共和国成立了！"凡是在电视中看过这一段新闻的人，都会对其中的同期声留有难忘的印象。如果这段话使用解说词，就难以产生那种震撼人心的力量。

同期声可以深化主题和加强报道的力度。如 1994 年 12 月 19 日，《中国新闻》节目播出新闻《天安门广场竖起"中国对香港恢复行使主权"倒计时牌》。记者在现场不仅采访了老人、中年人、孩子、香港同胞，还采访了英国路透社摄影记者伯杰斯。伯杰斯说："我认为应该让每个中国人都知道中国什么时候对香港恢复行使主权，树立倒计时牌是个好主意。"记者通过英国人的看法，巧妙地用同期声来深化了主题。又如 1995 年 12 月 30 日，《焦点访谈》栏目播出《仓储粮是怎样损失的》，披露河南省淮阳县违反国家有关规定，使国家的储备粮为虫、鼠所害。记者在节目中引用了淮阳县委书记李华亭的同期声："它不就是 100 多万斤粮食吗？"节目播出后使中央领导受到震动。李岚清副总理说："浪费了 100 多万斤粮食，书记还不当一回事。"李鹏总理看后大怒，要求河南省认真处理这一问题。李华亭随即被停职。

据 1996 年央视调查咨询中心和中央电视台总编室、《中国电视报》对"人大"、"政协"两会宣传效果的调查显示，社会公众对各新闻媒体对两会报道的评价为：电视观众满意的占 90.5%，报纸读者满意的占 69.4%，广播听众满意的占 42.9%。观众之所以对电视比较满意，就是因为电视中大量使用了代表和委员们的同期声，与观众达到了最大的交流。

通过以上的分析，可以看出同期声确实具有很大的魅力。往往解说词说好几句，不如新闻人物的一句同期声有分量。因为有价值的同期声可以比记者主观的描述更客观、更真实、更可信。

电视的同期声是电视声像字三位一体的一个有机组成部分，我们充分地、准确地、恰当地运用好同期声，就可以把节目办得更好、更活、更生动。

（武晋先）

（摘自《中国电视》1998 年第 5 期）

摄像机的运动与节奏

电视剧的镜头节奏是表现戏剧内容的重要手段。

有时我们会看见一段本来应该很感人的戏却显得平铺直叙，不死不活，“慢悠悠地”一点不令人激动，其原因除了戏本身的处理外，镜头的运用也有很大的关系。

镜头的运用要根据剧情的发展而变化，不能脱离剧情自行其是。一段本身节奏就有明显变化的戏，如果用死板的、一成不变的镜头去处理，其结果必然是冲淡或破坏剧情的节奏；同样，如果一段剧情节奏变化不大、调子比较低沉，用跳跃、明快的节奏去处理，也会破坏导演的原有构思。

镜头节奏的变化大大有助于剧情的表现。镜头的长短、远近、移动、角度……都是体现节奏的手段，就看我们如何去运用。

无论是镜头的推拉摇移，还是远近俯仰的变化，都应以演员的感情变化和地位调度为依据，不能要求演员呆板地适应镜头和面向镜头做戏，因为这样会束缚演员的手脚，影响他（她）的情绪和表演。反之，摄像师有责任用镜头去适应和强调演员所表现的思想感情和地位调度。

一般说来，镜头的要求由导演提出，但具体体现则由摄像师去完成。和导演合作得比较默契的摄像师，常常可以更多地参与分镜头的设计或提出相当准确的建议。当然这得需要摄像师对剧情和导演意图有充分的理解。

作为一个从业三十多年的摄像师，我从拍摄过的一个个戏中，汲取了不少成功的经验和失败的教训，如今直接担任导演的分镜头工作，更加体会到掌握在我手里的摄像机镜头所表现的节奏的重要性。

在这里，试举几个我自认为成功的例子：

以刚刚播出的《司马迁》为例，“割袍断义”是一场感情变化极大的戏。司马迁受了宫刑，好友任安前来探望。当他知道司马迁接受了朝廷任命的“中书令”时，勃然大怒。任安本来对司马迁不能以死来全其名节，去接受宫刑“苟安”地存活下来就耿耿于怀，这个消息更使他雪上加霜。任安不能理解司马迁为著史书而忍辱负重的苦心，反而责骂司马迁是个贪生怕死的胆小鬼。他不听司马迁的辩解，割下袍襟，掷于司马迁面上，愤极而去。

这场戏，任安来访，我用了近景表现他在院门外犹豫的矛盾心情。而后是全景：他推开院门大声喊叫书儿，司马迁闻声急忙高兴地出来迎接。我用了两个相等的大近景表现两个人见面时那一瞬间的尴尬。尔后，是司马迁让任安进屋内，两人掩饰着内心的紧张，故作轻松地谈叙着家常，这时的镜头比较舒缓。随着谈话的深入，逐渐接近了危险的主题：“是否当了那太监的头儿?”内心节奏逐渐加强，镜头也随着越来越近，一方面是任安兴高采烈地痛斥谣言，一方面是司马迁更加有苦难言，他不得不在好友面前说出真情：“我当了中书令!”任安不敢相信自己的耳朵……这时的镜头达到特写，但现在还是内心的节奏，镜头近而长，仰与俯，充分表现两个人内心的紧张。直到任安终于明白了他的朋友竟然做了他最不屑的事时，他暴跳如雷！他的怒骂声和司马迁痛苦的辩解声交织在一起，还有书儿惊恐的呼喊声……这时我用了短暂的、跳跃的、变换着不同角度的镜头，交替表现三个人的不同情绪……然后两个人大声叫嚷，激情到了极致，倾泻着愤怒与痛苦，谁也听不清谁的话。我用了两个人在一起的全景画面，表现他们的形体动作和地位调度，这更加有助于情绪的渲染。直到任安的一句：“娥娘为你死得不值呀!”这句话犹如惊雷，司马迁一声大吼：“你说什么?”我给了司马迁一个大近景，像是一个惊叹号，止住了任安的叫嚷。尔后是任安含泪的大近景：“我说娥娘为你死得不值!”司马迁被惊呆了，他低声问：“娥娘死了?”他慢慢地坐到凳子上，镜头由特写随着他缓慢的节奏拉成稍俯的全景，这个镜头形成一个句点：司马迁显得那样孤苦无助，他仿佛被彻底摧垮了。

另一个例子是：“刑场话别”的一场戏。司马迁得知任安即将被腰斩的噩耗，急急奔赴刑场，与任安作最后的诀别。在刑场上，司马迁扑到任安面前……这一场戏中，导演删去了两人的台词，只留下心房跳动的声音。两人的话语已全被这两颗心的撞击声所淹没。巨大的刑场、拥挤的人群，全都没了声音。只有行刑台上两个视死如归的汉子，他们谈笑自若，旁若无人地互相倾吐着心声！这是个令人震撼的场面，没有任何地位调度，没有一点别的声音，一切都用镜头来表现。他们的精神是那样伟大而他们的处境又是那样险恶！我用了从这两个跪在行刑台上的人的大仰角镜头，然后慢慢升起，拉成在众人簇拥中的行刑台的俯角大全景；从人群的背后透视行刑台上的两个人的远景慢慢地推成他们的近景；从司马迁含泪凝视任安的大近景移成任安深情地注视司马迁的大近景；从他们的近景透视密密麻麻的围观人群的反打镜头……总之，我用了可用的一切手段来表现这庄严的一刻，伴随着事后配上去的越来越强的心脏跳动声，我觉得这个镜头处理达到了我所期望的效果。

再一个例子，《司马迁》中有一个一分多钟的镜头：司马迁的学生郭穰为了救司马迁，但回天无力，欲不惜身背卖师求荣的恶名去投靠杜周。他心情矛盾地回到司马迁家里，决心与书儿告别，却又难以割舍。调子是忧伤而郁闷的，动作是缓慢而犹豫的。这一场戏没有一句台词。我用了推拉摇移等方法跟随着演员的心理活动和地位调度，一个长镜头便很好地完成了任务。

总之，我认为，摄像师的创作灵感与激情，是处理好镜头的重要因素。他必须将自己的感情与剧情所表达的感情融为一体，这样才能产生灵感，才能准确地运用镜头语言渲染和加强剧情的感染力。

（王崇秋）

（摘自《电视研究》1998 年第 4 期）

广播电视事业单位投资效益问题浅议

广播电视事业是党和政府新闻事业的一部分，它的首要任务是宣传党和政府的方针政策，坚持正确的舆论导向，但是，广播电视事业单位又具有不可否认的产业属性，有着其本身的行业利益。它自身的发展壮大不仅是广播电视事业单位的需要，也是更好地为宣传服务的需要。下面仅就广播电视事业单位在投资效益方面的一些问题作简单的探讨。

一、强调投资效益的必要性

投资是一种资金的使用过程，从广义上讲，投资行为贯穿于资金运用的全过程，它的每一运行环节都表达着投资者使用资金的目的和意义，也就是说任何投资都隐含有一定的效益。

广播电视事业单位的投资效益虽然表现得不如企业单位那么明显，那么迫切，但是投资效益问题依然存在。长期以来，受计划经济体制的影响，投资效益问题被忽略了，甚至被否定了。广播电视宣传活动左右着资金的运作过程，资金的投向是一种被动的行为，始终处于次要地位。因此，盲目投资、乱投资的现象时常出现，投资管理十分混乱。为了改变观念，理性投资，合理地进行资金运作，强调投资效益是非常必要的。

二、投资效益的评估

投资效益包括经济效益和社会效益，这两者既有矛盾，又有统一。为实现一定的社会效益，有时需要牺牲一定的经济效益。从短期来看，它们是很矛盾的，但从长远来看，它们又是统一的。社会效益是经济效益的基础，好的社会效益的具体表现就是拥有广泛的受众，这是产生好的经济效益的源泉。所以，归根结底社会效益与经济效益是一致的，而投资效益最终要以经济效益来体现。

经济效益有两种表现，一是收入显著，不仅能收回投资，而且能获利，这是外延式的经济效益；二是虽不能创造收入，不能收回投资，但可以控制支出，节约投资，这是一种内涵式的经济效益。对投资效益的评价，随着项目的具体性质不同，评价的着重点也不同。

1. 设备投资效益问题

广播电视行业的投资是一种重装备的设备投资，采、录、编、播各个环节都离不开设备，对设备的使用数量和备份都有一定的要求；同时，广播电视行业的投资又是一种高科技含量较高的设备投资，随着高科技技术的发展，产品的更新换代频繁，设备投资成本高，使用寿命短，技术贬值风险大。

以往，由于广播电视事业单位无成本核算，设备的折旧和贬值无法具体体现，对投资效益问题的认识更无从谈起。因此，盲目投资的现象比较普遍，具体表现在如下几个方面：

（1）不惜成本，片面追求设备的技术含量。

（2）盲目引进，对主要设备、次要设备、辅助设备的配套能力缺乏整体上的考虑。

（3）对设备使用过程中的维护、备配件购置成本考虑欠缺。

（4）对设备的技术贬值风险没有足够的认识。

为了避免上述情况的产生，设备投资应采用科学的决策方法，一定要做好可行性研究，在充分进行市场调查的基础上，做多方案的选择比较，做到既保证技术质量，又保证费用合理。

设备投资的效益评价主要是在控制浪费、节约投资上，强调内涵式的经济效益。但由于设备有个长期使用的过程，尽管是内涵式的经济效益，也往往是事后才能评价。因此，应加强事业单位内部各部门的成本核算，对设备进行虚拟折旧，摊入成本，这样才能使设备的投资效益在考核指标上得到量化，把各部门的经济利益与设备投资效益有机地结合起来。

2. 节目投资效益问题

制作节目当然需要投资，充足的投资是节目质量的根本保证，但是，节目质量与投资多少并不完全成正比例关系，用较少的投资制作高质量的节目才是投资效益的真正体现。

节目的种类有很多，但大致有四种功能：宣传性、教育性、娱乐性、服务性。制作节目就等同于企业生产产品，只不过这种产品的价值和使用价值无法统一度量，但节目制作的成本却是可以核算的，这是评价节目投资效益的依据。

由于节目种类繁多，不同节目之间成本核算的复杂程度不同。为了便于节目之间的比较，应分类设立复杂系数，作为核定费用的依据。节目制作费用应采用经费包干的方式，以体现投资效益。中央电视台自1993年开始，对《东方时空》栏目采用了经费包干的管理方式，将其广告收入纳入预算，这种办法实施几年来，不但节约了财政开支，创造了可观收入，而且，节目越办越好，受到了中央领导和广大群众的赞扬。中央电视台也因此而收到了良好的社会效益及经济效益。

对于一些带有经营成分的节目，其效益考核不仅要控制支出，而且还要制定相应的收入指标，最典型的就是电视剧的制作。

3. 相关产业及其他投资效益问题

广播电视事业单位的主要活动是节目的采、录、编、播。在节目的制作和播出过程中，往往会对一些相关产业进行投资，如影视基地建设、视听产品的生产销售、节目传送线路的建设、合作合拍节目等等。有时还会对其他领域进行投资，创办经济实体、企业、合资企业、股份制企业等等。这部分投资活动是事业单位基本业务活动以外的投资，它受每个单位资金富裕程度的影响而表现为规模大小不同。随着广播电视事业单位的事业收入的不断扩大，这部分投资的比重会越来越大。

相关产业及其他投资活动的共同特点是投资具有主动性，其目的是为了取得盈利或收入。这部分投资的效益应该和企业投资一样，以经济效益为中心，进行投资决策，并进行成本核算和利润考核。

事业单位的经营性投资首先应改变观念，增加经营意识、市场意识，充分考虑投资风险，以避免既花钱投资，不仅不能产生效益，反而背上越来越沉重的经济包袱的事情发生。

（侯福梅）

（摘自《电视研究》1998年第10期）

电视台国有资产管理初探

电视事业从小到大、从弱到强，发展到今天已历经40个春秋。尤其是随着我国改革开放的进程，电视事业更呈现出迅猛发展的态势。随着电视事业日新月异的发展，电视的产业属性突出了出来，设备、设施更先进，资产增值越来越快，实力也愈加雄厚。

以中央电视台为例，80年代初，有形资产仅几个亿，现在已增长了十几倍甚至几十倍。其雄厚的资产实力不仅是事业发展的物质基础，也是生产制作精品节目的重要保障。

按照市场经济发展的规律，搞好资产管理，既是电视事业发展的基础，又是保护国有资产不流失、不受损的需要，同时还是国有资产扩大再生产的前提。

一、当前资产管理上存在的主要问题

1. 资产管理职责权限不清

资产的综合管理部门和使用保管部门以及其相关部门的职责权限，没有一个明确的划分和规定，导致一些资产管理没有落到实处。无硬性约束机制，造成资产在使用中浪费严重、毁损短缺和利用率不高，甚至有些资产长期转入个人手中，公物私用，造成流失。

2. 资产管理流转程序和手续不健全

资产的添置、收发、转移、报废时，不按规定程序和手续报批、审核、验收、入账。部门各自为政，对增添设备缺少计划性和整体性，小而全的现象普遍存在。对固定资产的报废，不按规定程序向主管部门报审，对固定资产无偿或有偿转让调拨，不按规定办理，也没有在资产账目中作相应的注销处理，造成账物不符等混乱现象。

3. 对流动性较大的资产缺乏有效管理

随着宣传任务加重和节目量的增大，对磁带、灯光、舞美、道具和设施等需求而随之增多。在电视剧和电视节目生产过程中，灯光、舞美、道具和设施等费用所占比例越来越大。每次做节目都去购置道具，而节目一做完，这些物品便没人管了，下次做节目又重新购置，这样浪费便可想而知了。

4. 馈赠、赞助的部分资产有流失现象

随着社会各界对电视事业的大力支持，赞助及馈赠的情况增多。由于认识上的差异，一些人不把这一部分物品看成是台有（国有）资产，不主动登记入账，而是留作部门或个人使用，如空调、电脑、通讯工具、办公用品以及一些低值易耗品等。这些赞助、馈赠物品从表面上看似乎是无偿的，而实际上，是要通过一定的宣传方式来补偿的，所以这些资产理所当然应该归台所有。

5. 资产管理认识混乱，缺乏协调性

电视宣传是电视台的中心任务，这无疑是正确的，但也容易形成重宣传、轻管理的现象，使宣传管理和其他管理缺乏协调性。同时，由于电视业内对电视设备、设施的使用及发展方向研究不够，缺少可行性分析论证，对高、精、尖电视设备有拿来主义倾向，因此导致电视设备结构配置出现不合理的情况。

二、建立健全管理机制

针对上述问题，当务之急是在国有资产管理上应积极采取措施，即：

1. 实行资产归口分级管理，建立健全规章制度

按照国家的有关规定，电视台的财会部门是资产的综合管理部门，物资部门是综合归口管理部门。它们可对全台资产进行科学分类，实行归口分级管理。具体做法是：专用技术设备、设施归口技术管理部门管理，音像资料制品（磁带）和资料归总编室统一管理；一般办公设备、设施归行政管理部门管理；灯光、舞美、道具、服装等归技术制作部门管理。

同时，建立健全国有资产购置、管理等一系列办法、规定，建立有效的管理网络，明确各级管理权限和职责，形成事事有人管，问题有人抓。同时制定相应的奖惩条例，把激励机制落到实处。

2. 严格资产审批制度和手续

全台资产的购置要逐步形成科学论证的制度，减少盲目性。领用、转让、调拨、报废等手续要程序化、科学化。资产的收、发、报、销流转程序的手续要齐备；保管部门与财会部门对资产的管理和使用要同时进账；资产的添置由管理部门统一办理，保管部门严格验收，财会部门根据审批手续和保管部门的验收手续予以办理有关开支和核算。

3. 对资产实行定期清查

实物管理部门按类别和领用部门分设两本账，即财会部门设资产总账和按类别设明细分类账。实物和价值管理都应进行定期清查，每年年底在编制年报前要核对，做到账账、账卡、账物相符。如发生账物不符，一方面要查明盘盈、盘亏的原因，在报批主管部门核实后，及时调整相应账户使之相符；另一方面要按有关规定处理，以维护制度的严肃性。

4. 加强成本核算，坚持两个效益

电视资产的管理是为电视宣传和电视事业的发展服务的；同时广播电视也要走向产业化，按价值规律办事，以求经济效益。在资产管理工作中，应遵循市场经济规律，把社会效益和经济效益结合起来。在电视产品生产过程中，努力降低成本；同时要充分挖掘电视资产的潜力，发挥电视本身的优势，积极将电视产品推向市场，在为社会服务中收到经济效益，使中央提出的事业单位走向企业化管理的指示逐步落实。

5. 加强科学论证，使电视台国有资产结构日趋合理

电视事业的发展要从实际出发，在编制广播电视事业长期和短期发展规划时，要与国民经济的发展水平相吻合。当前要充分挖掘现有资产潜力，在保障宣传工作需要的同时，要着眼当前、立足未来、立足发展，把有限的资金投入到对事业发展起关键性作用的方面上，投入到提高电视产品质量上，投入到进一步提高电视覆盖率和收视率上，使电视资产结构更趋合理化。

为此，对电视资产的形成，要加以充分的论证，减少盲目性。为适应我国电视事业的发展，对电视资产的管理除遵循安全、完整这一基本要求外，还应积极探索资产管理适应市场经济需要的竞争机制，创出一条具有中国特色社会主义的电视资产管理体制和办法。国有资产的管理工作，应成为向职工进行教育的一项重要内容。在资产管理工作实践中，群策群力，认真总结，大胆创新，使资产管理工作真正走向科学化、规范化、制度化。

（于桂苓）

（摘自《电视研究》1998 年第 12 期）

7. 观众调查

1998年中央电视台观众调查工作综述

1998年，中央电视台的观众调查工作配合电视宣传，提供了大量的观众反馈信息，为提高电视节目的质量，改进电视的传播效果，做出了积极的努力，取得了丰硕的成果。

一、1997年全国电视观众抽样调查圆满完成，1998年9月公布了1997年全国电视观众抽样调查结果，各大报纸广为报道。根据1997年全国电视观众抽样调查结果，观众联系处撰写了《全国电视观众抽样调查分析报告》、《电视与儿童相伴——1997年全国6～12岁观众抽样调查报告》等7篇调查报告和论文；后来再加上地方台撰写的调查报告和论文，编辑出版了《中国电视观众现状报告》一书。这些调查研究的成果为我国各电视台的宣传决策、提高节目制作水平，满足广大电视观众的收视需求提供了科学、客观、全面的参考依据，也为研究电视观众提供了翔实的资料。

二、《电视节目主持人素质评价指标体系研究》课题成果报告完成。总编室与人事处联手，具体研究工作由总编室负责进行。形成几个有关主持人研究的调查报告、甄选主持人的“主持人心理素质综合评价量表”及文化测试题库。这一研究成果为我国考评测试电视节目主持人提供了操作性强的体系标准。这在我国还是首次。

三、通过观众座谈会，广泛征求观众意见，为中央电视台宣传决策提供参考。观联处组织人员，分赴镇江、丹东、洛阳、芒市和包头等5个城市举办观众座谈会，听取当地观众对中央电视台节目的意见和建议，社会效果很好。

1998年12月24日，中央电视台在北京召开了一年一度的观众座谈会，邀请首都各界代表对中央电视台一年来的工作进行评价，提出建议和希望。代表们首先对中央电视台一年的工作成绩予以了充分肯定，同时也提出了许多意见和建议。代表们指出：仅仅注重精品栏目的建设还不够，应注重频道的整体建设，要充分发挥各个频道的特点，增强频道意识。中央电视台有八个频道，但是有几个频道的特点不突出。要充分发挥中央电视台的优势，进一步增强大台意识，更积极地参与世界大事件的报道，前不久派记者到伊拉克报道，反映出世界级大台的水平，这是中央电视台得天独厚的地方，其他地方电视台是学不到的。代表们指出：有些节目形式需要变化。有的节目有一种居高临下的感觉，应该把大部分节目的门槛降低，把位置摆得平视一点。主持人要有群众观点，把画龙点睛的那句话留给采访对象说出来。代表们还就少数民族节目、法制节目、少儿节目、电影、电视剧、晚会等节目提出了中肯的意见，为中央电视台宣传决策提出了不少有益的建议。

四、收视率数据的分析研究工作日趋成熟。观联处提供的《1997年收视率年度报告》以及《1998年上半年收视率分析报告》，内容涉及中央电视台第一至八套节目的收视率分析，为台里的宣传决策提供了可靠依据。

观联处还加强对日常收视率数据的研究和分析，每一周都坚持写一篇2000字左右的分析文章，发表在《收视率分析报告》上面。这些分析文章为电视台各级领导决策和客观公正地评价节目提供了可靠的依据。另外观联处还经常受一些节目部门的委托，为他们提供一些数据分析方面的咨询服务。

五、做好观众来信管理和分析工作。观众来信处理是沟通电视台与广大电视观众联系的基本方式，1998年观众来信的管理和应用仍然通过以下几条渠道进行：每周向全台例会提供一份“观众反映”；在《观众反映与分析》上定期发表观众来信汇总、观众来信选登。

六、认真做好栏目评议工作。此项工作已经坚持进行了数年，为建立和完善中央电视台电视节目评价体系奠定了基础。每个季度，观联处都要召集评议组的同志对中央电视台第一套节目黄金时段栏目进行评议，为栏目的调整和优化提供了科学依据。

七、屏幕语言错别字差错统计工作。此项工作在中央电视台已推行了三年，从今年6月份起，观联处承接了全台屏幕语言错别字的统计反馈工作。人称电视屏幕上的错别字为“硬伤”，采取有效的监督管理引起全台的重视，杜绝差错很有必要。统计反馈是此项管理中最基础最繁琐也是最重要的一个环节。这项工作在台内外都受到关注，观联处要把这项工作长期地抓下去，使中央电视台的屏幕越来越干净。

（总编室 刘建鸣）

1998年中央电视台节目收视率年度报告

内容提要

• 1998年全年每个观众日平均收看中央电视台八个频道的节目的时间达到了67.00分钟。其中全年每个观众日平均收看中央电视台第一套节目的时间是42.58分钟。

• 1998年中央电视台八个频道的节目的平均收视份额是35.5%，其中第一套节目的平均收视份额是22.4%。

• 全国各有线频道总体收视份额1998年较1997年有明显提高。中央电视台节目面临日益明显的挑战。

• 中央电视台八个频道的节目总体收视份额在双休日要明显高于工作日，但其中第一套节目在双休日的收视份额要低于工作日。

• 中央电视台八个频道最具优势的时段依然是早上7:00～8:00和晚上《新闻联播》时段。在白天时段，中央电视台节目的竞争力相对较弱。

• 在城市观众、文化层次较高、成年的观众中，中央电视台的节目拥有更多的收视份额。

• 中央电视台应重视开发农村观众喜闻乐见的节目，尤其应重视开发中午时段农村观众中的“收视市场”。

• 中央电视台应进一步研究和确立中央八个频道的特色和定位，努力以鲜明的特色吸引各频道稳固的核心观众群。

• 1998年全年平均收视率，各新闻及新闻评论类节目除《新闻联播》、《世界报道》外，均较上年有一定程度的上升。

• 《水浒传》的播出对相邻新闻节目的影响较大。

• 1998年抗洪报道期间，中央电视台各新闻节目的收视率都有明显增加。

• 中央电视台第一套节目早间7:00～8:00节目具有较强的竞争力。但在全国不同地区，第一套节目早间7:00～8:00节目的收视份额存在明显差异。在上海、北京、深圳、成都、济南、广州等城市第一套节目的收视份额相对较低。第一套节目早间节目的竞争对手已明显增加。

• 《新闻30分》在一些中西部省会城市如：南昌、呼和浩特、石家庄、西安、合肥、南宁、昆明等地，收视份额较高，均大于40%。

• 1998年21:00档专题栏目的平均收视率，除《新闻调查》基本保持原有水平外，其他各栏目的平均收视率都低于1997年，但下降幅度不大。排名第一、二位的依然是《电视你我他》和《军事天地》，《社会经纬》由1997年的第十二位上升至第五位。由于受到《水浒传》高收视率的惯性影响，年初各栏目的收视率都普遍较高，而后迅速滑落，并逐渐走低。

• 21:00档专题栏目的收视率不仅取决于栏目的质量和观众对象，与20:00档电视剧收视情况也是息息相关的。

• 1998年主要经济栏目的平均收视率要低于1997年，收视率走势基本保持了平稳的态势，《经济半小时》和《生活》年末的收视率出现上升趋势。内陆城市观众的收视率要高于沿海城市观众的收视率。《幸运52》播出以来，收视率呈上升趋势，女性观众的收视率高于男性观众。

• 《动画城》和《芝麻开门》4岁至14岁观众1998年的平均收视率较1997年有较大的提高。少儿节目的经常创新和变换是吸引小观众的重要因素。

• 1998年各类晚会中，'98春节联欢晚会、庆祝香港回归一周年晚会和《我们万众一心——'98抗洪赈灾义演晚会》尤其受观众瞩目。

• 由于多部贴近现实题材的电视剧的播出，中央电视台第二套节目21:00档电视剧的收视情况基本看好。

• 体育频道是观众了解体育赛事的主要渠道，在重大赛事转播期间，收视份额明显提升，达到10%以上。

• 1998年新开播的几个栏目，如《城市之间》、《今日说法》、《幸运52》使所在频道同时段收视率有明显提高。

一、概述

1.1998年中央电视台节目的收视地位

1998年中央电视台八个频道共播出节目3172794.19小时，比1997年增加48091.17小时。其中自制节目占60.71%，比1997年增加了139794小时。节目首播比重为45.08%，比1997年增加了1.76个百分点。在播出节目总量中，1998年新闻类节目占17.34%，专题类节目占31.11%，文艺类节目41.08%，教育类节目占2.81%，服务类节目占7.66%，新闻类和服务类节目的播出时间也较1997年有所增加。

1998年中央电视台也更为重视节目质量和播出质量，强调节目的创新和制作人员的精品意识，推出了不少新栏目和精品节目，如《水浒传》、《人间正道》、《城市之间》、《今日说法》、《幸运52》等。各固定播出的栏目也在1998年作了不少改版与创新工作。

表1-1：1997～1998年观众对各频道日平均收看时间比较（单位：分钟）

	CCTV八套	CCTV 1	CCTV 2	CCTV 3	CCTV 4	CCTV 5	CCTV 6	CCTV 7	CCTV 8	省市卫视	有线频道	所有频道	CCTV所占比率
1998年	67.00	42.58	3.25	1.00	1.00	5.67	10.25	0.75	2.50	27.75	34	186.9	35.8%
1997年	65.58	43.17	4.08	1.00	1.00	3.83	10.42	0.67	2.08	26.42	29	176.3	37.2%

应该说，这些努力在观众中得到了良好的回应。1998年全年每个观众日平均收看中央电视台八个频道的节目的时间达到了67.00分钟，较1997年的平均收看时间65.58分钟有一定增加（如表1-1)。在1998年观众用于收看中央电视台八套节目的日平均收看时间占观众每天收看电视的总的时间的35.84%，也就是说，平均每个观众有三分之一以上的收看电视的时间是投放在中央电视台的八个频道上。在收看时间的绝对数值上，观众对中央八个频道的节目的收看时间，要明显高于观众对省市卫视频道及有线频道的总体收看时间。

进一步比较观众对中央电视台各套节目的收看时间，我们看到，第一套节目依然是中央电视台八个频道中观众收看的主体，观众收看第一套节目的平均时间占收看八个频道的总的平均时间的63.56%。观众对第六套节目的收看时间仅次于第一套节目，其次为第五套、第二套、第八套节目，观众对第三套、第四套、第七套节目的收看时间相对要少。但与1997年相比，1998年观众对第一套、第二套、第六套节目的平均收看时间略有减少，对第三套、第四套的平均收看时间与去年持平，对第五套、第七套、第八套节目的平均收看时间则有所上升。第五套是收看时间提高最多的频道。出现这种变化格局的原因是多方面的，比如，第一套主要是白天与傍晚时段的收视率降低，1998年年底黄金时段的收视情况也起了消极的作用。第六套节目尽管白天时段收视率较1997年有所上升，但由于晚间黄金时段收视份额的减少，全年平均收看时间较1997年也略有减少。第五套节目收视时间的明显增加主要可归功于对重大赛事的全面深入的现场报道，在世界杯足球赛及曼谷亚运会期间，第五套节目的收视份额成倍上升。第八套节目收视时间的增加，主要与电视剧时段的安排有关。

从相对数值来分析，1998年观众对中央电视台八个频道节目的日平均收看时间尽管要高于1997年，但由于观众对所有频道的收看时间1998年较1997年也有了较多增长，观众对中央电视台八套节目的收看时间占观众总体收看时间的比率1998年较1997年反而有所下降。虽然在统计上，上述差异均不显著，但必须认识到，由于竞争频道的增加，观众选择余地的增大，中央电视台节目面临的挑战也在加剧。1998年呈现在观众面前的省市上星频道和有线频道越来越多，各频道在节目质量和以创新迎合和引导观众收视需求方面也都在下大力气。由表中可以看到，1998年观众在省市卫视和有线频道上投入的时间也较1997年有了增加，尤其是有线频道，观众在其中投入时间有了明显提高。由此可见，要稳固中央电视台在观众中的收视地位，还需要付出相对以前更多的努力。

对此，各频道的收视份额数据提供了进一步的依据。如表1-2，1998年中央电视台八个频道的节目的总的收视份额是35.5%，第一套节目的收视份额是22.4%，均比1997年有一定程度的下降。在中央八个频道中，除第五套、第八套节目的收视份额较1997年有所增加，其余频道的收视份额都有不同程度的下降。而与此对应，有线频道的总的收视份额尽管与中央电视台八个频道及第一套节目在全国所占的收视份额相比仍然有一定的差距，但与其1997年的收视份额比较则上升了1.8个百分点。

表 1-2：1997～1998 年各频道拥有收视份额比较（单位:%）

	CCTV 八套	CCTV 1	CCTV 2	CCTV 3	CCTV 4	CCTV 5	CCTV 6	CCTV 7	CCTV 8	省市卫视	有线频道
1998 年	35.5	22.4	1.9	0.6	0.5	3.1	5.4	0.3	1.3	14.7	17.9
1997 年	36.4	23.7	2.3	0.5	0.4	2.2	5.8	0.3	1.2	15.1	16.1

综上所述，我们可以发现，中央电视台节目在全国观众心目中依然具有相对较重的分量；但随着各省市卫星频道及有线频道数量及节目质量的提高，这一地位正受到明显的挑战，这一状况是应冷静面对的事实。

2.1998 年中央电视台节目收视情况的波动变化

全年收视走势分析：

中央电视台八套节目 1998 年收视情况全年的走势基本呈现年初较高，年底相对低一些的特点。1998 年几个收视率相对较高的时段分别出现在：①春节晚会、《水浒传》播出期间；②世界杯足球赛期间；③8 月 16 日《我们万众一心》抗洪赈灾义演晚会播出当日；④亚运会转播期间。

另外，在走势上，由于中央电视台节目在观众的收视活动中占有较大比重，中央八套节目收视率与全国所有频道收视率的走势具有较强的一致性，二者相关值达到 0.858。

进一步从收视份额考察中央电视台节目在观众收视活动中的地位变化，我们看到，1998 年 1 月到 12 月中央电视台节目在全国的收视份额波动较大：1 月、2 月由于《水浒传》、春节联欢晚会的播出，收视份额较高；6 月由于世界杯足球赛的转播，收视份额也达到了 39%。只是在 8、9、10、11 等四个月，中央电视台八个频道的收视份额尽管依然能达到 30%以上，但与 1997 年相比，他们对观众的吸引力明显有所减弱。

进一步分析可以发现，如果排除春节晚会、反映强烈的电视剧、体育赛事、香港回归等大型新闻事件以及非常规持续性宣传题材节目安排播出等因素的作用，1997 年、1998 年 3、4、5 月中央电视台八个频道的收视份额相对平稳，各月差异不明显，34.75% 的平均收视份额基本可以看作中央电视台八个频道的节目在全国的现实收视地位。

在中央电视台的八套节目中，第一套节目的收视份额在全年的变化具有明显的特点。从表中我们可以很直观地看到，无论是横向（与 1997 年同月比较）还是纵向（与同年其他月份比较）比较，在 1998 年下半年，第一套节目的竞争力、影响力都被削弱了；只是在 8 月份，由于第一套节目对当时国人关注的热点事件——抗洪救灾——进行了深入报道，通过各类节目反映灾情，大力弘扬了抗洪精神，因而重新吸引了观众的目光，竞争力明显回升。

通过对中央电视台八套节目以及省市卫视、有线频道在各月走势的比较分析，我们明显的感受是：①各频道的竞争空前激烈：在观众总体数量相对稳定的条件下，一个频道收视份额的提升，总是以其他频道观众的流失为代价的。如一月份，中央电视台八个频道的收视份额较高，省市卫视、有线频道的收视份额便明显低于 1997 年；10 月份中央电视台八个频道的收视份额明显下降，省市卫视的平均收视份额却较 1997 年提高了 4.3 个百分点；而 7 月份，有线频道的平均收视份额较 1997 年上升了 3.7 个百分点，中央电视台八个频道、省市卫视的收视份额则相应降低了。②新闻和体育赛事的报道依然是中央电视台的优势。在重大新闻和体育赛事的报道期间，第一套、第五套、甚至第二套节目的收视份额都有明显提高。要巩固中央电视台的地位，中央电视台需要进一步强化这方面优势。③第一套节目收视影响力的变化很大程度上左右着中央电视台八个频道的节目在全国的地位变化。这一方面反映了第一套精品频道的特点和优势，另一方面也说明中央电视台八个频道的整体优势、各频道的特色优势还没有得到充分的体现。由 6 月、12 月中央电视台收视份额数据我们可以看到，尽管第一套节目的收视份额在这两个月份较 1997 年有了明显下降，但由于第五套节目收视份额明显提高，中央八个频道的总体收视份额却和 1997 年相差无几，在 12 月收视份额反而有一定程度的上升。这一特例说明，中央电视台八个频道的综合潜力依然可挖。只要八套节目进一步形成各自鲜明的特色定位，那么它们在全国的总体竞争力依然可以得到提升。

一周收视走势分析：

在一周不同时间观众的收视格局依然如旧：在周六、周日收视率较高，而平时工作日收视率则相对较低。这一规律体现在观众对所有频道的收视变化上。

只是比较一周不同时间各频道的收视份额，我们看到不同频道在一周不同时间竞争力是存在变化的，这表现为以下特点：

（1）中央电视台八个频道的节目总体收视份额，

在双休日要明显高于工作日，其中在周日的收视份额又要高于周六。在工作日中，星期二中央电视台八套节目的收视份额相对较高。

(2) 在一周不同时间，第一套节目的收视份额变化明显与中央电视台八个频道总体收视份额的变化存在差异：在双休日的收视份额要低于工作日。这说明中央电视台八个频道在双休日竞争力的提高，并不能归功于第一套节目的作用；其他七套节目（如第二套）在周末竞争力的提升，是中央八个频道的节目收视份额上升的主要因素。这给我们以提示：不论是在双休日，还是在平时工作日，我们都应该从整体上重视中央八个频道的综合竞争力：在强调第一套单个频道竞争力的同时，我们也要进一步优化各套节目的布局，形成各频道的特色，在整体上稳固和提升中央电视台八套节目的竞争力，从而凭借整体的综合优势化解部分频道收视情况的波动对中央电视台整体地位的影响。

(3) 以湖南卫视为代表的省市卫视频道，在周末对中央电视台节目发起了强有力的挑战。湖南卫视周五、周六、周日在全国的收视份额均较 1997 年有了翻番增长。由近期的趋势可以看出，湖南台的成功有力地激发了各卫视频道和较多有线频道对周末节目开发的热情。尽管 1998 年有线频道和省市卫视频道总体收视份额在周末并不比平时高，有线频道反而比平时有所下降；但自 1998 年四季度开始，各频道都明显重视起周末节目，试图通过改版创新提升频道在双休日的竞争力。可以预见，在 1999 年双休日，各频道的竞争会日趋激烈。

一天收视走势分析：

中央电视台八个频道的分时走势基本与往年相似，呈现陡峭的单峰走势。19:00～19:30 时段是全日收视峰值所在，平均收视率达到 35.45%。中午 12:00～12:30时段以及上午时段，是中央电视台节目在 1998 年白天时段的两个相对峰值，平均收视率均超过了 6%。

比较 1997 年、1998 年中央电视台八个频道的分时走势，我们看到在白天时段中央八个频道的节目的平均收视率较 1997 年有明显升高。《新闻联播》时段收视率较 1997 年有所降低，其后收视率与去年基本持平。

而进一步比较 1998 年各频道在不同时段的收视份额，我们看到中央电视台八个频道最具优势的时段依然是早上 7:00～8:00 和晚上《新闻联播》时段。在白天时段，中央电视台节目的竞争力相对较弱。

比较 1998、1997 年各频道在各时段收视份额的变化，我们看到，第一套节目在《新闻 30 分》时段、19:30～22:00 晚上黄金时段收视份额较 1997 年有一定程度的提高；而其他时段，尤其是上午和傍晚时段，收视份额有所降低。第二套节目除傍晚 17:30—18:30 时段收视份额较 1997 年有所增长，其他时段，包括《生活》和《经济半小时》播出时段，收视份额都有所下降。第五套是 1998 年表现最为突出的频道，在全天各时段中，第五套节目的收视份额均较 1997 年有提高。第六套在 1998 年白天时段和傍晚 17:30 至 19:00 时段，收视份额均较 1997 年有提高，但在晚上时段收视份额有明显降低。

纵观各时段、各频道收视状况的起伏变化，可以看出有线频道在晚间黄金时段的强有力竞争。随着有线频道数量的增加，各有线专业频道的数量也在日益增加。正如消费市场的细分更容易吸引特定的消费群体一样，专业化、特色化的频道也容易形成特定观众的收视定位，形成较为稳定的核心观众群。在分析各地区各频道收视份额格局时，我们一个明显的感受是，在有线频道数量较多、而且有线专业频道数量较多的地区，如上海、广州，有线频道总体收视份额也相应较高。因此，面对有线台的竞争，需要再进一步研究和确立中央电视台各频道的特色和定位，努力以鲜明的特色吸引各频道稳固的核心观众群。

3．中央电视台各套节目观众构成分析

观众的城乡分布分析：

1998 年城乡观众在一天各时段的收视变化趋势基本一致，都是在中午和晚上收视人数居多，而在白天其他时段收视人数相对较少。在全天总体上，城市观众的平均收视率要高于农村观众；但在中午时段，农村观众收看电视的比率要高于城市观众。

中央电视台八个频道的节目在城乡的收视率格局，基本与全国所有频道总体一致，只是在中午存在一定的差异：中央电视台八个频道在中午的城乡收视格局依然是城市观众比率高于农村观众比率，农村观众总体人数在中午的增加似乎并没有流向中央电视台的八个频道。在全天所有时段，中央电视台八个频道基本都呈现农村观众收视比率低于城市观众的格局，第七套也不例外。从城乡收视比率上，第七套农业频道的特点并没有鲜明地体现出来。在城乡比较的收视格局中，倒是省市卫视频道形成了鲜明的特点：在全天各时段，农村观众对省市卫视的收视比率均高于城市观众。

有线频道在城乡观众的收视格局上与中央电视台节目基本相同。

分析上述状况，我们认为有几方面是值得注意的：第一是中央电视台节目有效覆盖问题。由于目前中央电视台节目对农村的播出主要靠地方的中转，开路播出，地方电视台对中央电视台节目的转播状况是影响中央电视台节目在农村的收视状况的重要因素。如果我们假定中央电视台节目和省市卫视节目在城乡定位上不存在明显的差异，那么上述城乡收视格局的差异就应该归因于中央电视台节目在农村的有效覆盖（转播）弱于省市卫视节目。因此有力推进“村村通广播电视”卫星直播工程将会有利于进一步提高中央电视台节目在农村的影响力。第二，正如有的农村观众来信反映，在节目制作中，中央电视台应尽量避免城市化倾向，为广大农村观众提供喜闻乐见的节目。第三，应重视开发中午时段中央电视台节目在农村观众中的“收视市场”。从全国各频道在中午的总体收视格局可以看出，农村观众在中午的收视倾向要明显强于城市观众。因此，努力适应农村观众的这一特点，增加农村观众喜闻乐见的节目，不失为中央电视台节目扩大在午间时段影响力的一项有力措施。

观众的性别分布分析：

就所有频道而言，男女观众的总体收视情况并不存在差异（男性：13%，女性：13.1%），只是男性在早晨的平均收视率略高一些，女性在其他时段平均收视率略高一些。但就中央电视台八个频道而言，节目对男性的吸引力略大一些。我们可以看到，在全天各时段，第一套到第八套节目在男性中的平均收视率均要高于女性。

不同文化层次观众的收视格局分析：

我们通过收视份额考察了不同频道对不同文化层次观众的吸引力。我们发现一个鲜明的特点是：中央电视台八个频道的节目对文化层次较高的观众具有较强的吸引力：随着观众文化程度的提高，中央电视台的节目所占收视份额也明显提高。这一特点在除第六套节目以外（第六套节目对各层次观众的吸引力基本趋同）的几个中央电视台的频道上均有体现。而且在一天的不同时段也基本呈现上述特点。这说明，中央电视台节目已形成了自身较高的文化品位，在文化层次较高的观众群体中，竞争力明显要强于其他频道。这是中央电视台节目的优势。但透过这一优势，我们也不能忽视国内观众有相当一部分文化程度依然较低的现状。因此提倡节目的雅俗共赏，在注重作品的宣传性、艺术性的同时，关注节目的消闲娱乐功能，是我们的节目制作人员在节目运作过程中需要重视的。

不同年龄层次观众的收视格局分析：

各频道在不同年龄层次观众的收视格局上具有以下特点：

（1）在各年龄层次观众中，中央电视台节目均具有较强的竞争优势，收视份额明显高于其他频道。

（2）中央电视台的节目相对而言在成年观众中具有较高的收视份额。

（3）省市卫视和有线频道在年轻观众中的收视份额要略高于年龄较大的观众。

综上所述，在1998年，中央电视台的节目对各类观众都具有较强的吸引力。但相对而言，在城市观众、文化层次较高、成年的观众中，中央电视台的节目拥有更多的收视份额。这一格局是中央电视台节目的优势，但也需避免这一优势成为中央电视台节目的局限。

二、新闻类节目收视情况分析

1. 概述

综合分析1998年中央电视台主要新闻节目和新闻评论类节目的收视情况，我们可以发现以下特点：

（1）就1998年全年平均收视率而言，各新闻及新闻评论类节目除《新闻联播》、《世界报道》外，均较上年有一定程度的上升。而且除《世界报道》、《新闻调查》，各节目的平均收视率也均较1996年有明显提高。

（2）《水浒传》的播出对相邻新闻节目的影响较大。剔除《水浒传》播出期间各相邻新闻节目的收视率，我们看到，各节目的收视率均有一定程度的下降（剔除《水浒传》播出期间的收视率，其他时间各节目的平均收视率分别为：《新闻联播》33.16%，《焦点访谈》26.98%，《晚间新闻》3.12%，《世界报道》2.47%，《新闻调查》3.92%；而《水浒传》播出期间这些栏目的实际收视率分别为：《新闻联播》35.17%，《焦点访谈》31.17%，《晚间新闻》9.36%，《世界报道》5.17%，《新闻调查》7.75%），前后收视率差异非常明显，一部《水浒传》的播出影响之大，可见一斑。

（3）1998年抗洪报道期间，由于各新闻节目均加大了对前方灾情及抗洪救灾中的新闻事件的追踪报道，各新闻节目的收视率都有明显增加。

2. 具体分述

早间节目

中央电视台第一套早间7:00到8:00的节目主要由3个栏目构成：每日播出的《早间新闻》、《东方时空》、以及作为《东方时空》星期天特别节目的《实话实说》。

第一套早间7:00到8:00各栏目1998年收视走势基本呈现良好态势。《早间新闻》、《东方时空》全年收视率基本围绕特定均值波动。《实话实说》收视率则明显走高，在1998年下半年基本维持较高收视率。

在抗洪报道期间，《早间新闻》、《东方时空》打破常规安排，对抗洪进行了及时、全面、深入、细致的报道取得了良好效果，收视率明显提高。

就总体而言，第一套早间7:00到8:00节目具有较强的竞争力。市场占有份额1998年平均为54.61%。其中星期天的收视份额最高达到64.39%；周二、周三、周四的收视份额相对低一些，平均份额为52.75%。

在全国不同地区，第一套早间7:00到8:00节目的收视份额存在明显差异。在一半以上所调查城市，第一套的早间节目的收视份额都能达到60%以上。其中既有大中城市，也有小城市，既有内陆城市，也有沿海城市。但我们也看到，在上海、北京、深圳、成都、济南、广州等城市，第一套早间节目的收视份额相对较低。在广州甚至没有超过10%。第一套早间节目的竞争对手已明显增加。

我们进一步分析了几个第一套早间节目收视份额相对较低城市的频道收视格局：在广州，翡翠中文台份额为30%，亚视份额为23.5%，广州电视台为20.5%，香港及广州本地的频道吸引了很大部分的收视观众；在成都，成都电视台的本地新闻吸引了68.6%的收视观众；在济南，山东卫视的新闻和评书，也吸引了58.2%的收视观众；在上海，上海一套（28.2%）、东视一套（15.5%）也占据了相对不低的收视份额；在北京，与《东方时空》风格较近的《北京您早》也吸引了46.3%的收视观众。从媒介及部分观众的评介，《凤凰卫视》的《凤凰早班车》也在可收视地区获得了较好的口碑。

由此，我们想起在第四季度栏目评议时评议专家的一段话：“早间时段已面临较多频道的竞争，应居安思危。《东方时空》最好与其前的《早间新闻》融为一体，并突出节目的灵活性，新闻的时效性，增大信息量，加快节奏。”

午间新闻

《新闻30分》是第一套午间的主要新闻节目。自开播以来，以其较高的新闻时效性和及时丰富的新闻背景支持，赢得了较好的口碑，逐渐深入到广大电视观众的午间收视生活。

1998年《新闻30分》收视率基本呈现上升走势。在抗洪期间的出色表现更为其赢得了观众，收视率达到全年最高值。与1997年该节目的收视份额（24.3%）相比，对观众的吸引力得到了进一步提高，收视份额达到25.5%。

进一步分析该栏目在各地的收视地位，我们看到，在一些中西部省会城市，如南昌、呼和浩特、石家庄、西安、合肥、南宁、昆明等地，《新闻30分》的收视份额较高，均大于40%；但广州、上海、乌鲁木齐、天津、拉萨、厦门以及一些小城镇，如宝坻、常熟、达县、永济、雅安等地，《新闻30分》的收视份额均很低，低于15%。

黄金时段新闻

《新闻联播》和《焦点访谈》是中央电视台黄金时段两档主要的新闻及新闻评论类节目，也是中央电视台两个最著名的栏目。

纵观《新闻联播》1998年的走势，我们看到1998年上半年《新闻联播》基本呈现下降趋势，这种趋势在8月份得到了遏制。由于抗洪报道的深入展开，《新闻联播》收视率迅速回升。下半年《新闻联播》收视率则保持相对平稳的收视态势。

《焦点访谈》收视走势基本与《新闻联播》一致。从统计上分析，我们可以看到二者收视率具有显著的相关。

比较《新闻联播》和《焦点访谈》1997、1998年的收视份额变化，我们看到《新闻联播》1998年的收视份额（60.8%）较1997年（63.1%）有所降低，而《焦点访谈》1998年的收视份额（47.6%）较1997年（46.7%）有所上升。

进一步分析这两个栏目在各地的收视地位，我们发现在不同地区《新闻联播》和《焦点访谈》的收视地位的变化存在明显的一致性。在广州、上海、白城、常熟等地区，两栏目的收视份额相对较低。如在广州、上海，《新闻联播》的收视份额分别只有14.2%和19.8%；《焦点访谈》则更低，分别只有3.7%和8.6%。但在全国大部分地区，尤其是部分省会城市，《新闻联播》和《焦点访谈》的收视份额均较高，在近半数的省会城市两个栏目的收视份额均达到了60%以上。

三、21:00档专题类节目收视情况分析

1. 主要发现

21:00～22:00的专题节目涉及新闻、文艺、戏曲音乐、军事、体育等各个门类，满足不同观众的收视需要，它们在第一套的次黄金时间播出，是中央电视台的重头栏目。但面临外部和内部的竞争压力，它们1998年的收视率平均水平较1997年有所下降。

综合分析1998年各栏目的收视情况（排除《水浒传》的影响），我们发现：

（1）1998年专题节目的平均收视率，除《新闻调查》保持原有水平外，其他各栏目的平均收视率都低于1997年，但下降幅度不大。看来，在愈趋激烈的电视市场竞争下，21:00档的专题栏目已基本形成了自己的固定观众。

（2）在这12个专题栏目中，排在第一、二位的

依然是《电视你我他》和《军事天地》。排名变化较大的是：《社会经纬》由1997年的第十二位上升至第五位；《旋转舞台》和《万家灯火》则由原来的第四位和第八位下降至第九位和第十二位。其他栏目1998年收视率排名的格局与1997年相比变化不大。

(3) 从各栏目的收视率走势看，都表现出由高位迅速滑落、并渐趋走低的趋势。特别需要说明的是，年初，各栏目之所以能保持较高的收视率，是因为极大地受到了《水浒传》播出的影响。《水浒传》在1998年1月4日一播出，就受到了观众的欢迎，收视率逐级攀升。收视的惯性使21:00档的节目的收视率也较往日有了大的提高。《水浒传》播完之后，21:00的专题节目的收视率就开始大幅回落。由于这之后20:00黄金时间的电视剧的收视率也是逐波下行，各地有线台、卫视台的电视剧分流了中央电视台的观众，而且由于其他台的电视剧多半是连续播放两集，因此分流出去的观众就更难重新回到中央台21:00的专题栏目中。

看来，21:00专题栏目的收视率不仅取决于栏目的质量和观众对象，与20:00的电视剧收视情况也是息息相关的。在分析中我们还发现，农村观众表现出的这种惯性影响比城市观众更大。这在一定程度上反映了农村观众对频道的忠实程度要比城市观众强，他们不像城市观众那样频繁地转换频道，而是对一个节目或栏目认可了以后，更容易接受同一频道的其他栏目或节目。

(4) 21:00专题栏目的观众依然是男性的收视率大于女性；农村观众的收视率大于城市观众；文化程度越高，收视率越高；收看专题栏目的观众中，年龄大的观众比年龄小的观众多。

2. 栏目分述

《电视你我他》是节目介绍和引导方面的栏目，观众对象比较稳定，受到内外冲击也比较小。1998年的收视率走势如果排除《水浒传》的影响，基本保持了平稳的态势。

《军事天地》的总体收视率水平有所下降，其最高的收视率（《水浒传》播出期间）达到了15.04%，而最低的收视率仅为1.96%（1998年最后一次节目）。

《体育大世界》1998年的收视率走势表现为年中比较平稳，这和足球世界杯大赛的举行有关，但并没有出现像体育频道收视率大幅提高的状况。由于体育频道的开设，像《体育大世界》这样的体育综合专题栏目，无论在时效性、直观性，还是在信息量上，都不能最大限度地满足观众的需要。

《社会经纬》1998年收视率走势若排除《水浒传》的影响，基本保持平稳。

《音乐电视城》全年收视率走势缓慢下降。

《人与自然》1998年的收视率基本保持了稳定的走势，略有下降。

《文化视点》1998年的收视率走势基本保持了平稳态势，略有下降。

《旋转舞台》继《中外名家系列》和《江河湖海系列》后，1998年7月11日又推出了《百年经典——二十世纪中外音乐舞蹈系列》，受到好评。1998年收视率虽呈下降走势，但在《水浒传》后，还是出现了两个收视高点：一个是5月2日，收视率达到4.50%；另一个是8月22日，收视率为4.46%。

《'98环球》1998年收视走势稳中有降，但在6月10日达到了3.92%的收视率，8月19日达到了4.63%的收视率。

《九州戏苑》1998年8月份以后的收视率有所下降，这之前如果考虑到《水浒传》的影响还是比较平稳的。

《万家灯火》1998年的收视率基本平稳。8月20日也达到了3.75%的收视率。

21:00的专题栏目应该说在制作上是精良的，内容上是丰富的。像《旋转舞台》的百年经典系列、《文化视点》的“西藏文化热”、《九州戏苑》100期的“名家大反串”、《'98环球》10月份新增加的《环球浏览》和大型系列片《风云百年》等等，向观众朋友们奉献了一个个优秀、精彩的节目。《军事天地》、《社会经纬》、《人与自然》、《'98环球》、《旋转舞台》、《九州戏苑》、《电视你我他》1998年四个季度的栏目评议中都得了优秀，为什么收视率却不尽人意呢？笔者以为有以下原因：

一是受到20:00电视剧的影响。一部好的电视剧可以使观众继续停留在第一套，21:00的专题栏目收看的观众自然就多；如果电视剧不能留住观众，那么观众的流失就不仅仅是对电视剧的，21:00的节目首先受到影响。现在，各电视台纷纷抢播能吸引观众的电视剧，一放就是两集，如《还珠格格》、《日落紫禁城》、《新神雕侠侣》1998年都成为热门的电视剧。电视剧观众的流失就意味着21:00档专题栏目的观众也随着流失。

二是频道竞争的压力越来越大。到目前为止，各省台已全部上星，观众的选择范围更大，选择的权利得到了充分体现。新栏目的推出和栏目的改版愈趋频繁，仅中央电视台在1998年底就有《城市之间》、《幸运52》、《今日说法》等栏目和观众见面，在总的市场份额不变的情况下，观众的分流是必然的。

三是和观众收视取向的变化有关。受湖南电视台《快乐大本营》成功的诱惑，许多上星台和有线台纷纷推出娱乐性的周末文艺节目，一场屏幕上的娱乐大战硝烟四起。热闹、紧张、刺激、欢快的节目，加上丰厚的奖品自然吸引了不少的电视观众。这也是1998年底各栏目收视率呈下降态势的一个基本原因。

四、经济类节目收视情况分析

中央电视台的经济节目经过前两年的增设、改版、调整，已基本形成了自己的特色。特别是为了配合大事宣传，中央电视台第二套节目给广大电视观众奉献了大量丰富多彩的电视节目，推出了一些特别节目：《经济半小时》为报道1998年中国大洪水之后灾区人民重建家园，开设了特别节目《国是·家事》；《金土地》于9月28日推出了特别节目《重建家园》；为纪念十一届三中全会和改革开放20周年，《经济半小时》和《生活》分别播出了《20年·20人》20集系列报道和系列节目《生活1978～1998》；1998年底，经济部还推出了特别节目《幸运52》。观众热情洋溢的来信反映了他们对这些节目的喜爱。分析1998年经济节目的收视情况后，可以得出以下结论：

1.1998年中央电视台第二套的黄金时段经济类栏目的平均收视率要低于1997年

经济节目的播出时间，主要集中在第二套18:00至19:00，20:00至21:00。这里既有黄金时间，也有非黄金时间。但从各栏目全年的平均收视率看，非黄金时间的栏目基本保持了原来的收视率水平，而黄金时间的栏目收视率有较大程度的下降。这使得黄金时间播出的经济类节目和非黄金时间播出的经济类节目的收视率差别缩小。

电视节目在1998年的竞争愈演愈烈，各省台已全部上星，娱乐性电视节目大战硝烟四起。经济节目在这样的背景下，也面临着观众被瓜分的局面。晚间20:00至21:00播出的《生活》和《经济半小时》，由于面临着各台在晚间黄金时间纷纷推出的电视剧的挑战，1998年全年的平均收视率较1997年有较大幅度的下降。此外，晚间的《中国财经报道》(19:35～19:50)也出现大幅下降，《欢乐家庭》和早间的《中国财经报道》1998年的平均收视率也较1997年低。但同时，《商务电视》、《供求热线》、《金土地》、《经营有道》、《世界经济报道》、中午和傍晚的《中国财经报道》1998年的收视率却较1997年有不同程度的提高。综观这些栏目，它们都以大信息量、信息的及时性以及服务的专门化而拥有了自己牢固的观众对象。

2. 从全年的收视率走势图看，各栏目基本保持了平稳的态势

《生活》和《经济半小时》在年初的收视率相对较低（这与《水浒传》在同时段播出不无关系），年中收视走势相对平稳，年末收视率都有相当幅度的上扬，这是因为那段时间播出的特别节目受到了观众的欢迎。由此也告诉我们，抓热点、贴近现实生活是经济节目得到观众认可不可或缺的因素。

《欢乐家庭》、《金土地》、《经营有道》、《世界经济报道》的播出时间是18:30至19:00，由于季节性的原因，这些栏目上半年的收视率稍有下降，7、8、9月份出现低谷，而后走稳并有所上扬。

早间的《中国财经报道》上半年还比较平稳，但下半年却出现明显下降，最低的收视率竟达到0.0385%。其他时段的《中国财经报道》平稳中也略有下降。《商务电视》和《供求热线》保持了平稳的走势。

3. 经济栏目的观众格局保持不变

男女观众的收视率没有什么差别。文化程度越高，收视率越高。城市观众的收视率要明显高于农村观众，这与第二套在城市的覆盖率要明显大于农村的覆盖率有关。从观众的经济状况分析，中、高收入观众的收视率要大于低收入和特高收入观众的收视率。

4. 内陆城市观众对中央电视台经济类节目的收视率要高于沿海城市观众的收视率

《生活》和《经济半小时》在不同城市的收视情况基本呈现如下格局：西安和兰州的收视率要高于上海和广州，福州、武汉、北京居中。此外我们还可以发现，广州观众《经济半小时》的收视率要比《生活》栏目高。

5. 新栏目《幸运52》播出以来受到观众的喜爱

该栏目平均收视率达0.34%，播出以来收视率呈上升态势。平均收视率较1998年第二套同一时段11月22日以前的平均收视率（去除3月5日的峰值0.8%）0.2%明显要高。《幸运52》的设置使第二套该时段更具竞争力。

从《幸运52》的观众对象看，男性观众的收视率（0.25%）低于女性观众（0.32%）；35岁至49岁观众的收视率（0.34%）稍高，其他年龄段的观众差别不大；城市观众的收视率（0.29%）高于农村观众（0.26%）；文化程度高的观众更爱看《幸运52》。

五、青少年节目收视情况分析

青少年栏目因其对象的独特性，受到其他栏目的竞争压力显然要小得多。我们对1998年青少年栏目全年的收视情况进行分析后发现，除《大风车》和《第二起跑线》以外，其他栏目1998年观众总体的平

均收视率都要高于1997年。

《大风车》栏目1998年的平均收视率水平较1997年略有下降。从走势上看，年初的水平比较高，而后逐渐下降，10月以后有所回升。

我们知道，改版后的《大风车》栏目因其形式和内容更符合青少年的心理特点，1997年的4岁至14岁观众的收视率水平曾有大的提高。到目前为止，改版已过2年，新鲜、好玩的场景已变得熟悉和平常，收视率再要往上走是很难的，尤其是身体和心理都处于成长和发展阶段的青少年观众，比较容易接受新的事物，对熟悉、常规的事物容易厌倦。因此，经常的创新和变换节目内容和形式是吸引小观众的一个重要方面。10月31日，小观众可以直接参与的全新周末版《风车转转转》以现场直播的形式和大家见面了，从小朋友们的来信中，我们可以感受到他们对这一新的节目的喜爱。

在《大风车》的收视对象中（4岁至14岁），依然是女性观众多于男性观众，男性为10.20%，女性为12.79%，相差2.59个百分点。农村观众的收视率5.12%（总体）要高于城市观众3.26%（总体）。

《动画城》是以播出国产动画片为主的栏目。1998年播出的《海尔兄弟》、《快乐家家车》、《开心街》以及《大头儿子和小头爸爸》、《小糊涂神》都深受小朋友们喜欢。从其走势看，1998年上半年也出现下降走势，但在7月至8月暑假期间，收视率却直线上升；而后虽然有所回落，但基本保持了稳定水平。《动画城》4岁至14岁观众1998年的平均收视率要高出1997年1.85个百分点。

动画片是最受欢迎的儿童节目。男性4岁至14岁观众的收视率（8.35%）要高于女性4岁至14岁观众（7.66%）。在收视总体中，农村观众（2.68%）要比城市观众（1.75%）高。《动画城》栏目性别上的差异和《大风车》正好相反。

《第二起跑线》1998年的收视率略有下降。重播的收视率走势要比首播时更加平稳，重播的收视率水平也要高于首播时。从时间安排上看，每个星期五13:00至13:50的重播时间比上一星期天的14:05至12:55更有利观众收看。农村观众重播时的收视率要高于城市观众。

《芝麻开门》是少儿科普栏目。1998年播出了《红蚂蚁》系列、《动物奇观》系列、《科普纵横》系列等节目。由于播出时间上的接近，其收视率走势表现出了和《动画城》类似的走势：寒暑假期间都出现了收视高峰，寒假以后的收视率出现下降，而暑假以后的收视率基本保持平稳。

男性4岁至14岁观众的收视率（3.42%）高于女性4岁至14岁观众（3.08%）。在总体中，农村观众的收视率（1.16%）高于城市观众（0.78%）。

《12演播室》1998年的收视率较1997年有所提高。从其走势图看，9月份以前的收视率保持了上升的态势，最高收视率达到了1.07%（8月19日），但随后收视率开始下降。

其观众对象中，男性的收视率（0.79%）要高于女性（0.52%），除4岁至14岁的观众外，其他观众的收视率都在0.62%以上。城市观众的收视率（0.72%）明显高于农村观众（0.45%）。

六、综艺类节目收视情况分析

1. 中央电视台第一套黄金档综艺栏目收视情况

1998年，中央电视台的《综艺大观》、《曲苑杂坛》、《东西南北中》和《正大综艺》等周末主要综艺节目，收视态势不容乐观。

对比1996年至1998年三年来第一套周末黄金档各综艺节目的收视率，我们发现，三年来各栏目的收视率呈下滑态势。1998年，《综艺大观》、《曲苑杂坛》、《东西南北中》的平均收视率比1997年分别下跌了2.82、2.02和0.77个百分点，并且1998年各栏目收视份额的走势均呈下滑趋势。其中，《东西南北中》在1998年8月以后，收视份额已低于15%。《正大综艺》的收视份额虽然在1998年8月下旬以后有明显的走高趋势，但在12月份出现了回落。

分析其中原因，我们认为大致与以下因素有关：

(1) 以湖南电视台的《快乐大本营》为代表的娱乐类节目引人注目

1998年，娱乐游戏节目被不少人认为会拥有日渐看好的观众市场。一时间各电视台纷纷效仿，由此掀起了各电视台纷纷开办游戏类节目的热潮。这种情况虽然观众褒贬不一，但事实上，这些节目确实对观众尤其是特定层次观众产生了一定的吸引力。

(2) 与综艺晚会类节目的“失宠”有关

曾经一个时期，屏幕中的晚会类节目较多，主持人相同的主持模式，以及相互雷同的歌伴舞和相声、小品类节目频频出现，时间一长，这类节目形式就失去了对观众的吸引力。

(3) 栏目缺乏创新是内在原因

在中央电视台栏目评议组的评议意见中，对黄金档综艺节目曾有如下评价：《东西南北中》总的感觉像是《音乐电视城》的延伸，栏目的宗旨不清晰，创办初期的辉煌已消失；第四季度《综艺大观》主题不够鲜明突出，看后不能给人留下深刻印象；系列剧《咱们的居委会》剧情、表演均属一般。从这些评价可以看出，栏目自身因素也影响了观众收视的积极性。

(4) 建议

①面对各地综艺节目以及新栏目的激烈竞争，作为中央电视台老的名牌栏目，应该有危机感，增强观众意识，要分析观众不断变化的收视心理，积极研究对策，适当改变节目形式并增加新内容，以适应新的竞争形势。

②学习和借鉴地方台的成功经验，开办新节目，满足观众的需求。但要保持清醒的头脑，不盲目照搬照抄，把栏目的文化品位、可视性和娱乐性有机结合，发挥自己的优势，办出特色。

2. 各类晚会的收视情况分析

据不完全统计，1998年中央一套共播出各类晚会约50台左右（不包括重播），其中在20:00档和21:00档播出的晚会约30台，数量多于1997年。1998年是大事之年，为配合宣传，中央电视台推出了多台相关主题的晚会，虽然晚会类节目在一个时期内不是很受观众的注意，但重要节日期间和重要主题的晚会还是受到了观众的瞩目。54台晚会中，有18台晚会的收视率在10%以上，有7台晚会的收视率超过了20%。

历时四个小时的1998年春节联欢晚会，收视率远远超过其他晚会，并且比1997年春节联欢晚会上升了16.52个百分点，这一数值还创造了有收视率调查以来春节联欢晚会最高收视率纪录61.82%。这说明，尽管人们的娱乐方式在增多，欣赏品位在不断提高，对晚会的看法也各有不同，但除夕之夜收看这台晚会仍是大多数人的收视选择。

庆祝香港回归一周年文艺晚会《相约一九九八》，有内地和港台的诸多主持人和歌星参加，主题突出，风格清新。收视率为28.37%，排名第二位。

《新春携手向未来》、《警民同欢万家春》和《1998年三优专题晚会》在春节前后播出，为观众送去了喜庆、祥和的节日气氛，收视率超过了20%，显示出一定的吸引力。

值得一提的是，1998年抗洪期间，中央电视台直播的几台晚会，都有较好的收视效果。《我们万众一心——98抗洪赈灾义演晚会》经过短短一周的筹备和策划，于8月16日晚上直播，播出后在社会上引起了强烈反响。从收视数据我们也能看出观众的关注程度。晚会播出近4个小时，平均收视率达到25.23%。据统计，在这四个小时内，中央一套在全国所有频道中的收视占有率达到42.5%，远远超过了当月该时段的平均收视份额16.4%。另外，《携手筑长城》、《抗洪精神颂》、《为了灾区的孩子》、《当人民需要的时候》，收视效果也不错。

“五一”特别节目《五月礼赞》、《'98国庆文艺晚会》和“心连心”艺术团到广西百色革命老区的演出《百色情思》、《光明行——北大百年校庆》、《以电视的名义——首届德艺双馨全国百佳电视艺术工作者颁奖晚会》以及《'98“3·15”之夜专题晚会》等节目也有较好表现。

安排在非黄金时段播出的各台晚会的收视率相对较低，有15台晚会（包括迎春文艺展播节目）的收视率低于1%。

七、电视剧类节目收视情况分析

据了解，1998年，全国202家电视剧制作单位共生产电视剧650部，9300多集。其中有200多部，1600多集在中央电视台播出。

1. 中央电视台第一套黄金档电视剧收视情况

1998年第一套黄金档播出电视剧约200多集，19部。这19部电视剧题材大致可以分为8类，其中现实题材所占比例最大，为27%；传记类和改革类所占比例分别为21%；军事题材占11%。

具体分析各电视剧的收视情况，我们看到，1998年上半年播出的电视剧相对比较受观众喜爱，其中《水浒传》在艺术性和可视性上都达到了一定水准，为1998年黄金档电视剧赢得了开门红。《有这么一群兵》也得到许多部队官兵的称赞。反映农村廉政题材的电视剧《黑脸》受到农村观众的喜爱。4部改革题材电视剧中，《岁月长长路长长》、《人间正道》、《月缺月圆》的收视率在全年20点档电视剧的收视率排名中也进入了前十名。

然而，与1997年黄金档电视剧收视率相比，除了年初的《水浒传》的收视率明显高于去年之外，其他电视剧的收视情况大都不令人乐观。在1997年下半年，黄金档电视剧的收视曲线呈现抬升趋势，而1998年下半年，收视率曲线一路走低，最低值滑至5%以下。

2. 中央电视台第二套黄金档电视剧收视情况

1998年第二套黄金档共播出电视剧28部，比第一套黄金档电视剧的题材要广泛一些。其中现实题材的比例远大于其他类型，共10部，占35%；农村题材4部，儿童、军事和革命历史题材各3部。从收视率走势图看，第二套黄金档电视剧的收视趋势基本看好，全年有三个明显的收视率峰值出现，分别是中学生题材的《17岁不哭》、《缉毒警察》和韩国电视连续剧《爱情是什么》。在播出《爱情是什么》时，最高收视率达2.76%。

综观1998年第一套和第二套电视剧的总体收视情况，我们发现，第二套的收视情况基本看好，但第一套的电视剧面临的形势不容乐观。从第一套黄金档在全国所有频道中所占收视份额来看，在下半年，收视份额下降明显。11月份《风生水起——股市篇》播出时，收视份额曾低于10%，最高收视率只达到6.42%。

各地有线电视的不断增多，尤其是影视剧频道的开播，分流了相当一部分喜爱收看影视剧的观众，尤其是这些频道采用每天“连续”播放几集电视剧的形式，让观众“锁定频道”，这是第一套黄金档电视剧收视率下降的原因之一。

几点建议：

①中央电视台（尤其是黄金时间）播出的电视剧，思想性、艺术性均较强，坚持了正确的宣传导向，并注重弘扬主旋律。但与此同时，也应十分关注电视剧的可视性和题材的多样化。如果这类节目在某段时期出现过多，会降低频道的吸引力。

②在目前频道竞争已趋于白热化的形势下，电视剧的制作、审查和播出也应逐渐走向市场。《还珠格格》在多家电视台播出后反响较好，其中一个原因就是，该剧的风格轻松，尤其是青春偶像派演员对人物形象的个性化塑造，引起了观众的收视兴趣，其成功之处值得借鉴。

八、译制片类节目收视情况分析

据不完全统计，1998年中央电视台首播的译制片（包括影片和连续剧）共144部（如果加上重播，数量达200部以上）。这些译制片分别在第一套和第二套的《国际影院》、第二套的《正大剧场》、第三套的《世界名著名片欣赏》和第八套的《世界影视城》、《佳艺影院》、《佳艺剧场》等栏目中播出。

在这144部译制片中，美国片78部，所占比例为53%；英国片为27部，所占比例为18%；法国片9部，数量位居第三。加拿大影片5部，意大利影片4部，日本、德国和澳大利亚的影片分别为3部，墨西哥、前苏联和爱尔兰的影片分别为2部，朝鲜、西班牙、新西兰、南非、挪威和丹麦的影片各1部。

1. 中央电视台第一套和第二套节目周日、周六上午《国际影院》收视情况

第一套《国际影院》的播出时间是每周六上午9:10至10:40。其中，日本电视连续剧《青春家族》年初播出的几集收视率有较好表现，但随后收视率走势呈下滑态势，由年初的2%以上降至1.5%以下。在播出西班牙的儿童连续剧《塞莉娅》和美国片《家族血案》时，收视率有回升态势。在播出38集墨西哥连续剧《野姑娘娜塔莉》时，出现了全年的最低收视率1%。该时段在年初的收视份额为19%，而在下半年收视份额基本在10%至12%之间波动，收视份额呈下降态势。

第二套《国际影院》的播出时间是周六上午9:30至11:00。全年的最高值为0.47%，最低值为0.19%。下半年收视率曲线波动幅度较大。10月3日播出法国影片《女侦缉队长》时，收视率和收视占有率均达到全年最高值。

2. 第一套22:52播出的《世界名著名片欣赏》收视情况

1998年，中央电视台周六晚间第一套播出的译制片共有23部。除晚间黄金时段播出的《居里夫人》和春节凌晨播出的《假期圆梦》，其他影片的收视率基本低于去年。

3.《正大剧场》译制片收视情况

第二套《正大剧场》播出的译制片中，美国影片的比例占68%。从收视曲线看，除了美国的部分影片得到观众的关注外，日本的《春琴抄》、意大利的《亲爱的老师》、奥地利的《义犬雷克斯》、德国的《火之门》和《暗礁》等，收视率也都超过了2%，受到观众的瞩目。而部分美国片，则创下了《正大剧场》收视率的新低。

4. 中央电视台第八套译制片收视情况

第八套首播的译制片占台译制片总数的50%以上，栏目有《佳艺影院》、《佳艺剧场》、《世界影视城》和《世界名著名片欣赏》等。

每周五19:35至21:00的《佳艺影院》，收视率自2月13日出现明显抬升，由0.2%上升到0.63%，最高值达到0.91%，全年收视趋势呈上升态势。

每周六上午9:15至10:00的《佳艺剧场》，在4月下旬和5月份播出英国连续剧《防盗者》时，收视率有一定抬升。

每周六19:35至21:10的《世界影视城》，收视走势比较平稳。

5. 几点建议

(1) 面对日益激烈的市场竞争，要在增强引进译制片的思想水平和艺术水准的同时，注意选材的广泛性。从以上分析我们看到，部分欧美等国家的影片并不受观众的欢迎。应该让观众通过中央电视台的荧屏，了解到更多国家的风俗和文化，培养观众的收视兴趣。

(2) 另外，据了解，目前中央电视台引进的影片中，有的收视率比较看好，按引进合同中的规定是可以重播一次或几次的，却没有按时重播，而有的收视效果并不很好的影片却在第一套、第三套和第八套多次重播。这种现象不仅造成了资源的浪费（每年中央电视台有七分之二的译制片需要花钱从国外买进），也在一定程度上影响了观众的收视积极性。所以，要

在节目的引进和播出编排等方面进一步系统化，整体考虑不同国家影片的比例、引进成本、播出和收视效果等，使引进的影片达到最理想的收视效果。

九、中央电视台第五套体育节目收视情况分析

1. 概述

1998 年是体育赛事精彩纷呈的一年，也是中央电视台体育节目收获颇丰的一年。1998 年每个观众日平均收看第五套体育节目的时间较 1997 年增加了 1.84 分钟，1998 年体育频道在全国的收视份额也较 1997 年提高了 0.9 个百分点。

从全年体育节目的收视份额变化我们可以看到，在重大赛事转播期间，第五套成为观众了解体育赛事的主要渠道，收视份额明显提升，超过 10%。从每日的收视份额分时走势图看，除傍晚时段，全天主要播出时段第五套的收视份额走势基本平稳。在晚间较晚时段，由于体育赛事的直播，第五套的收视份额明显较高。

综观中央电视台几个频道主要的体育栏目（板块）在 1998 年的收视状况，我们看到，第五套的一些固定栏目，如 18:00 时段的《体育新闻》、《足球之夜》收视率均较 1997 年有明显提高。在第一套和第五套的一些体育栏目收视情况则明显趋弱。《体育大世界》、《世界体育报道》、《晚间体育新闻》（第一套）的收视率均较 1997 年有不同程度的下降。

另外，甲 A 足球赛直播的收视率也较 1997 年有了一定程度的下降。

2. 具体特征分述

(1)《足球之夜》受到欢迎。《足球之夜》是周四播出的以足球为内容的专题性节目。它以客观公正的评述，深入细致的报道，丰富的信息资源，赢得了广大球迷的青睐。自开播以来，收视情况一直呈现良好态势。在中央 5 套同时段节目中，《足球之夜》的收视份额是最高的，明显高于一周中其他时间节目所拥有的收视份额。从收视走势我们可以看到，1998 年该栏目全年收视率基本处于相对较高的水平。

(2) 18:00《体育新闻》收视率呈上升趋势，只是在年底，收视率有一定程度的下降。

(3) 1998 年世界杯足球赛转播获得了成功。1998 年世界最大的体育赛事，莫过于第十六届世界杯足球赛。为满足广大电视观众的要求，中央电视台购买了全部 64 场比赛电视转播权，在世界杯期间通过中央电视台第一、二套节目以及第五套节目向观众作现场直播。与此同时，中央电视台第五套还在每晚推出了 90 分钟的综合专题节目《法兰西之夜》，及时向广大观众报道前方记者传送回来的比赛背景、花絮，并对已进行的几场比赛进行细致分析。这种及时的、多层次的、多种先进技术相结合的立体报道，不仅体现了中央电视台的实力，也充分满足了不同层次观众的需求，受到了观众的认可。1998 年世界杯足球赛直播尽管时间大都在夜间，平均收视率依然达到了 2.67%。

精心制作的《法兰西之夜》专题直播节目的播出，是中央电视台在历届世界杯报道中的一个新举措。这是中央电视台报道世界重大赛事与国际接轨的标志。先进的多媒体技术，虚拟技术的运用，透彻的分析，确实让观众欢欣不已。该节目在 20:00 黄金时段的平均收视率为 3.47%，在 18:00 时段的平均收视率为 0.98%。

(4)《城市之间》取得较好的收视效果。《城市之间》是中央电视台首次用购买专利的方式，从法国引进的一档全新的趣味体育竞赛节目。它的首播吸引了观众的广泛观注，在 21:30 至 23:00 时段平均收视率达到了 3.66%。尽管其后首播收视率呈下降趋势，但从午间重播的收视情况可以看出，这种趣味性的体育竞赛节目对观众是有吸引力的，《城市之间》午间重播的收视率呈逐级上升趋势。

（刘志忠、徐瑞青、张传玲）

1998 年观众来信综述

截至 1998 年底，中央电视台共收到观众来信 443.1 万封。这个数字大大超过了以往的统计数字。需要说明的是，本次对全年观众来信数的统计较之往年更为全面。其中多达 406.6 万封信来自于中国电视报社、青少部等部门主办的征文、竞猜、评选等活动。过去我们对全台观众来信数的统计未把这部分包括在内，而只收集了全台观众来信管理网对日常来信的统计数字。经过调整，全台观众来信管理网络覆盖以下部门、栏目：新闻评论部、《新闻联播》、《晚间新闻》、军事部、经济部、《旋转舞台》、《综艺大观》、《曲苑杂坛》、国际部、影视部、《夕阳红》、《健康之路》、《半边天》、《今日说法》、《读书时间》、《当代工人》、《科技博览》、《第二起跑线》、《大风车》、动画部、《中国电视报》、电影频道、农业电影电视中心等。1998 年，这个网共收到来信 36.5 万封。收到来

信较多的栏目依次为《焦点访谈》、《大风车》、《动画城》、《东方时空》、《健康之路》等栏目。由于尚有主持人和个别栏目收到的来信未能统计在内，所以全台全年收到的观众来信数应超过目前统计的443.1万封。

现将观众来信反映的主要内容作如下分析：

一、圆满完成重大宣传任务，受到观众高度称赞

1998年，观众反馈较为强烈、集中的首推抗洪救灾宣传。抗洪期间，中央电视台收到了大量观众来信、来电。广大观众充分肯定中央电视台抗洪报道，认为报道速度快、气势大、范围广、效果好，对战斗在抗洪一线的广大解放军、武警部队官兵和中央电视台记者表示由衷的称赞和感谢。观众还就如何做好报道工作提出意见和建议；为抗洪救灾献计献策，推荐防疫抗病的有效方法；希望通过中央电视台捐献钱款；以诗词、歌曲、书画作品等表达爱心和激情；对灾民表示慰问和鼓励；还有一些年轻人表达自己的感想和向抗洪勇士学习的决心。

8月16日现场直播的大型赈灾义演晚会《我们万众一心》反响热烈。许多观众来信来电抒发感想。他们普遍认为这台晚会非常成功，主题鲜明、隆重热烈、感人至深，激发了广大人民群众的爱国主义热情。一些观众说，自己是流着热泪看完这台晚会的。9月28日播出的大型电视文艺晚会《抗洪精神颂》又一次引起人们的强烈共鸣。观众纷纷来信来电，盛赞这台晚会给人以巨大的鼓舞与鞭策，表示要学习抗洪英模的英雄主义气概，继承和发扬伟大的抗洪精神。

中央电视台对九届人大一次会议和九届政协一次会议的报道受到观众赞赏。观众对本次“两会”报道中的突破表示肯定，例如：对有关背景资料做生动的介绍、采用记者直播报道的方式等等。同时，观众也希望多反映来自基层的代表的情况。

中央电视台有关改革开放20年的新闻、专题节目及现场直播纪念改革开放20周年大型文艺晚会《春潮颂》也受到广大观众一致好评。观众反映说，《春潮颂》是一台很成功的文艺晚会，所选取的歌曲和历史资料画面使人感到非常亲切，演出时台上台下交相呼应，情绪热烈激昂，使观众深受感染和鼓舞。经济部特别制作的系列节目《20年·20人》也在社会上产生了较好的反响。很多观众打来电话，反映节目很感人，给人留下了深刻印象。业内人士认为这部片子形式新颖，内容吸引人，立意精巧，生动鲜活。

二、推出高质量、高品位的精品节目，观众中不断掀起收视高潮

1月3日开始在中央电视台第一套节目黄金时段播出的43集电视连续剧《水浒传》成为年初人们普遍议论的话题之一。众多观众给中央电视台写信、打电话，畅谈收看这部电视剧的感想，提出意见和建议。观众认为其场面壮观，表演精湛，人物性格鲜明，情节扣人心弦。有的观众甚至认为这是自己看过的最好的电视连续剧。

1月10日，张家口地区发生6.2级地震，中央电视台及时播出消息及一系列相关报道。中央电视台对突发事件的快速反应能力得到观众的一致肯定。有观众评价说，中央电视台的报道充分发挥与体现了电视这一新闻媒体快捷准确的宣传作用，可以成为我国应急系列报道的范例。

中央电视台春节期间的节目让观众感到满意。他们认为，这期间中央电视台屏幕丰富多彩，中央电视台的三台春节文艺晚会和春节贺岁片《同喜同喜》以及在中央电视台播出的文化部、公安部的两台文艺晚会都给人留下了深刻印象。特别值得一提的是，1月27日晚播出的《'98春节联欢晚会》收视率再创新纪录。据电话调查显示，全国有94.42%的家庭收看过这台晚会，其中有87.03%的观众认为晚会办得“好”或“比较好”。观众认为这台晚会紧紧围绕民族大团圆的主题，节目精彩、有质量、上档次，表现出全国各族人民蓬勃向上、喜迎新春的精神风貌，使人感受到春的气息、时代的召唤和民族的希望。

2月1日播出的《旋转舞台》春节特辑《华韵报春维也纳——中央民族乐团访奥新春音乐会》得到了众多音乐爱好者的热烈赞赏。节目应观众要求重播后，仍有一些观众希望再次重播，并希望多安排播出这样高水平的音乐节目。观众说，我国民族音乐在世界最高音乐殿堂演出，这还是第一次，而且第一次演出就受到国外观众的热烈欢迎，为国家争了光，使人感到欣慰。

'98“3·15”晚会是中央电视台第八届“3·15”主题晚会。以往的成功使其影响越来越大。这台晚会及'98“3·15”行动直播，又一次在社会各界引起强烈反响。据央视调查咨询中心对全国十大城市跟踪调查结果显示：“3·15”节目白天的收视家庭占样本总数41%、“3·15”晚会占48%。“3·15”行动和晚会直播所设投诉电话接听1000多次，“3·15”活动期间还收到观众来信5000多封。

6月30日和7月1日，中央电视台一套播出的特别节目——“七一”晚会《党旗下的誓言》和庆祝香港回归一周年大型歌舞晚会《相约一九九八》均得

到好评。观众认为这两个晚会组织得很好；特别是“七一”晚会，内容丰富，节目精彩，弘扬了团结向上、奋发进取的精神。

洪灾之后，《科技博览》栏目连续多日播出卫生防疫节目，受到观众的欢迎和感谢。他们认为这样的安排不仅对灾区群众是及时和必要的，而且其他地区的群众也受益匪浅。

6月上旬至7月上旬在法国举行的'98世界杯足球赛，牵动了亿万球迷的心，而中央电视台围绕这届世界杯赛安排的大量现场直播、评述、回顾等各种形式的节目，使电视机前的球迷们得到了极大的满足。从观众反映来看，他们对节目安排非常满意，同时也有一些遗憾，如对开幕式转播过程中插播广告太多、讲解员的讲解过多及未完整转播开幕式等表示不满。

12月份在泰国举办第十三届亚运会，中央电视台派出了强大的报道阵容，呈现在观众面前的节目多角度、多侧面、全方位、大容量，使更多的观众得到了满足，与以前相比，对'98世界杯足球赛和亚运会的报道提意见、表示遗憾的观众少多了。

三、大部分名牌栏目质量稳定，观众希望其保持水平并有所提高

新闻类节目，如《新闻联播》、《中国新闻》、《焦点访谈》、《东方时空》、《实话实说》、《新闻调查》等，观众来信的内容普遍是表示肯定和称赞的，也有一些观众会在来信或电话中提出对节目的具体建议，如主持人着装、片头画面字幕的运用等。

年初和年终，中央电视台记者两赴伊拉克，及时为观众提供有关报道。许多观众不仅对前方记者不畏风险、不怕牺牲的敬业精神表示敬佩，同时也指出：中央电视台对国际局势积极、迅速的报道，显示出其实力和国家大台的地位。

3月底至4月下旬，《新闻联播》每天播出一集系列专题报道《部长访谈录》，介绍机构改革后新当选的部长，受到观众的普遍欢迎和好评。观众认为，这个节目做得及时，抓住了社会关注的热点，增强了人们对改革的信心，节目具有较强的可视性和整体性。

经济类节目普遍受到其观众群的欢迎。在给经济部写信、来电话的观众中，反映问题、提供新闻线索、为节目提建议的多了，许多观众还来信针对节目中的观点、内容等进行探讨。

《大风车》、《第二起跑线》、《夕阳红》、《半边天》、《社会经纬》等专栏节目，依旧受到各自观众群的喜爱。观众普遍认为其保持了原有的水平，小栏目的调整也都得到了观众的肯定。值得注意的是，越来越多的观众认为《夕阳红》、《半边天》等栏目城市化倾向过重。

文艺类节目，观众的意见相对集中于晚会和综艺节目。很多观众认为，目前晚会过多、过滥，内容重复，形式呆板，建议适当控制晚会数量和规模。对于综艺类节目，如《综艺大观》和《正大综艺》，虽然仍有许多观众表达喜爱之情；但不容忽视的事实是，已经有相当数量的观众表示厌倦及对其前途的担忧。他们说，一些综艺类节目形式陈旧，编排手段匮乏，演员表演虚假，对观众的吸引力越来越弱；这样的栏目如果再以老大自居、不思创新，在目前地方台纷纷上星、综艺节目推陈出新的形势下，面临的将是观众大量流失的严重局面。

第八届全国青年歌手电视大奖赛得到观众的赞赏。他们认为，这届比赛，参赛歌手除演唱歌曲外，还要参加包括文化基础知识、乐理、视唱等在内的综合素质考核。对赛事的这种改革是科学的、必要的，这会促使歌手重视全面素质的提高。

中央电视台在第一套黄金时段推出的精品电视剧基本得到了观众好评。其中，《水浒传》、《十七岁不哭》、《黑脸》、《人间正道》、《红十字方队》、《阳光地带》、《难忘岁月——红旗渠的故事》、《少奇同志》等剧观众反映更强烈些。12集电视连续剧《黑脸》播出后，不少观众来信来电认为，这部连续剧的播出配合了党的廉政建设，反映了广大人民群众的呼声，有很强的现实教育意义；演员表演到位。这些观众以农民为多数，他们希望多播放这类反映现实的影视剧。5月中旬至6月中旬，播出了26集电视连续剧《人间正道》。有观众评价说：这部剧气势恢弘、真实生动，弘扬了时代主旋律，谱写了一曲改革开放的颂歌，令人感动不已。14集连续剧《难忘岁月——红旗渠的故事》于9月底至10月中旬播出后也得到好评。观众认为，这部剧故事精彩感人，是一部艰苦奋斗精神的赞歌，是民族精神的再现，该剧的播出对增强全国人民克服困难的勇气、把改革开放事业推向前进有很好的激励作用。

多少有些出人意外的是，韩国电视连续剧《爱情是什么》在中央电视台第一套节目部分播出后反响强烈。观众认为这部剧内容真实生动、贴近生活、吸引力强，发生在外国人身上的故事对国人也有启发和教育意义。他们纷纷要求重新完整播出这部剧。后来在第二套安排播出了全部58集。重播后反响仍很热烈，还有一些观众要求重播。

许多喜爱体育节目的观众表示，体育频道的节目安排合理，每天晚上都有侧重点，满足不同观众的需要，他们感到满意。

四、一些大型纪录片、文献片和"心连心"活动受到好评

1998年中央电视台推出的一些专题片、纪录片也得到好评，如：12集文献纪录片《周恩来》、大型电影纪录片《丰碑》、电视文献纪录片《共产党宣言》、5集电视纪录片《中华之盾》、3集专题片《决胜》、6集文献纪录片《彭德怀》、12集文献纪录片《刘少奇》、12集系列专题片《改革开放20年》及20集系列报道《20年·20人》等。大型电视纪录片《跨世纪的握手——江泽民主席访美纪行》播出后反响强烈。许多观众打来电话，称赞该片虽然政治性很强却不单调呆板，可视性强，生动活泼，很吸引人，令人鼓舞；节目取材、拍摄和编排都很成功，是一部具有重要历史意义的精品。大型专题片《决胜》，观众称其为一部惊心动魄、感人肺腑的纪实性电视精品，认为该片选材、编排都非常成功。

"心连心"艺术团在全国各地的演出受到观众的一致欢迎。每次节目播出后，都会有许多观众来信表达自己激动的心情。但是，也有观众指出，有的演出在工厂车间里举行，影响工人工作，而且存在不安全因素，希望以后在选择演出场地时考虑得周全些。

五、一些新栏目甫一问世即得到观众肯定

6月初推出的科普类栏目《走近科学》、10月底推出的体育竞技类综艺节目《城市之间》和11月下旬推出的法制专栏《今日说法》均受到观众欢迎。观众对这几个栏目寄以厚望，认为开办这些栏目适应了时代的发展、社会的需要，希望编导不负众望，坚持办好节目。此外，有许多观众向《今日说法》栏目咨询和投诉，希望解决自己所遇到的法律或社会问题。

六、部分主持人以自身实力赢得观众的欣赏和喜爱

新闻评论节目、文艺节目、青少节目、体育节目的一些主持人，如敬一丹、水均益、白岩松、方宏进、崔永元、王雪纯、汪文华、鞠萍等，在过去的一年里继续在观众中保持着较高知名度。

体育节目的几位年轻主持人，如张斌、黄健翔、刘建宏，以其较高的文化素养、丰富的体育专业知识、平易近人的主持风格确立了自己崭新的职业形象，赢得了越来越多的观众的欣赏。与此同时，也有许多观众表示，体育节目个别主持人对体育赛事的解说越来越让人难以接受。

七、电视台在观众心目中具有权威形象，咨询、投诉信件和电话仍大量涌来

许多观众向《焦点访谈》、《社会经纬》、《今日说法》等栏目投诉或咨询自身遇到的社会及法律问题，这些栏目接到的信件和电话中大部分是此类内容。

《健康之路》、《夕阳红》、《半边天》等及一些经济类栏目，如《金土地》等，则每天接受大量对医疗、保健、商业贸易、种植养殖等方面的信息咨询。

八、广告节目日益得到观众的理解，意见从广告节目的长度转向广告内容及插播方式

同以前相比，抱怨广告节目过多的观众少了。有关广告的意见更多地集中于广告主题、内容、画面是否符合社会主义道德准则，是否符合精神文明，是否有利于下一代的健康成长。观众非常反感在节目中间插播广告及在预告的节目时间内先播广告的做法。

此外，再就业、环境保护、社会公德、扶贫等内容的公益广告得到广大观众的赞赏。

九、节目中尚有许多瑕疵，观众希望尽善尽美

节目中出现错误、漏洞时，许多观众立即通过各种方式及时指出。例如，对村委会主任仍沿用"村长"的旧称，在同时提到大陆、香港和台湾时仍用"两岸三地"的提法，一些节目使用计量单位不规范，将自治区称为"省"等，经常有观众对这些问题提出批评。

中央电视台个别节目中存在缺少必要的字幕、字幕移动速度过快、对节目内容只出字幕而不配解说等现象，如预告节目、《新闻联播》片尾内容提要部分等，不断有观众对此提出批评。他们认为，这样做既不能使电视声画并茂的传播功能得到充分发挥，又不方便观众进行收视选择，大大降低了传播效果。

特别值得一提的是，中央电视台实行屏幕语言文字奖罚制度，错别字、错误读音信息主要依靠观众主动提供。在这些观众中，有二三十位非常热心，孜孜不倦、不计报酬，几乎每个月都寄来自己发现的中央电视台屏幕语言文字差错例证。

十、一些地方台违反国家有关规定，影响中央电视台节目播出，引起观众强烈不满

1998年，仍有许多观众向中央电视台反映当地

电视台不转播或部分转播中央电视台节目、在中央电视台节目中间插播当地台广告等违反规定的问题。他们强烈要求政府有关部门严肃处理这类事件，维护全国广大观众及中央电视台的权益。

(观众联系处 周建明)

1998年地方观众座谈会情况汇报

1998年4月上旬至8月中旬之间，中央电视台总编室分别在江苏省镇江市、辽宁省丹东市、河南省洛阳市、云南省德宏傣族景颇族自治州芒市、内蒙古自治区包头市召开了五次观众座谈会，直接听取各地区观众对中央电视台节目的意见。

中央电视台到北京以外的地方召开座谈会，全面听取各方面观众对本台屏幕的意见，这还是第一次。为尽可能全面地了解生活在不同地区、不同环境观众的收视特点及对节目的意见，我们在选择会议地点时，充分考虑到其各自所具有的地区特色——镇江地处江南，是军事和文化古城；丹东是北方边境城市；洛阳是中原地区著名的文化古城；芒市是少数民族聚居的南方边疆重镇；包头是西北地区大型重工业城市。

参加座谈会的观众代表来自社会各界、各阶层—工厂、农村、学校、部队、党政机关、公检法系统、商业系统、科技界、个体工商界、理论界、新闻界、文艺界，及工、青、妇系统等。他们中既有普通农民、职工、生产一线工人，也有单位骨干、领导干部；既有尚在学校读书的大、中学生，也有离退休干部。在选择观众代表时，对于其性别、职业、民族等的构成比例等都有所考虑，力求收集到各类不同观众群的反映。从这些观众代表的发言看，他们的共同点是关心中央电视台的发展，喜爱中央电视台的节目。各地观众对电视的认识水平差距不大。他们对于参加座谈会都非常重视，事先作了充分的准备。为了充分收集周围群众对中央电视台的看法，一些与会观众代表在会前走访周围职工、邻居征求意见，有的还召开小型座谈会，进行小型观众抽样调查。几乎所有观众代表都认真准备了发言稿。

这几次观众座谈会都开得很成功，收到了很好的效果。观众代表在会上畅谈对中央电视台节目的看法，更应我们的要求提出了许多中肯的意见和建议。他们认为，中央电视台深入到地方、到老百姓中间来征求意见，体现了居安思危、积极进取的精神和真正把观众当做上帝、贴近百姓的指导思想，让观众感到满意。

现将观众代表的发言摘要整理如下。

一、总体评价

观众代表普遍表示，近年来，中央电视台为我国社会主义物质文明和精神文明建设做出了卓越贡献，成绩很大，效果很好，功不可没。节目有很大进步，紧跟时代步伐，很好地反映了百姓的现实生活，发挥了国家电视台应有的作用。中央电视台的节目在广大群众心目中质量高、信誉也高，广大观众都非常关心中央电视台的发展，希望中央电视台办得越来越好。

他们认为，中央电视台的节目政治方向明确，内容丰富，形式灵活，制作精当，注重实效，但节目的气氛过于凝重，要加强可视性和趣味性。

各地观众都表示，在各类电视台中，收视首选是中央电视台第一套节目。这套节目得到观众的普遍肯定。

有观众提出，目前每套节目的内容都显得庞杂、零碎，建议在整体结构、框架上作大的调整，设立专业频道，比如新闻频道、电视剧频道、外语频道等。

南方观众认为，节目的北方味太浓，更像是为北方观众办的。而一些北方观众则认为，目前新闻、经济节目中，报道全国性的、南方一些发达地区的内容相对较多，但是对于中西部地区、特别是少数民族地区的经济发展没有给予足够的关注。建议“新闻扶贫”，今后在报道上对于经济相对落后地区给予适当的考虑。

观众代表还提出：

在黄金时间要弘扬主旋律，提倡多样化，第一套节目特别要强调弘扬主旋律。由于受经济及地理等条件的制约，我国农村较大区域的观众现在收看中央电视台节目只能看到第一套，这就给第一套节目提出更高的要求，要求它具有全方位性，并考虑我国是农业大国的特点。

要进一步加强对国有大中型企业改革成果和下岗再就业的宣传报道，多介绍各级政府再就业工程的有效举措。在宣传再就业工程的同时，还应把触角渗透到企业基层，让全国观众了解职工再就业的难处和出路所在。

应加强正面宣传，树立正气，加强对青少年树立正确的理想、信念和世界观的教育。要通过各种节目，加大对观众社会公德的引导力度。

要多宣传杰出的科学家和其他战线上的英雄模范人物，多关注老百姓的生活。要多介绍各种不同层次的人群。

要加强对黄金时间精品节目的预告和宣传力度。

在宣传报道一些重大问题时，应注意节目的播出对一些地区的负面影响。例如，宣传禁毒问题非常重要，但如果将毒品问题集中于一个地区来反映，对该地区的形象及旅游和经济发展会产生不良影响。

各方面的工作都应讲究“优质”。节目要准时播出，不要在预告的节目播出时间再播广告。有时计算不是很准确，节目没播完就被中途掐断，要避免这种现象。有时新闻的画面转换事故率较高，值得注意。

中国教育电视台和一些地方台已创出了自己的名牌栏目，吸引了众多观众。希望中央电视台多学习、借鉴这些电视台的优点、特色。

二、关于新闻节目

新闻节目得到观众普遍认可，特别是《焦点访谈》、《东方时空》、《实话实说》等栏目更是在许多观众的收视选择中排在最前位。观众认为新闻评论节目文稿严谨、语言精美、富含哲理。希望这类节目能得到进一步的发展，报道更深入、更贴近生活、更平民化一些。

《新闻联播》的信息量、时效性、权威性得到观众的普遍认可，是许多观众长期以来每天必看的节目，但不少观众认为领导人活动和会议的报道太多，信息量相对来说仍不是很足。建议设置“一句话新闻”或“标题新闻”，以增加新闻信息量；增加对老百姓的事情、先进人物事迹的报道，相对减少对领导人的活动的报道。有关北京的新闻报道太多，建议多报道全国各地的新人新事。要加大对热点问题报道的比重。国内新闻部分应每天都有关于港、澳、台的消息；在报道时，不要把中国与三地称谓并列。

现场新闻太少，在报道方式上需要有所突破。

《焦点访谈》办得很出色，有力地发挥了舆论监督作用。观众从节目中感受到编辑、记者的无私无畏精神。但有的跟踪报道不够，缺乏对事件结局的报道。

在我国法律监督机制还不完善的情况下，中央电视台作为新闻单位应加大舆论监督的力度。同时，也要适当宣传一些好的典型。树立人民群众对党和政府的信心。

希望《焦点访谈》再增加一次重播，即《新闻30分》后再播一次，这样早、中、晚都有，为不同作息时间的人们提供方便。

《新闻30分》以其高时效受到好评。但节目中间播的广告冲淡了新闻的严肃性。

《实话实说》也受到观众欢迎，但观众认为节目质量参差不齐。该栏目主持人只有一个，令人担心后劲不足。目前对话题的选择还比较拘谨，应当更宽泛一些。

希望延长《新闻联播》、《焦点访谈》和整点新闻的播出时间。

三、关于社教节目

《夕阳红》较过去有了明显进步。

《上下五千年》具有很强的教育意义，质量较高，希望多重播。

希望进一步办好《科技博览》和其他科技专栏节目。加大报道力度、增加信息量、增设栏目，特别是全面报道国际上最新的科技动态。要重视利用节目加强观众的科技意识。

在科技节目中要加大对“可持续发展战略”的宣传教育，把环境保护作为“重头戏”来抓。此外，实用科学方面的内容相对单薄了一些，在这方面应加强宣传力度。

科教节目的解说词不能过于深奥复杂，要更多地运用通俗、简明、扼要的语言，否则达不到科普的目的。

要大力加强法制宣传。宣传形式要生动活泼，力戒呆板、生硬的说教，可通过案例分析、小品、小型电视剧等形式进行普法教育。

建议直播一些典型案件的审理结果，用真实的案例生动形象地教育群众。

要加强计划生育的宣传。

要加强对教育方面的报道，加大对教育新闻人物的宣传。另外，在教育大转轨时期，为推动教育改革，对在素质教育方面卓有成效的专家、学校以及有效的教育改革办法应加强报道，外国在教育方面的成功经验也应有介绍，有利于开阔眼界、推动教育改革。

希望多介绍一些国际上先进的幼儿教育的方法和模式。现在的幼儿节目中，多是蹦蹦跳跳的幼儿歌舞内容，教育形式陈旧。

希望多播出一些关于近代史的节目，加强对观众特别是青少年的爱国主义教育。

四、关于文艺节目

文艺节目的新气象得到观众肯定。以前，音乐节目、电视剧中充斥了港台流行音乐，现在情况改善了，高雅的、民族的音乐多了。综艺晚会也有这种变化。

但是，文艺晚会仍然让观众很不满意——各种文艺类晚会过多过滥，逢节必搞，逢会必办，有的还不止一台。大同小异，质量一般，节目重复，缺乏特色，观众厌倦。一台晚会中虽有好节目，但从整体上说精品极少。不少晚会在耗资惊人、在豪华气派上互相攀比，在电视系统中助长了不良风气。

春节联欢晚会应适当降温。新闻界对它炒得过多过早，调子定得过高，使本来不错的一台晚会因期望值过高到时令人失望。

综艺节目虽仍拥有很多观众，但其中精品较少，缺乏创新。一些娱乐性节目严肃有余，活泼和开放性不足。应给观众多提供参与的机会。《综艺大观》给人临时拼凑的感觉。《正大综艺》节目播出前后和中间插播的广告太多，令人反感。

目前反映改革开放的电视剧中精品不多。应该围绕主旋律，多播映些贴近现实的片子，如下岗工人生活、机构改革、大中型企业改革等。要尽量减少影视剧中的暴力倾向、婚外恋内容和床上镜头，减少对青少年的不利影响。

好的电视剧每天只播出一集，使人很难连续、完整地看完一部电视连续剧。希望尽量保持连续剧播出的连续性。

电视剧拍得太长、太拖沓。片头片尾太长，而且每集都重复，浪费太多的时间，观众十分反感。

电影频道播放的老片、重播片多，新片、经典影片太少，新上映的故事片播出太慢，没有给人精品的感觉。有的好影片播出时间太晚，让人无法收看。

建议丰富电影频道的内容，比如：可播放奥斯卡奖、金鸡奖等电影奖的颁奖典礼实况或录像，定期放映奥斯卡奖获奖作品，展播或定期介绍某一个国家的优秀电影、优秀电视片。进口影片在精而不在多，要选优而用。

《国际影院》是一个精品栏目，可惜播出时间太晚。

音乐电视目前成了单纯的歌曲电视，建议制作一些器乐MTV、戏曲MTV播出。有的MTV画面花里胡哨，令人眼花缭乱。歌手服装展示倾向不好。

1998年的青年歌手电视大奖赛增设综合素质测试非常好，有利于提高青年文艺工作者的综合素质。

文艺频道栏目多，零散而各自为政；编排也不尽合理，没有主线，没有连贯感，重播率太高，精品节目少。建议固定栏目，树立好频道的整体形象。

建议设置“戏剧、曲艺精品”栏目。在栏目设置和节目制作上，应照顾全国观众的不同欣赏品味。比如，据1959年统计，流传在我国民间的有360多个剧种和300多个曲种，但从中央电视台屏幕上能看到的剧、曲种并不多。当然，在这方面也有所改进。今年上半年在《电视书场》栏目播放的扬州评话《武松传》就很受江南地区观众欢迎。

文艺类节目应加大幽默成分，播一些幽默剧、幽默小品等，让观众在一天的紧张工作之余放松放松。

五、关于经济节目

经济节目关注经济生活的热点问题，增强了针对性，加大了经济科技信息服务的比重。但是，对南方的经济新闻和信息报道得过多，对北方老工业基地报道得太少，对西北地区经济的潜力和发展报道也少。

《经济半小时》的敏感性和及时性改观很大，但重量级的节目略显减少。

希望经济节目中增加有关股市的内容。

对于企业的有偿宣传，其商业色彩不要过于浓重。

一些咨询电话和信息提示字幕滚动过快，不方便人们记录。

六、关于体育节目

体育频道增加直播，特别是直播足球世界杯比赛，受到观众热烈欢迎。但前段时期，球迷观众对体育实况转播问题议论颇多，要求“实况转播”，不能搞“选况转播”。比如，足球超霸杯赛发生球员冲突时，电视镜头长时间指向比分牌和观众席，就引起观众的强烈不满。观众认为，体育转播应该尊重观众、相信观众。如果说赛场骚乱可能助长不良心理，那是低估了多数观众的体育道德观，甚至还会挫伤全民共同清除赛场精神垃圾的热情。

《足球之夜》是球迷每周的节目，观众对节目内容和主持人、评论员的评价都很高。也有观众认为主持人说得太多。

体育节目中球类节目过多，而且有重男轻女倾向。比如：中国女足在世界大赛上屡创佳绩，却很少播女足的比赛；而男足几乎是屡战屡败，还不惜重金转播其赛况。对女篮宣传得也少。

对于一些观众不太熟悉的运动，如冰球、橄榄球、棒球等，也可以适当介绍，让人增长见识。

七、关于青少年节目

《大风车》、《芝麻开门》以及国产动画片受到儿童的喜爱。但当前儿童题材的节目仍不够多，尤其是青少年题材的电视剧少。在儿童节目中应多增加些带有教育意义的片子。

少儿节目目前在18时播出，孩子们往往为了看动画片不肯定时吃晚饭和做作业，这已成了各地家长们的烦恼。如何处理好这个问题，对电视台、对家庭都是个难题。

应当培养推出新的主持人。

建议在寒暑假期间开设少儿临时频道。

青少年节目中，《第二起跑线》进步明显；《12演播室》的思想性、趣味性较强，教育意识融会贯通。但是，适合中学生看的节目仍然较少，形式陈旧。希望在寒暑假、双休日集中播放一些短小精悍、适合中学生口味、知识性和趣味性比较强的节目，继续播放贴近中学生生活的影视剧。还要多介绍一些优秀中学生的生活、学习和成长的故事，增加有关青少年心理、生理咨询方面的栏目。

要加大对青年思想政治工作的宣传力度。建议设立专门的栏目，宣传在共青团工作中做出杰出贡献的青年专家、学科模范。

八、关于军事节目

军事节目质量较高，但播出时间应作调整。部队有规定，必须收看军事新闻节目。目前军事新闻与《焦点访谈》的播放时间冲突，而战士们特别喜欢《焦点访谈》。重点的军事栏目可调整到星期六、日。此外，部队是每天21时熄灯休息，这个时间以后的节目实际上部队战士是看不到的。

军事节目的内容也需要充实，报道的方式也要改进。目前，军事节目报道外军的篇幅较多，报道我军的力度不够。建议多介绍我军高科技的运用以及武器装备、战术演习、典型战役等方面的内容。要更多地把摄像机和话筒对准军营、对准官兵们最关心的热点问题，把军事节目作为沟通地方和军营一个窗口，让更多的人了解军人、理解军人，关心爱护军队。

九、关于农业节目

第七套现有的农业科技节目办得不错，但有关农业产业结构调整的政策宣传方面的内容相对较少。

建议在第一套节目中加强对农业政策、农业科技知识的宣传。科技兴农是重中之重。要多介绍农村两个文明建设方面取得的成功经验，多播放一些农业科技类节目，多宣传一些农村改革、调整产业结构、发展乡镇企业的新思路、好经验，介绍一些科学种田或搞多种经营致富的先进经验。

十、关于广告节目

晚上广告数量太多、时间太长、重复播放太多，令人很反感。

广告质量比过去有进步，有的创意较好，能给人以美感。但是，缺少严肃性和真实性、粗制滥造毫无创意的低劣广告和虚假广告也时有发生。特别是有些食品、医药、化妆品等广告，夸大其辞、言过其实。有的广告用“爱国”来推销牙膏，用屈原、哥白尼为真理而献身来介绍VCD，很不恰当。此外，香烟广告绝不应该出现在屏幕上。在《天气预报》前播出的一条郑州“金芒果”广告就是隐形的香烟广告。

电视剧前面的广告时间太长，影响节目正点播出，使观众产生反感。有的在正在播出的节目中插播广告，使观众大倒胃口。

播出广告节目也应有精品意识，不能光看经济效益，还要看其创意水平。同一则广告不宜反复多次播放，否则收不到好效果，甚至会引起观众反感。安排广告播出应有科学性。

广告要有趣味性。要多播一些公益广告。

十一、关于主持人

中央电视台节目主持人和播音员表现得严肃有余，活泼不足。

文化素质的不足使一部分播音员、主持人在提到一些人名和地名时常张冠李戴。播音员、主持人平时应多关心政治、体育、经济、军事、文化等方面的内容，尤其是与自己所主持节目相关门类的知识，使自己成为真正有素养的公众形象。

播音员、主持人的读音必须规范，不要在普通话中加入东北音或北京音。有的主持人动不动就用“那么”二字，这种现象在文艺节目主持人中较多出现，最不应该的是在儿童节目中也出现。

播音员最好老中青都有，给人以长江后浪推前浪之感。一些知识性、专业性很强的节目，应尽量选用资深和大气、凝重的主持人，甚至请具有播音能力的白发专家出马。目前有的主持人所谈论的话题与其年龄、阅历不相称，背台词似的解说缺乏可信度。

十二、关于观众联系工作

希望电视工作者多到基层调查研究，可召开党员、妇女、青年、工人、农民、军人、个体户等专项座谈会，也可分地区召开。

建议设立定期、公开的“群众信箱”和“观众热线电话”，播出群众的批评、建议、希望和要求。可建立新闻联系人制度——电视台与一些热心观众建立联系，由他们提供报道线索。

十三、其他意见

天气预报准确，对群众的工作、生活有很大帮助。

应加大对各民族的正面宣传报道，对各民族地区的经济、社会发展应安排系统的、系列的宣传介绍性节目，应增设相应栏目，增加播出时间。应重视宣传、弘扬少数民族的民族文化，如少数民族戏曲。

在边疆少数民族地区，存在电视节目的民族语化问题。许多节目如果不翻译成少数民族语言，其节目覆盖的实际效果便会大打折扣。中央电视台支持民族地区电视台的节目翻译，对扩大中央台节目影响很有好处。

电视节目包括春节晚会里应该少一点方言。目前屏幕上小品节目经常出现东北话、陕西话、山东话等方言，一些在电视上经常露面的小品演员一出场就是方言，有时让人反感。

要尽量避免出现字幕错别字。节目中的字幕应让人有时间看完，一闪而过达不到效果。

（观众联系处　周建明）

（摘自《观众反映及分析》1998 年第 4 期）

中美两国领导人互访报道的收视率分析

1998 年 6 月 25 日至 7 月 4 日，美国总统克林顿对中国进行了为期 9 天的访问。对此，全球各大媒体均给予了极大关注。中央电视台从 6 月中旬开始，就在各新闻节目中对两国领导人互访进行了多角度全方位的宣传报道。其中比较大型的新闻报道有：6 月 19 日播出的大型电视纪录片《跨世纪的握手——江泽民主席访美纪行》，6 月 26 日《新闻调查》播出的“大国的握手”，6 月 27 日的现场直播——“江泽民、克林顿会见记者”和 6 月 29 日直播的“克林顿在北大演讲”等。这些报道使全国观众通过中央电视台的电视屏幕，迅速全面地了解了中美两国关系史上的许多重要事件。

一、大型电视纪录片《跨世纪的握手——江泽民主席访美纪行》引起关注

在美国总统克林顿访华之前，中央电视台推出了大型纪录片《跨世纪的握手》，全长 60 分钟，再现了 1997 年 10 月 26 日至 11 月 2 日江泽民主席对美国进行的为期 8 天的国事访问的盛况，阐述了这一事件的重大历史意义，吸引了不少观众。他们认为该片虽然政治性强，却不单调呆板，编导的手法有了新的突破，注重捕捉感人的场面和瞬间，增强了感染力和可视性。该片 6 月 19 日在中央电视台第一套节目首播时，收视率为 17.18%，在 6 月 14 日至 6 月 20 日一周的收视率排行中居第四位。另外，其收视占有率达到了一周内同时段收视占有率的最高点（如图 1 所示），即当时收看电视的观众中，有接近 55% 的观众收看了这一节目。另有一些未能收看到该片的观众不断打电话询问重播的时间，观众的关注程度可见一斑。应观众的要求，中央电视台分别在第二、四、八套节目和英语传送频道重播了该片。

图1　1998年6月14日一周19:30～20:44中央电视台第一套节目在全国所有频道中的收视占有率走势

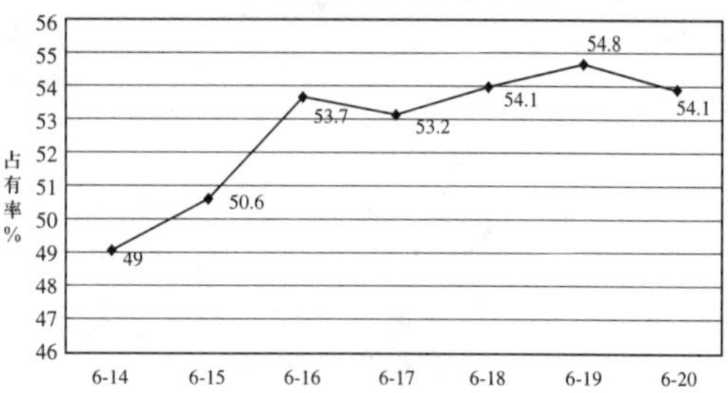

二、6 月 26 日《新闻调查·大国的握手》取得了该节目在 6 月份的最高收视率

《新闻调查·大国的握手》是在 6 月 26 日晚21:10播出的，即在克林顿总统抵达北京的当晚播出，具有较强的时效性。该片围绕中美首脑实现互访进行了纵向深入的分析和回顾，由于片中多处运用了同期声和历史镜头，大大增强了新闻的真实性和感染力，使观众对中美两国首脑互访这一重要事件有了比较深刻的认识。从收视率来看观众对该片是比较关注的。这一期的收视率进入了中央电视台第一套节目 6 月 21 日至 27 日一周收视率排行的前十名，比 6 月 19 日一期高出 1.24 个百分点（如图 2 所示）。

图2　《新闻调查·大国的握手》收视率与前四期比较

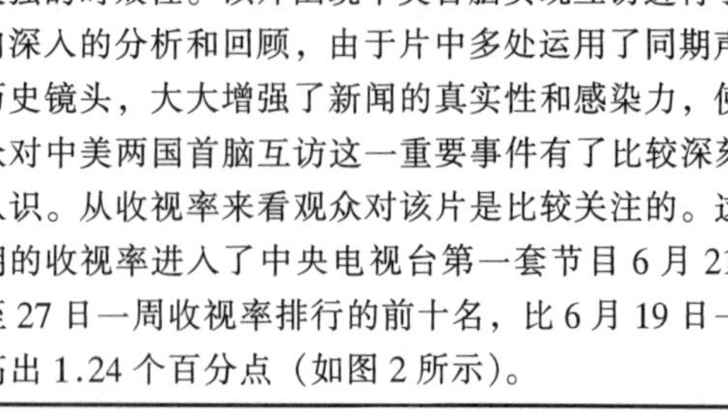

三、江泽民、克林顿会见记者的现场直播使该时段收视率明显抬升

6 月 27 日 11:55 至 13:17，中央电视台在第一套节目中对江泽民、克林顿会见记者进行了现场直播，使观众在第一时间目睹了两国首脑这次历史性的交流，以及他们对一些国家问题的见解和态度，特别是江泽民主席所表现出的远见和风度，给观众留下了深刻印象。我们看到，对这次长达 80 多分钟的直播，观众十分关注。由于直播日期恰逢周六，观众有相对多的时间来关注电视屏幕，收视率比当周同时段的平均收视率高出一倍以上（如图 3 所示）。

图3　1998年6月27日现场直播与前六天同时段收视率比较

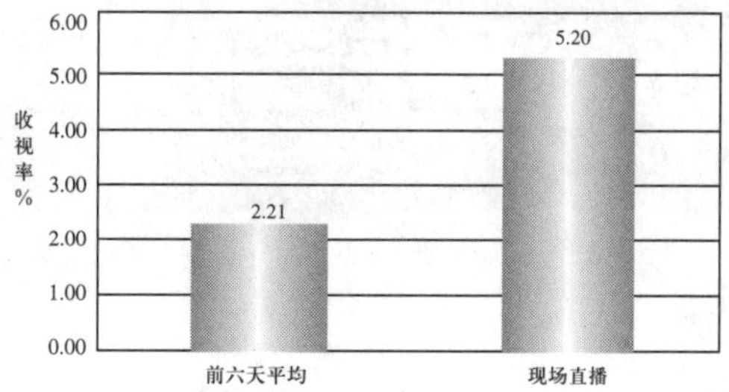

（张传玲）

（原载《观众反映及分析》1998 年第 3 期）

8. 工作会议和研讨会

一、全国性电视工作会议

中央电视台社教节目中心召开全国节目选题规划会

1998年2月10日至13日中央电视台社教中心在北京召开了全国节目选题规划暨业务研讨会。这次会议分为两个部分：一是对大型系列片《中国家庭》进行总结和研讨；二是部署关于继续合作拍摄大型系列纪录片《中国人》选题规划及《祖国各地》栏目改版的工作。

本次会议共有60个电视台的120余名代表参加。中国广播电视学会常务副会长刘习良、副会长郭宝新、社教中心主任高长龄等出席了开幕式。刘习良祝贺中央电视台联合地方台共同制作的30集大型系列纪录片《中国家庭》拍摄成功，称赞“这项很有意义的活动，创造了新的形式，取得了新的经验”。

中央电视台副台长李东生在讲话中说，从世界发展潮流来看，专题节目正“方兴未艾”。社教节目表现的主题应该贴近现代生活的漩涡，更深层次地触及社会主潮流。在谈到节目制作时，他特别强调要增强观众意识，任何手法、任何形式都是为内容服务的，首先要让观众看得懂，而某些编导盲目照搬模仿所谓“潮流”、“纪实”，观众看不懂，专业人员也看不懂，这样不可取。李东生同志感谢兄弟电视台对中央电视台的支持，勉励大家携起手来，共创社教节目的辉煌。

中央电视台召开′97全国电视广告扶贫座谈会

1998年2月16日，中央电视台广告经济信息中心在北京召开了全国′97电视扶贫广告扶贫座谈会。台领导杨伟光、陈君与来自13个省、县“扶贫办”的领导、扶贫地区的农民代表及部分广告、新闻界人士参加了座谈。

杨伟光认为，1997年扶贫工作做得很好，扶贫产品销售不错，打开了市场，提高了价格，产品还销到国外，增加了农民的收入。他指出，一般我们支持贫困地区人民有两种方法：一是捐钱、捐物；二是扶持贫困地区人民发展市场，电视广告扶贫就是为了发展生产、解决长期扶贫的问题。大家都说感谢中央电视台，但中央电视台就是为全国人民服务的，扶贫也是本台应该做好的一项工作。现在需要扶贫的省、市很多，希望各地注意提高自己产品的质量和信誉，努力形成长期的产销平衡的局面。广告部还要进一步总结经验，帮助更多的贫困地区产品找到销路，卖个好价钱。

广告经济信息中心主任谭希松通报了1997年电视扶贫工作的有关情况及社会反响。1997年中央电视台共播出了宣传13个省的16种农牧产品的扶贫广告，这些广告在中央电视台第二、三、四、五、七、八套节目中播出，经济效益显著，使产品产区的收入少则增长50%，多则翻几番。谭希松说，电视广告扶贫是一项长期工程，但一个单位的力量毕竟有限，所以倡议全国的省级、市级电视台以及各类报刊也能够拿出一些时段或版面，为贫困地区发展经济多做些实事。

′98 全国电视外宣选题规划会

1998年2月23日至28日，中央电视台海外节目中心在宁波召开′98全国电视外宣选题规划会。中央电视台副台长李丹及广电部、国务院侨办、全国侨联等部委的有关领导和全国六十多家省市电视台有关负责人参加了会议。中央电视台副台长李丹、海外中心主任赵宇辉、广电部总编室副主任李春武、国务院侨办影视处处长万小穗、全国侨联宣传部长林佑辉、中共宁波市委领导和地方台的代表作了大会发言。

李丹在讲话中向与会者传达了′98年全国外宣会议精神和李鹏、丁关根、孙家正等关于外宣工作的指示，通报了中央电视台海外中心′97年的外宣工作、′98年的工作设想及与地方台合作的成绩，提出了1998年中央电视台与地方台合作的新思路。李丹强调指出，全国电视外宣工作要继续坚持中央提出的以"中央台为龙头，以地方台为依托，发挥系统优势，走大外宣道路"的方针。为适应新形势的发展，1998年中央台与地方台要进行全方位的开放和合作。中央台有资金、播出频道、信息等资源优势和权威性，地方台有电视制作和人力资源的优势，二者要有机结合，实行优势互补，以形成我国电视外宣的合力。要通过合作，探索出一条政治互助和市场经济相结合、提高宣传节目质量的新路子。

与会者认为，李丹同志提出的合作新思路，符合电视外宣发展的趋势。希望中央电视台在合作中充分发挥外宣龙头和权威性、主渠道、总编辑部的作用，加强整体策划和信息反馈，指导地方台搞好外宣工作。同时，地方台也要充分发挥电视和人力资源优势，增强外宣意识，动员全台的力量，与中央电视台海外中心进行全方位的合作，共同办好中央电视台第四套节目和英语频道。

′98 全军电视记者站站长会议

1998年3月3日至4日，全军电视记者站站长会议在北京召开，来自中央电视台驻全军17个记者站的站长和解放军电视宣传中心的代表六十多人参加了会议。

会议传达了中央电视台1998年工作会议精神，对中央电视台第七套军事节目改版后的情况进行了分析和总结，并观摩了部分优秀军事节目。与会代表认为，改版后的军事节目内容丰富，独具特色，贴近生活，时效性强，给人以耳目一新的感觉，备受官兵的欢迎，收视率也稳步上升。会议听取了各站1998年度的选题计划及工作计划，就如何进一步提高军事节目质量、军事记者队伍素质和业务培训等问题进行了深入研讨。

中央电视台副台长李东生在会上对改版后的军事节目给予肯定，并表扬了军事部记者伍辉和成都军区记者站共同采访制作的8条系列新闻报道《西藏边防行》，强调记者只有深入基层，才能拍摄到鲜活的、观众喜爱的好新闻来。

′98 全国少儿电视节目交流与合作会

1998年6月2日，由中央电视台举办的来自全国六十多家电视台的一百多名代表′98全国少儿电视节目交流与合作会在北京召开。就如何办好少儿电视节目以及当前少儿电视创作中出现的问题进行了探讨。

中央电视台副台长赵化勇到会并讲话。他指出，少儿电视节目创作应以健康、明快、美好为基调，不能套用成人节目的做法。给孩子看的节目一定要有益于孩子的身心健康。少儿节目编导要经常充电，学习最新的东西，不能误人子弟；要有爱心，有童心，研究少儿心理，以孩子的视角制作节目；要认真把握和处理好儿童的年龄差异，城乡差异，地区差异，国别差异的关系。他说，在少儿节目的编排、制作、播出时间和内容上，各电视台之间要及时总结，交流经验，尽可能做到科学、合理、高效，要通过各台之间的合作，克服少儿节目制作中人员和资金等方面的困难，充分利用有限的资金，产生最大的效益。中央电视台与兄弟台之间要多通气、多合作，多播出、多服务。

中央电视台青少节目中心主任余培侠主持了当天的会议，并介绍了中心的机构设置、节目总体布局及1998年度中央电视台与兄弟台之间的合作意向等情况。

中国电视剧制作中心西部地区选题策划会

1998年6月12日至17日,中央电视剧制作中心在青海省西宁市举行了西部地区选题策划会,来自新疆、甘肃、青海、宁夏、陕西、四川等省、自治区及兰州军区、成都军区电视剧制作单位的作家和有关领导共21人参加了会议。策划会对二十余项剧目选题进行了研讨。

中国电视剧制作中心副主任张华山同志在会上做了动员报告,宣讲了江泽民总书记为纪念"5·23"(毛泽东《在延安文艺座谈会上的讲话》发表纪念日)所作的讲话,再一次肯定了文艺工作者深入生活对繁荣创作的重要性和必要性。还介绍了中国电视剧制作中心目前生产、创作的大好形势,并表示了尊重作家、广交朋友、愿为大家热情服务的诚恳态度。

与会同志强调中央电视台有责任、有使命把西部文化介绍给人民,让大家认识我们的国家,热爱我们的国家。

经过两天的小组讨论,最后落实12个选题可以立项,计10部80集电视剧本,其中包括《昆仑女》(8集)、《八瓣格桑花》(6集)、《黄河渡》(15集)等。

与会作家对中心的这次会议极为重视,纷纷发言表示愿奉献最好的选题与中国电视剧制作中心合作,有的作者提出了多部选题供中心选择。

中国电视剧制作中心东北部地区选题策划会

1998年8月11日至14日,中国电视剧制作中心文学部在山东省青岛市举行了为期3天的选题策划会,出席会议的作家和有关领导20人,他们来自山东、河北、辽宁、吉林、黑龙江、内蒙等省的电视剧制作单位、电影制片厂、文联、作家协会、文艺出版社、文化局、报社等单位,策划会对二十余项剧目选题进行了认真的研讨。

中国电视剧制作中心主任胡恩和副主任张华山从不同角度做了发言。胡恩介绍了中心的主要工作是承担中央电视台黄金时段播出的电视剧的制作任务,他还介绍了中心成立15年的发展情况及目前具有的优势:有中央电视台自己的频道保证播出;有300多名专业制作人员保证精良的制作;有资金方面的有力保证,因此希望能和更多的作家及朋友交流,并建立长期的合作关系。特别欢迎向建国50周年献礼的剧目,以及关于迎接新世纪展望未来光辉前景的选题。

与会作家发言表示愿将几十年的风雨沧桑,焕发出高昂的创作激情,为中心奉献出最想写的、集一生的生活积累创作的、叩击灵魂的作品。

经过两天分选题讨论,最后落实了17部剧目,其中7部(10集)剧本在进一步修改,10部(196集)选题可以立项。

′98北京国际广播电视设备展览会

1998年8月26日,由国家广播电影电视总局、中央电视台、中广国际经济技术合作总公司三家联合举办的一年一度的′98北京国际广播电视设备展览会在北京举行。

本届展览会的主题是"跨入数字化时代",会上所展示的广播电视视频、音频设备成套系统及相关技术均突出了这一主题,同时也反映了广播电视技术发展的趋势。围绕这一主题,在展览会期间举办了29场技术讲座,约1900名电视专业工程技术人员及热情关注广播电视事业发展的人士参加技术讲座。

技术讲座的主要内容有:数字视频、数字音频、数字传输系统、数字测量技术、数字压缩、多媒体制作、虚拟演播室系统等。这些讲座不仅丰富了展览会的内容,更重要的是提高了展览会的科技水平。

全国电视新闻年会

1998年10月22日至24日,由中央电视台主办的′98全国电视新闻年会在四川省都江堰市召开。中央电视台和各省、自治区、直辖市电视台主管新闻工作的台级领导和新闻部主任及中央电视台驻解放军三总部、各大军区记者站站长共88人参加了会议。

中央电视台副台长李东生在会上作了题为“现代电视新闻理念”的发言，新闻节目中心主任孙玉胜向与会代表通报了新闻中心机构调整情况和运作体制，布置了“改革开放20年”的报道计划，并就当前电视新闻改革的现状和发展趋势作了发言。特邀代表中央电视台播送中心主任丁文华作了题为“现代电视技术在新闻当中的应用”的发言。中央电视台地方新闻部副主任陆伟昌通报了中央电视台与各地方台合作的情况，就地方台提供给中央电视台的新闻的时效性、信息量和报道质量方面应注意的问题作了发言。

全国部分县级有线电视台联网会议

1998年11月10日至12日，中央卫星电视传播中心在北京召开了全国部分县级有线电视台联网会议。会议宗旨是落实广电总局加快农村覆盖2000年实现“村村通广播电视”的战略部署，加快中央电视台八套节目在全国各地的覆盖，扩大中央卫星加扰电视的联网。国家广电总局社会管理司司长才华同志到会并作重要讲话，中央卫星电视传播中心副主任田盛华主持会议，广东、福建、甘肃、山西、陕西、湖北、河北、内蒙古、上海等省、市部分没有联网的县级广电局、有线台的领导参加了会议。会上，田盛华副主任介绍了传播中心发展情况和中心贯彻总局“村村通”的打算。卫星电视传播中心将积极参与总局“村村通”的工作。尽快与尚未与中心联网的边远地区的县实行联网，把中央电视台的四套加扰节目送到广大观众家里。会上，经过努力新签联网协议36000多户。会后，传播中心要立即着手组织引进生产农用解码器，争取早日送到广大农村，让更多的人们看到中央电视卫星加扰电视节目。

全国部分省、市电视台′98电视媒体应用计算机网络技术研讨会

1998年12月10日至12日，由中央电视台召开的′98电视媒体应用计算机网络技术研讨会在山东济南举行。全国部分省、市电视台和有线电视台及有关单位的代表八十多人参加了会议。本次研讨会是在电视媒体进一步实现数字化、应用计算机技术的需求不断增长，更多的电视台积极寻求依靠计算机等新技术实现电视业务管理现代化的情况下举行的，本次研讨会旨在进一步促进和加强电视技术与计算机技术两个领域的密切联系和广泛结合，探讨和评价计算机技术的发展对电视媒体的作用和影响，总结和介绍电视媒体应用计算机技术的经验和体会。

研讨会上，中央电视台、科学技术部中创软件集团以及美国IBM、SUN、CISICO、SYBASE等世界著名的计算机厂家分别就电视媒体应用计算机技术的经验和体会和如何适应电视媒体行业的普遍需求，研究和开发适用于电视领域的产品和技术的方法和认识等方面的问题进行了内容广泛、深入的研讨、座谈、考察和交流。

二、全国性理论和业务研讨会

中央电视台青少节目中心举办《文学宝库》研讨会

1998年3月19日，中央电视台青少节目中心召开《文学宝库》研讨会在北京召开。来自北京、上海等地的电视界、戏剧界、评论界专家罗英、程式如、张美妮、丁罗男等三十余人参加了研讨会。《文学宝库》是中央电视台儿童节目“六个一百工程”之一。1997年已将我国现代著名作家严文井、阮章竞、金波、叶永烈、任溶溶等人的24个作品改编录制成100集短剧，并已开始陆续播出。1998年还将继续录制100集。

青少节目中心主任余培侠在会上就如何选定名作名篇，如何改编成剧及提高节目质量发表了看法，他希望专家们就《文学宝库》的界定、改编制作及儿童收视心理等问题展开讨论，提出宝贵意见。

专家们观看了部分剧目录像后，对做好这类题材的节目提出很多建设性意见，认为节目不但要选名家之作，还要选名家作品中的名篇；应该从儿童的视角拍摄，拍孩子们喜闻乐见的剧目，并强调对孩子要进行正面引导。专家认为，《文学宝库》应该拍成“宝”，要认真地选材并选一流的导演制作。由于时代在前进，所以对过去作品的改编应符合今天儿童的审美情趣。他们希望改编时要保留原著的文学性，拍出有深度、有意境的剧目来，使孩子们受到文学和美学的熏陶。

中央卫星电视代理省厅联网工作研讨会

1998 年 4 月 8 日至 14 日，中央卫星电视传播中心在云南省昆明市召开了中央卫星电视代理省厅联网工作研讨会。

中央卫星电视传播中心副主任田盛华同志主持会议，全国 19 个代理省厅的代表参加了会议。在会上，田盛华副主任首先介绍了传播中心从建立以来的基本情况，并就当前卫星电视的形势和中心工作作了分析。中央卫星电视传播中心自成立以来，努力发展用户，扩大联网，目前已有 19 家省厅代理，全国联网有线台 3000 个，联网户数 1800 万户。之所以能取得这样好的成绩，一是加扰电视发展的趋势，二是离不开各级领导的重视与支持。传播中心对于各级代理单位认真负责、扩大联网、热情服务、积极收费的辛勤工作表示感谢。

会议中，传播中心与各代表交流经验，并就联网代理工作和今后的中央卫星电视的发展问题进行了研讨，一致认为要紧紧抓住当前改革的大好时机，化不利因素为有利因素，更好地扩大有线电视联网，只有这样才能在未来竞争的市场中占有重要的一席。会议还讨论了建立奖励机制，促进代理联网工作和积极参与地方有线网络建设和改造等问题。

“跨世纪的都市电视”理论研讨会

1998 年 5 月 24 日至 28 日，中央电视台研究处与上海电视台联合举办的“跨世纪的都市电视”理论研讨会在上海召开。

上海广播电影电视局，上海电视台的领导出席会议并讲了话；上海广播电影电视局局长助理朱咏雷在会上详细介绍了近几年上海电视事业适应市场经济的发展进行改革的情况并从理论上进行了探讨。中国广播电视学会副会长兼秘书长郭宝新到会祝贺；中央电视台研究处处长王录出席了会议并讲了话。

会议邀请了中国青年管理学会理事杨建平、广东暨南大学新闻系副主任黄匡宇教授、中国人民大学新闻学院刘志筠教授、中国教育电视台研究室主任张志君和上海复旦大学顾晓鸣教授，就全国都市电视的发展现状、趋势、对策以及世界城市电视的发展主流等问题作了专题报告。参加会议的有来自全国各直辖市、省会城市、计划单列市和部分省电视台的领导和电视理论研究者，他们都撰写了论文并在会上进行了比较充分的研讨。

与会同志一致认为，这次会议准备充分、信息量大、学术气氛浓，对都市电视迎接世纪的改革与发展，以及都市电视的理论建设都将发挥较大的影响。

′97～′98 全国迎春文艺节目展播研讨会暨′98 首届全国电视诗歌、散文展播活动规划会

1998 年 6 月 20 日至 21 日，由中央电视台组织的′97～′98 全国迎春文艺节目展播研讨会暨′98 首届全国电视诗歌、散文展播活动规划会在北京举行。来自全国 31 个省、自治区、直辖市的 43 家获奖电视台共 80 多位代表出席了会议。中央电视台副台长赵化勇、副总编兼总编室主任罗明、文艺节目中心主任邹友开为 67 个获奖的全国迎春文艺展播节目颁奖，并就全国

地方文艺的发展、定位、合作等问题作了讲话。各电视台代表对电视文艺目前的现状进行了冷静的分析，认为地方台的节目要在地方特色、民族特色、风格多样化和准确定位上下功夫。

对1998年2月1日起在中央电视台第一套节目推出的'98首届全国电视诗歌、散文展播活动，到会的代表给予了高度的评价和赞扬。认为电视诗歌、散文是一种前景看好的电视文艺新品种。它的播出对提高电视文艺的文化品位，培养电视观众的欣赏品位，提高电视编导的文化素质和强化电视艺术的本体特征非常有利，也非常及时。在观摩了部分展播作品后，代表们认为目前播出的作品中，多了些东南的婉约和秀美，缺了些西北的豪放和雄浑。西北地域有文化资源，但缺少资金。希望通过这次会议，中央电视台能在选题上进一步进行调整、扶持，以利推动电视诗歌、散文的蓬勃发展。

全国电视台加强经济新闻合作研讨会

1998年9月8日至10日，由中央电视台召开的全国电视台加强经济新闻合作研讨会在山东省济南市举行。全国22家省、市级电视台负责经济宣传的同志参加了会议。会议的中心议题是：总结过去两年里全国电视经济宣传取得的成功经验；商讨1998年10月1日中央电视台《中国财经报道》改版播出后，如何加强全国电视台经济新闻的合作，怎样才能形成以中央电视台为龙头、全国电视经济宣传系统携手共进的大合唱，并就合作中的一些具体问题及其他可能合作的领域进行磋商、讨论。

中央电视台广告经济信息中心副主任张海潮在讲话中强调指出：这次会议非常重要。我们现在正面临着一个新的时期，传媒多元化的时代越来越明显，电视行业内部的竞争也越来越激烈，我们在收视率方面每增加一个百分点都要付出巨大的努力，我们需要有新的机制、新的活力。面对这种情况，我们各台要寻找新的突破口，增加新的活力，经济新闻报道在新闻中是最有新增长点的节目。

会议认为：我们生活在一个以经济生活为主的社会里，社会的活动中心以及每一个人的活动都是围绕着经济而运转的。中央电视台的《中国财经报道》就是在增加经济新闻影响力的情况下进行改版的。搞经济宣传的同志要以经济的眼光看社会，以百姓的眼光看经济。在经济新闻的定位上，最基本的原则就是力争独家，必保独到。

与会代表认真讨论了中央电视台提出的《中国财经报道》改版方案，认为全国电视系统要加强合作，中央电视台要发挥龙头作用，牵好头，带好队。地方台之间也要相互配合，上下一致，形成合力。

首届全国电视英语新闻研讨会

1998年10月19日至25日，由中央电视台主办、重庆电视台承办的首届全国电视英语新闻研讨会在重庆市举行。来自上海卫视、天津电视台、重庆电视台等18家电视台的制片人及采、编、播人员39人参加了会议。

会上，中央电视台海外节目中心副主任盛亦来介绍了中央电视台的发展和海外英语节目的现状。重庆市广播电视局副局长万林强调，电视英语新闻是顺应时代的产物，它对从业人员的要求高，是对外宣传的重要工具。

与会代表们交流了各台英语新闻节目的发展情况，观摩了各台制作的节目，并就节目内容、包装、语言、制作、编排等方面问题展开了热烈的讨论。中央电视台代表介绍了英语新闻的播音、配音、采访、制作要点，并提出英语新闻的采编播工作人员必须具备良好的新闻意识、导向意识、编辑部意识、对外意识、观众意识、学习意识、精品意识和自强意识，以自己出色的工作和优秀的节目为外宣工作服务。

与会代表一致认为，这是一次实实在在的业务研讨会，促进了同行间的交流，达到了相互学习、切磋的目的。

中央电视台技术管理办公室举办"中央电视台计算机2000年问题"研讨会

1998年11月3日至5日，由中央电视台技术管理办公室召开的“中央电视台计算机2000年问题”研讨会在北京举行。

会议聘请了我国计算机领域的有关专家参加了会议,并就2000年问题进行了专题发言。

国家信息产业部电子信息产品管理司司长张琪作了关于“面对世纪之交的2000年挑战”的报告,她阐述了2000年问题的严重性、广泛性和解决该问题的重要性,同时还传达了国务院办公厅关于2000年问题的通知精神,强调各个单位和部门,要认真对待2000年问题,要做到组织落实、技术方案落实、经费落实、责任落实,特别指出,对因玩忽职守、未及时解决此项问题而造成重大损失或不良后果要追究主要负责人的责任。

中央电视台台长杨伟光说:2000年问题是个世界性的问题,中央电视台领导和分党组都很重视,要从电视台的实际出发,重点先期解决节目播出系统和新闻系统的问题,针对不同系统,分门别类地提出解决方案,逐一解决。2000年小组提出的问题,各个部门要给予支持,资金上要给予支持,使用部门也要积极配合工作。

在这次会议上,厂商、系统集成商针对中央电视台目前使用的计算机系统,包括服务器、工作站、PC机、网络等硬件系统以及操作系统、数据库、开发工具、驱动软件、应用环境等软件产品逐一、认真地进行了版本分析、系统分析,初步探讨了中央电视台存在的计算机2000年问题解决方案,一致认为涉及面广,情况复杂,工作量大,解决难度大,需要人力、物力、资金的投入,他们纷纷表示一定积极配合中央电视台做好2000年问题的解决工作。

会上,Sybase公司、IBM公司、微软公司、Bay公司等在会上发言,分别讲述了:一、什么是计算机2000年问题;二、2000年问题的标准;三、本公司产品的2000年问题;四、本公司2000年问题的解决方案;五、对用户的建议以及对用户的技术支持等。

中央电视台《电视研究》编辑部召开电视理论期刊业务研讨会

1998年11月12日至15日,由中央电视台《电视研究》编辑部组织的电视理论期刊业务研讨会在苏州召开。全国有13家省、市电视台共25名代表参加了研讨。

中央电视台副总编辑赵立凡到会并对如何搞好理论研究工作、办好电视理论期刊作了专题讲话。他指出,电视理论研究工作要以邓小平理论为根本指导,从中国电视实际出发,努力改变理论滞后于实践的现状;克服短视与浅见,使理论研究工作具有科学性、系统性、前瞻性。他希望《电视研究》在这方面起到一个头羊作用。与会代表反映,近几年来,《电视研究》每年都有新变化、新发展,比如1997年改版的成功在电视理论界引起了反响与震动,1998年确立了巩固提高办刊水平的策略,1999年又将扩版。这充分反映了中央电视台对电视理论建设的重视程度。代表们还对《电视研究》提出了许多中肯的批评和建议。

经中央电视台领导批准,《电视研究》将从1999年第一期起扩版,由目前的正16开本扩为大16开本。扩版后的《电视研究》不仅增加了刊载容量(由目前每期9万字增加到14万字),装帧设计也将面貌一新。

第二届全国电视生活服务类节目专题研讨会

1998年11月23日至27日,由中央电视台举办的第二届全国电视生活服务类节目专题研讨会在江苏省南京市举行,来自全国的35个省、市电视台的台领导、经济部负责人及生活服务类节目的制片人、编导、主持人等近80人参加了会议。

这次会议是在中央电视台《生活》栏目开办满两周年,并荣获1997年度中国电视经济节目类优秀栏目一等奖和1997年度中国电视新闻奖经济类优秀栏目一等奖之后,《生活》栏目即将进入第三个发展年头之际召开的。会议的主要任务是:系统地回顾和总结近几年来以《生活》栏目为代表的全国电视生活服务类节目开办的成功经验,分析当前电视生活服务类节目的现状,寻找不足,探求1999年电视生活服务类节目的新突破,并共同研究1999年至2000年电视生活服务类节目的走向和发展趋势,进而在电视生活服务类节目迈出成功的第一步和第二步后,更好地走向新的发展阶段。在栏目的内在品质和外在表现形态上,在栏目的影响力上有一个更大的提高,从而带动电视生活服务类节目更加健康、稳步、快速地向前发展,形成更大的规模和影响力。

会议的主要议题是:

1. 商讨联合各省市电视台共同制作1999年《生活》春节特别节目《下一步百姓买什么》;

2. 交流有关电视经济生活服务类的节目创作的体会，观摩各台电视生活服务类优秀栏目和代表作品；

3. 商议编辑出版中国第一部电视生活服务类节目文集《电视·中国生活》和编辑出版一期中央电视台《电视研究》电视经济生活服务类节目论文专刊；

4. 商讨组建全国电视生活服务类节目交流网和生活服务类节目信息选题及节目交换事宜，并研讨新形势下电视合作的运作方式。

′98 北京数字电视技术研讨会

1998 年 11 月 25 日至 27 日，由中央电视台、中国电视协会、香港祐图国际有限公司联合举办的′98 北京数字电视技术研讨会在北京举行。来自全国各省、市电视台和广电总局系统的代表、海外嘉宾以及部分电视设备生产厂家与代理公司的约 150 人参加了研讨会。广电总局科技司司长陈智教、中央电视台副台长刘宜勤、总工程师邵昌有等出席了研讨会的开幕式。

这次研讨会的内容涉及数字视频、数字音频、数字直播卫星、数字测量技术、自动播出系统、电视节目资料存储系统和相关技术等范围。

北京数字电视技术研讨会已举办了六届，它在促进国内广播电视技术的交流与提高，加强对世界广播电视技术的学习、了解，推动我国广播电视事业的进程上发挥了重要的作用。中央电视台几年中举办的数字电视技术研讨会对全国省、市电视台在引进使用数字设备及数字技术的应用上起到了很好的指导作用。促进了中国电视从模拟向数字和更新的电视技术领域发展，发挥了国家级大台的组织指导作用。

三、中央电视台工作会议和研讨会

中央电视台 1998 年工作会议

1998 年 2 月 17 日至 19 日，中央电视台 1998 年工作会议在北京召开。中国电视剧制作中心、中央新闻纪录电影制片厂、北京科学教育电影制片厂、中央卫星电视传播中心及台内各部门的主要负责同志参加了会议。

会议由副台长刘宝顺主持。副台长赵化勇代表台分党组作题为《抓住机遇，乘势而进》的报告，全面总结了中央电视台 1997 年的各项工作。台长杨伟光在《全面贯彻十五大精神，继续深化电视改革，把中央电视台的事业推向 21 世纪》的报告中部署了 1998 年全台的工作任务。

杨伟光在闭幕会上作了总结讲话。他首先传达了中共中央政治局委员、书记处书记、中宣部部长丁关根在中国文联会议上的讲话精神。丁关根同志要求文化部门按照江泽民总书记“以科学的理论武装人，以正确的舆论引导人，以高尚的精神塑造人，以优秀的作品鼓舞人”的指示，坚持“二为”方向、“双百”方针，掀起文化工作的新高潮。杨伟光说，此次会议总结了 1997 年工作，部署了 1998 年工作。各小组进行了充分讨论，明确了任务，提出了具体措施，树立了信心和决心，是一次团结鼓劲的会议，会议达到预期目的，取得了圆满成功。他要求全台各部门认真贯彻台工作会议精神，做好全年各项工作。在工作中要强化九个“意识”，即政治意识、国家台意识、竞争意识、创新意识、精品意识、人才意识、管理意识、反骄破满意识和艰苦奋斗意识。

中央电视台 1997 年工作总结表彰大会

1998 年 2 月 24 日，中央电视台在北京召开 1997 年工作总结表彰大会。广电部部长孙家正、中央电视台台长杨伟光和广电部各有关司局领导、中央电视台分党组成员出席了会议并向获得 1997 年度先进集体、先进个人及其他各类奖项的代表和个人颁发了获奖证书。全台各中心、部、处的 1000 余名代表参加了大会。

孙家正说,1997年中央电视台的工作取得了很大成绩,几件大事的宣传在全国、全世界产生了广泛、深刻的影响,这与党中央、国务院的关怀和社会各界的大力支持是分不开的,也是中央电视台干部职工辛勤劳动的结果。尤其是大多数在平凡的岗位上默默无闻做出贡献的同志们,他们是我们事业的支柱。孙家正代表部党组向中央电视台1997年取得的成绩表示祝贺,向中央电视台全体同志表示深深的敬意。孙家正希望中央电视台全体同志要以更高的标准和更严格的眼光来看待自己的工作,谦虚谨慎,戒骄戒躁,满怀信心地将中央电视台的工作推上新水平。

中央电视台台长杨伟光从十个方面简要回顾了中央电视台1997年工作,肯定了取得的成绩,同时也指出目前存在的差距。并就1998年认真完成宣传报道任务,抓好两个文明建设宣传,打好8个重点宣传报道战役;进一步解放思想,深化改革,强化频道和栏目建设;积极创造条件开办英语频道;继续实施精品战略和引进先进技术,提高节目技术质量;加强经营工作,提高社会效益和经济效益;加强管理,热情服务,提高工作效率;加强党的工作,抓好队伍建设等方面的工作作出部署。

会上,副台长赵化勇宣读了中央电视台分党组《关于表彰1997年度先进集体、先进个人、优秀栏目、优秀节目、节目录制技术质量、优秀工程、安全播出及优质管理服务获奖集体的决定》。

中央电视台1998年“两会”宣传报道工作总结会

1998年3月20日,中央电视台在北京召开了1998年“两会”宣传报道工作总结会。台长杨伟光在会上说,今年的“两会”因为是换届选举,各级领导都十分重视,在全台的共同努力下,我们打了个漂亮仗。概括地讲,今年的“两会”报道有以下几个特点:一、舆论导向正确。二、报道重点突出。三、时效性强。四、在内容和形式上有所突破。五、影响广泛。

杨伟光认为1998年“两会”报道取得成功的主要原因有:

1. 各级领导给予了高度的重视,报道思想明确。

2. 全台一盘棋,以新闻中心、海外中心为主,总编室、技管办、播送中心及后勤部门提供了大量的支持。

3. 注意发挥电视优势,努力出新。技术部门努力开发现有设备的功能,为宣传工作的不断开拓进步打下了基础。

4. 连续作战,大力协同。

针对今后的宣传工作,杨伟光强调,要认真学习“两会”的有关文件,全面贯彻“两会”精神,并在工作中贯彻落实。希望大家不要松懈,一丝不苟,确保安全播出,尤其是对重播节目要坚持重播重审制度,主要是要把领导人的职务、机构名称搞准确。

《地面数字电视试验台可行性研究报告》论证会

1998年3月26日,中央电视台在北京召开了《地面数字电视试验台可行性研究报告》论证会。会议由广电总局科技司司长陈智教主持,中央电视台领导和来自科技司各处、广科院、无线局、总局网络中心、中央发射台的专家参加了论证会。

论证委员会全体委员一致通过这份报告,与会同志认为,可行性报告内容全面、合理,技术路线正确,分阶段实施方案可行。数字地面广播试验台是国家重点工程项目,技术含量很高,它的实施将成为电视广播发展进程中的一个里程碑,会推动广播电视数字化的进程,为电视广播开拓新的市场领域。中央电视台带头启动这项新技术试验,广电总局以及科技司将予以大力支持。

数字地面广播试验台是中央电视台向原广电部申请并批准立项的一项新技术试验项目,这次提交的可行性研究报告对该项目的研究方向、试验内容和试验步骤进行了阐述。

“南极冰盖考察可视电话同步新闻报道”研讨会

1998年4月10日,中央电视台海外专题部在北京召开了“南极冰盖考察可视电话同步新闻报道”研讨会。副台长李丹到会并强调要对具有突破意义的电视报道进行及时、认真的总结。他指出:一、要对电视与技术的关系有充分的认识和估价;二、新闻从业人员要永远坚持创新意识；三、电视人要走出电视，到社会上、到科学中去寻求动力。

国家极地办公室主任、首席科学家陈立奇认为：中央电视台的这次南极考察直播报道，体现出高风险、高投入、高技术、高效益的特点，为国家主管部门和全体国民了解南极情况提供了快速直观的现代信息通道；中国人民大学新闻系教授张征认为：这次双向直传、即时播出创造了一种"天涯共此时"的神奇感。把那么遥远的地方和演播室的交流传送到观众家里，使观众具有强烈的参与感和主人翁意识，可以和考察队员同呼吸共命运。

′98"3·15"主题宣传研讨会

1998年4月17日，由中央电视台组办的′98"3·15"主题宣传研讨会在北京举行。政府有关部门的负责人，法学、经济学、社会学、新闻学界的专家及中央电视台经济部、′98"3·15"主题宣传导演组的有关人员参加了研讨会。他们认为：′98"3·15"主题宣传在影响立法、司法、守法，推动市场经济发展，重建社会伦理道德以及寻求电视形态突破等方面都发挥了很好的作用，标志着中央电视台的经济宣传又上了一个新台阶。

专家们认为：

"3·15"晚会办到现在已有8届，再用"晚会"来命名已不太准确，因为它已突破了晚会的形式，作用也不是一个晚会的作用了。1998年的"3·15"主题宣传体现出了电视形态进入NNN(Now News Now)时代的意识。

"3·15"晚会具有中国特色，这是我们进行普法教育的一个非常有力的形式，可以让法律意识深入人心。

1998年"3·15"晚会的节目做得很有平民意识，讲的真正是老百姓的事，这是最好的一点。

中央电视台能够拿出这么多时间来关注消费者维权活动，这是对消费者维权活动的最大支持和帮助。

"辉煌动画"百首少儿歌曲动画卡拉OK电视片研讨会

1998年4月18日，由中央电视台总编室、青少节目中心、辉煌动画公司等共同举办的"辉煌动画"百首少儿歌曲动画卡拉OK电视片研讨会在北京召开。中央电视台有关部门领导、国内动画界专家、音乐界知名人士和首都新闻单位记者计40余人出席了研讨会。

1997年，中央电视台青少部、辉煌动画公司和书画院为贯彻落实《关于加强社会主义精神文明建设的决定》，对全国少年儿童进行爱国主义思想情操教育，用短短三个月时间策划制作了百首少儿歌曲动画卡拉OK电视片。研讨会上，围绕百首动画卡拉OK这一艺术形式的社会意义和影响、创作方法上的成功经验以及这一动画品种的发展和提高等问题，与会者踊跃发言，展开了热烈的讨论。

中央电视台青少节目中心主任余培侠说：近几年，世界各国都把儿童事业作为全球的事业来办，各方面的专家越来越关注儿童电视，国际上儿童电视节目制作已走上了全方位的合作。这次百首动画卡拉OK活动从儿歌的创作、制作、演唱到出版VCD、丛书、音带，都体现了全方位的合作。中国电视音乐学会会长洪民生发言说：百首卡拉OK活动给孩子们办了一件实在事。这件事的创意非常好，动画是非常受孩子们喜欢的，歌曲又是孩子们成长不可缺少的。这次活动起了一个示范作用，是个新的起点。

与会专家为今后更好地开展这项活动提出一些意见。认为应在三个方面进一步探讨：一、内容表现上可以更加情景化、情节化；二、造型设计上更加童趣化；三、演唱方面应该本色化。动画创作者要突出对孩子的爱，要了解孩子，在创作中更多地融入我们民族的成分，这样才能创造出好作品。专家们还建议百首动画卡拉OK电视片尽快出日语版、英语版，向国外、向世界各国的华人区广泛发行。

《夕阳红》栏目召开微型短剧研讨会

1998年6月5日，中央电视台科教部《夕阳红》栏目在北京邀请了影视方面的专家学者，对《夕阳红》栏目3年来的短剧创作进行理论探讨。

中央电视台《夕阳红》栏目自1995年元月开创"微型剧场"板块以来，坚持为老年朋友服务、与时代同步的方针，拍摄了系列短剧《老牛外传》、《老干探》、《邻里之间》、《盘山吴老汉》等共18部200余集电视短剧，受到了老年观众的喜爱。专家们对《夕阳红》的短剧创作所取得的成绩给予了充分的肯定,认为节目定位准确,主题突出,节奏明快,构思精巧,幽默诙谐,时代感强,具有较高的审美情趣,给人以美的享受,显示了短剧艺术的独特魅力。

专家们还就短剧今后的发展方向以及如何提高短剧的质量,畅所欲言,各抒己见。大家认为老人是最完整的人生世界,人生体验最丰富,故事最多。而短剧能够及时运用电视艺术表现形式反映老年人丰富多彩的生活画面,搞好短剧创作是非常有意义的一项事业。目前,我国短剧创作还是一个比较薄弱的环节,希望《夕阳红》栏目再接再厉,抓精品,抓创作,不断地完善这一独特的艺术形式,更好地发挥短剧以小见大的优势。希望《夕阳红》栏目在短剧的定位上更高一些,更注重时代的发展,积极弘扬新的文化精神,拓展题材,用最美的画面将老人圣洁的心灵、夕阳的辉煌描绘出来,激励更多的老人面对人生、愉快地、健康地度过美好的晚年。

电视片《越过太平洋》、《跨世纪的握手》座谈会

1998年6月23日,由中央电视台、光明日报社、人民日报社和中央新闻纪录电影制片厂联合举办的大型文献纪录片《越过太平洋》、《跨世纪的握手》座谈会在北京举行。广电总局电影局局长刘建中、中央电视台副总编辑罗明和来自外交部、中国社会科学院、国务院国际问题研究中心、中国国际问题研究所、现代国际关系研究所、北京大学、中国人民大学和外交学会等单位的20多位知名专家学者及两部片子的主创人员出席座谈会。

与会学者们普遍认为,两部影片以纪实手法反映了江泽民主席访美取得的重大成果,向世人充分表明,中美两个大国加强合作对两国乃至整个世界都是有利的。影片真实记录了江主席访美的全部过程,全面展示了江主席独特的外交魅力。两部片子是具有强烈思想性和艺术性的难得的佳作,充分展示了中美两国人民的友好情谊。片中有许多充满情趣的镜头相当感人,江主席风趣幽默、亲切自然,运用美国人民熟悉的方式积极主动开展工作的务实作风,对从事外交工作的同志有很大教益。《跨世纪的握手》不仅思想性、艺术性强,而且片名起得很形象,中美关系经历了三次“握手”——尼克松访华、邓小平访美和江主席访美,电视片真实记录了第三次“握手”的全过程,向全世界宣告中美关系已进入崭新的历史阶段,开辟了政治、经贸、科技领域合作的新天地。两部影片不拘泥于外交事件本身,而是以表现人物为核心,充分体现了中国第三代领导人开明开放、可亲可敬的风采。影片利用有限的篇幅,大手笔地勾勒了中美两国关系的现状和前景,为今后摄制重大历史事件文献片提供了很好的模式。

中央电视台1998年年中工作会议

1998年7月14日,中央电视台在北京召开了中央电视台1998年年中工作会议。来自台内各中心(室)、部、处和直属单位的主要领导同志共174人参加了会议。

台长杨伟光在会上作了题为《解放思想,实事求是,心系大局、团结鼓劲,为全面完成党中央部署的各项任务而奋斗》的报告。

广电总局局长田聪明到会作重要讲话。他指出,据统计,全国收看电视的人数将近11亿,仅就人们接触传媒的时间而言,电视已经大大超过了广播、报纸和刊物,中央电视台肩负的责任重大。田聪明同志就电视宣传工作提出五点要求:

一、要继续加强学习,加强对实际问题的研究,全面提高新闻宣传队伍的整体素质,确保宣传报道思想和舆论导向的正确。特别是对当前重大改革措施的报道,要求从事新闻工作的同志既要充分了解国家的路线、方针、政策,又要搞清社会实践中的实际问题。二、加强宣传实践的研究总结,积极深化宣传改革,不断提高宣传水平和质量。三、进一步加强宣传管理制度建设,严格宣传纪律,坚决杜决重大宣传事故,小事故也要减少到最低限度。四、继续抓好国际频道的落地工作,积极争取英语频道早日正式开播,努力促进国产电视节目的输出,不断提高中央电视台的国际影响,提高电视对外宣传的实际效果。五、采取切实措施,努力消除节目中的不良内容。

杨伟光在总结讲话中指出,经过几年的超常发展后,中央电视台要继续稳定地向前发展,需要认真思考和解决以下问题:

一、要坚持解放思想,有敢为天下先的胆识;二、开动脑筋,敢于创新、支持创新、鼓励创新、实施创新;三、

要坚持真理。对于经过论证是正确的新事物,要在虚心接受群众意见的基础上,坚持自己的正确观点,努力说服不同意见,尽力把工作做好。四、继续深化改革,更新观念,逐步建立市场经济的运作方式,把我们的事业推向前进。五、要团结奋斗。各部门要建设一个讲团结的领导班子,互相支持、谅解,加强思想工作,关心职工生活,调动一切可以调动的力量,共同把工作做好。六、抓精品,实施精品战略。这是保持中央电视台优势的关键,也是中国电视进入世界的关键。七、立足中国,面向世界,为中国在21世纪的崛起提供良好的舆论条件。八、胸怀全局,同心同德,解决好工作效率低、扯皮、重复采访等问题。九、加强党性观念,把握舆论导向,真正把中央电视台建设成党和人民的喉舌,奠定中国第一大传媒、世界有重要影响的电视传媒的地位。

1998年《精品赏析》举办系列赏析和研讨活动

中央电视台研究处《精品赏析》栏目1998年对电视文献纪录片《共产党宣言》、电视纪录片《中华之盾》、电视系列片《中国家庭》、电视连续剧《水浒传》、赈灾义演晚会《我们万众一心》、《走进科学》栏目、《'98春节联欢晚会》、《第八届全国青年歌手大奖赛》等优秀电视作品举办了22期赏析研讨活动。

大型历史剧《战国》研讨会

1998年9月25日至27日,由中国电视剧制作中心组织的大型历史剧《战国》研讨会在北京召开。剧中心主任胡恩和首都文学界、评论界专家及该剧制片人靳雨生、导演阎建刚等出席了研讨会。

与会的专家、学者从不同角度与层次对该剧进行了深入的剖析和评价,他们认为:作为一部重大历史题材的电视剧,《战国》的拍摄在《三国演义》和《水浒传》之后,而历史时期又在其前,拍摄难度相对较大。然而,《战国》却超越了以往的历史剧,不仅拍出了大气势、大场面,很有力度和神韵,而且突出表现了以人为主的历史。它既有继承,也有创新,总体上说,《战国》是一部相当成功的历史剧。专家们认为:《战国》在总体上借鉴了莎士比亚戏剧的精神,以人带史,在重视历史的基础上写人和人的精神,以及由人的精神所构成的历史的精神。抓住了人性的阳刚、生命的张扬,表现了历史的悲壮。既对现代人有所启迪,又让人了解历史事实,这是历史剧观念的拓展。编导注意到了戏剧性的发挥,充分展示了戏剧的魅力。演员的选择也较成功,没有追求明星效应,而是注意到了整体阵容的一致和配戏的和谐。专家们建议《战国》在描写人物内心冲突上再下功夫,补上表现中华民族的共性(孔子)和个性(屈原)的戏份。也对该剧剧名、服装和某些语言细节提出一些有待斟酌之处。在市场运作方面,专家建议剧中心走胶磁互转、影视合一的路子,打开电视剧、电影两个市场。

中央电视台举办《中国电视论纲》研讨会

1998年11月25日,中央电视台研究处与光明日报社理论部在北京联合举办了中国特色社会主义电视理论暨《中国电视论纲》研讨会。作为国家立项的"九五"重点社科规划项目——具有中国特色社会主义电视理论的研究,引起社会特别是电视业的广泛关注。来自中共中央党校、中国社科院、北京大学、中国人民大学等单位的专家学者共二十多人出席了研讨会。

专家认为:"这一理论是邓小平理论的重要组成部分",这部著作"第一次较为系统地论述了在中国特色社会主义条件下电视传媒活动及其规律","构建了具有中国特色社会主义电视理论体系,是中国电视理论建设中的重大突破,填补了我国电视基础理论研究的空白"。中央电视台副总编赵立凡在研讨会上表示,这部著作的出版对中国电视的发展具有十分重大的指导意义,我们还要进一步深化这一课题研究,使中国特色社会主义电视理论体系更加完善。

9. 新技术装备

16套机械手自动播出系统

1998年12月，中央电视台建成了16套机械手自动播出系统，完成了播出系统用一备一的目标。这16套播出系统具有高可靠性、高指标，是全中文界面、易操作、实用性很强的全自动播出系统。

该系统由三部分组成：磁带准备部分；节目单编辑调整部分（上级机）；自动播出控制部分（下级机）。整个系统的特点是：

1. 它最多可支持64套节目，每套节目单独构成，但又与其他套通过网络构成一个整体。

2. 采用两级控制系统，保证了系统播出的安全、可靠，用户操作上级机，通过232串行通讯方式将节目数据传输给播出控制机（下级机），下级机无节目单编辑操作，避免干扰正常播出程序。

3. 系统具有较好的扩充性，能与外界进行数据联络，构成更大的系统。

4. 播出管理软件设计了多种节目类型，能够适应复杂的播出环境。

5. 系统软件的切换精度为0帧。

6. 具有节目单优化功能，实现了节目单自动纠错及自动排序，录像机自动排序及自动调度。

7. 采用了机械手自动装带，减少了人为差错。

本系统是一个多频道的播出控制系统，各个频道之间既相互独立又相互联系，从而构成了一个整体。每个频道之间采用局域网络连接。在网络上共享的是磁带信息，所有频道操纵同一个磁带数据库，这样就保证了数据的一致性。另外，通过网络可实现频道之间的备份，一旦某一频道发生严重故障时，可用另一频道实施播出，它可以从网络上得到该频道的所有数据，包括节目单和初始化信息。

广告硬盘播出系统

1998年10月，中央电视台广告硬盘播出系统选用了泰克公司生产PROFILE作为广告播出的硬盘录像机，利用PROFILE能用光纤形成网络的特点构成广告播出系统，广告部与播控中心之间利用光纤网形成视音频数据的传输主通道，利用D1方式作为节目传输的备通道，广告部可以自由方便地传送待播广告到播控中心来。除视音频数据外，广告的管理信息(节目名称，播出节目单)，可利用专用网络，或者中央电视台现有的台内网络来进行传送。

利用PROFILE可以多通道播出的特点，在系统中采用两套节目互为备份的方式，这样做既提高了系统的可靠性，又能减少系统投资。每个硬盘输出的第一通道，作为对应频道广告播出的主输出，而第二通道是作为另外一个频道广告播出的备路输出，这样就形成了两套节目广告播出互为备份。由于是采用了硬盘播出广告，所以对于广告节目的修改，节目顺序的调整都很方便快捷，而且也能够保证信号质量不会由于过多的调整或修改而下降。我们选用的硬盘录像机内部基本配制是8个9GB的硬盘，按7∶1的压缩，可存储6小时的节目，质量可以达到BETACAM SP的质量。按3∶1的压缩，可以存储3小时的节目，质量可以达到数字BETACAM的质量。

第十四机房

1998年8月，中央电视台第十四机房设备更新改造，同年10月18日竣工，一次加电试运行成功，一次系统技术指标测试合格验收。10月26日投入使用。

第十四演播室中心机房主要制作设备配置包括：松下AQ-23数字摄像台；SONYDVS-6000数字视频切换台、DME-3000数字特技、DMX-E3000数字调音台、DVE-2000编辑控制器以及数字字幕机、BETACAM SP录像机；松下DVCPROAJ-D750数字录像机。

该系统中DVS-6000为两级M/E数字视频切换台，16路视频输入（通过扩充板可增加到32路），可实现8个键控，2个帧画面存储，带有色键、亮度键、线性键和几十种特技形式，利用辅助母线可实现对数字特技的视频信号和键信号的输入选择。DME-3000为单通道数字特技机，具有多种实时三维特技效果，可满足各类节目制作需求。采用加装扩充板（选件）的BVE-2000编辑控制器，可实现对“三放两录一特技”的遥控，这一设置使演播室设备具有很强的后期编辑合成功能。系统中三台数字字幕机和演播室景区内背投式大屏幕的配置，以及可视电话专线的预留，可满足多信息量画面制作要求。另外，演播室为主持人配备了具有双主机热备份功能的电脑提示器，以方便播音，提高效率。

该演播室中心机房与主控播出机房之间铺设的音、视频及通话电缆、双同步机+自动同步倒换器、12×1音、视频应急切换等设备的配置使该系统具备直播的技术条件。

该系统为全数字信号处理，在输出端用D/A转换为模拟分量信号以BETACAM SP格式记录，这是为适应节目播出格式而设置。本系统另一特点是除信号源设备采用松下AQ-23摄像机和DVCPRO AJ-750作放像机以外，主要视频处理和制作设备均采用SONY一家产品，遵守同一通讯协议，连接方便，运行稳定，寻求技术支持与维护方便。

与第十四演播室中心机房设备更新改造同期完成的还有电脑制作机房。其中包含设备有：

(1) 英国宽泰公司生产的HAL504，主要配置为HAL504主机、15分钟硬盘、数字化仪、DVW-510录像机。该系统为全硬件支持，对视频信号的处理为全数字、无压缩，可完全实时地实现多层画面叠加、抠像及色彩的处理。具有高画质输出功能，是广告、片头和片花制作的理想设备。

(2) “达芬奇”彩色校正系统（RENAISSANCE 8:8:8），可用于对磁带所记录的视频图像作整体局部或单色的彩色校正与修饰。

(3) AVID MC8000多媒体非线性编辑设备。主要配置：BCGM3098型主机、4×9GB高速硬盘、256M内存、软件版本7.0、亚拉丁三维特技箱。外围设备有用于采集单幅画面的扫描仪和用于素材采集和节目输出的BETACAM SP录像机，输入、输出口为Y、U、V模拟分量格式。该系统可实现一版带多层画面叠加和多轨声音编辑制作；对图像的处理有几十种叠画、扫划方式；具有三维数字特技、自定义边框以及亮度键、色度键等，编辑功能较强。

海事卫星终端在中央电视台新闻传送中的应用

1998年，中央电视台首次使用便携式海事卫星移动通信终端，在对伊拉克武器核查危机、南极科学考察和西藏雅鲁藏布大峡谷探险等事件的宣传报道中，对电视新闻节目的传送发挥了重要的作用，为中央电视台电视信号传输又开辟了一条新的、先进而又便捷的途径。

海事卫星通信是通过卫星、地面站和移动终端而完成传输的。海事卫星移动通信终端种类很多，中央电视台引进并使用的INMARSA-B站终端系统具有比较完善的功能。该系统只要在INMARSAT提供的四颗卫星覆盖的（除极地以外）地区，均可以与世界上任何一处随时随地通信联系。INMARSA-B站终端系统，是一个现代化高质量的全球语音和数据通信系统。它将数字通信技术应用到卫星移动通信领域，其数字化设计能更好地利用卫星的功率减少频带宽度，大大节省了空间资源，同时也提高了通信质量。它的业务范围广，不但可以直拨电话，进行传真和电传，还有增强数据通信的功能。INMARSA-B站终端系统可利用高速数据64Kbps传送电视会议和电视新闻节目。传送一分钟电视画面需29分钟。

海事卫星通信B站系统由主控单元、射频单元和天线三部分组成。B站终端的主要技术指标和参数：语音：数字编码率16Kbps；传真：G3类9.6Kbps；电传：50波特；数据：标准速率9.6Kbps，高速率64Kbps；工作温度：－25℃～55℃；电源：DC10-34V，AC90-276V；功耗：接收为28W；发射为110W；频率：L波段。

尽管海事卫星通信不能用来作电视直播，而且是延时传输，但它体积小、重量轻、装配简单、操作容易，使电视新闻传送更灵活方便。一套B站系统设备总重量只有18公斤，所有设备可以装在一个旅行箱里，携带很方便。而一套DSNG最轻的也有300多公斤，要分别装在十多个箱子里，给运输带来麻烦。

海事卫星通信技术的应用，无疑在电视信号传输领域中开辟了一条新路。

CBTV卫星直播电视系统

1998年12月，CBTV（中国广播电视）卫星直播电视系统正式开始运行，播出中央电视台的八套电视节目和中央人民广播电台及中国国际广播电台的八套广播节目。

卫星直播电视是数字电视技术领域的一个重要组成部分，问世以来，在世界范围内得到迅速发展。目前，卫星直播电视系统不但在欧、美等发达国家得到广泛应用，许多发展中国家也对此表现出极大的兴趣，并积极开展这一业务，南非、拉美、泰国及我国香港和台湾等国家和地区都相继建立了卫星直播电视系统，全世界的卫星直播电视用户已超过1000万，并且还在飞速增长。卫星直播电视与以往将电视信号通过卫星传送到有线电视前端，再由有线电视台送到用户家中的电视信号卫星传输方式不同，是将电视信号直接传送到用户家中，所以卫星直播电视被称为DTH方式（DTH：Direct To Home，即直接到户）其主要特点为：

1.DTH方式转发器功率大，可用较小的天线接收（天线直径一般在1米以下）。

2.采用先进的统计复用技术将标准电视节目进行压缩。

3.可以直接对每个用户进行加密和授权管理，开展多种先进的电视服务和除电视业务之外的数字信息服务。

在采用DTH方式进行电视服务的国家中存在两大标准：即欧洲的DVB-S和美国的Digicipher。CBTV卫星直播系统采用DVB-S标准，系统由条件接收系统、用户管理系统、网络管理系统、前端系统、传输系统和接收系统等几部分组成。

用户管理系统（SMS：Subscriber Management System）是卫星电视直播系统的管理服务中心，由存储各类用户和节目信息的数据库管理系统和负责解答用户疑问、为用户呼叫提供服务的用户服务中心（Call Center）组成 。

条件接收系统（CAS：Conditional Access System）提供用于控制用户接入服务、节目和事项的一整套特性，主要功能为：以加扰方式对节目码流进行加密；对节目进行授权；对用户进行授权。

网络管理系统NMS（Network Manager System）用来进行系统管理，保证所提供的各项服务信息的正确性。

前端系统(Headend)由主控计算机、编码器、复用器和调制器组成。主要功能是将视音频信号进行编码压缩后与条件接收信息（CA）及服务信息（SI）等送入复用器进行动态统计复用后，调制为70M中频信号输出。

传输系统包括从前端至卫星的整个信号通路。CBTV系统采用中频传送方式，卫星则租用鑫诺卫星公司的大功率通讯卫星鑫诺1号的Ku频段2A转发器。

CBTV卫星直播电视系统的用户接收系统由机顶盒（IRD)、智能卡和蝶型天线组成，置于用户家中。

CBTV卫星直播电视系统是我国第一个DTH平台，它以稳定可靠的系统性能，方便简捷的操作界面，丰富友好的系统服务，给我国电视观众带来一个崭新的收视选择。

第二代标准时间频率电视发播设备

1998年11月，中央电视台和中国计量科学研究院联合研制的第二代标准时间频道电视发播设备投入使用。第二代标准时间频率电视发播设备由铯原子钟、GPS接收机、CSD5300石英钟、频率信号分配放大器、秒隔离放大器、标准时间信号发生器、SPG1500P同步机以及插入信号发生器组成。该系统有以下几个主要技术特点：

1. 以铯原子钟输出的稳定度为$10^{-12}\sim10^{-13}$的标准频率作为全系统频率基准，从而保证了发播的标准时间频率信号具有与铯原子频标相同的稳定度。

2. 在对同步机的相位控制方式上采用开环瞬间同步方式，同步动作快，同步相位锁定过程对电视播出影响小。时间编码信号即使出现故障，也不会影响电视节目播出图像质量。

3. 定时接收卫星全球定位系统GPS发送的国际标准时刻UTC，自动同步本地钟时刻，提高了发播时间频率的准确度。

4. 采用数字合成技术，直接产生与标准秒脉冲同步的全电视黑场信号及标准时间频率信号，可和各种型号同步机相连，适应性强，并提高了全系统的可靠性，便于调试和维护。

该系统发播的标准时间频率信号，经北京大学铷原子频标课题组和中国计量科学研究院长期监测，在北京地区时间信号抖动小于 10ns，副载波相位抖动小于 4ns，符合国家有关标准，达到国际先进水平。

利用中央电视台电视节目播出信号向全国发播标准时间频率信息，具有投资少、用户接收方便、传递时间频率精度高等优点，目前已成为一种不可缺少的时间频率信息，被广泛应用于全国电视网时间同步、全国中波广播网频率同步，以及全国计量、国防、科研、通信、天文、气象等领域作为时间频率标准，提高了全国时间频率计量水平，在国民经济中发挥了重要作用，产生了显著的社会效应。

1000 平方米演播室新技术

1998 年，中央电视台对 1000 平方米演播室进行了数字化改造。同时，引进了虚拟演播室技术。

一、1000 平方米演播室数字化改造

1. 视频制作切换台 DD35

此切换台是 PHILIPS 公司生产的数字分量切换台，是 DD 系列切换台中的新成员。其特点是可以最多输入 48 路视频信号。共有三级 M/E，每一级可以有两个动态色键，可以有两个划像发生器。总共有 6 个下游键，其中 3 个是内置，3 个外置。可以和 ROSS 等厂家的键控器进行连接。另外，DD35 有两种控制面板可以选择，一种是 L 型的，另一种是 LX 型。L 型的控制面板最大可以直接控制的输入路数是 24 路，而 LX 型的控制面板可以做到对 32 路的视频信号进行直接控制，直播演播室使用 LX 型控制面板可以简化操作。DD35 可以有最多 12 个辅助输出，这些辅助输出可以对切换台输入信号和切换台内部信号进行监看，也可以通过设置实现对参数调整的跟踪。还可以通过电话线实行远程诊断。

2. VENUS 矩阵和 JUPITER 控制系统

VENUS 矩阵和 JUPITER 控制系统过去一般在主控等信号集中的地方使用。考虑到改造后的 1000 平方米演播室要兼顾一号演播大厅，订购了 VENIUS 矩阵，这样可以实现对信号的灵活调度，另外可以用作 DD35 的备份。订购的矩阵是 64×64 视频矩阵，同时有 32 个数据接口，可以对数字视频信号和数据进行灵活调度。视频通道可以做到 400Mb/sec。JUPITER 控制系统主要用来对矩阵的输入和输出进行控制，同时对 TALLY 系统进行相应的控制。VENUS 的使用可以解决演播室信号分配困难、临时敷设电缆等一系列问题。JUPITER 的使用可以使系统配置更加灵活，使整个演播室成为一个有机的整体。订购的 ROSS 的外置键控器可以和 VENUS 构成一个完整的系统备份方案，即使 DD35 出现问题，节目可以照常播出，同时字幕也可以正常播出。这样一方面保证了节目的安全播出，另一方面可以实现对演播室中信号，包括视频信号、控制信号的灵活配置。

3. 记录设备

GVG PDR-200 硬盘录像机把非线性技术引入电视演播室。在以往的直播过程中，有的插播录像带由于使用时间较长，出现了信号质量下降的情况，这是使用录像带的固有问题。如果使用硬盘录像机播出插播带，可以保证播出的节目质量。另外，硬盘录像机还可以实现多通道的同时记录和重放，在直播演播室中使用可以发挥很大的作用。现在大屏幕的演播室中使用很频繁，有时需要多个大屏幕信号同步播出，使用传统的录像机，不仅占用很多录像机，而且给操作人员带来了很多不便。如果使用硬盘录像机可以大大简化操作，提高设备的使用率。

4. 通话设备

在直播演播室中，设有 DRAKE-4000 数字通话系统。这种通话系统可以对不同的通话点和通话面板进行全面管理，使通话系统完全按用户要求进行配置，随时进行更改。DRAKE-4000 的另一个特点是它的扩展性。DRAKE4000 可以和其他通话系统进行连接，可以通过光纤实现系统和系统之间的联络通信，这样对于多现场、多系统的联合工作是有益的。

5. 演播室周边设备

演播室设备中的 IQ 系列视频处理单元，可以在一个机箱中混合插入不同的处理模板，如 A/D，D/A，视频分配单元、音频分配单元等几乎所有的演播室处理模块。这样做的好处是可以节省空间，方便进行系统设计。另外，这种设备还可以使用计算机进行监测和设置，可以对所有的模板的工作情况进行实时检测，使工作人员能及时了解设备的工作状况。

总的来说，新技术和新设备的使用，改变了电视演播室的工作状况，演播室的安全性、灵活性和扩展能力都得到了相应的提高。

二、1000平方米演播室虚拟演播系统

1. 虚拟演播室原理

摄像机拍摄到的演员在蓝幕中表演的视频画面作为前景信号输入色键器，超级图像发生器生成的虚拟场景（即由计算机三维动画软件绘制的三维图像）作为背景输入色键器；两者经过色键器的抠像，合成一个画面——演员在虚拟场景中进行表演的画面。与传统的蓝板抠像所不同的是，系统中的摄像机跟踪器实时检测摄像机及其镜头的位置与运动等参数，实时传送给超级图像发生器，图像发生器依据这些数据，实时计算出三维虚拟场景的空间位置参数，确保其与摄像机拍摄的前景画面之间的正确透视关系，使两者的位置、运动变化相一致，即确保虚拟场景和摄像机之间的“联动”。由于图像发生器图形的生成和摄像机参数的检测处理都需要一定的时间，所以对前景图像要进行适当的延时处理，避免背景图像滞后于前景图像。

2. 虚拟演播室的系统配置

(1) 摄像机跟踪部分

该部分采用的是机械传感跟踪方式，由摇和俯仰传感底座、镜头传感器、水平滑轨传感器、云台垂直升降传感器及一个校准小盒构成；能够跟踪摄像机镜头的推拉、摄像机头的摇和俯仰，以及摄像机云台的升降和水平移动。各个传感部分将各自检测到的有关数据通过9芯电缆传输到校准小盒中与自己相对应的9芯接口上，再通过RS-422通讯口将这些数据传送到下一部分——计算机虚拟场景生成部分的FUSEBOX PC机上。

(2) 计算机虚拟场景生成部分

该部分类似于一个小型计算机网络，以WINDOWS NT为操作界面的PC机是网络的中心，它安装有系统控制软件FUSEBOX，两台以UNIX为操作界面的图像发生器用于实时生成虚拟场景，另外还配有一台供预监使用的非实时、低价位图像计算机（PC机配置）以及一台E-NET HUB。因此本系统是三讯道虚拟演播室系统，其中两讯道能实时播出，另一讯道为预监。

(3) 视频合成部分

该部分由两个实时通道、一个预监通道及一个视频切换矩阵构成。实时通道由视频延时器、高价位图像发生器和高价位色键器组成。

预监通道由低价位背景图像计算机（PC机的档次即可）、扫描转换器，以及低价位色键器组成。其中：背景图像计算机根据摄像机跟踪器传送的摄像机运动数据，非实时地计算出虚拟场景的运动；由扫描转换器转化为视频信号，通过一个低价位色键器，与前景信号进行合成。由于这种虚拟场景的运动是非实时的，并且低价位色键器的抠像效果比较差；因此预监通道出来的合成图像只能供摄像师进行镜头预演以及导演监看，不能用作播出信号。

10. 电视书、报、刊及音像出版物

一、1998 年中央电视台编辑新书选介

"跨世纪电视丛书"

编委会主任：杨伟光，副主任：赵化勇、刘宝顺、李丹、刘宜勤、李东生，394.4 万字。

本丛书是为纪念中国电视事业暨中央电视台诞生40周年而组织编写的。丛书共10册：《中国电视论纲》、《中央电视台发展史》、《电视新闻文集》、《电视专题文集》、《电视文艺文集》、《重大新闻现场直播文案选编》、《电视管理文集》、《电视技术文集》、《荧屏金杯录》(二)、《中国电视美术》。这些著作是中国电视和中央电视台发展的忠实纪录，对电视从业人员会有重要的启迪作用。北京出版社 1998 年 8 月出版。

《中国电视论纲》

主编：杨伟光，38.5 万字。

本书以马克思列宁主义、毛泽东思想和邓小平理论为指导，从中国电视实际出发，分析了中国社会主义电视的基本特色，阐明了在邓小平理论指导下中国电视事业的性质、任务和功能，揭示了中国特色社会主义电视节目、技术、经营和管理发展的基本规律，论述了中国电视观众、从业人员素质、理论建设同发展社会主义电视事业的密切关系，描绘了21世纪中国电视发展的目标，说明了加强中国电视发展战略研究对实现总体目标的重要性。这是一部较为全面系统论述中国特色社会主义电视理论的著作，具有政治性、科学性、综合性、实践性和前瞻性的特点，有较高理论层次和较强的指导作用。

《中央电视台发展史》

主编：杨伟光，58.9 万字。

本书以"时序为经，大事为纬"，记载了中央电视台（初名北京电视台）自 1958 年建台迄今整整 40 年的历史。按历史发展阶段，分为"艰苦创业的历程"、"遭受挫折和复苏时期"、"在改革开放中迅速发展"和"向世界大台迈进"四编，系统介绍了该台40年来在电视宣传、事业建设、技术发展、队伍建设和经营管理诸方面的情况，特别是近五年来突飞猛进的发展情况，反映了中国电视工作者艰苦奋斗的革命精神和决心创建世界大台的凌云壮志。本书史料翔实，结构严谨，是一部了解中央电视台乃至中国电视事业发展概况的信史。

《电视新闻文集》

主编：李丹、李东生，40.2 万字。

本书收集 1993 年至 1997 年间国内报刊上发表的有关电视新闻的文章 49 篇，以电视新闻应用理论为

主要内容。全书包括以下部分：宏观电视新闻理论的研究，电视新闻改革的理论与实践，电视评论和电视深度报道的理性探讨，对海外电视报道发展趋势的分析，对电视经济报道、体育报道和军事报道以及各类电视新闻体裁的论述。本书是我国电视新闻工作者和电视新闻理论研究者心血的结晶，对研究电视新闻理论和探索适合中国电视新闻发展的规律，具有参考性和指导性。读者可从中了解中央电视台乃至中国电视近五年间电视新闻发展的基本思路和主要经验。

《电视专题文集》

主编：李东生，38.5 万字。

本书收录 1993 年至 1997 年间发表在全国部分报刊上有关电视专题方面的文章 62 篇。内容大致包括三个方面：有关电视专题片和电视纪录片的基本理论问题，包括对节目的分类与界定的探讨；对近几年电视专题片与电视纪录片优秀作品的追踪评论；对办好各类电视专题栏目的思考与体会。文章的角度、观点各不相同，但一个共同的特点是能紧密联系我国电视创作的实际状况，有感而发，针对性强。它对于了解近年来我国电视专题片和纪录片创作的基本状况，促进我国电视的创作繁荣，具有实践和理论的双重意义，是电视从业人员及关心我国电视事业的广大读者的参考书。

《电视文艺文集》

主编：赵化勇、胡恩，37.5 万字。

本书收录 1993 年至 1997 年间发表在全国部分报刊上的有关电视文艺方面的文章 51 篇，内容包括电视剧和电视文艺节目两大部分。所收文章从不同侧面和角度反映了近几年来中央电视台在电视剧、电视文艺栏目、综艺晚会、中国音乐电视等门类的发展状况和成果，既有理论性的评析，又有实践性的概括和总结，不少文章还对电视文艺的特殊规律和未来走向作了较深入的探讨，具有一定的学术价值和实际操作的参考价值。

《重大新闻现场直播文案选编》

主编：李东生，56.8 万字。

本书收录了中央电视台近年来重大新闻现场直播报道中最有代表性的八个项目的有关文案材料。这八个项目是：'97 香港回归特别报道、三峡工程大江截流特别报道、黄河小浪底水利枢纽工程截流合龙现场直播、日全食——彗星天象奇观现场直播、中俄哈吉塔五国边境裁军协定签字仪式现场直播和第八届全运会、第二十六届奥运会、第十二届亚运会现场直播。它较详细地向人们介绍了这八个现场直播报道从策划到具体操作的情况，展示了中央电视台进行现场直播的实力，同时也反映了电视人对电视事业孜孜以求的开拓、进取精神。本书内容丰富，所介绍的各种方案可操作性强。

《电视管理文集》

主编：刘宝顺，38.5 万字。

本书收录 1993 年至 1997 年间国内部分报刊上发表的有关电视管理的文章 58 篇。全书基本由四部分内容组成：广播电影电视部以及中央电视台领导人员的文章是对管理的宏观把握；节目与栏目是管理的核心，其中制片人制又是一个最值得关注的问题；人事、技术、财务、资料、档案等部门直接影响到节目的质量，管理问题也不可忽视；电视理论的研究则会对提高管理者的理论水平具有极大的帮助。本书的作者大都是中央电视台的从业人员，具有多年的实践经验；写成文章时又经过理论的总结与提升。因此，本书对电视台的实际管理工作具有一定的指导作用。

《电视技术文集》

主编：刘宜勤，39.5 万字。

本书反映了中央电视台近几年来技术系统发展的进程和重点，主要内容包括：新技术的应用与展望；对技术应用规律性问题的分析和归纳；对技术、制作与节目编辑关系的探讨；大型直播活动技术方案的展示、回顾；新技术工程项目的论证、实施与概述等。技术种类涉及数字电视、卫星、虚拟演播室、计算机与网络、视频、音频、制作、播出、灯光、美术、动力等各个领域。这是一部凝聚中央电视台电视技术工作者和电视技术理论研究人员心血的文集，对研究电视技术理论和总结实践经验具有参考性和指导性。

《荧屏金杯录》（二）

主编：王录，46 万字。

本书是继中央电视台 1993 年编辑出版的第一本《荧屏金杯录》之后的又一本获奖节目名录。它反映了我国电视界在三十余项国内、国际评奖活动中所取得的光辉业绩。本书内容翔实，资料权威可靠，信息量大，可供广大电视工作者参阅，也可作为图书馆、资料室常备的工具书。

《中国电视美术》

主编：刘宜勤

自 1991 年 7 月中国广播电视学会电视美术研究委员会成立以来，在全国各会员台的积极支持下，先后举办了两届电视美术设计作品的评奖活动。本画册收入的作品包括：场景设计、片头设计、化妆设计等。这些作品均是第一、二届评奖活动中，各会员台专业美术设计人员的参赛作品。它们都是为了完成某个特定的电视宣传任务而创作的，因而从一个侧面反映了近年来我国电视事业蓬勃发展，欣欣向荣的景象，也记录了电视美术专业不断发展壮大和从业人员默默耕耘、不断探索的历史足迹。

《世纪报道》

主编：李海明，26 万字。

本书是一部全面总结中央电视台国际频道即第四套节目香港回归对外 72 小时连续直播报道节目经验的论文集。通过各工种经验总结，揭示了国际频道组织对外报道大型直播，在队伍组织、节目编排、导播等方面的一般规律。本书分为策划篇、导播篇、主持篇、节目制作篇、海外采访篇，附有政权交接、特区政府成立等重点片断的直播解说词、72 小时直播节目表，以及解放军入港、政权交接等场面的珍贵照片。是纪录香港回归的珍贵资料。中国广播电视出版社 1998 年 3 月出版。

《部长访谈录》

主编：李东生，副主编：孙玉胜、张宁、尚墨玲，16 万字。

《部长访谈录》是中央电视台新闻采访部于九届全国人民代表大会一次会议后在《新闻联播》中专门设置的一个系列报道栏目。分别介绍了国务院机构改革后，新设的 29 个部委和新任部长的有关情况。由于这些内容为全国人民所关注，节目播出后引起较大的社会反响。因此新闻采访部在节目的基础上进行加工，增加了每位部长的简历和记者的采访札记及评论文章，汇编成书。此书的出版弥补了电视节目信息容量上的局限和无法留档查询的不足，为广大群众和社会各界了解新一届中国政府的组成结构和施政方针提供了一份宝贵资料，成为热点电视新闻节目的有力延伸。书中附照片 35 幅，中国监察出版社 1998 年 7 月出版。

《焦点中的世界》

主编：李小萍，34.6 万字。

本书以《焦点访谈》和《东方时空》两个栏目近几年来播出的综述性、评论性国际时事节目为蓝本，经过选编汇辑而成。它展示了中国走向世界的艰难历程与可喜现状，提供了我国在国际事务中所发挥的作用、我国的改革开放所面临的国际环境与挑战等方面的大量信息，力求较系统地揭示某些事件、某种现象、某类话题的发展脉络与变化趋势，是涉及当今国际热点问题、国际新知识的一本书 。书中附有照片 100 多幅。华夏出版社 1998 年 5 月出版。

《新闻背后的新闻》

编著：新闻评论部，39 万字。

在《新闻调查》栏目开播两周年之际，《新闻调查》栏目将两年中播出过的部分节目(计 38 集)经过改写结集成书。一方面使节目的内容通过文字再一次传播，弥补电视一次性传播的不足；另一方面也借此机会，再次回首历史，检点历史。全书共有两部分内容：一是《新闻调查》的编辑记者们的创作体会——《记者感言》；二是经过改写的 38 期节目的调查报告——《历史现场》。杨伟光同志为该书作了序。书中附有照片 38 幅。中央编译出版社 1998 年 5 月出版。

《电视新闻采访的理论与实践》

编著者：张宁、王建宏等，33.5 万字。

《电视新闻采访的理论与实践》由中央电视台新闻采访部记者集体撰写，分为“理论篇”、“采访篇”、“直播篇”和“札记篇”。“理论篇”凝聚了长期在一线采访的电视记者们在新闻采访实践中的理性思考。他们亲身经历了许多重大历史事件，在记录共和国发展脚步的同时，孕育生发出理论上的感悟、升华和思辨。“采访篇”的文章，真实地反映了电视记者采访中的酸甜苦辣，读者既能看到他们随党和国家领导人出访时紧张工作的日日夜夜，又能体味到他们在生命禁区唐古拉山、余震不断的张北地震灾区、万分危急的长江大堤上拼搏的忘我激情。“直播篇”的文章，详尽地披露了“香港回归”、“长江三峡大江截流”、“美国总统克林顿访华”等重大直播报道的屏前幕后；既流露出成功的喜悦，又总结了节目的教训、不足和留下的遗憾。“札记篇”的文章，则是以记者的眼光走马世界的瓣瓣心香。这些文章有的记录下了南极的所有见闻，有的倾诉了在异地他乡采访的特殊经历。书中附照片 9 幅，中国广播电视出版社 1998 年 12 月出版。

《电视新闻改革纵横谈》

作者：武晋先，16 万字。

本书是作者为纪念中央电视台成立 40 周年而编写的。书中针对我国电视新闻节目的实际情况，谈了自己的看法，如对精品栏目创办规律的探索，对会议新闻改进的探讨，对新闻标题的分析，对舆论监督作用的研究，对选题策划的倡导，以及各种新闻深化改革的建议等。从电视新闻改革的各个方面进行探索，以研究深化电视新闻改革的规律，从中可以看出广大电视新闻工作者的精品意识和求真务实的精神。党建读物出版社 1998 年 8 月出版。

《电视纪实艺术论》

作者：朱景和，20.5 万字。

本书是一部电视理论专著。全书共分为七编：(一)总论；(二)中国影视纪实艺术的发展；(三)纪录片美学；(四)文献性与文献片；(五)生活与创作；(六)方法与技巧；(七)新闻节目观赏随笔十六则。分别从电视纪录片的创作方法、艺术手段、作品风格、时代特点，以及如何提高电视纪录片的质量，繁荣创作进行了有益的探索并提出了自己的见解。特别是作者结合自我创作实践经验，对一些重要的文献纪录片作了具体、深入的分析，对业内人员更具借鉴与参考价值。华文出版社 1998 年 9 月出版。

《电视纪实与创作》

作者:冷冶夫、马莉,18.5 万字。

本书是作者多年来从事电视纪录片和电视纪实性节目制作的经验总结,既有创作体会又有理论阐述。全书分“发展论”、“作品论”、“创作论”和“政治论”四部分,较系统地论述了中国电视纪录片的产生、发展及创作规律;电视纪实作品创作的个性化、风格化、多样化;电视纪实作品的创作原则以及舆论导向、艺术把握等等。书中充分反映了作者的理论功力及他们对电视纪录片创作独到的理解和认识,近年来国内许多有特点的纪录片书中都有分析与评述。人民日报出版社 1998 年 7 月出版。

《电视纪录片创作》

主编:冷冶夫,22 万字。

本书是中央电视台驻武警记者站记者的论文合集。作者都是处于电视宣传第一线的实践者,他们从不同角度对电视纪录片的拍摄、制作进行了理论探讨。本书的特点是涉及的议题多,关注面广,各抒己见,百花争艳。同时与电视工作实际结合紧密,因此,对电视同行的工作和繁荣电视纪录片创作都有重要的借鉴与促进作用。人民日报出版社 1998 年 10 月出版。

《收获——中国农村小康纪实》

主编:李强,25 万字。

本书以纪实手法讲述了全国不同地区 15 个村庄脱贫致富奔小康的生动故事。这 15 个村庄的地理、气候、资源等情况各不相同,但他们都找到了最适合自己情况的脱贫致富之路。书中还围绕我国农村脱贫致富的有关问题展开专题讨论。内附照片 15 幅。中国科学技术出版社 1998 年 6 月出版。

《秋天的故事》

主编:王进友、吴晓娟,17 万字。

本书讲述了与再就业相关的动人故事,探讨了有关再就业的现实话题,对全国的就业形势和再就业工程进展进行了宏观的分析和阐述。书中附有照片 23 幅。中国科学技术出版社 1998 年 1 月出版。

《粮食·粮食》

主编:王进友、王红蕾,10 万字。

本书围绕举世关注的中国粮食问题,多角度、深层次地介绍了我国粮食生产、流通、消费等领域所发生的深刻变革。书中以实地采访和专家评论的形式客观提示和分析了粮食产区与销区、城市与农村、主渠道与多渠道、出口与进口、中央与地方等多方面的关系,对深化粮食流通体制改革和发展粮食多种经营具有可操作性的价值和意义。书中附有照片 21 幅。中国科学技术出版社 1998 年 1 月出版。

《千秋万代话资源》

主编:王进友、张国英,14 万字。

本书用大量翔实的资料,说明了我国水、土地、森林、草原、矿产和海洋等主要资源的人均占有量与世界资源大国的差距,系统地分析了我国资源的潜在危机,并从生存与经济的角度,阐述了合理保护、开发、利用资源的重要意义。书中附照片 28 幅。中国科学技术出版社 1998 年 1 月出版。

《兵林史话》(续集)

主编:韩金度,30万字。

本书是由中央电视台第七套节目1997年播出的《兵林史话》栏目部分文稿汇集而成,它和1997年出版的《兵林史话》一样,是以古今中外军事史上有特点的战例、事件、人物、谋略,特别是以20世纪人类科学技术的发展对战争规模、战争形态、战争手段,以及与其相适应的战争理论的影响为选题内容,融知识性、科学性、趣味性于一体,不只讲某年某月在什么地方发生了什么事情,还讲了这件事情发生的原因、发展过程和结果,以及对当时战局、甚至对现代战争的影响。本书按文稿内容分为典型战例、重大事件、军事人物、战场谋略、军事杂谈、军事趣闻、兵器史话几部分,以方便读者阅读和查找。军事谊文出版社1998年8月出版。

《前沿故事》

作者:水均益,27万字。

本书以作者十几年新闻实际工作,特别是加盟中央电视台《东方时空》、《焦点访谈》以来的经历,描写了新闻工作者的真实面貌。本书主要包含三大篇章——我与《东方时空》、我眼中的政治家们、战争与和平。作者结合个人作为编辑、记者、电视主持人的经历,力图生动、真实、亲切地刻画出当代中国新闻工作者的所感所悟,同时,借此反映出处在改革开放中的中国新闻事业在过去几十年中不为人知的一些变化和变革。书中既有记者工作的酸甜苦辣,也有对一些重大历史事件台前幕后的描写。另外,作者通过对一些重要的国际政要的专访,也深入地刻画了不同人物、不同民族领袖的真实面目。书中附有照片约60幅。南海出版社1998年10月出版。

《声音——一个电视人与观众的对话》

作者:敬一丹,20万字。

本书是依据观众来信、反映分析当今中国社会问题的新闻评论类作品。作为《焦点访谈》节目主持人,作者接触到大量观众来信。本书收集的150封来信,来自中国各阶层、各地区,它们直接地、朴素地反映了当今的社会面貌。作者选择观众来信的原则是:具有典型性、普遍性,有认识价值、纪录价值和积极意义,使读者多一个了解民意国情的渠道。在对观众来信的选择梳理中,表现了作者的倾向。作者在本书中对农村、教育、法治、国企、市场、环境、贫困等问题都表达了自己的情感和观点,在电视人与观众的对话中实现声音的交汇和心灵的共鸣。本书反映现实,纪录历史,是《焦点访谈》的延续,也是一个电视人职业的延续。书中附有照片26幅。华艺出版社1998年7月出版。

《中央电视台年鉴(1998)》

主编:杨伟光,副主编:赵化勇、王录,70万字。

《中央电视台年鉴(1998)》是反映中央电视台1997年一年中各方面基本情况及发展的工具书。《中央电视台年鉴》自1994年起,每年出版一册,为16开精装本。1998年版年鉴,在前一年的基础上又增加了一些新资料,内容包括:1. 特载;2. 概况;3. 栏目、节目介绍;4. 专辑;5. 规章制度选载;6. 专论;7. 观众调查;8. 工作会议和研讨会;9. 新技术装备;10. 电视书、报、刊及音像出版物;11. 获奖;12. 机构;13. 大事记;14. 人物;15. 统计;16. 对港、澳、台交流与合作;17. 对外交流与合作;18. 附录;另有图片部分。中国广播电视出版社1998年12月出版。

《电视剧故事精编》（上、下）

主编：胡恩、陈汉元，94 万字。

本书系中国电视剧制作中心 1983 年以来荣获“飞天奖”的电视剧的故事精编。这些获奖作品，有许多都具有较高艺术水准，为广大观众熟悉和喜爱。这些作品题材广泛，内容丰富，形式多样。据此改编的电视剧故事既保留了原作的风貌，又具有较强的知识性、趣味性和可读性，读者可以通过它对中国电视剧制作中心十几年来的发展和取得的成绩有一个概括的了解。书中附有照片 69 幅。中国电影出版社 1998 年 11 月出版。

“中央电视台国际部电视丛书”

主编：张子扬，190.9 万字。

本书是中央电视台国际部为纪念建台 40 周年而编写的全面反映电视国际宣传的丛书。内容包括论文、札记、解说词、剧本等等。具体分为《电视节目论集》、《电视人手记》、《专题片解说词荟萃》、《荧屏与环球专辑》、《译制片剧本精选》5 册。总计收集各类文章和作品 200 多篇（部），既是对国际部历来工作的回顾、总结、展示与巡视，也是该部领导和编导人员结合工作实践进行理论与业务研究的成果。作家出版社 1998 年 9 月出版。

《历史上的今天》

主编：胡运芳，42.7 万字。

1994 年 5 月至 1996 年 6 月，中央电视台在每天的《新闻联播》前播出 1 分多钟的《历史上的今天》节目。节目播出后在观众中反应强烈，不少观众希望将其整理成书。本书既以节目播出稿为基础，又查阅了大量辞书、手册及报刊资料，补充、修订而成。本书以时间为序，内容包括古今中外的重大历史事件及历代名人、科技成果等。条目文字简洁，便于编辑、记者查阅参考。中国广播电视出版社 1998 年 8 月出版。

《中央电视台播出节目目录》（1998）

编著：总编室节目资料管理处编辑组，200 万字。

本书是中央电视台 1998 年播出（入库）节目检索工具书，分上、下两册。书中包括中央电视台播出节目中的 149 个栏目，共 14299 条检索条目。本书从 1995 年开始出版，每年两册，是中央电视台实现影视资料计算机查询、管理的基础，填补了中央电视台影视资料管理方面的一项空白。该书从广大编导利用资料的角度出发，建立科学的检索体系，兼顾查准率和查全率。该书可以根据索取号、节目名称、栏目名称、演员名字、播出时间、入库时间等多个检索途径，方便、快捷地查出播出节目的有关信息。1998 年 12 月出版，内部发行。

《中国电视观众现状报告》

主编：罗明、胡运芳，42.3 万字。

本书是根据 1997 年全国电视观众抽样调查的结果所撰写的调查报告和论文而编纂成书的。通过本书，读者可以了解这次调查的主要结果。通过 3 次调查的比较，更清楚地看到观众收视群体、结构、行为和心理的变化和发展趋势，为今后的电视宣传决策和管理提供了宝贵的参考资料。对电视栏目和频道的设置、节目播出时间的安排，都具有较强的指导意义和参考价值。社会科学文献出版社 1998 年 10 月出版。

《生命的化妆》

作者:徐晶,4万字。

本书选用历年节目制作和形象设计的若干资料、照片,从一个个的故事中展示被创作者的闪光点与作者本人的具体感受。同时将作者近18年的形象设计创作过程做一小结,将成功与失败、得与失袒露给读者。其意愿在于唤起同行对形象设计更深层面的认识。在文中加入作者本人在创作时,创作技法上的展示,意在帮助读者举一反三,对个人的形象创作有些裨益。书中附有照片280幅。上海文化出版社1998年11月出版。

《现代录音技术》

编译:王明臣、朱慰中、郭忱、刘中胜等,60万字。

由中央电视台音频部与北京广播学院录音艺术学院联合编译的《现代录音技术》,是一本理论与实践相结合的音频节目制作专著。本书从模拟技术出发,重点分析了数字音频工作原理及相关设备,其中包括调音台、数字降噪系统和数字音频工作站,对MIDI与电子乐器技术也进行了较系统的分析。该书的主要特点是:具有先进性、科学性和实用性,书中所介绍的设备均为目前世界上较先进和流行的设备。书中不仅讲述了设备的基本工作原理、主要特点,还较具体地讲述了设备的操作,尤其介绍了许多宝贵的实践经验与节目制作技巧,对音频技术人员、录音师、音响导演及专业院校的教学和培训等都有较高的参考价值。北京广播学院出版社1998年11月出版。

《电视数字化技术》

主编:陈玉生、余兆明、李静英等,70万字。

本书详细介绍了视频数字化的基本知识、电视信号数据压缩的基本原理、数字电视的实现方法及公布的各种视频编码的国际标准。全书共分八章:第一章概述;第二章分析电视信号的一维、二维、三维频谱以及不同电视信号波形的频谱分布情况;第三章介绍视频模/数、数/模变换器、叙述电视信号的量化过程,分量信号量化比特数确定和码电平分配原则;第四章论述PAL信号亮、色数字分离,介绍多种数字亮、色分离方法,并说明它们的优缺点;第五章介绍各种压缩编码原理及其实现方法;第六章介绍已公布的各种数字编码国际标准及其不同点;第七章介绍各种电视信号的数字处理电路及其基本原理;第八章介绍高清晰度电视的基本参数、扫描范围和图像质量以及高清晰度电视信号传输、纠错编码、自适应均衡等技术;附录中有各章习题及难题解答,中英对照技术术语解释。本书对从事数字电视原理教学、数字电视技术、数字电视设备研究及推广应用的工程技术人员都有很好的参考价值。1998年6月出版。内部发行。

《电视采编设备原理与使用》

编著:王世荣、谢贺添,17.3万字。

本书是中央电视台职工岗位培训丛书之一。内容分两部分:第一部分讲述了1/2英寸摄-录一体化录制设备的基本知识和使用方法;第二部分,从理论和实践两方面对电视节目后期制作的基本概念,基本原理,目前普遍使用的设备、系统和电视节目后期制作的基本方法做了系统而清晰的阐述。本书内容简明,实用性强,适合作为电视节目制作行业职工岗位培训教材使用。附照片12幅。中国广播电视出版社1998年9月出版。

《中央电视台技术事业发展40年》

主编:刘宜勤,2.5万字。

本书以图文并茂的方式全面回顾了中央电视台技术事业40年来的发展历程,重点介绍了中央电视台技术系统当前的主要情况，生动地反映了目前中央电视台技术设备及设施的面貌，客观地概括了中央电视台技术事业发展过程中所经历的一些重要工作。本书是中央电视台技术事业40年的缩影，对中央电视台技术事业40年的发展做出了全面的总结、系统的归纳和较高的评价。附有照片180幅，1998年8月出版，内部发行。

《九八北京国际广播电影电视设备展览技术文集》

编著：路晓俐、刘宁等，10万字。

本书对'98 BIRTV展出的数字视频、数字音频、数字压缩、数字传输、数字广播、数字电影、多媒体制作、非线性编辑、自动播出、新型灯光、全固态发射设备等有关新技术资料进行编辑整理，汇编成册，供从事广播电影电视中心工程技术的同行，在考虑事业发展、更新选型和采用新技术时作为参考。本书为内部读物，1998年6月出版。

《中央电视台计算机信息网络和管理系统工程控制与管理概论》

主编：徐威、赵栋，10万字。

本书是中央电视台计算机信息网络和管理系统工程的应用管理与控制分系统的技术报告。它通过介绍系统的模型、管理机制的设置和中央电视台计算机系统实际应用的状态，对信息技术在电视媒体中应用的管理策略和技术机理进行了总结、归纳、论述和阐释。全书共分为“理论篇”、“管理篇”和“应用篇”三个部分。“理论篇”重点从技术原理上论述了计算机系统建设的策略，并就应用管理与控制分系统的系统对象、模型和目标进行了说明。“管理篇”描述了建立企业内部信息系统管理体制和流程的方式与途径。“应用篇”阐述了应用管理与控制分系统的具体实现形式和处理方法。1998年12月出版，内部发行。

《中央电视台计算机信息网络和管理系统工程规划与设计纲要》

主编：唐德顺、徐威，10万字。

本书是中央电视台计算机信息网络和管理系统工程的总体设计报告。它是根据当今计算机系统的技术发展特点，并且结合中央电视台计算机事业发展的现状而设计的一整套既满足现实需求又具有技术前瞻性的计算机信息系统建设的方案，有的放矢地提出了系统建设的方针大略，包括系统建设的目标、系统建设指导原则、项目投资原则、系统功能划分原则以及系统平台技术指标、系统结构安全可靠性设计和系统的标准与规范等内容。该书对于大型信息化系统的规划与建设具有较高的指导意义和参考价值。1998年12月出版，内部发行。

二、1998年中央电视台教育节目用书要目

《阿杨在日本·续集——实用日语情景会话视听教材》

主编：彭广陆、徐义鸣。吉林科学技术出版社出版。

《阿杨在日本·续集——实用日语情景会话辅导教材》

主编：王萍、彭广陆、应杰、熊文莉、朴慧欣。吉林科学技术出版社出版。

《澳洲之旅》

作者：龚亚夫、田勇、曹洁。人民教育出版社出版。

《工会小组劳动保护检查员培训教材》

主编：高明岐，副主编：张成富。专利文献出版社出版。

三、1998年中央电视台报刊选介

《报道内外》

《报道内外》是中央电视台海外节目中心海外专题部《中国报道》创办的内部刊物,是在栏目有所成就、急需总结和提高的时候应运而生的。1998年10月创刊。每半月出刊一次。主要设有《宣传提示》、《例会精神》、《创作体会》、《业务交流》、《出谋划策》、《拍摄见闻》、《知识窗》、《环球视点》、《信息反馈》、《播出情况》等几个栏目。它给经常奔波在外的记者、编辑们提供最新的报道口径和宣传精神,是上级领导对栏目进行指导的一个便捷窗口,也是一个业务交流的园地。

《节目监看反映》

《节目监看反映》是由中央电视台总编室和离退休干部处于1996年1月根据前广电部及台领导的批示精神而创办的内部刊物。其内容主要反映中央电视台一、二、三、四、七这五套节目在内容、图像质量、声音效果等方面存在的问题,供各编播、技术及主管部门参考。每半月出版一期。

四、1998年中央电视台音像出版物选介

《韶山出了个毛泽东》

本片以大量珍贵的历史影片资料,回顾了毛泽东一生的辉煌历程,展现了伟人眷恋故土的赤子情怀。全片共分三集:(1)《韶山》,反映了一个平凡而伟大的江南山村,因孕育了一代伟人毛泽东而闻名天下;(2)《情系故土》,描述了1959年6月毛泽东回到阔别32年的故乡,与人民在一起的动人画面;(3)《颂歌献给毛主席》,选录了《东方红》、《太阳最红,毛主席最亲》等15首歌颂伟大领袖的赞歌。VCD3盘,全长135分钟,中央新闻纪录电影制片厂音像出版社1998年11月出版。

《周恩来》

本片是中央电视台与中共中央文献研究室联合录制的领袖人物传记片。该片以大量历史资料,真实、客观地展示了周恩来从青少年时代起,各个时期的历史面貌、重大历史事件,以及他的革命活动,是全面、系统认识伟大的无产阶级革命家、外交家周恩来成长、革命道路、卓越才能及其人品的珍贵材料。VCD12集12盘,全长660分钟,中国国际电视总公司1998年3月出版。

《敬爱的周恩来总理永垂不朽》

本片是为纪念周恩来总理逝世22周年而制作的。其内容主要是反映1976年1月8日周总理逝世后，江山挥泪，举国沉浸在巨大的悲痛之中，党和国家各级领导人送别周总理，以及全国各族人民自发地以各种形式举行悼念活动的悲痛情景。录像带2盘，全长90分钟，中央新闻纪录电影制片厂音像出版社1998年3月出版。

《刘少奇》

本片是为纪念刘少奇百年诞辰而制作的。1998年11月24日，是伟大的无产阶级革命家刘少奇诞生100周年。为了缅怀刘少奇献身中国人民的解放事业和在建立人民共和国及社会主义建设中的丰功伟绩，中央电视台与中共中央文献研究室联合推出这部大型文献纪录片。该片通过编年与主题相结合的结构方式，充分运用电视手段，把刘少奇的一生同国家命运联系在一起，从不同角度凸现了他的个性和人格魅力。共12集6盘，全长330分钟，中国国际总公司1998年11月出版。

《共和国主席刘少奇》

本片是在刘少奇同志诞辰100周年前夕，由中央新闻纪录电影制片厂、上海东方城市影业发展公司和北京建基影视文化传播公司联合录制的。影片以刘少奇担任国家主席为切入点，展示了他对中国革命和建设立下的丰功伟绩，特别是着重反映了在新中国成立后，他作为党和国家第一代领导人之一，和其他人一起为寻找适合中国国情的社会主义道路所作的艰辛探索和对中国前途的深刻思考。VCD 2盘，全长90分钟，中央新闻纪录电影制片厂音像出版社1998年11月出版。

《跨世纪的握手》

本片记述了江泽民主席1997年对美国进行国事访问的盛况，阐述了发展中美关系的重要性及此次国事访问的现实意义与历史意义，并以特有的电视语言表现了作为泱泱大国的国家元首江泽民主席的广博知识、机智幽默和儒雅的风度。VCD1集1盘，时长60分钟，中央电视台1998年5月出版。

《越过太平洋》

本片生动地纪录了1997年举世瞩目的江泽民主席对美国进行的首次国事访问。真实、具体地反映了从10月26日到11月2日江主席在美访问期间的全部活动，展示了中国第三代领导人特有的智慧、风度和人格魅力。VCD1盘，全长50分钟，中央新闻纪录电影制片厂音像出版社1998年6月出版。

《新任中国总理朱镕基答记者问》

本片介绍了1998年以朱镕基为总理的新一届政府诞生后举行的一次具有历史意义的记者招待会的盛况。1998年3月19日，在第九届全国人大上，新当选的中国跨世纪的新一届政府领导人：国务院总理朱镕基，副总理李岚清、钱其琛、吴邦国、温家宝与中外记者见面，并回答了记者的提问。这是一次世纪末的新闻盛会，它向全世界展示了中国将以必胜的信念和决心迈向21世纪。VCD1盘，时长40分钟，中国国际电视总公司1998年4月出版。

《世纪大典》

本片纪录了香港回归这一举世瞩目的历史事件，再现了1997年香港回归政权交接仪式场面，以及特区政府成立、解放军驻港部队防务、全国人民欢庆香港回归的动人情景。VCD1盘，时长50分钟，中央新闻纪录电影制片厂音像出版社1998年7月出版。

《伟人与石林》

云南省石林县的石林，是举世闻名的自然奇观。建国后，周恩来、刘少奇、邓小平、朱德、陈毅、贺龙等老一辈革命家，都曾到过这里，并对石林的保护、开发作出过重要指示。本片通过石林县彝族人民对伟人的回忆和石林的发展，展现了伟人们的风采，体现了石林人民怀念伟人的深情厚意。录像带1集1盘，时长50分钟，中央新闻纪录电影制片厂音像出版社1998年12月出版。

《英雄战震灾——唐山大地震纪实》

本片是反映唐山地震情况的录像。1976年7月28日，在河北省唐山、丰南一带发生了7.8级的强烈地震，使唐山人民的生命财产受到严重损失。地面建筑物几乎全部被毁，城市停电停水，铁路交通中断，灾情之重是历史上罕见的。影片真实地记录了地震发生后中央慰问团到灾区慰问和中国人民解放军及时赶赴现场，抢救伤员，帮助灾区人民恢复生产，重建家园，以及全国29个省、市、自治区的救灾物资源源不断地运往灾区的动人情景。录像带1集1盘，时长60分钟，中央新闻纪录电影制片厂音像出版社1998年6月出版。

《锦绣山河》(一)

《锦绣山河》系列录像片，荟萃了新影厂数十年来摄制的同类题材纪录片的精华。这一集包括《黄山奇观》和《自古华山一条路》两部分。《黄山奇观》介绍了黄山的竹林、流云、瀑布、雪松、天都峰等奇丽的景色；《自古华山一条路》介绍了华山道路的艰险及游人在峡谷溪水之间跳石、越水、穿过华山石门等过程。录像带2集1盘，时长40分钟，中央新闻纪录电影制片厂音像出版社1998年11月出版。

《瞬间与永恒》

本片集中了自延安时代以来，中国新闻纪录电影60年间的精华片断，通过几百幅极其珍贵的电影画面，对为此作出牺牲的烈士是一份永远的纪念；对那些曾经深受纪录电影影响的人们是一份美好的回忆；对那些曾经为新闻纪录电影事业奉献青春和热血的人是一种永远的激励；对于渴望了解共和国发展历史的青年一代是一部形象生动的画卷；对广大人民更是一部活生生的史书及一份难得的珍藏品。VCD 1盘，时长50分钟，中央新闻纪录电影制片厂音像出版社1998年7月出版。

《在雅砻江的日子》

本片是有关在雅砻江流域进行综合考察活动的专题纪录片。1997年9月，中央电视台与二滩公司联合组成雅砻江流域综合考察队。考察队一行60人跨越青藏高原、横断山脉、川西峡谷，从源头进入江口，对该地区进行了全面考察，行程近6000公里。该片纪录了考察活动的全部过程，对当地的资源、环境、生态以及贫困与反贫困、未来发展等进行了充分论述与展示，对发展我国中西部地区的经济有重要参考价值。该片共分 6 集：（1）《走近雅砻江》；（2）《雅砻江的呼唤》；(3)《穿越贫困》（上）；（4）《穿越贫困》（下）；（5）《水与未来》；（6）《再谈雅砻江》。共 3 盘，全长 180 分钟。大连音像出版社 1998 年 6 月出版。

《东方的眼睛》

本片是一盘器乐演奏专辑。1998 年 5 月 1 日，是《东方时空》栏目开播 5 周年纪念日，中央电视台新闻评论部为此于 4 月 28 日在北京音乐厅举办了一场名为《东方的眼睛》的民族音乐会，将全部票房收入都捐给张家口张北县地震灾区，设立了一项优秀教师基金，与此前新闻评论部同仁用《焦点外的时空》一书版税所捐助的“东方时空希望小学”相配套。音乐会云集了国内民乐领域最知名的艺术家。音乐会上演奏的主要作品有：刘德海的琵琶独奏《十面埋伏》、曹节的埙独奏《黄莺吟》、宋飞的二胡与乐队合奏的《梁祝》、鲍惠乔的钢琴与乐队合奏的《彩云追月》、黄晓飞指挥的合奏曲《嫦娥》等。VCD1 盘，时长 60 分钟，厦门音像出版社 1998 年 12 月出版。

《中国古典名著》

本片包括根据中国古典文学名著《红楼梦》、《西游记》、《三国演义》和《水浒传》改编的四部电视连续剧。几百年来，中国四大古典文学名著中的故事和人物家喻户晓、妇孺皆知，并成为以后的戏曲、曲艺、电影等艺术创作的源泉。近十几年，中央电视台为弘扬民族文化，先后投入巨资，把它们改编成电视连续剧，播出后深受观众欢迎。VCD《中国古典名著》共 188 盘，全长 8460 分钟，中国国际电视总公司 1998 年 9 月出版。

《中国京剧音配像》

本片是根据我国多位已故著名京剧艺术家的录音资料加配当代人的表演制作的节目。京剧艺术是中华民族传统文化中的瑰宝，是经过千锤百炼而成的国粹。该片包括许多优秀传统剧目，无论从剧目选择、演员表演以及行当、流派等都堪称是集京剧艺术之大成，代表京剧艺术的最高水平。VCD149 盘，全长 7450 分钟，中国国际电视总公司 1998 年 7 月出版。

《明十三陵》

本片是较全面地介绍明代皇家陵墓及其有关史料的纪录片。位于北京昌平县境内的明十三陵，已成驰名中外的名胜古迹。这一庞大的陵墓建筑群，曾耗费了难以计数的钱财，历时若干年才建成。同时也是中国古代劳动人民智慧的结晶。当年这里是神圣不可侵犯的皇家禁地，如今已成为中外游人络绎不绝前来参观的旅游区。本片以现代的技术手段纪录了有关皇陵的建筑艺术精华，形象地向观众介绍了陵墓发掘、考古学家打开棺椁，以及后来维护管理等情况。VCD1 盘，时长 40 分钟，中央新闻纪录电影制片厂音像出版社 1998 年 9 月出版。

《远离毒品》

本片通过十几个典型事例真实地再现了毒品对吸毒者个人、家庭以至社会造成的巨大危害，并重点剖析了青少年吸毒的心理，对广大青少年识毒、防毒、拒毒有很强的指导性。本片还简要地回顾了毒品对中华民族造成灾难的历史，以及新中国诞生后三年内禁毒的成功经验。该片经国家禁毒委、教育部审定后，认为是对青少年进行毒品预防教育的形象化教材。VCD1 盘，时长 50 分钟，中央新闻纪录电影制片厂音像出版社 1998 年 5 月出版。

11. 文章篇目辑览

电视事业与管理

培植理论之树——新春寄语 (杨伟光《电视研究》1998.02)

全面贯彻十五大精神,继续深化电视改革,把中央电视台的事业推向21世纪——在中央电视台1997年工作总结表彰大会上的讲话 (杨伟光《电视研究》1998.03)

亲切的关怀 难忘的教诲——记周恩来同志和电视记者在一起 (于广华《新闻战线》1998.03)

电视节目的都市化倾向值得注意 (董石才《中国广播电视学刊》1998.04)

日本电视台重视精品节目 (施万《中国广播电视学刊》1998.04)

中央电视台国际频道节目收视情况调查分析 (赵宇辉、李海明、张中立《电视研究》1998.04)

英国公共广播电视体制:困境与变革(上)(下) (姜红《电视研究》1998.05.06)

国际互联网CNN网站观感 (崔冰《电视研究》1998.05)

难忘的试播期 (罗东《电视研究》1998.05)

中国,21世纪崛起的电视市场——外国电视商如何看待中国市场 (程坪 译《现代传播》1998.05)

周总理心系中国电视 (周新武《电视研究》1998.06)

电视初创时期的新闻字幕及美术设计 (张德生《电视研究》1998.06)

谈"全程动态管理" (王焰《电视研究》1998.06)

搞好财务工作促进电视发展 (罗传尧《电视研究》1998.06)

专业技术职称评定中群众关心的几个问题 (罗秀兰、晓宇《电视研究》1998.07)

选择、务实、融洽——电视制片人管理初探 (于桂苓《电视研究》1998.07)

"跨世纪电视丛书"总序 (杨伟光《电视研究》1998.08)

试论创办国际华语新闻频道的必要性与可能性 (李海明《电视研究》1998.08)

对中央电视台新闻中心运作体制的一些思考 (李朝晖《电视研究》1998.08)

影视新闻合一家(忆往事) (舒世俊《电视研究》1998.08)

漫谈电视引进节目 (孙志东《中国广播电视学刊》1998.08.增刊)

论电视制片人的素质 (关秉宏《中国广播电视学刊》1998.08.增刊)

浅谈综艺节目的制片管理 (张平《中国广播电视学刊》1998.08.增刊)

海阔凭鱼跃——浅论未来制片的变化及应对 (刘志刚《中国广播电视学刊》1998.08.增刊)

深化宣传改革 坚持正确导向 为把中央电视台建设成为世界大台而奋斗——在中国电视事业暨中央电视台诞生40周年纪念大会上的讲话 (杨伟光《电视研究》1998.10)

认识CNN(上)(下) (江和平、何绍伟《电视研究》1998.09.10)

从MSNBC站点看信息化如何向我们走来 (俞中迈《电视研究》1998.09)

广播电视事业单位投资效益问题浅议 (侯福梅《电视研究》1998.10)

1997年全国电视观众调查分析报告(摘要) (刘建鸣、徐瑞青、刘志忠《电视研究》1998.11)

构架具有中国特色的电视学——读《中国电视论纲》 (陈力丹《电视研究》1998.11)

新世纪的机遇和挑战——"面向21世纪的世界广播电视研讨会"综述 (欧阳宏生《电视研究》1998.11)

回顾与前瞻——关于电视对外宣传的思想 (赵宇辉《中国广播电视学刊》1998.12)

1998年度亚广联电视节目评奖观后 (盛亦来《电视研究》1998.12)

电视台国有资产管理初探 (于桂苓《电视研究》

1998.12)

会计电算化的发展方向 (黄伟《电视研究》1998.12)

取之于民 用之于民——“预算包干管理办法”与财务改革 (于桂苓《中国电视》1998.12)

电视新闻

现场直播报道的又一次突破——评三峡工程大江截流特别报道 (张文华、李勇《中国广播电视学刊》1998.01)

探索才有希望 改革就是生命——小浪底工程截流合龙现场直播回顾 (中央电视台小浪底现场直播报道组《中国广播电视学刊》1998.01)

拓展电视直播的魅力——黄河小浪底截流合龙电视直播评析 (闵大洪《电视研究》1998.01)

电视批评的批评 (徐荃乐《电视研究》1998.01)

《追踪行贿》的幕后 (经纬《中国广播影视》1998.02)

'97话直播——长江三峡大江截流现场直播得失谈 (徐文华《电视研究》1998.02)

现场直播的另一种操作 (何绍伟《电视研究》1998.03)

新闻编排的艺术——评中央电视台1996年8月8日《晚间新闻》 (周勇《中华新闻报》1998.03.30)

中国电视新闻改革的一次亮相——记中央电视台赴伊拉克报道 (侯明古《新闻战线》1998.04)

现场直播:同步的魅力 (何绍伟《中国广播电视学刊》1998.04)

“求新”与“求异”——从“山西假酒中毒事件”连续报道谈起 (骆汉城、李东、王洁《电视研究》1998.04)

开辟电视新闻报道的新途径——使用公用信号编辑新闻大有可为 (孙传昌、武晋先《中国广播电视学刊》1998.05)

面对重大政治事件的电视新闻 (李勇《电视研究》1998.05)

中国电视新闻业的发展趋势 (李东生《中华新闻报》1998.05.11)

新闻人物的形象传播——评电视系列报道《部长访谈录》 (赵仙泉《中华新闻报》1998.05.18)

新闻改革的可喜收获——“CCTV《新闻调查》'97实录”序言 (杨伟光《文汇报》1998.05.21)

从三峡工程大江截流报道看大型新闻直播节目中现场报道的设计 (王旭东《中国广播电视学刊》1998.06)

精心设计 大胆尝试——中、俄、哈、吉、塔签署边境裁减军事力量协定仪式直播回顾 (刘凡平《中国广播电视学刊》1998.06)

背景介绍与会议直播 (张传昌、武晋先《电视研究》1998.06)

细节,奇妙的表现功能 (央姬《电视研究》1998.06)

电视庭审直播节目探析 (张宁《现代传播》1998.06)

庭审直播节目与知情权、隐私权的保护 (黄海星《现代传播》1998.06)

论组合式报道在电视新闻中的意义 (王静芳《现代传播》1998.06)

《焦点访谈》者的“难”处 (邓科、王同英、于都、祝明、苏娟《中华新闻报》1998.06.11)

新的魅力 新的特色——评电视系列报道《部长访谈录》 (尚墨玲《电视研究》1998.07)

近观远瞻 亦喜亦忧——略析中央电视台首次现场直播法庭审理实况 (张西明《中华新闻报》1998.07.23)

西方电视新闻写作与制作一瞥 (尹春生《电视研究》1998.08)

电视新闻现场直播节目初探 (庄园《电视研究》1998.09)

对克林顿访华几场现场直播得与失的思考 (王建生、王建宏《电视研究》1998.09)

浅析《新闻联播》的直播 (邢质斌《电视研究》1998.09)

反应快速 及时跟进 报道全面——中央电视台'98抗洪报道侧记 (李勇、韩彪《中华新闻报》1998.09.14)

策划先行 报道成功 ——中央电视台新闻策划系统在抗洪报道中发挥的重要作用 (韩彪、刘亚民、刘凡平《中国广播电视学刊》1998.10)

从中央电视台抗洪救灾报道的成功看电视界对抗洪斗争胜利的特殊贡献 (高丽萍《电视研究》1998.10)

《焦点访谈》:十二分钟的强力曝光 (陈晓明《羊城晚报》1998.10.18)

《焦点访谈》特点刍议 (关海鹰《中国电视》1998.10)

关键时刻方显记者本色 (孙玉胜《中国记者》1998.10)

公关《焦点访谈》 (倪铭《中国青年报》1998.11.05)

惊心动魄的6天 (唐立新《中国青年报》1998.12.07)

复归电视新闻本源——'98中央电视台现场直播扫描 (张宁、韩彪《中华新闻报》1998.12.14)

《焦点访谈》为什么成功 (祝华新《人民日报》1998.12.17)

影响电视新闻传播效果的几个环节 (张宇《中国广播电视学刊》1998.12)

试析电视访谈 (刘文《中国广播电视学刊》1998.12)

庭审节目的电视特性初探 (黄海星《中国广播电视学刊》1998.12)

沉甸甸的凝聚力——浅论抗洪抢险报道中的多台合作 (孙朝中、苏永鸿《电视研究》1998.12)

英语新闻采编工作必须强化六个意识 (江和平《电视研究》1998.12)

电视专题

贴近生活 引导生活 创造生活 (谭希松《中国广播电视学刊》1998.01)

电视经济报道正在发生的变化 (汪文斌《中国广播电视学刊》1998.01)

与消费时代同行——对《生活》栏目的思考 (刘连喜《中国广播电视学刊》1998.01)

千里之行的第一步——《广而告之》栏目开办十周年随想 (潘泽宏《电视研究》1998.01)

市场经济与哲学智慧——从专题片《农民哲人吴树旺》说起 (张传祥、李德琼《当代电视》1998.01)

立足现在 展望未来——电视专题节目发展态势访谈录 (陈芳、程宏《中国电视》1998.01)

谈谈电视节目的策划 (骆幼伟《中国广播电视学刊》1998.02)

《生活》栏目制作理念的变革 (韩青、袁彬、王进《中国广播电视学刊》1998.02)

拍摄野生动物纪录片的几点体会 (钱娱《中国广播电视学刊》1998.02)

谈电视世界经济报道的现状与走势 (王永利《电视研究》1998.02)

砥砺求新见真情——《中国体育》得失谈 (詹万里《电视研究》1998.02)

风景这边独好——写在《中国家庭》首播之际 (王青《电视研究》1998.02)

西安咋拍——《中国旅游》栏目创作谈 (王益平《电视研究》1998.02)

光辉的形象 不朽的精神——写在大型电视文献纪录片《周恩来》播放之际 (廖毅文《人民日报》1998.02.20)

大型文献纪录片——《周恩来》的幕后故事 (仇东方、高博燕《中国妇女报》1998.02.20)

让历史告诉未来——总导演时间谈大型文献纪录片《周恩来》 (伍斌《解放日报》1998.02.20)

从《实话实说》看现代传播观念 (叶子《现代传播》1998.02)

关于中央电视台改革经济报道栏目情况的调查 (明立志、李欣雁《新闻战线》1998.02)

可贵的第一次——CCTV《中国报道》首次实现对南极考察的同步报道 (中央电视台海外节目中心专题部《现代传播》1998.03)

电视传播新领域初探 (王广令、张军、黄鑫《现代传播》1998.03)

少儿节目:电视化与儿童化 (罗闪、刘怡《现代传播》1998.03)

纪录片问题断想 (任达青《现代传播》1998.03)

CCTV帮了排、羽,火了乒乓 (关东《体育博览》1998.03)

不落窠臼 方能出新——大型纪录影片《丰碑》的风采 (彭成梁《中国电影报》1998.03.12)

行列里的思考 (李虹《中国广播电视学刊》1998.04)

旅游市场与旅游电视宣传 (曾婷《电视研究》1998.04)

我看青年节目 (张泽群《电视研究》1998.04)

大西北与《大西北》 (曹力《电视研究》1998.04)

纪录片的类别 (陈汉元《电视研究》1998.04)

《中华医药》创办手记 (刘文《现代传播》1998.04)

《生活空间》编导的故事 (慕容雅《电视月刊》1998.04)

引导性 时效性 实用性——经济类电视节目特色阐释 (王秀云《电视研究》1998.05)

春天的收获——电视系列片《春节的故事》拍摄手记 (曲静《电视研究》1998.05)

论电视纪录片的"视点" (胡智锋、刘文《现代传播》1998.05)

儿童电视专题片收视情况的初步调查研究 (曹

宁、沃建中《现代传播》1998.05)

让科学走向大众——科普电视专栏《科技之光》开播三周年巡礼 (阮湘华《科技日报》1998.05.06)

"3·15"我们的思考 (汪文斌、王雪莲《电视学刊》1998.06)

《12演播室》生存到今天是个奇迹 (张泽群、卜希霆《现代传播》1998.06)

"3·15"和"3·15"现象 (王雪莲《中国广播电视学刊》1998.07)

从《体坛精华》创办始末谈电视体育节目如何贴近观众 (王嘉玲《中国广播电视学刊》1998.07)

迎接变革——加快发展信息类节目势在必行 (王晓真《电视研究》1998.07)

建台第一年的电视新闻 (夏之平《电视研究》1998.07)

办好儿童栏目的成功尝试 (张小军《电视研究》1998.07)

走向世界与未来——第四届"金童奖"引起的思考 (余培侠《电视研究》1998.08)

儿童电视节目的人文内涵和对象意识 (罗闪、刘怡《电视研究》1998.08)

走近生活 追求艺术——关于解说词写作的辩证思考 (赵伯平《电视研究》1998.08)

以观众为本——世界杯转播的理智与情感 (岑传理、史志刚《电视研究》1998.08)

荧屏与世界——CCTV国际部栏目、节目的发展历程 (张子扬、高峰《中国广播电视学刊》1998.08.增刊)

《环球》栏目之我见 (季芸《中国广播电视学刊》1998.08.增刊)

浅论《人与自然》 (华星《中国广播电视学刊》1998.08.增刊)

《人与自然》栏目的包容与取舍 (钱娱《中国广播电视学刊》1998.08.增刊)

小议电视节目的节奏 (林锋《中国广播电视学刊》1998.08.增刊)

豪华落尽见真淳——浅谈纪录片与朴素美 (源森《中国广播电视学刊》1998.08.增刊)

关于野生动物片的拍摄 (王洋《中国广播电视学刊》1998.08.增刊)

有限空间中的无限 (刘雁《中国广播电视学刊》1998.08.增刊)

《跨世纪的握手——江泽民主席访美纪行》创作谈 (王晶《电视研究》1998.09)

儿童为本——参加第八届慕尼黑青少年电视节有感 (曹宁《电视研究》1998.09)

借题发挥——借《导演》一片"妄谈"几个有关纪录片的问题 (张以庆《电视研究》1998.09)

回头看——儿童电视纪录片《我的朋友》创作札记 (潘超、关雷溟《电视研究》1998.09)

屏幕与世界之间的思索 (陈芳、张子扬《中国电视》1998.09)

提高专题译制片质量需把好"三关" (姚桂松、邱桂萍《中国电视》1998.09)

渔家孩子告诉我——儿童纪录片《小船 小船》创作的几点体会 (曹宁《中国电视》1998.09)

电视纪实艺术管见 (钱连红《电视研究》1998.10)

赏析《精品赏析》 (王新中《电视研究》1998.11)

旅游节目探微 (时学祥《中国电视》1998.11)

百年恩来 万世师表——拍摄《百年恩来》的感受 (邓在军《中国电视》1998.11)

一曲展示中华民族抗洪精神的悲壮之歌——抗洪电视片《决胜》简析 (刘凡平《中国广播电视学刊》1998.12)

《中国报道》南极特别节目引发的思考 (黄鑫、姚长盛《电视研究》1998.12)

《东方时空·生活空间》的平民意识 (成立新、魏勇《电视研究》1998.12)

选题与手法应基于栏目的定位——《百姓》经济生活人物类专题节目的尝试 (王雪莲《电视研究》1998.12)

把握机遇发挥系统优势办好经济节目 (谭希松《电视研究》'98经济专刊)

治栏必须严谨 (马万明《电视研究》'98经济专刊)

无法突围——城市台经济节目的现实选择 (王志强、宋冬萌《电视研究》'98经济专刊)

先声夺人 气势磅礴——关于'98"3·15"直播的思考 (王永利《电视研究》'98经济专刊)

从电视屏幕看"3·15" (王红蕾《电视研究》'98经济专刊)

电视文艺

好戏连台 群星璀璨——'97电视剧创作印象 (刘卫星《电视研究》1998.01)

横看成岭侧成峰——《综艺大观》第151期创作构

思中的逆向思维 (金越《电视研究》1998.01)

'98新剧《水浒传》——强手荟萃大制作 (钟欣《人民日报"海外版"》1998.01.15)

关于《潘汉年》 (张天民《中国电视》1998.01)

谈谈《司马迁》 (关润琳《中国电视》1998.01)

从东西方文化差异看影视配音艺术风格 (侯丽红《中国电视》1998.01)

短篇电视剧大有可为 (于广华《当代电视》1998.01)

解脱"纪实性"——看英模人物题材剧作有感 (朱景和《当代电视》1998.01)

影视剧节奏论略(上)(下) (侯丽红《现代传播》1998.01.02)

电视剧艺术的真实与编导的职责 (高建民《电视研究》1998.02)

春节联欢晚会三题 (李光《北京晚报》1998.02.06)

众说纷纭《水浒传》 (李春利《光明日报》1998.02.11)

尊重原作:名著改编的艺术精神——电视剧《水浒传》感言 (欧阳明《文艺报》1998.02.17)

近期CCTV《文化视点》评议 (马相武《中国电视》1998.02)

看《文化视点》随想 (张德祥《中国电视》1998.02)

电视剧《水浒传》的拍摄构想(之一)(之二) (张绍林《中国电视》1998.02.05)

《潘汉年》导演阐述 (朱一民《中国电视》1998.02)

共产党人留给世纪之末的出色答卷——《人间正道》导演随想录 (潘小扬《中国电视》1998.02)

耐人寻悟的《金豌豆》 (李汀《中国电视》1998.02)

"仿真生活"——漫话电视纪实片 (伊慧民《中国电视》1998.02)

真实为本情为魂——电视连续剧《潘汉年》评析 (徐敏《电视研究》1998.03)

意态由来画不成——谈电视剧《雷雨》在改编中存在的问题 (宋宝珍《现代传播》1998.03)

大型电视综艺晚会编导的创作特性——从《'98春节晚会》说起 (游洁《现代传播》1998.03)

《神奇山谷》叩开世界之门 (山羊《中国广播影视》1998.03)

责任编辑的责任 (何延锋《中国电视》1998.03)

《妞妞日记》创作手记 (孙静《中国电视》1998.04)

原汁原味青春片——看电视剧《十七岁不哭》 (路海波《中国电影报》1998.04.09)

走进兵的世界——连续剧《有这么一群兵》 (汪守德《人民日报》1998.04.17)

"小白杨气息"思考录——电视剧《十七岁不哭》观后 (李汀《中国电视》1998.04)

电视剧策划随想 (陈汉元《中国电视》1998.04)

艺术思想必须扩展——关于名著改编杂议 (杨树林《中国电视》1998.04)

运用系统科学理论重构电视制片意识——电视剧《香港的故事》拍摄后的思考 (马润生《当代电视》1998.04)

人民需要电视精品 (胡恩《电视研究》1998.06)

真人·真知·真性情——观电视剧《马寅初》 (张德祥《电视研究》1998.06)

电视舞蹈人才的摇篮 (张薇《电视研究》1998.06)

让我欢喜让我忧——陈汉元析谈电视剧 (朱国梁《大众电影》1998.06)

演员违约大观 (冯雷《当代电视》1998.06)

中国电视剧史上的宏篇巨制——评四大古典名著的改编 (周金华《中国电视》1998.06)

《家有小丑》:儿童和成人情感世界的交融 (李汀《当代电视》1998.06)

儿童形象的社会价值思考——《家有小丑》导演阐述 (延艺《当代电视》1998.06)

情深意切 甜美如诗——中央电视台银河少年电视艺术团合唱队侧记 (张薇《当代电视》1998.06)

扬长避短——论大型综艺晚会戏曲类节目的编导 (江则理《中国电视》1998.08)

国产电视剧配音问题之浅见 (吴珊《中国广播电视学刊》1998.08.增刊)

试析影视配音和动画配音的不同特点 (李真惠《中国广播电视学刊》1998.08.增刊)

译配解说词与校对工作之我见 (曹亚《中国广播电视学刊》1998.08.增刊)

浅谈电视译制节目的编辑意识 (潘洪莲《中国广播电视学刊》1998.08.增刊)

以严肃音乐为内容的电视节目如何赢得观众 (郑威《中国广播电视学刊》1998.08.增刊)

栏目化生存——我所理解的《正大综艺》 (何文新《中国广播电视学刊》1998.08.增刊)

论编译栏目的创造性——《每日佳艺》和《佳艺五线间》栏目分析 (贺萍《中国广播电视学刊》1998.08.增刊)

试论佳艺栏目的编排特色 (过彤《中国广播电视

学刊》1998.08.增刊)

再现名片的艺术风采——《翠堤春晓》译制札记 (郭世辰《中国广播电视学刊》1998.08.增刊)

试析译制导演的艺术功底——从影片《卡萨布兰卡》的译制谈起 (张伟《中国广播电视学刊》1998.08.增刊)

从"戴着脚镣跳舞"谈起——浅议译制片语言转换 (郭维安《中国广播电视学刊》1998.08.增刊)

略论影视剧本翻译 (高兰云《中国广播电视学刊》1998.08.增刊)

浅析译制片翻译的重要性 (胡海波《中国广播电视学刊》1998.08.增刊)

译制片片名翻译初探 (赵春梅《中国广播电视学刊》1998.08.增刊)

凝聚真情 奉献爱心——'98中央电视台抗洪赈灾义演晚会纪实 (吕明军、崔佳《人民日报》1998.08.19)

试论对外电视文艺的艺术特征 (郭霁虹《电视研究》1998.09)

永恒主题——复仇意识溯源 (关润琳《中国电视》1998.09)

跨世纪的超越——关于中国电视剧质量问题的思考 (李治安《当代电视》1998.09)

拍摄人偶童话剧《神奇山谷》的思考 (张元鹏《当代电视》1998.10)

含蓄——当今影视艺术的魅力 (郑保国《中国广播电视学刊》1998.10)

重塑红旗渠精神——谈电视剧《难忘岁月——红旗渠故事》 (洪开《电视研究》1998.10)

关于音乐电视的另一种说法 (高立民《中国电视》1998.10)

试论电视综艺晚会的新闻性及其体现 (金越《中国电视》1998.11)

运筹帷幄 指挥若定——从《正大综艺》栏目谈现场导演的指挥技巧 (徐伟《中国电视》1998.11)

漫谈电视综艺节目的形态 (王康宏《中国电视》1998.11)

剧组里的小人物 (冯雷《当代电视》1998.11)

呼唤道德的回归——《好好过日子》观后 (张大勤《当代电视》1998.12)

从辉煌到低谷?——对我国动画片现状的思考 (梁晓涛《中国电视》1998.12)

把"难以言说"的故事说好——电视连续剧《牵手》导演阐述 (杨阳《中国电视》1998.12)

电视播音与主持人

精心筹划 举重若轻——黄河小浪底截流报道中主持人形式的新探索 (饶立华《电视研究》1998.01)

角色化——少儿电视节目主持人的一种新观念 (刘怡、罗闪《现代传播》1998.04)

实话难说 再难也得说 (冯秋子《文艺报》1998.04.21)

我们生活在什么样的时代——试论主持人的生存背景 (白岩松《现代传播》1998.05)

播音——有声语言的艺术再创造 (邢质斌《现代传播》1998.05)

对美国电视新闻播出的一些思考 (李瑞英《现代传播》1998.05)

《足球之夜》的"四条汉子" (梁澎《中国电视》1998.06)

认识你自己——试论电视节目主持人角色定位 (杨君《中国广播电视学刊》1998.08.增刊)

从《正大综艺》主持人的更迭谈近期改版的成功 (王炜《中国广播电视学刊》1998.08.增刊)

收视率·《正大综艺》·主持人 (秦明新《中国广播电视学刊》1998.08.增刊)

视野与方向:谈经济节目主持人必备的要素 (王红蕾《电视研究》1998.09)

浅谈电视新闻播音 (邢质斌《中国广播电视学刊》1998.10)

试论电视新闻播音风格多样化的可能性 (徐俐《电视研究》1998.10)

试论节目主持人 (刘彤《电视研究》1998.10)

升华历史 推动实践——沈力主持艺术研讨会综述 (徐敏《电视研究》1998.11)

试析电视访谈 (刘文《中国广播电视学刊》1998.12)

电视技术

电视直播多级切换的成功尝试——记长江三峡大

江截流特别报道 （沈忱、王建宏、霍燕《中国广播电视学刊》1998.01）

长江三峡大江截流现场直播的机位设置 （王建宏《电视研究》1998.02）

中央电视台国际互联网站点建设回顾与前瞻 (尹学东、马毅《电视研究》1998.02)

对电视节目片头设计的思考 （田敬改《电视研究》1998.02）

影视舞台绿色照明的探讨 （张敏《世界广播电视》1998.02）

符合现代摄像机需求的三基色柔光灯 （张敬邦《世界广播电视》1998.02）

重大事件报道的摄像现场把握——记三峡大江截流现场直播报道 （张传昌《电视研究》1998.03）

同期声的魅力 （阚兆江《电视研究》1998.03）

CCTV 八运会电视报道的技术特点 （梁迎利《世界广播电视》1998.03）

摄像机的运动与节奏 （王崇秋《电视研究》1998.04）

三峡大江截流电视实况转播(上)(下) （缪暑金、于志、丁亚建《世界广播电视》1998.04.05）

广播电视全自动化测量系统 （李海峰《世界广播电视》1998.05）

把握中国神韵 追踪时代风采—'98 春节戏曲晚会的场景设计 （吕大庆《电视研究》1998.05）

试论综艺晚会电视画面的主体与陪体 （徐晶《电视研究》1998.05）

在和谐中求创新——'98 春节联欢晚会灯光设计谈 （孟杰《电视研究》1998.05）

探索新路 超越自我——对'98 春节歌舞晚会灯光制作的回顾 （齐亚洲《电视研究》1998.05）

谈电视剧灯光设计 （张恒茂《电视研究》1998.05）

同期声的魅力 （武晋先《中国电视》1998.05）

论电视新闻同期声的艺术化处理 （央姬《中国电视》1998.05）

一种小型实用的数字音频非线性制作系统 （薛殿玉《世界广播电视》1998.06）

CCTV 军博制作区系统配置 （张力云《世界广播电视》1998.08）

我国电视音响起步的轨迹 （曾文济《电视研究》1998.09）

电视新闻同期声的传播 （央姬《中国广播电视学刊》1998.09）

开拓电视传播的新领域 （张淮野、陈宇、张军、董鑫《中国广播电视学刊》1998.10）

再论同期录音与后期配音 （高丰《中国广播电视学刊》1998.10）

镜头的角度与运动 （梁秀玲《电视研究》1998.10）

从黑白片到彩色片 （韩志恩《电视研究》1998.11）

适合当今电视照明的灯光设备 （张敬邦《世界广播电视》1998.11）

高原野生动物摄影点滴谈 （钱娱、高宏《世界广播电视》1998.11）

现场声在纪录片创作中的地位和作用 （韩金度《电视研究》1998.12）

影视片中的声音结构浅谈——录音札记之一 (高丰《中国电视》1998.12)

数字演播室技术 （曹青、刘中胜、陈克新、司海清《世界广播电视》1998.12）

其　　他

电视有学 研以致用——在'97 全国省级电视台电视理论研究工作年会上的讲话摘要 （罗明《电视研究》1998.01）

加强电视理论研究 促进电视事业发展——在'97全国省级电视台电视理论研究工作年会上的讲话(摘要) （王录《电视研究》1998.01）

电视广告呼唤精品 （周红《电视研究》1998.01）

叩自由之门——1997 年文化报告 （刘春、卜希霆《现代传播》1998.01）

电视的话题 （白岩松《上海电视》1998.01）

走近电视，走进电视 （高峰《电视月刊》1998.01）

序言两篇(《电视人手记》代序、《电视节目论集》代序) （张子扬《中国电视》1998.11）

随笔二题(电视与文学、电视与文化) （胡迎节《中国电视》1998.11）

12. 获 奖

一、新 闻 类

中国广播电视新闻奖 1997 年度电视新闻奖 中央电视台获奖名录

中国广播电视新闻奖 1997 年度电视新闻奖评选活动于 1998 年 4 月在北京举行。全国 34 家电视机构选送了 257 个节目参加评选,共评出获奖节目 179 个。

中央电视台有 30 个节目获各类奖。

消息类

特别奖

香港政权交接仪式 (中央电视台、广东电视台、深圳电视台)

三峡工程大江截流特别报道 (中央电视台、湖北电视台、宜昌电视台)

日全食——彗星天象奇观大型现场直播报道 (中央电视台、江苏电视台、黑龙江电视台、云南电视台)

黄河小浪底水利枢纽工程截流合龙现场直播节目 (中央电视台、河南电视台)

长消息一等奖

山东临沭牛腿沟:排水三天三个样

长消息二等奖

李鹏总理给特困职工送温暖

聚焦中国新的领导集体

上海十六铺客运码头管理亟待加强

短消息一等奖

香港各界群众热情欢迎解放军进驻香港

短消息二等奖

宁夏子弟兵奋力抢救遇险群众

新闻评论类

一等奖

《焦点访谈》:“罚”要依法

《焦点访谈》:中国之路(第 2 集)

二等奖

《焦点访谈》特别报道:消费者不是弱者

新闻专题类

一等奖

在大海中永生

二等奖

魂归故里——二战时期美国飞机残骸搜寻纪实

三等奖

大搬迁 (新疆经济电视台、中央电视台)

系列(连续)报道类

一等奖

江泽民主席对美国进行国事访问

三峡工程大江截流连续报道

(中央电视台、湖北电视台、宜昌电视台)
投资不增,成本不升,效益提高缘何而来?
——辽河油田资产经营责任制的启示
来自黄河断流的报道 (河南电视台、中央电视台)

节目编排实况直播类

一等奖
《新闻联播》(1997年7月1日)

三等奖
《晚间新闻》(1997年1月24日)

经济新闻类

一等奖
超市竞争带来新鲜面包
墙内与墙外的对话
《生活》(1997年4月26日)

二等奖
话说农民负担
千秋万代话资源——又见家园

三等奖
中美纺织品协议达成一致
"3·15"特别行动

人物类

三等奖
《东方时空·生活空间》:祖传手艺

中国广播电视新闻奖 1997年度电视社教节目奖 中央电视台获奖名录

中国广播电视新闻奖1997年度电视社教节目奖评选活动于1998年6月9日在北京举行。全国192个节目参加评选,共评出获奖节目134个。

中央电视台有23个节目获各类奖。

特别奖
邓小平
大三峡
背负民族的希望
中国家庭
(中央电视台及30家地方台联合摄制)

社会政治类

三等奖
韩成钢打官司

文化类

三等奖
新生代印象

新闻评论类

一等奖
墙内与墙外的对话

人物类

一等奖
好孩子,外婆替你上学去

二等奖
山里一家人

三等奖
祖传手艺

栏目类

一等奖
《万家灯火》(第27期)
《半边天》(第53期)

二等奖
《人与自然》(第143期)

三等奖
《体育大世界》畅想'97(中)

系列类

一等奖
科教兴国
孙子兵法

三等奖
西北边塞 (甘肃电视台、中央电视台)

服务类

一等奖

《电视你我他》(第 229 期)

二等奖

家庭减灾

电教类

一等奖

《电视旅游日语》第一讲:我叫森本,请多关照

三等奖

《古代声学现象及奥秘》第一集:揭秘与新发现

科普类

一等奖

为了人类共同的呼吸

三等奖

火星——对地外生命的探索

第八届(1998 年)中国新闻奖中央电视台获奖名录

一年一度的全国综合性优秀新闻奖的最高奖——中国新闻奖评选活动于 1998 年 8 月在福建省举行。获奖的 190 件作品集中反映了 1997 年我国新闻事业所取得的崭新成就。

中央电视台有 6 件作品获奖。

特别奖

'97 香港回归特别报道(现场直播)

一等奖

三峡工程大江截流连续报道(连续报道)

"罚"要依法(电视评论)

二等奖

香港各界群众热情欢迎解放军进驻香港(电视消息)

山东临沭牛腿沟:排污三天三个样(电视消息)

三等奖

万众深情送小平(电视专题)

第三届(1998 年)范长江新闻奖中央电视台获奖名录

高丽萍

第三届(1998 年)韬奋新闻奖中央电视台获奖名录

提名奖

李挺

第八届(1998 年)宣传人民代表大会制度好新闻奖中央电视台获奖名录

第八届宣传人民代表大会制度好新闻奖经评委会评定,共评出特别奖及一、二、三等奖 151 件。

中央电视台有 3 件作品获奖。

特别奖

九届人大一次会议朱镕基总理记者招待会现场直播

(中央人民广播电台、
中央电视台、
中国国际广播电台)

新闻评论一等奖

九届全国人大一次会议举行第四次全体会议(1998

年3月16日)

消息二等奖

聚焦中国人大基层选举(1998年1月14日)

全国社会治安综合治理好新闻奖1997年度电视奖中央电视台获奖名录

专题一等奖

鲜艳的营旗

消息一等奖

块条严防成为河南公安机关破案法宝

专题二等奖

让警徽更加闪亮

消息二等奖

重塑心灵的特殊学校

尉建行、罗干等慰问首都公安武警

第四届(1998年)科协好新闻中央电视台获奖名录

录音

一等奖

心系祖国,勇攀高峰

——记上海瑞金医院血研所所长　陈竺

新闻报道

百名院士百场科技报告活动拉开帷幕

——访北京理工大学教授冯长根

连续报道

小凉山上科普潮(1—8集)

新闻分析

二等奖

我国科学家发现地球生命最早祖先的化石

新闻

我国首次发现河外星系超新星

新闻特写

青海活佛信科学

消息

三等奖

科普图书为何热不起来

科技委员为中国科技进步积极献计献策

科协五大代表参观中国遥感卫星地面站

“千厂千会协作行动”开始实施

日全食彗星同现漠河上空

我国参加国际奥林匹克活动综述

全国“五一”新闻奖1997年度中央电视台获奖名录

新闻

一等奖

劳模登上天安门城楼

辽宁下岗职工:用劳动改变自己的命运

新闻特写

三等奖

李鹏总理给困难职工送温暖

第四届(1997年度)“五四”新闻奖中央电视台获奖名录

第四届“五四”新闻奖评选活动于1998年11月19日举行。全国各省级团组织,记协和有关新闻单位选送了235件作品参评,共评出获奖作品100件。

中央电视台有5件作品获奖。

一等奖

1997名京港18岁青年在京举行成人仪式

中国十大杰出青年农民刘笑带领乡亲脱贫致富

青工素质堪忧

二等奖

一则小广告　牵动万人心

三等奖

文明的使者——中国青年志愿者扶贫

第四届(1998年)中国人口新闻奖中央电视台获奖名录

第四届中国人口新闻奖共收到中央和省级新闻单位报送的作品300篇。

中央电视台有14件作品获奖。

一等奖

12个爸爸妈妈

计划生育干部的楷模——姜淑琴

情系万家

二等奖

控制人口造福人类

第二十三届世界人口大会在京闭幕

国外人口专家盛赞中国人口政策

略阳县男到女家好女婿表彰会

葡萄大王的计生经

三等奖

丝瓜大王的眼光

湖南省人口与计划生育事业取得突破性进展

田林县计生扶贫开发出效果

播种幸福

白云深处有人家

救助贫困母亲

第十一届(1998年)全国法制好新闻作品奖中央电视台获奖名录

电视专题类

一等奖

今天如何打官司

电视新闻类

一等奖

八律小字泽

第四届(1998年)金盾新闻奖中央电视台获奖名录

电视新闻

一等奖

好民警邱娥国

电视专题

一等奖

鲜艳的营旗——'97警方英烈子女夏令营

济南街头暗访交警

电视新闻

二等奖

特殊的夏令营

电视专题

二等奖

大个子老邱的故事

电视新闻

三等奖

“警民议事会”连接警民心

第八届(1998年)优秀电视军事节目奖中央电视台获奖名录

新闻系列类

一等奖

西藏边防行 (中央电视台驻成都军区记者站)

抗洪英雄高建成 (中央电视台驻空军记者站)

三等奖

西北边防行 (中央电视台驻兰州军区记者站)

成都军区某炮兵团按照“五句话”总要求全面建部队 (中央电视台驻成都军区记者站)

新闻单本类

一等奖

生命之堤五十小时大决战 (中央电视台驻空军、广州军区、济南军区、武警记者站)

子夜江堤有支将军为兵服务队(新闻特写) (中央电视台驻南京军区记者站)

哈尔滨数万名群众挥泪送别抗洪子弟兵 (中央电视台驻沈阳军区记者站)

军嫂南沙行 (中央电视台驻海军记者站)

巴格达遭空袭纪实

女教师遭洪水遇险,子弟兵奋力相救 (中央电视台驻广州军区记者站)

“大胡子师长”轶事 (中央电视台驻沈阳军区记者站)

军队走向精兵之路 (中央电视台驻北京军区记者站)

二等奖

巴格达记者的不眠之夜

云南边境大扫雷(一) (中央电视台驻成都军区记者站)

春节期间子弟兵奋战在西藏那曲救灾一线 (中央电视台驻武警记者站)

抗洪前线父子兵 (中央电视台驻武警记者站)

某部党委为先进连队减压 (中央电视台驻沈阳军区记者站)

“电脑律师”进军营 (中央电视台驻北京军区记者站)

防扰民　部队子夜悄撤离
表深情　百姓挥泪送亲人 (中央电视台驻沈阳军区记者站)

当年打响第一枪　今日还乡保九江 (中央电视台驻南京军区记者站)

敢为人先的好军嫂——贾芳 (中央电视台驻北京军区记者站)

真的好想你 (中央电视台驻武警记者站)

解放军和武警官兵赴灾区抗震救灾 (中央电视台驻北京军区、武警记者站)

曾氏兄弟千里送莱拥军抗洪 (中央电视台驻空军记者站)

一笔特殊的捐款 (中央电视台驻沈阳军区记者站)

抗洪大军——小兵 (中央电视台驻南京军区记者站)

江泽民主席高度赞扬洪水中的“救护神”——李长志 (中央电视台驻广州军区记者站)

三等奖

寻找亲人解放军 (中央电视台驻武警记者站)

女战士邱玲勇斗歹徒传佳话 (中央电视台驻广州军区记者站)

洪水进军营牵动群众心 (中央电视台驻武警记者站)

钢木土石组合坝　抗洪堵口建奇功 (中央电视台驻北京军区记者站)

全军首批退伍老兵今日离队返乡 (中央电视台驻广州军区记者站)

张家口灾区百井救灾扶贫工程全部竣工 (中央电视台驻北京军区记者站)

“搜”病号 (中央电视台驻南京军区记者站)

抗洪前线“红嫂情” (中央电视台驻武警记者站)

解放军紧张抗洪　好夫妇雪中送炭 (中央电视台驻二炮记者站)

南沙守桥官兵　艰苦奋斗建家园 (中央电视台驻海军记者站)

灾区第一村在风雪中建起 (中央电视台驻北京军区记者站)

新闻特写:洪水中的产妇脱险记 (中央电视台驻南京军区记者站)

武警官兵救助被洪水围困的麋鹿 (中央电视台驻武警记者站)

将军指挥直升机救人
（中央电视台驻沈阳军区记者站）
目击松嫩保卫战 （中央电视台驻沈阳军区记者站）
人民好儿子——李向群
（中央电视台驻广州军区记者站）
“黑河好八连”冬季执勤告别冰哨
（中央电视台驻沈阳军区记者站）
新闻特写：红米饭、南瓜汤
（中央电视台驻南京军区记者站）
空降兵部队八千官兵 坚守一线死守大堤
（中央电视台驻空军记者站）
走向国际市场的中国航天
（中央电视台驻总装备部记者站）
乌林激战
（中央电视台驻广州、北京、济南、空军记者站）
军嫂蜜月育才忙(新闻特写)
（中央电视台驻济南军区记者站）
抗洪大堤上的“火线庆功会”(新闻特写)
（中央电视台驻南京军区记者站）
沈阳军区某集团军开展群众性科技大练兵
（中央电视台驻沈阳军区记者站）
赊牛记(新闻特写)
（中央电视台驻南京军区记者站）
“水龙王”自身难保 子弟兵屡降洪魔
（中央电视台驻南京军区记者站）
抗洪抢险的“钢铁战士”吴良珠
（中央电视台驻南京军区记者站）

第二届(1998年)中央和首都新闻单位土地管理优秀新闻作品奖中央电视台获奖名录

一等奖
四千亩耕地荒到何时
稻田何以建酒城

二等奖
如此“红旗村”
豪华别墅侵蚀大量耕地

三等奖
清河三问

1998年全国杜邦杯环境好新闻奖中央电视台获奖名录

新闻一等奖
淮河治污系列报道

专题一等奖
为了地球上的生命，清除白色污染

专题二等奖
鸟的乐园——拉市海
（云南电视台、北京电视台、中央电视台）
四万亩稻田因何绝收

消息二等奖
绿色文明城——大连

专题三等奖
天鹅的乐园
献给地球上的生命
可持续发展，世纪的呼唤

国际海洋年(1998年)好新闻奖中央电视台获奖名录

特别奖
全国青年海洋知识竞赛

一等奖
渤海发生大面积赤潮

二等奖
蔚蓝色的呼唤

二、电　影　类

第十八届(1997年度)中国电影"华表奖"中央电视台获奖名录

优秀纪录片

周恩来外交风云　(新影厂)

丰　碑　(新影厂)

优秀科教片

介入疗法　(科影厂)

暖棚养畜　(科影厂)

神奇的气肥　(科影厂)

第十八届(1997年度)中国电影"金鸡奖"中央电视台获奖名录

最佳纪录片

周恩来外交风云　(新影厂)

最佳纪录片提名奖

丰　碑　(新影厂)

最佳科教片

基因与转基因动物　(科影厂)

1998年中央电视台荣获中国电影其他奖项名录

周恩来外交风云　(新影厂)

获"飞虎杯"第五届北京大学生电影节最佳纪录片奖;获"飞虎杯"第五届北京大学生电影节最受欢迎的影片奖;获上海电影评论学会上海影评人1997年度影片评选"十佳影片";编导傅红星获1997年度中国电影"华表奖"评委会奖。

周恩来　(中央电视台新闻评论部)

获第四届中国纪录片学术奖特别荣誉奖;获第十六届中国电视金鹰奖纪录片荣誉奖。

三、文　艺　类

第十八届(1997年度)全国电视剧"飞天奖"中央电视台获奖名录

第十八届全国电视剧"飞天奖"共设长篇电视剧、中篇电视剧、短篇电视剧、少儿电视连续剧、少儿短篇电视剧、戏曲电视连续剧、合拍片等奖项。

中央电视台有65个作品获各类奖。

特别奖

《水浒传》　（中国电视剧制作中心）

长篇电视剧

一等奖

人间正道　（中国电视剧制作中心、江苏省文化经济发展中心、江苏电视台）

难忘岁月——红旗渠的故事　（中央电视台影视部、河南省委宣传部、河南电视台、亚太电视制作有限公司、中共林州市委市政府）

二等奖

红十字方队　（中央电视台影视部、总后勤部电视艺术中心）

岁月长长路长长　（中央电视台影视部、中国青年艺术剧院影视中心）

三等奖

周恩来在上海

潘汉年　（国家安全部办公厅、中国电视剧制作中心、上海市委宣传部、江苏省委宣传部）

毕业生　（中央电视台影视部、陕西省委宣传部、陕西电视台）

风生水起·广告篇　（中央电视台影视部、广州电视台、广州市委宣传部、名家文化传播有限公司）

四保临江　（中央电视台影视部、海军政治部电视艺术中心、白山市委市政府、临江市委市政府）

傍海人家

老河　（广东省委宣传部、中央电视台影视部、太原市委宣传部、广东电视台）

中篇电视剧

一等奖

驱逐舰舰长　（中央电视台影视部、海军政治部电视艺术中心）

二等奖

英雄孟良崮　（南京军区政治部文化部、中央电视台影视部）

有这么一群兵　（中央电视台影视部、第二炮兵电视艺术中心影视部）

老街　（中央电视台影视部、宁波电视台电视剧制作中心、宁波市委宣传部）

雪太阳　（辽宁电视台电视剧制作中心、中央电视台影视部、沈阳军区政治部电视艺术中心）

三等奖

魂系哈军工 （深圳市委宣传部、深圳电视台、上海永乐电影公司、中央电视台影视部）

你好，西拉沐沦 （中央电视台影视部、大连中青企业集团、大连电视台）

缉毒科长 （中央电视台影视部、陕西省公安厅、陕西电视台）

尉官二十刚出头 （中央电视台影视部、沈阳军区政治部电视艺术中心）

新华方面军 （中共重庆市委宣传部、重庆电视台、中央电视台影视部）

塔山阻击战 （广州电视台、广州军区政治部文化部、广州军区电视艺术中心、中央电视台影视部、广州市委宣传部）

百姓有约 （中央电视台影视部、福建电视台电视剧制作中心、漳州电视台）

短篇电视剧

一等奖

情感的守望 （中国电视剧制作中心、中国人民武装警察部队政治部电视艺术中心）

二等奖

小镇女部长 （中央电视台影视部、吉林电视台、沈阳军区政治部电视艺术中心）

雨夜 （四川电视台、中央电视台影视部）

三等奖

热巴，黑人，龙头琴 （中共甘肃省委宣传部、中央电视台影视部、甘肃电视台、甘肃省电影家协会影视制作中心）

大山无言 （成都电视台、中央电视台影视部、四川省公安厅）

阿里山的女儿 （中央电视台影视部、菏泽地区行署台湾事务办公室、山东省政府台湾事务办公室、山东电影电视剧制作中心）

鸽子 〔中央电视台影视部、上海永乐电影电视(集团)公司、求索电视制作社〕

三爷

军中厨星 （中央电视台影视部、沈阳军区政治部电视艺术中心）

喊叫水 （宁夏回族自治区党委宣传部、宁夏电视台、中央电视台影视部）

退休村支书 （山东泰安电视台、中央电视台影视部）

少儿电视连续剧

一等奖

十七岁不哭 （中国电视剧制作中心）

二等奖

高一新生 （中央电视台影视部、宁波电视台电视剧制作中心、宁波市委宣传部）

三等奖

家有小丑 （中国电视剧制作中心）

双筒望远镜 （中国电视剧制作中心）

少儿短篇电视剧

一等奖

妈妈今晚去远航 （广州军区空军部队、中央电视台影视部、总政话剧团电视剧部）

三等奖

我想要朵小红花 （中央电视台、太原电视台）

我的同桌“老玉米” （中共威海市委宣传部、中央电视台影视部、山东电影电视剧制作中心）

寻呼妈妈 （中央电视台影视部、昆明市电信局、昆明电视台）

戏曲电视连续剧

一等奖

司马相如(昆剧) （中央电视台、上海电视

台、上海昆剧团）

二等奖

秋（黄梅戏） （中央电视剧制作中心、安徽电视台）

范蠡救子（越剧） （中央电视台影视部、绍兴有线广播电视台、浙江越剧团影视部）

三等奖

桃李梅 （吉林电视台、中央电视台影视部、吉林省吉剧团）

提名奖

长篇电视剧

大厂 （中央电视台影视部、吉林省委宣传部、长春电视台）

百姓（第一部） （淄博电视台电视剧制作中心、中央电视台影视部、中国文采声像出版公司、华夏人口信息咨询服务中心）

鲁氏兄弟 （山东电影电视剧制作中心、山东电视台、中央电视台影视部）

叶赫那拉公主 （吉林省梨树县人民政府、长春电影制片厂影视艺术开发中心、中央电视台影视部）

中篇电视剧

警方 110 （山东电影电视剧制作中心、中央电视台影视部、济南市公安局）

短篇电视剧

远岛 （辽宁电视台、辽宁电视剧制作中心、大连电视台、中央电视台影视部）

戏曲短篇电视剧

狄公闹祠 （中央电视台影视部、邯郸市文化局、河北电视台）

合拍电视剧

香港的故事 （中国电视剧制作中心、香港银都机构有限公司）

单项奖

优秀编剧 《红十字方队》的编剧

优秀导演 《人间正道》的导演

优秀美术 《水浒传》的美术

优秀剪辑 《水浒传》的剪辑

优秀音乐 《水浒传》的音乐

译制片奖

麦克白

圣诞之恋

摩尔·弗兰德斯

月色撩人

黑丝绒长裙

一曲难忘

第十二届（1997 年度）全国电视文艺“星光奖”中央电视台获奖名录

第十二届全国电视文艺“星光奖”评选活动于 1998 年 10 月 18 日在上海举行。全国共有 11 类单项奖和优秀栏目，192 个优秀节目，分别获特别奖和一、二、三等奖。

中央电视台共有 106 部作品获各类奖。

综艺节目

（60′以上）

中直组：

特别奖

中央电视台′98 春节联欢晚会

一等奖

跨越星空——国际频道开播五周年晚会

相聚水浒城 （中央电视台、中视股份有限公司）

二等奖

警民同欢万家春——′98 公安部春节晚会 （公安部政治部、北京市公安局、中央电视台）

继往开来——庆祝十五大圆满成功晚会
我们的老师——'97 教师节晚会
劳动赞——"心连心"艺术团赴大庆慰问演出

三等奖
世纪的骄傲——'97 三八晚会
情满潇湘——"心连心"艺术团赴湘演出（中央电视台、湖南电视台）
今宵月更圆——'97 中秋晚会
'96 中国电影"华表奖"夏衍电影文学奖颁奖典礼（广播电影电视部、中央电视台）

地方组：

一等奖
灿烂星空——第十一届"星光奖"文艺晚会（河北电视台、中央电视台、中国电视艺术委员会）

二等奖
草原颂——庆祝内蒙古自治区成立 50 周年晚会（内蒙古电视台、中央电视台）

三等奖
千里共婵娟——中秋夜·两岸情（上海东方电视台、中央电视台、台湾电视公司、台湾《中国时报》）

综艺节目

(60′以内)

中直组：

一等奖
《综艺大观》(第 151 期)（中央电视台、中华全国妇女联合会）
《艺苑风景线》(第 118 期)（中国广播艺术团、中央电视台）

二等奖
《正大综艺》：扬州专辑
《综艺大观》(第 154 期)

三等奖
《正大综艺》：澳门专辑（中央电视台国际部、澳门基本法协进会）
《正大综艺》(第 387 期)
《艺苑风景线》(第 129 期)

专题节目

中直组：

一等奖
芬芳年代（中央电视台、江苏省文学艺术界联合会）

二等奖
寻访二愣妈
北京人艺四十五年
歌坛长青树——李光羲
与吴冠中对话
安多强巴

三等奖
梅纽因在北京
《文化视点》：文艺呼唤评论
寻梦——记洋票友格发
《梨园群英》(第 304 期)：著名豫剧表演艺术家虎美玲
《梨园群英》(第 337 期)：优秀青年京剧老生演员杜鹏
追日的舞者——黄启诚

地方组：

二等奖
金色旋律——中国民乐维也纳之行（中央电视台、上海东方电视台）
汤氏人家（上海东方电视台、东方航空公司、中央电视台）

音乐节目

中直组：

一等奖
迎回归，爱祖国万人歌咏大会（中共中央宣传部、共青团中央、中直机关工委、中央国家机关工委、解放军总政治部、中共北京市委、中央电视台）

二等奖

《音乐直播厅》(第46期):音乐与动物

长调,内蒙古印象

三等奖

中国民族音乐大师彭修文逝世一周年纪念音乐会

《音乐直播厅》(第31期):中国钢琴作品音乐会

走过西藏的歌

'98新年音乐会 (中央电视台、中央人民广播电台、中国国际广播电台)

《音乐桥》('97第44期)

《中国音乐电视60分》(第122期) (中央电视台戏曲音乐部、北京正海广告公司)

地方组:

二等奖

1997音乐会 (中共广州市委、广州市人民政府、中央电视台、广州电视台)

维也纳金色大厅中国民族音乐会 (上海东方电视台、中央电视台、锦绣公达文化艺术交流中心)

小型节目

中直组:

一等奖

走进新时代

二等奖

一九九七,永恒的爱 (中央电视台、中国亚洲电视艺术中心)

愚公移山 (中央电视台戏曲音乐部、北京沧桑文化艺术有限责任公司、中国人民解放军武警部队政治部文工团)

三等奖

一个真实的故事 (中央电视台戏曲音乐部、华东电子集团股份有限公司)

香港早晨 (中央电视台、深圳罗湖区委区政府、深圳电视台)

告诉明天,再次辉煌 (中央电视台、威海有线电视台)

东方之珠

地方组:

一等奖

我像一朵雪花天上来 (河北电视台、中央电视台)

二等奖

好收成 (河北电视台、中央电视台)

大红灯笼 (中央电视台、辽宁电视台)

三等奖

大红帆 (安徽电视台、中央电视台)

茉莉花 (河北电视台、中央电视台)

祖国歌 (上海电视台、中央电视台)

歌舞节目

中直组:

特别奖

大型广场歌舞:欢庆香港回归

一等奖

为中国喝彩——洛杉矶大型焰火音乐歌舞晚会 (中央电视台、上海东方电视台、中国对外演出公司)

回归颂——庆祝香港回归大型文艺晚会 (广播电影电视部、文化部、解放军总政治部、中央电视台)

二等奖

舞——美的巡礼(一)

我们共同的亚细亚——1998新年的祝福 (中央电视台、上海电视台)

致春天——'98春节歌舞晚会

我们的队伍向太阳——纪念建军七十周年 (中宣部、民政部、文化部、广播电影电视部、解放军总政治部、中央电视台)

三等奖

走到一起来——《东西南北中》五周年特别节目 (中央电视台、辽宁电视台、河北电视台、上海东方电视台、深圳电视台、四川电视台)

百年梦归

东西南北闹新春——'98春节特别节目

黄河入海流 (中央电视台、胜利电视台)

地方组:

三等奖

祝福你,香港——'97全球华人庆回归 (上海东方电视台、中央电视台)

戏曲节目

中直组:

特别奖

中国京剧音配像精萃(1997年度) (中央电视台、天津市中华民族文化促进会)

一等奖

金虎闹春——'98春节戏曲晚会

二等奖

1998新年京剧晚会 (文化部、广播电影电视总局、中直机关事务管理局、中央电视台)

中国京剧优秀青年演员研究生班汇报演出折子戏专场

三等奖

《九州戏苑》(第77期)

《九州戏苑》(第81期)

《名段欣赏》:百花赠剑

地方组:

一等奖

陕西地方戏荟萃 (陕西电视台、中央电视台)

曲艺杂技

中直组:

一等奖

"金狮奖"第二届全国相声比赛 (文化部、广播电影电视部、中央电视台)

二等奖

长篇评书《薛家将》

《曲苑杂坛》(第64期)

三等奖

《曲苑杂坛》(第71期) (河北省人民政府、文化部外联局、中国杂技艺术家协会、中国对外演出公司、中央电视台、河北电视台)

'98元旦相声小品晚会 (中央电视台、江苏林海集团、中国公共关系协会)

戏剧、小品节目

一等奖

(空缺)

二等奖

"奇利杯"军旅小品电视大赛 (总政文化部、中央电视台)

三等奖

《戏剧天地》(第9期)

老牛外传(系列短剧) (中央电视台、《管理世界》杂志社)

单项奖

优秀主持人

王雪纯

优秀撰搞

《大型广场歌舞:欢庆香港回归》

优秀导演

《灿烂星空——第11届星光奖文艺晚会》 (河北电视台、中央电视台、中国电视艺术委员会)

优秀编辑

长调:内蒙古印象

优秀摄像

中央电视台'98春节联欢晚会

优秀音乐

1997音乐会 (中央电视台、广州电视台)

优秀美术

灿烂星空——第十一届星光奖文艺晚会 (河北电视台、中央电视台、中国电视艺术委员会)

优秀照明

大型广场歌舞:欢庆香港回归

优秀栏目

《综艺大观》
《九州戏苑》
《地方文艺》
《曲苑杂坛》
《旋转舞台》
《东西南北中》
《正大综艺》
《'97环球》
《文化视点》
《音乐直播厅》
《欢聚一堂》

第二届(1998年)中国广播电视学会播音与主持作品奖中央电视台获奖名录

播音作品

二等奖

邢质斌 张宏民

《新闻联播》(1997年10月26日)

康 辉

《世界报道》(1997年12月29日)

电视主持作品

特别奖

方宏进 白岩松

三峡工程大江截流特别报道

胥午梅

黄河小浪底截流合龙现场直播

一等奖

周 涛

《综艺大观》(第15期)

二等奖

李 咏 任 艳

我们共同的亚细亚——迎新年大型综艺晚会

贺 斌

阳光季节——我的心里话有奖征文特别节目

第十六届(1998年)中国电视"金鹰奖"中央电视台获奖名录

由电视观众投票评选的第十六届中国电视"金鹰奖"于1998年12月13日在南京举行。在电视剧、电视文艺、电视纪录片、电视动画片四大类208部候选作品中,观众共评出作品奖46个以及各单项奖18个。

中央电视台有58部作品获奖。

一、电视剧类

优秀长篇电视连续剧奖

水浒传 (中国电视剧制作中心)

人间正道 (中国电视剧制作中心、江苏省文化经济发展中心、江苏电视台)

红十字方队 (中央电视台影视部、总后勤部电视艺术中心)

优秀中篇电视连续剧奖

警方110 (山东电影电视剧制作中心、中央电视台影视部、

济南市公安局)

党员二愣妈 (中央电视台影视部、内蒙东禹公司、内蒙古电影制片厂)

优秀短片电视剧奖

小镇女部长 (中央电视台影视部、吉林电视台、沈阳军区)

《平和凡的故事》 (淄博电视台、中央电视台影视部)

优秀儿童电视剧奖

十七岁不哭 (中国电视剧制作中心)

快乐七八岁 (中央电视台影视部、潍坊电视台)

妈妈今晚去远航 (广州军区空军部队、中央电视台影视部、总政话剧团电视剧部)

优秀戏曲电视剧奖

秋 (中国电视剧制作中心、安徽电视台)

司马相如 (中央电视台影视部、上海电视台)

单项奖

优秀编剧 中篇电视连续剧《党员二愣妈》的编剧

优秀导演 长篇电视连续剧《水浒传》的导演

优秀摄像 长篇电视连续剧《水浒传》的摄像

优秀照明 长篇电视连续剧《人间正道》的照明

优秀剪辑 短篇电视剧《阿里山的女儿》的剪辑

优秀美术 长篇电视连续剧《水浒传》的总美术

优秀音乐 长篇电视连续剧《红十字方队》的音乐

优秀录音 中篇电视连续剧《党员二愣妈》的录音

电视剧优秀歌曲奖

长篇电视连续剧《水浒传》中的《好汉歌》 (中国电视剧制作中心)

二、电视文艺类

优秀综合性文艺节目奖

'98春节联欢晚会

千里共婵娟——中秋夜·两岸情 (上海东方电视台、中央电视台、台湾电视公司、台湾《中国时报》)

优秀电视专题文艺节目奖

九州戏苑 (中央电视台、福建电视台)

优秀电视文学专题节目奖

四十九朵玫瑰 (中央电视台、抚顺电视台)

优秀音乐电视奖

一九九七,永恒的爱 (中央电视台、中国亚洲电视艺术中心)

走近新时代 (中央电视台、中国亚洲电视艺术中心等)

单项奖

优秀导演 电视综合文艺节目《'98春节联欢晚会》的导演

优秀摄像 电视综合文艺节目《'98春节联欢晚会》的摄像

优秀美术 电视综合文艺节目《大型音乐舞蹈史诗——回归颂》的美术

优秀照明 电视综合文艺节目《大型音乐舞蹈史诗——回归颂》的照明

优秀录音 电视综合文艺节目《千里共婵娟——中秋夜·两岸情》的录音

优秀音乐 电视综合文艺节目《大型音乐舞蹈史诗——回归颂》的音乐

三、电视纪录片类

优秀长篇电视纪录片奖

邓小平 (中央电视台军事部、中共中央文献研究室)

香港沧桑

单项奖

优秀编导 长篇纪录片《邓小平》的编导

四、电视动画片类

作品奖

大头儿子和小头爸爸 (中央电视台动画部、上海东方电视台动画公司)

中华传统美德故事

根据评委的建议增设以下奖项:

电视剧类特别奖

难忘岁月——红旗渠的故事 （中央电视台影视部、河南省委宣传部、河南电视台亚太电视制作有限公司、中共林州市委政府）

驱逐舰舰长 （中央电视台影视部、海军政治部电视艺术中心）

综合性文艺节目

致春天——'98春节歌舞晚会

样式专项奖

电视文学

土蛋子的故事 （中央电视台、太原电视台）

电视纪录片类特别奖、荣誉奖

荣誉奖

周恩来（长篇纪录片）

第七届（1998年）全国少数民族题材电视艺术“骏马奖”中央电视台获奖名录

第七届全国少数民族题材电视艺术“骏马奖”暨第二届全国少数民族题材电影“骏马奖”评奖活动于1998年11月在广东举行。全国8个省、自治区的18个译制单位，选送参评作品共178部，513集（不包括译制厂）。共评出90部电视作品，32部电影作品获“骏马奖”。

中央电视台有12部作品获奖。

专题纪录片

一等奖

尼玛和晓敏 （云南电视台、大理电视台、中央电视台）

二等奖

三节草 （成都经济电视台、中央电视台）

儿童片

一等奖

蛙鸣 （齐齐哈尔电视台、中央电视台、黑龙江电影电视剧制作中心）

栏目

一等奖

《中华民族》（第26期）“男儿无戏言”

《中华民族》'98年元旦特别节目《中国心，民族情》

电视剧（单本剧）

一等奖

喊叫水 （宁夏电视台、中共宁夏回族自治区党委宣传部、中央电视台）

三等奖

彝州渡 （云南省楚雄电视台、中央电视台影视部、中山电视艺术中心）

电视剧（中、长篇）

一等奖

叶赫那拉公主 （中央电视台、吉林省梨树县人民政府、长春电影制片厂影视艺术开发中心）

二等奖

走出森林 （内蒙古电视台、中央电视台、呼伦贝尔盟鄂温克族自治旗人民政府）

三等奖

月落女儿湖 （中央电视台、中共云南省委宣传部）

民办老师 （贵阳电视台、中央电视台）

单项奖

优秀编剧 《叶赫那拉公主》的编剧

中央电视台第五届“康佳杯”中国音乐电视大赛中央电视台获奖名录

1997 年

民族、美声类

金奖

走进新时代

过河（辽宁电视台、河北电视台）

好日子（中央电视台、河北电视台）

大三峡（中央电视台、中国长江三峡工程开发总公司）

我爱你中国（中央电视台、福建电视台）

银奖

十五的月亮

铜奖

我的中国心（中央电视台、深圳电视台）

祝福你香港（中央电视台、河北电视台）

不变的名字（中央电视台、北京英事达文化传播有限公司）

通俗类

金奖

一九九七，永恒的爱（中央电视台、中国亚洲电视艺术中心）

好汉歌（中央电视台、中国电视剧制作中心）

东方之珠

愚公移山（北京沧桑文化艺术有限责任公司、中央电视台）

银奖

问长江（战友歌舞团、中央电视台）

快乐老家（中央电视台、中国唱片社广州分社）

中国功夫（北京朝代影视策划有限责任公司、中央电视台）

喜乐年华（中央电视台、北京永嘉伟业投资有限公司）

中国娃（中央电视台、北京晓东艺术传播公司）

三百六十五个祝福（中央电视台、总政歌舞团）

铜奖

让我们荡起双桨（中央电视台、北京英事达文化传播有限公司）

大红灯笼（中央电视台、辽宁电视台）

难忘今宵

一个真实的故事（中央电视台、北京紫博星文化发展有限公司）

激情飞越（中央电视台、威海有线电视台）

潇洒女兵（中央电视台、北京永嘉伟业投资有限公司）

三百六十五里路

蝴蝶的歌唱（中央电视台、中国铁路文工团）

步步高（中央电视台、北京英事达文化传播有限公司）

1998 年

民族、美声类

金奖

公仆心（中央电视台、中国吉利集团）

军歌声声（中央电视台、二炮政治部文工团）

银奖

谁家女儿唱春秋

铜奖

为了谁

女兵（52815 女兵连、中央电视台）

送别（北大学生合唱团、中央电视台）

通俗类

金奖

相约九八

健康歌

让世界充满爱

银奖

梦牵魂系 （中国国际电视总公司、空政文化部）

幸福快车 （中央电视台、北京嘉鹏影视制作中心）

步步高 （广州市千里马广告有限公司、中央电视台）

风雨同舟

铜奖

希望

竹笛 吉他 （中央电视台、北京正信文化传播有限公司）

为你自豪 （北京星工场音乐娱乐有限公司、中央电视台）

长江边的故事

海外及港台地区特别奖

我的中国心

单项奖

最佳导演提名奖

走进新时代 （中央电视台、深圳罗湖区文化局）

让世界充满爱

希望

最佳创意奖

健康歌

从头再来 （中央电视台、北京捷先广告公司）

最佳录音

一九九七，永恒的爱 （中央电视台、中国亚洲电视艺术中心）

东方之珠

最佳美术设计

健康歌

从头再来 （中央电视台、北京捷先广告公司）

最佳灯光设计

梦牵魂系 （中国国际电视总公司、空政文化部）

最佳后期制作

竹笛 吉他 （中央电视台、北京正信文化传播有限公司）

为了谁

梦牵魂系 （中国国际电视总公司、空政文化部）

最佳词作

走进新时代 （中央电视台、深圳罗湖区文化局）

最佳曲作

相约九八

为了谁

最佳演唱

阳光大道

走进新时代 （中央电视台、深圳罗湖区文化局）

好日子 （中央电视台、河北电视台）

中国娃 （中央电视台、北京晓东艺术传播公司）

最佳导演

希望

第十届全军电视剧金星奖
中央电视台获奖名录

长篇

一等奖

和平年代 （中央电视台影视部、广州军区电视艺术中心）

红十字方队 （中央电视台影视部、总后

勤部电视艺术中心）

三等奖

四保临江 （中央电视台影视部、海军政治部电视艺术中心、白山市委市政府、临江市委市政府）

中篇

一等奖

驱逐舰舰长 （中央电视台影视部、海军政治部电视艺术中心）

英雄孟良崮 （中央电视台影视部、南京军区电视艺术中心）

二等奖

有这么一群兵 （中央电视台影视部、第二炮兵电视艺术中心影视部）

雪太阳 （辽宁电视台电视剧制作中心、中央电视台影视部、沈阳军区政治部电视艺术中心）

相约在八一 （中央电视台影视部、济南军区电视艺术中心）

三等奖

尉官二十刚出头 （中央电视台影视部、沈阳军区电视艺术中心）

刘金鱼的故事 （中央电视台影视部、总政话剧团电视部）

短篇

二等奖

军中厨星 （中央电视台影视部、沈阳军区电视艺术中心）

三个姑娘一个兵 （中央电视台影视部、总政歌剧团电视部）

优秀儿童剧

妈妈今晚去远航 （广州军区空军部队、中央电视台影视部、总政话剧团电视剧部）

四、综　合　类

1997年度中国广播电视学会优秀电视科普节目奖中央电视台获奖名录

中国广播电视学会优秀电视科普1997年度节目奖评选活动于1998年6月7日在北京举行。全国59个专题、专栏和系列片参评，共评出获奖节目42个。

中央电视台有6个节目获奖。

专题

一等奖

为了人类共同的呼吸

二等奖

美洲斑潜蝇综合防治

三等奖

女性更年期保健

专栏(系列)

三等奖

火星——对地外生命的探索(1、2、3、4集)

《健康之路》(第 36 期)
《科技博览》(第 4 期)

1998 年中国广播电视学会优秀电视科教节目奖中央电视台获奖名录

中国广播电视学会科教节目研究会组织的全国优秀电视科教节目评奖活动,于 1998 年 11 月 8 日举行。全国 33 家电视台选送了 146 个电视栏目和节目。

中央电视台有 11 个节目、栏目获奖。

科普类一等奖

科学探索圣地——南极

栏目类一等奖

《走近科学》

教学类一等奖

随人山商访加拿大(第二集)

科普类二等奖

科技高筑小浪底

栏目类二等奖

《科技博览》(1997 年 6 月 22 日)
《田野》(第 79 期)

普及类二等奖

新材料面面观(第三集)

科普类三等奖

发现 BLLac
珍爱生命　拒绝毒品(第一集)

普及类三等奖

词韵诗情(南乡子·辛弃疾)

教学类三等奖

阿杨在日本·续集(第一集)

中国广播电视学会 1997 年度全国优秀电视体育节目奖中央电视台获奖名录

新闻类

一等奖

震动足坛的通气会

三等奖

雪山英魂

专题类

一等奖

珠穆朗玛在那里

二等奖

中国队获得乒乓球混双冠军——亚运专题

三等奖

追寻冈波斯

栏目类

一等奖

法兰西之夜
中国体育

现场直播类

优秀奖

'98 中韩足球友谊赛(中国联队——韩国队)

第二届(1998 年)中国广播电视学会电视美术作品奖中央电视台获奖名录

文艺类

一等奖

一切为了你

'98春节联欢晚会

亚洲歌坛

二等奖

第八届"大红鹰杯"全国歌手大奖赛

'96春节联欢晚会

'98新年音乐会

三等奖

《九州戏苑》

谈话(专题)类

一等奖

聪明屋

《走近科学》

二等奖

《生活》

《五环夜话》

三等奖

网络

李伯祥相声专辑

1998年中国广播电视学会百家爱国主义教育基地系列节目奖中央电视台获奖名录

一等奖

八达岭长城

中国革命博物馆

二等奖

天安门广场

中国历史博物馆

第二届(1998年)奋发文明进步奖中央电视台获奖名录

第二届(1998年)"奋发文明进步奖"由文化部、广电总局、新闻出版署和中国残联共同主办。评选活动于1998年11月27日结束。中央和各地有关部门、单位共选送作品334件。

中央电视台有6件作品获奖。

专题片

天空

轮椅上的两天

姗姗六岁半

电视剧

感谢生命　　（中国电视剧制作中心）

综艺节目

《欢聚一堂——'98全国第八次助残日特别节目》

《综艺大观》(118期)

首届(1998年)全国优秀文艺音像制品奖中央电视台获奖名录

特别奖

世纪伟人毛泽东

周恩来外交风云

丰碑

一等奖

"辉煌童年"百首优秀少儿动画卡拉OK电视片

1998年"华鹤杯"全国优秀电视经济节目主持人奖中央电视台获奖名录

获奖者

王小丫　陈晓楠(特邀)　杨平　赵琳　文清

1998年中央电视台优秀栏目、优秀节目名录

优秀栏目

一等奖

《新闻联播》
《焦点访谈》
《实话实说》
《新闻30分》
《新闻调查》
《军事天地》
《'98环球》
《正大综艺》
《每日佳艺》
《东西南北中》
《九州戏苑》
《综艺大观》
《旋转舞台》
《社会经纬》
《走近科学》
《半边天》
《中国新闻》
《中国报道》
《天涯共此时》
《英语新闻》(英)
《经济半小时》
《生活》
《商务电视》
《体育新闻》
《中国体育》
《大风车》
《动画城》
《世纪回眸》
《收视指南》

二等奖

《晚间新闻报道》
《东方时空》
《人民子弟兵》
《早间新闻》
《曲苑杂坛》
《综艺走廊》
《文化视点》
《梦想剧场》
《人与自然》
《世界名著名片欣赏》
《音乐电视城》
《音乐直播厅》
《地方台30分钟》
《科技博览》
《夕阳红》
《万家灯火》
《中华民族》
《当代工人》
《中国文艺》
《欢聚一堂》
《中国风》
《中国医药》
《中华艺苑》(英)
《环球瞭望》(英)
《中国各地》(英)
《世界经济报道》
《金土地》
《广而告之》
《卫星赛场》
《城市之间》
《体育大世界》
《世界体育报道》
《12演播室》
《芝麻开门》
《纪录片之窗》
《电视你我他》
《科教片之窗》

优秀节目

特别奖

'98 抗洪报道

伊拉克特别报道

现场直播:珠海国际航空航天博览会

现场直播:探询宇宙之谜——阿尔法磁谱仪升空

庭审直播:电影厂诉版权被侵案

周恩来

'98 亚运会报道

《健康之路》、《科技博览》'98 特别报道:抗洪灾·防疫情

一等奖

现场直播:江泽民、克林顿答中外记者问

现场直播:新任总理朱镕基答记者问

纪录片(三集):抗洪特别节目——决胜

纪录片:江泽民主席访美特别节目——跨世纪的握手

《东方时空》:改革开放 20 年系列节目——流金岁月

纪念济南战役五十周年特别节目——中秋夺城夜

张北地震连续报道

'98 春节联欢晚会

'98 春节歌舞晚会

'98 春节戏曲晚会

抗洪赈灾晚会:

我们万众一心

抗洪精神颂

为了灾区的孩子

"心连心"演出:

百色情思——赴广西百色慰问

百年丰碑——赴江苏淮安慰问

五月礼赞——赴辽宁鞍钢慰问

抗洪精神颂(同抗洪赈灾晚会)

春潮颂——纪念十一届三中全会 20 周年大型音乐会

第八届全国青年歌手电视大奖赛

走进新时代——第五届"康佳杯"中国音乐电视('97—'98)大赛颁奖晚会

相约一九九八——庆祝香港回归一周年大型歌会

居里夫人

难忘岁月——红旗渠的故事

有这么一群兵

20 年巨变

沙漠中的恩格贝

"融冰之旅"与政治对话

香江灿烂——纪念香港回归一周年文艺晚会

永恒的母校——纪念北大百年校庆

《中国报道》专题片:改革开放 20 年

系列报道传统与现代(英)

改革开放二十年

澳门岁月

刘少奇

3·15 特别行动

'98 农民晚会

专题片:20 年·20 人

'98 架金桥电视交易会专题报道

《足球之夜》'98 世界杯专题报道:法兰西之夜

'98 爱立信中国乒乓球擂台赛专题报道

'98"六个一百工程"

爱星满天——六一晚会

动画系列片《阿笨猫》

百鸟之声——百首少儿歌曲卡拉 OK 电视邀请赛

水浒传

人间正道

十七岁不哭

丰碑

周恩来外交风云

科教片基因与转基因动物

《银幕采风》('98 第 19 期):'98 中国电影贺岁片专辑

二等奖

雅鲁藏布江大峡谷科考报道

1998 年国际十大新闻、国内十大新闻年终报道

《焦点访谈》:"帐上竟能长庄稼"

国有粮食为什么卖不过个体

从小门到大门,拖拉机开进藏族农家门

纪念项英诞辰 100 周年专题片《项英》

我深深地爱着你——中国电视事业暨中央电视台诞生 40 周年文艺晚会

'98 金秋京剧电视演唱会

'98 新年音乐会

'98 维也纳新年音乐会

光明行——北大百年校庆晚会

党旗下的誓言——'98"七一"晚会

第四届全国戏剧小品电视大赛

'98 公安部春节晚会

'98 中日友好歌会

第二届中国京剧艺术节开幕式暨 1999 新年京剧晚会

'98 首届全国电视诗歌散文展播

音乐电视抗洪系列、十五大系列

"八一"晚会

台前幕后——来自春节晚会的报道
电视剧:爱情是什么
电视剧:岁月长长路长长
周恩来在上海
电视剧:警方110
电视剧:桃李梅
电视剧:高一新生
电视剧:小镇女部长
电视剧:四保临江
电视剧:阿里山的女儿
电视剧:同喜同喜
纪录片:中国人
一百个爱国主义教育基地巡礼系列片:爱我中华
专题片:探索科学圣地——南极
电视文献纪录片:共产党宣言
专题片:1978—1998 二十年读书生活回顾
专题片:旅游探奇
英语教学:随大山商访加拿大
俄罗斯美术与中国
最后一次洪峰
吉林省梨树县四大家村村委会民主选举实况录像剪辑
寻找日军杀害108名中国人的军刀
自行车工业艰难起步(英)
中美关系系列(英)
越南青年的京剧情结(英)
中国皮影戏(英)
川西在伐天然林
再就业系列公益广告:《从头再来》《脚步》《支持就是力量》(北京篇、上海篇、广州篇)
钉山桩
人才资讯——人才以市场的形式公开竞价销售
棉花调价之后
重建家园·国是家事
《体育大世界》:北京时间
《世界体育报道》:铁骑西征
《五环夜话》:′98足球,请给我们惊喜
′98全国大专辩论会
51集人偶童话剧《胖胖熊》
《第二起跑线》(第230期):普通话大赛决赛
计算机全三维动画系列片《玩具之家》
情感的守望
我儿我女
电视连续剧:秋
第六演播室
瞬间与永恒
世纪大典
暖棚养畜
生存还是毁灭
春节节目包装
《电视你我他》(国庆版)

1998年中央电视台电视节目录制技术质量奖、优秀工程奖和安全播出班组奖获奖名录

优秀工程奖

特等奖

新建400平米演播室制作系统 (技术制作中心采录部)

一等奖

18演播室更新改造 (技术制作中心录制部)
播出系统全面备份化 (播出传送中心播出部)
复制机房改造 (海外节目中心海外制作部)

二等奖

12演播室更新改造 (技术制作中心采录部)
6讯道数字分量EFP制作系统 (播出传送中心转播部)
全国标频标时系统 (播出传送中心总控部)
D220、D214语音机房建声改造 (新闻节目中心新闻制作部)
新建业务楼工程 (财经办公室基建处)

电视节目录制技术质量奖

一等奖

《新闻联播》(5月6日) (新闻节目中心新闻制作部)
《新闻联播》(11月20日) (新闻节目中心新闻制作部)
名段欣赏《泪洒相思地》 (新影制作中心)
蚊虫 (科教节目制作中心)
《音乐直播厅》(第7期)爱乐女交响音乐会 (技术制作中心录制部)
《音乐大舞台》(第80期) (技术制作中心录制部)
《家有小丑》(第六集) (电视剧制作中心技术处)
《我儿我女》(第六集) (电视剧制作中心技术处)

二等奖

《新闻联播》(5月21日)
(新闻节目中心新闻制作部)
《英语新闻》(6月27日)
(海外节目中心海外制作部)
《新闻联播》(9月28日)
(新闻节目中心新闻制作部)
《新闻联播》(7月13日)
(新闻节目中心新闻制作部)
蜂授粉增产技术 (科教节目制作中心)
《健康之路》(第59期)为了人类共同的呼吸
(技术制作中心录制部)
《星星擂台》(第169期) (技术制作中心录制部)
《中国报道》保卫可可西里(下)
(海外节目中心海外制作部)
致春天——'98春节歌舞晚会
(技术制作中心录制部)
(播出传送中心转播部)
群芳吐艳——三八文艺晚会(技术制作中心录制部)
东西南北兵 (技术制作中心录制部)
《欢聚一堂》:月是故乡明
(海外节目中心海外制作部)
《秋》(第一集) (电视剧制作中心技术处)
《人间正道》(第三集) (电视剧制作中心技术处)

安全播出班组奖

播出传送中心播出部:
APC-B班
APC-D班
APC-E班
APF-A班
APF-C班
APF-D班
APF-E班

新闻节目中心新闻制作部:
A班
B班
C班
D班

1998年中央电视台职能部门优秀管理服务奖获奖名录

一等奖

秘书处秘书二科
行政处行政科
行政处医务室
保卫处警卫科
外事处接待科
房管处房管科
党委办公室组织发展岗位
工会文体岗位
财务处综合科
财务处财务二科
财务处财务三科
财产物资处器材科
基建处技术管理科
监察室案件检查组
干部管理处干部管理岗位
培训职称处职称评聘岗位
离退休处文体岗位

二等奖

秘书处秘书三科
法规处
行政处综合科
行政处食堂一科
保卫处治安科
房管处维修科
党委办公室纪委
党委办公室团委
财务处财务四科
财务处财务五科
财务处财务六科
演职培训处顺义培训中心
经营管理处企业科
审计处基建工程审计岗位
干部管理处人员调配岗位
劳动工资处工资管理岗位

培训职称处职工培训岗位

三等奖

秘书处秘书一科

行政处接待科

行政处食堂二科

保卫处消防科

外事处欧美大科

房管处综合科

工会生活福利岗位

工会女工岗位

计划统计处

财务处财务一科

财产物资处综合科

基建处综合科

干部管理处人力资源岗位

劳动工资处职工福利岗位

培训职称处学历教育岗位

离退休处生活福利岗位

五、电视报刊、论文、稿件类

第三届(1998年)中国广播电视学术专著中央电视台获奖名录

中国广播电视学术专著评选每4年举行一次。本届评选收到各类学术专著69部(包括史志类著作),共有35部专著获奖。

中央电视台有1部作品获奖。

基础理论和管理类

二等奖

电视新闻的视觉传播优势 (王 甫著)

1998年全国省级广播电视报优秀稿件中央电视台获奖名录

通讯类

一等奖

新的历程 新的突破 (赵晗光)

二等奖

非宁静无以致远 (王萍萍)

消息类

二等奖

大江截流创伟业 (苑文刚)

九八开门看大剧 (张 斌)

摄影类

三等奖

百感交集

六、国 际 类

1998年中央电视台荣获各种国际奖名录

(按获奖时间先后顺序排列)

时代写真 (纪录片部)

1998年3月,在第二十届法国真实电影节上,《时代写真》中的一集《三节草》获特别奖。

小船 小船 (青少节目中心)

1998年6月,获第十八届慕尼黑国际青少年电视节"联合国儿童基金会特别奖"。

银杏新传 (科影厂)

1998年6月,在斯洛伐克共和国举办的第四届'98国际环保电影节上获班斯卡-比斯特里察市大学校长奖。

神鹿呀,我们的神鹿 (海外节目中心)

1998年6月,获第三届德国柏林人类学电影节评委会大奖。

1998年11月,获第七届上海国际电视节"白玉兰"纪录片评委会特别奖。

快乐七八岁 (影视部)

1998年10月获第三十五届亚广联电视广播儿童节目奖提名奖

全玻璃真空管太阳集热器 (科影厂)

1998年11月获第三十六届国际技术电影节"布拉格技术大学校长奖"。

介入疗法、基因和转基因动物 (科影厂)

1998年11月,获伊朗第二十八届国际教育电影节银奖。

七彩文苑 (技术制作中心)

1998年10月,获第二十七届亚太地区片头评奖银奖。

周恩来外交风云 (新影厂)

1998年9月,获第六届不结盟国家及其他发展中国家平壤国际电影节"朝鲜记者同盟奖"。

13. 机 构

1998 年中央电视台机构设置

中央电视台是中华人民共和国国家电视台,1958年5月1日试播,同年,9月2日正式播出。现办有八套节目以及英语传送频道,平均每天播出节目160多小时。第一套节目是以新闻为主的综合频道;第二套节目是以经济节目为主的综合频道;第三套节目是戏曲·音乐综艺频道;第四套节目是国际频道;第五套节目是体育频道;第六套节目是电影频道;第七套节目是农业·军事·少儿·科技频道;第八套节目是电视剧频道;八套节目和英语传送频道,采用微波和卫星两种传送手段,可覆盖全中国及全球98%的区域。全台现有正式职工2725人,连同中国电视剧制作中心、中央新闻记录电影制片厂、北京科学教育电影制片厂在内,共4163人。

1998年,是中央电视台机构变化最大的一年,经中央批准,中央电视台由原来的正局级单位升格为副部级,其内设机构也做了相应的调整。调整后,中央电视台下设15个中心、室(副司局级),三个直属机构(处级),即:

1. 台办公室

下设:秘书处、法规处、保卫处、外事处、行政处、房管处。

2. 总编室

下设:宣传规划处、节目播出管理处、节目资料管理处、观众联系处、研究处、审片组。

3. 新闻节目中心

下设:综合部、新闻采访部、社会新闻部、地方新闻部、新闻编辑部、新闻评论部、新闻制作部、军事部。

4. 海外节目中心

下设:海外联络部、海外新闻部、海外专题部、海外编辑部、对台编辑部、外语新闻部、外语专题部、海外制作部。

5. 社教节目中心

下设:综合部、专题部、科教部、纪录片部。

6. 文艺节目中心

下设:综合部、文艺部、国际部、影视部、戏曲音乐部。

7. 广告经济信息中心

下设:综合部、广告部、经济部、信息部,图文电视部。

8. 体育节目中心

下设:综合部、体育新闻部、体育竞赛部。

9. 青少节目中心

下设:综合部、青年部、少儿部、动画片部。

10. 技术管理办公室

下设:技术业务处、科技处、工程管理处、信息通讯处、动力处。

11. 技术制作中心

下设:综合部、采录部、录制部、制作部、音频部、动画技术部。

12. 播出传送中心

下设:综合部、播出部、转播部、传送部、总控部。

13. 人事办公室

下设:干部管理处、劳动工资处、培训职称处、离退休人员管理处。

14. 财经办公室

下设:计划统计处、财务处、财产物资处、经营管理处、基建处、演职培训处。

15. 机关党委

下设:党委办公室、纪委、工会、团委。

台直属机构是监察室、审计处、中国电视报。

台属企事业单位有中国电视剧制作中心、中央新闻纪录电影制片厂、北京科学教育电影制片厂、中国国际电视总公司、中央卫星电视传播中心。

中央电视台设有编委会、技委会、行管会。

中央电视台分党组书记杨伟光,分党组副书记赵化勇,成员有:刘宝顺、李丹、刘宜勤、李东生、陈君、贾文增、李建、万迪基、胡恩。

中央电视台台长、总编辑杨伟光(副部级),副台长赵化勇、刘宝顺、李丹、刘宜勤、李东生,副总编辑朱继峰、赵立凡、罗明,总会计师贾文增。总工程师邵昌有(以上正司局级),副总工程师刘广全(副司局级)。

中央电视台机关党委书记刘宝顺(正司局级),副书记南玉敏(副司局级)。

分党组纪检组组长陈君(正司局级),副组长张海鸽(副司局级)。

台属15个中心(室)的主任(副司局级)分别是:办公室主任李晓明,总编室主任罗明(兼),新闻节目中心主任孙玉胜,海外节目中心主任赵宇辉,社教节目中心主任高长龄,文艺节目中心主任邹友开,广告经济信息中心主任谭希松(正处级),体育节目中心主任阎连俊,青少节目中心主任余培侠,技术管理办公室主任何宗就,技术制作中心主任李旋宗,播出传送中心主任丁文华,人事办公室主任王晞建,财经办公室主任许二春,机关党委专职副书记南玉敏。

中国电视剧制作中心主任胡恩,副主任邹庆芳、王伟国、张华山。中央新闻纪录电影制片厂厂长李建,副厂长张建华、王盟盟、干颖力。北京科学教育电影制片厂厂长万迪基,副厂长任振华、杨杰亭、安伟民。中国国际电视总公司总经理李培森,副总经理王丹洁、冷敏述、赵健。中央卫星电视传播中心主任赵化勇(兼),副主任田盛华。

中国电视台事业编制为2503人。

编委会

中央电视台编委会是中央电视台宣传工作的最高决策机构。编委会在台分党组和台长的领导下,按照中央的宣传政策方针和广播电影电视总局编委会的部署,负责全台节目规划的制订审查,各套节目栏目的设置、栏目出台前的论证、重大选题的审定、重要节目的审查、重大宣传战役的部署等。编委会还有责任对各节目中心和节目制作单位的舆论导向、节目内容和制作水平进行监督、检查和评估。

台编委会由下列人员组成:

总　编　辑:杨伟光

副 总 编 辑:赵化勇(常务)　李　丹　李东生　赵立凡　朱继峰　罗　明

编委会成员:胡　恩　张建华　杨杰亭　谭希松　孙玉胜　阎连俊　高长龄　邹友开　赵宇辉　张海潮　刘效礼　高建民　周　经　黄平刚　余培侠

台总编室为编委会的办事机构。

技委会

中央电视台技术委员会(简称技委会)是中央电视台最高技术决策机构,其成员由主管技术的台领导及技术系统的部分负责人和专家组成。中央电视台技术委员会的主要职责是:研究把握电视台未来电视技术的发展方向;对新技术、新设备的引进作出规划和决策;审定设备购置和配备计划;审查批准电视技术工程项目;审定电视技术标准;审定大型活动的技术方案。另外,技委会还为台领导重大决策和全台管理工作提供技术依据和发挥参谋作用。

技委会由下列人员组成:

主　任:刘宜勤

副主任:邵昌有

成　员:刘广全　何宗就　徐　威　李旋宗　丁文华　陈凤龄　陈　默　朱慰中　李树声　缪暑金　肖月桃　曹　青

行管会

台行政管理委员会(简称行管会)是在台分党组领导下负责全台重大行政、党务、经营工作的议事机构,成员包括各行政职能部门的主要领导。行管会办公会议由分管副台长主持,主要根据台分党组的授权,审议职能部门提交的全台性的重大事项,协调宣传、技术、经营系统与职能部门间的工作关系,提出行政管理部门保障宣传工作实施的工作方案。行政管理委员会主要通过每两周一次的办公会议开展工作。会议的组织工作和记录由台办公室负责,会议纪要由分管副台长签发。重要的决策方案报台分党组同意后实施。

行管会由下列人员组成:

主　任:刘宝顺

副主任:陈君　贾文增

成　员:李晓明　张海鸽　南玉敏　王晞建　许二春

分党组纪检组、监察室

1994年10月经中央纪委同意,原广播电影电视部党组批准,设立中央电视台分党组纪检组,并同监察室合署办公。

分党组纪检组、监察室合署办公后的主要职责和任务是:在中纪委驻广播电影电视总局纪检组、监察部驻广播电影电视总局监察局和台分党组、台长双重领导下,检查本台各部门和所属单位的党组织与党员领导干部执行党的路线、方针、政策和决议的情况,对台分党组及其成员和其他党员领导干部实行党章规定范围内的监督;检查本台党员领导干部违犯党纪的案件以及所属单位的重要违纪案件,并根据有关规定提出处理意见,台纪委按照党的隶属关系和干部管理权限,对所查案件中的党员作出处理决定;协助台分党组管好党风,加强廉政建设,纠正行业不正之风;配合有关部门对党员和党员领导干部进行党风党纪教育;指导本台和所属单位党的纪律检查工作;受理本台和所属单位党员的控告和申诉;监督检查本台各部门和所属单位工作人员贯彻执行国家法律、法规和政策以及决定、命令的情况;受理对台各部门和所属单位工作人员违反国家法律,法规以及违反政纪行为的检举、控告;调查处理本台各部门和所属各单位工作人员违反国家法律、法规以及违反政纪的行为;受理台各部门和所属单位工作人员不服行政处分的申诉,以及法律、法规规定的其他由监察机关受理的申诉。

分党组纪检组、监察室现有正式职工 6 人。纪检组组长陈君,副组长、兼监察室主任张海鸽,监察室副主任黄瑞则。

台办公室

台办公室是台分党组和台领导的主要办事机构,是组织协调全台行政管理工作的主管部门,是中央电视台对外联络的主要窗口。管理全台的文秘、法规、安全保卫、外事、行政后勤和房屋分配与修缮工作,组织协调全台宣传、技术、行政、经营工作的重大活动,督促检查台领导交办各中心(室)、部(处)日常工作的完成情况,提出全台行政管理工作改进意见和建议。下设秘书处、法规处、保卫处、外事处、行政处、房管处。现有正式职工 186 人。台办公室主任李晓明,副主任刘建中、唐世鼎。

秘书处

是台办公室的综合职能部门,承办台分党组和台领导交办的日常事务。负责台办室担任的全台性宣传、技术、行政、经营等方面重大活动的协调工作,以及全台文秘、会务、联络、调研、档案、公关、收发等承上启下的工作,保证全台政令畅通,运转顺利。下设秘书一科、秘书二科、秘书三科、档案科、摄影科、收发科。现有正式职工 33 人。秘书处处长唐世鼎(兼),副处长滕云平。

法规处

该处隶属台办公室,是中央电视台的一个职能部门,负责全台的法律事务工作。主要职责有:参与起草、制订、修改全台的各项规章制度;参与台投资、租赁、资金转让、拍卖、招投标及下属企业改制等涉及本台重要权益的经济活动,处理相关事务,对台属各部门对外签署的合同等法律文件进行审议和管理,代理本台进行诉讼;办理台属企业的工商登记及商标、专利、商业秘密等法律事务;对台属二级机构的法律工作进行管理指导。现有正式职工 4 人。法规处副处长仇刚。

保卫处

保卫处成立于 1981 年 8 月,是中央电视台的一个职能部门。其主要任务是负责中央电视台的安全保卫工作,包括治安、警卫、消防等项任务。配备有先进的消防监控系统及先进的治安闭路电视监控设备。保卫处设消防科、治安科、警卫科、电视消防监控中心科。现有正式职工 22 人。保卫处处长刘建中(兼),副处长樊必智、吴雪民、高进印。

外事处

外事处成立于 1984 年,是中央电视台的一个职能部门。主要职责是接待外国及港、澳、台地区的电视界人士来访,安排台领导的外事活动;负责在中央电视台工作的外国专家管理工作;审核中央电视台各部门出国任务、办理出国手续;组织协调涉外合作项目,签订合作协议及其他有关的外事管理工作。下设欧美大科、亚非拉科、接待科。现有正式职工 11 人。外事处处长张永富,副处长贺萍。

行政处

行政处成立于 1984 年,是中央电视台的一个职能部门。它负责行政管理、精神文明建设方面的工作,包括计划生育、职工福利、办公家具、劳保用品、礼品纪念品、交通安全、爱国卫生、家属委员会等。行政处设综合科、行政科、接待科、交通安全科。现有正式职工 24 人。行政处处长刘振瑞,副处长李宝珊、田应坪。

服务中心成立于 1993 年 6 月 22 日,现隶属行政处,是中央电视台的后勤保障部门。主要职责是:为全台职工制作价廉物美的伙食,为各类节目制作提供车辆、运输保障,为全台职工防病、治病,以及全台各类文件的印刷。宗旨是:服务全台、造福职工。服务中心设:财务科、食堂一科、食堂二科、交通科、医务室和文印科。现有正式职工 58 人。服务中心主任李宝珊。

房管处

房管处成立于 1998 年 6 月,隶属台办室,负责全台房产管理工作。主要职责是:贯彻执行国家有关房屋管理的方针、政策、法律、法规,并根据广电总局的有关规定,结合中央电视台实际情况,研究制订相应的管理办法和实施细则,并组织实施;负责全台房屋及其产权资料的积累、立卷、归档工作;负责全台办公用房和职工宿舍的分配、调整、维修和管理工作;负责全台中、小型自管房屋维修工程计划的审核、施工、验收、检查等有关工作。下设维修科、房管科、综合科,现有正式职工 14 人。房管处副处长刘威。

总编室

中央电视台实行以编委会为核心的宣传管理体制。编委会是全台宣传工作的最高决策机构，总编室是编委会的执行机构，按照编委会的要求负责处理日常宣传业务，定期向编委会报告工作并提供决策性建议。总编室的日常工作是在编委会领导下，根据中央的宣传精神，负责组织管理全台的宣传工作。1998年，根据台统一部署，总编室进行了机构调整，下设宣传规划处、节目播出管理处、节目资料管理处、观众联系处、研究处、审片组。现有正式职工121人。总编室主任由台副总编罗明兼任，副主任周经、胡运芳，党总支专职副书记许唐生。

宣传规划处

宣传规划处是中央电视台负责宣传管理工作的职能部门。它负责组织管理中央电视台宣传规划，制订全年宣传计划和重点选题计划，负责审定各部门栏目选题，负责全台节目资金分配、各类节目数据的统计与分析，协调全台节目引进工作，承担中央电视台国际互联网宣传总体设想及规划，负责全台网上节目的编辑工作，参与组织有关电视宣传的工作会议和国际节目评奖活动。下设宣传规划组、综合组、互联网组。现有正式职工17人。宣传规划处副处长罗琴。

节目播出管理处

节目播出管理处是中央电视台节目编排和节目播出管理的职能部门，负责中央电视台各套节目日常的编排、更改协调、节目播出指令下达和栏目表的制订；对全台重点节目、优秀栏目和频道特色进行宣传包装；完成固定专题栏目《电视你我他》和《银幕采风》的编辑工作；对全台入库待播节目进行技术整备，对台外制作的所有拟用节目进行技术审查；对中央电视台各套节目进行备播和实施播出。下设节目科、频道包装科、节目宣传科、技审科和播出科。现有正式职工41人。节目播出管理处处长由总编室副主任周经兼任，副处长霍振恒。

节目资料管理处

总编室节目资料管理处主要承担向中央电视台播出的八套节目和英语传送频道提供备播磁带，并承担节目资料磁带(胶片)的管理工作。下设资料库(含影片资料库)、新闻周转库、播出库、空白磁带库、播出节目目录编辑组。目前保存着节目资料带22万多盘。现有正式职工22人。节目资料管理处副处长强西京。

观众联系处

观众联系处是中央电视台专门负责联系观众和进行观众调查研究的机构。主要负责对日常的观众来信、电话的管理分析；编辑内部刊物《观众反映及分析》；组织进行栏目评议、屏幕语言错别字差错的统计、观众座谈会等项工作；对日常的收视率进行统计和分析；组织专项观众调查研究工作。下设观众信息管理科、数据分析科。现有正式职工8人。观众联系处主任由总编室副主任胡运芳兼任，副处长刘建鸣、虢亚冰。

研究处

研究处成立于1983年4月，是中央电视台负责电视理论研究，编辑、出版、发行电视理论刊物、图书、年鉴，组织精品赏析活动，收集和提供电视图文资料的职能部门。学会活动和各类评奖工作亦由研究处负责组织实施。研究处设电视理论课题组、学术活动组、图书资料科、图文技术科、《电视研究》编辑科。现有正式职工29人。研究处处长王录，副处长王甫、王亚平、孙秋萍。

审片组

审片组成立于1986年4月，由具有高级专业职称的离退休老干部为主的有关人员组成，是受台领导委托专门审看节目的机构，具体业务由总编室领导。审片组实行集体审看，共同把关。审看的节目范围包括：第一、二套节目黄金时段播出的电视剧；译制片；栏目外播出的专题节目；新影厂和科影厂播出的固定栏目；台领导委托审看的其他节目。现有正式职工2人。组长陆善家。

新闻节目中心

新闻节目中心于1988年建立，1989年调整后逐步完善，实现了新闻采、编、播"一条龙"的管理体制。1998年上半年机构调整后，部门由原来的六部一组而改为八个部。即综合部、新闻采访部、社会新闻部、地方新闻部、新闻编辑部、新闻评论部、新闻制作部、军事部。现有正式职工359人。新闻节目中心主任孙玉胜，副主任李挺、缪暑金、张宁。党总支专职副书记郭书兰。

综合部

成立于1998年5月，是在原新闻中心办公室的基础上组建的。下设秘书科、驻外记者站管理科。有正式职工4人。综合部主任郭书兰。

新闻采访部

新闻采访部成立于1989年7月，是在新闻中心所属原政文部的基础上调整、充实组建的。新闻采访部承担中央电视台的政治、外事外交、经济、科学技术、社会发展等方面的新闻采访报道工作。设有时政组、综合组、经济组、农业组、金融科技组等5个记者组。新闻采访部正式职工56人，副主任王建宏(主持工作)、庄殿君、王连生、谷云龙。

时政组主要负责党和国家重大时政活动的报道，党和国家领导人重要活动的报道，重要外事活动的报道。

综合组主要负责国家宏观经济管理方面，国家重大方针政策、经济和社会发展中的重大事态、事件方面的报道。

经济组主要负责纺织、煤炭、航空、航天、石油、冶金、化工、机械、电子等产业经济方面的新闻报道任务。

农业组主要负责农业、林业、水利、农村社会经济发展等方面的报道。

金融科技组主要负责金融财税、科技方面的报道。

社会新闻部

社会新闻部是1998年5月25日成立，基本建制由原《新闻30分》组和原采访部文教组和社会组三部分组成。

社会新闻部成立后就建立了全台第一个24小时值班的新闻策划指挥组，建立了一套专门应付突发新闻事件的特快反应机制，并在一些突发新闻事件中发挥了重要的作用。社会新闻部每天除了为自己的栏目《新闻30分》供稿外，还同时向《新闻联播》、《早间新闻》、《晚间新闻》及各次滚动新闻供稿，一年供稿量约3000条左右。与此同时还完成了多次大规模的直播任务，每次直播及连续报道都在社会上引起良好的反响。

社会新闻部的主要任务和目标是就社会法制、社会民生、社会文化等内容向各档新闻提供节目，同时负责每天《新闻30分》栏目的编排与播出。该部现有正式职工152人。副主任盖晨光、李风、李毅。

地方新闻部

成立于1998年5月20日，主要职责是组织全国各省、市电视台向中央电视台各新闻栏目供稿(节目)。及时向各省、市台通报有关的宣传精神，协调中央电视台与全国各省级电视台之间的新闻业务关系。负责编辑、审看全国各省、市电视台传送来的稿件(节目)及本部门派出人员与地方台合作采编的稿件(节目)，按照正确的舆论导向和舆论规律对各省、市电视台向中央台传送的主要稿件(节目)进行策划和组织，确保地方上发生的重大新闻和日常新闻能够及时在中央电视台各档新闻栏目中播发。协调召开全国电视新闻系统年会。地方新闻部暂设两个编辑组，另有专人负责通联工作，全天24小时都有人值班。现有正式职工14人。副主任陆伟昌。

新闻编辑部

其主要任务是：负责国内外新闻的组织、收集、选择、改编、汇编和编译工作；负责中央电视台第一套节目各次综合性新闻节目的设计、编排、制作和播出任务。新闻编辑部每天负责制作和播出的新闻节目14次，共计3小时15分钟，新闻节目均实现了直播。新闻编辑部设国内新闻一组、国内新闻二组、国际新闻组、对外新闻组、策划组和新闻播音组，现有正式职工66人。新闻编辑部常务副主任范昀，副主任侯明古、杜宝风、李昕。

新闻评论部

成立于1993年12月21日，当时，它是由原来的《观察思考》、《今日世界》以及《东方时空》组成。现在它设有：两个每天播出的名牌专栏，《焦点访谈》和《东方时空》；两个每周播出一次的栏目，《新闻调查》和《实话实说》。其中《焦点访谈》长13分钟，在每天《新闻联播》后黄金时段播出。《东方时空》总长40分钟，每天早上7时20分至8时首播，设有《东方之子》、《面对面》、《生活空间》、《时空报道》四个子栏目，它的播出填补了中央电视台没有早间节目的空白。《新闻调查》总长45分钟，每周五播出；《实话实说》长40分钟，每周日按《东方时空》播出时间段播出。该部下设记者一、二、三、四组和《东方之子》组、《生活空间》组、《新闻调查》组、《实话实说》组、编辑策划组、企划组、访谈中心组、制片组、部办公室等13个组。新闻评论部实行制片人负责制，广招社会贤能，现有各类节目制作人员390人，其中正式职工85人。1998年5月15日，袁正明任新闻评论部主任，梁建增、时间为副主任。

新闻制作部

新闻制作部成立于1989年10月，是新闻中心编辑技术一体化管理体制下的技术制作部门。主要承担中央电视台《早间新闻》、《新闻30分》、《新闻联播》、《晚间新闻报道》和其他准点滚动新闻等共13次新闻节目的制作播出，以及每天5分钟的《体育新闻》、每周一次的《新闻纵横》双语节目、每天40分钟的《东方时空》、每天13分钟的《焦点访谈》的制作播出，还有军事部、体育部的部分新闻节目和全天临时重大题材专题电视片的制作任务。新闻制作部下设中心科、录制科、灯光科、电讯科、美工字幕科等。共有技术制作人员69名。新闻制作部主任缪暑金(兼)，副主任李志平、张宝安。

军事部

是中央电视台专门从事军事宣传报道的一个编辑部门，由中央电视台和解放军总政治部双重领导，建制在中央电视台，宣传业务由中央电视台负责。其前身是1966年4月成立的军事组。该部负责军事新闻的报道和《军事天地》、《人民子弟兵》等栏目的摄制；同时参与了中央电视台许多重大题材如《望长城》、《毛泽东》、《邓小平》等大型专题片的摄制任务。中央电视台第七专业频道开播后,军事部的节目制作任务又有增加。军事部对中央电视台驻军队系统的17个记者站实行业务指导。军事部设新闻组和专题组。现有现役军人26人。军事部主任刘效礼,副主任王增臣、赵元贵。

海外节目中心

海外节目中心由原对外中心与第四套节目部于1993年11月合并成立,是中央电视台对外宣传和海外电视节目的制作编播部门。其主要任务是:负责中央电视台国际频道卫星电视即第四套节目和英语传送频道节目的制作和编排播出,以及对外的大型系列节目的制作播出;创办和发展海外电视宣传阵地,促进两个频道的卫星电视节目在世界各国落地播出;向中国驻外使、领馆以及海外电视台、电视机构提供和传送中、外文节目;协同全国各地方电视台制作播出海外宣传电视节目;承担国际电视交流、接待外国来华摄制组任务和海外观众联络工作;在美国《国际日报》的"中国电视专版",向海外介绍中国电视。

海外节目中心下设海外联络部、海外新闻部、海外专题部、海外编辑部、海外制作部、对台编辑部、外语新闻部和外语专题部。现有正式职工321人。海外节目中心主任赵宇辉,副主任盛亦来、拉白、李树声,党总支专职副书记冉素霞。

海外联络部

负责海外节目中心范围内的日常行政办公、文秘、经费等管理和协调工作,协助中心组织全国性会议,节目评比,易地采访。同时还承担以下任务:第四套和英语传送频道节目的播出编排,频道宣传和包装,两套对外节目的磁带管理,向海外寄送节目磁带,国内联络,观众联络,国际联络和接待外国摄影队。定期编发《全国外宣通讯》和《中国电视专刊》。负责《华夏掠影》、《观众之友》栏目的制作和播出。此外,还译制法语、西班牙语、阿拉伯语和俄语版节目,在本台播出或向海外寄送。该部设节目组、对外联络组、对内联络组、观众联络组、外语组和信息编辑组。现有正式职工37人。海外联络部主任陆金龙,副主任冉素霞、景春寒、陈龙城。

海外新闻部

海外新闻部于1993年组建,负责《中国新闻》、《粤语新闻》、《中国新闻午间报道》、《中国新闻早间报道》、《中国新闻财经报道》、《中国新闻文化报道》等对外栏目的采访、编辑、制作、播出任务。每天首播节目8次(加上重播共12次),首播节目时长2小时30分。另外还承担第四套节目中重大新闻事件的直播及各种专题的制作任务。该部设政治组、文化组、经济组、社会组、编辑组、地方组、粤语组、财经组。海外新闻部现有正式职工49人。海外新闻部主任李海明,副主任赵树清、马勇。

海外专题部

海外专题部负责《中国报道》、《中国旅游》、《中华医药》、《纪录中国》、《中国风》等新闻和专题性栏目的采访编辑制作任务;同时,每年还承担若干大型系列节目和指令性节目的编辑制作任务。该部设《中国报道》组、《中国旅游》组、《中华医药》组、《纪录中国》组、《中国风》组和《中华文明之光》组。海外专题部现有正式职工54人。部主任吴明训,副主任张希岑、王广令。

海外编辑部

负责第四套节目中的综艺栏目《中国文艺》、《神州戏坛》、《欢聚一堂》和文化教育类栏目《东方家园》、《千秋史话》及文化类大型系列片、专题片的采访、编辑、改编等制作任务。海外编辑部设《中国文艺》组、《欢聚一堂》组、《文化教育》组、《戏曲》组。现有正式职工29人。海外编辑部主任吕斌,副主任郎昆、郭清华。

对台编辑部

对台编辑部成立于1998年6月,主要负责涉及台湾新闻性节目及各类专题节目的制作,节目主要以台湾的观众为对象。目前开办的栏目有:《天涯共此时》和《海峡两岸》。对台编辑部现有正式职工20人。主任杨刚毅,副主任苏大清。

外语新闻部

外语新闻部负责英语传送频道和第四套节目中的英语新闻及新闻性专题节目的采访、编辑、制作。主要栏目有:《英语午间新闻》、《英语晚间新闻》、《环球瞭望》、《今日中国》、《一周要闻》、《周日话题》等。该部除负责对港、澳、台和海外的英语新闻节目制作外,还负责定期向美国CNN和我驻外使馆提供新闻和专题节目。该部设午间新闻组、晚间新闻组、国际新闻组、《今日中国》组和新闻采访组。外语新闻部现有正式职工32人。副主任江和平、汪飞舟。

外语专题部

外语专题部现分5个科组,包括11个栏目。分别在第四套节目和英语传送频道两个频道播出。栏目以英文版的专题节目为主,新闻内容为辅。包括:文艺性节目《中华艺苑》,经济节目《中国投资指南》,教学节目《厨艺》、《功夫》、《教汉语》,纪录片栏目《华夏风情》、《中国各地》、《神州风采》,英文影视剧栏目《电视剧场》等。其中《中华艺苑》是全台惟一的中英文双语版节目。外语专题部现有正式职工34人。副主任野露露、王晰。

海外制作部

承担海外节目中心国际频道即第四套节目和英语传送频道节目的制作和技术保障工作。1998年新建了虚拟演播室制作系统、合成制作机房、计算机文稿系统,扩展了多媒体制作机房;改造了英语新闻制作系统。该部具有较全面的节目制作手段,有一批经验丰富的视频、音频、灯光制作人员和工程技术人员、软件开发人员,现有正式职工57人。海外制作部主任李树声,副主任陈玉良、张军农。

社教节目中心

社教节目中心于1990年3月建立。其任务是对社会教育节目的制作播出实行集中统一管理。中心一直致力于实施精品战略,做到突出对象性、专题性。力争节目内涵深刻,贴近生活,通俗易懂。社教节目中心的一批精品栏目历久不衰,一批新改版节目、新创办节目精益求精。现开办17个栏目,不同文化层次的观众都能从中找到适合自己的节目。

社教节目中心设有综合部、专题部、纪录片部和科教部。现有正式职工184人。社教节目中心主任高长龄,副主任程宏、王进友,党总支专职副书记杨菁。

综合部

综合部于1998年6月成立,是社教节目中心综合事务的办事机构,公文运行的中枢;负责处理中心领导和上级主管部门的综合情况,统管中心固定资产和节目经费的协调管理,承办各类大型会议,组织大型活动,协调中心内外关系,完成中心和各部领导交办的工作。下设秘书科和综合科。现有正式职工2人。综合部副主任王玉清。

专题部

专题部成立于1980年6月,负责法制、文化、卫生、民族、工人、妇女以及家庭生活等节目宣传,现有9个栏目:《万家灯火》、《社会经纬》、《读书时间》、《美术星空》、《健康之路》、《中华民族》、《当代工人》、《半边天》、《今日说法》。近年还录制了重大题材的知识竞赛节目,如“全国电视主持人大赛”、“全国香港知识竞赛”等。这些栏目和节目内容专一,各具特色,满足了不同层次观众的精神、知识的需求。专题部实行栏目制片人制,综合业务科协助各栏目制片人做好经费管理工作。专题部正式职工83人。主任尹力,副主任熊文平、魏淑青。

科教部

科教部的前身为教育节目部,为配合中央关于“科教兴国”的战略决策的实施,于1997年初改为现名。科教部是中央电视台科技类和教育类节目的主要编辑制作部门。现设有科普栏目《科技博览》,农业科技节目《田野》,1998年6月推出了大型板块式科技栏目《走近科学》,同时办有各类题材的系列教育节目、外语教学节目,还有1993年创办的名牌老年栏目《夕阳红》等。科教部设有教育节目组、《科技博览》编辑组、《夕阳红》编辑组、《走近科学》编辑组、制片科、部办公室。科教部现有正式职工62人。主任冯存礼,副主任刘民朝、孙素萍。

纪录片部

纪录片部1998年5月正式成立。纪录片部主要承担重大题材系列专题片和大型纪录片的创作任务。同时开办纪录片栏目。

1998年,纪录片部创作并播出了12集大型系列电视片《改革开放20年》、10集大型电视纪录片《澳门岁月》、12集大型文献纪录片《刘少奇》、2集文献纪录片《共产党宣言》,并与地方台合作,创作了50集大型系列纪录片《中国人》。

纪录片部现有两个栏目:《地方台30分》(每周在第一套和第二套节目各播出一次)、《祖国各地》(每周播出一次,每次30分钟)。纪录片部现有正式职工33人。主任魏斌,副主任李虹。

文艺节目中心

文艺节目中心成立于1994年3月。它承担着中央电视台第一、二套节目中文艺类节目,第三、八套所有节目,国际节目的制作编播任务;承担着国内电影、电视剧的制作播出任务;承担着国外引进影视剧的译制、编辑制作和播出任务。其主要节目形态包括影视剧、音乐、舞蹈、曲艺、杂技、戏剧、戏曲等各类文艺节目。中心下设综合部、文艺部、国际部、影视部、戏曲·音乐部。现有正式职工230人。文艺节目中心主任邹友开,副主任高建民、张子扬、苏峰。

综合部

文艺中心综合部成立于1998年5月,是中心的综合组织协调部门和处理日常事务的办事机构。主要负责中心的行政管理、公文文秘、节目经费管理、中心内部人事管理等工作;同时负责中央电视台第三、八套节目的管理、编排、包装、串播和节目预告以及部分宣传包装性栏目的制作。该部目前主要栏目有《综艺走廊》、《专题文艺》、《下周屏幕》、《节目预告》等。下设秘书组、宣传策划组、节目组。现有正式职工6人。综合部副主任倪代光。

文艺部

成立于1962年,早在建台初期,便以文艺组的编制出现。它承担电视台各类文艺节目的录制播出工作。该部目前所设的栏目有《综艺大观》、《曲苑杂坛》、《旋转舞台》、《电视剧场》、《电视书场》、《文化视点》、《戏剧天地》、《艺苑风景线》、《戏剧博览》、《专题文艺》、《周末大回旋》、《文艺广角》、《综艺走廊》等。文艺部设有综艺组、歌舞组、社会文艺组、戏剧组、曲艺组、《文化视点》组、专题文艺组、摄像科、制片科。文艺部现有正式职工76人。主任赵安、副主任王晓,张晓海。

国际部

成立于1987年4月,主要承担外国电视节目的引进、译制工作以及国际节目的采编工作。主要栏目有:《正大综艺》、《正大剧场》、《动物世界》、《人与自然》、《世界各地》、《每日佳艺》、《佳艺剧场》、《佳艺五线间》、《佳艺影院》、《国际影院》、《午夜剧场》、《环球45′》、《外国文艺》、《世界影视城》、《世界名著名片欣赏》等。该部下设《正大综艺》组,《环球》组、《人与自然》组、《佳艺》组、编导组、编译组、制片组。现有正式职工68人。1998年1月1日至6月2日,国际部主任张子扬(兼),副主任高峰。1998年6月2日至12月21日,国际部主任苏峰(兼),副主任贺萍。1998年12月21日至今,国际部主任张子扬(兼)。

影视部

全称为电影电视剧编辑管理部。是中央电视台电影、电视剧播出的主管部门,成立于1984年。该部下设编审一组、二组、三组和制片组。影视部现有正式职工24人。主任高建民,副主任冯骥、汪国辉。

戏曲音乐部

成立于1995年12月,主要承担戏曲、音乐节目的录制播出工作。主要栏目有:《东西南北中》、《中国音乐电视60分》、《音乐电视城》、《地方文艺》、《每周一歌》、《银屏歌声》、《星星擂台》、《音乐直播厅》、《音乐大舞台》、《星光舞台》、《请跟我唱》、《外国音乐》、《音乐桥》、《星星音乐会》、《音乐知多少》、《知识库》、《戏曲直播》、《戏苑百家》、《戏迷园地》、《梨园群英》、《戏曲大舞台》、《九州戏苑》、《戏曲采风》、《名段欣赏》等。该部下设地方组、东西南北中组、音乐电视组、戏曲音乐专题组、音乐组、戏曲组、地方戏曲组、摄像组、制片组。现有正式职工51人。戏曲音乐部主任尹希元,副主任孟欣、王志军。

广告经济信息中心

广告经济信息中心于1996年5月24日建立。它担负着全台广告创收、经济节目、信息类节目的宣传及图文电视事业发展的任务。下设综合部、广告部、经济部、信息部和图文电视部。现有正式职工143人。广告经济信息中心副主任兼党总支书记张海潮,总支专职副书记李萍。

综合部

成立于1998年6月,前身为中心办公室,是中心的综合组织协调部门和日常的办事机构。主要负责行政管理、协调中心内外关系和中心节目选题规划的组织等工作。综合部现有正式职工2人。副主任李萍。

广告部

成立于1987年7月,其前身为1979年10月成立的广告科。广告部全面负责全台商业广告的管理和销售以及公益广告宣传。1998年6月又新开办了《电视购物》栏目。广告部下设业务科、资讯科、办公室。业务科负责广告的日常销售,资讯科主要负责广告业务宣传推广以及为广告客户提供全面的服务。广告部正式职工26人。主任郑加强,副主任郭振玺。

经济部

成立于1984年,1996年6月从新闻中心归划到广告经济信息中心。经济部承担中央电视台经济方面的宣传报道任务,现有8个栏目:《经济半小时》、《中国财经报道》、《金土地》、《生活》、《商界名家》、《世界经济报道》、《欢乐家庭》、《幸运52》。除上述8个栏目组外,经济部1998年设立了信息策划组,负责为各栏目提供选题线索、选题策划及栏目包装、形象宣传等。又成立制片协调组,负责经济部内部人员管理、后勤保障、制片业务以及各项规章制度的执行监督等。同时成立主持人组,负责主持播音、业务研讨、主持人形象包装等工作。经济部现有正式职工89人。主任汪文斌,副主任刘连喜、王进。

信息部

信息部是1998年6月成立的,它的成立是为适应知识经济时代的市场需求,向观众提供全面分析和介绍国内外产业动态、行业走势、企业形象及产品策略等市场信息。现有3个电视栏目:《商务电视》、《商桥》、《供求热线》。除3个栏目组外,信息部还设有业务发展组,负责内部管理与对外联系;信息网络组负责建立运作"中国商务电视信息网",并通过计算机网络及声讯电话,内部刊物等形式实施多方位信息延伸服务。信息部正式职工31人。主任王晓真,副主任王焰。

图文电视部

建立于1996年,负责经营中央电视台图文电视。其前身是中视电视信息传播公司,成立于1993年。中央电视台于1992年开播图文电视,至今已成功地开通了中央一套、二套、四套及其他开路频道的十几个专业信道信息和图文页信息,并初步形成了《中视图文信息网》。在专业信道中新增播了《新闻纵横》,图文页新增播了《生活资讯》和《游艺娱乐》等栏目。下设办公室、财务科、信息一科、信息二科、技术播出科、市场推广科、资讯科、物资科等。现有正式职工39人。图文电视部主任韩建群，副主任郑健。

体育节目中心

体育节目中心1998年5月在原体育部基础上成立，是中央电视台全民健身及运动休闲、体育竞技、体育新闻、体育知识教育等节目的主创部门。负责规划、选题、采编、制作和播出国内外体育节目，管理、编排第五套节目及其他频道有关体育的节目播出工作。下设综合部、体育新闻部和体育竞赛部。体育节目中心正式职工69人。主任阎连俊，副主任马国力。

综合部

1998年5月成立，任务是负责落实体育中心的节目播出方案，宣传、包装体育节目；承办《城市之间》、《经典时刻》、《康乐年华》等栏目并组织协调特别节目；协助中心领导管理日常行政及文秘和其他交办的工作。另有体育节目信息互联网，1998年10月开通。168体育热线在全国200多个城市开通。综合部正式职工11人，副主任杨斌。

体育新闻部

1998年5月成立。主要负责日常体育新闻事件的报道，并制作有关的专题节目。设有6个栏目:《体育新闻》、《体育大世界》、《中国体育》、《世界体育报道》、《五环夜话》、《足球之夜》。现有正式职工29人。体育新闻部副主任张兴、程志明。

体育竞赛部

体育竞赛部1998年5月成立，主要负责国内国外重大体育赛事的转播和有关体育竞赛节目的编播。设有11个栏目:《篮球公园》、《周二大放送》、《假日体育》、《纹枰论道》、《棋牌乐》、《卫星赛场》、《国内竞技场》、《德国足球甲级联赛》、《意大利足球甲级联赛》、《跟我学系列》、《实况录像》等。体育竞赛部下设国内节目组、国际节目组和播音组。现有正式职工和招聘人员25人。副主任岑传理、白钢。

青少节目中心

青少节目中心成立于1998年6月，是中央电视台青少年和儿童节目的主创部门。负责青少年儿童节目的规划、制作和播出。组织摄制青少年儿童题材新闻、专题、文艺和儿童电视剧、动画片等具有欣赏、教育意义的电视节目。设有《大风车》、《动画城》、《12演播室》、《第二起跑线》、《芝麻开门》、《儿童剧场》以及第七套卫星电视少儿节目等十多个栏目，每天播出节目量达8小时。肩负着在电视上为全国3亿多少年儿童和青年朋友提供优秀精神食粮的艰巨任务。中心下辖综合部、青年部、少儿部、动画部等四个部。青少节目中心现有正式职工117人。主任余培侠，党总支专职副书记郑淑贞。

综合部

综合部成立于1998年6月，是青少中心的日常办事机构。承办中心内部公文的撰写、传递、保管、归档等工作；收集整理信息资料，为中心领导提供决策依据；管理中心内部财产物资；协助中心领导组织职工考核、职称评聘；处理中心外事工作的程序性事务；检查、督促台各项规章制度和中心所布置任务在本中心的贯彻执行。综合部还负责青少节目中心节目外延产品的开发工作，并协助中心领导管理第七套卫视少儿节目和银河少年电视艺术团。综合部下设秘书组、少儿艺术组和第七套卫星电视少儿节目编辑策划组。

综合部现有正式职工18人，副主任李小健。

青年部

青年部是以14岁至35岁的青少年为主要收视对象的节目制作部门。现有栏目《第二起跑线》和《12演播室》均在第一套节目首播。除制作日常播出的中学生节目、大学生节目和社会青年节目外，还承担五四青年节特别节目、“国际大专辩论会”等一些大型节目的录制工作。青年部下设中学生组、大学生组和社会青年组。现有正式职工21人。主任高峰，副主任潘超。

少儿部

少儿部负责14岁以下儿童为收视对象节目的制作。开设有杂志型少儿栏目《大风车》、综艺性少儿栏目《同一片蓝天》、儿童戏剧栏目《儿童剧场》等。少儿部还承担一些大型儿童综艺晚会节目的拍摄任务，例如“六一儿童节晚会”等。少儿部下设《大风车》编辑策划组、儿童剧组、社会节目组、学前节目组和摄像组。现有正式人员38人。主任张小军，副主任王英。

动画片部

动画片部是中央电视台专门负责国产动画片创作、制作和播出的部门，也是目前我国国产动画片生产量与播出量最大的单位。

动画片部播出的窗口为《动画城》栏目，这是目前我国惟一一个专门播出国产动画片的栏目。

动画片部下设创作一组、创作二组、创作三组、编辑组和制片组。现有正式职工38人。主任梁晓涛，副主任赵文江。

技术管理办公室

于1991年4月成立。是中央电视台技术主管领导和技委会的办事机构，是技术系统的运行管理、监督检查归口部门。根据技委会的要求负责处理技术系统运行及管理工作,协助台领导做好技术系统各项协调工作。负责制订技术事业发展规划。承办和落实台领导、技委会下达的任务,为台领导提供重大技术问题的决策依据。技术管理办公室下设技术业务处、科技处、工程管理处、信息通信处,动力处。现有正式职工169人。技术管理办公室主任何宗就,副主任徐威、黄平刚,党总支专职书记谢和平。

技术业务处

1998年5月成立。技术业务处是技术管理办公室的办事机构。负责落实和承办技术管理办公室交办的各项工作。拟定技术发展规划,提出技术系统经费的预算方案;拟定汇总大型节目制作和重大实况电视转播的技术方案;拟定汇总专业技术设备购置计划,专业设备的分配方案;负责专业技术设备、备件的出入库管理,安排、协调全台节目的技术制作工作;负责技术管理办公室的办公秩序和行政事务管理;协调安排台技术主管领导的公务活动,组织协调技术系统的重大活动;负责技术系统公文撰写、处理、收发、登记、阅办及技术系统的日常工作。现有正式职工7人。技术业务处处长黄平刚(兼),副处长谢和平、路晓俐。

科技处

1994年4月由技术处更改为科技处。主要职责范围:拟定全台科技项目的研究、开发,并负责对科研立项、论证、研究、开发的组织和管理;负责把科研成果及时向广电总局和国家科委申报推举;负责节目技术质量的监测管理,技术设备的技术指标测评;对引进的新技术、新系统和新设备进行论证、推广和试运行;组织制定广电总局下达的电视标准立项审定工作,以及草拟台技术系统的各类标准和规范;负责技术系统职工的再教育、业务培训、技术交流等;负责选派参加国际电视技术年会和标准审定会议的组织工作;负责台电视技术系统的各类技术性刊物和专著的编辑出版工作。科技处下设三个科:培训科、检测科和信息科。现有正式职工18人。处长李建成,副处长张国琛、袁辉。

工程管理处

原为工程维护处,1998年5月改为现名。

负责全台技术工程及改造项目的论证、立项、预算编制、资金使用、合同签订、执行的管理;工程实施监理、工程项目验收、质量评比及档案汇编审查。本处及新影厂、科影厂、台属公司租用设备固定资产管理、租赁协议及租费管理;全台电视设备的代维管理。全台技术维护规章制度、维护规范制定及技术维护工作考核、评比、总结等技术维护管理工作。全台年度维护经费预算编制及使用管理;全台电视设备、设施、计划维修的组织、实施;全台技术系统大修的组织和实施;电视设备光学部件的维护维修;台内有线电视、业务用电视设备、办公设备的维修管理。工程管理处正式职工8人。处长王文祥,副处长王冀林。

信息通讯处

成立于1996年1月,由原新技术应用开发室和动力通讯处中的通讯部分组成。负责中央电视台计算机信息网络系统和通讯系统的建设、运行、管理和维护;负责提供通讯业务的技术保障和服务,为全台自动化办公系统和其他计算机应用系统提供技术服务和支持;负责全台计算机信息网络的运行和管理;负责全台计算机技术和通讯技术的引进、应用、开发工作;负责管理全台计算机设备和软件;负责管理全台通讯业务和技术设备;负责协调和处理与信息和通讯相关的各项工作。现有正式职工45人。信息通讯处处长徐威(兼),副处长季小军、丁亚建。

动力处

动力处(原名动力中心、动力通讯处)成立于1985年1月19日。它担负着中央电视台的供电(包括计划用电、节约用电、安全用电)、空调制冷、供暖、供蒸汽、给排水、排烟通风、室内外照明、电梯、移动通讯等专业设备及系统的常年每天24小时运行值班及设备的维护和检修任务,是中央电视台完成电视宣传任务的一个重要技术保障和技术服务部门。动力处下设业务科、器材科、供电运行科、供电检修科、空调科、水暖科、电梯科、设备维修科、寻呼科、机电管理科。现有正式职工88人。动力处副处长高东生、王国佑、曹建新。

技术制作中心

技术制作中心于1991年3月成立。它是集前期采录,后期制作,演播室直播、录像,视音频技术、灯光、舞美和服化道为一体的电视节目制作单位。承担着中央电视台社教节目中心、文艺节目中心、青少节目中心、广告经济信息中心和总编室所属各个栏目的节目制作,以及海外节目中心、新闻节目中心和体育节目中心所属部分栏目的节目制作。技术制作中心下设综合部、采录部、录制部、动画技术部、音频部和制作部6个处级部门。现有正式职工299人。主任李旋宗,副主任陈默、曹青,党总支专职副书记田敬改。

综合部

综合部是中心实行技术管理、节目制作管理和行政管理的机构。负责中心的文秘、信息、档案、保密和日常行政工作;统一调度中心内各种技术设备、设施和各种制作手段,落实各编播部门节目制作和全台各部门使用大型演播室现场直播和录像;协调台外实况转播和录像的制作任务,节目制作使用技术设备、设施有偿服务的数据统计;本中心固定资产、设备大修、系统测试、技术质量和技术人员专业培训等项管理工作。综合部下设综合科、节目制作管理科和技术管理科。现有正式职工 11 人。主任曹青(兼),副主任田敬改、王树艺。

采录部

采录部成立于 1998 年,是中央电视台的重要节目制作部门。采录部分管大、中型演播室 8 个,前期 ENG 及其配套设备百余套,全功能后期合成编辑系统 10 余套,拥有大屏幕电视墙、大型摄像机升降臂、摄像机减震器等特种设备。采录部的工作任务是:台内各类电视节目的前期拍摄和技术保障;节目的演播室现场直播和录像;后期制作合成。采录部设有采编一科、录制一科、录制二科、录制三科、录制四科、后期制作一科。现有正式职工 61 人。采录部主任李宏虹,副主任刘畅。

录制部

原技术制作中心录制部于 1998 年 7 月划分为三个部门:采录部、动画技术部及录制部。现录制部是以后期制作为主的视频制作部门,分管技术制作中心的十五、十八、十九三个演播室中心机房,8 套多媒体机房,13 套 ENG 及各类后期编辑制作机房 28 个。其主要任务为:电视节目的演播室录像,电视节目的前期采访及后期制作;胶转磁和带式转换;电脑动画、合成;视频制作技术系统的事业发展规划、运行管理与维护。录制部下设有后期制作二科、三科、四科,电脑制作科,影视制作科及录制五科。现有正式职工 53 人。录制部副主任李勇、徐进、崔建伟。

制作部

成立于 1983 年。它承担全台节目的舞台美术、灯光、服装、化妆设计制作及全台展览会的设计制作;可承担部分节目整体包装和虚拟演播室的背景+设计制作。该部设有美术与灯光电脑辅助设计系统、大型喷绘制作系统。负责管理约 4000 平方米的景具库房、2000 平方米的灯具库房、800 平方米的服装库房,并同时管理一号演播厅、1000 平方米、800 平方米、600 平方米、400 平方米演播室及一些小型演播室。每年自行设计制作节目量为 160 多台。制作部设有业务管理科、美术设计科、灯光设计科、灯光一科、灯光二科、灯光技术科、服装、化妆科、美工装置科、美术制作科、电脑技术科。现有正式职工 90 人。制作部主任李玉文,副主任于宝富、张旭。

音频部

成立于 1991 年 3 月,是电视节目的音频制作部门。它从事录音扩音、译配音、音乐编辑及音频系统管理与技术维护等业务。负责管理演播室、录音室等各类机房 26 个,承担录音车、转播车的音频制作业务和各类节目的前期录音。其业务范围包括 11 个演播室的节目音频制作;台外录像或直播节目的音频制作;8 个译配音及解说录音机房的后期音频制作;2 个录音棚(480 平方米和 360 平方米)的立体声音乐录音;4 个音乐编辑、审听及复制机房和 1 个 MIDI 音乐制作系统;音频技术系统的运行管理与维护。音频部现有正式职工 65 人。主任朱慰中,副主任刘中胜。

动画技术部

成立于 1998 年 7 月,专业从事卡通动画片制作和广告经济信息中心经济节目制作。动画技术部是国内最具有实力的国有卡通动画制作单位,其生产规模、生产管理、技术质量都接近和达到国际先进水平,目前动画车间已具有日处理近万张画稿的生产能力,承担青少节目中心动画片部创作的动画节目制作,承担广告经济信息中心经济部所有经济栏目(《经济半小时》、《生活》、《财经报道》、《金土地》、《商务电视》、《供求热线》等。)的日常制作和播出工作,同时部分承接国内外动画节目以及各类影视节目的加工。该部下设录制六科、后期制作五科、采编二科、广告制作科、动画合成科、卡通动画科。动画技术部现有职工 169 人,部主任范玲,副主任崔建。

播出传送中心

播出传送中心成立于 1991 年 3 月,负责承担中央电视台八套节目、英语传送频道及图文电视信息数据的安全播出;国内、外新闻、体育、文艺以及重大宣传报道活动的电视实况转播、传送和录制;台外大型综合节目转播报道的组织和实施;卫星电路和微波干线的协调和运行管理;本台移动和固定卫星地球站的上行业务;向全台提供主同步信号作为同步基准;利用电视信号向全台和全国提供标准时间和标准频率;受理海外电视媒体在华的卫星传送业务及提供相应的技术支持;全中心事业发展规划、工程项目审批及新技术引进。播送中心设综合部、播出部、转播部、传送部和总控部。播出传送中心现有正式职工 161 人,主任丁文华,副主任梁迎利、翟世德,党总支专职副书记彭香莲。

综合部

综合部成立于 1998 年 6 月,其前身为 1991 年成立的播送中心办公室。是播送中心的日常办事机构,协助中心领导进行行政事务、技术业务的协调和管理,为中心所属各业务部门提供服务。主要负责协助中心领导协调中心各部门的业务,以及文秘、信息、服务等工作。现有正式职工 3 人。综合部主任刘文华。

播出部

播出部前身为播出传送部,1988年3月成立,1998年6月改为播出部。现拥有2套APC自动节目播出系统、8套机械手自动播出模拟系统、8套机械手自动播出数字系统、1套虚拟演播系统以及2个直播演播室,是负责中央电视台各套节目播出运行、管理的技术部门。其主要任务是:承担全台现有八套节目和英语传送频道节目的安全播出运行;利用播出信号场的逆程向全国播发标准时间、频率、测试运行信号以及图文电视;此外还承担体育节目的前期采访、后期制作、新闻直播的技术工作。播出部设有播控一科、播控二科、制作科。播出部现有正式职工54人,主任王效杰,副主任李跃山。

转播部

转播部是中央电视台惟一的一个承担台外大型电视节目实况转播录像任务的技术部门。主要业务范围:承担各部门台外的电视节目的前期制作,包括直播、专场、实况录像(包括各种会议、文艺、体育、新闻、经济、专题);承担各种外事活动的直播、录像;负责提供各种电视节目的前期特种设备;在播送中心的统一管理下,完成本部门技术业务管理及设备维护工作。下设7个科:转播一科、转播二科、转播三科、转播四科、转播五科、特种设备科、声音技术科。现有职工40人。转播部主任于志,副主任陈明、姜柏宁。

传送部

传送部成立于1998年6月1日。主要职能是:负责提供移动卫星地球站(DSNG)和微波中继等传输技术服务,承担全台外出节目转播中的部分工作和节目回传任务;遇有重大自然灾害发生时,承担防震、抗灾电视报道的信号传输任务;并在大型综合性转播报道中,承担传输系统构建和协调任务。提供来华海外电视媒体在中国回传新闻的卫星传送设备及相应的技术支持。负责体育节目中心的日常节目制作。为中央电视台与云岗、沙河两地球站之间的光缆提供微波备用通道。下设4个科组:卫传科、制作科、对外服务科和微波科。现有职工43人。传送部副主任陈泽时、肖建生。

总控部

总控部成立于1998年6月,其前身为播送部主控科。负责全台进、出信号的分配、运行管理,是全台信号交换的枢纽。其主要任务是:负责全台内外进出节目信号的调度和协调,提供全台各种标准信号;承担台内外信号交换的收录和监测;按规定受理涉外的技术申请和安排;负责节目播出和传送当中对外事务处理和解释工作;负责通过卫星及微波干线转播、传送及收录节目,负责管理中央电视台外围的光缆线路和固定卫星地球站收发系统;对外办理公共传输网络和卫星传送及相关的线路安排;负责国内外卫星公共传输网费用的预算、收支的管理工作。总控部设有运行一科、运行二科和管理科。现有正式职工22人。总控部副主任程星、刘韵音。

人事办公室

人事办公室成立于1998年1月,是中央电视台主管人事管理工作的行政职能部门。在台长、分管副台长领导下,负责全台机构、编制、职工考核、奖惩、干部考察、任免、人员调配、劳动工资、福利保险、职工教育培训、专业技术职务评聘以及离退休人员的管理工作。内设干部管理处、劳动工资处、培训职称处和离退休人员管理处。人事办公室主任王晞建,副主任罗秀兰。

干部管理处

干部管理处成立于1998年5月。其主要职能包括:负责全台机构设置和事业编制的管理;负责人员调配聘用;接收大学生、军队转业干部工作;组织对职工的考核奖惩及根据台分党组的要求对科、处级干部进行考核任免;负责对全台临时人员的管理;管理全台人员的人事档案;负责出国人员的政审工作。现有正式职工12人。干部管理处处长王晞建(兼),副处长杨一龙。

劳动工资处

成立于1998年5月。贯彻国家关于劳动工资、劳动保护、劳动保险及职工福利的政策法规,根据人事办公室安排,制定全台劳动工资管理办法并组织实施。其中包括:管理、核定、报批全台劳动用工计划、工资总额、工资福利标准、职工养老、医疗、失业保险、职工子女就业等工作,以及工资改革的计划和实施。劳动工资处现有正式职工5人,副处长杜书星。

培训职称处

培训职称处成立于1998年5月,是隶属于中央电视台人事办公室的一个职能部门。负责全台职工的教育培训、职称评聘工作。主要职责是:制定中长期职工教育规划和年度培训计划;管理教育经费、教学设备及培训场地;组织管理职工岗前培训和在职教育工作;负责国家公派、单位公派出国留学的咨询、承办和管理工作;负责组织评聘专业技术职务人员,核定、推荐政府特殊津贴人员的工作。现有7名职工。培训职称处副处长王庆忱、杨晓民。

离退休人员管理处

1987年9月成立老干部处,1998年划归人事办公室领导,改名为离退休人员管理处,是中央电视台管理全台离、退休干部工人的职能部门。其主要职责是：贯彻落实中央和国务院有关离、退休干部的方针政策；根据台里的实际情况，落实干部及工人离、退休后的政治待遇和生活待遇的有关规定，使其老有所为、老有所乐、老有所医、老有所学、老有所养。为发挥老干部作用，1993 年 3 月创办了金手杖电视服务公司。从 1996 年起设立了东门上访人员接待疏导站，成立了监看中央电视台五套节目监看组。至 1998 年连续五年被评为广电系统先进集体。现有工作人员 9 人。离退休人员管理处处长宋福民，副处长高广远。

财经办公室

财经办公室 1998 年 6 月组建。是中央电视台计划、财务、基建、物资、经营管理和演职培训基地的主管部门，为全台宣传任务的完成和事业的健康发展提供保障。其主要任务是根据国家财经法规、方针政策和总局有关的规章制度负责编制全台事业发展规划并组织实施，负责经费预算的收支管理、基本建设管理、投资经营管理、国有资产的监督管理，为演职人员培训和有关活动提供服务。下设 6 个处：财务处、计划统计处、财产物资处、基建处、经营管理处和演职培训处。财经办公室主任许二春，副主任毛坤山。

计划统计处

计划统计处于 1998 年 5 月 15 日正式成立。是中央电视台的一个职能部门。其主要职责是：负责贯彻执行国家有关计划、统计工作的方针政策，参与拟定电视事业计划、统计的规章制度和管理办法；负责编制事业发展纲要和中长期规划，并组织实施；负责电视事业费预算分配方案和调整方案的编报、监督检查和实施工作；负责编制、上报、下达电视事业的年度基本建设计划，指导和监督计划的实施，参与固定资产投资项目的立项、可行性研究报告及竣工验收工作；结合本台实际情况，建立健全统计指标体系，负责收集、审核、汇编电视事业各类统计资料并对统计资料进行分析，建立和管理中央电视台统计信息微机处理系统，逐步实现统计数据管理的现代化；负责办理非经营性资产转经营性资产的申报工作和产权变更工作。计划统计处现有正式职工 6 人。副处长高祥林、王霞。

财务处

财务处成立于 1998 年 5 月。其主要职责和任务是：负责中央电视台财务预算收支和管理；组织经费供应的保障和财务核算；预算开支的审批和各类报表的编制；各项财务规章制度的建立等。下设综合财务科、财务一科、二科、三科、四科、五科、六科、七科。现有正式职工 43 人。财务处处长王刚健，副处长黄伟。

财产物资处

1987 年 7 月成立物资处；1991 年成立财产物资处；1993 年 7 月，原技术管理中心所属的设备科、器材科整建制划归财产物资处。1998 年 5 月 15 日财经办公室成立，财产物资处划归财经办公室领导。负责全台的固定资产管理及有关设备材料的购置工作，为电视宣传提供可靠的物资保障。根据台年度计划的安排编报年度固定资产购置计划并组织实施落实。财产物资处下设 3 个科：设备科、器材科和综合科。现有职工 17 人。处长车临，副处长米绍行。

经营管理处

经营管理处于 1992 年 11 月 17 日成立，是台内职能管理部门，1998 年 5 月划归财经办公室领导。其主要任务是负责全台的经营管理。根据国家的方针政策，结合中央电视台的实际情况，制定经营发展规划，监督检查台内有关经营部门的计划和管理制度的落实；负责新开发项目的调研、可行性论证报告，为台领导提供决策依据；负责经营活动的组织和协调，新经营项目的申报办理；负责项目经费、经营状况和经营成果的统计报表及情况汇总工作；及时研究经营开发工作中的新问题，提出解决问题的办法供台领导决策。下设综合管理科、企业管理科和基地管理科。现有正式职工 12 人。经营管理处处长赵万一，副处长叶灵灵。

所辖威海影视城始建于 1995 年 12 月，占地面积 33 万平方米，位于山东省威海市海滨。首期工程少儿景区已对外开放，特技摄影棚及生活区已着手规划。

基建处

基建处于 1998 年 5 月正式成立，是中央电视台的职能管理部门，在财经办领导下开展工作。主要任务是负责全台基建工程的组织、监督和管理。根据电视事业的发展，对办公和业务用房进行规划和建设，安排职工住宅的购建。办理新建、扩建和改建工程的立项和报批工作。下设 4 个科：工程管理科、技术管理科、综合科、基建财务科。现有职工 16 人。基建处副处长赵频。

演职培训处

演职培训处于 1998 年 5 月成立，在财经办公室的领导下，负责管理影视之家和顺义培训中心。其主要任务是为全台各类人员提供培训服务，接待电视演职人员和各种专业会议。演职培训处下设影视之家管理科和培训管理科。正式职工 6 人。处长安俊。

机关党委

中央电视台机关党委在广播电影电视总局机关党委的直接领导和台分党组的指导下进行工作。是中央电视台政治思想工作和党务工作的主管部门。领导台纪律检查委员会、党委办公室、台工会联合会、台共青团委员会的工作。台党委下设4个基层党委(中国电视剧制作中心党委、中央新闻纪录电影制片厂党委、北京科学教育电影制片厂党委、中国国际电视总公司党委),16个直属党总支,116个正式党支部。全台共有党员2416人。

本届台党委于1995年10月9日在中央电视台第五次党员代表大会上换届选举产生,为中央电视台第五届党委会,由21名委员组成,设常委11名。刘宝顺任党委书记,南玉敏任党委专职副书记,李建兼任党委副书记。

党委办公室

党委办公室是台党委的具体办事机构。承办党委的日常党务工作,负责全台党员及干部职工队伍的思想建设、组织建设和精神文明建设等工作。由6人组成。党委办公室主任梁萍,副主任麻宁。

纪委

中央电视台纪律检查委员会,在广播电影电视总局机关纪委和中央电视台党委的双重领导下,在台纪检组的指导下进行工作,所辖有电视剧制作中心纪委、新闻纪录电影制片厂纪委、北京科学教育电影制片厂纪委、中国国际电视总公司纪委4个基层纪委。

本届台纪委于1995年10月9日在中央电视台第五次党员代表大会上换届选举产生,为中央电视台第四届纪委,由11名委员组成。南玉敏任纪委书记(兼)。1998年6月赵玉东任纪委专职副书记。

工会

中央电视台工会于1988年9月10日成立。1998年7月中央电视台第三届工会委员会经换届,改制成为中央电视台首届工会联合会。选举产生了由29名委员组成的第一届委员会。设常委11人。工会联合会的主要任务是:坚持在党的领导下,按照《工会章程》和上级工会的要求,紧密围绕电视宣传这个中心开展工作;关心职工生活,活跃机关文体活动;履行工会关于"维护、建设、参与、教育"四项职能;培养"四有"职工队伍,建设"职工之家"。任海任联合会主席,马静任副主席。工会联合会现有专职干部6人。

团委

本届团委于1997年5月10日在中央电视台第七次团员代表大会上换届选举产生,为第七届团委。其任务是在台机关党委和上级团委领导下开展青年工作,团结带领广大团员、青年,勤奋学习,努力工作,为中国电视事业的发展建功立业。团委书记彭健明,常委郑蔚、王炜、刘春、陈忠、耿琳、仝冰雪、王丽。

审计处

审计处成立于1989年8月,在中央电视台台长的直接领导下,负责全台的内部审计工作。其主要任务和职责是:依据国家法律、法规和政策,监督全台财务核算单位的财务收支、财务制度的执行情况;全台境内外经济组织的经济活动、经济效益、经济指标的完成情况;台内重大经济活动资金的投入、使用及经济效益情况;30万元以上、1000万元以下的基建、维修工程预决算执行情况。独立行使内部审计职权,对台长负责并报告工作。现有正式职工5人。审计处处长杨沛德,副处长续建勇。

中国电视报社

《中国电视报》是中央电视台主办的报纸,每周一出版发行。刊登中央电视台和省级电视台的卫星节目表,评介重点节目内容,报道中外影视界最新消息和动态。用中、英文出版,向国内外公开发行。1981年元旦创刊时为《电视周报》,1986年易名为《中国电视报》,1992年创办了外文版。1998年,《中国电视报》北京版4开40版,全国版4开24版,报价全部0.70元。除在北京印刷外,还在23个省设立了分印点,实行电话传版和航空送版。全年平均期发量为217万份,最高发行量为278万份。连续五年荣获中央电视台先进集体称号。报社设有中文编辑组、外文编辑组、通联组、地方组、资料科、出版发行科、广告科、纸张科、综合科。现有正式职工44人。报社社长吴继尧,副社长郭卫翔、赵成璧。

中国电视剧制作中心

中国电视剧制作中心是中央电视台制作电视剧的专业机构,成立于1983年10月18日。其宗旨及主要任务是:坚持四项基本原则和"二为"方针,建设具有国家级规模的、用现代化设备装备起来的、全功能性的电视剧生产机构;向中央电视台提供电视剧,丰富广大群众的文化生活,为建设社会主义物质文明和精神文明服务。主要工作是:一、创作并录制各种题材和样式的电视剧;二、积极拓宽与国外或地区合拍电视剧,促进中外电视剧的艺术交流;三、收集中外电视剧的资料,协同社会有关方面,组织电视剧艺术的研究活动;四、有计划地建设和不断发展现代化的电视剧制作基地。中国电视剧制作中心自1984年起,每年生产各种题材、风格、样式的电视剧180余(部)集。在已经完成的1000多(部)集作品中,有根据古典文学名著改编的电视连续剧、革命历史剧、现实题材的电视剧、儿童剧、戏曲电视剧以及与国外合拍的电视剧等。其机构设置有办公室、党委办公室、人保处、计财处、文学部、生产处、技术处、制作部、涿州影视基地。现有正式职工350人。中国电视剧制作中心主任胡恩，副主任邹庆芳、王伟国、张华山，主任助理兼技术处处长肖月桃，党委专职副书记兼党办主任郭秀英，办公室主任成功，人保处处长侯向强，计财处副处长王占盈，文学部主任谢丽虹，生产处处长李汀，制作部主任陈贵林，涿州影视基地主任蔡世富。中国电视剧制作中心通讯地址：北京市虎坊路15号，邮政编码：100052，电话：(010)63529746。

中央新闻纪录电影制片厂

1938年在党中央关怀下成立的延安电影团，是党的新闻纪录电影事业的初创时期。1953年7月7日成立于北京的中央新闻纪录电影制片厂(简称新影厂)是以延安电影团成员为骨干组建的，是我国惟一生产新闻纪录电影的专业厂。1993年10月，经国务院广电部批准，新影厂划归中央电视台。

几十年来，新影厂共摄制了5000多部新闻纪录影片，拍摄和收集储存了2万多本极其珍贵的历史影片资料，这些影片真实地纪录了我们共和国发展的历史进程。新闻纪录影片曾作为我国形象化新闻报道的主要形式之一，在中国人民的政治社会文化生活中产生着重要的影响。一直受到党中央的重视和社会各界的关注。毛泽东主席于1958年为新影厂亲笔题写厂名，周恩来总理曾亲自修改过纪录影片的解说词，江泽民总书记也曾亲自审看纪录影片。新影厂每年都向国内外提供大量的历史影片资料。并曾把国内的纪录影片翻译成英、法、西、阿、葡、俄等多种语言向世界发行。建厂以来，共有30余部纪录片获“百花奖”、“金鸡奖”，有50余部纪录影片在国际上获奖。

新影厂整建制划归中央电视台领导以后，迈向了影视合作的道路。贯彻影视两条腿走路的方针，由原来以影片生产为主转为主要生产电视节目，同时每年生产少量纪录影片。在台的大力扶持下新影厂现已建成了9套电视节目制作机房和160平米演播室，改造了音乐录棚音，可承接大型音乐节目的录制任务。改建了综合摄录棚，可承揽影视节目拍摄任务。为建成影视节目制作基地奠定了物质基础。1998年是新影厂实行新三年转轨规划的第二年，继续坚持“调整、改革、提高”的工作指导方针，紧紧围绕节目制作这个中心任务，坚持面向市场，坚持精品战略，以努力拼搏的精神，精心策划、精心制作影视节目。独立承办制作的电视栏目和节目的数量和质量都有了很大的提高；新影厂现有职工595人，其中有各类专业技术职称的316人，高级职称者77人，直接从事影视创作的编导、摄影共计170人左右。新影厂中层管理部门有：党委办公室、厂办公室、纪委监察室、工会、计划财务处、人事处、保卫处、技术管理处、行政管理处、离退休办公室、经营管理办公室、编辑部办公室、第一编辑室、第二编辑室、第三编辑室、第四编辑室、中央摄影组、技术制作部、影视资料部、新影音像出版社等。新影厂厂长李建、副厂长张建华、王盟盟、干颖力。中央新闻纪录电影制片厂通讯地址：北京市北三环中路67号，邮政编码：100088，厂办电话：(010)62010932，传真：(010)62011573、62011574。

北京科学教育电影制片厂

北京科学教育电影制片厂(简称科影厂)是我国最大的科教电影生产厂家之一，建立于1960年3月12日。1995年4月，经国务院、广电部批准，划归中央电视台。多年来，科影厂共摄制了1358部科教电影，其中既有与广大群众生产、生活息息相关，被誉为“出粮食的影片”，也有许多反映重大科技成果和普及科学知识的影片。在中国电影最高奖——“金鸡奖”18次评选中，科影厂共获13个最佳科教片奖、1个最佳纪录片奖。此外还获得了包括政府奖、大众电影“百花奖”、中国儿童少年电影“童牛奖”在内的国内奖项150多次；获国际科教电影节金奖、银奖、荣誉奖等70多部次。改革开放后，科影厂进一步加强与国外同行的合作与交流。从1979年开始，先后派出摄制组赴日、法、意、希腊、瑞士、美、泰、澳大利亚等国及香港特别行政区拍片。1983年10月，在西班牙隆达举行的国际科学电影协会第三十六届年会上，北京科学教育电影制片厂代表中华人民共和国被接纳为正式会员国。80年代以来，科影厂努力开展多片种生产，探索电影与电视的融合。

1984年科影厂成立了电视部(现为制作部)，开始摄制电视录像片。1979年至1988年，积极组织本厂专业技术人员，研究开发了网频时间码同步电影后期录音工艺，在电影生产中采用了先进的时间码同步技术和视频技术，从技术上开创了影视结合的先例，因而荣获1991年度国家科技进步二等奖。动画车间(现扩大为动画部)除完成全厂科教片动画任务外，每年还制作数部美术片。根据国家对外宣传的需要，科影厂还将本厂摄制的科教片译制成英、法等10种语言对外发行，并逐渐成为固定片种。

科影厂整建制划归中央电视台后，由以生产科教电影为主，转向以制作电视节目为主和动画片、译制片、科教片并存的生产模式。几年来，在中央电视台分党组的领导和台各部门的大力支持下，经过全厂职工的共同努力，科影厂年生产量、年利润逐年增加，均创历史最好水平。继1997年提前完成三年转轨任务后,1998年全面完成创作、生产任务。其中完成电视节目250小时,电影9部、20本,动画片300分钟,电视剧英文字幕制作亦保质保量完成年生产任务。全厂职工的精品意识进一步增强。

科影厂现有在编职工485人,其中高级职称77人,中级职称165人。主要机构有:厂长办公室、党委办公室、总编辑室、生产管理处、技术管理处、动画部、录制部、制作部、字幕车间、特技车间、影视资料编辑科、计划财务处、人事处、保卫处、行政办公室、工会等。科影厂厂长兼党委书记万迪基,副厂长任振华、杨杰亭、安伟民,党委副书记张晓光。

北京科学教育电影制片厂通讯地址:北京市新街口北大街74号。邮政编码:100035,电话:(010)66184449,传真:(010)66182318。

中国国际电视总公司

中国国际电视总公司是中央电视台1984年投资组建的大型国有企业。1997年,中国国际电视总公司按照现代集团企业模式进行了资产重组,并成功地将紧密层骨干企业——无锡中视股份有限公司改造成国内上市公司。集团目前拥有中国电视节目代理公司、中视实业发展有限责任公司、央视调查咨询中心、中视电视技术发展有限责任公司、无锡中视影视基地股份有限公司、节目制作(部)公司6家二级公司和60多家分公司、子公司、合资控股公司(包括美国、日本两家境外公司)及无锡和南海两大影视基地。

中国国际电视总公司以制作发行影视节目(剧)、广告代理、电视技术咨询服务、广播电视设备安装为主导产业,同时兼营影视旅游、电子产品等相关产业。中国国际电视总公司是经国家主管部门批准的中国惟一境外卫星节目代理公司和中央电视台惟一经营电视节目版权的国际交易公司,也是中国电视节目外销联合体和全国有线电视供片中心的办事机构,具有较强的外向经营优势。总公司总部下设总经理办公室、人事部、计划财务部、广告部、项目投资部、资产经营部、企业管理部、党委办公室等机构。总公司总部有正式职工77人。总公司董事长杨伟光,常务副董事长兼党委书记贾文增,总经理李培森,副总经理王丹洁、冷敏述、赵健。总公司办公地址:北京市羊坊店路9号京门大厦;通讯地址:北京市3831信箱;邮政编码:100038;电话:(010)63957078,63957079;传真:(010)63955816;网址:citc@public.bta.net.cn。

中视实业发展有限责任公司

中视实业发展有限责任公司成立于1997年6月27日,隶属于中国国际电视总公司。公司下属7个实体公司:北京中电高科技电视发展公司、北京国视技术开发公司、北京荧屏技术公司、北京荧屏出租公司、华业电视咨询公司(华业电视工程中心)、北京荧屏服务中心、中视商品公司。公司主要经营范围:影视文化、技术交流;场景道具;服装、化妆造型设计、制作;影视咨询、电视技术咨询及设备安装、维修、销售;广播电影电视通讯网络安全防范工程设计、安装、维修;机械设备、日用百货、办公用品、家用电器、经济信息咨询;汽车销售、搬家、搬运,打字复印;音像制品销售、复录制;图书、报刊零售;进出口业务等。现有员工450余人。董事长杨保亮,总经理庞建。公司地址:北京海淀区羊坊店路9号;邮政编码:100038;电话:(010)63957035。

中国电视节目代理公司

中国电视节目代理公司前身为中央电视台节目外销办公室,简称外销办,于1992年9月建立。它的任务是采用商业手段将电视节目推向世界。外销办在台领导的直接主持下,于1993年1月11日组织成立了中国电视节目外销联合体,全国省级和计划单列市的47家电视台参加了联合体。外销办成为联合体理事会的常设办事机构,承担联合体的日常业务,其宗旨是将中国的电视节目推向世界电视市场。由于事业单位不适宜商业经营,经中央有关方面批准,1993年11月9日,外销办改建成立了中视电视节目代理公司。1994年11月10日,经国务院批准,更名为中国电视节目代理公司,成为国家级公司。1997年2月,中国电视节目代理公司与中国国际电视总公司合并,成为隶属于中国国际电视总公司的二级骨干公司。中国电视节目代理公司受中国国际电视总公司委托,承担中外各类电视节目的策划、拍摄和制作;制作、出版、发行中外各类音像制品;策划、制作、代理中外各类广告;为全国省、市无线电视台和有线电视台提供中外各类电视节目。中国电视节目代理公司也是全国有线电视供片中心的办事机构。中国电视节目代理公司下设总经理办公室、业务部、海外销售部、国内销售部、广告部、音像部、编辑部、技术部、财务部、行政部等10个部门。现有职工91人。中国电视节目代理公司总经理袁晓波,副总经理武小川、西冰。通讯地址:北京市羊坊店路9号;邮政编码:100038;电话:(010)63957153;传真:(010)63955916。

节目制作(部)公司

节目制作(部)公司成立于1998年3月(1998年12月注册为中视影视文化发展有限公司),是中央电视台国际电视总公司负责影视节目制作的主要部门。负责各类电视节目的策划、拍摄、制作及播出、协调,向中央电视台及海内外各种电视媒体提供精品电视剧、大型系列片、综艺节目。其主要业务领域是与台内节目部门联合制作节目,负责承接、制作中央电视台各类节目、栏目,策划实施国内外大型文艺活动、文艺演出实况录像及电视转播;投资拍摄电视连续剧、纪录片和专题系列片;接待境外摄影队,开展国际交流、合作制作各类电视节目。下设4个部门:综合业务部、制片部、国际合拍部、财务部。现有员工14人。节目制作(部)公司总经理魏平,副总经理张华。通讯地址:北京市羊坊店路9号京门大厦7层;邮政编码:100038;电话:(010)63957026、(010)63951177—20970;传真:(010)63957025。

中视电视技术发展有限责任公司

中视电视技术发展有限责任公司成立于1993年3月,1996年改组后,在原公司基础上扩展了业务及经营范围。1998年5月成为直接隶属中国国际电视总公司所属二级企业,公司注册资金为500万元。公司业务范围包括:广播电视技术系统的开发;机房和演播设备的设计、安装、调试、维修;广播电视设备的租赁服务;技术咨询、技术转让、技术服务、技术培训等。公司下设四个部门:办公室、财务部、录制部、工程部。公司正式职工158人,副总经理蒋前。通讯地址:北京市海淀区复兴路戊12号恩菲科技大厦311—315室;邮政编码:100038;电话:(010)63955805、(010)63951155—2301;传真:(010)63955802。

央视调查咨询中心

央视调查咨询中心(CVSC)原为中央电视台总编室的一个观众研究部门,1995年应市场需求,于6月建立了具有独立法人资格的经济实体,自主经营、自负盈亏。1997年2月归属于中国国际电视总公司。央视调查咨询中心自成立以来,本着为媒体、广告公司、广告主提供最全面的信息产品和高质量的信息服务的经营宗旨,填补了多项国内市场研究的空白,成为中国市场研究业中的骨干企业,同时亦是国内目前规模最大的媒介与市场调查研究机构。其主要业务为:各种媒体收视、收听、阅读率的调查与研究、电视与报纸广告监测、媒体资讯数据库、消费者研究、节目/广告效果测试、新产品测试、搭车调查以及个案研究等。央视调查咨询中心总部下设:总经理办公室、人力资源部、企业规划部、财务部、媒介研究部、广告监测部、市场一部、市场二部等9个部门。子公司为央视—索福瑞媒介研究有限公司、央视北方技术有限责任公司,下属公司为荧屏通讯公司。现有正式职工295人,央视调查咨询中心监事会主席尚广礼,总经理陈若愚,副总经理张海鹰、于胜元。办公地址:北京市海淀区羊坊店路9号京门大厦八层;通讯地址:北京3813信箱(邮编:100038);电话:(010)63950076;传真:(010)63950078;网址:cvscco@public.bta.net.cn。

无锡中视影视基地股份有限公司

无锡中视影视基地股份有限公司(中视股份)位于江苏省无锡市西郊太湖之滨,是以中央电视台无锡太湖影视城所属的唐城、三国城为主体进行股份制改造,由中国国际电视总公司等五家公司控股的中国第一家兼营影视制作业和文化旅游业的A股上市公司。

中央电视台无锡外景基地的建设始于1987年,是我国最早规划建设的影视拍摄基地。目前建成唐城景区、三国水浒景区;占地1500余亩、可使用水域3000余亩,并拥有完备的影视制作设施和专业的技术人员队伍。十余年来,影视基地以其得天独厚的自然风光、规模宏大的人文景观和完备的影视服务功能吸引了海内外众多摄制组和游客的光临;促进了中国影视业的繁荣和无锡地方经济的发展。

无锡中视影视基地股份有限公司向影视制作业和多元化经营方向发展。先后成功地投资拍摄大型历史电视剧《太平天国》,在广东南海建设"太平天国景区"和"少儿节目制作景区",参股北京中科红叶电子有限公司,进入影视节目交易市场。

南海影视城

南海影视城是中央电视台四大直属影视摄制基地之一,位于广东省南海市松岗镇。南海影视城始建于1996年7月。为拍摄香港回归戏《香港的故事》而建,反映20年代香港街区风貌的"旧香港一条街"景区,建有各样特色的建筑,总建筑面积约5000平方米。未正式对外开放前,在此就已经拍摄了《香港的故事》、《千秋家国梦》、《将军阿福》、《开心出家人》等多部电视剧。为拍摄澳门回归戏《澳门的故事》兴建的规模与"旧香港一条街"相当的体现旧时葡式建筑风格的"澳门街"紧邻"旧香港一条街",两条街的建成将共同组成颇具岭南特色的旧街区景观,适合拍摄多类影视剧和参观旅游。为拍摄50集大型电视连续剧《太平天国》,位于影视城西部的"太平天国城"晚清建筑群已拔地而起,主体建筑包括天王府建筑群、东王府建筑群、翼王府、钟鼓楼以及反映旧时南京景象的"金陵商埠"与码头,有明清时期江南水乡苏州街、烟花粉脂秦淮楼、旧永安城等。南海影视城已于1998年12月26日正式对外开放。

梅地亚电视中心有限公司

梅地亚电视中心有限公司成立于1990年9月13日,是中央电视台(CCTV)和日本广播协会(NHK)合资兴建的集电视节目制作、卫星传送、宾馆、公寓、写字楼服务设施于一体的综合性企业。为外国广播电视新闻的采访和电影、电视节目交流制作提供场所、设施和有关服务。宾馆拥有客房253间套、公寓50套,写字楼可供出租面积4647.3平方米,有风味餐厅5个和各种娱乐设施。梅地亚中心下设办公室、人事部、综合管理部、计划财务部、保卫部、工会、工程部、前厅部、客房部、电视业务部、公关销售部、餐饮部。中方工作人员690人,其中电视台正式职工7人,部、台离退休干部3人,合同制招聘员561人,临时工129人。梅地亚中心现任董事长李培森,总经理关野光生(日方),副总经理刘瑾如。梅地亚中心通讯地址:北京复兴路乙11号,邮政编码:100038;电话:(010)68514422;传真:(010)68516288;电传:22836MEDIACN。

中央卫星电视传播中心

中央卫星电视传播中心于1995年2月成立,是广电总局直属正局级事业单位,挂靠中央电视台,独立核算,自负盈亏。中央卫星电视传播中心负责中央电视台的电影、体育、文艺、戏曲音乐等卫星电视频道节目的加扰传播,与全国有线电视台互惠互利,采用亚洲2号卫星、Ku波段数字压缩技术与全国有线电视网结合的形式,向与中心联网入网的有线电视观众提供高质量的加扰电视节目;负责全国卫星有线电视联网入网用户的发展和管理工作;依照国家计委的有关文件,负责卫星加优电视频道节目收视费的收缴和管理工作;依照有关规定对加扰频道节目信号授权管理;负责为全国各有线收视台(网)提供专用接收解码设备与咨询、维护、培训等技术服务;负责加解扰器的招标、谈判引进、设备订购、安装调试和开通运行工作;负责组织国内解扰器的定点生产和专营工作;参与卫星频道节目的协调及影视节目的交流工作;负责了解观众对卫星加扰电视频道节目的意见,处理观众的来信来访,并及时向节目制作部门反映观众的要求;依法维护中央电视台及中央卫星电视传播中心的知识产权等各项权益,负责对侵权、盗版等违法侵害行为追究法律责任;负责卫星电视频道节目成本核算及经费收支和经营管理等问题;负责协调中央电视台和电影局的有线节目制作、经费收入、运营管理等问题;负责利用卫星和有线网络的技术优势,积极开拓新业务;根据国家法规,依法向国家缴税。内设机构有:办公室、计划财务部、网络经营部、工程技术部。现有正式职工31人。中央卫星电视传播中心主任赵化勇(中央电视台副台长兼),副主任田盛华、杨步亭(电影局副局长兼)。通讯地址:北京市海淀区北蜂窝路甲26号;邮政编码:100038;电话:(010)63448866(总机):(010)63274356(办公室);传真:(010)63274355。

14. 大事记

1998 年中央电视台大事记

一 月

1月1日 中央电视台第十一次顺利转播奥地利维也纳新年音乐会。

1月4～5日 中国国际电视总公司召开1997年度经营工作会议。台长杨伟光到会祝贺并讲话，提出总公司今后的工作要强化六个意识：集团意识；管理意识；市场意识；效益意识；法制意识；人才意识。总公司领导还在会上公布了《中国国际电视总公司管理部管理制度》。

1月7日 台精神文明建设委员会召开工作会议，传达学习中直机关"讲文明、树新风"活动会议精神，讨论1997年度台精神文明先进个人和先进科(组)的评比及奖励办法，并就中央电视台开展第二阶段"讲文明、树新风"活动进行部署。

1月8日 中央电视台领导述职报告会及台分党组民主生活会召开。

1月9日 中共中央政治局委员、国务委员李铁映同志办公室打来电话，转达李铁映对中央电视台经济节目的看法。他说，第二套经济节目介绍了许多农副产品生产的情况，很好，有利于沟通产销。节目内容较丰富，形式也较活泼，越办越好。今后可加强同地方台合作，多提供信息和专题。

1月9日 剧中心召开1997年度总结表彰会，杨伟光台长到会并讲话。胡恩同志对剧中心1997年的工作作了全面总结，并提出做好1998年工作的设想。杨伟光台长在讲话中说，剧中心新领导班子成立后，很快担当起创作精品电视剧的重任。1997年剧中心送台播出的电视剧数量多、质量高。剧中心领导班子能够全面领会中央政策，把握正确导向；具有较高的艺术鉴赏水平，对剧本的思想性、艺术性作出准确判断；班子团结，有很强的责任心。

1月10日 广电部副部长田聪明和台长杨伟光、副台长赵化勇到春节联欢晚会剧组审看部分语言类节目，并与剧组主创人员座谈。田聪明说，春节联欢晚会是大型综合性文艺晚会，节目要立足于大众，要符合大众化、民族化的要求，更具百姓特点，更轻松一些。

1月10日 上午11时50分，河北省张北县、尚义县发生里氏6.2级地震，新闻中心、海外中心多个栏目均对这一突发性事件进行了及时全面的报道。震后仅35分钟，新闻中心即在《新闻30分》栏目口播张家口地区震情消息。下午2时到晚上《新闻联播》的各次新闻中都滚动播出了震情和救灾详细情况。当日的《焦点访谈》也通过电话采访震区和国家地震局，介绍了地震情况和防震救灾知识。当晚《晚间新闻》第一次播出了记者传回的现场画面，零点新闻和第二天的各次新闻全面报道了部队和各地救助灾区的情况。地震当晚到随后的两天，世界各大通讯社的驻华机构纷纷向新闻中心购买有关这次地震的最新图像。

1月13日 凌晨2点，中央电视台通过英语传送频道正式向乌拉圭传送西班牙语电视节目。首次传送的节目分新闻和文艺两类，各占半小时，节目以西班牙语配音为主，并配有少量字幕。

1月14日 广告经济信息中心召开1997年度总结表彰大会。台领导刘宝顺、陈君、南玉敏出席了会议。刘宝顺副台长代表台分党组肯定了广告经济信息中心1997年的工作，并提出"学理论、重实践、严律己、善总结"12个字与中心共勉。陈君同志在会上就加强廉政建设、加强政治思想工作、加强党的建设等方面的工作对中心提出希望。

1月15日 中央电视台1997年度计划生育工作

会议在顺义培训中心召开,广电部精神文明办公室副主任郭香娥、李承敏出席会议。台计生领导小组组长、副台长刘宝顺指出,做好计划生育工作,思想教育是前提,组织健全是保证,措施得力是基础。希望计划生育宣传员继续发扬为职工服务的奉献精神,千方百计将中央电视台计划生育工作搞好。

1月16日 中央电视台1997年秘书工作总结会在顺义培训中心举行。刘宝顺副台长在讲话中对1997年全台秘书工作给予积极评价。他对秘书人员提出以下要求:1. 思想要正:要有良好的心态,既有不服输的工作热情,又能淡泊名利,甘当无名英雄。2. 作风要硬:能够科学、及时地处理秘书工作。3. 业务要精:做本职工作的行家里手。4、工作要实:凡事从大处着眼,从小事做起,工作尽心尽力,标准要高,要求要严。会上,台办室主任李晓明从公文管理、信息、档案、机要文件和密电管理、办公自动化系统的试运行等五个方面,总结了中央电视台1997年秘书工作情况。

1月19日 中央领导丁关根、曾庆红和中央文献研究室主任逄先知、副主任冷溶,广电部副部长赵实,中央电视台台长杨伟光等领导到新影厂审看大型纪录片《丰碑》。丁关根、曾庆红等对该片给予充分肯定,认为影片感人,反映了人民群众对邓小平同志的深情和邓小平同志的丰功伟绩。

1月20日 中央电视台邀请了部机关和部属司局级单位的领导来台,对如何做好中央电视台1998年度的工作提出意见和建议。

1月20日 中央领导同志丁关根、李铁映来中央电视台看望春节联欢晚会演职人员,并与大家合影留念。

1月20日 中央电视台新闻中心召开1997年度总结表彰大会。台长杨伟光、副台长李东生出席会议,中心主任阎连俊作工作总结。杨伟光在讲话中说,1997年是新闻中心辉煌的一年,是整个工作迈上新台阶的一年。首先,《早间新闻》等新闻节目越办越好。其次,香港回归和十五大等重大报道、重大宣传战役有大台风的范。第三,很好地完成了汪泽民主席出访俄罗斯、美国等重大外事活动报道。此外,体育频道逐渐走向成熟;重要的专题节目如《中国之路》中难度最大的《软着陆》一集,朱镕基同志一次审看通过,说明我们的导向意识、把握敏感问题的能力有很大提高。

1月21～22日 技术管理办公室召开"中央电视台1998年度工程项目审查会议"。确定了1998年工程建设的重点是:用当今最先进的电视技术改造1000平方米演播室;继续推进中央电视台数字化技术进程,加速开展数字电视广播和直播卫星的实验;抓紧计算机网络系统和管理系统的建设;继续对基础设施空调系统进行改造,以便适应新技术的需求。

1月21～22日 海外中心召开1998年工作会议,副台长李丹总结了海外中心1997年对外宣传工作的成绩和不足。成绩主要表现为7个方面:圆满完成了各项重大宣传任务,取得了很好的对外宣传效果;出色地完成了十多部大型系列专题和文艺节目的译制、制作和播出;栏目改版迈出了可喜的一步;自办文艺节目日益活跃;成功举办了国际频道开播五周年庆祝活动,海外观众联络工作有了新进展;开办英语传送频道,锻炼了队伍;第四套节目和英语传送频道基本实现了在亚洲、澳洲、欧洲、非洲、北美和拉丁美洲的落地播出。

1月22日 中共中央政治局委员、国务院副总理兼外交部部长钱其琛,广电部部长孙家正、副部长赵实,中央电视台台长杨伟光,电影局局长刘建中等有关方面领导,到新影厂审看大型文献纪录影片《周恩来外交风云》。钱其琛为影片题词:"《周恩来外交风云》影片是新中国外交史的一部教科书。"该片于周恩来同志百年诞辰前在全国放映。

1月23日 为迎接建台40周年,"跨世纪电视丛书"编辑部召开工作会议,确定丛书各分卷的主编、副主编、责编人选,明确编辑体例,制订工作进程。丛书编委会由杨伟光台长任主任委员,赵化勇、刘宝顺、李丹、刘宜勤、李东生、罗明(常务)、王录(常务)任副主任委员。丛书一套十卷本,350万字。

1月24日 台保卫处会同北京市消防局、消防支队和驻台武警部队有关负责人对一号演播厅消防设备和安全警卫设施进行全面检查。

1月24日 '98春节联欢晚会全部节目进行综合演练。

1月24日 台党委邀请台内各有关部门主要领导,就今后如何开展党的工作进行座谈。刘宝顺同志指出,在中央电视台做党的工作,就要在继承党的思想政治工作优良传统的同时,适应新形势的要求,有新思路、新办法、新形式、新创举。

1月26日 为满足北美地区华人华侨更好地收看中央电视台第四套中文节目的要求,第四套节目即日开始调整与英语传送频道并机时间。第四套与英语传送频道并机时间改为13:00～16:00;10:00～10:15增加15分钟新闻节目;12:00的新闻节目由20分钟改为30分钟;12:45～13:00增加一次15分钟粤语新闻。

1月27日 晚20:00至28日0:10,中央电视台'98春节联欢晚会现场直播取得圆满成功。总编室委托央视调查咨询中心就晚会的收视情况对全国20个城市的1094户家庭进行电话抽样调查,结果显示:收视率达 94.42%,比 1997 年高 3.75%,为历届春节联欢晚会最高收视率;对这台晚会表示满意和比较满意的观众占 87.03%,满意度比 1997 年高出 4%。

1月 成都军区政治部宣传部分别致函中央电视台新闻中心,称赞播出的系列报道《西藏边防行》。来函说,边防官兵普遍认为《西藏边防行》报道内容翔实、事例具体,客观地展示了部队官兵以苦为乐、安心边防的精神风貌。

二 月

2月1日、12日、18日 《中国报道》栏目对正在南极大陆科学考察的中国南极第十四次科学考察队的活动成功地进行了同步跟踪报道,播出了 3 个专题报道节目《南极的祝福》、《走进南极冰盖》、《走出南极冰盖》。本次报道首次使用了移动卫星可视电话与远在 1.3 万公里外的南极科考队取得联系,实现了图像信号的双向传输。这次报道成功标志着中央电视台具备了在地球最南端进行同步报道的能力。

2月4日 在台工作例会上,台长杨伟光传达了中共中央政治局委员、中宣部部长丁关根对春节联欢晚会的评价。丁关根认为这台晚会搞得不错,主题鲜明,节目丰富,节日气氛浓厚。

2月5日 《新闻联播》中播出的《不法分子制售毒酒导致山西 27 人中毒死亡》,《晚间新闻》中播出的《山西假酒中毒事件最新消息》和新闻背景分析《甲醇流失是假酒中毒事件屡屡发生的重要原因》,引起了党中央、国务院的高度重视和全社会的广泛关注。江泽民总书记收看了中央电视台对假酒事件的报道,在了解到群众正在医院接受治疗、大部分中毒者已脱离危险、假酒已被查封、当地干部正采取措施以免事态扩大等情况后,再次作出重要指示:不法分子胆大妄为,造成严重后果,令人愤慨。政法部门对不法分子一定要依法严惩;工商行政管理和技术监督部门一定要按照国家有关法律法规,加强市场管理和打假力度,切实保障人民群众的生命安全。

2月7～22日 第十八届冬奥会在日本长野举行。中央电视台现场直播了开幕式、闭幕式及 45 场比赛。除《新闻联播》和《体育新闻》及时、准确、生动地报道了比赛盛况外,还播出专题 15 辑,每辑 60 分钟。冬奥会期间,中央电视台共播出 180 小时节目,据国际奥委会统计,节目播出量居世界第四位,超过美国 10 多个小时。

2月10日 中央电视台社教中心召开了为期 4 天的'98 节目选题规划暨业务研讨会,共有 60 个电视台的 120 余名代表参加。副台长李东生提出社教节目表现的主题应该贴近现代生活的漩涡,制作更深层次的、触及社会主潮流的节目,并通过节目提高收视率和扩大影响。

2月10日 从 1 月 3 日起至今日止,中央电视台在第一套节目黄金时段播出了 43 集电视连续剧《水浒传》,受到海内外观众好评,收视率达 44%,创中央电视台播出的电视剧收视率最高纪录。

2月11日 中共中央在人民大会堂东大厅举办元宵节联欢会。会上,江泽民总书记见到中央电视台春节联欢晚会总导演孟欣高兴地说,晚会我看了,办得很好,节目很精彩。当孟欣请江总书记为晚会工作人员和广大电视观众题字时,总书记欣然同意,他在春节联欢晚会特制的贺卡上题写了自己的名字。李瑞环、丁关根、田纪云、王兆国等中央领导同志也对今年的春节联欢晚会给予了充分肯定。

2月11～13日 中央电视台与西北五省区、兰州军区的有关领导及电视节目制作人员在京召开了电视纪录片《中国大西北》策划会。广电部部长孙家正到会并作指示,要争取把《中国大西北》拍成传世精品。副台长李东生也对摄制工作提出具体要求。该片列入中央电视台"建国 50 周年宣传"的重点片目之一。本片年内已拍摄完毕,开始后期制作。

2月11日～3月1日 中央电视台派出由新闻中心侯明古、水均益、冀惠彦、胡阳、赵雪松、康锐和播送中心智卫、贾培宏组成的 8 人报道小组,冒着生命危险赴伊拉克报道武器核查问题。这是中央电视台第一次在国际热点地区派出自己的摄制组作现场直播报道,改变了中央电视台重大国际事件采用外来信号的历史。

2月11日～3月7日 《科技博览》栏目组 4 名记者随国家海洋局极地考察办公室组织的'98 中国南极科学考察团,前往南极考察和拍摄电视专题片,共拍摄约 800 分钟录像素材和大量照片,圆满完成了拍摄任务。派出多名记者前往南极拍摄、制作电视专题节目,在中央电视台尚属首次。

2月13日 广电部副部长田聪明、人事司副司长薛大力到中央电视台宣布中央电视台升格后各中心级机构干部任职的通知。田聪明指出,组织上对干部的任用应该"避短扬长";同志之间对待干部的工作应该"补短扬长";干部对自身则要"克短扬长",虽然"人无完人",但对自己的要求一刻不能放松。

2月13日 台长杨伟光主持召开全台新任职的各中心一把手会议,就今后如何做好各中心工作提出了希望和要求。

2月14日 全国各地方电视台关于"3·15"行动联合宣传报道会议召开,17 个地方台的代表及"3·15"晚会和"3·15"行动的主创人员与会。台长杨伟光要求在报道中注意四个方面的问题:1. 要保证准确性和科学性。2. 要做到两个满意:中央领导、主管部门满意和老百姓满意。3. 整体报道要有批评报道,也要有正面报道。4. 要多一点现场内容,尤其是大的案件要搞一些现场报道。

2月15日 在纪念邓小平同志逝世一周年之际,中央电视台"心连心"艺术团来到广西革命老区百色进行1998年的第一场慰问演出。演出活动受到了当地各族人民群众的执烈欢迎。广西壮族自治区党委书记曹伯纯等当地党政军领导和副台长赵化勇一起观看了演出。

2月16日 国务委员李铁映在中央电视台报送的'98春节晚会有关资料上批示:我也做了一点小调查,今年春节联欢晚会有进步,多数评价较好。向编导演的全体同志祝贺!

2月16日 在邓小平同志逝世一周年之际,中央电视台、中央档案馆联合举行了电视文献纪录片《邓小平》收藏交接仪式。

2月16日 广告经济信息中心举行"中央电视台1997年电视扶贫广告座谈会",台领导杨伟光、陈君与来自13个省、县扶贫办的领导、扶贫地区的农民代表及部分广告、新闻界人士参加了座谈。

2月17日 中共中央政治局委员、书记处书记、中宣部部长丁关根在中央电视台报送的有关春节联欢晚会的资料上批示:"祝贺晚会演出成功,再次向参加晚会演出的全体工作人员表示感谢。望总结经验,把这台受到亿万人民喜爱的晚会越办越好。"

2月17～19日 中央电视台在顺义培训中心召开1998年工作会议。台分党组成员和台内各部门主要领导参加了会议。副台长赵化勇作了题为《抓住机遇,乘势而进》的报告,全面总结了中央电视台1997年的各项工作。台长杨伟光在《全面贯彻十五大精神,继续深化电视改革,把中央电视台的事业推向21世纪》的报告中部署了1998年全台的工作任务。

2月19日 中央电视台在黄金时间播出了新影厂摄制的反映一代伟人邓小平同志丰功伟绩的大型电影纪录片《丰碑》,引起社会各界强烈反响。

2月22日～3月2日 为配合国务院新闻办公室《西藏人权的新进展》白皮书的发表,海外节目中心组织采访组赴藏采访报道。这一报道无论在节目内容还是传输方式上都有新的突破。有关藏历新年的报道在西藏自治区产生了较大的影响和良好的宣传效果,也引起了国外新闻媒介的关注,美国有线新闻网CNN和环球电讯WTN都转播了藏历新年活动的报道。

2月23～28日 海外节目中心在宁波召开了'98全国电视外宣选题规划会。副台长李丹及广电部、国务院侨办、全国侨联等部委的有关领导和全国60多家省市电视台有关负责人参加了会议。李丹在会上强调指出,全国电视外宣工作要继续坚持中央提出的以"中央台为龙头,以地方台为依托,发挥系统优势,走大外宣道路"的方针。为适应新形势的发展,1998年中央台与地方台要进行全方位的开放和合作。

2月24日 中央电视台召开1997年工作总结表彰大会。广电部部长孙家正和广电部各有关司局领导、中央电视台分党组成员出席了会议并向获得1997年度先进集体、先进个人及其他各类奖项的代表和个人颁发了获奖证书。

2月25日 国家计委副主任陈同海到中央电视台参观考察,就彩电中心建设发展规划等问题与台领导杨伟光、刘宝顺、李东生、贾文增等进行研究座谈。

2月25日 由广电部科技司司长陈智教为主任的广电部鉴定委员会来中央电视台对APF—94M电视节目自动播出控制系统进行部级鉴定。副台长刘宜勤、总工程师邵昌有参加了鉴定会。鉴定委员会认为:该系统填补了国内电视台全自动播控系统的空白,达到目前国际同类系统的水平,建议推广使用。

2月26日 中央电视台召开1998年技术维护工作会议。会议总结了1997年技术维护工作取得的成绩和经验,分析了存在的问题,并提出1998年技术维护的重点工作。副台长刘宜勤强调技术维护工作是中央电视台的重要工作内容之一,是安全播出、稳定技术质量的重要保证。他要求各级领导重视技术维护工作,贯彻、落实全国广播电视技术维护工作会议和台一把手会议精神,严格管理,把安全播出放在首位,推动中央电视台技术维护管理向科学化、规范化、标准化不断迈进。

2月27日 国务委员李铁映在中南海接见了中央电视台和国家文物局的有关领导、专家及大型系列历史艺术片《中华文明》摄制组全体成员,听取了工作汇报。李铁映指示:"要把《中华文明》一片拍成中华文明的史诗,使其具有永恒的价值。"

2月 广电部根据《广播电视管理条例》的规定,审核同意中央电视台重新登记。登记后的台名为"中央电视台",《电视台许可证》编号为021010003,台标编号为TB021010003。可自办8套电视节目,播出时分别称:中央电视台第一套节目,中央电视台第二套节目,中央电视台第三套节目,中央电视台第四套节目,中央电视台第五套节目,中央电视台第六套节目,中央电视台第七套节目,中央电视台第八套节目。其技术参数不变。

三 月

3月3日 中国人民政治协商会议第九届全国委员会第一次会议开幕，中央电视台政协报道组全体同志团结协作，顺利完成了大会开幕式的报道工作。

3月3～4日 全军电视记者站站长会议在京召开，来自中央电视台驻全军17个记者站的站长和解放军电视宣传中心的代表60多人参加了会议。

3月4日 在周恩来同志诞辰100周年之际，中央电视台将12集大型文献纪录片《周恩来》和纪录影片《周恩来外交风云》、《敬爱的周恩来总理永垂不朽》制成VCD和录像带，向全国公开发行，中央电视台就此召开新闻发布会。

3月4日 广电部科技司司长陈智教一行6人及中央电视台副台长刘宜勤、总工程师邵昌有到台数字地面广播试验室检查工作。陈智教表示，这项试验工作关系到未来我国数字电视的发展规划，是前所未有的一项开拓性工作。

3月4～8日 在《正大综艺》播出第400期之际，剧组召开节目改进讨论会，就如何进一步提高栏目质量展开研讨。

3月5日 全国人民代表大会第九届全国委员会第一次会议开幕。中央电视台人大开幕式电视报道取得成功，节目形式有重大突破，由过去单纯完成政治性任务的报道转变为既重政治性又重新闻性的报道。内容上增加了背景介绍，整体感觉新，效果好，得到大会新闻组的充分肯定。

3月6日 上午，中央电视台第一套节目以最快速度播出了国务委员兼国务院秘书长罗干在九届全国人大一次会议上作《关于国务院机构改革方案的说明》的实况。机构改革问题一直受到国内外各方面的关注，是九届全国人大一次会议最为引人注目的内容之一。

3月11日 中宣部领导刘云山、翟卫华、杨新立和中央电视台副总编罗明等，在中宣部审看《爱我中华——百个爱国主义教育示范基地巡礼》系列节目，对系列节目表示满意。刘副部长指出，建国五十周年，要充分发挥屏幕的教育作用，大力宣传爱国主义。

3月13日 中央电视台召开新闻大楼筹建领导小组工作会议，就新闻大楼的筹建和彩电中心大楼院内的整体规划方案进行初步研讨。台长杨伟光传达，国家计委副主任陈彤海已同意立项。

3月13～14日 台'98纪检监察工作会议在顺义培训中心召开。驻部纪检组组长王德新、副台长刘宝顺、台纪检组组长陈君和台廉政建设协调小组成员、专职纪检监察工作人员、特邀监察员参加了会议。王德新同志指出，今年反腐败工作是继续抓好反腐败三项任务，在领导干部廉洁自律方面着重落实“八项规定”，突出抓好三个重点：一是继续清理通讯工具；二是坚决执行党政机关召开的各类会议不准赠送礼品和纪念品的规定；三是切实执行公务活动接待标准。今年的纪检监察工作要提高领导干部专题民主生活会的质量，严肃查处违反党的政治纪律、宣传纪律的案件，把禁止有偿新闻和清理预算外资金作为纠正部门和行业不正之风工作的重点。执法监察工作要把禁止有偿新闻和对建设工程项目的监督作为重点。

3月14日 中国人民政治协商会议第九届全国委员会在人民大会堂举行闭幕大会。中央电视台政协报道组与各相关工种密切配合，现场直播了政协闭幕式的盛况，让全国观众感受到了政治协商民主热烈的祥和气氛。

3月15日 在国际消费者权益日，由广告经济信息中心经济部承办的“3·15”直播活动，包括10:00—16:00的《3·15行动》和晚间的《3·15之夜》专题晚会均获成功。“行动”的收视家庭占结构样本总数的41%，“晚会”的收视率达48%。报道过程中，共接听投诉电话1000多个，其中晚会现场接听投诉电话600多个，160多个投诉当场予以解答。此外，还收到观众来信5000多封。

3月18日 全国人大常委会副委员长田纪云到《中国报道》演播室接受专访。田纪云为《中国报道》题字：“向世界报道中国。”

3月18～28日 中央电视台举办了三期处级以上干部规章制度学习班，全台158名干部参加了学习和考试。其中考试成绩在90分以上的占84%。

3月19日 中央电视台人大报道组、记者招待会报道组、后期编辑组以及总编室、播送部、转播部密切配合，圆满完成了九届人大一次会议闭幕式、新任总理及四位副总理答记者问的现场直播工作。

3月19日 截至当晚，共有114家境外电视机构使用中央电视台节目信号，直播或录播“两会”盛况。各家电视机构纷纷致电或传真，称赞中央电视台联络、协调工作，认为信息周详、及时、准确，为使用电视信号提供了很大方便。

3月26日 《地面数字电视试验台可行性研究报告》论证会在中央电视台举行。广电总局科技司司长陈智教在论证会上说，数字地面广播试验台是国家重点工程项目，技术含量很高，它的实施将成为电视广播发展进程中的一个里程碑，会推动广播电视数字化的进程，为电视广播开拓新的市场领域。中央电视台带头启动这项新技术试验，广电总局以及科技司将予以大力支持。

3月31日～4月8日 中央电视台组成的7人报道组，随朱镕基总理出访英法两国，并出席第二届亚欧会议。采访期间,报道组在《新闻联播》中播发新闻40余条,在其他滚动新闻中播发100余条,拍摄新闻素材400多分钟。这次报道工作受到总理办公室、外交部新闻司等有关方面领导表扬。

四　月

4月2日　《焦点访谈·在补碘的名义下》节目播出后,引起江泽民总书记高度重视,他当即打电话给中央领导同志和卫生部负责人,指示:迅速采取措施,抢救小学生,同时依法惩处那些见利忘义的不法分子。山东省委、省政府采取紧急措施,商讨处理意见,卫生部召开工作会议,发出《关于防止滥用碘制品和加碘食品的紧急通知》。观众反馈的电话铃声也不断响起。4月4日,中央各大报刊均以醒目的标题,在头版头条报道了江泽民总书记收看《焦点访谈·在补碘的名义下》之后作出指示的消息。

4月13日　世界卫生组织将"积极合作伙伴奖"授予三位中国记者。中央电视台新闻采访部记者刘晓军是获奖者之一。世界卫生组织季卿理博士在颁奖时特别感谢中国中央电视台等新闻单位为世界卫生事业所做出的贡献。这是世界卫生组织首次向新闻记者颁奖。

4月16日　中央电视台召开1997年精神文明建设和治安消防综合治理总结表彰大会。

4月17日　朱镕基总理办公室给新闻中心打来电话,转达朱镕基总理对《焦点访谈》栏目的几点意见:1.《焦点访谈》栏目越办越好,影响越来越大,看的人越来越多,各级领导越来越重视。2.各地领导日益重视,对推动工作起了很好的作用,对各地、各部门的反馈要加强,尤其是地方部门对节目播出后的态度要充分报道。《没电盼电,有电怕电》节目播出后吉林省领导到了现场。《谁当厂长》节目湖北也很重视。但反馈不够,太简单,只有几句话带过。要抓好后续报道和连续报道,这样对栏目影响会更好,对社会的影响会更大。3.《"联通"为何难通》节目风格和以往有所不同。节目的立意是好的,但应采访经贸委主管领导,也可以采访吴基传,这样会更有说服力。垄断问题是存在的,坚持客观报道固然应该,但记者不能当裁判。

4月24日　中央电视台与周恩来纪念馆联合举办电视文献纪录片《周恩来》、电影文献片《周恩来外交风云》、电视连续剧《周恩来在上海》的VCD和录像带收藏交接仪式。此外,新影厂于1977年制作完成的电影纪录片《敬爱的周恩来总理永垂不朽》的VCD版本也一起交由周恩来纪念馆收藏。

4月27～29日　'98全国省级广播电台、电视台台长会议在顺义培训中心举行。在4月28日的省级电视台业务会上,台长杨伟光介绍了1998年度中央电视台的改革计划。副台长李东生向与会代表介绍了中央电视台各节目中心与地方台的具体合作事项。29日,中央电视台邀请与会的电台台长和电视台台长座谈,交流情况和经验,探讨中央电视台与各台进一步加强合作的思路。

4月28日　"中央电视台《东方时空》五周年民族音乐会"在北京音乐厅举行,中共中央政治局委员、书记处书记、中宣部部长丁关根参加了音乐会并发表了讲话。他说:五年来,《东方时空》坚持正确舆论导向,宣传党的方针政策,传播国际国内重要信息,介绍社会知名人士,关注群众日常生活,表扬各界先进人物,批评消极腐败现象,办出了特色,办出了水平,受到群众欢迎,赢得群众信任。他希望《东方时空》越办越好。

4月29日　经过两个多星期的紧张施工,中央电视台网络中心计算机主机房供电系统改造工程完工,该系统的改造一方面提高了供电容量,满足了设备大负荷用电的要求。另一方面采用了双路UPS不间断电源供电,可保证计算机网络系统运行的可靠性。这项工程的完成为中央电视台计算机信息网络和管理系统工程的建设、运行提供了电力保证。

4月　中共中央政治局委员、书记处书纪、中宣部部长丁关根在重大革命历史题材领导小组关于电视剧《少年邓小平》的审查报告上批示:"革命领袖题材的创作,政治性很强,一定要严格遵照《规定》执行,一定要拍成'三性统一'的精品。严禁粗制滥造。"广电总局局长田聪明也在审查报告上批示:"关根同志的批示很重要,一定要在工作中严格遵循。"

五　月

5月1日　中央电视台现场直播三峡工程临时船闸通航。副台长李东生从北京打电话到直播现场:祝贺直播圆满成功,节目有创造、有新意。这次直播设置了六个机位,不仅使用了升降车和五米摄像机摇臂,还在首航船上安排了现场报道的记者和摄像机位,突出现场感和运动感。值得称道的是直播节目中设计了一个开放旋转式演播室,扩大了报道视野,增强了观众的现场参与感,是直播节目中的一个新举措。

5月4日　由中央电视台和北京大学联合举办的大型文艺晚会《光明行》在北京大学校园播出。晚会受到北大师生和国内外嘉宾的高度称赞,认为晚会的节目设计很有文化品位和历史厚重感,很有时代气息,使一个大学的庆典具有"国际性"。

5月10日　在《新闻联播》中播出的安徽省阜阳市临泉县白庙村计划生育工作严重失控的消息,引起全国人大常委会副委员长彭珮云,国务委员、国务院秘书长王忠禹，以及国家计生委的高度重视。国家计生委为此向中央电视台发函说，有关领导除了对中央电视台坚持正确的舆论监督工作表示感谢之外，还强调指出，目前在我国一部分地区计划生育工作的确存在着类似白庙村的问题，应该给新闻记者调查监督的自由。同时希望中央电视台记者能对此事作追踪报道。

5月12日 台长杨伟光在新闻评论部报送的《焦点访谈》、《时空报道》节目4月份播出情况简报上作出批示：近期《焦点访谈》播出了一批影响强烈的节目，把握得较好。望认真总结经验，按朱总理的指示精神办好节目。改进节目时有几条应予注意：第一，批评报道应从爱护报道对象的角度出发，实事求是，保证真实；第二，批评报道应有反馈，解决、改进了的问题有些也可做成节目，把一些带典型性的问题讲透；第三，表扬与批评并举，比例应掌握好，表扬应使人爱看；第四，对问题的分析要科学，考虑到方方面面，这样的结论才能使人信服；第五，对一个省的批评，不宜过于密集、集中；第六，把法制宣传渗透到节目中去，请一些领导部门对有关问题参与节目，可提高节目的权威性。

5月14～30日 新闻节目中心派出7人报道组，随中共中央政治局常委、全国政协主席李瑞环出访罗马尼亚、意大利、西班牙、法国。报道组圆满完成了报道任务，共播发新闻38条。

5月16日 中共中央政治局常委、国务院副总理李岚清致函教育部，建议向全国高校师生推荐译制影片《居里夫人》。李岚清同志在信中说："《居里夫人》是我青少年时代看过的一部电影。虽然半个世纪过去了，但居里夫妇那种为科学而忘我的献身奋斗的精神，仍深深地映入我的脑海而不能忘怀。我发现不仅是我，凡看过这部电影的人均有同样的感受。为此我请中央电视台的同志们帮助洽购了这部片子的版权，并译配了中文对白，今天我又重看了这部影片，感到译制得很好。中央电视台的领导同志告我，他们拟定于5月23日22时52分在第一套节目首播。建议你们将此片推荐给高校的师生们看一看，我相信一定能从中获得教益。"

5月16日 中央电视台计算机网络ATM(异步传输模式)主干系统的升级工作由信息通信处圆满完成，网络升级工程小组仅用5个小时就成功地将旧系统一次性切换到新系统。

5月17日 中央电视台《新闻联播》中播出山西省下岗职工集资购买收割机组成机收服务队，到农村参加"三夏"麦收的新闻《"城市兵团"开赴麦收第一线》后，李岚清副总理立即打电话给山西省委书记胡富国，指出：看了这条新闻，令人振奋，山西探索出了一条下岗职工再就业的新路。从这儿可以看出，再就业工程大有希望。农业机械化是个广阔的市场，山西的思路值得各地借鉴。

5月18日 中央电视台《焦点访谈》栏目近期连续报道了两起火灾事故，引起江泽民总书记对防火问题的高度重视，江总书记向有关部门就防火问题专门作出指示："我在电视上看到救火缺乏水源，要尽快搞好消防设施建设，小洞不补，大洞受苦。"这两起事故的报道一是针对玉泉营环岛家具城火灾的《远水难救近火》，二是针对齐齐哈尔第一百货商场火灾的《不防即是患》。两个节目昭示了江总书记提出的"责任重于泰山、防范重于救灾"的现实意义。

5月20日 朱镕基总理在北京第一机床厂与北京市国有企业职工代表座谈，听取企业负责人和下岗分流人员发言。在听完北京制呢厂厂长、经济学硕士陆昊的发言后，朱镕基总理说，请中央电视台采访陆昊同志，请他讲一讲企业如何由3000多人减到2000多人，下岗职工是如何安置的，告诉大家减员增效、实施再就业不是那么困难的。根据朱镕基总理指示，新闻节目中心安排了相关采访事宜。

5月23～24日 社教节目中心专题部《健康之路》栏目在开播100期之际，联合中国健康教育研究所于在北京东单公园举办了题为"让人人享有健康"的义诊咨询服务活动。

5月24～28日 台研究处与上海电视台共同主办的"跨世纪的都市电视"理论研讨会在上海举行。中国广播电视学会、上海广播电视电影局、上海电视台的领导及全国各直辖市、省会城市、计划单列市、部分省电视台的理论研究工作者40余人参加了研讨活动。会议还邀请有关专家就全国都市电视的现状、趋势、对策以及世界电视的发展主流等问题作了专题报告，并提交40篇论文。

5月25日 在台工作例会上，台长杨伟光传达了李岚清副总理在听取评选"百佳"电视工作者活动的汇报中对当前电视工作的意见：1. 中央电视台近期播出的电视剧《黑脸》、《人间正道》、《岁月长长路长长》很不错。我们就需要"黑脸"的精神；而"岁月长长路长长"好就好在局长和厂长很关心下岗职工，这种精神值得发扬。但剧中也应该注意一些细节，如减少一些吸烟镜头，办公室、房间的布景不要过于豪华。2. 对外宣传要加强。现在外国人非常想了解中国的改革、发展，但外国舆论又很片面。所以除了加强华语节目播出外，要增加播出英语等语种的节目，让外国观众能够方便地了解中国的发展情况。在英语节目中还可以拿出些时间教外国人学习中国话。3. 从对儿童的调查结果看，这一代儿童最喜欢看电视动画片。所以我们要进一步推进国产动画事业，并保证在黄金时段播放国产的动画片。4.《一曲难忘》和《居里夫人》的译制工作做得好,节目播出后在学生中反响很大,系列片《上下五千年》的制作也很成功。中央电视台除了要介绍中国的优秀节目外,还要介绍外国的优秀作品,如前苏联、印度、日本等国有世界影响的艺术精华,引进的节目不要只局限在某个国家。

5月 根据李岚清副总理的指示,我驻法大使馆整理了有关《法国的旧货市场》的材料。李副总理阅后在文件上批示:"很好。建议1.可以出一本书(内容可以再补充一些,但也不必太多);2.请中央电视台进行一次专题采访报道。"根据李岚清的批示,中央电视台广告经济信息中心拟定了赴法拍摄报道计划。

5月 经过近5年的艰苦工作,长达150集、总长4500分钟的大型系列节目《中华文明之光》已全部摄制完成。李岚清副总理专门写来贺信,指出:"你们利用现代化传播媒介,把大学课堂延伸到了社会,把高雅文化普及到大众,以优秀的传统文化去陶冶人的情操,鼓舞人的斗志,这种努力值得充分肯定。"大型系列节目《中华文明之光》由中央电视台海外节目中心与北京大学、新影厂合作拍摄,是一次高等学府与大众传媒相结合制作高品位文化节目的有益尝试。

5月 为庆祝中央新闻纪录电影制片厂建厂45周年、延安电影团建团60周年,新影厂举办纪录片学术研讨会。与会专家认为,新影厂几十年来为我国纪录片事业的发展做出了重大贡献,为国家积累了丰富的历史影片资料。目前,应鼓励编创人员进行大胆的艺术探索。同时,专家呼吁影视界提高对纪录片的认识。

六 月

6月1日 中央电视台召开有全台及所属单位处以上领导干部参加的关于认真落实中纪委"八项规定",坚决遏止奢侈浪费动员大会。

6月1日 第四套节目正式改版播出。根据"加强重点栏目,提高一般栏目,合并同类栏目,停办较差栏目"的新栏目开办原则,第四套节目对整个频道进行了总体包装,栏目总数由1997年的65个减少到目前的47个,节目编排也从原来按3个时区8小时为一单元改为按4个时区6小时为一个单元,保证在不同地区的黄金时段内有针对性地安排节目。改版后的新闻性节目日播出量占全天播出量的38%,体现了"自办新闻栏目为龙头,自办精品栏目为骨干,荟萃全台精华栏目为支柱"的原则。

6月2日 李鹏委员长在听取全国人大环资委的工作汇报时,对"中华环保世纪行"的宣传报道工作作出重要指示。李鹏说,中央电视台一周大约有1分钟播送"中华环保世纪行"的新闻,时间是少了一点,但这是在黄金时间。因此,除了在新闻节目中曝光和反馈情况外,还可利用其他栏目播放"中华环保世纪行"节目。李鹏说,中央电视台《焦点访谈》天天都有节目。最近播放的牵扯到法律、反腐败问题、用人制度等问题,起到了监督作用,是《新闻联播》之后收视率最高的节目。《焦点访谈》也要反映"中华环保世纪行"的内容。

6月3日 北京时间凌晨6时7分,中央电视台赴美直播组对搭载阿尔法磁谱仪到太空寻找反物质和暗物质的"发现号"航天飞机发射升空进行现场直播。这次直播的成功,实现了中央电视台在美国进行新闻性节目现场直播的突破,标志着中央电视台直播水平又上了一个台阶。此次赴美直播是在台领导直接指挥下,由新闻节目中心、海外节目中心、播出传送中心和驻美记者站、我驻美公司等单位共同努力下完成的。

6月3日 副台长刘宝顺主持召开全台中心(室)领导及所属综合部、职能部处负责人会议,部署定岗定责工作,台长杨伟光到会并作了动员。

6月6日 江泽民主席在中南海审看中央电视台、中央新闻纪录电影制片厂摄制的《越过太平洋——江泽民主席'97访美纪行》和《世纪大典》两部纪录影片。看完影片后,江泽民接见了新影厂领导和摄制组主要成员,并与大家合影留念。

6月8日 朱镕基总理收看了中央电视台《焦点访谈》栏目播出的《私售国储粮,亏空挂国账》后,打电话给中央电视台,对《焦点访谈》栏目给予充分肯定。他说:"中央电视台的同志对中央精神理解深刻,节目点到要害。目前就是需要这样的例子。节目做得很好,向中央电视台的同志表示感谢。"

6月9日 李岚清副总理办公室给中央电视台来电话说,李岚清看了中央电视台6月5日播出的《新闻调查·大学面临挑战》后,认为很好,记者采访提问、回答都好,有利于推动教学改革。但播出的时间晚了些(晚9点时段),建议编成几次《焦点访谈》播出,看的人多,效果更好。

6月19日 广电总局科技司在中央电视台召开由中央电视台与北大方正集团合作开发的《"点睛"计算机辅助动画制作软件》成果鉴定会。中央电视台台长杨伟光和方正集团董事局主席王选到会对联合开发组的辛勤工作给予充分肯定,并称赞"点睛"软件的开发成功为中国的孩子们做了一件大好事,填补了国内的空白。"点睛"软件是1995年夏天在李岚清副总理倡议下,由中央电视台安排动画部、录制部与北大方正集团联合开发的国内动画片生产科研项目。

6月20～21日 由中央电视台组织的'97～'98

全国迎春文艺节目展播研讨会暨'98首届全国电视诗歌、散文展播活动规划会在京举行。来自全国31个省、自治区、直辖市的43家获奖电视台共80多位代表出席了会议。

6月22日 为了配合中央再就业工程的实施，广告经济信息中心第一批再就业公益广告开始播出。1998年下半年的公益广告主要围绕再就业和环境保护两个主题进行，并将于第三季度组织一次优秀再就业公益广告评选活动。

6月23日 由中央电视台、光明日报社、人民日报社和中央新闻纪录电影制片厂联合举办的大型文献纪录片《越过太平洋——江泽民主席'97访美纪行》和电视片《跨世纪的握手》座谈会在中央电视台举行。与会学者们普遍认为，两部影片以纪实手法反映了江主席访美取得的重大成果，向世人充分表明中美两个大国加强合作对两国乃至整个世界都是有利的。影片真实纪录了江主席访美的全部过程，全面展示了江主席独特的外交魅力。

6月30日 为庆祝建党77周年，中央电视台和中央党校联合举办了《党旗下的誓言》大型晚会。

6月 6月初至7月中旬，中央电视台圆满完成法国世界杯足球赛的报道任务，直播场次之多、采访报道数量规模之大在中央电视台世界杯报道史上均属空前。在长达33天的赛程中，中央电视台转播评论了全部64场比赛，共计132小时。

6月 《中央电视台年鉴(1995)》在第一届全国年鉴校对质量评比中，被评为优秀。

6月 音频部所属的F325、F329译制配音机房建成并通过建声和电声验收，标志着中央电视台在电视译制片及电视故事片节目的声音制作硬件上已经达到国际先进水平。

七　月

7月1日 在纪念香港回归一周年之际，由海外节目中心与深圳电视台、香港亚视联合制作，内地、香港和台湾三地演员共同演出的《香江灿烂》大型晚会由第四套节目向海内外现场直播，受到香港各界的欢迎，有近60万观众收看了节目。

7月7日 中央新闻纪录电影制片厂召开大会，隆重纪念建厂45周年暨延安电影团成立60周年。

7月8日 中共中央政治局常委、书记处书记、中央党校校长胡锦涛在中央党校亲切接见了"七一"晚会《党旗下的誓言》剧组主创人员及部分演员代表。胡锦涛称赞剧组主创人员怀着对党深厚的感情，成功地举办了这台晚会。

7月8日 中共中央政治局常委、中纪委书记尉健行视察中央电视台无锡太湖影视城三国城景区。

7月11日 新闻节目中心首次现场直播北京市第一中级人民法院一审国内十大电影制片厂诉电影作品著作权被侵权案的法庭庭审。直播长达275分钟。美国哥伦比亚广播公司等电视媒体还购买了中央电视台的公用信号。

7月13日 台长杨伟光在台工作例会上传达了中宣部部长丁关根对克林顿总统访华、江泽民主席赴港参加香港回归一周年庆祝活动和中、俄、哈、吉、塔五国首脑会晤等重大宣传报道工作的意见。丁关根说，此次各新闻单位认真贯彻中央精神，团结协作，克服困难，圆满完成了三项报道任务，这一仗打得漂亮，同时也锻炼了队伍。他说，此次宣传报道，大家认真、努力，十分辛苦，做到了基调鲜明、影响广泛，各方面反映良好，中央满意，社会各界满意。

7月14～16日 中央电视台'98年中工作会议召开。来自台内各中心(室)、部、处和直属单位的主要领导同志共174人参加了会议。台长杨伟光在会上作了题为《解放思想，实事求是，心系大局，团结鼓劲，为全面完成党中央部署的各项任务而奋斗》的讲话，讲话回顾了上半年全台的工作情况，对下半年的工作作了部署。广电总局局长田聪明到会听取了会议发言，并就电视宣传工作提出五点要求。

7月 第八届中国新闻奖评奖揭晓，中央电视台选送的节目全部获奖。其中《'97香港回归特别报道》获特别奖；《焦点访谈·罚要依法》节目获评论类一等奖。

7月18日 中共中央政治局常委、国家副主席胡锦涛在人民大会堂接见中组部组织的第三批青年专家国情考察团，中央电视台主持人敬一丹作为惟一的新闻界代表参加了考察团。胡锦涛说：《焦点访谈》、《东方时空》节目办得很好，希望办得更好，赢得更多的观众。

7月22日 最高人民法院办公厅致函中央电视台，转达了肖扬院长对中央电视台现场直播法庭庭审的评价。来函说，"十大电影片厂著作权被侵案"直播后，中央领导给予充分肯定和高度评价，各地法院的反响也很强烈，效果非常好。肖扬批示："中央电视台办了一件大好事。我十分感谢中央电视台为推进审判方式改革、实现司法公正所做出的重要贡献，请以办公厅名义致信中央电视台，转达最高法院党组和我本人的诚挚谢意。"

7月23日 中央编译局致电中央电视台说，电视片《共产党宣言》播出后，观众反应良好，不少人询问重播时间。他们建议中央电视台及早安排重播。来电同时发来了国家安全部政治部整理的收看《共产党宣言》

的观众反映。

7月23～24日 经广电总局工会联合会和台分党组批准,台工会召开会员代表大会,来自台属各中心、基层单位的161名代表参加了会议。根据《工会法》和《中国工会章程》有关规定,工会改为工会联合会,大会选举出了由29人组成的联合委员会和11人组成的常委会,任海同志当选为工会联合会主席,马静当选为副主席。

7月24～26日 由新闻节目中心和播出传送中心组成的8人报道组,携带卫星地面站,抵达柬埔寨首都金边,投入柬埔寨大选报道工作。当晚,《世界报道》栏目播发了报道组采制的新闻,次日中午《新闻30分》对大选前夕金边的情况进行了现场报道。至7月26日大选结束,在《新闻联播》、《世界报道》和《新闻30分》中又播出有关柬大选新闻9条,制作了一期《焦点访谈》,《中国新闻》、《英语新闻》栏目也采用了这些报道。

7月27日 全国人大常委会副秘书长姜云宝、周成奎在全国人大机关与副台长李东生就进一步加强和改进有关"人大"的宣传报道进行了座谈。李东生表示,加强对"人大"在立法、执法检查等方面的报道十分必要,中央电视台将进一步拓展有关"人大"的报道领域,改进报道形式,发挥电视优势,增强可视性,取得更好的宣传效果。

7月27～30日 朱镕基总理在内蒙古和山西考察工作期间,与当地党政负责人和国有企业负责人座谈时多次提及中央电视台《焦点访谈》节目。他说:"中央电视台的《焦点访谈》你们看不看? 反正我是每天必看。里面反映了很多情况,有些是我们平常了解不到的。"他特别提到7月27日《焦点访谈》的《加味奶粉还是假味奶粉》节目中报道的大批地方或集体、私人企业生产的奶粉不合格的情况,他说:"我要是地方政府负责人,就要严肃处理那些老板!"

7月29日 人民日报社以于宁副总编辑为领队的一行8人就舆论监督问题与中央电视台进行了业务交流。于宁说,中央电视台这几年在舆论监督方面做得非常好,希望两家媒体加强合作,形成联动效应。座谈中,双方就舆论监督的线索拓展、题材选择、面临困难等方面进行了深入探讨,达成了近期合作的初步意向。

7月29日 中央电视台《新闻联播》播出了"女教师遭洪水遇险,子弟兵奋力相救"的新闻后,第二天,李岚清副总理托秘书打来电话,说这条新闻很感人,并要求把这条新闻文字稿和录像带复制给他。

7月 中共中央政治局委员、书记处书记、中宣部部长丁关根观看了中央电视台青年歌手大奖赛后评价说:青年歌手大奖赛组织得好,推出新人,推出新歌,有利于繁荣文艺事业。

八 月

8月6日 国家质量技术监督局和广电总局对中央电视台规范使用计量单位工作的执行情况进行检查。对中央电视台在使用规定计量单位方面的工作给予充分肯定。

8月8日 副台长李东生连续召集了两次新闻节目中心各部门负责人会议,传达中央和广电总局对当前抗洪形势和宣传报道的最新指示,并结合中央电视台实际情况,对下一阶段的抗洪报道提出要求。会议传达了江泽民总书记日前主持召开的中共中央政治局常委扩大会议的主要内容。中央要求做好抗洪抢险的宣传报道工作,动员人民群众和社会各界团结一致,共同抵御自然灾害的侵袭。

8月10日 台长杨伟光、副台长赵化勇召集紧急会议,部署落实抗洪赈灾义演、募集救灾捐款等事项。

8月13日 江泽民总书记在前往湖北灾区的专机上,对中央电视台时政组记者说:最近一段时间,中央电视台有关抗洪的新闻报道不错,镜头很有特点,看来有的记者是冒了很大的风险,这对电视工作者也是一个考验。

8月16日 中央电视台与中华慈善总会、中国红十字会总会合作,在8天时间内,组织800余名演员,推出长达3小时的抗洪赈灾义演晚会《我们万众一心》,共募集社会各界捐款6亿余元。整台晚会鼓舞斗志,激励士气,宣扬了中华民族"一方有难,八方支援"的优良传统。

8月17日 中共中央政治局委员、中宣部部长丁关根同志给中央电视台打来电话,他说:"我自始至终看了《我们万众一心——'98抗洪赈灾义演晚会》。这台晚会很好,气氛热烈感人,主题鲜明突出,演员表演投入。为此向你们表示祝贺! 向全体演员和全台职工致以亲切的问候! 同时,大家不能松懈,抗洪已进入决战期,同志们要总结经验,努力作好下一阶段的抗洪报道工作。"

8月18日 朱镕基总理主持召开的国务院总理办公会,对《我们万众一心——'98抗洪赈灾义演晚会》的成功给予了充分的肯定和高度的赞扬,并向仍然奋战在抗洪抢险第一线的广大干部群众、人民解放军指战员和武警官兵,向慷慨解囊支援抗洪抢险斗争的社会各界和海外人士,向辛勤的文艺工作者和新闻工作者表示亲切慰问和崇高敬意。

8月25日 中央电视台光盘生产线在清华大学举行了验收汇报会。参加验收的管理部门认为:金视公司的复制线技术参数达到要求，各项管理制度完善，具备生产条件。

8月26日 朱镕基总理收看了《中国报道》栏目播出的黑龙江省康复医院广大医务工作者在洪水面前仍然坚守岗位继续为广大患者治疗的动人事迹后，马上委托全国人大副委员长彭珮云给康复医院院长打电话，对医院的广大职工表示衷心感谢和亲切慰问。

8月31日 台分党组成员、总会计师贾文增主持召开财经办公室处以上干部和总公司二级公司以上单位领导参加的工作会议，就中央电视台电视节目制作与播出体制改革和今年后四个月的工作重点作出部署。

8月 江泽民、李鹏、李瑞环、刘华清等党和国家领导同志为中国电视事业暨中央电视台诞生40周年题词。江泽民的题词是："更好地发挥电视媒体的作用，为改革开放和社会主义现代化建设服务。"李鹏的题词是："把中央电视台办成中国和世界沟通的桥梁和纽带。"李瑞环同志的题词是："念念不忘观众。"刘华清同志的题词是："多出电视精品，服务亿万人民。"

8月 江泽民总书记对最高人民法院领导说：中央电视台转播北京市中级人民法院关于电影片版权问题审判的实况，透明度很大，在海外引起强烈反响，反映很好。谁说我们不搞政治改革，这不是政治改革吗？同时，这也是司法改革，对公民的普法教育很有意义。

8月 中宣部部长丁关根委托中宣部副部长徐光春转达他对中央电视台近几天抗洪报道的意见。他说，中央电视台抗洪报道很好地反映了洪区军民战天斗地的精神风貌，对鼓舞士气，鼓舞人民起了很好的作用，报道很成功。总政宣传部负责同志也委托中央电视台军事部记者转达抗洪一线官兵对中央电视台抗洪报道的反应：8月8日晚，中央电视台加大抗洪救灾的报道后，总政宣传部收到很多战斗在抗洪一线官兵打来的电话，称赞中央电视台对前方解放军官兵抗洪抢险的报道，生动感人，非常鼓舞士气。

8月 中宣部副部长徐光春转来原全国人大常委、教科文卫委员会常务副主任杨海波致中宣部领导的一封信。信中赞扬中央电视台为贯彻"科教兴国"战略出台的新举措，对《科技博览》、《走近科学》加以肯定，并呼吁在播出时间等方面给科教节目以更多的倾斜，把科学技术普及教育工作越办越好。

8月 美国驻华大使尚慕杰致函中央电视台副台长李东生说：中央电视台的出色工作为克林顿总统对中国的国事访问获得成功提供了保障。中国中央电视台在与美国电视网的合作中所持的开放和合作态度，使中美人民能够更加清楚地认识变化和繁荣的新中国。在人民大会堂和北京大学进行的现场直播将会作为中美关系史上的重要事件被人们铭记。尚慕杰先生说：正是这种勤勤恳恳、勇于开拓的工作作风使成功的外交活动成为可能。

8月 根据英国《国际电视商务》杂志1998年7、8月合刊的"1998国际电视商务百强排行榜"显示，中央电视台首次进入世界电视商务百强，排名第五十七位。列入1998年世界电视商务百强第一名的是美国时代华纳公司，其年度收入高达123亿美元。

8月 由中央电视台承担的国家哲学社会科学研究"九五"规划重点项目——中国特色社会主义电视理论研究取得丰硕成果，反映这一理论成果的著作《中国电视论纲》正式出版发行。

8月 '98首届国际卡通博览会在北京展览馆隆重举行。来自中、美、法、日、韩等11个国家和香港地区的60家厂商和公司参加了博览会的各项活动。中央电视台以中央电视台和中国电视国际总公司名义参展，成为150个参展单位中展台面积最大、最受参观者欢迎的一个展位。

九　月

9月1日 中国中央电视台建台40周年招待会在北京香格里拉饭店举行。

9月2日 中央电视台主办纪念中国电视事业暨中央电视台诞生40周年专题文艺晚会《我深深地爱着你》。

9月3～6日 江泽民总书记赴湖南、江西、黑龙江等地考察抗洪救灾工作。中央电视台共在《新闻联播》中播出有关新闻50分钟，做到及时、充分、准确，受到江泽民总书记和温家宝、曾庆红等领导同志的肯定。9月4日，江泽民总书记在江西永修县、九江市考察。为确保新闻节目质量，前方记者紧张编辑，分三次传送，在后方编辑的配合下，终于在《新闻联播》播出了总长26分钟头条新闻。当晚，江泽民总书记收看新闻后说："很充分、很详细。"

9月7日 台长杨伟光在台工作例会上传达了李岚清副总理对电视宣传报道工作的指示精神。李岚清说，此次抗洪斗争的电视宣传是中央领导同志了解抗洪斗争情况的主要信息渠道之一。电视记者不怕艰险，深入抗洪斗争第一线，表现很好，立了大功。目前长江水位下降，但危险仍未过去，仍不可放松，同时要加强对防疫知识和重建家园工作的宣传，尤其要增加防疫防病的内容，要反复宣传。他说，中央电视台的报道十分真实，对各有关部门做好工作有很大帮助。表扬先进典型，对一些不良现象批评曝光，引起全社会的重视，广播电视系统可以起到很强的教育作用。对于记者采访工作，李岚清说，总的来讲，记者采访的水平均有所提高,但采访提问的水平差距较大。有些记者采访时的语气是审问式、考试式的,语气把握欠佳,缺乏对被采访者的交流,应向有经验的同志多学习。李岚清还对日前播出的电视剧《人间正道》(由中国电视剧制作中心拍摄)和《无暇人生》(中国国际电视总公司、上海总工会联合拍摄)提出表扬。

9月8日 温家宝副总理给副台长李东生打来电话,内容如下:中午,《新闻30分》播出一条小新闻,反映湖北洪湖子堤拆除以后,农民将装泥土的塑料编织带洗净后回收,这个报道很好,可以给国家节约,也可以防止白色污染。

9月10日 李岚清副总理就灾区饮水问题召开座谈会。李岚清谈到电视时说:电视宣传生动易懂。卫生栏目要延长,相当时间里要不厌其烦地讲卫生防病知识,借此机会,努力提高全民族的文明程度。饮水卫生要搞个节目,不能光让专家念稿,要有实际的场面,要有生动具体的示范。大灾后疾病流行往往是第二年春季,老百姓爱看电视,电视台要反反复复播出卫生常识。

9月10日 国家体育总局对外联络司负责人致电中央电视台体育节目中心,转告国际奥委会主席萨马兰奇先生对中央电视台《世界体育报道》节目给予的称赞。9月7日,萨马兰奇夫妇在京观看大型歌剧《图兰多》,当晚收看了《世界体育报道·海外专递》中播出的《萨马兰奇故乡行》(体育节目中心记者对巴塞罗那萨马兰奇家庭的专访),认为该专题片编得非常好,很有生活气息,他们非常喜欢。

9月10日 中央电视台现场直播了与教育部共同主办的教育系统赈灾义演——《为了灾区的孩子》。

9月10～11日 由中国广播电视学会中央电视台分会主办、上海电视台和中国广播电视学会主持人节目研究委员会协办的"沈力主持艺术研讨会"在京举行。

9月10～16日 体育节目中心体育竞赛部圆满完成了第四十六届军事五项世界锦标赛电视转播任务,现场直播了包括开、闭幕式在内的7场比赛。据了解,这是国际军体理事会成立50年来首次对军事五项比赛进行直播。

9月11日 台机关党委组织召开了抗洪抢险宣传报道事迹报告会。还举行了有特殊意义的新党员宣誓仪式。

9月17日 《焦点访谈》栏目播出《收粮不能入私仓》节目,反映河北省私粮贩子猖獗,一些国有粮库拒收农民余粮,或压级压价,与粮贩子勾结,严重扰乱了粮食购销秩序的情况。节目播出后引起了朱镕基总理等领导同志的关注。9月19日,国家发展计划委员会主任曾培炎向《焦点访谈》记者转达了朱镕基对《收粮不能入私仓》节目的观感。在9月18日举行的国务院办公会上,朱镕基谈道:昨晚播出的《焦点访谈》节目很好,作为记者能够调查那么深入很不容易。他说自己下去有很多现象就看不到,记者都拍下来了。另外,他还向在座的各部委负责同志强调:从节目中能看出来,记者采访会遇到很多危险,各部门要重视记者的安全。

9月19日 台编委会讨论通过了《中央电视台国际互联网(Internet)上网节目管理规定》。《规定》指出,中央电视台国际互联网上网节目管理工作归口总编室统一领导。总编室宣传规划处和技术管理办公室信息通信处是国际互联网上网节目管理的具体负责和实施部门。www.cctv.com是中央电视台惟一合法域名,节目部门在开设网上栏目时,网址均应在www.cctv.com之下。中央电视台节目原则上不在台外网站上网。

9月20～22日 中国国际电视总公司召开'98经营工作会议。台长杨伟光指出,中国国际电视总公司今后应该发展和建设成为与21世纪中国强国地位相称的大的电视媒体产业集团,应该是中国最大的、在世界上也比较有名的跨国电视产业集团。

9月23日 李岚清副总理在上海接见电视剧《无暇人生》主创人员时谈道:"这部戏编得好!我是在偶然情况下看见的,一看就吸引了我。我没法天天等着看,就给广电总局打了电话,让他们把片子送过来,利用星期天连续把它看完。这部电视剧编得好,《无暇人生》——我看这部片子是'无瑕编剧'。"这部由中国国际电视总公司参与合拍并买断、发行的反映医疗改革题材的22集电视剧在全国播出后,取得了良好的社会效益和经济效益。

9月23日 原中央军委副主席刘华清同志来到中央电视台,广电总局副局长李树文、中央电视台台长杨伟光、副台长刘宝顺向刘华清汇报了中央电视台的基本情况。刘华清称赞:抗洪报道搞得很好,那么多军人在抗洪前线,事迹感人,对抗洪前线的一些老将军的报道也很好。

9月23日 台总编室召开1997年全国电视观众抽样调查情况通报会。自1987年以来,中央电视台每隔5年举行一次的全国电视观众抽样调查。调查显示,截至1997年6月底,全国电视观众总数为10.94亿人农村观众占总数的75.9%。

9月28日 中央电视台成功直播了在人民大会堂召开的"全国抗洪抢险总结表彰大会"。

9月29日 丁关根同志给台领导打电话说:江泽民总书记昨天晚上从头到尾看了《抗洪精神颂》文艺晚会后说,晚会很好,非常感人。特别是反映高建成事迹的小品《血肉长堤》和请他的母亲、三哥到现场，很感人。江总书记对文艺工作者深入抗洪第一线，创作反映抗洪精神的新作品给予肯定。丁关根也对演出成功表示热烈祝贺。他说，整台晚会情真意切，非常感人，歌颂了抗洪英雄，歌颂了抗洪精神，歌颂了我们的党、我们的人民、我们的军队、我们的祖国。

9月 台分党组制定并下发了《关于深入学习理论知识转变工作作风加强廉政建设的若干规定》。台分党组纪检组下发了《关于向处级以上领导干部发函请其就反映本人的问题作出说明的暂行规定》。

9月 梅地亚中心被评为1997年度全国外商投资先进饭店。此次评选活动由北京外商投资企业协会和北京市工商局联合举办，共17家饭店获此殊荣，梅地亚中心已连续三次获此奖项。

十 月

10月3日 朱镕基、丁关根、万国全等领导出席了中央电视台在第一套节目直播的《'98京剧电视演唱会》。朱镕基认为参加这样的晚会是一次艺术享受。晚会很精彩。

10月6日 中宣部召开"中央新闻单位抗洪抢险宣传报道工作总结表彰大会"，中央电视台有9个单位、23名先进个人受到表彰。新闻节目中心主任孙玉胜代表中央电视台向大会汇报了中央电视台抗洪抢险电视报道工作情况。

10月7日 中共中央政治局常委、国务院总理朱镕基到中央电视台视察，并与《焦点访谈》栏目组工作人员座谈。他为《焦点访谈》栏目赠言："舆论监督，群众喉舌，政府镜鉴，改革尖兵。"朱总理说，《焦点访谈》现在越来越受欢迎，中央领导同志和广大群众很支持你们。《焦点访谈》充分发挥了舆论监督的作用，为国家确定改革措施提供了思路；《焦点访谈》作为群众喉舌，通过节目反映了老百姓的呼声，在人民群众中有着极高的权威性；作为政府镜鉴，国家领导人从《焦点访谈》节目中体察到很多细致具体的情况，也真实地了解到党和国家各项政策的贯彻执行情况；《焦点访谈》推动和促进了党的方针政策的执行，充分发挥了改革尖兵的作用。

10月9日 广电总局在京西宾馆礼堂召开中国电视事业暨中央电视台诞生40周年纪念大会。国务院副总理李岚清，中宣部部长丁关根，全国人大常委会副委员长邹家华，全国政协副主席张思卿，中央外宣办公室主任赵启正，国家广播电影电视总局局长田聪明，国务院副秘书长刘奇葆，中宣部副部长徐光春，新闻出版署副署长桂晓风，吴冷西、梅益等原广播电影电视部（广播事业局）老领导和赵化勇等台领导出席了纪念大会。国务院副总理李岚清在会上讲话。广电总局党组书记、局长田聪明也在纪念大会上讲话。台长杨伟光在纪念大会上作了题为《深化宣传改革，坚持正确导向，为把中央电视台建设成为世界大台而奋斗》的讲话。

10月10日 中央电视台对'98北京秋季国际马拉松赛作全程实况转播。此次是中央电视台第十八次进行马拉松赛电视转播。

10月11日 《经济半小时》栏目推出首期宣传环境保护的栏目《环境周刊》。这是中央电视台目前惟一的综合性环保专栏。邹家华副委员长表示祝贺。他说："我衷心祝贺中央电视台《环境周刊》的开播。当我听说中央电视台即将开播这个节目的消息时，心情特别激动。"邹家华鼓励大家利用这个窗口积极宣传党和国家的环保政策与方针，交流信息和经验，要发现和表扬好的典型，对那些不顾全局利益、不顾长远利益、破坏生态环境造成严重污染的事要坚决曝光。

10月12日 台分党组下发了《关于认真学习江泽民总书记等中央领导同志讲话精神的决定》。

10月13日 中央电视台召开抗洪抢险总结表彰大会。广电总局副局长李树文代表总局党组和总局机关全体同志向中央电视台全体同志和在抗洪抢险报道中涌现的先进集体和先进个人致以亲切问候和热烈祝贺。台长杨伟光在会上作了题为《发扬抗洪精神，推动电视工作上新台阶》的讲话。

10月13～21日 中央电视台举行"情系灾区——'98健康之路九江行"送医送药慰问活动。代表团一行32人，行程2000多公里，受到热烈欢迎。

10月16日 李岚清副总理到中央电视台视察电脑动画软件开发及国产动画节目制作工作。李岚清说：看到中央电视台和北大方正在动画软件合作方面已经取得的重大成果，我非常高兴。这一合作成果，对于促进高等学校将知识和人才与经济建设和社会发展主战场紧密结合，摆脱传统的象牙塔似的教育具有重要意义。中央电视台是国家电视台，必须要用先进的技术来武装，从这个意义上来讲，我非常主张中央电视台以及整个广播电视领域与教学科研机构开展更广泛、更深入的合作。他指出：动画节目的教育功能是直观的、形象的，对儿童少年观众的教育作用非常重要，要把动画这种节目形式与进行科学知识教育、培养孩子健康成长、开发孩子们的智力、培养他们的审美能力和创造力等结合起来，提供给小观众。动画节目市场很大，科研机构要进一步与中央电视台合作，通过提高动画前期制作效率等手段，降低动画制作成本。还要创作出好的动画剧本，满足国内外观众对国产动画节目的需要。李岚清还就更好地通过电视媒体普及基础知识教育、宣讲农业科技知识、加强舆论引导和监督、弘扬传统民族文化、实施电视精品战略等问题作出指示。

10月16日 广电总局科技司和航天工业总公司科技局共同主持召开了中央电视台计算机信息网络和管理系统工程办公自动化分系统和网络系统验收鉴定会。该系统在同类办公自动化管理信息系统中,属于国内领先水平;在企业网络组网技术方面,达到国内领先地位,并具有国际先进水平。

10月19日 中国电视剧制作中心成立15周年纪念大会在中央电视台隆重举行。

10月19日～12月10日 雅鲁藏布大峡谷科学探险考察队从北京启程奔赴西藏,社会新闻部派出记者7人,作为科考队成员报道此次科学探险考察。这是中央电视台记者进入情况最复杂、条件最艰苦、危险性最大的区域进行的一次长时间科考报道活动。

10月21日 广电总局召开抗洪救灾报道总结表彰大会。中央电视台的10个先进单位,伍辉等32名先进个人受到总局表彰。

10月21日 台人事办公室召开广电总局分流干部欢迎会,台长杨伟光、副台长刘宝顺和新闻节目中心等15个相关部门的领导参加了会议。中央电视台本部接收总局分流干部共四批35人,台属企事业单位接收12人,共计47人。

10月28日 国家税务总局、北京市税务局和海淀区税务局在中央电视台召开了个人所得税座谈会,旨在进一步增强执法部门与纳税人之间的沟通和交流,提高服务职能和纳税意识。

10月31日 经过三个月的紧张筹备,少儿栏目《大风车》周末版《风车转转转》节目试验直播成功,这是少儿栏目第一次以直播的形式出现。

十一月

11月3日 技术管理办公室组织召开了关于计算机2000年问题的专题研讨会。

11月5日 《焦点访谈》以《吹牛"上"了税》为题,披露了安徽省蒙城县地税局以假名虚收手段征税骗取政绩的做法。11月6日,李岚清副总理就此事致信安徽省委书记回良玉,信中说:"11月5日《焦点访谈》揭露安徽蒙城县地税局用荒谬之极的'跑片子'的假征税办法来假报政绩,骗取奖励。这是一种愚蠢可笑的财税腐败行为。问题竟然可以存在和容忍,置若罔闻,说明加强税收征管、堵塞漏洞,惩治腐败的迫切性。希望不要就事论事,抓住这类事深追严究,同时拿出标本兼治之良策。"

11月6日 中央电视台成功实现了14时、16时、18时、21时滚动新闻的改版播出。

11月8日 中央电视台1999年黄金段位广告招标大会顺利结束,全年四个季度中标总额共计26.8亿元。

11月12日 全国人大副委员长、中国科协主席周光召到中央电视台视察了科教部《走近科学》栏目。周光召强调了科学普及工作对提高全民族素质、实现国民经济发展的重要性。他指出,引导中国社会真正走可持续发展的道路,主要靠政府的政策,但舆论导向也很重要。在所有的科学普及途径中,电视是覆盖面最广、最容易被人们所接受、而且能经常进行的有力方式,电视这一大众传播媒介应该在科学普及工作中发挥非常重要的、关键的作用。周光召还就中央电视台加强科技宣传提出了要求与建议。他说,电视科技节目在内容上,要多介绍最前沿的知识、科技发展趋势以及实用技术。

11月15日 中央电视台第一、四套节目并机,成功直播了'98中国航空航天博览会开幕式。这是中央电视台首次对飞行表演进行现场直播。

11月15～30日 中央电视台圆满完成了江泽民主席出席亚太经合组织第六次领导人非正式会议、中俄国家元首第一次非正式会晤和江泽民主席对日本进行国事访问等一系列外事活动的报道任务,得到中办及外交部领导同志的肯定和表扬。报道组在《新闻联播》栏目中播发新闻近90条,累计约130分钟;在其他各档新闻节目中首播或重播新闻近800条,累计约1000分钟;播出《焦点访谈》节目两期,报道组还拍摄、汇编了大约30个小时的新闻素材。

11月15日～12月10日 在海湾局势紧张之际,新闻中心组成11人报道组奔赴伊拉克首都巴格达进行采访。新闻节目中心这次赴伊采访,是继1998年2月派报道组赴伊拉克报道武器核查危机及7月底派报道组赴柬报道柬埔寨大选后,又一次派出报道组对重大国际事件进行远程跟踪式实况报道。

11月16日 由中组部、中宣部联合组成的考查组来中央电视台考查台领导班子工作状况,并推举台领导后备人选。

11月19日 中央政法委召开《今日说法》节目试播座谈会,公安部、司法部、安全部、高检、高法五部委主管宣传工作的司局长出席会议。

11月20～21日 中宣部、广电总局、中央文献研究室、中央党史研究室、国家计委等17个部门的二十多位领导和专家,审看了中央电视台重点节目、大型系列片《改革开放二十年》。《改革开放二十年》是由中宣部报中央批准的纪念十一届三中全会召开二十周年的重要项目之一,被列为中央电视台1998年节目的"重中之重”,由中央电视台社教节目中心纪录片部承制。

11月21日 中华全国总工会在京召开全国各省、自治区、直辖市以及部分重点城市工会宣教部长会议,专门讨论如何全力以赴配合中央电视台办好《当代工人》栏目。

11月22日 中央政法委书记、国务委员罗干在中央电视台呈送的关于《今日说法》栏目播出安排的报告上批示:由于中央电视台的重视和社教中心同志们的努力,《今日说法》和广大电视观众见面了。我看了试播样带,今天中午也看了电视台播放的《今日说法》,这个节目播出后一定会对加强法制教育、法制宣传产生重要作用。在此向中央电视台,向节目中心的同志们致以谢意。

11月23日 截至今日,中国电视报社组织的北京地区观众收视调查结果揭晓。调查结果显示,在北京地区,中央电视台八套节目,除第四套节目可收视比率为51%外,其余七套节目均超过90%。第一套和第二套为99%。

11月29日 李岚清副总理在中央电视台报送的《关于落实灾后防疫防病宣传工作的汇报》上批示:“科教兴国”是一个更高层次的命题,不能因灾后防疫防病宣传而停止。前一段灾后防病力度很大,取得很好效果,现已入冬,可逐步转入正常。明年开春再集中宣传一段(最好不占科教兴国的宣传)。我记得当时提出是在一般健康保健知识的时间。该报告向李岚清同志汇报了近期《健康之路》栏目科学防疫宣传和《科技博览》栏目的有关情况。

11月 江泽民总书记为大型系列片《澳门岁月》题写了片名。《澳门岁月》由社教节目中心纪录片部为迎接澳门回归而摄制,将在澳门回归倒计时一周年之际开始播出。

十二月

12月2日 在驻广电总局监察局局长赵声鸿的率领下,驻总局纪检组监察局、总局机关纪委联合检查组到中央电视台检查禁止有偿新闻和台纪检监察工作的进展情况。

12月5日 李岚清副总理在中央电视台前方报道团负责人李东生、邵昌有等陪同下,来到'98曼谷亚运会国际广播中心(IBC)中央电视台亚运报道中心视察。李岚清强调亚运转播报道责任重大,全国人民非常关注,希望所有报道团成员一定要认真努力,圆满完成任务。他说,亚运会尚未开幕,已在国内看到中央电视台的报道,节目质量很好。

12月7日 中国亚运代表团团长袁伟民专程前往亚运国际广播中心(IBC)CCTV报道中心,看望参加亚运报道的中央电视台编播技术人员,并对同志们的辛勤工作表示感谢。在李东生等前方报道团负责人陪同下,袁伟民参观了CCTV前方报道的演播区和制作机房,对中央电视台快速准确地报道本届亚运会赛事给予高度评价。

12月14日 据原中共深圳市委副书记、新华社驻香港分社副社长秦文俊通报的情况,江泽民总书记十分关注中央电视台正在播出的大型系列片《改革开放二十年》。12月10日晚,江总书记看完第四集《开放之路》后,通过中办在福建找到秦文俊同志。总书记对秦文俊说:看了中央电视台播出的电视系列片《改革开放二十年》,节目很好。并认为秦文俊在《开放之路》一集的采访中对当年出国考察的回忆很生动,片中的许多资料也珍贵,应认真收集和保存。

12月14日 温家宝副总理在中央电视台报送的《关于〈科技兴农〉系列节目播出时间的报告》上批示:谢谢电视台的同志们。该报告向温家宝副总理汇报了系列节目《科技兴农》拍摄制作情况和播出安排。

12月15日 江泽民主席审看了新影拍摄的“江泽民主席访问日本”影片资料汇编。放映结束后,江主席连连说:“很好!”

12月17日 北京时间凌晨,美国突然对伊拉克发动空袭。由新闻节目中心和播送中心4人组成的报道组于当日13时出发。此次赴伊采访,是继1998年2月、11月报道组两赴伊拉克报道武器核查危机、7月底赴柬报道柬埔寨大选之后,中央电视台又一次派出报道组对重大国际事件进行远程跟踪式实况报道。

12月18日 党中央在人民大会堂隆重举行“党的十一届三中全会20周年纪念大会”。从9时55分起,中央电视台第一、四套节目和英语传送频道并机向海内外现场直播了大会实况,各省市电视台对中央电视台播出的节目信号进行转播,全国各地各级党委、政府组织干部群众收看了这次直播。

12月18日 广电总局立项、中央电视台负责实施的数字电视新技术科研项目——北京地区数字电视地面广播试验台的工作取得阶段性成果,顺利开通了一个采用DVB—T标准的数字电视地面广播开路系统。这个系统的顺利建成为数字电视在我国的发展奠定了基础。

12月22日 中宣部、文化部、广电总局、总政治部和北京市委在人民大会堂联合举办了纪念党的十一届三中全会20周年大型音乐会《春潮颂》。党和国家领导人江泽民、李鹏、朱镕基、李瑞环、胡锦涛、尉健行、李岚清出席观看。中央电视台参与音乐会的总策划、监制和总导演,并现场直播了音乐会实况。演出结束后,江总书记等中央领导同志上台接见演员,并发表了热情洋溢的讲话,称赞音乐会的形式好、设想好,很有气氛和气势,振奋人心。在接见中央电视台导演时,江总书记连声说很好,并说老歌新唱,每首歌都引起了我的许多联想,连接很紧凑,我还没有看够。他还关心地询问电视效果是否比现场会更好。其他中央领导同志也对音乐会予以赞扬和肯定。

12月24日 中央电视台召开一年一度的观众座谈会,邀请首都观众代表评价中央电视台一年来的工作。

12月28日 1999年春节晚会办公室正式成立,并召开第一次全体会议。

12月 海外节目中心经过两年的精心制作播出了6集系列片《沙漠中的恩格贝》,深深感动了广大观众,也受到有关领导的重视。邹家华副委员长看了节目后给江总书记写了一封信。信中说:我收到林樾同志送来的有关内蒙恩格贝开发沙漠、治理沙漠的文章和录像带,看了以后很受感动和启示。我国荒漠化的问题十分严重,全国荒漠化的土地面积达到260万平方公里,每年沙进人退还以2460平方公里的速度扩大,直接威胁着我们的生存空间。因此解决荒漠化、治理荒漠是我们发展战略中的重大问题之一。恩格贝的活动符合我国的发展战略和要求,他们的精神和经验使人民看到了希望,同时也需要更多方面的支持。

12月 李鹏委员长称赞说,电视连续剧《雍正王朝》是古典精片。12月29日,国务院副秘书长刘奇葆也给中央电视台领导打电话,他说:国务院副总理吴邦国、国务委员罗干说,电视连续剧《雍正王朝》拍得不错。

12月 中央电视台《电视研究》编辑部举办的第一届全国优秀电视论文征集与评比活动最近揭晓。

12月 技术制作中心录制部的虚拟演播室系统正式开通使用。

12月 中央电视台主办的第四届全国戏剧小品电视大赛圆满结束。这次比赛共收到263个业余小品,近200个专业小品。

15. 人 物

一、中国共产党第十五届全国代表大会代表名录(中央电视台部分)

孙玉胜

二、第九届全国人民代表大会代表名录(中央电视台部分)

宋世雄 敬一丹

三、中国人民政治协商会议第九届全国委员会常务委员、委员名录(中央电视台部分)

常务委员:杨伟光 潘 霞
委 员:刘效礼 陈 铎 李瑞英
赵 安 赵忠祥

四、享受政府特殊津贴人员名录(1998 年评定)

中央电视台:
马国力 王 录 陈玉生

中国电视剧制作中心:
张德生

中央新闻纪录电影制片厂:
陈华生

北京科学教育电影制片厂:
孙兴远

五、正高级专业职务人员名录(1998 年评聘)

中央电视台:

高级编辑:
张晓海 关润琳 尹希元 王家媛
高丽萍 迟连方 程 宏 冯存礼
陈 铎 周 经 胡晓炜 汪文华
高 峰 王 青

高级记者:
王有才 崔雁敏 高 军 王进友
袁正明

译 审:

盛亦来

播音指导:

李瑞英

高级工程师(教授级):

何宗就　李　勇

一级录音师:

李小沛

中国电视剧制作中心:

一级演员:

蒋耀邠

一级音乐编辑:

白智运

一级美术师:

姚　文

中国国际电视总公司:

高级编辑:

陈若愚

六、副高级专业职务人员名录(1998年评聘)

中央电视台:

主任编辑:

刘建鸣　和晓鸥　邱桂萍　王建生
沈　忱　张翔升　庄元元　陈　征
关海鹰　王坚平　常　江　梁玉珍
曾　婷　刘舜发　宋冬萌　吴玉仑
李　欣　梁秀玲　程　步　刘民朝
胡　森　王宪生　秦明新　韩　扬
阎德威　江则里　李长荣　张　政
李　浩　张　薇　孙　静　梁晓涛
刘　军　赵爱宁　白岩松　王　晶
王利芬　刘　真　苑文刚　韩　青
江和平　赵树清　时　间

主任记者:

张传昌　伊慧民　王桂华　徐阿春
何延京　王　进　程志明　李　央
梁建增　陈建军

主任播音员:

李修平　徐　俐

副译审:

沈连科　路　彪　薛进荣　叶启森
杨福庆

二级导演:

侯丽红

高级工程师:

王曙光　钟　列　栗小斌　王　勤
范　玲　崔建伟　史冠祥　袁　辉
王世荣　顾　军　许剑文　杨少波
张晓梅　韩东光　王轲平　赵　宇
陈　明　刘韵音　王东向　赵成璧
司海清　陈克新　蔡启华

高级会计师:

苏文秀　周爱华　宿兰妮

高级制片经济师:

翟建彬

副研究馆员:

王亚平

中国电视剧制作中心:

二级导演:

秦竞虹

高级工程师:

李　琪

高级制片经济师:

张纪中　李佩铎

中央新闻纪录电影制片厂:

副编审:

郭蓝冰

主任记者:

吴小娟　傅　伟　郭本敏　傅红星
郭岭梅　肖宏道　郑福权

副译审:

朱抗美

高级政工师:

姚秀芳

二级特技摄影师:

刘书元

二级录音师:

瞿卫军

二级剪辑师:

李　青　张慧敏

主任技师:

张家桐

副主任医师:

李革焕 阎国安

北京科学教育电影制片厂：

二级导演：

薛继军

高级政工师：

安伟民

七、人 物 志

（以姓氏笔划为序）

马 燕（1952.4— ）河北省高阳县人。经济师。北京科学教育电影制片厂生产处处长。1969年参加工作，在北京507厂任工人、生产调度。1979年调入科影厂，历任洗印车间调度、老干部科干事、生产处制片、前期调度、副处长。曾在科教片《电脑》、《欧洲古建筑》、《增长的代价——人口与经济》等片中任制片；在短故事片《红枫谷》、《葵花向太阳》、《小两口送礼》及《三株口服液》等多部专题片中任制片人。1998年2月任现职。

车 临（1955.1— ）北京市人。中共党员。中央电视台财产物资处处长。1983年毕业于清华分校电子技术专业，获工学学士学位。1983年3月分配到中央电视技术部工作；1994年聘为高级工程师。历任录制部采编科副科长、科长，财产物资处副处长等职务。多年来从事电视节目制作、技术设备维护和管理等工作。1996年调财产物资处后，从事技术设备、固定资产的购置、管理工作。1998年5月任现职。

王刚健（1955.3— ）女。辽宁省大连市人。中共党员。中央电视台财经办财务处处长。1969年初中未毕业就参加了工作，在农村插队劳动，曾任生产队妇女队长、大队通讯报道员、会计等职。1978年，考入辽宁财经学院财政金融系，4年后获经济学学士学位。1993年，参加全国注册会计师统一考试，获得中国注册会计师执业资格。1995年，考上北京广播学院新闻学研究生班，主修广播电视管理，1998年底毕业。毕业后，先后任中国包装总公司财务主管，中央电视台计财处业务秘书、管理科科长，中日合资企业梅地亚中心财务部经理，中央电视台财务处副处长、处长等职。曾直接参与并制定中央电视台各项财务收支管理制度及管理办法，参加了中央电视台连续三轮对国家实行事业费包干方案的拟订和实施工作。1998年5月任现职。

王进友（1951.1— ）河北省唐山市人。中共党员。高级记者。社教节目中心副主任。1975年8月大学毕业。历任经济部副组长、组长、副主任、主任、广告经济信息中心副主任、党总支书记。1997年9月至1998年11月干部交流到中国国际广播电台任新闻中心副主任兼党总支专职副书记。1992年当选全国电视经济节目研究委员会副理事长兼秘书长，1997年当选全国电视经济节目研究委员会副会长。多次组织领导、策划或直接参与大型电视宣传报道活动，其中包括：每年一届的《“3·15”国际消费者权益日专题晚会》；1992年、1993年两届“中国质量万里行”；连续两届《架金桥·觅知音》；连续两年的《中国经济效益纵深行》等。同时，组织策划了《试点追踪》、《扭亏人物录》、《收获——中国农村小康纪实》、《生死攸关话名牌》、《世纪的呼唤》等大型系列专题节目。主持编撰了《凝眸视点》、《扭亏谋略》等近十部业务专著。在国际台新闻中心工作期间曾被评为台优秀党务工作者、抗洪救灾先进个人。1998年被评聘为高级记者。

王 青（1946.4— ）北京市人。高级编辑。1967年毕业于北京广播学院新闻系播音专业，1968年分配到中央电视台任播音员。1972年调到台总编室，从事节目的整体编排设计、节目规划、大型宣传业务的出台及播出工作。1979年参与主创《为您服务》栏目，该栏目他参与主创的特别节目曾多次获全国优秀电视节目奖。在中央电视台30多年的工作实践中，参与制作并协调了许多大型节目。任30集纪录片《古都深巷》总制片、总导演。任30集纪录片《中国家庭》总编导、总导演。分别获1997年度中国广播电视新闻奖和社教节目特别奖。1998年被评聘为高级编辑。

王晓真（1964.3— ）河北省邢台市人。广告经济信息中心信息部主任。1983年至1987年就读于北京广播学院，1996年至1997年于中国人民大学经济学系深造。毕业后进入中央电视台，一直从事经济节目的主持人、记者工作，参与了《综合经济信息》、《经济半小时》栏目的开创和大型电视节目《中国质量万里行》、《中国经济效益纵深行》、《“3·15”专题晚会》的采制。担任主创人员制作的系列专题片《改革与人》、策划组织制作的20集专题节目《收获——中国农村小康纪实》等，荣获全国评比一等奖；担任主持及策划的《茶余饭后》、《经济专家论坛》专栏也得到业内外的关注。近年来策划、组织、制作的大型专题晚会：《丰收之歌——'97首届农民晚会》、《世纪的力量——'97“3·15”晚会》、《“3·15”之夜——'98“3·15”晚会》等受到各界好评。负责组织开创的《商务电视》栏目开播后成为新型经济信息节目的代表。曾荣获广电部“首届青年岗位能手”、中央电视台第二届“十优青年”等称号。现为全国青联委员，北京市青联常委。1993年至1998年任经济部副主任，1998年5月任现职。

王家媛（1938— ）女。回族。辽宁省人。中共党员。高级编辑。1956年参加中国人民解放军总政治部歌舞团，任舞蹈演员，从事舞蹈事业15年。1972年先到中央广播文工团任演员兼教员，后调入中央电视台文艺部任导演。1989年评为主任编辑。1995年3月至1996年3月曾在北京广播学院“电视系高等教育证书班”进修。从事电视文艺编导27年来，主持录制了百余场中外著名文艺团体的歌舞、舞剧、歌剧、交响乐。主办过《外国音乐、舞蹈》栏目和《周末文艺》栏目，并多年从事《旋转舞台》栏目的编导工作。编导的作品如：《艺海扁舟》获“星光奖”一等奖；《百花赞——第五届中国艺术节开幕式》获文化部第二届“文化新闻奖”一等奖；《神州流韵》春节民乐晚会获“全国首届电视节目展播”二等奖。《五月放歌——庆“五一”名家·明星·名曲演唱会》、《永远的王洛宾》、《月圆序曲——庆香港回归大型文艺晚会》、《舞——美的巡礼》等获“星光奖”二等奖。多部作品获“星光奖”三等奖。1998年被评聘为高级编辑。

尹　力（1951.11— ）　山东省济南市人。中共党员。社教节目中心专题部主任。1985年由北京师范大学调入中央电视台教育节目部。1986年参与主创《文苑漫步》栏目，1991年参与主创《文化长廊》栏目，1993年参与主创《夕阳红》栏目。1994年5月任社教中心专题部副主任。这期间参与策划推出《社会经纬》、《万家灯火》、《读书时间》、《健康之路》、《今日说法》等一系列专题栏目。策划的大型活动主要有：《金士明杯》——全国主持人大赛、《香江知多少》——全国香港知识大赛和《澳门纪事》等节目。获中国新闻奖、社教类一等奖的作品有《拼音世界》、《智慧之光》、《法律在身边——“二五”普法知识大赛》、《卡拉OK跟我唱》、《中华茶文化》、《中国民居》等。1998年5月任现职。

尹建世（1955.4— ）山东省栖霞市人。中共党员。经济师。北京科学教育电影制片厂动画部主任。1970年入伍。1976年4月复员后在北京市公安局任刑事侦察员。1979年3月调入科影厂，历任洗印车间印片员、生产调度、保卫科干事、动画车间副主任、主任。并任美术片《麻雀选大王》、《方脸爷爷圆脸奶奶》和系列动画片《三只小狐狸》、《小精灵——灰豆儿》、《小贝流浪记》制片、总制片。1998年2月任现职。

白智运（1942.12— ）北京市人。中国电视剧制作中心一级音乐编辑。1967年参加工作，1976年调入中央电视台任音乐编辑，1983年转入剧中心。现任中国广播电视学会电视音乐研究会副秘书长。1981年在大型专题片《丝绸之路》中任音乐录音总设计，该片获我国纪录片特别奖、日本文部省大赏奖、波兰金屏幕奖。在《格拉丹东儿女》中任作曲；该片获“星光奖”一等奖，音乐单项奖。在《走向西藏》中任作曲，该片获“五个一工程奖”提名奖。在《青海湖之波》中任音编、作曲之一，该片获1994年中宣部“五个一工程奖”入选奖。1997年在《扎龙鹤韵》中任作曲，该片获全国城市电视台电视音乐节目金奖。1998年被评聘为一级音乐编辑。

冯存礼（1953.2— ）山东省滕州市人。中共党员。高级编辑。中央电视台社教节目中心科教部主任。1975年毕业于上海外国语学院英语专业，曾在中央人民广播电台新闻部任编辑、记者。1978年调入中央电视台，先后任编导、科长、副主任、主任。参与主创外语教学节目《跟我学（英语）》、《电大英语》、星期日英语、《学日语》、《标准日本语》、《法语入门》、《祝你顺利（德语）》，以及科技栏目《科技博览》、《走近科学》、《田野》等。1981年到日本NHK、1982年到英国BBC进修电视编导专业。1989年10月至1990年11月到英国曼彻斯特大学欧洲新闻学院研究欧洲广播电视发展史及大众媒介管理。先后三次应邀去日本东京担任日本广播协会主办的日本国际电视教育节目大奖赛评委。组织并参与编写了《新世纪美语》（四册）、《轻松音乐学英语》、《随大山商访加拿大》、《公务员英语》、《贝拉兹实用美语》（二册）等十多册电视英语教程，并有若干论著发表。现在是中国广播电视学会全国科教节目研究会理事长、中国青年科技工作者协会会员、欧美同学会会员。1998年被评聘为高级编辑。

安 俊（1949.1— ）北京市人。中共党员。演职培训处处长。1968年12月毕业于北京市财政贸易学校财政银行专业。于1984年6月调中央电视台工作，曾任食堂科采购、副科长、科长。1990年8月取得人民大学行政管理专业证书。1993年任服务中心副主任。1996年调经营处任副处长。调入中央电视台以来，曾被评为1987年与1989年度优秀党员、1987年广电部卫生工作积极分子、1987年广电部消防先进工作者、1988年广电部消防工作先进个人、1990年中直机关爱国卫生先进工作者、1998年北京市消防工作先进个人。获1989年广电部共建精神文明协调工作成绩突出荣誉证书。1998年5月任现职。

史启新（1938.4— ）河南省焦作市人。中共党员。大专学历。高级工程师。中国国际电视总公司中视演艺中心经理。1956年8月参加工作，1958年进入中央电视台工作。建台40周年，获得了由中央电视台颁发的“为电视事业做出重大贡献的荣誉证书”。1958年参加了黑白电视建台、试播工作。1960年参加了黑白电视中心搬迁与建台工作；1972年参加了尼克松总统和田中首相访华的技术转播工作；1973年以后与台工程师一起参加由黑白电视转制彩色电视建设工作；1985年担任总编室副主任兼总调度。在总编室期间又抓资料的管理。由中央电视台牵头成立了中国广播电视新闻资料委员会，任常务副会长。1997年11月任现职。

关润琳（1941年— ）女。满族。黑龙江省哈尔滨市人。高级编辑。1964年毕业于陕西师范大学中文系，曾任高级中学校长、西北大学副教授等职。1992年调陕西广播电视音像资料馆任主任编辑，从事影视剧译制片的编导工作。1994年到中央电视台影视部任主任编辑，从事电视剧合拍编辑工作；1996年兼任“重大革命历史题材影视创作领导小组”电视办公室主任。曾先后被评为中央电视台先进工作者、先进妇女和优秀编辑。出版的专著有《中国古代法学文选二十讲》、《稗海本·搜神记译注》、《中外名画赏析》等。在《中国电视》等刊物上发表的主要论文有《永恒的主题——复仇意识溯源》、《谈领袖人物艺术形象塑造》、《历史剧的主旋律——谈〈司马迁〉》等。负责改编的儿童电视剧《小猫王》获第三十二届“亚广联”优秀儿童节目奖；任责任编辑的电视剧《盐丁儿》、《叶赫那拉公主》、《司马迁》、《周恩来在上海》等曾获“飞天奖”、“骏马奖”。任责任编辑的电视剧《西藏风云》及《开国领袖毛泽东》等，将作为中央电视台向建国50周年献礼的重点片。1998年被评聘为高级编辑。

刘文华（1946.2— ）女。福建省蒲田市人。中共党员。播出传送中心综合部主任。1968年毕业于北京邮电学院无线电系。在湖北电视台工作期间，1973年参加湖北省彩色电视攻关会战；1975年参加湖北电视台黑白电视中心技术改造工程及彩色电视中心机房筹建和彩色电视试播工作。1980年调入中央电视台。1982年被聘为工程师，1991年被聘为高级工程师。先后任播送部主控科科长、播送部副主任、播送中心综合部主任，长期在播出传送一线从事技术工作。1986年参加新建彩电中心工程的主控系统建设工作。1989年参加第十一届亚运会电视转播报道主控系统的设计和建设工作。多次在国内和国际重大宣传报道、大型体育比赛、文艺晚会等电视转播中负责主控系统的技术方案设计和卫星传送协调工作。1998年5月任现职。

孙长庚（1940.1— ） 河北省沧县人。中共党员。高级工程师（教授级）。1965年毕业于广播学院无线电系，分配到原中央广播事业局572台从事无线电广播发射技术工作。1973年3月调入北京电视台（中央电视台前身）技术部，曾任技术处维修科责任工程师、维修科长。1980年12月被评聘为工程师；1985年7月被评聘为高级工程师。1979年参加中央电视台首批引进的3/4英寸录像机的技术测试验收；1990年主持中央电视台亚运会全部进口电视转播设备的技术指标测试验收和大会期间设备运行维护保障。1995年参加第四次世界妇女大会中央电视台国际广播中心（IBC）工程的设计、安装和运行工作。1995年至1996年，作为工程负责人之一主持广电部下达给中央电视台的扶贫工程——建设河北省涉县有线电视台。1985年出版与他人合作的《盒式录像机的使用与维修》一书。1990年与他人合译了《MII格式模拟分量录像机电路原理》一书。1991年至1994年，先后翻译了供技术培训使用的《MII系列录像机维修手册》等技术资料达30余万字。1998年被评聘为高级工程师（教授级）。

许唐生（1954.1— ）北京市人。中共党员。中央电视台总编室党总支副书记。1969年5月参加工作，1970年11月应征入伍，1971年5月调北京军区后勤部系统工作，先后任新闻干事、宣教文化干事、医院政治教导员、协理员等职。1988 年转业到广播电影电视部工作，先后任党委直属部干事、代理团委书记、部机关党委办公室主任、直属工作部部长、直属机关党委副书记等职。1988 年至 1992 年参加全国律师函授中心大专部学习并获法律专业证书。1996 年 9 月至 1997 年 2 月参加中央党校中直分校干部进修班学习。1998 年 2 月参加领导职务公务员任职培训班学习。曾被评为部机关优秀党务工作者，并多次被评为部级工会工作积极分子、综合治理和消防安全先进个人等。1998 年 8 月调任中央电视台现职。

陈华生（1950.6— ）广东省大埔县人。全国劳动模范，中央新闻纪录电影制片厂编导，主任记者。1980 年起从事电影创作工作。1984 年、1985 年、1986 年、1990 年编辑的《祖国新貌》获得文化部或广电部的优秀影片奖。为纪念西藏和平解放 40 周年而编导创作的纪录影片《我们走过的日子》荣获 1991 年度广电部优秀影片奖和 1992 年国务院新闻办公室与广电部联合颁发的第一届“金桥奖”（优秀影片奖）以及 1992 年度第十二届“金鸡奖”。1992 年编导创作的纪录影片《7% 与 22%》荣获 1993 年度第二届“金桥奖”。1993 年新影厂整建制地划归中央电视台后，担任《纪录片之窗》栏目的责任编辑。其间编导的节目《我的演员朋友》和主管的节目《任吉美的故事》荣获 1995 年第二届中国纪录片学术奖短篇三等奖。1997 年担任《世纪回眸》栏目的栏目组长，该栏目获得 1998 年度中央电视台优秀栏目一等奖。参与《经济半小时》中一些节目的创作，其中主创《收获》、《秋天的故事》、《话说农民负担》等节目获得全国经济类专题节目一等奖。曾多次被厂里和台里评为先进工作者，1996 年被评为广电部系统全国劳动模范。1998 年享受国家特殊津贴。

陈利国（1943.2— ）浙江省靖江市人。中共党员。中央新闻纪录电影制片厂第二编辑室主任，厂创作领导小组成员。1962 年毕业于江苏扬州电力学校，1963 年参加中国人民解放军，1966 年入新影厂，历任摄影助理、编导。1992 年评为主任记者。30 多年来共编辑长短纪录片 40 余部。主要作品有：《海河战歌》、《民族之歌》、《怀念蒋筑英》、《今古秦皇岛》等。其中短纪录片《心声》1981 年获意大利第一届聋哑人国际电影节外国纪录片一等奖；《声乐教授黄友葵》荣获广电部 1988 年优秀影片奖。1976 年至 1977 年任纪录片室副主任、1992 年任第二编辑室副主任。1997 年兼《纪录片之窗》栏目责编，主管节目创作。曾参加《中国电影大辞典》条目撰写工作。1998 年 4 月任现职。

陈若愚（1955.2— ）北京市人。中共党员。高级编辑。央视调查咨询中心总经理。1983 年毕业于中国人民大学二分校，分配到中央电视台总编室主要从事观众研究工作。1992 年评聘为主任编辑。1995 年 3 月奉命组建央视调查咨询中心，5 月出任央视调查咨询中心总经理。于 1986 年、1989 年组织创办《电视与观众》、《电视你我他》栏目，并有 4 个电视节目分获中央电视台优秀电视节目一、二等奖。1986 年，组织中央电视台第一次大范围、大样本全国 28 城市电视观众抽样调查。1987 年、1992 年组织全国 28 家省级电视台参与的第一、二次全国电视观众抽样调查。1986 年 6 月在全国电视台中领先建立了收视率调查系统，并于 1992 年联合 20 家地方电视台建立了全国电视观众调查网，至 1994 年底发展成为与 51 家电视台合作的全国电视观众调查网。该网被国际界称为世界最大的电视观众调查网。3 篇研究论文获部级评比一等奖。1995 年 10 月，获中共中央办公厅、国务院办公厅授予的“信访工作系统优秀工作者”称号。1998 年被评聘为高级编辑。

陈　铎（1939.4— ）江苏省淮安市人。民进中央委员。高级编辑。1959 年 9 月 1 日始，先后在中央广播电视剧团、中国电视剧制作中心、中央电视台任演员、摄影、编辑、导演、记者、电视节目主持人等。主持过《话说长江》、《话说运河》、《蜀道》、《万里海疆》、《伏尔加日记》、《梵净山》、《话说珠海》、《南海热土》等大型电视节目。1990 年获广电部颁发的“荣誉证书”；1991 年获全国广电节目主持人“开拓杯”特别金奖；1994 年获参政议政先进个人称号；1988 年获意大利国际电影节卡瑞被罗奖（撰稿与解说），1997 年意大利贝省文联主席团授予终身荣誉会员；获美国世界和平文化协会、总统新闻办公室等授予的世界和平文化使者证书。现任全国政协委员；全国政协科教文卫体委员会委员；中国民主促进会中央委员、民主促进会中央联络委员会主任、中国广播电视学会理事、电视剧学研究会理事、主持人节目研究委员会副会长、北京史地民俗学会及北京什刹海研究会理事、南开大学和广州师范学院兼职教授、中国摄影家协会会员、中国老摄影家协会和中国华侨摄影学会理事、中国民俗摄影协会副会长。1998 年被评聘为高级编辑。

迟连方（1949.10— ）黑龙江省讷河市人。中共党员。高级编辑。1975 年 9 月毕业于南开大学哲学系，分配到中央电视台社教部任编辑。1984年12月至1991年12月任青少部副主任，其间曾任青少部党支部书记。1992年7月至今先后任对台部、第四套节目部综合组组长，海外编辑部地方组组长，海外专题部《中国风》栏目组组长等职务。1993年评聘为主任编辑。1982年评为广电部先进工作者，1983年评为全国儿童少年先进工作者。由本人撰稿、编导、摄像的节目《小小设计师》于1984年在慕尼黑第十一届国际青少年电视节上获得优秀青少年电视节目一等奖。在全国电视节目评比中，其创作的《天地之间》、《玩大赛》等5个节目获一等奖。参加主创的《中国风》栏目曾5次获中央电视台优秀栏目二等奖和全国优秀栏目奖。1998年被评聘为高级编辑。

陆金龙（1953.1— ）上海市人。中共党员。副译审。海外节目中心联络部主任。1975年云南大学外语系毕业后，入中央电视台从事对外节目翻译、编辑和采访工作。1988年后历任副组长、组长。1991年任对外新闻部副主任。1992年任对外节目部副主任。1993年任海外中心外语部副主任。其间，1981年8月至1983年7月，在几内亚共和国工作，任技术培训翻译；1985年至1986年在安徽蚌埠参加支教工作；1988年7月至12月在法国电视台三台进修。1994年9月至1995年2月在中央党校广电培训部进修；1996年11月至1997年11月在法国巴黎第二大学新闻学院留学。1990年被评为广播电影电视部优秀党员。1998年6月任现职。

李小沛（1956.4— ）江苏省沛县人。中共党员。一级录音师。1975年进入中央电视台，从事录音工作。1986年毕业于北京电影学院录音系录音专业。现任音频部音乐录音科科长。曾担任许多大型电视片的录音师，并为近百部大型电视节目录制音乐，如《丝绸之路》、《蜀道》、《黄河》、《话说长江》、《解放》、《大三峡》、《改革开放20年》、《澳门岁月》等。担任多台电视直播晚会的总录音师，并为许多CD唱片录制音乐。主持改建两个音乐录音棚的电声与建声系统，使其成为国内先进的数字录音棚。其录音作品曾获"星光奖"录音单项奖、中国音乐电视录音单项奖及影视声音学会特别奖等。1997年荣获百佳"德艺双馨"艺术家称号。1998年被评聘为一级录音师。

李建成（1955.4— ）河北省崇礼县人。中共党员。技术管理办公室科技处处长。1978年北京广播学院无线电系电视发送专业毕业，分配到北京电视台（中央电视台前身）技术部电教科工作。1984年聘为助理工程师；1988年4月聘为工程师；1992年聘为高级工程师。1978年到1984年主要从事演播室节目录制的技术保障工作。1985年被派到彩电中心工艺设计处从事新台圆楼电视制作系统的工艺设计工作，主要承担台节目磁带管理流程系统和圆楼三层后期节目制作机房的PD控制室以及其他后期视音频制作系统设计任务。1986年赴日参加彩电工程联合设计任务。1990年承接了日本无偿援助我国的日本教学电视工程，1992年被派往无锡影视基地进行唐城600平米演播厅的电视工艺设计、施工和设备安装工作。先后任副科长、科长、主任助理兼调度室主任、科技处副处长等职。编印出版了《节目制作量统计》、《节目制作有偿服务的初步实施方案》、《技术设备统计》、《技术年报》等。1998年5月任现职。

李　勇（1953.1— ）女。北京市人。高级工程师（教授级）。技术制作中心录制部副主任。1983年毕业于北京邮电学院分院，工程学士。分配到中央电视台技术部工作。1987年在彩电中心参加了引进西德中心机房的安装、调试、验收工作，并担任验收小组的翻译；1991年参与规划QUICKCEL二维计算机动画机房的建设，并对系统进行了扩容联网；1993年主持设计了三维计算机动画系统；1995年主持完成了QUICKSEL二维动画机房科影搬迁工程；1996年主持设计车博高档二维计算机动画系统，建成了二维卡通计算机动画生产流水线；1997年策划组建了影视制作机房。在专业杂志上发表多篇关于二维、三维动画的专业论文，写了多篇工程可行性分析论文及竣工报告，并编写了《现代广播技术全书》有关动画特技部分的章节，在计算机图形图像、二维三维动画、特技合成领域做出了贡献。具有较高的英语水平，多次在重要的技术讲座中担任现场口头翻译。先后任录制部录制三科、特技动画科科长、录制部副主任。中国电影电视技术学会会员。1998年被评聘为高级工程师（教授级）。

李瑞英（1961.7— ）女。北京市人。中央电视台播音组组长，《新闻联播》节目主播，播音指导。全国政协委员。1983年毕业于北京广播学院播音系。1983年至1986年在江苏电视台工作，主播新闻。1986年调入中央电视台，1990年任播音组副组长，1998年任播音组组长。社会职务有：全国政协委员、中国广播电视学会播音与主持学会副会长、北京广播学院客座教授。曾主编《播音与主持概论》一书；发表了多篇专业论文；参与编写了《播音简明教程》，参加国家教委"八五"攻关课题，其中撰写的《播音概说》，获教委优秀论文一等奖。1997年获全国播音作品一等奖。1997年被评为第二届全国百佳新闻工作者。1998年被评聘为播音指导。

苏　峰（1949.12—　）河北省丰润县人。中共党员。主任编辑。文艺节目中心副主任兼国际部主任。1968年插队，后在吉林省军区政治部宣传队、第二炮兵政治部文工团工作。1984年调入中央电视台文艺部。上海戏剧学院电视导演进修班、北京广播学院新闻编采专业证书班、中央党校中直分校毕业。1985年任综合文艺组副组长，1989年任组长。1990年创办《综艺大观》栏目，兼导演、制片人，该栏目连续三年获得“星光奖”优秀栏目奖。1994年后，先后任文艺部副主任、影视部副主任。主持创作、监制的文艺栏目、文艺节目多次获得“星光奖”，其中执导的《中华杯电视猜谜大赛》获“星光奖”一等奖。参与创作的电视连续剧《和平年代》获“飞天奖”一等奖。发表的主要论文有《过程与结果——关于国产电视剧的辩证思考》、《管理科学的系统观》等。1998年5月任现职。

汪文华（1955.12—　）女。满族。河北省保定市人。中共党员。高级编辑。早年为话剧演员，在空政文工团期间主演过话剧《枫叶红了的时候》、《一双绣花鞋》等。1987年毕业于空军指挥学院政治系。1990年调入中央电视台，任专职的电视节目主持人。参与创办《曲苑杂坛》，担任编导、主持人。做了不少推新节目，如《相声电视》、系列节目《洛桑学艺》等。1995年起，独立承办《曲苑杂坛》栏目，集编、导、主持、制片人于一身，栏目收视率长期保持在全国文艺栏目的高水平上。从1992年起创办、编导《电视书场》栏目，至今已录制播出2000多集。独立编导的《曲艺杂坛》多次获政府奖全国电视文艺“星光奖”曲艺杂技类一、二、三等奖和“优秀栏目奖”。1996年获“金话筒奖全国电视十佳节目主持人”称号。1997年被评为“全国电视十佳制片人”。1998年被评聘为高级编辑。

汪文斌（1965.3—　）湖北省天门市人。中共党员。主任编辑。广告经济信息中心经济部主任。1985年7月毕业于北京大学经济系，分配到中央电视台工作，创作过《商战》、《'93质量万里行》等获全国电视新闻一等奖的节目，先后担任《经济半小时》小组长、制片人，经济部第一副主任。参与主创《生活》、《商务电视》、《金土地》等9个栏目。1993年被评为台先进工作者，1994年被评为台首届“十优青年”，1995年被评为广电部“十大杰出青年”。1998年5月任现职。

范　玲（1956.10—　）女。湖北省武汉市人。中共党员。工程师。技术制作中心动画技术部主任。1982年1月毕业于武汉大学空间物理系无线电物理专业，获学士学位。1987年8月毕业于华中理工大学自控与计算机系生物医学电子学专业，获硕士学位。1987年9月入广电总局影视信息网络中心（原广电部计算机应用研究中心），从事计算机卡通动画技术科研工作，后又从事卡通动画的计算机制作、制片、经营管理、科研管理等工作。1994年任广电部信息中心动画部主任兼信息部副主任（副处级）。1995年任广电部信息中心副主任（正处级）。1996年调入中央电视台录制部负责筹建二维动画机房。机房先后完成了中低档奔腾计算机动画系统和高档图形工作站动画系统的工程建设，培养了一个基本稳定的、近80人的动画制作队伍，建立了基本有序的管理体系，成为具有实力的计算机卡通动画制作单位。组织设计制作的动画MTV《健康歌》，获1998年全国技术质量评奖短片MTV类第一名、1998年全国MTV大赛金奖和美术设计奖。1998年5月任现职。

罗秀兰（1946.11—　）女。河北省昌黎县人。中共党员。经济师。台人事办公室副主任。1966年8月河北省昌黎师范学校毕业后分配到昌黎县委任干事；1975年至1981年在河北省昌黎县五金公司工作，领导班子成员，政办股副股长。1981年6月调北京唱片厂任干事，1983年底任北京唱片厂专职党总支副书记。1988年10月调中央电视台人事处任干事、人事处副处长、党支部书记，1991年当选为台党委委员。在北京唱片厂工作期间，被评为二轻系统优秀政工干部。在电视台人事处工作期间，多次被评为优秀党务工作者，1998年被评为中直机关优秀党务工作者。1998年3月任现职。

杨刚毅（1954.9—　）福建省漳州市人。中共党员。海外节目中心对台编辑部主任。1983年厦门大学中文系毕业，分配至中央人民广播电台从事编辑工作。1985年调入中央电视台。先后任编辑、对台部副主任、第四套节目部副主任、海外新闻部副主任等职。1994年被评聘为主任编辑。参与创办中央电视台第四套节目以及《中国新闻》、《天涯共此时》等栏目。组织、策划了第一届北京国际京剧票友电视大赛。参与主创的电视作品有：100集连续报道《边疆行》（获1996年度全国电视新闻奖一等奖和第七届中国新闻奖二等奖），100集系列报道《香港问题》、《昆明禁毒纪实》（获1995年度“金盾奖”一等奖），《熊猫故乡行》（获1997年度“彩虹奖”三等奖）、两岸卫星双向访谈节目《′99两岸暨亚洲经济展望》。著有《从CNN世妇会报道看西方媒体的偏见》（获第五届全国广播电视学术论文评选三等奖）、《电视栏目化概说》等论文十几篇。主编出版了《香港问题》一书。1998年5月任现职。

张小军（1955.8— ）北京市人。中共党员。主任编辑。青少节目中心少儿部主任。1983年毕业于北京大学分校法律系，分配到中央电视台工作，先后在专题部《为您服务》栏目组、《九州方圆》编辑组、青少部、青少节目中心少儿部工作。历任编辑、副组长、组长、副主任、主任。并任首都青年编辑记者协会理事、北京市青年联合会委员。80年代主要从事服务类节目的拍摄工作。参与主创的主要作品有《孩子与音乐》、《两桩离婚案的采访札记》、《家家乐》、《家庭室内布置评展》、《“美好家庭”采访手记》等，90年代主要从事少儿节目的拍摄工作，参与创办了大型少儿杂志型栏目《大风车》和少儿节目“六个一百工程”，并任中国和澳大利亚合拍52集人偶童话剧《神奇山谷》的中方制片人之一。其主要论著有《儿童电视节目的审美取向》。1998年5月任现职。

张晓海（1960.7— ）北京市人。中共党员。高级编辑。文艺节目中心文艺部副主任。多次执导国家级大型文艺晚会，曾两次参与执导中央电视台的春节联欢晚会，出任总导演。先后为《庆祝建国45周年焰火联欢晚会》、纪念反法西斯战争和抗日战争胜利50周年大型合唱音乐会——《黄河魂》、纪念香港回归——《飞越黄河》、庆祝香港回归大型广场歌舞《欢庆香港回归》、庆祝香港回归大型音乐晚会——《1997音乐会》、CCTV40周年台庆晚会《我深深地爱着你》、′99元宵晚会——《群狮欢歌贺太平》等节目执导电视转播。执导的节目先后五次获得全国电视文艺最高奖——“星光奖”一等奖或特别奖。获全国“星光奖”最佳导演奖，并被授予“星光奖”特别荣誉奖。1998年被评聘为高级编辑。

张海潮（1956.7— ）天津市人。中共党员。新闻学硕士。广告经济信息中心副主任。1990年，作为总导演，参与创作反映建国40年我国科技事业伟大成绩，知识分子无私奉献精神的大型系列节目《共和国之恋》，该片获1991年国家电视专题系列节目特等奖。1993年，参与创办了中国第一个新闻杂志性电视栏目《东方时空》，并担任《焦点时刻》制片人。1994年，参与创办《焦点访谈》栏目。《东方时空》、《焦点访谈》1996、1997年连续两年被中宣部评为全国十佳栏目。1995年，参与创办《实话实说》栏目。1997年10月，作为中央电视台长江三峡大江截流特别报道节目总负责人之一，组织对大江截流盛况进行全方位立体报道。1998年，任中央电视台“伊拉克特别报道”的节目负责人，成功地组织了中央电视台远距离国际突发事件直播的深度报道。发表的主要作品：1991年，由国际文化出版公司出版反映新闻摄影百年史的译著《世界一瞬间》。1997年10月、11月，在《电视研究》发表4万字的论文《电视新闻栏目制片人运作的理论思考》。1998年5月任现职。

周　经（1948.2— ）河北省唐山市人。高级编辑。总编室副主任兼节目播出管理处处长。1982年毕业于北京广播学院新闻系。1982年至1989年在国家档案局《档案工作》杂志任副总编辑。1989年7月调至中央电视台，1990年任研究室副主任。1992年4月调任总编室副主任，分管全台节目安排、节目播出、审片及协调全台重大宣传工作。1985年曾出版专著《司马迁、史记与档案》；组织过若干重要电视理论研讨活动并作为副主编出版《电视新闻分类与界定》、《〈望长城〉研究》等书；论文有《加强理论研究，建立电视学体系》、《栏目化、整点播出及其思考》等篇。参与组织香港回归、全运会、亚运会、春节晚会等重大宣传战役。作为编委会成员，参与制订中央电视台各套节目栏目表，负责日常播出计划的制订与播出的协调管理，负责台内重大宣传活动的组织和协调，全台频道包装、节目宣传和总编室《电视你我他》、《银幕采风》等栏目的策划、录制和管理等。1998年5月任现职，同年被评聘为高级编辑。

胡运芳（1946.11— ）四川省泸县人。中共党员。总编室副主任兼观众联系处处长。毕业于四川大学中文系，1981年调入中央电视台新闻部联播组从事编辑工作，1984年调至总编室。1992年任总编室副主任，主管观众调查研究工作和节目宣传。在策划全国收视调查网走向市场、建立中央电视台来信处理网和节目评议、监看、评价系统等方面做了大量工作。曾策划组织了1994年全国青少年影视文化兴趣调查，1995年中国妇女问题调查、电视节目主持人职业评价指标体系研究，1997年全国观众抽样调查。主编出版了《历史上的今天》、《中国妇女问题调查报告与论文选集》、《中国电视观众现状报告》、《“主持人职业评价指标体系研究”成果汇编》。发表了《净化荧屏，为祖国语言文字的健康统一而努力》、《全国观众调查网今明谈》、《收视调查网与市场》等文章。1998年5月任现职。

胡晓炜（1947.1— ）女。湖北省武汉市人。高级编辑，1970年毕业于中央音乐学院音乐学系。1973年4月分配到中央电视台任音乐编辑、音乐录音导演。担任音乐编辑的影视作品有电视片《哈尔滨的夏天》、《大连漫游》、《松》、《交响音画——啊，草原》等。担任音乐录音的作品有：获“亚广联”电视大奖的《最后的山神》；获“飞天奖”特别奖或一等奖的《唐明皇》（同时获优秀音乐奖、全国电影电视节目声音学会一等奖）、《今夜有暴风雪》（同时获优秀音乐奖和优秀录音奖）、《周总理的一天》、《红楼梦》、《西游记》、《三国演义》等；获“星光奖”特别奖或一等奖的《'90春节晚会》（同时获优秀音响奖、音乐录音奖）、《金曲颂中华》（同时获优秀音乐奖）；获全国优秀电视片音乐音响奖的《合家欢》、《井冈抒怀》；获全国“通美杯”盒式磁带金杯奖或银杯奖的《你会爱上他》、《合家欢》等；获全国首届音乐歌曲录音质量大奖赛一、二等奖的《三国演义》片头片尾主题歌等。现为中国音乐家协会会员、中国电视艺术家协会会员、中国电视音乐研究会理事、中国录音师协会会员、中国广播艺术录音学会特约理事。1998年被评聘为高级编辑。

姚　雯（1939— ）山西省浮山县人。一级美术设计师。1963年毕业于北京艺术学院美术系本科。先后从事美术教学20年。1983年调到中国电视剧制作中心任美术设计师。先后担任中级美术设计师、二级美术设计师。曾发表《试谈电视美术三线一体工作法》、《画面联想及其他》等专业论文。参与制作与编导光盘《贺龙》、《女画家董淑娸》、《画家陈谋》、《长征——世纪的丰碑》等。先后负责《绿阴》、《针眼儿警官》、《苏东坡》、《到青山那边去》、《长流不息》（日中合拍）、《离别广岛的日子》（中日合拍）等电影、电视片100余部、集的美术设计。现为电视艺术家协会会员。美术教育学会会员。1998年被评聘为一级美术设计师。

高丽萍（1957.9— ）女。山西省大同市人。中共党员。高级编辑。1988年北京广播学院电视系新闻采编专业函授毕业。1975年至1991年，在大同市广播局、山西电视台任播音员、记者、节目主持人。1991年调入中央电视台。1994年任中央电视台海外新闻部副主任。1988年、1991年、1994年分别获“观众喜爱的节目主持人”十佳称号；全国广播电视节目主持人“开拓杯”金奖；全国专业电视节目主持人大赛“金话筒奖”。参与组织策划实施的《千岛湖特大杀人案》、《唐焦首次台北会谈》、《台湾宜兰各界为大陆死难渔工举行公祭》等报道，获得1994年、1995年全国优秀电视新闻评比一、二等奖。1996年3月被派往中央电视台香港记者站，1997年起任首席记者。报道了香港万众迎回归、筹组特区政府、中英两国政府关于香港政权交接和香港特别行政区开创新纪元等重大历史进程。发表论文《论香港回归后的舆论形势和我们的对策》、《“一国两制”下的新闻采访与实践》等。先后被评为台、广电部先进工作者、中直机关优秀党员。1998年获第三届范长江新闻奖。1998年被评聘为高级编辑。

高　峰（1955— ）回族。北京市人。中共党员。高级编辑。青少节目中心青年部主任。1983年中央民族大学中文系毕业，分配至中央电视台。1987年任专题部《九州方圆》编辑部负责人；1989年任专题部《文化园林》栏目负责人；1992年任专题部副主任；1993年任纪录片室主任；1995年任国际部副主任；1995年被评聘为主任编辑。主创的电视作品有：系列专题片《川藏纪行》（1985年获全国一等奖）、《万里海疆》（1990年获全国二等奖）、《开发大西南》（1992年获全国二等奖）、《解放》（1994年获“五个一工程奖”及全国一等奖），《胜利》（1995年获“五个一工程奖”及全国一等奖）等；单本纪录片《闯江湖》、《金秋时节》（1993年“获全国社教节目一等奖）、《蒋兆和的流民图和丹尼亚的日记》（1995年获“星光奖”文艺专题二等奖）、《山海经》（1998年入围葡萄牙大西洋电视节）；专题晚会《1995年合家欢》、《1996年合家欢》（获1996年全国社教节目一等奖）等。1998年任现职，同年被评聘为高级编辑。

顾建明（1942.3— ）江苏省张家港市人。中央新闻纪录电影制片厂第三编辑室主任。1961年参加中国人民解放军，1966年从部队转业调新影厂。历任摄影助理、摄影师、编导，1992年被评为主任记者。30多年来，共编辑、拍摄了几十部纪录片，并擅长风光片的拍摄，主要作品有：《漫游新安江》、《千岛揽胜》、《绍兴风采》、《烟花三月下扬州》等。担任摄影的《新声》1981年获意大利国际一等奖；担任摄影的《澳门沧桑》荣获广电部1987年优秀纪录片奖；《绍兴风采》荣获1992年全国摄影师学会优秀电影奖。1998年任现职。

郭书兰（1955.3— ）女。河北省魏县人。中共党员。新闻节目中心综合部主任。1971年至1985年在北京五十四中学任教师和共青团专职干部。1985年7月调中央电视台党委办公室任秘书兼组织干事。1987年至1990年任中央电视台团委书记。1990年7月到新闻中心先后任秘书、党总支专职副书记、新闻节目中心办公室主任。1997年5月机构调整后，任新闻节目中心综合部主任，同时兼任新闻节目中心党总支专职副书记。在新闻节目中心工作期间，曾参与重大宣传报道及“两会”报道和党的十四大、十五大报道办公室组织协调工作，直接参加了香港回归报道香港分部的行政管理工作。多次被评为台优秀党务工作者，1994年被评为中直系统优秀党务工作者。1998年5月任现职。

袁正明（1958.3— ）辽宁省葫芦岛市人。中共党员。高级记者。新闻节目中心新闻评论部主任。1983年毕业于北京广播学院电视系，并留校任教。1988年，作为我国电视新闻专业的第一个硕士研究生，分配到中央电视台。历任《观察思考》组记者、组长、新闻采访部副主任、新闻评论部副主任、主任。1992年曾组织实施《观察思考》节目改版；1994年参与创办并分工负责《焦点访谈》；1996年参与创办并分工负责《新闻调查》。其中，《焦点访谈》曾两次荣获中央主要新闻单位十大名牌专栏；《新闻调查》两次荣获中央电视台优秀栏目一等奖。曾多次主抓大型特别节目《在路上》、《再聚焦》、《中国之路》等，其作品多次获得全国级奖励。曾发表多篇理论文章，并入选《中国电视论文集》、《媒体研究》等书籍。1997年被评为中央电视台优秀领导干部，1998年被评聘为高级记者。

曹永平（1946.9— ）北京市人。中共党员。技师。北京科学教育电影制片厂行政处处长。1965年参加工作，在北京电影洗印厂空调组当工人。1972年调入科影厂，任空调组工人、组长。1985年任水电管理科科长。1995年任行政办公室副主任兼水电科科长。1998年2月任现职。

曹　青（1956.11— ）湖南省衡山县人。中共党员。技术制作中心副主任。1975年参加工作。1982年毕业于北京师范大学无线电系。1983年5月调入中央电视台技术部工作。历任梅地亚中心电视业务部副经理、经理、中央电视台录制部录制四科科长、技管办副主任、技术制作中心副主任。1994年被评聘为高级工程师。先后从事了演播室节目制作、后期节目和二维计算机节目制作，组织参与了梅地亚中心闭路电视、保安监控、电视节目制作系统、中央电视台第一个800平方米数字演播室视频系统、中央电视台负责实施的广电总局新技术科研项目——北京地区数字电视地面广播试验台等重大技术工作。1998年5月任现职。

崔雁敏（1948.11— ）女，上海市人。中共党员。高级记者。1964年考入北京电影学院摄影系，学习新闻和科教片摄影。1973年分配到中央电视台。先后在新闻部、国际部、对外部、海外节目中心等部门担任记者、编辑、制片人等工作。在中央电视台20多年的工作中曾拍摄了大量优秀的电视新闻和电视专题片。参与拍摄制作的节目有《话说长江》专题音乐会、大型电视专题片《话说运河》等。个人代表作品有《荣宝斋木版水印艺术》、《珠江——中国窗》、《齐鲁女杰》等。1989年后负责向CNN《世界报道》栏目输送对外新闻节目，1993年译制过电视剧《金玫瑰洞》、《女商奇遇》等。1995年被派往澳门宇宙卫星电视公司工作，担任合作频道常务副总监。1998年在第四套节目中，担任《东方家园》制片人。1998年被评聘为高级记者。

黄平刚（1962.10— ）北京市人。中共党员。技术管埋办公室副主任兼技术业务处处长。1984年毕业于天津大学电子工程系。同年分配到中央电视台技术部录制科，从事技术制作工作。1985年至1986年参加中央讲师团赴安徽支教。1994年任技术制作中心调度室主任。1996年任技术制作中心副主任兼调度室主任。先后参加过十三届春节联欢晚会的技术制作和技术协调监制工作。参加电视连续剧《三国演义》前期拍摄和后期制作工作，并获得全国技术质量评比二等奖和台技术质量评比一等奖。参加北京第十一届亚运会和曼谷第十三届亚运会的技术制作和技术协调工作，参加香港回归香港报道团负责技术协调的工作。参加一号演播厅的建设工作并担任工艺组组长，负责组织、设计、施工。现为中国青年科技工作者协会会员。1998年6月任现职。

梁迎利（1949.3.— ）北京市人。中共党员。播出传送中心副主任。1968年2月参军，任空军机械师，曾荣立三等功。1976年10月到中央电视台工作。1978年3月考入南京邮电学院广播电视专业，获工学学士学位。1984年参加国家重点工程彩电中心工艺设计和安装工作，任技术科科长。1988年10月任工艺设计处副处长，担任彩电中心制作区项目设计负责人。曾多次参与大型电视工程设计项目和参与组织大型电视转播活动：参与组织北京第十一届亚运会国际广播中心 IBC 工程，获台先进工作者和组委会电子工程指挥部先进工作者称号；第四次世妇会国际广播中心 IBC 工程，获 1995 年台优秀工程特别奖；任广电部扶贫项目河北省涉县有线电视台工程负责人，获县政府记功嘉奖及台表彰；参与组织香港回归祖国报道北京地区转播活动，被评为台和广电部先进工作者；先后担任上海八运会前方报道团技术副总指挥和曼谷等十三届亚运会前方报道团副团长，参与编制实施方案并组织运行；1996 年起参与马拉松赛转播的全面组织工作，任组委会电视委员会副主任，编制技术方案并组织实施。1991 年 4 月任工程维护处副处长，1994 年被评聘为高级工程师，1996 年任播送中心副主任（副处）。主要论著有：《电视播出系统的可靠性设计》、《中央电视台电视直播报道的新进展》等论文十余篇，约 10 万字。1998 年 6 月晋升为正处级。

盛亦来（1951.3—　）安徽省黄山市人。中共党员。译审。海外节目中心副主任。1975 年 7 月毕业于上海外国语学院英语专业，同年 8 月进中央电视台工作。1977 年至 1979 年在加拿大的西安大略大学留学，进修英语文学和美国历史。1980 年至 1989 年，先后任国际新闻组副组长、组长。1989 年初任新闻编辑部副主任，同年 8 月任国际新闻部副主任，1991 年 10 月任国际新闻部主任。1992 年 5 月至 1993 年 10 月在英国威尔士大学留学，获大众传播硕士学位。1993 年 11 月任新闻编辑部主任，组织实施了《世界报道》栏目的创办和《晚间新闻》的改革和改版。1994 年底调任中央电视台海外节目中心副主任。1995 年“世妇会”在北京召开期间，负责组织实施了连续播出 17 天，在英语传送频道每天播出 19 小时节目。1995 年底至 1998 年中，兼任外语节目部主任，使《英语新闻》连年获得本台优秀栏目一等奖，外语节目部被评为台先进集体。1997 年为香港回归报道设计并组织实施了连续播出 41 小时的英语节目。同年 9 月负责设计并组织实施了英语传送频道的正式开播。1998 年被评聘为译审。

程　宏（1956.7—　），辽宁省沈阳市人。中共党员。高级编辑。社教节目中心副主任兼专题部主任。从 1978 年起先后就读于东北财经大学投资经济系和辽宁大学中文系。1983 年分配到中央电视台，任总编室节目组编辑、组长；1993 年任中国电视剧制作中心艺术处副处长、文学部主任；1996 年任社教节目中心副主任兼专题部主任。曾在中日合拍大型纪录片《望长城》等专题节目或纪录片中担任编导；在《建国三十五周年国庆文艺晚会》和《1993 年春节联欢晚会》等文艺节目中担任总体设计和撰稿人；在电视连续剧《9·18 大案纪实》、《苍天在上》、《咱爸咱妈》、《水浒传》等电视剧中担任主要策划人。1986 年在美国新闻总署和美国教育发展学院学习电视制作，1990 年至 1992 年在美国德克萨斯大学传播学院学习大众传播学。1996 年在中国社会科学院研究生院世界经济专业学习。曾获全国电视节目“星光奖”一等奖、全国社教节目一等奖、“飞天奖”一等奖、“金鹰奖”一等奖。曾发表大量各类文学作品、经济学论著和电视理论文集。1998 年被评聘为高级编辑。

韩建群（1953.7—　）河北省定州市人。中共党员。广告经济信息中心图文电视部主任。1982 年 7 月自北京广播学院电视系毕业后分配到中央电视台专题部担任记者，参与创作了《九州方圆》、《井冈抒怀》等大型和重点节目，主要创作了《祖国的旗》、《中国龙》等一批重点和大型节目，并获各级各类奖项若干。曾担任专题部副主任、经济部副主任，1994 年被评聘为主任记者。1998 年 5 月任现职。

蒋耀邠（1947.1—　）女。上海市人。一级演员。1970 年北京艺术学院话剧表演系毕业。1977 年进入中国广播文工团电视剧团。1981 年调入中央电视台专题部任编导及主持人工作。1987 年调回中国电视剧制作中心。在电视剧《能媳妇》（获第三届优秀电视剧奖）、《家教》、《农民的儿子》、《京九情》（均获电视剧“飞天奖”二等奖）中，都饰女二号演员；在电影《周恩来》中饰护士长小徐；在《杨开慧》中饰孙嫂；在《孔繁森》中饰王庆芝；1996 年获十六届电影“金鸡奖”最佳女配角奖提名奖。业务论文有《不要去表演个性》、《我演配角》等。1998 年被评聘为一级演员。

樊必智（1943.10—　）辽宁省绥中县人。中共党员。台保卫处调研员，台纪委委员。1961 年 8 月参军。1965 年 12 月从总参通信一团复员到中央广播事业局。1982 年 10 月调到中央电视台。先后在局（部）、台保卫处历任保卫干事、科员、副处长等职，从 1981 年任台纪委委员至今。先后参加台保卫机构设置、岗位职责、各种安全保卫、治安消防综合治理等规章制度的建立、保卫警卫安全设施建设。主管治安、政保、治安消防综合治理和警卫工作。组织或参加国家重大庆典活动和外国国家元首访华等电视转播的协调、保卫工作，以及党和国家领导人来台视察的警卫工作。先后被中央电视台评为好党员，被广播电影电视部（总局）评为优秀党员、先进工作者、安全保卫先进工作者、精神文明先进个人，并两次获中华人民共和国公安部嘉奖。1998 年 6 月任正处级调研员。

魏　斌（1956.3—　）湖北省房县人。中共党员。社教节目中心纪录片部主任。1971 年开始在湖北房县广播站工作，1977 年考入北京广播学院新闻系，1982 年毕业留校任党委办公室秘书，1983 年调入中央电视台专题部任编导，1994 年被评聘为主任编辑，1995 年任社教节目中心纪录片创作室主任。15 年来参加和组织了多次大型系列纪录片、专题片的创作。其中任编导的作品有：《四大佛教名山》、《基诺的黎明》、《中国龙》、《中国瑶族》、《望长城》、《大三峡》、《解放》、《科教兴国》、《改革开放二十年》；任制片人的作品有：《我们西藏》、《唐山地震20年祭》、《朱德》、《刘少奇》、《中华文明》等。其中绝大多数节目都获得了国家级奖项。1994 年获第二届“范长江新闻奖”。1998 年 5 月任现职。

16. 统　计

一、事业发展概况

全国电视事业发展概况

公　元 (年)	无线电视台 (座)	节目套数 (套)	人口覆盖率 (%)	电　视　机 社会拥有量 (万台)	平均每百人 拥有电视机 (台)	卫星电视 地球接收站 (座)
1980	38	40	—	902	0.9	—
1981	42	48	49.5	1562	1.6	—
1982	47	54	57.3	2761	2.7	—
1983	52	60	59.9	3611	3.5	—
1984	93	104	64.7	4763	4.6	—
1985	202	219	68.4	6965	6.6	—
1986	292	325	71.4	9214	8.7	1598
1987	366	405	73.0	11601	10.7	4609
1988	422	465	75.4	14344	13.2	8233
1989	469	512	77.9	16593	14.7	12658
1990	509	554	79.4	18546	16.2	19505
1991	543	596	80.5	20671	17.8	28271
1992	586	644	81.3	22843	19.5	39627
1993	684	755	82.3	—	—	54084
1994	766	848	83.3	27500	23.0	73337
1995	837	932	84.5	28600	24.0	96528
1996	880	983	86.2	—	—	133000
1997	923	1032	87.68	—	—	149962
1998	347	1065	89.01	—	—	188798

说明:1998 年全国无线电视台系重新登记数。

中央电视台事业发展概况

公元（年）	节目套数（套）	设置栏目（个）	平均每日播出时间（小时）	全年播出总时数（小时）	全年制作电视剧（集）	全年播出（首播）电视剧（集）	全年播出新闻节目时数（时、分）	馆藏图书（册）	观众来信（万封）	全台正式职业（含招聘）（人）	全台专业技术职务评聘情况				中国电视报期平均发行量（万份）	电视研究期平均发行量（册）	历年节目制作总时数（小时）
											正高	副高	中级	初级			
1987	2	…	25	9125	384	399	969:48	31200	14	2617	…	…	…	…	140	…	…
1988	3	…	28	10220	327	1155	780	35845	19.88	2308	…	…	…	…	161	…	…
1989	3	…	30	10950	341	1839	1313:5	42806	15.62	2388	…	…	…	…	131	…	…
1990	3	…	30	10950	465	1570	1295:40	46717	13.69	2005	24	183	506	555	141	…	…
1991	3	…	31	11315	516	1752	1081:36	51156	21.8	2040	…	…	…	…	228	…	…
1992	4	…	49	17885	1070	1630	2039:16	53804	25	2487	30	197	762	473	238	…	…
1993	4	86	54	22987	978	1907	3542:04	59018	20	3200	50	257	893	391	286	…	176000
1994	5	111	64	23389	1002	1829	4405:16	63739	36	3242	54	262	903	393	241	4500	178568
1995	7	167	103	37720	1167	1580	7961:43	69904	30	3767	61	326	890	393	265	5000	328457
1996	8	200	147	53927	1040	1854	7155:23	77381	30	3685	74	364	806	322	276	5942	413178
1997	8	222	144	52858.32	1795	1579	8219:47	约 94000	约 30	4086	74	353	908	303	230	8704	419542
1998	8	202	146	53141	929	1546	9213:27	98450	443.1	4163	133	636	1253	509	220	7920	928121

注：全台正式职工人数中，含电视剧制作中心、新影厂、科影厂。

二、业务建设概况

1998年中央电视台各类节目播出时数及构成比例一览表

节目名称	播出时数(时、分)	所占比例(%)
新闻节目	9213小时27分	17.34
专题节目	16535小时30分	31.12
教育节目	1495小时41分	2.81
文艺节目	21827小时56分	41.07
服务性节目	4069小时21分	7.66
合计	53142小时51分	100

(总编室提供)

1998年中央电视台各套节目播出时数一览表

节目名称	播出时数(时、分)
第一套	7217小时38分
第二套	7201小时46分
第三套	6194小时15分
第四套	8683小时53分
第五套	6045小时52分
第六套	6123小时14分
第七套	5715小时45分
第八套	5959小时31分
合计	53141小时54分

(总编室提供)

1996～1998年中央电视台节目录制情况对照表

公元 时分 名称	1996年	1997年	1998年	增长率(%)
直播	394	521	530	2%
录像	16411	18752	25737	37%
排练	4194	3304	3484	5%
搭景	3388	3416	3848	13%
布光	3182	3360	3537	5%
ENG采录	106712	160882	326716	103%
电编	85378	124709	165407	33%
自编	91357	136290	233805	72%
电影	463	975	1173	20%
转带	2612	2572	2539	-2%
字幕	1313	2803	3702	32%
录音	4556	5402	6040	12%
音响	45530	51526	75237	46%
译配	8996	11732	22527	92%
灯光	38692	51397	53837	5%
三维动画	0.6	1.9	2.6	36%
合计	413178.6	577642.9	928121.6	60%

(技术制作中心调度室提供)

1998年中央电视台第一套节目全国收视率排行榜

说明：

1.《新闻联播》收视率含地方电视台转播该节目的收视率。

2. 相同栏目或连续节目，本表只取收视率最高的一个。(下同)

1997年12月14日～1998年1月10日

排名	节目名称	人数(万)	所占比例(%)
1	新闻联播	40479	47.51
2	水浒传(7)	28499	33.45
3	焦点访谈	26599	31.22
4	科技博览：电子地图	23379	27.44
5	东西南北中(60)	19034	22.34
6	综艺大观(157)	13487	15.83
7	特别节目：相聚水浒城	12320	14.46
8	军事天地(193)	10531	12.36
9	电视剧：潘汉年(25)	9534	11.19
10	电视剧：驱逐舰舰长(2)	8989	10.55

1月11日～2月14日

排名	节目名称	人数(万)	所占比例(%)
1	'98春节联欢晚会	52671	61.82
2	新闻联播	41961	49.25
3	科技博览：虎虎生威(下)	36483	42.82
4	焦点访谈	36261	42.56
5	新春携手向未来	21930	25.74
6	特别节目：千家万户把门开	21700	25.47
7	晚间新闻	20448	24.00
8	军事天地	12814	15.04
9	世界报道	10639	12.55
10	电视你我他(278)	9994	11.73

2月15日～3月14日

排名	节目名称	人数(万)	所占比例(%)
1	新闻联播	41484	48.69
2	焦点访谈	26736	31.38
3	专题报道：两会专题报道	22757	26.71
4	科技博览：苹果套袋着色	22569	26.49
5	特别节目：群芳吐艳	13811	16.21
6	特别节目：百色情思	13658	16.03
7	电视剧：有这么一群兵(4)	13368	15.69
8	电视剧：周恩来在上海(9)	11451	13.44
9	特别节目：百年丰碑	9529	11.18
10	晚间新闻	6330	7.43

3月15日～4月11日

排名	节目名称	人数(万)	所占比例(%)
1	新闻联播	40359	47.37
2	焦点访谈	26438	31.03
3	科技博览:中国的轻型直升机	23498	27.58
4	两会专题报道	23047	27.05
5	相约'98	18872	22.15
6	综艺大观(159)	13342	15.66
7	曲苑杂坛(74)	12184	14.30
8	电视剧:周恩来在上海(15)	10931	12.83
9	电视剧:岁月长长路长长(11)	10446	12.26
10	晚间新闻	7114	8.35

5月10日～6月13日

排名	节目名称	人数(万)	所占比例(%)
1	新闻联播	38553	45.25
2	焦点访谈	25066	29.42
3	科技博览:汽油无铅化(上)	21172	24.85
4	曲苑杂坛(76)	12047	14.14
5	综艺大观(162)	11988	14.07
6	直播:以电视的名义百佳电视艺术工作者颁奖晚会	11144	13.08
7	电视剧:黑脸(7)	11143	13.08
8	电视剧:人间正道(1)	9483	11.13
9	电视剧:阿里山女儿(上)	8239	9.67
10	电视你我他(297)	4626	5.43

4月12日～5月9日

排名	节目名称	人数(万)	所占比例(%)
1	新闻联播	38971	45.74
2	焦点访谈	25373	29.78
3	科技博览:科技高筑小浪底	22254	26.12
4	特别节目:五月礼赞	15566	18.27
5	综艺大观(161)	13445	15.78
6	曲苑杂坛(75)	12618	14.81
7	电视剧:黑脸(6)	11059	12.98
8	电视剧:四保临江(1)	9312	10.93
9	晚间新闻	7072	8.03
10	老干部局长(上)	7012	8.23

6月14日～7月11日

排名	节目名称	人数(万)	所占比例(%)
1	新闻联播	36142	42.42
2	香港特别行政区成立一周年	24299	28.52
3	特别节目:相约一九九八	24180	28.38
4	焦点访谈	23541	27.63
5	情系热土爱满天山	21411	25.13
6	综艺大观(164)	12064	14.16
7	晚间新闻	11706	13.74
8	曲苑杂坛(77)	10718	12.58
9	电视剧:警方110(5)	9875	11.59
10	电视剧:绿卡族(1)	9389	11.02

7月12日～8月15日

排名	节 目 名 称	人数（万）	所占比例（%）
1	新闻联播	36346	42.66
2	焦点访谈	23098	27.10
3	科技博览:舰机协同反潜	19903	23.36
4	东西南北兵:纪念中国人民解放军建军71周年文艺演出	15694	18.42
5	综艺大观(165)	10020	11.76
6	曲苑杂坛(78)	9781	11.48
7	电视剧:朱德上井冈(8)	8767	10.29
8	专题片:铁的新四军(6)	8290	9.73
9	电视剧:绿卡族(7)	7992	9.38
10	晚间新闻	7685	9.02

9月20日～10月17日

排名	节 目 名 称	人数（万）	所占比例（%）
1	新闻联播	50061	45.76
2	焦点访谈	32897	30.07
3	健康之路:抗洪灾·防疫情	28783	26.31
4	时政专题:杨尚昆光辉的一生	26551	24.27
5	文艺节目:'98国庆文艺晚会	19134	17.49
6	抗洪精神颂	13959	12.76
7	综艺大观(168)	11946	10.92
8	电视剧:难忘岁月(3)	11093	10.14
9	晚间新闻	9715	8.88
10	电视剧:阳光地带(14)	8894	8.13

8月16日～9月19日

排名	节 目 名 称	人数（万）	所占比例（%）
1	新闻联播	40939	48.05
2	焦点访谈	26446	31.04
3	直播:我们万众一心	21496	25.23
4	健康之路:抗洪灾·防疫情	20226	23.74
5	直播:携手筑长城	18446	21.65
6	科技博览:数字卫星接收机	15123	17.75
7	曲苑杂坛(79)	11093	13.02
8	晚间新闻	7114	8.35
9	阳光地带(7)	6773	7.95
10	军事天地(222)	5964	7.00

10月18日～11月14日

排名	节 目 名 称	人数（万）	所占比例（%）
1	新闻联播	49733	45.46
2	焦点访谈	30873	28.22
3	健康之路:抗洪灾·防疫情	25425	23.24
4	综艺大观(169)	11618	10.62
5	曲苑杂坛(82)	11399	10.42
6	专题片:彭德怀(1)	7975	7.29
7	东西南北中(67)	7866	7.19
8	风生水起——股市篇	7023	6.42
9	新闻调查	4299	3.93
10	电视剧场:众志成城	4124	3.77

11 月 15 日～12 月 19 日

排名	节　目　名　称	人数(万)	所占比例(%)
1	新闻联播	49810	45.53
2	焦点访谈	31004	28.34
3	健康之路:科学防疫　重建家园	26059	23.82
4	刘少奇诞辰 100 周年纪念	21727	19.86
5	综艺大观(173)	12876	11.77
6	曲苑杂坛(83)	9113	9.33
7	东西南北中(68)	8993	8.22
8	电视剧:少奇同志(1)	8172	7.47
9	直播第十三届亚运会专题	5525	5.05
10	晚间新闻	4551	4.16

12 月 20 日～1999 年 1 月 16 日

排名	节　目　名　称	人数(万)	所占比例(%)
1	新闻联播	50663	46.31
2	焦点访谈	31179	28.50
3	科技博览:科学防疫(7)	26934	24.62
4	健康之路:科学防疫　重建家园	23280	21.28
5	文艺节目:走进新时代	20742	18.96
6	电视(连续)剧:雍正王朝(15)	15196	13.89
7	东西南北中(69)	9715	8.88
8	直播:春潮颂	9551	8.73
9	晚间新闻	7942	7.26
10	新闻调查	5754	5.26

1998 年中央电视台制作(含合拍)电视剧一览表

剧　名	部	集	制作单位
二丫来队	1	2	中国电视剧制作中心、总政话剧团电视剧部
司法助理员	1	6	中国电视剧制作中心、司法部
昆仑女	1	8	中国电视剧制作中心、兰州军区政治部电视中心、新疆军区政治部电视中心
中国命运的决战	1	30	中国电视剧制作中心
官井	1	2	中国电视剧制作中心
澳门的故事	1	25	中国电视剧制作中心、中央电视台南海影视基地
兵谣	1	16	中国电视剧制作中心、山东电影电视剧制作中心
苦菜花	1	4	中国电视剧制作中心
白雪满地	1	2	中国电视剧制作中心
福镇	1	8	中国电视剧制作中心、河北电影电视剧制作中心
传令三军	1	2	中国电视剧制作中心、总参电视艺术中心
太平天国	1	50	中国电视剧制作中心
魂系梨园	1	8	中国电视剧制作中心
中国女子特警队	1	18	中国电视剧制作中心、武警部队政治部电视艺术中心
梨花情	1	5	中国电视剧制作中心、浙江省电视剧中心
西游记	1	15	中国电视剧制作中心
花儿四季	1	4	中国电视剧制作中心
母亲	1	17	中国电视剧制作中心、长春电视台、四川电视剧制作中心
实习生的故事	1	10	中国电视剧制作中心
闻一多	1	7	中国电视剧制作中心
我要做个好孩子	1	16	中国电视剧制作中心
李克农	1	20	中国电视剧制作中心、国家安全部国安影视中心
战士日记	1	2	中国电视剧制作中心、总后文化部电视艺术中心
女电话兵	1	2	中国电视剧制作中心
大年三十	1	2	中国电视剧制作中心
好好过日子	1	20	中国电视剧制作中心
水浒传	1	43	中国电视剧制作中心
周恩来在上海	1	18	影视部
同喜同喜	1	2	影视部
远乡	1	16	影视部
突围	1	17	中国国际电视总公司
夜深人不静	1	11	中国国际电视总公司
发烧友的故事	1	30	中国国际电视总公司
合　计	33	438	

1998 年中央电视台播出电视剧一览表

播出日期（月、日）	剧　　名	集 数	拍 摄 单 位
1.1	妈妈今晚去远航	2	影视部、总政话剧团
1.3	老街	8	影视部、宁波电视台
1.5	烽火沙家浜	6	珠江电影制片厂
1.8	路花	2	湖南岳阳电视台
1.12	故园有风雨	6	湖北电视台
1.21	风雨交警	8	河南电视台
1.27	同喜同喜	2	影视部、大道影业公司
1.28	嫦娥奔月	6	影视部、安徽电视台
1.28	小香的故事	6	影视部、湖北电视台
1.29	刘金鱼的故事	5	影视部、总政歌舞团
2.3	重逢之后	5	影视部、辽宁省文化厅
2.4	泰山雏鹰	2	影视部、泰安市文化局
2.9	缉毒警魂	8	重庆市公安局
2.12	平湖大风歌	2	福建长龙影视公司
2.16	误区	4	贵州电视台
2.17	司马相如	4	影视部、上海电视台
2.19	藏族少年在海边	4	烟台电视台
2.23	情系东山坳	4	石家庄电视台
2.25	风雨国道	8	影视部、北京军区电视艺术中心
2.27	晚霞	1	银川电视台
3.3	幽燕鱼水情	2	北京晶晶影视制作中心
3.4	古柳	1	哲里木电视台
3.6	滑板少年	7	影视部、宁夏电视台
3.16	华罗庚	7	江苏电视台
3.23	掌声响起	2	徐州电视台
3.24	白月亮白姐姐	2	云南电视台
3.24	达列什的草原	2	天山电影制片厂
3.26	印缘	2	辽宁省盘锦电视台
3.27	小元谋人	11	云南省委宣传部
3.30	与周恩来同窗的岁月	3	天津电视台

续表

播出日期(月、日)	剧　　名	集　数	拍　摄　单　位
3.31	塔山阻击战	7	影视部、广州军区电视艺术中心、广州电视台
4.1	同路人	7	影视部、福建电视台
4.2	第六演播室	6	中国电视剧制作中心
4.4	梅园往事	3	江苏电视台
4.5	百姓	18	影视部、山东省淄博电视台
4.6	主人	2	浙江华新影视有限公司
4.6	夕阳中的风铃	2	影视部、常州电视台
4.6	远湖	8	影视部、江西电视台
4.6	马寅初	8	浙江电视台
4.7	钟声响起	4	上海求索制作社
4.7	女电话兵	2	中国电视剧制作中心
4.7	呼唤英雄	16	厦门东方国际文化影视中心
4.8	市长热线	3	深圳电视台
4.8	范蠡救子	3	影视部、绍兴有线电视台
4.9	大路歌	6	影视部、山东影视中心
4.9	跑官	2	深圳电视台
4.10	义责王魁	1	杭州电视台
4.12	情满月圆时	2	河北电影制片厂
4.12	远岛	2	影视部、辽宁电视台
4.13	宫墙柳	2	浙江越剧院
4.13	老干部局长	2	内蒙电视台
4.13	穿军装的川妹子	2	四川电视台
4.13	阿里山的女儿	2	山东影视中心
4.13	平和风的故事	2	影视部、山东淄博电视台
4.13	鲁氏兄弟	21	影视部、山东影视中心
4.13	双筒望远镜	9	中国电视剧制作中心
4.14	大山无言	2	影视部、成都电视台
4.14	秋	8	中国电视剧制作中心
4.14	突围	17	中国国际电视总公司
4.15	高考在今夏	8	影视部、江苏电视台
4.15	你好西拉沐沦	6	影视部、大连电视台

续表

播出日期（月、日）	剧　　名	集数	拍摄单位
4.15	情洒金不换	6	云南文山壮族苗族自治州
4.15	快乐七八岁	6	影视部、山东潍坊电视台
4.15	老龙口	12	影视部、河北影视中心
4.15	少年周恩来在绍兴	2	浙江电视剧制作中心
4.15	刘天华	3	江苏电视台
4.15	老河	19	广东电视台
4.20	李常水	2	潇湘电影制片厂
4.21	爱心无价	2	北京青年电影制片厂
4.22	衷情的小人物	2	中视华威特别影视中心
4.28	庄良娘们儿	2	山东滨州电视台
4.29	阿毛当部长	5	上海创作社
5.6	永不倾斜的天平	4	山东影视中心
5.12	告别夏天	2	延吉电视台
5.18	圆梦	3	四川电视台
5.19	京都预审员	10	天津电视台
6.1	丹心如歌	2	煤矿文工团
6.4	静静的鸡笼山	6	江西电影制片厂
6.4	大年三十	2	中国电视剧制作中心
6.4	福镇	8	中国电视剧制作中心
6.8	长青	3	河南安阳市广播电视制作中心
6.9	劳模邵大车	2	内蒙电影制片厂
6.11	谁之罪	6	北京电影制片厂
6.15	高桥警官	6	浙江百花艺术中心
6.26	大山的呼唤	4	湖南电视节目中心
6.29	妈妈	8	北京电视台
6.29	省港人家	16	广州电视台
7.2	168号客运员	2	湖南电视台
7.7	百姓有约	6	福建电视台
7.11	小村小事小支书	2	黑龙江影视中心
7.13	双筒望远镜	9	中国电视剧制作中心
7.13	铁流西进	8	云南省委宣传部

续表

播出日期(月、日)	剧　名	集　数	拍　摄　单　位
7.19	全靠我们自己	3	山西电视台
7.24	姐妹情	2	山西电影制片厂、大同电影制片电视二台
7.27	水魂	2	绍兴有线电视台
7.27	惊涛拍岸	13	四川电视台
8.3	蛙鸣	6	影视部、龙江影视中心
8.5	流金的河	3	清海电视台
8.6	二审	3	影视部、辽宁艺术家协会
8.8	不跪的人	2	河南南阳电视台
8.10	十七年太短	2	浙江电影制片厂
8.11	鄂尔多斯鸿雁	4	内蒙电视台
8.11	南湖警魂	2	浙江电视台
8.12	海事法官	6	影视部、天津电视台
8.24	绿荫与小鸟	3	四川电视台
9.3	好人永康	2	北京电影制片厂
9.7	沂蒙法官	2	山东电视剧制作中心
9.10	妈妈不再回家	2	上海求索制作社
9.11	姐姐妹妹闯北京	30	中国天平经济文化发展公司
9.15	远滩	8	四川电视台、四川电视剧制作中心
9.20	烈火英华	4	福建当代艺术中心
9.21	马路警察	5	西安影视中心
9.21	何须再回首	18	上海电影制片厂
9.22	寻找香格里拉	8	广州电视台
9.25	拽儿的故事	2	北京飞天电视艺术中心
9.26	都是好朋友	1	南昌电视台
9.30	走出森林	6	内蒙古电视台
9.30	夜深人不静	11	中国国际电视总公司
9.30	东方港人	8	四川电视台
10.5	艺校初春	4	田华艺术学校、海政电视艺术中心
10.6	米兰的故事	7	影视部、龙江影视中心
10.12	热血长城	2	广东电视台
10.12	发烧友的故事	9	中国国际电视总公司
10.17	绝色警报	2	龙江影视中心

续表

播出日期(月、日)	剧　　名	集　数	拍　摄　单　位
10.18	情系钟声	2	潇湘电影制片厂
10.19	捧起太阳的人	8	影视部、湖南电视台
11.2	不落的红星	2	浙江电视剧制作中心
11.9	三口之家	8	中影音像出版社
11.10	军妹宋彩玲	2	河南省纪委、河北电视台
11.17	风雨行宫	3	新影制作中心
11.19	草地之光	2	八一电影制片厂
11.22	冲出重围	2	潇湘电影制片厂
11.23	少奇同志 1949 在天津	5	影视部、天津电影制片厂
11.24	少奇同志	11	影视部、海政电视艺术中心
11.26	天凉不是秋	3	河南电影制片厂
11.26	一个中尉和三个男劫匪	2	影视部、总政话剧团
11.27	血肉长城	2	湖北电视台
11.29	绿色季节	4	河南安阳电视台
12.1	都荣·扎那	4	中国电视剧制作中心
12.1	红土地	8	广西电视台
12.3	红日头,弯月亮	2	河南电影制片厂
12.11	走过秋冬春夏	6	南宁有线电视台
12.14	海边来的孩子	2	连云港电视台
12.16	严兰贞	8	影视部、绍兴电视台
12.17	偏心眼儿	2	影视部、徐州九鼎公司
12.20	李月生的大半辈子	3	影视部、山西剧社
12.20	拔河队长	2	八一电影制片厂
12.21	完美的世界	2	大连电视台
12.21	走出大石山	2	影视部、广西有线电视台
12.21	情恋三峡	3	北京菲蕾影视公司
12.23	天下父母心	2	吉林延边电视台
12.23	女船长	2	武汉东方影视公司
12.24	血染的尊严	8	影视部、福建电视台
12.29	人在高墙内	4	潇湘电影制片厂
12.31	小白热线	2	影视部、山东影视中心
合　　计		785	

说明:1. 此表根据中央电视台 1998 年度电视剧送审播出情况一览表制作。

2. 此表播出电视剧中未含一、二、八套黄金时段的剧目。

1998年中央电视台一、二、八套黄金时段电视剧播出一览表

第一套

开播日期(月、日)	剧　目	集数	拍摄单位
1.3	水浒传	43	中国电视剧制作中心
2.12	有这么一群兵	8	二炮电视艺术中心
3.4	周恩来在上海	18	中央电视台、影视部
3.25	岁月长长路长长	15	中国青年艺术剧院
4.12	四保临江	10	海政电视艺术中心
4.24	黑脸	12	河北省委纪委、河北电视台
5.13	人间正道	26	中国电视剧制作中心
6.16	月缺月圆	8	芜湖市委宣传部
6.25	警方110	7	山东影视中心
7.6	绿卡族	16	上海电影制片厂
7.24	朱德上井冈	8	南京军区
8.23	班禅东行	10	中央戏剧学院
9.4	阳光地带	15	浙江电影剧中心
9.29	难忘岁月——红旗渠的故事	14	影视部、河南电视台、林县市委市政府
10.30	风生水起——股票篇、广告篇	18	广州电视台
11.24	少奇同志	11	海政电视艺术中心
合　计		239	

第二套

开播日期(月、日)	剧　目	集数	拍摄单位
1.3	高一新生	3	宁波电视台
1.8	上饶集中营	8	北京电影学院
1.20	家有小丑	6	中国电视剧制作中心
1.29	姐妹情深	7	上海电视台
1.31	为官一任	3	大连电视台
2.3	十七岁不哭	10	中国电视剧制作中心
2.17	彝州渡	2	云南省委宣传部、云南电视台
2.19	相约在八一	4	济南军区电视艺术中心
2.25	赴任	2	中国电视剧制作中心
2.27	士兵余多	2	南京军区
3.3	王恩广	2	哈尔滨话剧院
3.5	女银行家	13	中影合作公司
3.24	新华方面军	7	重庆电视台
4.2	长大我也当爷爷	2	天津电视台
4.4	父老乡亲	4	张家口电视台
4.10	小镇女部长	2	吉林电视台
4.14	汉武帝	24	湖南电视台
5.19	民政局	8	济南影视实业公司
5.30	缉毒警察	15	上海金盾影视公司
6.4	我儿我女	18	中国电视剧制作中心
7.1	呼唤英雄	16	厦门电视台
7.23	飞兵襄阳	4	湖北省委宣传部
8.1	爱情是什么	61	韩国
10.22	生命之光	2	上海电影制片厂
10.24	深圳情缘	14	深圳宏达文化公司
12.22	抗洪英雄	2	武汉电视台
12.23	面对诱惑	10	公安部
合　计		251	

第八套

开播日期（月、日）	剧 目	集数	拍摄单位
1.15	细雨濛濛	1	哈尔滨电视台
1.16	少年交警	2	浙江省剧协
1.20	青草地	8	内蒙电影制片厂
1.26	关东大集	8	黑龙江影视中心
2.5	铁鹰行动	20	美英兰公司
2.25	桃李梅	4	吉林电视台
3.2	曹操	40	河南电视台
3.31	穿红裙子的小姑娘	2	河南电视台
4.1	远乡	16	中央电视台影视部
4.14	妇代会主任	2	
4.15	飘雪	35	北京电视艺术中心
5.14	家有考生	18	煤矿文工团
6.1	平常心	8	南京电视台
6.5	家盛的故事	4	甘肃燕呢影视公司
6.10	修竹湖的故事	23	杭州电视台
6.29	红岩魂	17	重庆电视台
7.13	一乡之长	18	北京君合文化公司
7.29	你在哪里逗留	16	海南国际传播公司
8.10	相思河的故事	15	桂林电视台
8.20	炎帝铜碑传奇	6	湖南株洲电视台
8.27	望月湖的故事	18	潇湘电视制片厂
10.6	太平镇	18	辽宁电视台
10.22	法证	7	广东电视台
11.4	刘秀还乡	2	湖北襄樊电视台
11.5	出去走走	21	中影音像出版社
11.20	日照女人街	14	中视华威特别影视中心
12.1	西施断缆	3	浙江省剧协
12.3	大裂谷	18	四川电视台
12.24	士兵的故事	7	北京电视艺术中心
12.30	血亲	16	上海剧作社
合 计		387	

（根据中央电视台 1998 年度电视剧送审播出情况一览表制作）

1998 年中央电视台译制片播出一览表

播出日期（月、日）	栏目名称	片名	时长（分、秒）	国别
1.3	国际影院	你，就是你	95′×24	墨西哥
1.3	世界影视城	篮球之梦	173′54″	美国
1.4	国际影院	青春家族	80′×26	日本
1.4	正大剧场	海蒂	94′	美国
1.9	佳艺影院	玩偶之家	96′41″	挪威
1.17	世界影视城	假期圆梦	92′27″	美国
1.17	世界名著名片欣赏	海法	72′43″	以色列
1.23	佳艺影院	黑丝绒长袍	104′07″	英国
1.24	世界影视城	胜利星期六	90′18″	美国
1.24	世界名著名片欣赏	偷吊灯的人	82′35″	意大利
1.25	正大剧场	圣诞之恋	94′	美国
1.25	佳艺剧场	伪装者	46′×24	美国
1.31	世界影视城	乘风破浪	126′	美国
1.31	佳艺剧艺	克里斯蒂	46′×24	美国
2.6	佳艺影院	搏斗	95′34″	美国
2.7	世界影视城	不速之子	89′30″	美国
2.8	正大剧场	重新恋爱	94′	美国
2.14	世界影视城	孤立无援	89′44″	美国
2.21	世界影视城	爱情与信任	86′51″	美国
2.22	正大剧场	永远微笑的新泽西	94′	美国
2.27	佳艺影院	逃走的父亲	91′37″	美国
2.28	世界影视城	野牛头硬币	85′53″	美国
3.7	世界名著名片欣赏	玛格丽特·博克—怀特	79′57″	美国
3.8	正大剧场	华盛顿城堡的圣徒	94′	美国
3.14	世界影视城	蓝色飓风	87′20″	意大利

播出日期(月、日)	栏目名称	片名	时长(分、秒)	国别
3.20	佳艺影院	泽西区的姑娘	86′17″	美国
3.21	世界影视城	驼鹿的故事	93′21″	加拿大
3.22	正大剧场	春琴抄	94′	日本
3.27	佳艺影院	友情暖人间	92′32″	澳大利亚
3.28	世界影视城	以牙还牙	84′25″	美国
4.4	世界影视城	彩虹	92′07″	美国
4.4	世界名著名片欣赏	红与黑	211′37″	法国
4.5	正大剧场	亲爱的老师	94′	意大利
4.11	世界影视城	梅勒尼女士	102′20″	美国
4.12	佳艺剧场	心灵的阴影	55′×4	美国
4.18	世界影视城	不必担心	88′54″	澳大利亚
4.18	世界名著名片欣赏	八十天环游地球	276′03″	美国
4.19	正大剧场	在寂静中	94′	美国
4.25	世界影视城	证人的眼睛	92′50″	美国
4.26	佳艺剧场	防盗者	50′×30	英国
5.1	佳艺影院	荒唐的贝克兄弟	106′48″	美国
5.2	世界影视城	眨眼之间	87′59″	美国
5.3	正大剧场	心灵的选择	94′	美国
5.9	佳艺影院	孀妇峰	96′36″	爱尔兰
5.9	世界影视城	意外高尔夫球手	103′48″	英国
5.9	世界名著名片欣赏	福尔摩斯与领衔主演	182′40″	英国
5.15	佳艺影院	我桌上的天使	146′26″	新西兰
5.16	世界影视城	芬尼根重新开始生活	110′30″	美国
5.17	正大剧场	暗礁	94′	德国
5.23	世界影视城	少年艾凡赫	89′45″	加拿大
5.23	世界名著名片欣赏	居里夫人	126′43″	美国
5.30	世界名著名片欣赏	怒海惊魂	129′22″	美国
5.30	世界影视城	不速之子	91′50″	美国
5.31	正大剧场	乘风前进	94′	美国
5.31	佳艺影院	心愿	53′×4	英国
6.5	佳艺影院	比尔和泰德的奇妙历验	84′29″	美国
6.6	世界影视城	斯坦利和他的龙	93′59″	美国
6.6	正大剧场	合家喜庆	94′	美国
6.6	国际影院	回乡	40′×7	日本
6.12	佳艺影院	藏身之地	98′	美国
6.13	世界影视城	警察救援队	99′10″	澳大利亚
6.19	佳艺影院	模特奇情	90′11″	美国
6.20	世界影视城	前进或死亡	103′15″	英国
6.21	国际影院	冬日的怀恋	85′19″	前苏联
6.26	佳艺影院	不,亲爱的女儿	95′38″	英国
6.27	世界名著名片欣赏	莫嘉多的人们	105′×6	法国
6.27	世界影视城	律师的威力	92′19′	美国
6.28	正大剧场	安妮躲藏的阁楼	94′	英国
6.28	国际影院	塞莉娅	48′×6	西班牙
7.3	佳艺影院	世界杯:一个队长的手记	82′23″	英国
7.4	世界影视城	沉默的呐喊	92′43″	美国、加拿大
7.4	国际影院	我家住址	37′50″	朝鲜
7.10	佳艺影院	乘风而去	88′56″	美国
7.11	世界影视城	迟到的证人	80′14″	美国
7.11	佳艺剧场	心跳	53′×30	英国
7.11	国际影院	鲁步斯历险记	50′×6	德国
7.24	佳艺影院	名扬天下	111′27″	美国
7.25	世界影视城	火蛇	98′36″	意、英、美
7.26	国际影院	威斯巴登之旅	80′56″	前苏联
7.26	正大剧场	义犬雷克斯	94′	奥地利
7.31	佳艺影院	飓风飞行队	75′54″	英国
8.1	国际影院	青年侍者	76′42″	法国
8.1	世界影视城	父子情深	91′47″	美国

播出日期（月、日）	栏目名称	片名	时长（分、秒）	国别
8.2	国际影院	家族血案	183′09″	美国
8.7	佳艺影院	美国蓝调	96′02″	美国
8.8	国际影院	超人	78′×12	美国
8.8	世界影视城	奔向自由	91′39″	加拿大
8.8	世界名著名片欣赏	哈维姑娘	103′32″	美国
8.9	正大剧场	烈火雄心	94′	美国
8.15	世界影视城	攀登者	87′08″	美国
8.16	国际影院	阴谋	198′27″	法国
8.22	世界影视城	鹰已降落	127′33″	英国
8.23	正大剧场	火之门	94′	德国
8.28	佳艺影院	杰罗尼莫	100′42″	美国
8.30	国际影院	秋日的芬芳	84′54″	法国
9.4	佳艺影院	以吻定情	101′07″	美国
9.5	世界影视城	借来的感情	89′41″	加拿大
9.6	国际影院	野姑娘那塔莉	120′×38	墨西哥
9.12	世界影视城	安吉勒家族	92′21″	英国
9.12	世界名著名片欣赏	魔鬼的女儿	86′11″	
9.18	佳艺影院	里格莱托	95′24″	美国
9.19	国际影院	爱的烦恼	100′32″	法国
9.19	世界影视城	卖火柴的小女孩	79′56″	英国
9.20	正大剧场	保镖	94′	美国
9.25	佳艺影院	远大前程	115′13″	英国
9.26	国际影院	血缘关系	88′	法国
9.26	世界影视城	小镇故事	94′28″	美国
10.2	佳艺影院	盖比	95′24″	美国
10.3	世界名著名片欣赏	油炸绿番茄	121′18″	美国
10.3	世界影视城	另一种竞赛	94′14″	加拿大
10.3	国际影院	女侦缉队长	100′×2	法国
10.4	正大剧场	振翅高飞之前	94′	美国
10.9	佳艺影院	纽约的星期日	102′47″	美国
10.10	世界名著名片欣赏	宫殿中的沉默	127′	美国
10.10	世界影视城	玻璃警徽	100′49″	美国
10.16	佳艺影院	朋友圈	92′45″	爱尔兰
10.17	世界名著名片欣赏	雾都孤儿	112′17″	英国
10.17	世界影视城	密码	91′07″	英国
10.17	国际影院	高山抢险队	46′×6	美国
10.18	正大剧场	跟爸爸一样	94′	美国
10.23	佳艺影院	西部世界	83′09″	美国
10.24	佳艺剧场	MMG 工程师	47′×13	南非
10.24	世界名著名片欣赏	波士顿人	117′19″	美国
10.24	世界影视城	火蛇	98′36″	美国
10.30	佳艺影院	玛雅	89′04″	美国
10.31	世界影视城	朋友	91′08″	意大利
10.31	世界名著名片欣赏	冰海沉船	119′32″	英国
11.1	正大剧场	正逢其时	94′	美国
11.7	世界名著名片欣赏	哈姆雷特	148′49″	英国
11.7	世界影视城	婚礼	167′21″	美国
11.14	世界名著名片欣赏	“非洲女王”号	102′30″	美国
11.15	正大剧场	海底两万里	188′	美国
11.20	佳艺影院	诗人恋曲	102′29″	英国
11.21	世界影视城	祝你好运	82′12″	美国
11.21	世界名著名片欣赏	亨利五世	131′12″	英国
11.28	世界影视城	无形的威胁	105′19″	英国
11.28	世界名著名片欣赏	西班牙园丁	93′32″	英国
12.5	世界名著名片欣赏	红磨坊	116′39″	法国
12.5	世界影视城	终点线	96′48″	美国
12.6	佳艺剧场	布兰维尔医生	52′×23	英国
12.11	佳艺影院	神奇的小提琴	103′23″	美国

播出日期(月、日)	栏目名称	片名	时长(分、秒)	国别
12.12	世界名著名片欣赏	伦勃朗	32′45″	英国
12.18	佳艺影院	最后的飞行	91′11″	美国
12.19	世界影视城	德克萨斯的公正	178′53″	美国
12.19	世界名著名片欣赏	待到重逢时	95′×3	英国
12.25	佳艺影院	奎勒备忘录	102′15″	英国
12.27	正大剧场	不过是个女孩	141′	丹麦

(国际部提供)

1998年中央新闻纪录电影制片厂制作和播出纪录片一览表

播出日期(月、日)	片名	长度(分)
1.3	县委书记的忧和乐	15
1.8	凤凰竞栖第一村	15
1.10	呵护古树	15
1.15	走出深山	15
1.22	了明和他的残疾人事业	15
1.24	艺海奇人罗军	15
1.25	老战士的心声	15
1.26	四姑娘山风韵	15
1.27	远见	15
2.7	农民之家	15
2.11	褐色山岗	15
2.12	山这边,山那边	15
2.19	乌鲁木齐站纪事(上)	15
2.21	乌鲁木齐站纪事(下)	15
2.22	绿的回报	15
2.25	五代同堂	15
2.26	"路神"赵启兴	15
2.28	巡诊日记	15
3.5	神州第一所	15
3.7	杨书记与元宝山	15
3.12	小鱼也能跳龙门	15
3.14	"羊教授"扶贫记	15
3.19	洪灾之后	15
3.21	晚情	15
3.26	珠还合浦	15
3.28	田丰与民族传习馆	15
4.2	"水神"凌利生	15
4.4	情缘	15
4.9	到乡下创业的退伍军人	15
4.11	儋州女	15
4.16	山里娃汽车医院	15
4.18	"送子观音"莫淑珍	15
4.23	养鹌鹑的大学生	15
4.25	吐鲁番的葡萄熟了	15
4.30	老人与古树	15
5.2	热心的陈虎	15
5.7	橘乡曲	15
5.9	慈母心	15
5.14	北京绢人和内画壶	15
5.16	环保老人张志新	15
5.21	藏乡放映员	15
5.23	梨园常青树	15
5.28	盘中圆梦	15
5.30	扶贫新路	15
6.4	公民沈跃江	15

播出日期（月、日）	片名	长度（分）
6.6	四胞胎	15
6.11	老羊倌的故事	15
6.13	高邮说“邮”	15
6.18	村书记的故事	15
6.20	清新库尔勒	15
6.25	薛矿长和他的采油平台	15
6.27	永恒的颂歌	15
7.2	过年	15
7.4	青年宫里的老琴童	15
7.9	追求	15
7.11	藏北手记	15
7.16	小河淌水的地方	15
7.18	老卫种树	15
7.23	真情	15
7.25	请让我来帮助你	15
7.30	“神剪”侯玉梅	15
8.1	太行不老松	15
8.6	白洋淀人家	15
8.8	沙缘	15
8.13	胶林丰碑	15
8.15	百年对话	15
8.20	情系人生两极	15
8.22	瓷像大师章文超	15
8.27	剑川有座石宝山	15
8.29	战洪灾	15
9.3	牟焕炳和他的清洗社	15
9.5	女儿般的情怀	15
9.10	星星雨	15
9.12	一个下岗女工的抱负	15
9.17	儿童村的故事	15
9.19	走近界画	15
9.24	未名的婺源	15
9.26	翠竹托起的村庄	15
10.1	心泉	15
10.3	绿之上	15
10.8	立德撕纸画	15
10.10	“兔子大王”邱广基	15
10.15	梁小昆的故事	15
10.17	黄浦江引航员	15
10.22	乡村放映员	15
10.24	心画	15
10.29	夕佳山古居民	15
10.31	榕城说“榕”	15
11.5	村支书史民志	15
11.7	聋童开语和他的妈妈	15
11.12	绿色的崛起	15
11.14	大漠的春天	15
11.19	黄土高原的新生	15
11.21	兴林致富	15
11.26	农田卫士	15
12.5	曹春生和他的44个孩子	15
12.10	向阳人家	15
12.12	刘庄巨变	15
12.17	今日大寨	15
12.19	奋进的华西	15
12.24	春暖“乞丐村”	15
12.16	长安之路	15
12.31	乡村都市	15
合 计	1545分	

（新影厂提供）

1998年中央新闻纪录电影制片厂制作和播出《名段欣赏》一览表

播出日期(月、日)	剧种	剧目	长度(分)
1.3	评剧	小女婿、家	15
1.4	婺剧	拾玉镯、断桥、三请樊梨花	15
1.6	京剧	武家坡	15
1.10	评剧	高山下的花环、阮籍醉梦	15
1.11	京剧	徐策跑城	15
1.13	评剧	钟离剑	15
1.17	京剧	文昭关	15
1.18	婺剧	辕门斩子、碧桃花·拷打	15
1.20	豫剧	三更生死缘	15
1.24	京剧	野猪林	15
1.25	赣剧	梁祝·书馆夜读	15
1.27	京剧	百花赠剑	15
1.31	川剧	别洞观景	15
2.1	京剧	凤还巢、大登殿	15
2.3	高甲戏	敬德接印、珍珠塔	15
2.7	京剧	断桥、捧印	15
2.8	评剧	刘伶醉酒·酒楼	15
2.10	京剧	目连僧救母	15
2.14	川剧	新辕门、古城会	15
2.15	京剧	失街亭、空城计	15
2.17	婺剧	白蛇前传·断桥、活捉三郎	15
2.21	京剧	玉堂春·监会	15
2.22	京剧	锁麟囊、春闺梦·梦幻	15
2.24	山东梆子	香壶案、杨八姐救兄	15
2.28	汉剧	宇宙锋·装疯	15
3.1	京剧	浣纱记、鱼肠剑	15
3.3	评剧	朱痕记、包公赔情	15
3.7	梨园戏	节妇吟	15
3.8	京剧	九江口、坐寨	15
3.10	川剧	前帐会	15
3.14	豫剧	白蛇传、大祭桩	15
3.15	京剧	遇龙酒馆、焚绵山	15
3.17	评剧	朱痕记、秦香莲	15
3.21	赣剧	还魂记·深宵幽会	15
3.22	京剧	彩楼配	15
3.24	吕剧	逼婚记、逼婚记续集	15
3.28	婺剧	三请樊梨花·夜巡、姊妹易嫁	15
3.29	京剧	铁弓缘、白门楼	15
3.31	评剧	刘伶醉酒·成仙	15
4.4	采茶戏	吴燕花·茶林巧遇	15
4.5	京剧	清官册、鱼肠剑	15
4.7	豫剧	杨金花夺印、青风亭	15
4.11	汉剧	辕门斩子	15
4.12	京剧	荒山泪·盼夫	15
4.14	河南曲剧	陈三两爬堂	15
4.18	评剧	张羽煮海、贬官记	15
4.19	京剧	洪母骂畴	15
4.21	京剧	卧龙吊孝、五侯宴	15
4.25	梨园戏	朱弁冷山记、岳霖	15
4.26	婺剧	双阳公主、僧尼会	15
4.28	梨园戏	高文举	15
5.2	河南曲剧	阿Q梦、李天保娶亲	15
5.3	京剧	二进宫、双官诰	15
5.5	汉剧	哭祖宙	15
5.9	豫剧	破洪州、穆杨会	15
5.10	京剧	斩经堂	15
5.12	吕剧	玩会跳船、风流才子	15

播出日期（月、日）	剧 种	剧 目	长度（分）
5.16	河南曲剧	秦香莲后传·哭庙、掩护	15
5.17	京剧	点帅破阵、定军山	15
5.19	婺剧	徐策跑城	15
5.23	山西北路梆子	周仁救嫂·回府	15
5.24	京剧	佘太君抗婚	15
5.26	柳琴戏	活捉南三复、断桥	15
5.30	豫剧	花枪缘	15
5.31	京剧	女起解	15
6.2	汉剧	二度梅·重台别	15
6.6	河南曲剧	孟姜女	15
6.7	京剧	彩楼配、春秋配	15
6.9	婺剧	薛刚反唐	15
6.13	评剧	牡丹仙子、离宫怨	15
6.14	京剧	杨门女将、徐母骂曹	15
6.16	广东汉剧	百里奚认妻、蝴蝶梦·修篱笆	15
6.20	山西北路梆子	周仁救嫂·哭坟、陆文龙	15
6.21	京剧	除三害、斩皇袍	15
6.23	山东梆子	杨家将、辕门斩子	15
6.27	萍乡采茶戏	榨油坊风情、吴燕花	15
6.28	京剧	三娘教子	15
6.30	豫剧	泪洒相思地	15
7.4	梨园戏	吕蒙山	15
7.5	京剧	对花枪、钓金龟	15
7.7	滇剧	京娘送兄、血手印·数桩	15
7.11	晋剧	春江月	15
7.12	京剧	铁弓缘、多沙阿波	15
7.14	南昌采茶戏	三女图、方卿戏姑	15
7.18	河北梆子	陈三两、大登殿	15
7.19	京剧	刺王僚、除三害	15
7.21	花灯剧	金银花·竹篱笆	15
7.25	吕剧	李慧娘、婴翠	15
7.26	京剧	罢宴、李逵探母	15

播出日期（月、日）	剧 种	剧 目	长度（分）
7.28	滇剧	八件衣、薛刚反唐	15
8.1	豫剧	洛阳桥	15
8.2	京剧	辛安驿	15
8.4	晋剧	生死牌	15
8.8	河北梆子	穆桂英挂帅、蝴蝶杯	15
8.9	京剧	春闺梦	15
8.11	滇剧	王昭君、樊梨花	15
8.15	豫剧	李双双、抬花轿	15
8.16	京剧	刘兰芝	15
8.18	汉剧	蝴蝶梦·劈棺·汲水	15
8.22	山西晋剧	金水桥	15
8.23	京剧	祭江	15
8.25	玉溪花灯	卓梅与阿罗	15
8.29	豫剧	穆桂英挂帅、花打朝	15
8.30	京剧	白门楼	15
9.1	丝弦	李慧娘、白蛇传·断桥	15
9.5	扬剧	血冤·识真、挑女婿	15
9.6	京剧	人面桃花、黛诺·山风	15
9.8	评剧	金沙江畔、红珠女、杨三姐告状	15
9.12	湘剧	单刀会、拜月记	15
9.13	京剧	楚宫恨	15
9.15	河北梆子	梦蝶劈棺	15
9.19	川剧	三祭江·祭关羽、原野	15
9.20	京剧	罗成、四郎探母	15
9.22	滇剧	西施梦	15
9.26	晋剧	含嫣、迎亲	15
9.27	京剧	红灯照	15
9.29	豫剧	泪洒相思地	15
10.3	昆曲	玉簪记、琴挑	15
10.4	京剧	痴梦、拾玉镯	15
10.6	山西北路梆子	画龙点睛、落荒	15
10.10	白剧	望夫云	15

播出日期(月、日)	剧种	剧目	长度(分)
10.11	京剧	赵氏孤儿、铡美案	15
10.13	河北梆子	断桥、陈三两	15
10.17	湘剧	百花赠剑	15
10.18	京剧	黑旋风李逵	15
10.20	五音戏	续黄粱	15
10.24	昆曲	十五贯·访鼠测字	15
10.25	京剧	太平公主、吕布与貂蝉	15
10.27	丝弦	文王访贤	15
10.31	京剧	坐寨、姚期	15
11.1	川剧	禹门关·别府·耍路	15
11.3	白剧	苍山会盟	15
11.7	京剧	敬德装疯	15
11.8	黄梅戏	女驸马、蓝桥会、牛郎织女	15
11.10	河南曲剧	风雪配·装箱·洞房	15
11.14	黄梅戏	对花、天仙配·路遇、孟姜女·梦会	15
11.15	京剧	簏诺	15
11.17	豫剧	五世请缨、大祭桩	15
11.21	川剧	王昭君·出北塞	15
11.22	昆曲	牡丹亭·惊梦	15
11.24	山西北路梆子	血手印·行路	15
11.18	花灯剧	莫愁女	15
11.29	京剧	小宴、监酒令	15
12.1	越剧	红楼梦、断指记、舞台姐妹	15
12.5	晋剧	卖画劈门	15
12.6	京剧	将相和、御果园	15
12.8	锡剧	双推磨、玲珑女	15
12.12	丝弦	五女拜寿	15
12.13	京剧	失子惊风、汉明妃	15
12.15	川剧	思凡、拷红	15
12.19	评剧	花为媒	15
12.20	京剧	杨家将·七郎托兆	15
12.22	越剧	红楼梦·葬花·劝黛	15
12.26	扬剧	魂断深宫	15
12.27	京剧	空城计、三家店	15
12.29	晋剧	含嫣·花园	15
合计		2340 分	

(新影厂提供)

1998年北京科学教育电影制片厂制作和播出《科教片之窗》节目一览表

播出日期(月、日)	片名	长度(分)
1.3	旱薄地丰产之路	15
1.9	转基因鱼	15
1.16	桃花坞木版年画	15
1.23	杨柳青年画	15
1.26	北极动物(上、下)	30
1.27	“米”与“公斤”的标准	15
1.28	蜗牛	15
2.1	运动训练的科学	15
2.6	太阳能	15
2.13	中国黑白花奶牛、生活在北极	30
2.18	北极交通、北极的鸟	30
2.19	话说两极、科学与北极	30
2.20	北极点、铁与儿童健康、琴魂——郑葵提琴制作艺术	45
2.24	幸存的古老工艺——制陶、幸存的古老工艺——提花、造纸	30
2.27	全玻璃真空管太阳集热器	15

播出日期（月、日）	片名	长度（分）
3.6	全营养施肥与丰产	15
3.13	远古的北京	15
3.20	来自太阳辐射的威胁	15
3.27	虎年谈虎	15
3.28	宝石与人造宝石	15
4.3	水垢的克星——电子水处理	15
4.10	无公害蔬菜	15
4.17	显微的历史与纳米时代的到来	15
4.24	恐龙化石	15
5.1	人类基因组计划	15
5.8	红十字运动	15
5.15	放蜂授粉增产技术	15
5.22	地理信息系统	15
5.29	滇池水体富营养治理	15
6.5	微生物肥料	15
6.7	澳大利亚中小学见闻	15
6.12	漫游网络中的教育节目	15
6.19	蚂蚁及其养殖	15
6.26	地热开发与应用	15
7.3	厄尔尼诺和地球气候	15
7.10	农业化学抗旱节水	15
7.17	南越王国	15
7.24	牛蛙	15
7.31	神奇的元素——硅	15
8.7	神奇的白灵菇	15
8.14	现代生物技术——细胞工程	15
8.18	红山文化、良渚文化	30

播出日期（月、日）	片名	长度（分）
8.20	契丹考古、长岛古文化	30
8.21	现代生物技术——基因工程	15
8.25	月球、木星	30
8.27	超新星、鲁国故城与鲁文化	30
8.28	认识太阳	15
8.30	岭南陶屋与克什克腾岩画、齐国故城与齐文化	30
9.4	秸秆养畜	15
9.11	臭氧层	15
9.18	神奇的纳米材料	15
9.25	观云测天话风云	15
10.2	于无声和——超声及其应用	15
10.6	企业资源计划（上、下）	30
10.8	云锦、八卦掌	30
10.9	紧奏型高产玉米	15
10.12	安岳石刻、野鸭训养	30
10.16	脐血移植	15
10.23	五指山小型猪	15
10.30	无处不在的铜	15
11.6	苹果高接换头与套袋着色技术	15
11.13	蚊子	15
11.20	有机食品与有机农业	15
11.27	给铝以刚强	15
12.4	神奇的气肥	15
12.11	新一代电子网络图书馆	15
12.25	第51次发射	15
合　计		1230

（科影厂提供）

中央电视台“心连心”艺术团 1998 年慰问演出活动一览表

节目名称	演出日期	演出地点	慰问对象	观众人数	领队	撰稿人	策划人	导演	制片人	主持人	播出日期
百色情思	2月14日	广西百色起义纪念碑	各族人民群众	约2万	赵　安	王荣起	赵　安 王荣起 等	胡　森	赵　安	周　涛 赵忠祥 等	2月18日
百年丰碑	3月2日	江苏淮安周恩来纪念堂	群众	约2万	赵化勇 邹友开	张　超	张　超 刘铁民	刘铁民	张晓海 刘铁民	赵忠祥 倪　萍	3月5日
五月礼赞	4月27日	鞍钢厂区	钢铁工人及群众	约1.5万	赵　安	全维润	赵　安 王荣起 云　剑	董长武	苏　峰 等	赵忠祥 周　涛	5月1日
抗洪精神颂	9月12日	中央电视台一号演播厅	全国抗洪军民代表	约0.2万	赵化勇	韩　伟 徐晓帆	孟　欣 韩　伟 徐晓帆	孟　欣	孟　欣	朱　军 亚　宁	9月12日

（文艺部提供）

1998年中央电视台大型文艺晚会播出(直播、录播)一览表

播出日期(月、日)	晚会名称	地 点	撰稿人	策划人	导 演	主持人
1.1	′98新年音乐会	21世纪剧院	任志萍	刘万捷	刘万捷	倪 萍
1.27	′98春节联欢晚会	中央电视台 一号演播厅	韩 伟 徐晓帆 徐 然	孟 欣 徐 然 邹友开 徐晓帆	孟 欣	赵忠祥 朱 军 倪 萍 亚 宁
	※′98春节戏曲晚会	中央电视台 1000平方米演播厅	阎 肃	阎 肃 谢桂昌	谢桂昌	朱 军 白燕卉 鞠 萍 周 涛
	※′98春节歌舞晚会	深圳世界之窗	苏叔阳 任卫新	赵 安 任克雷	王洗平	周 涛 陈 铎
3.8	群芳吐艳——“三八”国际妇女节歌舞晚会	中央电视台 1000平方米演播室	任卫新	邹友开 任卫新	王家媛	周涛
3.21	“伊利杯”我最喜爱的春节联欢晚会节目颁奖晚会	中央电视台 一号演播厅	韩 伟 徐晓帆 徐 然	孟 欣 邹友开 徐晓帆 徐 然	孟 欣	亚 宁 王玲玲
5.4	光明行——北京大学百年校庆晚会	北京大学	阎 肃	阎 肃 赵 安 王宪生	王宪生	周 涛 赵忠祥
5.23	以电视的名义——首届德艺双馨全国百佳电视艺术工作者颁奖大会	中央电视台 1000平方米演播室	陈 岚	赵 安 赵化勇	袁德旺	赵忠祥 姜 丰
6.13	第八届全国青年歌手电视大奖赛业余组颁奖晚会	中央电视台 1000平方米演播室	任卫新	赵 安 邹友开	刘铁民	刘 璐 白燕开
7.1	※党旗下的誓言——1998年“七一”晚会	中央党校	阎 肃	赵 安 阎 肃 王宪生	王宪生	周 涛 朱 军
8.3	第八届全国青年歌手电视大奖赛专业组颁奖晚会	中央电视台 1000平方米演播室	任卫新	邹友开 赵 安	刘铁民	刘 璐 白燕开
8.14	第四届中国国际民间艺术节开幕式	首都体育馆	刘 蕾	赵 安	张淑芬	孙道临

续表

播出时间(月、日)	晚会名称	地 点	撰稿人	策划人	导 演	主持人
8.16	我们万众一心——'98 抗洪赈灾义演晚会	中央电视台 1000 平方米演播室	曹 勇	赵 安 邹友开	陈雨露	赵忠祥 周 涛 朱 军 鞠 萍 等
8.22	携手筑长城——民政部、文化部、抗洪赈灾大型晚会	人民大会堂	阎 肃	赵 安 田军力 曾庆淮	王 年	唐国强 王 羚 等
8.29	'98 中国沈阳亚洲体育节开幕式	沈阳体育场	綦 磊	宁湘伟	黄海涛	姜 丰 张 政 宋世雄 马 欣
9.10	为了灾区的孩子——全国教育系统赈灾义演	中央电视台 1000 平方米演播室	任卫新	赵 安 等	屠 茵	司晓红 朱 军
10.3	'98 金秋电视演唱会	中央电视台 1000 平方米演播室	陈邵武	尹希元 孟 欣 阎德威 张 慧	阎德威	刘 璐 白燕升 张 政 周 涛
10.8	当人民需要的时候——中央军委表彰抗洪英雄文艺晚会	中国剧院	总政文化部	左 青 等	王宪生 等	郁钧剑 刘小娜 等
11.29	第四届全国戏剧小品电视业余组决赛	中央电视台 800 平方米演播室	李国营 毕福剑	王 晓	王 晓	周 涛 毕福剑
12.12	※永远的梦寻——第十六届中国电视"金鹰奖"颁奖晚会	南京五台山体育馆	阮小星	孟 欣	张海潮	朱 军 管 彤 等
12.13	第四届全国戏剧小品电视大赛专业组决赛	中央电视台 800 平方米演播室	李国营 毕福剑	王 晓 王 晓	周 涛 毕福剑	
12.22	春潮颂——纪念十一届三中全会 20 周年大型音乐会	人民大会堂	任燕萍	赵 安 曾庆淮 田军力	赵 安 王 年	鲍国安 朱 军 李 羚 周 涛 等
12.31	'99 新春音乐会	21 世纪剧院	任卫新	邹友开 秦 涛 刘 军 滕 威	秦 涛	朱 军 管 彤

说明：有※符号者为录播晚会。　　（文艺节目中心提供）

1998年中央电视台经费收支概况一览表

单位:元

项目	金额
财政补助收入	29,870,000
事 业 收 入	4,415,015,000
支 出 合 计	4,139,102,000

(财经办公室提供)

三、队伍构成概况

1998年中央电视台各系统在职人员人数一览表

单位:人

名　　称	人　　数	占全台总人数的百分比(%)
党政系统	374	9
采编播系统	1580	38
技术系统	637	15.3
经营系统	134	3.2
中国电视剧制作中心	343	8.2
中央新闻纪录电影制片厂	595	14.3
北京科学教育制片厂	500	12
合　　计	4163	100

(人事办提供)

1998年中央电视台在职人员各类专业技术职务一览表

级别	专业技术职务	人数
高级	高级编辑	48
	一级文学编辑	1
	高级记者	16
	播音指导	7
	译审	4
	艺术一级	2
	高级工程师(教授级)	10
合　　计		88

续表

级别	专业技术职务	人数
副高级	主任编辑	161
	主任记者	52
	主任播音员	11
	副译审	16
	艺术二级	11
	副研究馆员	3
	副主任医师	1
	高级工程师	128
	高级会计师	10
	高级经济师	6
	高级审计师	1
	主任技师	4
合　　计		404

续表

级别	专业技术职务	人数
中级	编辑	351
	记者	62
	一级播音员	32
	翻译	30
	艺术三级	52
	馆员	16
	工程师	205
	会计师	22
	技师	27
	经济师	37
	统计师	3
	主管药师	1
	合　　计	838
初级	各类初级专业技术职务	296
	合　　计	296

(台人事办提供)

1998年中国电视剧制作中心在职人员各类专业技术职务一览表

级别	专业技术职务	人数
高级	高级编辑	2
	一级编剧	3
	一级文学编辑	2
	一级音编	1
	一级导演	11
	一级演员	3
	一级摄影师	2
	一级美术设计师	2
	一级录音师	1
	高级工程师(教授级)	1
	合　　计	28
副高级	二级文学编辑	13
	二级音编	3
	二级导演	14
	二级演员	11
	二级摄影师	6

续表

级别	专业技术职务	人数
副高级	二级美术设计师	3
	二级录音师	8
	高级经济师	15
	高级工程师	13
	高级会计师	2
	主任灯光技师	4
	主任服装技师	2
	主任化妆技师	1
	合　　计	95
中级	三编文学编辑	8
	三级导演	16
	三级演员	10
	助理研究员	1
	工程师	22
	经济师	9
	会计师	6
	服装技师	7
	化妆技师	2
	灯光技师	8
	三级剪辑	2
	三级录音师	4
	三级摄像师	4
	三级美术设计师	6
	三级场记	6
	馆员	4
	合计	115
初级	各类初级专业技术职务	37
	合　　计	37

(剧中心提供)

1998年中央新闻纪录电影制片厂在职人员各类专业技术职务一览表

级别	专业技术职务	人数
高级	高级记者	7
	一级作曲	2
	一级美术师	1
	合　　计	10

续表

级别	专业技术职务	人数
副高级	主任记者	40
	主任播音	2
	副译审	2
	二级录音师	4
	二级剪接师	6
	二级特技摄影师	2
	二级美术设计师	1
	高级工程师	3
	高级政工师	1
	主任技师	4
	副主任医师	2
	合　　计	67
中级	记者	64
	工程师	10
	经济师	6
	会计师	7
	统计师	1
	政工师	4
	三级美术设计师	4
	三级特技摄影师	2
	三级录音师	5
	三级剪接师	2
	主任护师	1
	技师	23
	馆员	6
	合　　计	135
初　级	各类初级专业技术职务	68
	合　　计	68

（新影厂提供）

1998年北京科学教育电影制片厂在职人员各类专业技术职务一览表

级别	专业技术职务	人数
高级	一级导演	3
	一级摄影师	1
	一级美术师	1
	一级音乐师	1
	高级工程师(教授级)	1
	合　　计	7
副高级	一级文学编辑	2
	二级导演	26
	二级演员	1
	二级配音演员	1
	二级摄影师	15
	二级美术师	6
	二级录音师	2
	二级剪辑师	1
	高级工程师	6
	高级经济师	3
	高级政工师	2
	主任技师	1
	中学高级教师	4
	合　　计	70
中级	三级文学编辑	6
	三级音乐编辑	1
	一级播音员	1
	三级导演	22
	三级摄影师	42
	三级美术师	23
	三级录音师	3
	三级剪辑师	1
	化妆师	1
	工程师	9
	经济师	16
	会计师	8
	统计师	1
	技师(艺术类20．技术类6)	26
	主治医师	1
	馆员	4
	合　　计	165
初级	各类初级专业技术职务	108

（科影厂提供）

17. 对香港特别行政区及澳门、台湾地区交流与合作

1998 年对香港特别行政区及澳门、台湾地区交流与合作大事记

1月 新华通讯社澳门分社致函中央电视台,对中央电视台在澳门回归祖国倒计时两周年时,通过制作节目向海内外观众适时、充分地宣传澳门表示感谢。

2月13日 中央电视台副总编兼总编室主任罗明会见了由海峡两岸关系协会邀请的台湾新党民意代表及学者一行30人。台湾新党立法委员、新党立法院两岸事务召集人李庆华先生对中央电视台国际频道在台湾地区的成功播出给予高度评价,同时建议在国际频道中增加综合、评论性的新闻节目以及背景情况介绍,以增进两岸之间了解和交流。罗明表示,希望国际频道能够成为沟通两岸关系的重要桥梁。

2月23日~3月5日 应台湾大陆研究文教基金会董事长李钟桂女士邀请,由台办室主任李晓明任团长的银河少年电视艺术团一行45人赴台湾进行访问演出。这次赴台湾演出带去了舞蹈、京剧、器乐、声乐等多种节目,参加演出的演员最小5岁,最大13岁。孩子们在台北、台中、高雄等地演出五场,场场爆满,精湛技艺赢得了台湾观众的好评。台湾有线电视台台长说,两岸文化交流要从孩子们开始,这会促进两岸沟通。期间,李晓明受台长杨伟光委托,拜会了台湾有线电视台台长和台视董事长。

5月19日 副台长刘宝顺会见了以台北新闻社社长叶平界为团长的台北新闻媒体代表团一行19人。此来访团是受全国记协的邀请来大陆的。访问期间,他们与中央电视台的新闻工作者进行了乒乓球友谊比赛。

6月10日 香港贸易发展局经济师谭思洛以"中央电视台长期观众"名义致函杨伟光台长,谈到他收视中央电视台节目的感受。谭先生说:"作为一个热爱祖国的香港同胞,作为一个长期从事中国问题研究的工作人员,中央电视台的新闻节目一直是我了解祖国最新动态的最重要渠道之一。更令人振奋的是近年亲自目睹了中央电视台的新闻节目的水准与日提升,部分比香港的为高,能与国际争一日之长短。"

6月21~23日 为与香港无线电视台(TVB)联合制作《相约'98》文艺晚会节目,台长杨伟光一行46人访问了香港。此次活动是由中央电视台组织的一批优秀演员为纪念香港回归一周年的赴港演出。该演出的录像节目在香港无线台和中央电视台播出后受到广大电视观众的好评。

8月15日 副台长赵化勇会见了香港有线电视儿童台负责人康小圆为团长的访问团一行13人。该代表团是受中央电视台邀请来内地进行交流拍片的。期间,代表团在北京、新疆两地与当地学生进行了广泛的交流,采访了少数民族家庭,拍摄了火焰山等景观。

8月21日 副台长李东生会见了香港无线电视台新闻部总监梁家荣为团长的访问团一行5人。李东生向客人介绍了中央电视台的发展概况以及在新闻节目的制作、播出、创建栏目中的一些经验。该代表团是受国务院港澳办的邀请来内地作交流访问的。

9月2~4日 由香港贸易发展局、香港《文汇报》等主办的首届亚洲媒体广告展在香港会展中心举行。参展机构超过100家,中央电视台等60多家中央及各省市主要媒体参加了会展。

9月2日 副台长李丹会见了前来参加中央电视台建台40周年庆典活动的香港有线电视台吴天海总经理等一行3人。李丹向客人介绍了中央电视台的发展以及第四套国际频道节目在海外的落地转播等情况。

9月17日 台长杨伟光会见了新闻集团香港卫

视新任执行董事长张镇中先生。张镇中希望加强与大陆媒体的合作关系,通过电视节目提高亚洲人在世界上的地位。他还认为,中央电视台节目近年进步很大,很好看。

12月18～20日　应新华社澳门分社的邀请,以中央电视台台长杨伟光为团长的一行17人访问了澳门。此次出访的主要任务是在澳门举行大型电视纪录片《澳门岁月》的首映式。19日新华社澳门分社社长王启人、全国政协副主席马万祺等与杨伟光一起为《澳门岁月》首映式剪彩。现场放映了该片第一篇的上集。

18. 对外交流与合作

一、对外交流与合作综述

1998年中央电视台接待来访的外国广播电视团组和个人及相关行业的代表团组和个人共379批，1838人次；出访外国的团组296批，1208人次。与来自4个国家的4家电视机构签订了合作协议。聘请在中央电视台长期工作的外国专家7人。截止到1998年底，中央电视台已与149个国家和地区228个电视机构建立了业务联系。

1998年来访的外国重要团组有：
美国时代华纳国际公司代表团；
美国普泽传播顾问集团公司代表团；
南非多选集团公司代表团；
日本松下电器公司代表团；
美国映佳传媒集团公司代表团；
哈萨克斯坦国家电视台代表团；
美国泛美卫星公司代表团；
斐济新闻协会代表团；
加拿大影视协会代表团；
美国金氏世界电视制作有限公司代表团；
津巴布韦国家电视台代表团；
马来西亚新闻社代表团；
苏里南国家电视台代表团；
塞尔维亚新闻代表团；
科威特新闻代表团；
澳大利亚新闻集团；
新西兰电视公司代表团；
朝鲜广播委员会代表团；
墨西哥特莱维萨集团代表团；
阿尔及利亚新闻文化部代表团；
安哥拉大众电视台代表团；
日本广播协会代表团；
肯尼亚新闻广播代表团；
埃塞俄比亚新闻代表团；
乌拉圭广播电视演出总署代表团；
美国迪斯尼公司代表团；
日本朝日电视台代表团；
尼泊尔广播电视代表团；
俄罗斯新闻代表团；
德国电视代表团。

1998年中央电视台与下列国外电视机构签订了合作协议和备忘录：
与南非国家广播公司签署合作备忘录；
与马其顿广播电视台签署合作协议；
与全俄罗斯国家广播电视公司签署合作协议；
与德国电视二台签订合作协议。

1998年，中国电视节目代理公司共与海外59家影视机构和公司签订销售(播映权)合同100份，遍及20个国家和地区，总金额约为315万美元。销售节目共102部，3375集，2298.7小时。其中，卡通片3部，273集，86.8小时；纪录片39部，1002集，300.9小时；电视剧33部，1343集，1343小时；综艺节目7部，7集，18小时；其他类节目20部，750集，550小时。

1998年，中国电视节目代理公司通过直销和代理商，向海外发行录像带2002集，1684.5小时。其中，电视剧1277集，1277小时；纪录片577集，220小时；综艺节目148集，187.5小时。签约金额为12万美元和10万法郎。

1998年，中国电视节目销往以下国家和地区：比利时、德国、瑞典、土耳其、美国、缅甸、日本、韩国、科威特、马来西亚、菲律宾、新加坡、泰国等13个国家和地区。

1998年，中央电视台第四套节目国际频道通过9颗卫星、14个转发器向全世界发送节目。中国电视节目代理公司与海外电视机构签订正式协议38份，包括19个国家和地区的38家机构，使中央电视台第四套节目国际频道直接落地入网或入户的国家和地区达到119个。其中包括在1998年新签与续签的合同部分，涉及10个国家和地区的8家影视机构。另外还与两个国家和地区新签了合作意向书和备忘录。

1998年，海外中心共接待了外国电视摄制组17个，摄制组来自美国、捷克、奥地利、白俄罗斯、日本、加拿大、德国等国家；其中美国4次、日本8次，其他国家各1次。

美国WGBH电视台摄制组于3月4日至3月29日，拍摄了纪录片《当代中国》。

捷克国家电视台摄制组于4月5日至4月16日，拍摄了纪录片《外国人眼中的中国》。

奥地利国家电视台摄制组于5月25日至6月18日，拍摄了纪录片《中国长江三峡》。

美国"金氏世界"摄制组于5月24日至6月3日，为美国国会电视台拍摄了纪录片《中国之行》。

白俄罗斯国家电视台摄制组于7月11日至7月19日，拍摄了纪录片《中国经济》。

日本NHK摄制组于7月19日至8月4日，拍摄了纪录片《环境》。

日本富士电视台摄制组于7月26日至7月31日，拍摄了纪录片《清晨特别节目》。

日本NHK摄制组于8月1日至8月5日，拍摄了纪录片《方便食品及食品生活之深思》。

加拿大GALA公司摄制组于8月9日至8月21日，拍摄了纪录片《达尔文之后》。

日本富士电视台摄制组于8月16日至8月19日，拍摄了纪录片《清晨特别节目二》。

德国巴伐利亚电视台摄制组于8月28日至10月2日，拍摄了纪录片《中国儿童》。

美国WGBH摄制组于9月21日至10日，拍摄了纪录片《当代中国》。

美国决心制片公司摄制组于10月11日至18日，拍摄了纪录片《女性与癌症》。

日本吉本兴业摄制组于9月18日至21日，拍摄了纪录片《大连》。

日本APP通信朝日电视台摄制组于10月26日至11月9日，拍摄了纪录片《洪水的故事》。

日本NHK摄制组于10月27日至11月25日，拍摄了纪录片《跨越世纪》。

日本NHK摄制组于11月23日至12月6日，拍摄了纪录片《灾后重振家园》。

二、对外宣传

1998年，中央电视台海外节目中心继续全面贯彻党的十五大精神和中央对外宣传的方针政策，严格把握正确的舆论导向，圆满地完成了全年电视对外宣传报道任务，取得了良好的对外宣传效果，为进一步在国际上树立和维护改革开放的中国形象做出了新贡献，得到了中央外宣办等有关领导部门的充分肯定，也受到了海外观众的普遍好评。全年共制作播出了14660小时新闻、专题和文艺等各类电视节目，其中中文节目6380小时，英文节目8280小时；向海外提供节目3000多盘，计5275小时。

一、中央电视台重大活动的对外报道取得良好宣传效果

1998年，电视台对外报道的一个显著特点是，充分发挥电视传媒的优势，对重大活动进行现场直播，力争在事件发生的第一时间播出，主动出击，先声夺人，进一步加强了对外宣传的时效性。1998年，海外节目中心对外现场直播重大活动二十多场次，大大地提高了宣传效果。如现场直播"人代会"、"克林顿访华"、"面向21世纪的世界人权"国际研讨会和"党的十一届三中全会召开20周年纪念大会"等。电视现场直播已逐步成为对外报道的重要形式。

中国重大活动的对外电视报道进入外国主流社会的范围不断扩大，取得了良好效果。1998年，美国CNN等海外电视台多次整场转播中央电视台重大活动的现场直播，反映良好。美国CNN播出中央电视台新闻专题节目也有较大增加，全年共播出中央电视台提供的英语新闻138条，计345分钟。美国CNN制片人评价说："中央电视台制作的节目是惟一具有权威性，体现当代中国国情的国家级大台节目。"许多美国

观众看了中央电视台对美国总统克林顿访华的报道后,感到“震撼”,一位美国观众在来信中说:“没想到中国这么美好,以后绝不会再相信一些人对中国的造谣中伤。”

农村村委会选举,是我国民主与法制建设的一个重要举措,为世界所关注。1998年7月中旬至8月初,海外节目中心组成40多人的摄制组赴东北吉林,现场实况录制了吉林省梨树县四大家村村委会换届民主选举的全过程,首次以电视实况录像形式,介绍中国农村民主选举的情况,向海外报道。国务院新闻办、民政部和广电总局的领导对此给予很高的评价,认为这是对外宣传我国民主与法制建设的好节目。

二、中央电视台第四套节目全面改版包装,进一步加大新闻报道力度,频道形象焕然一新

1998年6月1日起改版后的第四套节目由68个栏目减少到47个,加强了重点栏目,合并了同类栏目,新办了《千秋史话》、《东方家园》、《中华医药》和《纪录中国》等4个对外宣传针对性较强的栏目。《中国风》等栏目的改版也取得成功。《中国新闻》增加了播出次数,开设了“财经报道”、“文化报道”和要闻版,每天播出由5次增加到8次,时长2小时30分钟;《中国报道》增加了报道数量,由原来每周二期改为每天一期,由每期15分钟增至30分钟;这两个对外宣传的重点栏目又上了一个新台阶。1998年8月31日,开办了每天30分钟的英语国际新闻栏目《环球瞭望》,每晚7时(北京时间)在第四套节目中播出,加大了对国际新闻的报道力度。中文《中国报道》和英文《周日话题》栏目对许多重大国际问题进行了及时、连续的深度报道。改版后的第四套节目增加了新闻类节目的比例,占全天播出总量的38%,体现了对外宣传以新闻为主的特点。除新闻节目外,第四套节目中的专题类栏目质量又有新的提高,制作播出了一大批为海外观众所喜闻乐见的精品节目,在1998年上海国际电视节上,海外节目中心制作的专题片《神鹿呀,我们的神鹿》获上海国际电视节评委会特别奖。

从1998年6月1日起,第四套节目全面改版播出,频道形象焕然一新。频道节目编排由8小时一单元改为6小时一单元,按4个时区编制节目表,保证了在世界不同时区的黄金时间段内有针对性地安排节目。在对栏目改版的同时,对第四套节目的频道形象进行了整体设计包装,制作了频道宣传片和重点栏目的新片头。第四套节目改版播出后,受到海外观众的普遍好评。

1998年,海外节目中心有11个栏目和14个节目被评为全台的优秀栏目和优秀节目。

三、中央电视台对外综艺节目制作有新突破

对外电视宣传的拳头栏目《中国文艺》在荟萃全台文艺节目的基础上进行再创作,使栏目的总体水平又有新的提高。《欢聚一堂》栏目制作了多部对外主题鲜明的节目,如《月是故乡明》、《相聚在北京》、《世界助残日》、《音乐之乡》、《精神的家园》等,受到观众的好评,首次获得1998年全国电视文艺“星光奖”优秀栏目奖。英语综艺栏目《中华艺苑》系统介绍了中国优秀传统文化和一批中国优秀民族艺术家,引起海内外英语观众的普遍关注。大型综艺节目《我们共同的亚细亚——'98元旦晚会》、《中国彩虹奖颁奖晚会》、《香江灿烂》、《青岛之夜》、《相聚在宁波》等,在内容和形式上有所创新和突破,产生了较大的影响。

四、中央电视台应用高新技术,为繁荣电视屏幕提供先进的技术条件

1998年,海外制作部在节目制作量大幅度增加的情况下,全面完成了节目制作任务。在一系列重大宣传报道活动中,快速反应能力、技术制作和保障水平显著提高,完成了“香港回归一周年”、“克林顿访华”、“面向21世纪的世界人权国际研讨会”等中、英文现场直播。制作部试行节目制作管理的新模式,采用“段位”区域性和前后期对口服务的管理方式,提高了节目制作效率,节目制作水平稳中有升,技术保障能力增强。1998年,制作部积极探索将计算机技术和电视制作技术相结合,为繁荣电视屏幕提供先进的技术条件。在南极考察报道中,首次使用INMARSAT(国际移动卫星组织简称)卫星系统进行实时报道获得成功,及时播出了南极考察的情况,提高了节目的时效性和可视性。这次新技术的应用成功,为在电视节目制作中把计算机技术与电视制作技术相结合提供了有益的经验。为扩大节目的生产能力和节目制作中的高科技含量,一批以数字设备为主体,应用电视新技术的机房相继改造完成并陆续投入使用,为海外节目中心的各类节目高水平制作奠定了基础,为对外电视宣传的发展提供了有利的条件。

五、中央电视台第四套节目和英语传送频道在海外落地工作取得新进展,两届海外幸运观众活动成功举办

1998年,第四套节目(CCTV—4)和英语传送频道在海外落地取得新进展。在对人大和政协“两会”报道

中,美国、英国、法国、德国、日本、澳大利亚和香港、澳门、台湾等68个国家和地区的119家海外电视机构转播或选播了中央电视台第四套节目和英语传送频道的节目,其中美国CNN转播了人大开幕式、闭幕式和朱镕基总理记者招待会等三场现场直播。同年6月1日,"CCTV—大富频道"在日本卫星电视网东京地区落地播出。同年7月1日,全天24小时向日本全境播出,受到日本社会的关注和观众的欢迎。同年9月至10月,中央电视台相继与匈牙利和俄罗斯等8家电视台签订了整套转播CCTV—4的协议或意向书,并与捷克和保加利亚的6家电视台签订了播出中央电视台电视节目的合作协议,从而实现了CCTV—4在东欧的落地播出。CCTV—4在美国的落地入户取得突破性进展,通过有线电视进入大学有线、曼哈顿有线电视和费城有线电视,累计订户数量达94万。CCTV—4和英语传送频道通过10颗卫星的15个转发器向全世界传送,覆盖全球98%的国家和地区。截至1998年底,共有38个海外电视机构与中央电视台签约转播CCTV—4的节目,CCTV—4实现了在119个国家和地区的有效覆盖。

随着第四套节目在海外的影响不断扩大,春节期间首次举办了CCTV—4国际频道有奖知识竞赛活动,12名幸运观众来华参观访问,引起海外众多观众的极大兴趣。同年10月,又举办第二届海外幸运观众活动,参加这次活动的有81个国家和地区的1万多名观众,比第一届增加近一倍,其中10名幸运观众到北京和大连观光。通过举办幸运观众活动,增加了与海外观众的联系,进一步扩大了CCTV—4国际频道在海外的影响,从而也进一步扩大了中国在世界的影响。

三、1998年对外交流与合作大事记

一　月

1月13日　副台长赵化勇会见了加拿大安大略省电视台商务开发及国际部主任瓦里·龙古尔。双方回顾了过去的合作,对1997年"马友友北京音乐会"的成功演出和在中央电视台播出表示满意。龙古尔此次来访目的是同中央电视台洽谈马友友六集音乐作品的播出并探讨在儿童、教育方面节目的合作可能性。赵化勇提出了双方合作的三原则,即节目的对等交流、节目购销及合作拍摄双方共同感兴趣的题材。

1月6～16日　副台长刘宜勤率团考察了日本直播卫星技术的最新发展并同有关公司探讨合作的可能性。

1月22日　副台长赵化勇会见美国时代华纳HBO国际公司高级副总裁威廉菲斯一行。双方就在亚洲联合设立中文频道事宜交换了意见。

二　月

2月10日　台长杨伟光会见美国普泽传播顾问集团公司主席兼首席执行官哈里斯·戴蒙德一行。该公司是全球最大的传播公关公司之一,总部设在纽约,在全世界54个国家和地区有分支机构和办事处。双方就广告业务及中央电视台国际频道进入美国等问题交换了意见。

2月11日　台长杨伟光会见了南非多选集团公司(MIH)首席执行官科布斯·斯当夫堡一行4人。南非多选公司主要经营付费电视用户收费管理系统软件的设计安装等工作。双方就中央电视台国际频道在国外落地、付费电视市场前景以及将来电视技术发展趋势等问题交换了意见。

2月16日　台长杨伟光会见了日本松下电器公司代表团一行7人。杨伟光向客人介绍了中国电视的现状,同时对松下公司的新产品给予了肯定。双方过去有着良好的合作基础,希望今后进行进一步的合作。

2月16日　副台长刘宜勤会见了亚广联执行编辑克劳兹·施奈德。会谈主要目的是商讨利用中央电视台已有的亚洲卫星上行站,将亚广联新闻交换节目从目前的国际卫星接收后再转到亚洲卫星上传送,以此降低亚广联新闻交换的费用。双方还需进一步谈判,并希望就有关事宜达成协议。

2月23日　台长杨伟光会见了以色列驻华大使南月明女士并希望加强在电视领域的交流与合作,交换介绍本国文化、历史等方面的纪录片。

2月26日　台长杨伟光、副台长赵化勇会见了美国映佳公司中国项目总经理谢其美女士。杨伟光仔细询问了映佳公司与中央电视台合办的"佳艺"节目的情况,对如何提高节目质量、增进广告效益等问题谈了看法。

三　月

3月2日　台副总编兼总编室主任罗明会见并宴请了以洛杉矶市副市长洛卡得·德卡迪罗为团长的电视娱乐代表团。该团主要由洛杉矶市电视娱乐世界各大公司的负责人组成,此次中国之行的主要目的是为进入中国电视市场以及在中国开发与电视有关的项目寻求新的机会。

3月3日　副台长刘宜勤会见了以主管系统销售的副总经理乔·比罗其为首的美国辛伯科技公司及随行的朗登公司代表团一行4人。朗登公司是辛伯公司在亚太地区的代理商。辛伯公司主要从事计算机数据管理系统等大型高科技产品的开发与售后服务。双方通过会谈增进了了解。

3月18日　台长杨伟光、总编室主任罗明等领导会见了总裁施莱辛格为首的美国华纳国际电视公司代表团。杨伟光向客人介绍了中央电视台的情况和近年来中国电视事业的发展情况。施莱辛格表示作为美国最大的影视节目制作、销售和广播机构之一,华纳公司非常愿意和中央电视台展开进一步的合作。在进一步的工作会谈中,双方就友好运动会的转播、中央电视台引进华纳公司影片《飘》、中国国际电视总公司协助华纳公司拍摄10集专题片《世界一千年》等事宜达成了一致意见。

3月19日　副台长赵化勇会见了哈萨克斯坦国家电视台台长、哈总统女儿纳扎尔巴耶娃·达丽加。赵化勇向客人介绍了中央电视台节目、频道及广告业务的发展。达丽加介绍了哈电视台的发展情况。双方表示今后将加强在电视领域的合作与交流。

3月24日　副台长刘宜勤会见美国汤姆逊公司卫星/电缆/多媒体部顾问莫拉尔,就数字电视广播和技术合作问题进行了会谈,并希望汤逊姆公司能够在这个试验项目上与中央电视台合作,共同推动中国电视数字化的发展。

3月25日　台长杨伟光会见了泛美卫星公司亚洲地区高级副总裁乔恩柱。乔恩柱此行的目的是介绍其公司近年来的发展情况,并为协助中央电视台卫星电视信号在全球,特别是在北美地区落地提出可行的方案。

3月26日　副台长刘宜勤会见了泛美卫星公司亚洲地区高级副总裁乔恩柱以及与泛美公司合作的两家直播卫星公司—直播电视(Direc TV)美国少数民族广播公司(EABC)的负责人。双方讨论了解决中央电视台和卫星电视信号在北美地区落地的三种方案。

3月26日　副台长刘宜勤会见了古巴驻华使馆经济参赞何塞·加托一行,就中央电视台与古巴国家电视台即将签署的合作协议等事宜同客人交换了意见。双方将根据意向书首先签署合作协议,由中央电视台派技术考察小组赴古,确定卫星地面接收站的有关技术参数、购买设备,并进行安装、调试。

3月26～4月19日　应南非多选集团公司、法国戛纳电视节组委会和瑞士中欧集团公司邀请,以台长杨伟光为团长的中央电视台代表团一行6人,访问了南非、法国和瑞士三国。代表团在南非同多选公司董事长和总经理以及南非广播公司总经理等进行了富有成果的会谈;在法国会见了最高视听委员会主席、戛纳市市长和戛纳电视节组委会主席,并且成功地举办了“中国电视纵横”活动。杨伟光还接受了多家有影响的外国电视杂志的采访;在瑞士与瑞士国家德语电视台台长和中欧集团公司总裁等,就双方的友好交流与合作进行了工作会谈。

四　月

4月7日　副台长李丹会见了斐济新闻协会主席阿斯礼·里吾率领的新闻代表团一行。李丹向客人介绍了中央电视台新闻节目制作、频道及技术发展状况。

4月10～18日　应马来西亚《三国演义》研究会的邀请,中央电视台《三国演义》代表团一行12人赴马来西亚参加马方组织的“三国之夜”演出活动,获得很大成功。代表团在吉隆坡、霹雳州、滨城、新山等马亚西亚4个主要城市各进行一场演出,每场演出观众人数均在千人以上,场面极为热烈。马来西亚的华文报纸《星州日报》、《南洋商报》、《中国报》连续刊登了演出的图片和文字记载,对此次活动进行了广泛报道。

4月15日　台长杨伟光会见美国映佳传媒集团总裁兼首席执行官谢诚刚,向客人介绍了中央电视台的发展前景,并希望通过数字压缩技术把更多中央电视台的节目传送到美国,进入映佳公司的数字平台在当地播出。谢诚刚介绍了目前美国数字电视广播的情况,建议中央电视台通过有组织的数字卫星平台将节目以直播卫星或进入当地有线电视网的方式传送给美国大众。在由副台长赵化勇主持的中央电视台与映佳公司的业务会谈中,双方就中央电视台国际频道进入映佳数字平台,以及佳艺节目的广告分成等问题进行了具体商讨并取得一定共识。

4月15日　台长杨伟光会见罗伯特·迪南董事长率领的加拿大影视公司代表团一行。双方探讨了在影视领域的合作和交流,包括影视节目的交换和合拍等,促进两国影视业间的理解与友谊。

4月23日　台长杨伟光会见美国金氏世界电视制作有限公司董事局主席兼首席执行官迈克·金率领

的代表团一行。双方就在中国广东省南海市中央电视台南海影视城联合投资建设主题游乐园项目、金氏公司代理中国国际电视总公司节目国际销售项目,以及总公司协助金氏公司在中国拍摄及制作节目项目等,达成合作意向书。

4月26日～5月4日 副台长李丹赴新加坡参加国际会议,增进了对世界媒体的了解与交流。

4月27日 台长杨伟光、副台长刘宜勤会见美国泛美卫星公司总裁龙飞德先生一行。1996年双方签署了中央电视台租用泛美公司卫星的协议。双方就中央电视台使用泛美卫星传输节目事宜交换了意见。

4月27日 台长杨伟光会见了南非多选集团公司主席库斯·贝克一行,并就中央电视台国际频道落地、付费电视技术合作等项目交换了意见。

五 月

5月2日～6月7日 应南非多选集团公司邀请,副台长刘宜勤率技术代表团进行为期12天的考察访问。代表团就付费电视技术管理、用户系统管理及卫星技术等领域进行了交流与洽谈。同时,参观了多选公司在泰国的运作系统。

5月6～8日 奥地利国家电视台代表团一行10人到中央电视台进行工作访问。副台长赵化勇和文艺中心负责人会见了代表团。奥方此行的目的是讨论1999年在北京劳动人民文化宫举行"音乐家舞台"活动的各项准备工作。

5月6～31日 副台长赵化勇随中共中央政治局委员、书记处书记、中宣部部长丁关根出访德国、奥地利和瑞士。

5月6日 副台长李丹会见了津巴布韦国家电视台台长爱德华·莫约及该台节目部主任托马斯·曼迪戈拉。双方希望通过建立经常性的富有实质内容的交流与合作,如互换节目及进行联合制作等加强两台和两国人民的相互了解。双方还探讨了在津巴布韦接收中央电视台英语传送频道的可能性。

5月8日 副台长李丹会见马来西亚新闻社社长巴卡,并就新闻领域的合作交换了意见。

5月19日 副台长刘宜勤会见美国通用电器亚太公司副总裁辛利亚·迪金斯女士及亚太地区经理霍华德先生。双方就电视技术及卫星领域的合作进行了会谈。

5月19日 副台长李丹会见了苏里南国家电视台台长莫利。苏里南国家电视台建于1965年,属官方、商业性电视台。该台希望了解中央电视台的运作并建立合作关系。该台自1998年起每天中午转播CCTV—4国际频道的新闻节目。

5月19日 副台长李丹会见并宴请了苏里南国家电视台台长莫利先生及随行记者。他们是随苏里南总统访问团来华负责采访的。莫利台长介绍了苏里南国家电视台的情况。双方表示今后将加强双方电视机构的交流与合作。

5月21日 台长杨伟光会见了新西兰电视公司人造卫星及太平洋地区业务总经理萨姆·菲尔霍,希望该公司向中国市场提供卫星服务。

5月29日 副台长刘宝顺会见塞尔维亚新闻代表团一行7人,希望双方加强在新闻领域的合作。

5月29日 副台长李丹会见由科威特新闻次官哈吉率领的科威特新闻代表团一行5人。双方就在新闻领域的合作交换了意见。

六 月

6月5～9日 应中央电视台邀请,以首席执行官西苏鲁为首的南非国家广播公司代表团一行4人进行了为期5天的参观访问。在北京期间,台长杨伟光、副台长李丹分别会见了代表团。双方探讨了在节目、人员交流、频道等领域交流与合作的可能性。会谈后,双方签署了合作备忘录。此后,代表团赴上海、无锡等地进行了参观访问。

6月6～17日 为中央电视台新闻大楼的立项、规划及建设工作顺利进行,副台长刘宝顺率代表团一行5人赴法国、德国和意大利,对有关电视机构的建筑进行考察,以吸取国外新型建筑的先进经验。

6月10日 台长杨伟光会见澳大利亚新闻集团董事长兼总裁鲁伯特·墨多克率领的新闻代表团并就节目交流与购买进行了洽谈。同时,杨伟光希望新闻集团使用我国际频道的新闻节目。

6月15日 副台长赵化勇会见美国休斯公司直播电视国际公司副总裁麦尔杰一行。双方探讨了在节目出口、系统制造等方面合作的可能性。

6月27日～7月6日 副台长刘宜勤赴澳大利亚考察奥运会设施,以确定中央电视台技术转播方面的事宜。

七 月

7月2日 副台长李丹会见新西兰电视公司代表。商讨中央电视台中文节目在菲律宾落地、重新编排后配以适当语言播出事宜。

7月20～26日 应日本富士电视台邀请,副台长李东生等一行4人参加在日本举行的首次合作会议,并决定双方领导每年定期会晤一次。在会议中,日本提出加强节目交流以及双方的人员互访等。

7月21日 台长杨伟光会见了南非多选集团公司以总裁兼首席执行官库博斯·道夫博斯为首的代表团一行,并介绍了中央电视台国际频道在非洲的落地的情况。同时,副台长刘宜勤同代表团进行了技术会谈,并探讨了在用户管理系统开发、解码器生产等领域合作的可能性。

7月21日 副台长刘宜勤会见了通用电气美国通讯公司主席兼首席执行官康哲,双方就在中国开发直播卫星电视进行了商谈。

7月29日 副台长李丹会见了朝鲜广播委员会副委员长金道鲜为团长的朝鲜广播电视代表团一行6人。双方希望加强电视节目的交流。据介绍,朝鲜现有的3个频道播出了中国的一些节目。中央电视台向朝鲜电视台赠送电视剧《人间正道》,供朝鲜电视台播出。

八 月

8月1日 应中央电视台邀请,以总裁阿斯克拉卡为首的被誉为"西班牙语世界最大传媒公司"的墨西哥特莱维萨集团高级代表团一行19人抵京进行为期两周的参观访问,广电总局局长田聪明会见了代表团一行。双方认为特莱维萨广播电视具有国际竞争力,中国的广播电视发展潜力十分巨大,在此领域可以广泛开展合作。台长杨伟光、副台长李丹也就合作事宜与客人会谈,双方对为实现中央电视台国际频道在墨西哥落地所作出的努力及所取得的成果给予高度评价,认为合作已经具有坚实的基础,今后的合作机会将日益增多,中、墨电视机构将携手开发更多电视项目。

九 月

9月1日 副台长赵化勇会见了阿尔及利亚以新闻文化部长哈姆拉维·沙乌基为首的访华代表团。双方互相介绍了两国在电视事业方面的发展情况及所面临的挑战,并且希望进一步加强合作、交流信息和经验。

9月1～3日 海外及港澳台地区共23个电视机构、54人参加了中央电视台台庆招待酒会和文艺晚会。北美洲4个公司10人;欧洲3个公司4人;大洋洲1个公司3人;非洲2个公司7人;亚洲6个公司14人;港澳台地区7个公司16人。

9月2～7日 安哥拉大众电视台台长库尼亚夫妇应邀来华访问。副台长李丹同库尼亚台长举行了业务会谈并探讨了在节目、人员等领域合作的可能性。此后,库尼亚赴广州、深圳等地进行了工作访问。

9月10日 副台长刘宝顺会见了日本广播协会(NHK)综合企划局局长井桥上平一行。中央电视台同NHK具有多方面的友好合作关系。梅地亚中心就是中央电视台和NHK于1989年合资兴建的,为亚运会等各项大型活动发挥了具有电视特色的作用。刘宝顺希望CCTV和NHK的友好合作关系得到进一步发展。

9月11～20日 副台长赵化勇率团参加在荷兰举行的IBC展览会,以了解国外最新电视技术的发展,并且就有关技术、领域的合作交换了意见。

9月14日～10月5日 副台长李丹率领中央电视台国际频道海外落地工作协调小组访问了俄罗斯、捷克、匈牙利和保加利亚4国。出访的主要目的是广泛接触当地电视媒体,进行市场调查,寻找国际频道落地合作伙伴。出访小组与全俄罗斯国家电视广播公司签署了合作协议,与俄罗斯无线、有线、卫星传播"电视中心"集团,俄罗斯地区间电视通讯公司及与匈牙利2家有线电视台签署了允许转播中央电视台国际频道的合同,并向匈牙利电视二台签发了接受我国新闻节目的授权书。

9月17日 台长杨伟光会见了澳大利亚新闻集团卫视新任执行董事长张镇中,双方就今后节目合作交换了意见。

9月23日 副台长刘宝顺会见了肯尼亚新闻广播部部长约瑟夫·恩亚加一行。肯尼亚广播新闻部主管肯政府新闻事业,广播电视为一体,目前已授权允许私人经营电视频道。双方表示希望建立并加强在节目交流、人员培训等领域的交流与合作并尽快付诸实施。

十 月

10月13日 副台长李丹会见了以南非通讯社社长马克·范登为首的南非新闻代表团一行11人。该代表团是应外交部邀请来华访问的,由南非9家主要新闻机构负责人组成。李丹希望与南非电视媒体之间建立合作关系。

10月13日 副台长李丹会见了韩国驻华使馆文化参赞魏启出,双方商谈了中韩友好歌会的事宜。

10月14日 副台长刘宝顺会见了埃塞俄比亚新闻文化代表团一行4人,埃广播电视公司下属广播、电视两个机构,有一个电视频道。双方希望在新闻节目方面建立合作关系。

10月20日 广电总局副总局长吉炳轩会见了以乌拉圭广播电视演出总署理事费拉南为首的代表团。近年来中乌两国文化交流密切,发展十分顺利。副台长李丹在会见代表团时,就乌拉圭电视台接收中央电视台西班牙语节目事宜交换了意见并希望对方尽快解决有关接收节目的技术问题。

10月26日 台长杨伟光、副台长刘宜勤会见了以总裁兼首席执行官库博斯·道夫博格为首的南非多选集团公司技术代表团。双方就为中国边远地区开发直播卫星技术进行了探讨。多选公司希望中央电视台派技术人员赴南非进行考察。

10月26日 台长杨伟光会见应对外友协邀请来访的美国迪斯尼公司总裁兼首席执行官迈克尔·埃斯纳一行。迪斯尼公司想通过此行了解我国改革开放以来的巨大成就,并会见我国领导人和有关政府高级官员,就双方共同关心的问题交换意见,以进一步加强该公司与我国的友好关系和业已存在的互惠合作。

十一月

11月6日 副台长赵化勇会见美国音乐电视频道(MTV)欧洲部执行总裁比尔·罗德一行。双方探讨了中央电视台第三套节目与MTV亚洲中文频道互播音乐电视节目事宜。

11月6日 副台长刘宝顺会见了日本东京广播公司以前川英树为首的代表团,双方就两台中级干部互访及业务交流进行了商谈。

11月6日 副台长李丹会见了尼泊尔国家电视台台长塔帕·纳特·舒克拉及电视台董事会成员马达夫·普拉丹。中央电视台欢迎尼泊尔国家电视台使用国际频道及英语传送频道的有关中国的新闻报道及文化节目。

11月9日 副台长李丹会见美国少数民族广播公司(EABC)国际节目开发部主任杰奎琳·拉斯女士。双方洽谈了通过EABC的网络转播CCTV—4国际频道节目事宜,达成了初步的合作意向。

11月11日 副台长李丹会见了越南驻华大使裴鸿福。近年来,中越两国在广播电视领域的合作发展十分迅速。中国现代电视剧在越南观众中受到热烈欢迎。为推动双方进一步合作,裴鸿福具体提出了双方电视机构的合作项目,李丹表示赞同,尤其感谢越南观众对中国电视剧的青睐。双方表示在各自国家重大庆典时将互播有关各自国家的文化,风光等纪录片,以促进两国人民的了解,增进友谊。

11月13日 台长杨伟光会见了到北京参加年度合作协商会议的日本朝日电视台副社长广濑道贞一行6人代表团。双方就面临世纪之交,电视的数字化发展问题进行了讨论。杨伟光认为向日本观众介绍中央电视台根据名著改编的电视剧有助于加深两国人民之间的文化交流。广濑表示,朝日台将开播卫星频道,还将把现有的频道数字化,这意味着在节目源上将大量地向包括中国在内的海外市场采购节目,希望两台在这方面加强合作和交流。

11月13日 副台长李丹会见美国腾图国际公司总裁克拉克。双方回顾了在电脑动画方面的合作情况,并探讨了在广告业务、节目买卖方面合作的可能。

11月16日 副台长李丹会见尼泊尔广播电视代表团一行,并同尼国家电视台台长就双方加强在音乐舞蹈、节目等方面的交流进行了洽谈。同时表示中央电视台欢迎尼国家电视台使用我国际频道新闻节目。

11月17～20日 台长杨伟光会见加拿大CINAR制片公司总裁兼首席执行官罗纳德·温伯格一行。双方就中央电视台的动画片《西游记》的后期制作和英语版、法语版、西班牙语版以及国际声版的制作达成合作意向。11月20日中国国际电视总公司总经理李培森与温伯格签署了制作动画片《西游记》的合作备忘录。

11月18日 台长杨伟光会见了梅地亚中心日本新上任的总经理关野先生。双方就今后的进一步合作进行了商谈。

11月8～18日 副台长刘宜勤率团赴美国进行技术考察,了解世界计算机最新发展情况及最新设备,以促进中央电视台计算机网络的开发。

11月18～29日 副台长李丹出席由联合国主办的"世界广播论坛大会",了解世界媒体发展的状况及前景。并拜会了我驻美国大使馆及领事馆,商讨CCTV—4国际频道在美国落地事宜。

11月27日 台长杨伟光会见并宴请了日本广播协会会长海老泽胜二。为纪念中日缔结和平友好条约20周年,应国家广电总局邀请,海老泽会长率NHK交响乐团来华演出。

11月27日 副台长赵化勇会见了俄罗斯新闻代表团,希望加强双方在新闻领域的合作。

十二月

12月1日 副台长刘宜勤会见了日本东海电视台以体育局次长兼体育部长中山和英为首的代表团,签订了1999年北京女子马拉松公路接力赛转播合作意向书。

12月1日 台长杨伟光与德国电视二台台长迪特尔·施托尔特共同签署了双方合作协议。签字仪式后,副台长赵化勇与施托尔特进行了会谈。双方达成了互播节目及在本方频道中开设专门栏目,播出对方节目的意向。

12月8日 副台长赵化勇会见了马来西亚礼晶国际娱乐有限公司以总裁吴富泉为首的一行3人,双方就节目交流等方面进行了探讨。

12月10日 副台长李丹会见法国电讯的代表,双方探讨了为中央电视台第四套节目在北美洲提供卫星服务等事宜。

12月14日 副台长刘宜勤会见了欧盟数字录像广播(DVB)项目组织负责人裴吉德博士,双方探讨了在数字地面广播方面合作的可能性。

12月14日 台长杨伟光会见了日本京瓷公司名誉会长稻盛和夫以及日本友好人士木村一三。京瓷公司是日本较具实力的综合电子企业,1998年成为经营CCTV—4国际频道在日播出的大富公司的新股东。杨伟光高度评价了稻盛先生的远见卓识和京瓷公司的投资举动,京瓷公司的投资参股,更加强了CCTV—4国际频道在日本的竞争力。双方还就CCTV—4国际频道尽快实现本土化,适合对象国观众的需要等问题进行了探讨。

12月18日 副台长刘宝顺会见了以尼泊尔通讯社董事会主席普兰达尔·吉米瑞为首的新闻代表团,双方就今后在新闻领域的合作进行了探讨。

12月29日 台长杨伟光会见美国熊氏集团董事长熊德克先生。杨伟光代表中央电视台、熊德龙先生代表美国《国际日报》签署了关于在《国际日报》刊发“中国电视”专刊的协议。

19. 附　录

1997～1998年度中央电视台荣获社会先进集体、先进个人名录

一、先进集体：

首都文明单位标兵(连续六年)
北京市卫生红旗单位(连续六年)
北京市无偿献血先进单位(连续五年)
北京市消防先进工作单位
北京市安全文明小区、北京市花园式单位和北京市卫生先进单位(彩电宿舍)
海淀区绿化先进单位
中央国家机关文化系统先进单位(保卫处)

二、先进个人：

高丽萍(第三届范长江新闻奖)
李　挺(第三届韬奋新闻奖提名奖)
白岩松(第三届北京市"十大杰出青年")
刘建中(中央国家机关文化系统保卫先进个人)

1997～1998年度中央电视台荣获广播电影电视总局先进集体、先进个人名录

一、先进集体：

卫生先进单位
献血工作标兵单位
计划生育标兵单位
消防工作先进单位
安全保卫先进单位
供配电先进单位
技术维护先进台(站)

二、先进个人：

樊必智、李景旺(安全保卫工作先进个人)
孟令朝(消防先进个人)
崔国辉(治安先进个人)
卞美瑾、张　敏(标准化先进个人)

(精神文明建设办公室提供)

1997～1998年度荣获中央电视台先进集体、先进个人名录

一、先进集体：

台办公室：秘书处
　　保卫处
总编室：节目资料管理处播出库
　　观联处数据分析科
人事办公室：劳动工资处
财经办公室：财产物资处设备科
　　财务处
机关党委：党委办公室
新闻节目中心：社会新闻部记者五组
　　新闻制作部美工科
　　新闻评论部记者二组
　　地方新闻部编辑二组
海外节目中心：海外新闻部编辑组
　　海外专题部《中国报道》组
　　外语新闻部采访组
社教节目中心：纪录片部特别节目组
　　科教部《走近科学》组

专题部《健康之路》组
文艺节目中心:影视部编审二组
文艺部
戏曲音乐部音乐电视组
广告经济信息中心:信息部《供求热线》组
广告部业务科
青少节目中心:少儿部《大风车》编辑策划组
青年部
技术管理办公室:信息通信处通信线务科
动力处供配电科
技术制作中心:动画技术部
采录部录制四科
录制部影视制作科
制作部美术设计科
播出传送中心:传送部卫星传送科
转播部
纪检组监察室
中国电视报社
中国国际电视总公司:中国电视节目代理公司
上海分公司
中国电视剧制作中心:文学部
办公室秘书科
技术处录制三科
制作部管理科
中央新闻纪录电影制片厂:编辑部第二编辑室
影视资料部
录制工作间
图文数据输录组
北京科学教育电影制片厂:第三编辑室
总务科
字幕译制部

二、先进个人

台办公室行政处:李宝珊
房管处:杨怀文
总编室研究处:王　录
宣传规划处:那育玲
人事办公室干部管理处:张景卫
财经办公室基建处:王京献
财经办公室管理处:陆海亮
机关党委工会:张梅英
新闻节目中心新闻评论部:王利芬
军事部:冀惠彦
新闻采访部:谢力
新闻编辑部:徐臻
海外节目中心联络部:王小虹
对台部:王文昌
外语专题部:陈皓旻
社教节目中心纪录片部:亓元君
专题部:王新中
文艺节目中心综合部:邹亚丁、万　刚
国际部:秦明新
广告经济信息中心经济部:刘　旭
广告部:张　勇
体育节目中心:体育新闻部:方　刚
综合部:辛少英
体育竞赛部:栗　斌
青少节目中心:综合部:张　薇
动画片部:林　俏
技术管理办公室:徐　威
动力处:王振京
技术制作中心制作部:周双喜
采录部:任国民
录制部:王　珮
播出传送中心总控部:智　卫
播出部:黄建新
审计处:孙玲娣
中国国际电视总公司:何海明、翟国柱
中央卫星电视传播中心:郭文慈
中国电视剧制作中心:刘贡生、王　静、杨英凯
中央新闻纪录电影制片厂:邵振堂、费小平、
王文华、范燕青、
马维民、张　兴
北京科学教育电影制片厂:杜　岩、贾立新、
王　鹏、包为民、
魏长平

(人事办公室提供)

1997～1998年度荣获中央电视台先进党支部、优秀共产党员、优秀党务工作者、优秀党员行政领导干部名录

(排名不分先后)

先进党支部:

新闻节目中心编辑部党支部
海外节目中心外语部党支部
文艺节目中心文艺部党支部
社教节目中心专题部党支部
青少节目中心青少部党支部
技术管理办公室信息通信处党支部
技术制作中心音频部党支部
行政处党支部
计财处党支部
人事处党支部
老干部处审片组党支部
中国电视报党支部
监察室党支部
无锡唐城党支部
电视剧中心技术处党支部
新影厂编辑部党支部
科影厂行政第一党支部

优秀共产党员：

李朝晖 谷云龙 包布和 刘小燕 张 军
张洪甫 李荣国 赵忠祥 刘 真 钱 蔚
黄志刚 朱九龄 王雪莲 哈国英 李 众
戴芦新 张国森 吕金明 彭香莲 马彦青
鲁智勇 樊必智 高振生 韩小英 范秀兰
贺常余 沈朝周 张文琴 张如亮 宿兰妮
周红文 肖建兵 张鲁燕 贺 刚 邱玉林
吴维刚 吴晓东 潘小扬 刘贡生 经本愚
郭本敏 孟宪杰 王 燕 蒋祖武 蒋建伟
王建生 赵宝清 徐 进 姚大禹 郭宝通
关雷溟 张宝凤

优秀党务工作者：

王增臣 王建宏 张宝安 范 昀 郭书兰
王广令 李 楠 冉素霞 郑淑贞 李小建
张宏平 杨 菁 高讲文 李 萍 王翠霞
王冀林 沈 雁 丁京平 刘文华 陈 忠
郭恩慈 李宝珊 姜 萍 彭小平 姚文莉
常志成 王建敏 刘 申 李彦吉 陈锡南
刘玉刚 郭宝祥 吴志泉 郭秀英 韩立梅
陈泽仁 韩小俊 姚秀芳 张 兴 穆 军
连 洁 薛宛平 张文增

优秀党员行政领导干部：

袁正明 吕 斌 高建民 冯存礼 余培侠
李宏虹 罗 明 李晓明 南玉敏 李培森
蔡世富 王世荣 安伟民

（党办提供）

1998年中央电视台驻港、澳记者名录

驻香港记者站：

高丽萍 董石才 孙 迅 赵春林 刘自力
裴 建 高凌云 吴春生 刘 祥

驻澳门记者站：

张玉山 韩 卫

（新闻节目中心提供）

1998年中央电视台驻外记者名录

驻美国记者站：

高 军 刘正铸

驻比利时记者站：

顾玉龙 王晓琨

驻泰国记者站：

张传昌 王尔泉

（新闻节目中心提供）

1998年中央电视台(1—8套)节目播出时间表

第一套(CCTV－1 新闻为主的综合频道)

<table>
<tr><th>星期
节目
时间</th><th>一</th><th>二</th><th>三</th><th>四</th><th>五</th><th>六</th><th>日</th></tr>
<tr><td>6:00</td><td>早间新闻</td><td>早间新闻</td><td>早间新闻</td><td>早间新闻</td><td>早间新闻</td><td>早间新闻</td><td>早间新闻</td></tr>
<tr><td>6:15</td><td>每周一歌</td><td>每周一歌</td><td>每周一歌</td><td>每周一歌</td><td>每周一歌</td><td>每周一歌</td><td>每周一歌</td></tr>
<tr><td>6:20</td><td>闻鸡起舞</td><td>闻鸡起舞</td><td>闻鸡起舞</td><td>新闻专题</td><td>人与自然</td><td>音乐电视城</td><td>地方文艺</td></tr>
<tr><td>6:53</td><td>健美五分钟</td><td>健美五分钟</td><td rowspan="2">健美五分钟
大众健身操</td><td>健美五分钟</td><td>健美五分钟</td><td rowspan="2">健美五分钟
大众健身操</td><td>健美五分钟</td></tr>
<tr><td>6:58</td><td>收视指南</td><td>收视指南</td><td>收视指南</td><td>收视指南</td><td>收视指南</td></tr>
<tr><td>7:00</td><td>新闻</td><td>新闻</td><td>新闻</td><td>新闻</td><td>新闻</td><td>新闻</td><td>新闻</td></tr>
<tr><td>7:20</td><td>东方时空</td><td>东方时空</td><td>东方时空</td><td>东方时空</td><td>东方时空</td><td>东方时空</td><td>东方时空·
实话实说</td></tr>
<tr><td>8:00</td><td>新闻</td><td>新闻</td><td>新闻</td><td>新闻</td><td>新闻</td><td>新闻</td><td rowspan="2">新闻</td></tr>
<tr><td>8:20</td><td>收视指南</td><td>收视指南</td><td>收视指南</td><td>收视指南</td><td>收视指南</td><td>收视指南</td></tr>
<tr><td>8:22</td><td>焦点访谈</td><td>焦点访谈</td><td>焦点访谈</td><td>焦点访谈</td><td>焦点访谈</td><td>焦点访谈</td><td>焦点访谈</td></tr>
<tr><td>8:35</td><td>夕阳红</td><td>夕阳红</td><td>夕阳红</td><td>夕阳红</td><td>夕阳红</td><td>夕阳红</td><td rowspan="2">夕阳红
(周日版)</td></tr>
<tr><td>9:05</td><td rowspan="3">电视剧</td><td rowspan="3">电视剧</td><td rowspan="3">电视剧</td><td rowspan="3">电视剧</td><td rowspan="2">电视剧</td><td rowspan="3">大风车
(地方版)</td></tr>
<tr><td>9:10</td><td rowspan="2">国际影院</td></tr>
<tr><td>9:50</td><td>每周一歌</td></tr>
<tr><td>10:00</td><td>新闻</td><td>新闻</td><td>新闻</td><td>新闻</td><td>新闻</td><td rowspan="2">新闻</td><td rowspan="5">新闻</td></tr>
<tr><td>10:05</td><td>收视指南</td><td>收视指南</td><td>收视指南</td><td>收视指南</td><td>收视指南</td></tr>
<tr><td>10:10</td><td>地方文艺</td><td>综艺走廊</td><td>人与自然</td><td>12 演播室</td><td>中国旅游</td><td>人民子弟兵</td></tr>
<tr><td>10:40</td><td>当代工人</td><td>中华民族</td><td>音乐电视城</td><td>半边天</td><td>半边天</td><td>半边天</td></tr>
<tr><td>11:10</td><td rowspan="2">健康之路</td><td rowspan="2">科技博览</td><td rowspan="2">科技博览</td><td rowspan="2">科技博览</td><td rowspan="2">科技博览</td><td rowspan="2">科技博览</td></tr>
<tr><td>11:15</td><td rowspan="2">专题文艺</td></tr>
<tr><td>11:20</td><td rowspan="3">读书时间</td><td rowspan="3">人民子弟兵</td><td rowspan="3">健康之路</td><td rowspan="3">地方台
30分钟</td><td rowspan="3">美术星空</td><td rowspan="3">健康之路</td></tr>
<tr><td>11:30</td><td>中国人口</td></tr>
<tr><td>11:50</td><td rowspan="2">时事纵横</td></tr>
<tr><td>11:55</td><td>每周一歌</td><td>每周一歌</td><td>每周一歌</td><td>每周一歌</td><td>每周一歌</td><td>每周一歌</td></tr>
<tr><td>12:00</td><td>新闻 30 分</td><td>新闻 30 分</td><td>新闻 30 分</td><td>新闻 30 分</td><td>新闻 30 分</td><td>新闻 30 分</td><td>新闻 30 分</td></tr>
<tr><td>12:30</td><td>收视指南</td><td>收视指南</td><td>收视指南</td><td>收视指南</td><td>收视指南</td><td>收视指南</td><td>收视指南</td></tr>
<tr><td>12:37</td><td rowspan="2">电视书场</td><td rowspan="2">电视书场</td><td rowspan="2">电视书场</td><td rowspan="2">电视书场</td><td rowspan="2">电视书场</td><td>今日说法</td><td>今日说法</td></tr>
<tr><td>12:55</td><td rowspan="2">剧场</td><td rowspan="2">文艺广角
(精编版)</td></tr>
<tr><td>13:00</td><td>曲苑杂坛</td><td>戏剧天地</td><td>九州戏苑</td><td>军事天地</td><td>第二起跑线</td></tr>
</table>

(此表根据《中国电视报》1998年第50期制作,下同。)

续表

时间 \ 节目 \ 星期	一	二	三	四	五	六	日
13:15	曲苑杂坛	戏剧天地	九州戏苑	军事天地	第二起跑线	剧场	电视你我他
13:20				祖国各地			
13:30							走近科学
13:45		每周一歌	每周一歌				
13:50	健康之路		科技博览	每周一歌	科技博览		
14:00	新闻	新闻	新闻	新闻	新闻	新闻	新闻
14:05	收视指南		收视指南	收视指南	收视指南		第二起跑线
14:10	电视讲座	电视讲座	电视讲座	外语教学	电视讲座	纪录片之窗	
14:30			科学访谈		科学访谈		
14:40	外语教学	走近科学		走近科学			
14:45			外语教学		外语教学		
14:50						科技博览	
14:55						银幕采风	中华民族
15:00			特别节目		特别节目		
15:10	银幕采风	新闻调查	万家灯火	社会经纬	'98 环球		
15:25						中华民族	美术星空
15:40	人民子弟兵						
15:55	天气预报	天气预报		天气预报	天气预报	天气预报	
16:00	新闻	新闻	新闻	新闻	新闻	新闻	新闻
16:05	收视指南	收视指南	收视指南	收视指南	收视指南	收视指南	收视指南
16:10	电视剧	电视剧	电视剧	电视剧	电视剧	外语教学	正大综艺 正大剧场
16:40						电视你我他	
16:55						科技博览	
16:57	请您欣赏	中国人口					
17:00	文艺广角（精编版）		科技博览	纪录片之窗	科教片之窗	纪录片之窗	
17:05			世纪回眸				
17:15				科技博览	科技博览	科技博览	
17:20	芝麻开门	芝麻开门	芝麻开门	芝麻开门	芝麻开门	芝麻开门	
17:30	动画城	动画城	动画城	动画城	动画城	动画城	
17:57							收视指南
18:00	新闻	新闻	新闻	新闻	新闻	新闻	新闻

续表

时间＼节目＼星期	一	二	三	四	五	六	日
18:09	大风车	大风车	大风车	大风车	大风车	大风车	大风车
18:56	收视指南	收视指南	收视指南	收视指南	收视指南		收视指南
19:00	新闻联播	新闻联播	新闻联播	新闻联播	新闻联播	新闻联播	新闻联播
19:31	天气预报	天气预报	天气预报	天气预报	天气预报	天气预报	天气预报
19:38	焦点访谈	焦点访谈	焦点访谈	焦点访谈	焦点访谈	焦点访谈	焦点访谈
19:55	科技博览	科技博览	科技博览	科技博览	科技博览	科技博览	科技博览
20:00	收视指南	收视指南	收视指南	收视指南	收视指南		收视指南
20:05	专题片		专题片	专题片	专题片	东西南北中	专题片
20:10		现场直播					特别节目('98优秀小品欣赏会)
21:00	新闻		新闻	新闻	新闻	新闻	
21:09	收视指南		收视指南	收视指南	收视指南		
21:10	军事天地		'98环球	万家灯火	新闻调查	电视你我他	
21:25	人与自然					旋转舞台	
21:50							
22:00	晚间新闻 世界报道 体育新闻 天气预报	晚间新闻 世界报道 体育新闻 天气预报	晚间新闻 世界报道 体育新闻 天气预报	晚间新闻 世界报道 体育新闻 天气预报	晚间新闻 世界报道 体育新闻 天气预报	晚间新闻 世界报道 体育新闻 天气预报	晚间新闻 世界报道 体育新闻 天气预报
22:48	收视指南	收视指南		收视指南	收视指南		收视指南
22:52	天涯共此时	九州戏苑	12演播室	社会经纬		世界名著名片欣赏	体育大世界
22:55					读书时间		
23:27	电视剧		电视剧				
23:30					电视剧		
23:42		地方台30分钟					艺苑风景线
00:00	新闻	新闻	新闻	新闻	新闻	新闻	新闻
00:22		电视剧					地方文艺
00:25	电视剧						
00:45						NBA集锦	
00:52							电视连续剧
01:10		收视指南 结束					
01:12	收视指南 结束		收视指南 结束				
01:15					收视指南 结束	结束	
01:27				收视指南 结束			
01:40							收视指南 结束

第二套(CCTV－2 经济为主的综合频道)

时间＼节目＼星期	一	二	三	四	五	六	日
6:00	电大教学	电大教学	电大教学	电大教学	电大教学	中国财经报道	电视购物
6:15						NBA 赛场	
6:50							商务电视
7:20							供求热线
7:40	中国财经报道	中国财经报道	中国财经报道	中国财经报道	中国财经报道		中国财经报道
7:55	电视购物	电视购物	电视购物	电视购物	电视购物	电视购物	
8:00							经济节目
8:25	商桥	商桥	商桥	商桥	商桥	商桥	
8:30	中国财经报道	中国财经报道	中国财经报道	中国财经报道	中国财经报道	中国财经报道	
8:40	商务电视	商务电视	商务电视	商务电视	商务电视	商务电视	
8:45							电视你我他
9:00							人民子弟兵
9:10	供求热线	供求热线	供求热线	供求热线	供求热线	供求热线	
9:15							儿童剧场
9:30	人与自然	12 演播室	旋转舞台	艺苑风景线	健康之路	国际影院	
10:00	第八套广播体操	第八套广播体操	第八套广播体操	第八套广播体操	第八套广播体操		
10:09		请您欣赏					
10:17	新闻调查	电视剧	电视剧	电视剧	电视剧		
10:55							供求热线
11:02	每周一歌					电视购物	
11:04		请您欣赏					
11:10	半边天	半边天	半边天	当代工人	中华民族	美术星空	
11:15							经济节目
11:40	供求热线	供求热线	供求热线	供求热线	供求热线	供求热线	
12:00	生活	生活	生活	生活	生活	生活	中华文明之光
12:30	中国财经报道	中国财经报道	中国财经报道	中国财经报道	中国财经报道	中国财经报道	中国财经报道
12:40	农业教育与科技	农业教育与科技	农业教育与科技	星火科技	星火科技	祖国各地	中国风
13:10	世界经济报道	金土地	欢乐家庭	金土地	经营有道	金土地	欢乐家庭
13:40	经济半小时	经济半小时	经济半小时	经济半小时	经济半小时	经济半小时	经济半小时
14:15	新闻 30 分	新闻 30 分	新闻 30 分	新闻 30 分	新闻 30 分	新闻 30 分	新闻 30 分

续表

时间＼节目＼星期	一	二	三	四	五	六	日
14:45	健康之路	科技博览	科技博览	科技博览	科技博览	科技博览	新闻30分
14:50	夕阳红	夕阳红	夕阳红	夕阳红	夕阳红	夕阳红	夕阳红
15:25	电视购物	电视购物	电视购物	电视购物	电视购物	供求热线	供求热线
16:20	天涯共此时		美术星空		读书时间		
16:50	特别节目	讲座	特别节目	讲座	特别节目	现场直播	现场直播
17:00	走近科学		走近科学		走近科学		
17:10				迎接新世纪			
17:30	供求热线	供求热线	供求热线	供求热线	供求热线		
17:50	中国财经报道	中国财经报道	中国财经报道	中国财经报道	中国财经报道	中国财经报道	中国财经报道
18:00	商务电视	商务电视	商务电视	商务电视	商务电视		商务电视
18:30	金土地	欢乐家庭	金土地	经营有道	金土地	欢乐家庭	世界经济报道
19:00	科学访谈	电视进座	外语教学	电视讲座	外语教学	音乐桥	音乐桥
19:35	中国财经报道	中国财经报道	中国财经报道	中国财经报道	中国财经报道	中国财经报道	正大综艺
19:38							
19:55	商桥	商桥	商桥	商桥	商桥	商桥	
20:00	生活	生活	生活	生活	生活	生活	
20:30	经济半小时	经济半小时	经济半小时	经济半小时	经济半小时	经济半小时	
21:07	'98世界体育报道	电视剧	电视剧	电视剧	电视剧	电视剧	
21:30							经济半小时
21:54		请您欣赏					
22:00	中国新闻	中国新闻	中国新闻	中国新闻	中国新闻	中国新闻	中国新闻
22:33	东方时空	东方时空	东方时空	东方时空	东方时空	东方时空	东方时空·实话实说
23:13	中国报道	中国报道	中国报道	中国报道	中国报道	中国报道	中国报道
23:45	英语新闻	英语新闻	英语新闻	英语新闻	英语新闻	英语新闻	英语新闻
00:15	电视购物	电视购物	电视购物	电视购物	电视购物	电视购物	今日中国
00:45							电视购物
01:05	中国财经报道	中国财经报道	中国财经报道	中国财经报道	中国财经报道	中国财经报道	
01:20	供求热线	供求热线	供求热线	供求热线	供求热线	供求热线	
01:35							中国财经报道
01:40	收视指南结束	收视指南结束	收视指南结束	收视指南结束	收视指南结束	收视指南结束	
01:50							收视指南结束

第三套(CCTV-3 戏曲·音乐频道)

<table>
<tr><th>星期
节目
时间</th><th>一</th><th>二</th><th>三</th><th>四</th><th>五</th><th>六</th><th>日</th></tr>
<tr><td>8:30</td><td>每周一歌</td><td>每周一歌</td><td>每周一歌</td><td>每周一歌</td><td>每周一歌</td><td>每周一歌</td><td>每周一歌</td></tr>
<tr><td>8:38</td><td>音乐桥</td><td rowspan="2">中国音乐
电视 60 分</td><td rowspan="4">戏苑百家</td><td rowspan="2">中国音乐
电视 60 分</td><td rowspan="7">戏苑百家</td><td rowspan="2">中国音乐
电视 60 分</td><td rowspan="6">戏苑百家</td></tr>
<tr><td>9:08</td><td>音乐电视城</td></tr>
<tr><td>9:40</td><td>请跟我唱</td><td>'98 全国首届
电视诗歌散文
作品展播</td><td>请跟我唱</td><td>'98 全国首届
电视诗歌散文
作品展播</td></tr>
<tr><td>9:50</td><td rowspan="2">星星擂台</td><td rowspan="2">银屏歌声</td><td rowspan="2">星星擂台</td><td rowspan="2">星星擂台</td></tr>
<tr><td>10:18</td><td rowspan="4">梨园群英</td></tr>
<tr><td>10:20</td><td rowspan="4">音乐知多少</td><td rowspan="4">音乐知多少</td><td rowspan="4">音乐知多少</td><td rowspan="4">音乐知多少</td></tr>
<tr><td>10:30</td><td rowspan="4">梨园群英</td></tr>
<tr><td>10:40</td><td rowspan="4">梨园群英</td></tr>
<tr><td>10:50</td><td rowspan="2">名段欣赏</td></tr>
<tr><td>10:52</td><td rowspan="10">音乐大舞台</td><td rowspan="3">音乐桥</td><td rowspan="10">音乐大舞台</td><td rowspan="10">星星音乐会</td></tr>
<tr><td>11:05</td><td rowspan="5">戏曲采风</td><td rowspan="2">名段欣赏</td></tr>
<tr><td>11:12</td><td rowspan="2">知识库</td></tr>
<tr><td>11:17</td><td rowspan="2">戏迷园地</td><td rowspan="4">戏曲采风</td></tr>
<tr><td>11:20</td><td rowspan="11">戏苑百家</td></tr>
<tr><td>11:22</td><td rowspan="4">外国音乐</td></tr>
<tr><td>11:28</td><td rowspan="14">戏苑百家</td></tr>
<tr><td>11:30</td><td>戏迷园地</td></tr>
<tr><td>11:40</td><td rowspan="11">戏苑百家</td></tr>
<tr><td>11:52</td><td>收视指南</td></tr>
<tr><td>11:55</td><td>戏曲采风</td><td rowspan="3">星星擂台</td><td rowspan="3">银屏歌声</td><td rowspan="3">银屏歌声</td></tr>
<tr><td>12:05</td><td>名段欣赏</td></tr>
<tr><td>12:20</td><td>知识库</td></tr>
<tr><td>12:28</td><td>九州戏苑</td><td rowspan="4">中国音乐
电视 60 分</td><td rowspan="4">中国音乐
电视 60 分</td><td rowspan="5">中国音乐
电视 60 分</td></tr>
<tr><td>13:13</td><td rowspan="2">戏迷园地</td></tr>
<tr><td>13:25</td><td rowspan="3">知识库</td></tr>
<tr><td>13:23</td><td>每周一歌</td></tr>
<tr><td>13:28</td><td rowspan="3">星星擂台</td><td rowspan="3">银屏歌声</td><td rowspan="3">星星擂台</td></tr>
<tr><td>13:30</td><td rowspan="2">梨园群英</td><td rowspan="2">银屏歌声</td></tr>
<tr><td>13:53</td><td>知识库</td></tr>
</table>

续表

<table>
<tr><th>星期
节目
时间</th><th>一</th><th>二</th><th>三</th><th>四</th><th>五</th><th>六</th><th>日</th></tr>
<tr><td>14:00</td><td>音乐桥</td><td>音乐桥</td><td rowspan="2">梨园群英</td><td>音乐桥</td><td>星星擂台</td><td>音乐桥</td><td>梨园群英</td></tr>
<tr><td>14:30</td><td rowspan="4">戏曲大舞台</td><td rowspan="2">音乐大舞台</td><td rowspan="2">音乐大舞台</td><td rowspan="4">戏曲大舞台</td><td rowspan="2">音乐大舞台</td><td rowspan="6">戏曲大舞台</td></tr>
<tr><td>15:11</td><td rowspan="5">戏曲大舞台</td></tr>
<tr><td>15:30</td><td>银屏歌声</td><td>银屏歌声</td><td>星星擂台</td></tr>
<tr><td>16:00</td><td rowspan="3">中国音乐
电视 60 分</td><td rowspan="3">中国音乐
电视 60 分</td><td rowspan="3">中国音乐
电视 60 分</td></tr>
<tr><td>16:35</td><td>名段欣赏</td><td>名段欣赏</td></tr>
<tr><td>16:50</td><td>戏曲采风</td><td>戏曲采风</td></tr>
<tr><td>17:00</td><td rowspan="2">每周一歌</td><td rowspan="2">每周一歌</td><td rowspan="2">每周一歌</td><td rowspan="2">每周一歌</td><td rowspan="2">每周一歌</td><td rowspan="2">每周一歌</td><td>每周一歌</td></tr>
<tr><td>17:05</td><td>收视指南</td></tr>
<tr><td>17:08</td><td rowspan="4">中国音乐
电视 60 分</td><td rowspan="3">戏苑百家</td><td rowspan="4">中国音乐
电视 60 分</td><td rowspan="4">戏苑百家</td><td rowspan="4">中国音乐
电视 60 分</td><td rowspan="2">戏苑百家</td><td>音乐桥</td></tr>
<tr><td>17:38</td><td rowspan="3">外国音乐</td></tr>
<tr><td>17:53</td><td rowspan="2">名段欣赏</td></tr>
<tr><td>17:58</td><td>戏曲采风</td></tr>
<tr><td>18:10</td><td>请跟我唱</td><td>戏迷园地</td><td>请跟我唱</td><td>戏迷园地</td><td>请跟我唱</td><td>戏迷园地</td><td>请跟我唱</td></tr>
<tr><td>18:20</td><td>东方时空</td><td>东方时空</td><td>东方时空</td><td>东方时空</td><td>东方时空</td><td>东方时空</td><td>东方时空</td></tr>
<tr><td>19:00</td><td>音乐知多少</td><td>梨园群英</td><td>音乐知多少</td><td>梨园群英</td><td>音乐知多少</td><td>梨园群英</td><td>音乐知多少</td></tr>
<tr><td>19:32</td><td rowspan="4">音乐桥</td><td rowspan="2">名段欣赏</td><td rowspan="5">音乐大舞台</td><td>知识库</td><td rowspan="8">音乐直播厅</td><td rowspan="2">名段欣赏</td><td rowspan="5">音乐大舞台</td></tr>
<tr><td>19:40</td><td rowspan="10">戏曲直播</td></tr>
<tr><td>19:47</td><td>戏迷园地</td><td>戏曲采风</td></tr>
<tr><td>20:00</td><td rowspan="11">戏苑百家</td><td rowspan="9">戏苑百家</td></tr>
<tr><td>20:02</td><td>外国音乐</td></tr>
<tr><td>20:35</td><td rowspan="4">星星擂台</td><td rowspan="4">银屏歌声</td><td>’98 全国首届电视诗歌散文作品展播</td></tr>
<tr><td>20:45</td><td>名段欣赏</td></tr>
<tr><td>21:00</td><td rowspan="7">世界名著
名片欣赏</td></tr>
<tr><td>21:05</td><td rowspan="2">银屏歌声</td></tr>
<tr><td>21:08</td><td rowspan="5">中国音乐
电视 60 分</td><td rowspan="5">中国音乐
电视 60 分</td></tr>
<tr><td>21:38</td><td rowspan="4">中国音乐
电视 60 分</td></tr>
<tr><td>21:45</td><td rowspan="2">名段欣赏</td></tr>
<tr><td>21:58</td><td rowspan="2">知识库</td></tr>
<tr><td>22:00</td><td>梨园群英</td></tr>
</table>

续表

<table>
<tr><th>星期 节目 时间</th><th>一</th><th>二</th><th>三</th><th>四</th><th>五</th><th>六</th><th>日</th></tr>
<tr><td>22:03</td><td rowspan="2">中国音乐
电视 60 分</td><td rowspan="2">戏苑百家</td><td rowspan="2">中国音乐
电视 60 分</td><td rowspan="5">梨园群英</td><td rowspan="7">中国音乐
电视 60 分</td><td rowspan="3">名段欣赏</td><td rowspan="4">世界名著
名片欣赏</td></tr>
<tr><td>22:08</td></tr>
<tr><td>22:13</td><td rowspan="3">'98 全国首届
电视诗歌散文
作品展播</td><td rowspan="6">新闻联播</td><td rowspan="3">'98 全国首届
电视诗歌散文
作品展播</td></tr>
<tr><td>22:18</td><td rowspan="2">戏曲采风</td></tr>
<tr><td>22:25</td><td>每周一歌</td></tr>
<tr><td>22:30</td><td>新闻联播</td><td>新闻联播</td><td>新闻联播</td><td>新闻联播</td><td>新闻联播</td></tr>
<tr><td>23:00</td><td rowspan="3">音乐大舞台</td><td rowspan="3">音乐大舞台</td><td rowspan="9">戏曲大舞台</td><td rowspan="7">戏曲大舞台</td><td rowspan="8">戏曲大舞台</td></tr>
<tr><td>23:10</td><td rowspan="3">音乐大舞台</td></tr>
<tr><td>23:43</td><td rowspan="8">戏曲大舞台</td></tr>
<tr><td>00:00</td><td rowspan="6">银屏歌声</td><td rowspan="2">银屏歌声</td></tr>
<tr><td>00:10</td><td rowspan="2">星星擂台</td></tr>
<tr><td>00:30</td><td rowspan="4">中国音乐
电视 60 分</td></tr>
<tr><td>00:40</td><td rowspan="5">中国音乐
申视 60 分</td></tr>
<tr><td>00:56</td><td rowspan="5">结束</td></tr>
<tr><td>01:03</td><td rowspan="4">结束</td></tr>
<tr><td>01:30</td><td rowspan="3">结束</td><td rowspan="3">结束</td><td rowspan="3">结束</td></tr>
<tr><td>01:39</td><td rowspan="2">结束</td></tr>
<tr><td>01:40</td><td>结束</td></tr>
</table>

第四套(CCTV－4 国际频道)

<table>
<tr><th>星期 节目 时间</th><th>一</th><th>二</th><th>三</th><th>四</th><th>五</th><th>六</th><th>日</th></tr>
<tr><td>4:25</td><td rowspan="2">动画城</td><td>华夏掠影</td><td>千秋史话</td><td>东方家园</td><td>变化中的中国</td><td>观众之友</td><td rowspan="5">戏曲大舞台</td></tr>
<tr><td>4:40</td><td rowspan="2">戏曲采风</td><td rowspan="3">'98 体育
大世界</td><td rowspan="4">神州戏坛</td><td rowspan="4">中国文艺</td><td rowspan="4">曲苑杂坛</td></tr>
<tr><td>4:55</td><td>科技博览</td></tr>
<tr><td>5:00</td><td rowspan="2">中国风</td><td rowspan="2">梨园群英</td></tr>
<tr><td>5:25</td><td>科技博览</td></tr>
<tr><td>5:30</td><td>梨园群英</td><td>夕阳红</td><td>夕阳红</td><td>夕阳红</td><td>夕阳红</td><td>夕阳红</td><td>动画城</td></tr>
<tr><td>6:00</td><td>中国新闻</td><td>中国新闻</td><td>中国新闻</td><td>中国新闻</td><td>中国新闻</td><td>中国新闻</td><td>中国新闻</td></tr>
</table>

续表

时间＼节目＼星期	一	二	三	四	五	六	日
6:15	中国新闻·财经报道	中国新闻·财经报道	中国新闻·财经报道	中国新闻·财经报道	中国新闻·财经报道	中国新闻·财经报道	中国新闻·财经报道
6:30	动画城	动画城	动画城	动画城	动画城	电影	中国体育
7:05	专题报道	电视剧	电视剧	电视剧	电视剧		
7:30							世界体育报道
7:55						科技博览	
8:00	夕阳红	夕阳红	夕阳红	夕阳红	夕阳红	夕阳红	
8:25							科技博览
8:30	中国新闻	中国新闻	中国新闻	中国新闻	中国新闻	中国新闻	中国新闻
8:45	芝麻开门	芝麻开门	芝麻开门	芝麻开门	芝麻开门	芝麻开门	芝麻开门
8:57		全天收视指南					
9:00	戏曲采风	'98 体育大世界	神州戏坛	中国文艺	曲苑杂坛	中国文艺	欢聚一堂
9:20	梨园群英						
9:45		科技博览					
9:50	科技博览		科技博览	科技博览	科技博览	科技博览	科技博览
10:00	中国新闻	中国新闻	中国新闻	中国新闻	中国新闻	中国新闻	中国新闻
10:15	华夏掠影	千秋史话	东方家园	变化中的中国	观众之友	千秋史话	文化报道
10:30	中华医药	纪录中国	中华文明之光	海峡两岸关系论谈	天涯共此时	中国旅游	中国风
11:00	中国报道	中国报道	中国报道	中国报道	中国报道	中国报道	中国报道
11:30	中国新闻	中国新闻	中国新闻	中国新闻	中国新闻	中国新闻	中国新闻
12:00	英语新闻	英语新闻	英语新闻	英语新闻	英语新闻	英语新闻	英语新闻
12:30	每周话题(英)	中国各地(英)	中国投资指南(英)	今日中国(英)	中国各地(英)	中华艺苑(英)	一周回顾(英)
13:00	厨艺(英)	功夫(英)	厨艺(英)	功夫(英)	功夫(英)	功夫(英)	厨艺(英)
13:10	神州风采(英)	神州风采(英)	神州风采(英)	神州风采(英)	神州风采(英)	神州风采(英)	神州风采(英)
13:15	汉语400句(英)	汉语400句(英)	汉语400句(英)	汉语400句(英)	汉语400句(英)	汉语400句(英)	外国人看中国(英)
13:30	中华艺苑(英)	中华艺苑(英)	中华艺苑(英)	中华艺苑(英)	中华艺苑(英)	中华艺苑(英)	中华艺苑(英)
14:00	东方时空	东方时空	东方时空	东方时空	东方时空	东方时空	东方时空
14:25	动画城	动画城	动画城	动画城	动画城	动画城	动画城
14:55		收视指南					
15:00	中华医药	纪录中国	中华文明之光	海峡两岸关系论谈	天涯共此时	中国旅游	中国风
15:30	华夏掠影	千秋史话	东方家园	变化中的中国	观众之友	东方家园	文化报道
15:45	中国新闻·财经报道	中国新闻·财经报道	中国新闻·财经报道	中国新闻·财经报道	中国新闻·财经报道	中国新闻·财经报道	中国新闻·财经报道

续表

<table>
<tr><th>星期
节目
时间</th><th>一</th><th>二</th><th>三</th><th>四</th><th>五</th><th>六</th><th>日</th></tr>
<tr><td>16:00</td><td>中国新闻</td><td>中国新闻</td><td>中国新闻</td><td>中国新闻</td><td>中国新闻</td><td>中国新闻</td><td>中国新闻</td></tr>
<tr><td>16:30</td><td rowspan="2">中国报道</td><td rowspan="2">中国报道</td><td rowspan="2">中国报道</td><td rowspan="2">中国报道</td><td rowspan="2">中国报道</td><td>中国报道</td><td>中国报道</td></tr>
<tr><td>17:00</td><td rowspan="4">五环夜话</td><td rowspan="4">中国音乐电视 60 分</td></tr>
<tr><td>17:05</td><td>专题报道</td><td>电视剧</td><td>电视剧</td><td>电视剧</td><td>电视剧</td></tr>
<tr><td>18:00</td><td>华夏掠影</td><td>千秋史话</td><td>东方家园</td><td>变化中的中国</td><td>观众之友</td></tr>
<tr><td>18:15</td><td>芝麻开门</td><td>芝麻开门</td><td>芝麻开门</td><td>芝麻开门</td><td>芝麻开门</td></tr>
<tr><td>18:30</td><td>粤语新闻、中国新闻·财经报道</td><td>粤语新闻、中国新闻·财经报道</td><td>粤语新闻、中国新闻·财经报道</td><td>粤语新闻、中国新闻·财经报道</td><td>粤语新闻、中国新闻·财经报道</td><td>粤语新闻、中国新闻·财经报道</td><td>粤语新闻、中国新闻·财经报道</td></tr>
<tr><td>19:00</td><td>环球瞭望(英)</td><td>环球瞭望(英)</td><td>环球瞭望(英)</td><td>环球瞭望(英)</td><td>环球瞭望(英)</td><td>环球瞭望(英)</td><td>环球瞭望(英)</td></tr>
<tr><td>19:30</td><td>中国各地(英)</td><td>中国投资指南(英)</td><td>今日中国(英)</td><td>中国各地(英)</td><td>中华艺苑(英)</td><td>一周回顾(英)</td><td>周日话题(英)</td></tr>
<tr><td>20:05</td><td>戏曲采风</td><td rowspan="2">'98 体育大世界</td><td rowspan="3">神州戏坛</td><td rowspan="3">中国文艺</td><td rowspan="3">曲苑杂坛</td><td rowspan="3">中国文艺</td><td rowspan="3">欢聚一堂</td></tr>
<tr><td>20:25</td><td rowspan="2">梨园群英</td></tr>
<tr><td>20:50</td><td>科技博览</td></tr>
<tr><td>21:00</td><td>中国新闻</td><td>中国新闻</td><td>中国新闻</td><td>中国新闻</td><td>中国新闻</td><td>中国新闻</td><td>中国新闻</td></tr>
<tr><td>21:30</td><td>中国报道</td><td>中国报道</td><td>中国报道</td><td>中国报道</td><td>中国报道</td><td>中国报道</td><td>中国报道</td></tr>
<tr><td>22:05</td><td>中华医药</td><td>纪录中国</td><td>中华文明之光</td><td>海峡两岸关系论谈</td><td>天涯共此时</td><td>中国旅游</td><td>中国风</td></tr>
<tr><td>22:40</td><td>粤语新闻</td><td>粤语新闻</td><td>粤语新闻</td><td>粤语新闻</td><td>粤语新闻</td><td>粤语新闻</td><td>粤语新闻</td></tr>
<tr><td>22:55</td><td>科技博览</td><td>科技博览</td><td>科技博览</td><td>科技博览</td><td>科技博览</td><td>科技博览</td><td>科技博览</td></tr>
<tr><td>23:00</td><td>英语新闻</td><td>英语新闻</td><td>英语新闻</td><td>英语新闻</td><td>英语新闻</td><td>英语新闻</td><td>英语新闻</td></tr>
<tr><td>23:30</td><td>中国各地(英)</td><td>中国投资指南(英)</td><td>今日中国(英)</td><td>中国各地(英)</td><td>中华艺苑(英)</td><td>一周回顾(英)</td><td>一周回顾(英)</td></tr>
<tr><td>00:00</td><td>功夫(英)</td><td>功夫(英)</td><td>功夫(英)</td><td>功夫(英)</td><td>功夫(英)</td><td>功夫(英)</td><td>功夫(英)</td></tr>
<tr><td>00:10</td><td>音乐电视(英)</td><td>音乐电视(英)</td><td>音乐电视(英)</td><td>音乐电视(英)</td><td>音乐电视(英)</td><td>音乐电视(英)</td><td>音乐电视(英)</td></tr>
<tr><td>00:20</td><td>今日中国(英)</td><td>今日中国(英)</td><td>今日中国(英)</td><td>今日中国(英)</td><td>今日中国(英)</td><td>今日中国(英)</td><td>今日中国(英)</td></tr>
<tr><td>00:50</td><td>华夏风情(英)</td><td>华夏风情(英)</td><td>华夏风情(英)</td><td>华夏风情(英)</td><td>华夏风情(英)</td><td>华夏风情(英)</td><td>华夏风情(英)</td></tr>
<tr><td>01:00</td><td>中国各地(英)</td><td>中国各地(英)</td><td>中国各地(英)</td><td>中国各地(英)</td><td>中国各地(英)</td><td>中国各地(英)</td><td>中国各地(英)</td></tr>
<tr><td>01:30</td><td>英语新闻</td><td>英语新闻</td><td>英语新闻</td><td>英语新闻</td><td>英语新闻</td><td>英语新闻</td><td>英语新闻</td></tr>
<tr><td>02:00</td><td>中国新闻</td><td>中国新闻</td><td>中国新闻</td><td>中国新闻</td><td>中国新闻</td><td>中国新闻</td><td>中国新闻</td></tr>
<tr><td>02:30</td><td>中国报道</td><td>中国报道</td><td>中国报道</td><td>中国报道</td><td>中国报道</td><td>中国报道</td><td>中国报道</td></tr>
<tr><td>03:00</td><td>新闻联播</td><td rowspan="2">新闻联播</td><td rowspan="2">新闻联播</td><td rowspan="2">新闻联播</td><td rowspan="3">新闻联播</td><td>新闻联播</td><td>新闻联播</td></tr>
<tr><td>03:35</td><td rowspan="3">专题报道</td><td rowspan="3">戏曲大舞台</td><td rowspan="3">电影</td></tr>
<tr><td>03:37</td><td rowspan="2">电视剧</td><td rowspan="2">电视剧</td><td rowspan="2">电视剧</td></tr>
<tr><td>03:38</td><td>电视剧</td></tr>
</table>

第五套(CCTV－5 体育频道)

<table>
<tr><th>星期
节目
时间</th><th>一</th><th>二</th><th>三</th><th>四</th><th>五</th><th>六</th><th>日</th></tr>
<tr><td>8:35</td><td>康乐年华</td><td>康乐年华</td><td>康乐年华</td><td>康乐年华</td><td>康乐年华</td><td>康乐年华</td><td>康乐年华</td></tr>
<tr><td>9:30</td><td rowspan="3">卫星赛场</td><td rowspan="2">亚洲足球集锦</td><td rowspan="2">'98 世界
体育报道</td><td rowspan="2">欧洲足球集锦</td><td rowspan="3">卫星赛场</td><td>系列体育
教学片</td><td>棋牌乐</td></tr>
<tr><td>10:00</td><td rowspan="5">现场直播</td><td rowspan="3">纹枰论道</td></tr>
<tr><td>10:25</td><td rowspan="3">篮球公园</td><td rowspan="3">周末大放送</td><td rowspan="3">假日体育</td></tr>
<tr><td>11:00</td><td rowspan="2">体育专题</td><td rowspan="2">欧洲足球集锦</td></tr>
<tr><td>11:30</td><td>体育商城</td></tr>
<tr><td>11:55</td><td>健美五分钟</td><td>健美五分钟</td><td>健美五分钟</td><td>健美五分钟</td><td>健美五分钟</td><td>健美五分钟</td></tr>
<tr><td>12:00</td><td>体育快讯</td><td>体育快讯</td><td>体育快讯</td><td>体育快讯</td><td rowspan="2">体育快讯</td><td>体育快讯</td><td>体育快讯</td></tr>
<tr><td>12:15</td><td rowspan="2">卫星直播</td><td rowspan="2">篮球公园</td><td rowspan="2">周二大放送</td><td rowspan="2">假日体育</td><td rowspan="2">城市之间</td><td rowspan="9">足球之夜</td></tr>
<tr><td>12:20</td><td>卫星赛场</td></tr>
<tr><td>13:50</td><td>体育快讯</td><td>体育快讯</td><td>体育快讯</td><td>体育快讯</td><td>体育快讯</td><td rowspan="2">体育快讯</td></tr>
<tr><td>14:00</td><td rowspan="3">康乐年华</td><td rowspan="3">亚洲足球集锦</td><td rowspan="3">欧洲足球集锦</td><td rowspan="3">康乐年华</td><td rowspan="3">康乐年华</td></tr>
<tr><td>14:10</td><td>健美五分钟</td></tr>
<tr><td>14:20</td><td rowspan="2">'98 世界
体育报道</td></tr>
<tr><td>15:00</td><td rowspan="4">卫星直播</td><td rowspan="4">卫星赛场</td><td rowspan="4">卫星赛场</td><td rowspan="4">卫星赛场</td><td rowspan="4">卫星赛场</td></tr>
<tr><td>15:15</td><td>体育商城</td></tr>
<tr><td>15:45</td><td rowspan="4">实况录像</td></tr>
<tr><td>15:55</td><td rowspan="3">现场直播</td></tr>
<tr><td>17:00</td><td>棋牌乐</td><td>体育商城</td><td>棋牌乐</td><td>体育商城</td><td>体育商城</td></tr>
<tr><td>17:30</td><td>体育商城</td><td>棋牌乐</td><td>体育教学片</td><td>棋牌乐</td><td rowspan="6">现场直播</td></tr>
<tr><td>18:00</td><td>体育新闻</td><td>体育新闻</td><td>体育新闻</td><td>体育新闻</td><td>体育商城</td><td>体育新闻</td></tr>
<tr><td>18:30</td><td rowspan="3">系列体育
教学片</td><td rowspan="3">'98 世界
体育报道</td><td rowspan="2">体育商城</td><td rowspan="3">康乐年华</td><td rowspan="4">现场直播</td><td rowspan="3">中国体育</td></tr>
<tr><td>18:55</td></tr>
<tr><td>19:00</td><td>体育教学片</td></tr>
<tr><td>19:30</td><td rowspan="2">篮球公园</td><td rowspan="2">周二大放送</td><td rowspan="2">假日体育</td><td rowspan="2">足球之夜</td><td rowspan="3">城市之间</td></tr>
<tr><td>20:35</td><td>体育商城</td><td>体育商城</td></tr>
<tr><td>21:00</td><td rowspan="2">体育新闻</td><td rowspan="2">体育新闻</td><td rowspan="2">体育新闻</td><td rowspan="2">体育新闻</td><td rowspan="2">体育新闻</td><td rowspan="3">中国体育</td></tr>
<tr><td>21:10</td><td rowspan="4">卫星赛场</td></tr>
<tr><td>21:30</td><td rowspan="2">篮球公园</td><td rowspan="3">周二大放送</td><td rowspan="2">假日体育</td><td rowspan="3">足球之夜</td><td rowspan="2">城市之间</td></tr>
<tr><td>22:00</td><td rowspan="2">卫星赛场</td></tr>
<tr><td>23:05</td><td>卫星赛场</td><td>欧洲足球集锦</td><td>纹枰论道</td></tr>
</table>

续表

<table>
<tr><th>星期
节目
时间</th><th>一</th><th>二</th><th>三</th><th>四</th><th>五</th><th>六</th><th>日</th></tr>
<tr><td>23:10</td><td rowspan="8">卫星赛场</td><td rowspan="5">亚洲足球集锦</td><td rowspan="4">欧洲足球集锦</td><td rowspan="2">足球之夜</td><td rowspan="8">纹枰论道</td><td rowspan="4">卫星赛场</td><td>卫星赛场</td></tr>
<tr><td>23:15</td><td rowspan="4">康乐年华</td></tr>
<tr><td>23:45</td><td>体育新闻</td></tr>
<tr><td>23:55</td><td rowspan="7">结束</td></tr>
<tr><td>00:05</td><td rowspan="2">体育新闻
晚间新闻</td><td rowspan="2">体育新闻
晚间新闻</td></tr>
<tr><td>00:10</td><td rowspan="2">体育新闻
晚间新闻</td><td rowspan="2">体育新闻
晚间新闻</td></tr>
<tr><td>00:15</td><td rowspan="4">节目预告
结束</td><td rowspan="4">结束</td></tr>
<tr><td>00:20</td><td rowspan="3">节目预告
结束</td><td rowspan="3">节目预告
结束</td></tr>
<tr><td>00:40</td><td>体育新闻
晚间新闻</td><td>体育新闻
晚间新闻</td></tr>
<tr><td>00:50</td><td>节目预告
结束</td><td>结束</td></tr>
</table>

第六套(CCTV－6 电影频道)

<table>
<tr><th>星期
节目
时间</th><th>一</th><th>二</th><th>三</th><th>四</th><th>五</th><th>六</th><th>日</th></tr>
<tr><td>8:30</td><td rowspan="3">科教片之窗</td><td rowspan="3">科教片之窗</td><td rowspan="3">世界纪录片
长廊</td><td rowspan="3">科教片之窗</td><td rowspan="3">世界纪录片
长廊</td><td rowspan="7">译制片</td><td rowspan="3">世界纪录片
长廊</td></tr>
<tr><td>8:41</td></tr>
<tr><td>8:45</td></tr>
<tr><td>9:09</td><td>故事片</td><td rowspan="10">故事片</td><td rowspan="7">故事片</td><td rowspan="2">故事片</td><td rowspan="7">故事片</td><td>青少年影院</td></tr>
<tr><td>10:50</td><td rowspan="5">译制片</td><td rowspan="4">故事片</td></tr>
<tr><td>10:55</td><td rowspan="4">译制片</td></tr>
<tr><td>10:58</td></tr>
<tr><td>11:23</td><td rowspan="7">故事片</td></tr>
<tr><td>12:35</td><td rowspan="8">美术片</td></tr>
<tr><td>12:46</td><td rowspan="8">故事片</td><td rowspan="8">美术片</td></tr>
<tr><td>12:48</td><td rowspan="5">美术片</td><td rowspan="7">美术片</td></tr>
<tr><td>12:52</td></tr>
<tr><td>12:54</td></tr>
<tr><td>13:01</td><td rowspan="4">美术片</td></tr>
<tr><td>13:05</td><td rowspan="3">美术片</td></tr>
<tr><td>13:08</td><td rowspan="2">译制片</td></tr>
<tr><td>13:11</td><td>译制片</td></tr>
</table>

续表

<table>
<tr><th>星期
节目
时间</th><th>一</th><th>二</th><th>三</th><th>四</th><th>五</th><th>六</th><th>日</th></tr>
<tr><td>13:18</td><td rowspan="14">故事片</td><td>美术片</td><td rowspan="4">译制片</td><td rowspan="2">美术片</td><td rowspan="3">译制片</td><td>美术片</td><td rowspan="4">译制片</td></tr>
<tr><td>13:20</td><td rowspan="4">译制片</td><td rowspan="3">故事片</td></tr>
<tr><td>13:31</td><td rowspan="13">故事片</td></tr>
<tr><td>14:53</td><td rowspan="16">故事片</td></tr>
<tr><td>15:00</td><td rowspan="16">故事片</td><td rowspan="2">周末电影</td><td rowspan="2">流金岁月</td></tr>
<tr><td>15:05</td><td rowspan="13">故事片</td></tr>
<tr><td>15:09</td><td rowspan="14">故事片</td><td rowspan="11">故事片</td></tr>
<tr><td>15:53</td></tr>
<tr><td>16:33</td></tr>
<tr><td>16:39</td></tr>
<tr><td>16:46</td></tr>
<tr><td>16:48</td></tr>
<tr><td>16:54</td></tr>
<tr><td>16:57</td></tr>
<tr><td>18:07</td><td rowspan="2">美术片</td></tr>
<tr><td>18:10</td><td rowspan="8">美术片</td></tr>
<tr><td>18:24</td><td rowspan="5">科教片</td></tr>
<tr><td>18:27</td><td rowspan="7">美术片</td></tr>
<tr><td>18:30</td><td rowspan="3">美术片</td></tr>
<tr><td>18:34</td><td rowspan="5">美术片</td></tr>
<tr><td>18:39</td><td>美术片</td><td rowspan="2">美术片</td></tr>
<tr><td>19:00</td><td rowspan="6">科教片之窗</td><td rowspan="7">世界纪录片
长廊</td><td rowspan="6">科教片之窗</td></tr>
<tr><td>19:02</td><td rowspan="6">世界纪录片
长廊</td></tr>
<tr><td>19:03</td><td rowspan="5">世界纪录片
长廊</td></tr>
<tr><td>19:04</td><td rowspan="4">科教片之窗</td><td rowspan="4">科教片之窗</td></tr>
<tr><td>19:15</td></tr>
<tr><td>19:19</td></tr>
<tr><td>19:38</td><td rowspan="2">电影大百科</td><td rowspan="2">电影市场写真</td></tr>
<tr><td>19:41</td><td rowspan="3">故事片</td><td rowspan="2">新片现场追踪</td><td rowspan="3">今日影视</td><td rowspan="2">新片现场追踪</td><td rowspan="2">边说边看</td></tr>
<tr><td>19:58</td><td rowspan="2">流金岁月</td><td rowspan="2">时代风云录</td></tr>
<tr><td>20:00</td><td>故事片</td><td>译制片</td><td>故事片</td></tr>
</table>

续表

<table>
<tr><th>星期
节目
时间</th><th>一</th><th>二</th><th>三</th><th>四</th><th>五</th><th>六</th><th>日</th></tr>
<tr><td>20:08</td><td rowspan="5">故事片</td><td rowspan="3">故事片</td><td rowspan="14">译制片</td><td rowspan="4">故事片</td><td>今日影视</td><td rowspan="6">译制片</td><td rowspan="16">故事片</td></tr>
<tr><td>20:16</td><td>周末电视</td></tr>
<tr><td>20:26</td><td rowspan="5">故事片</td></tr>
<tr><td>21:40</td><td rowspan="8">海外剧场</td></tr>
<tr><td>21:53</td><td rowspan="6">海外剧场</td></tr>
<tr><td>22:08</td><td rowspan="8">译制片</td></tr>
<tr><td>22:14</td><td rowspan="11">故事片</td></tr>
<tr><td>22:16</td><td rowspan="5">译制片</td></tr>
<tr><td>22:34</td></tr>
<tr><td>23:06</td></tr>
<tr><td>23:25</td><td rowspan="5">故事片</td></tr>
<tr><td>23:27</td><td rowspan="4">故事片</td></tr>
<tr><td>23:53</td><td rowspan="6">故事片</td></tr>
<tr><td>23:57</td><td rowspan="6">故事片</td></tr>
<tr><td>00:23</td><td rowspan="6">故事片</td></tr>
<tr><td>00:04</td><td rowspan="6">结束</td><td rowspan="6">结束</td></tr>
<tr><td>00:40</td><td rowspan="5">结束</td></tr>
<tr><td>01:25</td><td rowspan="4">结束</td></tr>
<tr><td>01:34</td><td rowspan="3">结束</td></tr>
<tr><td>01:45</td><td rowspan="2">结束</td></tr>
<tr><td>01:51</td><td>结束</td></tr>
</table>

第七套（CCTV－7 农业·军事·少儿·科技频道）

<table>
<tr><th>星期
节目
时间</th><th>一</th><th>二</th><th>三</th><th>四</th><th>五</th><th>六</th><th>日</th></tr>
<tr><td>8:30</td><td>学前节目</td><td>学前节目</td><td>学前节目</td><td>学前节目</td><td>学前节目</td><td>学前节目</td><td>学前节目</td></tr>
<tr><td>9:00</td><td rowspan="3">少儿节目</td><td>一周节目早知道</td><td rowspan="3">少儿节目</td><td rowspan="4">少儿节目</td><td rowspan="3">少儿节目</td><td rowspan="3">少儿节目</td><td rowspan="3">少儿节目</td></tr>
<tr><td>9:05</td><td>大风车（地方版）</td></tr>
<tr><td>9:55</td><td>一周节目早知道</td></tr>
<tr><td>10:00</td><td>军事报道</td><td>军事报道</td><td>军事报道</td><td>军事报道</td><td>军事报道</td><td>军事报道</td></tr>
</table>

续表

<table>
<tr><th>星期
节目
时间</th><th>一</th><th>二</th><th>三</th><th>四</th><th>五</th><th>六</th><th>日</th></tr>
<tr><td>10:30</td><td>中国武警</td><td rowspan="2">祝你成才</td><td rowspan="2">军营文化</td><td rowspan="2">祝你成才</td><td rowspan="2">军营文化</td><td rowspan="2">祝你成才</td><td rowspan="2">军营文化</td></tr>
<tr><td>11:00</td><td>军事纪录片</td></tr>
<tr><td>11:35</td><td>科技之光</td><td>科技之光</td><td>科技之光</td><td>科技之光</td><td>科技之光</td><td>科技之光</td><td>科技之光</td></tr>
<tr><td>12:33</td><td>农村经济</td><td rowspan="2">农村经济</td><td rowspan="2">农村经济</td><td rowspan="2">农村经济</td><td rowspan="2">农村经济</td><td rowspan="2">农村经济</td><td rowspan="2">农村经济</td></tr>
<tr><td>12:55</td><td rowspan="2">农业教育</td></tr>
<tr><td>13:00</td><td>科技苑</td><td>科技苑</td><td>科技苑</td><td>科技苑</td><td>科技苑</td><td>科技苑</td></tr>
<tr><td>13:27</td><td>农村经济</td><td>农村经济</td><td>致富经</td><td>农村经济</td><td>农村经济</td><td>农村经济</td><td>农村经济</td></tr>
<tr><td>14:00</td><td rowspan="2">农业教育</td><td rowspan="2">农业教育</td><td rowspan="2">农业教育</td><td rowspan="2">农业教育</td><td rowspan="2">农业教育</td><td>军营文化</td><td>中国武警</td></tr>
<tr><td>14:30</td><td>部队生活</td><td>部队生活</td></tr>
<tr><td>15:00</td><td>学前节目</td><td>学前节目</td><td>学前节目</td><td>学前节目</td><td>学前节目</td><td>学前节目</td><td rowspan="2">儿童剧场</td></tr>
<tr><td>15:30</td><td>第二起跑线</td><td>儿童剧场</td><td>儿童剧场</td><td>儿童剧场</td><td>儿童剧场</td><td>儿童剧场</td></tr>
<tr><td>16:20</td><td>大风车</td><td>大风车</td><td>大风车</td><td>大风车</td><td>大风车</td><td>大风车</td><td>大风车</td></tr>
<tr><td>17:00</td><td>军事报道</td><td>军事报道</td><td>军事报道</td><td>军事报道</td><td>军事报道</td><td rowspan="3">军营文化</td><td>祝你成才</td></tr>
<tr><td>17:30</td><td>祝你成才</td><td>部队生活</td><td>军营文化</td><td>部队生活</td><td>军事纪录片</td><td>军事纪录片</td></tr>
<tr><td>18:07</td><td rowspan="3">农村各地</td><td rowspan="3">农村各地</td><td rowspan="3">农村各地</td><td rowspan="3">农村各地</td><td rowspan="3">农村各地</td><td rowspan="2">四季风</td></tr>
<tr><td>18:09</td><td rowspan="4">农村文艺</td></tr>
<tr><td>18:27</td><td rowspan="2">农村教育</td></tr>
<tr><td>18:32</td><td>科技苑</td><td>科技苑</td><td>科技苑</td><td>科技苑</td><td>科技苑</td></tr>
<tr><td>19:00</td><td>农业教育</td><td>农业教育</td><td>农业教育</td><td>农业教育</td><td>农业教育</td><td>农业教育</td></tr>
<tr><td>19:30</td><td>军事报道</td><td>军事报道</td><td>军事报道</td><td>军事报道</td><td>军事报道</td><td>军事报道</td><td>军事报道</td></tr>
<tr><td>20:00</td><td>一周节目早知道</td><td rowspan="4">少儿节目</td><td rowspan="4">少儿节目</td><td rowspan="4">少儿节目</td><td rowspan="4">少儿节目</td><td rowspan="3">少儿节目</td><td rowspan="3">少儿节目</td></tr>
<tr><td>20:05</td><td>大风车(地方版)</td></tr>
<tr><td>20:55</td><td>一周节目早知道</td></tr>
<tr><td>21:00</td><td>农业信息</td><td>农业信息</td><td>农业信息</td></tr>
<tr><td>21:07</td><td>农村经济</td><td>致富经</td><td>农村经济</td><td>农村经济</td><td>农村经济</td><td>农村经济</td><td>农村经济</td></tr>
<tr><td>21:45</td><td>科技之光</td><td>科技之光</td><td>科技之光</td><td>科技之光</td><td>科技之光</td><td rowspan="2">科技之光</td><td rowspan="2">科技之光</td></tr>
<tr><td>22:40</td><td rowspan="2">农村各地</td><td rowspan="2">农村各地</td><td rowspan="2">农村各地</td><td rowspan="2">农村各地</td><td rowspan="2">农村各地</td></tr>
<tr><td>22:42</td><td rowspan="4">农村文艺</td><td rowspan="4">农村文艺</td></tr>
<tr><td>23:05</td><td>农村经济</td><td rowspan="3">农村经济</td><td rowspan="3">农村经济</td><td rowspan="3">农村经济</td><td rowspan="3">农村经济</td></tr>
<tr><td>23:25</td><td>农业信息</td></tr>
<tr><td>23:30</td><td>农业教育</td></tr>
</table>

续表

<table>
<tr><th>星期
节目
时间</th><th>一</th><th>二</th><th>三</th><th>四</th><th>五</th><th>六</th><th>日</th></tr>
<tr><td>23:35</td><td rowspan="2">农业教育</td><td rowspan="3">农村经济</td><td rowspan="3">农业教育</td><td rowspan="3">农村经济</td><td rowspan="3">农业教育</td><td>农村文艺</td><td rowspan="2">农村文艺</td></tr>
<tr><td>23:40</td><td rowspan="3">农业教育</td></tr>
<tr><td>00:00</td><td rowspan="4">结束</td><td>农业信息</td></tr>
<tr><td>00:05</td><td rowspan="3">结束</td><td rowspan="3">结束</td><td rowspan="3">结束</td><td rowspan="3">结束</td><td>农村经济</td></tr>
<tr><td>00:10</td><td rowspan="2">结束</td><td>农业教育</td></tr>
<tr><td>00:40</td><td>结束</td></tr>
</table>

第八套(CCTV－8 文艺频道)

<table>
<tr><th>星期
节目
时间</th><th>一</th><th>二</th><th>三</th><th>四</th><th>五</th><th>六</th><th>日</th></tr>
<tr><td>8:35</td><td>动画城</td><td>动画城</td><td>动画城</td><td>动画城</td><td>动画城</td><td>动画城</td><td>动画城</td></tr>
<tr><td>9:05</td><td>每周一歌</td><td>每周一歌</td><td>每周一歌</td><td>每周一歌</td><td>每周一歌</td><td>每周一歌</td><td>每周一歌</td></tr>
<tr><td>9:15</td><td rowspan="4">佳艺剧场</td><td>佳艺五线间</td><td rowspan="3">每日佳艺</td><td rowspan="3">每日佳艺</td><td rowspan="3">每日佳艺</td><td rowspan="5">佳艺剧场</td><td rowspan="8">电视剧</td></tr>
<tr><td>9:45</td><td>名段欣赏</td></tr>
<tr><td>10:00</td><td>每周一歌</td></tr>
<tr><td>10:07</td><td rowspan="3">电视剧</td><td rowspan="6">电视剧</td><td rowspan="6">电视剧</td><td rowspan="6">电视剧</td></tr>
<tr><td>10:09</td><td rowspan="3">电视剧</td></tr>
<tr><td>10:10</td><td rowspan="4">电视剧</td></tr>
<tr><td>10:54</td><td rowspan="3">知识与欣赏</td></tr>
<tr><td>10:56</td><td rowspan="2">知识与欣赏</td></tr>
<tr><td>10:57</td><td rowspan="5">中国音乐
电视 60 分</td></tr>
<tr><td>11:00</td><td>综艺走廊</td><td>综艺走廊</td><td>读书时间</td><td>艺苑风景线</td><td rowspan="3">周末大回旋</td><td rowspan="3">曲艺与杂技</td></tr>
<tr><td>11:30</td><td>名段欣赏</td><td rowspan="2">世界各地</td><td rowspan="3">名段欣赏</td><td rowspan="2">动物世界</td></tr>
<tr><td>11:45</td><td rowspan="2">戏曲采风</td></tr>
<tr><td>11:50</td><td>每周一歌</td><td>每周一歌</td><td>每周一歌</td><td>每周一歌</td></tr>
<tr><td>12:00</td><td>电视书场</td><td>电视书场</td><td>电视书场</td><td>电视书场</td><td>电视书场</td><td>电视书场</td><td>电视书场</td></tr>
<tr><td>12:20</td><td rowspan="3">电视剧</td><td rowspan="3">电视剧</td><td rowspan="3">电视剧</td><td rowspan="3">电视剧</td><td rowspan="3">电视剧</td><td rowspan="3">电视剧</td><td>电视剧</td></tr>
<tr><td>13:59</td><td>知识与欣赏</td></tr>
<tr><td>14:02</td><td>电视剧场</td></tr>
</table>

续表

<table>
<tr><th>星期
节目
时间</th><th>一</th><th>二</th><th>三</th><th>四</th><th>五</th><th>六</th><th>日</th></tr>
<tr><td>14:50</td><td>电视剧</td><td rowspan="3">美术星空</td><td rowspan="3">半边天</td><td rowspan="3">半边天</td><td rowspan="3">半边天</td><td rowspan="3">人与自然</td><td>电视剧场</td></tr>
<tr><td>14:53</td><td>知识与欣赏</td><td rowspan="9">世界名著名片欣赏</td></tr>
<tr><td>14:58</td><td rowspan="5">正大剧场</td></tr>
<tr><td>15:20</td><td rowspan="2">每周一歌</td><td rowspan="7">星光舞台</td><td>每周一歌</td><td rowspan="6">电视剧场</td><td>每周一歌</td></tr>
<tr><td>15:25</td><td rowspan="2">九州戏苑</td><td rowspan="2">'98 环球</td></tr>
<tr><td>15:30</td><td rowspan="5">文艺广角</td></tr>
<tr><td>16:10</td><td rowspan="4">中外歌舞</td><td rowspan="4">东西南北中</td></tr>
<tr><td>16:32</td><td>每周一歌</td></tr>
<tr><td>16:40</td><td rowspan="2">动物世界</td></tr>
<tr><td>16:50</td><td>戏曲采风</td></tr>
<tr><td>17:00</td><td>动画城</td><td>动画城</td><td>动画城</td><td>动画城</td><td>动画城</td><td>动画城</td><td>动画城</td></tr>
<tr><td>17:35</td><td>电视书场</td><td>电视书场</td><td>电视书场</td><td>电视书场</td><td>电视书场</td><td>电视书场</td><td>电视书场</td></tr>
<tr><td>17:55</td><td>每周一歌</td><td>每周一歌</td><td>每周一歌</td><td>每周一歌</td><td>每周一歌</td><td>每周一歌</td><td>每周一歌</td></tr>
<tr><td>18:05</td><td>电视剧场</td><td>每日佳艺</td><td>每日佳艺</td><td>每日佳艺</td><td>曲艺与杂技</td><td>地方文艺</td><td>中外歌舞</td></tr>
<tr><td>18:55</td><td>音乐桥</td><td>音乐桥</td><td>音乐桥</td><td>音乐桥</td><td>音乐桥</td><td>音乐桥</td><td>音乐桥</td></tr>
<tr><td>19:25</td><td>每周一歌</td><td>每周一歌</td><td>每周一歌</td><td>每周一歌</td><td>每周一歌</td><td>每周一歌</td><td>每周一歌</td></tr>
<tr><td>19:35</td><td rowspan="4">电视剧场</td><td rowspan="4">星光舞台</td><td rowspan="4">戏剧博览</td><td>地方文艺</td><td rowspan="3">佳艺影院</td><td rowspan="3">世界影视城</td><td>文艺广角</td></tr>
<tr><td>20:25</td><td>动物世界</td><td rowspan="3">每周一歌</td></tr>
<tr><td>20:45</td><td rowspan="2">综艺走廊</td></tr>
<tr><td>21:13</td><td rowspan="7">电视剧</td><td rowspan="2">综艺走廊</td></tr>
<tr><td>21:18</td><td rowspan="2">佳艺五线间</td><td rowspan="7">电视剧</td><td rowspan="7">电视剧</td><td rowspan="7">电视剧</td><td rowspan="4">周末大回旋</td></tr>
<tr><td>21:43</td><td rowspan="2">世界各地</td></tr>
<tr><td>21:48</td><td rowspan="2">专题文艺</td></tr>
<tr><td>22:05</td><td rowspan="5">电视剧</td></tr>
<tr><td>22:07</td><td rowspan="3">电视剧</td><td rowspan="6">佳艺剧场</td></tr>
<tr><td>22:10</td></tr>
<tr><td>22:51</td><td rowspan="3">戏曲采风</td></tr>
<tr><td>22:55</td><td rowspan="2">每周一歌</td><td rowspan="3">每周一歌</td><td rowspan="2">每周一歌</td><td rowspan="2">每周一歌</td></tr>
<tr><td>22:58</td><td rowspan="2">每周一歌</td></tr>
<tr><td>23:02</td><td rowspan="2">午夜剧场</td><td rowspan="2">午夜剧场</td><td rowspan="2">午夜剧场</td><td rowspan="2">午夜剧场</td></tr>
<tr><td>23:04</td><td>午夜剧场</td><td>午夜剧场</td><td>午夜剧场</td></tr>
</table>

续表

<table>
<tr><th>星期
节目
时间</th><th>一</th><th>二</th><th>三</th><th>四</th><th>五</th><th>六</th><th>日</th></tr>
<tr><td>23:47</td><td rowspan="3">午夜剧场</td><td rowspan="4">午夜剧场</td><td rowspan="2">午夜剧场</td><td>电视剧</td><td rowspan="4">午夜剧场</td><td rowspan="5">午夜剧场</td><td rowspan="4">午夜剧场</td></tr>
<tr><td>00:39</td><td rowspan="5">结束</td></tr>
<tr><td>00:40</td><td rowspan="4">结束</td></tr>
<tr><td>00:41</td><td rowspan="3">结束</td></tr>
<tr><td>00:43</td><td rowspan="2">结束</td><td rowspan="2">结束</td><td rowspan="2">结束</td></tr>
<tr><td>00:46</td><td>结束</td></tr>
</table>

1998 年中国中央电视台广告价目表

（1998 年 1 月 1 日起执行）

单位:人民币　元

<table>
<tr><th colspan="3" rowspan="2">广告长度每次 / 播出时间 / 分类</th><th rowspan="2">5 秒</th><th colspan="2">15 秒</th><th colspan="2">30 秒</th></tr>
<tr><th>周一至周四</th><th>周五、六、日</th><th>周一至周四</th><th>周五、六、日</th></tr>
<tr><td rowspan="11">一套</td><td>白　天</td><td>7:00 后</td><td colspan="3">7000</td><td colspan="2">10000</td></tr>
<tr><td>少儿节目</td><td>18:06</td><td colspan="3">13000</td><td colspan="2">20000</td></tr>
<tr><td>榜上有名</td><td>19:00 前</td><td>19000</td><td>33000</td><td>37000</td><td>53000</td><td>59000</td></tr>
<tr><td>A</td><td>约 19:52</td><td></td><td>75000</td><td>79000</td><td>128000</td><td>134000</td></tr>
<tr><td>B1</td><td>约 20:01</td><td>36000</td><td>66000</td><td>70000</td><td>106000</td><td>112000</td></tr>
<tr><td>B2</td><td>约 20:55</td><td>26000</td><td>47000</td><td>51000</td><td>75000</td><td>81000</td></tr>
<tr><td>C</td><td>约 21:05</td><td>24000</td><td>42000</td><td>46000</td><td>67000</td><td>73000</td></tr>
<tr><td>D</td><td>约 21:55</td><td>18000</td><td>32000</td><td>36000</td><td>51000</td><td>57000</td></tr>
<tr><td>E1</td><td>约 22:45</td><td rowspan="2">10000</td><td rowspan="2">18000</td><td rowspan="2">22000</td><td rowspan="2">29000</td><td rowspan="2">35000</td></tr>
<tr><td>E2</td><td>约 22:49</td></tr>
<tr><td>F</td><td>23:00 后</td><td>7000</td><td colspan="2">12000</td><td colspan="2">19000</td></tr>
<tr><td rowspan="13">二套</td><td>白天</td><td>7:00 后</td><td colspan="3">5000</td><td colspan="2">8000</td></tr>
<tr><td>A</td><td>19:30</td><td>11000</td><td colspan="2">20000</td><td colspan="2">32000</td></tr>
<tr><td>B</td><td>19:50</td><td>11000</td><td colspan="2">20000</td><td colspan="2">32000</td></tr>
<tr><td>C(名不虚传)</td><td>21:02</td><td>11000</td><td colspan="2">20000</td><td colspan="2">32000</td></tr>
<tr><td>D</td><td>21:55</td><td>8500</td><td colspan="2">16000</td><td colspan="2">26000</td></tr>
<tr><td>E</td><td>22:30</td><td>6000</td><td colspan="2">12000</td><td colspan="2">19000</td></tr>
<tr><td>F</td><td>23:28</td><td>5000</td><td colspan="2">10000</td><td colspan="2">16000</td></tr>
<tr><td>正大综艺前</td><td>19:35</td><td colspan="3">30000</td><td colspan="2">48000</td></tr>
<tr><td>正大剧场 1</td><td>20:05</td><td colspan="3" rowspan="2">38000</td><td colspan="2" rowspan="2">61000</td></tr>
<tr><td>正大剧场 2</td><td>20:35</td></tr>
<tr><td>供求热线</td><td>9:10</td><td colspan="5">每日播出四次　20000/60 秒</td></tr>
<tr><td>商务电视</td><td>18:00</td><td colspan="5">重播一次　20000/60 秒</td></tr>
<tr><td>商　桥</td><td>19:55</td><td colspan="5">重播一次　20000/60 秒</td></tr>
</table>

续表

分类		每次广告长度/播出时间	5 秒	15 秒		30 秒	
				周一至周四	周五、六、日	周一至周四	周五、六、日
三套	白天	7:00 后	3500			5000	
	晚上	18:00 后	6000			9000	
四套	卫星		4500			7000	
五套	白天套播	9:20－12:00	2000	4000		6800	
	A	12:00－13:00	1500	2800		4500	
	B	13:00－18:00	2000	3600		6000	
	C	18:00－19:00	3000	5500		9000	
	D	19:00－20:30	52000	9600		16000	
	E	20:30－23:40	4000	7500		12000	
	F	23:40 后	1000	1800		2800	
	套装一	A.B.C.D.E.F 白天套	12000	22000		35000	
	套装二	A.B.C.D.F 白天套	9600	18000		28000	
	套装三	A.B.C.E.F 白天套	8500	16000		25600	
七套	A	18:00－21:00	4500			7000	
	B	其他时间	3500			5000	
八套	白天	7:00 后	3500			5000	
	晚上	18:00 后	8000			12000	

说　明

1. 凡在中央电视台办理电视广告业务，一律执行先有广告录像带、先收费、后播出的原则。

2. 与我部签订广告播出合同时，必须具备以下手续：营业执照、商标注册证、生产许可证，其中药品、化妆品、医疗器械、食品应按国家有关部门的具体规定办理。广告经营单位除具备以上手续外，还应持本单位委托书和与客户签订的合同。

3. 法定节假日广告费加价 30%，其中包括：4 月 30 日、5 月 1 日、9 月 30 日、10 月 1 日、10 月 2 日、12 月 31 日、1 月 1 日。

4. 指定固定栏目广告在相应的段位上加价 40%；5 秒标版，则按相应广告段位 15 秒广告价格的1/3，再加收 60%收费。

5. 凡中央电视台重大节目及宣传活动其广告价格另行制定。

6. 各段广告，指定第一条和最后一条加价 20%，指定第二条和倒数第二条加价 15%。

7. 凡签订第一套少儿节目、第二套、第三套、第四套、第五套、第七套、第八套的广告，广告次数以周为单位计算。

8. 凡与我部已经签订广告播出合同，原则上不予撤销合同。若在播出前 30 日内要求停播，退款 50%；10 日内要求停播，不予退款。

9. 从 1998 年 1 月 1 日起，第一套“榜上有名”、A、B1、B2、C、D 段广告按套装销售，“榜上有名”套播第四套晚间广告，A 段套播第八套晚间广告，B1、B2 段套播第三套晚间广告，C 段套播第七套晚间广告，D 段套播第八套晚间广告。

10. “行业推荐”30 秒广告中出现的产品不得超过 6 个；15 秒广告中出现的产品不得超过 3 个；其广告价格在所签广告段位价格基础上加收 60%。

11. 凡投放酒类广告其价格在原价格上加收 30%。

12. 广告带必须提前至少 15 天送到广告部，临时加急换带收加急费 3～5 万元。

13. 电视广告在制作内容上必须按我部制定的《中央电视台广告须注意的问题》进行制作。

14. 本价目表从 1998 年 1 月 1 日起执行。以前印制的中国中央电视台电视广告价目表和说明同时作废。

15. 汇款请汇：

单　位：中央电视台计财处五科

开户行：中国建设银行北京市分行营业部

账　号：26349012

地　址：中国北京市海淀区复兴路 11 号

电　　话：(010) 68515531　68522561　68507403　68507404　68507424　68507425

传　　真：(010) 68511134

（广告部提供）

《中央电视台年鉴(1999)》特邀编辑名录

台办室 何新宇
机关党委 李彦吉
审计处 续建勇
监察室 曾进清
人事办公室 具春秋
财经办公室 何其江
总编室 陈 忠
新闻节目中心 郭书兰 韩 彪
海外节目中心 申翠海
社教节目中心 杨 青
文艺节目中心 胡迎节
广告经济信息中心 李 萍
体育节目中心 马国力
青少节目中心 阎建光
技术管理办公室 谢和平
技术制作中心 张建华
播出传送中心 俞 勤
中国电视剧制作中心 任 力
中央新闻纪录电影制片厂 周慧娟
北京科学教育电影制片厂 王金秀
中国电视报社 郭卫翔
中国国际电视总公司 魏良鹏
中央卫星电视传播中心 田盛华

《中央电视台年鉴(1999)》资料员名录

台办室： 何新宇（兼）
　秘书处 田忠卿
　法规处 达 红
　保卫处 姜 萍
　外事处 韩亚男
　行政处 郑华维
　房管处 刘越红
机关党委：
　党 委 杨 蔚
　工 会 张梅英
人事办公室：
　人事办公室 具春秋（兼）
　干部管理处 董 葵
　劳动工资处 李春媛
　培训职称处 王 红
　离退休人员管理处 南 敏
财经办公室：
　财经办公室 江幸梅
　财务处 范丽娟
　计划统计处 武四清
　基建处 张惠玲
　财产物资处 周火星
　经营管理处 丁 京
　演职培训处 李怀林
总编室： 贺淑霞
　宣传规划处 张百莉
　节目播出管理处 杨渝凯
　节目资料管理处 强西京
　观众联系处 刘建鸣
　研究处 李秀英
技术管理办公室： 王 丹
　技术业务处 于 源
　科技处 邓炯慧
　工程管理处 王 肖
　信息通讯处 马小红
　动力处 张京娜
监察室 李湘茹
审计处 宿兰妮

中国电视报社　宋　红

新闻节目中心：

综合部　徐　瑛

新闻采访部　吴桂英

社会新闻部　周军英

地方新闻部　郭晓燕

新闻编辑部　刘焕玲

新闻评论部　刘晓燕

新闻制作部　王燕菊

军事部　孙　华

海外节目中心：

联络部　郝　麟

海外新闻部　王玉兰

海外编辑部　蔡桂芬

对台编辑部　宋　丹

海外专题部　卞金花

外语新闻部　胡　怡

外语专题部　吴海霞

海外制作部　张小梅

社教节目中心：　徐兰梅　王玉清

综合部　侯　洁

专题部　常　清

科教部　杨利加

纪录片部　纪淑田

文艺节目中心：　倪代光　万　刚

综合部　田　珊

文艺部　高菊莲

国际部　黄瑞英

影视部　刘梦逸

戏曲音乐部　王　兰

广告经济信息中心：

综合部　杨莉莎

广告部　刘晓如

经济部　王守琴

信息部　未　梦

图文电视部　齐　伟

体育节目中心：　杨　斌

体育综合部　吴淑环

体育新闻部　陆　维

体育竞赛部　胡振英

青少节目中心：

综合部　穆　姗

青年部　周淑琴

少儿部　马知渊

动画片部　韩明春

技术制作中心：

综合部　赵琛琛

采录部　张玉兰

录制部　陈　鹏

动画技术部　唐伟莉

制作部　刘淑英

音频部　陆　蕾

播出传送中心：

综合部　程　昕

播出部　季奕军

转播部　翟素琴

传送部　宋志军

总控部　周聪群

中国电视剧制作中心　宋　萍

中央新闻纪录电影制片厂　周慧娟（兼）

北京科学教育电影制片厂　王金秀（兼）

中国国际电视总公司　魏良鹏（兼）

梅地亚电视中心有限公司　吴军红

央视调查咨询中心　肖建兵